"十二五"普通高等教育本科国家级规划教材
普通高等教育"十一五"国家级规划教材

机械原理与机械设计

（下册）

第4版

主　编　张　策
副主编　王　喆　项忠霞　林　松
参　编　陈树昌　孟彩芳　卜　炎　程福安　王　多
　　　　杨玉虎　车建明　宋铁民　孙月海　王国锋
　　　　葛　楠　刘建琴　王世宇　朱殿华

主　审　吴宗泽　张春林

机 械 工 业 出 版 社

本套书按照教育部颁发的相关课程的教学基本要求编写，并适当地扩充了内容，适用于高等学校机械类专业本科的机械原理和机械设计两门课程的教学。

本套书分上、下两册，包含八篇。

上册（另成一册），共四篇。第一篇中紧密结合几种典型的实例，引出一些基本概念，并介绍机械设计的一般过程和本课程在产品全生命周期中的地位和作用。第二、三、四篇分别介绍机构的组成和分析、常用机构及其设计和机器动力学基础知识，为机械原理课程的主要内容。本书为下册，有四篇。其中第五、六篇分别介绍机械零部件的工作能力设计和结构设计，为机械设计课程的主要内容；“机械的方案设计”作为第七篇，放在两门课程的最后，可结合课程设计来讲授，以适应课程设计方面的改革；第八篇“机械创新设计”既可作为选修课的内容，也可作为学生的课外阅读资料，以适应当前课外科技活动的新形势。

本书也可供机械工程领域的研究生和科研、设计人员参考。

图书在版编目（CIP）数据

机械原理与机械设计. 下册/张策主编. —4版. —北京：机械工业出版社，2023.12

“十二五”普通高等教育本科国家级规划教材　普通高等教育“十一五”国家级规划教材

ISBN 978-7-111-74739-0

Ⅰ.①机…　Ⅱ.①张…　Ⅲ.①机构学-高等学校-教材②机械设计-高等学校-教材　Ⅳ.①TH111②TH122

中国国家版本馆CIP数据核字（2024）第005059号

机械工业出版社（北京市百万庄大街22号　邮政编码100037）
策划编辑：赵亚敏　　责任编辑：赵亚敏
责任校对：牟丽英　　封面设计：张　静
责任印制：刘　媛
北京中科印刷有限公司印刷
2024年3月第4版第1次印刷
184mm×260mm · 28.5印张 · 781千字
标准书号：ISBN 978-7-111-74739-0
定价：85.00元

电话服务　　　　　　　　　　网络服务
客服电话：010-88361066　　机　工　官　网：www.cmpbook.com
　　　　　010-88379833　　机　工　官　博：weibo.com/cmp1952
　　　　　010-68326294　　金　　书　　网：www.golden-book.com
封底无防伪标均为盗版　　机工教育服务网：www.cmpedu.com

第 4 版前言

本套书 2018 年出版第 3 版，作为“十二五”普通高等教育国家级规划教材已经使用 5 年。近年来，随着科技的不断发展，教育教学理念和技术手段都有了新的发展，教育部高等学校机械基础课程教学指导委员会对课程教学提出了更新更高的要求。本套书在进行新版修订时，继续坚持“机械原理课程教学基本要求”和“机械设计课程教学基本要求”，注重培养学生机械原理与机械设计基本理论和技能相结合的实践能力，在保持第 3 版基本框架不变的前提下，主要做了如下修改：

1）突出重点，适当压缩篇幅，引入如节能减排、绿色设计与面向用户需求的设计内容。从产品全生命周期的视角出发，讨论产品在研发过程中的系统模式、设计类型及其基本方法。

2）本书基于党的二十大报告提出的“落实立德树人根本任务，培养德智体美劳全面发展的社会主义建设者和接班人”的要求，在部分章节提供了与学习内容有关的反映我国工业一些重大装备设计制造和创新发展的拓展视频，读者可用手机扫描书中二维码直接观看。

参加本套书修订工作的有：张策（第一章）、王喆（第十八、二十四、二十五、二十七章）、项忠霞（第十四章）、林松（第二章）、宋铁民（第十一、十二章）、杨玉虎（第七、八章）、葛楠（第二十六、二十九章）、刘建琴（第六、九章）、朱殿华（第十六、二十三章）、车建明（第三十、三十一章）、孙月海（第二十章）、王国锋（第十五、十九章）、王世宇（第十、二十八章）、卜炎（第十三、二十二章）、陈树昌（第二十一章）、孟彩芳（第四章）、程福安（第十七章）、王多（第三、五章）。本书由张策任主编，王喆、项忠霞、林松任副主编；张策、卜炎参加了编写组的内部审稿工作。本套书仍由清华大学吴宗泽教授和北京理工大学张春林教授担任主审，他们提出了许多宝贵意见，在此向他们表示衷心感谢！

虽然我们对教材进行了仔细地修订，但难免仍有疏漏和欠妥之处，敬请学界同仁和广大读者批评指正。

编　者

第3版前言

本套书参考了教育部高等学校机械基础课程教学指导委员会修订的最新版“机械原理课程教学基本要求”和“机械设计课程教学基本要求”，在保持第2版基本框架不变的前提下，主要做了如下修改：

1）突出重点，适当压缩篇幅，适当引入德国教材的一些好的思想和设计方法，增加相关知识的拓展，对原有的部分内容做了调整。例如，在第十七章中引入了德国教材的设计方法，增加了“各种带和链传动的速度”应用范围的选择方法，进一步明确了链速不均匀性与链轮齿数的相互关系；又如，在连杆机构部分对解析法的教学内容进行了适当删减，增加了空间连杆机构的应用实例；对第二章的内容进行了调整，从产品全生命周期的视角出发，讨论产品在研发过程中的系统模式、设计类型及其基本方法；并对弹簧的内容进行了调整。

2）更新了某些国家标准。例如，渐开线圆柱齿轮承载能力计算方法、弹簧标准等。

3）在每一章的开始部分，增加了少量描述该种机构或零件历史发展的文字。

与国内同类教材相比，本套书属于篇幅稍大的一种。编者认为，教材内容应多于讲课内容，以便给学有余力的学生、工程技术人员提供更多的阅读资料。

参加本套书修订工作的有：张策（第一章），林松（第二章），王多（第三、五章），孟彩芳（第四章），刘建琴（第六、九章），杨玉虎（第七、八章），王世宇（第十、二十八章），宋轶民（第十一、十二章），卜炎（第十三、二十二章），项忠霞（第十四章），王国锋（第十五、十九章），朱殿华（第十六、二十三章），程福安（第十七章），王喆（第十八、二十四、二十五、二十七章），孙月海（第二十章），陈树昌（第二十一章），葛楠（第二十六、二十九章），车建明（第三十、三十一章）。本书由张策任主编，王喆、项忠霞、林松任副主编；张策、卜炎参加了编写组的内部审稿工作。

本套书仍由清华大学吴宗泽教授和北京理工大学张春林教授担任主审，他们提出了许多宝贵意见，在此向他们表示衷心感谢！

我们对教材进行了认真修订，但难免仍有错误和欠妥之处，敬请学界同仁和广大读者批评指正。

编　者

第2版前言

本套书参考了教育部高等学校机械基础课程教学指导分委员会修订的最新版“机械原理课程教学基本要求”和“机械设计课程教学基本要求”，在保持第1版基本框架不变的前提下，主要做了如下修改：

1）突出重点、加以精简，适当压缩篇幅，对原有的部分内容做了调整。例如：连杆机构一章删除了空间连杆机构的运动分析，增加了空间连杆机构的应用实例；运动分析一章增加了速度、加速度影像法；滑动轴承内容做了调整；螺纹连接改为螺纹紧固件连接，适当增加了连接的防松措施；带传动的力分析内容有所调整。

2）更新了某些国家标准。例如，链传动的功率图、链轮标准等。

3）在每一章的开始部分，增加了少量描述该种机构或零件历史发展的文字。

与国内同类教材相比，本套书属于篇幅稍大的一种。编者认为，教材内容应多于讲课内容，以便给学有余力的学生、工程技术人员提供更多的阅读资料。

参加本版编写工作的有：

张策（第一章、第二章、第八章），陈树昌（第二十一章、第二十九章大部分内容），孟彩芳（第四章，第六章，第二十八章，第十章第二、四节），卜炎（第十三章、第二十二章、第二十七章），王多（第三章、第五章），程福安（第十七章、第十九章、第二十三章），潘凤章（第十八章、第二十五章），项忠霞（第十四章、第十五章），杨玉虎（第七章，第十章第一、三节），宋轶民（第十一章、第十二章），车建明（第三十章、第三十一章），郭玉申（第十六章、第二十九章部分内容），孙月海（第二十章），刘建琴（第九章），葛楠（第二十六章），王喆（第二十四章）。

本套书仍由清华大学吴宗泽教授和北京理工大学张春林教授担任主审，他们提出了许多宝贵意见，在此向他们表示衷心感谢！

本套书虽在教学内容改革方面做了一些工作，但限于编者水平，肯定仍存在不少可改进之处，衷心希望国内广大同仁提出宝贵意见。

编　者

第1版前言

本套书是普通高等教育“十五”国家级规划教材，适用于高等学校机械类专业本科的“机械原理”和“机械设计”两门必修课以及“机械创新设计”选修课的教学。本套书按照教育部颁发的机械原理和机械设计两门课程的教学基本要求编写，并在其基础上适当地扩充了内容。在本套书的编写过程中吸收了近年来在教学改革中形成的正确的教学思想和一些改革成果。

目前，国内各高校机械类专业的“机械原理”和“机械设计”两门课程的设置有三种情况：①大多数学校的这两门课程分别设课，课程设计也独立进行；②少数学校将两门课程完全合并；③不少院校在将两门课程的课程设计合二为一方面进行着探讨和实践，但两门课程的课堂教学仍基本上单独进行。例如天津大学，两门课“独立设课、密切配合”，大体上属于第三种模式。

本套书分上、下两册，包含如下八篇。

上册有：

第一篇　导论

第二篇　机构的组成和分析

第三篇　常用机构及其设计

第四篇　机器动力学基础

下册有：

第五篇　机械零部件的工作能力设计

第六篇　机械零部件的结构设计

第七篇　机械的方案设计

第八篇　机械创新设计

第二、三、四篇为机械原理课程的主要内容；第五、六篇为机械设计课程的主要内容。“机械的方案设计”这部分内容一般均放在机械原理教材中。但是，方案设计中包含着原动机的选择和传动系统的设计，这些内容都离不开机械设计课程的知识。因此，我们将它作为第七篇，放在了两门课程的最后，可以结合课程设计来讲授。这样的编写安排适应了当前不少学校将机械原理课程设计和机械设计课程设计合二为一的改革。

第一篇相当于机械原理和机械设计两门课程的总绪论。在这一篇中介绍了几种有代表性的机器，既有传统机器，也有现代机器。本篇的目的是：①使学生在系列课程的一开始就认识到进行机械设计所需要的知识结构，并对将要学习的数门课程有一定的概括了解，增强学习的目的性；②作为学习两门课程的从感性认识导入的环节；③激发学生学习的兴趣。该篇可结合参观典型机器、参观机构与零件的模型和进行机器的拆装这样一些实践教学环节组织教学。

近年来，课外科技活动在不少高校有了相当规模的开展，一些学校已举办过多轮机械创新设计竞赛，2004 年我国举办了“首届全国大学生机械创新设计大赛”。这种趋向符合教育部在建设理工科基础课程教学基地的要求中所提出的“建立课内课外为一体的教学体系”

的方针。为此，我们编写了第八篇“机械创新设计”。它既可以作为选修课的内容，也可以作为学生的课外阅读资料。

本套书的编写虽有如上考虑，但它当然也可以用于两门课程完全分离和完全合并的情况。

在教学内容方面应注意如下几个问题：

1）在机械原理的运动分析与设计方法中，既有解析法，又有图解法，但以解析法为主。不仅介绍了解析法的数学模型，而且介绍了框图设计和编程的注意事项，这有利于学生掌握计算机分析的全过程，也便于自学。用位移矩阵将连杆机构的综合理论统一起来，既将该方法用于刚体导引机构的综合，也将它用于函数生成机构与轨迹生成机构的综合；既可用于平面机构的综合，也可用于空间机构的综合。在运动分析的部分内容中，将图解法和解析法结合起来，发挥图解法直观、容易建立清晰的概念的优点。

2）在“第十一章　机械系统动力学”中，提高了论述问题的起点。拉格朗日方程是广泛用于动力学分析的基本方程，在理论力学中也学习过。我们用拉格朗日方程先推导出多自由度机械系统的动力学模型，然后用它分析单自由度机械系统这一特例，印证并解释了等效动力学模型。

3）将原机械设计课程的内容归纳为工作能力设计和结构设计两大部分，分为两篇讲述。传统教材中各种零件的结构设计一般分散在各章中，使这部分的内容偏软、偏弱。加强结构设计的内容，是强化工程意识、提高设计能力的重要措施。本套书将结构设计单独成篇，总结了结构设计的一般规律和方法，并对轮类零件结构、轴系结构、箱体和导轨结构分别进行分析，力求使结构设计的内容既有实际，又有理论。

4）注意引入科技发展的新成果，如机器人机构、三环减速器、陶瓷轴承等。引入现代科技的新成果已是近年来新教材的共同趋向，但重要的是如何做到适度而不过分。我们采用三种方法：稍加提及、简单叙述、适度展开。在每章之后编写“文献阅读指南”，在极有限的篇幅内对一些有重要价值、但又不宜展开的内容稍加提及，并介绍有关参考文献，这样可以使读者开阔眼界、了解发展趋势，使教材具有开放性。

参加本套书编写的人员为：张策（第一、二、八章和第十章第一、三节），陈树昌（第二十一、二十六章，第二十九章的一部分），孟彩芳（第四、五、六、二十八章），卜炎（第十三、二十二、二十七章），陆锡年（第三章、第十章第二节），潘凤章（第十八、二十五章），程福安（第十七、十九、二十三章），唐蓉城（第十四、十五、二十四章），车建明（第三十、三十一章），宋轶民（第十一、十二章），郭玉申（第十六章，第二十九章的一部分），杨玉虎（第七章），孙月海（第二十章），刘建琴（第九章）。本书由张策任主编，陈树昌、孟彩芳任副主编；卜炎、陆锡年、潘凤章参加了审稿工作。

本套书由清华大学吴宗泽教授和北京理工大学张春林教授担任主审，他们认真地审阅了全书，提出了许多宝贵的修改意见。对此，向他们表示衷心的感谢！

我们是第一次按这样的体系编写教材，限于水平，错误和欠妥之处在所难免，敬请学界同仁和广大读者批评指正。

主　编　**张　策**
副主编　**陈树昌、孟彩芳**

目 录

第 4 版前言
第 3 版前言
第 2 版前言
第 1 版前言

第五篇 机械零部件的工作能力设计

第十三章 机械零件设计基础 …… 2
第一节 机械零件的设计计算准则 …… 2
第二节 摩擦学设计 …… 14
第三节 机械零件材料选用原则 …… 28
第四节 机械零部件的标准化 …… 32
文献阅读指南 …… 33
思考题 …… 33
习题 …… 34
第十四章 螺纹紧固件连接 …… 36
第一节 紧固螺纹 …… 36
第二节 螺纹紧固件连接的类型 …… 38
第三节 螺纹紧固件上的载荷 …… 39
第四节 螺纹紧固件连接的强度计算 …… 44
第五节 螺纹紧固件连接的装配 …… 46
第六节 螺纹紧固件连接的结构设计 …… 50
第七节 提高紧固螺纹连接强度的措施 …… 52
文献阅读指南 …… 56
思考题 …… 57
习题 …… 57
第十五章 轴毂连接 …… 59
第一节 键连接 …… 59
第二节 花键连接 …… 64
第三节 过盈连接 …… 66
第四节 其他连接方法简介 …… 72
文献阅读指南 …… 73
思考题 …… 74
习题 …… 74
第十六章 螺旋传动 …… 75
第一节 螺旋传动的应用和分类 …… 75
第二节 滑动螺旋传动 …… 76
第三节 滚动螺旋传动 …… 80
文献阅读指南 …… 84
思考题 …… 85
习题 …… 85
第十七章 带传动和链传动 …… 87
第一节 概述 …… 87
第二节 带传动 …… 88
第三节 链传动 …… 104
文献阅读指南 …… 116
思考题 …… 116
习题 …… 117
第十八章 齿轮传动 …… 118
第一节 概述 …… 118
第二节 轮齿的失效形式与计算准则 …… 120
第三节 齿轮材料及其选择 …… 122
第四节 圆柱齿轮传动的载荷计算 …… 125
第五节 直齿圆柱齿轮传动的齿面接触疲劳强度计算 …… 131
第六节 直齿圆柱齿轮传动的齿根弯曲疲劳强度计算 …… 137
第七节 齿轮传动的静强度计算 …… 142
第八节 斜齿圆柱齿轮传动的强度计算 …… 147
第九节 直齿锥齿轮传动的受力分析和强度计算 …… 152
第十节 齿轮传动的效率与润滑 …… 155
文献阅读指南 …… 156

思考题 …… 156
习题 …… 157
第十九章　蜗杆传动 …… 159
第一节　概述 …… 159
第二节　蜗杆传动的主要参数与几何尺寸 …… 161
第三节　蜗杆传动的设计计算 …… 165
第四节　圆弧圆柱蜗杆传动简介 …… 175
文献阅读指南 …… 177
思考题 …… 177
习题 …… 177
第二十章　轴的设计计算 …… 179
第一节　概述 …… 179
第二节　轴的强度计算 …… 183
第三节　轴的刚度计算 …… 193
第四节　轴的振动与临界转速 …… 195
文献阅读指南 …… 197
思考题 …… 197
习题 …… 198
第二十一章　滚动轴承 …… 199
第一节　概述 …… 199
第二节　滚动轴承的类型和选择 …… 200
第三节　滚动轴承的代号 …… 203
第四节　滚动轴承的载荷、失效和计算准则 …… 206
第五节　滚动轴承的寿命计算 …… 207
第六节　滚动轴承的静强度计算 …… 212
第七节　滚动轴承的极限转速 …… 214
第八节　滚动轴承的润滑与密封 …… 214
文献阅读指南 …… 219
思考题 …… 219
习题 …… 219
第二十二章　滑动轴承 …… 221
第一节　概述 …… 221
第二节　滑动轴承的类型与结构 …… 222
第三节　滑动轴承材料 …… 228
第四节　润滑剂、润滑方法与密封 …… 231
第五节　滑动轴承的设计计算 …… 234
第六节　流体静压轴承 …… 247
文献阅读指南 …… 248
思考题 …… 249
习题 …… 249
第二十三章　联轴器、离合器和制动器 …… 251
第一节　联轴器 …… 251
第二节　离合器 …… 258
第三节　制动器 …… 262
文献阅读指南 …… 264
思考题 …… 265
习题 …… 265
第二十四章　弹簧 …… 266
第一节　概述 …… 266
第二节　弹簧的材料和制造 …… 269
第三节　圆柱螺旋压缩、拉伸弹簧的设计计算 …… 271
第四节　圆柱螺旋扭转弹簧 …… 279
文献阅读指南 …… 282
思考题 …… 283
习题 …… 283

第六篇　机械零部件的结构设计

第二十五章　机械结构设计的方法和准则 …… 285
第一节　概述 …… 285
第二节　结构设计的一般步骤和方案扩展 …… 285
第三节　结构类型 …… 288
第四节　结构设计的基本要求 …… 290
第五节　结构设计的原则 …… 292
文献阅读指南 …… 300
思考题 …… 300
第二十六章　轴系及轮类零件的结构设计 …… 301
第一节　轮类零件的结构设计 …… 301
第二节　轴的结构设计 …… 309
第三节　滚动轴承的组合结构设计 …… 317
文献阅读指南 …… 325
思考题 …… 325
习题 …… 325
第二十七章　机架、箱体和导轨的结构设计 …… 328
第一节　机架、箱体及其结构设计 …… 328
第二节　导轨及其结构设计 …… 333

文献阅读指南 …… 344
思考题 …… 344

第七篇 机械的方案设计

第二十八章 机械执行系统的方案设计 …… 346
第一节 机械系统的总体方案设计 … 346
第二节 机械执行系统的功能原理和运动规律设计 …… 350
第三节 执行机构的形式设计和执行系统的协调设计 …… 354
第四节 基于功能分析的机械执行系统的方案设计 …… 364
第五节 方案评价与决策 …… 369
文献阅读指南 …… 373
思考题 …… 373
习题 …… 374
第二十九章 机械传动系统的方案设计 …… 377
第一节 传动系统的功能和分类 …… 377
第二节 机械传动系统的组成及常用部件 …… 378
第三节 机械传动系统方案设计 …… 382
第四节 机械传动系统的特性及其参数计算 …… 386
第五节 机械传动系统方案设计实例分析 …… 388
第六节 原动机的选择 …… 394
文献阅读指南 …… 398
思考题 …… 399
习题 …… 399

第八篇 机械创新设计

第三十章 创新设计的基本原理与常用技法 …… 403
第一节 概述 …… 403
第二节 创造力与创造性思维 …… 405
第三节 创新原理 …… 408
第四节 常用创新技法 …… 411
文献阅读指南 …… 419
思考题 …… 419
第三十一章 机械创新设计方法 …… 420
第一节 机构创新设计方法 …… 420
第二节 机械结构创新设计方法 …… 435
文献阅读指南 …… 444
思考题 …… 444
参考文献 …… 445

第五篇

机械零部件的工作能力设计

机械零部件的工作能力是指在一定的运动、载荷和环境条件下，在预定的使用期限内，不发生失效的安全工作限度。本篇讲述常用机械零部件工作能力的设计计算方法，内容包括设计理论基础、连接、传动、支承件及其他常用件，共分十二章。

第十三章为“机械零件设计基础”，介绍机械零件的设计计算准则、摩擦学设计基础、机械零件的标准化及通用化和机械零件材料的选用原则。本章的目的在于引出与零部件设计有关的一些基础性的、原则性的问题。这些问题将贯穿在本篇后续各章中，对各章具体内容的学习具有提纲挈领的作用。

第十四章和第十五章为连接设计，包括螺纹紧固件连接、键和花键连接、过盈连接。主要讲述连接方法和连接零件的结构、类型、性能、标准、适用场合以及设计理论和选用方法。

第十六~十九章为机械传动工作能力设计，包括螺旋传动、带传动、链传动、齿轮传动和蜗杆传动。机械传动的主要作用是传递动力和运动或改变运动形式，是机械系统中重要的组成部分。需要学习这些传动的工作原理、失效形式、材料选用、受力分析、计算准则和方法以及传动参数选择等有关问题。

第二十~二十二章为支承件的工作能力设计，包括轴、滚动轴承和滑动轴承。“轴”一章的内容主要介绍材料、强度和刚度计算，并简要介绍了轴的振动和临界转速的概念。“滚动轴承”一章重点介绍轴承的类型、失效形式、计算准则和相应的计算方法以及常见的润滑和密封方法。“滑动轴承”一章重点介绍轴承的条件性计算和流体动力润滑轴承的计算，此外对滑动轴承材料、结构以及润滑材料和方法也做了较为充分的介绍。

第二十三、二十四章分别介绍联轴器、离合器、制动器的类型和选用以及弹簧的设计计算方法。

结构设计是机械零部件设计的重要组成部分，为强化这一部分内容，本书将轴的结构设计、轮类零件的结构设计和滚动轴承组合的结构设计合并为一章，并将其归入第六篇“机械零部件的结构设计”中。

第十三章　机械零件设计基础

内容提要

本章内容包括设计准则、摩擦学设计基础、材料选择原则和机械零部件的标准化。介绍设计机械零件最基本的准则：静强度、疲劳强度、刚度、稳定性和耐热性等。在摩擦学设计基础中简要介绍：摩擦力的计算；磨损类型及其磨损控制的基本设计要点；润滑剂、各种润滑方法及其特点。材料选择是机械设计的重要一环，本章介绍机械制造常用和最新的材料，性能选材法和成本选材法的概念。通用化、系列化和模块化是标准化的主要内容，标准化是机械设计的重要指导思想，也是应遵从的规范，本章对其做简要介绍。

从 18 世纪起逐步建立了用“安全因数”考虑一切不精确性和离散性因素的设计计算方法。19 世纪 40 年代开始用“疲劳”一词描述机车车轴在低于按屈服强度计算的安全状态下频频发生的破坏。1867 年德国的 A. Wöhler 提出了疲劳极限的概念，奠定了常规疲劳强度设计的基础。20 世纪 40 年代才提出了按实际要求的寿命进行有限寿命设计的概念。20 世纪后半叶，出现了考虑材料裂纹的强度和寿命计算方法——断裂力学。之后，人们更进一步使用电子计算机和有限元等各种数值计算方法精确计算复杂零件的动态应力。

虽然人类对摩擦现象早有认识，但直至 1785 年才提出有关摩擦的理论，1964 年英国的 F. P. Bowden 提出了比较完整的固体摩擦理论。1966 年英国的 Jost 调查报告首次提出“Tribology”一词，引起了摩擦学研究的热潮，诞生了摩擦学这一边缘学科，并导致“摩擦学设计”概念的产生。

第一节　机械零件的设计计算准则

一、机械零件设计基本原则

机械零件的设计者应该遵循一些通用的基本原则，这些原则可以帮助你接近最优化地解决设计问题。这些通用的基本原则如下。

（一）功能设计原则

对一个机械装置提出的主要要求是在其生命周期内能完成给定的任务和功能。下列的其他各个基本原则都要以满足功能设计原则为前提。

（二）强度要求设计原则

力和转矩的传递应通过尽可能短的路线和经过尽可能少的零件，以此来减少材料的费用和降低零件的变形。只有在要求较大的弹性变形，尤其是弯曲和扭转（如螺旋压缩弹簧）时，设计才采用较长的力的传递路线。

为了使材料得到充分的利用，一个零件理论上应使用同一种材料，必要时也尽可能地减少材料品种。

设计还应避免切口应力集中，因此应使截面的变化和过渡“平缓”（如使用较大的过渡半径），并且使孔和槽开在应力较低的部分。应该用对应力集中敏感低的材料取代高强度材料和应力集中敏感高的材料。此外，应使用卸载槽和表面处理（如喷丸硬化）以降低应力集中。

零部件组合的设计应当使各个相配的零部件的变形发生在相同的方向（如使用受拉螺母替代受压螺母），以此避免应力集中。尽可能地减少零部件之间的相对变形，以避免摩擦腐蚀。应协调零件的布置、形状、尺寸和材料性能（弹性模量）等。

零件的非对称布置可能会产生内力。使用平衡件或者对称布置可以避免内力的影响，如使用人字齿啮合以实现轴向力的平衡。

（三）材料选择设计原则

不同材料的性能（如强度、密度、弹性和硬度等）有很大的不同，这就需要设计者仔细地选择。如果选择强度较低的材料，就需要较大的横截面积，另外也会增加整个机器的质量；如果选择强度较高的材料，就可以减小产品的横截面积，但同时会导致材料的高成本。如果要求机器具有高耐磨性、较好的焊接性、较大的弹性、较强的耐蚀性和较好的减振性，那么就需要选择合适的材料。除此之外也要注意材料的回收性和再利用。

（四）加工设计原则

在设计零件的过程中，需要配合所选的材料、所需的表面质量要求以及产品批量，考虑其加工方式。对于单件加工和产品批量较小的情况，选择使用已有的加工过的半成品，如型钢、钢板、管件等，可以简化设计过程。各种不同的加工方法（如铸造、锻造、焊接和粘接）和其优缺点都影响着零件的结构设计，设计者应该对其认真考虑和进行选择。一些附加设备（如铸型和锻模）的费用由不同的零件共同分担。另外一些附加的设备的费用，如专用工具、测量设备等，也需要在加工设计时考量。另外，由于精度的提高会使得加工成本急剧增加（图 13-1），所以在选择加工方法和精度时，应遵循“尽可能粗糙，按需求精细”的原则。

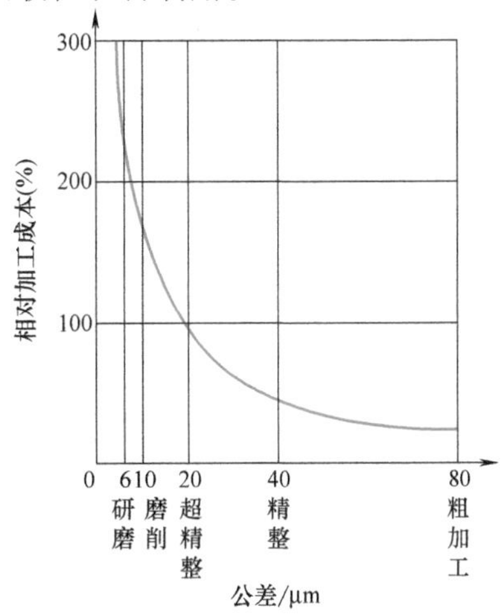

图 13-1　相对加工成本与公差关系图

（五）装配设计原则

所有零部件的设计都应使装配简单化，以降低成本。产品应能分成不同的子装配部件，以使各部分的装配可以同时进行。装配的操作应该尽可能少和简单。如果装配只能以特定的顺序进行，设计者必须在装配说明书加以说明。对于功能重要的零件，应使其易于检测、安装和拆卸。对于大批量生产，应尽量使装配自动化。同样地，装配设计应使易损件更换方便，或者使用安全件，以减少装配时间和装配费用。

（六）维护设计原则

零件的设计应确保产品在其整个生命周期内完成其功能，以及考虑产品的检测、维修和保养。设计应当明确清楚地标明检测点，应当留有测量仪器的空间，以及避免使用专门的工具。

（七）回收设计原则

产品的循环周期涉及它的生产、使用和回收利用。设计者在设计过程中应当考虑产品的再利用或继续使用，即回收利用。根据回收原则的设计需要考虑到结合技术、材料选择和零件设计三大方面。零件之间的连接应当设计成易于拆卸的结构（如螺栓连接、销连接），它们应易于识别，并且不易受污染。选用标准连接件可以减少工具的使用。选择材料时应注意减少材料品种，以降低拆卸和归类的费用。

（八）造型设计原则

美观和时尚的造型一直是影响技术产品销售的因素。由于主观鉴赏力和情绪的影响，这部分的设计只能归纳出一般基本原则。重要的是，造型的设计不能只满足外观美的要求，还必须能符合功能性、力的传递性、所选择的材料以及加工过程，应简单并从实际出发。每一部分的设计都应有效且明确地成为整体设计的一部分。散热片、接头、键、槽等的结构性设计应尽可能地得到充分利用，同时避免一些没有功能性的装饰性零件的使用。设计可使用不同的颜色，以明确区分操作件、自运动件和安全件。

二、机械零件的计算准则

（一）机械零件的失效及其类型

机械零件丧失了规定功能的事件称为失效。失效常发生在产品使用过程中，但是在运转过程，甚至在使用前的存放过程中也可能发生失效。失效的类型有：过大变形、过载断裂、疲劳断裂、裂纹扩展（断裂力学）、失稳（如折弯、翘曲）、腐蚀、磨损、老化、打滑和松动等，也有复合形式的失效。有些类型的失效是破坏性失效，如轴断裂、轮齿点蚀（疲劳磨损），也有非破坏性失效，如带传动打滑、螺纹紧固件连接松动等。

机械零件失效的原因有：设计不当、制造工艺不当、材料冶金缺陷和使用操作失误等。设计不当、制造工艺不当和材料冶金缺陷造成的失效与机械产品品质有关，简称为机械失效。

为了避免机械零件失效，应使机械零件具有足够的抵抗失效的能力，这种能力称为机械零件的工作能力。在设计阶段设计者必须通过计算使机械零件获得足够的工作能力。因为失效类型不同，所以机械零件的工作能力类型也不同，故机械零件的计算准则也不同。

（二）强度准则

机器工作时各个零件将承受或传递载荷，它们承受外载荷而不出现断裂、过大塑性变形等类型失效的能力称为强度。显然，保证所设计的零件有足够的强度，是保证机器正常工作的基本条件。机械零件的强度准则是：载荷在零件内引起的应力不应超过材料所能承担的应力值，即极限应力。但是，材料的力学性能是离散的，因此其极限应力值也是离散的。在18世纪，人们用“安全因数S”考虑一切不精确性和离散性的影响，安全因数的表达式为

$$S_\sigma=\frac{\sigma_{\lim}}{\sigma}\qquad S_\tau=\frac{\tau_{\lim}}{\tau}$$

式中，$\sigma_{\lim}$、$\tau_{\lim}$为极限正应力和极限扭/切应力；σ、τ为零件承受的正应力和扭/切应力。

根据可靠度要求可以确定允许的安全因数，称为许用安全因数，极限应力与许用安全因数之比称为许用应力，即

$$[\sigma]=\frac{\sigma_{\lim}}{[S_\sigma]}\qquad [\tau]=\frac{\tau_{\lim}}{[S_\tau]}$$

式中，$[S_\sigma]$、$[S_\tau]$为正应力和扭/切应力的许用安全因数。

因此，常用的零件强度的判别式有两种形式，应力小于许用应力和安全因数S大于许用安全因数$[S]$，即

$$\sigma\leqslant[\sigma]\qquad \tau\leqslant[\tau] \tag{13-1}$$

$$S_\sigma\geqslant[S_\sigma]\qquad S_\tau\geqslant[S_\tau] \tag{13-2}$$

应力有静应力和循环应力，对应地有静强度和疲劳强度。

1. 静强度

零件在静应力条件下工作，其失效形式为断裂或塑性变形。

(1) 塑性材料零件的静强度　塑性材料零件，按不发生塑性变形的条件进行强度计算，此时材料的极限应力 $\sigma_{\lim}$、$\tau_{\lim}$ 为屈服强度 R_{eL}、τ_{tF}[㊀] 或规定非比例塑性延伸/扭转应变强度 $R_{p0.2}$、$\tau_{t0.4}$（0.2 表示规定的断后伸长率为 0.2%，0.4 表示规定的扭转应变率为 0.4%）。

1) 在简单应力条件下，其强度条件为

$$
\begin{aligned}
&\sigma \leqslant [\sigma] \quad S_{\sigma} \geqslant [S_{\sigma}] \quad [\sigma] = \frac{R_{eL}}{[S_{\sigma}]} \quad S_{\sigma} = \frac{R_{eL}}{\sigma} \\
&\tau \leqslant [\tau] \quad S_{\tau} \geqslant [S_{\tau}] \quad [\tau] = \frac{\tau_{tF}}{[S_{\tau}]} \quad S_{\tau} = \frac{\tau_{tF}}{\tau}
\end{aligned} \tag{13-3}
$$

2) 在复合应力条件下，可按第 3 或第 4 强度理论确定其强度条件。对于弯扭复合应力，可采用第 3 强度理论确定其强度条件，即

$$
\sigma = \sqrt{\sigma_b^2 + 4\tau_t^2} \leqslant [\sigma] \qquad S = \frac{R_{eL}}{\sqrt{\sigma_b^2 + 4\tau_t^2}} \geqslant [S] \tag{13-4}
$$

式中，σ_b 为弯曲应力；τ_t 为扭应力。

取拉伸与扭转屈服强度之比接近为 $2\left(\dfrac{R_{eL}}{\tau_{tF}} \approx 2\right)$ 时，可得安全因数

$$
S = \frac{S_{\sigma} S_{\tau}}{\sqrt{S_{\sigma}^2 + S_{\tau}^2}} \tag{13-5}
$$

对塑性材料，零件尺寸和应力集中对静强度的影响不大，计算时可不予考虑。这时，许用安全因数 $[S]$、$[S_{\sigma}]$、$[S_{\tau}]$ 均可取为 1.2~2.2。

(2) 脆性材料零件的静强度　脆性材料零件，按照不发生断裂的条件进行强度计算，此时材料的极限应力 $\sigma_{\lim}$、$\tau_{\lim}$ 为强度极限 R_m、τ_{tB}（R_m 为抗拉强度，τ_{tB} 为抗扭强度[㊁]）。

1) 在简单应力条件下，其强度条件仍然可以采用式（13-3），只是必须用 R_m、τ_{tB} 分别替代 R_{eL}、τ_{tF}。

2) 在弯扭复合应力条件下，按第 1 强度理论确定其强度条件，即

$$
\sigma = \frac{\sigma_b + \sqrt{\sigma_b^2 + 4\tau_t^2}}{2} \leqslant [\sigma] \qquad S = \frac{2R_m}{\sigma_b + \sqrt{\sigma_b^2 + 4\tau_t^2}} \geqslant [S] \tag{13-6}
$$

对组织不均匀的脆性材料（如灰铸铁），内部组织不均匀性引起的应力集中远大于零件形状和机械加工等引起的应力集中。前者引起的应力集中在材料试验时已经计入，而后者引起的应力集中对零件静强度无显著影响，计算时可不予考虑。对组织均匀的低塑性材料（如低温回火的高强度钢），计算时应考虑应力集中的影响。

这时，许用安全因数 $[S]$、$[S_{\sigma}]$、$[S_{\tau}]$ 均取为 2~4，小值用于无应力集中、载荷平稳、无冲击和材料性能可靠等情况，大值反之。

(3) 挤压强度　通过低副接触来传递载荷的零件，如受横向载荷的销连接、铰制孔螺栓连接和键连接等，在接触面上将产生挤压应力，它可能导致表面塑性变形或表面挤压破碎。平面接触的挤压应力一般可视为均匀分布，计算比较简单。圆柱配合面的挤压应力分布

㊀ τ_{tF} 是扭转屈服强度，剪切屈服强度的符号是 τ_{sF}。

㊁ 抗剪强度的符号是 τ_{sB}。

（图13-2）随配合状态（间隙大小）和材料特性而改变，计算很复杂。工程计算通常采用简化方法，即假设挤压应力均匀分布。这种计算方法称为条件性计算。

挤压强度的计算准则是

$$\sigma_{\mathrm{p}}=\frac{F}{A}\leqslant[\sigma_{\mathrm{p}}] \tag{13-7}$$

式中，σ_{p}为挤压应力；A为标称接触面积或投影面积；$[\sigma_{\mathrm{p}}]$为许用挤压应力。

2. 疲劳强度

“疲劳”一词始用于19世纪40年代，最初用来描述机车车轴在低于按屈服强度计算的安全状态下频频发生的破坏。现代将机械零件在循环应力的作用下的失效形式称为疲劳。

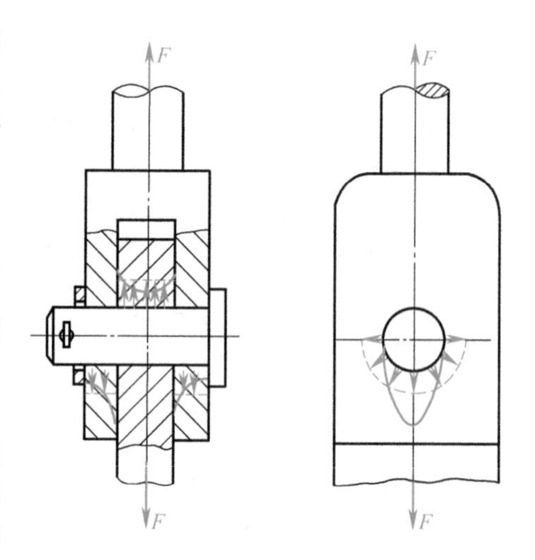

图13-2 挤压应力的分布

当前，疲劳强度的设计方法有标称应力法、局部应力应变法、损伤容限设计法和概率疲劳设计法等。

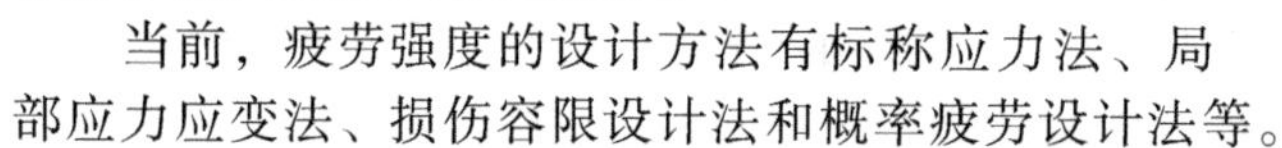

（1）常规疲劳强度设计 常规疲劳强度设计是以标称应力为基本设计参数的设计方法，应力循环次数高于10^5次的高周疲劳，通常采用这种设计方法。

应力比为r的循环应力作用N_{L}次后，材料不发生疲劳的最大应力称为疲劳极限，它是循环应力的极限应力。N_{L}是在该疲劳极限应力下的疲劳寿命。当$N_{\mathrm{L}}\geqslant N_0$（循环基数）时，疲劳极限趋于常量，记作$\sigma_r$。按这样的疲劳极限设计的机械零件具有无限寿命，这样的设计称为无限寿命设计。

20世纪40年代提出了按实际要求的寿命进行有限寿命设计的概念。

$N_{\mathrm{L}}<N_0$时的疲劳极限称为条件疲劳极限，记作$\sigma_{rN_{\mathrm{L}}}$。条件疲劳极限与寿命的关系曲线称为疲劳曲线（图13-3），该曲线的方程为

$$\sigma_{rN_{\mathrm{L}}}^{m}N_{\mathrm{L}}=C \tag{13-8}$$

式中，C为常量。

根据疲劳曲线方程，有

$$\sigma_{rN_{\mathrm{L}}}^{m}N_{\mathrm{L}}=\sigma_r^{m}N_0$$

可以引入寿命因子k_N

$$k_N=\sqrt[m]{\frac{N_0}{N_{\mathrm{L}}}}$$

并建立条件疲劳极限与疲劳极限的关系，即

$$\sigma_{rN_{\mathrm{L}}}=k_N\sigma_r \tag{13-9}$$

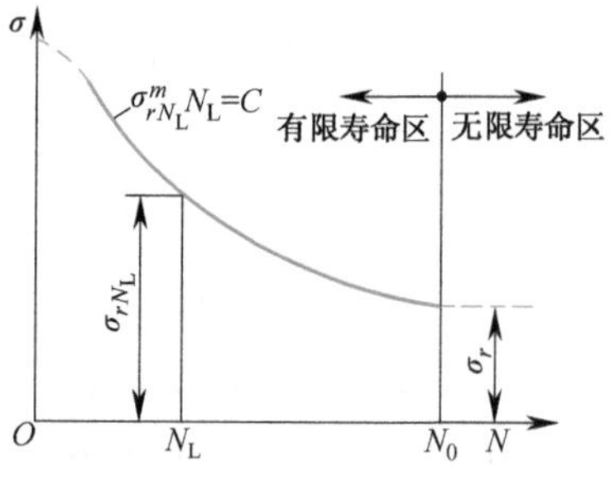

图13-3 疲劳曲线

上两式中，k_N为寿命因子，计算时当$N_{\mathrm{L}}>N_0$时，则取$N_{\mathrm{L}}=N_0$，即k_N取值范围为$k_{\mathrm{N}}\geqslant1$；m为寿命指数，其值与受载方式和材质有关，最好由疲劳试验得到。通常，在缺乏实验数据时，钢制零件在拉、压、弯曲和扭应力下，可取$m=9$，在接触应力下可取$m=6$；青铜制零件在弯曲和扭应力下，可取$m=9$，在接触应力下可取$m=8$；N_0为循环基数，其值与材料有关，硬度小于350 HBW的钢，$N_0=10^7$，硬度大于350HBW的钢、铸铁和非铁金属，通常$N_0=25\times10^7$。

按条件疲劳极限进行的设计称为有限寿命设计。

疲劳强度计算的关键是获得疲劳极限。疲劳是在循环应力下产生的破坏，表示循环应力

的参数有：平均应力 σ_m（τ_m）、应力幅 σ_a（τ_a）或者最大应力 σ_{max}（τ_{max}）、最小应力 σ_{min}（τ_{min}），所以疲劳极限只能用平面图形表达出来。对应于各种循环应力，以图形表示的、实验所得的极限应力图称为疲劳极限图。

以平均应力 σ_m（τ_m）为横坐标、最大应力 σ_{max}（τ_{max}）为纵坐标表示的 σ_m - σ_{max} 疲劳极限图称为 Smith 疲劳极限图，一般用于通用机械制造领域；以最小应力 σ_{min}（τ_{min}）为横坐标、最大应力 σ_{max}（τ_{max}）为纵坐标表示的 σ_{min} - σ_{max} 疲劳极限图称为 Goodman 疲劳极限图，常用于弹簧等的设计；以平均应力 σ_m（τ_m）为横坐标、应力幅 σ_a（τ_a）为纵坐标表示的 σ_m - σ_a 疲劳极限图称为 Haigh 疲劳极限图，广泛用于通用机械制造领域。

本书仅介绍 Haigh 疲劳极限图。

做疲劳强度计算，希望仅用少数实验获得的典型应力比 r 下的疲劳极限值画出疲劳极限图，以便获得给定应力比 r 下的疲劳极限。

1）受单向、恒幅循环应力时零件的疲劳强度。疲劳极限与应力比有关，对称循环应力时的疲劳极限为 σ_{-1}，脉动循环应力时的疲劳极限为 σ_0。可以以 σ_m 为横坐标、σ_a 为纵坐标表示不同应力比 r 下的疲劳极限，为了减少试验量可用直线 AB 和 DS 构成的折线近似该疲劳极限曲线（图 13-4）。

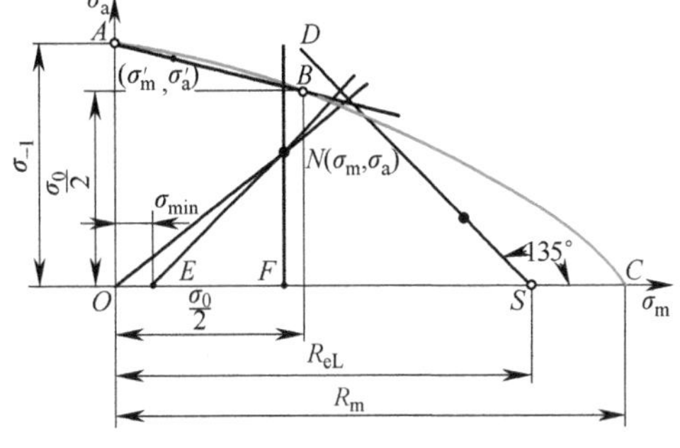

图 13-4　σ_m - σ_a 图

疲劳强度设计中的疲劳极限取折线上的哪一点，与零件工作应力可能的增长规律有关，典型的应力增长规律通常有三种：平均应力不变、最小应力不变和应力幅与平均应力之比不变。

① 应力变化规律为 σ_a/σ_m = 常量时的疲劳极限。应力在增长过程中应力幅与平均应力的比值 σ_a/σ_m 保持不变，即应力比 r 保持不变（图 13-3 中 O-N 线），如转轴的弯曲应力。这时，无限寿命的疲劳极限为

$$\sigma_r=\frac{\sigma_{-1}(\sigma_m+\sigma_a)}{K_{\sigma D}\sigma_a+\psi_\sigma\sigma_m}\qquad \tau_r=\frac{\tau_{-1}(\tau_m+\tau_a)}{K_{\tau D}\tau_a+\psi_\tau\tau_m}\tag{13-10}$$

式中，$K_{\sigma D}$、$K_{\tau D}$ 分别为正应力和扭/切应力的综合影响因子，是考虑应力集中、尺寸、表面状态这些因素对应力幅的综合影响的因子；ψ_σ、ψ_τ 分别为正应力和扭/切应力的平均应力影响因子。

在这种情况下，应力幅的安全因数与最大应力的安全因数是相等的。于是，由式（13-10）可得出有限寿命最大应力和应力幅的安全因数为

$$S_{\sigma_{max}}=S_{\sigma_a}=\frac{k_N\sigma_{-1}}{K_{\sigma D}\sigma_a+\psi_\sigma\sigma_m}\qquad S_{\tau_{max}}=S_{\tau_a}=\frac{k_N\tau_{-1}}{K_{\tau D}\tau_a+\psi_\tau\tau_m}\tag{13-11}$$

工程设计中，当难以确定零件工作应力增长规律时，一般可按 σ_a/σ_m = 常量的规律处理。

② 应力变化规律为 σ_m = 常量时的疲劳极限。应力在增长过程中平均应力保持不变，即 σ_m = 常量（图 13-4 中 F-N 线），如车辆的减振弹簧，由于振动，其应力为循环应力，但平均应力由车辆的重力产生，重力不变，平均应力则不变。这时，无限寿命的疲劳极限为

$$\sigma_r=\frac{\sigma_{-1}+(K_{\sigma D}-\psi_\sigma)\sigma_m}{K_{\sigma D}}\qquad \tau_r=\frac{\tau_{-1}+(K_{\tau D}-\psi_\tau)\tau_m}{K_{\tau D}}\tag{13-12}$$

于是，由式（13-12）可得出有限寿命最大应力的安全因数为

$$S_{\sigma_{\max}}=\frac{k_N[\sigma_{-1}+(K_{\sigma D}-\psi_\sigma)\sigma_m]}{K_{\sigma D}(\sigma_m+\sigma_a)} \qquad S_{\tau_{\max}}=\frac{k_N[\tau_{-1}+(K_{\tau D}-\psi_\tau)\tau_m]}{K_{\tau D}(\tau_m+\tau_a)} \tag{13-13}$$

在这种应力增长规律下，最大应力的安全因数与应力幅的安全因数是不相等的，疲劳强度准则要求其分别大于许用安全因数。极限应力幅为

$$\sigma_{r_a}=\frac{\sigma_{-1}-\psi_\sigma\sigma_m}{K_{\sigma D}} \qquad \tau_{r_a}=\frac{\tau_{-1}-\psi_\tau\tau_m}{K_{\tau D}} \tag{13-14}$$

因此，有限寿命应力幅的安全因数为

$$S_{\sigma_a}=\frac{k_N(\sigma_{-1}-\psi_\sigma\sigma_m)}{K_{\sigma D}\sigma_a} \qquad S_{\tau_a}=\frac{k_N(\tau_{-1}-\psi_\tau\tau_m)}{K_{\tau D}\tau_a} \tag{13-15}$$

③ 应力变化规律为 $\sigma_{\min}$=常量时的疲劳极限。应力在增长过程中最小应力保持不变，即 $\sigma_{\min}$=常量（图13-4中 E-N 线），如液压缸法兰与端盖的连接螺栓，其最小应力由预紧力产生，在装配时确定，工作时保持不变，而液压油的压力循环变化，产生循环应力。这时，无限寿命的疲劳极限为

$$\sigma_r=\frac{2\sigma_{-1}+(K_{\sigma D}-\psi_\sigma)\sigma_{\min}}{K_{\sigma D}+\psi_\sigma} \qquad \tau_r=\frac{2\tau_{-1}+(K_{\tau D}-\psi_\tau)\tau_{\min}}{K_{\tau D}+\psi_\tau} \tag{13-16}$$

于是，由式（13-16）可得出有限寿命最大应力的安全因数为

$$S_{\sigma_{\max}}=\frac{k_N[2\sigma_{-1}+(K_{\sigma D}-\psi_\sigma)\sigma_{\min}]}{(K_{\sigma D}+\psi_\sigma)(\sigma_{\min}+2\sigma_a)} \qquad S_{\tau_{\max}}=\frac{k_N[2\tau_{-1}+(K_{\tau D}-\psi_\tau)\tau_{\min}]}{(K_{\tau D}+\psi_\tau)(\tau_{\min}+2\tau_a)} \tag{13-17}$$

在这种应力增长规律下，最大应力的安全因数与应力幅的安全因数也是不相等的，疲劳强度准则要求其分别大于许用安全因数。极限应力幅为

$$\sigma_{r_a}=\frac{\sigma_{-1}-\psi_\sigma\sigma_{\min}}{K_{\sigma D}+\psi_\sigma} \qquad \tau_{r_a}=\frac{\tau_{-1}-\psi_\tau\tau_{\min}}{K_{\tau D}+\psi_\tau} \tag{13-18}$$

因此，有限寿命应力幅的安全因数为

$$S_{\sigma_a}=\frac{k_N(\sigma_{-1}-\psi_\sigma\sigma_{\min})}{(K_{\sigma D}+\psi_\sigma)\sigma_a} \qquad S_{\tau_a}=\frac{k_N(\tau_{-1}-\psi_\tau\tau_{\min})}{(K_{\tau D}+\psi_\tau)\tau_a} \tag{13-19}$$

需要特别注意的是，在循环应力下，不一定只出现疲劳破坏，也可能出现静强度破坏。当很难判断疲劳强度和静强度谁强谁弱时，必须同时进行这两种强度的计算。

④ 许用安全因数。疲劳强度许用安全因数的推荐值如下：载荷及应力计算精度高、所用数据可靠、工艺质量和材料均匀性都很好时，取许用安全因数为1.3；载荷及应力计算精度较差、材料不够均匀时，取许用安全因数为1.5~1.8；载荷及应力计算精度很差、材料均匀性也很差时，取许用安全因数为1.8~2.5。

例题 13-1 由40Cr调质制作的一个零件受 $N\geqslant N_0$ 的拉压循环应力，其危险截面上的工作应力为：$\sigma_m=180\text{MPa}$，$\sigma_a=95\text{MPa}$。该零件的疲劳缺口因子 $K_\sigma=1.55$，尺寸因子 $\varepsilon_\sigma=0.75$，表面状态因子 $\beta=0.9$。取许用安全因数 $[S_\sigma]=1.5$。试判断其安全性。

解：

计算与说明	主要结果
1. 材料力学性能 由有关手册（如《机械设计手册》）查得，该材料 $R_{eL}=785\text{MPa}$，$\sigma_{-1}=422\text{MPa}$	$R_{eL}=785\text{MPa}$，$\sigma_{-1}=422\text{MPa}$

（续）

计　算　与　说　明	主要结果
2. 综合影响因子 $K_{\sigma D}=\frac{K_\sigma}{\varepsilon_\sigma\beta}=\frac{1.55}{0.75\times0.9}=2.3$	$K_{\sigma D}=2.3$
3. 平均应力影响因子 材料为合金钢，取 $\psi_\sigma=0.25$	$\psi_\sigma=0.25$
4. 安全因数 由于没有指明应力增长规律，按 σ_a/σ_m = 常量的规律对待，由式（13-11）得 $S_{\sigma_{max}}=S_{\sigma_a}=\frac{k_N\sigma_{-1}}{K_{\sigma D}\sigma_a+\psi_\sigma\sigma_m}=\frac{1\times422}{2.3\times95+0.25\times180}=1.60$	$S_{\sigma_{max}}=1.60$
5. 静强度的安全因数 $S_{\sigma_{max}}=\frac{R_{eL}}{\sigma_m+\sigma_a}=\frac{785}{180+95}=2.85$	$S_{\sigma_{max}}=2.85$
6. 结论	该零件疲劳强度和静强度均足够

2）受复合、恒幅循环应力时零件的疲劳强度。复合应力可以转化成当量单向应力，故受复合、恒幅循环应力的疲劳强度可以按单向、恒幅循环应力的疲劳强度计算方法进行计算。

在机械零件设计中，常见的复合应力状态大多数为两向应力状态，有弯扭联合、拉扭联合等。轴是最典型的承受弯扭复合应力作用的零件。

对称循环弯扭复合应力，在同周期、同相位状态下，可导出其疲劳强度计算的安全因数公式为

对塑性材料
$$S=\frac{S_\sigma S_\tau}{\sqrt{S_\sigma^2+S_\tau^2}} \tag{13-20}$$

对低塑性和脆性材料
$$S=\frac{S_\sigma S_\tau}{S_\sigma+S_\tau} \tag{13-21}$$

在计算常见的传动轴、曲轴等零件时，虽然扭应力常常不是对称循环的，但也采用式（13-20）进行疲劳强度的安全因数计算。

3）受变幅循环应力时零件的疲劳强度。对受规律性变幅循环应力的零件进行疲劳强度设计时，可以认为，在高于疲劳极限的循环应力下，虽然一次应力循环不会使零件破坏，但会对零件造成一定的损伤，损伤累积到一定程度时将发生破坏。在受恒幅循环应力的情况下，可用所经受的应力循环次数表征损伤累积的程度（损伤率），当该应力循环次数达到临界值时，发生疲劳破坏，这个临界值称为疲劳寿命。若某循环应力下的疲劳寿命为 N_L，则一次应力循环的损伤率为 $1/N_L$；若该应力循环了 N 次，则损伤率为 N/N_L。图 13-5 是对数坐标的疲劳曲线（σ-N 曲线），若方框面积代表产生破坏的临界总损伤，则画阴影部分的面积代表应力循环 N_i 次造成的损伤，两个面积的比即为损伤率。

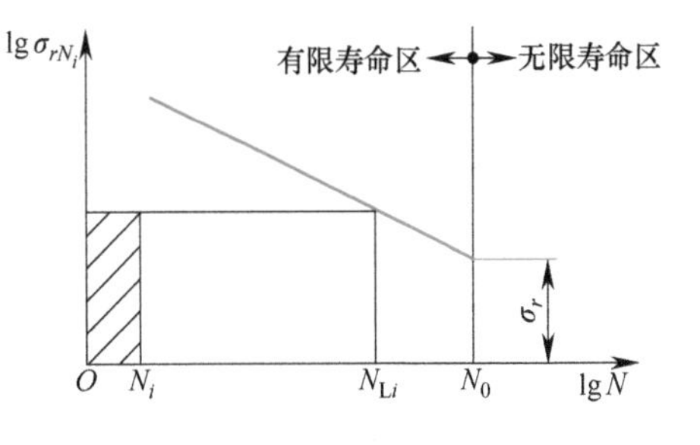

图 13-5　对数坐标疲劳曲线图

疲劳损伤累积理论有线性的、非线性的和其他的多种形式，其中以线性的 Miner 理论形式简单、使用方便，在工程中得到了广泛的应用。

Miner 理论认为，材料在各个应力作用下，疲劳损伤是独立进行的，并且可以线性地累

积成总损伤，当总损伤率等于1时将发生疲劳，即 n 个应力作用下发生疲劳的条件为

$$\sum_{i=1}^{n}\frac{N_i}{N_{\mathrm{L}i}}=1 \tag{13-22}$$

式（13-22）即为Miner理论的数学表达式，也称为线性疲劳累积损伤方程式。

根据Miner理论可以将变幅循环应力按损伤等效的原则折算成一个恒幅循环应力，称为等效恒幅循环应力，然后按该恒幅循环应力确定零件的疲劳强度或判断其安全性。在一组变幅循环应力中往往有些应力在计入综合影响因子 $K_{\sigma\mathrm{D}}$ 和许用安全因数［S_σ］后是低于疲劳极限的，理论上它们对零件不造成疲劳损伤，所以在折算时应不予考虑。不过，若计算时未排除它们，对计算结果也影响不大。

折算过程如下：在变幅循环应力中确定某一幅值的循环应力为等效恒幅循环应力（通常以工作应力谱中作用时间较长、数值较大者为等效恒幅循环应力），记作 σ_{e}，用 N_{Le} 表示 σ_{e} 的疲劳寿命。若以 N_{e} 表示等效循环次数，则按损伤率相等原则，有

$$\frac{N_{\mathrm{e}}}{N_{\mathrm{Le}}}=\sum\frac{N_i}{N_{\mathrm{L}i}} \tag{13-23}$$

将上式左侧的分子、分母同乘以 σ_{e}^m，右侧各项的分子、分母同乘以 σ_i^m，有

$$\frac{N_{\mathrm{e}}\sigma_{\mathrm{e}}^m}{N_{\mathrm{Le}}\sigma_{\mathrm{e}}^m}=\sum\frac{N_i\sigma_i^m}{N_{\mathrm{L}i}\sigma_i^m} \tag{13-24}$$

因为出现疲劳时损伤率为1，故 $N_{\mathrm{e}}=N_{\mathrm{Le}}$，再根据疲劳曲线有 $N_{\mathrm{L}i}\sigma_i^m=$ 常量，同时 $N_{\mathrm{L}i}\sigma_i^m=N_{\mathrm{Le}}\sigma_{\mathrm{e}}^m$，得

$$N_{\mathrm{Le}}\sigma_{\mathrm{e}}^m=\sum(N_i\sigma_i^m) \tag{13-25}$$

整理式（13-25）得到等效疲劳寿命（循环次数）

$$N_{\mathrm{Le}}=\sum\left[N_i\left(\frac{\sigma_i}{\sigma_{\mathrm{e}}}\right)^m\right] \tag{13-26}$$

根据式（13-8）、式（13-9），N_{Le} 下的疲劳极限为

$$\sigma_{re}=k_{N_{\mathrm{e}}}\sigma_r \quad k_{N_{\mathrm{e}}}=\sqrt[m]{\frac{N_0}{N_{\mathrm{Le}}}}$$

于是，在变幅循环应力下，零件有限寿命的安全因数为

$$S_{\sigma_{\max}}=S_{\sigma_{\mathrm{a}}}=\frac{k_{N_{\mathrm{e}}}\sigma_{-1}}{K_{\sigma\mathrm{D}}\sigma_{\mathrm{ea}}+\psi_\sigma\sigma_{\mathrm{em}}} \qquad S_{\tau_{\max}}=S_{\tau_{\mathrm{a}}}=\frac{k_{N_{\mathrm{e}}}\tau_{-1}}{K_{\tau\mathrm{D}}\tau_{\mathrm{ea}}+\psi_\tau\tau_{\mathrm{em}}} \tag{13-27}$$

式中，σ_{ea}、σ_{em}、τ_{ea}、τ_{em} 分别为等效应力 σ_{e}、τ_{e} 的应力幅和平均应力。

按Miner理论的计算结果与试验结果并不完全相符，这是因为各个应力的疲劳损伤相互不独立而有干涉，且加载顺序对损伤有明显影响，从而使变幅循环应力下零件疲劳破坏时损伤率的总和并不等于1，而是在某数值区间内变化，按 $\sum\frac{N_i}{N_{\mathrm{L}i}}=0.7$ 来估算疲劳寿命更安全。

例题13-2 有一45钢制造的转轴（图13-6a为其示意图），承受循环载荷。危险截面 A—A 上的对称循环弯曲应力图谱如图13-6b所示，总工作时间300h，转速 n 为150r/min。

转轴经调质处理，$\sigma_{-1}=388\text{MPa}$，综合影响因子 $K_{\sigma\text{D}}=2.7$，许用安全因数 $[S_\sigma]=1.3$。试计算该轴的安全因数并判断其安全性。

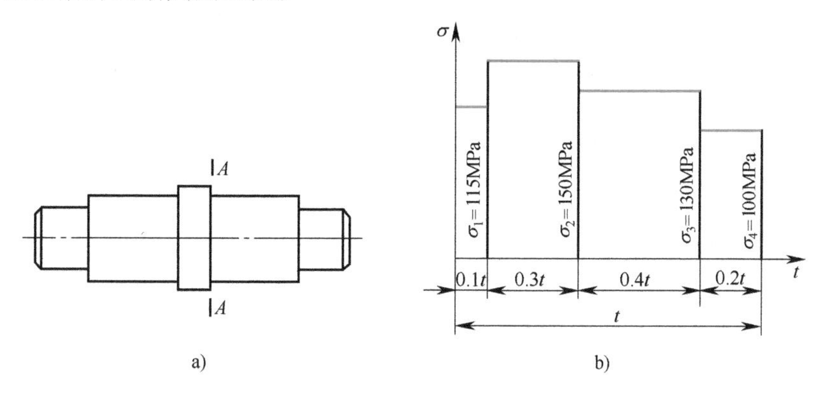

图 13-6　例题 13-2 图

解：

计 算 与 说 明	主 要 结 果
1. 说明 由于 $K_{\sigma\text{D}}[S_\sigma]\ \sigma_4=2.7\times1.3\times100\text{MPa}=351\text{MPa}$，该值小于 σ_{-1}，不会造成疲劳损伤，故计算时不考虑 σ_4	不考虑 σ_4
2. 应力的循环次数 $N_1=60nt_1=60\times150\times0.1\times300=0.27\times10^6$ $N_2=60nt_2=60\times150\times0.3\times300=0.81\times10^6$ $N_3=60nt_3=60\times150\times0.4\times300=1.08\times10^6$	$N_1=0.27\times10^6$ $N_2=0.81\times10^6$ $N_3=1.08\times10^6$
3. 选等效应力 $\sigma_\text{e}=\sigma_3=130\text{MPa}$	$\sigma_\text{e}=130\text{MPa}$
4. 等效疲劳寿命 因为是转轴的弯曲应力，所以 $m=9$，由式(13-26)得 $N_{\text{Le}}=\sum_{i=1}^{3}\left[\left(\frac{\sigma_i}{\sigma_\text{e}}\right)^m N_i\right]=\left(\frac{115}{130}\right)^9\times0.27\times10^6+\left(\frac{150}{130}\right)^9\times0.80\times10^6+\left(\frac{130}{130}\right)^9\times1.08\times10^6=4.11\times10^6$	$N_{\text{Le}}=4.11\times10^6$
5. 寿命因子 $k_{N\text{e}}=\sqrt[m]{\frac{N_0}{N_{\text{Le}}}}=\sqrt[9]{\frac{10^7}{4.11\times10^6}}=1.1$	$k_{N\text{e}}=1.1$
6. 安全因数 $S_\sigma=\frac{k_{N\text{e}}\sigma_{-1}}{K_{\sigma\text{D}}\sigma_{\text{ea}}+\psi_\sigma\sigma_{\text{em}}}=\frac{1.1\times388}{2.7\times130}=1.22$	$S_\sigma=1.22$
7. 结论 所得安全因数 1.22 小于许用安全因数 1.3	不安全

（2）现代疲劳强度设计　实际上决定零件疲劳强度或寿命的是应变（应力）集中处的最大局部应变和应力。现代疲劳强度设计方法是以最大局部应变和应力为基本参数的疲劳强度设计，称为局部应力应变法。

使用这种方法只需知道应变集中部位的局部应力应变和基本的材料疲劳性能数据，就可以估算零件的裂纹形成寿命，无需大量的结构疲劳试验；使用这种方法可以考虑载荷顺序对应力应变的影响，特别适合于随机载荷下的寿命估算；它既适用于低周疲劳，也适用于高周疲劳。但是，这种方法目前还不够完善，用于高周疲劳有较大误差，而且不能用于无限寿命设计，因此无法代替常规疲劳强度设计。

1）低周疲劳寿命计算。零件在低于 10^4 次的应力循环下发生的疲劳称为低周疲劳。通过大量试验，得出对称恒应变条件下弹性应变和塑性应变的总应变幅 $\Delta\varepsilon/2$ 与断裂循环次数 N 的关系曲线，如图 13-7 所示。

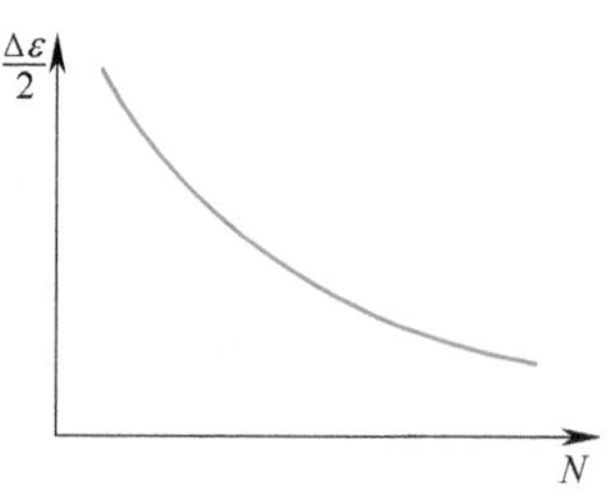

图 13-7 总应变幅-寿命曲线

Manson 用四点法对 29 种材料的疲劳试验结果进行了整理归纳，得到下面的关系式

$$\Delta\varepsilon=\Delta\varepsilon_e+\Delta\varepsilon_p=3.5\frac{R_m}{EN^{0.12}}+\left(\frac{\varepsilon_f}{N}\right)^{0.6} \qquad (13\text{-}28)$$

式中，$\Delta\varepsilon_e$ 为弹性应变幅度；$\Delta\varepsilon_p$ 为塑性应变幅度；R_m 为材料的抗拉强度；E 为材料的弹性模量；ε_f 为单调拉断时的真实应变。

飞机起落架等的疲劳属于低周疲劳，应按低周疲劳寿命计算法进行计算。

2）疲劳裂纹扩展寿命估算。当零件在加工制造过程中就已经存在裂纹或是在工作过程中因疲劳形成了裂纹，这时需要计算裂纹扩展寿命。断裂力学是解决这一问题的基础。

当零件有裂纹后，需要用应力强度系数 K 来表征裂纹尖端附近区域内弹性应力场的强弱程度，它的一般表达式为

$$K=\alpha\sigma\sqrt{\pi a} \qquad (13\text{-}29)$$

式中，K 为应力强度系数；σ 为标称应力；α 为几何效应因子，取决于零件的形状、裂纹的形状和位置，以及加载方式；a 为裂纹尺寸，对内部裂纹和贯穿裂纹为裂纹长度的一半，对表面裂纹为裂纹深度。

疲劳裂纹扩展速率 $\frac{da}{dN}$ 是应力强度系数范围 ΔK 的函数，$\frac{da}{dN}$-ΔK 曲线由试验得到，图 13-8 是几种材料的疲劳裂纹扩展速率曲线。裂纹不会扩展的最大应力强度范围称为界限应力强度，记作 ΔK_{th}，又称为门槛值。在空气介质中，满足平面应变条件情况下，认为当 $\frac{da}{dN}=10^{-8}\sim10^{-7}$mm 时，其 ΔK 值接近于 ΔK_{th}。材料发生脆断时的应力强度称为断裂韧度，记作 K_C。

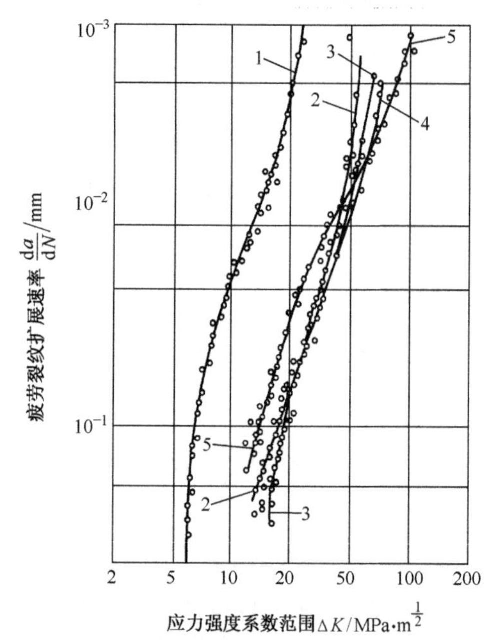

图 13-8 几种材料的疲劳裂纹扩展速率曲线

1—铝合金 2024-T4（相当于中国的 2A12）

2—钢 SS41（相当于中国的 Q255A）

3—钢 S45C（相当于中国的 45 钢）

4—HT60 5—HT80

在 ΔK_{th} 与 K_C 之间，即在裂纹扩展区，$\frac{da}{dN}$-ΔK 曲线的数学表达式为

$$\frac{da}{dN}=C(\Delta K)^m \qquad (13\text{-}30)$$

式中，ΔK 为应力强度系数的变化范围；C 为与材料力学性能有关的常量；m 为与材料有关的常数，即曲线在对数坐标中的斜率。

式（13-30）称为 Paris 公式，积分该式，并取

$$C_1 = C\alpha^m \pi^{m/2} \tag{13-31}$$

得到疲劳裂纹扩展寿命的计算公式为

当 $m=2$ 时
$$N_p = \frac{1}{C_1 (\Delta\sigma)^2} \ln \frac{a_c}{a_0} \tag{13-32}$$

当 $m\neq 2$ 时
$$N_p = \frac{a_c^{(1-m/2)} - a_0^{(1-m/2)}}{(1-m/2) C_1 (\Delta\sigma)^m} \tag{13-33}$$

式中，a_0为初始裂纹尺寸；a_c为临界裂纹尺寸，可将式（13-29）中的 K 代以 K_C 值求得；$\Delta\sigma$ 为应力的变化范围。

（三）刚度准则

机械零件在载荷作用下抵抗弹性变形的能力称为刚度。刚度的大小用产生单位变形所需的外力或外力矩表示，其量纲为 N/m（N·m/rad），刚度小意味着容易产生较大的变形。

（1）变形及其计算　不同的应力导致不同的变形，如由拉、压应力引起的伸缩，弯曲应力引起的挠度和转角，扭应力引起的扭角等。它们都可以用材料力学的公式计算，形状简单的零件可以用解析法计算，形状复杂的零件只能采用数值法进行计算。

（2）变形对机械的影响

1）影响机器的运转。如轴的弯曲变形将导致齿轮啮合不良、轴承接触不良、回转精度降低。

2）影响机器的功能。如金属切削机床，变形将导致制造误差，降低其加工精度；工件的刚度还是决定进给量和切削速度的重要因素，将直接影响机床的生产率。

机器中还有一类以其弹性实现对机构运动控制的弹性元件，刚度是这类零件的最重要的功能参数。

3）影响机器的稳定性。运动零件有一定的固有频率，刚度影响固有频率，从而影响机器运转的稳定性。

（3）刚度计算准则　刚度计算准则是：零件在载荷作用下所产生的弹性变形量小于或等于机器工作性能所允许的变形量，即

$$x\leqslant[x] \quad y\leqslant[y] \quad \theta\leqslant[\theta] \quad \varphi\leqslant[\varphi] \tag{13-34}$$

式中，x、y、θ、φ 分别为伸长、挠度、转角和扭角；$[x]$、$[y]$、$[\theta]$、$[\varphi]$ 分别为伸长、挠度、转角和扭角的允许值。

各种机械零件的允许变形量在相关章节给出。

除弹性元件外，一般来说，按刚度准则计算出的零件截面尺寸，比按强度准则计算出来的大。所以能满足刚度要求的零件，一般也能满足强度要求。但是，在大尺寸零件中也可能出现例外。

（4）影响刚度的主要因素　由变形计算公式可知，影响刚度的主要因素是载荷、截面二次矩 I_a和弹性模量 E（切变模量 G）。

1）截面二次矩越大，则变形越小。截面形状对截面二次矩的影响远大于截面面积的影响，因此在按刚度设计零件时合理选择截面形状是十分重要的。

2）材料的弹性模量和切变模量越大，零件的刚度越大。但是，机器零件最常用的金属材料中，同类金属材料的弹性模量相差却不大，因此，为了提高刚度不宜采用价格较高的合金钢。

（四）稳定性准则

（1）振动稳定性　零件在其平衡位置附近做往复运动称为机械振动。当机器或零件的固

有频率与激振力的频率相等或相近时，将发生共振，振幅急剧加大。这时机器或零件处于振动不稳定状态，也称之为失去振动稳定性。

（2）计算准则 机器或零件上的激振力有：往复运动零件的惯性力、摆动零件的惯性力矩、转动零件不平衡质量的惯性离心力、周期性载荷等。由于这些激振力的频率决定于机器的工作转速或往复行程数，它们通常是不能改变的，因此稳定性计算准则是使零件的固有频率远离激振力的频率。通常应保证如下的条件

$$f_F<0.85f \text{ 或 } f_F>1.15f \tag{13-35}$$

式中，f为零件的固有频率；f_F为激振力的频率。

增大零件的刚度和减小零件的质量可以提高零件的固有频率，反之则降低零件的固有频率。

（五）耐热性准则

机械零部件由于外部或内部的原因，有的工作在室温以上。在高的温度下会引起摩擦副胶合、材料强度降低、热变形或润滑剂迅速氧化等后果而使零件失效。因此，对可能产生较高温升的零部件应进行温升计算，以限制其工作温度。必要时可采用冷却措施。

（六）可靠性准则

机械零部件的失效具有随机性，故重要机械零部件在规定的工作期限内需要有确定的可靠度。可靠度是可靠性的性能指标。

假定一批零件有N_0个，在规定的条件下工作，到规定的工作期限时，其中有N_f个零件失效，则这批零件在该工作条件下的可靠度R为

$$R=1-\frac{N_f}{N_0}$$

称N_f/N_0为失效概率，它与可靠度的和为1。

按可靠性理论，机械是零件的串联、并联或混联系统（串、并联混合组成的系统）。机械的可靠度取决于零件的可靠度。若各个零件是统计独立的，串联系统的可靠度是各个零件可靠度的乘积，即

$$R_s=\prod_{i=1}^{n}R_i \quad (i=1,2,\cdots,n) \tag{13-36}$$

式中，R_s为机械的可靠度；R_i为各个零件的可靠度。

可靠度是个小于1的数，故串联系统的可靠度小于系统中任一零件的可靠度。

并联系统的失效概率为各个零件失效概率的乘积，可靠度为

$$R_s=1-\prod_{i=1}^{n}\left(\frac{N_f}{N_0}\right)_i \quad (i=1,2,\cdots,n) \tag{13-37}$$

同理，并联系统的失效概率低于系统中任一零件的失效概率，因此其可靠度高于单一零件的可靠度。

第二节 摩擦学设计

摩擦是不可避免的自然现象，发生在相对运动、相互作用的表面之间。在一台机器中有许多在摩擦状态下工作的零件，其中有运动副和静连接，它们都构成摩擦副。有一类摩擦副，如轴承、齿轮传动等，摩擦造成能量损耗、磨损、振动、噪声和温度升高。为了降低摩擦、减少磨损，对摩擦副应采取润滑措施，加入润滑剂。另一类是利用摩擦工作的摩擦副，如利用摩擦实现运动和动力的传递（如轮轨运动、摩擦轮传动、带传动、摩擦离合器等）；

利用摩擦产生自锁实现连接（如螺栓连接、楔连接等）；利用摩擦制动（如摩擦制动器等）；利用摩擦增加零件强度（如合股纱、钢丝绳等）等。

研究相对运动、相互作用的表面的摩擦行为对于机械及其系统的作用、接触表面及润滑介质的变化、失效预测及控制理论与实践的学科称为摩擦学，摩擦学问题是个系统问题。

摩擦学设计是指应用摩擦学理论对摩擦学系统进行设计，以使摩擦副可靠地、经济地实现其运动并保证其功能。

一、摩擦学设计的目标和主要内容

摩擦学设计的目标是：保证摩擦功耗最低，节约能源；降低材料消耗（包括摩擦副本身、备件和润滑剂材料）；提高机械装备的可靠性、工作效能和使用寿命。

摩擦学设计的主要内容包括：

（1）摩擦副设计　任务是选择摩擦副的类别、形状、尺寸、材料、工艺与表面处理方法和润滑方式。摩擦副原则上应尽可能采用标准化、系列化的零件。

（2）润滑系统设计　包括润滑剂选取，润滑剂循环装置、冷却装置和过滤装置等的设计。

（3）摩擦副的状态监测及故障诊断装置设计　摩擦学系统需要监测的参数有：摩擦表面特性参数、摩擦副工作参数、摩擦副材料与润滑剂的摩擦学性能等。

二、摩擦学失效

摩擦过程是发生在摩擦表面很薄的表面层材料中的各种物理、化学过程的总和。摩擦学失效的最主要特征之一是磨损。磨损改变了摩擦副的尺寸关系及摩擦表面和表层的几何与物理特性，而磨屑的产生改变了摩擦状况。

对于利用摩擦的装置，摩擦力不足是其典型失效形式。

除此之外，摩擦还能导致振动、噪声、爬行、温度升高和变形等而使机械失效。

三、摩擦学设计基础

摩擦分为动摩擦和静摩擦。

摩擦类型有：

1）相互接触两表面切向速度的大小和（或）方向不同的滑动摩擦，如滑动轴承与导轨。

2）相互接触两表面至少有一点切向速度的大小和方向均相同的滚动摩擦，如滚动轴承与滚动导轨。

3）相互接触两表面上同时发生滚动和滑动摩擦的滚-滑摩擦，如齿轮传动。

（一）摩擦状态

两固体表面之间的摩擦状态（又称为润滑状态）有：

（1）固体摩擦状态　也称为干摩擦状态，是两固体表面之间完全没有附着其他分子的摩擦状态。

（2）流体摩擦状态　两固体表面被一层流体膜完全隔开的摩擦状态。

（3）边界摩擦状态　在两接触表面上生成与介质性质不同的极薄（$0.1\mu m$ 以下）表面膜的摩擦状态，这层表面膜称为边界膜。

（二）摩擦力

1. 固体滑动摩擦的摩擦力及其性质

根据两个接触零件的切向运动状态，固体摩擦的摩擦力分为静摩擦力和动摩擦力。静摩擦力与切向外力成正比。出现滑动的瞬间，静摩擦力达到最大值。完全处于滑动状态时的摩擦力为动摩擦力，一般动摩擦力小于最大静摩擦力。

定义摩擦力与法向载荷之比为摩擦因数，即

$$\mu=\frac{F_{\mu}}{F_{N}} \tag{13-38}$$

虽然20世纪60年代就开始建立起现代摩擦理论，但是至今摩擦力的工程计算方法还是采用通过实验测出摩擦因数，通过摩擦因数计算摩擦力，即 $F_{\mu}=\mu F_{N}$。

对应于动、静摩擦，有动、静摩擦因数。摩擦因数主要与摩擦副的材料、表面状况、形状、润滑状态和环境等有关。摩擦因数通常会随温度升高而增大，真空中的摩擦因数大于大气环境中的。

2. 流体摩擦的摩擦力

流体摩擦的摩擦力就是流体流动的切向阻力，也就是流体的黏滞切应力，根据牛顿黏性定律，单位面积上的切向阻力，即流体的黏滞切应力 τ 与切应变率成正比，而切应变率为切应变 γ 随时间 t 的变化率，它等于流动速度沿流体厚度方向的变化梯度，故

$$\tau=\eta\frac{\partial u}{\partial z} \tag{13-39}$$

式中，η 为比例系数，称其为流体的黏度，也称为动力黏度；u 为流体的流速；z 为流体厚度方向的坐标。

由式（13-39）可以看出，流体摩擦的摩擦力与固体摩擦很不相同，对于牛顿流体，它与速度梯度成正比。

3. 滚动摩擦的摩擦力

纯滚动时的阻力矩称为滚动摩擦力矩。借用滑动摩擦因数的定义，有

$$\mu_{r}'=\frac{M_{\mu}}{F_{N}} \tag{13-40}$$

式中，M_{μ} 为滚动摩擦力矩；F_{N} 为法向载荷；μ_{r}' 为滚动摩擦系数，它的量纲与滑动摩擦因数不同，不是1而是m 。μ_{r}' 值随滚轮大小而改变。

为了在同样载荷条件下能与滑动摩擦因数做比较，定义滚动摩擦因数为

$$\mu_{r}=\frac{W}{F_{N}s}$$

式中，W 为驱动力 F 所做的功；s 为滚轮中心位移量。

代入 $W=Fs$，于是滚动摩擦因数为 $\mu_{r}=F/F_{N}$ （13-41）

（三）磨损及其控制

在一定的摩擦条件下，磨损过程分为三个阶段，即磨合、稳定磨损和剧烈磨损阶段。图13-9a表示磨损量与工作时间的典型关系曲线，明显地显示出这三个阶段。图13-9b是表面接触疲劳磨损的磨损曲线，正常工作达到疲劳寿命时开始出现疲劳磨损。

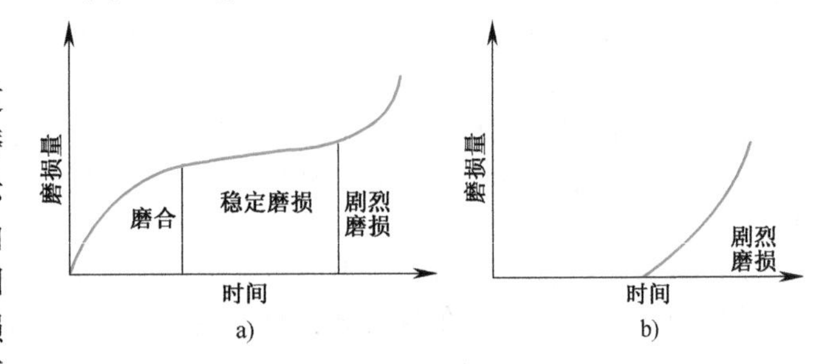

图13-9 磨损量与工作时间的关系曲线

1. 磨合

磨合阶段是磨损的初始阶段，为不稳定阶段，在零件的整个工作时间内，它所占比率很小，也希望磨合时间尽可能短。磨合过程包括摩擦表面轮廓峰形状变化和材料表层被加工硬

化两个过程。磨合能使摩擦副形成弹性接触条件，只有在这样的条件下，摩擦副才有稳定的摩擦力值并有最小的磨损率。所以，磨合的效果对机器的磨损寿命有极大影响，良好的磨合能使摩擦副的工作寿命增加1~2倍。

影响磨合效果的主要因素有载荷、摩擦速度、材料的物理力学性能和润滑剂。载荷对磨合效果和磨合时间具有很大影响。磨合时若接触为弹性接触，则磨合效果较好。接触由弹性接触转变为塑性接触的临界单位面积载荷，钢铁为0.015~1.470MPa，非铁金属为0.002~0.236MPa，塑料为0.002 94~0.294MPa。

2. 磨损类型

为了控制磨损需要了解磨损机理，按磨损机理，通常磨损分为黏附磨损、磨粒磨损、表面疲劳磨损和腐蚀磨损。判断磨损类型的常用方法是观察磨损表面的外观。上述四种磨损形成的损伤特征见表13-1。

表13-1　磨损表面的外观

磨损类型	黏附磨损	磨粒磨损	表面疲劳磨损	腐蚀磨损
磨损表面的外观	锥刺、鳞尾、麻点	擦伤、沟纹、条痕	凹坑、麻点	反应产物、麻点

工程实际的磨损往往不是单一机理的磨损，而是两种或两种以上机理的复合型磨损。

3. 磨损控制要点

（1）黏附磨损　摩擦副两表面做相对运动时，由于黏附效应所形成的粘结点被剪切开，材料由一个表面迁移到另一个表面，或脱落成磨屑，此类磨损称为黏附磨损。黏附磨损的磨损率与载荷有关，图13-10为其关系曲线。

按磨损严重程度，黏附磨损分轻微磨损、涂抹、擦伤和胶合，同时，摩擦因数和材料的迁移率逐渐增大。胶合时甚至摩擦副不能相对运动而咬死。

设计耐黏附磨损的摩擦副时，材料应选择多相、异种金属，采用表面处理，以MPa计的载荷不应超过表面布氏硬度值的3.33倍（图13-10）。

胶合现象十分复杂，目前各种胶合计算准则都有待进一步完善。Borsoff等人1963年研究齿轮胶合得出图13-11所示的曲线，即胶合发生点的载荷p与滑动速度v_s满足指数关系。

近年来，提出的几种指数型胶合计算准则可以归纳为下面的公式

$$\sigma_{H\max} v_s^m \leqslant C \tag{13-42}$$

式中，$\sigma_{H\max}$为最大接触应力；m为由实验测定的指数；C为常量。

图13-12所示为齿轮齿廓上的胶合损伤。

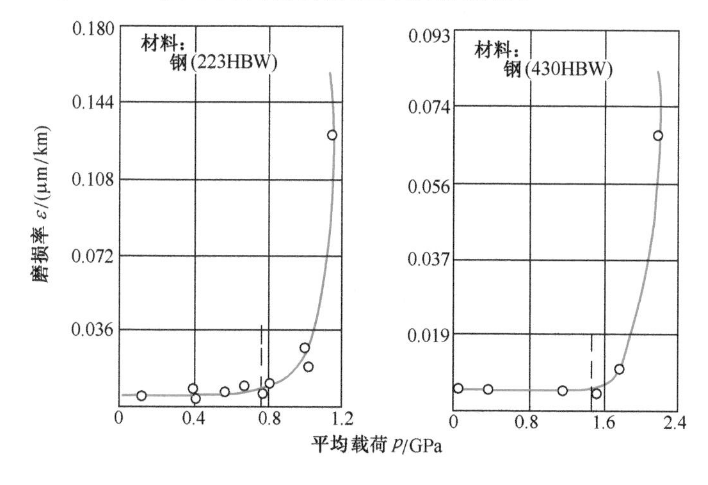

图13-10　黏附磨损率-载荷曲线

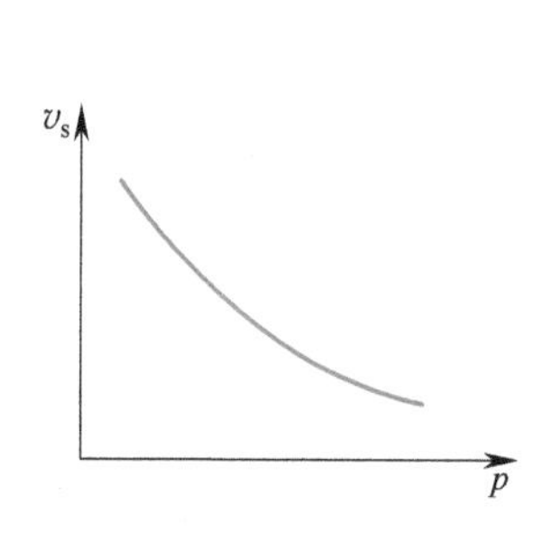

图13-11　胶合点曲线

（2）磨粒磨损　外界硬颗粒或摩擦表面上的硬突起在摩擦过程中引起表层材料脱落的磨损称为磨粒磨损。在摩擦副中，硬表面上的轮廓峰对软表面起着磨粒作用，属于两体的低应力磨粒磨损。外界磨粒移动于摩擦副中，则构成三体的高应力磨粒磨损。

磨粒对固体表面做相对运动产生的磨粒磨损称为侵蚀（属于两体磨粒磨损）。当磨粒运动方向接近平行于固体表面，是低应力磨损，表面被擦伤，出现犁痕。当磨粒运动方向接近垂直于固体表面，是高应力磨损，也称冲击磨损，表面出现深槽。

图 13-13 所示为滑动轴瓦上的磨粒磨损损伤。

图 13-12　齿轮齿廓上的胶合损伤

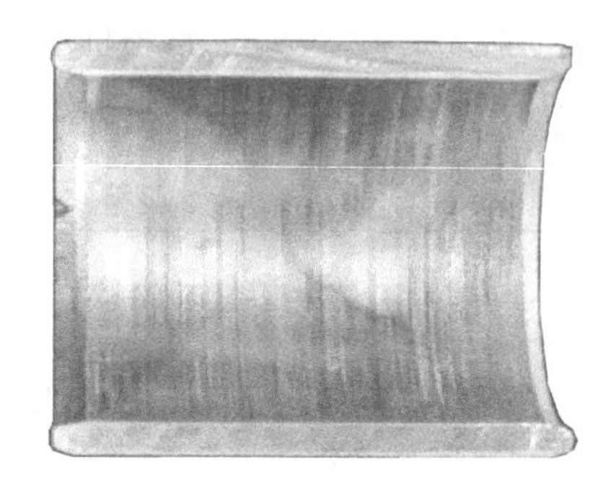

图 13-13　滑动轴瓦上的磨粒磨损损伤

设计耐磨粒磨损的摩擦副时，对低应力磨粒磨损，应选用硬度较高的钢，对高应力磨粒磨损，应选用既有一定硬度又有高韧性的钢。摩擦副表面硬度对磨粒磨损寿命有决定性影响。图 13-14 是磨粒磨损率与磨粒相对硬度（磨粒硬度 H_a 与表面硬度 H 之比）的关系曲线。根据该图，一般认为获得较高磨粒磨损寿命的条件是材料表面硬度 H 最少为磨粒硬度 H_a 的 1.3 倍，即

$$H \geqslant 1.3H_a \tag{13-43}$$

（3）表面疲劳磨损　两个相互滚动或滚-滑运动的摩擦副，在循环接触应力的作用下，因疲劳使材料脱落，称为表面疲劳磨损或接触疲劳。齿轮传动和滚动轴承常发生这种磨损。一般说来，表面疲劳磨损是不可避免的。

1）接触应力。高副零件理论上通过接触线或点传递载荷，由于接触部位的弹性变形实际上是通过很小的接触面积传递载荷。最大接触应力的计算公式为

两球体接触（图 13-15a）
$$\sigma_{\mathrm{Hmax}} = \frac{1}{\pi}\sqrt[3]{6F\left(\frac{\dfrac{1}{\rho}}{\dfrac{1-\mu_1^2}{E_1}+\dfrac{1-\mu_2^2}{E_2}}\right)^2} \tag{13-44a}$$

两平行圆柱体接触（图 13-15b）
$$\sigma_{\mathrm{Hmax}} = \sqrt{\frac{F}{\pi L}\left(\frac{\dfrac{1}{\rho}}{\dfrac{1-\mu_1^2}{E_1}+\dfrac{1-\mu_2^2}{E_2}}\right)} \tag{13-44b}$$

式中，F 为接触线或点传递的载荷；ρ 为综合曲率半径，$\rho=\dfrac{\rho_1\rho_2}{\rho_2 \pm \rho_1}$，正号用于外接触，负号用于内接触；$\mu_1$、$\mu_2$ 为两接触体材料的泊松比；E_1、E_2 为两接触体材料的弹性模量；L 是接触线长度。

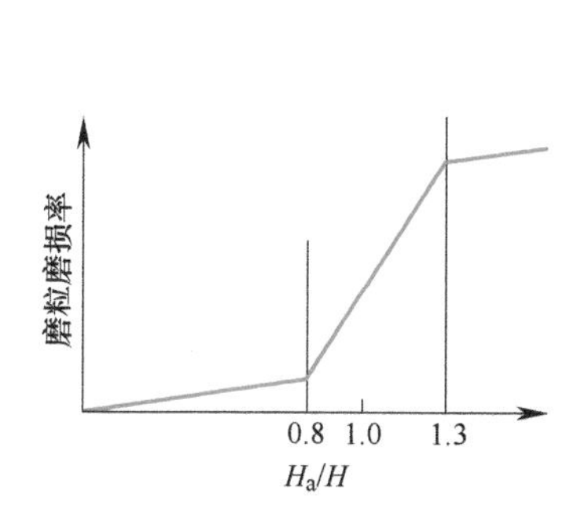

图 13-14　磨粒磨损率与磨粒相对硬度的关系曲线

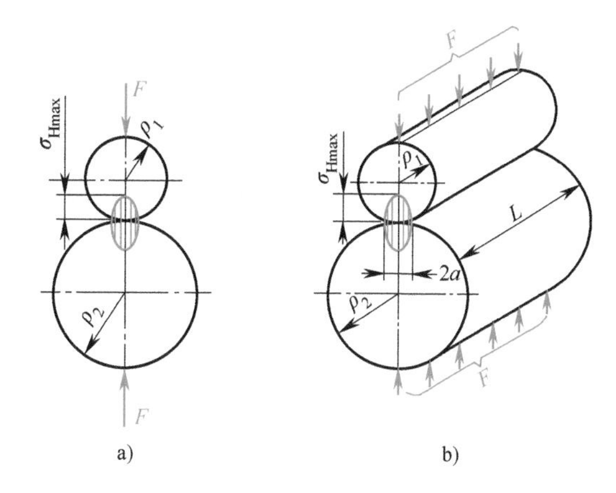

图 13-15　接触应力计算简图

当 $\mu_1=\mu_2=0.3$，$E_1=E_2=E$ 时，上两式变为

$$\sigma_{\mathrm{Hmax}}=0.388\sqrt[3]{\frac{FE^2}{\rho^2}} \quad \sigma_{\mathrm{Hmax}}=0.418\sqrt{\frac{FE}{L\rho}} \tag{13-45}$$

两接触体受载运转时，接触部位是周期性接触，应力是循环接触应力。

2）表面疲劳磨损的类型。根据裂纹萌生地点，分为表层萌生疲劳磨损和表面萌生疲劳磨损。

表层萌生疲劳磨损的疲劳裂纹源自材料表层内部的应力集中源，如非金属夹杂物和空穴。裂纹萌生的典型深度约为 0.3mm，与表层内最大切应力的位置一致，疲劳磨损造成倒立圆锥形或扇形凹坑，磨屑多为片状，故又称其为剥落。这种疲劳磨损裂纹萌生所需时间较短，但裂纹扩展速度缓慢。纯滚动接触面主要产生表层萌生疲劳磨损，滚动轴承的剥落是其典型代表。图 13-16 所示为滚动轴承内圈滚道上的剥落损伤。

表面萌生疲劳磨损的疲劳裂纹源自摩擦表面上的应力集中源，如刀痕、伤痕和腐蚀痕迹等。裂纹从表面出发，以与滑动方向呈 20°~40°角向表层内部扩展，到一定深度后分叉。疲劳磨损造成豆斑状凹坑，磨屑呈扇形，故又称其为点蚀。这种疲劳磨损裂纹萌生所需时间较长，但裂纹扩展速度快。滚滑运动接触面主要产生表面萌生疲劳磨损，齿轮传动的点蚀是其典型代表。图 13-17 所示为青铜蜗轮齿面上的点蚀损伤。

图 13-16　滚动轴承内圈滚道上的剥落损伤

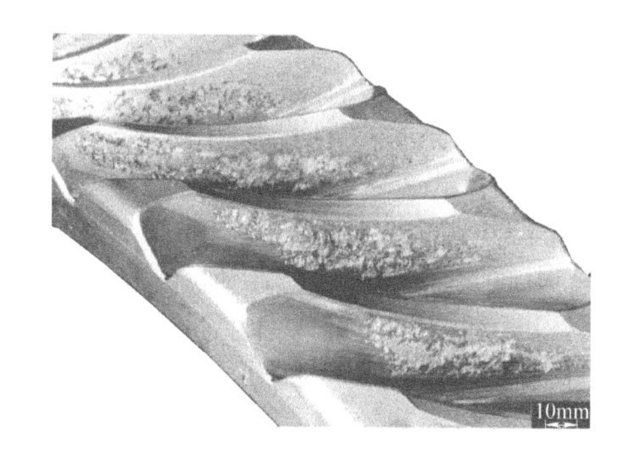

图 13-17　青铜蜗轮齿面上的点蚀损伤

由于剥落坑的边缘可以构成表面萌生疲劳磨损的发源地，所以，通常这两种疲劳磨损同

时存在。

3）接触疲劳寿命。接触疲劳寿命与接触应力的关系（接触疲劳曲线）和材料基体的疲劳曲线相似，即

$$\sigma_{\mathrm{H}}^{m}L=C$$

式中，指数 m 与零件种类、材料及其热处理有关：一般表面硬化钢和铸铁齿轮，$m=6.6$；轴承钢的球轴承，$m=3$；轴承钢的滚子轴承，$m=10/3$。

接触疲劳寿命与材料表面硬度有关，轴承钢的实验结果表明，表面硬度为62HRC时其接触疲劳寿命最长（图13-18）。

（4）腐蚀磨损　在摩擦过程中，同时存在金属与周围介质发生化学或电化学反应而产生的材料损失，称为腐蚀磨损。最常遇到的是氧化磨损，它是摩擦副受到空气或润滑剂中所含氧气作用的结果。

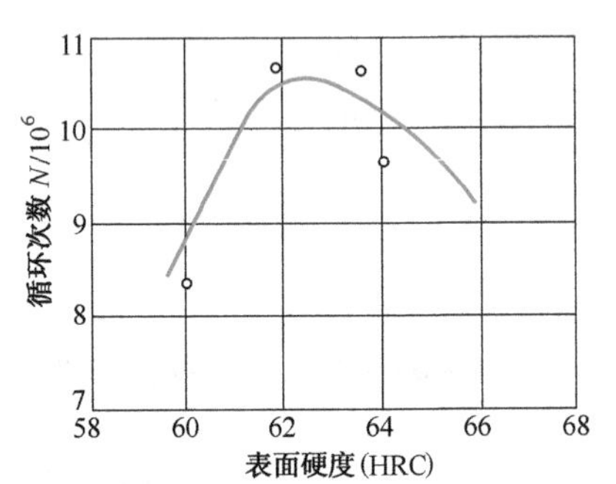

图13-18　轴承钢表面硬度与接触疲劳寿命的关系

设计耐腐蚀磨损的摩擦副时，材料是关键。

（5）微动磨损　如果两接触表面宏观上是相对静止的，但受环境的影响，以小于100μm的振幅彼此做相对运动，这样的接触表面也会出现磨损，称其为微动磨损或微动腐蚀磨损。它是一种复合型磨损。例如，搭接接头、轴毂连接、金属间的静密封、发动机机架等处常会发生微动磨损。它的损伤特征是出现疲劳裂纹和磨屑。由于微动磨损，零件的疲劳强度可能降低75%～86%。

在一定的激振条件下，微动磨损量随载荷的增加先增大而后减少，如图13-19所示。因此，可以通过控制载荷，如控制过盈配合的过盈量来减缓微动磨损。

（四）润滑与润滑设计

润滑的作用是降低摩擦副的摩擦、减少磨损，以及冷却、密封、防锈和减振等。

润滑设计的主要内容为：根据摩擦副的材料、性质和工作条件，选用适当的润滑剂，确定正确的润滑方法，选用或设计润滑装置。

按润滑剂形态润滑分为无润滑剂的润滑、固体润滑剂的润滑和流体润滑剂的润滑。

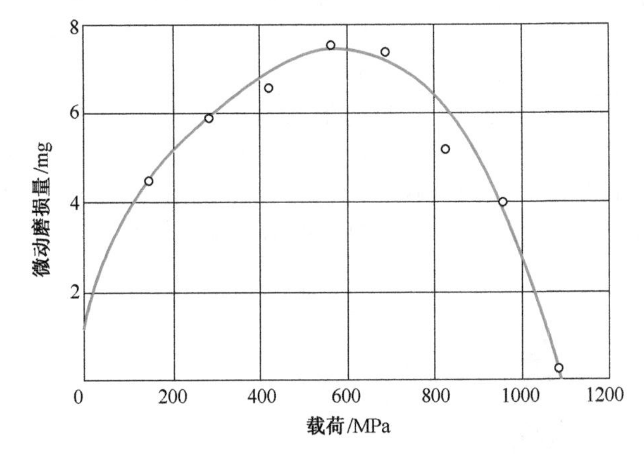

图13-19　微动磨损量与载荷的关系实验振动频率90Hz，磨损量为振动67800次后的测量值

1. 无润滑剂的润滑

采用有自润滑性的材料制作摩擦副，工作时不再加入任何润滑剂，称这种摩擦副为无润滑摩擦副，其摩擦为固体摩擦。通常按给定磨损寿命，对这种摩擦副进行实验，确定其极限 $p\text{-}v$ 曲线，根据该曲线设计摩擦副。

2. 固体润滑剂的润滑

在摩擦副间加入固体润滑剂形成固体润滑膜，抑制摩擦表面相互粘结，使剪切发生在固体润滑膜内，以减少磨损；采用低抗剪强度的固体润滑膜，自然就能降低摩擦因数。

使用固体润滑剂润滑可以节约电力，减少石油产品和非铁金属的消耗，可以杜绝漏油、避免污染，润滑装置简单，可以缩小设备尺寸，便于储存，不会老化变质。但是，采用固体润滑的摩擦副，其摩擦因数通常比用流体润滑的高，且无冷却作用，没有清洗功能，难以排除磨屑。

（1）固体润滑适用的场合　高温、高压摩擦副，如挤压、冲压、拉拔、轧制等；低速摩擦副，如机床导轨；工作温度较宽的摩擦副；在高真空环境下运转的摩擦副，采用固体润滑可保证真空度；在强辐照条件下运转的摩擦副，可减缓润滑剂的变质；接触酸、碱、海水，需要耐腐蚀的摩擦副，一般固体润滑剂与空气、溶剂、燃料和助燃剂等不起反应；长期搁置备用设备的摩擦副，如飞机弹射椅的部件；需要严格避免油污的设备，如食品、纺织、造纸、医药、印刷等设备；油、脂容易被冲刷流失的摩擦副；供油极不方便的摩擦副。

（2）固体润滑剂的使用方法　利用固体润滑剂形成固体润滑膜的方法有：①直接使用固体润滑剂粉末；②将固体润滑剂粉末分散于水、酒精、丙酮等挥发性介质中，制成悬浮液使用；③将固体润滑剂粉末分散于油、脂等载体中，制成润滑膏（糊）使用；④将固体润滑剂粉末与胶粘剂混合，制成干膜润滑剂，将其喷涂于摩擦表面；⑤用物理方法（离子镀、溅射、真空沉积、电泳、等离子喷涂等）使固体润滑剂在摩擦表面形成润滑膜；⑥将固体润滑剂与基体材料混合成为复合材料。

（3）固体润滑的计算　目前固体润滑尚无理论计算公式，通常都是根据实验限制摩擦副的单位面积载荷、速度以及它们的乘积，即

$$p \leqslant [p] \quad v \leqslant [v] \quad pv \leqslant [pv] \tag{13-46}$$

3. 流体润滑剂的润滑

（1）润滑状态　在摩擦副间加入流体润滑剂形成的润滑状态分为流体润滑状态和边界润滑状态。根据流体润滑膜的形成原理和特征，流体润滑又分为动力润滑、静力润滑和弹性动力润滑。

在流体润滑状态下，摩擦副两表面被一层流体膜完全隔开，摩擦由固体摩擦转变为流体内摩擦，摩擦特性取决于流体黏度，摩擦因数随相对速度的增加而增加。

在边界润滑状态下，摩擦副两表面各被边界膜覆盖，但边界膜只有若干层分子，其厚度尺寸极小，与表面粗糙度不在同一个数量级上，因此边界润滑的摩擦特性不取决于流体黏度，而是由边界膜本身及其与摩擦副表面结合特性所决定。在边界润滑状态下，摩擦因数不随滑动速度改变，在通常的载荷范围内，它也不随载荷而改变（图 13-20）。但是，边界润滑的摩擦因数随温度升高而增大，随边界膜厚度增加而下降。

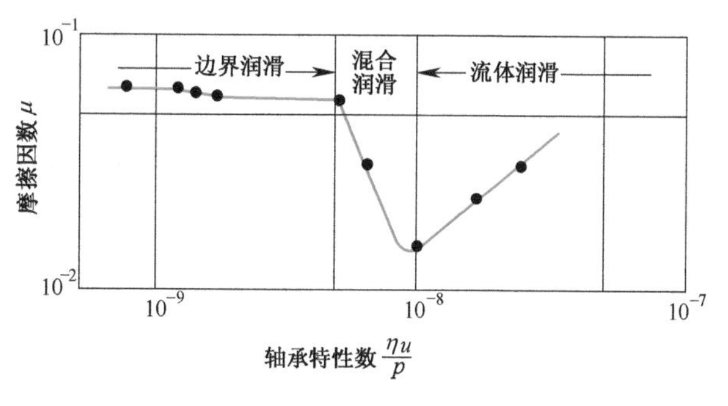

图 13-20　Streibeck 曲线

两种或两种以上流体润滑状态并存的称为混合润滑状态。

一般情况下，在实际机械设备中，包含边界润滑的混合润滑状态作为主要润滑状态的形式存在，即便是正常工况下处于流体润滑的摩擦副也有一段时间（起动与停车阶段）处于以边界润滑状态为主的混合润滑状态。

流体润滑的润滑状态与润滑膜厚度有关，将润滑膜厚度 h 与两表面粗糙度参数 Ra 之和的比值称为相对膜厚，即 $h^* = \frac{h}{Ra_1+Ra_2}$，用相对膜厚 h^* 来判断润滑的状态。各种润滑状态的相对膜厚 h^* 见表 13-2。

流体润滑剂的润滑随着工况参数改变，膜厚将变化，从而导致润滑状态的转变，但由于膜厚测量困难，不便用膜厚变化观测这种转变。

润滑状态改变，摩擦副的摩擦因数也变化，可以用它判断润滑状态。用滑动轴承进行试验，以特性数 $\eta u/p$ 为参数（η 为润滑剂黏度，u 为滑动速度，p 为轴承单位面积载荷），获得摩擦因数随轴承特性数的变化曲线，这就是图 13-20 所示的 Streibeck 曲线。边界润滑时摩擦因数较高，当 $\eta u/p$ 增大到某一临界值，摩擦因数显著下降，摩擦副转变为混合润滑状态。摩擦因数降至某一极小值后转而上升，表明润滑转为流体润滑。

表 13-2 各种润滑状态的基本特征

润滑状态		h^*	润滑膜形成方法	应用
流体润滑	流体动力润滑	10~100	由摩擦表面的相对运动所产生的动压效应或挤压效应形成流体润滑膜	中、高速度下的面接触摩擦副，如滑动轴承等
	流体静力润滑		通过泵将润滑流体加压后送到两摩擦表面之间，强制地形成润滑膜	所有速度下的面接触摩擦副，如滑动轴承、导轨等
	弹性流体动力润滑	1~10	与流体动力润滑相同	中、高速度下的点、线接触摩擦副，如齿轮传动、滚动轴承等
混合润滑		0.2~1.0	不完整的流体润滑，即流体润滑与边界润滑的混合状态	低速或重载条件下的摩擦副
边界润滑		≤0.2	润滑剂中的成分与金属表面产生物理和（或）化学作用而形成润滑膜	

表 13-3 是典型摩擦状态与其对应的摩擦因数。

（2）润滑计算

1）流体动力润滑和流体静力润滑。应用流体力学、传热学和振动力学等来计算润滑膜的承载能力及其他特性。这种计算应用在低副摩擦副上，如滑动轴承、滑动导轨等。

2）弹性流体动力润滑。在流体动力润滑计算的基础上，还要计入根据弹性力学计算的表面变形和润滑剂的流变学性能。这种计算应用在高副摩擦副上，如齿轮传动、凸轮机构、滚动轴承等。

3）边界润滑。它是迄今了解最少的润滑状态，涉及极薄的表面层性质和变化，测试和分析都十分困难。它受难以控制的表面几何、物理和化学特性的影响。所以目前尚无统一的有关边界润滑机理的理论，其应用还处于经验状态，通常只能做条件性计算，即按式（13-46）计算。

因此，混合润滑状态的计算目前也只能作条件性计算，即按式（13-46）计算。

表 13-3 典型摩擦状态与其对应的摩擦因数

摩擦状态	摩擦方式	摩擦因数
固体摩擦	滑动摩擦	0.3~1.0（1.5）
边界摩擦	滑动摩擦 滚动摩擦	0.1~0.2 < 0.005
混合摩擦	滑动摩擦 滚-滑摩擦 滚动摩擦	0.01~0.10 0.02~0.12 0.001~0.005
液体摩擦	滑动摩擦	0.001~0.010
气体摩擦	滑动摩擦	0.0001

（五）润滑剂及其特性

凡能降低摩擦阻力且人为加入摩擦副的介质都称为润滑剂。

1. 润滑剂的基本类型

润滑剂有气体润滑剂、液体润滑剂、润滑脂和固体润滑剂四种，其中应用最广的是液体润滑剂（润滑油）和润滑脂。

在液体润滑剂中用得最多的是矿物油和各种添加剂的混合物，其他还有动、植物油，如蓖麻籽油、鲸油等；合成油，如羧酸酯、磷酸酯、硅酸酯、合成烃、聚苯醚等；水基液体，如水、水乙二醇、乳化液等。

润滑脂有皂基脂、无机脂、烃基脂和有机脂等。

可作为固体润滑剂的有：软金属，如Pb、Au、Ag、Sn、In等；无机化合物，如MoS_2、WS_2、酞菁染料、石墨等，它们都是层状结构；聚合物，如聚四氟乙烯、酚醛树脂等。

许多气体都可作为润滑剂，通常采用的有空气、氦、氮、氢等。

2. 润滑剂的使用性能

四种润滑剂的主要使用性能列于表13-4，以便比较。

表13-4 润滑剂的主要使用性能

润滑剂性能	润滑剂类型			
	润滑油	润滑脂	固体润滑剂	气体润滑剂
动力润滑性	极好	可以	无	好
边界润滑性	差~极好	好~极好	好~极好	差
冷却能力	很好	差	无	极好
低摩擦性	可以~好	可以	差	极好
供给简易性	好	可以	差	好
附着性	好	好	很好	很好
密封性	差	很好	可以~好	很差
缓蚀性	可以~极好	好~极好	差~可以	差
对环境的污染	有	有	无	无
工作温度范围	可以~极大	大	很大	极大
挥发性	很高~低	低	低	很高
易燃性	很高~很低	低	低	视气体定
适应性	很低~中等	中等	极高	很高
经济性	低~高	相当高	相当高	空气很低
设计的复杂性	相当低	相当低	低~高	很高
决定寿命因素	变质和污染	变质	磨损	供气能力

3. 润滑油

（1）润滑油的主要性能参数 润滑油的性能中，有一部分可以用理化指标来表示，还有一部分尚不能用理化指标来表示。可以用理化指标来表示的最主要的性能是：

1）黏度。这是润滑油最重要的一项性能指标。它表征流体流动的阻力，在流体动力和静力润滑状态，黏度与油膜厚度、摩擦阻力直接相关。由式（13-39）可知，黏度η的量纲为Pa·s，这个黏度又称为动力黏度。动力黏度η与流体密度ρ的比值为运动黏度ν，即$\nu=\eta/\rho$，它的量纲是m^2/s，但用mm^2/s作为其单位。除此之外，还使用通过测定润滑油穿过规定孔道所需时间的条件黏度，如雷氏1号秒、雷氏2号秒、赛氏通用秒和恩格尔度等。

润滑油黏度随温度升高而下降，随压力升高而增大。

2）黏度指数。黏度指数VI是表征黏度随温度变化特性的指标之一，是普遍应用的经验指标。黏度指数高表示油品的黏度随温度变化小。黏度指数小于35的油为低黏度指数油，在35~80之间的为中黏度指数油，在80~110之间的为高黏度指数油。

3）闪点。这是有关安全的性能指标，润滑油的工作温度必须比闪点低20~30℃才能确保安全。

4）酸值。润滑油在使用过程中会逐渐被氧化，酸值增加。酸值以mg KOH/g表示，是润滑油老化的标志，当其达到规定值后，必须更换新润滑油。

5）倾点。它是润滑油失去流动性时的温度，是润滑油工作温度的低温极限值。

尚不能用理化指标来表示的主要性能见表13-5。

表13-5 润滑油的其他基本特性

特　性	描　述
润滑性(油性)	边界润滑状态下的承载能力
氧化安定性(耐久性)	在空气中的氧、热、光、辐射、催化作用以及如聚合作用、凝聚作用和氧化作用下使润滑油的特性难以发生变化的稳定性(它决定了润滑油的寿命)
生物可降解性	表示润滑油中一定数量的基础物质在特定的条件下可通过微生物降解的性能,分解后的产物毫无疑问是无毒害的
密封材料相容性(弹性体相容性)	表示油或特定的添加剂与密封材料(塑料)的相容性
抗乳化性	遇水后,虽经搅拌振荡,也不易形成乳化液的能力,是汽轮机油的重要质量指标
中和性	润滑油能够中和工作中产生的酸性或碱性物质的能力
抗泡性	油中的空气将会导致出现气泡(通过薄薄的油膜包围着),在它重新进入润滑区之前(不危险的),气泡将会破裂或者形成稳定的表面气泡,这时会很明显的导致润滑作用的变化
热稳定性	油在高温下化学结构发生变化的可能性
蒸发度	在高温下油蒸发损耗的程度
导热性	描述热量在油中传递的参数

(2) 润滑油的组成　常用矿物润滑油不是单纯的矿物油，而是以矿物油为基础油，与多种添加剂的混合物。加入润滑油的添加剂有摩擦改进剂、极压抗磨剂、抗氧缓蚀剂、高温抗氧剂、黏度指数改进剂、抗泡剂、金属减活剂、降凝剂和清净分散剂等。

(3) 常用润滑油品种和黏度等级　国家标准GB/T 7631.1—2008规定用符号L代表润滑剂及其相关产品，其中常用润滑油有：A组全损耗系统用油，C组齿轮油，D组压缩机油，E组内燃机油，F组主轴，轴承和有关离合器油，G组导轨油，H组液压油，T组汽轮机油和Z组蒸汽气缸油等。

还根据润滑油的特性，将其分为R&O油（抗氧缓蚀油）、AW油（耐磨油）和EP油（极压油）。

与ISO一致，我国以40℃时的运动黏度（mm^2/s）值划分润滑油的黏度等级，见表13-6。

表13-6 润滑油的黏度等级（摘自GB/T 3141—1994）

黏度等级	2	3	5	7	10	15	22	32	46
黏度中间值/(mm^2/s)	2.2	3.2	4.6	6.8	10	15	22	32	46
黏度范围/(mm^2/s)	1.98~2.42	2.88~3.52	4.14~5.06	6.12~7.48	9.0~11.0	13.5~16.5	19.8~24.2	28.8~35.2	41.4~50.6
黏度等级	68	100	150	220	320	460	680	1000	1500
黏度中间值/(mm^2/s)	68	100	150	220	320	460	680	1000	1500
黏度范围/(mm^2/s)	61.2~74.8	90~110	135~165	198~242	288~352	414~506	612~748	900~1100	1350~1650

内燃机油采用SAE黏度等级，其黏度等级以及与ISO的对应关系见表13-7。

润滑油的标记为：类别（L）-代号-黏度等级，如黏度等级为32、用于汽轮机轴承的汽轮机油的标记为L-TSA-32。

表13-7 内燃机油SAE黏度等级以及与ISO的对应关系

<table>
<tr><td>内燃机油SAE黏度等级</td><td colspan="2">0W</td><td colspan="2">5W</td><td>10W</td><td>15W</td><td colspan="2">20W</td><td>20</td><td>25W</td><td>30</td><td>40</td><td>50</td></tr>
<tr><td>ISO黏度等级</td><td>10</td><td colspan="2">15</td><td>22</td><td>32</td><td colspan="2">46</td><td colspan="2">68</td><td colspan="2">100</td><td>150</td><td>220</td></tr>
</table>

注：代号中W表示冬季用油。

（4）选用润滑油的几个问题

1）为某一类机器或为某专门用途研制的专用润滑油就冠以该类机器或用途的名称，如齿轮油、汽轮机油、冷冻机油、柴油机油、液压油、导轨油、主轴油等，这些润滑油除用在其指定的场合外，也可用在其他合适的地方，如汽轮机油也可用于其他设备的滑动轴承。

2）选润滑油的品种时应考虑润滑油的性能指标，例如：润滑油的最高使用温度必须比闪点低 20~30℃；环境温度必须高于润滑油倾点 10~15℃；载荷较大时必须选用 EP 油；环境潮湿时应该选用含缓蚀添加剂的润滑油；主要处于以边界润滑为主的混合润滑状态下的摩擦副，应该选用含摩擦改进剂的润滑油；摩擦副工作温度范围比较宽时，应该选用含黏度指数改进剂的润滑油，以减少黏度随温度的变化量；润滑方法导致搅动润滑油时，应该选用含抗氧剂和消泡剂的润滑油等。

3）间隙大、载荷重、速度低、工作温度高、摩擦副竖立工作、摩擦表面硬度低，摩擦表面粗糙度参数值大，选黏度较高的润滑油。

4. 润滑脂

润滑脂的基本组分是润滑油、稠化剂和添加剂。稠化剂的质量分数为 10%~20%。它的主要作用是浮悬润滑油，减小油的流动性，提高油与摩擦表面的附着力。

（1）润滑脂的主要性能指标

1）稠度（锥入度）。稠度是在外力作用下润滑脂抵抗变形的能力，表征稠度的指标是锥入度。将规定的圆锥体放在 25℃ 的润滑脂试样上，经 5s 后所沉入的深度为锥入度，以 1/10mm为单位。

2）机械安定性。在机械切向力作用下，润滑脂结构破坏后自动恢复原状的能力。

3）胶体安定性（析油率）。润滑油与稠化剂保持不分离，不流失的能力。

4）滴点。将润滑脂放在滴点计的脂杯中，按规定的条件加热，滴落第一滴油时的温度称为滴点，它是表征润滑脂高温性能的指标，润滑脂的最高工作温度必须比滴点低 10℃。

5）抗水性。遇水后不乳化变质流失、稠度不下降的能力。一般非皂基脂比皂基脂抗水性好。

6）极压性。润滑脂抵抗载荷而不被挤出摩擦表面的能力。

（2）润滑脂的分类。根据稠化剂的不同，润滑脂有：单一金属皂基脂、复合金属皂基脂、混合金属皂基脂、烃基脂、无机基脂和有机基脂。除此之外，还按工作温度范围、抗水性、极压性和稠度等级等进行分类，见表 13-8，表中还给出分类字母代号。

表 13-8 润滑脂的分类及代号（摘自 GB/T 7631.8—1990）

代号字母(1)	使用要求									稠度等级
	工作温度范围				抗水性	字母(4)	载荷EP	字母(5)	锥入度/0.1mm	
	最低温度①/℃	字母(2)	最高温度②/℃	字母(3)						
					干燥环境,不防锈	A			445~475	000
			60	A	干燥环境,在淡水下的防锈	B			400~430	00
	0	A	90	B	干燥环境,在盐水下的防锈	C			355~385	0
	-20	B	120	C	静态潮湿环境,不防锈	D	非极压型	A	310~340	1
X	-30	C	140	D	静态潮湿环境,在淡水下的防锈	E	极压型	B	265~295	2
	-40	D	160	E	静态潮湿环境,在盐水下的防锈	F			220~250	3
	<-40	E	180	F	水洗,不防锈	G			175~205	4
			>180	G	水洗,在淡水下的防锈	H			130~160	5
					水洗,在淡盐水下的防锈	I			85~115	6

① 设备起动、运转和泵送润滑脂时所经历的最低温度。

② 使用时润滑部件的最高温度。

一种润滑脂的标记是由代号字母 X 与第 2~第 5 的 4 个字母及稠度等级组成的，如 L—

XACHB0，这种润滑脂最低操作温度为0℃、最高操作温度为120℃、淡水水洗下缓蚀、极压型、稠度等级为0。

各稠度等级润滑脂的应用领域见表13-9。

表13-9 不同稠度润滑脂的应用领域

NLGL等级 GB/T 7631.8	锥入度/0.1mm	黏稠度	应用领域
000	445~475	流动	齿轮脂、集中润滑装置
00	400~430	难以流动	齿轮脂、集中润滑装置
0	355~385	半流体	齿轮脂、滚动轴承脂、集中润滑装置
1	310~340	非常软	滚动轴承脂
2	265~295	软	滚动轴承脂、滑动轴承脂
3	220~250	微稠	滚动轴承脂、滑动轴承脂、水泵润滑脂
4	175~205	稠	滚动轴承脂、水泵润滑脂
5	130~160	非常稠	水泵润滑脂、密封脂
6	85~115	硬	密封脂

（六）润滑油、润滑脂的润滑方法

1. 润滑方法

使用润滑油、润滑脂的方法有多种，它们在复杂程度、装置成本、可靠性、冷却与清洁摩擦表面能力等方面，有很大差别。

（1）手工润滑　手工润滑是最简单的润滑方法。由操作者定期用油壶或油枪向油孔或油嘴内加油，通过油沟或油槽流入润滑部位。若采用润滑脂，则需使用脂用油杯或油枪。因油量不均匀，不连续，不易控制，无压力，故可靠性不高。

（2）滴油润滑　用滴油油杯靠重力向润滑部位断续地供油。油杯容量有限，供油量受杯中油位和油温的影响，不够均匀，不十分可靠。

（3）油绳、油垫润滑　油绳、油垫由纤维材料制成，利用它们的毛细和虹吸作用向润滑部位供油。油绳的一端浸在油中，从另一端向润滑部位滴油；油垫则是一侧浸入油池，另一侧贴在摩擦表面上，不断往润滑部位抹油。由于油垫与摩擦表面接触，故对速度有限制（一般不超过4 m/s）。油绳和油垫需要定期清洗。

（4）喷雾润滑　用压缩空气通过油雾发生器使润滑油雾化成为微小颗粒并悬浮在空气中，再喷入润滑部位。油雾润滑的耗油量少，且供油可调、均匀、连续，而渗透力强；冷却作用好；因油雾压力略大于环境压力，故密封性好。不过，它对环境的污染也很严重。

（5）油气润滑　将润滑油以极少的量连续地加入气流中，构成油气二相混合流，喷向润滑部位进行润滑。这种润滑法节省润滑油，有很强的冷却能力，几乎不污染环境，是特高速滚动轴承的有效润滑方法。

（6）油浴、飞溅润滑　这种润滑方法利用机器的封闭箱体做油池，非常方便。油浴润滑是将润滑部位浸入油池的油中；飞溅润滑是利用旋转的机件使油池中的油溅起，然后落到润滑部位上。因为对油有较强烈的搅动，故不宜用于高速。

（7）油环、油盘润滑　这种润滑方法是用机器的箱体做油池，依靠旋转的油环或油盘把油从油池带到需要润滑的部位上。油环挂在轴上，下部浸入油池，靠摩擦力被轴带着转动；油盘固定在轴上，与轴一起转动。这种润滑方法只适用于水平轴。

（8）压力供油、喷油润滑　用泵将油箱中的润滑油加压送入供油管路，通过零件上的油孔注入润滑面进行润滑，这是压力供油润滑。还可以通过装在润滑面近旁的喷嘴，把油喷至润滑面上润滑，这是喷油润滑。这种润滑方法供油稳定，供油量可调，运行可靠，冷却效果良好。

上述润滑方法中，（1）、（2）、（4）、（5）从摩擦副中流出的润滑油全部流失，不再回收利用，称为全损耗润滑系统；（3）、（6）～（8）润滑油循环使用，称为循环润滑系统。它们的典型结构示意图如图 13-21 所示。

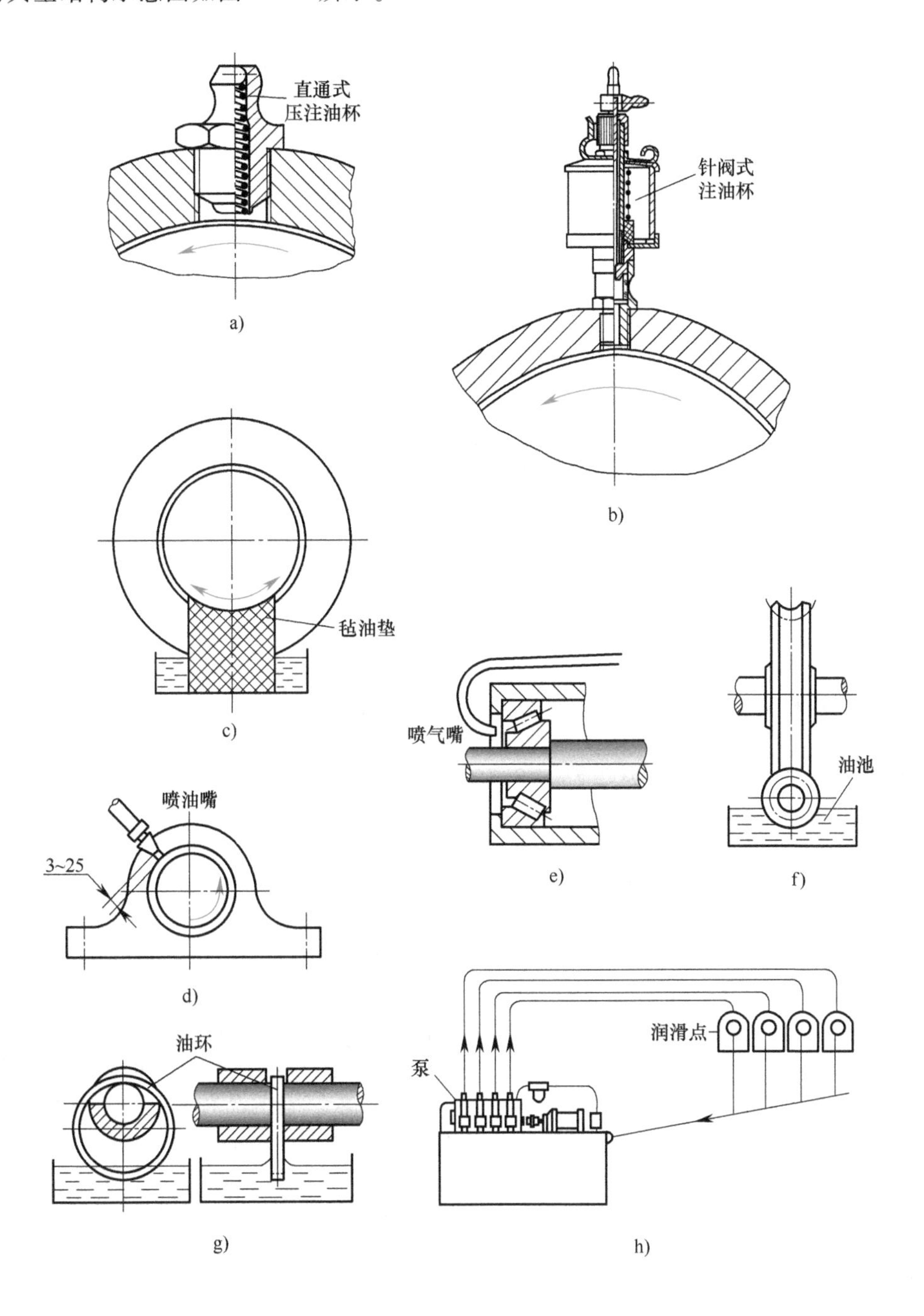

图 13-21　润滑方法示意图

a）手工润滑　b）滴油润滑　c）油垫润滑　d）喷雾润滑　e）油气润滑
f）油浴润滑　g）油环润滑　h）压力供油润滑

2. 润滑方法的应用

润滑油、润滑脂常用润滑方法的应用见表 13-10。

表 13-10 润滑油、润滑脂常用润滑方法的应用

润滑方法		应用举例
全损耗润滑系统	手工加脂	低速、轻载滚动轴承，重载、高温滑动轴承和导轨
	集中压力供脂	低速、轻载滚动轴承，重载、高温滑动轴承和导轨，低速、重载齿轮
	手工加油	不要求起冷却作用的所有一般摩擦副
	滴油	中等载荷与速度的轴承、导轨、气缸、齿轮传动、链传动
	喷雾	高速滚动轴承、齿轮箱
	油气	极高速滚动轴承
循环润滑系统	油绳、油垫	低速滚动轴承；一般滑动轴承、导轨
	油环、油盘	中等载荷与速度的轴承、齿轮传动
	油浴、飞溅	重要轴承、导轨、齿轮箱
	压力供油、喷油	主要的高速轴承、导轨、齿轮箱

第三节 机械零件材料选用原则

一、机械零件常用材料

机械零件常用材料有钢铁、非铁金属、粉末冶金、有机高分子、无机非金属和复合材料，用得最多的是钢铁材料。

（一）钢铁材料

常用的钢铁材料有铸铁、钢、特种合金和粉末冶金材料。

1. 铸铁

铸铁中碳的质量分数一般为2.5%~3.5%，按生产工艺和组织性能，铸铁分为灰铸铁、可锻铸铁、球墨铸铁和特殊性能铸铁。

2. 钢

钢中碳的质量分数不超过2%，按生产工艺分为铸钢和变形钢。按化学成分分为非合金钢、低合金钢和合金钢。按质量等级分为普通钢、优质钢和特殊质量钢。

（1）铸钢　铸钢主要用于制造承受重载、形状复杂的大型零件。铸钢的力学性能接近变形钢，与灰铸铁比较，其减振性较差，熔点较高，铸造收缩率较大，容易出现气孔，故铸造性不如铸铁。铸钢分为一般工程用铸钢和特殊用途铸钢，前者有碳钢和合金钢，后者均为合金钢。

（2）变形钢　曾称为锻钢，是机械零件应用最广泛的材料，大部分可以通过热处理来改善其力学性能，以满足各种零件对力学性能不同的要求。它的品种有：碳素结构钢、低合金高强度结构钢、合金结构钢、弹簧钢、工具钢、轴承钢、不锈钢和耐热钢等。

（二）非铁金属材料

非铁金属及其合金具有许多可贵特性，如减摩性、耐蚀性、耐热性和导电性等。在一般机械制造中，可用它们做承载、耐磨、减摩和耐蚀材料，也用作装饰材料。机械制造采用的非铁金属材料有：铜合金、铝合金、钛合金和轴承合金等。

（三）粉末冶金材料

机械制造用粉末冶金材料按材质分有铁基、铜基、镍基、不锈钢基、钛基和铝基粉末冶金材料。按用途一般分为结构材料、减摩材料、摩擦材料和多孔材料。

1. 粉末冶金结构材料

具有高强度、高硬度和韧性好等特点，并有良好的耐蚀性、密封性和耐磨性。主要用于制作各种承受载荷的零件，如传动齿轮、汽车和冰箱压缩机零件等。

2. 粉末冶金减摩材料

承载能力高，摩擦因数低，具有良好的自润滑性、耐高温性和耐磨性。摩擦时不伤配副件，噪声较低。主要用于制作含油轴承等。

3. 粉末冶金摩擦材料

摩擦因数大而稳定，耐短时高温，耐磨，导热性好，抗胶合能力强，摩擦时不伤配副件。主要用于制作离合器片、制动器片等。

4. 粉末冶金多孔材料

综合性能优良，对孔隙的形态、大小、分布及孔隙度均可控制。主要用来制作过滤、减振和消声元件，以及催化、止火、电极、热交换和人造骨等制品。

（四）有机高分子材料

这种材料又称为聚合物，在机械制造中用得较多的是工程塑料和橡胶。

1. 工程塑料

工程塑料的突出优点是密度小、容易加工，可用注塑成形法制成各种形状复杂、尺寸精确的零件。塑料最主要的缺点是导热性差。通常用工程塑料做减摩、耐蚀、耐磨、绝缘、密封和减振材料。

根据其热性质，塑料分为热塑性塑料和热固性塑料。

（1）热塑性塑料　如聚乙烯、聚氯乙烯、聚丙烯等，加热到一定温度后即软化或熔化，具有可塑性，冷却后固化成形。这一过程能反复进行。

（2）热固性塑料　如环氧树脂、酚醛树脂等，在常温或加热初期软化、熔融，加入固化剂固化成形。这一过程不能再次进行。

2. 橡胶

它的特点是弹性高、弹性模量小（软质橡胶的弹性模量只有 1MPa）。橡胶分为天然橡胶和合成橡胶两大类。按应用范围分有：产量大、用途广的通用橡胶，如天然橡胶、丁苯橡胶、顺丁橡胶等；产量较大、用途渐广的准通用橡胶，如丁基橡胶、丁腈橡胶等；具有耐寒、耐热、耐油等特殊性能的特种橡胶。在机械制造中橡胶主要用作密封、减振元件，传动带，轮胎等。

（五）无机非金属材料

1. 工程陶瓷

工程陶瓷一般分为结构陶瓷和功能陶瓷两大类。

（1）结构陶瓷　结构陶瓷有氧化物陶瓷、氮化物陶瓷、碳化物陶瓷、硼化物陶瓷等。氧化物陶瓷有氧化铝、氧化锆、氧化铍、莫来石陶瓷等。结构陶瓷一般具有耐高温、耐磨、耐蚀、抗氧化、难加工等特性，是机械制造近年来才采用的新材料，用来制造轴承、模具、活塞环、气阀座、密封件、挺杆等零件。

（2）功能陶瓷　功能陶瓷有电功能陶瓷、磁功能陶瓷、光功能陶瓷、生物和化学功能陶瓷等。它们都是为某一特殊功能要求而采用的材料。

2. 炭石墨材料

炭石墨材料强度不高，但密度小、耐高温、耐化学腐蚀、有自润滑性，在机械工业中广泛用作密封圈、活塞环、轴承、电刷、热交换器等。

3. 聚合物混凝土

聚合物混凝土是用高分子树脂代替水泥做黏合剂的混凝土，其突出特点是具有高的强度，良好的抗化学药品腐蚀性能（优于不锈钢），减振和消声能力是灰铸铁的 7 倍，具有良好的耐磨性和电绝缘性。这种材料是金属加工机床底座的理想材料，目前在国内外得到了越来越多的应用。

（六）复合材料

复合材料是由两种或两种以上材料，即基体材料和增强材料复合而成的多相材料。复合材料既能保持原组成材料的特性，又能通过复合效应使各组分的性能互相补充，获得原组分不具备的许多优良性能。

复合材料的特点是：①比强度高，材料能承受高的应力；②比模量高，材料轻而刚度大；③抗疲劳性能好；④减振性能好，材料内大量界面对振动有反射吸收作用；⑤高温性能好。

二、材料选用原则

选择材料是机械设计程序中的重要环节。用不同材料制作同一零件，则零件尺寸、结构、加工方法、工艺要求等都有所不同，成本也不同。

（一）性能选材法

性能选材法主要依据零件使用性能和工艺性能进行选择。

1. 使用性能

1）若零件尺寸取决于强度，且尺寸和质量又受到限制时，应根据尺寸和质量的限制选用强度满足要求的材料。在静拉、压应力或切应力下工作的零件，因应力分布均匀，宜选用组织均匀，屈服强度较高的材料；在静弯曲应力或扭应力下工作的零件，因应力分布不均匀，宜选用经热处理表层强度较高的材料。在循环应力下工作的零件，应选用疲劳强度较高的材料。

2）若零件尺寸取决于刚度，则应选用弹性模量较大的材料。碳钢和合金钢的弹性模量相差无几，故这时应选用价格较低的碳钢。合理选择截面形状对提高零件刚度是十分重要的，应使截面二次矩最大。

3）若零件尺寸取决于接触强度，则应选用能进行表面强化处理的材料，如调质钢、渗碳钢、渗氮钢等。

4）在滑动摩擦下工作的零件，应选用减摩性和抗胶合性好的配副材料。

5）在高、低温下工作的零件，应选用耐热性或耐寒性好的材料。

6）在腐蚀介质中工作的零件，应选用耐该介质腐蚀的材料。

2. 工艺性能

选择材料时还应考虑材料的工艺性能，如铸造性、焊接性、可锻性、切削性、淬硬性、淬透性、变形开裂倾向性和回火脆性等。

（二）成本选材法

经济性是选择材料时需要考虑的重要指标。零件重量直接与材料成本成比例，所以减轻重量常是设计机器的主要要求之一。

零件的重量并不等于其材料的消耗量，材料消耗量与材料利用率有关。而选用不同的材料，其材料利用率将不相同。同时，零件的成本不仅仅是材料的费用，还应包括加工费用，特别是尺寸较小但形状复杂的零件，加工费用将超过材料费用。零件的加工费用往往与材料有关。因此，按成本最低选择材料更合理。

三、工程塑料的选用

表13-11给出选用工程塑料时的建议。

表13-11 常用工程塑料的选用

零件类型	对材料的要求	常用工程塑料
一般结构零件	强度和耐热性一般，成本低	低压聚乙烯、改性聚苯乙烯、氯乙烯-醋酸乙烯共聚物、ABS塑料、聚丙烯、改性有机玻璃、聚氯乙烯
耐磨件	强度、刚度、韧性、耐磨性、耐疲劳性较高，较高的热变形温度	聚酰胺、聚甲醛、聚碳酸酯、氯化聚醚、聚对苯二甲酸乙二醇酯、环氧塑料、酚醛塑料、ABS塑料、聚砜(PSF)
减摩件	强度一般，低的摩擦因数	聚四氟乙烯、增强聚四氟乙烯、低压聚乙烯、聚全氟乙丙烯、聚酰胺
耐蚀件	耐酸、碱、溶剂等的腐蚀	聚四氟乙烯、聚全氟乙丙烯、聚三氟氯乙烯、聚偏氟乙烯、氯化聚醚、低压聚乙烯、聚丙烯
耐热件	高的热变形温度，抗高温蠕变性，能在150℃以上长期工作	聚砜、聚苯醚(PPO)、聚四氟乙烯、聚全氟乙丙烯、聚酰亚胺、各种纤维增强塑料、改性有机硅塑料

四、摩擦副材料的选用

根据材料的摩擦学性能把材料分为摩擦材料、减摩材料和耐磨材料。利用摩擦来传动或制动的零件，通常用摩擦材料制造，如摩擦传动、摩擦离合器、摩擦制动器。需要尽量减小摩擦功耗的零件，如轴承、导轨、密封件等，应采用减摩材料。要求小磨损率的零件，需选用耐磨材料。

这三种材料之间并无明显界线，一般地说，与铸铁或钢摩擦时，无润滑条件下摩擦因数大于0.25、润滑条件下摩擦因数大于0.05的材料为摩擦材料，反之则为减摩材料，而对耐磨材料的耐磨性没有明确规定。

（一）减摩材料及其选用

用作减摩材料的有：金属减摩材料，如轴承合金、铜基合金、粉末冶金减摩材料；聚合物减摩材料，如聚酰胺、聚四氟乙烯、酚醛塑料等；木基减摩材料和炭-石墨。依据载荷、滑动速度和温度选用减摩材料，但其摩擦学性能和一般性能必须同时满足使用要求。

（二）摩擦材料及其选用

对摩擦材料的要求是：在工作温度范围内，摩擦因数能稳定地保证必需的摩擦力，磨损率能保证预期的寿命。表13-12列出主要摩擦材料的品种。

表13-12 主要摩擦材料的品种

品种	纤维摩擦材料	金属、金属陶瓷材料	碳基摩擦材料
基体材料	石棉纤维、石棉织物、棉织物、纸、有机物	铁、铜、氮化硅、氧化铝、二硼化钛	石墨纤维织物、碳纤维织物
成形方法	浸渍树脂黏结剂，干燥后压制而成	铸成;金属或金属陶瓷粉末与摩擦改进剂混合后，经压制、烧结而成	气相沉积

（三）耐磨材料及其选用

选择耐磨材料对控制磨损起着重要作用，耐磨性是选择耐磨材料时考虑的首要特性。不同磨损类型对耐磨材料的性能要求见表13-13。

常用耐磨材料有：钢，如高锰钢、低合金耐磨钢、石墨钢、不锈钢、工具钢等；铸铁，如冷硬铸铁、白口铸铁、中锰球墨铸铁、奥氏体-贝氏体球墨铸铁等；铜基合金；特种合金；金属陶瓷；聚合物；炭-石墨等。

表 13-13 不同磨损类型对耐磨材料的性能要求

磨损类型		要求的材料性能
磨粒磨损	侵蚀(二体磨粒磨损)	硬度高(对小角度冲刷);韧性好(对大角度冲刷);热处理不影响耐蚀性
	三体磨粒磨损	表面硬度高于磨粒硬度;加工硬化因数低
黏附磨损		在配副材料中的溶解度低;在工作温度下不软化;表面能低
接触疲劳磨损		既要硬度高,又要韧性好;能抛光;不含硬的非金属杂质
微动磨损		耐环境介质腐蚀;只产生软的腐蚀产物;在配副材料中的溶解度低;表面硬度高于磨粒硬度;加工硬化因数低

第四节 机械零部件的标准化

标准化就是对对象进行有计划的简化。制造商和用户之间合作范围越大，交流越深，他们之间的合作就越需要规则，这个规则就是标准。制造商和用户之间合作范围越大，交流越深，他们之间的合作规则就显得越重要。标准是对科学技术和经济领域中某些多次重复的事物给予公认的统一规定。标准化就是制定、贯彻和推广应用标准的过程。标准化是组织现代化生产的重要手段，是实现科学管理的基础。通过标准化的实施，能获得很大的社会经济效益。

标准化的特征就是统一、简化。

产品设计阶段的标准化对提高产品的技术水平、保证产品的质量和可靠性、降低生产成本与消耗都有着重要作用。

由于法律条例或管理条例，协议或某些特殊法律条文的需要，使用者有义务要求执行标准。尽管使用了标准，但使用者也要为自己的行为负责。

由于标准化的重要性，1947 年成立了国际标准化组织（ISO），我国是该组织的成员，“国际标准化组织 ISO”和“国际电工技术委员会 IEC”共同建立了国际标准化体系。我国的标准根据其适用范围分为国家标准、行业标准（包括行业内部标准）和企业标准 3 级。国家标准由国家标准化主管机关批准、发布，在全国范围内统一执行，分为强制性（GB）和推荐性（GB/T）两种。行业标准由主管行业机构批准、发布，在一定行业范围内统一执行。机械行业的标准也分为强制性（代号为 JB）和推荐性（代号为 JB/T）两种。

机械行业的国家标准和行业标准，除涉及生命安全的，如锅炉、压力容器等以外，都是推荐性的。

企业标准由企业批准、发布，只限于在企业内部使用。

机械产品标准化的主要内容和形式是通用化、系列化和组合化（模块化），它们是机械设计的重要设计思想和设计准则之一，也是一种有效的设计方法和优化设计的重要内容，是产品开发的重要策略。

一、通用化

对机械零部件设计来说，通用化是最大限度地扩大同一零部件使用范围的一种标准化形式。它是以互换性为前提的，统一具有相同或相似功能和结构的零部件，以扩大零部件的制造批量和重复使用范围，减少设计和制造中的劳动量，保证结构、质量的稳定性，并便于组织专业化生产和协作，以降低生产成本。

紧固件、滚动轴承等是通用化程度最高的零件之一。

通用零部件的通用性越强，应用范围越广，其效果越好。

二、系列化

系列化是有目的地指导同类产品发展的一种标准化形式。通过对同一类产品的发展规律和国内外的需求趋势预测及生产条件增长的可能性的分析，将产品的主要参数按一定的数列做合理安排或规划，再对其基本形式、尺寸和结构进行规定和统一，编制产品系列型谱和进行系列设计，以缩短设计周期，加快品种的发展。

主要参数是各项参数中起主导作用的参数，它能保证产品使用性能、保证互换配套和降低制造成本。例如真空泵，在单位时间内从泵吸气口平面处抽走的气体容积数称为抽气速率，它是真空泵的主要性能参数之一。以它为参数编制真空泵系列型号，对旋片式真空泵，该参数的系列为：0.5L/s、1L/s、2L/s、4L/s、8L/s、15L/s。

通过系列化，合理地简化零部件的品种规格，可以提高零部件的通用化程度。

三、组合化（模块化）

组合化是开发满足各种不同需要的产品的一种标准化形式。

在对一定范围内的不同产品进行功能分析和分解的基础上，将同一功能的部件设计成具有不同用途或性能的、可以互换的通用模块（件）或标准模块（件）。所谓模块（件）就是一组具有同一功能和结合要素，而有不同用途和不同结构且能互换的单元。

然后，从这些模块中选取相应的模块，在补充少量新设计模块和零部件后，组合成新的机械产品，称为组合设计。

文献阅读指南

1）疲劳强度设计是本章的难点之一，也是机械设计中的重点，本章只重点介绍了常规疲劳强度设计，它是以标称应力为基本设计参数的设计方法，是以 *S-N* 曲线及疲劳极限图为基础，再考虑应力集中等影响因素而实现的。但是，疲劳破坏是个随机现象，因此设计中应引入可靠性的概念，需要用 *P-S-N* 曲线代替传统的 *S-N* 曲线进行疲劳强度设计。

关于现代疲劳强度设计方法更详细的知识，以及载荷谱的编制，腐蚀、冲击对疲劳强度的影响等，可以阅读闻邦椿主编的《机械设计手册单行本：疲劳强度与可靠性设计》（5版，北京：机械工业出版社，2015）。

2）摩擦学设计是机械设计中一项新的、重要的内容，目前，关于摩擦学的研究正在从原理向设计转变，摩擦学设计的内容还不完善、不充实。这方面要想深入了解，只能参阅摩擦学原理方面的书籍，推荐温诗铸和黄平所著的《摩擦学原理》（4版，北京：清华大学出版社，2012）。

思考题

13-1 失效的定义是什么？它与破坏的含义相同吗？计算准则与失效的关系是什么？

13-2 应力由载荷产生，应力有静应力和循环应力，载荷有静载荷和循环载荷，它们之间是什么关系？

13-3 无限寿命设计和有限寿命设计的区别在哪里？

13-4 应力增长规律有几种？它们会影响疲劳强度吗？

13-5 磨损按机理分为几种基本类型？控制它们的主要措施是什么？

13-6 流体润滑的润滑状态有几种？它们之间有无联系？如何判断滑动摩擦副处于什么润滑状态？

13-7 机械制造材料的选用原则是什么？

习 题

13-1 在弯扭复合应力下，塑性材料应采用第3强度理论，脆性材料需采用第1强度理论计算静强度。试问：若设计一中碳钢制造的转轴应按哪个强度理论计算？如果用错了强度理论会产生什么后果？

13-2 有一滑轮空套在一固定轴上，如图13-22a所示，用钢丝绳绕过滑轮以提升重物。试问：轴受什么应力？它的极限应力是什么？若滑轮固定在轴上（图13-22b），而轴用滚动轴承支承，这时轴又受什么应力？它的极限应力是什么？

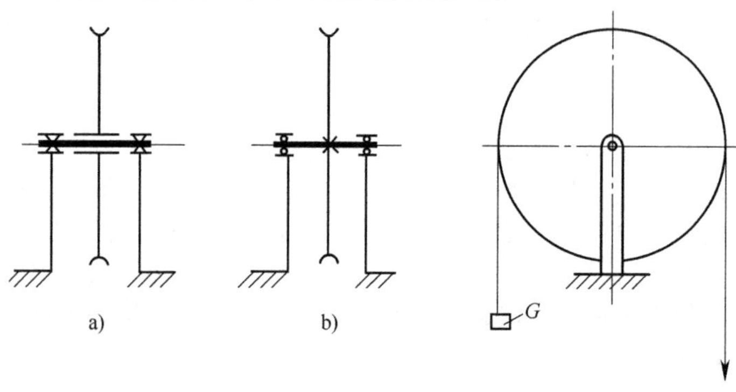

图 13-22 习题 13-2 图

13-3 图13-23为起重机吊钩，其部分尺寸为：$b=65\text{mm}$、$R=13\text{mm}$、$h=84\text{mm}$、$a=48\text{mm}$。吊钩材料为20钢，屈服强度 $R_{eL}=410\text{MPa}$。取安全因数 $S=3.5$。试计算吊钩所能承受的最大质量 m。提示：计算吊钩截面二次矩时其圆角可以不考虑。

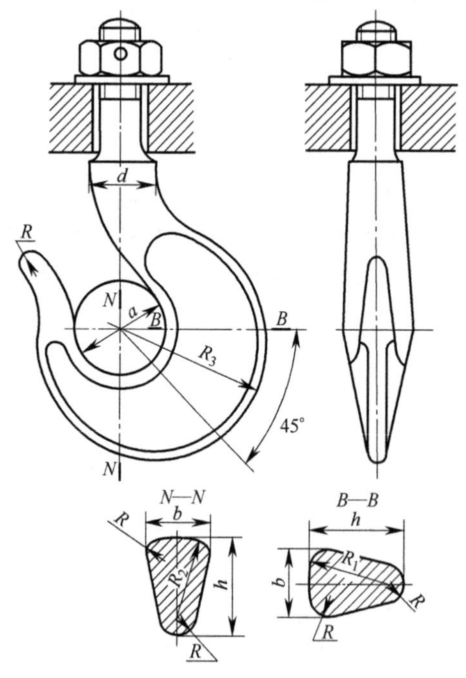

图 13-23 习题 13-3 图

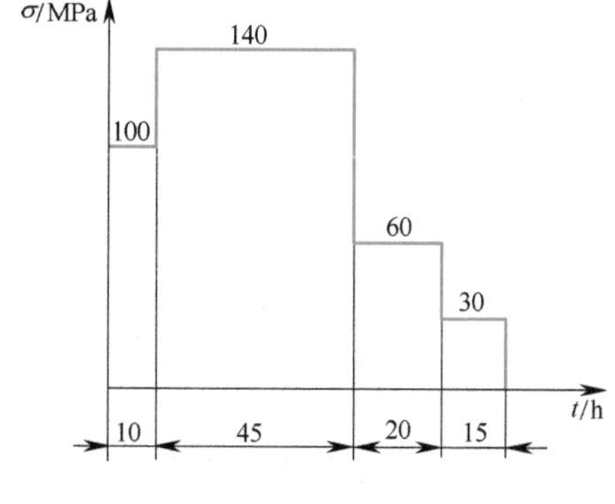

图 13-24 习题 13-5 图

13-4　有一材料为40MnB的转轴，该材料的对称循环弯曲疲劳极限$\sigma_{-1}=436\text{MPa}$，循环基数为$10^7$。试问：当只要求该轴的寿命$N$为$10^4$、$2\times10^5$、$5\times10^6$、$2\times10^7$时，其条件疲劳极限$\sigma_{-1N}$的数值是多少？

13-5　一转轴受规律性非稳定对称循环应力，如图13-24所示。转轴工作时间$t_{\text{h}}=800\text{h}$，转速$n=45\text{r/min}$，材料为40钢，弯曲疲劳极限$\sigma_{-1}=320\text{MPa}$，$N_0=10^7$，$m=9$，$K_\sigma=1.8$，$\varepsilon_\sigma=0.75$，$\beta=1$，许用安全因数$[S_\sigma]=1.4$。试求寿命因子$k_N$，并判断其安全性。

第十四章　螺纹紧固件连接

内容提要

本章主要介绍紧固螺纹及其主要参数、螺纹紧固件及其性能等级；螺纹紧固件连接的基本类型、拧紧（预紧）和防松；多销连接销上载荷的计算。重点讨论螺纹紧固件上的预紧力、工作载荷和总载荷的计算方法；螺纹紧固件的强度计算方法。最后从工艺、结构等方面讨论如何提高螺纹紧固件连接的强度。

公元前2500年左右，在古巴比伦和埃及已经出现了木螺钉，公元前1000年人们将线材焊到金属杆上制成最早的金属螺栓，也出现过手工锉制的金属螺栓。是谁、在什么时候发明了现代意义的螺纹紧固件连接已无据可查了。最早，在1457年制作的一个头盔上发现了固定羽饰的螺钉、螺母。1841年J Whitworth最早提出了标准螺纹体制，称为惠氏螺纹，是英寸制螺纹。1894年法国制定了米制螺纹。1962年ISO发布了米制螺纹标准，使螺纹标准国际化。

第一节　紧固螺纹

一、紧固螺纹及其主要参数

螺纹有外螺纹和内螺纹，它们相互旋合而构成螺纹副。按用途，螺纹分紧固螺纹、传动螺纹、管用螺纹和专用螺纹四类。紧固螺纹用得最多，其中最主要的是普通螺纹，还有MJ（航空）螺纹和小螺纹。

普通螺纹是指牙型角为60°、最小间隙等于或大于零、一般用途的米制螺纹，其基本牙型如图14-1所示，主要参数有：

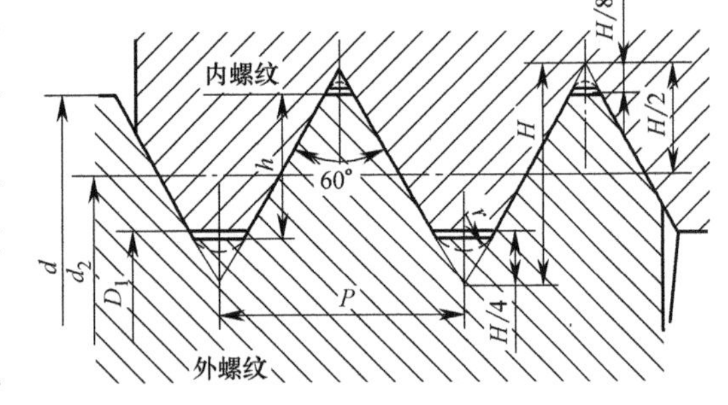

图14-1　普通螺纹的H-原始三角形高度基本牙型与主要参数

（1）大径　与外螺纹牙顶或内螺纹牙底相切的假想圆柱的直径。它是普通螺纹的公称直径，外螺纹以d表示，内螺纹以D表示。

（2）小径　与外螺纹牙底或内螺纹牙顶相切的假想圆柱的直径。外螺纹以d_1表示，内螺纹以D_1表示。

（3）中径　牙型上牙厚和牙槽宽相等处假想圆柱的直径。外螺纹以d_2表示，内螺纹以D_2表示。

（4）牙型角　在螺纹牙型上，两相邻牙侧间的夹角，以α表示。普通螺纹的牙型角为60°。

（5）牙型高度　从一个螺纹牙体的牙顶到其牙底间的径向距离，以h表示。

（6）螺距　相邻两牙体上的对应牙侧与中径线相交两点间的轴向距离，以P表示。

（7）螺纹线数　形成螺纹的螺旋线数目，以 n 表示。$n=1$ 为单线螺纹，$n=2$ 为双线螺纹，$n>2$ 为多线螺纹。

（8）导程　最邻近的两同名牙侧与中径线相交两点间的轴向距离，以 P_h 表示，$P_h=nP$。

（9）螺纹升角　在中径圆柱上螺旋线的切线与垂直于螺纹轴线的平面的夹角，以 ψ 表示，$\tan\psi=P_h/(\pi d_2)$。

螺纹的螺旋线有右旋与左旋之分，如无特殊要求，紧固螺纹一般采用右旋。

同一公称直径螺纹，按螺距分粗牙和细牙，一般用粗牙。细牙螺纹螺距小、牙型高度小，所以自锁性能好，适用于薄壁零件。

普通螺纹已标准化。它当量摩擦角大，易自锁，牙根厚，强度高。

二、螺纹紧固件

螺纹紧固件包括螺栓、螺柱、螺钉、螺母等带普通螺纹的紧固件，以及配合螺纹紧固件连接使用的各种附件（垫圈、开口销等）。这些零件大部分已经标准化，设计时依据结构特点和有关尺寸，由设计手册中查取。

螺栓包括六角头螺栓、方头螺栓、半圆头螺栓、沉头方颈螺栓、T 形槽用螺栓和地脚螺栓等，一般均需用扳手拧紧。

螺钉包括机器螺钉、紧定螺钉、圆柱头螺钉、定位螺钉、吊环螺钉和自攻螺钉等，一般采用螺钉旋具拧紧。

螺母包括六角螺母、方螺母、圆形螺母、六角开槽螺母、六角锁紧螺母、蝶形螺母和环形螺母等。

螺栓、螺柱、螺钉和螺母均以性能等级表示其力学性能，按所标性能等级检验产品，而不考虑其所用材料。因而，设计时根据载荷情况，选择螺纹紧固件的力学性能等级进行计算，而不管其所用材料的力学性能。一般螺栓、螺柱、螺钉和螺母的力学性能等级见表 14-1。

表 14-1　螺栓、螺柱、螺钉和螺母的力学性能等级

（摘自 GB/T 3098.1—2010 和 GB/T 3098.2—2015）

性能等级			4.6	4.8	5.6	5.8	6.8	8.8①	8.8②	9.8	10.9	12.9
螺栓、螺钉、螺柱	抗拉强度 R_m /MPa	公称值	400		500		600	800		900	1000	1200
		最小值	400	420	500	520	600	800	830	900	1040	1220
	下屈服强度③ R_{eL} /MPa	公称值	240	—	300	—	—	640	640	720	900	1080
		最小值	240	—	300	—	—	640	660	720	940	1100
	R_{pf}④ /MPa	公称值	—	320	—	400	480	—	—	—	—	—
		最小值	—	340	—	420	480	—	—	—	—	—
	硬度 (HBW)	最小值	114	124	147	152	181	245	250	286	316	380
	推荐材料		碳钢或添加元素的碳钢						碳钢、添加元素的碳钢或合金钢淬火并回火			
相配螺母	性能等级		4/5		5		6	8/9		9	10	12

注：1. 性能等级标记代号含义：“.”前的数字为公称抗拉强度 R_m 的 1/100，“.”后的数字为公称屈强比的 10 倍。

2. 9.8 级仅适于螺纹大径 $d\leqslant16$mm 的螺栓、螺钉和螺柱。

3. 计算时 R_{eL} 或 $R_{p0.2}$ 取表中最小值。

① 螺纹大径 $d\leqslant16$mm 的螺栓、螺钉和螺柱。

② 螺纹大径 $d>16$mm 的螺栓、螺钉和螺柱。

③ 8.8 级及以上性能等级的屈服强度为规定非比例延伸 0.2%的应力 $R_{p0.2}$。

④ 紧固件实物的规定非比例延伸 0.0048d 的应力。

公称直径大于5mm的螺纹紧固件需要标志出其性能等级。性能等级为4.6、5.6和大于8.8级的螺栓、螺钉必须在头部顶面或侧面用凸字或凹字标志出其性能等级（图14-2）。性能等级大于8.8级的螺柱必须在螺纹部分的末端用凹字标志，最好标志在拧入螺母端。

公称直径大于5mm，性能等级为05和大于8级的螺母必须在支承面或侧面用凹字标志出其性能等级。

螺纹紧固件产品按公差等级分为A、B、C三级。A级最高，用于要求配合精确的重要场合，C级最低，多用于一般的紧固连接。

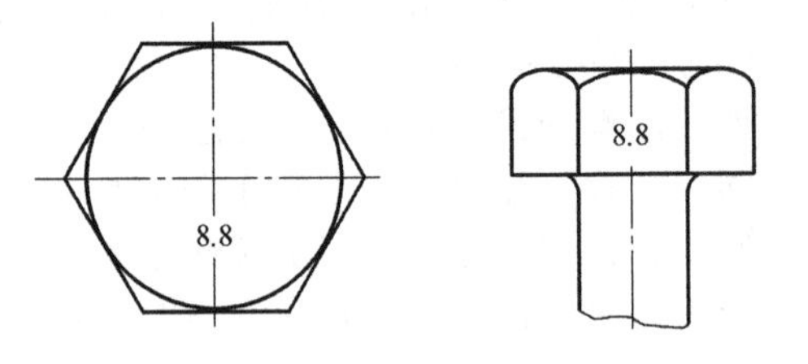

图14-2 螺纹紧固件性能等级的标记

第二节 螺纹紧固件连接的类型

采用螺纹紧固件的连接，简称螺纹连接，按其连接方式不同，分为螺栓连接、双头螺柱连接和螺钉连接三种基本类型。它们的结构、特点和应用见表14-2。

需要注意的是：不是用螺栓构成螺栓连接，用螺钉构成螺钉连接。

表14-2 螺纹紧固件连接的基本类型

类型	结构	尺寸关系	特点和应用
螺栓连接	d, a, l_1	静载荷：$l_1 \geqslant (0.3 \sim 0.5)d$ 循环载荷：$l_1 \geqslant 0.7d$ 冲击载荷：$l_1 \geqslant d$ $a \geqslant (0.2 \sim 0.3)d$	用于两被连接件厚度均不大（一般两被连接件厚度之和为螺栓直径的2~7倍），有通孔，且两面具有一定扳拧空间位置的场合。维修和更换方便。为加工、安装方便，螺栓杆与螺栓孔之间为有间隙的非配合孔
双头螺柱连接	d, a, l_1, H, H_1, H_2	拧入深度： 钢或青铜 $H=d$ 铸铁 $H=(1.25 \sim 1.5)d$ 铝合金 $H=(1.25 \sim 1.5)d$ 螺纹孔深度：$H_1=H+(2.0 \sim 2.5)P$ 钻孔深度：$H_2=H_1+(0.5 \sim 1.0)P$ l_1、a 同螺栓连接	用于一个被连接件较厚，且连接需经常拆卸的场合。螺柱拧紧在较厚的被连接件的螺纹孔中，不再拆下。维修时仅将螺母拧下，螺柱不动
螺钉连接	H, H_1, H_2		用于一个被连接件较厚，且连接不需经常拆卸的场合。螺栓直接拧紧在较厚的被连接件的螺纹孔中，不用螺母

第三节　螺纹紧固件上的载荷

一、预紧力与拧紧力矩

在机械设备中，螺纹连接在装配时就需要拧紧到适宜的程度，称之为预紧。预紧的作用是维持一定的连接紧固性和刚性，有的还需保证连接（如气缸盖、管路法兰等）的紧密性。拧紧时螺栓将承受轴向拉力，被连接件将承受相应的压紧力，称该轴向拉力为预紧力 F_y。

若拧螺母时施加在扳手上的力为 F，扳手力臂长为 L，则拧紧力矩为

$$M=F\times L$$

这时，螺纹副中和螺母支承面上产生压紧力，其值等于螺栓上的预紧力。拧螺母的阻力矩 M 为螺纹副中的摩擦阻力矩 M_1 和螺母支承面上的摩擦阻力矩 M_2 之和。

因此，由理论力学可知，若要产生预紧力 F_y，螺纹副中的摩擦阻力矩为

$$M_1=\frac{F_y d_2}{2}\tan(\psi+\rho')$$

螺母支承面上的摩擦阻力矩为　$$M_2=\frac{\mu_s F_y}{3}\frac{D_0^3-d_0^3}{D_0^2-d_0^2}$$

故拧螺母的阻力矩为　$$M=M_1+M_2=\frac{1}{2}\left[\frac{d_2}{d}\tan(\psi+\rho')+\frac{2\mu_s}{3d}\left(\frac{D_0^3-d_0^3}{D_0^2-d_0^2}\right)\right]F_y d \tag{14-1}$$

式中，ρ' 为螺纹副当量摩擦角；μ_s 为螺母支承面上的摩擦因数；D_0、d_0 分别为螺母支承圆环面的外径和内径（图 14-3）。

令　$$\frac{1}{2}\left[\frac{d_2}{d}\tan(\psi+\rho')+\frac{2\mu_s}{3d}\left(\frac{D_0^3-d_0^3}{D_0^2-d_0^2}\right)\right]=K_t$$

则有　$$M=K_t F_y d \tag{14-2}$$

称 K_t 为拧紧力矩因子。它与螺纹参数、螺纹副和支承面上的摩擦因数、支承面的几何尺寸等因素有关。钢制螺栓的 K_t 值在 0.10~0.27 之间，取 $K_t=0.20$ 具有足够的精确度。

用扳手拧紧螺母的拧紧力矩是可以测量的，因而螺栓上预紧力的计算式为

$$F_y=\frac{M}{K_t d} \tag{14-3}$$

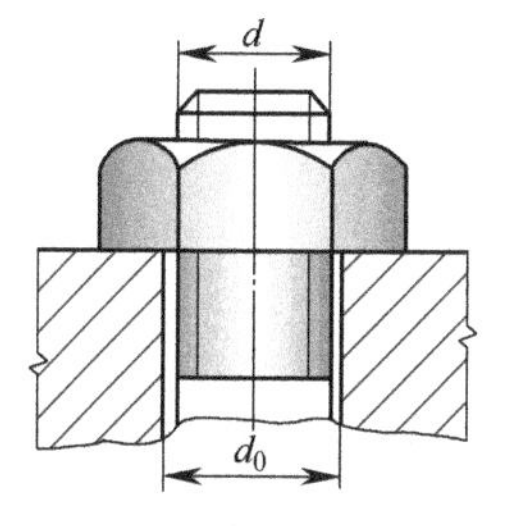

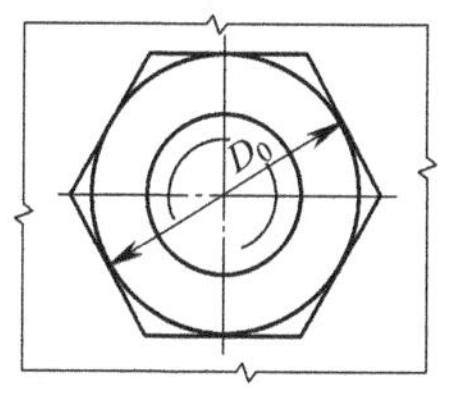

图 14-3　螺母支承面的几何尺寸

二、外载荷（连接上的工作载荷）

施加在螺纹连接上的外载荷也称为工作载荷。螺纹连接通常为多个螺栓的连接，也称为螺栓组。虽然在螺栓连接中每个螺栓承受的外载荷不一定相等，但为了工艺方便，往往螺纹连接中的螺栓（以下螺栓代表螺栓、螺柱和螺钉）直径取成一样的。因此，设计时只需计算出受载最大螺栓的外载荷。

螺纹连接的外载荷可以分为方向与螺栓轴线一致的轴向载荷（轴向力与翻转力矩）和方向垂直于螺栓轴线的横向载荷（横向力与旋转力矩）。任何外载荷都可以看作这四种形式载荷的某种组合。

（一）受横向外载荷的螺纹连接

与螺栓轴线垂直的外载荷称为横向载荷。拧紧螺母，产生预紧力 F_y，使两被连接件压紧。由于压紧力的作用，结合面产生摩擦力。由于螺栓杆与孔为非配合面，它只能依靠该摩擦力平衡横向工作载荷，故又称其为摩擦连接。因此，受横向外载荷时，螺纹紧固件上只承受预紧力 F_y。

1. 通过连接（螺栓组）对称中心的横向力

若工作载荷通过连接对称中心，则结合面不滑移的条件为

$$zF_y\mu_s m \geqslant KF_{s\Sigma}$$

式中，$F_{s\Sigma}$ 为外载荷；μ_s 为结合面上的摩擦因数；z 为螺栓个数；m 为结合面数；K 为考虑摩擦可靠性的因子。于是，成立

$$F_y \geqslant \frac{KF_{s\Sigma}}{z\mu_s m} \tag{14-4}$$

钢结构的螺栓连接是这种受力状态的典型代表，如图 14-4 所示。

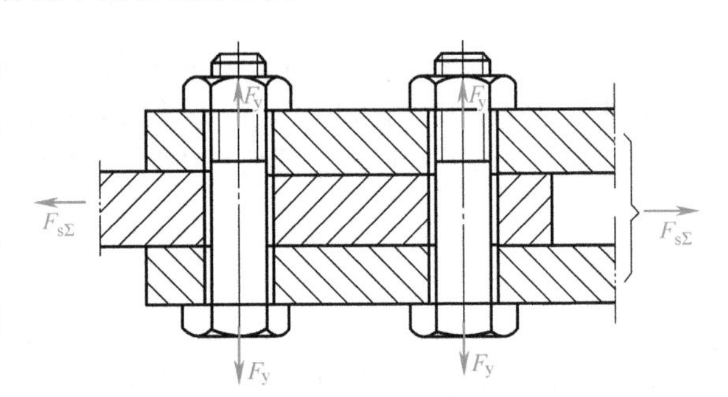

图 14-4 受横向载荷的螺栓组连接

2. 承受旋转力矩

图 14-5 为受旋转力矩 T 的螺栓连接示意图。它依靠连接预紧后在结合面上产生的摩擦力矩来平衡旋转力矩 T。因各螺栓的预紧力相同，故所产生的摩擦力也相同。假设螺栓预紧力产生的摩擦力作用在螺栓中心，则保证结合面不发生相对转动必须满足下述条件

$$F_y\mu_s r_1 + F_y\mu_s r_2 + \cdots + F_y\mu_s r_z \geqslant KT$$

于是，成立

$$F_y \geqslant \frac{KT}{\mu_s \sum_{i=1}^{z} r_i} \tag{14-5}$$

式中，K 为考虑摩擦可靠性的因子；r_i 为各螺栓中心到螺栓组形心的距离。

图 14-6 是这种受力状态螺栓连接的典型代表。

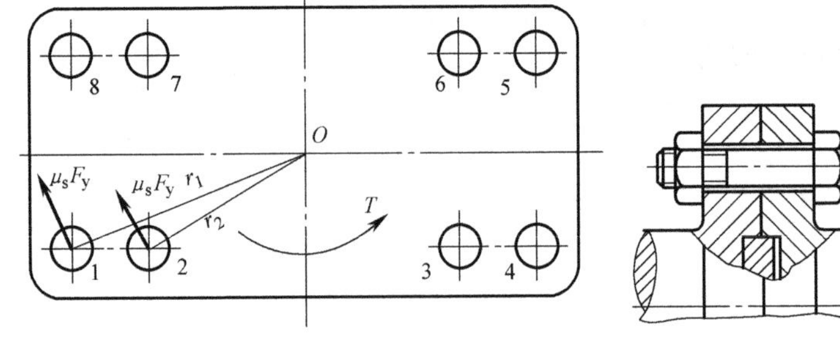

图 14-5 受旋转力矩 T 的螺栓连接示意图

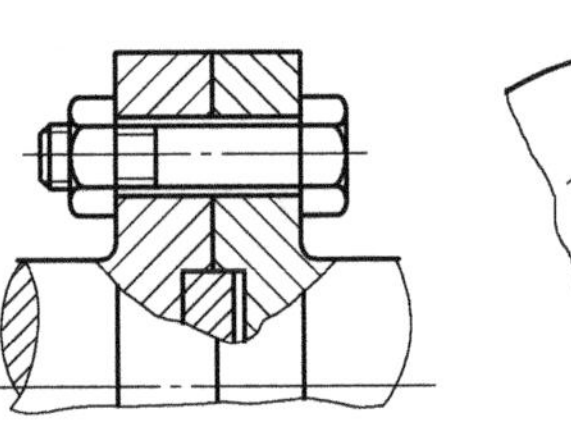

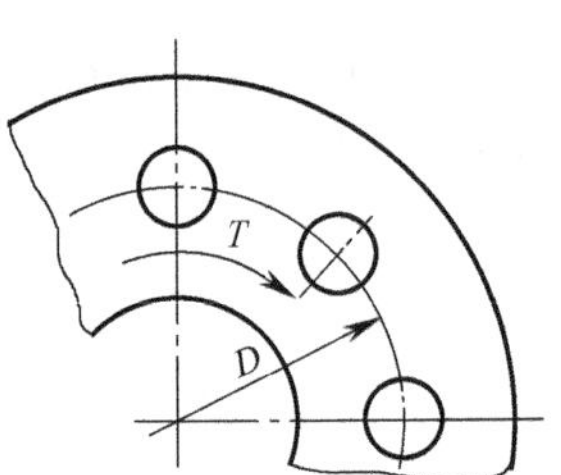

图 14-6 凸缘联轴器的螺栓连接

（二）受轴向外载荷的螺纹连接

1. 通过连接（螺栓组）结合面形心的轴向外载荷

在这种情况下各螺栓均匀分配轴向载荷。这种载荷的典型实例是压力容器体与盖的螺栓

连接（图 14-7）。

轴向外载荷 F_Q 为通过连接结合面形心的轴向载荷，该轴向载荷由各个螺栓均匀分摊。对压力容器来说

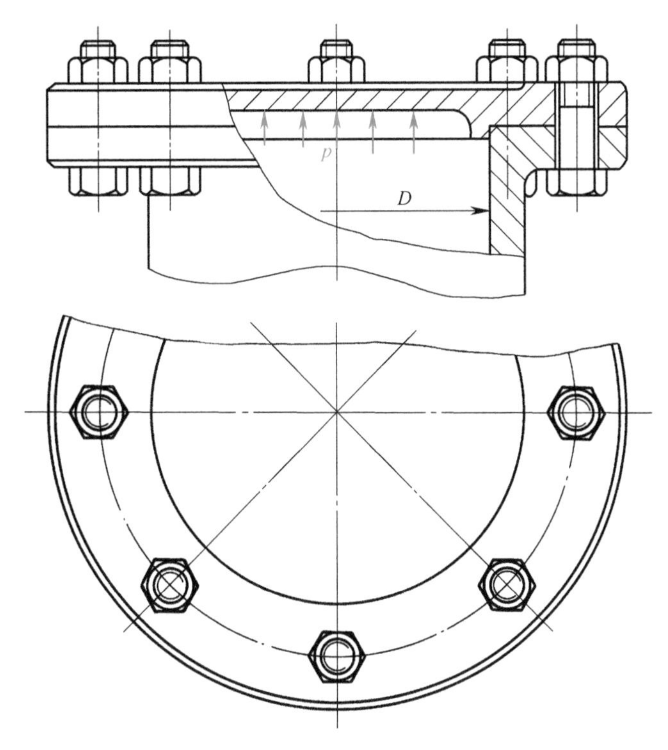

图 14-7　受轴向载荷的螺栓连接——压力容器体与盖的连接

$$F_Q=\frac{\pi D^2}{4}p$$

式中，D 为压力容器内径；p 为容器内压力。这时每个螺栓上的轴向外载荷为

$$F=\frac{F_Q}{z} \tag{14-6}$$

式中，z 为螺栓个数。

2. 承受翻转力矩

图 14-8 所示为受翻转力矩 M 的螺栓连接。给每个螺栓施加预紧力 F_y，使底板压紧在基座上。在翻转力矩 M 的作用下，底板有绕结合面形心轴线 O-O 翻转的趋势。为简化分析，假设被连接件底板为刚体，被连接件的结合面在受力后仍保持为平面。

于是，按图 14-8 所示，在翻转力矩 M 的作用下：形心轴线 O-O 左侧各螺栓承受的外载荷为拉力，底板对基座的压紧力减小；右侧各螺栓承受的外载荷为压力，底板对基座的压紧力增大。若各螺栓所受外载荷为 F_1、F_2、…、F_z，各螺栓中心至形心轴线 O-O 的距离分别为 l_1、l_2、…、l_z。由底板静力平衡条件得

$$F_1l_1+F_2l_2+\cdots+F_zl_z=M$$

在底板结合面保持为平面的前提下，各螺栓的伸长与其到形心轴线 O-O 的距离成正比。又因各螺栓尺寸相同，所以其刚度也相同，所受外载荷也与其到形心轴线 O-O 的距离成正比。即

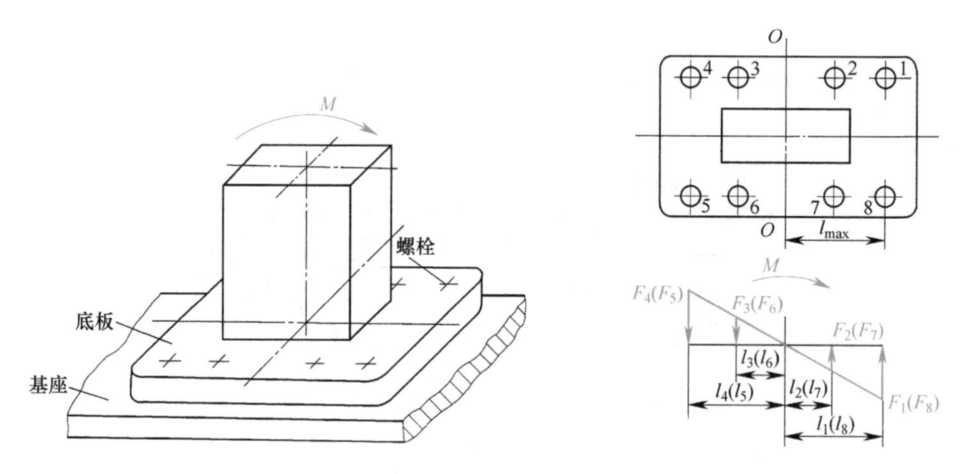

图 14-8 受翻转力矩 M 的螺栓连接

$$\frac{F_1}{l_1}=\frac{F_2}{l_2}=\cdots=\frac{F_z}{l_z}=\frac{F_{max}}{l_{max}}$$

联立上面两式，可求出受力最大螺栓的轴向外载荷 F_{max} 为

$$F_{max}=\frac{Ml_{max}}{\sum_{i=1}^{z} l_i^2} \tag{14-7}$$

三、螺栓上的总拉力

螺栓既受预紧拉力作用又受外载荷作用，两者的联合作用称为总拉力。

（一）受横向外载荷的螺栓

受横向载荷螺栓上的总拉力就是能保证连接正常工作的预紧力 F_y，可由式（14-4）或式（14-5）计算。

（二）受轴向外载荷的螺栓

图 14-9 所示为受轴向外载荷的螺栓连接及其变形。图 14-9a 所示为螺母刚好拧到与被连

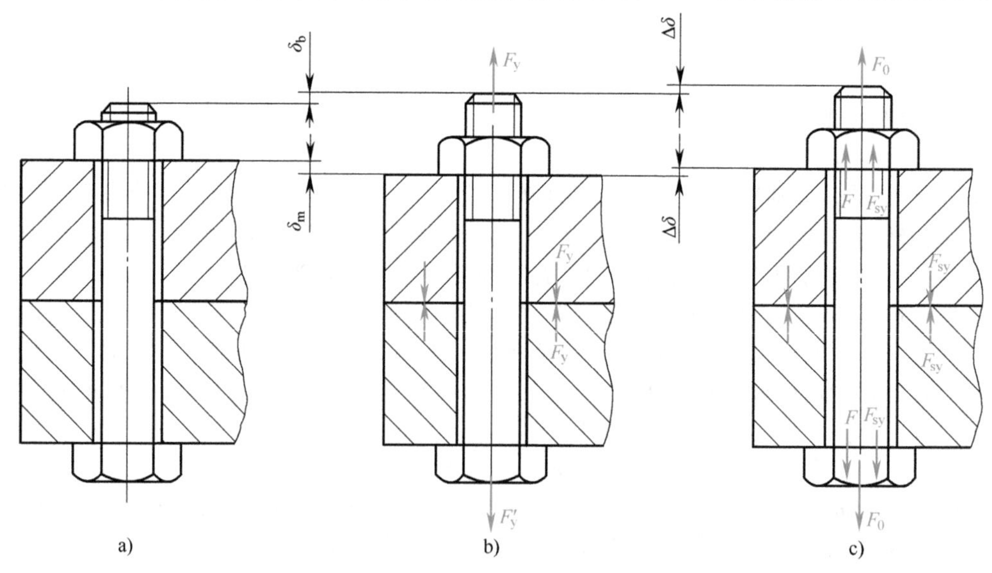

图 14-9 受轴向外载荷的螺栓连接及其变形

接件接触，此时螺栓与被连接件均未受力，因而也不产生变形。图 14-9b 所示为螺母已拧紧，但尚未承受外载荷的情况，在预紧力 F_y 的作用下，螺栓产生伸长变形 δ_b，被连接件产生压缩变形 δ_m。根据静力平衡条件，虽然螺栓所受拉力与被连接件所受的压力大小相等并均为 F_y，但两者刚度一般不同，所以它们的变形不同（$\delta_b \neq \delta_m$）。图 14-9c是螺栓受外载荷后的情况。当螺栓承受轴向外载荷之后，螺栓继续伸长，增加的伸长量为 $\Delta\delta$，根据变形协调原理，被连接件的压缩变形也减少 $\Delta\delta$[⊖]。假设螺栓刚度 k_b、被连接件刚度 k_m 为常量，则其受力与变形的关系如图 14-10 所示。

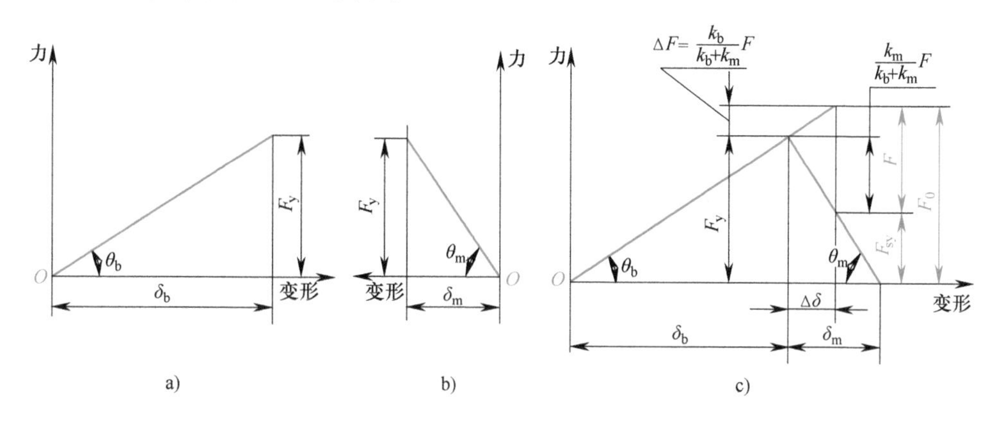

图 14-10　螺栓连接的受力与变形关系曲线

由图 14-10 可见，螺栓所受总拉力 F_0 为外载荷 F 与剩余预紧力 F_{sy} 之和，即

$$F_0 = F + F_{sy} \tag{14-8}$$

选取剩余预紧力，求出单个螺栓的外载荷后，即可计算出螺栓上的总拉力。

在力-变形图上有 $k_b = \tan\theta_b$、$k_m = \tan\theta_m$，则 $F_y = k_b\delta_b = k_m\delta_m$。于是由图 14-10 可知

$$F_{sy} = F_y - (F - \Delta F) \tag{a}$$

$$\frac{\Delta F}{F-\Delta F} = \frac{\Delta\delta\tan\theta_b}{\Delta\delta\tan\theta_m} = \frac{k_b}{k_m} \tag{b}$$

由式（b）可以写出

$$\Delta F = \frac{k_b}{k_b+k_m}F \tag{c}$$

将式（c）代入式（a），得预紧力

$$F_y = F_{sy} + \left(F - \frac{k_b}{k_b+k_m}F\right) = F_{sy} + \left(1 - \frac{k_b}{k_b+k_m}\right)F \tag{14-9}$$

螺栓上的总拉力可以写为

$$F_0 = F_{sy} + F = F_y - \left(1 - \frac{k_b}{k_b+k_m}\right)F + F = F_y + \frac{k_b}{k_b+k_m}F \tag{14-10}$$

式中，$\frac{k_b}{k_b+k_m}$ 为螺栓（系统）与被连接件（系统）刚度之比，称为螺纹连接的相对刚度。当被连接件（系统）刚度极大，而螺栓（系统）刚度较小时，其值趋向于 0；当螺栓（系统）刚度极大，而被连接件（系统）刚度较小时，其值趋向于 1。

式（14-10）是螺栓总拉力的表达式之一，该式表明：受轴向外载荷的螺栓，其总载荷是预紧力与部分外载荷之和，而不等于预紧力与外载荷之和，且总载荷与螺栓的相对刚度有关。

简单地说，螺栓系统指螺栓、螺母和垫圈；被连接件系统指两个被连接件和密封垫片。

⊖ 这里假设轴向外载荷作用在被连接件外表面，实际轴向外载荷的作用位置随连接结构而改变，并很难计算确定。轴向外载荷的作用位置对螺栓总拉力有较大影响，计算中可以用位置因数来考虑，这方面的分析可阅读参考文献。

螺纹连接的相对刚度可以通过实验或计算得到，表14-3给出了钢制螺栓、普通垫圈钢板连接的几组相对刚度实验值。

表14-3 钢制螺栓、钢板连接的相对刚度

垫片材料	金属	皮革	铜片石棉	橡胶
$\frac{k_b}{k_b+k_m}$	0.2~0.3	0.7	0.8	0.9

由表14-3的相对刚度值可以得出结论：在维修过程中密封垫片是不能随意更换的。

四、预紧力值的确定

（一）最小预紧力

1. 受横向外载荷的螺纹连接

受横向外载荷的螺纹连接依靠预紧力产生的摩擦力工作，预紧力的大小决定了它的工作能力。所需最小预紧力由横向外载荷决定，可由式（14-4）和式（14-5）计算。

同时，它还与被连接件之间的摩擦因数μ_s有关，该值可参考表14-4选取。

表14-4 连接结合面的摩擦因数值

被连接件材料	钢、铸铁		钢结构			铸铁对木材、混凝土
表面状况	干燥的加工表面	有油的加工表面	喷砂处理的表面	涂漆的表面	轧制表面	干燥表面
μ_s	0.10~0.15	0.06~0.10	0.45~0.55	0.35~0.40	0.30~0.35	0.40~0.50

2. 受轴向外载荷的螺纹连接

受轴向外载荷的螺纹连接承受轴向外载荷后，被连接件之间的压紧力（等于螺栓预紧力F_y）将减小至剩余压紧力（等于螺栓剩余预紧力F_{sy}）。

为保证连接的紧密性或紧固性，必须保证$F_{sy}>0$。剩余预紧力的推荐值见表14-5。

表14-5 剩余预紧力的推荐值

连接工况	有紧密性要求	冲击载荷	地脚螺栓连接	不稳定载荷	稳定载荷
F_{sy}	$(1.5\sim1.8)F$	$(1.0\sim1.5)F$	$\geqslant F$	$(0.6\sim1.0)F$	$(0.2\sim0.6)F$

由结合面间所需剩余预紧力可以用式（14-9）计算最小预紧力。

（二）最大预紧力

过大的预紧力会破坏螺纹紧固件，按传统、谨慎的观点，不出现屈服的最大预紧应力通过计算可知，为

$$\sigma_{ymax}\approx0.73R_{eL}$$

于是，不出现屈服的最大预紧力为

$$F_{ymax}\approx0.57d_1^2R_{eL} \tag{14-11}$$

对不需要拆换螺栓的连接，如果采用比力矩扳手更精确的装配方法，可以把螺栓拧到接近屈服的程度，即令$\sigma_{ymax}\approx(0.88\sim0.94)R_{eL}$。一般来说，这时螺栓直径可减小25%。

第四节 螺纹紧固件连接的强度计算

一、螺纹紧固件的强度计算

在制定螺纹紧固件标准时已经考虑了螺栓头支承面受压、螺栓头受剪、螺母支承面受压、螺母受剪、螺纹副抗剪和抗挤压、螺栓杆抗拉等的等强度设计，所以对标准螺纹紧固件

只需计算螺栓杆的抗拉强度即可。

（一）静载荷下的螺栓强度计算

静载荷下螺栓既承受拉应力又承受扭应力，螺栓上的总拉力产生拉应力，拧紧时螺纹副中的摩擦力矩产生扭应力。拉应力为

$$\sigma=\frac{4F_0}{\pi d_c^2}$$

扭应力为

$$\tau=\frac{8F_y\tan(\psi+\rho')d_2}{\pi d_c^3}$$

式中，d_c为螺栓计算直径，$d_c=\sqrt{\frac{4A_{min}}{\pi}}$，（$A_{min}$为螺栓最小截面积）。

为了避免出现操作者在施加外载荷后扳拧螺母的误操作而导致危险，计算扭应力时将F_y用F_0代替；考虑工程计算对精确度的要求，将d_c用d_1代替；再代入M10～M68米制螺纹的平均值$\psi=2°30'$，$\rho'=8°31'51''$，$d_2\approx1.042d_1$。螺栓直径的计算式为

$$d_1\geqslant\sqrt{\frac{4\times1.3F_0}{\pi[\sigma]}} \tag{14-12}$$

式中，F_0为螺栓上的总拉力；［σ］为螺栓的许用应力。

式（14-12）可以简单记忆为“考虑扭应力的影响把螺栓总拉力增加30%”。

（二）循环载荷下的螺栓强度计算

受轴向循环载荷的螺栓连接，除进行静强度计算外，还应校核其疲劳强度。

当螺栓轴向工作载荷在0～F之间循环变化时，螺栓所受总拉力的变化幅度为$F_a=\frac{F_0-F_y}{2}=\frac{F\left(\frac{k_b}{k_b+k_m}\right)}{2}$，如图14-11所示。

影响疲劳强度的主要因素为应力幅σ_a，故螺栓的疲劳强度条件为

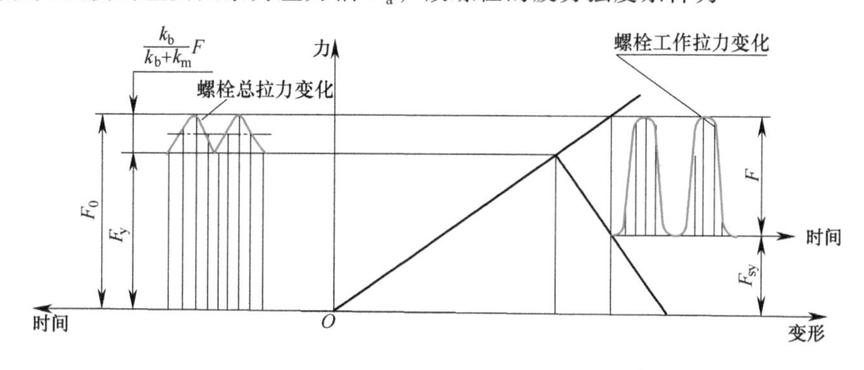

图14-11　受轴向循环载荷螺栓的拉力变化

$$\sigma_a=\frac{k_b}{k_b+k_m}\cdot\frac{2F}{\pi d_1^2}\leqslant[\sigma_a] \tag{14-13}$$

式中，［σ_a］为许用应力幅。

由式（14-13）和图14-11可知，增大螺栓直径，因螺栓刚度增大而应力幅增大，故往往不仅不能提高疲劳强度，有时反而降低疲劳强度。

设计时，一般先按最大应力做静强度计算，用式（14-12）确定螺栓直径d_1，然后用式

（14-13）校核其疲劳强度。

二、螺纹紧固件的许用应力

（一）静载荷下的许用应力

静载荷下螺栓以下屈服强度 R_{eL}、规定非比例延伸 0.2%的应力 $R_{p0.2}$ 或 R_{pf}（表 14-1 附注）为极限应力，而其许用应力受材料性能、热处理工艺、结构尺寸、载荷性质、使用工况等诸多因素的影响，一般综合上述各因素选定一安全因数，以确定许用应力，即

$$[\sigma]=\frac{\sigma_s}{S} \tag{14-14}$$

式中，S 为螺栓的安全因数，一般设计时可参考表 14-6 选取。

表 14-6 螺栓的安全因数

螺栓载荷	螺栓材料	安全因数 S			
		不控制预紧力			控制预紧力
		螺栓直径			
		M6～M16	M16～M30	M30～M60	
静载荷	碳钢	4.0～3.0	3.0～2.0	2.0～1.3	1.2～1.5
	合金钢	5.0～4.0	4.0～2.5	2.5	
循环载荷	碳钢	10.0～6.5	6.5	10.0～6.5	1.2～2.5
	合金钢	7.5～5.0	5.0	7.5～5.0	

（二）循环载荷下的许用应力

循环载荷下，螺栓的许用应力幅的表达式为

$$[\sigma_a]=\frac{\varepsilon_\sigma\sigma_{-1}}{K_\sigma S_a} \tag{14-15}$$

式中，σ_{-1}为螺栓的对称循环疲劳极限，可近似取 $\sigma_{-1}=0.32R_m$；ε_σ为螺栓的尺寸因数，其值见表 14-7；K_σ为螺栓的疲劳缺口因数，其值见表 14-8；S_a为应力幅安全因数，不控制预紧力取 $S_a=2.5\sim5.0$，控制预紧力取 $S_a=1.5\sim2.5$。

表 14-7 螺栓的尺寸因数

螺栓公称直径	M12	M16	M20	M24	M30	M36	M42
尺寸因数 ε_a	1.00	0.87	0.80	0.74	0.65	0.64	0.60

表 14-8 螺栓的疲劳缺口因数

螺栓的抗拉强度 R_m/MPa		400	600	800	1000
疲劳缺口因数 K_σ	车制螺纹	3.0	3.9	4.8	5.2
	辗压螺纹	2.1～2.4	2.7～3.1	3.4～3.8	3.6～4.2

第五节 螺纹紧固件连接的装配

一、预紧力的控制（拧紧方法）

1. 凭感觉

最简单、最经济、但最不可靠的方法，一般认为偏差是±40%。通常用标准扳手可按下

述方式施力：M6——只加腕力；M8——加腕力和肘力；M10——加全手臂力；M12——加上半身力；M16——加全身力；M20——压上全身质量。

2. 控制扳手力矩（力矩法）

如前所述，螺栓上预紧力的大小与拧紧力矩近似呈线性关系，即与扳手力矩呈近似线性关系。所以，可以通过测量或控制扳手上的力矩控制预紧力。为此，开发了测力矩扳手（图 14-12a）和定力矩扳手（图 14-12b）。

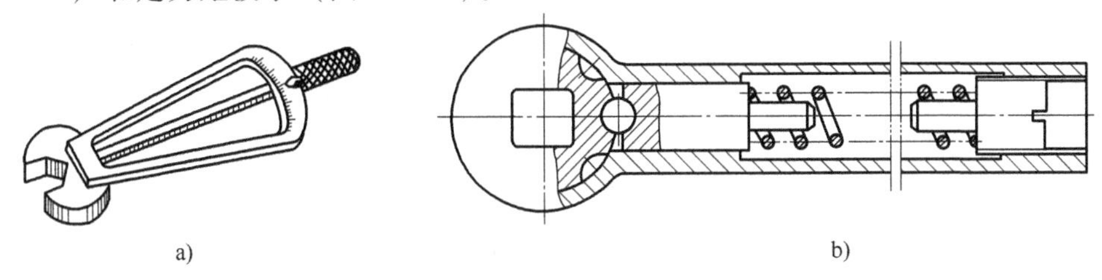

图 14-12　测力矩扳手和定力矩扳手

a）测力矩扳手　b）定力矩扳手

然而，在扳手力矩与预紧力的关系式中有摩擦因数这个参数，由于影响摩擦因数的因素很多，难以预测与控制，所以这种控制方法的精度不高，施加同样的拧紧力矩，预紧力的偏差达±25%～±30%。

3. 控制螺栓伸长（伸长法）

螺栓基本上是杆状零件，其预紧力（拉力）应与伸长量δ_b成正比，即呈线性关系，有

$$F_y = \frac{\pi \delta_b E_b d_0^2}{l_e} \tag{14-16}$$

式中，E_b为螺栓材料的弹性模量；d_0为螺栓杆的直径；l_e为螺栓的有效长度。

因此，测量或控制其伸长量便能控制预紧力。这种方法的控制精度较高，偏差为±1%～±10%，但是控制比较困难。采用的主要方法有：

（1）特种垫圈法　图 14-13 所示两种垫圈均可通过控制垫圈变形，即螺栓杆变形，控制预紧力。

（2）千分尺法　用千分尺测量螺栓两端面，测出拧紧前后的螺栓长度即可，但受结构限制较大（图 14-14）。

（3）应变计法　将电阻应变片粘贴在被测螺栓无螺纹的杆部，通过拧紧时的电阻变化测出预紧力。此法精度高，偏差只有±1%，但费用昂贵。

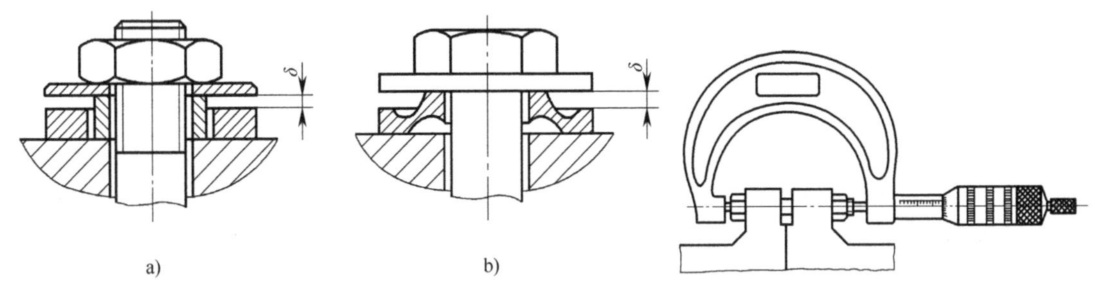

图 14-13　测预紧力垫圈

图 14-14　用千分尺测量螺栓伸长

（4）螺栓预胀法　用电阻加热装置使螺栓/螺柱膨胀到预期程度，拧上螺母，待螺栓/螺柱冷却后获得规定的预紧力。此法一般用于大规格螺纹紧固件连接。

（5）液压拉伸法　采用如图14-15所示液压拉紧器，使螺栓/螺柱伸长到预期程度，拧上螺母后除去液压力，获得规定的预紧力。此法一般用于大规格螺纹紧固件连接。

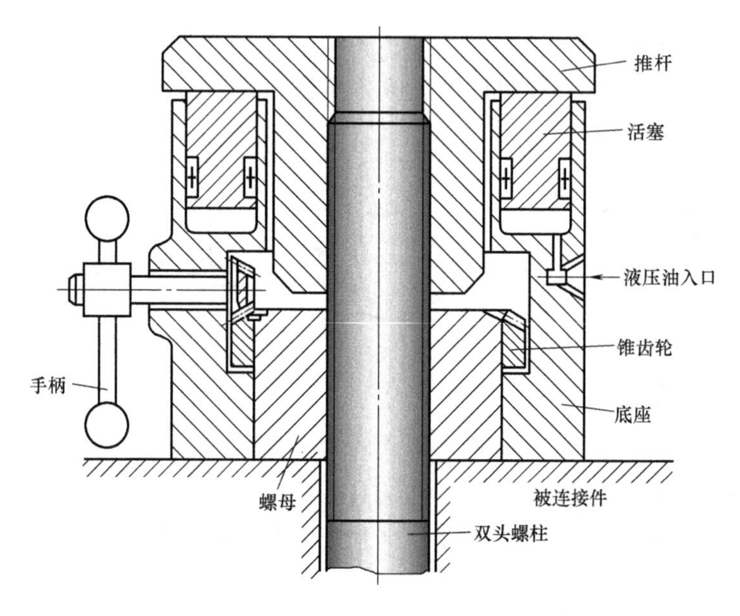

图 14-15　液压拉紧器

4. 控制螺母转角（转角法）

从运动学看，螺母转角与位移的关系为

$$\theta=\frac{2\pi\delta}{P}$$

式中，θ 为螺母转角；δ 为螺母位移；P 为螺距。

转动螺母一方面拉伸螺栓，一方面压缩被连接件，螺母位移是两者变形之和，其值与两者的刚度有关，因而预紧力为

$$F_y=\frac{\frac{k_b}{k_b+k_m}k_m P\theta}{2\pi} \tag{14-17}$$

由上式看出，预紧力与螺母转角关系式中，虽然预紧力与摩擦因数无关，但与被连接件刚度有关，而该参数的计算是十分困难的。所以这种控制方法较少应用。

二、拧紧的顺序

拧紧一组螺栓时，每个螺栓预紧力的一致性将影响结合面上接触压力分布的均匀性。用同样的拧紧力矩依次拧紧每一个螺栓，并不能保证其预紧力一致。所以，拧紧螺母时一要选择合理的顺序，二要选择分几次拧到预定的拧紧程度，通常分2~4次拧至规定的预紧力为宜。

合理拧紧顺序的规律为：先拧最靠近结合面形心的螺栓，然后从中心呈螺旋形向外顺序拧紧，如图14-16a所示；对法兰式的连接，应相对法兰中心对称地顺序拧紧，如图14-16b所示。

三、防松与防松装置

紧固螺纹满足自锁条件，理论上不会松动，但是，实际上，特别是在横向振动下，螺纹

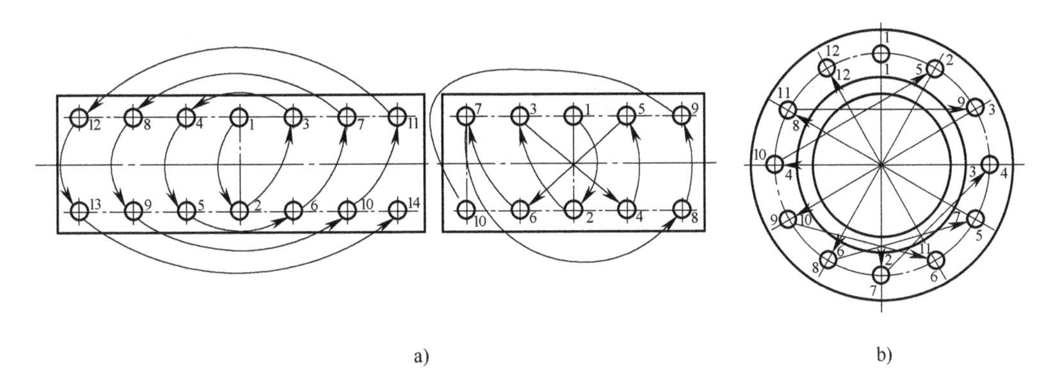

图 14-16　一组螺栓的拧紧顺序

紧固件会松动，甚至螺母会松脱。螺母松动将使预紧力下降，连接失效。

为此，螺纹紧固件连接必须采取有效的防松措施。防止螺纹紧固件连接在工作期间自动松动的措施称为螺纹连接的防松。

但是，防松元件的使用可能使预紧力出现较大的损失，为此，对性能等级 8.8 级及其以上级的标准六角头螺栓，当被连接件系统厚度（夹紧长度）大于螺栓公称直径 3 倍时，可以不采用防松元件。

紧固螺纹现代防松措施主要有以下三种方法：增大摩擦力、粘结和用机械方法防止螺母转动。

1. 摩擦防松

增大螺纹副中的摩擦力可以有效地防止螺母松动，其中最典型、最有效的形式是对顶螺母（图 14-17）。它的正确装配方法是：按规定值 80% 的拧紧力矩拧紧先拧的螺母（主螺母），再以规定的拧紧力矩拧紧后拧的螺母（副螺母）。

弹簧垫圈是用得最普遍的靠摩擦力的防松措施，但它的防松效果极微，几乎为零。

摩擦防松的另一种形式是利用结构产生附加摩擦力矩，称为有效力矩，尼龙圈锁紧螺母是其典型形式，也是极为有效的措施（图 14-18）。该螺母的锁紧部分是嵌在螺母体上、没有内螺纹的尼龙圈。尼龙圈在螺栓拧入时挤压形成内螺纹，不得预先用丝锥攻出螺纹。

2. 机械防松

用简单的金属止动件，直接防止螺纹副相对运动。大多数防止螺母松脱很有效，图 14-19所示槽形螺母的防松效果就十分可靠。但机械防松对防止螺母松动（松弛）造成预紧力下降效果不好。

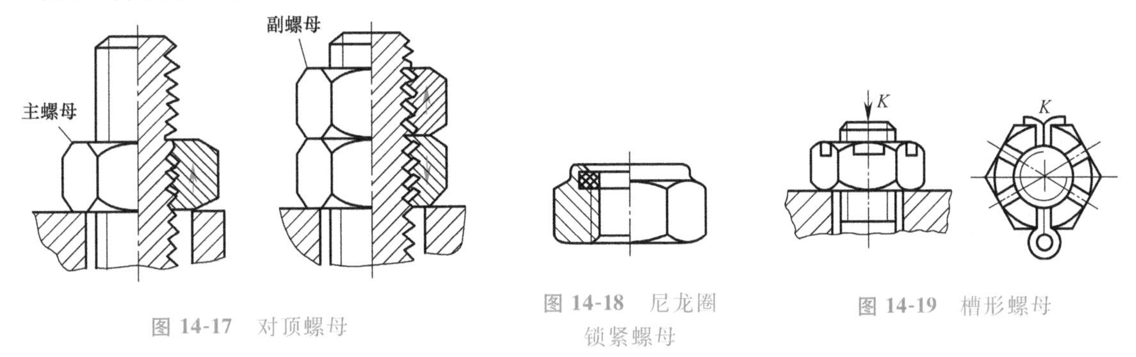

图 14-17　对顶螺母

图 14-18　尼龙圈锁紧螺母

图 14-19　槽形螺母

3. 涂胶防松

在螺纹牙表面涂厌氧胶，靠其粘结作用能很好地防止螺纹连接松动。同时，它能保证在一定的松退力矩作用下拆卸螺母。可用于螺纹粘结的各种牌号的厌氧胶，在其性能参数中均给出松退力矩和有效力矩值，应选用有效力矩值为拧紧力矩30%的厌氧胶黏结剂。

第六节 螺纹紧固件连接的结构设计

一、螺栓的布置

布置螺栓的原则如下。

1. 受力合理

1）应尽可能将螺栓布置在结合面的外缘，以减小螺栓的外载荷。

2）螺栓应尽可能相对外载荷对称布置，以使外载荷均匀分布在各螺栓上（图14-20）。

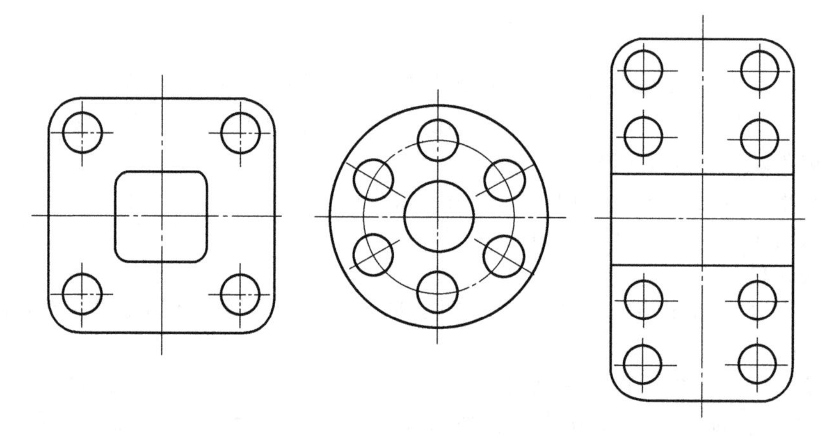

图14-20 螺栓的布置

3）在平行于外载荷的方向上，螺栓布置的数量不宜超过8个，以避免螺栓受力过度不均匀。

2. 尺寸一致

不管螺栓上载荷的差异有多大，各螺栓尺寸一般均取为一致，这样，设计、加工、装配、采购均简单，成本低。

3. 间距适当

螺栓的排列应有合理的间距和边距。间距影响连接结合面上的压紧力分布，即影响连接的密封性能⊖。考虑密封要求推荐的螺栓间距见表14-9。

表14-9 紧密性要求的螺栓间距

工作压力 p/MPa					
0~1.6	1.6~4.0	4~10	10~16	16~20	20~30
螺栓最大相对间距 t_0/d					
7.0	4.5	4.0	3.5	3.0	

圆周上的螺栓数宜采用4、6、8、12等，以使两螺栓间夹角为90°、60°、45°、30°，从而便于测量。

⊖ 拧紧连接螺栓时，被连接件上形成一个压力锥，结合面上是锥底。紧密性螺纹连接两相邻螺栓的压力锥底应有部分重叠，否则连接失去紧密性，故相邻两螺栓间距不宜过大。

边距和间距有时影响螺栓的拧紧，所以需要保证必要的扳手空间（图 14-21）。不同扳手需要的扳手空间尺寸可查阅有关设计手册。

螺栓轴线到被连接件边缘的距离 $e=d+(3\sim6)\,\mathrm{mm}$。

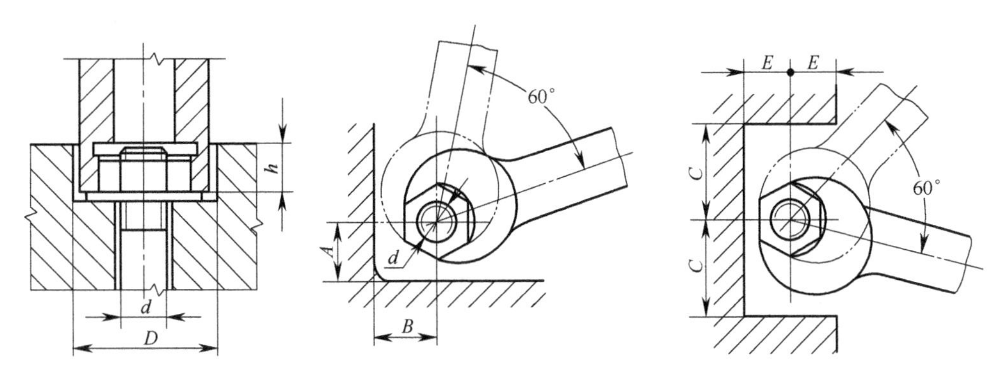

图 14-21　扳手空间

二、结合面的尺寸

1. 受预紧压力的结合面

通常一组螺栓用同样的拧紧力矩拧紧，因此结合面上单位面积的压紧力 σ_y 为

$$\sigma_y=\frac{zF_y}{A}$$

式中，A 为结合面的接触面积。

于是，结合面的接触面应按下式校核

$$A\geqslant\frac{zF_y}{[\sigma_y]} \tag{14-18}$$

式中，$[\sigma_y]$ 为被连接件材料的许用挤压应力，见表 14-10。

表 14-10　被连接件材料的许用挤压应力 $[\sigma_y]$

材　料	混凝土(200#~300#)	木　材	铸　铁	钢
$[\sigma_y]$	2~3MPa	2~4MPa	$(0.4\sim0.5)R_m$	$0.8\,R_{eL}$

2. 受翻转力矩的结合面

受翻转力矩的结合面，其上的单位面积压紧力不是均匀分布的。为防止结合面上最小压紧力消失而使连接失效，应满足

$$\sigma_{y\min}=\frac{zF_y}{A}-\frac{M}{W}\geqslant0 \tag{14-19}$$

式（14-19）称为结合面不分离条件。为防止被连接件的表面被压溃，应满足

$$\sigma_{y\max}=\frac{zF_y}{A}+\frac{M}{W}\leqslant[\sigma_y] \tag{14-20}$$

上两式中，M 为翻转力矩；W 为结合面的抗弯截面系数。通过式（14-19）和式（14-20）即可校核结合面尺寸。

三、螺纹紧固件的支承面

应保证螺栓头与螺母支承面的平整，并与螺栓轴线垂直，以避免载荷偏心，产生弯曲应

力。为此，被连接件上通常应设计有凸台或沉头座（图 14-22）。加工时要锪平凸台表面或锪出沉头座。

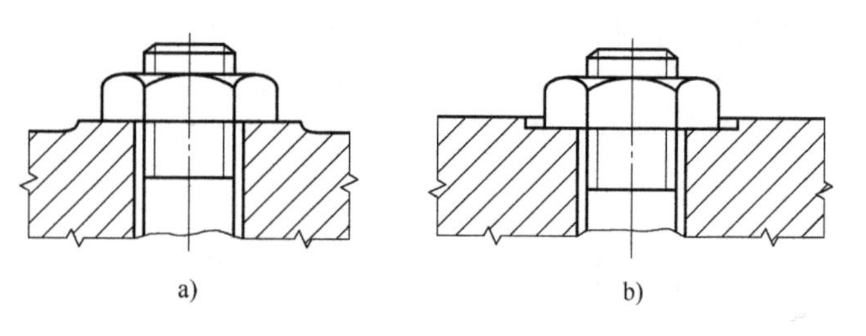

图 14-22 凸台与沉头座
a）凸台 b）沉头座

四、通孔直径

紧固螺栓、螺柱和螺钉时，应先穿过一件或多件被连接件上预制出的光孔，然后再拧入螺母或被连接件的螺纹孔。这些通孔不仅应大于螺纹大径，而且应有一定的间隙。间隙的大小与螺纹紧固件的数量、被连接件的件数、通孔的位置公差、加工精度等多种因素有关。通孔尺寸已经标准化，有精装配、中等装配和粗装配三个系列。以 M16 为例，精装配的直径间隙为 1mm，中等装配的直径间隙为 1.5mm，粗装配的直径间隙为 2.5mm。一般通孔直径的公差带为：精装配 H12，中等装配 H13，粗装配 H14。

第七节 提高紧固螺纹连接强度的措施

影响紧固螺纹连接强度的因素很多，除螺栓的性能、尺寸参数、制造和装配工艺外，还有旋合螺纹牙间的载荷分配、应力变化幅度、应力集中和附加应力等。

一、改善旋合螺纹牙间的载荷分配

（一）螺纹牙间载荷分布

紧固螺纹连接承载后，螺栓受拉，其螺纹的螺距增大，而螺母受压，其螺纹的螺距减小。只有通过螺纹牙的变形来补偿两者的螺距差，显然，旋合螺纹各圈螺纹牙的变形是不相同的，因而受力也不相同。根据变形协调条件，靠近螺母支承面的第 1 圈螺纹牙变形最大，其受力也最大，承受约 1/3 的载荷，以后各圈螺纹顺序递减，到第 6~8 圈以后基本就不受载荷了（图 14-23）。因此，增加旋合螺纹的圈数（增加螺母厚度）并不能提高连接的强度。

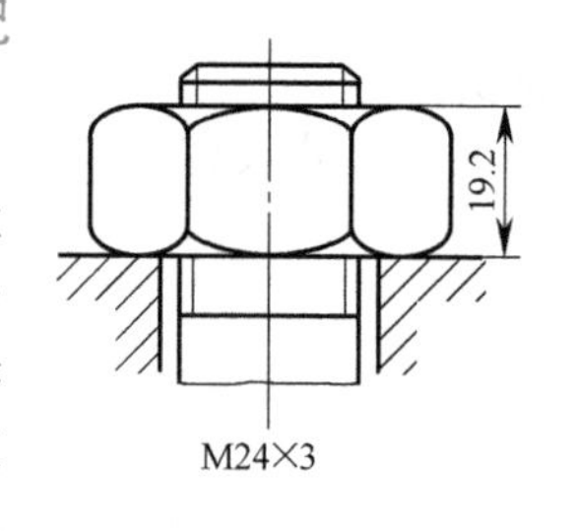

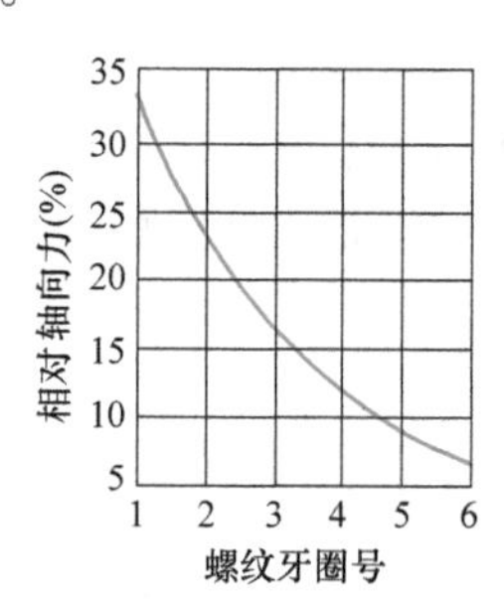

图 14-23 螺纹牙的载荷分布

（二）改善措施

（1）悬置螺母 如图 14-24a 所示，把螺母的支承面上移，使螺母螺纹部分与螺栓杆同

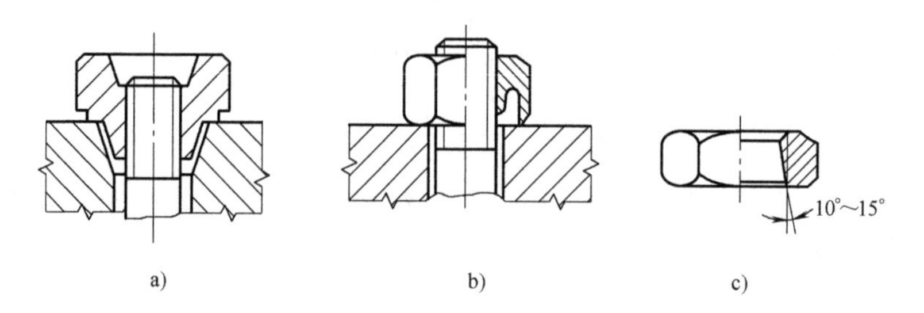

图 14-24 均载螺母
a）悬置螺母 b）环槽螺母 c）内斜螺母

样受拉，变形差异减小，各圈间受力分配趋向均匀，第1圈螺纹牙受力降至约18%。辐条式车轮辐条与轮圈的连接螺母（条帽）是典型的悬置螺母实例。

（2）环槽螺母　如图14-24b所示，在螺母的支承面上切一凹槽，将支承面外移，使螺母部分螺纹与螺栓杆同样受拉，变形差异减小，各圈间受力分配趋向均匀，第1圈螺纹牙受力降至约15%。

（3）内斜螺母　如图14-24c所示，将螺母旋入端制成10°~15°的内锥，使局部螺纹牙成为不完全牙，螺栓受力较大的螺纹圈的受力点外移，由于刚度减小易于变形，因而螺栓旋合段载荷分布趋于均匀。

二、减小螺栓系统刚度和增大被连接件系统刚度

受循环工作载荷的螺栓连接，在工作载荷幅值和剩余预紧力不变，即螺栓总拉力不变的情况下，减小螺栓系统的刚度和/或增大被连接件系统的刚度，都能减小螺栓上的应力幅（图14-25），相当于提高螺栓连接的疲劳强度。所以有时说，合理的螺栓连接结构是“刚性的法兰，柔性的螺栓”。

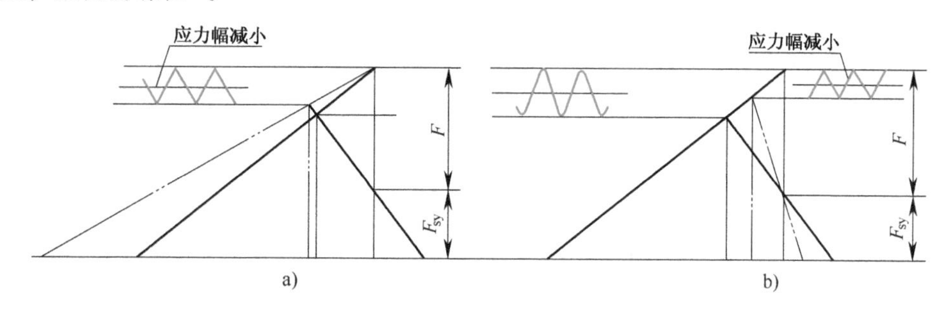

图14-25　螺栓应力幅的变化

a）减小螺栓系统的刚度　b）增大被连接件系统的刚度

1. 减小螺栓系统的刚度

减小螺栓系统刚度的前提是不能削弱螺栓的静强度，即不能减小螺栓的计算截面积。减小螺栓系统刚度的方法有：增加螺栓长度、减小螺栓杆的直径和在螺母或螺栓头下安装弹性垫圈。

减小螺栓杆的直径范围极有限，因为它不能小于螺纹小径 d_1，否则将降低静强度。

考虑结构尺寸，能增加螺栓长度的场所也极有限。图14-26是用增加螺栓长度提高螺栓连接疲劳强度的设计与常规短螺栓设计的对照。

在螺母或螺栓头下安装弹性垫圈是极有效、极简单可行的方法，如图14-27所示，安装按实际需要设计的碟形弹簧是其范例之一。

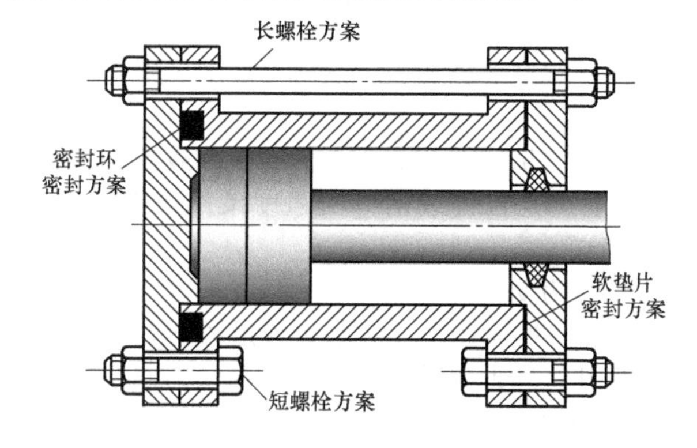

图14-26　增加螺栓长度及改进密封的设计

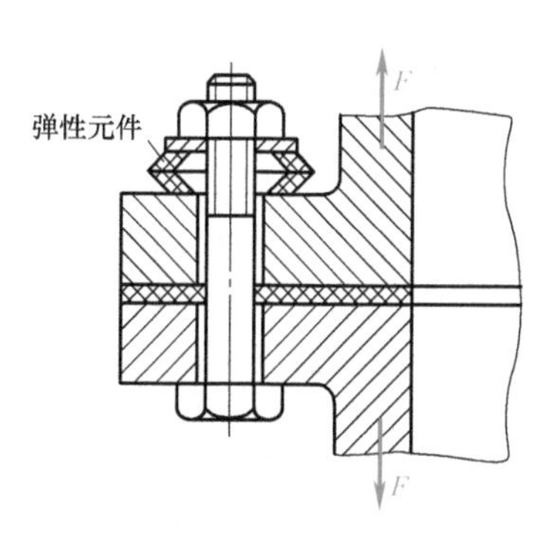

图14-27　螺母下设弹性元件的设计

2. 增大被连接件系统的刚度

被连接件系统中，被连接件的尺寸通常由结构决定，可调整的范围不大。影响其刚度的最主要因素是密封垫片的刚度，而且，刚度大的密封垫片密封性差。把两被连接件和密封垫片的串联结构改为并联结构是解决这一矛盾的最佳方法（图 14-26和图 14-28）。

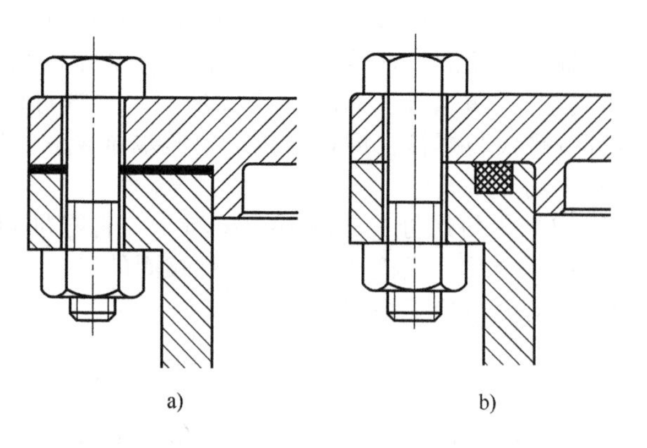

图 14-28 增大被连接件系统刚度的方法
a）软垫片密封 b）密封环密封

三、减小附加弯曲应力

由于被连接件表面、螺栓头或螺母支承面不平、粗糙或与螺栓轴线不垂直，或者螺纹牙型不正等原因，均会使支承面上载荷分布不均匀，造成偏载，在螺栓杆上产生附加弯曲应力。避免产生弯曲应力的结构措施有：被连接件的支承表面应设计出凸台或沉头座，并进行切削加工（图 14-22）；采用球面垫圈（图 14-29a）；采用带有环腰的螺栓（图 14-29b）。

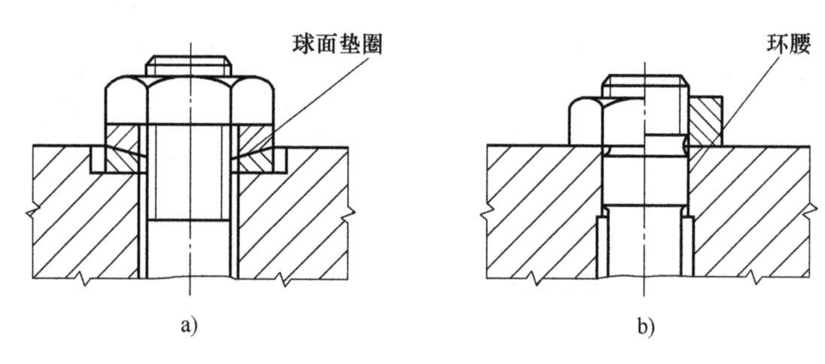

图 14-29 避免附加弯曲应力的措施
a）球面垫圈 b）带环腰螺栓

四、采用横向载荷的减载措施

承受横向载荷的普通螺纹连接，靠摩擦平衡横向载荷，在严重冲击、振动或循环载荷下工作时，不够可靠。而且所需的螺栓直径较大，若一个螺栓承受的横向载荷为 F_s，所需的螺栓预紧力为 $F_y \geqslant \dfrac{KF_s}{\mu_s m}$，则当 $m=1$，$\mu_s=0.15$，$K=1.2$ 时，$F_y=8F_s$，可见，要想承受一定的横向外载荷，需在螺栓上施加大约 8 倍于横向外载荷的预紧力，这将大大增大螺栓与连接的结构尺寸。

为了避免上述缺点，可采用各种减载件，如键、销和套筒等，来承受横向载荷，而螺栓仅起连接作用（图 14-30）。因此，其横向连接强度是按键或销等的强度条件来进行校核，并不计螺栓预紧力的作用。

另一种减载方法就是采用铰制孔用螺栓，也称为受剪螺栓。

铰制孔用螺栓连接如图 14-31 所示，其螺栓杆与螺栓孔为过渡配合或过盈配合。它像销连接一样，依靠螺栓的抗剪强度及螺栓杆与螺栓孔壁间的抗挤压强度来工作。因此，主要失效形式是螺栓杆被剪断和螺栓杆与螺栓孔壁的接触面被压溃。

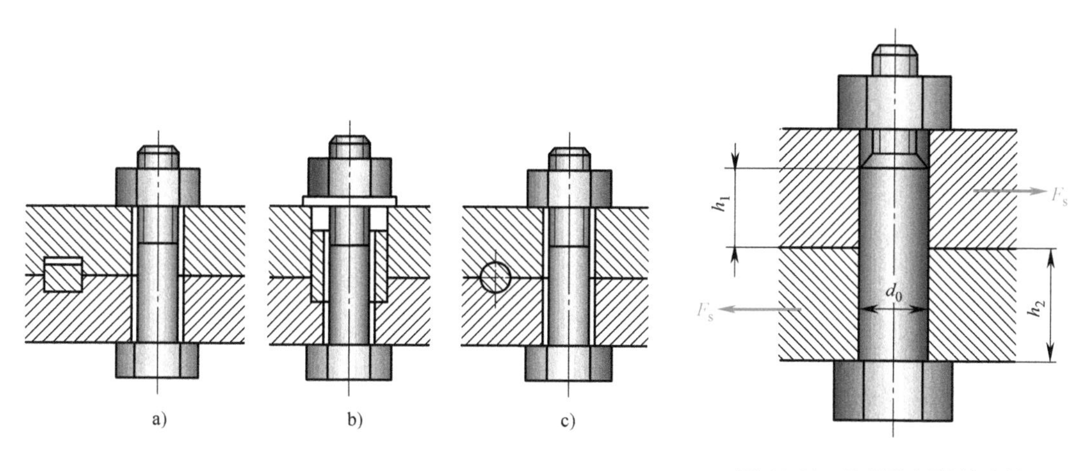

图 14-30　承受横向载荷的减载装置
a）用减载键　b）用减载套筒　c）用减载销

图 14-31　铰制孔用螺栓连接

这种螺栓连接一般不控制预紧力，且它的预紧力矩也不大，计算时常忽略不计。

设置各种减载件增加了加工与装配成本，特别是若螺栓组采用铰制孔用螺栓，加工与装配成本增加得更多。螺纹紧固件由于生产批量大成本很低，所以在各种承受横向载荷的螺纹紧固件连接中，仍广泛采用普通的受拉螺栓连接，很少采用铰制孔用螺栓连接。

例题　一管道托架紧固在钢架上，托架材料为铸铁，外载荷 $F_Q=3000\text{N}$，其结构尺寸如图 14-32 所示，试设计此螺栓连接。

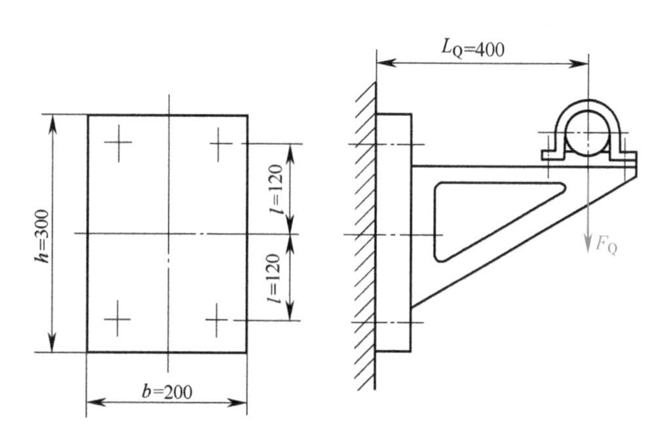

图 14-32　管道托架

解：

计　算　与　说　明	主要结果
采用普通螺栓连接，螺栓数 $z=4$，对称布置	$z=4$
1. 螺栓组受力分析	
在外载荷 F_Q 的作用下，螺栓组连接受力为	
横向载荷（作用于结合面，垂直向下）$F_{s\Sigma}=F_Q=3000\text{N}$	$F_{s\Sigma}=3000\text{N}$
翻转力矩（顺时针方向）　$M=F_QL_Q=3000\times400\text{N}\cdot\text{mm}=1.2\times10^6\text{N}\cdot\text{mm}$	$M=1.2\times10^6\text{N}\cdot\text{mm}$

（续）

计 算 与 说 明	主 要 结 果
2. 螺栓组连接的失效分析	
1)在预紧力和翻转力矩的作用下，托架板上端螺栓受力最大，螺栓可能被拉断	
2)在翻转力矩作用下，底板结合面上端可能分离，下端底板或立柱可能被压溃	
3)在横向载荷 $F_{s\Sigma}$ 作用下，托架底板可能产生滑移	
3. 确定螺栓所受的总拉力 F_0	
1)确定预紧力 F_y	
为保证托架不滑移，取 $K=1.2$、$\mu_s=0.15$；由式(14-4)得	
$$F_y=\frac{KF_{s\Sigma}}{\mu_s z}=\frac{1.2\times3000}{0.15\times4}\text{N}=6000\text{N}$$	$F_y=6000\text{N}$
为保证底板结合面上缘不出现开缝，应满足的条件为式(14-19)，即	
$$\sigma_{\min}=\frac{zF_y}{A}-\frac{M}{W}>0$$	
结合面面积 $A=bh=200\times300\text{mm}^2=6\times10^4\text{mm}^2$	$A=6\times10^4\text{mm}^2$
结合面抗弯截面系数 $W=\frac{1}{6}bh^2=\left(\frac{1}{6}\times200\times300^2\right)\text{mm}^3=3\times10^6\text{mm}^3$	$W=3\times10^6\text{mm}^3$
故 $F_y\geqslant\frac{M}{W}\frac{A}{z}=\left(\frac{1.2\times10^6\times6\times10^4}{3\times10^6\times4}\right)\text{N}=6000\text{N}$	$F_y=6000\text{N}$
综合以上分析，取 $F_y=6000\text{N}$ 可同时保证托架不下滑，结合面不开缝	
2)确定螺栓上的总拉力 F_0	
由式(14-10)	
$$F_0=F_y+\frac{k_b}{k_b+k_m}F$$	
由式(14-7)确定外载荷拉力 F，即 $F=\frac{Ml}{zl^2}=\frac{M}{zl}=\left(\frac{1.2\times10^6}{4\times120}\right)\text{N}=2500\text{N}$	$F=2500\text{N}$
由表14-3查得 $\frac{k_b}{k_b+k_m}=0.3$，则 $F_0=(6000+0.3\times2500)\text{N}=6750\text{N}$	$F_0=6750\text{N}$
4. 计算螺栓直径	
由表14-1选螺栓性能等级5.8级，$R_{pf}=420\text{MPa}$。不控制预紧力，设螺栓公称直径在M6~M16范围内，由表14-6取 $S=3.4$，许用应力 $[\sigma]=R_{pf}/S=(420/3.4)\text{MPa}=124\text{MPa}$	$[\sigma]=124\text{MPa}$
由式(14-12)计算螺栓小径 d_1	
$$d_1\geqslant\sqrt{\frac{4\times1.3F_0}{\pi[\sigma]}}\geqslant\sqrt{\frac{4\times1.3\times6750}{\pi\times124}}\text{mm}=9.5\text{mm}$$	
由设计手册选M12螺栓($d_1=10.106\text{mm}$)	M12
5. 校核托架底板下端不压溃	
由式(14-20)可知	
$$\sigma_{y\max}=\frac{zF_y}{A}+\frac{M}{W}\leqslant[\sigma_y]$$	
$$\sigma_{y\max}=\left(\frac{4\times6000}{6\times10^4}+\frac{1.2\times10^6}{3\times10^6}\right)\text{MPa}=0.8\text{MPa}$$	
由表14-10可知	
对铸铁托架(HT200)，$[\sigma_y]=0.4R_m=0.4\times200\text{MPa}=80\text{MPa}$	
对钢立柱(Q235)，$[\sigma_y]=0.8R_{eL}=0.8\times240\text{MPa}=192\text{MPa}$	安全
显然，$\sigma_{y\max}\leqslant[\sigma_y]$，不会被压溃	

文献阅读指南

虽然世界上第一个螺纹标准诞生已有175年，但是由于螺纹连接的应用十分普遍，而且螺纹紧固件的形状，以及构成连接后载荷与变形的关系均很复杂，所以，它依然是一个值得认真对待的问题。

1）预紧力是螺纹连接中最受关注的问题，包括预紧力的选定、控制和如何防止它松弛（防松）。特别是对于重要的连接，它是连接不损坏、可靠工作的重要保证。要想较深入地了解这方面的知识，可参阅卜炎编的《螺纹联接设计与计算》（北京：高等教育出版社，1995）。

2）一般来说，都是以螺栓的下屈服强度作为其极限应力的，但近年来出现一种螺栓连接的新用法，就是把螺栓预紧到屈服强度，使螺栓在塑性域工作。日本人丸山一郎的论文《塑性ねじ域缔结》介绍了这一新观点，该文刊于〈机械の研究〉40卷，No. 12，1988。

3）高强度螺栓连接是近来获得广泛应用的新型螺栓连接，特别是在钢结构的连接上。我国已经制定了钢结构用高强度螺栓连接副的国家标准。关于高强度螺栓连接，可参阅王玉春等译、日本钢构造协会接合小委员会编的《高强度螺栓接合》（北京：中国铁道出版社，1984）。

思考题

14-1　为什么把承受循环载荷的螺栓的光杆部分做细一些？

14-2　按螺纹的旋向不同可将螺纹分成几种？如何判断螺纹旋向？

14-3　承受横向载荷的铰制孔用螺栓连接中，螺栓受什么力？

14-4　承受横向载荷的普通螺栓连接中，螺栓受什么力？

14-5　在只承受预紧力的螺栓连接及同时承受预紧力和轴向外载荷的螺栓连接中，设计计算公式中均引入1.3，为什么？

14-6　进行螺栓组受力分析的目的是什么？

习　题

14-1　试分析图14-33所示螺栓连接的受力情况，判断哪个螺栓受力最大，并列出计算式。

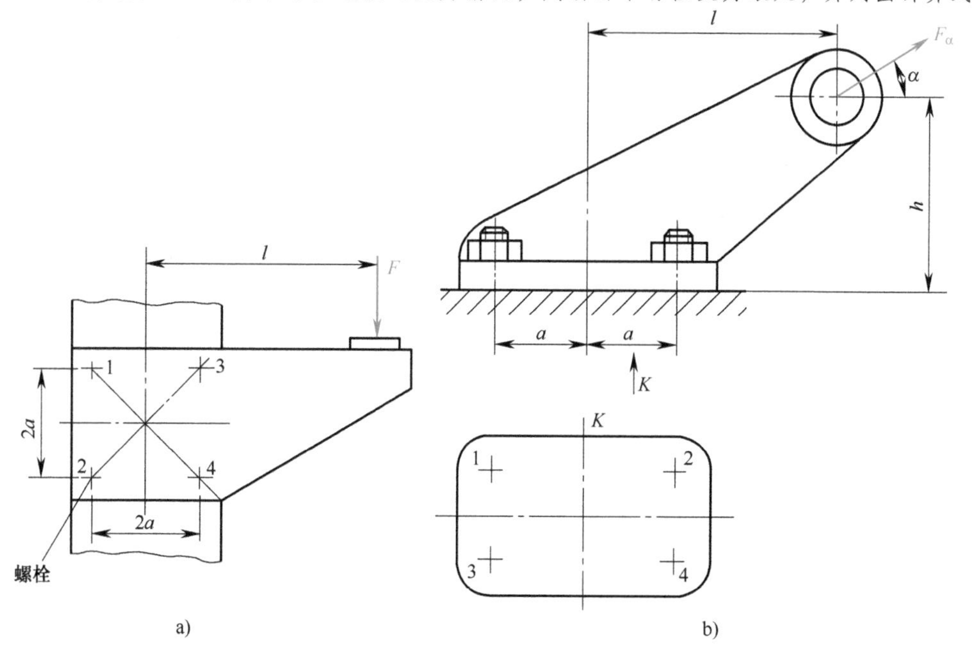

图14-33　习题14-1图

14-2 受轴向外载荷的螺栓连接，在结合面处采用皮革垫片。已知该连接螺栓的预紧力 $F_y=20\times10^3$N，轴向外载荷 $F=15\times10^3$N。试求螺栓所受的总拉力和剩余预紧力。

14-3 如图14-34所示的拉杆螺纹连接。已知拉杆所受拉力 $F=150$kN，载荷平稳，拉杆材料为Q235。试确定拉杆螺纹直径。（注：未淬火 $S=1.2$）

14-4 如图14-35所示，用两个M10螺钉固定的拉环，连接结合面间的摩擦因数 $\mu_s=0.3$，螺钉性能等级为4.8级，可靠性因子 $K=1.2$，控制预紧力。求此连接所能允许的拉力。

14-5 图14-36所示为一圆盘锯，锯片直径 $D=500$mm，用螺母将其夹紧在压板中间。已知锯片外圆上的工作阻力 $F_t=400$N，压板与锯片之间的摩擦因数 $\mu_s=0.15$，压板的平均直径 $D_0=150$mm，可靠性因子 $K=1.2$，轴材料的许用拉应力 $[\sigma]=60$MPa。试计算轴端所需的螺纹直径。

14-6 图14-37所示为一凸缘联轴器，用6个M10的铰制孔用螺栓连接，结构尺寸如图所示。两半联轴器材料为HT200，其许用挤压应力 $[\sigma_y]_1=100$MPa；螺栓材料的许用切应力 $[\tau]=92$MPa，许用挤压应力 $[\sigma_y]_2=300$MPa，许用拉应力 $[\sigma]=120$MPa。试计算该联轴器允许传递的最大转矩 T_{max}。若改用普通螺栓连接，传递同样的最大转矩，试计算需要的螺栓小径。设两半联轴器间的摩擦因数 $\mu_s=0.16$，可靠性因子 $K=1.2$。

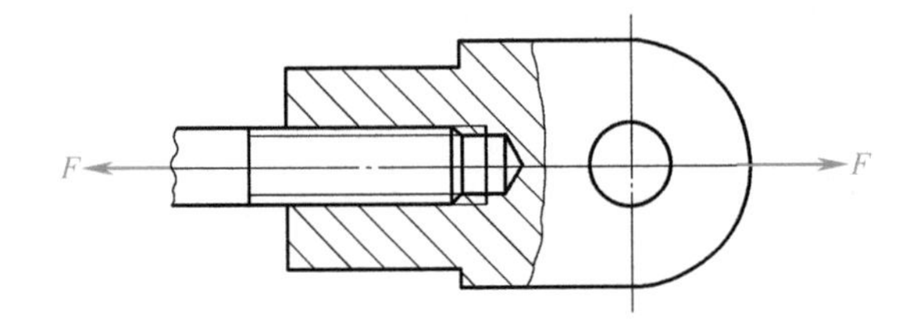

图14-34 习题14-3图

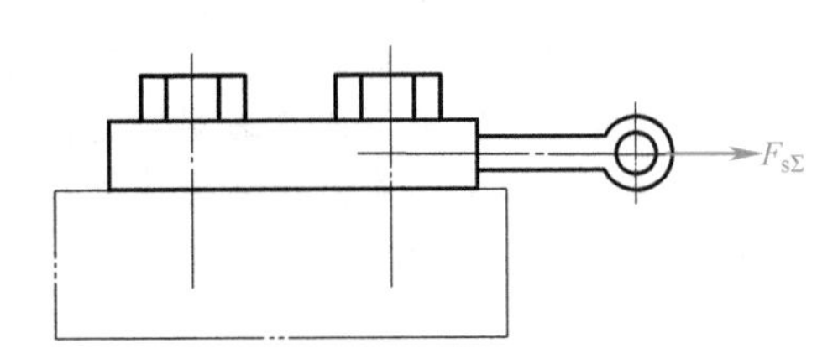

图14-35 习题14-4图

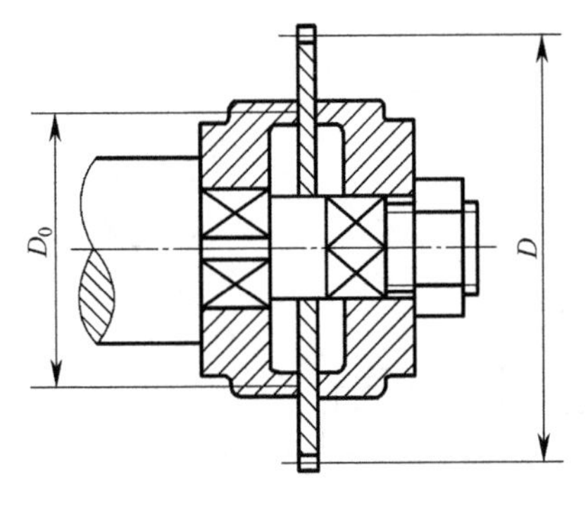

图14-36 习题14-5图

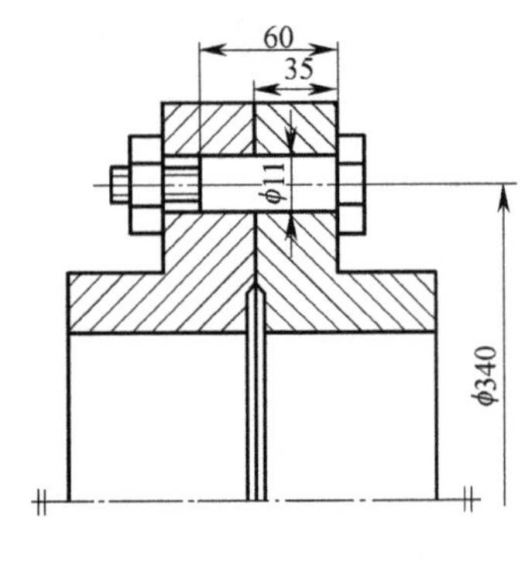

图14-37 习题14-6图

第十五章　轴毂连接

内容提要

本章内容包括键连接、花键连接、过盈连接及其他轴毂连接简介。键连接和花键连接主要介绍连接的结构、工作原理、应用特点及连接强度的校核计算；过盈连接主要介绍圆柱面过盈连接的工作原理、应力状态、设计要求及强度计算方法；其他轴毂连接包括型面连接、胀套连接和销连接。

轮毂是轮类零件（齿轮、带轮、飞轮等）与轴相配合的部分。轴与轮毂的连接称为轴毂连接。轴毂连接的作用是使轮类零件在轴上实现径向和周向定位与固定，以便传递转矩。连接的强度（包括传递转矩的能力）、对中性（径向定位精度）和工艺性是轴毂连接设计的主要问题。轴毂连接的方式包括键连接、花键连接、过盈连接、胀套连接、型面连接和销连接等。为了设计与制造的方便，键和花键连接已制定了包括形式、尺寸、公差等完善的国家标准。因此，设计时的主要任务是按轴的直径选择键或花键的尺寸参数，然后进行强度校核。圆柱面过盈连接的形状较简单，仅对计算方法制定了国家标准，设计时主要按工况条件计算连接所需的过盈量，并依此确定零件的公差与配合。胀套连接和型面连接是较新的轴毂连接方式，前者制定有行业标准，而后者尚无标准。

第一节　键连接

一、键连接的主要类型和工作原理

键连接为可拆连接，主要包括平键连接、半圆键连接、楔键连接和切向键连接，按装配形式，前两种称为松连接，后两种称为紧连接。这几种键均已标准化，设计时可按工作要求选用适当的类型和尺寸，必要时做强度校核计算。

1. 平键连接

平键连接有普通平键连接、导向平键连接和滑键连接。平键的横截面是矩形，上下表面相互平行，两侧面为工作面，键宽 b 与键槽为配合面，工作时靠键和键槽侧面的抗挤压作用和键的抗剪作用来传递转矩。键的顶面与毂槽底面间留有间隙，如图 15-1a 所示。平键连接结构简单、装拆方便、对中性好，故应用广泛，但不能承受轴向力。按键的端部形状不同，普通平键分为圆头（A 型）、平头（B 型）和单圆头（C 型）三种形式，如图 15-1b 所示。圆头平键应用较多。

普通平键用于静连接，即轴上零件不沿轴向移动的连接。当轴上零件需在轴上做轴向移动时，可采用导向平键或滑键。导向平键较长，需用螺钉将其固定在轴槽内，轴上的零件可沿导向平键在轴上做轴向移动（图 15-2a）。当零件沿轴向移动距离较大时，可采用滑键。滑键固定在轮毂上，随轮毂一起做轴向移动（图 15-2b）。

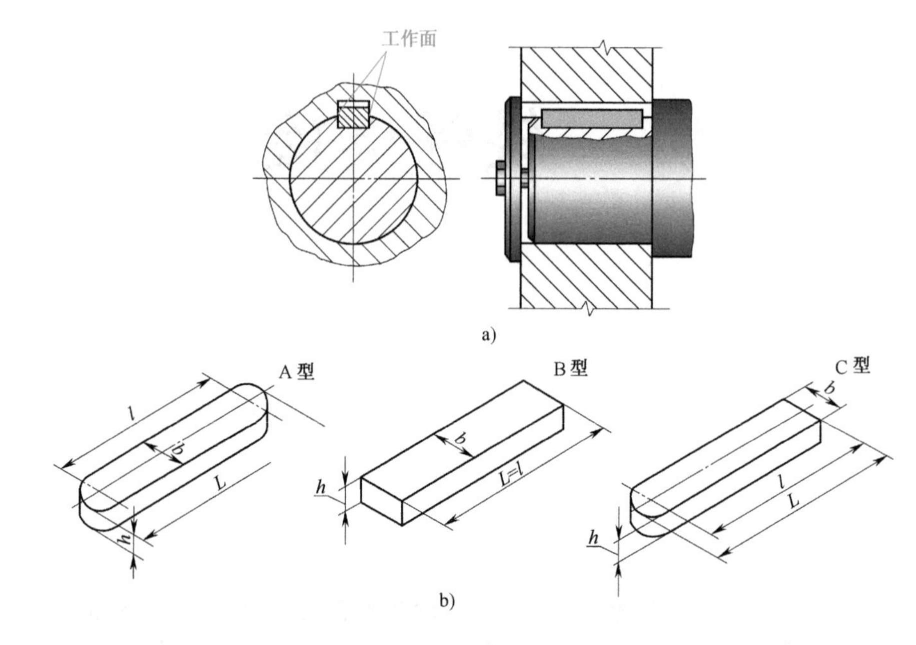

图 15-1 普通平键连接

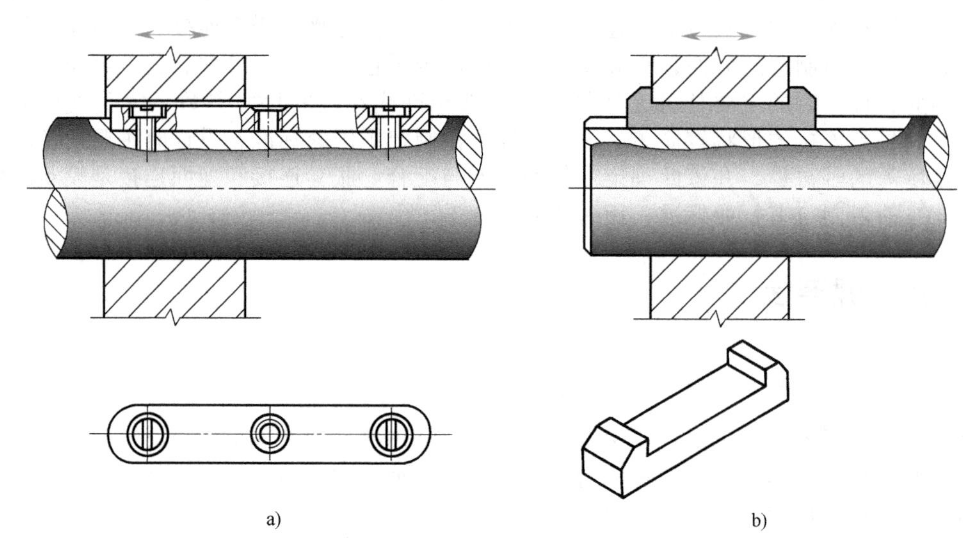

图 15-2 导向平键连接和滑键连接

a）导向平键连接 b）滑键连接

2. 半圆键连接

半圆键的两个侧面为工作面，键厚 b 与键槽宽为配合面，传递转矩的方式与平键相同。由于轴槽是圆弧形，因而半圆键可在槽中摆动以适应轮毂中键槽底面的斜度。半圆键连接对中性好，装配方便，尤其适用于锥形轴端与轮毂的连接（图 15-3）。但轴槽较深，对轴的强度削弱较大，多用于传递转矩不大的静连接场合。

3. 楔键连接

楔键的上下表面是工作面（图 15-4a），键的上表面和毂槽底面均具有 1∶100 的斜度，装配时需将键楔入键槽。楔键主要靠键与轴、毂间的摩擦力来传递转矩，同时还可承受一定单向的轴向载荷，对轮毂起到单向的轴向固定作用。楔键将导致轴和轮毂的配合产生偏心，影响轮毂与轴的对中性，不宜用在对中性要求较高的场合。楔键有普通楔键和钩头楔键之分，普通楔键也有圆头（A 型）、平头（B 型）和单圆头（C 型）三种形式（图 15-4b）。钩头楔键易于拆卸，故应用较多。

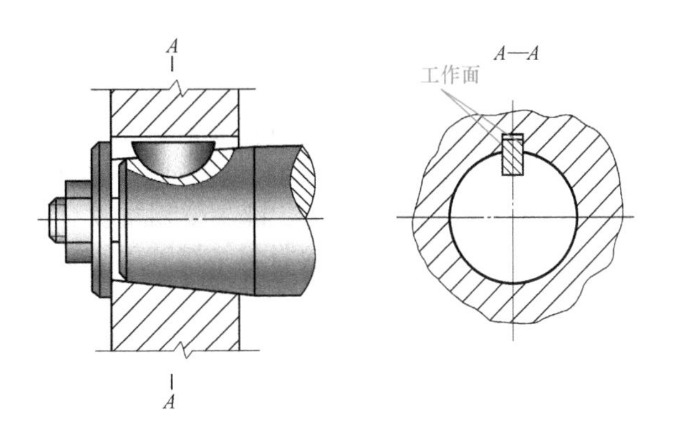

图 15-3 半圆键连接

4. 切向键连接

切向键由两个斜度为 1∶100 的楔键组成，其结构如图 15-5 所示。装配时两键分别从轮毂两侧打入，使两键斜面相互贴合，从而使轴和轮毂被楔紧。切向键上下两平行的表面是工作面，但必须使一个工作面处于含中心线的平面内，工作时靠工作面上的挤压力和轴与轮毂间的摩擦力传递转矩。用一组切向键只能传递单向转矩，如需传递双向转矩，应采用两组切向键，且使两组键相隔 120°分布。切向键承载能力较强，适用于传递大转矩，因键槽对轴的强度削弱较大，故多用于轴径大于 100mm 的重型轴上。

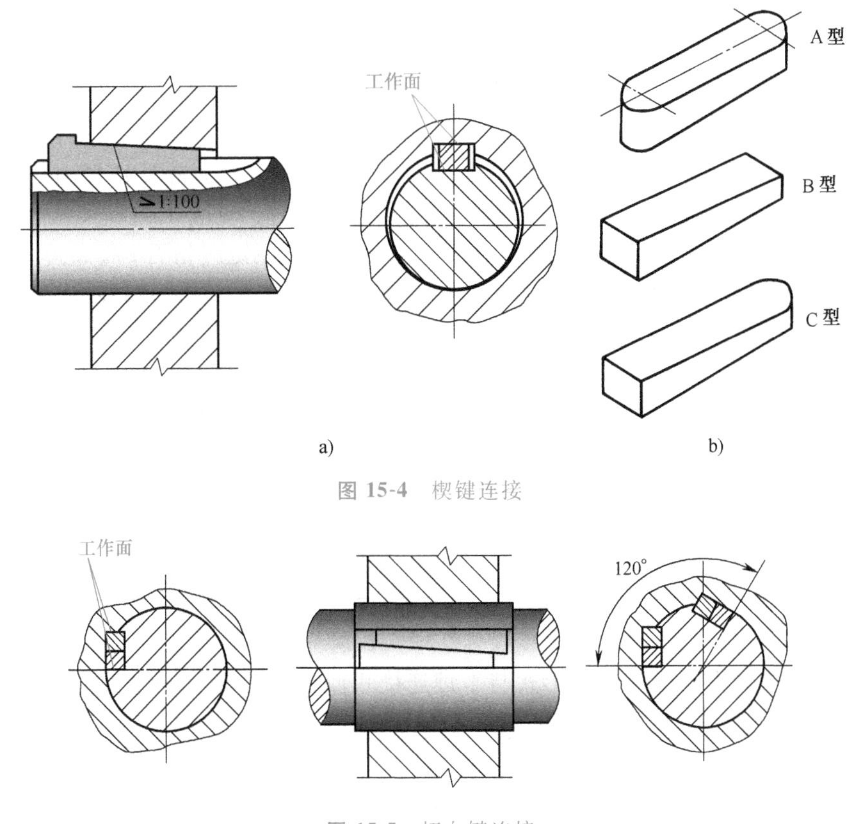

图 15-4 楔键连接

图 15-5 切向键连接

二、键连接的强度计算

键连接设计的主要任务是选择键的类型和尺寸，并校核其强度。

1. 键的选择

设计时依工况条件及键连接的结构特点选择键的类型。键已经标准化，其截面尺寸（键宽 b 和键高 h）考虑轴的直径 d 由标准中选取。键长 L 按轮毂的宽度选定，通常 L 略短于轮毂宽度，但要符合标准的长度系列。一般轮毂宽度 $L'\approx(1.5\sim2)d$。导向平键的长度依轮毂宽度及其滑动距离而定。键主要用抗拉强度不低于 600MPa 的钢材制造，常用 45 钢、Q275 钢等，如轮毂为非金属材料，键可用 20 钢和 Q235 钢等。

2. 平键连接的强度计算

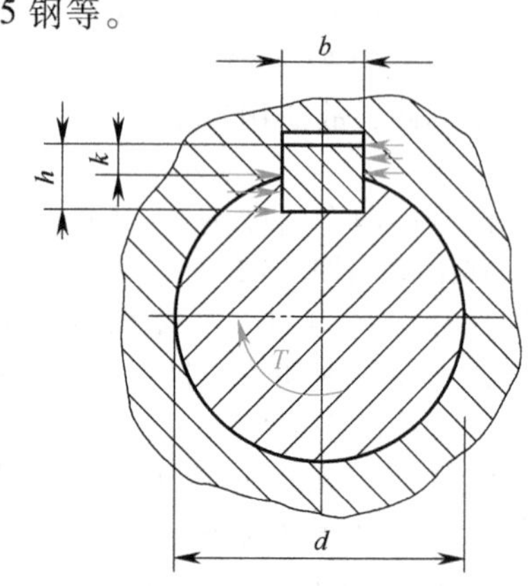

图 15-6　平键连接的受力简图

普通平键连接的主要失效形式是工作面被压溃，除非有严重过载，一般不会产生键的剪切失效，因此通常只按工作表面的挤压应力进行强度校核计算。导向平键连接和滑键连接的主要失效形式为工作表面过度磨损，故一般按工作面上的压力进行条件性强度校核计算。假设压力沿键长和键高均匀分布，简化的平键连接受力情况如图 15-6 所示。

普通平键连接的强度条件为

$$\sigma_p=\frac{2T}{dlk}\leqslant[\sigma_p] \tag{15-1}$$

导向平键连接和滑键连接的强度条件为

$$p=\frac{2T}{dlk}\leqslant[p] \tag{15-2}$$

式中，T 为连接传递的转矩；d 为轴的直径；l 为键的工作长度，圆头平键 $l=L-b$、平头平键 $l=L$，单圆头平键 $l=L-b/2$（L 为键的公称长度，b 为键宽）；k 为键与轮毂的接触高度，一般取 $k=0.5h$；$[\sigma_p]$、$[p]$ 分别为许用挤压应力和许用压力，见表 15-1。

如果使用一个平键不能满足强度要求，可采用两个平键，两键应相隔 180°布置。考虑到双键时载荷分布的不均匀性，强度校核可按 1.5 个键计算。另外，也可采用增加键长的方法来满足强度要求。但随着键长的增大，将加剧载荷的分布不均，故通常取 $l_{max}\leqslant(1.6\sim1.8)d$。

表 15-1　键连接的许用挤压应力 $[\sigma_p]$ 和许用压力 $[p]$　（单位：MPa）

许用挤压应力和许用压力	连接工作方式	连接中较弱零件的材料	载荷性质		
			静载荷	轻微冲击	冲击
$[\sigma_p]$	静连接	钢	120~150	100~120	60~90
		铸铁	70~80	50~60	30~45
$[p]$	动连接	钢	50	40	30

3. 半圆键连接的强度计算

半圆键连接的受力状况和失效形式与平键连接相似，如图 15-7 所示。

挤压强度条件为

$$\sigma_p=\frac{2T}{dlk}\leqslant[\sigma_p] \tag{15-3}$$

式中，键与轮毂的接触高度 k 从标准中查取；键的工作长度近似取为 $l=L$，其他参数同前述。

4. 切向键连接的强度计算

切向键连接的主要失效形式是工作面被压溃，计算时假设挤压力沿键长和键宽方向均匀分布，合力作用于键宽的中点处，键宽 $t\approx0.1d$，合力作用点到轴心的距离 $y\approx0.45d$（图 15-8）。

切向键连接承载后，轴键一体对轴心的受力平衡条件为

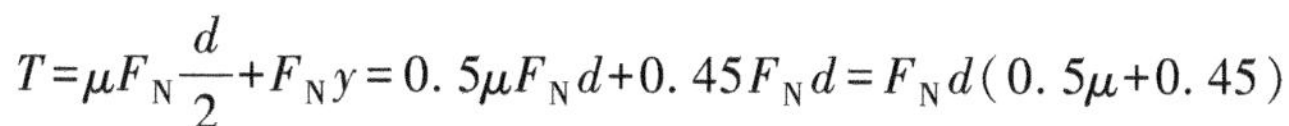

$$T=\mu F_N\frac{d}{2}+F_N y=0.5\mu F_N d+0.45F_N d=F_N d(0.5\mu+0.45)$$

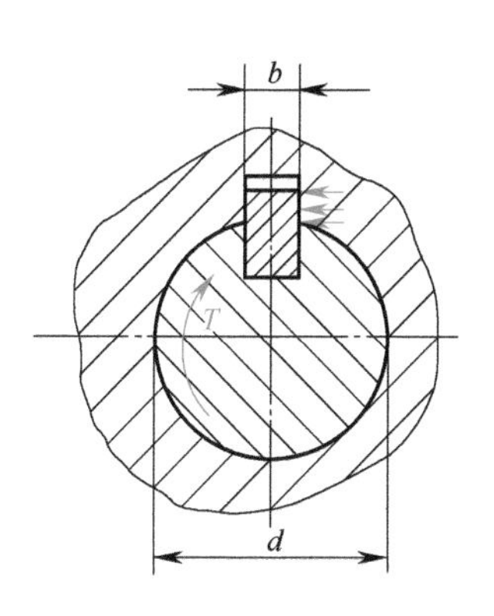

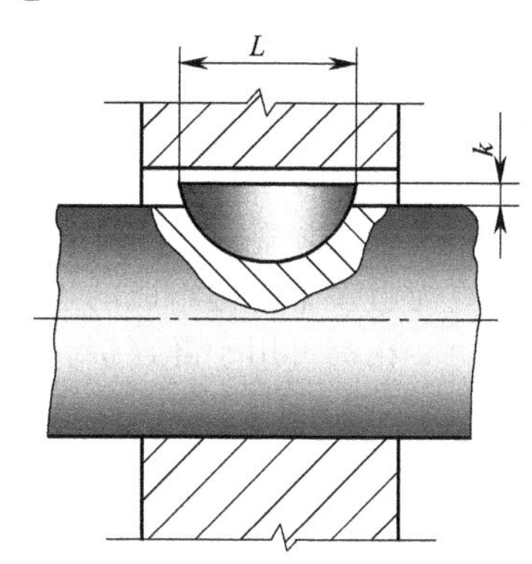

图 15-7　半圆键连接的受力简图

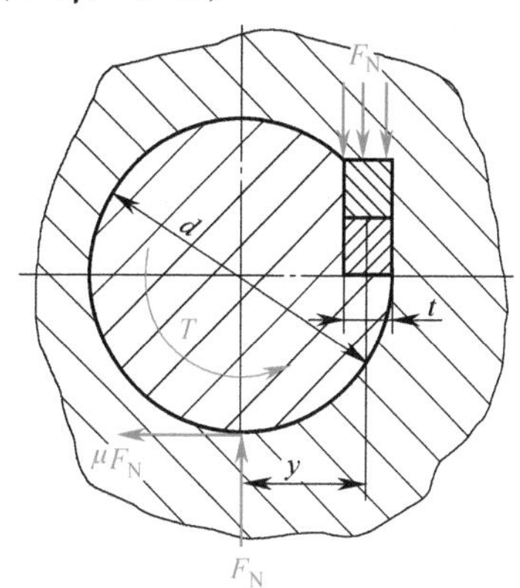

图 15-8　切向键连接的受力简图

则挤压力

$$F_N=\frac{T}{d(0.5\mu+0.45)}$$

切向键的承载面积 $A=lt$（忽略键倒角的影响），其强度条件为

$$\sigma_p=\frac{F_N}{A}=\frac{T}{dlt(0.5\mu+0.45)}\leqslant[\sigma_p] \tag{15-4}$$

式中，μ 为摩擦因数，一般取 $\mu=0.12\sim0.17$；l 为键的工作长度。

例题 15-1　一个 8 级精度的铸铁圆柱齿轮与一钢制轴用键连接。装齿轮处的轴径为 60mm，齿轮轮毂宽为 95mm。连接传递的转矩为 840N·m，载荷平稳。试设计此键连接。

解：

计算与说明	主要结果
1. 确定键的类型和尺寸	
8 级精度的齿轮要求一定的对中性。由于是静连接，选用 A 型普通平键	A 型
由设计手册查得：当轴径 $d=60$mm 时，推荐采用键宽 $b=18$mm、键高 $h=11$mm。参照齿轮轮毂宽度及普通平键的长度系列，取键长 $L=80$mm	$b=18$mm，$h=11$mm，$L=80$mm
2. 强度验算	
因是静连接，故只验算挤压强度，由式（15-1）得	
$$\sigma_p=\frac{2T}{dlk}\leqslant[\sigma_p]$$	
式中　$T=840$N·m $d=60$mm $l=L-b=(80-18)$mm$=62$mm $k=0.5h=0.5\times11$mm$=5.5$mm	
故　$$\sigma_p=\frac{2\times840\times10^3}{60\times62\times5.5}\text{MPa}=82.1\text{MPa}$$	$\sigma_p=82.1$MPa
由表 15-1 查得许用挤压应力 $[\sigma_p]=75$MPa，显然 $\sigma_p>[\sigma_p]$，故连接的挤压强度不够。考虑到挤压强度接近许用值，可采用适当加大键长的方法。现改选 $L=90$mm，则 $l=(90-18)$mm$=72$mm，故	$[\sigma_p]=75$MPa
$$\sigma_p=\frac{2\times840\times10^3}{60\times72\times5.5}\text{MPa}=70.7\text{MPa}$$	$\sigma_p=70.7$MPa 键 18×11×90
因 $\sigma_p<[\sigma_p]$，故满足强度要求	GB/T 1096—2003

第二节 花键连接

一、花键连接的类型和特点

花键连接由内、外花键组成（图 15-9），外花键是带有多个纵向键齿的轴，内花键是带有多个键槽的毂孔，因此可将花键连接视为由多个平键组成的连接。键的侧面为工作面，依靠内、外花键的侧面相互挤压来传递转矩。花键可用于静连接，也可用于动连接。花键连接受力均匀，对中性和导向性好，齿数多，承载能力大，而且由于键槽较浅，齿根处应力集中小，轴与毂的强度削弱少。花键需专用的加工设备制造，故成本较高。因此，花键连接适用于承受重载荷或循环载荷及要求对中精度高的静、动连接。花键已标准化，按键齿形状的不同，可分为矩形花键和渐开线花键两种。

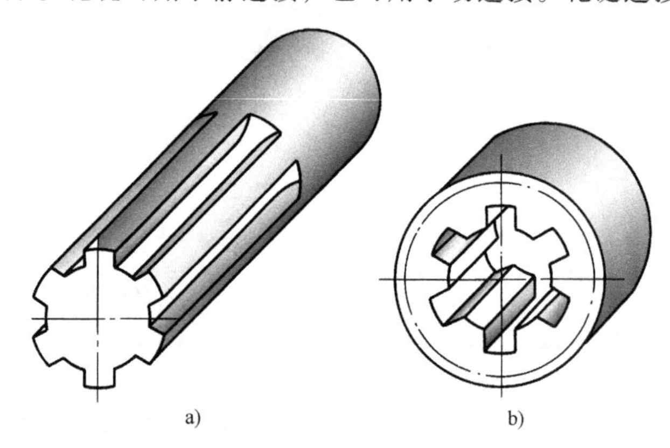

图 15-9 花键

a）外花键 b）内花键

1. 矩形花键连接

矩形花键连接如图 15-10 所示。外花键的键齿侧面为平面，键齿宽 B 为配合面，形状简单，可用铣削加工制成；内花键一般用拉削和插削加工制成。矩形花键分轻、中两个系列，轻系列多用于轻载或静连接，中系列多用于重载或动连接。国际、国内标准中规定的矩形花键连接定心方式是小径定心（即内、外花键小径表面为配合面），这是因为内、外花键齿定心面可以进行磨削，定心精度高。

2. 渐开线花键连接

渐开线花键的齿形齿廓为渐开线（图 15-11），与矩形花键相比，其齿根较厚，强度高，承载能力大。渐开线花键可用齿轮加工设备与方法进行加工制造，加工精度较高。渐开线花键靠齿形定心，键齿受力时会产生径向分力，该分力有自动定心作用，故定心精度高。分度圆上的压力角有 30°、37.5°、45°三种，30°压力角花键应用较广。压力角、模数、精度与公差等的选择原则可参阅相关标准。

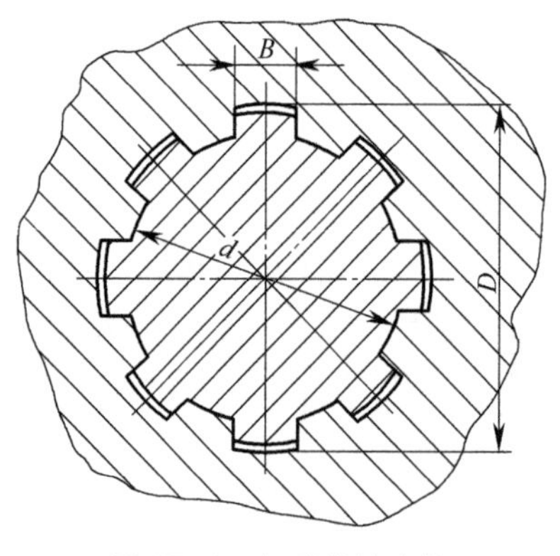

图 15-10 矩形花键连接

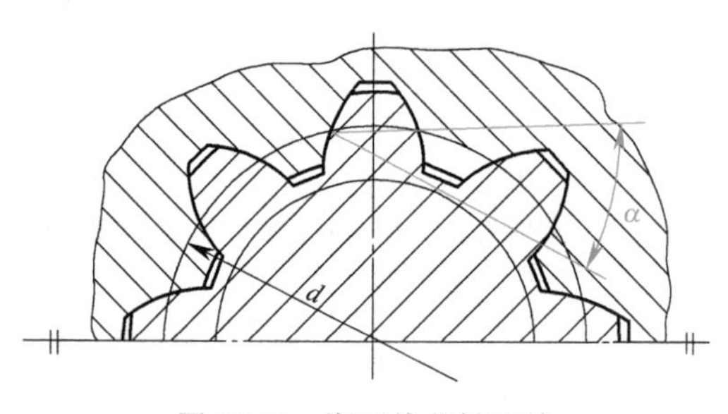

图 15-11 渐开线花键连接

二、花键连接的强度计算

花键连接的受力情况与平键相似（图 15-12）。假设压力沿齿侧面均匀分布，各齿压力的合力作用在平均直径 d_m 处。静连接的主要失效形式是齿面被压溃，动连接的主要失效形式是工作面的过度磨损。通常对花键连接只进行挤压强度或耐磨性计算，其强度条件为

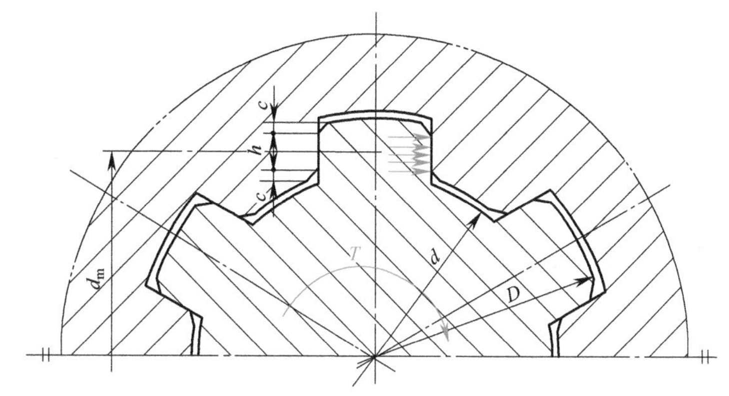

图 15-12　花键连接的受力简图

静连接
$$\sigma_p = \frac{2T}{\psi z h l d_m} \leqslant [\sigma_p] \tag{15-5}$$

动连接
$$p = \frac{2T}{\psi z h l d_m} \leqslant [p] \tag{15-6}$$

式中，T 为连接传递的转矩；ψ 为载荷分布不均匀因子，一般取 $\psi = 0.7 \sim 0.8$；z 为花键齿数；l 为键齿的工作长度；h 为键齿的工作高度，矩形花键 $h = 0.5(D-d) - 2c$（c 为键齿齿顶倒角，D 为大径，d 为小径），渐开线花键（30°压力角）$h = m$（m 为模数）；d_m 为平均直径，矩形花键 $d_m = 0.5(D+d)$，渐开线花键 $d_m = d$（d 为分度圆直径）；$[\sigma_p]$、$[p]$ 分别为许用挤压应力和许用压力，见表 15-2。

表 15-2　花键连接的许用挤压应力 $[\sigma_p]$ 和许用压力 $[p]$　　（单位：MPa）

工作方式		工作条件	$[\sigma_p]$、$[p]$	
			齿面未经热处理	齿面经热处理
静连接		不良	35~50	40~70
		中等	60~100	100~140
		良好	80~120	120~200
动连接	空载下移动	不良	15~20	20~35
		中等	20~30	30~60
		良好	25~40	40~70
	载荷作用下移动	不良	—	3~10
		中等		5~15
		良好		10~20

注：1. 工作条件不良是指受变载、双向冲击、振动频率高和振幅大、动连接润滑不良等。
2. 对于工作时间长和较重要的场合，取 $[\sigma_p]$ 和 $[p]$ 的较小值。
3. 内、外花键均采用抗拉强度不低于 600MPa 的钢材制造。

第三节 过盈连接

一、过盈连接的组成、特点及应用

过盈连接由包容件和被包容件组成（图 15-13），利用过盈配合实现连接。装配前，包容件的孔径小于被包容件的轴径。装配后，孔径被撑开变大，轴径被挤压变小，在包容件和被包容件的接合面间产生很大的接合压力，过盈连接靠此接合压力产生的摩擦力来传递外载荷。通常，外载荷可为轴向力 F_x、转矩 T 或两者的组合（图 15-14）。

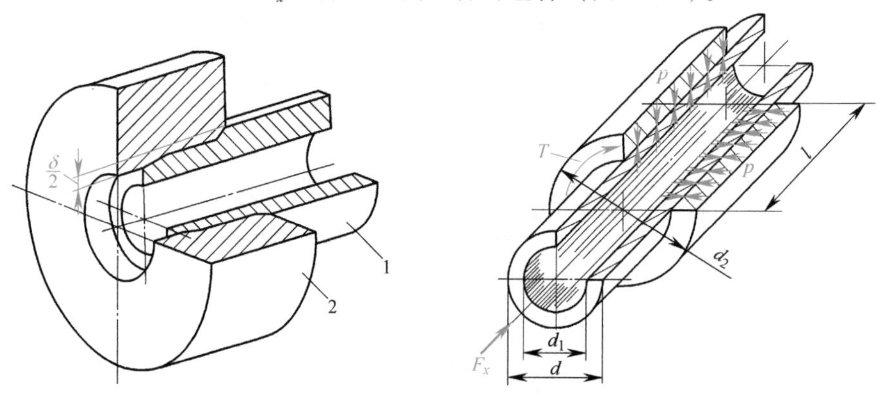

图 15-13 圆柱面过盈连接
1—被包容件 2—包容件 δ—过盈量

图 15-14 过盈连接的受力简图

过盈连接结构简单、对中性好、承载能力高，不需附加其他零件即可实现轴和轮毂间的轴向及周向固定，在循环载荷和冲击载荷作用下能可靠地工作，但装配麻烦、拆卸困难。过盈连接常用于车轮轮箍与轮心的连接，大型蜗轮、齿轮的齿圈与轮心的连接，以及轴毂连接。

二、过盈连接的装配

过盈连接常采用压入法和胀缩法装配。

1. 压入法

压入法是在常温下用压力机将被包容件压入包容件之中。因包容件和被包容件间存在过盈量，所以在压入过程中，接合面间的微观不平度的轮廓峰被擦平，导致装配后的实际过盈量减小，连接的紧固性降低。过盈量较小时，常采用压入法进行装配。

2. 胀缩法

胀缩法是利用温差［加热或（和）冷却］或油压扩孔的方法，使包容件膨胀或（和）被包容件收缩，完成装配后在常温下形成牢固的连接。胀缩法装配可减轻或避免接合面微观不平度的波峰被压平，连接紧固性好，常用于连接质量要求较高的场合。

三、圆柱面过盈连接的计算

在过盈连接中，不仅要求接合面间有足够的接合压力，使连接在承载后不发生松动，还要保证包容件和被包容件在装配应力作用下不致损坏。

过盈连接计算时做如下假设：包容件和被包容件是两个等长的厚壁筒；接合面间的压力均匀分布；应力处于平面应力状态（轴向应力 $\sigma_x=0$）；应变在弹性范围内，材料的弹性模量为常量。

1. 传递载荷所需的最小接合压力

圆柱面过盈连接传递载荷时的受力如图 15-14 所示。过盈连接传递轴向力 F_x 时，连接零件不产生相对位移的条件为

$$\pi dlp\mu \geqslant F_x$$

式中，F_x 为轴向外载荷；d 为接合面的标称直径；l 为接合面长度；p 为接合面间的压力；μ 为接合面间的摩擦因数，见表 15-3。

表 15-3　过盈连接的摩擦因数 μ

压入法装配			胀缩法装配		
连接零件的材料	μ		连接零件的材料	接合方式及润滑	μ
	无润滑	有润滑			
钢—钢	0.07~0.16	0.05~0.13	钢—钢	油压扩孔，液压油为矿物油	0.125
钢—结构钢	0.10	0.07		油压扩孔，液压油为甘油	0.13
钢—优质结构钢	0.11	0.08		在电炉中加热包容件至 300℃	0.14
钢—铸铁	0.12~0.15	0.05~0.10		在电炉中加热包容件至 300℃，接合面脱脂	0.20
钢—青铜	0.15~0.20	0.03~0.06	钢—铸铁	油压扩孔，液压油为矿物油	0.10
铸铁—铸铁	0.15~0.25	0.05~0.10	钢—铝镁合金	无润滑	0.10~0.15

故连接承受轴向力 F_x 时所需的最小接合压力 $p_{\min}$ 为

$$p_{\min}=\frac{F_x}{\pi dlu} \tag{15-7}$$

过盈连接传递转矩 T 时，连接零件不产生相对位移的条件为

$$\pi dlp\mu\frac{d}{2}\geqslant T$$

由此可得

$$p_{\min}=\frac{2T}{\pi d^2 l\mu} \tag{15-8}$$

过盈连接同时传递轴向力 F_x 和转矩 T 时，连接零件不产生相对位移的条件为

$$\pi dlp\mu\geqslant\sqrt{F_x^2+\left(\frac{2T}{d}\right)^2}$$

由此可得

$$p_{\min}=\frac{\sqrt{F_x^2+\left(\frac{2T}{d}\right)^2}}{\pi dl\mu} \tag{15-9}$$

2. 传递载荷所需的最小过盈量

由材料力学厚壁筒计算理论可知，过盈连接接合面间的压力 p 与过盈量 δ 之间的关系为

$$\delta=pd\left(\frac{c_1}{E_1}+\frac{c_2}{E_2}\right) \tag{15-10}$$

式中，δ 为过盈连接的过盈量；E_1、E_2 分别为被包容件、包容件材料的弹性模量（表 15-4）；

c_1、c_2分别为被包容件、包容件的刚性因子，$c_1=\dfrac{1+q_1^2}{1-q_1^2}-\nu_1$，$c_2=\dfrac{1+q_2^2}{1-q_2^2}+\nu_2$（$\nu_1$、$\nu_2$分别为被包容件、包容件材料的泊松比，见表15-4；q_1、q_2分别为被包容件、包容件的直径比，$q_1=d_1/d$，$q_2=d/d_2$，d_2为包容件外径，d_1为被包容件内径，如图15-14所示）。

表15-4 被包容件和包容件材料的弹性模量、泊松比和线胀系数

材料		弹性模量 E/MPa	泊松比 ν	线胀系数 $\alpha_l/(10^{-6}/℃)$	
				加热	冷却
碳钢、低合金钢、合金结构钢		$(200\sim235)\times10^3$	0.30~0.31	11	-8.5
灰铸铁	HT150 HT200	$(70\sim80)\times10^3$	0.24~0.25	10	-8
	HT250 HT300	$(105\sim130)\times10^3$	0.24~0.26	10	-8
可锻铸铁		$(90\sim100)\times10^3$	0.25	10	-8
球墨铸铁		$(160\sim180)\times10^3$	0.28~0.29	10	-8
青铜		85×10^3	0.35	17	-15
黄铜		80×10^3	0.36~0.37	18	-16
铝合金		69×10^3	0.32~0.36	21	-20
镁合金		40×10^3	0.25~0.30	25.5	-25

由式（15-10）可求得传递载荷所需的最小有效过盈量δ_{emin}

$$\delta_{emin}=p_{min}d\left(\frac{c_1}{E_1}+\frac{c_2}{E_2}\right) \tag{15-11}$$

式中，p_{min}为所需的最小接合压力，依受载状况由式（15-7）、式（15-8）或式（15-9）求得。

当采用胀缩法装配时，最小过盈量与最小有效过盈量相等，即$\delta_{min}=\delta_{emin}$；当采用压入法装配时，在压入过程中配合表面的微观不平度轮廓峰将部分被压平，故装配后的实际过盈量，要比装配前测得的过盈量小些，考虑压平量的影响，最小过盈量δ_{min}应为

$$\delta_{min}=\delta_{emin}+2\times1.6\ (Ra_1+Ra_2) \tag{15-12}$$

式中，Ra_1、Ra_2分别为被包容件、包容件接合面的表面粗糙度值。

3. 过盈连接的应力分析与最大接合压力

过盈连接装配后，在包容件和被包容件上将产生应力（切向应力σ_t、径向应力σ_r），其应力分布如图15-15所示。

由图可见，对于包容件，其危险应力发生在内表面，该处应力为

$$\sigma_{t2}=p\frac{d_2^2+d^2}{d_2^2-d^2}\qquad \sigma_{r2}=-p\ （负号表示为压应力）$$

对于被包容件（空心轴），其危险应力也发生在内表面，该处应力为

$$\sigma_{t1}=-2p\frac{d^2}{d^2-d_1^2}\qquad \sigma_{r1}=0$$

过盈连接零件为塑性材料时，装配后不应发生塑性变形，按第4强度理论（变形能理论），可求得接合面所允许的最大接合压力为

被包容件（空心轴）
$$p_{1max}\leqslant\frac{1-q_1^2}{2}R_{eL1} \tag{15-13}$$

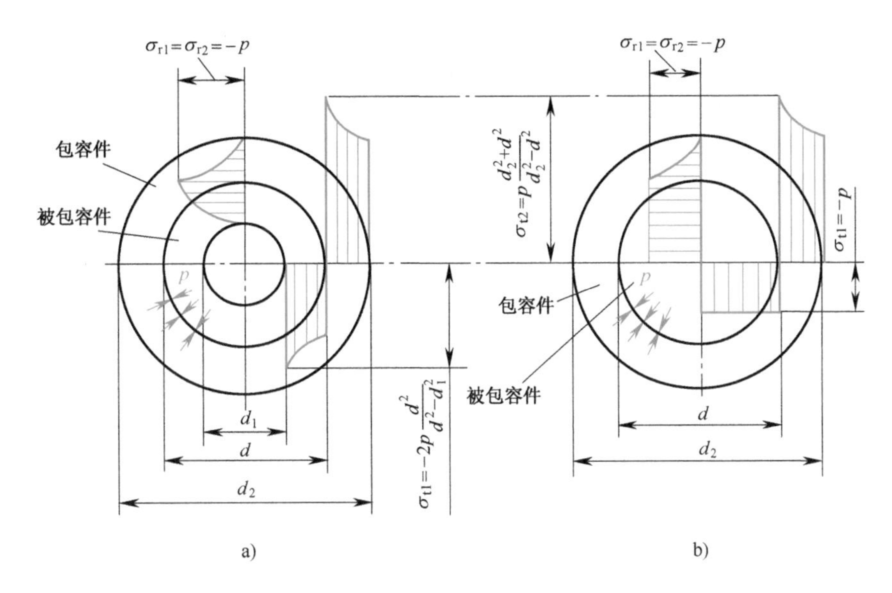

图 15-15　过盈连接的应力分布
a）空心轴　b）实心轴

包容件

$$p_{2\max}\leqslant\frac{1-q_2^2}{\sqrt{3+q_2^4}}R_{eL2} \tag{15-14}$$

过盈连接零件为脆性材料时，装配后不应发生断裂破坏，按第 1 强度理论（最大拉应力理论），可求得接合面所允许的最大接合压力为

被包容件（空心轴）

$$p_{1\max}\leqslant\left(\frac{1-q_1^2}{2}\right)\frac{R_{m1}}{S} \tag{15-15}$$

包容件

$$p_{2\max}\leqslant\left(\frac{1-q_2^2}{1+q_2^2}\right)\frac{R_{m2}}{S} \tag{15-16}$$

对于塑性材料的实心轴，$\sigma_{t1}=\sigma_{r1}=-p$，由第 4 强度理论可求得 $p_{1\max}\leqslant R_{eL1}$。

以上各式中，R_{eL1}、R_{eL2}分别为被包容件、包容件材料的下屈服强度；R_{m1}、R_{m2}分别为被包容件材料的抗压强度和包容件材料的抗拉强度；S 为安全因数，一般取 $S=2\sim3$。

由式（15-13）~式（15-16）可求得 $p_{1\max}$、$p_{2\max}$，取两者中的小值作为过盈连接允许的最大接合力 $p_{\max}$。

4. 过盈连接的最大过盈量

过盈连接允许的最大有效过盈量 $\delta_{e\max}$由下式计算

$$\delta_{e\max}=\delta_{e\min}\frac{p_{\max}}{p_{\min}} \tag{15-17}$$

5. 过盈连接配合的选择

根据所求的 $\delta_{\min}$和 $\delta_{e\max}$，选择过盈连接的配合和公差，一般取基孔制过盈配合，为保证连接可靠，由配合公差形成的过盈量 Δ 应满足如下条件，即

为保证传递给定的载荷 $\Delta_{\min} \geqslant \delta_{\min}$

为保证连接件足够安全 $\Delta_{\max} \leqslant \delta_{e\max}$ （15-18）

式中，$\Delta_{\min}$、$\Delta_{\max}$分别为由所选的配合形成的最小和最大过盈量。

6. 实际接合压力

按所选择的配合公差形成过盈连接后，在连接接合面处产生的实际接合压力为

最小实际接合压力 $$p_{f\min}=p_{\min}\frac{\Delta_{\min}-3.2\,(Ra_1+Ra_2)}{\delta_{\min}} \tag{15-19}$$

最大实际接合压力 $$p_{f\max}=p_{\max}\frac{\Delta_{\max}}{\delta_{e\max}} \tag{15-20}$$

7. 装拆压力和装配温度

（1）装拆压力 采用压入法装配时，应计算压入力和压出力。

压入力 $F_i=\pi dlp_{f\max}\mu$

压出力 $F_e=(1.3\sim1.5)F_i$ （15-21）

确定压力机容量时，应使其工作能力大于最大压入力的1.5~2倍。

（2）装配温度 采用胀缩法装配时，为保证装配方便，应在配合面间留有必要的间隙δ_c。装配温度计算式为

$$t=\frac{\Delta_{\max}+\delta_c}{\alpha_l d}+t_0 \tag{15-22}$$

式中，t为装配时加热（或冷却）的温度（℃）；δ_c为留出的最小装配间隙，通常取H7/g6配合的最小间隙（mm）；t_0为装配的环境温度（℃）；α_l为连接零件材料加热（或冷却）时的线胀系数，查表15-4。

四、提高过盈连接承载能力的措施

为提高过盈连接的承载能力，应采取合理的结构形式。

采用压入法装配时，连接零件压入端应有合理的结构（图15-16），使装配时容易对中，减小压入力，避免严重擦伤接合面，提高连接的可靠性。

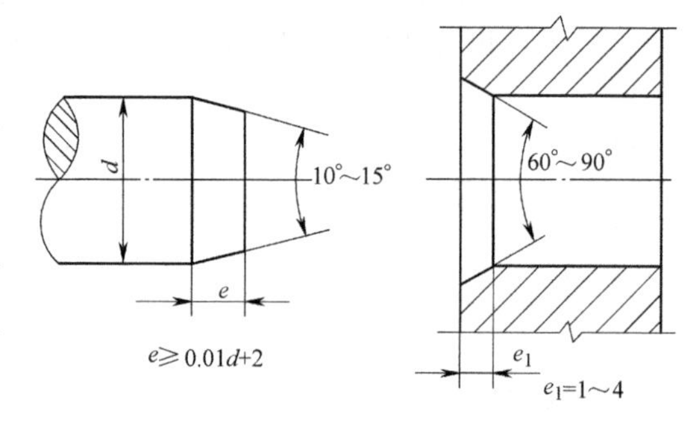

图15-16 压入端结构

轴毂过盈连接所引起的应力集中将影响轴的疲劳强度。在结构设计时，应使非配合部分的轴径小于配合部分的轴径，通常取$d/d_0\geqslant1.05$，$r\geqslant(0.1\sim0.2)\,d$（图15-17a）。另外，也可在被包容件和包容件上加工出减

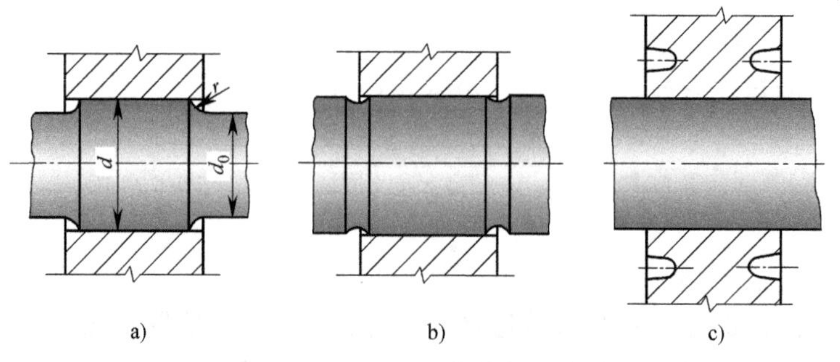

图15-17 过盈连接的合理结构

载槽（图 15-17b、c）。

例题 15-2　图 15-18 为一用过盈连接组合的齿轮结构，齿圈材料为 45 钢，轮心材料为灰铸铁（HT200），在常温环境下工作，连接传递的最大转矩 $T=8000\text{N}\cdot\text{m}$，连接接合面的表面粗糙度值 Ra 为 3.2μm，用压入法装配，试计算该过盈连接。

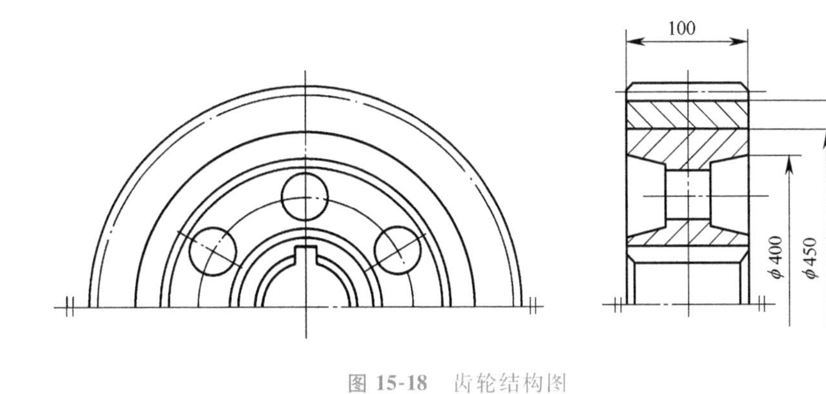

图 15-18　齿轮结构图

解：

计算与说明	主要结果
1. 确定连接件材料的力学性能	
由设计手册查得 45 钢的 $R_{eL2}=355\text{MPa}$、HT200 的 $R_{m1}=170\text{MPa}$，按无润滑由表 15-3 查取摩擦因数 $\mu=0.13$，由表 15-4 查得 $\nu_2=0.3$、$\nu_1=0.25$	$R_{eL2}=355\text{MPa}$，$R_{m1}=170\text{MPa}$ $\mu=0.13$，$\nu_2=0.3$，$\nu_1=0.25$
2. 计算所需的最小接合压力和最小过盈量	
由图 15-18 可知，$d=450\text{mm}$，$l=100\text{mm}$，近似取 $d_1=400\text{mm}$，$d_2=500\text{mm}$。故由式(15-8)可知	
$$p_{\min}=\frac{2T}{\pi d^2 l\mu}=\frac{2\times8000\times10^3}{\pi\times450^2\times100\times0.13}\text{MPa}=1.93\text{MPa}$$	$p_{\min}=1.93\text{MPa}$
由式(15-11)可求得最小有效过盈量，即 $$\delta_{e\min}=p_{\min}d\left(\frac{c_1}{E_1}+\frac{c_2}{E_2}\right)$$	
查表 15-4，取 $E_1=210\times10^3\text{MPa}$，$E_2=75\times10^3\text{MPa}$	$E_1=210\times10^3\text{MPa}$，$E_2=75\times10^3\text{MPa}$
$$c_1=\frac{1+q_1^2}{1-q_1^2}-\nu_1\quad c_2=\frac{1+q_2^2}{1-q_2^2}+\nu_2$$	
其中　$q_1=\frac{d_1}{d}=\frac{400}{450}=0.89$，$q_2=\frac{d}{d_2}=\frac{450}{500}=0.9$	$q_1=0.89$，$q_2=0.9$
故 $$c_1=\frac{1+q_1^2}{1-q_1^2}-\nu_1=\frac{1+0.89^2}{1-0.89^2}-0.25=8.37$$	
$$c_2=\frac{1+q_2^2}{1-q_2^2}+\nu_2=\frac{1+0.9^2}{1-0.9^2}+0.3=9.83$$	$c_1=8.37$，$c_2=9.83$
将各参数值代入式(15-11)得	
$$\delta_{e\min}=1.93\times450\times\left(\frac{9.83}{2.1\times10^5}+\frac{8.37}{7.5\times10^4}\right)\text{mm}=0.138\text{mm}$$	$\delta_{e\min}=0.138\text{mm}$
用压入法装配时，考虑压平量的最小过盈量 $\delta_{\min}$ 由式(15-12)计算	

（续）

计算与说明	主要结果
$\delta_{min}=\delta_{emin}+2\times1.6(Ra_1+Ra_2)$ $=0.138mm+2\times1.6\times(0.0032+0.0032)mm=0.158mm$	$\delta_{min}=0.158mm$
3. 计算允许的最大接合压力和最大有效过盈量 由式(15-14)和式(15-15)可知 $p_{2max}=\dfrac{1-q_2^2}{\sqrt{3+q_2^4}}R_{eL2}=\dfrac{1-0.9^2}{\sqrt{3+0.9^4}}\times355MPa=35.3MPa$ $p_{1max}=\left(\dfrac{1-q_1^2}{2}\right)\dfrac{R_{m1}}{2\sim3}=\left(\dfrac{1-0.89^2}{2}\right)\times\dfrac{170}{2.5}MPa=7.07MPa$	
连接允许的最大接合压力取 p_{1max} 与 p_{2max} 两者的小值，即 $p_{max}=7.07MPa$	$p_{max}=7.07MPa$
由式(15-17)计算允许的最大有效过盈量 δ_{emax}，即 $\delta_{emax}=\delta_{emin}\dfrac{p_{max}}{p_{min}}=0.138\times\dfrac{7.07}{1.93}mm=0.506mm$	$\delta_{emax}=0.506mm$
4. 选择配合 由式(15-18)可知，配合公差形成的过盈量应满足以下条件 $\Delta_{min}\geqslant\delta_{min}=0.158mm \quad \Delta_{max}\leqslant\delta_{emax}=0.506mm$	
一般取基孔制过盈配合，根据接合面的标称直径 $d=450mm$，由设计手册选取配合为 H7/t6，则齿圈为 $\phi450^{+0.063}_{0}mm$、轮心为 $\phi450^{+0.370}_{+0.330}mm$，从而可得	$\phi450$ H7/t6
$\Delta_{min}=(0.330-0.063)mm=0.267mm>0.158mm$	$\Delta_{min}=0.267mm$
$\Delta_{max}=(0.370-0)mm=0.370mm<0.506mm$	$\Delta_{max}=0.370mm$
故所选配合 H7/t6 可用	满足连接要求
5. 计算装配压入力 由式(15-20)计算最大实际接合压力 $p_{fmax}=p_{max}\dfrac{\Delta_{max}}{\delta_{emax}}=7.07\times\dfrac{0.370}{0.506}MPa=5.17MPa$	$p_{fmax}=5.17MPa$
装配压入力 $F_i=\pi dlp_{fmax}\mu=\pi\times450\times100\times5.17\times0.13N=9.5\times10^4N$	$F_i=9.5\times10^4N$

第四节 其他连接方法简介

一、型面连接

图 15-19 为型面连接的一种结构形式。被连接件接合面的形状可以是柱形（图 15-19a），也可以是锥形（图 15-19b），后者除传递转矩外还能承受单方向的轴向力。型面连接是无键连接的一种，与有键连接相比，减少了轴和毂的应力集中源，且该连接装拆方便，定心性好。但由于加工比较复杂，目前应用尚不广泛。

二、胀套连接

胀套连接也称为弹性环连接，它定心性好，装拆方便，承载能力高，还可避免零件因加工键槽而削弱其强度。图 15-20 所示是两种典型的胀套连接结构。图 15-20a 为 Z1 型胀套连接，其结构简单，装拆方便，应用最广；图 15-20b 为 Z2 型胀套连接，其尺寸较小，结构简单，但压紧时套与轴间有滑动。

三、销连接

销主要用来固定零件之间的相对位置，它是组合加工和装配时的重要辅助零件，当传递的载荷不大时，也可作为轴毂连接件，如图 15-21 所示。圆锥销具有 1∶50 的锥度，在受横向力时可以自锁，安装方便，定位精度高，因而被广泛应用。对于有冲击振动的场合，可采用开尾圆锥销（图 15-21b）；为方便装拆，还可采用端部带螺纹的圆锥销（图 15-21c）。

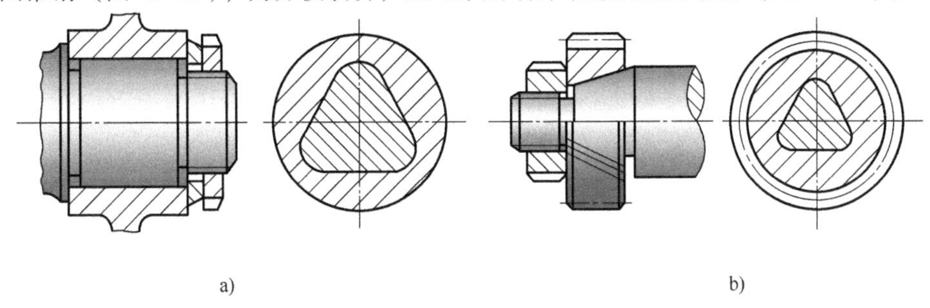

图 15-19 型面连接

a）柱形轴和毂孔 b）锥形轴和毂孔

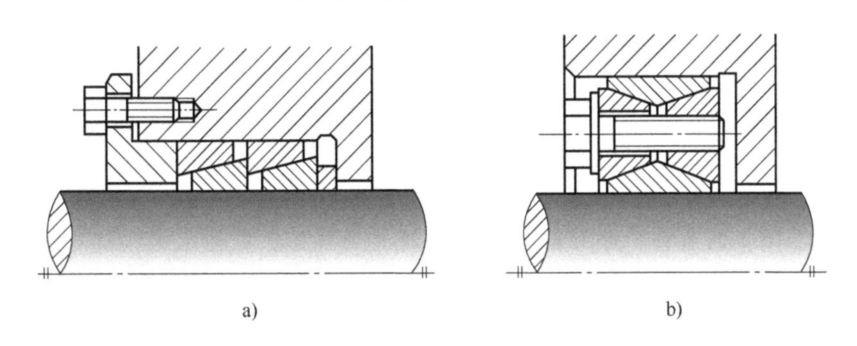

图 15-20 胀套连接

a）采用 Z1 型胀套的连接 b）采用 Z2 型胀套的连接

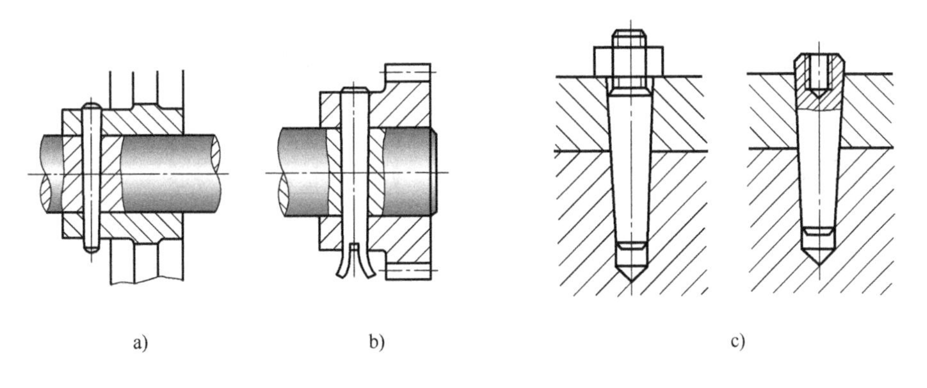

图 15-21 销连接

a）普通圆锥销 b）开尾圆锥销 c）端部带螺纹的圆锥销

文献阅读指南

1）花键连接是应用广泛的轴毂连接方式，其结构形状较复杂，尺寸参数较多，加工精度较高，在参数与公差等级的选择上比键连接复杂，需深入了解时，可参阅汪恺主编的《机械设计标准应用手册》（北京：机械工业出版社，1997）第 1 卷第 7 篇第 4 章。

2）过盈连接计算的基础是厚壁筒的应力应变计算，可参阅刘鸿文主编的《材料力学》（4版，北京：高等教育出版社，2004）。

3）胀套连接结构形状较复杂，目前制定了行业标准，标准中给出了胀套连接的形式、基本尺寸和额定载荷。相关内容可参阅闻邦椿主编的《机械设计手册》（6版，北京：机械工业出版社，2018）第2卷第5篇第4章中的胀套连接。

思考题

15-1 平键连接的工作原理和主要失效形式是什么？

15-2 轴毂连接若采用一个键强度不够，而需采用两个平键、两个楔键或两个半圆键时，它们在轴上各应如何布置？为什么？

15-3 设计过盈连接时主要解决哪些问题？

15-4 过盈连接中，两零件表面各产生什么应力？两零件内部应力如何分布？

习题

15-1 一齿轮传递的功率 $P=7.2\text{kW}$，轴的转速 $n=110\text{r/min}$，轴径 $d=65\text{mm}$，齿轮轮毂长 $L'=100\text{mm}$，轮毂材料为铸铁，轴的材料为45钢，工作有轻微冲击，请选择并校核齿轮与轴的键连接。

15-2 按题15-1的条件，分别画出轴和轮毂的剖视图，在图上标出键槽的宽度和深度及极限偏差。

15-3 图15-22所示为套筒式联轴器，分别用平键及半圆键与两轴相连。已知轴径 $d=40\text{mm}$，联轴器材料为灰铸铁，外径 $D_1=100\text{mm}$。试分别计算两种连接允许传递的转矩，并加以比较。

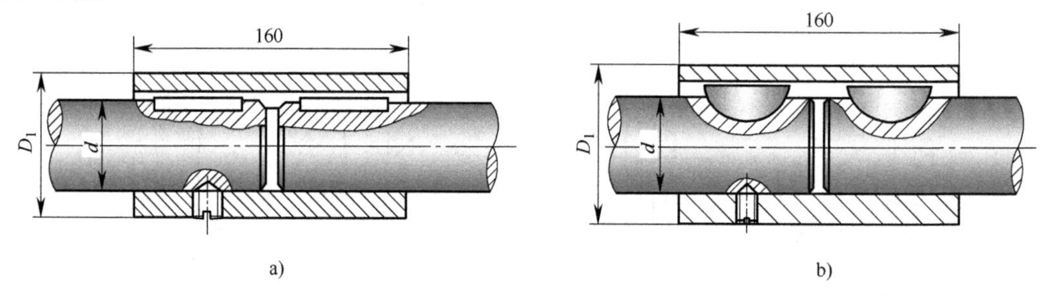

图15-22 习题15-3图

a）平键连接 b）半圆键连接

15-4 一铸铁齿轮轮毂（HT250）与实心钢轴（45钢）采用配合为H7/t6的过盈连接，配合直径 $d=80\text{mm}$，配合长度 $l=100\text{mm}$，轴的表面粗糙度值 $Ra_1=1.6\mu\text{m}$，孔的表面粗糙度值 $Ra_2=3.2\mu\text{m}$，采用压入法装配，包容件外径 $d_2=120\text{mm}$。试计算该过盈连接所能传递的转矩 T。

15-5 一钢制小齿轮采用过盈连接装在钢制轴上，齿轮与轴的材料均为45钢，材料的屈服强度 $R_{eL}=360\text{MPa}$，抗拉强度 $R_m=630\text{MPa}$。已知轴径 $d=50\text{mm}$，齿轮齿根圆直径 $d_2=90\text{mm}$，配合长度 $l=60\text{mm}$，配合表面的摩擦因数 $\mu=0.1$，轴的表面粗糙度值 $Ra_1=1.6\mu\text{m}$，孔的表面粗糙度值 $Ra_2=3.2\mu\text{m}$，传递转矩 $T=1600\text{N}\cdot\text{m}$，采用压入法装配。试设计此过盈连接。

第十六章 螺旋传动

内容提要

本章介绍螺旋传动的类型及应用，重点阐述滑动螺旋传动的设计计算。由于其工作条件及对传动要求的不同，失效形式也不同，因此要选择不同的设计准则进行设计，以确定螺旋传动的参数，然后根据工作条件，进行必要的验算，以满足工作要求。螺旋传动的受力分析与螺纹紧固件连接类似，其受力分析已在螺纹紧固件连接章节介绍。

本章还介绍滚动螺旋传动的类型和设计计算及设计中应注意的问题。滚动螺旋传动的设计计算实际上是选用计算，根据工作条件和使用要求首先选定类型及基本参数，然后进行验算。滚动螺旋传动的组合结构设计参看轴和滚动轴承有关章节。

第一节 螺旋传动的应用和分类

螺旋传动是利用螺纹副来传递运动和动力的，其主要功能是将回转运动变为直线运动，同时传递动力。

螺旋传动是在人类古代就出现的简单机械之一，自工业革命以来，随着机床、压力机的发展得到了广泛的应用，如螺旋千斤顶、螺旋压力机、金属切削机床的进给螺旋、工业机器人中的滚珠丝杠等。

螺旋传动按其用途可以分为以下三类：

拓展视频

大国工匠：大巧破难

1. 传力螺旋

传力螺旋以传递力为主，如图 16-1a 所示的千斤顶、图 16-1b 所示的压力机。这种螺旋主要承受很大的轴向力，一般为间歇工作，每次工作时间较短，工作速度也不高，并具有自锁能力。

2. 传导螺旋

传导螺旋以传递运动为主，并要求有较高的传动精度，有时也承受较大的轴向力，如图 16-1c 所示的车床进给螺旋。传导螺旋常在较长的时间内连续工作，工作速度较高。

3. 调整螺旋

调整螺旋用以调整和固定零件的相对位置，如仪器、测试装置中的微调螺旋，带传动中的张紧螺旋。调整螺旋不经常转动，一般在空载下调整，具有可靠的自锁性能。

按螺旋副摩擦性质的不同，螺旋传动可以分为滑动螺旋、滚动螺旋和静压螺旋。滑动螺旋结构简单，加工方便，易于自锁；但其摩擦阻力大、传动效率低（通常为 30%～40%），磨损快，有侧向间隙，定位精度和轴向刚度较差。滚动螺旋和静压螺旋因摩擦阻力小，传动效率较高（前者可达 90%

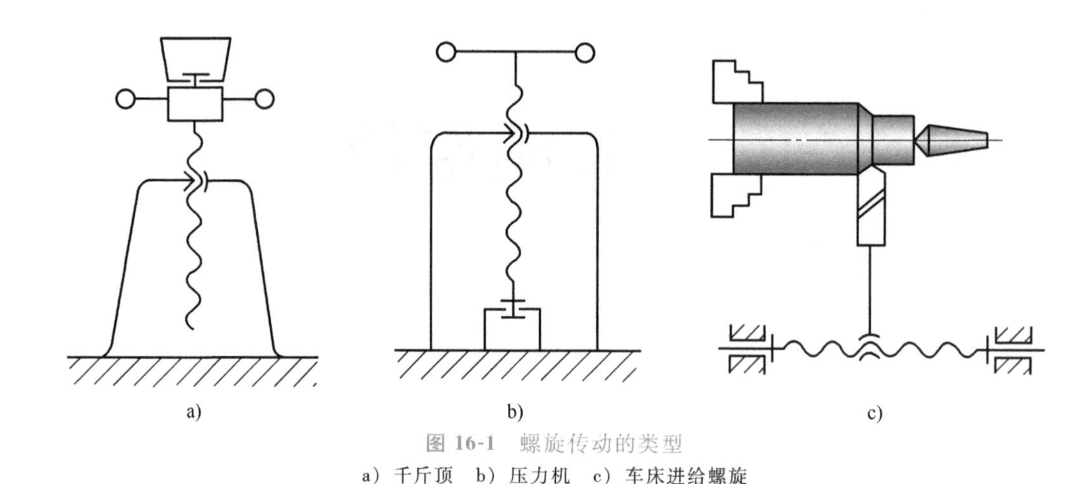

图 16-1 螺旋传动的类型

a）千斤顶 b）压力机 c）车床进给螺旋

以上，后者可达99%）；但其结构复杂，制造较难，而且静压螺旋还需要一套压力稳定、温度恒定、过滤要求较高的供油系统。

本章将着重阐述滑动螺旋传动和滚动螺旋传动。

第二节 滑动螺旋传动

一、滑动螺旋传动的失效形式和常用材料

（一）滑动螺旋传动的失效形式

1. 螺纹磨损

滑动螺旋工作时，主要承受转矩及轴向拉力（或压力），同时螺杆与螺母的旋合螺纹间有较大的相对滑动，因此螺纹磨损是其主要失效形式。

2. 螺杆及螺母螺纹牙的塑性变形或断裂

对于受力较大的传力螺旋，螺杆受拉力（或压力），而螺纹牙则会受剪切和弯矩的作用，引起螺杆及螺母螺纹牙的塑性变形或断裂。

3. 螺杆失稳

长径比很大的螺杆，受压后会引起侧弯而失稳。

4. 螺距变化

精密的传导螺旋，受力后螺杆螺距要发生变化，从而引起传动精度的降低，因此传导螺杆直径应根据刚度条件确定。

滑动螺旋传动除以上的失效形式外，对于高速的长螺杆，应验算其临界转速，以防止产生横向振动；要求螺旋自锁时，应验算其自锁条件。

（二）常用材料

根据螺旋传动的受载情况及失效形式，螺杆材料要有足够的强度和耐磨性；螺母材料除要有足够的强度外，还要求在与螺杆配合时摩擦因数小和耐磨。选择螺旋传动的材料时可参考表16-1。

二、滑动螺旋传动的设计计算

滑动螺旋传动是根据其主要的失效形式来确定设计计算方法的。滑动螺旋传动的主要失效形式是螺纹磨损，因此滑动螺旋的基本尺寸（螺杆直径与螺母高度），通常由耐磨性要求来确定。在设计时，应根据螺旋传动的工作条件及传动要求，选择不同的设计准则，进行必要的设计计算。

表 16-1　螺旋传动常用材料

螺旋副	材料牌号	热处理	应用
螺杆	45、50、Q235、Q275		轻载、低速、精度要求不高的传动
	45 Y40、Y40Mn 40Cr、40CrMn 65Mn	正火或调质 时效 调质或淬火、回火 淬火、回火	重载、转速较高、中等精度、重要传动
	T10、T12 20CrMnTi	调质、球化 渗碳、高频感应淬火	高精度重要传动
	9Mn2V、CrWMn 38CrMoAl	淬火、回火 渗氮	尺寸稳定性好，适于精密传导螺旋传动
螺母	35、球墨铸铁、耐磨铸铁		轻载、低速、精度要求不高的传动
	锡青铜 ZCuSn10Pb1、ZCuSn5Pb5Zn5		耐磨性好、中等精度的重要传动
	铝青铜 ZCuAl10Fe3 ZCuAl10Fe3Mn2 铝黄铜 ZCuZn25Al6Fe3Mn3		耐磨性好、强度高，适于重载、低速传动
	钢或铸铁，内螺纹表面覆青铜或轴承合金		尺寸较大或高速传动

下面主要介绍耐磨性计算和几项常用的验算计算方法。

1. 耐磨性计算

滑动螺旋的磨损与螺纹工作面上的压力、滑动速度、螺纹表面粗糙度及润滑状态等因素有关。一般螺母材料比螺杆材料软，所以磨损主要发生在螺母螺纹表面。耐磨性计算主要限制螺纹工作面上的压力 p，使其小于材料的许用压力 $[p]$。

如图 16-2 所示，假设作用于螺杆上的轴向力为 F，被旋合的螺纹工作表面均匀承受，则其工作面上的耐磨条件为

$$p=\frac{F}{A}=\frac{F}{\pi d_2hZ}=\frac{FP}{\pi d_2hH}\leqslant[p] \tag{16-1}$$

式中，A 为螺纹的承压面积；F 为作用于螺杆的轴向力；d_2 为螺纹的中径；P 为螺距；h 为螺纹的工作高度；Z 为旋合圈数，$Z=H/P$；H 为螺母高度；$[p]$ 为许用压力，见表 16-2。

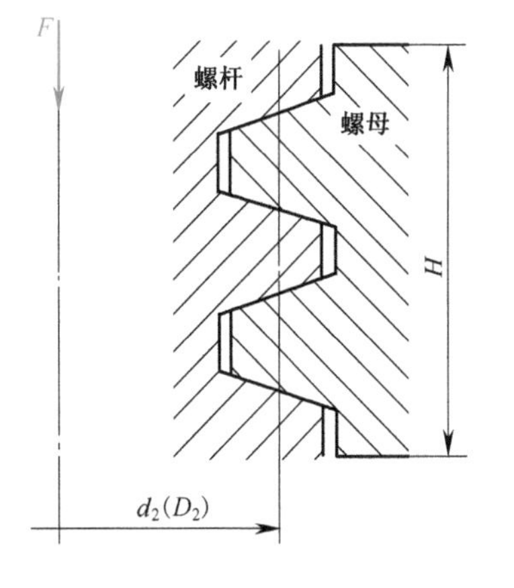

图 16-2　螺旋副受力

表 16-2　滑动螺旋副材料的许用压力 $[p]$ 和摩擦因数 μ

螺杆—螺母的材料	滑动速度/(m/min)	许用压力[p]/MPa	摩擦因数μ
钢—青铜	低速	18~25	0.08~0.10
	≤3.0	11~18	
	6~12	7~10	
	>15	1~2	
淬火钢—青铜	6~12	10~13	0.06~0.08
钢—铸铁	<2.4	13~18	0.12~0.15
	6~12	4~7	

（续）

螺杆—螺母的材料	滑动速度/(m/min)	许用压力[p]/MPa	摩擦因数μ
钢—耐磨铸铁	6~12	6~8	0.10~0.12
钢—钢	低速	7.5~13	0.11~0.17

式（16-1）用于校核计算。为了导出设计计算式，令 $\phi=H/d_2$，代入式（16-1），整理后可得

$$d_2 \geqslant \sqrt{\frac{FP}{\pi h\phi[p]}} \tag{16-2}$$

对于矩形和梯形螺纹，取 $h=0.5P$；锯齿形螺纹，取 $h=0.75P$。

螺母高度

$$H=\phi d_2 \tag{16-3}$$

式中，ϕ 对于整体螺母，由于磨损后间隙不能调整，$\phi=1.2\sim2.5$；对于剖分式螺母，$\phi=2.5\sim3.5$；传动精度较高，要求寿命较长时，允许取 $\phi=4$。

根据公式求得螺纹中径后，应按国家标准选取相应的公称直径 d 及螺距 P。螺纹旋合圈数不宜超过10圈。

螺纹几何参数确定后，对于有自锁要求的螺旋副，还应校核其是否满足自锁条件，即

$$\psi \leqslant \rho_v = \arctan\frac{\mu}{\cos\frac{\alpha}{2}} \tag{16-4}$$

式中，ψ 为螺纹升角；ρ_v为当量摩擦角；μ 为滑动螺旋副摩擦因数，见表16-2；$\frac{\alpha}{2}$为牙型半角。

2. 螺纹牙的强度计算

螺纹牙多发生剪切和弯曲破坏，一般螺母材料强度低于螺杆，故只需验算螺母螺纹的强度。

螺杆受轴向载荷 F，旋合圈数为 Z，假设各圈螺纹受载相等，则每圈螺纹承受的载荷为 F/Z，作用于螺纹中径上。将螺母一圈螺纹展开，则可看作是宽度为 πD、高度为 b 的悬臂梁，如图16-3所示。螺纹牙危险截面的抗剪强度条件为

$$\tau_s=\frac{F}{\pi DbZ} \leqslant [\tau_s] \tag{16-5}$$

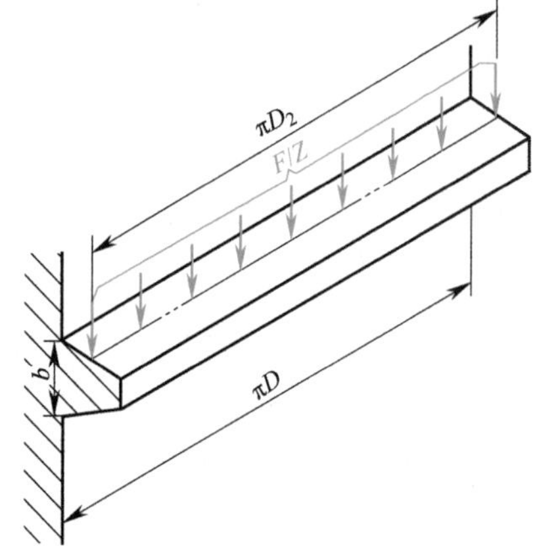

图16-3 螺母上一圈螺纹展开后受力分析

螺纹牙危险截面的抗弯强度条件为

$$\sigma_b=\frac{6Fa}{\pi Db^2Z} \leqslant [\sigma_b] \tag{16-6}$$

式中，D 为螺母的螺纹大径；b 为螺纹牙根部厚度，对于矩形螺纹，$b=0.5P$，对于梯形螺纹，$b=0.65P$，对于3°/30°锯齿形螺纹，$b=0.75P$，P 为螺距；a 为弯曲力臂，$a=\frac{D-D_2}{2}$，D_2 为螺纹中径；$[\tau_s]$ 为许用切应力（MPa），见表16-3；$[\sigma_b]$ 为许用弯曲应力（MPa），见表16-3。

表 16-3　螺杆和螺母的许用应力　（单位：MPa）

材　　料		许用应力		
		$[\sigma]$	$[\tau_s]$	$[\sigma_b]$
螺杆	钢	$\dfrac{R_{eL}}{3\sim5}$		
螺母	青铜		30~40	40~60
	耐磨铸铁		40	50~60
	灰铸铁		40	45~55
	钢		$0.6[\sigma]$	$(1\sim1.2)[\sigma]$

3. 螺杆的强度计算

螺杆工作时承受轴向拉力（或压力）F 和转矩 T 的联合作用，根据第 4 强度理论求出其危险截面的当量应力，强度条件为

$$\sigma_v=\sqrt{\sigma^2+3\tau_t^2}=\sqrt{\left(\frac{4F}{\pi d_1^2}\right)^2+3\left(\frac{T}{0.2d_1^3}\right)^2}\leqslant[\sigma] \tag{16-7}$$

式中，d_1为螺杆螺纹小径；T 为螺杆所受转矩，$T=F\dfrac{d_2}{2}\tan(\psi+\rho_v)$，$d_2$为螺杆螺纹中径，$\rho_v$为当量摩擦角，$\rho_v=\arctan\mu_v$，$\mu_v$为当量摩擦因数，$\mu_v=\mu/\cos\dfrac{\alpha}{2}$，$\alpha$ 为螺纹牙型角，摩擦因数 μ 见表 16-2；$[\sigma]$ 为许用应力（MPa），见表 16-3。

4. 受压螺杆的稳定性计算

对于长径比大的受压螺杆，当轴向压力超过某一临界值时，螺杆就会突然发生侧向弯曲而失稳，故需验算其稳定性。螺杆稳定性条件为

$$S_{cs}=\frac{F_c}{F}\geqslant S_s \tag{16-8}$$

式中，S_{cs}为螺杆稳定性计算安全因数；S_s为螺杆稳定性安全因数，$S_s=2.5\sim4$；F 为作用于螺杆上的轴向载荷；F_c为螺杆的临界载荷。

为求螺杆的临界载荷 F_c，应先计算螺杆的长细比 λ

$$\lambda=\frac{\varphi l}{i}$$

式中，l 为螺杆最大工作长度；φ 为螺杆长度系数，与螺杆端部结构有关，见表 16-4；i 为螺杆危险截面的惯性半径。

表 16-4　长度系数φ

螺杆端部结构	长度系数φ
两端固定	0.5
一端固定、一端不完全固定	0.6
一端固定、一端铰支	0.7
两端铰支	1.0
一端固定、一端自由	2.0

注：1. 采用滑动支承时，$l_0/d_0<1.5$ 时，为铰支；$l_0/d_0=1.5\sim3$ 时，为不完全固定；$l_0/d_0>3$ 时，为固定支承（l_0为支承宽度，d_0为支承孔直径）。

2. 采用滚动支承时，只有径向约束时，为铰支；径向与轴向均有约束时，为固定支承。

$$i=\sqrt{\frac{I_a}{A}}$$

式中，I_a为螺杆危险截面轴惯性矩，$I_a=\frac{\pi d_1^4}{64}$；A为螺杆危险截面面积，$A=\frac{\pi d_1^2}{4}$，将A、I_a代入上式，得$i=\frac{d_1}{4}$。

求得λ后，按λ的大小选择下列公式计算F_c：

1）当$\lambda>85\sim90$时，临界载荷按欧拉公式计算

$$F_c=\frac{\pi^2 EI_a}{(\varphi l)^2} \tag{16-9}$$

式中，E为螺杆材料的弹性模量，对于钢，$E=2.07\times10^5$MPa；I_a为螺杆危险截面轴惯性矩；φ为螺杆长度系数，见表16-4；l为螺杆最大工作长度。

2）当$\lambda<80\sim90$时，临界载荷按下式计算

对未淬火钢，$\lambda<90$时
$$F_c=\frac{340}{1+0.00013\lambda^2}\frac{\pi d_1^2}{4} \tag{16-10}$$

对淬火钢，$\lambda<85$时
$$F_c=\frac{480}{1+0.0002\lambda^2}\frac{\pi d_1^2}{4} \tag{16-11}$$

若上式计算不满足螺杆稳定条件，应适当增大螺杆小径。

3）对于Q275钢，当$\lambda<40$，优质碳素钢$\lambda<60$时，不必校核螺杆的稳定性。

除上述计算外，对于高精度的螺旋传动，应进行螺杆的刚度计算；对于高速旋转的螺旋，还应校核其临界转速。

拓展视频

大国工匠：大技贵精

第三节 滚动螺旋传动

一、工作原理及结构类型

1. 工作原理

滚动螺旋传动又称为滚珠丝杠副或滚珠丝杠传动，其螺杆与旋合螺母的螺纹滚道间置有适量滚动体（绝大多数滚动螺旋采用钢球，也有少数采用滚子），使螺纹间形成滚动摩擦。在滚动螺旋的螺母上有滚动体返回通道，与螺纹滚道形成闭合回路，当螺杆（或螺母）转动时，使滚动体在螺纹滚道内循环，如图16-4所示。由于螺杆和螺母之间为滚动摩擦，从而提高了螺旋副的效率和传动精度。

2. 结构类型及特点

根据螺纹滚道截面形状和滚动体在滚道中的循环方式对滚动螺旋进行分类。

（1）按螺纹滚道法向截面形状分类　有矩形、单圆弧和双圆弧三种，如图16-5所示。矩形截面制造简单，但接触应力高，只用于轴向载荷小、要求不高的传动；单圆弧截面可用磨削得到较高的加工精度，有较高的接触强度，为保证接触角$\alpha=45°$，必须严格控制径向间隙；双圆弧截面加工较复杂，但有较高的接触强度，理论上轴向间隙和径向间隙为零，接触角稳定。

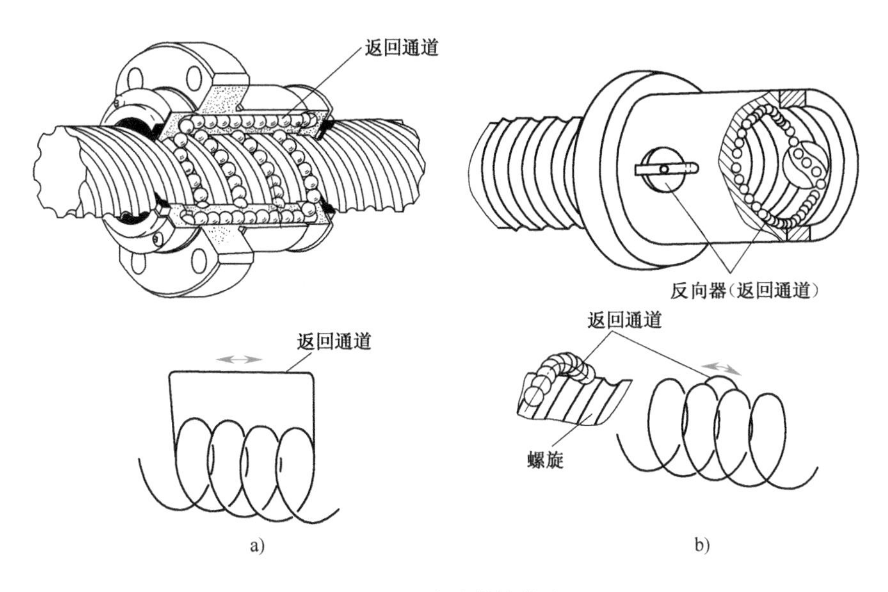

图 16-4　滚动螺旋传动

a）外循环　b）内循环

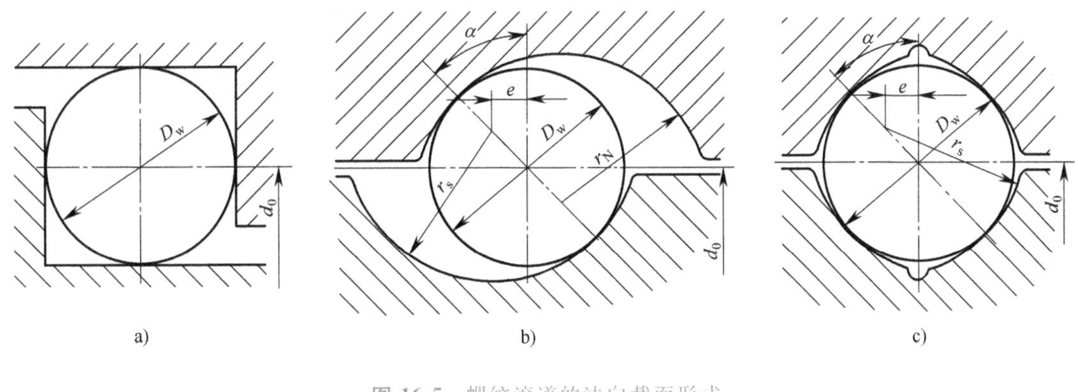

图 16-5　螺纹滚道的法向截面形式

a）矩形　b）单圆弧　c）双圆弧

（2）按钢球的循环方式分类　有内循环和外循环两种。

1）内循环方式。如图 16-4b 所示，在螺母上开有侧孔，孔内镶有反向器，将相邻两螺纹滚道连接起来，钢球从螺纹滚道进入反向器，越过螺杆牙顶进入相邻螺纹滚道，形成循环回路。该种循环方式，螺母径向尺寸较小，与滑动螺旋副大致相同。钢球循环通道短，有利于减少钢球数量，减小摩擦损失，提高传动效率，反向器回行槽加工要求高，不适宜重载传动。

2）外循环方式。该方式分为螺旋槽式和插管式，如图 16-4a 所示。螺旋槽式是在螺母外圆柱表面有螺旋形回球槽，槽的两端有通孔与螺母的螺纹滚道相切，形成钢球循环通道；插管式和螺旋槽式原理相同，是采用外接套管作为钢球的循环通道。但无论是哪种结构，为引导钢球在通孔内顺利出入，在孔口都置有挡球器。外循环方式结构简单，但螺母的结构尺寸较大，特别是插管式，同时挡球器端部易磨损。

二、主要参数及标注方法

1. 主要参数

滚动螺旋的主要参数包括公称直径 d_0（即钢球中心所在圆柱直径）、导程 P_h、螺纹旋向、钢球直径 D_w、接触角 α（滚动体合力作用线和螺旋轴线垂直平面间的夹角）、负荷钢球的圈数和精度等级等。

GB/T 17587.2—1998《滚珠丝杠副　第2部分：公称直径和公称导程　公制系列》规定了公称直径为6~200mm、适用于机床的滚动螺旋副和性能要求等，精度分为7个等级，即1、2、3、4、5、7和10级，其中1级精度最高，10级精度最低，其他机械可参照选用。

2. 标注方法

滚动螺旋副的型号，根据其结构、规格、精度等级、螺纹旋向等特征，用代号和数字组成，形式如下：

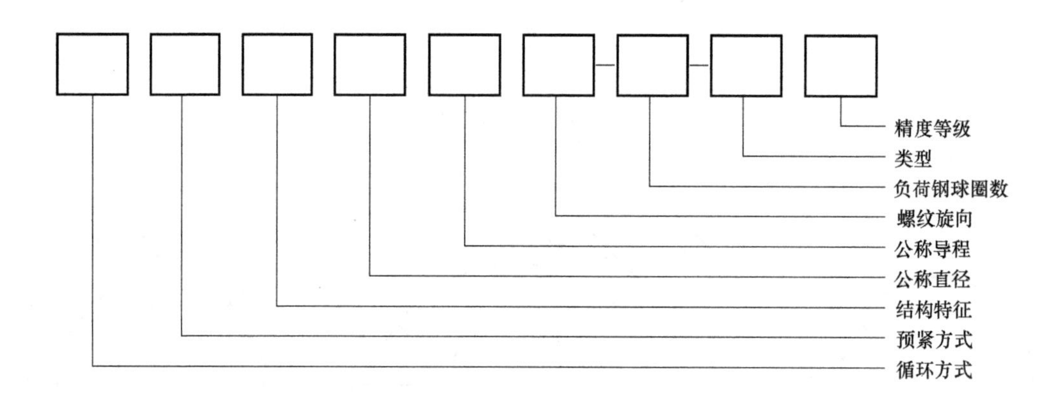

滚动螺旋副标注的特征代号见表16-5。

表16-5　滚动螺旋副标注的特征代号

特征			代号	特征		代号
钢球循环方式	内循环	浮动式	F	结构特征	埋入式外插管	M
		固定式	G		凸出式外插管	T
	外循环	插管式	C	螺纹旋向	右旋	不标注
预紧方式	单螺母	无预紧	W		左旋	LH
		变导程自预紧	B	负荷钢球圈数		圈数
		增大钢球直径预紧	Z			
	双螺母	垫片预紧	D	类型①	定位滚动螺旋副	P
		齿差预紧	C		传力滚动螺旋副	T
		圆螺母预紧	L	精度等级		级别

① 定位滚动螺旋副是指通过转角或导程用以控制轴向位移量的滚动螺旋副；传力滚动螺旋副主要是用于传递动力，与转角无关。

例题　说明滚动螺旋副代号CDM5010-3-P3的含义。

解：

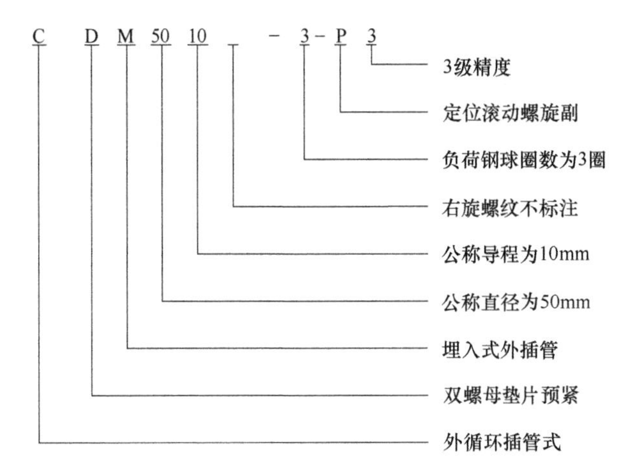

三、滚动螺旋副的选用计算

滚动螺旋副由专门生产厂家制造，在选用时，设计者根据工作条件、受载情况选择合适的类型，确定尺寸后进行组合结构设计。

当滚动螺旋副在较高转速下工作时，应按寿命条件选择其尺寸，并校核其载荷是否超过额定静载荷；低速工作时，应按寿命和额定静载两种方式确定其尺寸，选择其中尺寸较大的；静止状态或转速低于10r/min时，可按额定静载荷选择其尺寸。

滚动螺旋副的选用计算包括螺旋副寿命计算、静载荷计算、螺杆强度计算、螺杆稳定性计算、横向振动计算、驱动转矩计算等。

1. 滚动螺旋寿命计算

滚动螺旋的受载情况与推力滚动轴承很相似，若轴向载荷为 F（N），基本额定动载荷为 C_a（N），则滚动螺旋的额定寿命 L（10^6r）为

$$L=\left(\frac{C_a}{F}\right)^3 \tag{16-12}$$

实际应用中，用小时表示额定寿命更为方便。以 n（r/min）表示螺杆转速，同时再考虑载荷情况以及螺旋副材料硬度，滚动螺旋的寿命 L_h（h）为

$$L_h=\frac{10^6}{60n}\left(\frac{C_a}{K_F K_H K_L F}\right)^3 \tag{16-13}$$

式中，K_F为载荷系数，见表16-6；K_H为硬度影响系数，见表16-7；K_L为短行程系数，见表16-8。

滚动螺旋的寿命要求可参照表16-9，基本额定动载荷C_a值可参考有关手册或工厂样本。

表16-6　载荷系数 K_F

载荷性质	K_F
平稳和轻微冲击	1.0~1.2
中等冲击	1.2~1.5
较大冲击和振动	1.5~2.5

表16-7　硬度影响系数 K_H、K'_H

硬度(HRC)	≥58	55	52.5	50	47.5	45	40
K_H	1.0	1.11	1.35	1.56	1.92	2.40	3.85
K'_H	1.0	1.11	1.40	1.67	2.10	2.65	4.50

表 16-8 短行程系数 K_L

$\frac{行程}{螺母高}$	1	1.2	1.4	1.6	1.8	2.0	≥2.2
K_L	1.3	1.22	1.16	1.1	1.06	1.03	1.00

表 16-9 滚动螺旋的寿命要求

机械类别	L_h/h
普通机械	5000～10000
普通金属切削机床	10000
测试仪器	15000
数控机床、精密机械	15000
航空机械	1000

2. 滚动螺旋静载荷计算

滚动螺旋副在静止状态或转速 $n \leqslant 10\text{r/min}$ 条件下，如其滚动接触面上的接触应力过大，将产生永久性过大凹坑，这才是其失效形式，因此要进行静载荷计算。静载荷计算公式为

$$C_{0a} \geqslant K_F K'_H F \tag{16-14}$$

式中，C_{0a}为基本额定静载荷（N），参考机械设计手册或工厂样本；K_F为载荷系数，见表16-6；K'_H为硬度影响系数，见表16-7；F为轴向载荷（N）。

其余计算项目则根据工作机类别和工作需要进行选择性计算，如传力螺旋副应进行螺杆强度计算；长径比大的受压螺杆应进行稳定性计算；转速较高、支承距离较大的螺杆应校核其临界转速等。计算方法可参照机械设计手册。

四、设计中应注意的问题

为保证滚动螺旋副的正常工作，除了要正确选择滚动螺旋副的类型和尺寸外，还要针对滚动螺旋的传动特点，注意以下问题：

（1）防止逆转　滚动螺旋副不能自锁，设计中为防止螺旋副受力后逆转，需设置防止逆转的装置，如采用制动电动机、步进电动机，在传动系统中设置自锁机构或离合器。

（2）限位装置　限位装置的设置，既可防止螺母的脱出、滚动体的脱落，同时也可避免螺母卡死。限位装置可采用传感器、限位开关、限位挡块等，为保险起见，一般几种装置同时组合使用。

（3）润滑和密封　为提高螺旋传动效率，延长使用寿命，应使螺旋副具有良好的润滑状态。为此，要做好防护和密封，使滚动体运转顺畅，以免因磨损而使滚动螺旋丧失精度。

设计中还应注意，不要使丝杠螺母承受径向载荷和力矩载荷，否则会大大缩短滚珠丝杠寿命或引起不良运行。

文献阅读指南

1）本章介绍了滑动螺旋传动和滚动螺旋传动。需要指出的是，除此两种传动类型外，还有静压螺旋传动，因其应用较少，加之设计时考虑因素较多，涉及面较广，而且静压螺旋无标准系列产品，因此本章未做介绍，如需要该方面的知识，可参阅闻邦椿主编的《机械设计手册》(6版，北京：机械工业出版社，2018）第2卷第7篇第2章螺旋传动。

2）本章介绍了滚动螺旋传动的类型、设计计算及设计计算中应注意的问题。需要说明

的是，滚动螺旋副是一定型产品，由专门生产厂家制造，应用中关键是根据实际工作情况，正确选择其类型和尺寸，其设计计算为校核计算，计算中所取有关滚动螺旋数据（如额定动载荷 C_a、额定静载荷 C_{0a}及结构尺寸等），一定要参照生产厂家的产品样本，因生产厂家不同而有所差别。滚动螺旋传动的组合结构设计可参见滚动轴承章节。滚动螺旋精度、间隙调整和预紧等有关内容可参阅闻邦椿主编的《机械设计手册》（6版，北京：机械工业出版社，2018）第2卷第7篇第2章螺旋传动。

思　考　题

16-1　按螺旋副摩擦性质，螺旋传动可分为哪几类？

16-2　滑动螺旋按用途分为哪几类？

16-3　滑动螺旋传动的主要失效形式是什么？其主要尺寸（即螺杆直径及螺母高度）主要根据哪些设计准则来确定？

16-4　设计滑动螺旋千斤顶时，为什么要考虑螺纹自锁问题？

16-5　滚动螺旋比滑动螺旋有何优点？举出应用场合。

16-6　滚动螺旋是否需自行设计？设计中应注意的问题是什么？

16-7　滚动螺旋传动的失效形式是什么？

习　　题

16-1　图16-6为一小型压力机，最大压力为25kN，最大行程为160mm。如螺旋副选用梯形螺纹，螺旋副当量摩擦因数 $\mu_v=0.15$，压头支承面平均直径为螺纹中径 d_2，压头支承面摩擦因数 $\mu'=0.1$，操作人员每只手用力最大为200N。试设计该螺旋传动并确定手轮直径。（要求螺纹自锁）

16-2　图16-7所示为一弓形夹钳，用M28的螺杆夹紧工件，夹紧力 $F=30$kN，螺杆材料为45钢，环形螺杆末端平均直径 $d_0=20$mm，设螺纹副和螺杆末端与工件的摩擦因数均为 $\mu=0.15$，试验算螺杆的强度。

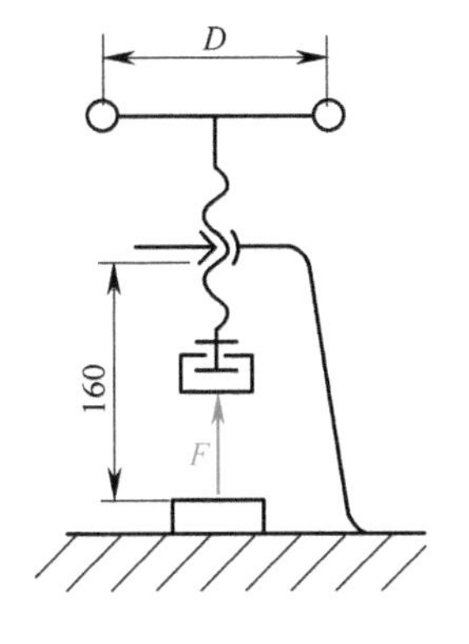

图16-6　习题16-1图

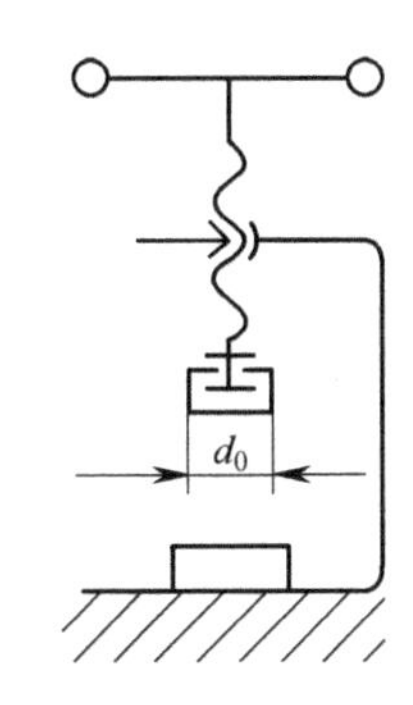

图16-7　习题16-2图

16-3　图16-8为一水闸门的结构，闸门重力 $Q=5000$N，由于水的压力作用，闸门与堤坝导路间的摩擦阻力 $F=2500$N，开闭闸门所用螺旋为矩形螺纹，其外径 $d=36$mm，螺距 $P=6$mm，手轮与机架间为环形面接触，外径为80mm，内径为40mm，如螺纹副和环形接触面间的摩擦因数均为0.15。试求：

1）开起闸门时，作用在手轮上的力矩。

2）降下闸门时，作用在手轮上的力矩。

16-4 图16-9所示为一小型起重装置，尺寸如图所示。螺母与螺杆均选用45钢，螺杆选用Tr14螺纹，螺距 $P=3\text{mm}$，小径 $d_1=10.5\text{mm}$。试确定其最大的起重量 Q。（摩擦因数均为0.1，$b=30\text{mm}$，$l_1=l_2=l_3=l_4=110\text{mm}$，$\alpha_{min}=30°$）

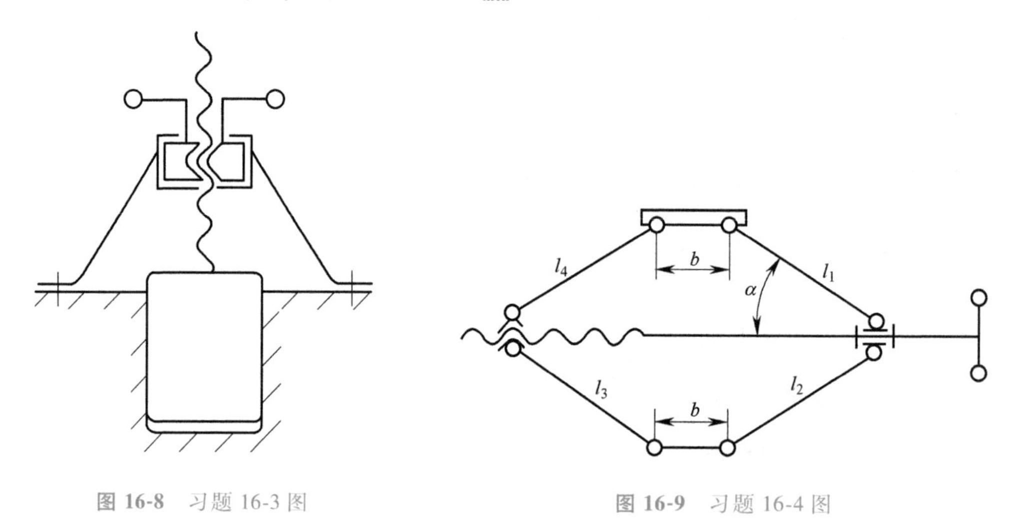

图16-8 习题16-3图

图16-9 习题16-4图

第十七章 带传动和链传动

内容提要

本章包括带传动和链传动两部分内容。带传动主要介绍传动的分类、工作原理和普通 V 带传动的设计。链传动主要介绍运动特性、链轮结构、受力分析和滚子链传动的设计计算，对齿形链传动计算只做简单介绍。

第一节 概述

用绳索做中间挠性件的摩擦传动在我国至少有 2000 年的历史，早期主要用在纺车和凿井装置中。古罗马和希腊在公元前 300 年就有了关于应用链传动的记载。

带传动和链传动都是通过中间挠性曳引元件传递运动和动力的机械传动形式。带传动使用的挠性元件主要是各种有弹性的传动带，链传动使用的挠性元件是各种传动链。

按工作原理，带传动分摩擦型普通带传动和啮合型同步带传动。

带传动的主要优点是：有缓冲和吸振作用；运行平稳，噪声小；结构简单，制造维护成本低；无须润滑。可通过选择带长以适应不同的中心距要求。普通带传动过载时带会在带轮上打滑，对其他机件有保护作用。

普通带传动的缺点是：传动带的寿命较短；传递相同圆周力时，外廓尺寸和作用在轴上的载荷比啮合传动大；带与带轮接触面间有相对滑动，不能保证准确的传动比。因而，普通带传动一般仅用来传递动力。

同步带传动能克服上述缺点，故应用越来越广泛，特别是仪器仪表和办公设备，用来传递运动。但同步带传动对制造安装要求较高。

目前，带传动所能传递的最大功率为 70kW，工作速度一般为 5~30m/s，采用特种带的高速带传动可达 60m/s，超高速带传动可达 100m/s。带传动的传动比一般不大于 7，个别情况可到 10（常用$\leqslant$5）。平带传动 $i\leqslant 6$，带张紧轮的平带传动 $i\leqslant 15$，V 带传动 $i\leqslant 20$，多楔带传动 $i\leqslant 40$，同步带传动 $i\leqslant 10$。

链传动通过链轮的轮齿与链条的链节相互啮合实现传动。它具有下列特点：可以得到准确的平均传动比，并可用于较大的中心距；传动效率较高，最高可达 98%；不需张紧力，作用在轴上的载荷较小；可靠性高，与带传动比较，几何尺寸小；容易实现多轴传动；能在恶劣环境（高温、多灰尘等）下工作；瞬时传动比不等于常数，链的速度是变化的，故传动平稳性较差，速度高时噪声较大。

链传动主要用于两轴中心距较大的动力和运动的传递，广泛用在农业、采矿、冶金、起重、运输、石油和化工等行业。

通常，链传动的传动功率小于 100kW，链速小于 15m/s，传动比不大于 8。先进的链传动传动功率可达 5000kW，链速达到 35m/s，最大传动比可达到 15。

各种带和链传动的速度应用范围如图 17-1 所示。

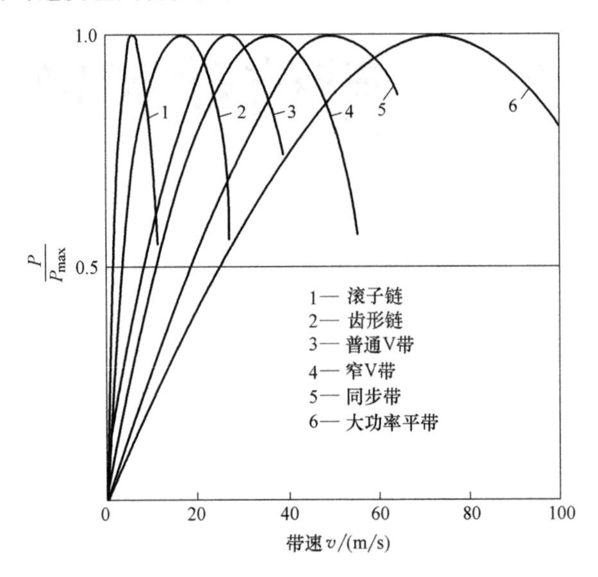

图 17-1 各种带和链传动的速度应用范围

第二节 带传动

一、普通带传动的类型

带传动由主动轮、从动轮和传动带组成。工作时靠带与带轮间摩擦力传递运动和动力。根据传动带的截面形状，摩擦型带传动可分为平带传动、V 带传动和圆带传动（图 17-2）。V 带传动又可分为普通 V 带传动、窄 V 带传动、联组 V 带传动、多楔带传动、大楔角 V 带传动、宽 V 带传动等。

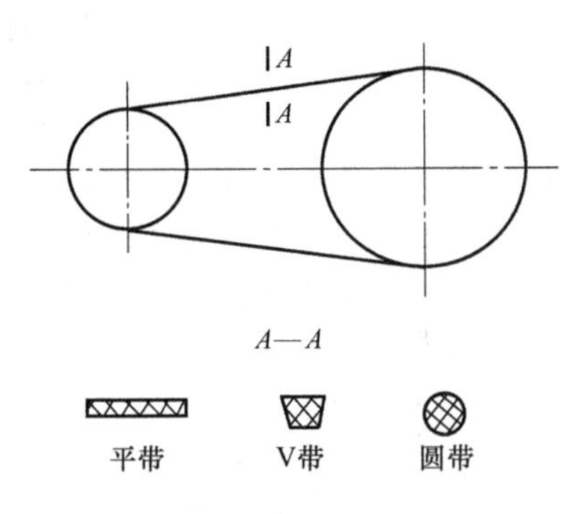

图 17-2 摩擦型带传动（开口传动）

根据带传动的布置形式可分为开口传动（图 17-2）、交叉传动和半交叉传动（图 17-3），后两种形式仅用于平带传动。

带的抗拉体采用合成纤维绳或钢丝绳。

1. 普通 V 带传动

V 带以其两侧面与轮槽接触（图 17-4a），图中，F_Q为带对带轮的压紧力；F_{NV}为带轮槽面对带的反力；φ 为带轮的槽楔角，普通 V 带传动为 32°、34°、36°或 38°。由机械原理可知，槽面摩擦的摩擦力大于平面摩擦的摩擦力。因此，在初拉力相同的条件下，V 带传动产生的摩擦力较平带传动（图 17-4b）大。精确的分析表明，在其他条件相同的情况下，V 带传动较平带传动的摩擦因数约可增加 70%，故可传递更大的动力。

2. 窄 V 带传动

窄 V 带传动是近年来国际上普遍应用的一种 V 带传动。普通 V 带高与节宽比为 0.7，窄 V 带高与节宽比为 0.9（图 17-5）。窄 V 带有 SPZ、SPA、SPB 和 SPC 四种型号，其结构和有关尺寸已标准化。

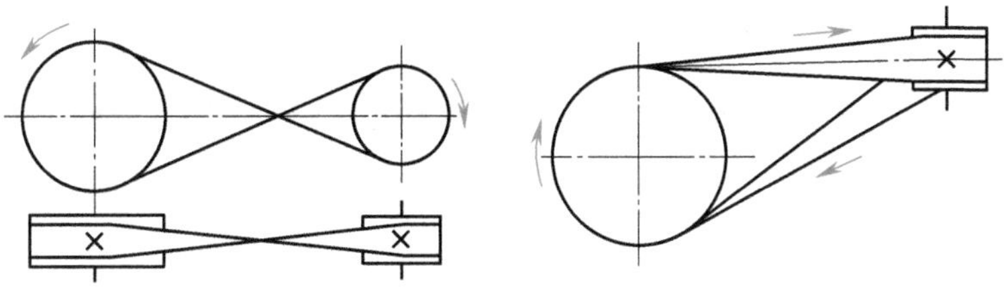

图 17-3　交叉与半交叉传动布置形式
a）交叉传动　b）半交叉传动

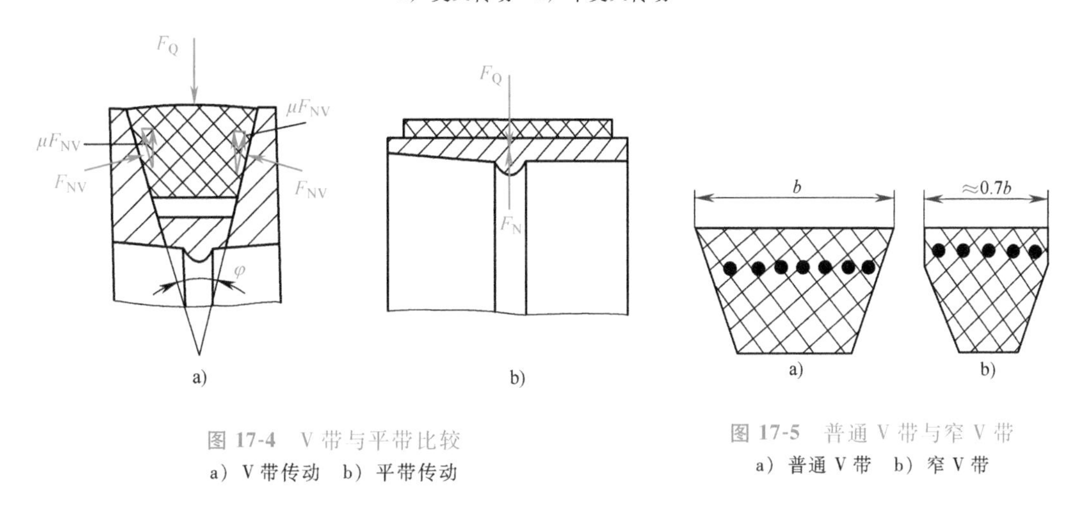

图 17-4　V 带与平带比较
a）V 带传动　b）平带传动

图 17-5　普通 V 带与窄 V 带
a）普通 V 带　b）窄 V 带

窄 V 带的抗拉体上移且顶面微呈鼓形，从而提高了带的强度和承载能力。窄 V 带传动滞后损失少，允许最高速度可达 40~50m/s，适用于大功率且结构要求紧凑的传动。设计计算与普通 V 带传动基本相同。

3. 联组 V 带传动

其特点是几条相同的 V 带在顶面联成一体（图 17-6a）。它克服了普通 V 带传动各根带间受力不均匀的问题，减少了各单根带的横向振动，因而使带的寿命提高。其缺点是要求较高的制造和安装精度。

4. 多楔带传动

其特点是在平带的基体下做出很多纵向楔（图 17-6b），带轮也做出相应的环形轮槽。可传递较大的功率。由于多楔带轻而薄，工作时弯曲应力和离心拉应力都小，可使用较小的带轮，减小了传动的尺寸。由于多楔带有较大的横向刚度，可用于有冲击载荷的传动。其缺点是制造和安装精度要求较高。

二、普通带传动设计计算的理论基础

（一）带传动中的作用力

1. 初拉力、紧边拉力和松边拉力

带传动在安装时，应给传动带施加一定的张紧力使带紧绷在带轮表面上，其两边拉力均为 F_0（图 17-7a），F_0称为初拉力。工作时，由于要克服工作阻力，带在绕上主动轮的一边被进一步拉紧，其拉力由 F_0增大到 F_1，F_1称为紧边拉力；带的另一边由于弹性被放松，其拉力由 F_0减小到 F_2，F_2称为松边拉力（图 17-7b）。

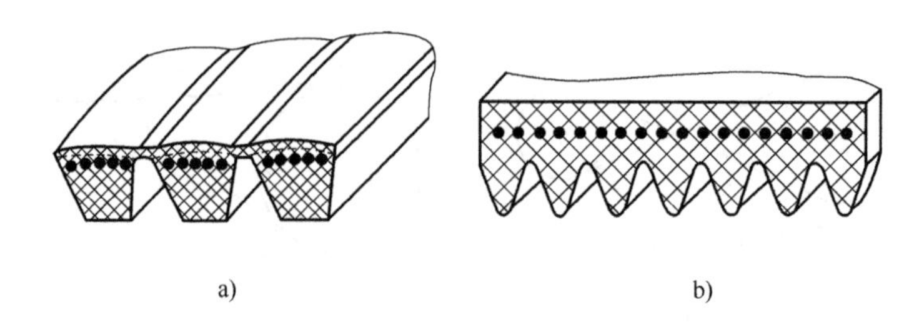

图 17-6 联组 V 带与多楔带
a）联组 V 带 b）多楔带

带工作时松紧边拉力不等，但总长度不变，故紧边增加的长度与松边减少的长度相等，假设带的材料服从胡克定律，则紧边增加的拉力与松边减少的拉力相等。即

$$F_1-F_0=F_0-F_2$$

或

$$F_1+F_2=2F_0 \tag{17-1}$$

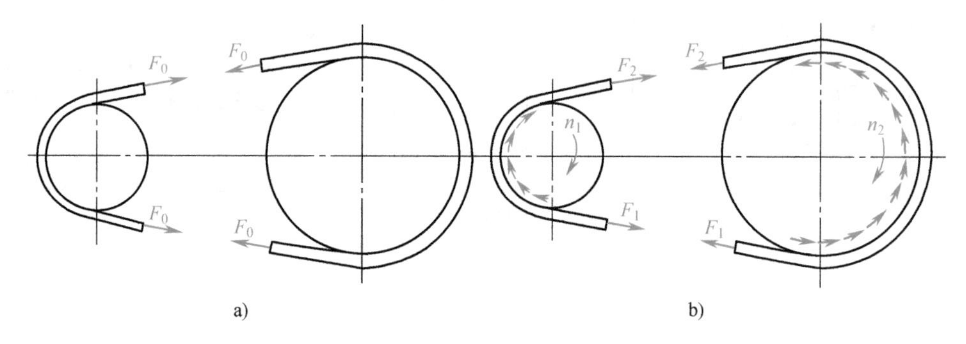

图 17-7 带的两边拉力
a）带工作前张紧时 b）带工作时

2. 有效拉力

带的两边拉力之差，称为带传动的有效拉力 F，即

$$F=F_1-F_2 \tag{17-2}$$

有效拉力 F 与带传动传递的功率 P 及带的圆周速度 v 之间的关系为

$$P=Fv \tag{17-3}$$

该式说明，带速一定时，有效拉力越大，则带传动传递的功率也越大，即带传动的工作能力越强。传动功率一定时，带速越高，需要的有效拉力越小。

带的有效拉力等于带轮接触弧上摩擦力的总和。在一定条件下，摩擦力有一极限值，当需要传递的有效拉力超过该值时，带就会在轮面上打滑。打滑是带传动的失效形式之一。

3. 离心拉力

如图 17-8 所示，取带的一微小弧段，长度为 $\mathrm{d}l$，带每米质量为 q。当其随带轮做圆周运动时，具有向心加速度。设微段带上的离心惯性力为 $\mathrm{d}F'$，由该力引起的拉力称为带的离心拉力 F_c，F_c作用在带的全长上。根据达朗贝尔原理，可列出垂直方向上力的平衡方程：

$$\mathrm{d}F'-2F_c\sin\frac{\mathrm{d}\alpha}{2}=0$$

式中

$$\mathrm{d}F'=q(R\mathrm{d}\alpha)\frac{v^2}{R}$$

方程中，因 $\mathrm{d}\alpha$ 很小，故可取 $\sin\frac{\mathrm{d}\alpha}{2}\approx\frac{\mathrm{d}\alpha}{2}$，解之得

$$F_{\mathrm{c}}=qv^2 \tag{17-4}$$

由该式可知，带速 v 是影响离心拉力的主要因素，当 $v\leqslant 10\mathrm{m/s}$ 时，F_{c} 很小，可忽略不计。

4. 最大有效拉力及其影响因素

在带传动即将打滑时，有效拉力达到最大值，带上的摩擦力也达到极限值，此时分析带微小弧段的受力情况（图 17-9），由力的平衡条件可知：

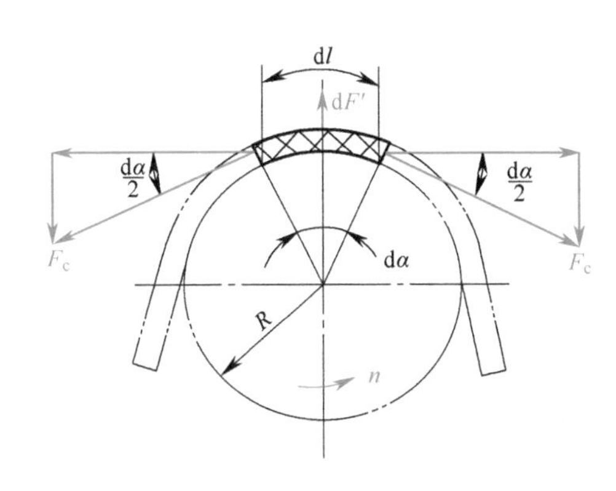

图 17-8　离心拉力分析图

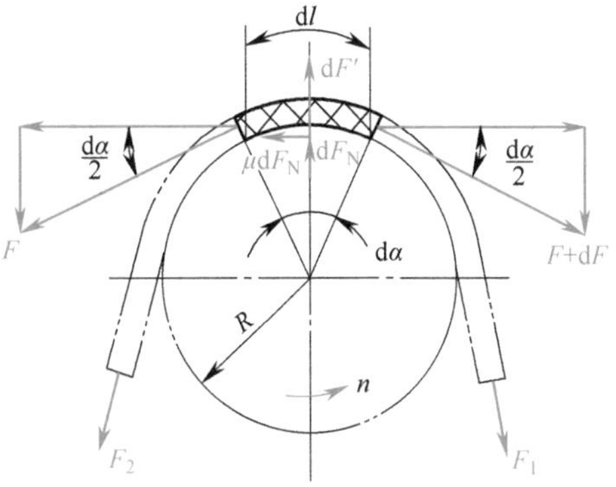

图 17-9　松边、紧边拉力关系图

垂直方向
$$F\sin\frac{\mathrm{d}\alpha}{2}+(F+\mathrm{d}F)\sin\frac{\mathrm{d}\alpha}{2}-\mathrm{d}F_{\mathrm{N}}-\mathrm{d}F'=0 \tag{a}$$

水平方向
$$(F+\mathrm{d}F)\cos\frac{\mathrm{d}\alpha}{2}-F\cos\frac{\mathrm{d}\alpha}{2}-\mu\mathrm{d}F_{\mathrm{N}}=0 \tag{b}$$

式中，$\mathrm{d}F$ 为紧边拉力增量；$\mathrm{d}F_{\mathrm{N}}$ 为带轮给微段带的正压力；μ 为带与带轮间的摩擦因数。取 $\sin\frac{\mathrm{d}\alpha}{2}\approx\frac{\mathrm{d}\alpha}{2}$，$\cos\frac{\mathrm{d}\alpha}{2}\approx 1$，$\mathrm{d}F'=qv^2\mathrm{d}\alpha$，并略去二阶无穷小量 $\mathrm{d}F\sin\frac{\mathrm{d}\alpha}{2}$，联立求解式（a）、式（b）得

$$\frac{\mathrm{d}F}{F-qv^2}=\mu\mathrm{d}\alpha \tag{c}$$

对式（c）两边分别在 F_2 到 F_1 和 0 到 α 范围内积分得

$$\frac{F_1-qv^2}{F_2-qv^2}=\mathrm{e}^{\mu\alpha} \tag{17-5}$$

式中，α 为包角，即带与带轮接触弧所对应的中心角；e 为自然对数的底。

若带速 $v\leqslant 10\mathrm{m/s}$，通常可忽略离心拉力项 qv^2，此时上式可简化为

$$\frac{F_1}{F_2}=\mathrm{e}^{\mu\alpha} \tag{17-6}$$

该式即著名的欧拉公式。公式反映了带传动即将打滑时松边拉力与紧边拉力的关系。

联立式（17-2）和式（17-5），可得紧边拉力 F_1 和松边拉力 F_2 为

$$F_1=\frac{F\mathrm{e}^{\mu\alpha}}{\mathrm{e}^{\mu\alpha}-1}+qv^2 \tag{17-7}$$

$$F_2=\frac{F}{\mathrm{e}^{\mu\alpha}-1}+qv^2 \tag{17-8}$$

将式（17-7）和式（17-8）代入式（17-1）可得反映带传动工作能力的最大有效拉力 $F_{\max}$，即

$$F_{\max}=2\left(F_0-qv^2\right)\left(1-\frac{2}{e^{\mu\alpha}+1}\right) \tag{17-9}$$

该式说明：

1）最大有效拉力随初拉力 F_0 的增加而增大。控制初拉力对带传动的设计和使用有重要意义。F_0 过小则摩擦力小，传动容易打滑；F_0 过大则带的寿命低、轴和轴承受力大。

2）最大有效拉力随包角 α、摩擦因数 μ（与带、带轮的材料及工况有关）的增大而增大。通常设计时要求 $\alpha \geqslant 120°$。

3）离心拉力使最大有效拉力减小，降低传动的工作能力，当离心拉力等于初拉力时，传动失去工作能力。

上述各公式是按平带传动推导的，用于V带传动时，应将各式中的摩擦因数 μ 用当量摩擦因数 μ_v 代替，$\mu_v=\dfrac{\mu}{\sin\dfrac{\varphi}{2}+\mu\cos\dfrac{\varphi}{2}}$（$\varphi$ 为带轮的槽楔角）。

（二）带的应力

1）紧边拉力 F_1 和松边拉力 F_2 引起的紧边拉应力 σ_1 和松边拉应力 σ_2 分别为

$$\sigma_1=\frac{F_1}{A} \qquad \sigma_2=\frac{F_2}{A} \tag{17-10}$$

式中，A 为带的截面积。

2）传动带绕经带轮时产生弯曲应力 σ_b，该应力可近似按下式确定

$$\sigma_b=E\frac{h}{d} \tag{17-11}$$

式中，E 为带的弹性模量；h 为带的高度；d 为带轮的直径。

3）带的离心拉应力为

$$\sigma_c=\frac{F_c}{A}=\frac{qv^2}{A} \tag{17-12}$$

图17-10给出了带的应力分布情况。由图可知，带在工作过程中，其应力在带的各截面是不断变化的。因此，带经长期运行后就会发生疲劳破坏。这是带传动的又一主要失效形式。减小带轮直径，增大传动功率，减少带的长度都会使带的疲劳寿命明显缩短。

带传动工作时带的最大应力为

$$\sigma_{\max}=\sigma_1+\sigma_{b1} \tag{17-13}$$

式中，σ_1 为紧边拉应力；σ_{b1} 为带绕经小带轮时产生的弯曲应力。

（三）弹性滑动和打滑

1. 弹性滑动

由于带是弹性体，松、紧边受力不同时伸长量不等，使带传动在工作中发生弹性滑动。如图17-11所示，b、c 点与小带轮包角 α_1 对应；e、f 点与大带轮包角 α_2 对应。带自 b 点绕上主动轮时，带的速度与主动轮的速度相等。在带由 b 点转到 c 点过程中，带的拉力由 F_1 逐渐减小到 F_2。与此同时，带的单位长度的伸长量也随之逐渐减小，从而使带沿带轮表面相对回缩（由 c 向 b 方向），这种现象称为弹性滑动。同理，在从动轮上产生带沿带轮表面相对伸长的弹性滑动（由 e 向 f 方向）。

由于带传动工作时，紧边和松边的拉力不等，所以弹性滑动是不可避免的。

弹性滑动除造成功率损失和带的磨损外，还导致从动轮的圆周速度 v_2 低于主动轮的圆周

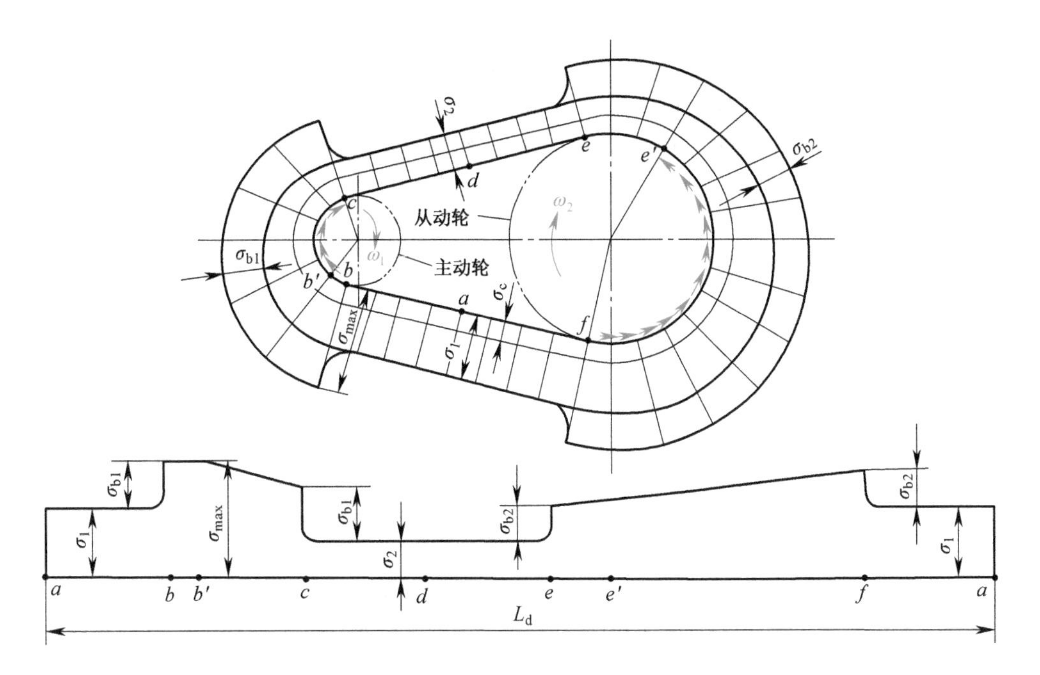

图 17-10　带的应力分布

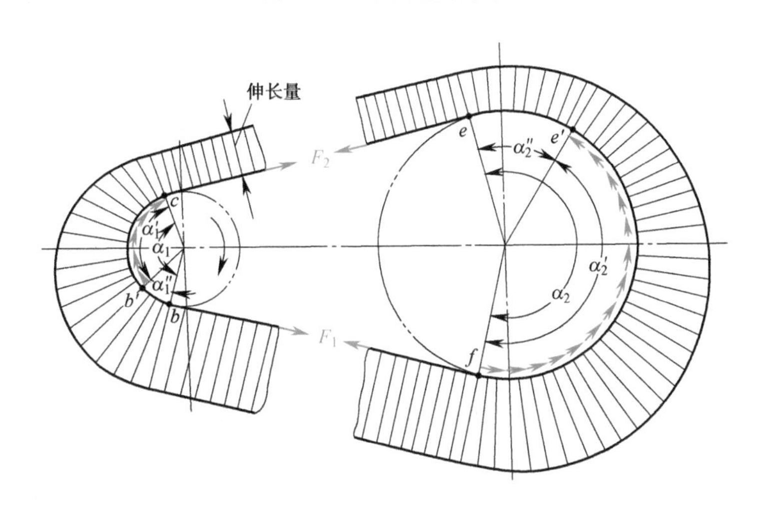

图 17-11　带传动中的弹性滑动

速度 v_1，其降低程度用滑动率 ε 表示

$$\varepsilon=\frac{v_1-v_2}{v_1}$$

考虑弹性滑动影响的传动比为

$$i=\frac{n_1}{n_2}=\frac{d_2}{d_1(1-\varepsilon)} \tag{17-14}$$

式中，n_1、n_2为主、从动轮转速；d_1、d_2为主、从动轮直径。

滑动率 ε 反映了弹性滑动的程度，其大小与传递载荷的大小及带的结构、材料等因素有关，通常 ε 不是恒定的数值，因此传动比不是常数。ε 一般可取 1%~2%，粗略计算时可忽略不计。

2. 打滑

通常弹性滑动并非在全部接触弧上存在，而是只发生在带离开带轮一侧的部分弧段上

（图17-11中$\widehat{b'c}$和$\widehat{e'f}$），称该弧段为动弧，无弹性滑动的弧为静弧（图17-11中$\widehat{b'b}$和$\widehat{e'e}$），动弧和静弧所对应的中心角分别称为动角α'和静角α''。

带传动不传递载荷（空转）时，动角为零。随着载荷的增加，动角α'逐渐增大，而静角α''则逐渐减小。当有效拉力F达到最大值时，动角α'增大到α_1，静角为零，带将在带轮上发生全面滑动，开始打滑。由于带在小带轮上的包角较小，所以打滑总是先在小带轮上发生。

打滑的后果是带传动不能正常工作，并造成带的严重磨损，因此打滑是带传动的一种失效形式，故设计带传动时应避免出现打滑。

三、普通V带传动设计

（一）普通V带和带轮

一般传动用普通V带的结构已制定了国家标准（GB/T 1171—2017），按其结构分为包边V带和切边V带两种。普通包边V带由顶胶、缓冲胶、抗拉体、底胶和包布组成（图17-12）。抗拉体是胶帘布或绳芯。绳芯结构的柔韧性好，适用于转速较高和带轮直径较小的场合。

普通V带和窄V带尺寸已制定了国家标准（GB/T 11544—2012）。

按截面尺寸普通V带分为：Y、Z、A、B、C、D、E七种型号。各型号的截面尺寸及带线质量见表17-1。

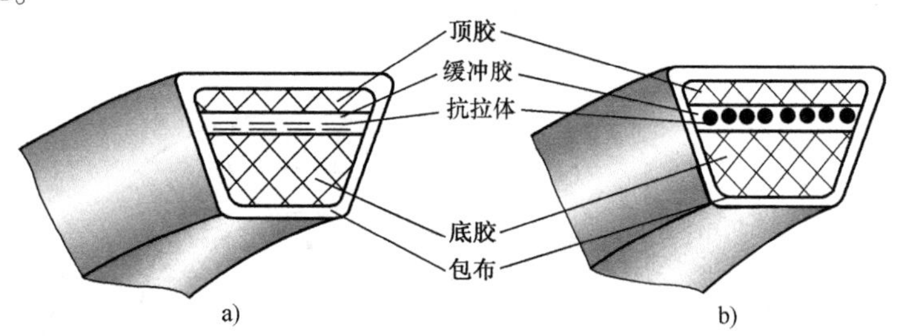

图17-12 普通包边V带的结构

a）胶帘布结构 b）绳芯结构

普通V带制成无接头的环形，其长度尺寸已系列化。V带在规定的初拉力下，其截面上与“测量带轮”轮槽基准宽度（国家标准规定其值等于配用V带节宽的名义尺寸b_p，见表17-1附图）相重合的宽度处的周线长度，称为基准长度L_d。各种型号带的基准长度见表17-9。

设计带轮应尽量使带轮质量小，结构工艺性好，质量分布均匀，转速高时要经过动平衡。表17-2给出了普通V带带轮的轮缘尺寸。V带弯曲时两侧面夹角小于40°，故带轮的槽楔角φ随V带型号不同也相应减小。

表17-1 普通V带截面尺寸及带线质量（摘自GB/T 11544—2012）

附图（b、b_p、h、40°）	参数	V带型号						
		Y	Z	A	B	C	D	E
	节宽b_p/mm	5.3	8.5	11.0	14.0	19.0	27.0	32.0
	顶宽b/mm	6	10	13	17	22	32	38
	高度h/mm	4	6	8	11	14	19	23
	线质量q/(kg/m)	0.023	0.060	0.105	0.170	0.300	0.630	0.970

表 17-2 普通 V 带带轮的轮缘尺寸 （单位：mm）

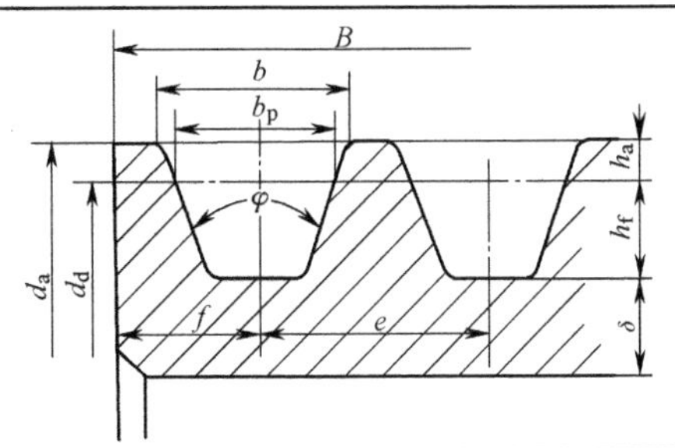

参数及尺寸			V 带型号						
			Y	Z	A	B	C	D	E
b_p			5.3	8.5	11.0	14.0	19.0	27.0	32.0
h_{amin}			1.6	2	2.75	3.5	4.8	8.1	9.6
h_{fmin}			4.7	7	8.7	10.8	14.3	19.9	23.4
δ_{min}			5	5.5	6	7.5	10	12	15
e			8±0.3	12±0.3	15±0.3	19±0.4	25.5±0.5	37±0.6	44.5±0.7
f_{min}			6	7	9	11.5	16	23	28
B			$B=(z-1)e+2f$ （z 为轮槽数）						
φ	32°	对应的带轮基准直径 d_d	≤60	—	—	—	—	—	—
	34°		—	≤80	≤118	≤190	≤315	—	—
	36°		>60	—	—	—	—	≤475	≤600
	38°		—	>80	>118	>190	>315	>475	>600

（二）带传动的设计准则

带传动的主要失效形式是打滑和带的疲劳破坏。因此，带传动的设计准则为：在保证不打滑的条件下，带具有一定的疲劳强度和寿命。

带的疲劳强度条件为

$$\sigma_{max}=\sigma_1+\sigma_{b1}\leqslant[\sigma] \tag{17-15}$$

式中，$[\sigma]$ 为根据疲劳寿命决定的带的许用应力。

在式（17-7）中，利用式（17-10）和式（17-12）的关系，并代入疲劳强度条件和当量摩擦因数 μ_v，可得 V 带传动的最大有效拉力

$$F_{max}=([\sigma]-\sigma_{b1}-\sigma_c)\left(1-\frac{1}{e^{\mu_v\alpha}}\right)A$$

将该式代入式（17-3），即得传动不打滑时单根 V 带所允许传递的功率

$$P_1=([\sigma]-\sigma_{b1}-\sigma_c)\left(1-\frac{1}{e^{\mu_v\alpha}}\right)Av \tag{17-16}$$

式中，$[\sigma]$ 可由实验确定。对于一定规格、材质的 V 带，在特定实验条件下（包角 $\alpha=180°$、特定带长、载荷平稳等），可求出疲劳方程 $[\sigma]^mN=C$ 中的 C 值。故

$$[\sigma]=\sqrt[m]{\frac{C}{N}}=\sqrt[m]{\frac{CL_d}{3600utv}}$$

式中，m 为指数，对于普通 V 带，$m=11.1$；L_d为带的基准长度（m）；u 为带轮个数；t 为带的寿命（h）；v 为带速（m/s）。

由式（17-16）求得的功率 P_1称为单根 V 带的基本额定功率，V 带传动额定功率的计算

已制定了国家标准（GB/T 11355—2008）。各种型号V带的P_1值见表17-3。

表17-3 单根普通V带的基本额定功率P_1（摘自GB/T 1171—2017）

（$\alpha_1=\alpha_2=180°$，特定长度，载荷平稳） （单位：kW）

型号	小带轮基准直径 d_{d1}/mm	小带轮转速 n_1/(r/min)												
		400	700	800	950	1200	1450	1600	2000	2400	2800	3200	3600	4000
Y	20	—	—	—	0.01	0.02	0.02	0.03	0.03	0.04	0.04	0.05	0.06	0.06
	28	—	—	0.03	0.03	0.04	0.05	0.05	0.06	0.07	0.08	0.09	0.10	0.11
	31.5	—	0.03	0.04	0.04	0.05	0.06	0.06	0.07	0.09	0.10	0.11	0.12	0.13
	40	—	0.04	0.05	0.06	0.07	0.08	0.09	0.11	0.12	0.14	0.15	0.16	0.18
	50	0.05	0.06	0.07	0.08	0.09	0.11	0.12	0.14	0.16	0.18	0.20	0.22	0.23
Z	50	0.06	0.09	0.10	0.12	0.14	0.16	0.17	0.20	0.22	0.26	0.28	0.30	0.32
	63	0.08	0.13	0.15	0.18	0.22	0.25	0.27	0.32	0.27	0.41	0.45	0.47	0.49
	71	0.09	0.17	0.20	0.23	0.27	0.30	0.33	0.39	0.46	0.50	0.54	0.58	0.61
	80	0.14	0.20	0.22	0.26	0.30	0.35	0.39	0.44	0.50	0.56	0.61	0.64	0.67
	90	0.14	0.22	0.24	0.28	0.33	0.36	0.40	0.48	0.54	0.60	0.64	0.68	0.72
A	75	0.26	0.40	0.45	0.51	0.60	0.68	0.73	0.84	0.92	1.00	1.04	1.08	1.09
	90	0.39	0.61	0.68	0.77	0.93	1.07	1.15	1.34	1.50	1.64	1.75	1.83	1.87
	100	0.47	0.74	0.83	0.95	1.14	1.32	1.42	1.66	1.87	2.05	2.19	2.28	2.34
	125	0.67	1.07	1.19	1.37	1.66	1.92	2.07	2.44	2.74	2.98	3.16	3.26	3.28
	160	0.94	1.51	1.69	1.95	2.36	2.73	2.94	3.42	3.80	4.06	4.19	4.17	3.98
B	125	0.84	1.30	1.44	1.64	1.93	2.19	2.33	2.64	2.85	2.96	2.85	2.80	2.51
	160	1.32	2.09	2.32	2.66	3.17	3.62	3.86	4.15	4.40	4.60	4.75	4.89	4.80
	200	1.85	2.96	3.30	3.77	4.50	5.13	5.46	6.13	6.47	6.43	5.95	4.98	3.47
	250	2.50	4.00	4.46	5.10	6.04	6.82	7.20	7.87	7.89	7.14	5.60	3.12	—
	280	2.89	4.61	5.13	5.85	6.90	7.76	8.13	8.60	8.22	6.80	4.26	—	—
C	200	1.39	1.92	2.41	2.87	3.30	3.69	4.07	4.58	5.29	5.84	6.07	6.28	6.34
	250	2.03	2.85	3.62	4.33	5.00	5.64	6.23	7.04	8.21	9.04	9.38	9.63	9.62
	315	2.86	4.04	5.14	6.17	7.14	8.09	8.92	10.05	11.53	12.46	12.72	12.67	12.14
	400	3.91	5.54	7.06	8.52	9.82	11.02	12.10	13.48	15.04	15.53	15.24	14.08	11.95
	450	4.51	6.40	8.20	9.81	11.29	12.63	13.80	15.23	16.59	16.47	15.57	13.29	9.64
D	355	5.31	7.35	9.24	10.90	12.39	13.70	14.83	16.15	17.25	16.77	15.63	12.97	—
	450	7.90	11.02	13.85	16.40	18.67	20.63	22.25	24.01	24.84	22.02	19.59	11.24	—
	560	10.76	15.07	18.95	22.38	25.22	27.73	29.55	31.04	29.67	22.58	15.13	—	—
	710	14.55	20.35	25.45	29.76	33.18	35.59	36.87	36.35	27.88	—	—	—	—
	800	16.76	23.39	29.08	33.72	37.13	39.14	39.55	36.76	21.32	—	—	—	—
E	500	10.86	14.96	18.55	21.65	24.21	26.21	27.57	28.32	25.53	16.82	—	—	—
	630	15.65	21.69	26.95	31.36	34.83	37.26	38.52	37.92	29.17	—	—	—	—
	800	21.70	30.05	37.05	42.53	46.26	47.96	47.38	41.59	16.46	—	—	—	—
	900	25.15	34.71	42.49	48.20	51.48	51.95	49.21	38.19	—	—	—	—	—
	1000	28.52	39.17	47.52	53.12	55.45	54.00	48.19	—	—	—	—	—	—

（三）设计计算和参数选择

1. 计算功率P_c

$$P_c=K_AP \tag{17-17}$$

式中，K_A为工况系数，见表17-4；P为传递功率。

表 17-4　工况系数 K_A

载荷性质	工作机类型	空、轻载起动			重载起动		
		每天工作时间/h					
		<10	10~16	>16	<10	10~16	>16
载荷变动最小	液体搅拌机、通风机和鼓风机(≤7.5kW)、离心式水泵和压缩机、轻负荷输送机	1.0	1.1	1.2	1.1	1.2	1.3
载荷变动小	带式输送机(不均匀负荷)、通风机(>7.5kW)、旋转式水泵和压缩机(非离心式)、发电机、金属切削机床、印刷机、旋转筛、木工机械	1.1	1.2	1.3	1.2	1.3	1.4
载荷变动较大	斗式提升机、往复式水泵和压缩机、起重机、磨粉机、冲剪机床、橡胶机械、振动筛、纺织机械、重载输送机	1.2	1.3	1.4	1.4	1.5	1.6
载荷变动很大	破碎机(旋转式、颚式等),磨碎机(球磨、棒磨、管磨)	1.3	1.4	1.5	1.5	1.6	1.8

注：1. 空、轻载起动——电动机（交流起动、三角形起动、直流并励），四缸以上的内燃机，装有离心式离合器、液力联轴器的动力机。重载起动——电动机（联机交流起动、直流复励或串励），四缸以下的内燃机。

2. 反复起动、正反转频繁、工作条件恶劣等场合，K_A应乘 1.2。

3. 增速传动时 K_A应乘 1.2。

2. 带的型号

带的型号可根据计算功率 P_c和小带轮转速 n_1由图 17-13 选取。在两种型号相邻的区域，可两种型号同时计算，然后根据使用条件择优选取。

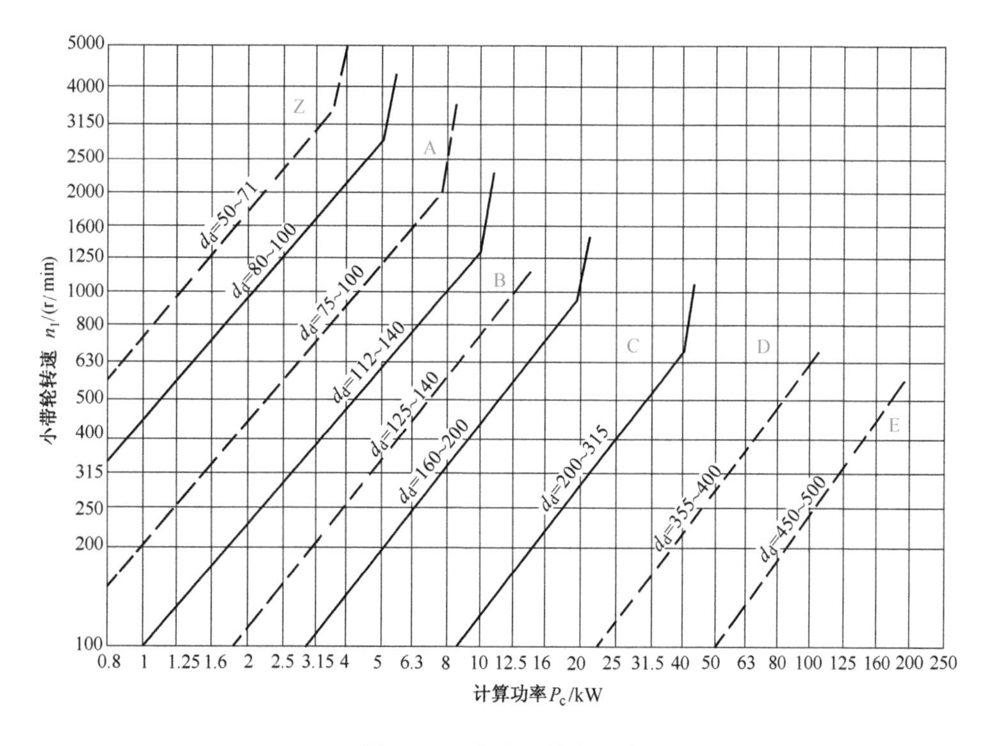

图 17-13　普通 V 带选型图

3. 带轮基准直径 d_d

带轮直径越小，传动所占空间越小，但弯曲应力越大，带越易疲劳。表 17-5 列出了最小带轮基准直径。设计时，应使小带轮基准直径 $d_{d1} \geqslant d_{dmin}$，大带轮基准直径

$$d_{d2}=d_{d1}\frac{n_1}{n_2} \tag{17-18}$$

d_{d1}、d_{d2}通常按表 17-6 推荐的直径系列圆整。

表 17-5 最小带轮基准直径

型 号	Y	Z	A	B	C	D	E
d_{dmin}/mm	20	50	75	125	200	355	500

表 17-6 带轮基准直径 d_d 系列 （单位：mm）

20	22.4	25	28*	31.5*	35.5*	40*	45	50	56	63*	71*	75	80*
85	90*	95	100*	106	112*	118	125*	132	140*	150	160*	170	180*
200*	212	224*	236	250*	265	280*	315*	355*	375	400*	425	450*	475
500*	530	560*	630*	710*	800	900	1000	1120	1250	1600	2000	2500	

注：带*号数值为优先选用值。

4. 带速 v

普通 V 带质量较大。带速太高时，会因离心拉力过大而降低传动能力；带速过低，则在传递相同功率的条件下所需有效拉力 F 较大，要求带的根数较多。一般 $v=5\sim30\text{m/s}$。带速的计算公式为

$$v=\pi d_{d1}n_1 \tag{17-19}$$

5. 中心距 a 和带的基准长度 L_d

带传动的中心距不宜过大，否则工作时容易造成带的颤动。中心距也不宜过小，因为中心距越小，带的长度越短，在一定速度下，单位时间内带的应力变化次数越多，这会加速带的疲劳。一般初定中心距 a_0为

$$0.7(d_{d1}+d_{d2})<a_0<2(d_{d1}+d_{d2}) \tag{17-20}$$

初选 a_0后，根据带传动的几何关系，按下式初算带的基准长度 L'_d

$$L'_d=2a_0+\frac{\pi}{2}(d_{d1}+d_{d2})+\frac{(d_{d2}-d_{d1})^2}{4a_0} \tag{17-21}$$

根据 L'_d，按表 17-9 选取接近的基准长度，然后再按下式计算实际中心距 a

$$a=\frac{2L_d-\pi(d_{d1}+d_{d2})+\sqrt{[2L_d-\pi(d_{d1}+d_{d2})]^2-8(d_{d2}-d_{d1})^2}}{8} \tag{17-22}$$

在使用中，V 带传动的中心距一般需要调整，所以 a 可采用下式近似计算

$$a\approx a_0+\frac{L_d-L'_d}{2} \tag{17-23}$$

6. 小带轮上的包角 α_1

包角是影响带传动工作能力的重要参数之一。包角大，带的承载能力高；反之，则易打滑。在 V 带传动中，一般小带轮上的包角 α_1不宜小于 120°，个别情况下可小到 90°。α_1的计算式为

$$\alpha_1=180°-\frac{d_{d2}-d_{d1}}{a}\times57.3° \tag{17-24}$$

7. 带的根数 z

V 带根数 z 可由下式计算

$$z \geqslant \frac{P_c}{(P_1 + \Delta P_1) K_\alpha K_L} \tag{17-25}$$

式中，P_1为单根普通 V 带的基本额定功率，见表 17-3；ΔP_1为考虑 $i \neq 1$ 时额定功率的增量，见表 17-7；K_α为包角修正系数，见表 17-8；K_L为带长修正系数，见表 17-9。

表 17-7 单根普通 V 带 $i \neq 1$ 时额定功率的增量 ΔP_1

（摘自 GB/T 1171—2017） （单位：kW）

型号	传动比 i	小带轮转速 n_1/(r/min)													
		400	700	800	950	1200	1450	1600	2000	2400	2800	3200	3600	4000	5000
Y	1.35~1.50	0.00	0.00	0.00	0.01	0.01	0.01	0.01	0.01	0.01	0.02	0.02	0.02	0.02	0.02
	≥2	0.00	0.00	0.00	0.01	0.01	0.01	0.01	0.02	0.02	0.02	0.02	0.03	0.03	0.03
Z	1.35~1.50	0.00	0.01	0.01	0.02	0.02	0.02	0.02	0.03	0.03	0.04	0.04	0.04	0.05	0.05
	≥2	0.01	0.02	0.02	0.02	0.03	0.03	0.03	0.04	0.04	0.04	0.05	0.05	0.06	0.06
A	1.35~1.51	0.04	0.07	0.08	0.08	0.11	0.13	0.15	0.19	0.23	0.26	0.30	0.34	0.38	0.47
	≥2	0.05	0.09	0.10	0.11	0.15	0.17	0.19	0.24	0.29	0.34	0.39	0.44	0.48	0.60
B	1.35~1.51	0.10	0.17	0.20	0.23	0.30	0.36	0.39	0.49	0.59	0.69	0.79	0.89	0.99	1.24
	≥2	0.13	0.22	0.25	0.30	0.38	0.46	0.51	0.63	0.76	0.89	1.01	1.14	1.27	1.60

型号	传动比 i	小带轮转速 n_1/(r/min)													
		200	300	400	500	600	700	800	950	1200	1450	1600	1800	2000	2200
C	1.35~1.51	0.14	0.21	0.27	0.34	0.41	0.48	0.55	0.65	0.82	0.99	1.10	1.23	1.37	1.51
	≥2	0.18	0.26	0.35	0.44	0.53	0.62	0.71	0.83	1.06	1.27	1.41	1.59	1.76	1.94
D	1.35~1.51	0.49	0.73	0.97	1.22	1.46	1.70	1.95	2.31	2.92	3.52	3.89	4.38	—	—
	≥2	0.63	0.94	1.25	1.56	1.88	2.19	2.50	2.97	3.75	4.53	5.00	5.62	—	—
E	1.35~1.51	0.96	1.45	1.93	2.41	2.89	3.38	3.86	4.58	—	—	—	—	—	—
	≥2	1.24	1.86	2.48	3.10	3.72	4.34	4.96	5.89	—	—	—	—	—	—

表 17-8 包角修正系数 K_α

α/(°)	180	170	160	150	140	130	120
K_α	1.00	0.98	0.95	0.92	0.89	0.86	0.82

表 17-9 V 带的基准长度系列和带长修正系数 K_L

基准长度 L_d/mm	V 带型号						
	Y	Z	A	B	C	D	E
400	0.96	0.87	—	—	—	—	—
450	1.00	0.89	—	—	—		
500	1.02	0.91	—	—	—	—	—
560	—	0.94	—	—	—	—	
630	—	0.96	0.81	—	—	—	—
700	—	0.99	0.83	—	—	—	—
800	—	1.00	0.85	—	—	—	—
900	—	1.03	0.87	0.81	—	—	—
1000	—	1.06	0.89	0.84	—	—	—
1120	—	1.08	0.91	0.86	—	—	—
1250	—	1.11	0.93	0.88	—	—	—

（续）

基准长度 L_d/mm	V带型号						
	Y	Z	A	B	C	D	E
1400	—	1.14	0.96	0.90	—	—	—
1600	—	1.16	0.99	0.93	0.84	—	—
1800	—	—	1.01	0.95	0.85	—	—
2000	—	—	1.03	0.98	0.88	—	—
2240	—	—	1.06	1.00	0.91	—	—
2500	—	—	1.09	1.03	0.93	—	—
2800	—	—	1.11	1.05	0.95	0.83	—
3150	—	—	—	1.07	0.97	0.86	—
3550	—	—	—	1.10	0.98	0.89	—
4000	—	—	—	1.13	1.02	0.91	—
4500	—	—	—	1.15	1.04	0.93	0.90
5000	—	—	—	1.18	1.07	0.96	0.92
5600	—	—	—	1.21	1.09	0.98	0.95
6300	—	—	—	—	1.12	1.00	0.97
7100	—	—	—	—	1.15	1.03	1.00
8000	—	—	—	—	1.18	1.06	1.02
9000	—	—	—	—	1.21	1.08	1.05
10000	—	—	—	—	1.23	1.11	1.07

注：表中无带长修正系数值时，对应的基准长度规格均无标准V带供货。

8. 初拉力 F_0

初拉力是保证带传动正常工作的重要参数。既保证传动功率，又不出现打滑的单根V带所需初拉力F_0可由下式计算

$$F_0=500\frac{P_c}{vz}\left(\frac{2.5}{K_\alpha}-1\right)+qv^2 \tag{17-26}$$

无自动张紧的带传动，使用新带时的初拉力应为上式F_0的1.5倍。初拉力一般可以通过在两带轮切点间跨距的中点M，加一个垂直于两轮上部外公切线的载荷G（图17-14），使带在100mm中心距上产生1.6mm的挠度（即挠角为1.8°）来控制。载荷G值见表17-10。

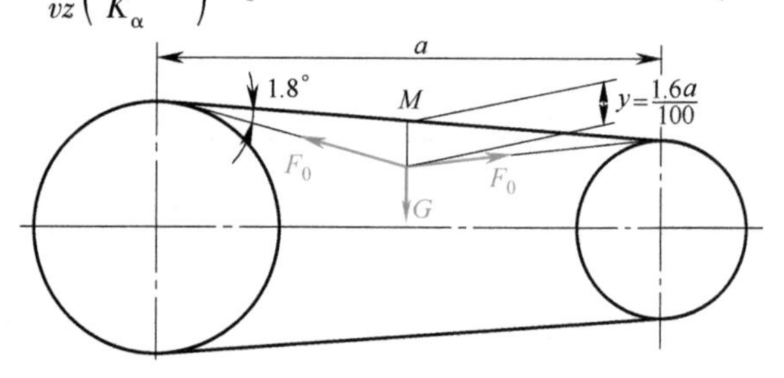

图17-14 初拉力的测量和控制

表17-10 载荷G值 （单位：N/根）

型号	小带轮基准直径 d_{d1}/mm	带速 v/(m/s)		
		0~10	10~20	20~30
Z	50~100	5~7	4.2~6	3.5~5.5
	>100	7~10	6~8.5	5.5~7
A	75~140	9.5~14	8~12	6.5~10
	>140	14~21	12~18	10~15
B	125~200	18.5~28	15~22	12.5~18
	>200	28~42	22~33	18~27

（续）

型　　号	小带轮基准直径 d_{d1}/mm	带速 v/(m/s)		
		0~10	10~20	20~30
C	200~400	36~54	30~45	25~38
	>400	54~85	45~70	38~56

注：表中高值用于新安装的 V 带或必须保持高张紧的传动。

9. 作用在轴上的载荷 F_Q

为了设计支承带轮的轴和轴承，需知带作用在轴上的载荷 F_Q 的大小。F_Q 可近似按下式计算（图 17-15）

$$F_Q = 2zF_0 \sin\frac{\alpha_1}{2} \tag{17-27}$$

式中，z 为带的根数；F_0 为单根带的初拉力；α_1 为小带轮上的包角。

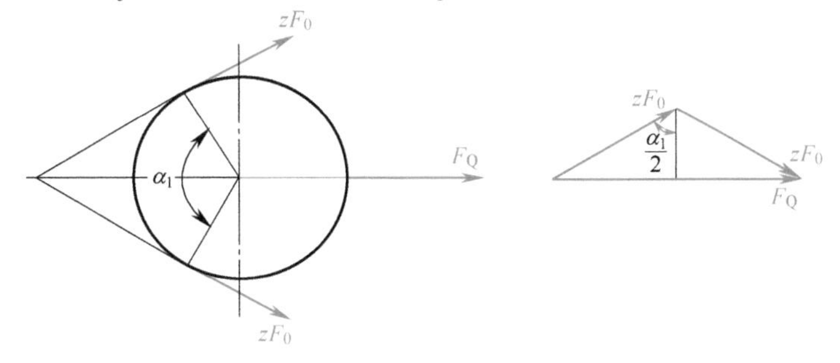

图 17-15　带作用在轴上的载荷

例题 17-1　设计带式输送机中普通 V 带传动。采用 Y 系列三相异步电动机驱动。已知 V 带传递的功率 $P=7.5\text{kW}$，小带轮转速 $n_1=960\text{r/min}$，大带轮转速 $n_2=320\text{r/min}$，每日工作 16h。

解：

计算与说明	主要结果
1. 普通 V 带型号 查表 17-4，得 $K_A=1.2$ 按式(17-17)　$P_c=K_AP=1.2\times7.5\text{kW}=9\text{kW}$ 根据 P_c 和 n_1，由图 17-13 选取 B 型 V 带	$P_c=9\text{kW}$ B 型 V 带
2. 带轮基准直径 由图 17-13 并参照表 17-5 选取　$d_{d1}=125\text{mm}$ $d_{d2}=d_{d1}\frac{n_1}{n_2}=125\times\frac{960}{320}\text{mm}=375\text{mm}$	$d_{d1}=125\text{mm}$ $d_{d2}=375\text{mm}$
3. 带速 $v=\pi d_{d1}n_1=\frac{\pi\times125\times960}{60\times1000}\text{m/s}=6.28\text{m/s}$	$v=6.28\text{m/s}$
4. 中心距、带长及包角 根据式(17-20)　$0.7(d_{d1}+d_{d2})<a_0<2(d_{d1}+d_{d2})$ $0.7\times(125+375)\text{mm}<a_0<2\times(125+375)\text{mm}$ $350\text{mm}<a_0<1000\text{mm}$ 初步确定中心距 $a_0=800\text{mm}$ 根据式（17-21）初步计算带的基准长度	

（续）

计算与说明	主要结果
$L_d' = 2a_0 + \frac{\pi}{2}(d_{d1}+d_{d2}) + \frac{(d_{d2}-d_{d1})^2}{4a_0}$ $= \left[2\times800+\frac{\pi}{2}(125+375)+\frac{(375-125)^2}{4\times800}\right]\text{mm} = 2404.9\text{mm}$	
由表17-9，选带的基准长度 $L_d = 2500\text{mm}$	$L_d = 2500\text{mm}$
按式（17-23）计算实际中心距 $a \approx a_0 + \frac{L_d - L_d'}{2} = \left(800+\frac{2500-2404.9}{2}\right)\text{mm} = 847.6\text{mm}$	取 $a = 848\text{mm}$
根据式（17-24）验算小带轮包角 $\alpha_1 = 180° - \frac{d_{d2}-d_{d1}}{a}\times57.3° = 180° - \frac{375-125}{848}\times57.3° = 163°$	$\alpha_1 = 163°$
5. 带的根数 按式（17-25） $z \geqslant \frac{P_c}{(P_1+\Delta P_1)K_\alpha K_L}$ 由表17-3，查得 $P_1 = 1.64\text{kW}$ 由表17-7，查得 $\Delta P_1 = 0.30\text{kW}$ 由表17-8，查得 $K_\alpha = 0.96$ 由表17-9，查得 $K_L = 1.03$ $z \geqslant \frac{9}{(1.64+0.3)\times0.96\times1.03}$ 根 $= 4.7$ 根	取 $z = 5$ 根
6. 初拉力 按式（17-26） $F_0 = 500\frac{P_c}{vz}\left(\frac{2.5}{K_\alpha}-1\right)+qv^2$ 由表17-1，查得 $q = 0.170\text{kg/m}$ $F_0 = \left[500\times\frac{9}{6.28\times5}\left(\frac{2.5}{0.96}-1\right)+0.170\times6.28^2\right]\text{N} = 236.6\text{N}$	取 $F_0 = 237\text{N}$
7. 作用在轴上的载荷 按式（17-27）得 $F_Q = 2zF_0\sin\frac{\alpha_1}{2} = 2\times5\times237\times\sin\frac{163°}{2}\text{N} = 2.34\times10^3\text{N}$	$F_Q = 2.34\times10^3\text{N}$
8. 带轮结构和尺寸（略）	

四、普通带传动的张紧装置

由于带工作一段时间后会发生松弛现象，造成初拉力 F_0 减小，传动能力降低，此时带需重新张紧。带的张紧装置分为定期张紧装置和自动张紧装置两类。

1. 定期张紧装置

当中心距可调时，可利用滑轨和调节螺钉（图17-16a）、摆动架和调节螺杆（图17-16b）进行定期张紧；当中心距不可调时，可利用张紧轮装置（图17-16c）。为避免反向弯曲应力降低带的寿命并防止包角 α_1 过小，应将张紧轮置于松边内侧靠近大带轮处，其直径应小于小带轮直径。

2. 自动张紧装置

利用浮动架（图 17-17a）及浮动齿轮（图 17-17b）等装置可实现自动张紧。浮动齿轮是根据负载大小自动调节张紧力大小的装置。该装置的带轮与浮动齿轮 2 制成一体，带轮可通过系杆 H 绕电动机上的齿轮 1 摆动。传动时，电动机通过齿轮 1 和浮动齿轮 2 驱动带轮，作用在浮动齿轮 2 齿面上的切向分力使带轮沿 ω 方向摆动，从而使带张紧。若带传动的功率增大，该力也增加，则带的张紧力也随之增大。

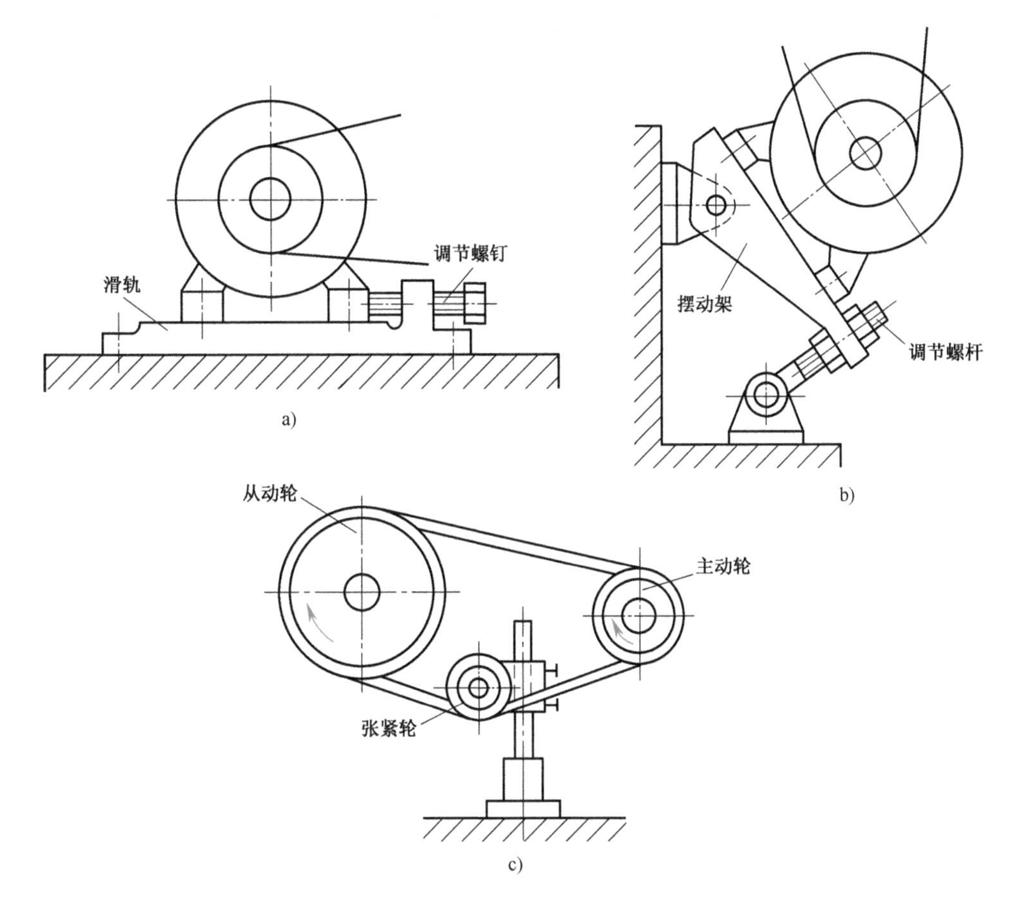

图 17-16　定期张紧装置

a）滑轨和调节螺钉　b）摆动架和调节螺杆　c）张紧轮

五、同步带传动

同步带和带轮是靠啮合传动的（图 17-18），因而带与带轮之间无相对滑动。

同步带以钢丝绳或玻璃纤维绳为抗拉体，氯丁橡胶或聚氨酯为基体。由于抗拉体强度高，受载后变形极小，能保持同步带的带节距 p_b 不变，因而能保持准确的传动比。这种带传动适用的速度范围广（最高可达 40m/s），传动比大（可达 10），效率高（可达 98%）。其主要缺点是：制造和安装精度要求较高，中心距要求较严格。

六、高速带传动

一般认为，高速带传动是指带速 $v>30\text{m/s}$，或高速轴转速 $n_1=10000\sim50000\text{r/min}$ 的带

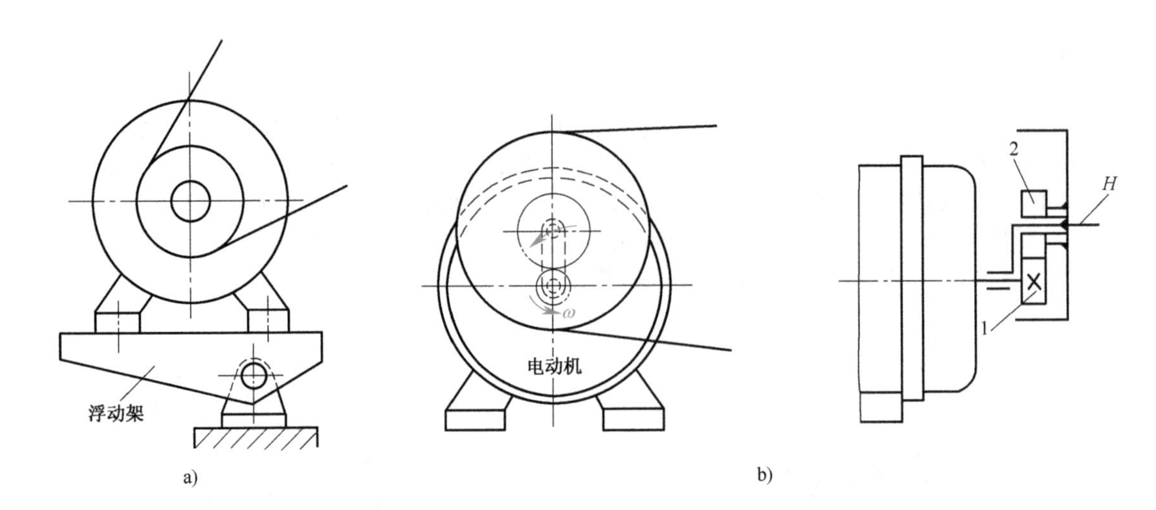

图 17-17 自动张紧装置

a）浮动架 b）浮动齿轮

1—齿轮 2—浮动齿轮

传动。高速带传动要求运转平稳、传动可靠、有一定的寿命。由于有离心应力高和挠曲次数多的特点，带应采用质量小、薄而均匀、挠曲性好的环形平带。过去多用丝织带和麻织带，近年来常用锦纶编织带、薄形锦纶片复合平带和高速环形胶带。

带轮材料通常采用钢或铝合金制造。对带轮的要求是：质量小、均匀对称、运转时空气阻力小。带轮各面均应进行精加工，必须进行动平衡。

为防止带从带轮上滑落，大、小轮缘都应加工出凸度，制成鼓形面或双锥面。轮缘表面开环形槽可防止与带形成空气层，从而降低摩擦因数及影响运转平稳性（图 17-19）。

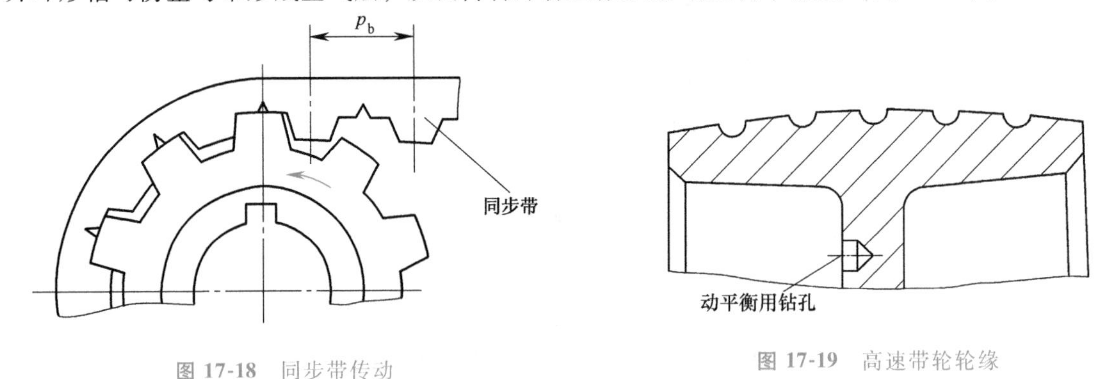

图 17-18 同步带传动

图 17-19 高速带轮轮缘

第三节 链传动

链传动是属于具有挠性件的啮合传动，由主动链轮 1、链和从动链轮 2 组成（图 17-20）。

一、链与链轮

（一）传动用短节距精密滚子链的结构与尺寸

按结构不同，链传动有传动用短节距精密滚子链、套筒链和齿形链等传动。其中前者应

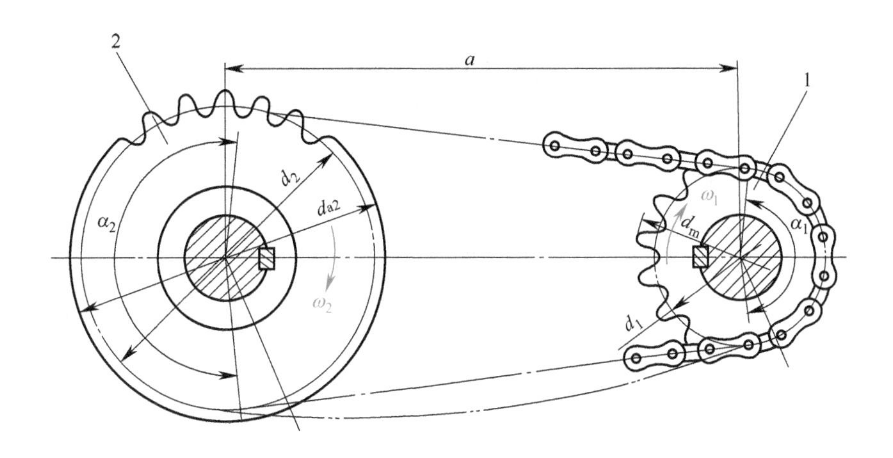

图 17-20　链传动简图

用最广，故本章重点介绍传动用短节距精密滚子链传动（以下简称滚子链传动）。

滚子链（图 17-21）由内链板 1、外链板 2、销轴 3、套筒 4 和滚子 5 组成。外链板与销轴、内链板与套筒之间采用过盈配合，而销轴与套筒之间为间隙配合，可以做相对转动，以适应链条进入或退出链轮时的屈伸。滚子与套筒间采用间隙配合，以使链与链轮在进入和退出啮合时，滚子与轮齿为滚动摩擦，以减少链与轮齿的磨损。内外链板均为 8 字形，这样既可保证链板各横截面等强度，又可减小链的质量。

图 17-21 中 p 为链节距。链节距是链条的基本特征参数，滚子链的公称节距 p 是指链条相邻两个铰链理论中心之间的距离。p 越大，链的各部分尺寸也越大，承载能力也越高，且在齿数一定时，链轮尺寸也随之增大。采用多排滚子链（图 17-22）可减小节距。排数越多承载能力越高，但由制造与安装误差引起的各排链受载不均匀现象越严重。一般链的排数不超过 4 排。

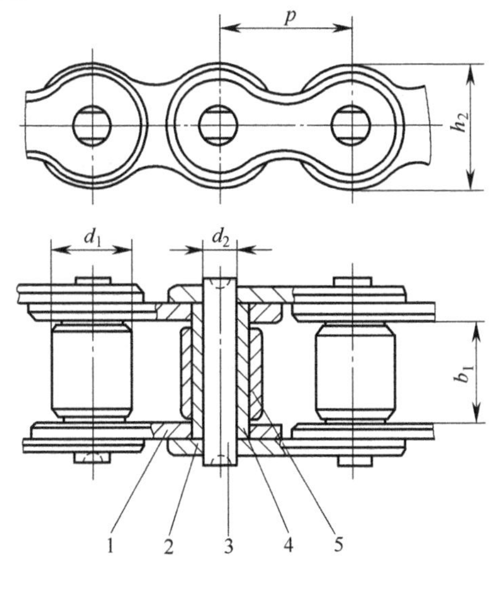

图 17-21　滚子链

1—内链板　2—外链板　3—销轴　4—套筒　5—滚子

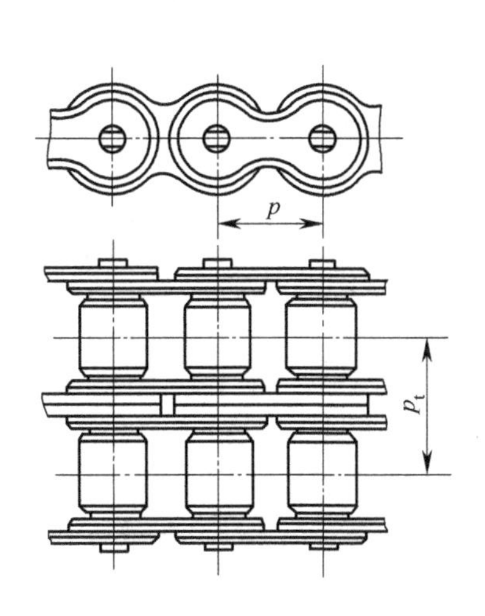

图 17-22　双排滚子链

滚子链开口出厂。链的接头形式如图 17-23 所示。当链节数为偶数时，接头链板形状与其他链节相同，接头处用开口销（图17-23a）或弹性锁片（图17-23b）等止锁件将销轴与接头链板固定。当链节数为奇数时，则必须采用一个过渡链节（图17-23c）。过渡链节的链板在工作时有附加弯矩，强度较弱，通常不宜采用，故设计传动时链节数以偶数为宜。

滚子链已经标准化，分为A、B等系列，A系列滚子链的主要尺寸和抗拉载荷见表17-11。滚子链的标记为

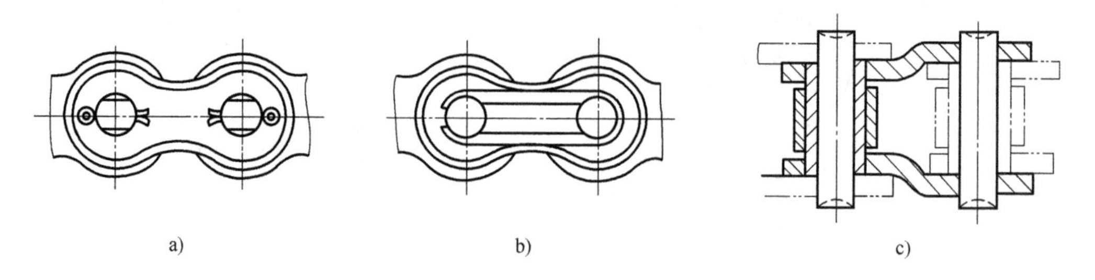

图17-23 链的接头形式

链号—排数×整链链节数 标准编号

例如：08A—1×88 GB/T 1243—2006，表示：A系列、节距12.7mm、单排、88节，标准编号为GB/T 1243—2006的滚子链。

表17-11 A系列滚子链的主要尺寸和抗拉载荷（摘自GB/T 1243—2006）

链号	节距 p/mm	排距 p_t/mm	滚子直径 d_1/mm max	内链节内宽 b_1/mm min	销轴直径 d_2/mm max	内链板高度 h_2/mm max	抗拉载荷 F_u/kN min 单排	双排	三排	单排每米质量 q/(kg/m)（参考值）
04C	6.35	6.40	3.30*	3.10	2.31	6.02	3.5	7.0	10.5	—
06C	9.525	10.13	5.08*	4.68	3.60	9.05	7.9	15.8	23.7	—
085	12.70	—	7.77	6.25	3.60	9.91	6.7	—	—	—
08A	12.70	14.38	7.92	7.85	3.98	12.07	13.9	27.8	41.7	0.65
10A	15.875	18.11	10.16	9.40	5.09	15.09	21.8	43.6	65.4	1.00
12A	19.05	22.78	11.91	12.57	5.96	18.10	31.3	62.6	93.9	1.50
16A	25.40	29.29	15.88	15.75	7.94	24.13	55.6	111.2	166.8	2.60
20A	31.75	35.76	19.05	18.90	9.54	30.17	87.0	174.0	261.0	3.80
24A	38.10	45.44	22.23	25.22	11.11	36.20	125.0	250.0	375.0	5.60
28A	44.45	48.87	25.40	25.22	12.71	42.23	170.0	340.0	510.0	7.50
32A	50.80	58.55	28.58	31.55	14.29	48.26	223.0	446.0	669.0	10.10
36A	57.15	65.84	35.71	35.48	17.46	54.30	281.0	562.0	843.0	—
40A	63.50	71.55	39.68	37.85	19.85	60.33	347.0	694.0	1041.0	16.10
48A	76.20	87.83	47.63	47.35	23.81	72.39	500.0	1000.0	1500.0	22.60

注：滚子直径带“*”者为套筒直径。

（二）链轮

1. 链轮的齿槽形状

滚子链与链轮属于非共轭啮合，故链轮的齿槽形状设计有较大的灵活性。链轮齿形必须保证链节能平稳自如地进入和退出啮合，尽量减小啮合时链节的冲击和接触应力，而且便于加工。应尽量选用与其啮合的链条同一厂家生产的产品。

图17-24为标准的链轮端面齿形。它是由齿槽圆弧与齿沟圆弧组成的，其半径分别为 r_e 和 r_i。因齿形用标准刀具加工，所以在链轮工作图上不必绘制端面齿形，只需在图上注明“齿形按GB/T 1243—2006规定制造”即可。实际使用时允许齿形在一定范围内的变化。在

链轮工作图中应绘制链轮的轴向齿形（图 17-25），其尺寸参阅有关设计手册。

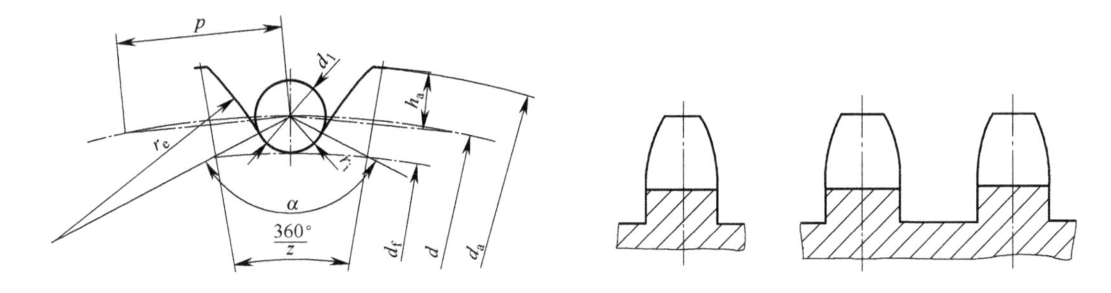

图 17-24　滚子链链轮端面齿形　　图 17-25　滚子链链轮轴向齿形

链轮工作图中应注明节距 p、齿数 z、分度圆直径 d（链轮上链的各滚子中心所在的圆）、齿顶圆直径 d_a、齿根圆直径 d_f。其计算公式为

分度圆直径
$$d=\frac{p}{\sin\dfrac{180^\circ}{z}} \tag{17-28}$$

齿顶圆直径
$$\left.\begin{aligned} d_{amax}&=d+1.25p-d_1\\ d_{amin}&=d+p\left(1-\frac{1.6}{z}\right)-d_1 \end{aligned}\right\} \tag{17-29}$$

齿根圆直径
$$d_f=d-d_1 \tag{17-30}$$

式中，d_1为滚子直径。

2. 链轮材料

链轮材料应保证轮齿有足够的强度和耐磨性，故链轮齿面一般都经过热处理，达到一定的硬度要求。常用链轮材料及齿面硬度见表 17-12。传动过程中，小链轮轮齿的受载次数比大链轮轮齿多，磨损和冲击比较严重，因此小链轮的材料应较好，齿面硬度也应较高。

表 17-12　链轮材料及齿面硬度

链轮材料	热处理	齿面硬度	应 用 范 围
15、20	渗碳、淬火、回火	50~60HRC	$z \leqslant 25$、有冲击载荷的链轮
35	正火	160~200HBW	$z>25$ 的链轮
45、45Mn、50	淬火、回火	40~45HRC	无剧烈冲击的链轮
15Cr、20Cr	渗碳、淬火、回火	50~60HRC	$z<25$ 的大功率传动链轮
40Cr、35SiMn、35CrMo	淬火、回火	40~50HRC	要求强度较高及耐磨损的重要链轮
Q235、Q275	焊后退火	140HBW	中速、中等功率、尺寸较大的链轮
不低于 HT150 的灰铸铁	淬火、回火	260~280HBW	$z>50$ 的从动链轮
酚醛层压布板			$P<6$kW、速度较高、传动平稳、噪声小的链轮

二、链传动的运动特性

1. 链传动的运动不均匀性

链传动虽然是啮合传动，但链的齿形与链轮的齿形不是共轭齿形，而且由于多边形效应，一般只能保证平均传动比是常数，无法保证瞬时传动比为常数。

将链与链轮的啮合，视为链呈折线包在链轮上，形成一个局部正多边形。该正多边形的边长为链节距 p。链轮回转一周，链移动的距离为 zp，故链的平均速度 v 为

$$v=n_1z_1p=n_2z_2p \tag{17-31}$$

式中，p 为链节距；z_1、z_2 为主、从动链轮的齿数；n_1、n_2 为主、从动链轮的转速。

由上式可得链的平均传动比

$$i=\frac{n_1}{n_2}=\frac{z_2}{z_1} \tag{17-32}$$

链传动的瞬时链速和瞬时传动比可做如下分析：

设链的紧边工作时处于水平位置，如图 17-26 所示。主动链轮以等角速度 ω_1 转动，其分度圆圆周速度为 v_1，$v_1=\frac{d_1\omega_1}{2}$。链水平运动的瞬时速度 v 等于链轮圆周速度 v_1 的水平分量，链垂直运动的瞬时速度 v'_1 等于链轮圆周速度 v_1 的垂直分量。即

$$v=v_1\cos\beta=\frac{d_1}{2}\omega_1\cos\beta \quad v'_1=v_1\sin\beta=\frac{d_1}{2}\omega_1\sin\beta$$

式中，β 为 A 点圆周速度与水平速度的夹角。β 的变化范围在 $\pm\frac{\varphi_1}{2}$ 之间，$\varphi_1=\frac{360°}{z_1}$。

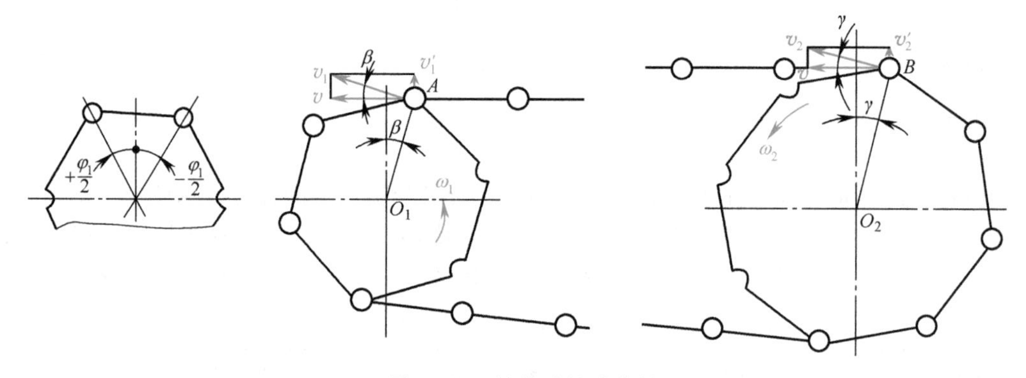

图 17-26 链传动运动分析

显然，当主动链轮匀速转动时，链速 v 是变化的，其变化规律如图 17-27 所示，而且每转过一个链节，链速就按此规律重复一次。

当 $\beta=0°$ 时，$v=\frac{d_1\omega_2}{2}=v_{\max}$；当 $\beta=\frac{\varphi_1}{2}$ 时，$v=\frac{d_1\omega_1}{2}\cos\frac{\varphi_1}{2}=v_{\min}$。若定义链速不均匀性为 $\frac{v_{\min}}{v_{\max}}$，则链速不均匀性与齿数有关，其关系曲线如图 17-28 所示。由图可看出，当齿数大于 17 时，链速的不均匀性就很小了，且再增加齿数对改善链速均匀性收效甚微。

同样，从动链轮 B 点速度 v_2 为

$$v_2=\frac{v}{\cos\gamma}=\frac{v_1\cos\beta}{\cos\gamma}=\frac{d_2}{2}\omega_2$$

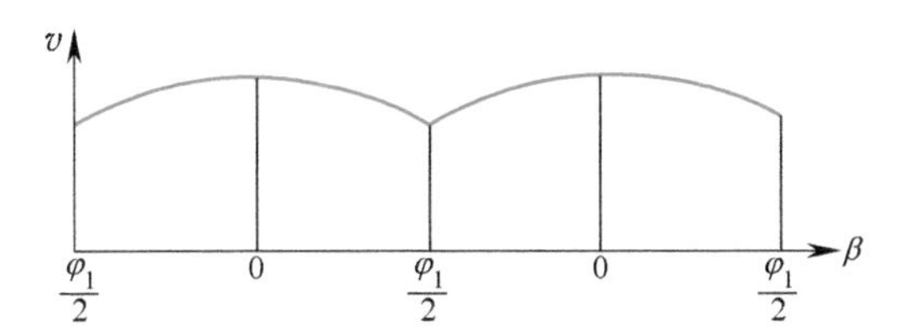

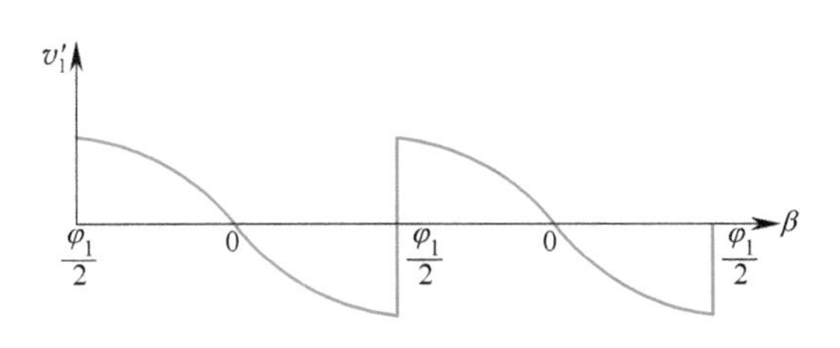

图 17-27　链速变化规律

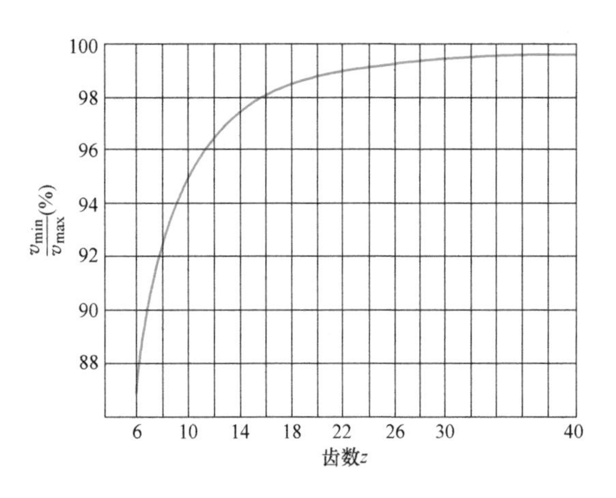

图 17-28　链速不均匀性与齿数的关系

瞬时传动比 i_t 为

$$i_t=\frac{\omega_1}{\omega_2}=\frac{\dfrac{v_1}{\left(\dfrac{d_1}{2}\right)}}{\dfrac{v_1\cos\beta}{\left(\dfrac{d_2}{2}\cos\gamma\right)}}=\frac{d_2\cos\gamma}{d_1\cos\beta}$$

由上式可知，尽管 ω_1 为常数，但 ω_2 随 γ、β 的变化而变化，瞬时传动比 i_t 也随时间变化，所以链传动工作不平稳，只有在 $z_1=z_2$ 及链紧边长度恰好是节距的整数倍时，瞬时传动比才是常数。适当选择参数可减小链传动的运动不均匀性。

2. 链传动的动载荷

链和从动链轮均做周期性的加、减速运动，必然引起动载荷，加速度越大动载荷也越大。加速度为

$$a=\frac{\mathrm{d}v}{\mathrm{d}t}=-\frac{d_1}{2}\omega_1\sin\beta\frac{\mathrm{d}\beta}{\mathrm{d}t}=-\frac{d_1}{2}\omega_1^2\sin\beta$$

当 $\beta=\pm\dfrac{\varphi_1}{2}$ 时，具有最大加速度，即

$$a_{\max}=\pm\frac{d_1}{2}\omega_1^2\sin\frac{\varphi_1}{2}=\pm\frac{d_1}{2}\omega_1^2\sin\frac{180^\circ}{z_1}=\pm\frac{\omega_1^2p}{2}\tag{17-33}$$

可见链轮转速越高，链节距越大，链的加速度也越大，动载荷就越大。

同理，v'_1 变化使链产生上、下抖动，也产生动载荷。

另外，链节进入链轮的瞬间，链节与链轮齿以一定的相对速度啮合，因此链与链轮将受到冲击，并产生附加动载荷。

动载荷效应使传动产生振动和噪声，并随着链轮转速的增加和链节距的增大而加剧，因此链传动不宜用于高速。

三、链传动的受力分析

忽略动载荷的影响，链传动中的主要作用力有：

1. 有效拉力 F

$$F=\frac{P}{v}$$

式中，P 为传递的功率；v 为链速。

2. 离心拉力 F_c

$$F_c=qv^2$$

式中，q 为每米链长质量，见表 17-11。当 $v<7\text{m/s}$ 时，F_c 可以忽略。

3. 悬垂拉力 F_y

水平传动时（图 17-29）

$$F_y\approx\frac{1}{f}\frac{qga}{2}\frac{a}{4}=\frac{qga}{8\left(\frac{f}{a}\right)}=K_f qga \quad K_f=\frac{1}{8\left(\frac{f}{a}\right)}$$

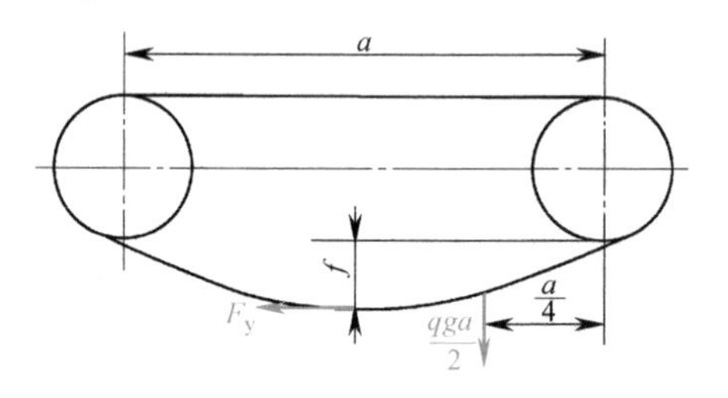

图 17-29 链的悬垂拉力

式中，f 为链条垂度；g 为重力加速度；a 为中心距；K_f 为垂度系数。

当两链轮中心连线与水平面有倾斜角时，同样用上式计算悬垂拉力，只是给出的 K_f 不同。不同倾斜角的 K_f 值见表 17-13。

表 17-13 不同倾斜角的 K_f 值

中心连线与水平面的倾斜角	0°	20°	40°	60°	80°	90°
K_f	6.0	5.9	5.2	3.6	1.6	1.0

链的紧边拉力 F_1 和松边拉力 F_2 分别为

$$F_1=F+F_c+F_y \quad F_2=F_c+F_y$$

链传动是啮合传动，作用在轴上的载荷 F_Q 不大，可近似按下式计算

$$F_Q\approx1.2K_AF \tag{17-34}$$

式中，K_A 为工作情况系数，见表 17-14。

表 17-14 工作情况系数 K_A

工作机情况		原动机		
		电动机、汽轮机、内燃机（有液力变矩器）	频繁起动电动机、六缸及以上内燃机	六缸以下内燃机
平稳运转	平稳载荷的带输送机、离心式的泵和压缩机、印刷机、自动扶梯、液体搅拌机、风机、旋转干燥机	1.0	1.1	1.3
中等振动	载荷不均匀的输送机、三缸（或以上）往复式泵和压缩机、固体搅拌机和混合机、混凝土搅拌机	1.4	1.5	1.7
严重振动	刨床、压床、剪床、石油钻采设备、轧机、球磨机、橡胶加工机械、单（双）缸泵和压缩机	1.8	1.9	2.1

四、滚子链传动的设计计算

（一）滚子链传动的主要失效形式

1）链条工作时处于循环应力状态，经过一定的循环次数后，链板将疲劳断裂。

2）链条的链节进入或退出啮合时，销轴和套筒之间发生相对滑动，由于不具备液体润滑条件，铰链接触面极易产生磨损，导致实际链节距 p 逐渐增加，从而引起脱链失效。

3）套筒与滚子承受冲击载荷，经过一定次数的冲击产生冲击疲劳。

4）高速或润滑不良的链传动，销轴与套筒的工作表面会因温度过高而胶合。

5）低速重载或有较大瞬时过载的链传动，链条可能被拉断。

链传动中，一般链轮的寿命远大于链条的寿命。因此，链传动传动能力的设计主要针对链条进行。

（二）额定功率曲线

在一定使用寿命和润滑良好的条件下，链传动各种失效形式限定的额定功率曲线如图 17-30 所示。图中曲线 1 为链板疲劳强度限定曲线，在润滑良好、中等速度的链传动中，链的寿命由该曲线限定；随着转速的增高，链传动的运动不均匀性也增大，传动能力主要取决于由滚子、套筒冲击疲劳强度限定的曲线 2；转速继续增加，销轴与套筒会出现胶合失效，链的传动能力明显降低，曲线 3 为胶合限定曲线。三条曲线包围的区域是链传动的安全运转区。

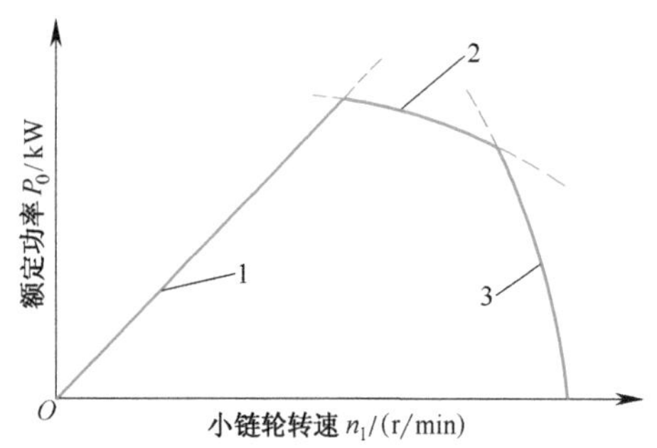

图 17-30　额定功率曲线

图 17-31 给出了 A 系列滚子链在特定条件下的额定功率曲线。其应用条件为：单排链水平布置、载荷平稳、小链轮齿数 $z_1=19$、链条长度 $L_p=120$ 节（长度不同时将影响使用寿命）、链预期使用寿命 15000h、按图 17-32 选择润滑方式。

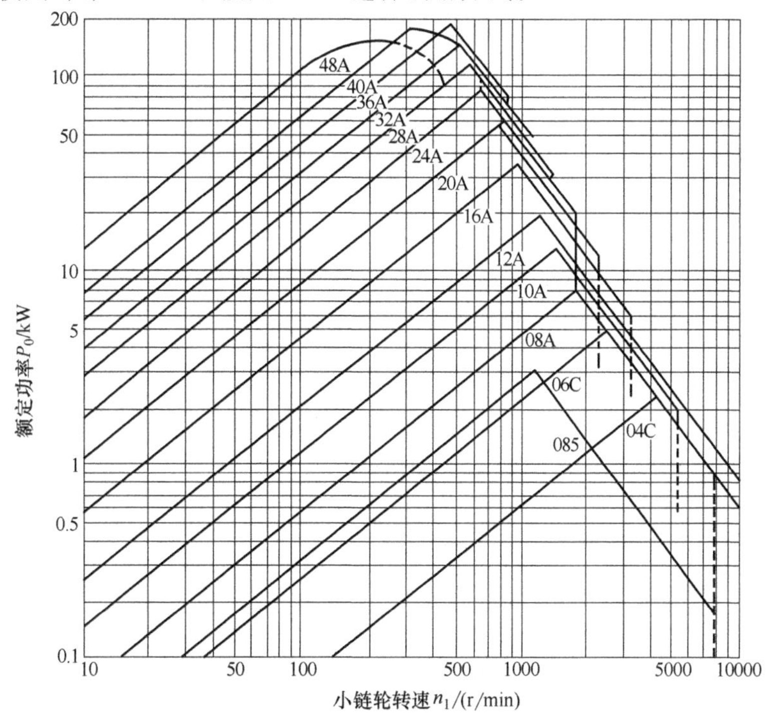

图 17-31　A 系列滚子链的额定功率曲线

实际工作条件与上述条件不符时，应对图 17-31 中的额定功率 P_0 值加以修正。即满足实

际工作条件的 P_0 值由下式计算：

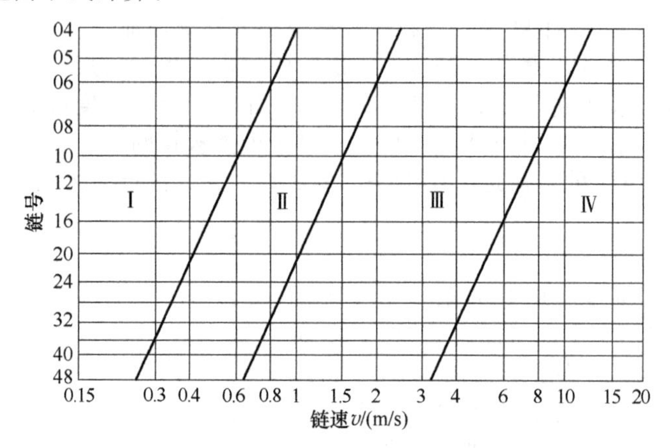

图 17-32 润滑方式选择

Ⅰ—人工定期润滑 Ⅱ—滴油润滑 Ⅲ—油浴或飞溅润滑 Ⅳ—强制润滑

$$P_0 = \frac{K_A P}{K_z K_p} \tag{17-35}$$

式中，P 为传递的功率；K_z 为小链轮齿数系数，见表 17-15；K_p 为多排链排数系数，单排链 $K_p = 1.0$，双排链 $K_p = 1.7$，三排链 $K_p = 2.5$。

表 17-15 小链轮齿数系数 K_z

链传动工作在图 17-31 中的位置	位于功率曲线顶点的左侧时（链板疲劳）	位于功率曲线顶点的右侧时（滚子、套筒冲击疲劳）
K_z	$\left(\frac{z_1}{19}\right)^{1.08}$	$\left(\frac{z_1}{19}\right)^{1.5}$

（三）主要参数的选择

1. 传动比

一般传动比 $i \leqslant 7$，当链速 $v \leqslant 2\text{m/s}$ 且载荷平稳时可达 10，推荐 $i = 2 \sim 3.5$。若传动比过大，则链在小链轮上的包角过小，将加速轮齿的磨损。

2. 链轮齿数

链轮齿数不宜过多或过少。齿数过少，运动不均匀性严重，链条工作拉力加大，加速了链节与链轮齿的磨损，同时由于内、外链板的相对转角增加，加剧了铰链的磨损。在动力传动中，滚子链的小链轮齿数 z_1 建议按表 17-16 选取。

表 17-16 小链轮齿数 z_1

链速 v/(m/s)	0.6~3	3~8	>8
z_1	≥17	≥21	≥25

从限制大链轮齿数和减小传动尺寸考虑，传动比大的链传动应选取较少的小链轮齿数。当链速很低时，允许最少齿数为 9。链轮齿数优先选用以下数列：17、19、21、23、25、38、57、76、95、114。

大链轮齿数不宜过多，过多时不但导致传动尺寸增加，而且铰链磨损后实际节距 p 逐渐加大到 $p+\Delta p$（图 17-33），链在链轮上的位置逐渐移向齿顶，引起脱链失效。

链节距增量 Δp 不变时，链轮齿数越多，分度圆直径增量 Δd 越大 [$\Delta d=\Delta p/\sin(180°/z)$]，链越容易移向齿顶而脱链。

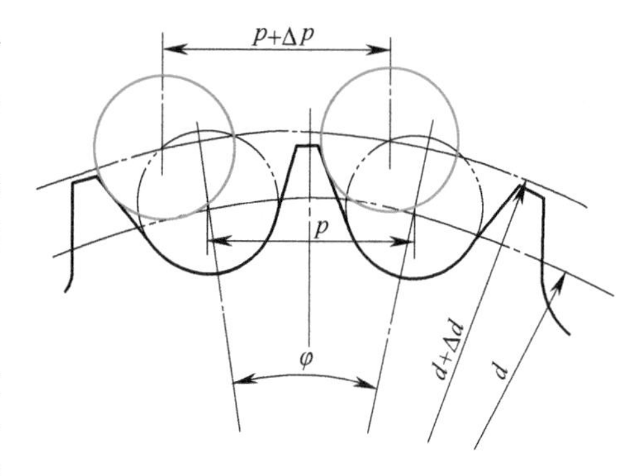

图 17-33　链节伸长对啮合的影响

链轮齿数通常限制为 120。为使链和链轮磨损均匀，链节数选用偶数时，建议链轮齿数选用质数或不能整除链节数的数。

3. 链速

通常链速 v 应不超过 12m/s，否则会出现过大的动载荷。对制造、安装精度高且节距小、齿数多，以及用合金钢制造的链条，链速允许到20～30m/s。

4. 链节距

当已知传动功率 P 和小链轮转速 n_1 时，按式（17-35）和图 17-31 选取链号，然后由表 17-11 查得链节距。虽然链节距大使链的拉曳能力大，但链速不均匀及振动、噪声也大。故承载能力足够时宜选用小节距的单排链，高速重载时，可选小节距多排链。一般载荷大、中心距小、传动比大时，选小节距多排链；速度不太高、中心距大、传动比小时，选大节距单排链。

5. 中心距和链长

当链速不变时，中心距小、链节数少的传动，在单位时间内同一链节的屈伸次数势必增多，因此会加速链的磨损，但可减少噪声。中心距太大，会引起从动边垂度过大，传动时造成松边颤动，传动不平稳。若不受其他条件限制，一般可取中心距 $a=(30\sim50)\,p$，最大中心距 $a_{max}=80p$，最小中心距受小链轮包角的限制（不小于 120°），通常取

$$\left.\begin{aligned}&\text{当 } i<4 \text{ 时} \quad a_{min}=0.2z_1(i+1)p\\&\text{当 } i\geqslant4 \text{ 时} \quad a_{min}=0.33z_1(i-1)p\end{aligned}\right\}\tag{17-36}$$

链的长度常用链节数 L_p 表示
$$L_p=\frac{z_1+z_2}{2}+2\frac{a}{p}+\left(\frac{z_2-z_1}{2\pi}\right)^2\frac{p}{a}\tag{17-37}$$

式中，a 为链传动的中心距。

L_p 的计算结果必须圆整为整数，且以偶数为宜。

用下式可以求出实际中心距

$$a=\frac{p}{4}\left[\left(L_p-\frac{z_1+z_2}{2}\right)+\sqrt{\left(L_p-\frac{z_1+z_2}{2}\right)^2-8\left(\frac{z_2-z_1}{2\pi}\right)^2}\right]\tag{17-38}$$

（四）链传动的静强度计算

对于 $v<0.6$m/s 的低速链传动，为防止过载拉断，应进行静强度校核。静强度安全因数应满足下式

$$S=\frac{F_u}{K_A F+F_y}\geqslant4\sim8\tag{17-39}$$

式中，F_u 为链的抗拉载荷，按排数由表 17-11 查取。

例题 17-2　设计一载荷平稳的螺旋输送机用链传动。已知电动机功率 $P=4$kW，转速 $n_1=720$r/min、$n_2=240$r/min，水平布置，中心距可以调节。

解：

计算与说明	主要结果
1. 选择链轮齿数 估计链速 $v=3\sim8\mathrm{m/s}$，取 $z_1=21$	$z_1=21$
传动比 $i=\dfrac{n_1}{n_2}=\dfrac{720}{240}=3$ $z_2=iz_1=3\times21=63$	$z_2=63$
2. 初定中心距 $a_0=40p$	
3. 链节数 由式（17-37）得 $L_p=\dfrac{z_1+z_2}{2}+2\dfrac{a}{p}+\left(\dfrac{z_2-z_1}{2\pi}\right)^2\dfrac{p}{a}=\dfrac{21+63}{2}+2\dfrac{40p}{p}+\left(\dfrac{63-21}{2\pi}\right)^2\dfrac{p}{40p}=123.12$	取 $L_p=124$ 节
4. 计算功率 $K_A=1.0$（平稳运转） 工作点估计在图17-31某功率曲线顶点的左侧，故由表17-15知，小链轮齿数系数为 $K_z=\left(\dfrac{z_1}{19}\right)^{1.08}=\left(\dfrac{21}{19}\right)^{1.08}=1.11$ 排数系数 $K_p=1$（单排链），由式（17-35）得 $P_0=\dfrac{PK_A}{K_zK_p}=\dfrac{4\times1}{1.11\times1}\mathrm{kW}=3.6\mathrm{kW}$	
5. 链节距 根据 $P_0=3.6\mathrm{kW}$，由图17-31选用08A滚子链，查表17-11得 $p=12.70\mathrm{mm}$	$p=12.70\mathrm{mm}$
6. 确定实际中心距 由式（17-38）得 $a=\dfrac{p}{4}\left[\left(L_p-\dfrac{z_1+z_2}{2}\right)+\sqrt{\left(L_p-\dfrac{z_1+z_2}{2}\right)^2-8\left(\dfrac{z_2-z_1}{2\pi}\right)^2}\right]$ $=\dfrac{12.7}{4}\left[124-\dfrac{21+63}{2}+\sqrt{\left(124-\dfrac{21+63}{2}\right)^2-8\left(\dfrac{63-21}{2\pi}\right)^2}\right]\mathrm{mm}=513.68\mathrm{mm}$	取 $a=514\mathrm{mm}$
7. 验算链速 由式（17-31）得 $v=n_1z_1p=\dfrac{720\times21\times12.70}{60\times1000}\mathrm{m/s}=3.2\mathrm{m/s}$	与原假设相符
8. 有效拉力 $F=\dfrac{P}{v}=\dfrac{1000\times4}{3.2}\mathrm{N}=1250\mathrm{N}$	$F=1250\mathrm{N}$
9. 作用在轴上的载荷 由式（17-34）得 $F_Q\approx1.2K_AF=1.2\times1\times1250\mathrm{N}=1500\mathrm{N}$	$F_Q=1500\mathrm{N}$
10. 润滑方式 根据链号08A、$v=3.2\mathrm{m/s}$，由图17-32知，宜用油浴或飞溅润滑	油浴或飞溅润滑

五、链传动的合理布置和润滑

1. 链传动的合理布置

链传动的合理布置应该考虑以下几方面的问题：

1）两链轮的回转平面应在同一平面内，否则易使链条脱落，或不正常磨损。

2）两链轮的连心线最好在水平面内，若需要倾斜布置时，倾角也应避免大于45°（图17-34a）。应尽量避免垂直布置（图17-34b），因为过大的下垂量会影响链轮与链条的正确啮合，降低传动能力。

3）链传动最好紧边在上、松边在下，以防松边下垂量过大使链条与链轮轮齿发生干涉（图17-34c）或松边与紧边相碰。

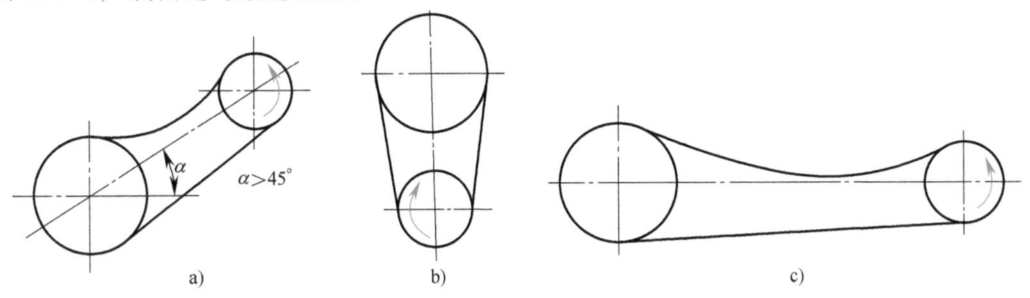

图17-34 应避免的链传动布置

2. 链传动的张紧装置

张紧的主要目的是保证链条有稳定的从动边拉力以控制松边的垂度，使啮合良好，防止链条过大的振动。当两轮的连心线倾斜角大于60°时，通常应该设有张紧装置。

常用移动链轮增大中心距的方法张紧。当中心距不可调时，可用张紧轮定期或自动张紧（图17-35a、b）。张紧轮应装在靠近小链轮的松边上。张紧轮可分为有齿与无齿两种，其分度圆直径要与小链轮分度圆直径相近。无齿的张紧轮可以用酚醛层压布板制成，宽度应比链宽约宽5mm；还可用压板、托板张紧（图17-35c），特别是中心距大的链传动，用托板控制垂度更合理。

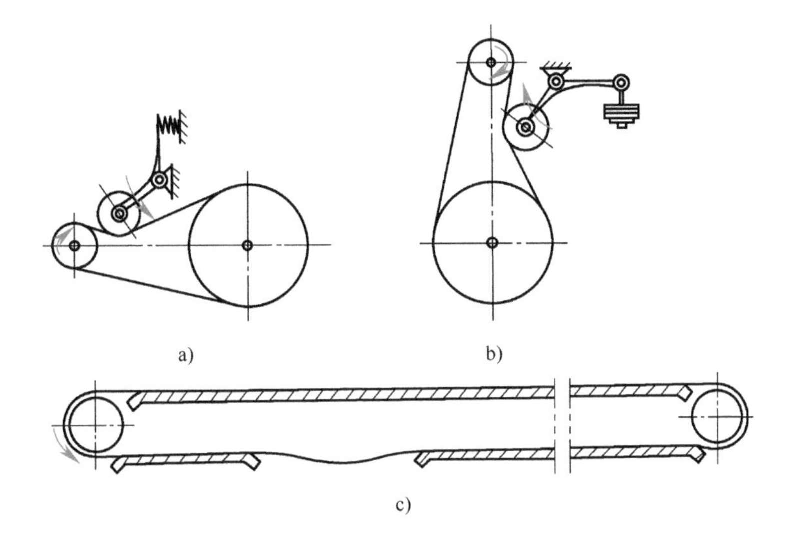

图17-35 链传动的张紧装置

3. 链传动的润滑

链传动的有效润滑是达到额定功率曲线的先决条件，能减小摩擦、减轻磨损，且具有缓和冲击的作用，润滑不良会降低链传动使用寿命。润滑时应设法在链节的缝隙中注入润滑油，并应均匀分布在链宽上。润滑油应加在松边，因为链节处于松弛状态时润滑油容易进入摩擦面。

图17-32提供了各种润滑方式的范围，是对润滑方式的最低要求。对于高速大功率闭式传动，应采用油冷却器。

六、齿形链传动简介

齿形链结构如图17-36所示，由用铰链连接起来的齿形板组成，链板两工作侧面间的夹角为60°，和滚子链相比，齿形链具有工作平稳、噪声较小、允许链速较高、承受冲击载荷能力较强和轮齿受力较均匀的优点，但其价格较贵、质量较大，对安装维护要求也较严格。

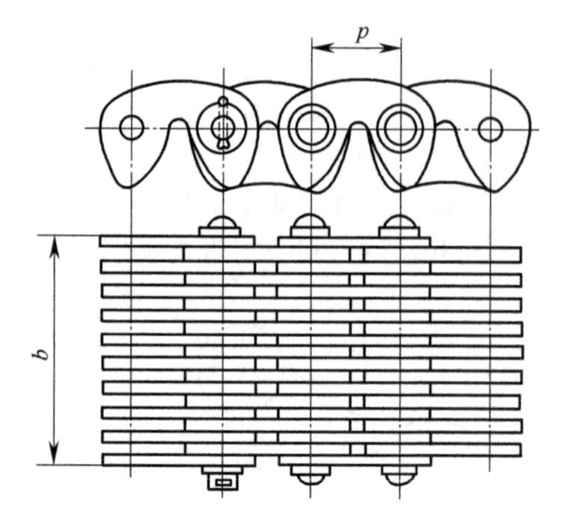

图17-36 齿形链结构

齿形链传动的基本参数为：链轮齿数 $z_{1\min}=15$，通常 $z_1\geqslant21$，且齿数宜取奇数；传动比 $i_{\max}=10$，通常取 $i\leqslant7$，推荐 $i=2\sim3.5$；齿形链节距 p 可参照小链轮转速 n_1 选定、链宽 b 按传动功率及工况计算。小链轮转速范围和最小中心距见表17-17（p、b 如图17-36所示）。

表17-17 齿形链节距、链宽、小链轮转速范围和最小中心距

链号	CL06	CL08	CL10	CL12	CL16	CL20
p/mm	9.525	12.70	15.875	19.05	25.40	31.75
b/mm	13.5　16.5	19.5　22.5	30　38	38　46	45　51	57　69
	19.5　22.5	25.5　28.5	46　54	54　62	57　69	81　93
	28.5　34.5	34.5　40.5	62　70	70　78	81　93	105　117
	40.5　46.5	46.5　52.5	78	86　94	105　117	
n_1/(r/min)	2000~5000	1500~3000	1200~2500	1000~2000	800~1500	600~1200
$a_{\min}$/mm	150	230	300	380	530	680

文献阅读指南

1）窄V带传动如本章正文所述无论从承载能力、使用寿命、传动效率、传动允许速度及结构尺寸与普通V带传动相比较都有其独特的优越性。无论在国际或国内其应用范围日益广泛。关于窄V带传动的设计计算问题可参阅闻邦椿主编的《机械设计手册》（6版，北京：机械工业出版社，2018）第2卷第6篇带传动和链传动。

2）关于链传动更深入的分析，可参阅郑志峰等编著的《链传动》（北京：机械工业出版社，1984）。

思考题

17-1 带传动的功率损失是如何产生的？带传动的效率约为多少？

17-2 弹性滑动的物理意义是什么？与打滑有什么关系？如何计算滑动率？

17-3 与带传动和齿轮传动相比，链传动有哪些优缺点？说明自行车、摩托车为什么使用链传动？

17-4 为什么在一般情况下链传动的瞬时传动比不是恒定的？影响链传动速度不均匀性的主要因素是什么？

17-5　链传动的动载荷是怎么产生的？如何减小动载荷？

习　题

17-1　某普通V带传动。已知电动机额定功率 $P=3\text{kW}$，载荷平稳，主动轮转速 $n_1=1420\text{r/min}$，从动轮转速 $n_2=570\text{r/min}$，带速 $v=7.45\text{m/s}$，中心距 $a=530\text{mm}$，带与带轮间的当量摩擦因数 $\mu_v=0.45$，每天工作16h。求带轮基准直径 d_{d1}、d_{d2}，带基准长度 L_d 和初拉力 F_0。

17-2　已知一V带传动，传递功率 $P=10\text{kW}$，带速 $v=12.5\text{m/s}$，现测得初拉力 $F_0=700\text{N}$。求紧边拉力 F_1 和松边拉力 F_2。

17-3　设计一破碎机用的V带传动。已知电动机型号为Y132M2—6，电动机额定功率 $P=5.5\text{kW}$，转速 $n_1=960\text{r/min}$，传动比 $i=2$，两班制工作。要求中心距 $a<600\text{mm}$。

17-4　试设计一带式输送机用的链传动。已知传递功率 $P=7.5\text{kW}$，小链轮转速 $n_1=730\text{r/min}$，主动轴轴径 $d_0=42\text{mm}$，从动链轮转速 $n_2=330\text{r/min}$，电动机驱动，载荷平稳，按规定条件润滑，链轮中心线与水平面夹角为30°。

17-5　设计一压气机用链传动。已知电动机型号为Y225M—8，额定功率 $P=22\text{kW}$，转速 $n_1=730\text{r/min}$，压气机转速 $n_2=250\text{r/min}$，载荷平稳，水平传动。要求：中心距 $a\leqslant 650\text{mm}$，并绘制小链轮工作图。

第十八章 齿轮传动

内容提要

本章介绍基于承载能力计算的齿轮设计方法。其基本内容就是如何确定齿轮传动的基本参数或主要几何尺寸。围绕这些内容所讨论的问题有：齿轮精度等级的选择；齿轮的主要失效形式和计算准则；齿轮常用材料及选择方法；齿轮的载荷计算；针对齿面接触疲劳强度失效和齿根弯曲疲劳强度失效所进行的齿轮承载能力的计算方法等。其中，齿轮传动的失效形式和计算准则、齿轮传动的受力分析、直齿圆柱齿轮传动的齿面接触疲劳强度计算和齿根弯曲疲劳强度计算等内容是本章的重点。

拓展视频

中国自主研制的“争气机”

第一节 概述

一、齿轮传动设计中的基本问题

齿轮传动的类型很多，用途各异，但是从传递运动和动力的要求出发，各种齿轮传动都必须解决两个基本问题：

（1）传动平稳　即要保证瞬时传动比恒定，以尽可能减小齿轮啮合中的冲击、振动和噪声。在高速运转条件下，这个问题越发显得突出。

（2）足够的承载能力　即在齿轮的尺寸或质量较小的前提下，满足正常使用所需的强度、耐磨性等方面的要求，保证在预定的使用期限内不发生失效。

第一次工业革命推动了机器速度的提高，欧拉提出的渐开线齿廓被广泛应用，其目的就是解决传动平稳的问题。在第二次工业革命中，随着齿轮传动速度的进一步提高和传递载荷的进一步增大，人们开始建立齿轮的强度计算方法，其目的就是要保证齿轮传动具有足够的承载能力和寿命。1893 年，美国学者 W. Lewis 提出了基于悬臂梁的轮齿弯曲应力计算公式。1908 年，德国学者 E. Videky 基于 Hertz 理论建立了齿面接触应力的计算公式。此外，苏联学者 M. Л. Новиков 于 1955 年创立了点啮合理论并提出了圆弧点啮合齿轮传动。

有关传动平稳的问题，已在本书第八章做了比较详细的论述。这里将着重讨论齿轮传动的承载能力计算方法。考虑到目前我国工业齿轮仍以渐开线齿廓为主，故本章讨论范围仅限于渐开线齿轮传动。

二、齿轮传动的分类

实践表明，齿轮的齿面硬度和工作条件不同，往往所表现的失效形式不同，在承载能力计算时所采用的对策也不同。因此，设计中常常对齿轮传动做以下分类：

1）按齿面硬度，齿轮通常被划分为软齿面和硬齿面两大类。人们通常将齿面硬度≤350HBW的齿轮称为软齿面齿轮，而将齿面硬度>350HBW的齿轮称为硬齿面齿轮，并习惯于将一对硬齿面齿轮的啮合称为硬齿面齿轮传动，其余则称为软齿面齿轮传动。但是，近年来有时也将两齿面硬度均在255~350HBW之间的一对软齿面齿轮传动称为“中硬齿面齿轮传动”。

2）按工作条件，齿轮传动通常被划分为闭式传动和开式传动两类。所谓闭式传动，是指齿轮被有效地封闭在箱体内的齿轮传动。一般来说，它是一种具有良好润滑条件且制造精良的齿轮传动类型。与此相反，所谓开式传动，则是指齿轮外露或不能被有效封闭的齿轮传动。开式传动齿轮不能保证良好润滑且极易落入粉尘而磨损，故重要的齿轮多采用闭式传动。

三、齿轮传动的主要参数

1. 模数 m

模数是齿轮的基本参数之一。需要指出的是，基于加工刀具的考虑，设计中模数通常都需要选取标准值。

2. 传动比 i 和齿数比 u

在一对齿轮中，设主动轮转速为 $n_{主}$、齿数为 $z_{主}$，从动轮转速为 $n_{从}$、齿数为 $z_{从}$，则传动比 i 可表示为

$$i=\frac{n_{主}}{n_{从}}=\frac{z_{从}}{z_{主}} \tag{18-1}$$

在一对齿轮中，若设小齿轮齿数为 z_1，大齿轮齿数为 z_2，则齿数比 u 定义为

$$u=\frac{z_2}{z_1}>1 \tag{18-2}$$

显然，在减速传动中 $u=i$，增速传动中 $u=1/i$。

3. 中心距 a

中心距 a 是圆柱齿轮传动的特征尺寸，是重要的几何参数之一。通常设计中应取值整齐、简单，并尽量不含小数。在大批量生产时，推荐中心距按表18-1选用。在单件或小批量生产时可不受此限，建议参照GB/T 2822—2005《标准尺寸》中的数系选用，或取尾数为0、2、5、8的整数。

表18-1　中心距 a 的荐用系列　（单位：mm）

第一系列	40	50	63	80	100	125	160	200	250	315
	400	500	630	800	1000	1250	1600	2000	2500	
第二系列	140	180	225	280	355	450	560	710	900	1120
	1400	1800	2240							

4. 齿宽 b 和齿宽系数 ψ_d

齿轮的齿圈宽度简称为齿宽，以 b 表示。齿宽 b 与小齿轮分度圆直径 d_1 之比，称为齿宽系数，以 ψ_d 表示，即

$$\psi_d=\frac{b}{d_1} \tag{18-3}$$

齿宽系数 ψ_d 反映齿轮宽度与其径向尺寸之间的比例关系。ψ_d 的取值大小将直接影响齿轮传动的布局及其工作性能，因此也是齿轮设计中的重要参数之一。

设计中，齿宽 b 初步由式（18-3）确定，即

$$b=\psi_d d_1$$

这里，计算结果往往包含有小数部分，一般都应对其进行“圆整”，即通常取为与其接近的整数或偶数。此外，对于圆柱齿轮传动，为了降低安装要求，通常还应使小齿轮齿宽 b_1 比大齿轮齿宽 b_2 宽出 4～10mm，即取

$$b_2=b\ (\text{圆整数}) \qquad b_1=b_2+(4\sim10)\,\text{mm}$$

四、齿轮精度等级的选择

在渐开线圆柱齿轮精度标准 GB/T 10095.1—2008 和 GB/T 10095.2—2008 中，规定有 13 个齿轮精度等级，依次为：0、1、2、…、12。其中 0 级精度最高，12 级精度最低。

齿轮精度等级应根据传动的用途、使用条件、传递功率和圆周速度等确定。表 18-2 给出了各种精度等级齿轮的使用和加工情况等，供选择精度等级时参考。常用 5～9 级精度齿轮允许的最大圆周速度见表 18-3。

表 18-2 齿轮精度等级、使用和加工情况

精度等级	使用和加工情况
2、3(特高精度)	检验用的齿轮、高速齿轮及在重载下要求特别安全可靠的齿轮。需用特殊的工艺方法制造
4、5(高精度)	用于高精度传动链及某些危险场合下工作的齿轮，如汽轮机齿轮、航空齿轮等。需要磨齿加工
6、7(较高精度)	用于中等速度的齿轮和要求安全可靠工作的车辆齿轮。一般需要采用磨齿或剃齿工艺，也可由高精度的滚齿加工获得
8、9(中等精度)	用于一般设备中速度不高的齿轮。通常用滚齿或插齿加工
10～12(低精度)	低速传动用不重要的齿轮。其中 12 级齿轮可不经切削加工而由铸造成形方法获得

表 18-3 动力传动齿轮的最大圆周速度 （单位：m/s）

精度等级	圆柱齿轮传动		锥齿轮传动	
	直齿	斜齿	直齿	曲线齿
5 级及其以上	≥15	≥30	≥12	≥20
6 级	<15	<30	<12	<20
7 级	<10	<15	<8	<10
8 级	<6	<10	<4	<7
9 级	<2	<4	<1.5	<3

注：锥齿轮传动的圆周速度按平均直径 d_m 计算。

第二节 轮齿的失效形式与计算准则

一、轮齿的主要失效形式

正常情况下，齿轮的失效都集中在轮齿部位。其主要失效形式有：

1. 轮齿折断

从形态上看，轮齿折断有整体折断和局部折断。整体折断，一般发生在齿根，这是因为轮齿相当于一个悬臂梁，受力后其齿根部位弯曲应力最大，并受应力集中影响的缘故。局部

折断，主要由载荷集中造成，通常发生于轮齿的一端（图 18-1a）。当齿轮制造、安装不良或轴的变形过大时，载荷集中于轮齿的一端，容易引起轮齿的局部折断。

就损伤机理来说，轮齿折断又分为两种，即轮齿的疲劳折断和过载折断（静力折断）。齿轮经长期使用，在载荷多次重复作用下引起的轮齿折断，称为疲劳折断；由于短时超过额定载荷（包括一次作用的尖峰载荷）而引起的轮齿折断，称为过载折断。两者损伤机理不同，断口形态各异，设计计算方法也不尽相同。

一般来说，为防止轮齿折断，齿轮必须具有足够大的模数。其次，增大齿根过渡圆角半径、降低表面粗糙度值、进行齿面强化处理、减轻轮齿加工过程中的损伤，均有利于提高轮齿抗疲劳折断的能力。而尽可能消除载荷分布不均现象，则有利于避免轮齿的局部折断。为防止轮齿折断，通常应对齿轮轮齿进行弯曲疲劳强度的计算。必要时，还应进行弯曲静强度的验算。

2. 齿面点蚀

轮齿工作时，其工作齿面上的接触应力是随时间而变化的脉动循环应力。齿面长时间在这种循环接触应力作用下，可能会出现微小的金属剥落而形成一些浅坑（麻点），这种现象称为齿面点蚀（图 18-1b）。齿面点蚀通常发生在润滑良好的闭式齿轮传动中。实践证明，点蚀的部位多发生在轮齿节线附近靠齿根的一侧。这主要是由于该处通常只有一对轮齿啮合，接触应力较高的缘故。

随着工作时间延长而不断发展的点蚀称为扩展性点蚀。由于其齿面破坏范围不断扩大，致使齿轮失去正确的齿形，工作中振动和噪声变大，从而最终导致齿轮报废。

提高齿面硬度、降低齿面表面粗糙度值、采用黏度较高的润滑油以及进行合理的变位等，都能提高齿面抗疲劳点蚀的能力。为防止出现齿面点蚀，对于闭式齿轮传动，通常需要进行齿面接触疲劳强度的计算。

3. 齿面胶合

齿面胶合是相啮合轮齿的表面，在一定压力下直接接触发生粘着，并随着齿轮的相对运动，发生齿面金属撕脱或转移的一种黏附磨损现象（图 18-1c）。一般来说，胶合总是在重载条件下发生。按其形成的条件，又可分为热胶合和冷胶合。

热胶合发生于高速重载的齿轮传动中。由于重载和较大的相对滑动速度，在轮齿间引起局部瞬时高温，导致油膜破裂，从而使两接触齿面金属间产生局部“焊合”而形成胶合。冷胶合则发生于低速重载的齿轮传动中。它是由于齿面接触压力过大，直接导致油膜压溃而产生的胶合。

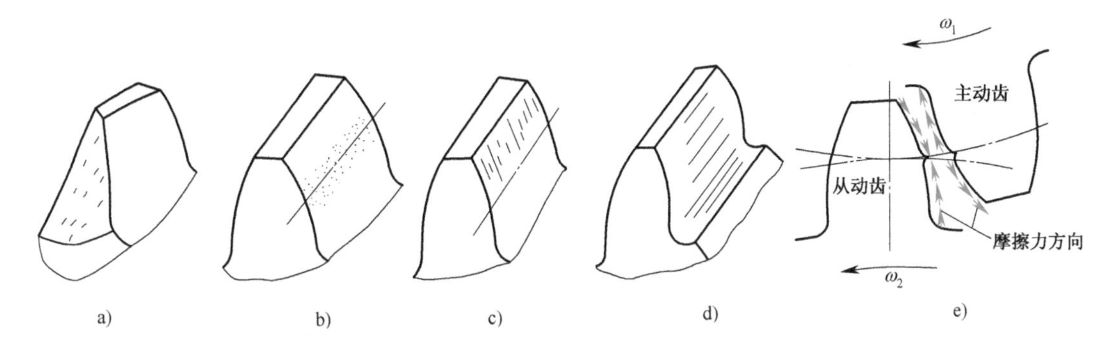

图 18-1 轮齿的失效形式

a）局部折断 b）齿面点蚀 c）齿面胶合 d）磨粒磨损 e）塑性变形

采用极压型润滑油、提高齿面硬度、合理选择齿轮参数并进行变位等，都有利于提高齿轮的抗胶合能力。为防止胶合，对于高速重载的齿轮传动，应进行抗胶合承载能力的计算。

4. 齿面磨粒磨损

当铁屑、粉尘等微粒进入齿轮的啮合部位时，将引起齿面的磨粒磨损（图18-1d）。闭式传动齿轮，只要经常注意润滑油的更换和清洁，一般不会发生磨粒磨损。开式传动齿轮，由于齿轮外露，其主要失效形式为磨粒磨损。磨粒磨损不仅会导致轮齿失去正确的齿形，还会由于齿厚不断减薄而最终引起轮齿折断。

与闭式传动齿轮不同，一般认为，开式传动齿轮不会出现齿面点蚀现象。这是因为磨粒磨损的速度比较快，齿面还来不及达到点蚀的程度，其表层材料就已经被磨粒磨损掉的缘故。

5. 齿面塑性变形

重载时，在摩擦力的作用下，齿面材料可能会产生塑性流动，从而使轮齿原有的正确齿形遭受破坏。在主、从动齿轮上由于齿面摩擦力的方向不同，其齿面变形的形态也不同，如图18-1e所示。在主动轮，于节线附近形成凹槽；在从动轮，于节线附近形成凸脊。

提高齿面硬度、采用黏度较大的润滑油，可以防止或减轻齿面塑性变形。

二、齿轮传动的计算准则

经过长期的设计实践，普通齿轮传动的计算准则可概括如下：

（1）闭式传动　主要失效形式为齿面点蚀和轮齿的弯曲疲劳折断。当采用软齿面传动时，其齿面接触疲劳强度相对较低。因此，一般应首先按齿面接触疲劳强度条件，计算齿轮的分度圆直径及其主要几何参数（如中心距、齿宽等），然后再对轮齿的弯曲疲劳强度进行校核。当采用硬齿面传动时，则一般应首先按齿轮的弯曲疲劳强度条件，确定齿轮的模数及其主要几何参数，然后再校核其齿面接触疲劳强度。

（2）开式传动　主要失效形式为齿面磨粒磨损和轮齿的弯曲疲劳折断。由于齿面磨粒磨损影响因素复杂，目前尚无完善的计算方法，因此通常只对其进行弯曲疲劳强度的计算，并用适当加大模数的方法来考虑磨粒磨损对轮齿削弱的影响。

第三节　齿轮材料及其选择

齿轮常用材料是钢，其次为铸铁，有时也采用铜等非铁金属材料或非金属材料。

一、齿轮常用钢及其热处理

就齿轮轮齿抵抗失效的能力来说，希望其齿面具有较高的抗点蚀、抗胶合和耐磨粒磨损能力，而齿根具有较高的抗弯曲疲劳折断能力。因此，一般来说，理想的齿轮材料应具备齿面硬而齿心韧并有一定强度的特性。在这方面，钢通过适当热处理，能够收到满意的效果，故通常钢是最理想的齿轮材料。

齿轮用钢按用途归为结构钢。按化学成分，区分为碳钢和合金钢；按毛坯成形方法，则区别为变形钢或铸钢。其中变形钢多以锻造成形方法制作毛坯（故曾称锻钢）。毛坯经锻造加工后，可以改善材料性能，提高轮齿强度。对于直径较大、形状复杂又较重要的齿轮，可采用铸钢，以铸造成形方式制作毛坯。齿轮常用钢及其力学性能见表18-4。

钢制齿轮常通过调质、正火、表面淬火、渗碳淬火、渗氮等各种热处理方法改善材料性能，以满足其不同的工作要求。表18-5列出了各种常用热处理方法、适用钢种、主要特点和适用场合等内容，可供选择齿轮材料时参考。

二、齿轮常用铸铁

齿轮常用铸铁为灰铸铁和球墨铸铁。普通灰铸铁具有良好的铸造工艺性，易于得到复杂的结构形状，易切削，价格便宜。同时，具有一定的抗点蚀与抗胶合能力。其主要缺点是抗弯强度低、韧性差。因此，多用于低速、无冲击及尺寸不受限制的场合。灰铸铁中的石墨具有自润滑作用，尤其适用于制作润滑条件较差的开式传动齿轮。球墨铸铁的强度较高，且具有较强的抗冲击能力，在一定程度上可以代替钢制作形状复杂的齿轮。但由于其生产工艺较复杂，目前使用尚不够普遍。齿轮常用灰铸铁及球墨铸铁的力学性能见表 18-6。

表 18-4 齿轮常用钢及其力学性能

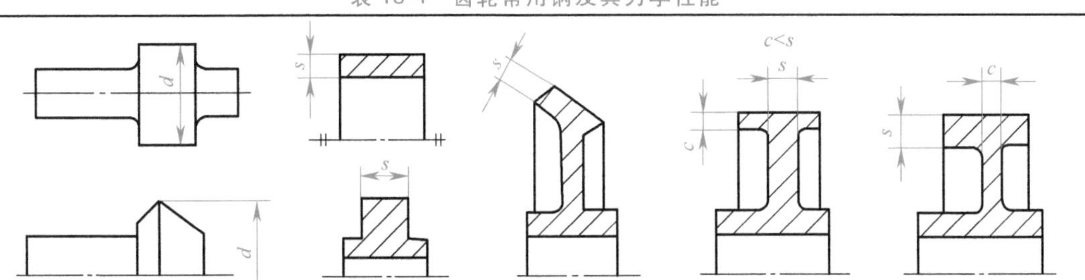

钢 号	热 处 理	截面尺寸		力学性能		硬 度	
		直径 d/mm	壁厚 s/mm	R_m/MPa	R_{eL}/MPa	调质或正火 (HBW)	表面淬火 (HRC)
45	正 火	≤100	≤50	590	300	169~217	40~50
		101~300	51~150	570	290	162~217	
	调 质	≤100	≤50	650	380	229~286	
		101~300	51~150	630	350	217~255	
42SiMn	调 质	≤100	≤50	790	510	229~286	45~55
		101~200	51~100	740	460	217~269	
		201~300	101~150	690	440	217~255	
40MnB	调 质	≤200	≤100	740	490	241~286	45~55
		101~300	101~150	690	440		
38SiMnMo	调 质	≤100	≤50	740	590	229~286	45~55
		101~300	51~150	690	540	217~269	
35CrMo	调 质	≤100	≤50	740	540	207~269	40~45
		101~300	51~150	690	490		
40Cr	调 质	≤100	≤50	740	540	241~286	48~55
		101~300	51~150	690	490		
20Cr	渗碳淬火	≤60		640	390		56~62
20CrMnTi	渗碳淬火	15		1080	840		56~62
	渗 氮						57~63
38CrMoAlA	调质、渗氮	30		980	840	229	65 以上
ZG310—570	正 火			570	320	163~207	
ZG340—640	正 火			640	350	179~207	
ZG35CrMnSi	正火、回火			690	350	163~217	
	调 质			790	590	197~269	

表 18-5 齿轮常用热处理方法及适用场合

热处理	适用钢种	可达硬度	主要特点和适用场合
调质	中碳钢及中碳合金钢	整体 220~280HBW	硬度适中，具有一定强度、韧性，综合性能好。热处理后可由滚齿或插齿进行精加工，适用于单件、小批量生产，或对传动尺寸无严格限制的场合
正火	中碳钢及铸钢	整体 160~210HBW	工艺简单，易于实现，可代替调质处理。适用于因条件限制不便进行调质的大尺寸齿轮及不太重要的齿轮
整体淬火	中碳钢及 中碳合金钢	整体 45~55HRC	工艺简单，齿轮变形大，需要磨齿。因心部与齿面同硬度，韧性差，不能承受冲击载荷
表面淬火	中碳钢及 中碳合金钢	齿面 48~54HRC	通常在调质或正火后进行。齿面承载能力较强，心部韧性好。轮齿变形小，可不磨齿。齿面硬度难以保证均匀一致。可用于承受中等冲击的齿轮
渗碳淬火	多为低碳 合金钢	齿面 58~62HRC	渗碳深度一般取模数的0.3，但不小于1.5~1.8mm。齿面硬度较高，耐磨损，承载能力较强。心部韧性好，耐冲击。轮齿变形大，需要磨齿。适用于重载、高速及受冲击载荷的齿轮
渗氮	渗氮钢	齿面 65HRC	齿面硬，变形小，可不磨齿。工艺时间长，硬化层薄（0.05~0.30mm），不耐冲击。适用于不受冲击且润滑良好的齿轮
碳氮共渗	渗碳钢		工艺时间短，兼有渗碳和渗氮的优点，比渗氮处理硬化层厚。生产率高，可代替渗碳淬火

表 18-6 齿轮常用灰铸铁和球墨铸铁的力学性能

铸铁牌号	壁厚 s/mm	抗拉强度 R_m/MPa	规定非比例延伸强度 $R_{p0.2}$/MPa	硬度 (HBW)
HT250	15~30	250	—	170~240
HT300	15~30	300	—	187~255
HT350	15~30	350	—	197~269
HT400	15~30	400	—	207~269
QT500—7		500	350	147~241
QT600—3		600	420	229~302
QT700—2		700	490	229~302
QT800—2		800	560	241~321

三、齿轮材料的选择

选择材料时，要从齿轮的工作条件、制造工艺性和经济性等方面考虑。

1. 选择材料要满足齿轮工作条件的要求

一般来说，工作速度较高的闭式齿轮传动，齿轮容易发生齿面点蚀或胶合，应选择能够提高齿面硬度的高频感应淬火用钢，如45、40Cr、42SiMn等，并进行表面淬火处理；中速中载齿轮传动，可选择综合性能较好的调质钢，如45、40Cr等调质；受冲击载荷的齿轮，应选择齿面硬且齿心韧性较好的渗碳钢，如20Cr或20CrMnTi，并进行渗碳淬火处理；重要的或结构要求紧凑的齿轮传动，应当选择较好的材料，如合金钢。

开式齿轮传动润滑条件较差，主要失效形式为齿面的磨粒磨损，应选择减摩、耐磨性较好的材料。在速度较低且传动比较平稳时，可选用铸铁或采用钢与铸铁搭配。

此外，对于高速轻载的齿轮，为了降低噪声，通常可选用非金属材料。

一对齿轮中材料的搭配十分重要。一般来说，对于标准齿轮传动，小齿轮齿根较弱而且回转次数又多，故应使小齿轮材料的硬度比大齿轮要高一些。设计中，对于软齿面齿轮传动，通常其小齿轮硬度要比大齿轮高出 20～50HBW，且传动比越大，其硬度差也应越大。当一对齿轮采用软、硬齿面搭配时，经过磨制的硬齿面小齿轮，对于软齿面大齿轮，通过辗压作用产生冷作硬化现象，从而可以提高大齿轮齿面的疲劳强度。对于高速齿轮传动，为了防止发生齿面胶合，除了要重视润滑和散热条件以外，在选择齿轮材料时，还应从摩擦学的角度来认识。一般认为，提高齿面硬度差有利于防止胶合发生，而一对齿轮材料的硬度、成分和内部组织越接近，对于防止胶合的发生越不利。

2. 选择材料要考虑齿轮毛坯的成形方法、热处理和切齿加工条件

直径在 500mm 以下的齿轮，一般毛坯需经锻造加工，可采用变形钢。直径在 500mm 以上的齿轮，因一般锻压设备有限制，常采用铸造成形毛坯，故宜选用铸钢或铸铁。对于单件或小批量生产的直径较大的齿轮，采用焊接方法制作毛坯，可以缩短生产周期，降低齿轮的制造成本。

当齿轮材料的热处理选择调质、正火或表面淬火时，常采用中碳钢或中碳合金钢。调质钢在强度、硬度和韧性等各项力学性能方面均优于正火钢，但切削性能不如正火钢。在切削性能方面，通常合金钢不如碳钢。滚齿和插齿等切齿方法，一般只能切削硬度在 270HBW 以下的齿坯，其大体相当于调质或正火材料的硬度。

3. 选择材料要考虑齿轮生产的经济性

在满足使用要求的前提下，选择材料必须注意降低齿轮生产的总成本。总成本应当包括材料本身的价格和与生产有关的一切费用。通常碳钢和铸铁材料的价格较低，且具有较好的工艺性，因此在满足使用要求的前提下，应优先选用。

应当指出，在选择齿轮材料时，必须认真考虑齿轮的制造工艺性。在小批量生产条件下，工艺性好坏，也许问题显得并不很突出。在大批量生产条件下，它有时可能成为选择材料的决定性因素。例如，对于普通精度的齿轮，采用低碳钢或低碳合金钢渗碳淬火，热处理周期长，且由于轮齿变形大，通常需要进行磨齿加工，从而会大大增加齿轮的制造成本。而如果选择中碳钢或中碳合金钢高频感应淬火，则由于热处理过程中加热时间短、轮齿变形小，可不必进行磨齿加工；其次，这种热处理方式生产率高，也便于实现自动化生产，因而显然更适合于大规模生产方式。

此外，在选择材料时，还应当考虑材料的资源和供应情况，所选钢种应供应充足且尽量集中。在必须采用合金钢时，应首先立足于我国资源比较丰富的硅、锰、硼、钒等钢种。

第四节　圆柱齿轮传动的载荷计算

一、轮齿的受力分析

1. 直齿圆柱齿轮

在理想状态下，齿轮工作时载荷沿轮齿接触线均匀分布。为简化分析，常以作用于齿宽中点的集中力代替这个分布力。若忽略摩擦力的影响，则该力为沿啮合线指向齿面的法向力 F_n。法向力 F_n 可分解为两个力，即切向力 F_t 和径向力 F_r，如图 18-2 所示。

标准齿轮正确安装时，各力的大小可表示如下：

$$\left.\begin{aligned} &\text{切向力} && F_t=\frac{2T_1}{d_1} \\ &\text{径向力} && F_r=F_t\tan\alpha \\ &\text{法向力} && F_n=\frac{F_t}{\cos\alpha} \end{aligned}\right\} \tag{18-4}$$

式中，d_1为小齿轮分度圆直径；T_1为小齿轮传递的标称转矩；α为分度圆压力角。

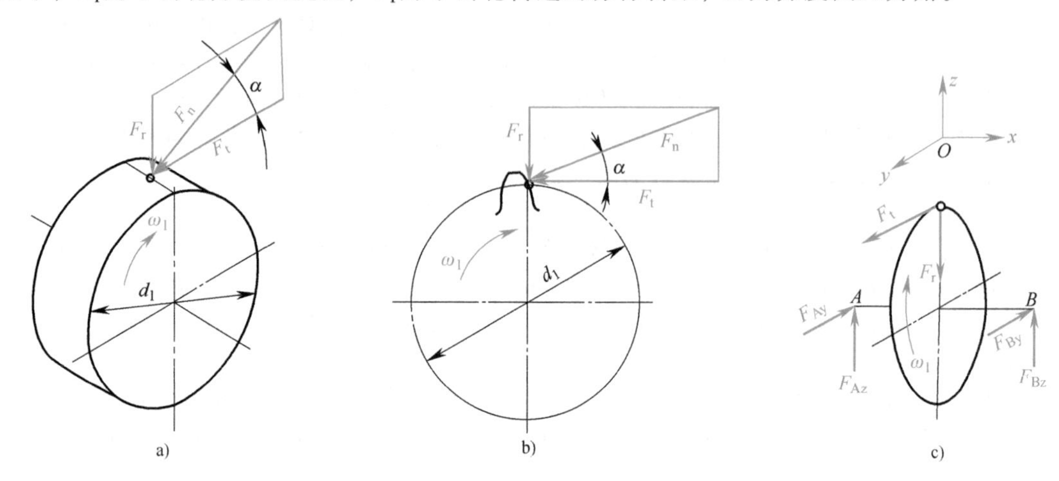

图 18-2 直齿圆柱齿轮传动的受力分析

齿轮各分力方向如下：

（1）切向力 F_t 在从动轮上切向力 F_t为驱动力，故与其回转方向相同；在主动轮上切向力 F_t为工作阻力，故与其回转方向相反。

（2）径向力 F_r 外齿轮的径向力 F_r指向其齿轮中心，内齿轮的径向力 F_r背离其齿轮中心。

2. 斜齿圆柱齿轮

用与直齿圆柱齿轮相似的方法，可将作用于斜齿圆柱齿轮轮齿上的法向力 F_n分解为三个力，即切向力 F_t、径向力 F_r和轴向力 F_x，如图 18-3 所示。

各力的大小可表示如下：

$$\left.\begin{aligned}
&\text{切向力} && F_t=\frac{2T_1}{d_1}\\
&\text{径向力} && F_r=F_t\tan\alpha_t=F_t\frac{\tan\alpha_n}{\cos\beta}\\
&\text{轴向力} && F_x=F_t\tan\beta\\
&\text{法向力} && F_n=\frac{F_t}{\cos\beta\cos\alpha_n}\\
& && \quad=\frac{F_t}{\cos\beta_b\cos\alpha_t}
\end{aligned}\right\}\tag{18-5}$$

式中，α_t为端面压力角；α_n为法向压力角；β为分度圆螺旋角；β_b为基圆螺旋角。

斜齿圆柱齿轮切向力 F_t、径向力 F_r 方向的判断，与直齿圆柱齿轮的判断方法完全相同。

作用于主动齿轮轮齿上的轴向力 $F_{x主}$，其方向判断，可采用手握方法进行，即伸出与主动轮轮齿螺线旋向（左旋或右旋）同名的手握住该齿轮轴线，若令拇指以外的四指代表齿轮转向，则拇指伸直（与齿轮轴线平行）所指方向，即为作用于该齿轮上的轴向力 $F_{x主}$方向。根据牛顿法则，作用于从动齿轮上的轴向力 $F_{x从}$，应与主动齿轮上的轴向力 $F_{x主}$大小相等、方向相反。

例题 18-1 如图 18-4 所示，在两级圆柱齿轮减速器中，已知自轴 I 外伸端观察时，齿

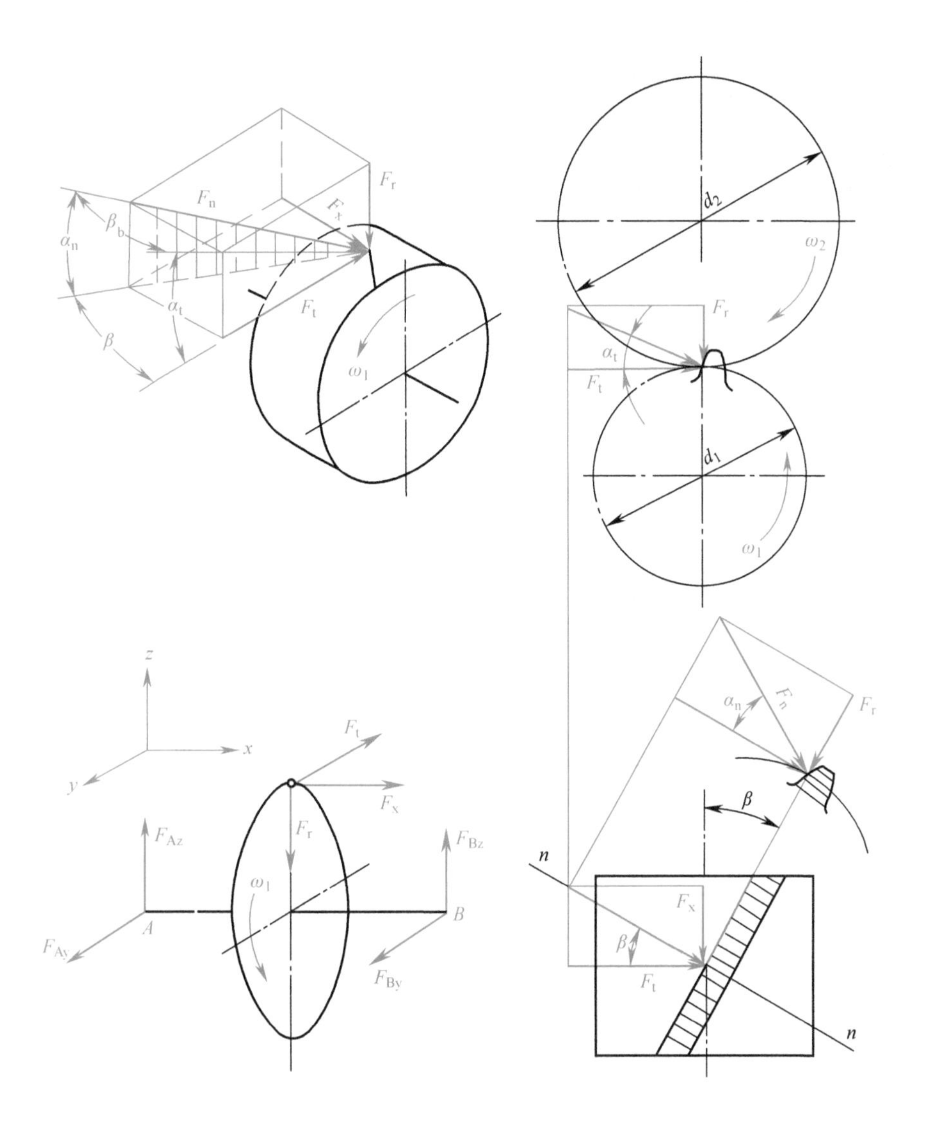

图 18-3　斜齿圆柱齿轮传动的受力分析

轮 1 为顺时针方向回转。试以空间简图的简化表达方式，画出齿轮 2、3 所受的各分力及中间轴Ⅱ的支反力（支反力方向可设定）。

解：答案如图 18-5 所示。

二、计算载荷

前面所讨论的力 F_t、F_r、F_x、F_n和转矩 T_1等均为齿轮的标称载荷，考虑齿轮传动实际工况等多种影响因素，通过修正计算而得到的载荷，称为计算载荷。以齿轮的法向力 F_n为例，其计算载荷 F_{nc}可表示为

$$F_{nc}=KF_n \tag{18-6}$$

式中，K 为载荷系数，在齿面接触应力计算和齿根弯曲应力计算时分别用 K_H和 K_F表示。

齿面接触应力计算时
$$K_H=K_AK_vK_\beta K_{H\alpha} \tag{18-7}$$

齿根弯曲应力计算时
$$K_F=K_AK_vK_\beta K_{F\alpha} \tag{18-8}$$

式中，K_A为使用系数；K_v为动载系数；K_β为齿向载荷分布系数；$K_{H\alpha}$、$K_{F\alpha}$分别为接触应力

和弯曲应力计算时的齿间载荷分配系数。

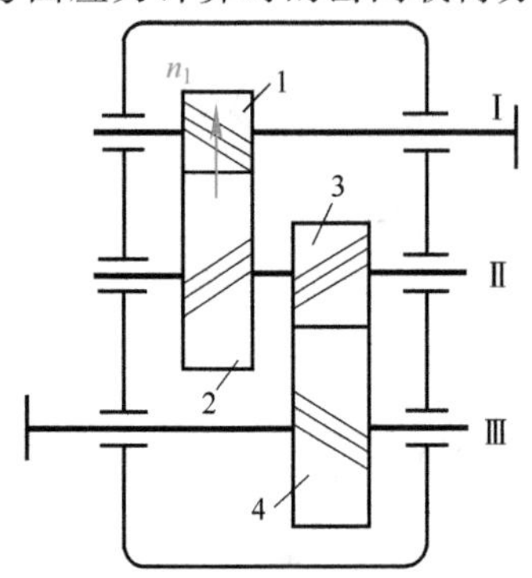

图 18-4 圆柱齿轮减速器简图

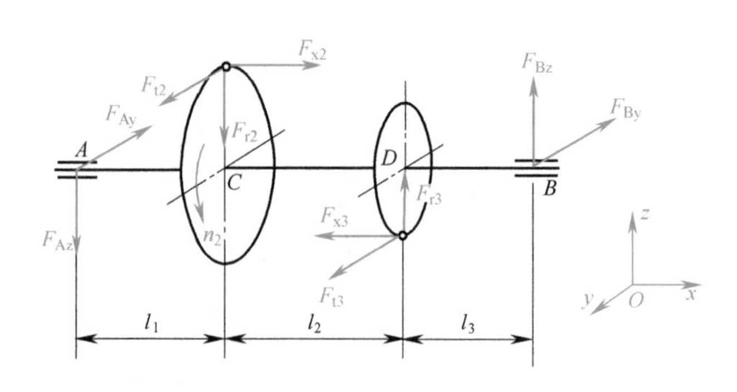

图 18-5 齿轮 2、3 及其所在轴Ⅱ的空间受力图（F_{Ay}、F_{Az}、F_{By}和F_{Bz}为支反力）

现就各系数的意义、取值大小和影响因素等讨论如下：

（1）使用系数 K_A 使用系数 K_A 是考虑由于齿轮啮合外部因素而引起附加动载荷影响的系数。它取决于原动机和工作机特性、轴和联轴器系统的质量以及运行状态等。K_A 可由表 18-7 选取。

表 18-7 使用系数 K_A

工作机		原动机			
工作特性	举例	均匀平稳（电动机、汽轮机）	轻微冲击（电动机、汽轮机）	中等冲击（多缸内燃机）	严重冲击（单缸内燃机）
均匀平稳	发电机、均匀加料的输送机、螺旋输送机、轻型升降机、通风机、离心泵、轻型离心机	1	1.10	1.25	1.50
轻微冲击	不均匀加料的输送机、机床的主驱动装置、重型升降机、起重机回转齿轮装置、工业与矿用风机、重型离心机、黏稠液体或变密度材料的搅拌机、多缸活塞泵、压延机	1.25	1.35	1.50	1.75
中等冲击	橡胶挤压机、间断工作的橡胶和塑料搅拌机、球磨机、木工机械、钢坯初轧机、提升装置、单缸活塞泵	1.50	1.60	1.75	2.00
严重冲击	挖掘机、球磨机（重型）、破碎机、重型给水泵、钻探装置、压砖机、带材冷轧机、压坯机、轮辗机	1.75	1.85	2.00	2.25 或更大

注：1. 非经常起动或起动转矩不大的电动机、小型汽轮机按均匀平稳考虑。
2. 对于增速传动，根据经验建议取表值的 1.1 倍。
3. 当外部机械与齿轮装置之间有挠性连接时，K_A 值可适当减小。

（2）动载系数 K_v 动载系数 K_v 是考虑啮合误差和运转速度等齿轮内部因素引起的附加动载荷影响的系数，定义为

$$K_v=\frac{\text{传递的切向载荷}+\text{内部附加动载荷}}{\text{传递的切向载荷}}$$

影响动载系数 K_v 的主要因素有：①由基节和齿形误差产生的传动误差；②齿轮的节圆速度；③转动件的转动惯量和刚度；④轮齿载荷；⑤在啮合循环中轮齿啮合刚度的变化。其他影响因素还有：磨合效果、润滑油特性、轴承及箱体支承刚度以及动平衡精度等。动载系数 K_v 可根据齿轮制造精度和节圆速度按图 18-6 选取。

实践证明，采用轮齿修缘，即将靠近轮齿顶部的渐开线进行适当修削的方法(图 18-7)，有利于减小其内部动载荷和噪声。经过修缘的轮齿称为修缘齿。

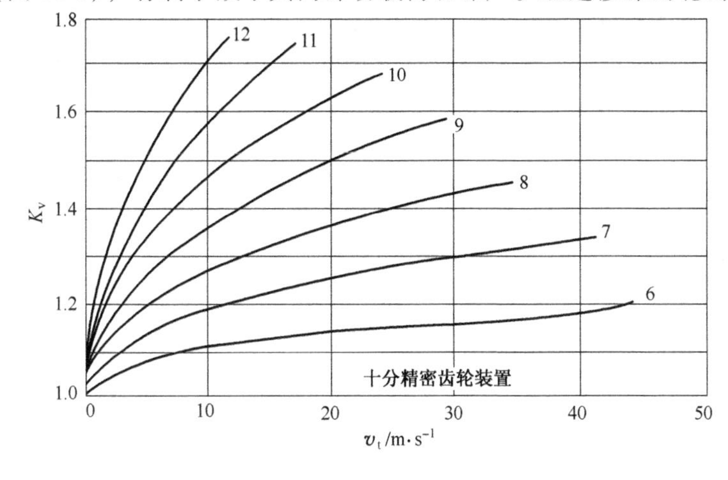

图 18-6　动载系数 K_v

（6~12 为齿轮精度等级）

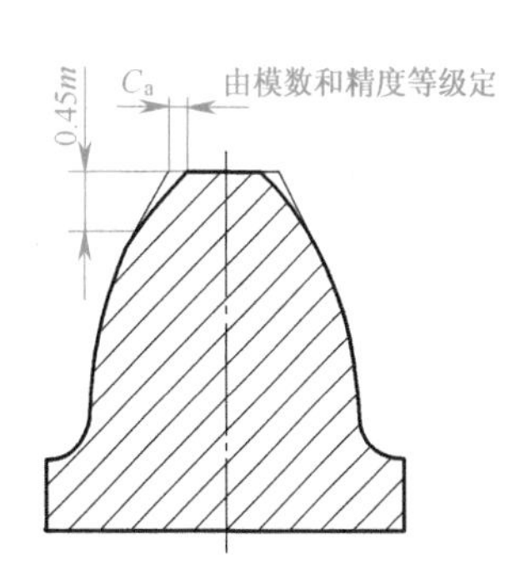

图 18-7　轮齿修缘

（3）齿向载荷分布系数 K_β　齿向载荷分布系数 K_β 是考虑轮齿工作时沿齿宽方向载荷分布不均对齿面接触应力和齿根弯曲应力影响的系数，其定义为

$$K_\beta=\frac{\text{单位齿宽最大载荷}}{\text{单位齿宽平均载荷}}$$

影响齿向载荷分布的主要因素有：齿轮在轴上的布置方式、支承刚度、齿面硬度、齿宽以及齿轮的制造与安装误差等。

当齿宽 $b\leqslant100$mm 时，齿向载荷分布系数 K_β 可视情况按图 18-8 选取。图中曲线簇Ⅰ、

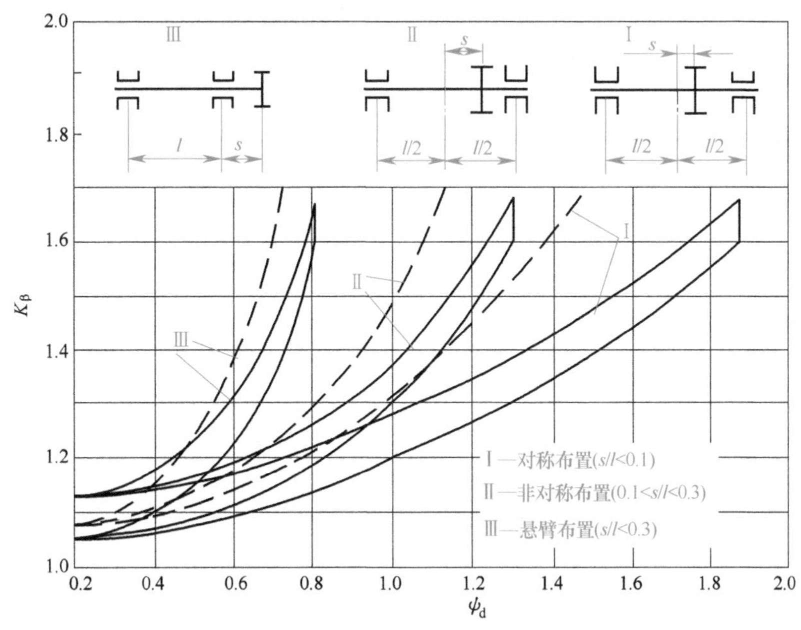

图 18-8　齿向载荷分布系数 K_β

（适于装配时做检验调整者）

Ⅱ、Ⅲ分别适用于齿轮在对称支承、非对称支承和悬臂支承场合。其中实线所包围的区域，适用于精度等级为5~8级的软齿面齿轮副；虚线适用于精度等级为5级、6级的硬齿面齿轮副。在实线区域，对于确定的齿宽系数 ψ_d，齿向载荷分布系数 K_β 为一个范围，其下限值与5级精度齿轮副对应，上限值与8级精度齿轮副对应。对于6级、7级齿轮，可在其间估计选取。

齿轮在轴上的布置方式，对于齿向载荷分布的影响，可由图18-9得到说明：当齿轮相对于轴系的两支点做非对称布置时，轴的弯曲变形会引起齿向载荷分布不均现象。不难想象，齿轮做悬臂布置时，这种现象同样会发生，甚至情况更趋严重。

实践证明，一对齿轮中，把其中一个齿轮的轮齿做成鼓形齿（图18-10），将有利于克服齿向载荷分布不均现象。齿轮轮齿进行修缘或制成鼓形齿的工艺过程统称为齿轮（齿廓）修形。

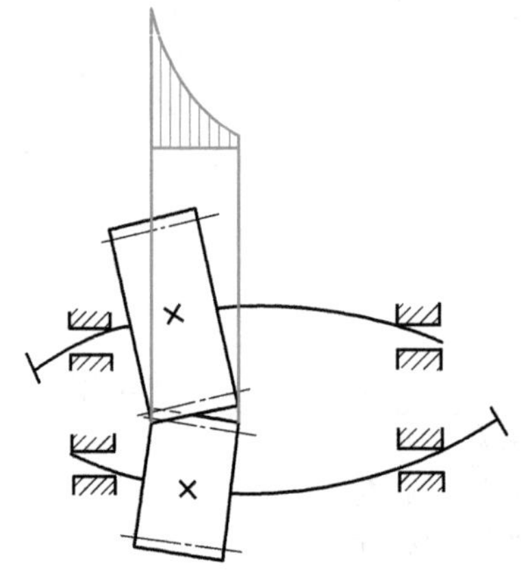

图 18-9 齿轮在轴上的布置方式对齿向载荷分布的影响

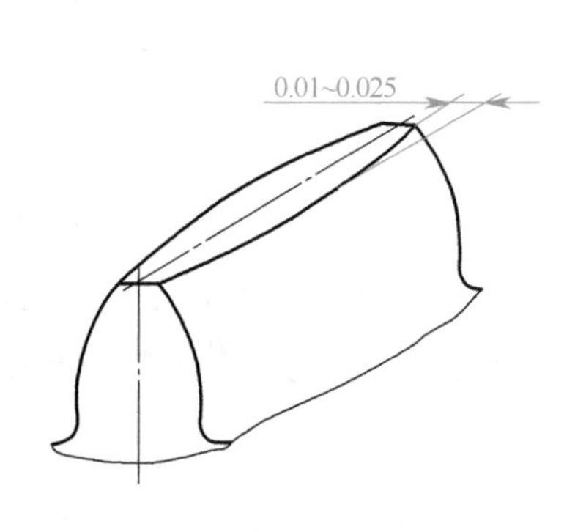

图 18-10 鼓形齿

（4）齿间载荷分配系数 $K_{H\alpha}$、$K_{F\alpha}$ 齿间载荷分配系数 $K_{H\alpha}$、$K_{F\alpha}$ 是考虑同时啮合的各对轮齿之间载荷分配不均匀影响的系数。其定义为：在转速近于零的情况下，一对齿轮在啮合区内轮齿上的最大载荷，与相同的一对精确齿轮轮齿上的相应最大载荷之比。$K_{H\alpha}$、$K_{F\alpha}$ 可由表18-8查得。

表 18-8 齿间载荷分配系数 $K_{H\alpha}$、$K_{F\alpha}$

$K_A F_t/b$		≥100N/mm						<100N/mm
精度等级（Ⅱ组）		5	6	7	8	9	10~12	5~12
表面硬化直齿轮	$K_{H\alpha}$	1.0		1.1	1.2	$1/Z_\varepsilon^2 \geq 1.2$②		
	$K_{F\alpha}$					$1/Y_\varepsilon \geq 1.2$②		
表面硬化斜齿轮	$K_{H\alpha}$	1.0	1.1①	1.2	1.4	$\varepsilon_{\alpha n}=\dfrac{\varepsilon_\alpha}{\cos^2\beta_b} \geq 1.4$③		
	$K_{F\alpha}$							
非表面硬化直齿轮	$K_{H\alpha}$	1.0			1.1	1.2	$1/Z_\varepsilon^2 \geq 1.2$②	
	$K_{F\alpha}$						$1/Y_\varepsilon \geq 1.2$②	
非表面硬化斜齿轮④	$K_{H\alpha}$	1.0		1.1	1.2	1.4	$\varepsilon_{\alpha n}=\dfrac{\varepsilon_\alpha}{\cos^2\beta_b} \geq 1.4$③	
	$K_{F\alpha}$							

① 对于修形齿轮，取 $K_{H\alpha}=K_{F\alpha}=1$。

② Z_ε、Y_ε 为重合度系数。当计算所得 $K_{H\alpha}$、$K_{F\alpha}$ 值小于1.2时，取1.2。

③ 当 $\varepsilon_{\alpha n}>\dfrac{\varepsilon_\gamma}{\varepsilon_\alpha Y_\varepsilon}$ 时，则取 $K_{F\alpha}=\dfrac{\varepsilon_\gamma}{\varepsilon_\alpha Y_\varepsilon}$。其中 $\varepsilon_\gamma=\varepsilon_\alpha+\varepsilon_\beta$，$\varepsilon_\alpha$、$\varepsilon_\beta$ 和 ε_γ 分别为端面重合度、纵向重合度和总重合度。$\varepsilon_{\alpha n}$ 为斜齿轮当量齿轮的端面重合度。

④ 当齿轮副中两齿轮分别由软、硬齿面构成时，$K_{H\alpha}$、$K_{F\alpha}$ 取平均值。

影响齿间载荷分配系数 $K_{H\alpha}$、$K_{F\alpha}$ 的主要因素有：①受载后轮齿变形；②轮齿制造误差（特别是基节偏差）；③齿廓修形；④磨合效果等。

第五节　直齿圆柱齿轮传动的齿面接触疲劳强度计算

一、齿面接触疲劳强度计算公式

一对齿轮的啮合，可视为以啮合点处齿廓曲率半径 ρ_1、ρ_2 所形成的两个圆柱体的接触（图 18-11）。因此，根据赫兹公式，可以写出齿面不发生接触疲劳的强度条件为

$$\sigma_H=\sqrt{\frac{F_{nc}}{\pi L}\left[\frac{1/\rho}{\frac{1-\mu_1^2}{E_1}+\frac{1-\mu_2^2}{E_2}}\right]}\leqslant[\sigma_H] \tag{a}$$

式中，F_{nc}为作用于轮齿上的法向计算载荷；E_1、E_2为两齿轮材料的弹性模量；μ_1、μ_2为两齿轮材料的泊松比；ρ 为啮合点两齿廓的综合曲率半径，$\frac{1}{\rho}=\frac{1}{\rho_1}\pm\frac{1}{\rho_2}$（负号用于内啮合）；$\sigma_H$为齿面接触应力；$[\sigma_H]$ 为齿面接触疲劳强度计算的许用接触应力；L 为轮齿接触线总长度。基于工程计算的需要，对于经典的赫兹公式还要做以下变换：

（1）综合曲率 $1/\rho$　在齿轮工作过程中，齿廓啮合点的位置是变化的。由于渐开线齿廓上各点的曲率半径不等，因此各啮合点的综合曲率半径一般也不相等。但基于“点蚀的部位多发生在轮齿节线附近靠齿根的一侧”这一失效的基本事实，人们通常都以节点啮合处作为齿面接触强度的计算点。于是，综合曲率

$$\frac{1}{\rho}=\frac{1}{\rho_1}\pm\frac{1}{\rho_2}=\frac{1}{\frac{d_1}{2}\cos\alpha\tan\alpha'}\pm\frac{1}{u\frac{d_1}{2}\cos\alpha\tan\alpha'}$$

即
$$\frac{1}{\rho}=\frac{2}{d_1\cos\alpha\tan\alpha'}\frac{u\pm1}{u} \tag{b}$$

（2）接触线总长度 L　显然，对于直齿圆柱齿轮传动，当重合度 $\varepsilon=1$ 时，接触线总长 $L=b$（b 为啮合齿宽）。通常 $\varepsilon>1$，故 $L>b$，其影响用重合度系数 Z_ε进行修正，令

$$L=\frac{b}{Z_\varepsilon^2} \tag{c}$$

（3）齿轮法向计算载荷 F_{nc}　由式（18-6）、式（18-7）及式（18-4）可得

$$F_{nc}=K_HF_n=\frac{K_HF_t}{\cos\alpha}=\frac{2K_HT_1}{d_1\cos\alpha} \tag{d}$$

将式（b）、式（c）、式（d）同时代入式（a），经整理得

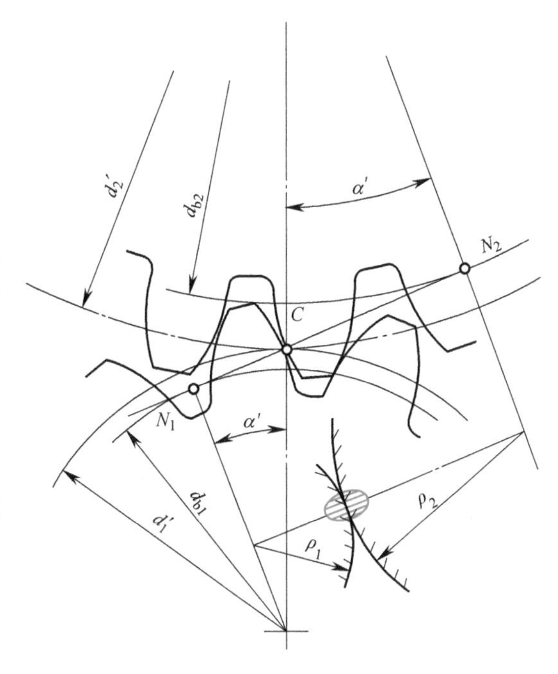

图 18-11　节点啮合与齿廓曲率半径

$$\sigma_H=\sqrt{\frac{1}{\pi\left(\frac{1-\mu_1^2}{E_1}+\frac{1-\mu_2^2}{E_2}\right)}}\sqrt{\frac{2}{\cos^2\alpha\tan\alpha'}}Z_\varepsilon\sqrt{\frac{2K_HT_1}{bd_1^2}\frac{u\pm1}{u}}\leqslant[\sigma_H]$$

令 $Z_E=\sqrt{\frac{1}{\pi\left(\frac{1-\mu_1^2}{E_1}+\frac{1-\mu_2^2}{E_2}\right)}}$，$Z_H=\sqrt{\frac{2}{\cos^2\alpha\tan\alpha'}}$，则可得齿面接触疲劳强度的验算公式

$$\sigma_H=Z_EZ_HZ_\varepsilon\sqrt{\frac{2K_HT_1}{bd_1^2}\frac{u\pm1}{u}}\leqslant[\sigma_H] \tag{18-9}$$

若以 $b=\psi_d d_1$ 代入式（18-9），则可得齿面接触疲劳强度的设计公式

$$d_1\geqslant\sqrt[3]{\frac{2K_HT_1}{\psi_d}\frac{u\pm1}{u}\left(\frac{Z_EZ_HZ_\varepsilon}{[\sigma_H]}\right)^2} \tag{18-10}$$

式中，Z_E为弹性系数，由表18-9确定；Z_H为节点区域系数，由图18-12确定；Z_ε为重合度系数，可按下式计算

$$Z_\varepsilon=\sqrt{\frac{4-\varepsilon}{3}} \tag{18-11}$$

式中，ε 为重合度，对未修缘的标准直齿圆柱齿轮传动，ε 可近似按下式计算

$$\varepsilon=1.88-3.2\left(\frac{1}{z_1}\pm\frac{1}{z_2}\right) \tag{18-12}$$

表18-9 弹性系数 Z_E （单位：$\sqrt{\text{MPa}}$）

齿轮副材料	钢	铸钢	球墨铸铁	灰铸铁	锡青铜	铸锡青铜	铸铝青铜	尼龙
钢	190	189	182	164	160	155	156	56.4
铸钢		188	181	162				
球墨铸铁			174	157				
灰铸铁				145				
弹性模量 E/GPa	206	202	173	122	113	103	105	7.85

在应用齿面接触疲劳强度计算公式时，需明确以下几点：

1）式（18-9）、式（18-10）、式（18-12）中“±”符号的意义为：正号用于外啮合，负号用于内啮合。

2）公式中弹性系数 Z_E 的单位为$\sqrt{\text{MPa}}$。因此，其相应力的单位应为N，长度单位为mm，且其余参数的单位也应保持一致。例如，转矩单位为N·mm，应力单位为MPa等。

3）由于一对齿轮中只要有一个齿轮出现点蚀即导致传动失效，因此在使用设计公式（18-10）时，若两齿轮的许用应力不同，则应代以其中较小值计算。

由式（18-9）可知，在其他条件一定时，似乎齿面接触疲劳强度仅取决于小齿轮直径 d_1，但由于一对齿轮的中心距 a 可表示为

$$a=\frac{d_1(u\pm1)}{2} \tag{18-13}$$

因此，在载荷、材质和齿数比等影响因素确定之后，齿面接触疲劳强度实质上主要取决于齿轮传动的外廓尺寸（如 d_1、a 等）。

二、许用接触应力 $[\sigma_H]$

齿轮的许用接触应力应通过试验获得其接触疲劳极限，再根据齿轮寿命要求计入寿命系数以及安全因数得到，可表示为

$$[\sigma_H]=\frac{\sigma_{Hlim}Z_N}{S_H} \qquad (18\text{-}14)$$

式中，σ_{Hlim}是齿轮的试验接触疲劳极限；Z_N为寿命系数，由图 18-17 查得；S_H为齿面接触疲劳强度计算的安全因数，最小安全因数可由表 18-11 查得。

没有齿轮试验数据时，一般计算可根据齿轮材质选用图 18-13~图 18-16 提供的试验齿轮的接触疲劳极限；精确计算时，需计入考虑影响齿轮许用接触应力的诸多因素（如润滑油膜、运转中的冷作硬化、齿轮尺寸、齿根圆角和表面状况等）的修正系数（可参见相关设计手册或国家标准）。

1. 试验齿轮的接触疲劳极限 σ_{Hlim}

所谓试验齿轮的接触疲劳极限，是指某种材料的齿轮，在特定试验条件下，经长期持续的循环载荷作用，齿面不出现疲劳点蚀的极限应力。图 18-13~图 18-16 给

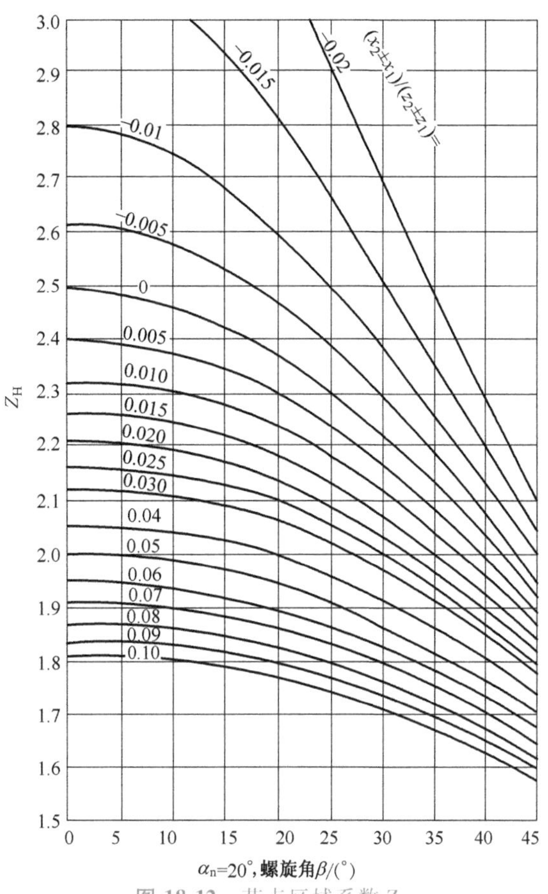

图 18-12　节点区域系数 Z_H

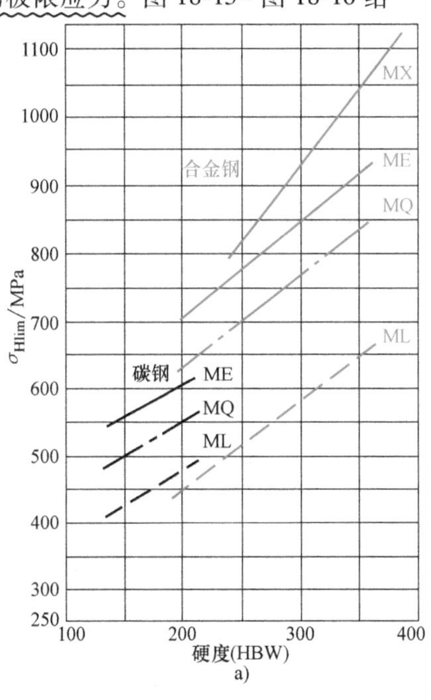

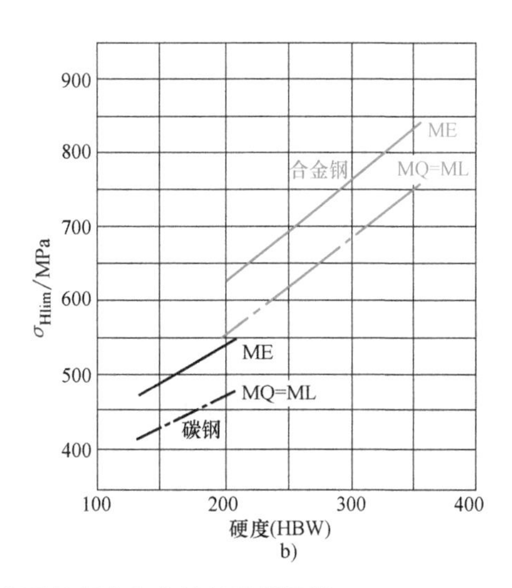

图 18-13　调质处理的碳钢、合金钢及铸钢的齿轮接触疲劳极限 σ_{Hlim}

a）调质钢　b）铸钢

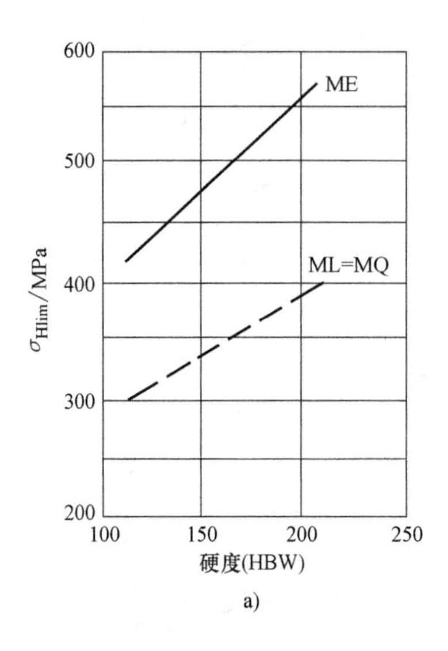

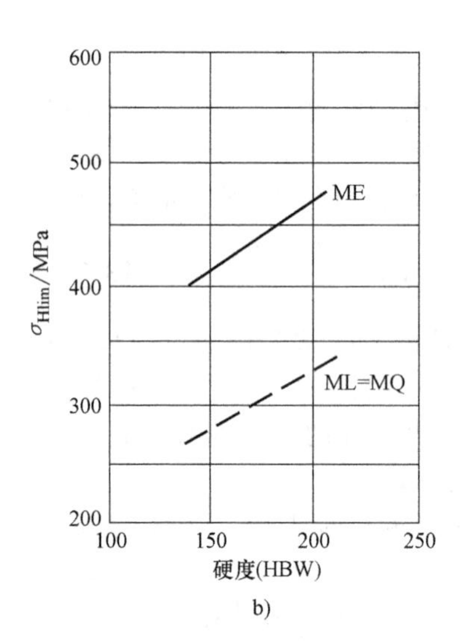

图 18-14 正火处理的结构钢和铸钢的齿轮接触疲劳极限 σ_{Hlim}

a）正火处理的结构钢 b）铸钢

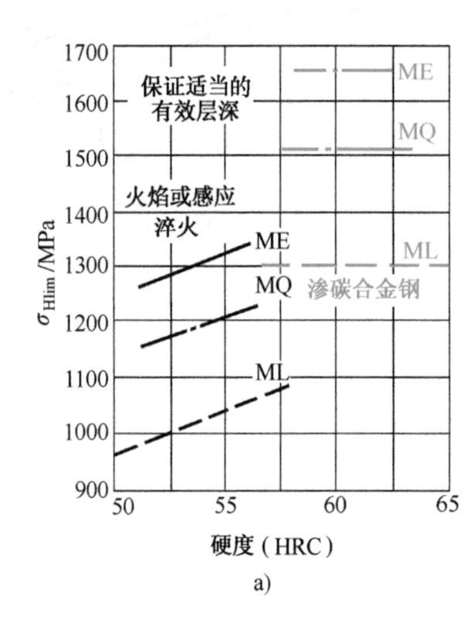

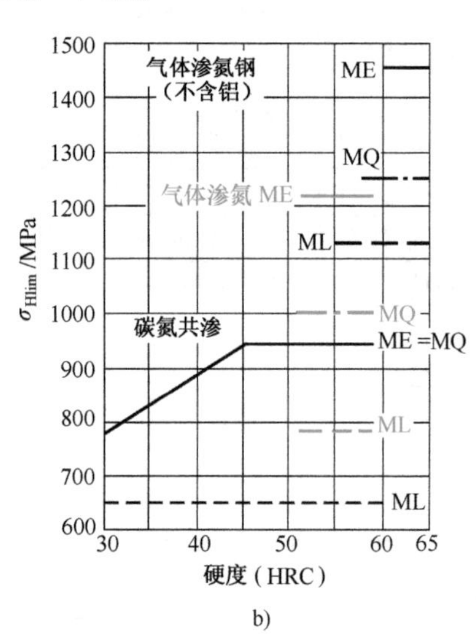

图 18-15 表面硬化钢的齿轮接触疲劳极限 σ_{Hlim}

a）渗碳和表面硬化钢 b）渗氮和碳氮共渗钢

出了失效概率为 1%的 n 种材料试验齿轮的接触疲劳极限 σ_{Hlim}值。图中曲线 ML、MQ 和 ME 分别表示当齿轮材料和热处理质量达到最低要求、中等要求和很高要求时的疲劳极限取值线。所谓中等要求，是指有经验的工业齿轮制造者以合理生产成本所能达到的要求；而所谓很高要求，则是指通常只有在具备高可靠度的制造过程和可控能力时才能够达到的要求。MX 表示对淬透性及金相组织有特殊考虑的调质合金钢的取值线。

2. 寿命系数 Z_N

寿命系数 Z_N是考虑当齿轮只要求有限寿命时，其许用接触应力可以提高的系数。Z_N可由图 18-17 查得。其中应力循环次数 N 或当量循环次数 N_v由下式确定

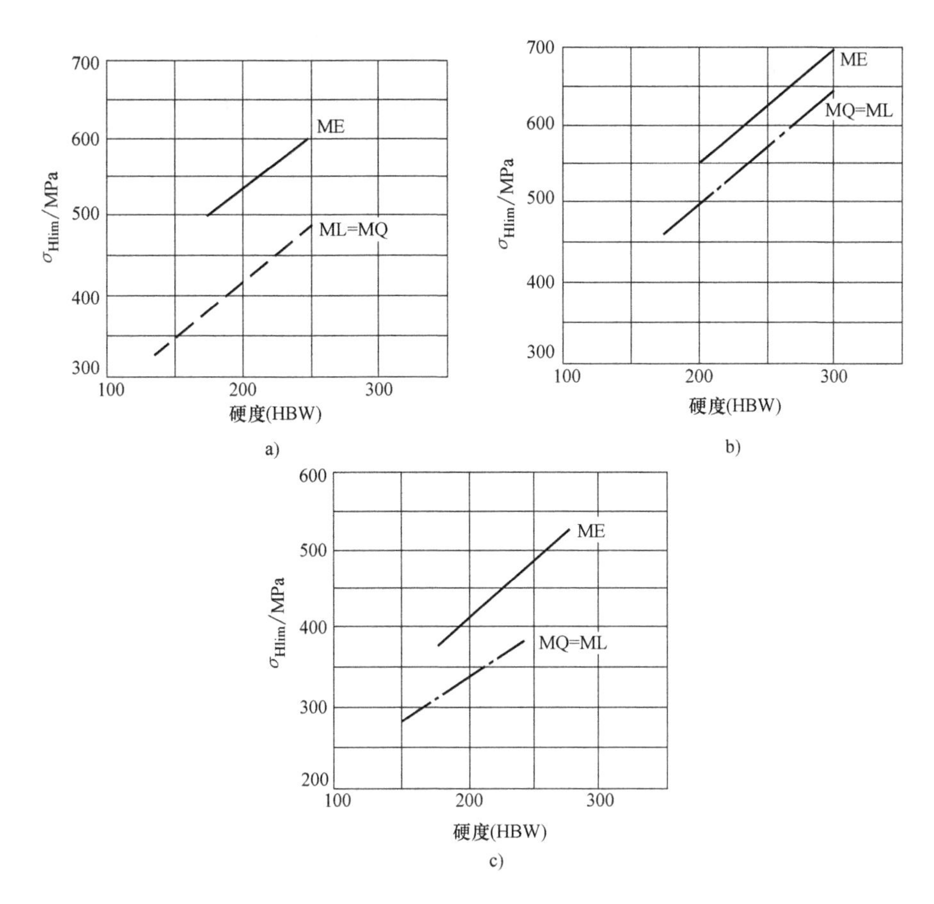

图 18-16　铸铁的齿轮接触疲劳极限 σ_{Hlim}

a）可锻铸铁　b）球墨铸铁　c）灰铸铁

$$
\left.\begin{aligned}
&\text{载荷稳定时} && N = 60\gamma n t_{\mathrm{h}} \\
&\text{载荷不稳定时} && N = N_{\mathrm{v}} = 60\gamma \sum_{i=1}^{k} n_i t_{\mathrm{h}i} \left(\frac{T_i}{T_{\max}}\right)^m
\end{aligned}\right\} \tag{18-15}
$$

式中，γ 为齿轮每转一周同一齿面的啮合次数；n 为齿轮转速（r/min）；t_{h} 为齿轮设计寿命（h）；N_{v} 为当量循环次数；$T_{\max}$ 为在 1~k 个循环中，较长期作用的最大转矩；T_i、n_i、$t_{\mathrm{h}i}$ 分别为第 i 个循环的转矩、转速和工作小时数；m 为寿命指数，与材料类别有关，见表 18-10。

表 18-10　应力循环基数 N_0 和寿命指数 m

齿轮材料	接触疲劳极限		弯曲疲劳极限	
	循环基数 N_0	指数 m	循环基数 N_0	指数 m
调质钢、球墨铸铁、珠光体可锻铸铁	5×10^7	6.6	3×10^6	6.2
表面硬化钢				8.7
调质钢或渗氮钢经气体渗氮、灰铸铁	2×10^6	5.7		17
调质钢经液体渗氮或碳氮共渗		15.7		84

3. 安全因数 S_{H}

选择安全因数时，应当考虑可靠性要求、计算方法和原始数据的准确程度以及材料和加工制造对零件品质的保障程度等。S_{Hmin} 可参考表 18-11 选取。当计算方法粗略、数据准确性

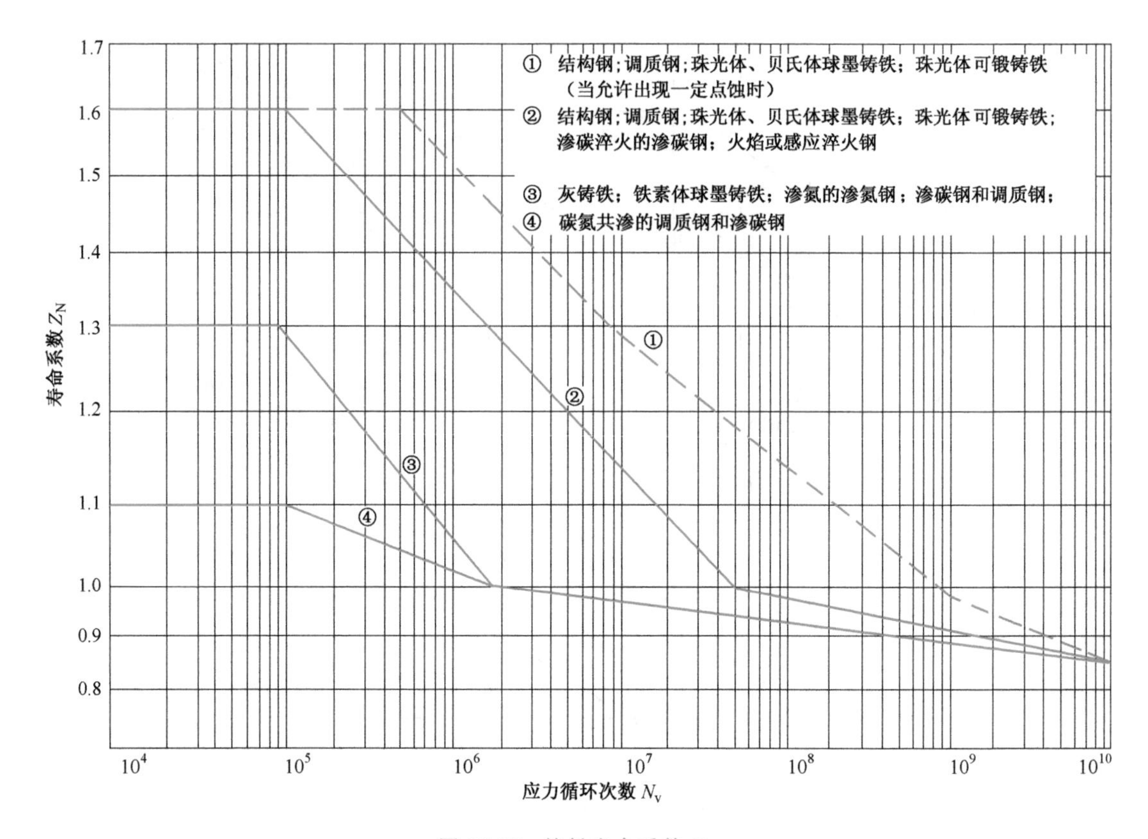

图 18-17 接触寿命系数 Z_N

不高时，可在表列最小安全因数 S_{Hmin}基础上，适当增大。

表 18-11 最小安全因数 S_{Hmin}、S_{Fmin}

使用要求	失效概率	S_{Hmin}	S_{Fmin}	说　明
高可靠度	≤1/10000	1.5~1.6	2	1）一般齿轮传动不推荐采用低可靠度设计 2）当取 S_{Hmin}=0.85 时，可能在齿面点蚀前先出现齿面塑性变形
较高可靠度	≤1/1000	1.25~1.3	1.6	
一般可靠度	≤1/100	1.0~1.1	1.25	
低可靠度	≤1/10	0.85	1	

三、主要参数选择

1. 齿宽系数 ψ_d

由设计公式（18-10）可知，增大齿宽系数 ψ_d，可减小齿轮的分度圆直径 d_1，缩小传动的径向尺寸，从而可降低齿轮的圆周速度。但由于齿宽 b 增大，载荷沿齿宽分布不均现象会加重。对于一般用途的齿轮，设计中建议 ψ_d按表 18-12 选取。

2. 小齿轮齿数 z_1

增加齿数可以增大传动的重合度，有利于齿轮传动的工作平稳性，这对于高速齿轮传动非常有意义。在分度圆大小不变的前提下，增大齿数可以减小模数、降低齿高、缩小毛坯直径、减少金属切削量、降低齿轮制造成本。而齿高的降低又可以减小滑动系数，有利于提高轮齿的耐磨损和抗胶合能力。因此，当齿轮传动的承载能力主要取决于齿面强度时，如闭式软齿面齿轮传动，可选取较多的齿数，通常取 $z_1=20\sim40$。当齿轮传动的承载能力主要取决于轮齿的抗弯强度时，如硬齿面或开式齿轮传动，为了使传动尺寸不至于过大，应选取较少的齿数，可取 $z_1=17\sim25$。

表 18-12　齿宽系数 ψ_d

齿轮相对于轴承的位置	软齿面	硬齿面
对称布置	0.8~1.4	0.4~0.9
非对称布置	0.6~1.2	0.3~0.6
悬臂布置	0.3~0.4	0.2~0.25

注：1. 直齿轮取较小值，斜齿轮取较大值。
2. 载荷平稳、支承刚度大时取较大值，否则取较小值。

第六节　直齿圆柱齿轮传动的齿根弯曲疲劳强度计算

一、齿根弯曲疲劳强度计算公式

在进行齿根弯曲疲劳强度计算时，为使问题简化做如下假设：①全部载荷由一对齿承担；②载荷平稳且沿接触线均匀分布；③忽略摩擦力和应力集中等影响因素，且视轮齿为一宽度为 b 的悬臂梁（图 18-18）。根据应力试验分析，轮齿危险截面可近似由 30°切线法确定，即作与轮齿对称中线成 30°且与齿根过渡曲线相切的直线，则通过两切点的截面即为轮齿的危险截面。

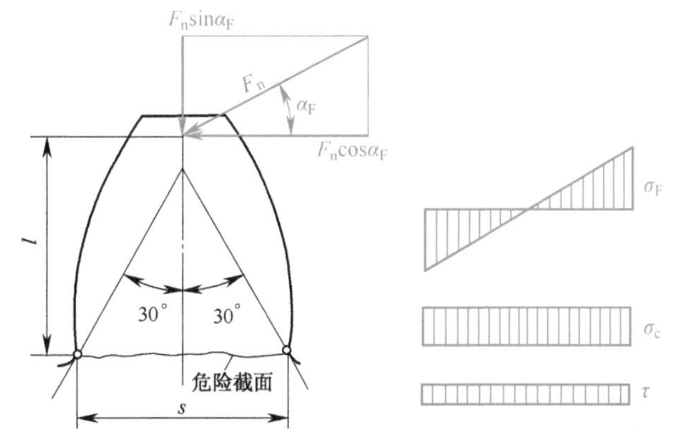

图 18-18　轮齿受力分析

如图 18-18 所示，若将作用于齿顶的法向力 F_n 分解为相互垂直的分力 $F_n\cos\alpha_F$ 和 $F_n\sin\alpha_F$，则水平分力 $F_n\cos\alpha_F$ 在齿根产生弯曲应力 σ_F 和切应力 τ，而垂直分力 $F_n\sin\alpha_F$ 产生压应力 σ_c。与弯曲应力 σ_F 相比，由于切应力 τ 和压应力 σ_c 都很小，且试验证明疲劳裂纹总是在轮齿受拉侧产生并扩展，故计算时暂不考虑其影响。于是，齿根不发生弯曲疲劳的强度条件为

$$\sigma_F=\frac{M}{W}\leqslant[\sigma_F] \tag{a}$$

式中，σ_F 为受拉侧齿根最大弯曲应力；$[\sigma_F]$ 为许用弯曲应力；M 为齿根最大弯矩；W 为轮齿危险截面的抗弯截面系数。

显然

$$M=F_n\cos\alpha_F l=\frac{2T_1}{d_1}\frac{l\cos\alpha_F}{\cos\alpha}\qquad W=\frac{bs^2}{6}$$

式中，b 为轮齿的啮合宽度。于是

$$\sigma_F=\frac{M}{W}=\frac{2T_1}{bd_1}\frac{6l\cos\alpha_F}{s^2\cos\alpha}=\frac{2T_1}{bd_1m}\frac{6\left(\frac{l}{m}\right)\cos\alpha_F}{\left(\frac{s}{m}\right)^2\cos\alpha} \tag{b}$$

引入齿形系数 Y_{Fa}，令

$$Y_{\mathrm{Fa}}=\frac{6\left(\dfrac{l}{m}\right)\cos\alpha_{\mathrm{F}}}{\left(\dfrac{s}{m}\right)^{2}\cos\alpha} \tag{c}$$

综合式（a）、式（b）、式（c），并计入载荷系数 K_{F}、应力修正系数 Y_{Sa} 和重合度系数 Y_{ε}，则可得齿根弯曲疲劳强度的验算公式

$$\sigma_{\mathrm{F}}=\frac{2K_{\mathrm{F}}T_1}{bd_1m}Y_{\mathrm{Fa}}Y_{\mathrm{Sa}}Y_{\varepsilon}\leqslant[\sigma_{\mathrm{F}}] \tag{18-16}$$

代以 $b=\psi_{\mathrm{d}}d_1$ 及 $d_1=m\,z_1$，经整理可得齿根弯曲疲劳强度的设计公式

$$m\geqslant\sqrt[3]{\frac{2K_{\mathrm{F}}T_1}{\psi_{\mathrm{d}}z_1^{2}[\sigma_{\mathrm{F}}]}Y_{\mathrm{Fa}}Y_{\mathrm{Sa}}Y_{\varepsilon}} \tag{18-17}$$

关于系数 Y_{Fa}、Y_{Sa} 和 Y_{ε} 的意义说明如下：

1. 齿形系数 Y_{Fa}

齿形系数 Y_{Fa} 是考虑当载荷作用于齿顶时齿形对标称弯曲应力影响的系数。影响 Y_{Fa} 的主要因素有：齿轮制式、齿数以及变位情况等。对于渐开线基本齿廓圆柱外齿轮，Y_{Fa} 可由图 18-19 查取。对于内齿轮，则取 $Y_{\mathrm{Fa}}=2.053$。

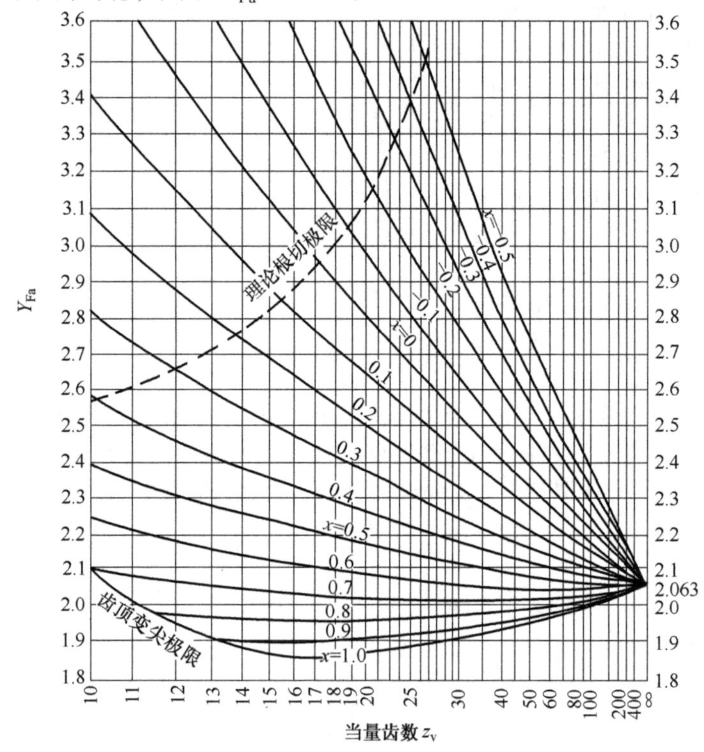

图 18-19 外齿轮齿形系数 Y_{Fa}

$\alpha=20°$、$h_{\mathrm{a}}=m$、$c=0.25m$、$\rho_{\mathrm{f}}=0.38m$

2. 应力修正系数 Y_{Sa}

应力修正系数 Y_{Sa} 是将标称弯曲应力换算成齿根局部应力的系数，它考虑了齿根过渡曲

线处的应力集中效应以及弯曲应力以外的其他应力对齿根应力的影响。对于渐开线基本齿廓圆柱外齿轮，Y_{Sa}可由图 18-20 查取。对于内齿轮，则取 $Y_{Sa}=2.65$。

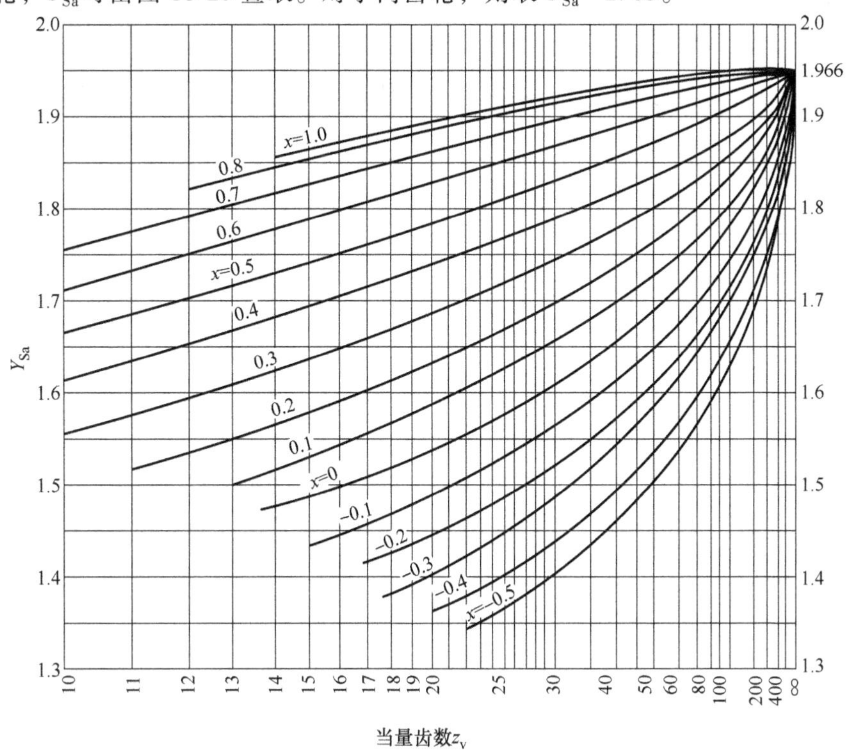

图 18-20　外齿轮的应力修正系数 Y_{Sa}

$\alpha=20°$、$h_a=m$、$c=0.25m$、$\rho_f=0.38m$

3. 重合度系数 Y_ε

重合度系数 Y_ε是将载荷由齿顶转换到单对齿啮合区上界点的系数。Y_ε可按下式计算

$$Y_\varepsilon=0.25+\frac{0.75}{\varepsilon} \tag{18-18}$$

与齿面接触疲劳强度计算公式相同，在使用齿根弯曲疲劳强度计算式（18-16）和式（18-17）时，必须保持式中各参数单位的一致性。其次，还应注意：

1）在使用设计公式（18-17）时，应将两齿轮的 $Y_{Fa1}Y_{Sa1}/[\sigma_{F1}]$和 $Y_{Fa2}Y_{Sa2}/[\sigma_{F2}]$数值进行比较，并代以其中较大值计算。

2）由设计公式计算求得模数后，需将其圆整为标准模数值。

3）对于动力传动齿轮，模数一般不应小于 1.5~2mm。

式（18-16）表明，当其他条件确定之后，轮齿的弯曲疲劳强度主要取决于模数大小。

二、许用弯曲应力 $[\sigma_F]$

对于普通用途的齿轮，其许用弯曲应力可表示为

$$[\sigma_F]=\frac{2\sigma_{Flim}Y_NY_x}{S_F} \tag{18-19}$$

式中，σ_{Flim}为试验齿轮的齿根弯曲疲劳极限；Y_N为弯曲疲劳强度计算的寿命系数；S_F是弯曲疲劳强度计算的安全因数；Y_x是尺寸系数。

1. 试验齿轮的齿根弯曲疲劳极限 σ_{Flim}

所谓试验齿轮的齿根弯曲疲劳极限，是指某种材料的齿轮，在特定试验条件下，经长期持续的脉动载荷作用，齿根保持不破坏的极限应力。图 18-21～图 18-24 给出了失效概率为1%的几种材料试验齿轮的齿根弯曲疲劳极限 σ_{Flim}值，其取值原则同 σ_{Hlim}。

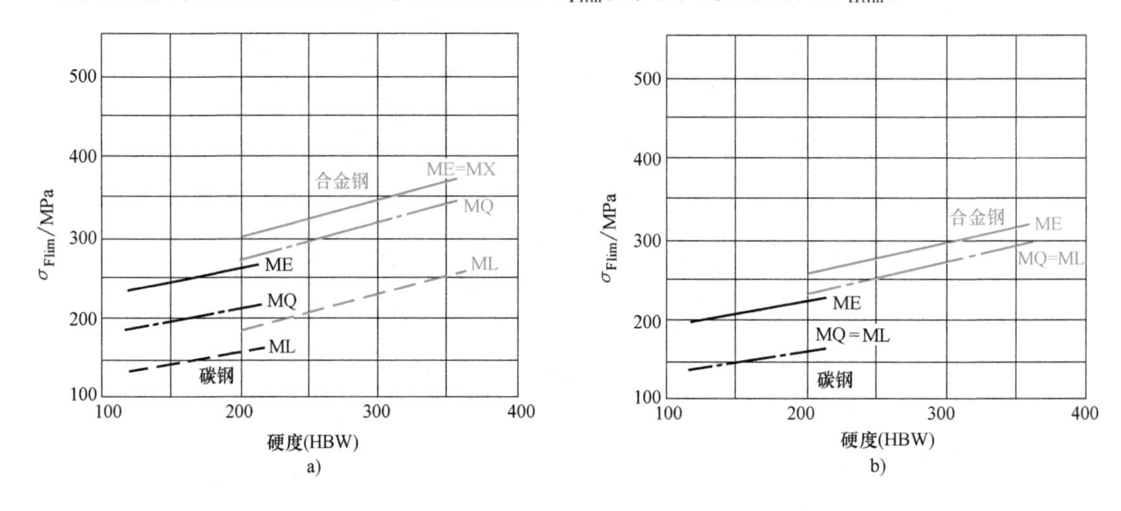

图 18-21 调质处理的碳钢、合金钢及铸钢的齿轮齿根弯曲疲劳极限 σ_{Flim}

a）调质钢 b）铸钢

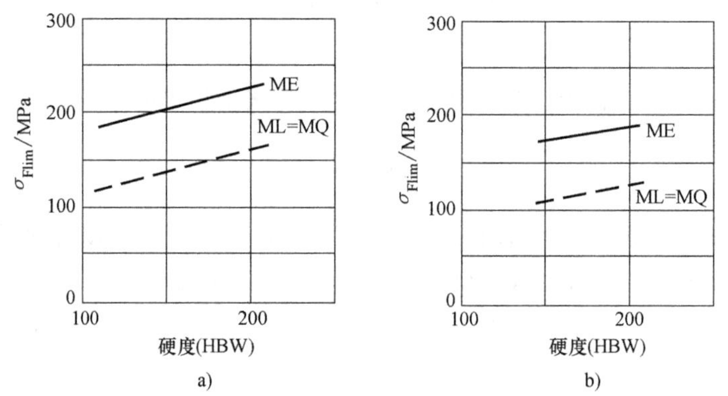

图 18-22 正火处理的结构钢和铸钢的齿轮齿根弯曲疲劳极限 σ_{Flim}

a）正火处理的结构钢 b）铸钢

当轮齿承受双向弯曲时，由图中查得的 σ_{Flim}值，需乘以 0.7。

2. 寿命系数 Y_N

寿命系数 Y_N是考虑当齿轮只要求有限寿命时，其许用弯曲应力可以提高的系数。Y_N可由图 18-25 查取。其中，应力循环次数 N（或 N_v）仍按式（18-15）计算。

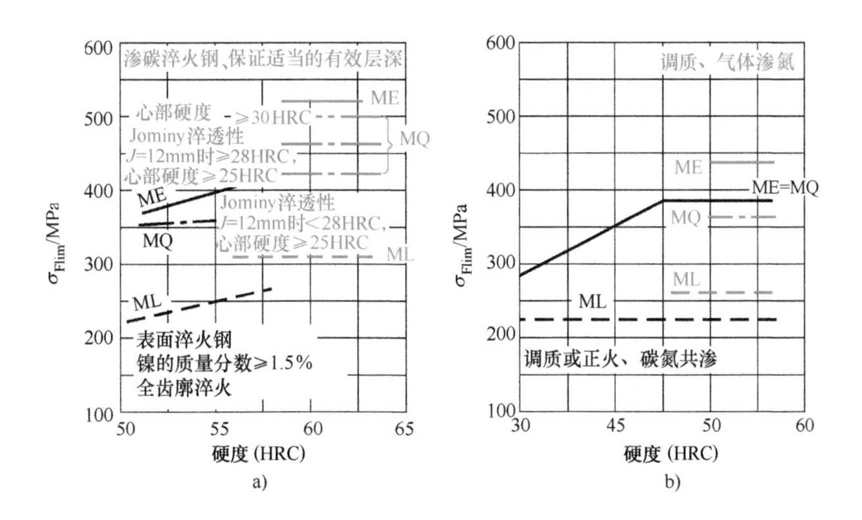

图 18-23　表面硬化钢的齿轮齿根弯曲疲劳极限 σ_{Flim}

a）渗碳和表面硬化钢　b）渗氮和碳氮共渗钢

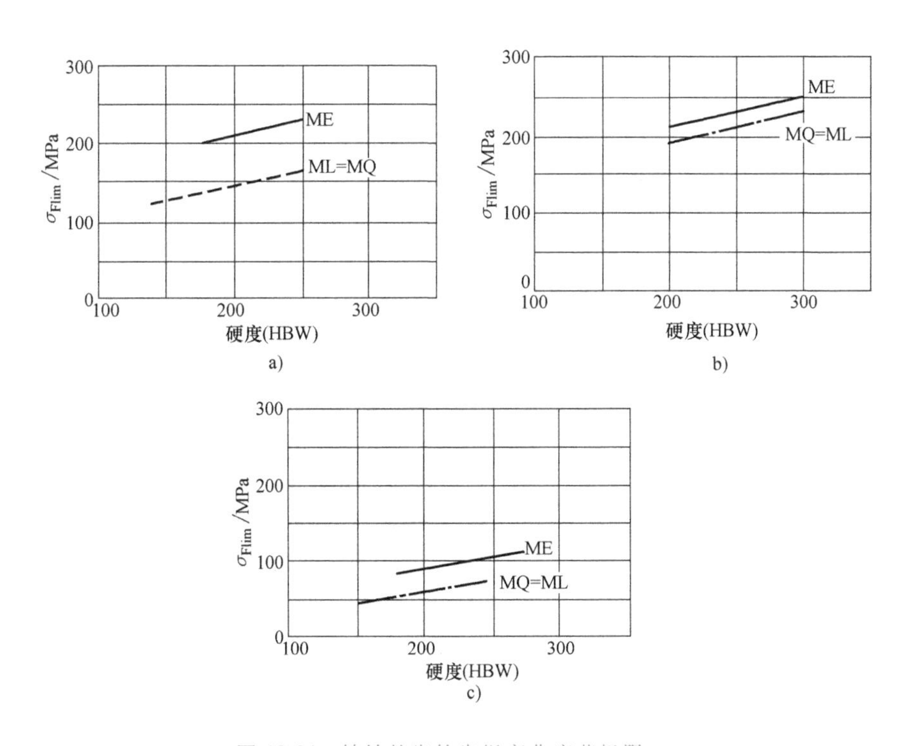

图 18-24　铸铁的齿轮齿根弯曲疲劳极限 σ_{Flim}

a）可锻铸铁　b）球墨铸铁　c）灰铸铁

3．安全因数 S_F

最小安全因数 S_{Fmin} 可参照表 18-11 选取。由于材料的弯曲疲劳强度比接触疲劳强度离散性大，同时考虑到断齿比点蚀的失效后果更为严重，因此设计中希望弯曲疲劳强度的安全裕量应当更大一些。当计算方法粗略，数据准确性不高，材料、热处理以及加工制造等因素不利时，可在表列最小安全因数 S_{Fmin} 基础上，适当增大。

4. 尺寸系数 Y_x

尺寸系数 Y_x 是考虑尺寸增大使材料强度降低的修正系数。Y_x 可由图 18-26 确定。

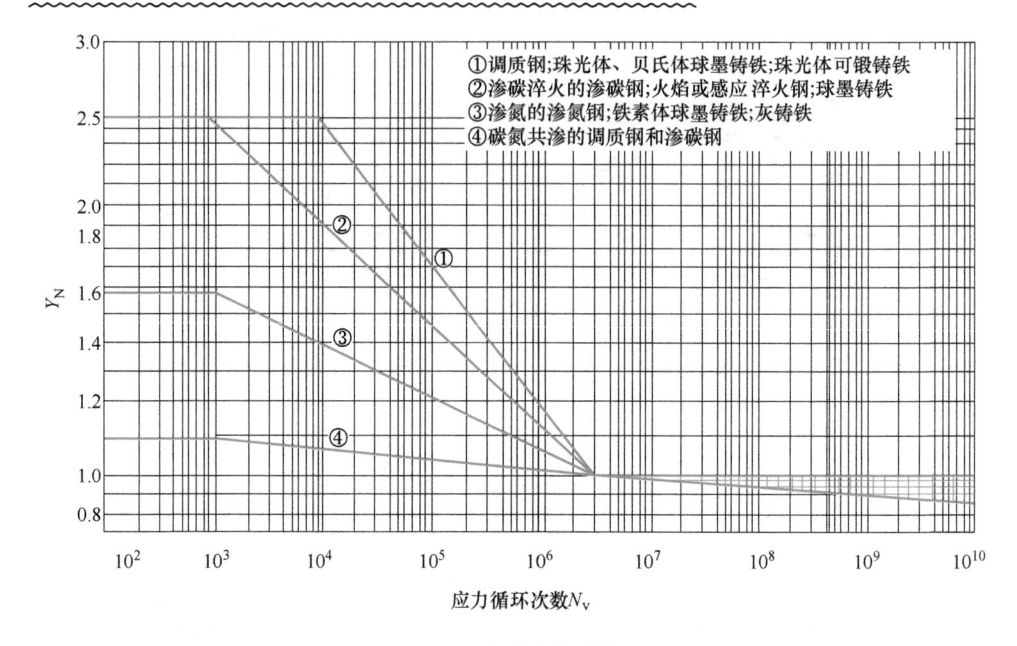

图 18-25 弯曲寿命系数 Y_N

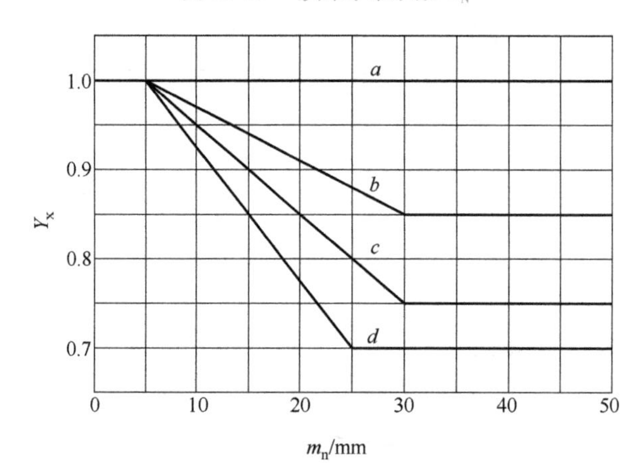

图 18-26 尺寸系数 Y_x

a—所有材料（静强度） *b*—结构钢、调质钢、球墨铸铁（珠光体、贝氏体）、珠光体可锻铸铁 *c*—表面硬化钢 *d*—灰铸铁、球墨铸铁（铁素体）

第七节 齿轮传动的静强度计算

齿轮传动的静强度计算，实际上包含了低循环次数过载计算和瞬间过载计算两种情况。前者指过载应力的循环次数为 $10^2 \leqslant N \leqslant N_j$ 的情况，后者指过载应力的循环次数为 $N<10^2$ 的情况。其中 N_j 被认为是静强度和疲劳强度计算的分界点。在接触强度计算中，取 $N_j=10^4$；在抗弯强度计算中，取 $N_j=10^3$。所谓过载应力，是指齿轮在超过额定工况的短时大载荷作用下的应力，如大的惯性系统中的齿轮迅速起动、制动所引起的冲击，在运行中出现的异常

重载荷或者重复性的中等以上的冲击等，都会在轮齿上引起过载应力。过载应力即使只有一次，也可能引起齿面塑性变形或者齿面破碎现象。严重时还可能引起轮齿的整体塑性变形或折断。因此，对于工作中具有短时大过载的齿轮传动，应当进行轮齿的静强度计算。

轮齿的静强度计算与疲劳强度计算方法大致相同，但需注意以下几点：

1）轮齿静强度计算，一般为在疲劳强度计算基础上的校核计算，属于验算性质，故多采用验算公式形式。

2）在计算工作应力时，载荷系数中不考虑使用系数 K_A，并且对于起动阶段或低速工况下工作的齿轮，也不考虑动载系数 K_v，即通常取 $K_A=K_v=1$；其次，疲劳强度计算公式中的转矩 T_1要相应代以过载时的最大转矩 T_{1max}。

3）在齿轮的预定寿命内，对于较大的非经常性的短时过载（一般指应力循环次数 $N<10^2$ 情况），只需要校核轮齿材料的抗屈服能力。

综上所述，齿面静强度的校核公式可表示为

$$\left.\begin{aligned}\sigma_{Hmax}&\approx\sigma_H\sqrt{\frac{T_{1max}}{T_1}\frac{1}{K_AK_v}}\leqslant[\sigma_H]_{max}\\ [\sigma_H]_{max}&=[\sigma_H]\frac{Z'_NS_H}{Z_NS'_H}(10^2\leqslant N\leqslant N_j)\end{aligned}\right\}\tag{18-20}$$

式中，σ_{Hmax}是过载时的齿面最大应力；$[\sigma_H]_{max}$是静强度计算时的齿面许用接触应力；Z'_N是静强度寿命系数，由图 18-17 取 $N_v=10^4$时的 Z_N值；S'_H是静强度安全因数，可根据失效后果确定，一般取值不应低于 S_H。

齿根弯曲静强度的校核公式可表示为

$$\left.\begin{aligned}\sigma_{Fmax}&\approx\sigma_F\frac{T_{1max}}{T_1}\frac{1}{K_AK_v}\leqslant[\sigma_F]_{max}\\ [\sigma_F]_{max}&=[\sigma_F]\frac{Y'_NS_F}{Y_NS'_F}\quad(10^2\leqslant N\leqslant N_j)\\ [\sigma_F]_{max}&=K_yR_{eL}\qquad(N<10^2)\end{aligned}\right\}\tag{18-21}$$

式中，σ_{Fmax}为过载时齿根的最大弯曲应力；$[\sigma_F]_{max}$为静强度计算时的许用弯曲应力；Y'_N为静强度寿命系数，由图 18-25 取 $N_v=10^3$时的 Y_N值；S'_F为静强度安全因数；K_y为屈服强度系数。一般工业齿轮取 $K_y=0.75$，重要齿轮取 $K_y=0.5$；R_{eL}为材料的下屈服强度。在缺乏资料时，R_{eL}可按下面方法确定：

$$\left.\begin{aligned}&\text{对于调质和淬硬齿轮}\quad R_{eL}=3.324\times\text{布氏硬度值}-226.2\text{MPa}\\ &\text{对于回火或正火齿轮}\quad R_{eL}=0.014\times(\text{布氏硬度值})^2-2.069\times\text{布氏硬度值}+213.8\text{MPa}\end{aligned}\right\}\tag{18-22}$$

例题 18-2　设计一闭式直齿圆柱齿轮传动。已知标称功率 $P=9.2$kW，小齿轮转速 $n_1=970$r/min，传动比 $i=4.76$（允许有±4%的误差）。载荷变化规律如图 18-27 所示。单班制工作、预期寿命 5 年（每年按 250 工作日计）。在整个使用期限内，工作时间大约占 25%。动力机为电动机，传动不逆转，工作有中等冲击，起动转矩约为正常转矩的 2 倍。齿轮非对称布置。

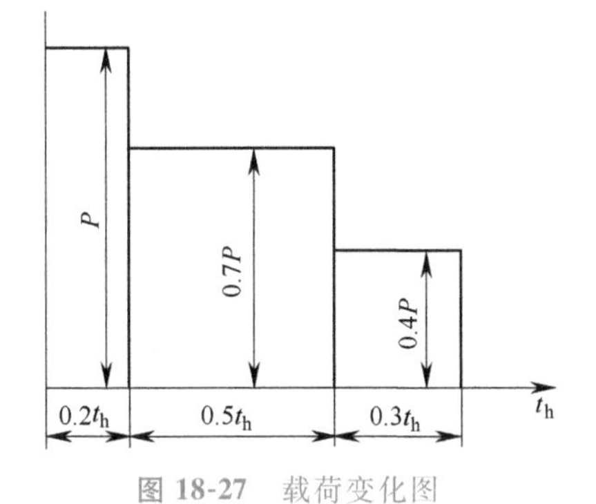

图 18-27　载荷变化图

解：

计算与说明	主要结果
1. 选材料，确定初步参数	
（1）选材料　由表18-4	
小齿轮：40Cr，调质到齿面硬度为260HBW	小齿轮 260HBW
大齿轮：45钢，调质到齿面硬度为230HBW	大齿轮 230HBW
（2）初选齿数　取小齿轮齿数 $z_1=28$，则大齿轮齿数	$z_1=28$
$$z_2=iz_1=4.76\times28=133.3$$	$z_2=132$
圆整，取 $z_2=132$	
（3）齿数比	
$$u=\frac{z_2}{z_1}=\frac{132}{28}=4.71$$	$u=4.71$
验算传动比误差，$\frac{4.71-4.76}{4.76}\times100\%=-0.96\%$，允许	
（4）选择齿宽系数 ψ_d 和传动精度等级　参照表18-12，取齿宽系数 $\psi_d=1$，初估小齿轮直径 $d_{1估}=70\text{mm}$，则齿宽 $b_{估}=\psi_d d_{1估}=1\times70\text{mm}=70\text{mm}$	$\psi_d=1$ $d_{1估}=70\text{mm}$ $b_{估}=70\text{mm}$
齿轮圆周速度　$v_{估}=\frac{\pi d_{1估}n_1}{60\times1000}=\frac{\pi\times70\times970}{60\times1000}\text{m/s}=3.56\text{m/s}$	$v_{估}=3.56\text{m/s}$
参照表18-3，选择传动精度等级为8级	8级精度
（5）计算小齿轮转矩 T_1	
$$T_1=9.55\times10^6\frac{P}{n_1}=9.55\times10^6\times\frac{9.2}{970}\text{N}\cdot\text{mm}=9.06\times10^4\text{N}\cdot\text{mm}$$	$T_1=9.06\times10^4\text{N}\cdot\text{mm}$
（6）确定重合度系数 Z_ε、Y_ε　由式（18-12），重合度为	
$$\varepsilon=1.88-3.2\left(\frac{1}{z_1}+\frac{1}{z_2}\right)=1.88-3.2\times\left(\frac{1}{28}+\frac{1}{132}\right)=1.74$$	$\varepsilon=1.74$
于是，分别由式（18-11）、式（18-18）可得	
$$Z_\varepsilon=\sqrt{\frac{4-\varepsilon}{3}}=\sqrt{\frac{4-1.74}{3}}=0.868\quad Y_\varepsilon=0.25+\frac{0.75}{\varepsilon}=0.25+\frac{0.75}{1.74}=0.681$$	$Z_\varepsilon=0.868, Y_\varepsilon=0.681$
（7）确定载荷系数 K_H、K_F　由已知条件查表18-7，取使用系数 $K_A=1.6$；由图18-6，取动载系数 $K_v=1.17$；由图18-8，取齿向载荷分布系数 $K_\beta=1.38$。根据条件	$K_A=1.6$ $K_v=1.17$
$$\frac{K_AF_t}{b}=\frac{2K_AT_1}{bd_1}=\frac{2\times1.6\times9.06\times10^4}{70\times70}\text{N/mm}=59.2\text{N/mm}<100\text{N/mm}$$	$K_\beta=1.38$
查表18-8，齿间载荷分配系数	
$$K_{H\alpha}=\frac{1}{Z_\varepsilon^2}=\frac{1}{0.868^2}=1.33\quad K_{F\alpha}=\frac{1}{Y_\varepsilon}=\frac{1}{0.681}=1.47$$	$K_{H\alpha}=1.33, K_{F\alpha}=1.47$
于是，分别由式(18-7)、式(18-8)得	
$$K_H=K_AK_vK_\beta K_{H\alpha}=1.6\times1.17\times1.38\times1.33=3.44$$	$K_H=3.44$
$$K_F=K_H\frac{K_{F\alpha}}{K_{H\alpha}}=3.44\times\frac{1.47}{1.33}=3.80$$	$K_F=3.80$
2. 齿面接触疲劳强度计算	
(1)确定许用接触应力[σ_H]	
总工作时间　$t_h=(5\times250\times8\times25/100)\text{h}=2500\text{h}$	$t_h=2500\text{h}$
由式(18-15)及表18-10，齿轮1、2接触应力的循环次数分别为	
$$N_{H1}=N_v=60\gamma n_1t_h\sum_{i=1}^{3}\left(\frac{T_i}{T_1}\right)^{6.6}\frac{t_{hi}}{t_h}=60\times1\times970\times2500\times$$ $$(0.2\times1^{6.6}+0.5\times0.7^{6.6}+0.3\times0.4^{6.6})=3.61\times10^7$$	$N_{H1}=3.61\times10^7$
$$N_{H2}=\frac{N_{H1}}{u}=\frac{3.61\times10^7}{4.71}=7.66\times10^6$$	$N_{H2}=7.66\times10^6$
由图18-17，取接触寿命系数 $Z_{N1}=1.03$、$Z_{N2}=1.16$	$Z_{N1}=1.03$ $Z_{N2}=1.16$

（续）

计算与说明	主要结果
由图 18-13a，分别取接触疲劳极限 $\sigma_{Hlim1}=720MPa \quad \sigma_{Hlim2}=580MPa$	$\sigma_{Hlim1}=720MPa$ $\sigma_{Hlim2}=580MPa$
参照表 18-11，取安全因数 $S_H=1$。于是，由式（18-14）得	$S_H=1$
$[\sigma_{H1}]=\dfrac{\sigma_{Hlim1}Z_{N1}}{S_H}=\dfrac{720\times1.03}{1}MPa=742MPa$	$[\sigma_{H1}]=742MPa$
$[\sigma_{H2}]=\dfrac{\sigma_{Hlim2}Z_{N2}}{S_H}=\dfrac{580\times1.16}{1}MPa=673MPa$	$[\sigma_{H2}]=673MPa$
（2）弹性系数 Z_E　由表 18-9，弹性系数 $Z_E=190\sqrt{MPa}$	$Z_E=190\sqrt{MPa}$
（3）节点区域系数 Z_H　由图 18-12，取 $Z_H=2.5$	$Z_H=2.5$
（4）求所需小齿轮直径 d_1　由式（18-10）得 $d_1\geqslant\sqrt[3]{\dfrac{2K_HT_1}{\psi_d}\dfrac{u+1}{u}\left(\dfrac{Z_EZ_HZ_\varepsilon}{[\sigma_{H2}]}\right)^2}=\sqrt[3]{\dfrac{2\times3.44\times9.06\times10^4}{1}\times\dfrac{4.71+1}{4.71}\times\left(\dfrac{190\times2.5\times0.868}{673}\right)^2}mm$ $=65.7mm$	$d_{1min}=65.7mm$
与初估数值基本符合	
（5）确定中心距、模数等主要几何参数　初算中心距 $a_0=\dfrac{d_{1min}(u+1)}{2}=\dfrac{65.7\times(4.71+1)}{2}mm=187.6mm$	$a_0=187.6mm$
参照表 18-1 圆整，取中心距 $a=200mm$	$a=200mm$
模数　$m=\dfrac{2a}{z_1+z_2}=\dfrac{2\times200}{28+132}mm=2.5mm$	$m=2.5mm$
分度圆直径　$d_1=mz_1=2.5\times28mm=70mm$　$d_2=mz_2=2.5\times132mm=330mm$	$d_1=70mm$ $d_2=330mm$
取大齿轮齿宽　$b_2=\psi_dd_1=70mm$	$b_2=70mm$
小齿轮齿宽　$b_1=80mm$	$b_1=80mm$
3. 齿根弯曲疲劳强度验算	
（1）求许用弯曲应力$[\sigma_F]$　由式（18-15）及表 18-10，弯曲应力循环次数为 $N_{F1}=60\gamma n_1t_h\sum_{i=1}^{3}\left(\dfrac{T_i}{T_1}\right)^{6.2}\dfrac{t_{hi}}{t_h}=60\times1\times970\times2500\times$ $(1^{6.2}\times0.2+0.7^{6.2}\times0.5+0.4^{6.2}\times0.3)=3.72\times10^7$	$N_{F1}=3.72\times10^7$
$N_{F2}=\dfrac{N_{F1}}{u}=\dfrac{3.72\times10^7}{4.71}=7.89\times10^6$	$N_{F2}=7.89\times10^6$
于是，由图 18-25，取弯曲寿命系数 $Y_{N1}=Y_{N2}=1$	$Y_{N1}=Y_{N2}=1$
由图 18-21a，分别取齿根弯曲疲劳极限 $\sigma_{Flim1}=260MPa \quad \sigma_{Flim2}=180MPa$	$\sigma_{Flim1}=260MPa$ $\sigma_{Flim2}=180MPa$
由图 18-26，取尺寸系数 $Y_x=1$	$Y_x=1$
参照表 18-11，取安全因数 $S_F=1.5$	$S_F=1.5$
于是，由式（18-19），许用弯曲应力为	

（续）

计算与说明	主要结果
$[\sigma_{F1}]=\dfrac{2\sigma_{Flim1}Y_{N1}Y_x}{S_F}=\dfrac{2\times260\times1\times1}{1.5}MPa=347MPa$	$[\sigma_{F1}]=347MPa$
$[\sigma_{F2}]=\dfrac{2\sigma_{Flim2}Y_{N2}Y_x}{S_F}=\dfrac{2\times180\times1\times1}{1.5}MPa=240MPa$	$[\sigma_{F2}]=240MPa$
(2)齿形系数 Y_{Fa1}、Y_{Fa2}　由图 18-19,取 $Y_{Fa1}=2.56\quad Y_{Fa2}=2.15$	$Y_{Fa1}=2.56$ $Y_{Fa2}=2.15$
(3)应力修正系数 Y_{Sa1}、Y_{Sa2}　由图 18-20,取 $Y_{Sa1}=1.62\quad Y_{Sa2}=1.82$	$Y_{Sa1}=1.62$ $Y_{Sa2}=1.82$
(4)校核齿根弯曲疲劳强度　由式(18-16),齿根弯曲应力为 $\sigma_{F1}=\dfrac{2K_FT_1}{bd_1m}Y_{Fa1}Y_{Sa1}Y_\varepsilon$ $=\dfrac{2\times3.80\times9.06\times10^4}{70\times70\times2.5}\times2.56\times1.62\times0.681MPa=159MPa<[\sigma_{F1}]$	$\sigma_{F1}=159MPa$
$\sigma_{F2}=\sigma_{F1}\dfrac{Y_{Fa2}Y_{Sa2}}{Y_{Fa1}Y_{Sa1}}=159\times\dfrac{2.15\times1.82}{2.56\times1.62}MPa=150MPa<[\sigma_{F2}]$ 故弯曲疲劳强度足够	$\sigma_{F2}=150MPa$
4. 齿面静强度验算 (1)确定齿面静强度计算的许用接触应力$[\sigma_H]_{max}$　参照表 18-11,取齿面静强度计算的安全因数 $S'_H=1.3$	$S'_H=1.3$
由图 18-17,取寿命系数 $Z'_{N1}=Z'_{N2}=1.6$	$Z'_{N1}=Z'_{N2}=1.6$
于是,由式(18-20),齿面静强度计算的许用接触应力为 $[\sigma_H]_{max}=[\sigma_{H2}]\dfrac{Z'_{N2}S_H}{Z_{N2}S'_H}=673\times\dfrac{1.6\times1}{1.16\times1.3}MPa=714MPa$	$[\sigma_H]_{max}=714MPa$
(2)校核齿面静强度　根据过载条件 $T_{1max}=2T_1$,由式(18-20),齿面最大接触应力为 $\sigma_{Hmax}=[\sigma_{H2}]\sqrt{\dfrac{T_{1max}}{T_1}\dfrac{1}{K_AK_v}}$ $=673\times\sqrt{2\times\dfrac{1}{1.6\times1.17}}MPa=696MPa<[\sigma_H]_{max}$ 故齿面静强度满足要求	$\sigma_{Hmax}=696MPa$
5. 齿根弯曲静强度验算 (1)确定齿根静强度计算的许用弯曲应力　参照表 18-11,取齿根静强度计算的安全因数$S'_F=2$	$S'_F=2$
由图 18-25,取寿命系数 $Y'_{N1}=Y'_{N2}=2.5$	$Y'_{N1}=Y'_{N2}=2.5$
于是,根据式(18-21),齿根静强度计算的许用弯曲应力为 $[\sigma_{F1}]_{max}=[\sigma_{F1}]\dfrac{Y'_{N1}S_F}{Y_{N1}S'_F}=347\times\dfrac{2.5\times1.5}{1\times2}MPa=651MPa$	$[\sigma_{F1}]_{max}=651MPa$
$[\sigma_{F2}]_{max}=[\sigma_{F2}]\dfrac{Y'_{N2}S_F}{Y_{N2}S'_F}=240\times\dfrac{2.5\times1.5}{1\times2}MPa=450MPa$	$[\sigma_{F2}]_{max}=450MPa$
(2)求最大弯曲静应力并校核弯曲静强度　由式(18-21),最大弯曲应力为 $\sigma_{F1max}=\sigma_{F1}\dfrac{T_{1max}}{T_1}\dfrac{1}{K_AK_v}=159\times2\times\dfrac{1}{1.6\times1.17}MPa=170MPa<[\sigma_{F1}]_{max}$	$\sigma_{F1max}=170MPa$
$\sigma_{F2max}=\sigma_{F2}\dfrac{T_{1max}}{T_1}\dfrac{1}{K_AK_v}=150\times2\times\dfrac{1}{1.6\times1.17}MPa=160MPa<[\sigma_{F2}]_{max}$ 故齿根弯曲静强度满足要求	$\sigma_{F2max}=160MPa$

第八节 斜齿圆柱齿轮传动的强度计算

斜齿圆柱齿轮传动的强度计算方法，与直齿圆柱齿轮传动的不同之处是：①由于斜齿圆柱齿轮轮齿的法向齿廓为渐开线，所以过齿廓啮合点的渐开线的曲率半径也应当在其轮齿的法面之内，故在接触疲劳强度计算中，相应曲率半径应代以 ρ_n；②斜齿圆柱齿轮接触线总长度 L 不仅受端面重合度 ε_α 影响，同时还受轴向重合度 ε_β 影响，并且考虑到由于接触线倾斜有利于承载能力的提高，于是在强度计算中就引入螺旋角系数予以修正。

除此之外，在公式形式和主要参数的确定方法上都与直齿圆柱齿轮大同小异。因此，这里不再对其公式进行推导，必要时读者可查阅其他相关资料。

一、齿面接触疲劳强度计算公式

验算式
$$\sigma_H = Z_E Z_H Z_\varepsilon Z_\beta \sqrt{\frac{2K_H T_1}{bd_1^2}\frac{u\pm1}{u}} \leqslant [\sigma_H] \tag{18-23}$$

设计式
$$d_1 \geqslant \sqrt[3]{\frac{2K_H T_1}{\psi_d}\frac{u\pm1}{u}\left(\frac{Z_E Z_H Z_\varepsilon Z_\beta}{[\sigma_H]}\right)^2} \tag{18-24}$$

式中，Z_β 为螺旋角系数，按下式计算

$$Z_\beta = \sqrt{\cos\beta} \tag{18-25}$$

Z_ε 为重合度系数，按下式计算

$$\left.\begin{aligned} &\varepsilon_\beta<1\text{ 时} \quad Z_\varepsilon = \sqrt{\frac{4-\varepsilon_\alpha}{3}(1-\varepsilon_\beta)+\frac{\varepsilon_\beta}{\varepsilon_\alpha}} \\ &\varepsilon_\beta\geqslant1\text{ 时} \quad Z_\varepsilon = \sqrt{\frac{1}{\varepsilon_\alpha}} \end{aligned}\right\} \tag{18-26}$$

对于标准和未修缘的斜齿圆柱齿轮传动，端面重合度 ε_α 可近似按下式计算

$$\varepsilon_\alpha = \left[1.88-3.2\left(\frac{1}{z_1}\pm\frac{1}{z_2}\right)\right]\cos\beta \tag{18-27}$$

轴向重合度 ε_β 的计算公式见表 8-6。其余参数的意义均与直齿圆柱齿轮传动相同。

二、齿根弯曲疲劳强度计算公式

验算式
$$\sigma_F = \frac{2K_F T_1}{bd_1 m_n} Y_{Fa} Y_{Sa} Y_\varepsilon Y_\beta \leqslant [\sigma_F] \tag{18-28}$$

设计式
$$m_n \geqslant \sqrt[3]{\frac{2K_F T_1 \cos^2\beta}{\psi_d z_1^2 [\sigma_F]} Y_{Fa} Y_{Sa} Y_\varepsilon Y_\beta} \tag{18-29}$$

式中，m_n 为法向模数；Y_β 为螺旋角系数，查图 18-28；Y_{Fa} 为齿形系数，根据当量齿数 z_v（$z_v=z/\cos^3\beta$）查图 18-19；Y_{Sa} 为应力修正系数，根据当量齿数 z_v 查图 18-20；Y_ε 为重合度系数，按下式计算

$$Y_\varepsilon = 0.25+\frac{0.75}{\varepsilon_{\alpha n}} \tag{18-30}$$

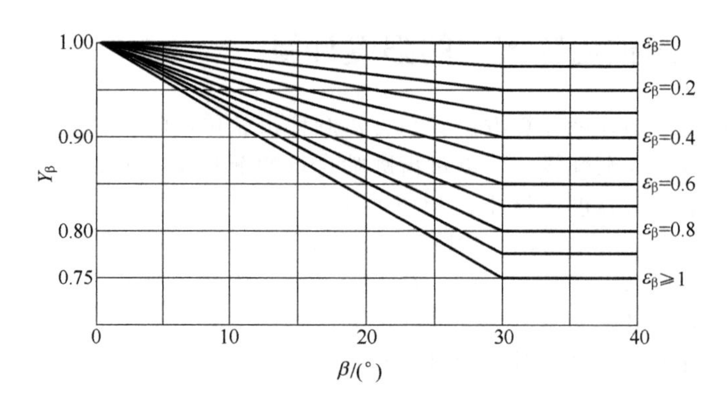

图 18-28 螺旋角系数 Y_β

$$\varepsilon_{\alpha n}=\frac{\varepsilon_\alpha}{\cos^2\beta_b} \tag{18-31}$$

式中，$\varepsilon_{\alpha n}$为当量齿轮的端面重合度；β_b为斜齿圆柱齿轮基圆上的螺旋角。

三、静强度计算

斜齿圆柱齿轮传动的静强度计算同直齿圆柱齿轮传动。

例题 18-3 若例题 18-2 中的使用条件不变，现改用硬齿面斜齿圆柱齿轮传动，试重新进行设计计算。

解：

计算与说明	主要结果
（一）计算小齿轮转矩 T_1	
$T_1=9.55\times10^6\frac{P}{n_1}=9.55\times10^6\times\frac{9.2}{970}\text{N}\cdot\text{mm}=9.06\times10^4\text{N}\cdot\text{mm}$	$T_1=9.06\times10^4\text{N}\cdot\text{mm}$
（二）选材料，确定许用应力	
1. 选材料	
大、小齿轮均采用 40Cr 表面淬火到齿面硬度 48~55HRC，平均取齿面硬度为 50HRC	齿面硬度 50HRC
2. 确定许用弯曲应力 $[\sigma_F]$	
（1）总工作时间 t_h 由已知，总工作时间为	
$t_h=(5\times250\times8\times25/100)\text{h}=2500\text{h}$	$t_h=2500\text{h}$
（2）寿命系数 Y_N 由式（18-15）及表 18-10，弯曲应力循环次数为	
$N_{F1}=60\gamma n_1t_h\sum_{i=1}^{3}\left(\frac{T_i}{T_1}\right)^{8.7}\frac{t_{hi}}{t_h}=60\times1\times970\times2500\times$ $(1^{8.7}\times0.2+0.7^{8.7}\times0.5+0.4^{8.7}\times0.3)=3.24\times10^7$	$N_{F1}=3.24\times10^7$
$N_{F2}=\frac{N_{F1}}{u}=\frac{3.24\times10^7}{4.76}=6.81\times10^6$	$N_{F2}=6.81\times10^6$
由图 18-25，取弯曲寿命系数 $Y_{N1}=Y_{N2}=1$	$Y_{N1}=Y_{N2}=1$
（3）弯曲疲劳极限 $\sigma_{F\lim}$ 由图 18-23a，取弯曲疲劳极限	
$\sigma_{F\lim}=350\text{MPa}$	$\sigma_{F\lim}=350\text{MPa}$
（4）尺寸系数 Y_x 估计模数 $m_n<5\text{mm}$，由图 18-26，取尺寸系数 $Y_x=1$	$Y_x=1$
（5）安全因数 S_F 参照表 18-11，取安全因数 $S_F=1.5$	$S_F=1.5$

（续）

计 算 与 说 明	主 要 结 果
（6）计算许用弯曲应力 $[\sigma_F]$ 由式（18-19），显然这里 $[\sigma_{F1}]=[\sigma_{F2}]$，故 $$[\sigma_F]=\frac{2\sigma_{Flim}Y_NY_x}{S_F}=\frac{2\times350\times1\times1}{1.5}\text{MPa}=467\text{MPa}$$	$[\sigma_F]=467\text{MPa}$
3. 确定许用接触应力 $[\sigma_H]$	
（1）寿命系数 Z_N 由式（18-15）及表 18-10，接触应力循环次数为 $$N_{H1}=N_v=60\gamma n_1t_h\sum_{i=1}^{3}\left(\frac{T_i}{T_1}\right)^{6.6}\frac{t_{hi}}{t_h}=60\times1\times970\times2500\times$$ $$(1^{6.6}\times0.2+0.7^{6.6}\times0.5+0.4^{6.6}\times0.3)=3.61\times10^7$$ $$N_{H2}=\frac{N_{H1}}{u}=\frac{3.61\times10^7}{4.76}=7.58\times10^6$$	$N_{H1}=3.61\times10^7$ $N_{H2}=7.58\times10^6$
由图 18-17，取接触强度计算的寿命系数 $Z_{N1}=1.03$、$Z_{N2}=1.16$	$Z_{N1}=1.03$
（2）接触疲劳极限 σ_{Hlim} 由图 18-15a，取接触疲劳极限 $$\sigma_{Hlim}=1.14\times10^3\text{MPa}$$	$Z_{N2}=1.16$ $\sigma_{Hlim}=1.14\times10^3\text{MPa}$
（3）安全因数 S_H 参照表 18-11，取安全因数 $S_H=1$	$S_H=1$
（4）计算许用接触应力 $[\sigma_H]$ 由式（18-14）及 $Z_{N1}<Z_{N2}$，许用接触应力为 $$[\sigma_H]=\frac{\sigma_{Hlim}Z_{N1}}{S_H}=\frac{1.14\times10^3\times1.03}{1}\text{MPa}=1.17\times10^3\text{MPa}$$	$[\sigma_H]=1.17\times10^3\text{MPa}$
（三）选择齿数、齿宽系数及精度等级	
（1）初选齿数 初取小齿轮齿数 $z_1=20$，则大齿轮齿数 $$z_2=iz_1=4.76\times20=95.2$$	$z_1=20$
圆整，取 $z_2=95$	$z_2=95$
（2）选择齿宽系数及精度等级 由表 18-12，取齿宽系数 $\psi_d=0.5$，初估小齿轮直径 $d_{1估}=$ 50mm，则齿宽为 $b=\psi_d d_{1估}=0.5\times50\text{mm}=25\text{mm}$	$\psi_d=0.5$ $d_{1估}=50\text{mm}$ $b=25\text{mm}$
齿轮圆周速度 $v_t=\dfrac{\pi d_{1估}n_1}{60\times1000}=\dfrac{\pi\times50\times970}{60\times1000}\text{m/s}=2.54\text{m/s}$	$v_t=2.54\text{m/s}$
选取 6 级精度等级	6 级精度
（四）确定载荷系数	
（1）使用系数 K_A 由表 18-7，取使用系数 $K_A=1.60$	$K_A=1.6$
（2）动载系数 K_v 由图 18-6，取动载系数 $K_v=1.05$	$K_v=1.05$
（3）齿向载荷分布系数 K_β 由图 18-8，取齿向载荷分布系数 $K_\beta=1.18$	$K_\beta=1.18$
（4）齿间载荷分配系数 $K_{H\alpha}$、$K_{F\alpha}$ 由齿轮切向力 $$F_{t1}=\frac{2T_1}{d_1}=\frac{2\times9.06\times10^4}{50}\text{N}=3.62\times10^3\text{N}$$	$F_{t1}=3.62\times10^3\text{N}$
及条件 $\dfrac{K_AF_t}{b}=\dfrac{1.60\times3.62\times10^3}{25}\text{N/mm}=232\text{N/mm}>100\text{N/mm}$	
查表 18-8，取齿间载荷分配系数 $K_{H\alpha}=K_{F\alpha}=1.1$	$K_{H\alpha}=K_{F\alpha}=1.1$
（5）计算 K_H、K_F 由式（18-7）及式（18-8），载荷系数为 $$K_H=K_F=K_AK_vK_\beta K_{H\alpha}=1.60\times1.05\times1.18\times1.1=2.18$$	$K_H=K_F=2.18$

（续）

计算与说明	主要结果
（五）重合度计算	
初设分度圆螺旋角$\beta=12°$，依据式（18-27）及表8-6中相应公式可求得	初设$\beta=12°$
（1）端面重合度	
$$\varepsilon_\alpha=\left[1.88-3.2\left(\frac{1}{z_1}+\frac{1}{z_2}\right)\right]\cos\beta=\left[1.88-3.2\times\left(\frac{1}{20}+\frac{1}{95}\right)\right]\times\cos12°=1.65$$	$\varepsilon_\alpha=1.65$
（2）轴向重合度	
$$\varepsilon_\beta=\frac{\psi_d z_1}{\pi}\tan\beta=\frac{0.5\times20}{\pi}\times\tan12°=0.677$$	$\varepsilon_\beta=0.677$
（3）总重合度	
$$\varepsilon_\gamma=\varepsilon_\alpha+\varepsilon_\beta=1.65+0.677=2.327$$	$\varepsilon_\gamma=2.327$
（六）齿根弯曲疲劳强度计算	
（1）齿形系数Y_{Fa1}、Y_{Fa2}　由初设$\beta=12°$，则当量齿数	
$$z_{v1}=\frac{z_1}{\cos^3\beta}=\frac{20}{\cos^3 12°}=20.4\quad z_{v2}=\frac{z_2}{\cos^3\beta}=\frac{95}{\cos^3 12°}=101$$	$z_{v1}=20.4$，$z_{v2}=101$
查图18-19，取$Y_{Fa1}=2.78$，$Y_{Fa2}=2.18$	$Y_{Fa1}=2.78$，$Y_{Fa2}=2.18$
（2）应力修正系数Y_{Sa1}、Y_{Sa2}　由图18-20，取$Y_{Sa1}=1.56$，$Y_{Sa2}=1.80$	$Y_{Sa1}=1.56$，$Y_{Sa2}=1.80$
（3）重合度系数Y_ε　由几何计算知，端面压力角	
$$\alpha_t=\arctan\left(\frac{\tan\alpha_n}{\cos\beta}\right)=\arctan\left(\frac{\tan20°}{\cos12°}\right)=20.41°$$	$\alpha_t=20.41°$
基圆螺旋角　$\beta_b=\arctan(\tan\beta\cos\alpha_t)=\arctan(\tan12°\cos20.41°)=11.27°$	$\beta_b=11.27°$
由式（18-31），可得当量齿轮端面重合度	
$$\varepsilon_{\alpha n}=\frac{\varepsilon_\alpha}{\cos^2\beta_b}=\frac{1.65}{\cos^2 11.27°}=1.72$$	$\varepsilon_{\alpha n}=1.72$
于是，由式（18-30）可得重合度系数　$Y_\varepsilon=0.25+\frac{0.75}{\varepsilon_{\alpha n}}=0.25+\frac{0.75}{1.72}=0.686$	$Y_\varepsilon=0.686$
（4）螺旋角系数Y_β　由$\varepsilon_\beta=0.677$，查图18-28，取螺旋角系数$Y_\beta=0.83$	$Y_\beta=0.83$
（5）由齿根弯曲疲劳强度条件求模数m_n　由于	
$$\frac{Y_{Fa1}Y_{Sa1}}{[\sigma_{F1}]}=\frac{2.78\times1.56}{467}=0.0093>\frac{Y_{Fa2}Y_{Sa2}}{[\sigma_{F2}]}=\frac{2.18\times1.80}{467}=0.0084$$	
根据式（18-29），为满足齿根弯曲疲劳强度条件，则需使模数	
$$m_n\geqslant\sqrt[3]{\frac{2K_F T_1\cos^2\beta}{\psi_d z_1^2[\sigma_{F1}]}Y_{Fa1}Y_{Sa1}Y_\varepsilon Y_\beta}=\sqrt[3]{\frac{2\times2.18\times9.06\times10^4\times\cos^2 12°}{0.5\times20^2\times467}\times2.78\times1.56\times0.686\times0.83}\text{ mm}=2.16\text{mm}$$	
圆整后，取标准模数$m_n=2.5$mm	$m_n=2.5$mm
（七）确定主要参数	
（1）中心距a　初算中心距	

（续）

计算与说明	主要结果
$a_0=\frac{m_n(z_1+z_2)}{2\cos12°}=\frac{2.5\times(20+95)}{2\times\cos12°}\text{mm}=147\text{mm}$ 圆整后，取中心距 $a=150\text{mm}$	$a=150\text{mm}$
（2）螺旋角 β　满足几何条件的螺旋角 $\beta=\arccos\frac{(z_1+z_2)\ m_n}{2a}=\arccos\frac{(20+95)\ \times2.5}{2\times150}=16°35'52''$ 其与初取 $\beta=12°$ 相差较大。改取大齿轮齿数 $z'_2=97$，则螺旋角 $\beta=\arccos\frac{(z_1+z_2)\ m_n}{2a}=\arccos\frac{(20+97)\ \times2.5}{2\times150}=12°50'19''$	改取齿数 $z'_2=97$ $\beta=12°50'19''$
（3）验算传动比误差　实际齿数比 $u'=\frac{z'_2}{z_1}=\frac{97}{20}=4.85$ 传动比相对误差 $\frac{4.85-4.76}{4.76}\times100\%=1.9\%$，满足使用要求	实际齿数比 $u'=4.85$
（4）计算分度圆直径 d_1、d_2 $d_1=\frac{z_1m_n}{\cos\beta}=\frac{20\times2.5}{\cos12°50'19''}\text{mm}=51.282\text{mm}$ 其与初估 d_1 值基本相符　$d_2=\frac{z'_2m_n}{\cos\beta}=\frac{97\times2.5}{\cos12°50'19''}\text{mm}=248.718\text{mm}$	$d_1=51.282\text{mm}$ $d_2=248.718\text{mm}$
（5）齿轮宽度 b_1、b_2 取大齿轮齿宽　$b_2=b=25\text{mm}$ 小齿轮齿宽　$b_1=30\text{mm}$	$b_2=b=25\text{mm}$ $b_1=30\text{mm}$
（八）齿面接触疲劳强度验算 （1）弹性系数 Z_E　查表 18-9，$Z_E=190\sqrt{\text{MPa}}$	$Z_E=190\sqrt{\text{MPa}}$
（2）节点区域系数 Z_H　查图 18-12，取 $Z_H=2.43$	$Z_H=2.43$
（3）重合度系数 Z_ε　由式（18-26）及 $\varepsilon_\beta=0.677<1$ 条件，重合度系数为 $Z_\varepsilon=\sqrt{\frac{4-\varepsilon_\alpha}{3}(1-\varepsilon_\beta)+\frac{\varepsilon_\beta}{\varepsilon_\alpha}}=\sqrt{\frac{4-1.65}{3}\times(1-0.677)+\frac{0.677}{1.65}}=0.814$	$Z_\varepsilon=0.814$
（4）螺旋角系数 Z_β　由式（18-25），螺旋角系数为 $Z_\beta=\sqrt{\cos\beta}=\sqrt{\cos12°}=0.989$	$Z_\beta=0.989$
（5）校核齿面接触疲劳强度　由式（18-23），齿面接触应力为 $\sigma_H=Z_EZ_HZ_\varepsilon Z_\beta\sqrt{\frac{2K_HT_1}{bd_1^2}\frac{u\pm1}{u}}$ $=190\times2.43\times0.814\times0.989\times\sqrt{\frac{2\times2.18\times9.06\times10^4}{25\times51.282^2}\times\frac{4.85+1}{4.85}}\text{MPa}$ $=1.00\times10^3\text{MPa}<[\sigma_H]$ 齿面接触疲劳强度满足要求	$\sigma_H=1.00\times10^3\text{MPa}$
（九）齿面及齿根静强度验算（略）	

第九节 直齿锥齿轮传动的受力分析和强度计算

直齿锥齿轮传动，由于制造精度普遍较低，工作中振动和噪声较大，故速度不宜过高，一般只能用于圆周速度 $v<5\text{m/s}$ 的场合。下面主要介绍两轴交角 $\Sigma=90°$ 的直齿锥齿轮传动的受力分析和强度计算内容。

一、主要几何参数

1. 模数 m

锥齿轮的标准模数 m 系列见表 8-7。

2. 齿数比 u 与分锥角 δ_1、δ_2 的关系

如图 18-29 所示，两锥齿轮轴线交角 $\Sigma=\delta_1+\delta_2=90°$，由于其大端分度圆直径可分别表示为

$$\left.\begin{aligned}&\text{小齿轮}\quad d_1=mz_1\\&\text{大齿轮}\quad d_2=mz_2\end{aligned}\right\}\tag{18-32}$$

所以，齿数比

$$u=\frac{z_2}{z_1}=\frac{d_2}{d_1}=\tan\delta_2=\cot\delta_1\tag{18-33}$$

式中，δ_1、δ_2 分别为小齿轮和大齿轮的分锥角。

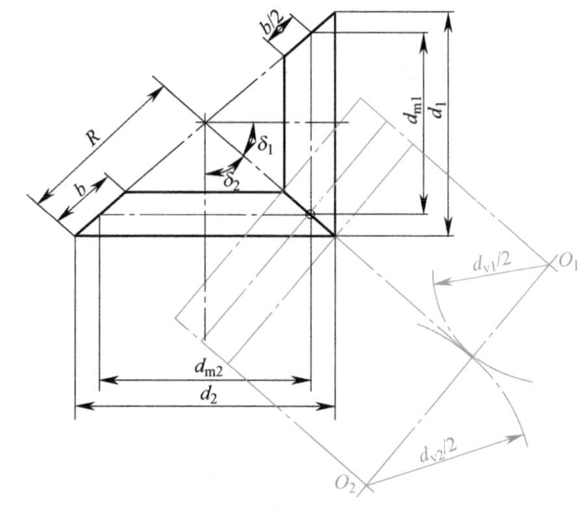

图 18-29 锥齿轮传动的分锥角、直径、平均直径及其当量直齿圆柱齿轮

3. 锥距 R

锥距 R 是锥齿轮传动的主要特征尺寸，它大体相当于圆柱齿轮传动的中心距。锥距 R 反映锥齿轮传动的外廓尺寸及其承载能力的大小。由图 18-29 可知，锥距

$$R=\frac{1}{2}\sqrt{d_1^2+d_2^2}=\frac{d_1}{2}\sqrt{1+u^2}=\frac{m}{2}\sqrt{z_1^2+z_2^2}\tag{18-34}$$

于是，分锥角 δ_1、δ_2 分别可表示为

$$\sin\delta_1=\frac{\frac{d_1}{2}}{R}=\frac{\frac{d_1}{2}}{\frac{d_1}{2}\sqrt{1+u^2}}=\frac{1}{\sqrt{1+u^2}}\tag{18-35}$$

$$\cos\delta_1=\sin\delta_2=\frac{\frac{d_2}{2}}{R}=\frac{u\frac{d_1}{2}}{\frac{d_1}{2}\sqrt{1+u^2}}=\frac{u}{\sqrt{1+u^2}}\tag{18-36}$$

4. 齿宽系数 ψ_R

锥齿轮的齿宽系数通常定义为齿宽 b 与锥距 R 之比，以 ψ_R 表示，即

$$\psi_R=\frac{b}{R}\tag{18-37}$$

设计中，一般取 $\psi_R=0.25\sim0.3$。

5. 平均直径 d_m、平均模数 m_m 及其当量齿轮

锥齿轮齿宽中点分度圆直径称为平均直径或中径，以 d_m 表示（图 18-29），其相应模数称为平均模数，以 m_m 表示。显然

$$d_m = zm_m \tag{18-38}$$

以小齿轮为例，其平均直径可表示为

$$d_{m1} = d_1 \frac{R-\frac{b}{2}}{R} = d_1\left(1-0.5\frac{b}{R}\right) = d_1(1-0.5\psi_R) \tag{18-39}$$

于是，由式（18-38）、式（18-39）可得，平均模数

$$m_m = m(1-0.5\psi_R) \tag{18-40}$$

在图 18-29 中，若将过齿宽中点处的背锥展开可得与平均直径（中径）d_m 相应的当量直齿圆柱齿轮，简称“当量齿轮”。综合式（18-39）、式（18-36）可得，当量小齿轮的分度圆直径

$$d_{v1} = \frac{d_{m1}}{\cos\delta_1} = d_1(1-0.5\psi_R)\frac{\sqrt{1+u^2}}{u} \tag{a}$$

当量齿轮的齿数比

$$u_v = \frac{z_{v2}}{z_{v1}} = \frac{z_2/\cos\delta_2}{z_1/\cos\delta_1} = \frac{z_2}{z_1}\ \frac{\cos\delta_1}{\cos\delta_2} = u\tan\delta_2 = u^2 \tag{b}$$

二、受力分析

在直齿锥齿轮工作时，若不考虑摩擦力和载荷集中的影响，其轮齿所受力仍可简化为一个作用于齿宽中点，且垂直于齿面的集中力——法向力 F_n。F_n 可分解为互相垂直的三个分力（图 18-30a），即

$$\left.\begin{aligned} &\text{切向力} && F_{t1} = \frac{2T_1}{d_{m1}} \\ &\text{径向力} && F_{r1} = F_{t1}\tan\alpha\cos\delta_1 \\ &\text{轴向力} && F_{x1} = F_{t1}\tan\alpha\sin\delta_1 \end{aligned}\right\} \tag{18-41}$$

切向力方向：在主动轮上，与其回转方向相反；在从动轮上，与其回转方向相同。

径向力方向：沿径向分别指向各自轮心。

轴向力方向：沿轴向分别指向各自大端。

对于两轴交角 $\Sigma=90°$ 的直齿锥齿轮传动，如图 18-30b 所示，其各分力之间还有如下关系：

$$F_{t2} = -F_{t1} \quad F_{r2} = -F_{x1} \quad F_{x2} = -F_{r1}$$

式中，负号表示两力的指向相反。

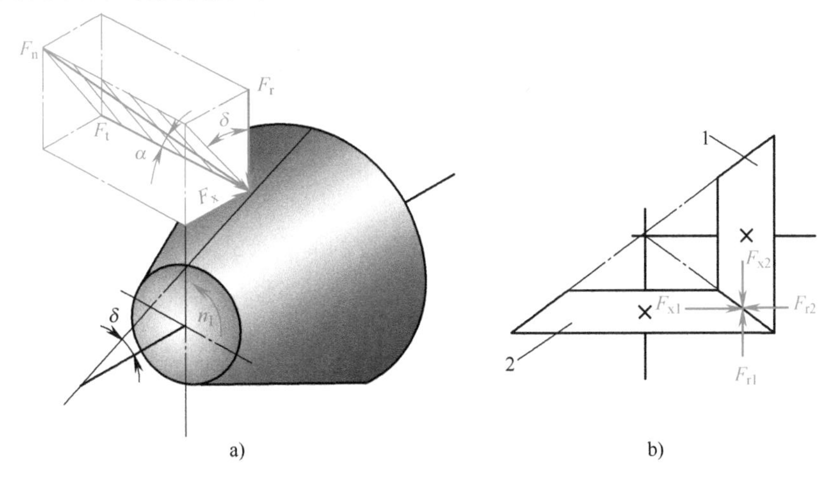

图 18-30　直齿锥齿轮传动受力分析

三、齿面接触疲劳强度计算

如前所述，锥齿轮沿齿宽方向的齿廓大小不同，轮齿各截面刚度不同，受载后变形复杂，故载荷沿齿宽分布情况也比较复杂。其次，由于制造精度低，工作中同时啮合的各对轮齿之间载荷分配情况也难以确定。为简化计算，通常对其做如下处理：

1）强度计算按齿宽中点（即平均直径 d_m）处的当量直齿圆柱齿轮进行。

2）在整个啮合过程中，假定载荷始终由一对齿承担，即忽略重合度的影响，从而略去重合度系数 Z_ε、Y_ε 以及载荷分配系数 K_α。

3）取有效齿宽 $b_e=0.85b$（b 为锥齿轮齿宽）。

依此，由式（18-9）可得当量直齿圆柱齿轮传动的齿面接触疲劳强度的验算公式

$$\sigma_H=Z_EZ_H\sqrt{\frac{2KT_{v1}}{b_ed_{v1}^2}\frac{u_v+1}{u_v}}\leqslant[\sigma_H] \tag{c}$$

式中，T_{v1} 为当量小齿轮传递的标称转矩，并有

$$T_{v1}=F_{t1}\frac{d_{v1}}{2}=F_{t1}\frac{d_{m1}}{2\cos\delta_1}=\frac{T_1}{\cos\delta_1}=T_1\frac{\sqrt{1+u^2}}{u} \tag{d}$$

由式（18-37）、式（18-34）得 $$b_e=0.85b=0.85\psi_RR=0.85\psi_R\frac{d_1}{2}\sqrt{1+u^2} \tag{e}$$

将式（a）、式（b）、式（d）、式（e）代入式（c）并化简，即可得锥齿轮的齿面接触疲劳强度计算公式：

验算公式 $$\sigma_H=Z_EZ_H\sqrt{\frac{4.71KT_1}{\psi_R(1-0.5\psi_R)^2d_1^3u}}\leqslant[\sigma_H] \tag{18-42}$$

设计公式 $$d_1\geqslant\sqrt[3]{\frac{4.71KT_1}{\psi_R(1-0.5\psi_R)^2u}\left(\frac{Z_EZ_H}{[\sigma_H]}\right)^2} \tag{18-43}$$

其中载荷系数 $$K=K_AK_vK_\beta \tag{18-44}$$

式中，K_A 为使用系数，见表18-7；K_v 为动载系数，按平均直径 d_m 处的切线速度 v_{mt} 查图18-6取值；K_β 为齿向载荷分布系数，当两锥齿轮均为悬臂时，取 $K_\beta=1.88\sim2.25$，其中之一为悬臂时，取 $K_\beta=1.65\sim1.88$，两者均为两端支承时，取 $K_\beta=1.5\sim1.65$。

其余参数，如 Z_E、Z_H、$[\sigma_H]$ 等，均与圆柱齿轮相应参数意义相同，可参照直齿圆柱齿轮传动的方法确定。

四、齿根弯曲疲劳强度计算

由式（18-16）可得当量齿轮齿根弯曲疲劳强度的验算公式

$$\sigma_F=\frac{2KT_{v1}}{b_ed_{v1}m_m}Y_{Fa}Y_{Sa}\leqslant[\sigma_F]$$

将式（d）、式（e）、式（a）及式（18-40）代入上式，经整理即可得锥齿轮齿根弯曲疲劳强度计算公式：

验算公式 $$\sigma_F=\frac{4.71KT_1}{\psi_R(1-0.5\psi_R)^2z_1^2m^3\sqrt{u^2+1}}Y_{Fa}Y_{Sa}\leqslant[\sigma_F] \tag{18-45}$$

设计公式

$$m \geqslant \sqrt[3]{\frac{4.71KT_1}{\psi_R(1-0.5\psi_R)^2 z_1^2\sqrt{u^2+1}}\frac{Y_{Fa}Y_{Sa}}{[\sigma_F]}} \tag{18-46}$$

式中，Y_{Fa}为齿形系数，可按当量齿数z_v近似由图 18-19 选取；Y_{Sa}为应力修正系数，依z_v查图 18-20 取值；$[\sigma_F]$为许用弯曲应力，参照直齿圆柱齿轮传动的方法确定。

第十节　齿轮传动的效率与润滑

闭式齿轮传动的效率η由下式计算

$$\eta=\eta_1\eta_2\eta_3 \tag{18-47}$$

式中，η_1为考虑齿轮啮合损失的效率；η_2为考虑搅油损失的效率；η_3为轴承的效率。

当齿轮速度不高且采用滚动轴承时，其传动效率的估计值可由表 18-13 选取。

表 18-13　齿轮传动效率

传动类型	闭式传动(油润滑)		开式传动(脂润滑)
	6 级或 7 级精度	8 级精度	
圆柱齿轮传动	0.98	0.97	0.95
锥齿轮传动	0.97	0.96	0.94

轮齿啮合时，由于齿面间存在相对滑动而发生摩擦磨损。在高速传动中，这种齿面间的摩擦磨损更为严重，因此在齿轮传动中润滑是非常必要的。

闭式齿轮传动，当齿轮的圆周速度$v\leqslant 15$m/s 时，常采用将大齿轮的轮齿浸入油池中的方式来实现齿轮的润滑，借助于齿轮的转动，可将油带入其啮合齿面间，此即所谓浸油润滑，如图 18-31 所示。同时，当$v\geqslant 2$m/s 时，也可以借助于离心力的作用，把油甩到齿轮箱体的内壁上，用以实现散热或润滑轴承。为了减少齿轮的搅油阻力和润滑油的温升，齿轮浸入油中的深度，一般不超过一个齿高（但不少于 10mm），最大浸油深度不应超过大齿轮半径的 1/3。对于锥齿轮，浸油深度至少为浸油齿轮齿宽b的一半。

齿轮箱体油池内的油量，与齿轮传递功率的大小有关。单级齿轮传动，每 1kW 功率的加油量为 0.35~0.7L；多级齿轮传动，按传动级数可适当成倍增加。

当齿轮的圆周速度$v>15$m/s 时，应采用喷油润滑。所谓喷油润滑，是指将润滑油以一定压力由喷嘴直接喷射到齿轮啮合处的润滑方法，如图 18-32 所示。

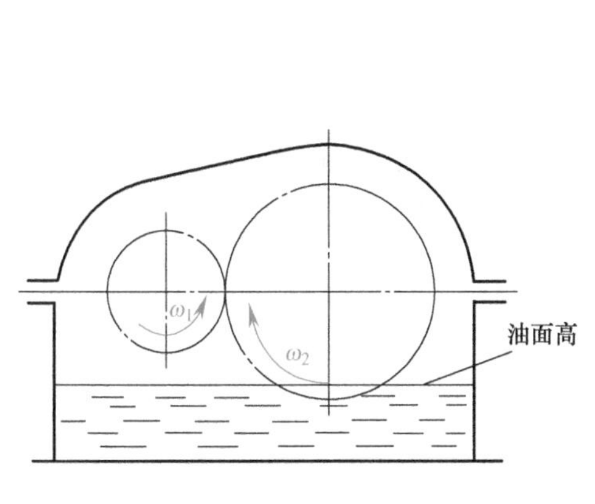

图 18-31　浸油润滑

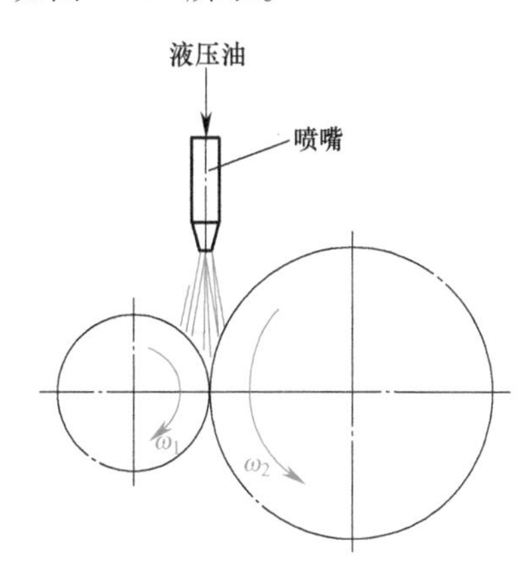

图 18-32　喷油润滑

文献阅读指南

1）关于齿轮轮齿失效的详细内容，可以参阅国家标准（以下简称“国标”）GB/T 3481—1997《齿轮轮齿磨损和损伤术语》。应当指出，本书关于齿轮承载能力的计算方法，是在国标内容的基础上，进行了适当的简化。其详细内容可以参阅国标 GB/T 19406—2003《渐开线直齿和斜齿圆柱齿轮承载能力计算方法》。

2）关于斜齿圆柱齿轮强度计算公式的推导，可参阅邱宣怀等编著的《机械设计》（4版，北京：高等教育出版社，1997）。

3）在齿轮手册编委会编写的《齿轮手册（上）》（2版，北京：机械工业出版社，2004）中，比较详尽地介绍了齿轮材料及热处理、胶合承载能力计算方法、轮齿变形和修形计算、齿轮传动的润滑等内容，可供参考。

4）有关直齿锥齿轮承载能力计算的内容，可参阅 GB/T 10062.1~3—2003《锥齿轮承载能力计算方法》和于惠力编著的《直齿锥齿轮传动的设计计算》（北京：机械工业出版社，2015）。直齿锥齿轮承载能力的设计计算示例，可参阅董刚等编著的《机械设计》（3版，北京：机械工业出版社，1999）。

思考题

18-1 与带传动、链传动等比较，齿轮传动的主要优点和缺点有哪些？

18-2 齿数比是如何定义的？它与传动比存在怎样的关系？为什么要引入齿数比的概念？

18-3 轮齿的主要失效形式有哪些？其分别在什么情况下发生？

18-4 通常所谓硬齿面与软齿面的界限是如何划分的？在一对齿轮中，大、小齿轮的材料和齿面硬度应当怎样搭配？

18-5 轮齿的内部附加动载荷与外部附加动载荷有什么不同？如何减轻其不利影响？

18-6 导致载荷沿轮齿接触线分布不均的原因有哪些？如何减轻载荷集中？

18-7 载荷分配系数 K_α 的大小与哪些因素有关？在什么情况下不考虑其影响？

18-8 在图 18-33 中有两种不同的齿轮布置方案，试问哪种方案较为合理？为什么？

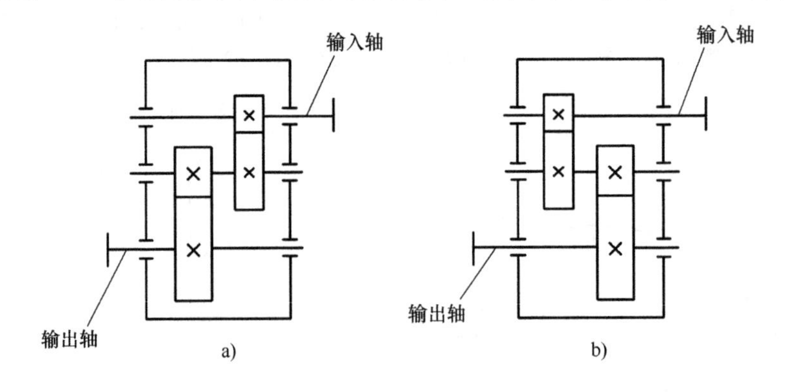

图 18-33 思考题 18-8 图

18-9 一对齿轮啮合时，大、小齿轮的齿面对应接触点的接触应力是否相等？

18-10 齿宽系数 ψ_d 是如何定义的？其取值大小对传动有何影响？设计中 ψ_d 如何选取？

18-11 齿形系数 Y_{Fa} 的物理意义是什么？它与哪些因素有关？

18-12　闭式与开式齿轮传动在其工作能力计算的方法上有何不同？为什么？

18-13　试比较斜齿轮传动与直齿轮传动的优点和缺点。

18-14　如何判断斜齿圆柱齿轮传动的轴向力的方向？

18-15　齿轮润滑的意义何在？常用润滑方式有哪些？有哪些注意事项？

习　题

18-1　已知某减速圆柱齿轮传动的传动比 $i=4.35$，小齿轮转速 $n_1=380\text{r/min}$，单班制工作，预期寿命5年，在全部使用期限内，设备利用率约为40%。若小齿轮采用40Cr表面淬火，50HRC（相当于488HBW），大齿轮取40Cr调质，260HBW，且传动不逆转，载荷图谱如图18-34。试确定其接触寿命系数 Z_{N1} 和 Z_{N2}。

18-2　在图18-35所示定轴轮系中，已知齿数 $z_1=z_3=25$、$z_2=20$，齿轮1转速 $n_1=400\text{r/min}$，总工作时间 $t_h=2000\text{h}$。若齿轮1主动且转向不变，试问：齿轮2在工作中是属于单向受载还是双向受载？其应力循环次数 N_2 为多少？

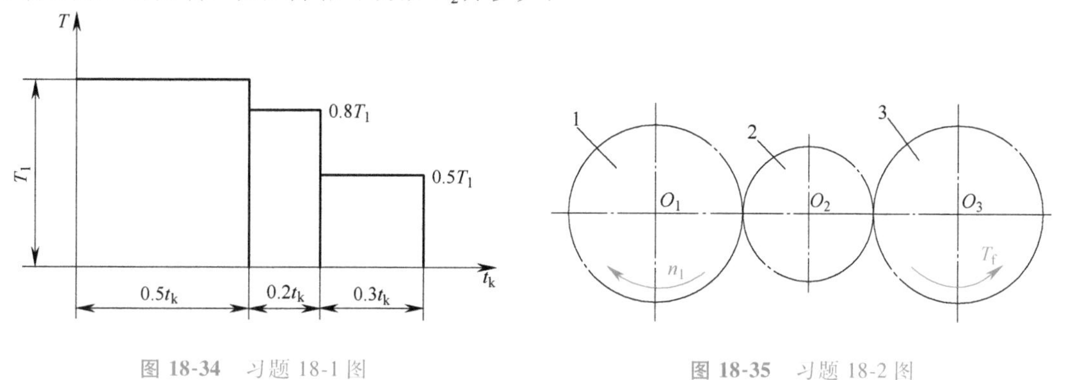

图18-34　习题18-1图　　图18-35　习题18-2图

18-3　在图18-36所示两定轴轮系中，设齿轮3、5回转方向如图示且始终不变，试分别按下述条件确定齿轮2、4及5的圆周力方向。

1）当齿轮2、4为主动时。

2）当齿轮1、5为主动时。

18-4　在图18-37所示斜齿圆柱齿轮传动中，已知小齿轮1为主动且转向如图示。试分别在两个视图中表示出各分力 F_{t1}、F_{t2}、F_{r1}、F_{r2}、F_{x1} 和 F_{x2}。（要求确切地表示出力的指向和作用点位置）

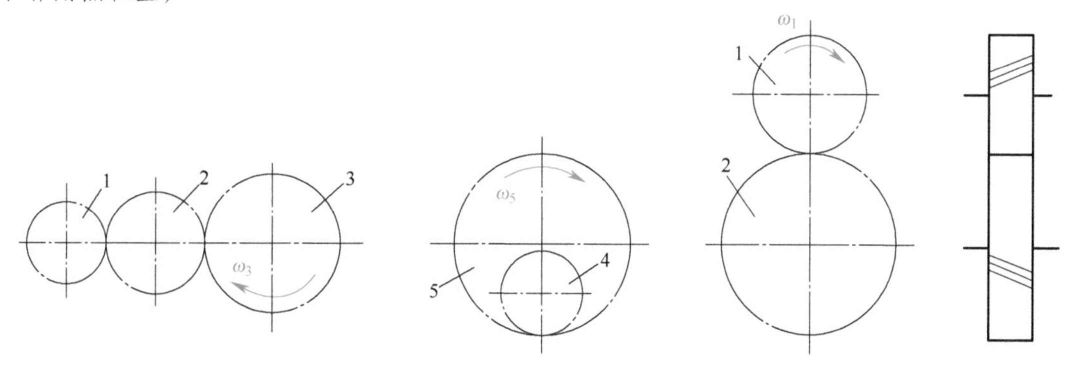

图18-36　习题18-3图　　图18-37　习题18-4图

18-5 设计某铣床中的一对直齿圆柱齿轮传动，已知齿数 $z_1=26$、$z_2=54$。单向传动，预期使用寿命12000h。小齿轮主动，转速 $n_1=1450\text{r/min}$，传递功率 $P_1=7.5\text{kW}$。小齿轮对轴承非对称布置，轴的刚度较大，工作中受中等冲击，7级制造精度。

18-6 试确定某单级斜齿圆柱齿轮减速器所能传递的功率。已知原动机为电动机，且与小齿轮轴直连，其转速 $n_1=940\text{r/min}$，齿轮法向模数 $m_n=10\text{mm}$，齿数 $z_1=18$、$z_2=81$，螺旋角 $\beta=8°6'34''$，齿宽 $b=100\text{mm}$，压力角 $\alpha_n=20°$，8级精度，三班制，单向工作，有中等冲击，预期寿命5年。小齿轮材料为40Cr调质。

18-7 设计由电动机驱动的单级斜齿圆柱齿轮减速器的齿轮传动。已知小齿轮主动，名义转矩 $T_1=1.10\times10^5\text{N}\cdot\text{mm}$，转速 $n_1=1480\text{r/min}$；大齿轮转速 $n_2=465\text{r/min}$。每日工作10h，使用年限5年（每年以300工作日计）。短期过载不超过正常载荷的1.8倍，工作中有中等冲击。转速允许有±3%的误差。

18-8 设计由电动机驱动的闭式直齿锥齿轮传动。已知小齿轮悬臂布置，转速 $n_1=970\text{r/min}$，功率 $P_1=4.2\text{kW}$，传动比 $i=3$，两班制，单向工作，载荷平稳，起动载荷为正常载荷的1.2倍，预期寿命5年。

18-9 如图18-38所示，在设计由直齿锥齿轮传动和斜齿圆柱齿轮传动组成的二级减速器过程中，已知动力由轴Ⅰ输入、轴Ⅲ输出，设斜齿圆柱齿轮轮齿螺旋线的倾斜方向和工作中输出轴Ⅲ所需的转动方向如图示，试画出中间轴Ⅱ的空间受力简图（支反力方向可以设定）。

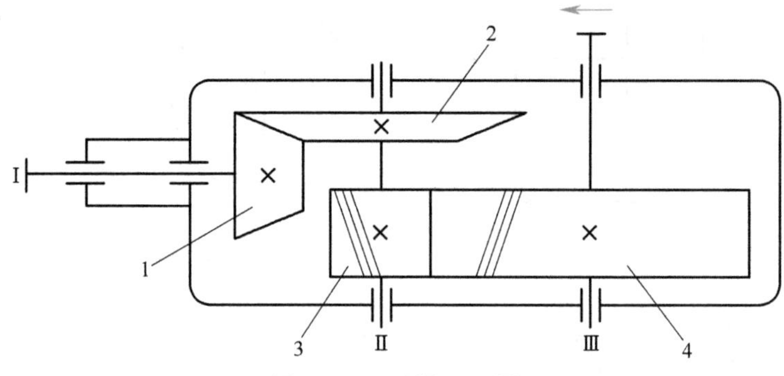

图18-38 习题18-9图

第十九章　蜗杆传动

内容提要

本章主要讲述普通圆柱蜗杆传动的特点、类型、精度选择及设计计算问题。本章第四节对目前我国正在推广使用的圆弧圆柱蜗杆传动也做些简单介绍。

第一节　概述

一、蜗杆传动的特点与应用

蜗杆传动用来传递空间交错两轴间的运动和动力，交错角一般为90°。蜗杆传动具有传动比大（在动力传动中一般为10~80，在分度传动中可达1000）、结构紧凑、工作平稳、噪声小，以及不需要其他辅助机构即能获得传动反行程自锁等优点。

古希腊阿基米德时期就有了蜗杆传动，它可以看作是由简单机械之一的螺旋机构演化而来的。人们很早就注意到蜗杆传动的大减速比、增力作用和反向自锁功能。帆船上的舵原来是用缠绕在鼓轮上的绳索来驱动的，当帆船转向时，需要几个船工来拉动绳索。用蜗杆传动来代替绳索是帆船发展史上的一大进步。随着工业革命时期压力机、输送机、电梯和旋转工作台的出现，蜗杆传动获得了广泛的应用。

由于蜗杆传动在啮合面间有很大的相对滑动，因此效率较低，发热量较高。该缺点在大传动比、大功率和长期连续使用时尤为突出。所以，各种新型蜗杆传动的研究重点就是提高传动效率和承载能力，降低发热量。

二、蜗杆传动的类型

按蜗杆形状，蜗杆传动可分为圆柱蜗杆传动、环面蜗杆传动和锥蜗杆传动，如图19-1所示。

按蜗杆齿廓曲线或加工所用刀具的形状不同，圆柱蜗杆传动分为普通圆柱蜗杆传动和圆弧圆柱蜗杆传动。

在普通圆柱蜗杆传动中，按蜗杆的成形方法和蜗杆齿廓曲线形状的不同，又可分为阿基米德圆柱蜗杆传动、渐开线圆柱蜗杆传动、法向直廓蜗杆传动和锥面包络圆柱蜗杆传动。

阿基米德圆柱蜗杆已如第八章所述，它便于在车床上加工，但难以精确磨削。

渐开线圆柱蜗杆在垂直其轴线的截面内，齿廓曲线为渐开线；在与基圆柱相切的截面（刀具切削刃所在的平面）内，齿廓一侧为直线，另一侧为曲线。这种蜗杆可以用平面砂轮磨削，有利于提高精度，但需要专用机床。

如果蜗杆螺旋线的导程角很大，在加工时最好是使刀具的切削平面垂直于蜗杆齿面的法

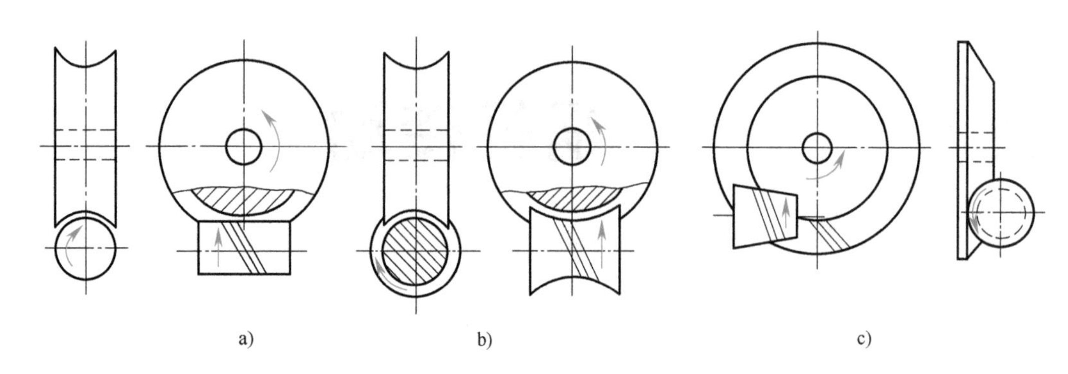

图 19-1 蜗杆传动的类型

a）圆柱蜗杆传动 b）环面蜗杆传动 c）锥蜗杆传动

平面，这样切出的蜗杆称为法向直廓蜗杆。这种蜗杆的磨削可以用小的梯形圆盘砂轮在普通螺纹磨床上进行，并能得到极接近于法向直廓蜗杆的齿廓。切制蜗轮的滚刀也用同样的方法磨削。

锥面包络圆柱蜗杆不能在车床上加工，只能在铣床上铣削并在磨床上磨削。加工时除工件做回转运动外，刀具同时绕自身的轴线做螺旋运动。这时刀具回转曲面的包络面即为蜗杆的螺旋齿面。在蜗杆的任意截面内的齿形都是曲线。这种蜗杆便于磨削，精度高。

在工程上常使用代号来表示蜗杆传动的类型：

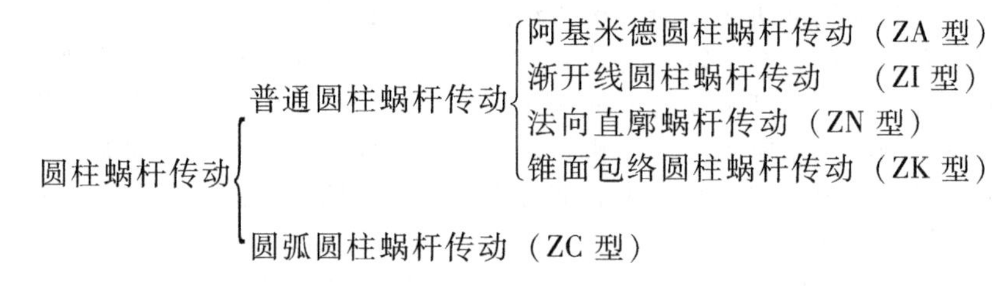

本章着重介绍普通圆柱蜗杆传动及其设计方法。

三、蜗杆传动的精度等级

蜗杆传动轮齿的刚度较齿轮传动的轮齿刚度大，因此制造精度对传动的影响更显著。国家标准对蜗杆传动规定了 12 个精度等级，1 级精度最高，常用的精度等级为 5~9 级。蜗杆传动精度等级的选择，主要取决于传动功率、蜗轮圆周速度及使用条件等，可参考表 19-1。

表 19-1 蜗杆传动的常用精度及其应用

精度等级	5 级	6 级	7 级	8 级	9 级
应用	齿轮机床分度副读数装置的精密传动、电动机调速传动等	齿轮机床或高精度机床的进给系统、工业用高速或重载系统调速器、一般读数装置	一般机床进给传动系统、工业用一般调速器及动力传动装置	圆周速度较小、每天工作时间较短的传动	低速、不重要的传动或手动机构
蜗轮圆周速度 $v_2/(m/s)$	≥7.5	≥5	≤7.5	≤3	≤1.5

注：蜗轮圆周速度仅供参考，它还受材料、润滑、散热等其他条件的限制。

第二节　蜗杆传动的主要参数与几何尺寸

通过蜗杆轴线并与蜗轮轴线垂直的平面称为正交平面，正交平面是蜗杆传动设计计算的基准面。在正交平面上，阿基米德圆柱蜗杆传动相当于渐开线齿条与齿轮的啮合，故通常蜗杆及蜗轮轮齿的参数和尺寸均在该平面内确定。

一、蜗杆传动的主要参数

1. 模数 m 和压力角 α

在正交平面内，蜗杆的轴向模数和轴向压力角应与蜗轮的端面模数和端面压力角分别相等，即

$$m_{x1}=m_{t2}=m \quad \alpha_{x1}=\alpha_{t2}$$

阿基米德圆柱蜗杆（ZA）的轴向压力角 α_a 为标准值（20°），其余三种（ZN、ZI、ZK）蜗杆的法向压力角 α_n 为标准值（20°），蜗杆轴向压力角与法向压力角的关系为

$$\tan\alpha_x=\frac{\tan\alpha_n}{\cos\gamma}$$

式中，γ 为蜗杆分度圆柱导程角。

2. 蜗杆分度圆直径 d_1 和直径系数 q

蜗杆分度圆直径也称为蜗杆直径。为使蜗轮刀具尺寸标准化，国家标准规定将蜗杆直径 d_1 定为标准值，见表 19-2。

蜗杆直径 d_1 与模数 m 的比值称为蜗杆的直径系数，即

$$q=\frac{d_1}{m} \tag{19-1}$$

式中，m 为标准值；q 为导出值。

3. 蜗杆分度圆柱导程角 γ

也称为蜗杆导程角，其计算式为

$$\tan\gamma=\frac{z_1 p_x}{\pi d_1}=\frac{z_1\pi m}{\pi d_1}=\frac{z_1 m}{d_1}=\frac{z_1}{q} \tag{19-2}$$

式中，p_x 为蜗杆轴向齿距；z_1 为蜗杆头数。

蜗杆分度圆柱导程角等于蜗轮分度圆上的螺旋角。

4. 蜗杆头数 z_1、蜗轮齿数 z_2

常用的蜗杆头数为 1、2、4、6，可根据传动比选取（表 19-3）。z_1 多，则蜗杆导程角大，传动效率高，但制造困难；z_1 少，导程角小、效率低、发热多、传动比大。要求蜗杆传动实现反行程自锁时，可取 $z_1=1$。蜗杆螺旋线方向有左、右之分，多用右旋。蜗轮的螺旋线方向与蜗杆相同。

蜗轮齿数 $z_2=iz_1$，用滚刀切制蜗轮时，不产生根切的最少齿数为 $z_{2\min}=17$。但当 $z_2<26$ 时，啮合区急剧减小，将影响传动的平稳性和承载能力。当 $z_2\geqslant 30$ 时，蜗杆传动可实现两对齿以上的啮合。一般取 $z_2=32\sim 80$。

5. 传动比 i、中心距 a

$$i=\frac{n_1}{n_2}=\frac{z_2}{z_1}$$

式中，n_1、n_2 分别为蜗杆和蜗轮的转速；z_1、z_2 分别为蜗杆头数和蜗轮齿数。

表 19-2 普通圆柱蜗杆传动参数 m、d_1、z_1、q 及 m^2d_1

模数 m/mm	分度圆直径 d_1/mm	蜗杆头数 z_1	直径系数 q	m^2d_1 /mm^3
1	18*	1	18	18
1.25	20	1	16	31.25
	22.4*	1	17.92	35
1.6	20	1，2，4	12.5	51.2
	28*	1	17.5	71.68
2	(18)	1，2，4	9	72
	22.4	1，2，4，6	11.2	89.6
	(28)	1，2，4	14	112
	35.5*	1	17.75	142
2.5	(22.4)	1，2，4	8.96	140
	28	1，2，4，6	11.2	175
	(35.5)	1，2，4	14.2	221.875
	45*	1	18	281.25
3.15	(28)	1，2，4	8.889	277.83
	35.5	1，2，4，6	11.27	352.25
	(45)	1，2，4	14.286	446.51
	56*	1	17.778	555.66
4	(31.5)	1，2，4	7.875	504
	40	1，2，4，6	10	640
	(50)	1，2，4	12.5	800
	71*	1	17.75	1136
5	(40)	1，2，4	8	1000
	50	1，2，4，6	10	1250
	(63)	1，2，4	12.6	1575
	90*	1	18	2250
6.3	(50)	1，2，4	7.936	1984.5
	63	1，2，4，6	10	2500.47
	(80)	1，2，4	12.698	3175.2
	112*	1	17.778	4445.28
8	(63)	1，2，4	7.875	4032
	80	1，2，4，6	10	5120
	(100)	1，2，4	12.5	6400
	140*	1	17.5	8960
10	(71)	1，2，4	7.1	7100
	90	1，2，4，6	9	9000
	(112)	1，2，4	11.2	11200
	160	1	16	16000
12.5	(90)	1，2，4	7.2	14062.5
	112	1，2，4	8.96	17500
	(140)	1，2，4	11.2	21875
	200	1	16	31250
16	(112)	1，2，4	7	28672
	140	1，2，4	8.75	35840
	(180)	1，2，4	11.25	46080
	250	1	15.625	64000
20	(140)	1，2，4	7	56000
	160	1，2，4	8	64000
	(224)	1，2，4	11.2	89600
	315	1	15.75	126000
25	(180)	1，2，4	7.2	112500
	200	1，2，4	8	125000
	(280)	1，2，4	11.2	175000
	400	1	16	250000

注：1. 括号内的数字尽量不采用。

2. 带 * 的是导程角 γ 小于 3°30′的圆柱蜗杆。

表 19-3 i 和 z_1 的荐用值

$i\approx$	5~8	7~16	15~32	30~80
z_1	6	4	2	1

应当指出，蜗杆传动的传动比不等于蜗轮、蜗杆的直径比，即

$$i \neq \frac{d_2}{d_1}$$

用于蜗杆传动减速装置的传动比公称值为：5、7.5、10、12.5、15、20、30、40、50、60、70、80。其中 10、20、40、80 为基本传动比，应优先选用。

根据 GB/T 19935—2005 的规定，圆柱蜗杆传动中心距 a 一般应按下列数值选取（mm）：25、32、40、50、63、80、100、125、140、160、180、200、225、250、280、315、355、400、450、500。

二、蜗杆传动的变位

蜗杆传动变位的主要目的是调整中心距或调整传动比。变位方法与齿轮传动的变位方法相同，用改变刀具相对蜗轮毛坯的径向位置来实现。蜗杆齿廓的形状和尺寸与加工蜗轮滚刀的形状与尺寸相当。因刀具的尺寸不能变动，所以被变动的只是蜗轮的尺寸，而蜗杆的尺寸保持不变。变位以后，啮合时只是蜗杆节线有所改变，而蜗轮节圆永远与分度圆重合（图 19-2）。

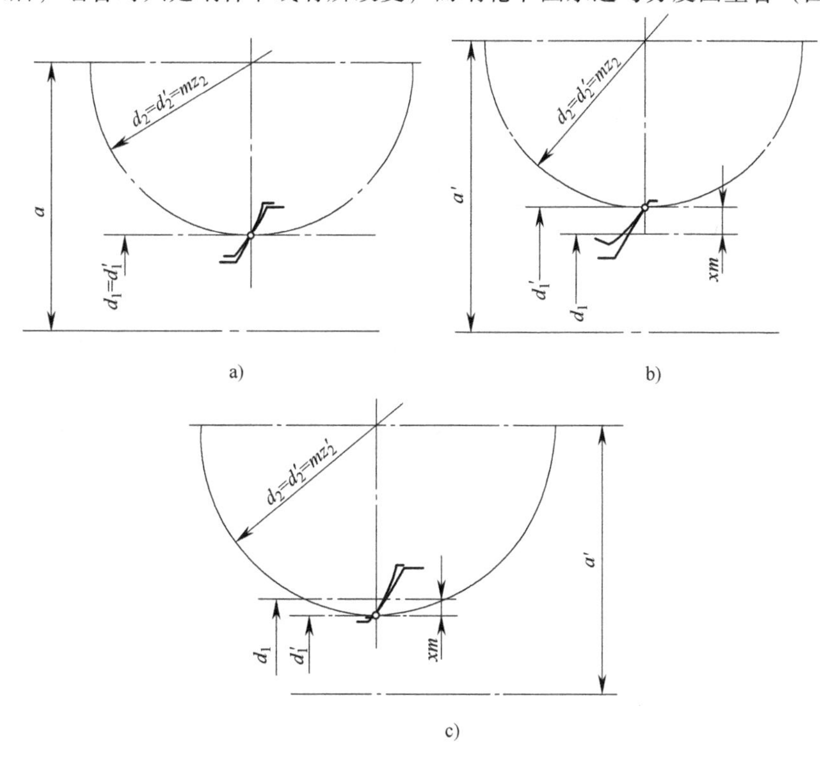

图 19-2　未变位和变位的蜗杆传动

a）未变位，$x=0$　b）正变位，$x>0$　c）负变位，$x<0$

未变位蜗杆传动的中心距　$a=\frac{1}{2}(d_1+d_2)=\frac{1}{2}m(q+z_2)$

变位蜗杆传动的中心距为　$$a'=\frac{1}{2}(d_1+2xm+d_2)=\frac{1}{2}m(q+2x+z_2) \tag{19-3}$$

由此可求出调整中心距时的变位系数为　$$x=\frac{a'}{m}-\frac{1}{2}(q+z_2)=\frac{a'-a}{m} \tag{19-4}$$

为了避免蜗轮轮齿的根切或变尖，以及考虑到接触情况和曲率大小等因素，蜗轮变位系数常取$-0.7 \leqslant x \leqslant 0.8$。$x$为正值时有利于提高接触强度，$x$为负值时有利于改善蜗杆传动的摩擦学性能。

当保持中心距不变，调整传动比时，可通过调整蜗轮齿数（由z_2调为z'_2）实现，于是有

$$\frac{m}{2}(q+z_2)=\frac{m}{2}(q+2x+z'_2) \tag{19-5}$$

故调整传动比时的变位系数为

$$x=\frac{1}{2}(z_2-z'_2) \tag{19-6}$$

三、蜗杆传动的几何计算

圆柱蜗杆传动的基本几何尺寸如图19-3所示，有关尺寸的计算公式见表19-4。

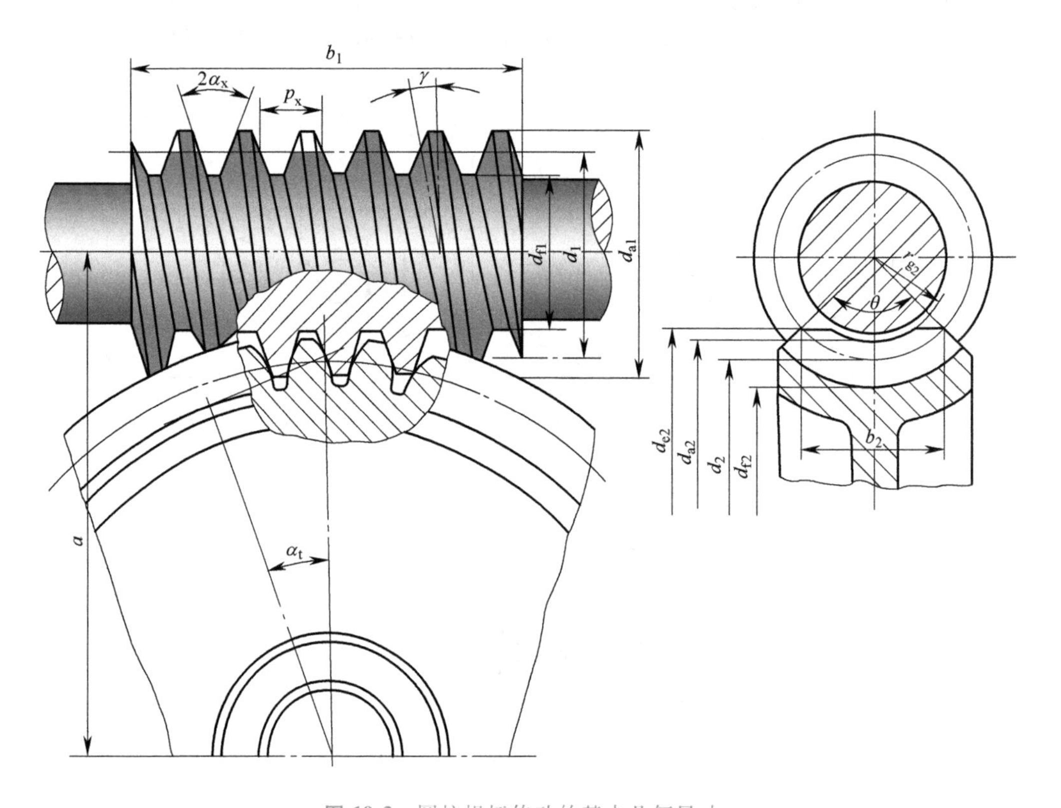

图19-3 圆柱蜗杆传动的基本几何尺寸

表19-4 圆柱蜗杆传动的基本尺寸计算公式（轴交角90°）

基本尺寸	计算公式
蜗杆轴向齿距	$p_x=\pi m$
蜗杆导程	$p_z=\pi m z_1$
中心距	$a=\frac{1}{2}(d_1+d_2)=\frac{1}{2}m(q+z_2)$ $a'=\frac{1}{2}(d_1+2xm+d_2)=\frac{1}{2}m(q+2x+z_2)$

（续）

基本尺寸	计算公式
蜗杆分度圆直径	$d_1=\dfrac{mz_1}{\tan\gamma}=mq$ （d_1为标准值，见表 19-2）
蜗杆齿顶圆直径	$d_{a1}=d_1+2h_a^*m$
蜗杆齿根圆直径	$d_{f1}=d_1-2m(h_a^*+c^*)$
蜗杆节圆直径	$d'_1=d_1+2xm=m(q+2x)$
蜗杆分度圆柱导程角	$\tan\gamma=mz_1/d_1=z_1/q$
蜗杆节圆柱导程角	$\tan\gamma'=z_1/(q+2x)$
蜗杆齿宽（螺纹长度）	建议取$z_1=1$、2时，$b_1\geqslant(12+0.1z_2)m$ $z_1=3$、4时，$b_1\geqslant(13+0.1z_2)m$
渐开线蜗杆基圆直径	$d_{b1}=d_1\tan\gamma/\tan\gamma_b=mz_1/\tan\gamma_b$
渐开线蜗杆基圆导程角	$\cos\gamma_b=\cos\alpha_n\cos\gamma$
蜗轮分度圆直径	$d_2=mz_2=2a'-d_1-2xm$
蜗轮喉圆直径	$d_{a2}=d_2+2m(h_a^*+x)$
蜗轮齿根圆直径	$d_{f2}=d_2-2m(h_a^*-x+c^*)$
蜗轮外径	$d_{e2}\approx d_{a2}+m$
蜗轮咽喉母圆半径	$r_{g2}=a'-\dfrac{d_{a2}}{2}$
蜗轮节圆直径	$d'_2=d_2$
蜗轮齿宽	$b_2\geqslant0.65d_{a1}$
蜗轮齿宽角	$\theta=2\arcsin\dfrac{b_2}{d_1}$

注：1. 取齿顶高系数 $h_a^*=1$，顶隙系数 $c^*=0.2$。
2. $\gamma>15°$的渐开线和法向直廓蜗杆传动，在计算 d_{a1}、d_{f1}、d_{a2}、d_{f2}、d_{e2}公式中的 m 应代以 m_n（$m_n=m\cos\gamma$）。

第三节　蜗杆传动的设计计算

一、失效形式、计算准则及常用材料

1. 失效形式

由于材料和齿形的原因，蜗杆的轮齿强度总高于蜗轮的轮齿强度，故蜗轮轮齿首先失效。因此，在蜗杆传动中，只对蜗轮轮齿进行强度计算。

蜗杆传动的失效形式与齿轮传动相似。由于蜗杆与蜗轮齿面之间有较大的相对滑动，蜗杆传动的主要失效形式是蜗轮齿面胶合、磨损和点蚀等。由于胶合、磨损尚无完善的计算方法，通常只进行齿面接触疲劳强度和齿根弯曲疲劳强度计算，在确定许用应力时适当考虑胶合与磨损因素的影响。

2. 蜗杆传动的计算准则

对于闭式蜗杆传动，首先按齿面接触疲劳强度进行设计，再按齿根弯曲疲劳强度进行校核。由于闭式传动散热条件差，容易引起润滑失效导致齿面胶合，还应进行热平衡计算。对于开式蜗杆传动，通常只需进行齿根弯曲疲劳强度计算。

必要时应按轴的计算方法对蜗杆进行强度、刚度计算（如细长蜗杆或重载蜗杆）。

3. 蜗杆传动的材料

蜗杆和蜗轮的材料不仅要求有足够的强度，而且配副材料要有优良的减摩性和摩擦相容

性。实践证明，保持蜗杆、蜗轮齿面较高的硬度差能提高蜗轮齿面的抗胶合能力，故用热处理方法提高蜗杆齿面硬度很重要。常用的蜗杆材料（表19-5）有优质碳钢、合金钢，经淬火处理获得较高齿面硬度并经磨削或抛光。调质蜗杆只用于速度低、载荷小的场合。

表19-5 蜗杆材料及工艺要求

蜗杆材料	热处理	硬度	表面粗糙度参数 Ra/μm
40,45,40Cr,40CrNi,42SiMn	表面淬火	45~55HRC	1.6~0.8
20Cr,20CrMnTi,12CrNi3A	表面渗碳淬火	58~63HRC	1.6~0.8
45	调质	≤270HBW	6.3

常用的蜗轮材料有铸锡青铜ZCuSn10P1和ZCuSn5Pb5Zn5，它们适用于滑动速度较高的重要传动。铝青铜ZCuAl10Fe3和ZCuAl10Fe3Mn2的抗胶合能力较差，用于滑动速度小于8m/s的场合。滑动速度小于2m/s时，可采用灰铸铁。为了防止变形，常对蜗轮进行时效处理。常用蜗轮材料及其强度极限见表19-6。

表19-6 常用蜗轮材料及其强度极限

强度极限	材料									
	ZCuSn10P1		ZCuSn5Pb5Zn5			ZCuAl10Fe3 ZCuAl10Fe3Mn2			HT200	HT150
	砂型	金属型	砂型	金属型	离心铸	砂型	金属型	离心铸	砂型	砂型
抗拉强度 R_m/MPa	220	310	180	200	200	490	540	540	200	150
屈服强度 R_{eL}/MPa	140	200	80	80	90	200	200			
抗弯强度 σ_{bB}/MPa									400	330
适用滑动速度 v_s/(m/s)	≤12	≤25	≤10	≤12		≤8			≤2	

二、蜗杆传动的受力分析

蜗杆传动的受力分析和斜齿轮传动相似。由于蜗杆传动的摩擦损失大，在进行受力分析时，本应考虑齿面间的摩擦力，但为了简化常略去摩擦力。

图19-4所示是以右旋蜗杆为主动件，蜗杆按图示方向回转时蜗杆、蜗轮的受力情况。由图可见，作用在节点P处的法向力F_n，可分解为三个互相垂直的分力，即切向力F_t、径向力F_r和轴向力F_x。而且由力的平衡关系可知，作用于蜗杆和蜗轮上的三对分力F_{t1}和F_{x2}、F_{r1}和F_{r2}、F_{x1}和F_{t2}彼此大小相等，方向相反。各分力可按下式计算

$$\left.\begin{aligned} F_{t2} &= \frac{2T_2}{d_2} = F_{x1} \\ F_{t1} &= \frac{2T_1}{d_1} = F_{x2} \\ F_{r1} &= F_{x1}\tan\alpha = F_{r2} \\ F_n &= \frac{F_{x1}}{\cos\alpha_n \cos\gamma} = \frac{F_{t2}}{\cos\alpha_n \cos\gamma} = \frac{2T_2}{d_2 \cos\alpha_n \cos\gamma} \end{aligned}\right\} \tag{19-7}$$

式中，T_2为蜗轮工作转矩，$T_2=T_1 i\eta_1$（η_1为啮合效率，T_1为蜗杆工作转矩）；α_n为法向压力角，$\tan\alpha_n=\tan\alpha\ \cos\gamma$。

在进行蜗杆传动的受力分析时，应注意其受力方向的判定。当蜗杆为主动件时，各力的受力方向如下：蜗杆上的切向力F_{t1}是阻力，所以与蜗杆转动方向相反；径向力F_{r1}指向轴心；轴向力F_{x1}的方向与蜗杆螺旋线旋向和蜗杆的转向有关，可用主动轮的手握方法来判定。如右

旋蜗杆，用右手握住蜗杆，四指的指向为蜗杆的转向，则拇指伸直的指向就是 F_{x1} 的方向。一般蜗轮为从动件，当 F_{t2} 方向确定后，因 n_2 与 F_{t2} 方向相同，故蜗轮转动方向即可确定。

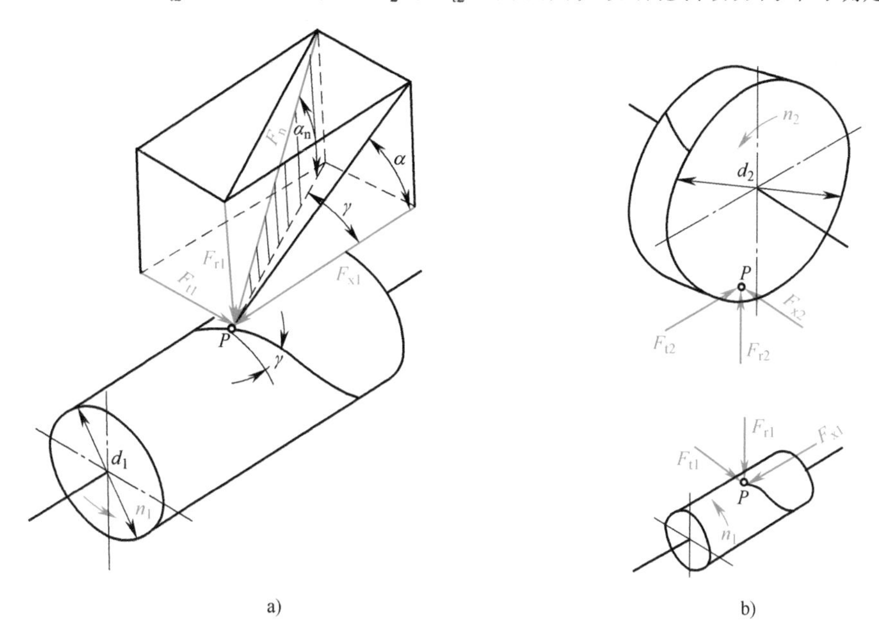

图 19-4 蜗杆传动的受力分析

三、蜗杆传动的承载能力计算

1. 蜗轮齿面接触疲劳强度计算

蜗杆传动的齿面接触疲劳强度计算与齿轮传动相似，强度条件按式（13-44b），其中以计算载荷 F_{nc} 代替 F，以节点啮合为计算出发点，并令

$$\frac{F_{nc}}{L}=\frac{KF_n}{L} \qquad K=K_A K_v K_\beta \tag{19-8}$$

式中，F_n 为法向力；K 为载荷系数；K_A 为工作情况系数，其值见表 19-7；K_v 为动载系数；K_β 为齿向载荷分布系数。

由于蜗杆传动比齿轮传动运动平稳，所以 K_v 值较小。当蜗轮圆周速度 $v_2 \leqslant 3\text{m/s}$ 时，$K_v=1\sim1.1$；当 $v_2>3\text{m/s}$ 时，$K_v=1.1\sim1.2$。

载荷稳定时，蜗轮轮齿由于材料较软将很快磨合，从而使载荷集中现象得到消除，取 $K_\beta=1$。载荷变化时，由于蜗杆的变形不稳定，难以用磨合方法使载荷分布均匀，取 $K_\beta=1.1\sim1.3$，刚度大的蜗杆取小值，反之取大值。

表 19-7 工作情况系数 K_A

动力机	工作机		
	平稳	中等冲击	严重冲击
电动机、汽轮机	0.8~1.25	0.9~1.5	1.0~1.75
多缸内燃机	0.9~1.5	1.0~1.75	1.25~2.0
单缸内燃机	1.0~1.75	1.25~2.0	1.5~2.25

注：小值用于每日偶尔工作，大值用于长期连续工作。

L 为接触线长度。可近似由下式计算

$$L=\chi\varepsilon_{a}\frac{\pi d_{1}\theta}{360^{\circ}\cos\gamma}$$

式中，χ 为接触线长度变化系数；ε_{a} 为端面重合度；θ 为蜗轮齿宽角。取 $\chi=0.75$，$\varepsilon_{a}=2$，$\theta=100^{\circ}$，因而有

$$L=\frac{1.31d_{1}}{\cos\gamma}$$

故
$$\frac{KF_{n}}{L}=\frac{2KT_{2}}{d_{2}\cos\alpha_{n}\cos\gamma}\frac{\cos\gamma}{1.31d_{1}}=\frac{1.62KT_{2}}{d_{1}d_{2}}$$

对于阿基米德圆柱蜗杆，在正交平面内蜗杆与蜗轮的啮合，相当于齿条与齿轮的啮合，故 $\rho_{1}=\infty$，$\rho_{2}=\frac{d_{2}\sin\alpha_{n}}{2\cos^{2}\gamma}\approx\frac{d_{2}\sin\alpha}{2\cos\gamma}$，于是

$$\frac{1}{\rho}=\frac{1}{\rho_{1}}+\frac{1}{\rho_{2}}=\frac{2\cos\gamma}{d_{2}\sin\alpha}$$

将 $\frac{KF_{n}}{L}$、$\frac{1}{\rho}$ 代入式（13-44b）得蜗杆传动的接触疲劳强度验算公式为

$$\sigma_{H}=\sqrt{\frac{1}{\pi\left(\frac{1-\mu_{1}^{2}}{E_{1}}+\frac{1-\mu_{2}^{2}}{E_{2}}\right)}}\sqrt{\frac{1.62KT_{2}}{d_{1}d_{2}}\frac{2\cos\gamma}{d_{2}\sin20^{\circ}}}=Z_{E}\sqrt{\frac{9.47KT_{2}}{d_{1}d_{2}^{2}}\cos\gamma}$$

为了简化计算引入量纲为1的参数 Z_{ρ}

$$Z_{\rho}=\sqrt{\frac{a^{3}}{d_{1}d_{2}^{2}}9.47\cos\gamma}=\sqrt{9.47\cos\gamma\frac{a}{d_{1}}\frac{1}{\left(\frac{d_{2}}{a}\right)^{2}}}=\sqrt{9.47\cos\gamma\frac{a}{d_{1}}\frac{1}{\left(2-\frac{d_{1}}{a}\right)^{2}}}$$

一般 $\gamma=5^{\circ}\sim25^{\circ}$，$\sqrt{\cos\gamma}=0.95\sim0.998$，取 $\sqrt{\cos\gamma}\approx1$。则蜗杆传动的接触疲劳强度验算公式可写为

$$\sigma_{H}=Z_{E}Z_{\rho}\sqrt{\frac{KT_{2}}{a^{3}}}\leqslant[\sigma_{H}] \tag{19-9}$$

设计公式为
$$a\geqslant\sqrt[3]{KT_{2}\left(\frac{Z_{E}Z_{\rho}}{[\sigma_{H}]}\right)^{2}} \tag{19-10}$$

式中，Z_{ρ} 为蜗杆传动的接触系数，根据 $\frac{d_{1}}{a}$ 查图19-5，设计时 $\frac{d_{1}}{a}$ 由 i 选取，当 $i=70\sim20$ 时，$\frac{d_{1}}{a}\approx0.3\sim0.4$，当 $i=20\sim5$ 时，$\frac{d_{1}}{a}\approx0.4\sim0.5$；$Z_{E}$ 为弹性系数，见表18-9；$[\sigma_{H}]$ 为蜗轮许用接触应力。

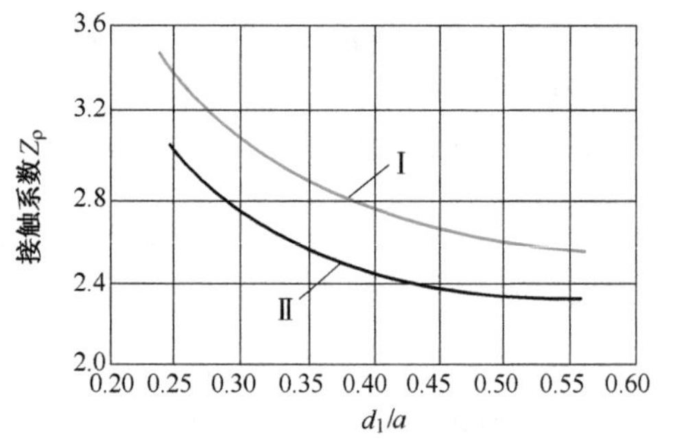

图19-5 接触系数
Ⅰ—用于ZI型蜗杆（ZA、ZN型也适用）
Ⅱ—用于ZC型蜗杆

式（19-9）和式（19-10）可用于ZA、ZI、ZN、ZC型的蜗杆传动。设计时按式（19-10）初定中心距，根据 d_{1}/a 的选取值初步确定蜗杆

分度圆直径，并按下式计算模数值，再按表 19-2 选取 m、d_1的标准值。

$$m=\frac{2a-d_1}{z_2} \tag{19-11}$$

2. 蜗轮轮齿弯曲疲劳强度计算

由于蜗轮轮齿形状复杂，准确计算齿根弯曲应力比较困难。可把蜗轮近似视为斜齿圆柱齿轮，借用其弯曲应力计算式，导出蜗轮轮齿齿根弯曲应力计算式。此时应将$\frac{T_1}{d_1}$用$\frac{T_2}{d_2}$代替，并代入 $b=\frac{\pi d_1\theta}{360°\cos\gamma}$，$m_n=m\cos\gamma$，不计齿根应力修正系数（在许用应力中考虑），则蜗轮的弯曲应力为

$$\sigma_F=\frac{2KT_2}{d_2m\cos\gamma}\frac{360°\cos\gamma}{\pi d_1\theta}Y_FY_\gamma Y_\varepsilon \tag{19-12}$$

取重合度系数 $Y_\varepsilon=\frac{1}{\chi\varepsilon_a}=\frac{1}{0.75\times2}=0.667$（$\chi$ 为接触线长度变化系数，ε_a为端面重合度），$\theta\approx100°$，代入式（19-12）得蜗杆传动弯曲疲劳强度验算公式为

$$\sigma_F=\frac{1.53KT_2}{d_1d_2m}Y_FY_\gamma\leqslant[\sigma_F] \tag{19-13}$$

式中，Y_F为蜗轮齿形系数，根据当量齿数 $z_v=\frac{z_2}{\cos^3\gamma}$由表 19-8 选取；$Y_\gamma$为螺旋角系数，$Y_\gamma=1-\frac{\gamma}{140°}$；$[\sigma_F]$ 为蜗轮许用弯曲应力。

设计公式为

$$m^2d_1\geqslant\frac{1.53KT_2}{z_2[\sigma_F]}Y_FY_\gamma \tag{19-14}$$

计算出 m^2d_1后，可从表 19-2 中查出相应的参数。

表 19-8　蜗轮齿形系数 Y_F

z_v	Y_F	z_v	Y_F	z_v	Y_F	z_v	Y_F
20	2.24	30	1.99	40	1.76	80	1.52
24	2.12	32	1.94	45	1.68	100	1.47
26	2.10	35	1.86	50	1.64	150	1.44
28	2.04	37	1.82	60	1.59	300	1.40

3. 蜗轮的许用应力

蜗轮的许用应力见表 19-9。

蜗杆传动的接触疲劳强度计算是条件性的计算，即在齿面接触疲劳强度的许用接触应力中条件性考虑蜗轮齿面的胶合和磨损失效因素的影响。因此，蜗轮许用接触应力与材料种类、蜗杆齿面硬度及齿面滑动速度有关。当蜗轮材料为铸锡青铜时，由于其抗胶合能力较好，故近似仅按接触疲劳点蚀确定许用应力，铸锡青铜蜗轮的基本许用接触应力见表 19-10；当蜗轮材料为铸造铝铁青铜或灰铸铁时，由于其抗胶合能力较差，故需按蜗轮和蜗杆的齿面相对滑动速度 v_s确定许用接触应力。灰铸铁及铸造铝铁青铜蜗轮的许用接触应力见表 19-11。

蜗轮的基本许用弯曲应力见表 19-12。

表 19-9 蜗轮的许用应力

蜗轮材料	许用接触应力$[\sigma_H]$	许用弯曲应力$[\sigma_F]$
铸锡青铜	$[\sigma_H]=[\sigma_H]'Z_N$ $[\sigma_H]'$为蜗轮的基本许用接触应力，见表 19-10 Z_N为接触寿命系数，$Z_N=\sqrt[8]{\frac{10^7}{N}}$ N为应力循环次数，见式(18-15) $N>2.5\times10^8$时，取$N=2.5\times10^8$ $N<2.6\times10^5$时，取$N=2.6\times10^5$	$[\sigma_F]=[\sigma_F]'Y_N$ $[\sigma_F]'$为计入齿根应力修正系数后蜗轮的基本许用弯曲应力，见表 19-12 Y_N为弯曲寿命系数，$Y_N=\sqrt[9]{\frac{10^6}{N}}$ N为应力循环次数，见式(18-15) $N>2.5\times10^8$时，取$N=2.5\times10^8$ $N<10^5$时，取$N=10^5$
灰铸铁 铸造铝铁青铜	$[\sigma_H]$见表 19-11	

表 19-10 铸锡青铜蜗轮的基本许用接触应力$[\sigma_H]'$ （单位：MPa）

蜗轮材料	铸造方法	蜗杆齿面的硬度	
		≤45HRC	>45HRC
铸锡磷青铜 ZCuSn10P1	砂型铸造	180	200
	金属型铸造	200	220
铸锡铅锌青铜 ZCuSn5Pb5Zn5	砂型铸造	110	125
	金属型铸造	135	150
	离心铸造	160	180

表 19-11 灰铸铁及铸造铝铁青铜蜗轮的许用接触应力$[\sigma_H]$ （单位：MPa）

材料		滑动速度 v_s/(m/s)						
蜗杆	蜗轮	<0.25	0.25	0.5	1	2	3	4
20钢或20Cr渗碳淬火，45钢淬火，齿面硬度大于45HRC	灰铸铁 HT150	206	166	150	127	95		
	灰铸铁 HT200	250	202	182	154	115		
	铸造铝铁青铜 ZCuAl10Fe3	230	190	180	173	163	154	149
45钢或Q275	灰铸铁 HT150	172	139	125	106	79		
	灰铸铁 HT200	208	168	152	128	96		

表 19-12 蜗轮的基本许用弯曲应力$[\sigma_F]'$ （单位：MPa）

蜗轮材料	铸锡磷青铜 ZCuSn10P1		铸锡铅锌青铜 ZCuSn5Pb5Zn5		铸造铝铁青铜 ZCuAl10Fe3		灰铸铁	
							HT150	HT200
铸造方法	砂型铸造	金属型铸造	砂型铸造	金属型铸造	砂型铸造	金属型铸造	砂型铸造	
$N=10^6$ 单侧工作	40	56	26	32	80	90	40	48
$N=10^6$ 双侧工作	29	40	22	26	57	64	28	34

由图 19-6，相对滑动速度为

$$v_s=\frac{v_1}{\cos\gamma}=\frac{v_2}{\sin\gamma} \tag{19-15}$$

式中，v_1 和 v_2 分别为蜗杆和蜗轮的圆周速度。

四、蜗杆传动的效率

和闭式齿轮传动一样，闭式蜗杆传动的功率损耗包括三部分，即啮合摩擦损耗、轴承摩擦损耗及进入油池中的零件搅油损耗。蜗杆传动的效率可由下式计算

$$\eta=\eta_1\eta_2\eta_3 \tag{19-16}$$

$$\eta_1=\frac{\tan\gamma}{\tan(\gamma+\rho')}\quad（蜗杆主动） \tag{19-17}$$

式中，η 为蜗杆传动的总效率；η_1 为传动的啮合效率，初步计算时，η_1 可近似按表 19-13 选取；η_2 为轴承效率；η_3 为搅油损耗效率；ρ' 为当量摩擦角，$\rho'=\arctan\mu_v$，μ_v 值根据滑动速度 v_s 由表 19-14 选取。

蜗杆传动中多采用滚动轴承，其效率可取 $\eta_2=0.99$，采用滑动轴承时可取 $\eta_2\approx0.98$；搅油损耗效率一般取 $\eta_3=0.96\sim0.99$；可见，蜗杆传动的效率主要是传动的啮合效率 η_1，η_2 和 η_3 通常可忽略不计。

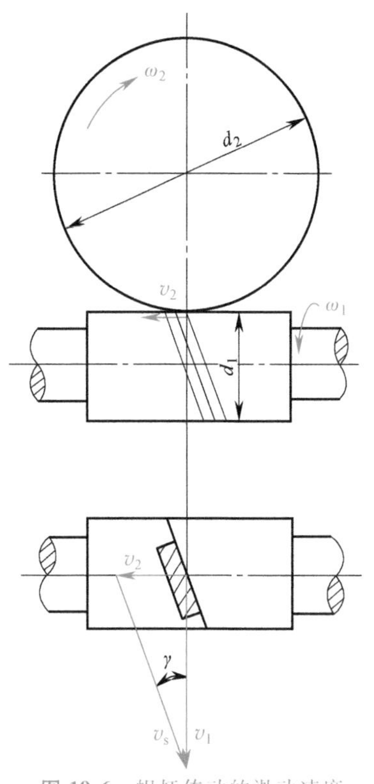

图 19-6　蜗杆传动的滑动速度

表 19-13　η_1 的近似值

z_1	1	2	4	6
η_1	0.7~0.75	0.75~0.85	0.87~0.95	0.95

表 19-14　圆柱蜗杆传动的当量摩擦因数 μ_v

蜗轮齿圈材料	锡青铜		铝青铜	灰铸铁	
蜗杆齿面硬度	≥45HRC	<45HRC	≥45HRC	≥45HRC	<45HRC
滑动速度 v_s/(m/s)	当量摩擦因数 μ_v				
0.25	0.065	0.075	0.100	0.100	0.120
0.50	0.055	0.065	0.090	0.090	0.100
1.0	0.045	0.055	0.070	0.070	0.090
1.5	0.040	0.050	0.065	0.065	0.080
2.0	0.035	0.045	0.055	0.055	0.070
2.5	0.030	0.040	0.050		
3.0	0.028	0.035	0.045		
4.0	0.024	0.031	0.040		
5.0	0.022	0.029	0.035		
8.0	0.018	0.026	0.030		
10	0.016	0.024			
15	0.014	0.020			
24	0.013				

注：如滑动速度与表中数值不一致时，可用插入法求得 μ_v 值。

五、蜗杆传动的润滑

由于蜗杆传动相对于齿轮传动效率较低，润滑对于蜗杆传动有特别重要的意义，推荐的润滑油黏度和润滑方法见表19-15。为了提高蜗杆传动的抗胶合性能，在矿物油中常加入添加剂。青铜蜗轮忌用有腐蚀性的硫、磷添加剂。常用的蜗杆传动专用润滑油有：L-CKE、L-CKE/P。

闭式蜗杆传动采用油浴润滑时，在搅油损失不大的情况下，应有适当的油量，以免油很快劣化和泛起沉积物，且有助于散热。对于下置式蜗杆传动，浸油深度最少为蜗杆的一个齿高；当上置蜗杆时，浸油深度为蜗轮半径的1/6~1/3。

表19-15 蜗杆传动荐用润滑油黏度和润滑方法

滑动速度 v_s/(m/s)	0~1	1~2.5	2.5~5	>5~10	>10~15	>15~24	>25
润滑油黏度 v_{40}/(mm^2/s)	1000	580	270	220	130	90	68
润滑方法	油池润滑			喷油或油池润滑	喷油润滑		

六、蜗杆传动的热平衡计算

由于蜗杆传动的效率较低，工作时产生大量的摩擦热。如果闭式蜗杆传动散热条件较差，因油温不断升高而使润滑失效，增大摩擦，甚至发生胶合。应该对闭式蜗杆传动进行热平衡计算。达到热平衡时，传动的发热速率应和箱体的散热速率相等。即

$$\left.\begin{aligned}&(1-\eta)P_1=hA(t_1-t_0)=hA\Delta t\\&\Delta t=\frac{(1-\eta)P_1}{hA}\\&A=A_1+0.5A_2\end{aligned}\right\}\tag{19-18}$$

式中，P_1为蜗杆传动输入功率（W）；η为蜗杆传动的效率，见式（19-16）；t_0为环境空气温度，通常取$t_0=20℃$；t_1为润滑油的工作温度；Δt为润滑油的温升，$\Delta t<55\sim70℃$；h为表面传热系数，一般取$h=12\sim18\text{W}/(\text{m}^2\cdot\text{K})$，当箱体通风良好时取大值；$A$为箱体散热面积（m^2）；$A_1$为箱体内能被润滑油所飞溅到且箱体外被周围空气冷却到的面积（m^2）；A_2为箱体凸缘、散热片、加强肋等的表面积（m^2）。

蜗杆传动的箱体散热面积A可用下式估算

$$A=0.33\left(\frac{a}{100}\right)^{1.75}\quad（有散热片）\tag{19-19}$$

式中，a为蜗杆传动的中心距（mm）。

若润滑油的温升Δt超过允许值时，应采用以下措施提高散热能力：

1）在箱外表面加散热片，增加散热面积。

2）在蜗杆轴端安装风扇，加速空气流动，提高散热能力。加风扇的表面传热系数$h=18\sim35\text{W}/(\text{m}^2\cdot\text{K})$，蜗杆转速高时取大值，反之取小值（图19-7a）。

3）在油池内安装蛇形水管（图 19-7b）。

4）采用压力喷油循环润滑（图 19-7c）。

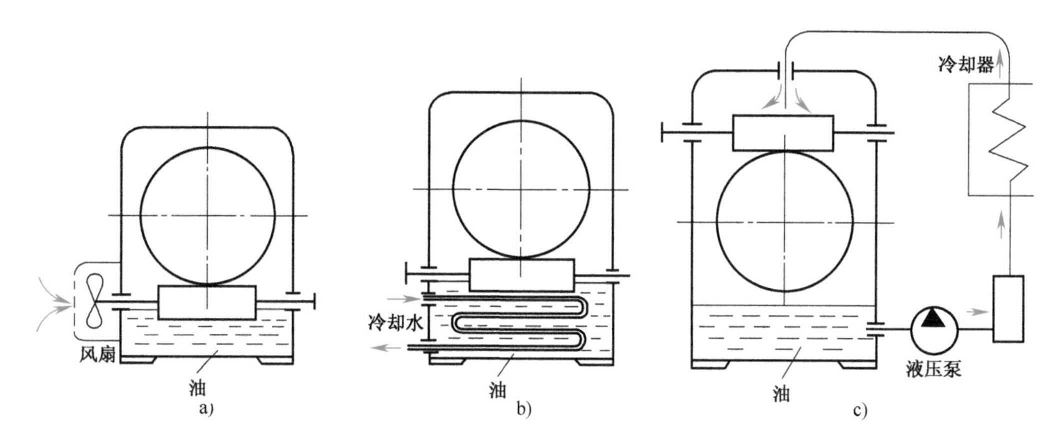

图 19-7　蜗杆传动的冷却方法

a）风扇冷却　b）冷却水管冷却　c）压力喷油润滑

例题　设计一带式输送机，用闭式圆柱蜗杆减速传动。已知输入功率 $P_1=5.5\text{kW}$，电动机驱动，蜗杆转速 $n_1=1440\text{r/min}$，传动比 $i=20$（允许误差 5%）。载荷平稳，预计使用寿命 10 年，每天工作 8h（每年按 250 工作日计）。

解：

计算与说明	主要结果
1. 选择材料 由表 19-5 和表 19-6，蜗杆选用 45 钢表面淬火，表面硬度 45~55HRC；蜗轮选用 ZCuSn10P1，砂型铸造，$R_m=220\text{MPa}$，$R_{eL}=140\text{MPa}$	蜗杆 45 钢表面淬火 蜗轮 ZCuSn10P1，砂型铸造
2. 确定 z_1、z_2、n_2 由表 19-3 确定蜗杆头数 $z_1=2$ $z_2=iz_1=20\times2=40$，$n_2=\dfrac{n_1}{i}=\dfrac{1440}{20}\text{r/min}=72\text{r/min}$	$z_1=2$ $z_2=40$ $n_2=72\text{r/min}$
3. 计算蜗轮工作转矩 T_2 由表 19-13 估计蜗杆传动的效率 $\eta_1=0.83$ $T_2=9.55\times10^6\dfrac{P_1\eta i}{n_1}=9.55\times10^6\times\dfrac{5.5\times0.83\times20}{1440}\text{N}\cdot\text{mm}=6.02\times10^5\text{N}\cdot\text{mm}$	$T_2=6.02\times10^5\text{N}\cdot\text{mm}$
4. 确定载荷系数 K 由表 19-7 查取工作情况系数 $K_A=1$ 初设蜗轮圆周速度 $v_2\leqslant3\text{m/s}$，取动载系数 $K_v=1$，因载荷平稳，取齿向载荷分布系数 $K_\beta=1$ 故　$K=K_AK_vK_\beta=1\times1\times1=1$	$K=1$
5. 确定蜗轮许用接触应力 $[\sigma_H]$ 由表 19-10，蜗轮材料为 ZCuSn10P1，砂型铸造，蜗杆齿面硬度>45HRC，$Z_N=1$ 得 $[\sigma_H]=200\text{MPa}$ 6. 接触疲劳强度计算 由式(19-10) $a\geqslant\sqrt[3]{KT_2\left(\dfrac{Z_EZ_\rho}{[\sigma_H]}\right)^2}$	取 $[\sigma_H]=200\text{MPa}$

（续）

计算与说明	主要结果
查图 19-5，取$\frac{d_1}{a}=0.4$，得 $Z_\rho=2.7$ 由表 18-9 查得弹性系数 $Z_E=155$ 将各参数代入上式得 $a\geqslant\sqrt[3]{6.02\times10^5\times\left(\frac{155\times2.7}{200}\right)^2}\text{ mm}=138\text{mm}$ 由$\frac{d_1}{a}=0.4$得 $d_1=0.4\times138\text{mm}=55.2\text{mm}$ $m=\frac{2a-d_1}{z_2}=\frac{2\times138-55.2}{40}\text{mm}=5.52\text{mm}$ 由表 19-2 选取 $m=6.3\text{mm}$，$d_1=63\text{mm}$，$q=10$	$m=6.3\text{mm}$，$d_1=56\text{mm}$，$q=10$
7. 计算蜗轮圆周速度 v_2 与齿面滑动速度 v_s $v_2=\pi d_2n_2=\pi mz_2n_2=\frac{\pi\times6.3\times40\times72}{60\times1000}\text{m/s}=0.95\text{m/s}$	$v_2=0.95\text{m/s}$
蜗杆分度圆柱导程角 $\gamma=\arctan\frac{z_1}{q}$ $\gamma=\arctan\frac{2}{10}=11°18'36''$	$\gamma=11°18'36''$
由式(19-15)得 $v_s=\frac{v_2}{\sin\gamma}=\frac{0.95}{\sin11°18'36''}\text{m/s}=4.84\text{m/s}$ 由于 $v_2<3\text{m/s}$，故选取 $K_v=1$ 可用；$v_s<12\text{m/s}$，蜗轮材料选取 ZCuSn10P1 砂型铸造可用	$v_s=4.84\text{m/s}$
8. 传动效率计算 由表 19-14 可知，$v_s=4.84\text{m/s}$ 时，插值得 $\mu_v=0.0224$，当量摩擦角 $\rho'=1°17'$ 啮合效率 $\eta_1=\frac{\tan\gamma}{\tan(\gamma+\rho')}=\frac{\tan11°18'36''}{\tan(11°18'36''+1°17')}=0.90$ 高于初估效率，可用 取轴承效率 $\eta_2=0.99$ 取搅油损耗效率 $\eta_3=0.98$ 蜗杆传动的总效率 $\eta=\eta_1\eta_2\eta_3=0.9\times0.99\times0.98=0.87$	$\eta=0.87$
9. 蜗杆传动主要几何尺寸计算 (1)中心距 a $a=\frac{m}{2}(q+z_2)=\frac{6.3}{2}(10+40)\text{mm}=157.5\text{mm}$	$a=157.5\text{mm}$
(2)分度圆直径 d_1、d_2 $d_1=63\text{mm}$，$\frac{d_1}{a}=\frac{63}{157.5}=0.4$，与初设相符 $d_2=mz_2=6.3\times40\text{mm}=252\text{mm}$	$d_2=252\text{mm}$
(3)蜗杆齿顶圆直径 d_{a1}、蜗轮喉圆直径 d_{a2} $d_{a1}=d_1+2h_a^*m=d_1+2m=(63+2\times6.3)\text{mm}=75.6\text{mm}$ $d_{a2}=d_2+2h_a^*m=d_2+2m=(252+2\times6.3)\text{mm}=464.6\text{mm}$	$d_{a1}=75.6\text{mm}$ $d_{a2}=464.6\text{mm}$
10. 弯曲疲劳强度验算 由式（19-13）可知 $\sigma_F=\frac{1.53KT_2}{d_1d_2m}Y_FY_\gamma\leqslant[\sigma_F]$	

（续）

计算与说明	主要结果
蜗轮当量齿数 $z_v=\frac{z_2}{\cos^3\gamma}=\frac{40}{\cos^3 11°18'36''}=42.42$	
由表 19-8 选取蜗轮齿形系数 $Y_F=1.72$	
螺旋角系数 $Y_\gamma=1-\frac{\gamma}{140°}=1-\frac{11°18'36''}{140°}=0.92$	$Y_F=1.72$
故 $\sigma_F=\frac{1.53KT_2}{d_1d_2m}Y_FY_\gamma=\frac{1.53\times1\times6.02\times10^5}{63\times252\times6.3}\times1.72\times0.92\text{MPa}=14.57\text{MPa}$	$\sigma_F=14.57\text{MPa}$
由表 19-9，许用弯曲应力 $[\sigma_F]=[\sigma_F]'Y_N$	
由表 19-12，蜗轮材料为 ZCuSn10P1，单侧工作，砂型铸造，取 $[\sigma_F]'$为 40MPa	
$Y_N=\sqrt[9]{\frac{10^6}{N}}=\sqrt[9]{\frac{10^6}{8.64\times10^7}}=0.61$	
$[\sigma_F]=[\sigma_F]'Y_N=40\times0.61\text{MPa}=24.4\text{MPa}$	$[\sigma_F]=24.4\text{MPa}$
则 $\sigma_F<[\sigma_F]$	可用
11. 热平衡计算	
由式（19-18）可知 $\Delta t=\frac{(1-\eta)P_1}{hA}$	
箱体通风条件适中，取表面传热系数 $h=15\text{W/(m}^2\cdot\text{K)}$	
按式（19-19）估算箱体散热面积 A	
$A=0.33\left(\frac{a}{100}\right)^{1.75}=0.33\left(\frac{157.5}{100}\right)^{1.75}\text{m}^2=0.73\text{m}^2$	$A=0.73\text{m}^2$
故 $\Delta t=\frac{(1-0.87)\times5.5\times1000}{15\times0.73}℃=65.3℃<55\sim70℃$	$\Delta t=65.3℃$，可用

注：本题参数中的蜗轮齿数也可选 $z_2=41$，此时应取变位系数 $x_2=-0.1032$。d_1/a 与初设不符时用试算法。

第四节 圆弧圆柱蜗杆传动简介

圆弧圆柱蜗杆传动是一种新型的蜗杆传动。它是在普通圆柱蜗杆传动的基础上发展起来的。圆弧圆柱蜗杆的齿面一般为圆弧形凹面，由此命名，代号为 ZC。

圆弧圆柱蜗杆传动可分为圆环面包络圆柱蜗杆传动和轴向圆弧齿圆柱蜗杆传动两种类型。

一、圆环面包络圆柱蜗杆传动

该蜗杆齿面是圆环面砂轮与蜗杆做相对螺旋运动时，砂轮曲面族的包络面。圆环面包络圆柱蜗杆传动又可分为 ZC_1 和 ZC_2 两种形式。

（1）ZC_1蜗杆传动　蜗杆齿面是由圆环面（砂轮）形成的，蜗杆轴线与砂轮轴线的公垂线通过蜗杆齿槽的某一位置。砂轮与蜗杆齿面的瞬时接触线是一条固定的空间曲线。砂轮与蜗杆的相对位置如图 19-8a 所示。

（2）ZC_2蜗杆传动　蜗杆齿面是由圆环面（砂轮）形成的，蜗杆轴线与砂轮轴线的轴交角为某一角度，该两轴线的公垂线通过砂轮齿廓曲率中心。砂轮与蜗杆齿面的瞬时接触线是一条与砂轮的轴向齿廓互相重合的固定平面曲线。砂轮与蜗杆的相对位置如图 19-8b 所示。

二、轴向圆弧齿圆柱蜗杆（ZC_3）传动

该蜗杆齿面是由蜗杆轴向平面（含轴平面）内一段凹圆弧绕蜗杆的轴线做螺旋运动时

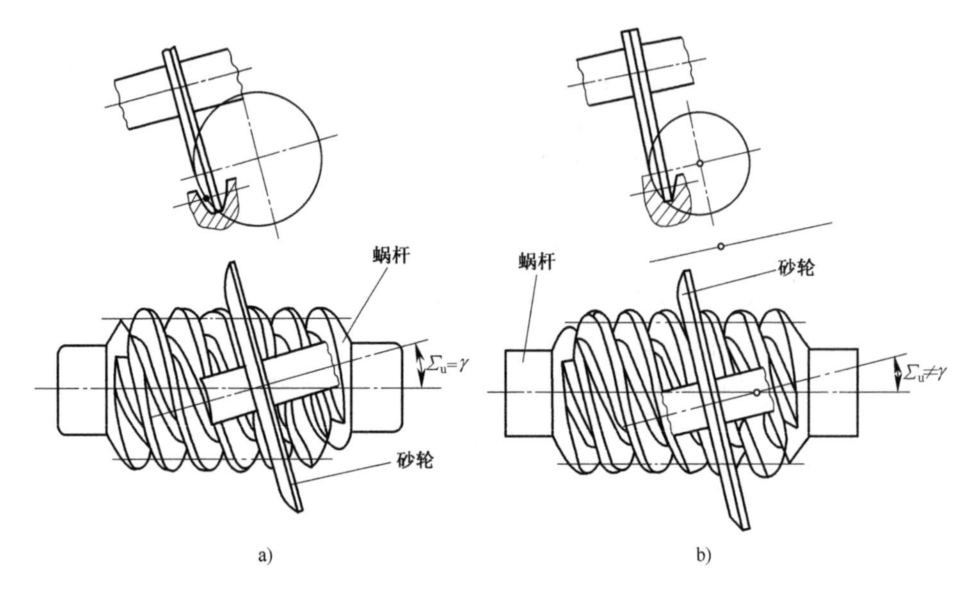

图 19-8 圆环面包络圆柱蜗杆的加工

形成的，也就是将凸圆弧车刀前刀面置于蜗杆轴向平面内，车刀绕蜗杆轴线做相对螺旋运动时所形成的轨迹曲面。车刀与蜗杆的相对位置如图 19-9 所示。

三、圆弧圆柱蜗杆传动的特点

圆弧圆柱蜗杆传动和普通圆柱蜗杆传动相比，具有以下主要特点：

1）蜗杆和蜗轮两共轭齿面是凹凸啮合，综合曲率半径较大，因而降低了齿面接触应力，增大了齿面间的接触强度。

2）蜗杆和蜗轮啮合时的瞬时接触线（图 19-10）方向与相对滑动方向的夹角（润滑角）较大，易于形成和保持油膜，从而减小了啮合面间的摩擦，故磨损小，发热量低，传动效率高。

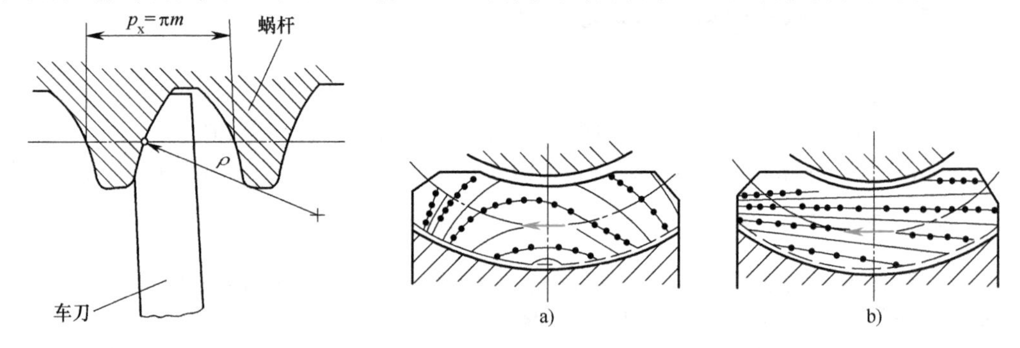

图 19-9 轴向圆弧齿圆柱蜗杆的加工

图 19-10 蜗杆与蜗轮啮合时的瞬时接触线
a）ZC 蜗杆 b）普通蜗杆

3）在蜗杆齿强度不减弱的情况下，能够增大蜗轮的齿根厚度，增大了蜗轮齿的抗弯强度。

4）由于齿面和齿根强度的提高，使承载能力增大。与普通圆柱蜗杆传动相比，在传递同样功率的情况下，圆弧圆柱蜗杆体积小、质量小、结构也较为紧凑。

5）蜗杆与蜗轮相啮合时，蜗轮为正变位，啮合节线位于接近蜗杆齿顶的位置，啮合性能好。

此外，在加工和装配工艺方面也都并不复杂。因此，圆弧圆柱蜗杆传动已逐渐广泛地应用到各种机械设备的减速机构中。

文献阅读指南

1）蜗杆传动的齿面相对滑动速度高，啮合的功率损失大。在进行轮齿间的受力分析时，摩擦力不宜忽略。这样，使受力分析增大了难度，通常为了简单略去了摩擦力。增加摩擦力的受力分析可参阅吴宗泽、高志主编的《机械设计》（2版，北京：高等教育出版社，2009）。

2）圆弧圆柱蜗杆传动（ZC），齿面间为凹、凸面啮合。增大了接触强度，同时在啮合线上各点都有较大的润滑角，提高了润滑效果，使得这种传动承载能力大、传动效率高、寿命长。近年来在我国也较普遍应用起来。有关这种蜗杆传动的设计计算、参数选择等问题，可参阅齿轮手册编委会编写的《齿轮手册》（2版，北京：机械工业出版社，2004）。

思　考　题

19-1　按成形方法和蜗杆齿廓曲线不同，圆柱蜗杆传动有哪些类型？各用什么代号表示？

19-2　与齿轮传动相比，蜗杆传动有哪些特点？

19-3　简述蜗杆传动变位的目的、特点和几何尺寸计算。

19-4　分析影响蜗杆传动啮合效率的几何因素。

19-5　标出图19-11中未注明的蜗杆或蜗轮的转动方向及螺旋线方向，绘出蜗杆和蜗轮在啮合点处的各分力方向（均为蜗杆主动）。

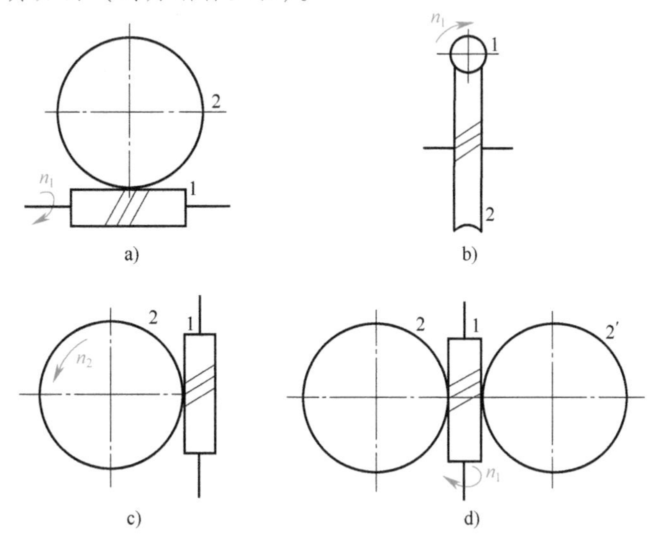

图 19-11　思考题19-5图

习　　题

19-1　一普通圆柱蜗杆传动，已知模数 $m=10\text{mm}$，蜗杆分度圆直径 $d_1=90\text{mm}$，蜗杆头数 $z_1=2$，蜗轮齿数 $z_2=47$，右旋蜗杆。

1）求传动比 i 和标准中心距 a。

2）中心距不变，改变蜗轮齿数，使传动比改为 $i=24$，求蜗轮齿数 z'_2 和变位系数。

3）计算变位后的蜗杆分度圆直径、节圆直径、齿顶圆直径、齿根圆直径。

4）计算变位后的蜗轮分度圆直径、节圆直径、喉圆直径、齿根圆直径和蜗轮外径。

19-2 设计一由电动机直接驱动的闭式单级蜗杆传动。已知电动机功率 $P_1=7\mathrm{kW}$，转速 $n_1=960\mathrm{r/min}$，蜗轮轴转速 $n_2=41\mathrm{r/min}$，载荷平稳，单向转动，预期寿命 $L_n=20000\mathrm{h}$。

19-3 图 19-12 所示为蜗轮滑车。已知蜗杆头数 $z_1=1$，蜗轮齿数 $z_2=62$，起重量为 $2\times10^3\mathrm{kg}$，卷筒直径 $D=145\mathrm{mm}$，轴承和链的功率损失为 5%，加在链上的作用力 $F=400\mathrm{N}$，蜗杆的啮合效率 $\eta_1=0.6$。求链轮直径 D'。

19-4 图 19-13 所示为圆柱蜗杆—斜齿圆柱齿轮传动。在圆柱蜗杆传动中，已知模数 $m=10\mathrm{mm}$，蜗杆分度圆直径 $d_1=90\mathrm{mm}$，蜗杆头数 $z_1=2$，右旋，蜗轮齿数 $z_2=31$，传动效率 $\eta=0.8$，Ⅰ轴输入功率 $P_1=10\mathrm{kW}$，转速 $n_1=970\mathrm{r/min}$，方向如图示；在斜齿圆柱齿轮传动中，已知模数 $m_n=6\mathrm{mm}$，齿数 $z_3=24$，$z_4=72$，螺旋角 $\beta=16°15'37''$，不计功率损失。希望使蜗轮 2 与斜齿轮 3 的轴向力相互抵消一部分。

1）确定斜齿轮 3、4 的转动方向和螺旋线方向。

2）计算并标出蜗轮 2 和斜齿轮 3 在啮合点处的各分力。

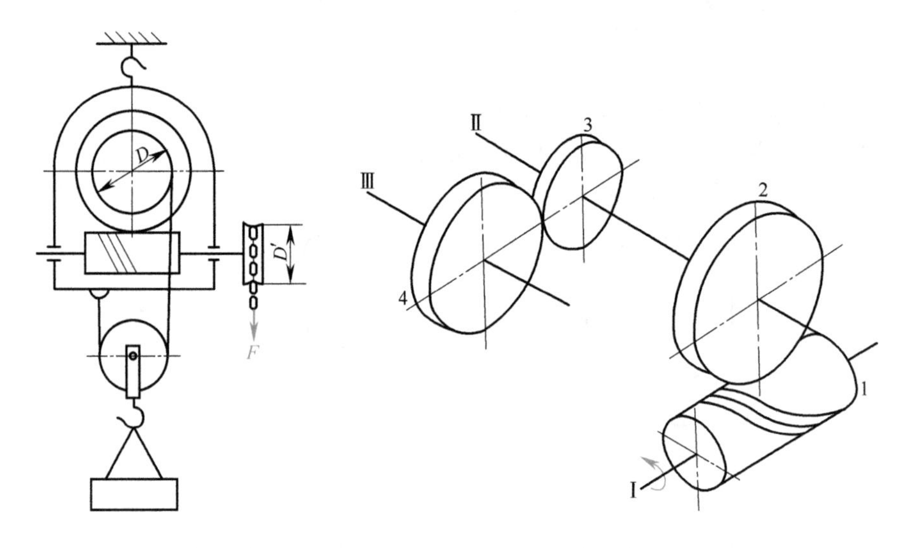

图 19-12 习题 19-3 图

图 19-13 习题 19-4 图

第二十章　轴的设计计算

内容提要

本章主要讨论轴的强度计算、刚度计算和振动稳定性问题。简要介绍轴的分类、轴设计的主要内容和轴常用的材料。着重介绍轴的强度计算方法：转矩法、当量弯矩法和安全因数校核法。

第一节　概述

轴的主要功用是支承旋转零件，并传递运动和动力。

在古代很多工具和机械中，就应用了石材、木材和青铜等材料的轴，如碾轮等农业工具，辘轳、水转连磨等水力机械，独轮车、指南车等运输和交通工具，浑仪、地动仪等天文、观测机械以及纺车、织机等纺织机械。到了近代和现代，轴几乎成了任何机械都不可缺少的重要零件。目前微机械中的轴，直径小到微米级，而我国生产的三峡电站发电机轴径达4m，质量超过100t。

一、轴的分类

按照轴的承载情况，可将轴分为转轴、心轴和传动轴三类。

工作中既承受弯矩又承受转矩的轴称为转轴，如图20-1中支承齿轮的轴，这类轴在各种机器中最常见。工作中只承受弯矩而不传递转矩的轴称为心轴，如图20-2中支承滑轮的轴，心轴又分为固定心轴和转动心轴两种。工作中只传递转矩而不承受弯矩或承受弯矩很小

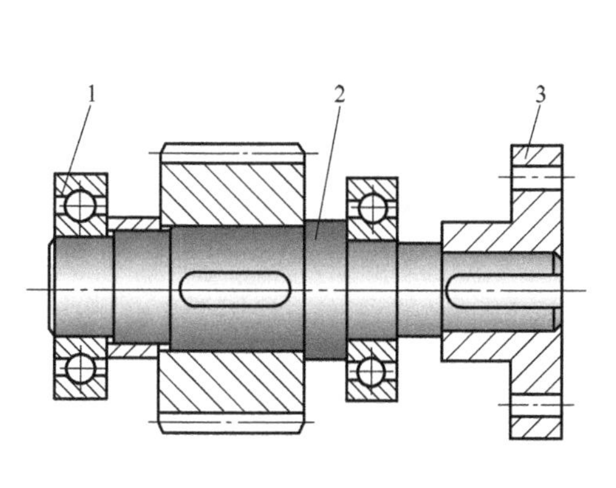

图 20-1　转轴

1—滚动轴承　2—转轴　3—半联轴器

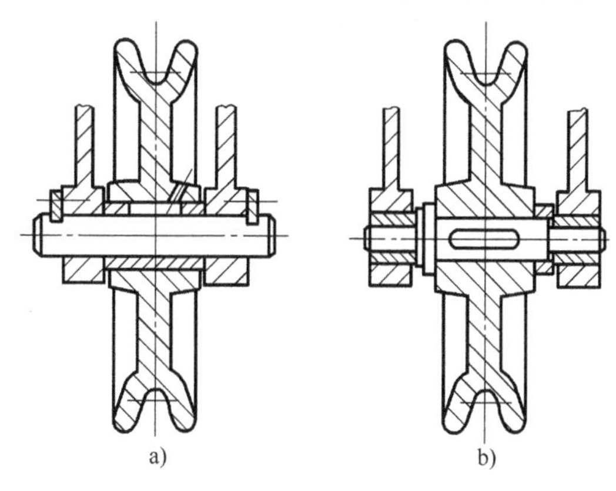

图 20-2　心轴

a）固定心轴　b）转动心轴

的轴称为传动轴，如图 20-3 中连接两个万向联轴器的轴。

图 20-4 为起重机的起重机构传动系统简图。分析轴 Ⅰ~轴 Ⅴ 的工作情况可知，轴 Ⅰ 只传递转矩，不受弯矩的作用（轴自身质量小，可忽略），故为传动轴。轴 Ⅱ ~轴 Ⅳ 同时承受转矩及弯矩作用，称为转轴。轴 Ⅴ 支承着卷筒，但驱动卷筒的动力由与之固定在一起的大齿轮直接传给它，而不通过轴 Ⅴ，因此该轴只承受弯矩作用，属于转动心轴。

按照轴线形状的不同，可将轴分为直轴和曲轴。

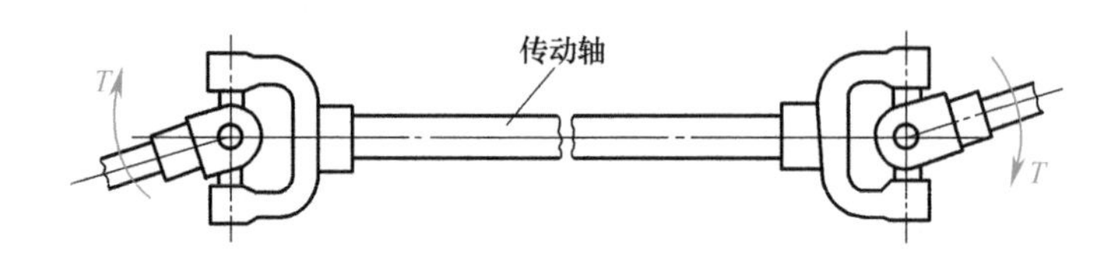

图 20-3 传动轴

曲轴（图 20-5）常用于存在往复移动零件的机械中（如内燃机、曲柄压力机），以便实现旋转运动和往复直线运动的相互转换。直轴在一般机械中广泛应用，按其外形不同可分为光轴（图 20-2a）和阶梯轴（图 20-1）。光轴结构简单、加工容易，但轴上零件不易定位。阶梯轴则便于轴上零件的安装与固定，在一般受力状态下，更符合等强度条件的设计要求。直轴一般制成实心轴，若因机器工作需要（如输送润滑油、切削液、安放其他零件等）或为减小机器质量（如航空、汽车及船舶业），也可制成空心轴。

此外，还有一种钢丝软轴（图 20-6）。它由多组钢丝分层卷绕而成，具有良好的挠性，能够把回转运动灵活地传到空间任意位置。

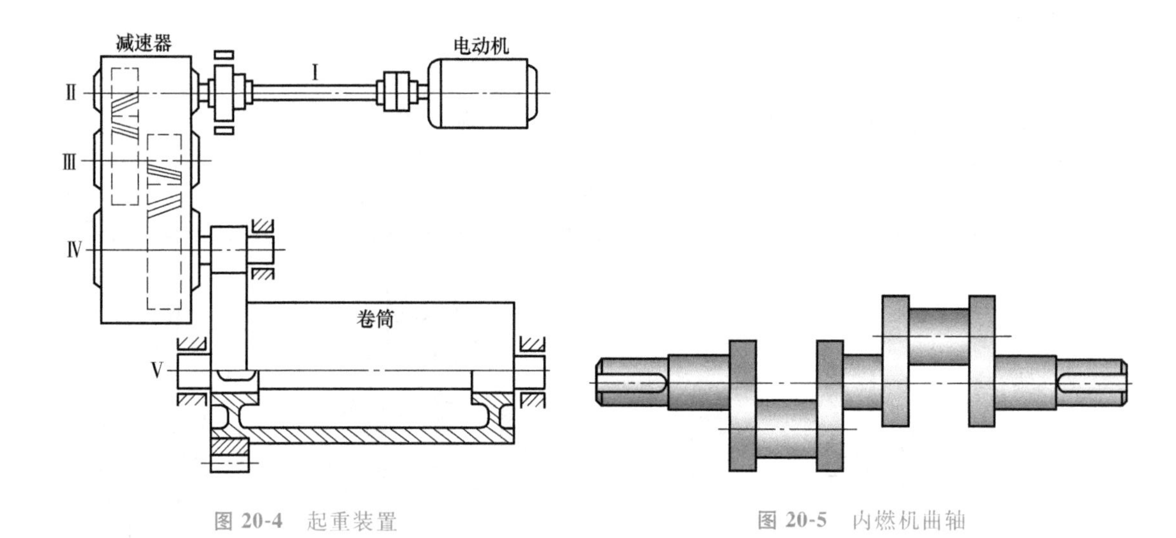

图 20-4 起重装置

图 20-5 内燃机曲轴

二、轴设计的主要内容

在一般情况下，轴的设计主要应解决下列问题：

1）选择轴的材料。

2）进行轴的结构设计。结构设计应满足轴上零件的定位、安装、固定及制造工艺性等要求。

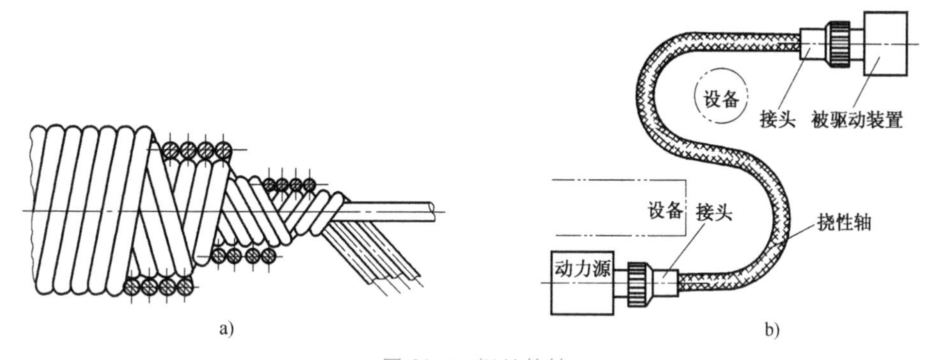

图 20-6　钢丝软轴
a）钢丝软轴的绕制　b）钢丝软轴的应用

3）进行轴的强度校核，防止轴疲劳断裂或过载产生塑性变形。

4）对于有刚度要求的轴（如机床主轴、跨度大的蜗杆轴等），还需进行刚度校核，防止轴工作中产生过大的变形；对于高速运转的轴（如汽轮机轴），还要进行振动稳定性计算，防止轴发生共振。

本章主要讨论轴的强度计算、刚度计算及轴的振动稳定性概念，有关轴的结构设计内容见第二十六章。

三、轴的材料

通常轴的材料应该具有足够的强度、刚度，对应力集中敏感性较低，有些情况下，还要求具有较高的耐磨性和耐蚀性。轴常用的材料有碳钢、合金钢、球墨铸铁和合金铸铁等。

一般机器中的轴常用优质中碳钢制造。这类钢通过调质或正火等处理，材料力学性能可得到改善，使零件具有较高的强度和耐磨性。其中 45 优质碳钢最为常用。不重要或低速轻载的轴以及一般传动轴也可以使用 Q235、Q275 等普通碳钢制造。碳钢对应力集中的敏感性较低，其机械加工性好，价廉，市场供应充足，故应用最广。

对于重要的轴，高速、重载的轴，或受力大而要求尺寸小、质量小、耐磨性高的轴以及处于高温、低温或腐蚀环境下工作的轴，多选用合金钢制造。合金钢具有良好的热处理性能和更高的力学性能，但对应力集中敏感。在一般工作温度下，碳钢和合金钢的弹性模量十分接近，热处理对它的影响也很小。因此，选用合金钢只能提高轴的强度和耐磨性，而刚度变化很小。

拓展视频

新中国最早的万吨水压机

钢轴可用轧制的圆钢或锻件经切削加工制成，对于直径较小的轴，可直接利用圆钢加工。形状复杂的轴，可以采用铸钢、合金铸铁和球墨铸铁通过铸造工艺制造毛坯。铸铁具有良好的吸振性和减摩性，对应力集中的敏感性较低，价廉。但是铸造轴的品质不易控制，强度相对较低，轴的可靠性较差。

轴的常用材料及其主要力学性能见表 20-1。

表 20-1　轴的常用材料及其主要力学性能

材料牌号	热处理	毛坯直径 /mm	硬度 (HBW)	抗拉强度 R_m	屈服强度 R_{eL}	弯曲疲劳极限 σ_{-1}	扭转疲劳极限 τ_{-1}	备　注
				MPa				
Q235	—	>16~40	—	418	225	174	100	用于不重要或载荷不大的轴
Q275	—	>16~40	—	550	265	220	127	

（续）

材料牌号	热处理	毛坯直径/mm	硬度(HBW)	抗拉强度 R_m	屈服强度 R_{eL}	弯曲疲劳极限 σ_{-1}	扭转疲劳极限 τ_{-1}	备注
				MPa				
45	正火	25	≤241	610	360	260	150	应用最广泛
	正火回火	≤100	170~217	600	300	240	140	
		>100~300	170~217	580	290	235	135	
	调质	≤200	217~255	650	360	270	155	
40Cr	调质	25	—	1000	800	485	280	用于载荷较大，而无很大冲击的重要轴
		≤100	241~266	750	550	350	200	
		>100~300	241~266	700	500	320	185	
35SiMn 42SiMn	调质	25	—	900	750	445	255	性能接近于40Cr，用于中小型轴
		≤100	229~286	800	520	355	205	
		>100~300	217~269	750	450	320	185	
40MnB	调质	25	—	1000	800	485	280	性能接近于40Cr，用于较重要的轴
		≤200	241~286	750	500	335	195	
35CrMo	调质	25	—	1000	850	510	285	用于重载荷或重要的轴
		≤100	207~269	750	550	350	200	
		>100~300	207~269	700	500	320	185	
38SiMnMo	调质	≤100	229~286	750	600	360	210	性能接近于35CrMo
		>100~300	217~269	700	550	335	195	
38CrMoAlA	调质	≤60	293~321	930	785	440	280	用于要求高耐磨性，高强度且热处理变形很小的轴
		>60~100	277~302	835	685	410	270	
		>100~160	241~277	785	590	375	220	
20Cr	渗碳淬火并回火	≤15	50~60 HRC	850	550	375	215	用于要求强度和韧性均较高的轴，如某些齿轮、蜗杆等
		>15~30		650	400	280	160	
		>30~60		650	400	280	160	
2Cr13	调质	≤100	197~248	660	450	295	170	用于在腐蚀环境中工作的轴
1Cr18Ni9Ti	淬火	≤60	≤192	550	220	205	120	用于在高、低温及强腐蚀环境中工作的轴
		>60~100		540	200	195	115	
		>100~200		500	200	185	105	
QT600—3	—	—	197~269	600	420	215	185	用于结构形状复杂的轴
QT800—2	—	—	245~335	800	480	290	250	

注：表中疲劳极限 σ_{-1} 值大部分是按下列关系式计算的，供设计时参考：钢 $\sigma_{-1}\approx0.27(R_m+R_{eL})$，$\tau_{-1}\approx0.156(R_m+R_{eL})$；球墨铸铁 $\sigma_{-1}\approx0.36R_m$，$\tau_{-1}\approx0.31R_m$；其他性能可取 $\tau_s\approx(0.55\sim0.62)R_{eL}$，$\sigma_0\approx1.4\sigma_{-1}$，$\tau_0\approx1.5\tau_{-1}$。

第二节　轴的强度计算

一、轴的力学计算简图

在各种机械中，轴所受的载荷各不相同，因此，在复杂的受载条件下，应找出轴的合理简化力学模型。它将直接影响到轴计算方法的合理性及精确度。

通常轴所受的载荷是由轴上零件传来的，并沿装配表面分布。计算时，常将分布力简化为集中力，其作用点取在载荷分布区域的中心，如轮毂宽度的中点（图20-7a）。若轴毂与轴为过盈配合，需要计算轴的应力或变形，则可将总载荷一分为二，均等地作用在两个位置上（图20-7b）。作用在轴上的转矩，可从传动件轮毂宽度的中点算起。

轴支承反力的作用点与轴承的类型和布置方式有关，可按图20-8确定。图中参数 a 的数值可从机械设计相关手册中查得。

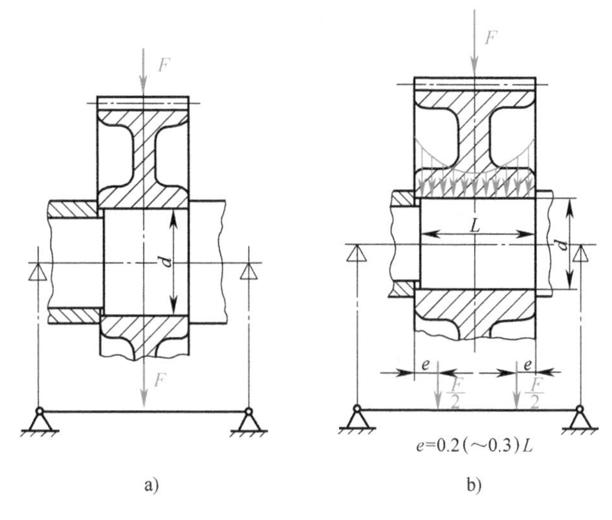

图 20-7　轴的载荷简化

二、轴的强度计算

在工程设计中，轴的强度计算主要有三种方法：转矩法、当量弯矩法和安全因数校核法。

（一）转矩法

转矩法是按轴所受转矩大小计算轴的强度。它主要用于传动轴的强度校核或设计计算。受较小弯矩作用的轴，一般也使用此计算方法，但应适当降低材料的许用扭应力。

强度条件为

$$\tau_T=\frac{T}{W_T}\leqslant[\tau_T] \tag{20-1}$$

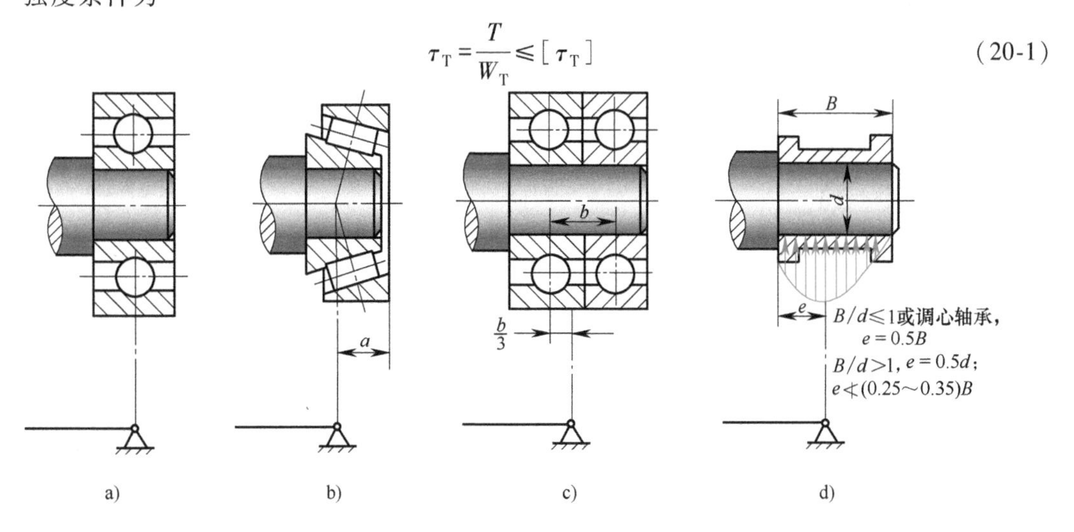

图 20-8　轴的支点位置

式中，τ_T为轴的最大扭应力；T为轴传递的转矩；W_T为轴的抗扭截面系数，见表20-2；$[\tau_T]$为许用扭应力，见表20-3。

表20-2 抗弯截面系数 W 和抗扭截面系数 W_T 的计算公式

截　面	W	W_T
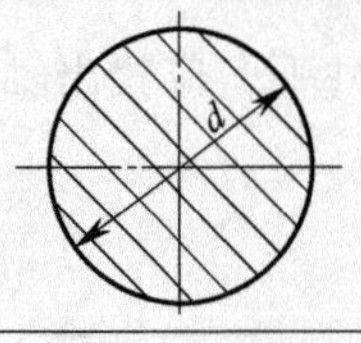	$\frac{\pi d^3}{32}\approx 0.1d^3$	$\frac{\pi d^3}{16}\approx 0.2d^3$
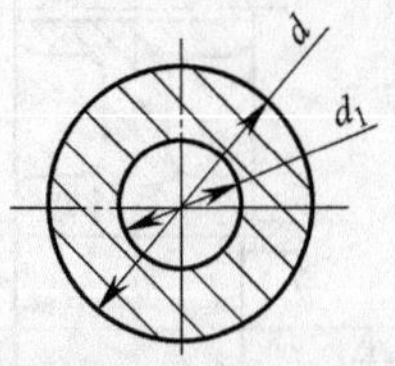	$\frac{\pi d^3}{32}(1-r^4)\approx 0.1d^3(1-r^4)$ $r=\frac{d_1}{d}$	$\frac{\pi d^3}{16}(1-r^4)\approx 0.2d^3(1-r^4)$ $r=\frac{d_1}{d}$
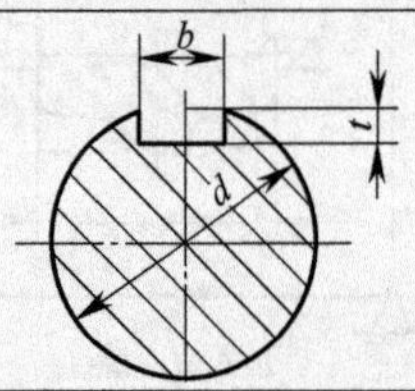	$\frac{\pi d^3}{32}-\frac{bt(d-t)^2}{2d}$	$\frac{\pi d^3}{16}-\frac{bt(d-t)^2}{2d}$
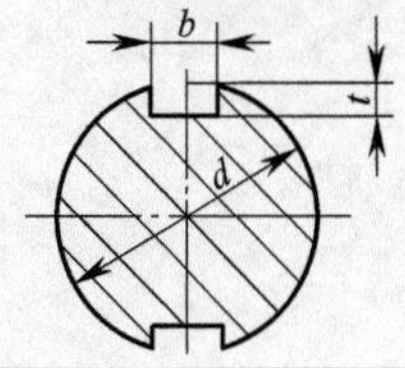	$\frac{\pi d^3}{32}-\frac{bt(d-t)^2}{d}$	$\frac{\pi d^3}{16}-\frac{bt(d-t)^2}{d}$
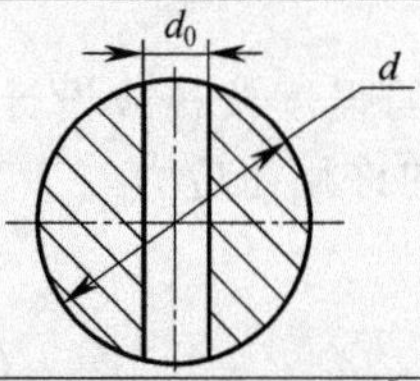	$\frac{\pi d^3}{32}\left(1-1.54\frac{d_0}{d}\right)$	$\frac{\pi d^3}{16}\left(1-\frac{d_0}{d}\right)1$
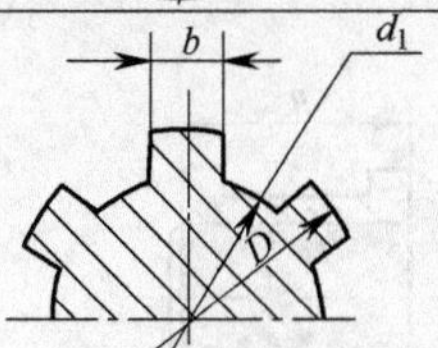	$\frac{\pi d_1^4+bz(D-d_1)(D+d_1)^2}{32D}$ （z为花键齿数）	$\frac{\pi d_1^4+bz(D-d_1)(D+d_1)^2}{16D}$ （z为花键齿数）
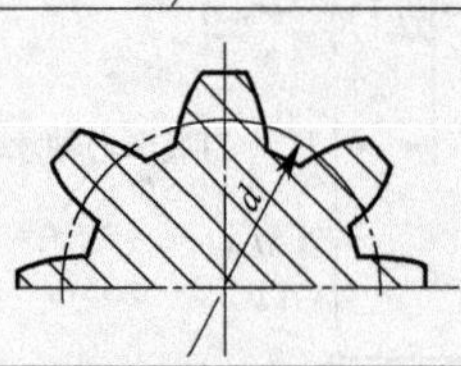	$\approx\frac{\pi d^3}{32}\approx 0.1d^3$	$\approx\frac{\pi d^3}{16}\approx 0.2d^3$

对于实心圆轴，当已知其转速 n（r/min）和传递的功率 P（kW）时，上式可写为

$$\tau_T\approx\frac{9.55\times10^6\frac{P}{n}}{0.2d^3}\leqslant[\tau_T] \tag{20-2}$$

式中，d 为轴的直径（mm）。

由式（20-2）可得实心轴直径的设计公式

$$d \geqslant \sqrt[3]{\frac{9.55 \times 10^6 P}{0.2[\tau_T] n}} = C\sqrt[3]{\frac{P}{n}} \tag{20-3}$$

式中，C 为计算常量，与轴的材料及相应的许用扭应力［τ_T］有关，可按表 20-3 确定。当弯矩相对转矩很小或只受转矩时，［τ_T］取较大值，C 取小值。对于采用 Q235 或 35SiMn 制造的轴，［τ_T］取小值，C 取较大值。

表 20-3　轴常用材料的［τ_T］及 C 值

轴的材料	20、Q235	35、Q275	45	40Cr、35SiMn、2Cr13 38SiMnMo、42SiMn
$[\tau_T]$/MPa	12~20	20~30	30~40	40~52
C	160~135	135~118	118~106	106~98

轴上有键槽时，会削弱轴的强度。因此，轴径应适当增大。对于直径 $d \leqslant 100$mm 的轴，单键时轴径增大 5%~7%，双键时增大 10%~15%；直径 $d>100$mm 的轴，单键时轴径增大 3%，双键时增大 7%。

该方法求出的直径应作为轴上受转矩作用轴段的最小直径。

（二）当量弯矩法

当量弯矩法按弯扭合成强度条件对轴的危险截面进行强度校核。对于一般的转轴，该方法的安全性足够可靠。

依据第三强度理论，当量弯矩法的强度条件为

$$\sigma_e = \sqrt{\sigma^2 + 4(\alpha\tau_T)^2} \leqslant [\sigma_{-1b}] \tag{20-4}$$

式中，σ_e 称为当量应力。由弯矩产生的轴的弯曲应力 σ 通常为对称循环应力，故取［σ_{-1b}］为材料的许用应力。而由转矩产生的扭应力 τ_T 通常不是对称循环应力，故引入了应力校正因数 α 对 τ_T 进行修正。α 可根据转矩性质确定：通常对于不变的转矩，取 $\alpha = \frac{[\sigma_{-1b}]}{[\sigma_{+1b}]} \approx 0.3$；对于脉动循环的转矩，取 $\alpha = \frac{[\sigma_{-1b}]}{[\sigma_{0b}]} \approx 0.6$；对于对称循环的转矩，取 $\alpha = 1$。［σ_{+1b}］、［σ_{0b}］和［σ_{-1b}］分别为材料在静应力、脉动循环和对称循环应力状态下的许用弯曲应力，其值可由表 20-4 选取。通常情况下，考虑到机器运转的不均匀性和轴扭转振动的存在，从安全角度计，对于不变的转矩也常按脉动循环转矩计算。

表 20-4　轴的许用弯曲应力　（单位：MPa）

材　料	R_m	$[\sigma_{+1b}]$	$[\sigma_{0b}]$	$[\sigma_{-1b}]$
碳钢	400	130	70	40
	500	170	75	45
	600	200	95	55
	700	230	110	65
合金钢	800	270	130	75
	1000	330	150	90
铸钢	400	100	50	30
	500	120	70	40

式（20-4）可写为

$$\sigma_e = \sqrt{\left(\frac{M}{W}\right)^2 + 4\left(\frac{\alpha T}{W_T}\right)^2} \leqslant [\sigma_{-1b}] \tag{20-5}$$

式中，M为轴截面所承受的弯矩；T为轴截面所承受的转矩；W为轴的抗弯截面系数，见表20-2；W_T为轴的抗扭截面系数，见表20-2。

对于实心圆轴，$W_T=2W$，$W\approx0.1d^3$，故有

$$\sigma_e=\frac{1}{W}\sqrt{M^2+(\alpha T)^2}=\frac{M_e}{W}\leqslant[\sigma_{-1b}] \tag{20-6}$$

式中，M_e为当量弯矩，$M_e=\sqrt{M^2+(\alpha T)^2}$。

由式（20-6）可得到与M_e对应的实心轴段的直径

$$d\geqslant\sqrt[3]{\frac{M_e}{0.1[\sigma_{-1b}]}} \tag{20-7}$$

当轴的计算截面上开有键槽时，轴的直径应适当增大，其增大值可参考转矩法。

心轴只承受弯矩而不承受转矩，在应用式（20-5）或式（20-6）时，应取$T=0$。转动心轴的弯曲应力为对称循环应力，取［σ_{-1b}］为其许用应力；固定心轴应用在较频繁的起动、停车状态时，其弯曲应力可视为脉动循环应力，取［σ_{0b}］为其许用应力；载荷平稳的固定心轴，其弯曲应力可视为静应力，取［σ_{+1b}］为其许用应力。

按当量弯矩法计算，只能在轴的结构设计完成后，弯矩、转矩都已知的条件下进行。其一般步骤如下（图20-10）：

1）作出轴的空间受力简图。一般将作用力分解为垂直平面受力和水平平面受力。

2）分别作出垂直平面和水平平面的受力图，并求出垂直平面和水平平面上支点的作用反力。

3）作出垂直平面上的弯矩M_V图和水平平面上的弯矩M_H图。

4）求出合成弯矩M，并作出合成弯矩图。

5）作出转矩T图。

6）作出当量弯矩M_e图，确定危险截面及其当量弯矩数值。

7）按式（20-6）或式（20-7）校核轴危险截面的强度。

（三）安全因数校核法

当需要精确评定轴的安全性时（如大批量生产或重要的轴），应考虑应力集中、尺寸效应和表面状态等因素的影响，常按安全因数校核法对轴的危险截面进行强度校核计算。安全因数校核法包括疲劳强度校核和静强度校核两项内容。

1. 轴的疲劳强度校核

这项校核是根据轴上作用的循环应力计算轴危险截面处的疲劳强度安全因数。其步骤为：

1）作出轴的弯矩M图和转矩T图。

2）确定应校核的危险截面。

3）求出危险截面上的弯曲应力和扭应力，将这两项循环应力分解成平均应力σ_m、τ_m和应力幅σ_a和τ_a。

4）按式（20-8）~式（20-10）分别计算弯矩作用下的安全因数S_σ、转矩作用下的安全因数S_τ以及它们的综合安全因数S。

$$S_\sigma=\frac{k_N\sigma_{-1}}{\dfrac{k_\sigma}{\beta\varepsilon_\sigma}\sigma_a+\psi_\sigma\sigma_m} \tag{20-8}$$

$$S_\tau=\frac{k_N\tau_{-1}}{\dfrac{k_\tau}{\beta\varepsilon_\tau}\tau_a+\psi_\tau\tau_m} \tag{20-9}$$

$$S=\frac{S_{\sigma}S_{\tau}}{\sqrt{S_{\sigma}^{2}+S_{\tau}^{2}}}\geqslant[S] \tag{20-10}$$

式中，σ_{-1}为对称循环下的弯曲疲劳极限，见表 20-1；τ_{-1}为对称循环下的扭转疲劳极限，见表 20-1；k_N为寿命因子，见第十三章第一节；k_{σ}为弯矩作用下的疲劳缺口因子，见表 20-5、表 20-6；k_{τ}为转矩作用下的疲劳缺口因子，见表 20-5、表 20-6；ε_{σ}为弯曲时的尺寸因子，见表 20-7；ε_{τ}为扭转时的尺寸因子，见表 20-7；β 为表面状态因子，见表 20-8、表 20-9；ψ_{σ}为弯曲等效因子，碳钢取 $\psi_{\sigma}=0.1\sim0.2$，合金钢取 $\psi_{\sigma}=0.2\sim0.3$；ψ_{τ}为扭转等效因子，碳钢取 $\psi_{\tau}=0.05\sim0.1$，合金钢取 $\psi_{\tau}=0.1\sim0.15$；$[S]$ 为疲劳强度的许用安全因子。材质均匀、载荷与应力计算较精确时，取 $[S]=1.3\sim1.5$；材质不够均匀、计算精度较低时，取 $[S]=1.5\sim1.8$；材质均匀性和计算精度都很低，或轴径 $d>$ 200mm 时，取 $[S]=1.8\sim2.5$。

表 20-5　螺纹、键槽、花键、横孔及配合边缘处的疲劳缺口因子 k_{σ} 和 k_{τ} 值

螺纹　键槽（A型、B型）　花键　横孔（d_0，d）

R_m/MPa	螺纹 ($k_{\tau}=1$) k_{σ}	键槽 k_{σ} A型	键槽 k_{σ} B型	键槽 k_{τ} A、B型	花键 k_{σ} (齿轮轴 $k_{\sigma}=1$)	花键 k_{τ} 矩形	花键 k_{τ} 渐开线(齿轮轴)	横孔 k_{σ} d_0/d 0.05~0.15	横孔 k_{σ} d_0/d 0.15~0.25	横孔 k_{τ} d_0/d 0.05~0.25	配合 H7/r6 k_{σ}	配合 H7/r6 k_{τ}	配合 H7/k6 k_{σ}	配合 H7/k6 k_{τ}	配合 H7/h6 k_{σ}	配合 H7/h6 k_{τ}
400	1.45	1.51	1.30	1.20	1.35	2.10	1.40	1.90	1.70	1.70	2.05	1.55	1.55	1.25	1.33	1.14
500	1.78	1.64	1.38	1.37	1.45	2.25	1.43	1.95	1.75	1.75	2.30	1.69	1.72	1.36	1.49	1.23
600	1.96	1.76	1.46	1.54	1.55	2.35	1.46	2.00	1.80	1.80	2.52	1.82	1.89	1.46	1.64	1.31
700	2.20	1.89	1.54	1.71	1.60	2.45	1.49	2.05	1.85	1.80	2.73	1.96	2.05	1.56	1.77	1.40
800	2.32	2.01	1.62	1.88	1.65	2.55	1.52	2.10	1.90	1.85	2.96	2.09	2.22	1.65	1.92	1.49
900	2.47	2.14	1.69	2.05	1.70	2.65	1.55	2.15	1.95	1.90	3.18	2.22	2.39	1.76	2.08	1.57
1000	2.61	2.26	1.77	2.22	1.72	2.70	1.58	2.20	2.00	1.90	3.41	2.36	2.56	1.86	2.22	1.66
1200	2.90	2.50	1.92	2.39	1.75	2.80	1.60	2.30	2.10	2.00	3.87	2.62	2.90	2.05	2.50	1.83

注：1. 滚动轴承与轴的配合按 H7/r6 选择系数。

2. 螺杆螺旋根部可取：$k_{\sigma}=2.3\sim2.5$，$k_{\tau}=1.7\sim1.9$（$R_m\leqslant700$MPa 时取小值；$R_m\geqslant1000$MPa 时取大值）。

表 20-6　过渡圆角处的疲劳缺口因子 k_{σ} 和 k_{τ} 值

$\frac{D}{d}$	$\frac{r}{d}$	k_{σ} R_m/MPa ≤500	600	700	800	900	≥1000	k_{τ} R_m/MPa ≤700	800	900	≥1000
$\frac{D}{d}\leqslant1.1$	0.02	1.84	1.96	2.08	2.20	2.35	2.50	1.36	1.41	1.45	1.50
	0.04	1.60	1.66	1.69	1.75	1.81	1.87	1.24	1.27	1.29	1.32
	0.06	1.51	1.51	1.54	1.54	1.60	1.60	1.18	1.20	1.23	1.24
	0.08	1.40	1.40	1.42	1.42	1.46	1.46	1.14	1.16	1.18	1.19
	0.10	1.34	1.34	1.37	1.37	1.39	1.39	1.11	1.13	1.15	1.16
	0.15	1.25	1.25	1.27	1.27	1.30	1.30	1.07	1.08	1.09	1.11

（续）

$\frac{D}{d}$	$\frac{r}{d}$	k_σ						k_τ			
		R_m/MPa									
		≤500	600	700	800	900	≥1000	≤700	800	900	≥1000
$1.1<\frac{D}{d}\leqslant 1.2$	0.02	2.18	2.34	2.51	2.68	2.89	3.10	1.59	1.67	1.74	1.81
	0.04	1.84	1.92	1.97	2.05	2.13	2.22	1.39	1.45	1.48	1.52
	0.06	1.71	1.71	1.76	1.76	1.84	1.84	1.30	1.33	1.37	1.39
	0.08	1.56	1.56	1.59	1.59	1.64	1.64	1.22	1.26	1.30	1.31
	0.10	1.48	1.48	1.51	1.51	1.54	1.54	1.19	1.21	1.24	1.26
	0.15	1.35	1.35	1.38	1.38	1.41	1.41	1.11	1.14	1.15	1.18
$1.2<\frac{D}{d}\leqslant 2$	0.02	2.40	2.60	2.80	3.00	3.25	3.50	1.80	1.90	2.00	2.10
	0.04	2.00	2.10	2.15	2.25	2.35	2.45	1.53	1.60	1.65	1.70
	0.06	1.85	1.85	1.90	1.90	2.00	2.00	1.40	1.45	1.50	1.53
	0.08	1.66	1.66	1.70	1.70	1.76	1.76	1.30	1.35	1.40	1.42
	0.10	1.57	1.57	1.61	1.61	1.64	1.64	1.25	1.28	1.32	1.35
	0.15	1.41	1.41	1.45	1.45	1.49	1.49	1.15	1.18	1.20	1.24

表 20-7 尺寸因子 ε_σ 和 ε_τ 值

直径 d/mm		>20~30	>30~40	>40~50	>50~60	>60~70	>70~80	>80~100	>100~120	>120~150	>150~500
ε_σ	碳钢	0.91	0.88	0.84	0.81	0.78	0.75	0.73	0.70	0.68	0.60
	合金钢	0.83	0.77	0.73	0.70	0.68	0.66	0.64	0.62	0.60	0.54
ε_τ	各种钢	0.89	0.81	0.78	0.76	0.74	0.73	0.72	0.70	0.68	0.60

表 20-8 表面状态因子 β 值

加工方法	表面粗糙度值 Ra/μm	R_m/MPa		
		400	800	1200
磨　削	0.4~0.2	1	1	1
车　削	3.2~0.8	0.95	0.90	0.80
粗　车	25~6.3	0.85	0.80	0.65
未加工面	—	0.75	0.65	0.45

表 20-9 强化表面的表面状态因子 β 值

表面强化方法	心部材料的强度 R_m/MPa	表面状态因子 β		
		光　轴	有应力集中的轴	
			$k_\sigma\leqslant 1.5$	$k_\tau\geqslant 1.8\sim 2$
高频感应淬火①	600~800	1.5~1.7	1.6~1.7	2.4~2.8
	800~1100	1.3~1.5	1.4~1.5	2.1~2.4
渗氮②	900~1200	1.1~1.25	1.5~1.7	1.7~2.1
渗碳	400~600	1.8~2.0	3	—
	700~800	1.4~1.5	—	—
	1000~1200	1.2~1.3	2	—
喷丸处理③	600~1500	1.1~1.25	1.5~1.6	1.7~2.1
滚子碾压④	600~1500	1.1~1.3	1.3~1.5	1.6~2.0

① 数据由 d=10~20mm 的试件求得，淬透深度为（0.05~0.20）d；对于大尺寸的试件，β 宜取较低值。

② 渗氮层深度为 0.01d 时，宜取下限值；深度为（0.03~0.04）d 时，宜取上限值。

③ 数据由 d=8~40mm 的试件求得。喷丸速度较小时宜取较低值，较大时宜取较高值。

④ 数据由 d=17~130mm 的试件求得。

2. 轴的静强度校核

静强度校核的目的在于校核轴对塑性变形的抵抗能力。轴所受的峰值载荷虽然时间很短

和出现次数很少，不足以引起疲劳，但却能使轴产生塑性变形。静强度校核的强度条件为

$$S_{s\sigma}=\frac{R_{eL}}{\sigma_{max}} \tag{20-11}$$

$$S_{s\tau}=\frac{\tau_{tF}}{\tau_{max}} \tag{20-12}$$

$$S_s=\frac{S_{s\sigma}S_{s\tau}}{\sqrt{S_{s\sigma}^2+S_{s\tau}^2}}\geqslant[S_s] \tag{20-13}$$

式中，σ_{max} 和 τ_{max} 为峰值载荷产生的弯曲应力和切应力；R_{eL} 和 τ_{tF} 为材料的拉伸和扭转屈服强度；$[S_s]$ 为静强度的许用安全因数，见表 20-10。

表 20-10　静强度计算的许用安全因数 $[S_s]$

安全因数	峰值载荷作用时间极短，其数值可精确求解时				峰值载荷很难准确计算时
	高塑性钢 $R_{eL}/R_m\leqslant0.6$	中等塑性钢 $R_{eL}/R_m=0.6\sim0.8$	低塑性钢 $R_{eL}/R_m>0.8$	铸钢和铸铁	
$[S_s]$	1.2~1.4	1.4~1.8	1.8~2	2~3	3~4

注：如载荷和应力计算不准确，$[S_s]$ 应加大 20%~50%。

(四) 轴强度计算方法的选择

以上介绍了三种轴的强度计算方法，它们分别应用于不同场合。在实际工程中，应根据轴的具体用途、受载及应力情况合理地选择计算方法，并正确地选取轴的许用应力。一般情况下，可按以下情况选择轴的强度计算方法：

1）转矩法只按轴所受的转矩计算轴的强度，方法简便，但计算精度较低，主要用于以承受转矩为主的轴（传动轴），对于弯矩的影响，可在计算中适当降低许用扭应力。在进行轴的结构设计时，因尚未确定轴上支反力的大小和作用点的位置，无法求出准确的弯矩，故常用转矩法初步估算受转矩轴段的最小轴径。

2）当量弯矩法同时考虑轴上的弯矩和转矩，因此必须先进行轴的结构设计，即确定作用力和支反力的大小、作用点的位置以及各轴段的几何参数，求出弯矩后才能进行强度计算。它常用于校核重要程度一般的转轴的强度。

3）用安全因数校核法校核轴的疲劳强度时，考虑了应力集中等影响轴的疲劳强度的因素，是一种精确的计算方法，因此常用于校核重要转轴的强度。

4）对于瞬时载荷大或应力循环不对称严重的轴，还应采用安全因数校核法校核峰值载荷下的静强度。

在转轴的设计计算中，一般可先按转矩法估算受转矩轴段的最小轴径，进行结构设计后，再按当量弯矩法校核轴危险截面的直径或强度。重要的轴，在用转矩法估算直径和进行结构设计后，按安全因数校核法对轴上有应力集中的危险截面进行疲劳强度校核。

例题　试按当量弯矩法和安全因数校核法校核图 20-9所示减速器中间轴的强度。已知条件：中间轴的结构如图 20-10a 所示，工作中轴上转矩 $T=850\text{N}\cdot\text{m}$ 且变化不大，小齿轮 1 的分度圆直径 $d_1=85\text{mm}$，螺旋角 $\beta=13°55'50''$，方向为右旋。大齿轮 2 为直齿轮，其分度圆直径 $d_2=280\text{mm}$，两对齿轮均为标准齿轮。轴的材料为 45 钢，调质处理，寿命因子 $k_N=1$。

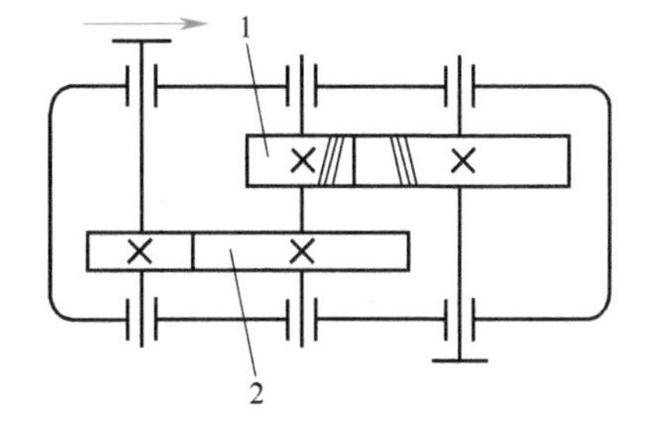

图 20-9　减速器装置简图
1—小齿轮　2—大齿轮

解：(一) 按当量弯矩法校核

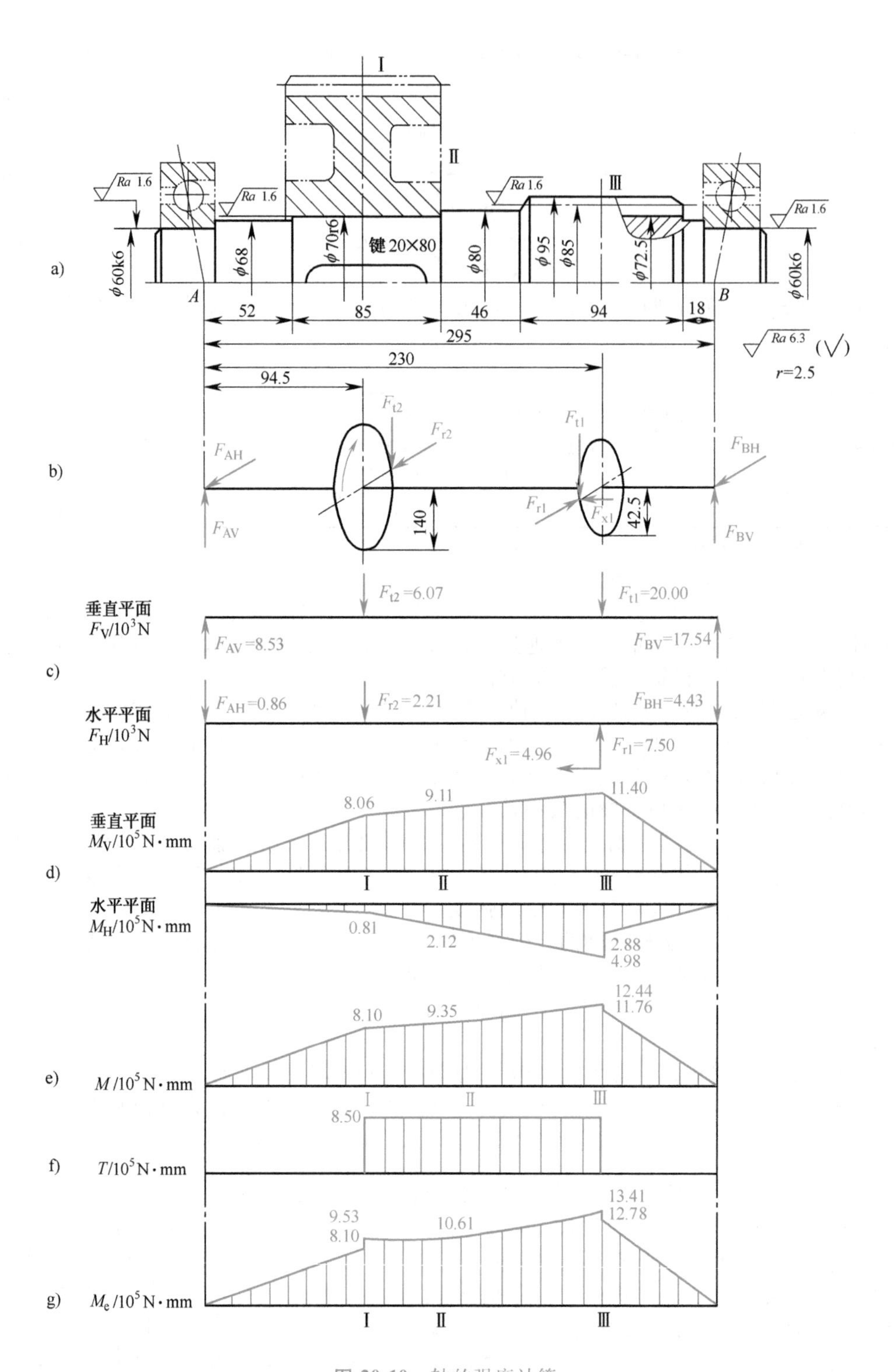

图 20-10 轴的强度计算

a）轴的结构图 b）轴的空间受力简图 c）平面受力图 d）平面弯矩图 e）合成弯矩图 f）转矩图 g）当量弯矩图

计算与说明	主要结果
1. 画轴的空间受力简图	空间受力简图如图 20-10b 所示
将齿轮所受载荷简化为集中力，并通过轮毂中截面作用于轴上。轴的支点反力也简化为集中力通过轴承载荷中心作用于轴上	
2. 作垂直平面受力图和水平平面受力图，求出作用在轴上的载荷	平面受力图如图 20-10c 所示
垂直平面受力	
齿轮 1 切向力　$F_{t1}=\dfrac{2T}{d_1}=\dfrac{2\times850\times1000}{85}\text{N}=20.00\times10^3\text{N}$	$F_{t1}=20.00\times10^3\text{N}$
齿轮 2 切向力　$F_{t2}=\dfrac{2T}{d_2}=\dfrac{2\times850\times1000}{280}\text{N}=6.07\times10^3\text{N}$	$F_{t2}=6.07\times10^3\text{N}$
轴承反力　$F_{BV}=\dfrac{F_{t1}\times230+F_{t2}\times94.5}{295}=\dfrac{20.00\times230+6.07\times94.5}{295}\times10^3\text{N}=17.54\times10^3\text{N}$	$F_{BV}=17.54\times10^3\text{N}$
$F_{AV}=F_{t1}+F_{t2}-F_{BV}=(20.00+6.07-17.54)\times10^3\text{N}=8.53\times10^3\text{N}$	$F_{AV}=8.53\times10^3\text{N}$
水平平面受力	
齿轮 1 径向力　$F_{r1}=\dfrac{F_{t1}\tan\alpha_n}{\cos\beta}=\dfrac{20.00\times10^3\times\tan20^\circ}{\cos13^\circ55'50''}\text{N}=7.50\times10^3\text{N}$	$F_{r1}=7.50\times10^3\text{N}$
齿轮 1 轴向力　$F_{x1}=F_{t1}\tan\beta=20.00\times10^3\times\tan13^\circ55'50''\text{N}=4.96\times10^3\text{N}$	$F_{x1}=4.96\times10^3\text{N}$
齿轮 2 径向力　$F_{r2}=F_{t2}\tan\alpha_n=6.07\times10^3\times\tan20^\circ\text{N}=2.21\times10^3\text{N}$	$F_{r2}=2.21\times10^3\text{N}$
轴承反力　$F_{BH}=\dfrac{F_{r1}\times230-F_{r2}\times94.5-F_{x1}\times42.5}{295}$	
$=\dfrac{7.50\times230-2.21\times94.5-4.96\times42.5}{295}\times10^3\text{N}=4.43\times10^3\text{N}$	$F_{BH}=4.43\times10^3\text{N}$
$F_{AH}=F_{r1}-F_{BH}-F_{r2}=(7.50-4.43-2.21)\times10^3\text{N}=0.86\times10^3\text{N}$	$F_{AH}=0.86\times10^3\text{N}$
3. 作出垂直平面弯矩 M_V 图和水平平面弯矩 M_H 图	M_V 和 M_H 图如图 20-10d 所示
垂直平面弯矩	
截面Ⅰ　$M_{V\text{Ⅰ}}=F_{AV}\times94.5=8.53\times10^3\times94.5\text{N}\cdot\text{mm}=8.06\times10^5\text{N}\cdot\text{m}$	$M_{V\text{Ⅰ}}=8.06\times10^5\text{N}\cdot\text{mm}$
截面Ⅱ　$M_{V\text{Ⅱ}}=F_{AV}\times\left(94.5+\dfrac{85}{2}\right)-F_{t2}\times\dfrac{85}{2}$	
$=[8.53\times(94.5+42.5)-6.07\times42.5]\times10^3\text{N}\cdot\text{mm}=9.11\times10^5\text{N}\cdot\text{mm}$	$M_{V\text{Ⅱ}}=9.11\times10^5\text{N}\cdot\text{mm}$
截面Ⅲ　$M_{V\text{Ⅲ}}=F_{BV}\times(295-230)=17.54\times10^3\times65\text{N}\cdot\text{mm}=11.40\times10^5\text{N}\cdot\text{mm}$	$M_{V\text{Ⅲ}}=11.40\times10^5\text{N}\cdot\text{mm}$
水平平面弯矩	
截面Ⅰ　$M_{H\text{Ⅰ}}=-F_{AH}\times94.5=-0.86\times10^3\times94.5\text{N}\cdot\text{mm}=-0.81\times10^5\text{N}\cdot\text{mm}$	$M_{H\text{Ⅰ}}=-0.81\times10^5\text{N}\cdot\text{mm}$
截面Ⅱ　$M_{H\text{Ⅱ}}=-F_{AH}\times\left(94.5+\dfrac{85}{2}\right)-F_{r2}\times\dfrac{85}{2}$	
$=[-0.86\times(94.5+42.5)-2.21\times42.5]\times10^3\text{N}\cdot\text{mm}=-2.12\times10^5\text{N}\cdot\text{mm}$	$M_{H\text{Ⅱ}}=-2.12\times10^5\text{N}\cdot\text{mm}$
截面Ⅲ右侧 $M_{HR\text{Ⅲ}}=-F_{BH}\times(295-230)=-4.43\times10^3\times65\text{N}\cdot\text{mm}=-2.88\times10^5\text{N}\cdot\text{mm}$	$M_{HR\text{Ⅲ}}=-2.88\times10^5\text{N}\cdot\text{mm}$
截面Ⅲ左侧 $M_{HL\text{Ⅲ}}=-F_{BH}\times(295-230)-F_{x1}\times42.5$	
$=(-4.43\times65-4.96\times42.5)\times10^3\text{N}\cdot\text{mm}=-4.98\times10^5\text{N}\cdot\text{mm}$	$M_{HL\text{Ⅲ}}=-4.98\times10^5\text{N}\cdot\text{mm}$
4. 求出合成弯矩 M，作出合成弯矩图	合成弯矩图如图 20-10e 所示
截面Ⅰ　$M_\text{Ⅰ}=\sqrt{M_{V\text{Ⅰ}}^2+M_{H\text{Ⅰ}}^2}=\sqrt{8.06^2+(-0.81)^2}\times10^5\text{N}\cdot\text{mm}=8.10\times10^5\text{N}\cdot\text{mm}$	$M_\text{Ⅰ}=8.10\times10^5\text{N}\cdot\text{mm}$
截面Ⅱ $M_\text{Ⅱ}=\sqrt{M_{V\text{Ⅱ}}^2+M_{H\text{Ⅱ}}^2}=\sqrt{9.11^2+(-2.12)^2}\times10^5\text{N}\cdot\text{mm}=9.35\times10^5\text{N}\cdot\text{mm}$	$M_\text{Ⅱ}=9.35\times10^5\text{N}\cdot\text{mm}$
截面Ⅲ右侧　$M_{R\text{Ⅲ}}=\sqrt{M_{V\text{Ⅲ}}^2+M_{HR\text{Ⅲ}}^2}=\sqrt{11.40^2+(-2.88)^2}\times10^5\text{N}\cdot\text{mm}$	$M_{R\text{Ⅲ}}=11.76\times10^5\text{N}\cdot\text{mm}$
$=11.76\times10^5\text{N}\cdot\text{mm}$	
截面Ⅲ左侧　$M_{L\text{Ⅲ}}=\sqrt{M_{V\text{Ⅲ}}^2+M_{HL\text{Ⅲ}}^2}=\sqrt{11.40^2+(-4.98)^2}\times10^5\text{N}\cdot\text{mm}$	
$=12.44\times10^5\text{N}\cdot\text{mm}$	$M_{L\text{Ⅲ}}=12.44\times10^5\text{N}\cdot\text{mm}$
5. 作出转矩图	转矩图如图 20-10f 所示
根据已知条件，转矩 $T=8.50\times10^5\text{N}\cdot\text{m}$	$T=8.50\times10^5\text{N}\cdot\text{mm}$

（续）

计算与说明	主要结果
6. 作出当量弯矩图，并确定可能的危险截面 已知材料为45钢、调质，由表20-1查得 $R_m=650\text{MPa}$。用插值法由表20-4查得 $[\sigma_{-1b}]=60\text{MPa}$，$[\sigma_{0b}]=102.5\text{MPa}$，由已知条件，轴的转矩可按脉动循环考虑，则	当量弯矩图如图20-10g所示 危险截面为Ⅰ、Ⅱ、Ⅲ $R_m=650\text{MPa}$ $[\sigma_{-1b}]=60\text{MPa}$ $[\sigma_{0b}]=102.5\text{MPa}$
$$\alpha=\frac{[\sigma_{-1b}]}{[\sigma_{0b}]}=\frac{60}{102.5}=0.59$$	$\alpha=0.59$
截面Ⅰ $M_{eI}=\sqrt{M_I^2+(\alpha T)^2}=\sqrt{8.10^2+(0.59\times8.50)^2}\times10^5\text{N}\cdot\text{mm}$ $=9.53\times10^5\text{N}\cdot\text{mm}$	$M_{eI}=9.53\times10^5\text{N}\cdot\text{mm}$
截面Ⅱ $M_{eII}=\sqrt{M_{II}^2+(\alpha T)^2}=\sqrt{9.35^2+(0.59\times8.50)^2}\times10^5\text{N}\cdot\text{mm}$ $=10.61\times10^5\text{N}\cdot\text{mm}$	$M_{eII}=10.61\times10^5\text{N}\cdot\text{mm}$
截面Ⅲ右侧 $M_{eRIII}=\sqrt{M_{RIII}^2+(\alpha T)^2}=\sqrt{11.76^2+(0.59\times8.50)^2}\times10^5\text{N}\cdot\text{mm}$ $=12.78\times10^5\text{N}\cdot\text{mm}$	$M_{eRIII}=12.78\times10^5\text{N}\cdot\text{mm}$
截面Ⅲ左侧 $M_{eLIII}=\sqrt{M_{LIII}^2+(\alpha T)^2}=\sqrt{12.44^2+(0.59\times8.50)^2}\times10^5\text{N}\cdot\text{mm}$ $=13.41\times10^5\text{N}\cdot\text{mm}$	$M_{eLIII}=13.41\times10^5\text{N}\cdot\text{mm}$
7. 校核轴径 截面Ⅰ 因截面Ⅰ有键槽，最小轴径应增大6% $$d_I=1.06\times\sqrt[3]{\frac{M_{eI}}{0.1[\sigma_{-1b}]}}=1.06\times\sqrt[3]{\frac{9.53\times10^5}{0.1\times60}}\text{mm}=57.5\text{mm}$$	校核结果 $d_I=57.5\text{mm}<70\text{mm}$
截面Ⅱ $d_{II}=\sqrt[3]{\frac{M_{eII}}{0.1[\sigma_{-1b}]}}=\sqrt[3]{\frac{10.61\times10^5}{0.1\times60}}\text{mm}=56.1\text{mm}$	$d_{II}=56.1\text{mm}<70\text{mm}$
截面Ⅲ $d_{III}=\sqrt[3]{\frac{M_{eIII}}{0.1[\sigma_{-1b}]}}=\sqrt[3]{\frac{13.41\times10^5}{0.1\times60}}\text{mm}=60.7\text{mm}$	$d_{III}=60.7\text{mm}<85\text{mm}$

结论：按当量弯矩法校核，轴的强度足够。

（二）按安全因数校核法校核

计算内容及说明	主要结果			
	项　目	截面Ⅰ	截面Ⅱ	截面Ⅲ
1. 确定危险截面 初步分析Ⅰ、Ⅱ、Ⅲ截面有较大的应力和应力集中，确定其为危险截面，进行安全因数校核 2. 求截面的应力				
转矩　根据已知条件，各截面转矩相同	$T/10^5\text{N}\cdot\text{mm}$	8.50	8.50	8.50
合成弯矩　由前述合成弯矩图可得	$M/10^5\text{N}\cdot\text{mm}$	8.10	9.35	12.44
抗弯截面系数　依据各截面轴段的直径 d 和截面形状，按表20-2公式计算抗弯截面系数 W	d/mm	70	70	85
	$W/10^4\text{mm}^3$	2.95	3.37	6.03
抗扭截面系数　按表20-2公式计算 W_T	$W_T/10^4\text{mm}^3$	6.32	6.73	12.06
弯曲应力幅　$\sigma_a=\sigma=\frac{M}{W}$	σ_a/MPa	27.5	27.7	20.6
弯曲平均应力　$\sigma_m=0$	σ_m/MPa	0	0	0
扭应力幅　$\tau_a=\frac{1}{2}\tau_T=\frac{T}{2W_T}$	τ_a/MPa	6.4	6.9	5.1
平均扭应力　$\tau_m=\frac{1}{2}\tau_T$	τ_m/MPa	6.4	6.9	5.1

（续）

计算内容及说明	主要结果			
	项　目	截面Ⅰ	截面Ⅱ	截面Ⅲ
3. 求弯曲和扭转等效因子				
抗拉强度　由表20-1查得 $R_m=650MPa$	R_m/MPa	650	650	650
弯曲疲劳极限　由表20-1查得 $\sigma_{-1}=270MPa$	σ_{-1}/MPa	270	270	270
扭转疲劳极限　由表20-1查得 $\tau_{-1}=155MPa$	τ_{-1}/MPa	155	155	155
弯曲等效因子　取 $\psi_\sigma=0.2$	ψ_σ	0.2	0.2	0.2
扭转等效因子　取 $\psi_\tau=0.1$	ψ_τ	0.1	0.1	0.1
4. 求应力影响系数				
尺寸因子 ε_σ 和 ε_τ　依据轴径 d，参照表20-7取值	ε_σ	0.78	0.78	0.73
	ε_τ	0.74	0.74	0.72
表面状态因子 β　依据 R_m 和零件表面粗糙度，参照表20-8取值	β	0.92	0.92	0.92
弯曲时疲劳缺口因子 k_σ 截面Ⅰ上有键槽和配合：$R_m=650MPa$，A型键槽，参照表20-5得 $k_\sigma=1.82$，$k_\tau=1.62$；配合为H7/r6时，$k_\sigma=2.63$，$k_\tau=1.89$，应取两者之中的较大值 截面Ⅱ上存在圆角和配合：$D/d=80/70=1.14$，$r/d=2.5/70=0.036$ 参照表20-6，取 $k_\sigma=1.95$，$k_\tau=1.34$；配合为H7/r6，参照表20-5得 $k_\sigma=2.63$，$k_\tau=1.89$，取两者之中的较大值	k_σ	2.63	2.63	1
截面Ⅲ上为齿轮轴，查表20-5，可得 k_σ、k_τ	k_τ	1.89	1.89	1.48
寿命因子 k_N　由已知条件可知	k_N	1	1	1
5. 求疲劳强度安全因数				
弯矩作用下的安全因数　$S_\sigma=\dfrac{k_N\sigma_{-1}}{\dfrac{k_\sigma}{\beta\varepsilon_\sigma}\sigma_a+\psi_\sigma\sigma_m}$	S_σ	2.58	2.67	8.80
转矩作用下的安全因数　$S_\tau=\dfrac{k_N\tau_{-1}}{\dfrac{k_\tau}{\beta\varepsilon_\tau}\tau_a+\psi_\tau\tau_m}$	S_τ	8.31	7.81	13.02
综合安全因数　$S=\dfrac{S_\sigma S_\tau}{\sqrt{S_\sigma^2+S_\tau^2}}$	S	2.46	2.52	7.29
许用安全因数[S]　45钢调质处理后，材质均匀性一般，计算属于一般精度，故取[S]=1.5~1.8	S与[S]比较	S>[S]	S>[S]	S>[S]

结论：按安全因数校核法校核，轴的疲劳强度足够。

第三节　轴的刚度计算

轴受到载荷作用时，会产生弯曲或扭转弹性变形，其变形的大小与轴的刚度有关，如果刚度不足，弹性变形过大，则往往影响零件的正常工作。例如，机床主轴的弯曲变形会影响机床的加工精度；安装齿轮的轴若产生过大的偏转角或扭角，将使齿轮沿齿宽方向接触不良，齿面载荷分布不均，影响齿轮传动性能；采用滑动轴承的轴，若产生过大的偏转角，轴颈和滑动轴承就会形成边缘接触，造成不均匀磨损和过度发热；电动机轴产生过大的挠度，就会改变转子和定子间的间隙，使电动机的性能下降。

轴的刚度分为弯曲刚度和扭转刚度，弯曲刚度用挠度 y 和偏转角 θ 度量，扭转刚度用单位长度扭角 φ 度量。轴的刚度计算，通常是计算轴受载荷时的弹性变形量，并将它控制在允许的范围内。

一、扭转刚度校核计算

轴受转矩作用时，对于光轴，其扭转刚度条件是

$$\varphi=5.73\times10^4\frac{T}{GI_p}\leqslant[\varphi] \tag{20-14}$$

对于阶梯轴

$$\varphi=5.73\times10^4\frac{1}{Gl}\sum\frac{T_il_i}{I_{pi}}\leqslant[\varphi] \tag{20-15}$$

式中，φ 为轴单位长度的扭角（°/m）；T 为轴所受的转矩（N·mm）；G 为轴材料的切变弹性模量（MPa），对于钢材，$G=8.1\times10^4$MPa；I_p 为轴截面的极惯性矩（mm^4），对于实心圆轴 $I_p=\frac{\pi d^4}{32}$；l 为阶梯轴受转矩作用的总长度（mm）；i 代表阶梯轴轴段的序号；［φ］为许用扭角（°/m），与轴的使用场合有关，见表 20-11。

二、弯曲刚度校核计算

轴受弯矩作用时，其弯曲刚度条件是轴的挠度和转角（图 20-11）都在许用的使用范围内，即

$$y\leqslant[y] \tag{20-16}$$

$$\theta\leqslant[\theta] \tag{20-17}$$

式中，［y］为轴的许用挠度（mm），见表 20-11；［θ］为轴的许用偏转角（rad），见表 20-11。

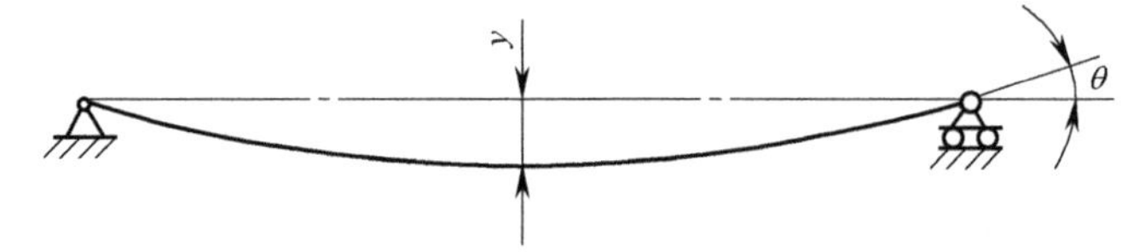

图 20-11 轴的挠度 y 和转角 θ

表 20-11 轴的许用挠度［y］、许用偏转角［θ］和许用扭角［φ］

应用场合	[y]/mm	应用场合	[θ]/rad	应用场合	[φ]/(°/m)
一般用途的轴	$(0.0003\sim0.0005)l$	滑动轴承	0.001	一般传动	0.5~1
机床主轴	$0.0002l$	深沟球轴承	0.005	较精密传动	0.25~0.5
感应电动机轴	$\leqslant0.1\Delta$	调心球轴承	0.05	重要传动	<0.25
安装齿轮的轴	$(0.01\sim0.03)m_n$	圆柱滚子轴承	0.0025		
安装蜗轮的轴	$(0.02\sim0.05)m_t$	圆锥滚子轴承	0.0016		
蜗杆	$0.0025d_1$	安装齿轮处	0.001~0.002		

注：l 为轴支承间的跨距；Δ 为电动机定子与转子的间隙；m_n 为齿轮法向模数；m_t 为蜗轮端面模数；d_1 为蜗杆分度圆直径。

常见的轴大多可视为简支梁。对于光轴，可按材料力学中的公式或方法计算其挠度或转角。对于阶梯轴，可按材料力学中的能量法进行计算；如果各轴段直径相差不大，则可用当量直径法做简化计算，即把阶梯轴看成是当量直径为 d_v 的光轴进行计算。当量直径 d_v（mm）为

$$d_{\mathrm{v}}=\sqrt[4]{\frac{L}{\sum_{i=1}^{z}\frac{l_i}{d_i^4}}} \tag{20-18}$$

式中，L 为阶梯轴的计算长度，当载荷位于两支承之间时，$L=l$（l 为支承跨距），当载荷作用于悬臂端时，$L=l+c$（c 为轴的悬臂长度）；l_i为阶梯轴第 i 段的长度；d_i为阶梯轴第 i 段的直径，对于有过盈配合的实心轴段，可将轮毂作为轴的一部分来考虑，即取轮毂的外径作为轴段的直径；z 为阶梯轴计算长度内的轴段数。

第四节 轴的振动与临界转速

轴在旋转过程中，轴的实体会产生反复的弹性变形，这种现象称为轴的振动。轴的振动有弯曲振动（又称为横向振动）、扭转振动和纵向振动三类。

由于轴及轴上零件材质分布不均，以及制造和安装误差等因素的影响，导致轴系零件的质心偏离其回转中心，使轴系转动时受到以惯性离心力为主要特征的周期性强迫力的作用，从而引起轴的弯曲振动。如果轴的转速致使强迫力的角频率与轴的弯曲固有频率重合，就会出现弯曲共振现象。当轴因外载因素产生转矩变化或因齿轮啮合冲击等因素产生转矩波动时，轴就会产生扭转振动。如果转矩的变化频率与轴的扭转固有频率重合，就会产生扭转共振现象。另外，若轴受到周期性的轴向干扰力时，也会产生纵向振动，但由于轴的纵向刚度很大、纵向固有频率很高，一般不会产生纵向共振，其纵向振幅很小，因此常常予以忽略。

轴产生共振时振幅会急剧增大、运转不稳甚至造成轴和整台机器的损坏，故设计时应予以避免。在轴的常用工作转速范围内，一般弯曲振动较扭转振动对机械传动性能的影响更大，所以下面只对轴的弯曲振动进行粗略的分析。

轴发生共振时的转速称为轴的临界转速。如果继续提高转速，运转又趋平稳，但当转速达到另一较高值时，共振可能再次发生。其中最低的临界转速称为一阶临界转速 n_{c1}，其余为二阶 n_{c2}、三阶 n_{c3}、…轴的振动计算就是计算其临界转速，使轴的工作转速避开其各阶临界转速，以防止轴发生共振。

工作转速 n 低于一阶临界转速的轴称为刚性轴，刚性轴转速的设计原则是 $n<0.75n_{c1}$；工作转速高于一阶临界转速的轴称为挠性轴，挠性轴转速的设计原则是 $1.4n_{c1}<n<0.7n_{c2}$。

一、单圆盘轴的一阶临界转速

在图 20-12 中，设圆盘的质量 m 很大，相对而言轴的质量很小，忽略不计。假定圆盘材料不均匀或制造有误差而存在不平衡，其质心 c 与轴线间的偏心距为 e。当圆盘以角速度 ω 旋转时，圆盘的质量偏心将产生惯性离心力 F，其大小为

$$F=m\omega^2(y+e) \tag{20-19}$$

式中，y 为在离心力 F 作用下轴的挠度。设轴的弯曲刚度为 k，轴弯曲变形时产生的弹性力 ky 应与离心力 F 平衡，则有

$$F=ky \tag{20-20}$$

联立式（20-19）和式（20-20），得

$$y=\frac{e}{\frac{k}{m\omega^2}-1} \tag{20-21}$$

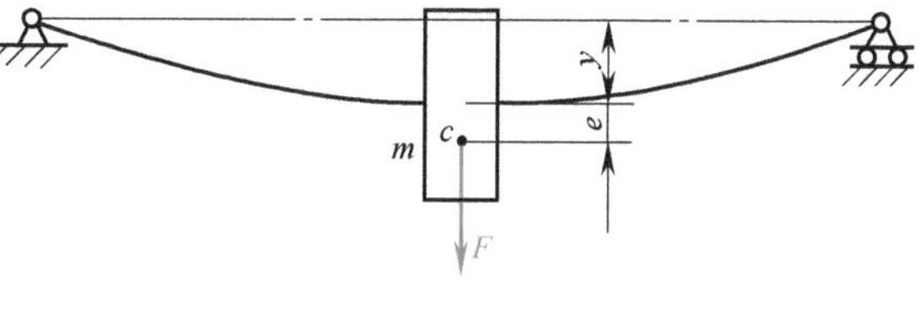

图 20-12 单圆盘轴振动计算简图

由式（20-21）可知，轴的转速一

定时，挠度与偏心距成正比。为减小振动，应进行轴的动平衡试验，尽可能减小质量偏心误差。当轴的角速度逐渐增大时，挠度 y 也随之增大。在无阻尼的情况下，当 $k/(m\omega^2)$ 接近 1 时，理论上挠度 y 接近于无限大，这意味着轴会产生很大的变形而可能导致破坏。此时对应轴的角速度为一阶临界角速度 ω_{c1}，其值为

$$\omega_{c1}=\sqrt{\frac{k}{m}} \tag{20-22}$$

代入轴的刚度计算式 $k=mg/y_0$，得轴的一阶临界角速度为

$$\omega_{c1}=\sqrt{\frac{g}{y_0}} \tag{20-23}$$

式中，g 为重力加速度；y_0 为轴的静挠度。

如以 $g=9810\text{mm/s}^2$，$\omega=(\pi n/30)$ rad/s 代入上式，可换算成以每分钟转数表示的一阶临界转速 n_{c1}（r/min）

$$n_{c1}=\frac{30}{\pi}\sqrt{\frac{g}{y_0}}\approx 946\sqrt{\frac{1}{y_0}} \tag{20-24}$$

轴的静挠度取决于轴系回转件的质量和轴的刚度。由此可知，轴的临界转速取决于轴系回转件的质量和轴的刚度，而与偏心距无关，回转件质量越大、轴的刚度越低，则 n_{c1} 越低。

二、多圆盘轴的一阶临界转速

1. 邓柯莱（Dunkerley）公式

建立在轴振动试验基础上的邓柯莱经验公式，计算简便。

其近似计算式为

$$\frac{1}{\omega_{c1}^2}=\frac{1}{\omega_0^2}+\sum_{i=1}^{n}\frac{1}{\omega_{0i}^2} \tag{20-25}$$

式中，ω_0 为轴不装圆盘时的一阶临界角速度，ω_{0i} 为轴上只装一个圆盘 m_i 而不计轴自身质量时的一阶临界角速度。它们的计算公式见表 20-12。

表 20-12 轴的临界转速 （单位：rad/s）

转子支承特点	公 式	转子支承特点	公 式
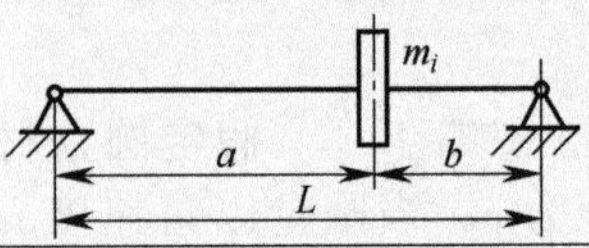 m_i, a, b, L	$\omega_{0i}=\sqrt{\frac{3EIL}{m_i a^2 b^2}}$	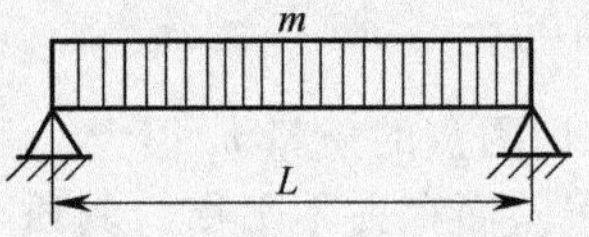 m, L	$\omega_0=\sqrt{\frac{98EI}{mL^3}}$
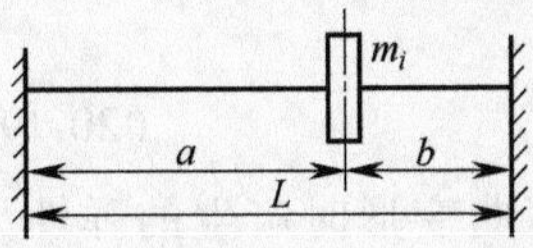 m_i, a, b, L	$\omega_{0i}=\sqrt{\frac{3EIL^3}{m_i a^3 b^3}}$	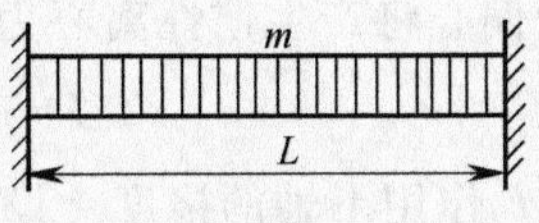 m, L	$\omega_0=\sqrt{\frac{502EI}{mL^3}}$
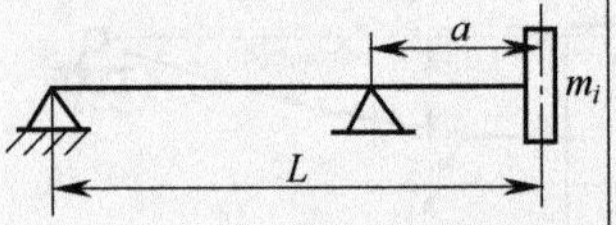 a, m_i, L	$\omega_{0i}=\sqrt{\frac{3EI}{m_i a^2 L}}$	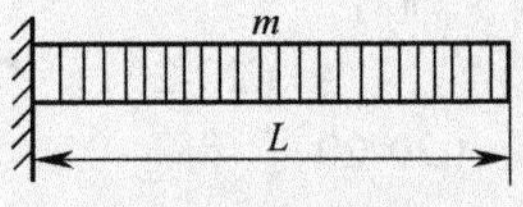 m, L	$\omega_0=\sqrt{\frac{12.4EI}{mL^3}}$
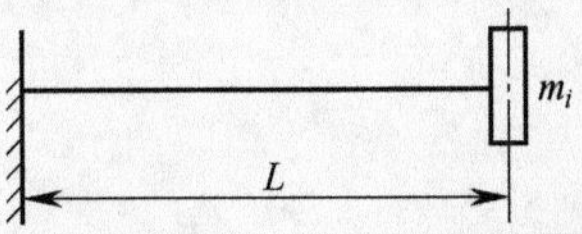 m_i, L	$\omega_{0i}=\sqrt{\frac{3EI}{m_i L^3}}$	E——轴材料的弹性模量 I——轴截面的惯性矩 m——轴的质量 m_i——第 i 个圆盘的质量	

2. 瑞利（Rayleigh）公式

$$\omega_{c1}=\sqrt{\frac{g\sum_{i=1}^{n}m_iy_{0i}}{\sum_{i=1}^{n}m_iy_{0i}^{2}}} \tag{20-26}$$

式中，m_i为第i个圆盘的质量；y_{0i}为轴上所有圆盘存在时，轴在圆盘m_i处的静挠度；g为重力加速度。

多圆盘轴ω_{c1}的瑞利公式简图如图20-13所示。

式（20-25）和式（20-26）适用于等直径轴；阶梯轴临界转速的计算，需要用式（20-18）先将轴转化为当量等径光轴，再进行计算。

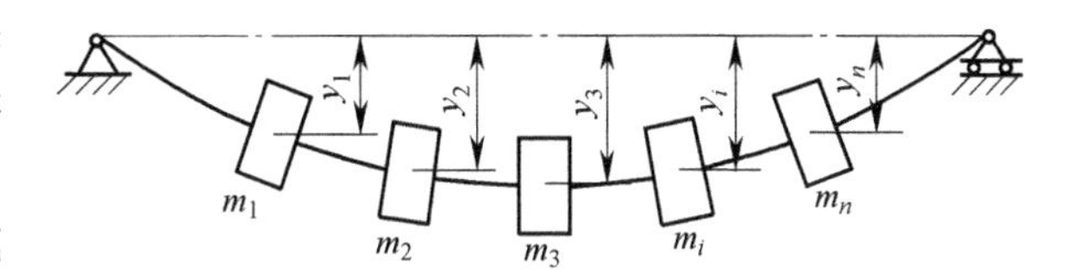

图20-13　多圆盘轴ω_{c1}的瑞利公式简图

值得注意的是，式（20-22）~式（20-26）忽略了轴质量的影响，并假定所有的质量都是集中的，公式推导也没有考虑支承柔性的影响。轴的一阶临界角速度一般略低于计算值。

文献阅读指南

1）轴的强度计算、刚度计算和振动稳定性计算是轴设计计算中的主要内容，应根据轴的应用场合和使用条件选用。本章较详细地介绍了轴的强度计算方法。当量直径法计算轴的挠度适用于要求精度不高的一般计算，需要精确计算轴的挠度和转角时，可采用能量法进行计算，具体方法可参阅有关的《材料力学》教材，或邱宣怀主编的《机械设计》（4版，北京：高等教育出版社，1997）。

2）本章简要介绍了轴的振动类型和弯曲振动临界转速的近似解法。该方法适用于轴的转速较低或对振动稳定性要求不高的使用场合。对于转速较高的轴，较精细的振动稳定性设计是必不可少的，而临界转速的准确计算是振动稳定性设计的关键。较准确地求解轴系临界转速的方法，读者可参阅张策主编的《机械动力学》（2版，北京：高等教育出版社，2008）。有关轴系振动的详细内容，可参阅钟一谔等编著的《转子动力学》（北京：清华大学出版社，1987）。

3）合理选择轴的材料及其相应的热处理工艺是保障轴达到设计强度的基础。关于轴的材料及其力学性能和热处理工艺方法的详尽内容介绍，可参阅机械工程手册电机工程手册编辑委员会编著的《机械工程手册》（2版，北京：机械工业出版社，1997）工程材料卷。

思考题

20-1　按承载情况的不同，轴分为哪几种类型？分别举例说明。

20-2　说明轴设计中要解决的主要问题。

20-3　轴的强度计算方法常用哪几种？各在什么情况下使用？

20-4　按当量弯矩进行轴强度校核的步骤是什么？

20-5　按疲劳强度精确校核轴时，主要考虑了哪些因素？在什么情况下还要对轴进行静强度校核？

20-6 为设计稳定性好的轴，如何合理地选择轴的转速？若轴的转速一定，设计中如何避免轴系出现共振？

习题

20-1 齿轮变速器的输入轴由电动机带动，输入功率为5kW，轴的转速 $n=960\mathrm{r/min}$，当轴材料分别选用45钢（调质）和40Cr（调质）时，试分别确定变速器输入轴的最小直径。

20-2 确定一传动轴的直径。已知材料为45钢，传递功率为15kW，转速为100r/min，且要求其扭转变形不大于0.5°/m。

20-3 图20-14为斜齿轮轴轴系结构。轴的部分尺寸和部分表面粗糙度如图所示。斜齿轮的分度圆直径 $d=200\mathrm{mm}$，轮齿上作用有圆周力 $F_t=4.60\times10^3\mathrm{N}$，径向力 $F_r=1.80\times10^3\mathrm{N}$，轴向力 $F_x=1.40\times10^3\mathrm{N}$，轴向力指向轴的左端联轴器。轴的材料为45钢，调质处理，硬度为217~255HBW。试分别用当量弯矩法和安全因数校核法校核轴的强度。

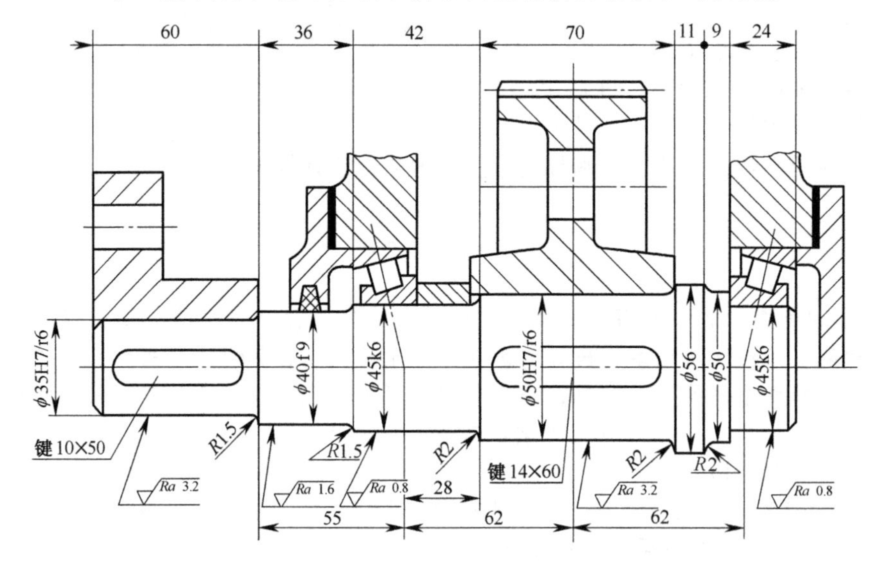

图20-14 习题20-3、习题20-4图

20-4 用当量直径法计算题20-3中图20-14齿轮齿宽中截面处轴的挠度。

20-5 一直径为50mm的钢轴上装有两个圆盘，布置如图20-15所示。不计轴本身质量，试计算此轴的一阶临界转速。若工作转速 $n=960\mathrm{r/min}$，分析该轴属于刚性轴还是挠性轴？轴工作时的稳定性如何？

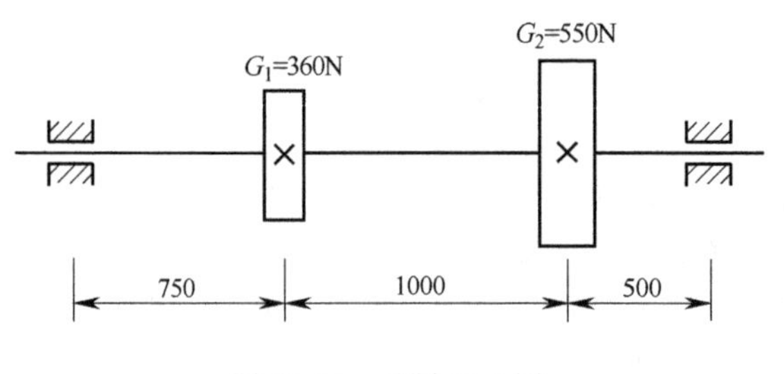

图20-15 习题20-5图

第二十一章　滚动轴承

内容提要

本章主要介绍滚动轴承的结构形式、类型、尺寸、公差等级等基本知识及其代号的表示方法，在此基础上给出轴承寿命、静强度及极限转速的计算方法，最后对润滑和密封的基本要求及结构形式做简要阐述。有关滚动轴承组合结构设计的内容见本书第二十六章。

第一节　概述

用滚动摩擦代替滑动摩擦可大幅降低摩擦阻力。在远古时期，人类就已经开始利用“滚动优于滑动”的基本原理。滚动轴承是滚动与转动巧妙结合的零件，但其发展却经历了原始、近代和现代三个阶段。16 世纪初，在中国和欧洲就有了原始滚动轴承的应用。滚动体从绕固定轴线滚动变为沿滚道自由滚动，是近代轴承的重要标志。1772 年英国人斯·瓦洛制造的用于马车车轮的密排球轴承，是近代轴承的最早实例。用保持架将滚动体隔开，这种现代轴承的发明和普遍应用出现在 1850—1925 年工业革命时期，其中自行车的发展对现代轴承的进步起到了重要的推动作用。

轴承是用来支承轴的部件，根据其工作时的摩擦性质，可分为滚动轴承和滑动轴承两大类。滚动轴承是机械中最常用的标准件之一，具有摩擦阻力小、起动灵活、效率高的优点，而且由专业厂家批量生产，类型尺寸齐全，标准化程度高。在机械设计中，只要根据工作条件正确地选择轴承类型、尺寸和公差等级，并合理地进行轴承组合结构设计即可，而无须对滚动轴承本身进行设计。由于这些特点，滚动轴承的应用比滑动轴承广泛得多。其缺点是：抗冲击能力较差，径向尺寸比较大，高速重载时寿命较低且噪声较大。

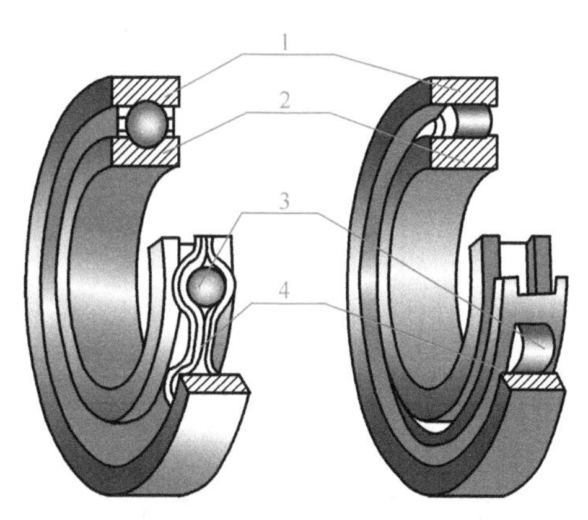

图 21-1　滚动轴承结构

1—外圈　2—内圈　3—滚动体　4—保持架

典型的滚动轴承结构如图 21-1 所示，通常由外圈 1、内圈 2、滚动体 3 和保持架 4 组成。内圈装在轴颈上，外圈与轴承座孔配合。轴承内、外圈上都有滚道，当内外圈相对运动时，滚动体沿滚道滚动。保持架的作用是将各滚动体均匀分隔，防止其相互摩擦。滚动体是滚动轴承不可缺少的零件，其形状如图 21-2 所示。

内圈、外圈和滚动体的材料通常采用强度高、耐磨性好的专用钢材，如高碳铬轴承钢、渗碳轴承钢等，淬火后硬度不低于61～65HRC，滚动体和滚道表面要求磨削抛光。保持架常选用减摩性较好的材料，如铜合金、铝合金、低碳钢及工程塑料等，近年来，塑料保持架的应用日益增多。

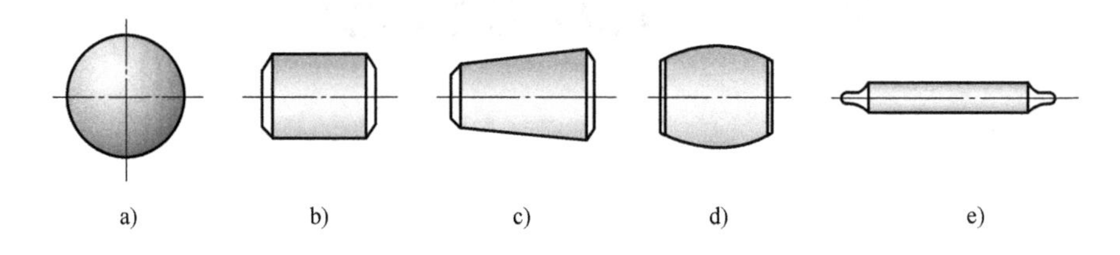

图 21-2 滚动体的形状

a）球 b）圆柱滚子 c）圆锥滚子 d）球面滚子 e）滚针

第二节 滚动轴承的类型和选择

一、滚动轴承的主要类型、结构和特点

按滚动轴承所能承受的载荷方向，主要分为向心轴承和推力轴承两大类，前者主要承受径向载荷，后者主要承受轴向载荷。滚动体与套圈接触处的法线与轴承径向平面间的夹角称为轴承的接触角。公称接触角用 α 表示，轴承所能承受载荷的方向及大小均与其有关，它是滚动轴承重要的几何参数。按公称接触角 α 的不同，滚动轴承的分类见表 21-1。

表 21-1 滚动轴承的分类

轴承类型	向心轴承		推力轴承	
	径向接触轴承	角接触向心轴承	角接触推力轴承	轴向接触轴承
公称接触角 α	$\alpha=0°$	$0°<\alpha\leqslant45°$	$45°<\alpha<90°$	$\alpha=90°$
轴承举例	深沟球轴承	角接触球轴承	推力调心滚子轴承	推力球轴承

轴承的分类方法很多。如按轴承滚动体的形状，可分为球轴承和滚子轴承；按滚动体的列数，可分为单列轴承和双列轴承；按内、外圈能否分离则有可分离轴承和不可分离轴承。

为满足机械各种工况的要求，滚动轴承有多种类型，表 21-2 给出了常用滚动轴承的类型和特点。

二、滚动轴承类型的选择

滚动轴承的类型很多，选用时首先要解决如何选择合适的类型。类型选择的主要依据是：轴承工作载荷的大小、方向和性质；转速的高低及回转精度的要求；调心性能要求；安装空间的大小、装拆方便程度及经济性等。具体选择时可参考下列原则：

表 21-2 常用滚动轴承的类型和特点

轴承名称 类型代号	结构简图	性能及特点		
		额定动载荷比①	极限转速比②	其他特性
调心球轴承 1	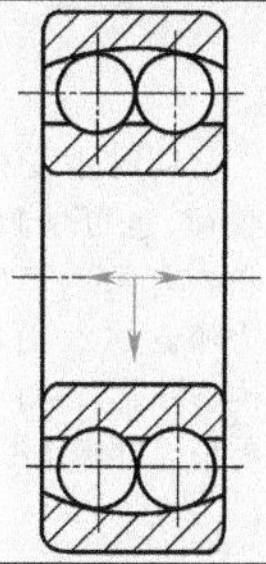	0.6~0.9	高	主要承受径向载荷，也能同时承受少量双向轴向载荷；外圈滚道为球面，具有自动调心性能，内、外圈轴线偏斜角允许 2°~3°；不宜受纯轴向载荷
调心滚子轴承 2	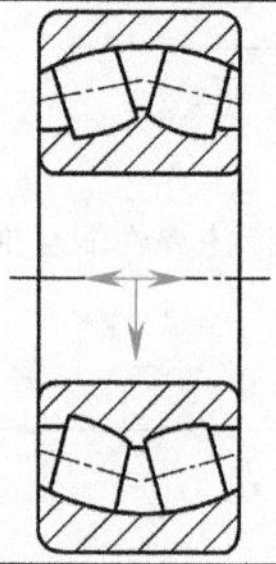	1.8~4	低	主要特点与调心球轴承相近，但承载能力比调心球轴承高
圆锥滚子轴承 3	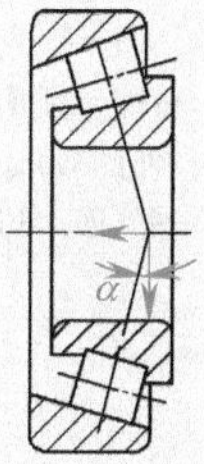 α	1.1~2.5	中	能同时承受较大的径向载荷和单向轴向载荷；接触角 α 分小锥角（10°~18°）和大锥角（27°~30°）两类，轴向承载能力随 α 增加而增大；内、外圈可分离，可分别安装，安装时需调整游隙；成对使用；内、外圈轴线偏斜角小于 2′
推力球轴承 5	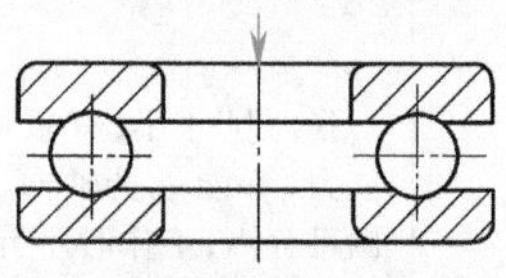 单向推力球轴承	1	低	只能承受单向轴向载荷；具有最小轴向载荷限制；高速时离心力大，钢球与保持架磨损、发热严重，寿命低
	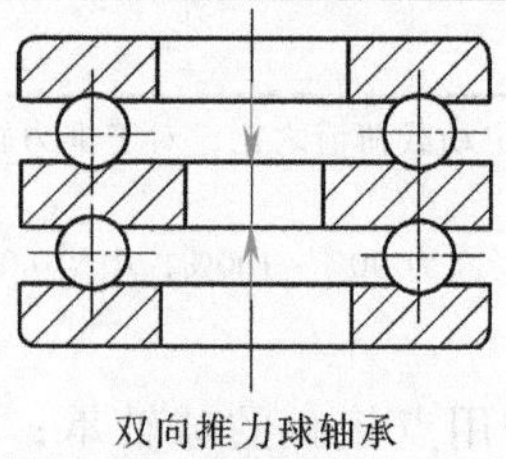 双向推力球轴承			能承受双向轴向载荷，其他特点与单向推力球轴承相同
深沟球轴承 6	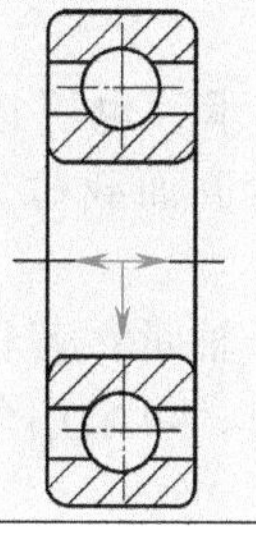	1	高	主要承受径向载荷，也能同时承受少量双向轴向载荷；高速时可代替推力球轴承；内、外圈偏斜角允许 8′~16′；价格低，应用广

（续）

轴承名称 类型代号	结构简图	性能及特点		
		额定动载荷比①	极限转速比②	其他特性
角接触球轴承 7	α	1~1.4	高	能同时承受径向载荷和单向轴向载荷，也可单独承受轴向载荷；接触角 α 有 15°、25°、40°三种，轴向承载能力随 α 增大而增加；一般成对使用；内、外圈偏斜角允许 2′~10′；高速时代替推力轴承比深沟球轴承更适宜
推力圆柱滚子轴承 8		1.7~1.9	低	主要性能与推力球轴承相近
外圈无挡边圆柱滚子轴承 N		1.5~3	高	只能承受径向载荷，承载能力高；内、外圈轴线偏斜角允许值很小，为 2′~4′；内、外圈可分离，可分别安装
滚针轴承 NA		—	低	径向尺寸小，有较高的径向承载能力，不能承受轴向力；一般内、外圈可分离；工作时不允许内、外圈轴线有偏斜

① 指各类轴承的基本额定动载荷值与相同尺寸系列的深沟球轴承基本额定动载荷值之比；对于推力轴承，则与单向推力球轴承相比较。

② 指各类轴承的极限转速与相同尺寸系列的深沟球轴承极限转速之比，高为 90%~100%，中为 60%~90%，低为 60%以下。

1）转速较高、载荷不大、旋转精度要求较高时，宜选用点接触的球轴承；滚子轴承为线接触，多用于载荷较大、速度较低的情况。

2）纯径向载荷可选择深沟球轴承、圆柱滚子轴承及滚针轴承，也可选用调心轴承；纯轴向载荷可选择推力轴承，但其允许的工作转速较低，当转速较高而载荷又不大时，可采用深沟球轴承或角接触球轴承。

受径向和轴向联合载荷时，常选用角接触球轴承或圆锥滚子轴承；若径向载荷较轴向载荷大，也可采用深沟球轴承；若轴向载荷较大、径向载荷很小时，可采用角接触推力轴承或推力轴承与深沟球轴承的组合结构。

3）有冲击载荷时宜选用滚子轴承。

4）各类轴承内、外圈轴线的偏斜角是有限制的，超过允许值，会使轴承的寿命降低。对于由各种原因（图 21-3）导致弯曲变形大的轴以及多支点轴，应选择具有调心性能（图 21-4）的轴承；线接触轴承（如圆柱滚子轴承、圆锥滚子轴承、滚针轴承等）对偏斜角较为敏感，轴应有足够的刚度，且对同一轴上各轴承座孔的同轴度要求较高。

5）在要求安装和拆卸方便的场合，常选用内、外圈能分离的可分离型轴承，如圆锥滚子轴承、圆柱滚子轴承等。

6）选择轴承类型时要考虑经济性。通常外廓尺寸接近时，球轴承比滚子轴承价格低，而深沟球轴承价格最低；公差等级越高，价格也越高，选用高等级轴承应特别慎重。

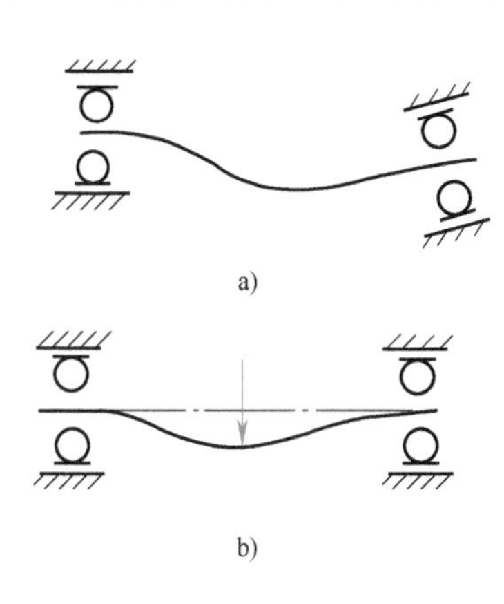

图 21-3　轴线的偏斜
a）轴承座孔不对中　b）轴挠曲变形

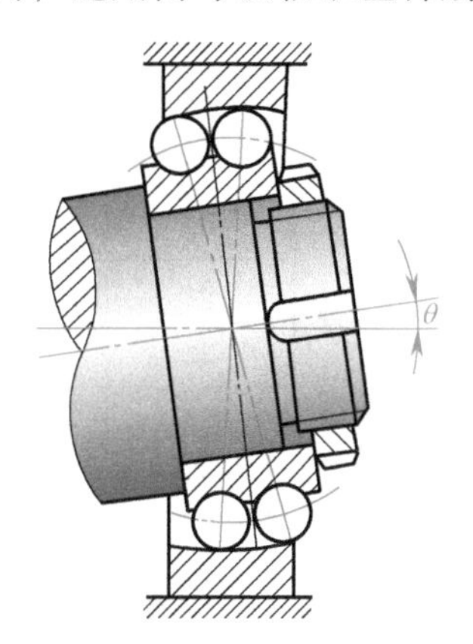

图 21-4　调心轴承的调心作用

第三节　滚动轴承的代号

国家标准规定，滚动轴承的类型、尺寸、结构和公差等级等特征，用代号表示。滚动轴承的代号由前置代号、基本代号和后置代号三部分组成，各部分表示的内容与排列顺序见表 21-3。基本代号是轴承代号的基础。前置代号和后置代号是基本代号的补充，在没有特殊要求时，通常可部分或全部省略。

表 21-3　轴承代号的组成

前置代号	基本代号			后置代号						
轴承分部件	轴承类型	尺寸系列	轴承内径	内部结构	密封与防尘套圈变型	轴承材料	公差等级	游隙	配置	其他

1. 基本代号

基本代号由轴承的类型代号、尺寸系列代号和内径代号组成。

（1）类型代号　表示轴承的基本类型，用数字或字母表示，常用轴承的类型代号见表 21-4。

（2）尺寸系列代号　尺寸系列表示内径相同的轴承可具有不同的外径，而同样外径时又可有不同的宽度（对推力轴承指高度）。尺寸系列代号由两位数字表示。前一位数字代表宽度系列（8、0、1、…、6，依次递增）或高度系列（7、9、1、2，依次递增），后一位数字代表直径系列（7、8、9、0、1、…、5，依次递增）。

常用轴承的类型代号、尺寸系列代号和组合代号见表 21-4。

表 21-4 常用轴承的类型代号、尺寸系列代号和组合代号

轴承名称	类型代号	尺寸系列代号	组合代号	轴承名称	类型代号	尺寸系列代号	组合代号
调心球轴承	1	(0)2	12	深沟球轴承	6	(1)0	60
	(1)	22	22			(0)2	62
	1	(0)3	13			(0)3	63
	(1)	23	23			(0)4	64
调心滚子轴承	2	22	222	角接触球轴承	7	19	719
		23	223			(1)0	70
		30	230			(0)2	72
		31	231			(0)3	73
		32	232			(0)4	74
圆锥滚子轴承	3	02	302	推力圆柱滚子轴承	8	11	811
		03	303			12	812
		22	322	外圈无挡边圆柱滚子轴承	N	(0)2	N2
		23	323			22	N22
		29	329			(0)3	N3
		30	330			(0)4	N4
推力球轴承	5	12	512	内圈无挡边圆柱滚子轴承	NU	(0)2	NU2
		13	513			22	NU22
		14	514			(0)3	NU3
深沟球轴承	6	18	618			(0)4	NU4
		19	619	滚针轴承	NA	48	NA48
	16	(0)0	160			69	NA69

注：表中（ ）内的数字在组合代号中省略。

（3）内径代号 表示轴承的内径尺寸，用两位数字表示，表示方法见表 21-5。

表 21-5 轴承的内径代号

内径尺寸 d/mm		20~480(5进位)	22	28	32	10	12	15	17
内径代号		04~96(代号乘以5即为内径)	/内径尺寸毫米数			00	01	02	03
示例	代号	06	/28			02			
	内径 d	$d=6\times5\text{mm}=30\text{mm}$	$d=28\text{mm}$			$d=15\text{mm}$			

注：内径 $d\geq500\text{mm}$ 和 $d<10\text{mm}$ 时，内径代号表示方法查阅有关手册。

2. 后置代号

后置代号内容较多，以下仅介绍几种最常用代号。

（1）内部结构代号 表示同一类型轴承不同的内部结构，用字母表示且紧跟在基本代号之后：如 C、AC 和 B 分别代表公称接触角为 15°、25°和 40°的角接触球轴承；E 代表为增大承载能力而进行结构改进的加强型轴承；D 为剖分式轴承。

（2）公差等级代号 精度共分六个级别（表 21-6），/P2 级精度最高。/PN 级为普通级，代号中省略不表示。

表 21-6　公差等级代号

代　　号	/PN	/P6	/P6x	/P5	/P4	/P2
公差等级	0 级	6 级	6x 级	5 级	4 级	2 级

注：6x 级仅适用于圆锥滚子轴承。

（3）游隙代号　常用轴承的径向游隙分为 6 个组别，由小到大依次为 2 组、N 组、3 组、4 组和 5 组。其中 N 组是常用组别，在轴承代号中不标注，其余组别的游隙代号分别用 /C1、/C2、/C3、/C4、/C5 表示。

（4）配置代号　成对安装的轴承有三种配置方式（图 21-5），分别用三种代号表示：/DB—背对背安装，/DF—面对面安装，/DT—串联安装。代号示例如 7210C/DF、30208/DB。

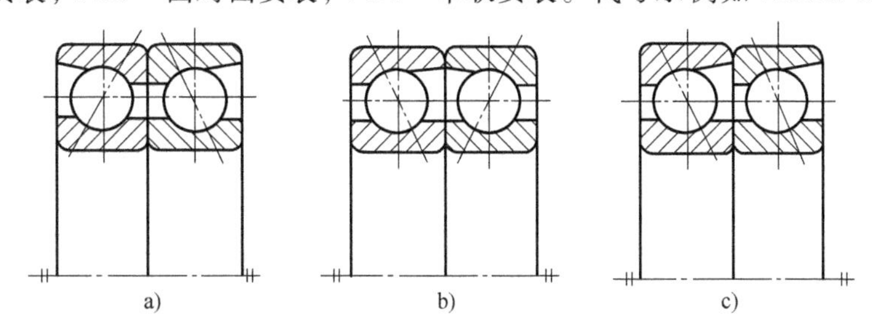

图 21-5　成对轴承配置安装形式
a）背对背（/DB）　b）面对面（/DF）　c）串联（/DT）

3. 前置代号

前置代号表示轴承的分部件，以字母表示，如 K 代表滚子轴承的滚子和保持架组件，L 代表可分离轴承的可分离套圈等。

以上内容仅介绍了轴承代号中最基本、最常用的部分。对于未涉及的部分，可查阅 GB/T 272—2017。

例题 21-1　说明轴承代号 6024、7210AC/P5 的含义。

解：

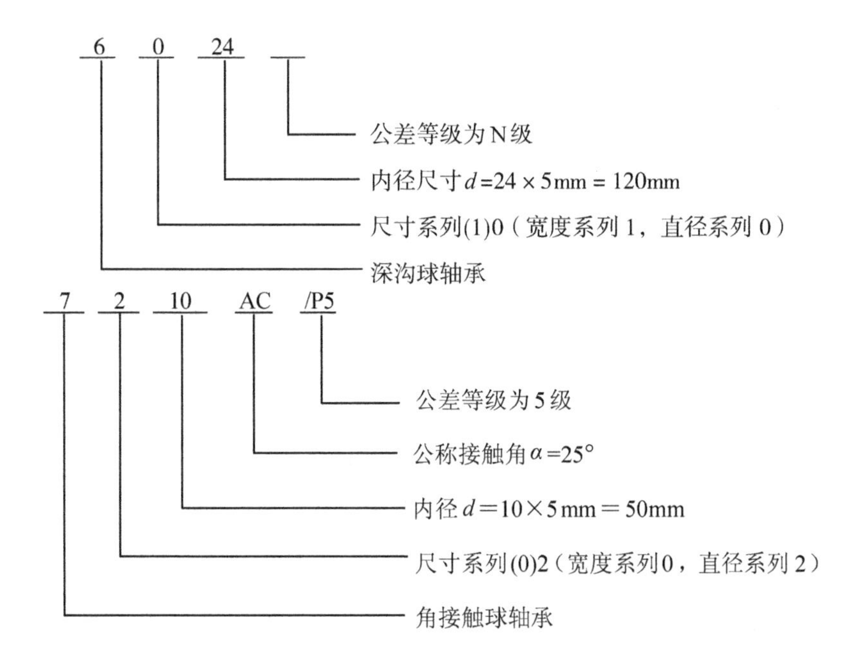

第四节 滚动轴承的载荷、失效和计算准则

一、滚动轴承的载荷分布

滚动轴承的类型很多，工作时载荷情况也各不相同，下面仅以深沟球轴承为例进行分析。

1. 只受径向载荷的情况

如图21-6所示，轴承只受径向载荷 F_R 时，若滚动体与套圈滚道间无过盈，则最多只有半圈滚动体受载。假设内、外圈不变形，由于滚动体弹性变形的影响，内圈将沿 F_R 方向移动一个距离 δ，显然，在承载区位于 F_R 作用线上的滚动体变形量最大，故其承受的载荷也最大。根据力的平衡条件和变形条件可以求出，受载最大的滚动体的载荷为

$$F\approx\frac{5}{z}F_R\text{（滚子轴承时 }F\approx\frac{4.6}{z}F_R\text{）} \tag{21-1}$$

式中，z 为滚动体总个数。

2. 只受轴向载荷的情况

如图21-7所示，轴承只受中心轴向载荷 F_A 时，可认为载荷由各滚动体平均分担。由于 F_A 被支承的方向不是轴承的轴线方向而是滚动体与套圈接触点的法线方向，因此每个滚动体都受相同的轴向分力 F_a 和相同的径向分力 F_r 的作用，其大小为

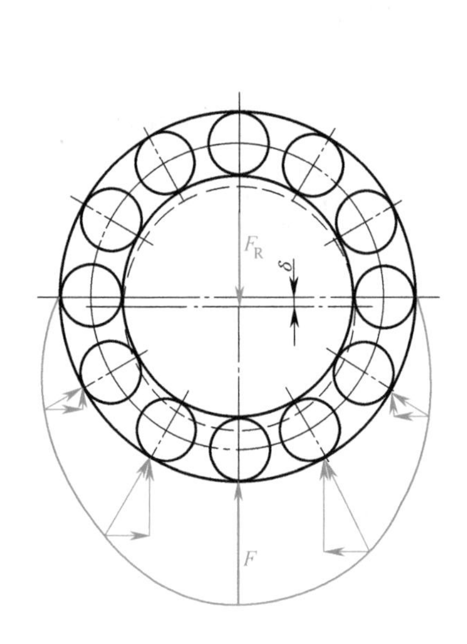

图 21-6 深沟球轴承径向载荷的分布

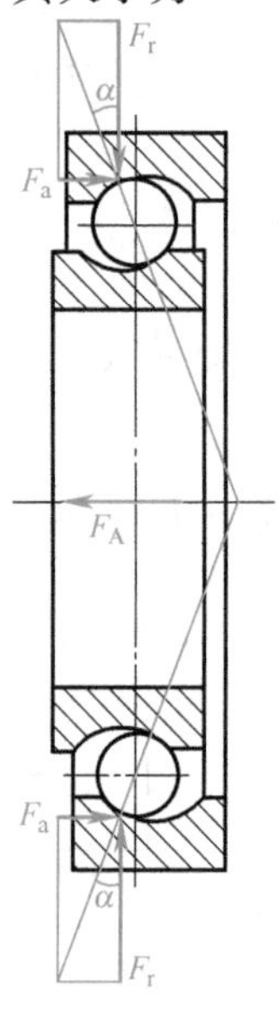

图 21-7 深沟球轴承轴向载荷的分布

$$F_a=\frac{F_A}{z} \tag{21-2}$$

$$F_r=F_a\cot\alpha=\frac{F_A}{z}\cot\alpha \tag{21-3}$$

式中，α 为轴承的实际接触角，其值在一定范围内随载荷 F_A 的大小而变化，且与滚道曲率半径和弹性变形量等因素有关。

3. 径向载荷、轴向载荷联合作用的情况

此时，载荷分布情况主要取决于轴向载荷 F_A 与径向载荷 F_R 的大小比例关系。当 F_A 比

F_R 小很多，即 F_A/F_R 很小时，轴向力的影响相对较小。此时，随 F_A 的增大，受载滚动体的个数将会增多，对轴承寿命是有利的，但作用并不显著，故可忽略轴向力的影响，仍按受纯径向载荷处理。

相反，当 F_A/F_R 较大时，则必须计入 F_A 的影响。此时，轴承的载荷情况相当于图 21-6 和图 21-7 的叠加，显然位于径向载荷 F_R 作用线上的滚动体所受径向力最大，由式（21-1）和式（21-3）可得到其总径向力 F_{max} 为

$$F_{max}=\frac{5}{z}F_R+\frac{F_A}{z}\cot\alpha \tag{21-4}$$

由该式可见，在这种情况下，滚动体的受力和轴承的载荷分布不仅与径向载荷和轴向载荷的大小有关，还与接触角 α 的变化有关。

二、滚动轴承的失效形式及计算准则

滚动轴承的失效形式主要有以下几种：

（1）疲劳点蚀　在载荷作用下，滚动体和内外圈滚道接触处将产生接触应力。由于内外圈和滚动体有相对运动，轴承元件上任一点处的接触应力都可看作是脉动循环应力，在长时间作用下，内外圈滚道或滚动体表面将形成疲劳点蚀，从而产生噪声和振动，致使轴承失效。

（2）塑性变形　过大的静载荷或冲击载荷，会使轴承工作表面的局部应力超过材料的屈服强度而出现塑性变形，致使轴承不能正常工作而失效。

（3）磨损　密封不可靠、润滑剂不洁净，或在多尘环境下，轴承极易发生磨粒磨损；润滑不充分时，还可能发生黏着磨损直至胶合。速度越高，磨损越严重。

在确定轴承尺寸时，必须针对主要失效形式进行必要的计算。计算准则为：正常工作条件下做回转运动的滚动轴承，主要是疲劳点蚀破坏，故应进行接触疲劳寿命计算，当载荷变化较大或有较大冲击载荷时，还应做静强度校核；对于转速很低（$n<10$r/min）或做缓慢摆动的轴承，主要是防止塑性变形，只需做静强度计算即可；对于高速轴承，为防止发生黏着磨损，除进行寿命计算外，还应校验极限转速。

第五节　滚动轴承的寿命计算

滚动轴承的寿命计算已标准化。本章介绍最基本的滚动轴承寿命计算方法，更详细的计算方法参见 GB/T 6391—2010。

一、基本额定寿命和基本额定动载荷

在脉动循环变化的接触应力作用下，轴承中任何一个元件出现疲劳点蚀以前运转的总转数，或一定转速下工作的小时数，称为轴承的寿命。

大量实验证明，由于材料、热处理和加工等因素不可能完全一致，即使同类型、同尺寸的轴承在相同条件下运转，其寿命也不会完全相同，甚至相差很大。因此，必须采用数理统计的方法，确定一定可靠度下轴承的寿命。

1. 基本额定寿命

寿命计算时，通常以基本额定寿命作为轴承的寿命指标。轴承的基本额定寿命是指 90%的可靠度、常用材料和加工质量、常规运转条件下的寿命，并以符号 L_{10}（10^6r 为单位）或 L_{10h}（小时为单位）表示。

2. 基本额定动载荷

基本额定寿命为 10^6r 时，轴承理论上所能承受的恒定载荷称为轴承的基本额定动载荷，以 C

表示。显然，轴承在基本额定动载荷作用下，运转10^6r而不发生疲劳点蚀的可靠度为90%。基本额定动载荷是衡量轴承抵抗疲劳点蚀能力的主要指标，其值越大，抗点蚀能力越强。轴承基本额定动载荷的大小与轴承类型、结构、尺寸和材料等有关，由轴承样本或设计手册提供。

基本额定动载荷可分为径向基本额定动载荷（C_r）和轴向基本额定动载荷（C_a）。前者对于向心轴承（角接触轴承除外）是指径向载荷，对于角接触轴承是指载荷中使轴承套圈间产生相对纯径向位移的径向分量；后者对于推力轴承，为中心轴向载荷。

二、当量动载荷

如前所述，不同类型滚动轴承的基本额定动载荷都有载荷方向的规定。如果作用在轴承上的实际载荷是径向载荷与轴向载荷联合作用，则与上述规定的条件不同。为在相同条件下比较，需将实际载荷转换成一个与上述条件相同的假想载荷，在这个假想载荷作用下，轴承的寿命和实际载荷下的寿命相同，该假想载荷称为当量动载荷，用P表示。

当量动载荷与实际载荷的关系为

$$P=XF_R+YF_A$$

式中，F_R为轴承所受的径向载荷；F_A为轴承所受的轴向载荷；X为径向动载荷系数；Y为轴向动载荷系数，X、Y均由表21-7查取。

表21-7 径向动载荷系数X和轴向动载荷系数Y

轴承类型		$\frac{F_A}{C_0}$①	e	单列轴承				双列轴承			
				$F_A/F_R \le e$		$F_A/F_R>e$		$F_A/F_R \le e$		$F_A/F_R>e$	
				X	Y	X	Y	X	Y	X	Y
深沟球轴承（60000）		0.014	0.19				2.30				2.30
		0.028	0.22				1.99				1.99
		0.056	0.26				1.71				1.71
		0.084	0.28				1.55				1.55
		0.11	0.30	1	0	0.56	1.45	1	0	0.56	1.45
		0.17	0.34				1.31				1.31
		0.28	0.38				1.15				1.15
		0.42	0.42				1.04				1.04
		0.56	0.44				1.00				1.00
角接触球轴承	$\alpha=15°$（7000C）	0.015	0.38				1.47		1.65		2.39
		0.029	0.40				1.40		1.57		2.28
		0.058	0.43				1.30		1.46		2.11
		0.087	0.46				1.23		1.38		2.00
		0.12	0.47	1	0	0.44	1.19	1	1.34	0.72	1.93
		0.17	0.50				1.12		1.26		1.82
		0.29	0.55				1.02		1.14		1.66
		0.44	0.56				1.00		1.12		1.63
		0.58	0.56				1.00		1.12		1.63
	$\alpha=25°$（7000AC）	—	0.68	1	0	0.41	0.87	1	0.92	0.67	1.41
	$\alpha=40°$（7000B）	—	1.14	1	0	0.35	0.57	1	0.55	0.57	0.93
圆锥滚子轴承（30000）		—	1.5tanα②	1	0	0.4	0.4cotα②	1	0.45cotα②	0.67	0.67cotα②
调心球轴承（10000）		—	1.5tanα②	1	0	0.4	0.4cotα	1	0.42cotα②	0.65	0.65cotα②
调心滚子轴承（20000）		—	1.5tanα②					1	0.45cotα②	0.67	0.67cotα②

① 式中C_0为轴承的额定静载荷，由手册查取。

② 由接触角α确定的e、Y值，可根据轴承型号由手册查取。

表 21-7 中的 e 为判断因子，用以判断计算当量动载荷时是否应计及轴向载荷 F_A 的影响，其值由实验确定。当 $F_A/F_R \leqslant e$ 时，说明轴向载荷 F_A 的影响较小，可忽略不计，故 $X=1$，$Y=0$，$P=F_R$。深沟球轴承和角接触球轴承（7000C 型）的 e 值随 F_A/C_0 的增加而增大（C_0 为轴承的额定静载荷，见第六节），F_A/C_0 表示轴承所受轴向载荷的相对大小，它通过实际接触角的变化影响 e 值。

7000AC 型和 7000B 型的角接触球轴承，由于公称接触角 α 较大，在承受不同的轴向载荷 F_A 时，其实际接触角变化很小，故 e 值近似按某一常数处理。而对于圆锥滚子轴承，滚动体与滚道为线接触，其实际接触角不随轴向载荷而变化，故 e 为定值。

由于机械工作时常有冲击和振动，因此轴承的当量动载荷应按下式计算

$$P=f_p(XF_R+YF_A) \tag{21-5}$$

式中，f_p 为冲击载荷因数，按表 21-8 选取。

表 21-8　冲击载荷因数 f_p

载荷性质	机械举例	f_p
平稳运转或轻微冲击	电动机、通风机、水泵、汽轮机等	1.0~1.2
中等冲击	机床、起重机、车辆、冶金设备、内燃机等	1.2~1.8
强大冲击	破碎机、轧钢机、振动筛、石油钻机等	1.8~3.0

三、基本额定寿命计算

实验证明，滚动轴承的基本额定寿命 L_{10} 与当量动载荷 P 的关系如图 21-8 所示，曲线方程为

$$P^{\varepsilon}L_{10}=\text{常数}$$

式中，ε 为寿命指数，球轴承 $\varepsilon=3$，滚子轴承 $\varepsilon=10/3$。

由基本额定动载荷的定义知，当 $L_{10}=1$ 时，轴承能承受的载荷恰为基本额定动载荷 C，故

$$P^{\varepsilon}L_{10}=C^{\varepsilon}\times 1=\text{常数}$$

所以

$$L_{10}=\left(\frac{C}{P}\right)^{\varepsilon} \tag{21-6}$$

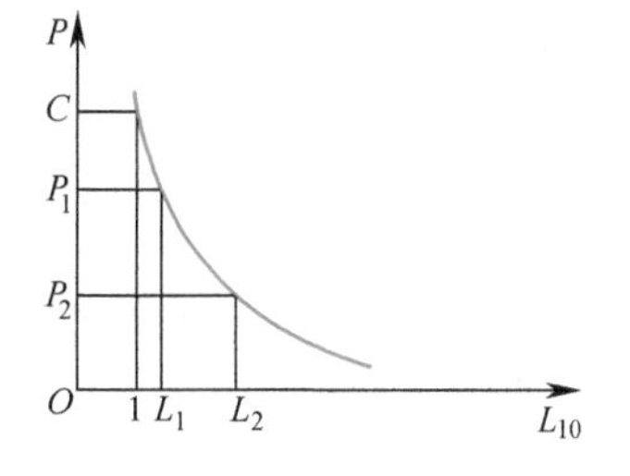

图 21-8　轴承的载荷-寿命曲线

上式中 L_{10} 是以 10^6r 为单位的。实际计算中常以小时为寿命单位。若取轴承的工作转速为 n（r/min），则上式可改写成以小时为单位的寿命计算式

$$L_{10h}=\frac{10^6}{60n}\left(\frac{C}{P}\right)^{\varepsilon} \tag{21-7}$$

基本额定动载荷 C 是以工作温度低于 120℃ 为条件的。温度过高，将使金属组织、硬度和润滑条件发生变化，导致 C 值降低。此时宜采用特殊材料制造的高温轴承，或引入温度因数 f_t 对 C 值进行修正，即

$$C_t=f_tC$$

式中，f_t 为温度因数，见表 21-9。

表 21-9　温度因数 f_t

轴承工作温度/℃	<120	125	150	175	200	225	250	300	350
温度因数 f_t	1.0	0.95	0.9	0.85	0.8	0.75	0.7	0.6	0.5

机械设计中常以机器的中修、大修年限作为轴承的设计寿命。表21-10给出的推荐值可供参考。

表 21-10 推荐的轴承预期寿命值

使用条件		示例	预期寿命/h
不经常使用的仪器设备		闸门启闭装置等	300~3000
间断使用的机械	中断使用不致引起严重后果	手动机械、农业机械、自动送料装置等	3000~8000
	中断使用将引起严重后果	发电站辅助设备、带式运输机、车间起重机等	8000~12000
每日工作8h的机械	经常不满载使用	电动机、压碎机、起重机、一般齿轮装置等	10000~25000
	满载荷使用	机床、木材加工机械、工程机械、印刷机械等	20000~30000
24h连续工作的机械	正常使用	压缩机、泵、电动机、纺织机械等	40000~50000
	中断使用将引起严重后果	电站主要设备、纤维机械、造纸机械、给排水设备等	≈100000

四、角接触球轴承和圆锥滚子轴承轴向载荷 F_A 的计算

1. 内部轴向力 F_S

角接触轴承受径向载荷 F_R 作用时，由于存在接触角 α，承载区内每个滚动体的反力都是沿滚动体与套圈接触点的法线方向传递的（图21-9）。设第 i 个滚动体的反力为 F_i，将其分解为径向分力 F_{ri} 和轴向分力 F_{Si}，各受载滚动体的轴向分力之和，用 F_S 表示。由于 F_S 是因轴承的内部结构特点伴随径向载荷产生的轴向力，故称其为轴承的内部轴向力。对角接触球轴承 $F_S=eF_R$；对圆锥滚子轴承 $F_S=F_R/(2Y)$，Y 为 $F_A/F_R>e$ 时的轴向载荷系数。

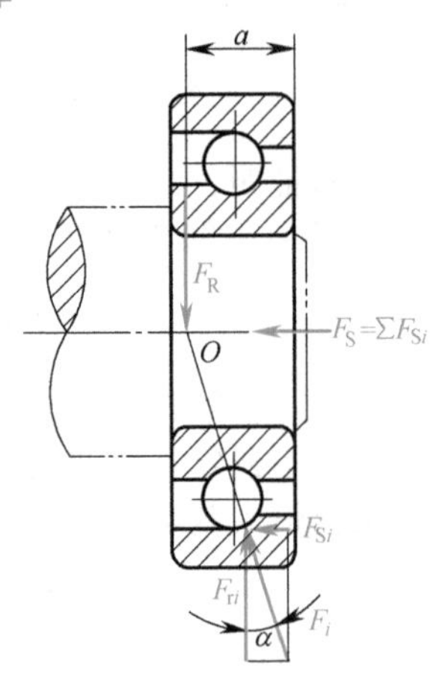

图 21-9 角接触轴承的内部轴向力

内部轴向力 F_S 的方向和轴承的安装方式有关，但内圈所受的内部轴向力总是指向内圈与滚动体相对外圈脱离的方向。F_S 通过内圈作用在轴上，为避免轴在 F_S 作用下产生轴向移动，角接触球轴承和圆锥滚子轴承通常应成对使用，反向安装，使两轴承的 F_S 方向相反。

2. 支反力作用点

计算轴的支点反力时，首先需确定支反力作用点的位置。由图21-9可知，由于结构的原因，角接触球轴承和圆锥滚子轴承的支点位置应处于各滚动体的法向反力 F_i 的作用线与轴线的交点即 O 点，而不是轴承宽度的中点。O 点与轴承远端面的距离 a 可根据轴承型号由轴承样本或手册查出。

为简化计算，也可假设支点位置就在轴承宽度中点，但对跨距较小的轴误差较大，不宜做此简化。

3. 轴向载荷 F_A 的计算

按式（21-5）计算轴承的当量动载荷 P 时，其中轴承所受的径向载荷 F_R，就是根据轴上零件的外载荷，按力平衡条件求得的轴的总径向支反力；而其中轴承所受的轴向载荷 F_A 的计算，对于角接触球轴承和圆锥滚子轴承，必须计入内部轴向力 F_S。

图 21-10a 中，F_r 和 F_x 分别为作用在轴上的径向载荷和轴向载荷，两轴承所受的径向载荷分别为 F_{R1} 和 F_{R2}，相应产生的内部轴向力分别为 F_{S1} 和 F_{S2}。两轴承的轴向载荷 F_{A1}、F_{A2} 可按下列两种情况分析：

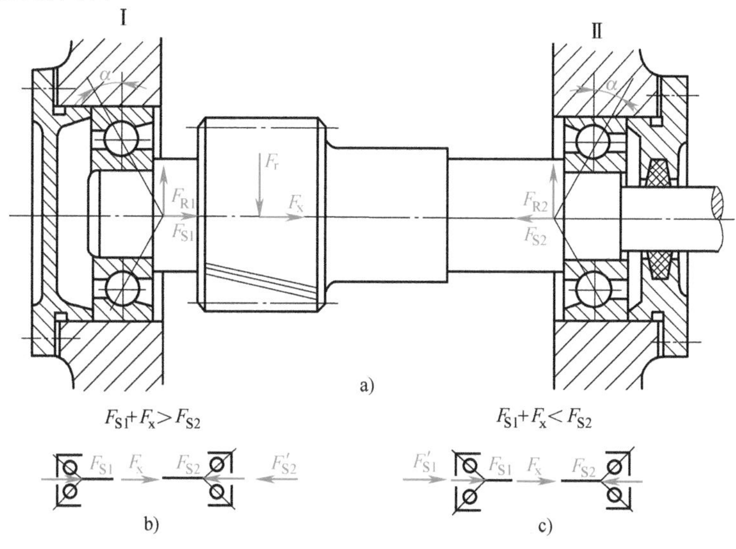

图 21-10　角接触球轴承轴向载荷的分析

1）若 $F_{S1}+F_x>F_{S2}$（图 21-10b），轴有向右移动并压紧轴承Ⅱ的趋势，此时由于右端盖的止动作用，使轴受到一平衡反力 F'_{S2}，因而轴上各轴向力处于平衡状态。故轴承Ⅱ所受的轴向载荷为

$$F_{A2}=F_{S2}+F'_{S2}=F_{S1}+F_x$$

而轴承Ⅰ只受自身的内部轴向力，故　　$F_{A1}=F_{S1}$

2）若 $F_{S1}+F_x<F_{S2}$（图 21-10c），轴有向左移动并压紧轴承Ⅰ的趋势，此时由于左端盖的止动作用，使轴受到一平衡反力 F'_{S1}，因而轴上各轴向力处于平衡状态。故轴承Ⅰ所受的轴向载荷为

$$F_{A1}=F_{S1}+F'_{S1}=F_{S2}-F_x$$

而轴承Ⅱ只受自身内部轴向力，故　　$F_{A2}=F_{S2}$

对上述结果进行分析，可将角接触球轴承和圆锥滚子轴承轴向载荷的计算方法归纳为：

对任一端轴承而言，其轴向载荷 F_A 应在下列两个结果中取较大值：①该轴承的内部轴向力；②除该轴承内部轴向力以外的其余轴向力代数和。即

$$F_{A1}=\begin{Bmatrix}F_{S1}\\F_{S2}\pm F_x\end{Bmatrix}\quad 取两者中大值 \tag{21-8}$$

$$F_{A2}=\begin{Bmatrix}F_{S2}\\F_{S1}\pm F_x\end{Bmatrix}\quad 取两者中大值 \tag{21-9}$$

式中，F_x 前的正负号应视其与 F_S 同向或反向而定。

例题 21-2　图 21-11 为二级齿轮减速器中间轴的受力简图。已知内部轴向力 $F_{S1}=400\text{N}$，$F_{S2}=650\text{N}$，外部轴向力 $F_{x1}=300\text{N}$，$F_{x2}=800\text{N}$，试分析两个圆锥滚子轴承的轴向载荷。

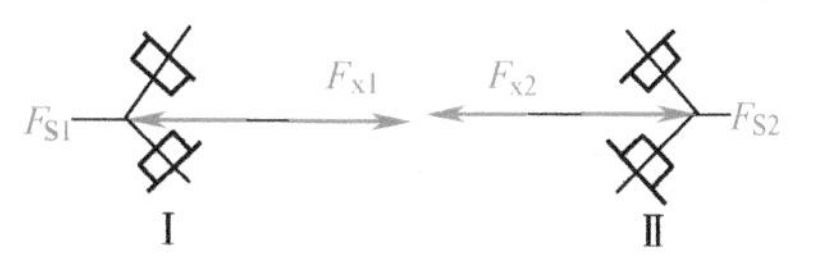

图 21-11　例题 21-2 图

解：

计算与说明	主要结果
由式(21-8) $F_{A1}=\begin{cases}F_{S1}=400\text{N}\\F_{S2}+F_{x1}-F_{x2}=(650+300-800)\text{N}=150\text{N}\end{cases}$ 取两者中大值	$F_{A1}=400\text{N}$
由式(21-9) $F_{A2}=\begin{cases}F_{S2}=650\text{N}\\F_{S1}-F_{x1}+F_{x2}=(400-300+800)\text{N}=900\text{N}\end{cases}$ 取两者中大值	$F_{A2}=900\text{N}$

五、同一支点安装成对同型号向心角接触轴承的计算特点

两个同型号的角接触球轴承或圆锥滚子轴承，作为一个支承整体对称安装在同一支点上时，可以承受较大的径向、轴向联合载荷。如图 21-12 所示，轴系处于三支点静不定状态，一般情况下可近似认为轴右端支反力作用点位于两轴承的中点，内部轴向力相互抵消。寿命计算可按双列轴承进行，即计算当量动载荷时按双列轴承选取系数 X、Y 的值（表 21-7），其基本额定动载荷 C_Σ 和额定静载荷 $C_{0\Sigma}$ 按下式计算

$$\left.\begin{aligned}C_\Sigma&=1.62C_r\quad(\text{球轴承})\\C_\Sigma&=1.71C_r\quad(\text{滚子轴承})\end{aligned}\right\}\tag{21-10}$$

$$C_{0\Sigma}=2C_0\tag{21-11}$$

式中，C_r、C_0 分别为单个轴承的基本额定动载荷和额定静载荷。

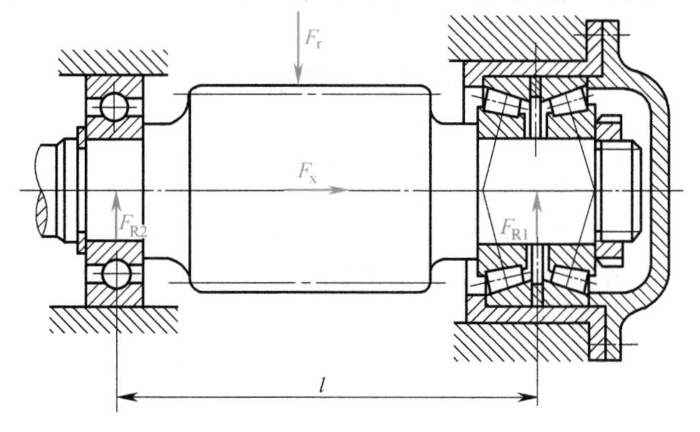

图 21-12 同一支点安装成对同型号圆锥滚子轴承

六、不同可靠度的轴承寿命计算

按式（21-7）计算出的轴承寿命，其工作可靠度为 90%。随轴承应用领域的不同和使用要求的提高，不同可靠度的轴承寿命计算显得日益重要。在轴承材料、运转条件不变的情况下，不同可靠度的寿命计算公式为

$$L_{Rh}=a_1\,L_{10h}\tag{21-12}$$

式中，L_{10h} 为可靠度为 90% 的轴承寿命，即基本额定寿命，按式（21-7）计算；a_1 为寿命修正因数，见表 21-11；L_{Rh} 为修正的额定寿命。

可靠度 R 为 100% 的轴承寿命（即最小寿命），可近似取为 $L_{Rmin}\approx0.05L_{10h}$。

表 21-11 寿命修正因数 a_1（摘自 GB/T 6391—2010）

可靠度(%)	90	95	96	97	98	99
a_1	1	0.64	0.55	0.47	0.37	0.25

第六节 滚动轴承的静强度计算

为限制滚动轴承在静载荷下产生过大的接触应力和塑性变形，需进行静强度计算。

1. 额定静载荷

额定静载荷表征轴承在静止或缓慢旋转（转速 $n \leqslant 10\text{r/min}$）时的承载能力。轴承受载后，使受载最大的滚动体与滚道接触中心处的接触应力达到一定值（调心球轴承为4600MPa，其他球轴承为4200MPa，滚子轴承为4000MPa），这个载荷称为额定静载荷，用 C_0 表示。对于径向接触和轴向接触轴承，C_0 分别是径向载荷和中心轴向载荷；对于向心角接触轴承，C_0 是载荷的径向分量。常用轴承的额定静载荷 C_0 值可由轴承样本或设计手册查取。

2. 当量静载荷

当轴承同时承受径向载荷和轴向载荷时，应将实际载荷转化成假想的当量静载荷，在该载荷作用下，滚动体与滚道上的接触应力与实际载荷作用相同。

当量静载荷 P_0 与实际载荷的关系是

$$P_0 = X_0 F_R + Y_0 F_A \tag{21-13}$$

式中，X_0 为径向静载荷系数；Y_0 为轴向静载荷系数，X_0、Y_0 见表21-12。

3. 静强度条件

按静强度选择轴承时，应满足

$$\frac{C_0}{P_0} \geqslant S_0 \tag{21-14}$$

式中，S_0 为静强度安全因数，按表21-13选取。

表21-12 径向和轴向静载荷系数 X_0、Y_0 值

轴承类型	代号	单列轴承		双列轴承(或成对使用)	
		X_0	Y_0	X_0	Y_0
深沟球轴承	60000	0.6	0.5	0.6	0.5
角接触球轴承	7000C	0.5	0.46	1	0.92
	7000AC	0.5	0.38	1	0.76
	7000B	0.5	0.26	1	0.52
圆锥滚子轴承	30000	0.5	0.22cotα①	1	0.44cotα①
圆柱滚子轴承	N0000 NU0000	1	0	1	0
调心球轴承	10000	0.5	0.22cotα①	1	0.44cotα①
调心滚子轴承	20000C			1	0.44cotα①
滚针轴承	NA0000	1	0	1	0
推力球轴承	50000	0	1	0	1

① 具体数值按轴承型号由设计手册查取。

表21-13 静强度安全因数 S_0

工作条件		S_0	
		球轴承	滚子轴承
旋转轴承	对旋转精度及平稳性要求高，或受冲击载荷	1.5~2	2.5~4
	正常使用	0.5~2	1~3.5
	对旋转精度及平稳性要求较低，没有冲击载荷	0.5~2	1~3
静止或摆动轴承	水坝闸门装置、附加动载荷小的大型起重吊钩	≥1	
	吊桥、附加动载荷大的小型起重吊钩	≥1.5~1.6	

第七节 滚动轴承的极限转速

极限转速是滚动轴承允许的最高转速，它与轴承类型、尺寸、载荷大小和方向、润滑方式、公差等级等多种因素有关。机械设计手册及滚动轴承样本中给出了各种型号轴承在脂润滑和油润滑条件下的极限转速值。这些数值适用于 $P\leqslant 0.1C$、润滑与冷却条件正常、向心轴承只受径向载荷、推力轴承只受轴向载荷的 N 级精度的轴承。

当滚动轴承的载荷 $P>0.1C$ 时，接触应力增大，温度升高；当受径向、轴向联合载荷时，轴承的载荷分布发生变化，虽然受载滚动体增多，但摩擦、润滑条件相对较差，此时应对样本或手册提供的极限转速值进行修正。实际工作条件下轴承允许的最高转速 n_{max} 为

$$n_{max}=f_1 f_2 n_{lim} \tag{21-15}$$

式中，n_{lim} 为极限转速；f_1 为载荷因数，由图 21-13 查取；f_2 为载荷分布因数，根据比值 F_A/F_R 由图 21-14 查取。

如果轴承的最高转速 n_{max} 不能满足使用要求，可采取一些措施，如改善润滑条件（循环油润滑、喷油润滑、油气润滑等）、改进冷却系统、改用特殊材料和结构的保持架、适当增大游隙或提高公差等级等。这些措施对提高轴承的极限转速，都有明显的作用。

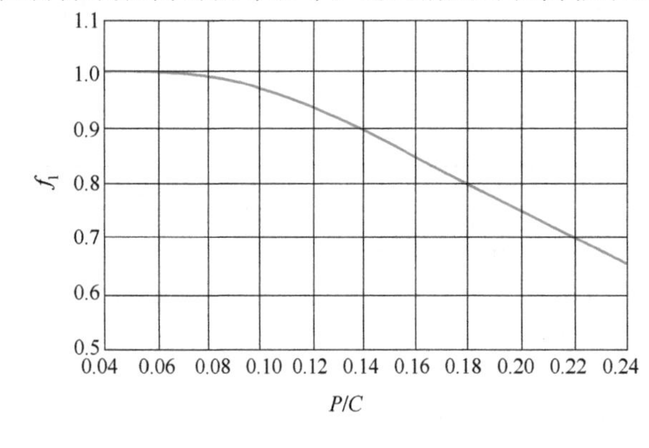

图 21-13 载荷因数 f_1

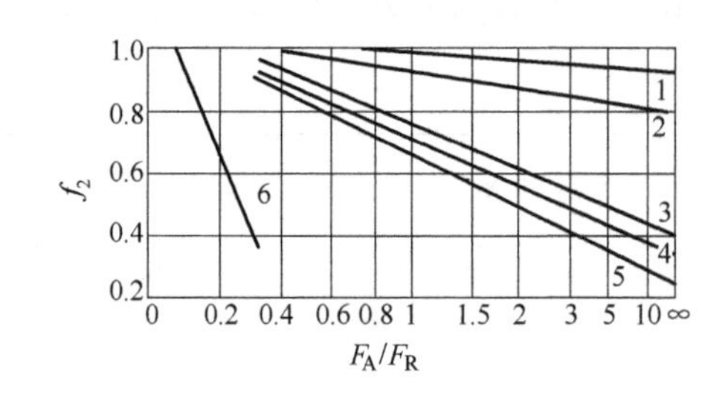

图 21-14 载荷分布因数 f_2

1—角接触球轴承 2—深沟球轴承
3—圆锥滚子轴承 4—调心球轴承
5—调心滚子轴承 6—圆柱滚子轴承

第八节 滚动轴承的润滑与密封

一、滚动轴承的润滑

滚动轴承润滑的目的，主要是降低摩擦阻力、减轻磨损，也有降低接触应力、吸振和防止锈蚀等作用。滚动轴承的润滑方式可分为脂润滑、油润滑和固体润滑。

1. 脂润滑

据统计，约有80%的滚动轴承采用脂润滑。其优点是轴承座、密封及润滑装置结构简单，容易维护保养，不易泄漏，有一定的防止水、气、灰尘等杂质侵入轴承内部的能力。一般润滑脂的缺点是转速较高时，摩擦损失较大。故其填充量应适度，通常以充满轴承空间的1/3~1/2为宜，否则轴承容易过热。

用于滚动轴承的润滑脂种类很多。除通用品种外，用于各种工况的专用润滑脂也在不断发展，而且在应用中显示了优越的性能。如广泛用于加工中心和精密机床高速主轴润滑的高速润滑脂，在各种电器和信息处理设备中采用的低力矩、低噪声润滑脂，适用不同温度条件

的高温脂、低温脂及耐蚀脂等。

2. 油润滑

通常油润滑的优点是摩擦阻力较小，散热效果好，并对轴承具有清洗作用，缺点是需要复杂的密封装置和供油设备。常用于高速、重载和温度较高的场合。

油润滑有多种方式，适用不同的工作条件。油浴润滑多用于中、低速轴承，油面应保持在最低滚动体的中心处；滴油润滑多用于转速较高的小型轴承；循环油润滑散热效果好，适用于速度较高的轴承；喷油润滑是用油泵将高压油经喷嘴射到轴承中，用于高速情况；油气润滑是利用一定压力的空气配合微量油泵将极少的润滑油吹送到轴承中进行润滑，特别适用于高速轴承。

脂润滑和油润滑一般没有严格的转速界限，通常用轴承的平均直径 D_m（外径与内径和的一半）与转速 n 的乘积，即 $D_m n$ 值作为选择润滑方式的依据。表 21-14 列出常用类型轴承在不同润滑方式下的 $D_m n$ 值。

表 21-14　不同润滑方式下轴承的 $D_m n$ 值　　（单位：mm · r/min）

轴承类型	脂润滑	油润滑			
		油浴润滑	滴油润滑	油气润滑	喷油润滑
深沟球轴承	3×10^5	5×10^5	6×10^5	10×10^5	25×10^5
角接触球轴承			5×10^5	9×10^5	
圆柱滚子轴承		4×10^5	4×10^5	10×10^5	20×10^5
圆锥滚子轴承	2.5×10^5	3.5×10^5	3.5×10^5	4.5×10^5	—
推力球轴承	0.7×10^5	1×10^5	2×10^5	—	—

二、滚动轴承的密封

密封的目的是防止灰尘、水分和其他杂物侵入轴承，并可阻止润滑剂的流失。

密封装置的结构形式很多，除轴承本身带有防尘盖和密封圈以外，常用密封结构形式有两大类：

1. 非接触式密封

这类密封是利用间隙进行密封，转动件与固定件不接触，故允许轴有很高的速度。

（1）间隙式密封（图 21-15）　在轴与端盖间设置很小的径向间隙（0.1～0.3mm，图 21-15a）而获得密封。间隙越小，密封效果越好。若同时在端盖上制出几个环形槽（图 21-15b），并填充润滑脂，则可提高密封效果。这种密封结构适用于干燥清洁环境、脂润滑轴承。

图 21-15c 为利用挡油环和轴承座之间的间隙实现密封的装置。工作时挡油环随轴一起转动，利用离心力甩去油和杂物。挡油环应凸出轴承座端面 $\Delta=1\sim2$mm。该结构常用于机箱内的密封，如齿轮减速器内齿轮用油润滑、轴承用脂润滑的场合。

（2）迷宫式密封（图 21-16）　利用端盖和轴套间形成的曲折间隙获得密封。有径向迷宫式（图 21-16a）和轴向迷宫式（图 21-16b）两种。径向间隙取 0.1～0.2mm，轴向间隙取 1.5～2mm。应在间隙中填充润滑脂以提高密封效果。这种结构密封可靠，适用于比较脏的环境。

2. 接触式密封

这类密封结构中，密封件与轴接触，因而两者间有摩擦和磨损，轴转速较高时不宜采用。

（1）毡圈式密封（图 21-17）　将矩形截面的毡圈安装在端盖的梯形槽内，利用轴与毡圈的接触压力形成密封，压力不能调整。一般适用于接触处轴的圆周速度 $v\leqslant5$m/s 的脂润滑

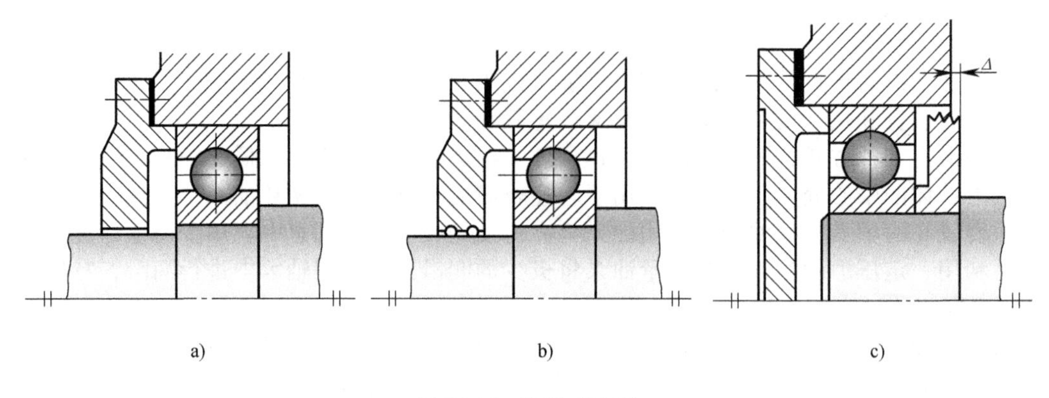

图 21-15 间隙式密封

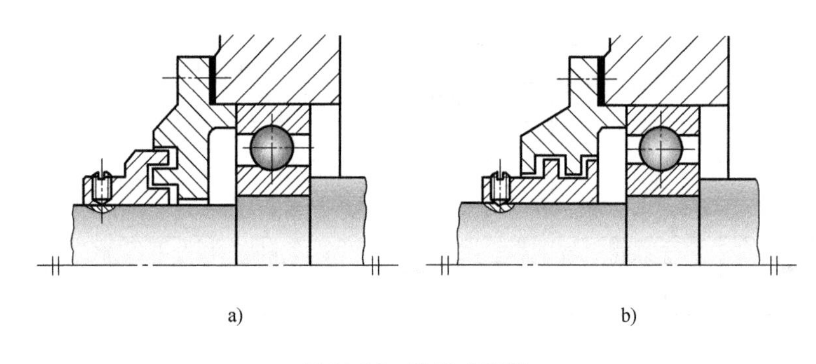

图 21-16 迷宫式密封

轴承。

(2) 唇形密封（图 21-18） 唇形密封圈用耐油橡胶制成，用弹簧圈紧箍在轴上，以保持一定的压力。图 21-18a、b 是两种不同的安装方式，前者密封圈唇口面向轴承，防止油的泄漏效果好，后者唇口背向轴承，防尘效果好。若同时用两个密封圈反向安装，则可达到双重效果。该密封可用于接触处轴的圆周速度 $v \leqslant 7\mathrm{m/s}$、脂润滑或油润滑的轴承。

当密封要求较高时，可将上述各种密封装置组合使用，如毡圈式密封与间隙式密封组合、毡圈式密封与迷宫式密封组合等。

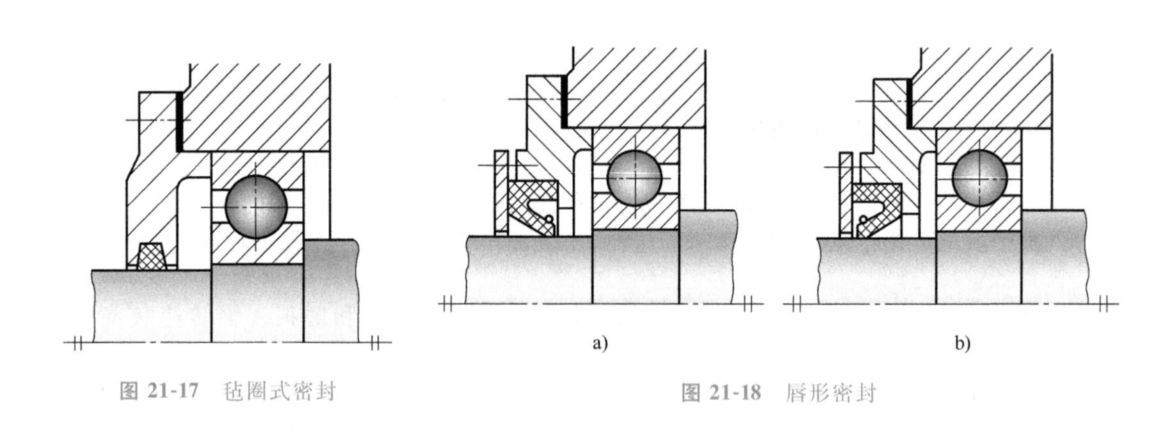

图 21-17 毡圈式密封

图 21-18 唇形密封

例题 21-3 某单级齿轮减速器输入轴由一对深沟球轴承支承。已知齿轮上各力为：切向力 $F_t=3000\text{N}$，径向力 $F_r=1200\text{N}$，轴向力 $F_x=650\text{N}$，方向如图 21-19 所示。齿轮分度圆直径 $d=40\text{mm}$。设齿轮中点至两支点距离 $l=50\text{mm}$，轴与电动机直接相连，$n=960\text{r/min}$，载荷平稳，常温工作，轴颈直径为 30mm。要求轴承寿命不低于 9000h，试选择轴承型号。

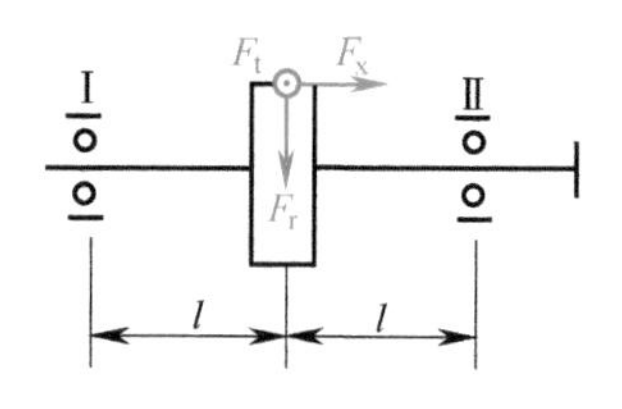

图 21-19 输入轴受力图

解：

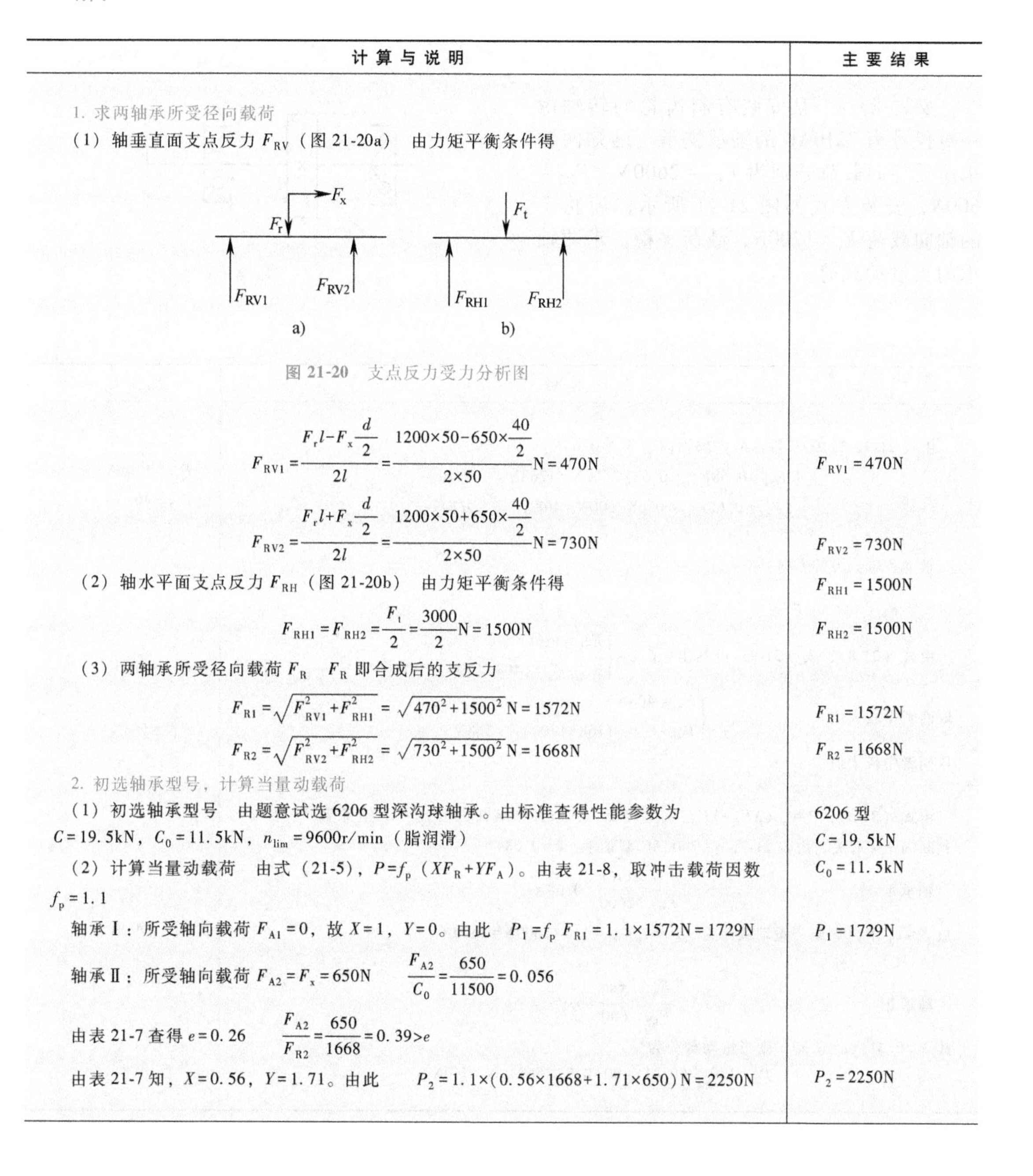

计算与说明	主要结果
1. 求两轴承所受径向载荷	
（1）轴垂直面支点反力 F_{RV}（图 21-20a） 由力矩平衡条件得	
图 21-20 支点反力受力分析图（a) F_x、F_r、F_{RV1}、F_{RV2}；b) F_t、F_{RH1}、F_{RH2}）	
$F_{RV1}=\dfrac{F_r l-F_x\dfrac{d}{2}}{2l}=\dfrac{1200\times50-650\times\dfrac{40}{2}}{2\times50}\text{N}=470\text{N}$	$F_{RV1}=470\text{N}$
$F_{RV2}=\dfrac{F_r l+F_x\dfrac{d}{2}}{2l}=\dfrac{1200\times50+650\times\dfrac{40}{2}}{2\times50}\text{N}=730\text{N}$	$F_{RV2}=730\text{N}$
（2）轴水平面支点反力 F_{RH}（图 21-20b） 由力矩平衡条件得	$F_{RH1}=1500\text{N}$
$F_{RH1}=F_{RH2}=\dfrac{F_t}{2}=\dfrac{3000}{2}\text{N}=1500\text{N}$	$F_{RH2}=1500\text{N}$
（3）两轴承所受径向载荷 F_R F_R 即合成后的支反力	
$F_{R1}=\sqrt{F_{RV1}^2+F_{RH1}^2}=\sqrt{470^2+1500^2}\text{N}=1572\text{N}$	$F_{R1}=1572\text{N}$
$F_{R2}=\sqrt{F_{RV2}^2+F_{RH2}^2}=\sqrt{730^2+1500^2}\text{N}=1668\text{N}$	$F_{R2}=1668\text{N}$
2. 初选轴承型号，计算当量动载荷	
（1）初选轴承型号 由题意试选 6206 型深沟球轴承。由标准查得性能参数为 $C=19.5\text{kN}$，$C_0=11.5\text{kN}$，$n_{lim}=9600\text{r/min}$（脂润滑）	6206 型 $C=19.5\text{kN}$ $C_0=11.5\text{kN}$
（2）计算当量动载荷 由式（21-5），$P=f_p(XF_R+YF_A)$。由表 21-8，取冲击载荷因数 $f_p=1.1$	
轴承Ⅰ：所受轴向载荷 $F_{A1}=0$，故 $X=1$，$Y=0$。由此 $P_1=f_p F_{R1}=1.1\times1572\text{N}=1729\text{N}$	$P_1=1729\text{N}$
轴承Ⅱ：所受轴向载荷 $F_{A2}=F_x=650\text{N}$ $\dfrac{F_{A2}}{C_0}=\dfrac{650}{11500}=0.056$	
由表 21-7 查得 $e=0.26$ $\dfrac{F_{A2}}{F_{R2}}=\dfrac{650}{1668}=0.39>e$	
由表 21-7 知，$X=0.56$，$Y=1.71$。由此 $P_2=1.1\times(0.56\times1668+1.71\times650)\text{N}=2250\text{N}$	$P_2=2250\text{N}$

（续）

计算与说明	主要结果
3. 寿命计算 因 $P_2>P_1$，且两轴承类型、尺寸相同，故只按轴承Ⅱ计算寿命即可。取 $P=P_2$，且由式(21-7)有 $$L_{10h}=\frac{10^6}{60n}\left(\frac{C}{P}\right)^{\varepsilon}=\frac{10^6}{60\times960}\left(\frac{19500}{2250}\right)^3\text{h}=11300\text{h}$$ 寿命高于9000h，故满足寿命要求 由于载荷平稳，转速不是很低，故不必校核静强度。该轴承转速只有960r/min，远低于极限转速（9600r/min），故也不需校验极限转速 结论：6206轴承能满足使用要求	$L_{10h}=11300\text{h}$ 轴承型号：6206 脂润滑即可

例题 21-4 某安装有斜齿轮的转轴由一对代号为7210AC的轴承支承。已知两轴承所受径向载荷分别为 $F_{R1}=2600\text{N}$，$F_{R2}=600\text{N}$，安装方式如图21-21所示，齿轮上的轴向载荷 $F_x=1200\text{N}$，载荷平稳。求两轴承的当量动载荷。

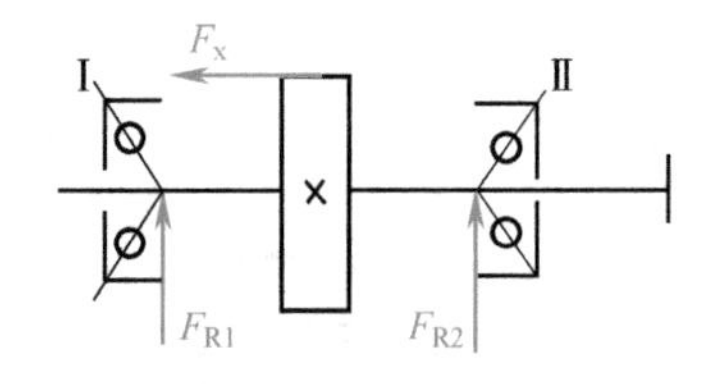

图 21-21 转轴受力简图

解：

计算与说明	主要结果
1. 计算内部轴向力 由表21-7，7210AC轴承的内部轴向力 $F_S=0.68F_R$，则 $F_{S1}=0.68F_{R1}=0.68\times2600\text{N}=1768\text{N}$　方向→ $F_{S2}=0.68F_{R2}=0.68\times600\text{N}=408\text{N}$　方向←	$F_{S1}=1768\text{N}$ $F_{S2}=408\text{N}$
2. 计算轴承所受的轴向载荷 轴上各轴向力的方向： $\overrightarrow{F_{S1}}$　$\overleftarrow{F_x}$　$\overleftarrow{F_{S2}}$ 由式(21-8)、式(21-9)可列出　$F_{A1}=\begin{cases}F_{S1}=1768\text{N}\\F_{S2}+F_x=(408+1200)\text{N}=1608\text{N}\end{cases}$ 取两者中较大值　$F_{A2}=\begin{cases}F_{S2}=408\text{N}\\F_{S1}-F_x=(1768-1200)\text{N}=568\text{N}\end{cases}$ 取两者中较大值	$F_{A1}=1768\text{N}$ $F_{A2}=568\text{N}$
3. 计算当量动载荷 由式(21-5)，$P=f_p(XF_R+YF_A)$。由表21-8，取冲击载荷因数 $f_p=1.0$。系数 X、Y 与判断因子 e 有关，由表21-7，对7000AC型轴承，$e=0.68$ 轴承Ⅰ　$\frac{F_{A1}}{F_{R1}}=\frac{1768}{2600}=0.68=e$ 故 $X=1$，$Y=0$，则当量动载荷为　$P_1=f_pF_{R1}=1.0\times2600\text{N}=2600\text{N}$ 轴承Ⅱ　$\frac{F_{A2}}{F_{R2}}=\frac{568}{600}=0.95>e$ 故 $X=0.41$，$Y=0.87$，则当量动载荷为 $P_2=1.0\times(0.41\times600+0.87\times568)\text{N}=740\text{N}$	$P_1=2600\text{N}$ $P_2=740\text{N}$

文献阅读指南

1）向心轴承中的载荷分布是一个极其复杂的问题，本章只是扼要说明了基本特点。而对于角接触轴承内部轴向力的计算，本章直接给出了计算公式，未涉及具体推导过程。关于这两个方面的详细内容可参阅刘泽九、贺士荃著的《滚动轴承的额定负荷与寿命》（北京：机械工业出版社，1982）以及万长森编著的《滚动轴承的分析方法》（北京：机械工业出版社，1987）。

2）滚动轴承当量动载荷计算公式，判断因子 e，系数 X 和 Y 的分析以及当量静载荷计算的相关问题也是非常复杂的，本章只给出了结果。关于公式具体来源，各种轴承 e、X、Y 的根据及其相互关系，可参阅余俊编著的《滚动轴承计算》（北京：高等教育出版社，1993），在上述刘泽九和万长森的两本著作中也有相关内容。

3）关于滚动轴承基本额定动载荷及额定静载荷，本章只给出了定义，其具体数值的计算方法及公式可参阅 GB/T 6391—2010 和 GB/T 4662—2012，在闻邦椿主编的《机械设计手册》（5 版，北京：机械工业出版社，2010）第 3 卷第 14 篇滚动轴承中也给出了计算公式。

此外，在彭文生、黄华梁主编的《机械设计教学指南》（北京：高等教育出版社，2003）中，对角接触轴承内部轴向力的计算公式和轴承当量动载荷、当量静载荷的计算也有简要分析，可供教学上做一般了解。

思　考　题

21-1　试说明轴承代号 6210、7024AC/P4 的含义。

21-2　通常角接触球轴承和圆锥滚子轴承为什么成对使用，而且两个轴承的安装方向相反？

21-3　滚动轴承的主要失效形式是什么？与这些失效形式相对应，轴承的基本性能参数是什么？

21-4　试述滚动轴承的计算准则。

21-5　深沟球轴承、圆锥滚子轴承和调心球轴承各适用于什么工作条件？

习　　题

21-1　如图 21-22 所示，拟在齿轮减速器中用一对深沟球轴承支承齿轮轴。已知轴的转速 $n=1000\text{r/min}$，轴颈 $d=40\text{mm}$，两支点的径向反力分别为 $F_{R1}=4000\text{N}$，$F_{R2}=2000\text{N}$，齿轮上的轴向载荷 $F_x=1500\text{N}$，方向如图示。载荷平稳，温度低于 100℃，预期寿命 5000h，试确定这对轴承的型号。

21-2　已知某转轴由两个代号为 7207AC 的轴承支承，支点处的径向反力 $F_{R1}=875\text{N}$，$F_{R2}=1520\text{N}$，齿轮上的轴向力 $F_x=400\text{N}$，方向如图 21-23 所示。轴的转速 $n=520\text{r/min}$，运转中有中等冲击，轴承预期寿命 30000h，试验算轴承寿命。

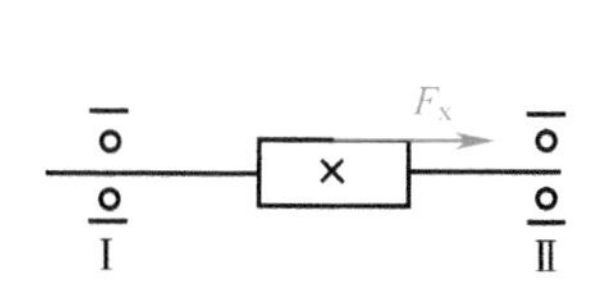

图 21-22　习题 21-1 图

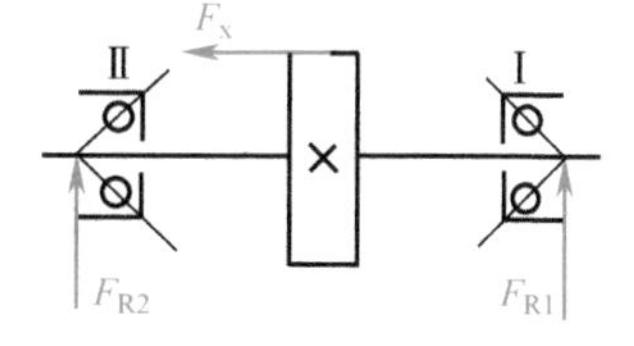

图 21-23　习题 21-2 图

21-3 锥齿轮减速器输入轴由一对代号为30206的圆锥滚子轴承支承，已知两轴承外圈间距为72mm，锥齿轮平均分度圆直径 $d_m=56mm$，齿面上的切向力 $F_t=1240N$，径向力 $F_r=400N$，轴力向 $F_x=240N$，各力方向如图21-24所示，传动载荷平稳。求轴承的当量动载荷。

21-4 如图21-25所示，某转轴上安装有两个斜齿圆柱齿轮，工作时齿轮产生的轴向力分别为 $F_{x1}=3000N$，$F_{x2}=5000N$，若选择一对7210B型轴承支承转轴，轴承所受的径向载荷分别为 $F_{R1}=8600N$，$F_{R2}=12500N$，求两轴承的轴向载荷 F_{A1}、F_{A2}。

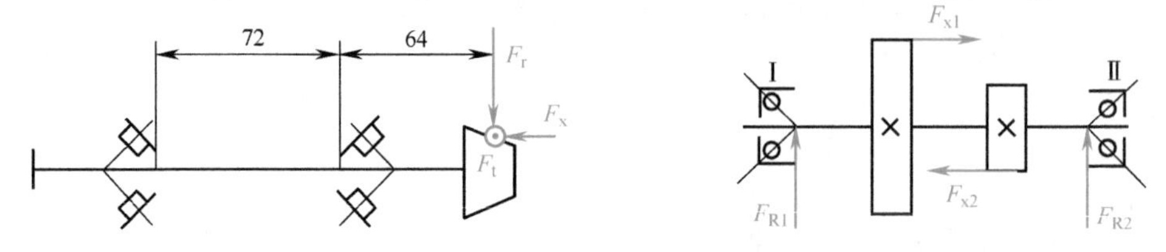

图21-24 习题21-3图　　图21-25 习题21-4图

21-5 在习题21-2中，若将轴承代号改为7207C，其余条件不变。试验算轴承寿命。

21-6 某蜗杆轴系采用一支点固定（一对30206型轴承面对面安装）、一支点游动（一个N206E型轴承）支承，两支点的径向反力为，游动支点 $F_{R1}=1500N$，固定支点 $F_{R2}=2500N$，轴上的轴向力 $F_x=2300N$。若轴的转速 $n=960r/min$，运转平稳，常温工作，试计算各轴承寿命。

21-7 某索道绳轮的支承结构如图21-26所示。绳轮在轮周处受到一径向载荷 F_r 和一轴向力 F_x，已知 $F_r=8kN$，F_x 的最大值估计为 F_r 的20%，且由 A 轴承承受，工作时可能有轻微冲击；绳轮轴由两个代号为30306的圆锥滚子轴承支承，转速 $n=270r/min$，其余条件如图示。试计算这对轴承的工作寿命。

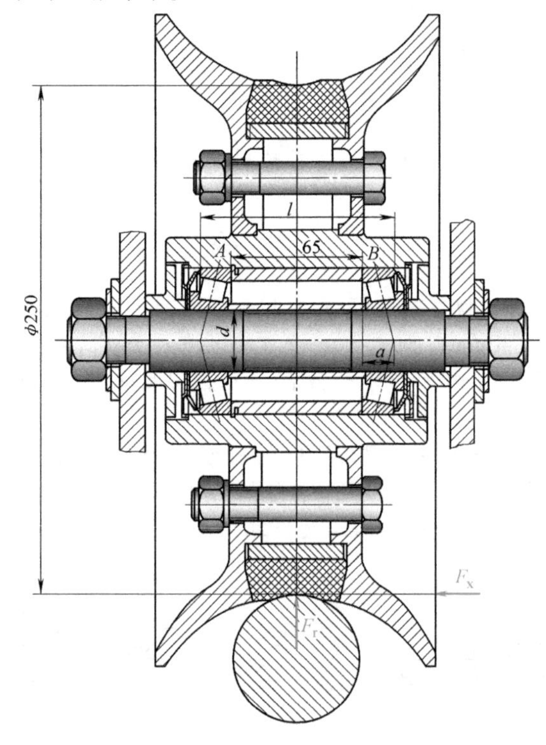

图21-26 习题21-7图

第二十二章　滑动轴承

内容提要

本章介绍滑动轴承的基本特性与结构、轴瓦材料及其选用、润滑方法与润滑剂的选取、工作能力计算等。滑动轴承材料一节介绍金属、粉末冶金、塑料、炭石墨、陶瓷等材料，给出它们的性能比较，采用新的标准。关于滑动轴承的设计计算，对流体动力润滑轴承，仅阐述工作原理、形成动压油膜的条件、计算思路与简单的计算方法。用较多的篇幅介绍目前应用日渐广泛的含油轴承和塑料轴承，给出它们的设计计算方法、参数选取和基本数据。

第一节　概述

轴承是现代三大机械零件（轴承、齿轮和螺栓）之一，其主要功能是：①支承旋转的轴，承受轴上的径向和轴向载荷，并使其保持正确的位置；②减小摩擦损失；③减少磨损量；④提供易于更换的磨损表面（轴瓦配件）。

滑动轴承是轴颈与轴瓦或与中间介质之间的相对运动为滑动的轴承。滑动轴承的应用历史比滚动轴承早得多，它是伴随车出现的，车轴和车轮轮毂组成最早的滑动轴承，使用车的历史约有 7000 年了，公元前 750 年已有轴瓦的应用实例。1839 年 I. Babbitt 研制出了以锡、锑和铜为主要组分的合金制作的轴承，在我国通常称它为巴氏合金或白合金，直到现在它仍是制作滑动轴承衬层最优良的材料之一。1870 年 S. Ginn 发明了粉末冶金轴承，1916 年美国人 E. G. Archson 研制出含油轴承。1883 年 B. Tower 在铁路车辆滑动轴承摩擦实验中观测到油膜中存在相当大的压力，1886 年 O. Reynold 提出了流体动力润滑的基本方程，人们初次了解了在滑动轴承中能形成流体膜的流体动力润滑基本机理。1904 年 A. Sommerfeld 首先解出一维 Reynold 方程（无限宽轴承）的解。同时期，Streibeck 对滑动轴承的摩擦进行了开创性的研究，给出了实验得到的在各种 p^* 和 η 值下的转速 n 和摩擦因数 μ 之间的关系曲线，称为 Streibeck 曲线，它清晰地表明了滑动轴承润滑状态的转化过程以及摩擦因数随轴承特性数的变化。

与滚动轴承比较：滑动轴承的高速性能和抗冲击性能较好；在流体润滑状态下的寿命长；噪声小；滑动轴承便于做成剖分式结构，使机器容易装配；特大型的和最简易的滑动轴承价格比滚动轴承低。因此，在金属切削机床、内燃机、汽轮发电机组、水轮机、离心压缩机、纺织机械、食品加工机械、办公与音响设备、家用电器等机器设备中广泛采用各种类型的滑动轴承。但是，滑动轴承的标准化程度比滚动轴承低得多，维护、保养与润滑比较费事，起动摩擦阻力比较大，大多数要消耗较昂贵的 Cu、Sn、Sb、Pb 等非铁金属，故在一般机械设备中，不如滚动轴承应用广泛。近年来，随着材料科学的发展，自润滑滑动轴承品种增多、性能提高，滑动轴承的应用有逐渐增多的趋势。

滚动轴承由内、外圈，滚动体与保持架组成，摩擦发生在内、外圈之间，滚动体和保持架是中间介质。滑动轴承由轴颈、轴瓦和润滑油组成，润滑油是中间介质，相当于滚动轴承的滚动体。轴颈通常与轴同质且做成整体，相当于滚动轴承的内圈；支承轴颈并与其构成滑动摩擦副的零件称为轴瓦，它相当于滚动轴承的外圈。若轴瓦与机架同质且做成一体则构成最简单的滑动轴承，“机身轴孔”。因此，往往习惯仅把轴瓦称作滑动轴承；轴瓦安装在机架或专门的轴承座中，由润滑与密封装置将润滑剂送入摩擦表面并阻止污染物进入。

不同类型、不同应用场合的滑动轴承，其重要程度和运转参数差异非常大，结构的复杂程度和价格差异也极大。因而，各种类型滑动轴承的设计计算，在要求和工作量方面也有很大的差别。

根据国外统计资料，由于机器故障而造成的经济损失中因滑动轴承损坏引起的损失占1.62%，在电厂事故中，滑动轴承造成的事故占45%。而在滑动轴承的损坏原因中，设计不当和结构不合理占68.4%。可见，掌握滑动轴承的工作原理和正确的设计计算方法十分重要。

滑动轴承设计计算包括下列内容：决定轴承的结构形式；选择轴瓦、衬层和涂层材料；计算轴承工作能力；确定轴承运转参数（润滑剂黏度、转速、工作温度等）和几何参数（直径、宽度、间隙及它们的公差，表面粗糙度等）；选择润滑剂和润滑方法等。

第二节　滑动轴承的类型与结构

一、滑动轴承的类型

1. 按能承受的载荷方向来区分

按能承受的载荷方向来区分，滑动轴承有能承受径向载荷（垂直轴线方向载荷）的径向（向心）轴承（图22-1，带标准整体正轴承座）、能承受轴向载荷（轴线方向载荷）的推力轴承（图22-2，带轴承座）和能同时承受轴向、径向载荷的径向推力轴承，如锥形轴承、球形轴承、H形轴承等（图22-3）。径向滑动轴承只能做游动支承，锥形滑动轴承可以做单向固定支承，而球形轴承和H形滑动轴承可以做固定支承。

2. 按承载机理来区分

按轴瓦与轴颈间中间介质的承载机理来区分，也就是按摩擦状态来区分。摩擦状态影响滑动轴承的工作性能和寿命，对于滑动轴承具有重要意义。对于滑动摩擦，在摩擦副表面间

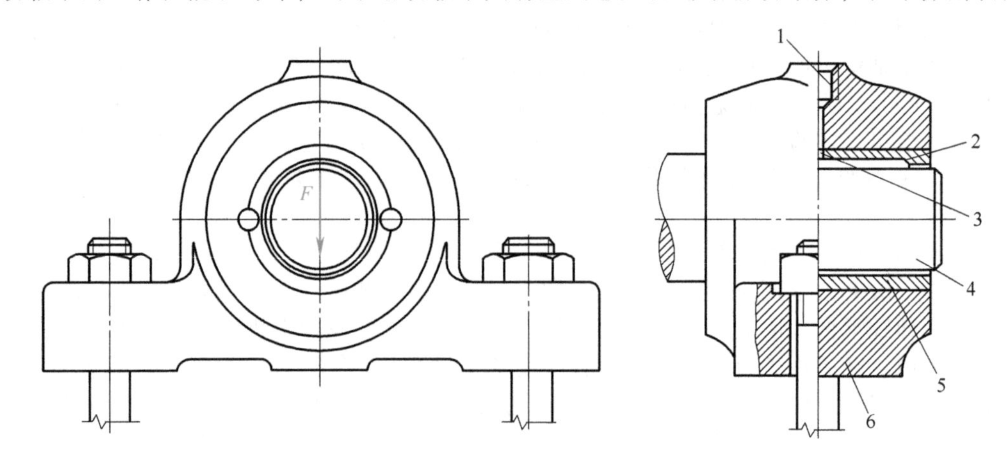

图22-1　整体式径向（向心）滑动轴承（带标准整体正轴承座）
1—油杯螺纹孔　2—油槽　3—油孔　4—轴颈　5—轴套　6—轴承座

有无润滑剂、润滑剂量的多少决定了摩擦状态，同时也决定了磨损快慢，所以必须将滑动面分离以维持长时间的运转。

（1）流体（膜）润滑轴承　相对滑动的空间中，润滑剂应能产生将滑动面相互分离的力。为了能在滑动面之间通过产生润滑膜以形成完全润滑，从而可以承受轴承载荷，必须通过对滑动面进行相应的结构设计并使之相对运动和/或加压，以便能在润滑剂中产生压力来平衡外载荷。在润滑剂中产生压力的方式有两种，一种是与轴的运动状态无关，通过轴承外部的泵产生流体静压力，它挤压滑动空间内的润滑剂，以形成压力场，将滑动面互相分离到最小间隙厚度 h_{min}，这就需要通过相应的装置和足够高的输入压力；另一种是在滑动空间中通过润滑剂自身推挤以产生流体动压力，即附着在滑动面上的润滑剂被旋转速度足够大的滑动面带动，并从大空间挤压至逐渐变小的空间中，使润滑剂中压力加大，并将滑动面分离至大于或等于 h_{min}。因此，滑动轴承有流体动力润滑轴承（动压轴承）和流体静力润滑轴承（静压轴承）之分。既输入压力润滑剂形成静压力又有相对运动形成的动压力的轴承，称为动静压混合润滑轴承。

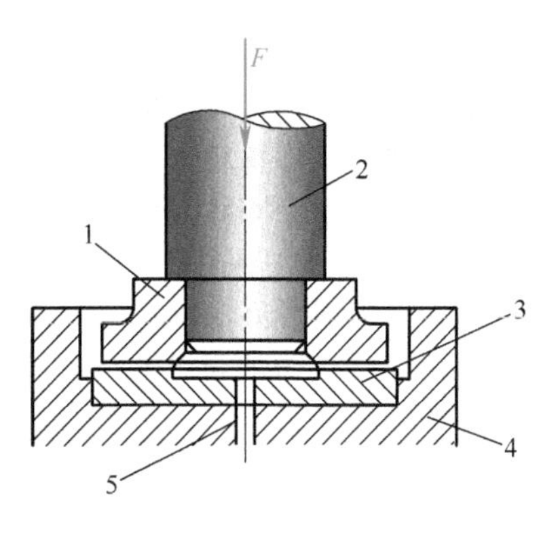

图 22-2　推力滑动轴承（带轴承座）
1—止推环（轴颈）　2—轴　3—轴瓦　4—轴承座　5—油孔

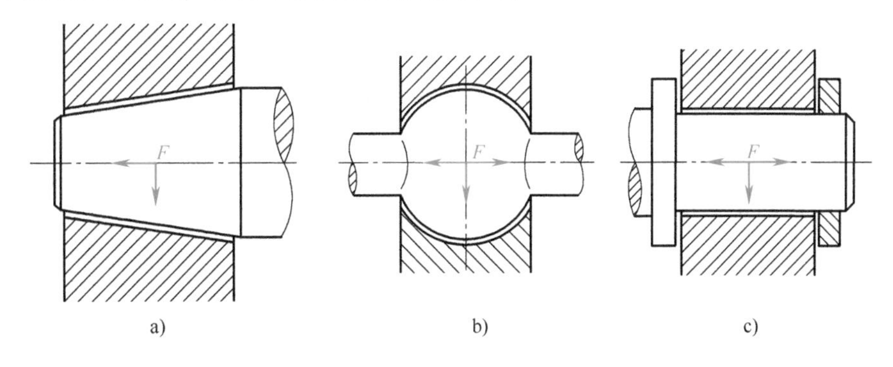

图 22-3　径向推力滑动轴承
a）锥形轴承　b）球形轴承　c）H 形轴承

动压、静压以及动静压混合润滑轴承，统称为流体（膜）润滑轴承，其轴颈和轴瓦之间被一层润滑剂膜完全隔开，处于流体润滑（摩擦）状态。因此，轴承的摩擦阻力低，轴瓦和轴颈表面基本无磨损，轴承寿命长。

流体动压滑动轴承适用于：无磨损的长寿命轴承、高转速和重载轴承；承受冲击载荷的轴承；必须采用剖分式结构的轴承；直径较大的轴承等，如轧钢机、汽轮机、水轮机、发电机、内燃机、压缩机、膨胀机、金属切削机床等设备的重要轴承。流体静压滑动轴承适用于在低转速下无磨损和低摩擦的轴承（如大型天线、机床等）和无磨损的精密轴承。

（2）混合润滑轴承　在轴颈与轴瓦之间加入润滑油而将滑动面分离的距离未能达到 h_{min}，未形成完整流体润滑膜的滑动轴承，称为混合润滑轴承，它处于含有边界润滑（摩擦）状态和流体膜润滑状态的混合润滑（摩擦）状态。手工加油、滴油、油绳供油、脂润滑等滑动轴承，多为混合润滑状态，它们的成本比滚动轴承低，常在低速、不十分重要的场合采用。

（3）固体润滑轴承　采用有自润滑性能的材料制作轴瓦，与钢轴颈构成滑动轴承，由固体直接接触承受载荷，这种不需润滑的滑动轴承称为无润滑轴承。

将固体润滑剂预先涂覆、烧结或镶嵌到轴瓦表面，与轴颈构成的滑动轴承也由固体直接接触承受载荷，称这种滑动轴承为固体润滑轴承。

无润滑轴承和固体润滑轴承在摩擦状态上是完全相同的，属于固体摩擦。

3. 按润滑方法区分

根据采用润滑方法的不同，有手工加油的普通滑动轴承，滴油润滑轴承，油绳、油垫润滑轴承，油环、油盘润滑轴承，压力供油润滑轴承等。

利用具有多孔特性或与油有亲和特性的材料制作，且使用前将轴瓦浸渍润滑油，它与轴颈构成的滑动轴承称为含油轴承。这种轴承运转后轴瓦温度升高，因热膨胀作用，润滑油随孔隙减小而被挤出，进入润滑表面，停车后，随轴瓦逐渐冷却，润滑油又被吸回恢复原状的孔隙中，所以，工作期间可以不供或较长时间不供润滑油。

无润滑轴承、固体润滑轴承和含油轴承在运转期间不用或者较长期不用加润滑剂，把它们统称为自润滑轴承。它们是无需或只需极少维护的滑动轴承。随着航天、信息、自动化办公、音响设备和家用电器等行业的发展，这类滑动轴承的应用逐渐增多。

二、滑动轴承的结构

1. 径向轴承（向心轴承）

径向滑动轴承也称为向心滑动轴承，它与轴颈匹配的元件有整体式和剖分式两种结构，通常称剖分的为轴瓦，整体的为轴套（为了方便以后无须特别指明为轴套时，采用轴瓦代表轴套与轴瓦）。

图22-1是最简单的带标准轴承座的整体式径向滑动轴承。将轴套压入轴承座孔内（过盈或过渡配合），用螺栓把轴承座固定在机架上。它的顶部设有旋入油杯（最简单的供油装置）的螺纹孔，轴瓦上有油孔和油槽，以便把润滑油引入轴套与轴颈间的间隙润滑轴承。它的缺点是：当摩擦表面磨损而轴承间隙加大后，无法补偿调整间隙；轴颈只能从端部装入，这对于大型的轴或具有中轴颈（位于轴中部的轴颈）的轴，安装非常不便，特别是多拐曲轴，那将无法安装。

图22-4是带法兰式轴承座的整体式径向滑动轴承。

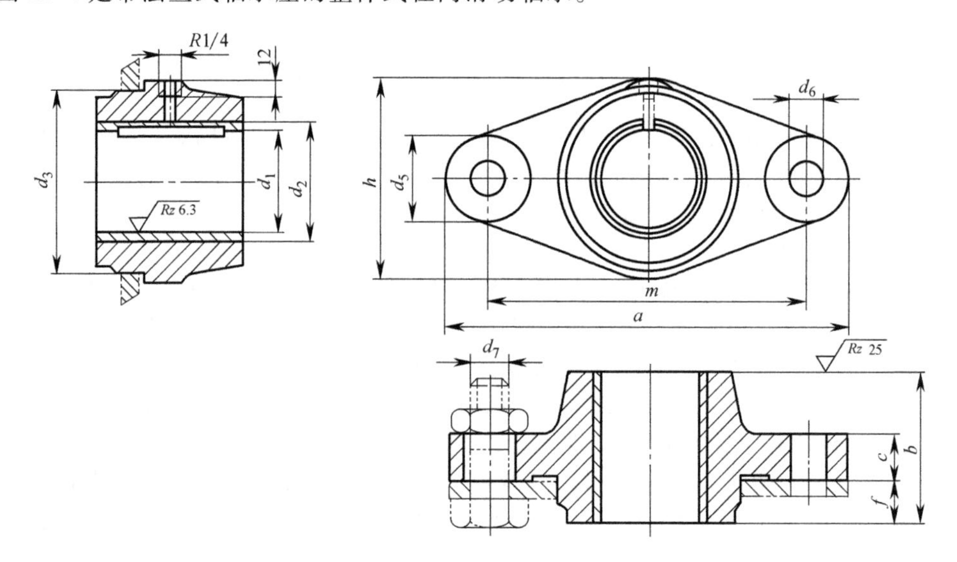

图22-4 整体式径向滑动轴承（带法兰式轴承座）

图 22-5 是带对开式二螺柱正滑动轴承座的剖分式径向滑动轴承，轴承座也是剖分的（分为轴承座和轴承盖）。下轴瓦安装在轴承座上，上轴瓦安装在轴承盖内，把轴放在轴承

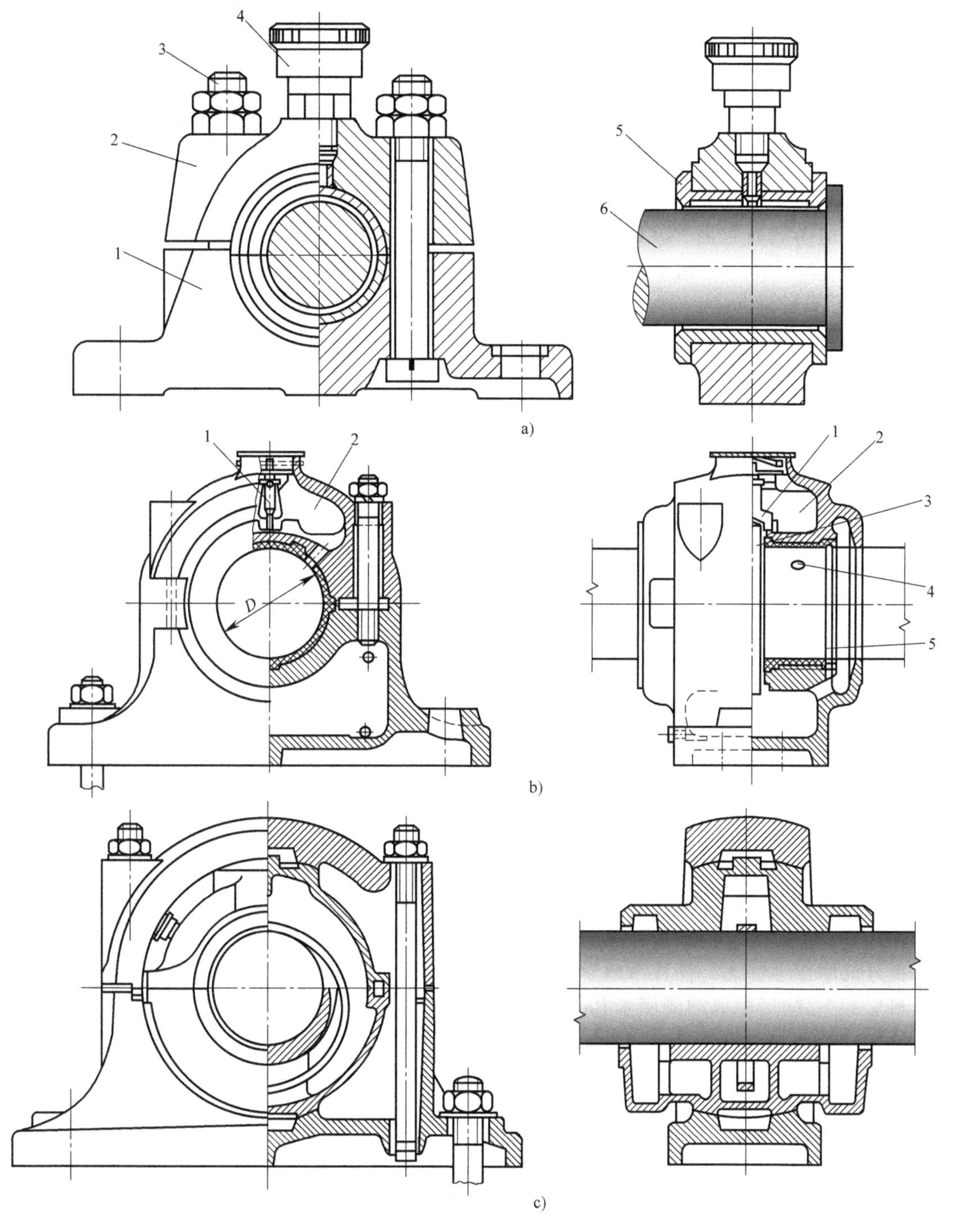

图 22-5　剖分式径向滑动轴承（带对开式二螺柱正滑动轴承座）

a）油杯润滑轴承：1—轴承座　2—轴承盖　3—连接螺栓　4—油杯　5—上轴瓦　6—轴颈

b）油盘润滑轴承：1—刮油板　2—引油空腔　3—油盘　4—油孔　5—回油路

c）油环润滑轴承

座的下轴瓦上后，用双头螺柱或螺栓把带上轴瓦的轴承盖与轴承座连接成整体。它克服了整体式的缺点，但结构较复杂、刚度略有下降。

一般轴瓦的外表面是圆柱面。若把轴瓦外表面做成球面，与机架或轴承座的球形孔配合（图22-5c、图22-6），则轴瓦的轴线能在一定范围内倾斜，以适应轴的挠曲。这种轴承称为调心轴承。

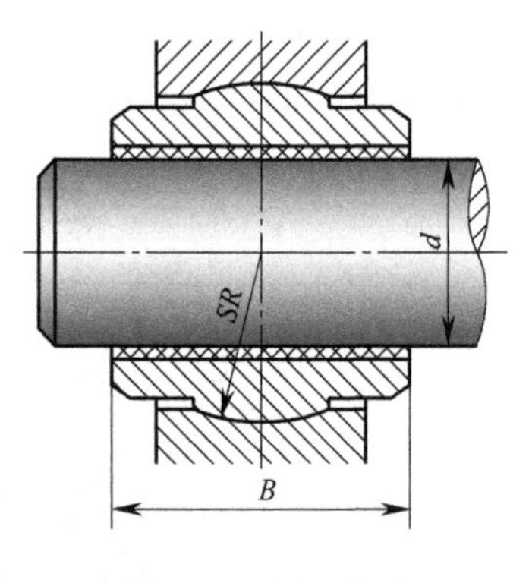

图22-6 调心轴承

2. 推力轴承

推力轴承的滑动面（轴颈和轴瓦）是平面，在轴端的滑动面（轴颈）称为止推面，在轴上的滑动面称为止推环（推力环），如图22-7所示。由于推力轴承的滑动速度在止推面（环）的不同直径处是不一样的，在中心处几乎为零，故磨损会很不均匀。为了缓解磨损不均匀现象，采用环形止推面。1个止推环承载能力不够时，可以采用多环结构（图22-7d）。

双向或多环推力轴承的轴瓦必须采用剖分式结构。

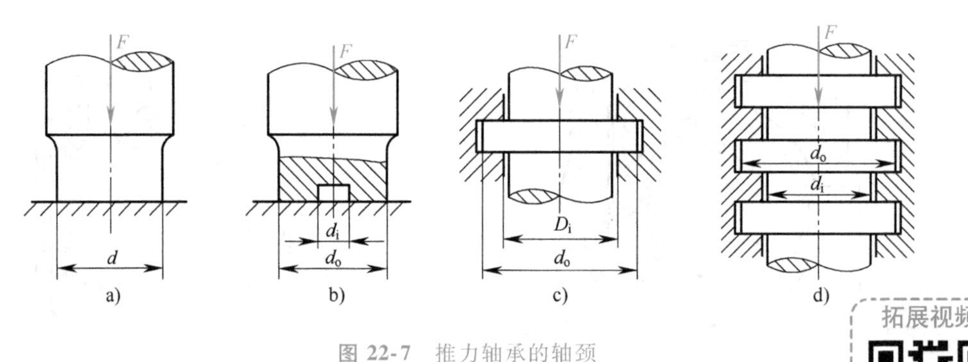

图22-7 推力轴承的轴颈
a）圆止推面 b）环形止推面 c）单止推环 d）多止推环

拓展视频
焦裕禄主持研制的双筒提升机

三、轴瓦

这里的轴瓦包括径向轴承的轴瓦、轴套和推力轴承的推力瓦。

轴瓦有用1种材料制成的单层轴瓦和用几层不同材料制成的多层轴瓦。

轴瓦要支承轴颈上的载荷，需要足够的体积强度，同时它与轴颈构成摩擦副，又要求表层有良好的摩擦学性能。往往摩擦学性能极好的材料，其体积强度不够，于是，出现了由瓦背、衬层和/或涂层组成的多层轴瓦（多金属轴瓦）。瓦背一般用低碳钢、铜合金或铝合金制成，保证轴瓦有足够的体积强度。衬层的材料多为轴承合金，涂层一般采用 w_{Sn}（锡的质量分数）= 8%～12%的铅锡合金或铅锡铜合金、w_{In} = 5%～10%的铅铟合金或塑料，保证轴瓦有良好的摩擦学性能。衬层的厚度随轴瓦直径不同一般在0.2～0.8mm范围内。图22-8是常用的双层轴瓦。

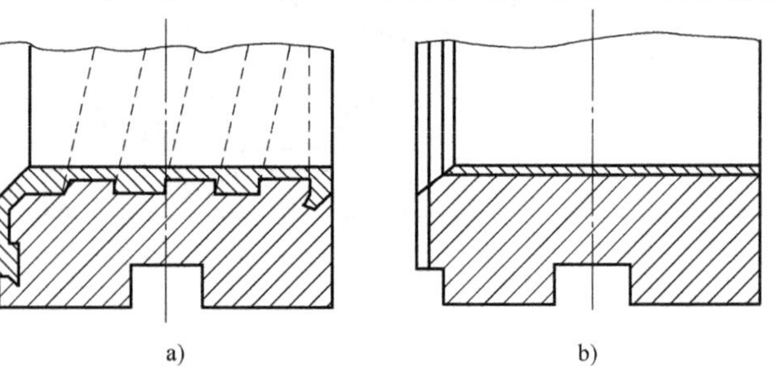

图22-8 通过铸造方法制成的双层轴瓦
a）带卡紧槽的形锁合接合 b）用冶金方式与基体材料锁合接合

与多层轴瓦对应，用单一材料

制作的轴瓦称为单层轴瓦。单层轴瓦由高强度、单一的轴瓦材料制成，其结构最为简单。它主要由铸铁或铸锡青铜和铸锡锌青铜用模铸或压铸的方法制造，或用拉拔管材或带状材料制成，再压装到轴承座的基体上。

1. 径向轴承轴瓦

根据轴瓦壁厚，分厚壁轴瓦（图 22-9a、b）和薄壁轴瓦（图 22-9c、d）。薄壁轴瓦的壁厚与外径之比不到 0.1，且直径越大该比值越小。因此，薄壁轴瓦内孔的宏观几何形状主要取决于轴承座孔的形状。轴瓦有有法兰和无法兰两种结构。有法兰轴瓦如图 22-9b、d 所示，依靠法兰的端面能防止轴轴向窜动，能做固定支承使用。有法兰的薄壁轴瓦也称为翻边轴瓦。

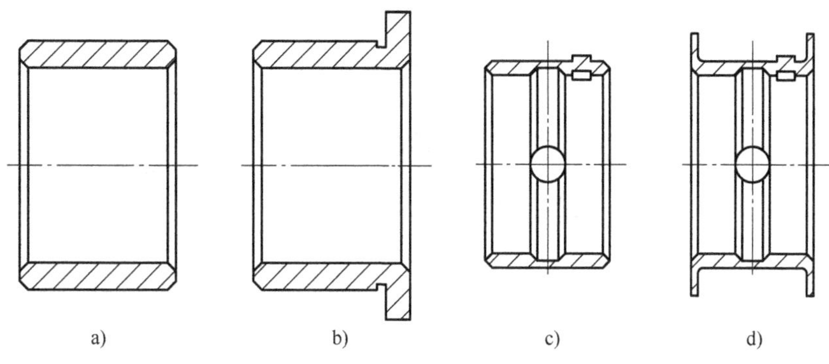

图 22-9　轴瓦

a）厚壁轴瓦　b）有单法兰厚壁轴瓦　c）薄壁轴瓦　d）有双法兰薄壁轴瓦

2. 轴套

轴套呈圆筒状，和轴瓦一样，轴套也有有法兰和圆柱两种结构。图 22-10 所示为单层轴套。圆柱轴套因制造方法不同，分为普通轴套和卷制轴套。卷制轴套由于工艺原因只有薄壁轴套，且有一条缝，所以它不适用于承受旋转载荷的轴承。

3. 推力瓦

普通推力轴承的推力瓦又称为止推垫圈，和径向轴承的轴瓦一样，有整体的整圆止推垫圈（图 22-11）和剖分的半圆止推垫圈；有单层和多层止推垫圈。动力润滑推力轴承的推力瓦由多块瓦（最少 3 块）组成，有固定瓦块和可倾瓦块（表 22-7 附图）两种。

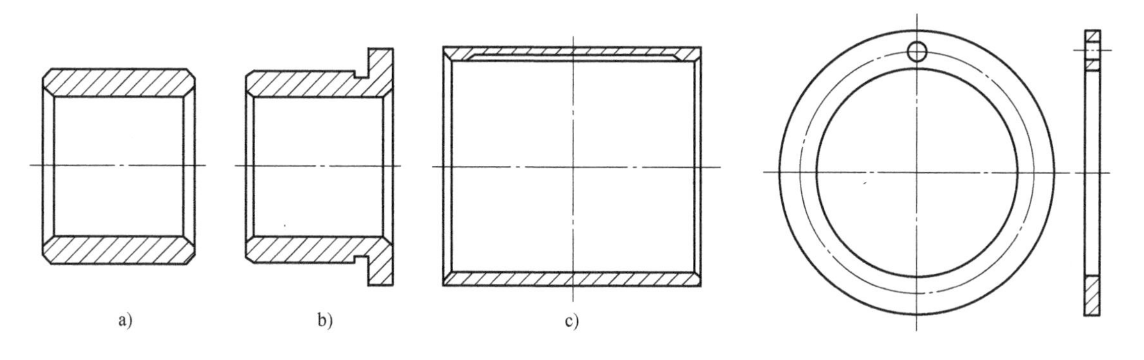

图 22-10　单层轴套

a）厚壁轴套　b）有单法兰厚壁轴套　c）薄壁轴套

图 22-11　整圆止推垫圈

4. 油孔、油槽和油室

润滑剂必须从外部引入轴瓦润滑表面，所以轴瓦上需要有油孔，为了便于润滑油的引入，油孔应设在非承载或油膜压力最小的区域。油通过油孔后，由油槽引导润滑油分布到润滑表面上。图22-12是几种最常用的油槽形式。图22-12c的轴向油槽不可开通，其长度一般是轴瓦宽度的70%，但可以开在轴瓦剖分面上。油槽应布置在非承载区，否则将影响轴承的承载能力。

图22-13是油室结构，它可使润滑油在轴向均匀分布并可贮油而使供油稳定。

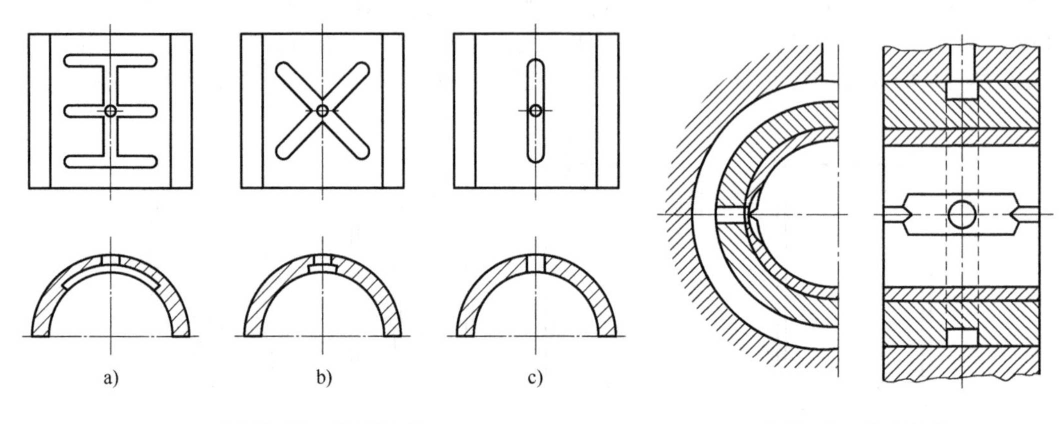

a) b) c)

图22-12 油槽形式

a）周向油槽 b）斜向油槽 c）轴向油槽

图22-13 油室结构

第三节 滑动轴承材料

滑动轴承材料应该包括轴颈材料和轴瓦材料（瓦背材料、衬层材料和涂层材料），即应该是滑动轴承摩擦副材料。由于轴颈材料往往都使用钢材，所以常常将轴瓦材料说成滑动轴承材料。它的选用原则是轴颈材料较硬而轴瓦材料较软，希望损伤发生在轴瓦上，轴瓦材料与轴颈材料的硬度比应取为1∶5~1∶3，以保证其耐磨性更好和边缘压力更小，同时，硬表面的轴颈与软表面的轴瓦相互配合，有利于磨合过程。轴颈通常是轴的一部分，与轴同质，为了提高表面硬度和耐磨性一般要进行热处理。

通常用价格低廉的灰铸铁铸造轴承座。

本节仅介绍轴瓦、衬层和涂层材料。

一、对轴瓦材料性能的要求

除一般对材料要求的强度、耐蚀性等性能外，根据使用情况轴瓦材料还应考虑以下摩擦学方面的性能要求。

（1）减摩性　减摩性要求轴颈与轴瓦直接接触时要防止发生黏附，同时在无润滑条件下摩擦因数要低。所以，减摩性应该是成副材料（不是单一材料）的属性。影响摩擦副减摩性的材料因素是：①成副材料冶金上构成合金的难易程度；②材料与润滑剂的亲和能力；③材料的微观组织；④材料的热导率；⑤材料表面能的大小和氧化膜的特性。

（2）嵌入性　嵌入性要求材料允许润滑剂中外来硬质颗粒嵌入时防止刮伤和磨粒磨损。对金属材料而言，硬度低和弹性模量低，嵌入性就好，而非金属材料则不一定，如炭石墨，弹性模量较低，但嵌入性不好。

（3）顺应性　材料靠表层的弹塑性变形补偿滑动摩擦表面初始配合不良和轴的挠曲变形的性能。弹性模量低的材料顺应性较好。

(4) 耐磨性　配副材料抵抗磨损的性能。在规定的摩擦条件下磨损要小。用磨损率(单位时间磨损量)或磨损度(单位滑移距离磨损量)、磨损量的倒数等来表示耐磨性。

(5) 耐气蚀性　固体与液体处于相对运动的状态下，当液体中的气泡在固体表面附近破裂时，产生局部冲击高压或局部高温，它将导致气蚀(磨损)。材料抵抗气蚀(磨损)的性能称为耐气蚀性。通常，铜铅合金、锡基铸造轴承合金和铝锌硅系合金的耐气蚀性较好。

(6) 磨合性　在轴颈与轴瓦初始接触的磨合阶段，减小轴颈或轴瓦的加工误差、同轴度误差、表面粗糙度值，使接触均匀，从而降低摩擦力、磨损率的性能。良好的磨合性表现为磨合时间短，磨合磨损量小和磨合后的表面耐磨性高。

一种材料很难全部满足上述这些要求，但可以把两、三种材料组合起来，以满足滑动轴承对材料的多种性能要求，这就是采用多层轴瓦的原因。

二、轴瓦材料的种类

轴瓦材料有金属材料、粉末冶金材料和非金属材料三大类。

(一) 金属材料

1. 铸造锡基轴承合金

为锡锑合金，还含有铜或铅、镉等，过去常称为巴氏合金或白合金。它以锡作为基体，悬浮 Sb-Sn、Cu-Sn 的硬晶粒。硬晶粒起耐磨作用，软基体则增加材料的宏观塑性。它的顺应性和嵌入性是所有轴瓦材料中最好的，磨合性也很好，但弹性模量和强度都较低，无法单独制成轴瓦使用，通常作为衬层材料，且不宜太厚。

铸造锡基轴承合金性能好，适用于高速轴承，但因用锡较多而价格昂贵。它的典型材料牌号有 ZSnSb12Pb10Cu4。

2. 铸造铅基轴承合金

为铅锑合金，过去也称为巴氏合金或白合金，性能比铸造锡基轴承合金略差，因用铅替代了锡，故价格较便宜。铸造铅基轴承合金的典型材料牌号有 ZPbSb16Sn16Cu2。

3. 铸造铜基轴承合金

也称为铸造青铜。它有高的疲劳强度和承载能力，高的硬度和耐磨性，好的耐蚀性。铜基轴承合金所含铜的质量分数超过 50%，其滑动特性可通过添加软金属(铅、锡、锌和铝)加以改善。增加含锡量可提高合金的硬度和耐磨性，增加含铅量可改善合金的顺应性。其中以含锡锌铅的合金(ZCuSn5Pb5Zn5)用得最普遍，它有高的抗冲击和耐高温能力，但减摩性稍差，广泛用于一般用途的滑动轴承，含锡磷的合金(ZCuSn10P1)适用于高速、中到重载或有冲击载荷的轴承，它们主要用来制作单层轴瓦。由于它们具有较高的硬度，因此轴颈必需硬化，并对轴瓦孔进行精细加工。$w_{Pb}=30\%$ 的铜铅合金(ZCuPb30)与钢轴颈匹配具有优良的减摩性，在高温时它将析出铅，在铜基体上形成一层极薄的铅膜，起到润滑作用。一般轧制到钢背上制成双层轴瓦。铸造铝青铜适用于承受极大冲击载荷的轴承(需要良好的润滑条件)，它的耐磨性较好。

4. 变形(锻造)铜合金

有高的机械强度、疲劳强度和硬度，耐磨性好。与变形铜合金匹配的轴颈需淬火，硬度不应低于 55HRC。适用于重载、高速、冲击载荷或有振动的工况，要求充分润滑和良好的装配。变形铜合金的典型材料牌号有 CuSn8P。

5. 铸造铝基轴承合金

铝的强度比锡、铅高得多，虽然摩擦学性能较差，但价格也较低，故铸造铝基轴承合金获得了广泛应用，如内燃机主轴和连杆轴承的薄壁轴瓦。它既可做单层轴瓦，也可做轴瓦衬层。铸造铝基轴承合金的典型材料牌号有 ZAlSn6Cu1Ni1。

6. 耐磨铸铁

价格低廉，用于低速、轻载的不重要轴承。用于滑动轴承的有锑铸铁、锑铜铸铁、铬铜铸铁和锡铸铁等。

7. 灰铸铁

具有良好的减摩性及较高的耐磨性，但由于其硬度较高，几乎没有嵌入性，顺应性差，并对冲击较敏感。HT150 和 HT200 只适用于要求较低的场合，而 HT250 和 HT300 适用于要求稍高的场合（珠光体铸铁）。与其配副的轴颈需要硬化和精细加工，适用于轴颈线速度 $v=0.1\sim3.0$ m/s 的轻载、简易的轴承中（如农业机械轴承）。

（二）粉末冶金材料

用于滑动轴承的粉末冶金材料，承载能力高，摩擦因数低，具有良好的自润滑性、耐高温性和耐磨性。粉末冶金材料为多孔质金属材料，由铁、铜、锡、锌和铅粉末，添加或不添加石墨添加剂，经过预压后在 750~1000℃下烧结或热压而成。它的多孔结构最多可吸取其体积 35%的润滑油，由于发热和吸力的作用，这些润滑油在工作时会流到滑动面上。处于静止状态（冷却状态）时，这些油由于毛细作用又会被吸到孔中。

多孔质金属有很好的自润滑性，虽其强度比金属轴瓦材料低，但它的顺应性和耐冲击性较好，可用于滑动速度较低（$v<1$m/s）或轻载、振动的场合，如提升机械、农业机械或转向轮上的轴瓦。

列入国家标准的有铁基和铜基两种，此外还有铝基粉末冶金材料。可以采用粉末冶金材料制成含油轴承。

（三）非金属材料

轴瓦用非金属材料有工程塑料、炭石墨、陶瓷、橡胶和木材等。

1. 工程塑料

工程塑料因具有自润滑性而被广泛应用于滑动轴承，特别适用于干摩擦或润滑不完全的轴承。常用种类有纯工程塑料、增强工程塑料或塑料织物。它的优点是：很少会损坏轴颈、吸振性优于金属轴瓦、耐蚀性强、密度小、质量小、适合于批量生产。工程塑料轴瓦的缺点有：机械强度不及金属材料、受温度和湿度的影响尺寸稳定性不高、热导率低等。为改善工程塑料这些方面的性能，常在工程塑料中加入填充材料。

在设计工程塑料轴承时可以从结构上改善轴承性能，以使其满足性能要求。

常用的工程塑料轴瓦材料有热固性和热塑性两大类，前一类主要是酚醛树脂，如酚醛层压布材，后一类有聚酰胺（PA）、聚四氟乙烯（PTFE）和聚苯硫醚（PPS）等。

2. 炭石墨

炭石墨耐高温、有自润滑性，高温稳定性好，耐化学腐蚀能力强，热导率比塑料高，线胀系数比塑料小。在大气和室温条件下与镀铬表面的摩擦因数和磨损率都很低。但是在湿度很低时，它会丧失润滑性。

制作轴瓦采用的炭石墨有：普通炭石墨，电化石墨，加有铜粉、铅粉或锡基轴承合金粉的石墨，浸渍塑料、金属和 MoS_2 的石墨等。

3. 陶瓷

陶瓷材料质硬，特别耐高温、耐磨，但性脆，加工困难，成本高。在气体轴承、高温轴承等特殊场合中获得成功应用。可制作轴瓦的陶瓷有：SiC、Si_3N_4、Al_2O_3 等。

4. 橡胶

橡胶的弹性模量低，弹性变形大，故嵌入性、顺应性、耐蚀性、耐磨性均好，但自润滑性差，必须用水或不损害橡胶的液体润滑。因此，适于制作在含泥沙的水中工作的轴承，如船舶尾桨轴承、泥浆泵和深井泵轴承等。可以做成单层轴瓦，也可烧结在黄铜衬背上做成双层轴瓦。在水中工作的采用天然橡胶，但在油水混合的液体中，必须采用合成橡胶，如丁腈橡胶。

5. 木材

属于低成本材料，适用于低载轴承。通常采用桦树、菩提树或山杨树的木料以大约100℃的温度通过湿蒸汽进行蒸、压，将含水量降低至10%再进行加工。例如，用作纺织机械和螺旋输送机的中间轴承。

三、轴瓦表面涂层材料

由于摩擦发生在表面层，通过改善表面层材料的性能或在表面涂覆涂层，并使涂层材料与基体材料匹配适当，能获得比单一材料优越得多的轴承性能。

涂层的功能是：使轴瓦表面与轴颈匹配有良好的减摩性；提供一定的嵌入性；改善轴瓦表面的顺应性；防止含铅衬层材料中的铅腐蚀轴颈等。

常用的表面涂层材料有：PbSn10、PbIn7、PbSn10Cu2 等。涂层的厚度一般为 0.017~0.075mm。

四、各种轴瓦材料的性能比较

各种轴瓦材料的使用性能比较见表 22-1。

表 22-1 各种轴瓦材料的使用性能比较

性能	金属材料				粉末冶金材料(含油)	非金属材料			
	锡(铅)基轴承合金	铜基轴承合金①	铜铅合金	铸铁		塑料	炭石墨	橡胶	木材
承载能力	尚可	良	良	良	尚可	尚可	差	差	差
减摩性	优	中等	良	中等	中等	中等	良	优	优
耐磨性	尚可	优	中等	优	中等	中等	尚可	差	尚可
顺应性	优	尚可	差	差	差	优	中等	优	良
嵌入性	优	尚可	差	差	尚可	中等	良	优	良
导热性	中等~良	良	良	良	中等	差	尚可	差	差
热胀性	中等	良	中等	优	优	差	良	差	尚可
高速性	优	良	优	尚可	差	差	良	差	差
亲油性	优	优	优	优	优	优	优	中等	优
水润滑性	差	差	差	差	差	优	优	优	优
干摩擦性	差	差	差	差	差	优	优	差	差

① 包括变形（锻造）铜合金。

第四节 润滑剂、润滑方法与密封

一、润滑剂及其选用

滑动轴承常用润滑剂有：油、脂、固体、气体、水和磁流体等。

润滑油可用于从低转速到高转速、各种载荷工况下所有种类的滑动轴承。主要使用矿物油。滑动轴承用润滑油一般都加有添加剂，有：保护金属表面的添加剂（油性剂、极压抗磨剂、防锈剂、清净分散剂）；扩大润滑剂使用范围的添加剂（黏度指数改进剂、降凝剂）；延长润滑油使用寿命的添加剂（抗氧化剂、消泡剂）。例如，添加剂二硫化钼可提高黏附性和滑动面的平滑性以改善润滑性能，特别是它能在节省润滑油和温度较高时保证润滑性能。润滑脂只用在转速极小和摆动运动以及承受冲击载荷的滑动轴承，这时不可能产生流体（膜）润滑，如压力机、起重设备、农业机械。润滑脂可以更长时间并更好地保留在轴承中，同时还具有防止污染等优点。在水中工作的轴承，如船舶的艉桨轴承，可以用水润滑，这时轴瓦材料一般采用橡胶或增强酚醛树脂，以避免水对轴瓦的腐蚀，水润滑的冷却效果是油润滑的2~3倍。当轴承在高温、低速、重载、真空、难以维护的条件下工作，如铰链、导轨，或者必须避免润滑油污染时，不宜使用润滑油的场合，采用固体润滑剂。

用气体润滑的滑动轴承称为气体轴承，它必须形成气膜润滑，有气体动压轴承和静压轴承两种。由于气体的摩擦阻力极低，所以十分符合极高速轴承的要求。但是，它的承载能力也很低，只能用于轻载，而且需要很高的制造精度，获得极薄的气膜，才能保证其承载能力。

1. 润滑油

润滑油的主要性能指标是黏度、黏度指数、闪点和倾点。在一般参数下的大多数滑动轴承使用矿物润滑油，有特殊要求时使用合成润滑油。

为滑动轴承专门研制了“主轴、轴承和有关离合器用油”（F组），其中L-FC是抗氧、防锈（R&O）型油，适用于一般滑动轴承和离合器，L-FD是抗磨极压（EP）型油，主要用于各种主轴轴承。为某些机械研制的润滑油也是用来润滑那些机械中的滑动轴承的，如汽轮机油（L-T）、冷冻机油（L-DR）、空气压缩机油（L-DA）、汽油机油（L-EQ）、柴油机油（L-EC）、真空泵油（L-DV）等。在采用液压传动的机械中，滑动轴承也用液压油（L-H）润滑。用手工加油、滴油等润滑方法，不重要的滑动轴承可以采用全损耗系统用油（L-AN和车轴油）。

除动压轴承和静压轴承之外，对一般的滑动轴承，可以根据轴颈线速度 v 和单位面积载荷 p^*（$=F/BD$），由表22-2选取润滑油的黏度等级。对高速主轴轴承一般可根据轴承间隙按表22-3选L-FD油的牌号，即黏度等级。

表22-2 润滑油黏度范围选择表

<table>
<tr><th colspan="5">轴颈线速度 v/(m/s)</th><th><0.1</th><th>0.1~0.3</th><th>0.3~0.6</th><th>0.6~1.2</th><th>1.2~2.0</th><th>2.0~5.0</th><th>5.0~9.0</th><th>>9.0</th></tr>
<tr><td rowspan="3">轴承载荷 p*/MPa</td><td><3</td><td rowspan="3">工作温度 t/℃</td><td>10~60</td><td rowspan="3">黏度等级</td><td>68,100</td><td>68</td><td colspan="2">46,68</td><td>46</td><td>32,46</td><td>15,22,32</td><td>7,10</td></tr>
<tr><td>3~7.5</td><td rowspan="2">20~80</td><td>150</td><td>100,150</td><td>100</td><td>68,100</td><td>68</td><td colspan="3">—</td></tr>
<tr><td>7.5~30</td><td>680,1000</td><td>680</td><td>460,320</td><td>150,220</td><td colspan="4">—</td></tr>
</table>

表22-3 主轴油的选用

轴承半径间隙 C_R/mm	0.002~0.006	0.006~0.010	0.010~0.030	0.030~0.060
主轴油 L-FD 牌号	2	3、5、7	7、10	15、22

2. 润滑脂

润滑脂的主要性能指标是锥入度和滴点。脂润滑轴承可根据滑动速度参考表22-4选用润滑脂的锥入度，根据工作温度选取润滑脂品种。

表22-4 脂润滑轴承润滑脂的选择

轴承工作温度 t/℃	~60		60~130		>130
线速度 v/(m/s)	<0.5	>0.5	<0.5	>0.5	—
润滑脂品种	钙基润滑脂		羟基润滑脂	锂基润滑脂	膨润土基润滑脂
锥入度/(10mm)$^{-1}$	265~340	335~385	220~250		

3. 固体润滑剂

滑动轴承常用的固体润滑剂有炭石墨、二硫化钼、聚四氟乙烯等。可以涂覆或烧结在轴瓦表面，或者混入轴瓦材料中，也可将固体润滑剂成形后再镶嵌在轴瓦表面上使用，还可将这些固体润滑剂做成粉剂，与润滑油或脂混合使用。

二、润滑方法及其选用

选定润滑剂后，需要采用适当的方法和装置将润滑剂送至润滑表面以进行润滑。若采用固体润滑剂，润滑方法可参考第十三章第三节（四）。若采用润滑油或润滑脂，可以根据系数 K 参照表 22-5 选取润滑剂和润滑方法。

系数 K 的计算式为

$$K=\sqrt{\frac{Fv^3}{Bd}} \tag{22-1}$$

式中，F 为轴承的径向载荷（N）；B 为轴承的有效宽度（m）；d 为轴颈直径（m）；v 为轴颈的圆周速度（m/s）。

表 22-5　油、脂润滑滑动轴承润滑方法的选取

$K/(\mathrm{N\cdot m})^{1/2}\cdot \mathrm{s}^{-3/2}$	≤2000	>2000~16000	>16000~32000	>32000
润滑剂	润滑脂	润　滑　油		
润滑方法	旋盖式注油杯润滑	滴油润滑	油浴、飞溅、油环或压力供油润滑	压力供油润滑

1. 手工和滴油润滑

润滑剂（油或脂）只通过润滑部位一次，即只能使用一次，之后在大多数情况下不再使用。由于其经济性较差，这类润滑方法只用于载荷较小的简单轴承和不适用于其他润滑方法的情况下（如关节轴承、铰链），或润滑剂为避免污染不可重复使用的场合。

最简易的手工润滑通过开式注油孔进行润滑，它会造成一定程度的污染。或者采用各种油杯进行润滑。

2. 油环、油盘润滑

油盘润滑轴承、油环如图 22-5b、c 所示，属于循环润滑法。中等滑动速度的水平轴滑动轴承，常用油环或油盘润滑。油盘与轴一起旋转（图 22-5b），滑动速度大约允许到 10m/s；油环活套在轴上（图 13-21g、图 22-5c），滑动速度大约允许到 7m/s。它们将油从贮油室带到滑动面上，润滑轴承后流回贮油室。油环、油盘带上来的油量由于多种影响因素（环的尺寸、油的黏度、滑动速度等）很难确定，表 22-6 给出了对特定轴承进行实验所得到的粗略近似值。

表 22-6　油环、油盘润滑的供油量

轴颈线速度 v/(m/s)		1	2	3	4	5	6
供油量 q_V/(dm³/min)	油环	0.13	0.16	0.17	0.18	0.18	—
	油盘	0.45	0.38	0.33	0.30	0.28	0.28

3. 油浴、飞溅润滑

油浴、飞溅润滑属于循环润滑法。油浴润滑是将滑动面置于油中运转，即将轴颈和/或轴瓦的部分或全部置于润滑油中，常用于推力滑动轴承。飞溅润滑是将转动零件浸于油中，再由它将油溅到需要润滑的部位，常用于曲轴箱中的曲轴轴承和齿轮减速器中的轴承。

4. 压力供油润滑

使用柱塞泵或齿轮泵实现压力供油润滑，它是用于汽轮机、发电机和机床中的重载轴承的润滑方式中最安全和最有效的一种。它可单独用于轴承，或用作整个机组的中心润滑装

置，通过采用泵加可调节阀门或直接用可调节泵供给每一个润滑点定量的润滑油。用过的润滑油可收集并循环使用。

三、密封

在流体（膜）润滑的滑动轴承和采用循环润滑法的滑动轴承处，侧流（端泄）使得外来物质很难进入轴承。尽管如此，为了运转安全，降低润滑油的消耗，需要对普通滑动轴承的内空间进行足够有效的密封。

通过采取简单的措施就可以防止或降低润滑油沿着轴向的流动，如通过使用与轴一起转动的甩油环，沿着轴向布置的尖锐凹槽，挡油环或在轴承孔端部的细小间隙，具体结构可参见滚动轴承一章。

第五节 滑动轴承的设计计算

不同类型的滑动轴承用不同的设计方法，但设计要求基本一致，除一般机械零件的要求外，这些要求是：①最大的承载能力；②最小的摩擦功耗；③转子稳定运转。

一、滑动轴承的参数

1. 几何参数

（1）直径　对径向轴承，轴径 d 或半径 r，轴瓦孔径 D 或半径 R；对推力轴承，止推环与推力瓦（止推垫圈）内直径 d_i 与 D_i 或者内半径 r_i 与 R_i。一般依载荷或结构确定。

（2）宽度　对径向轴承，轴瓦宽度 B，轴颈长度通常略大于 B；对推力轴承，与径向轴承轴瓦宽度 B 相当的参数是内、外半径之差，即 R_o-R_i，由于 $R_i\approx r$，故代表推力轴承宽度尺寸的即是止推环与推力瓦的外直径 d_o 与 D_o 或者外半径 r_o 与 R_o。

轴瓦宽度 B 或止推环外径 D_o 在选定宽径比 B^* 或内外径比后计算而得。

（3）间隙　对径向轴承，轴瓦孔径 D 或半径 R 与轴颈直径 d 或半径 r 之差的空间称为直径间隙 C_d 或半径间隙 C_R，即 $C_d=D-d$、$C_R=R-r$，于是有 $C_d=2C_R$；对推力轴承、双向推力轴承的间隙由装配决定，单向推力轴承只有运转间隙。

半（直）径间隙在选定相对间隙 ψ 后计算而得。

几何参数有精度问题，设计时不仅要确定几何尺寸，还要确定其加工和安装精度。

2. 工况参数

滑动轴承的工况参数有：载荷 F（包括大小、方向和特性）；轴（颈）的转速 n（包括大小、方向和特性）；工作环境温度 t_a。它们一般都是已知的（由客户提出要求）。

3. 运转参数

滑动轴承的运转参数包括：偏心距 e（轴瓦中心与轴颈中心间的距离）；摩擦因数 μ；润滑剂的黏度 η、流量 q 和温度 t；轴承功耗 P、刚度 k、阻尼 ζ 等。

二、流体动力润滑轴承

流体动力润滑径向轴承是利用轴颈与轴瓦的相对滑动速度和表面与润滑油的黏附性能，将润滑油带入轴承间隙，建立起压力油膜，从而把轴颈与轴瓦隔开的一种流体摩擦轴承。

（一）工作原理——雷诺方程

润滑油在轴承间隙中一般做二维流动，即轴颈或轴瓦转动方向和沿轴线方向的双向流动。润滑油在轴颈或轴瓦转动方向（圆周方向）的流动使其在轴承间隙内不断循环；润滑油的轴向流动使其流出轴承间隙，称为端泄或侧流，因而需要不断向轴承间隙供油。假设：

不计体积力（如重力）和惯性力的作用；润滑油在轴颈和轴瓦表面上无滑动；润滑油是牛顿流体；流动为层流；润滑油膜中黏度、密度和温度为常量，忽略油膜曲率的影响，这时，描述润滑油在轴承间隙中流动状态的运动方程式简化为雷诺方程。

对于速度恒定、轴瓦和轴颈是刚性表面、轴瓦不是多孔质材料的滑动轴承，简化后的雷诺方程为

$$\frac{\partial}{\partial x}\left(h^3\frac{\partial p}{\partial x}\right)+\frac{\partial}{\partial z}\left(h^3\frac{\partial p}{\partial z}\right)=6\eta\omega_e\frac{\partial h}{\partial x} \tag{22-2}$$

式中，h 为轴颈与轴瓦的间隙（油膜厚度）；η 为润滑油黏度；p 为油膜压力；ω_e 为轴承的有效角速度（对径向轴承，有效角速度为轴颈与轴瓦角速度之和，即 $\omega_e=\omega_1+\omega_2$，对推力轴承，$\omega_e=\omega_1-\omega_2$）；$x=r\theta$，$\theta$ 为角度坐标；z 为轴线方向的坐标。

方程（22-2）的左边表示在动力润滑轴承的润滑油膜中，各处压力不同，随坐标 x、z 变化，构成压力场；方程（22-2）的右边表示油楔效应。

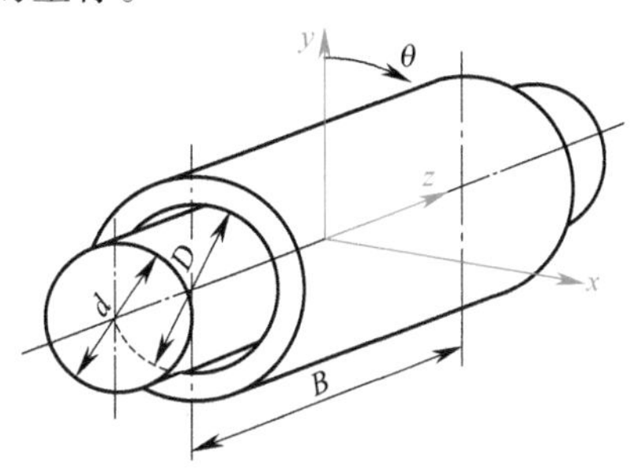

图 22-14　整圆径向滑动轴承示意图

图 22-14 是整圆径向滑动轴承示意图。轴瓦包角为轴瓦完整表面包住轴颈的角度，对于圆柱轴承，若只有 1 个供油孔/槽，则 $\Omega\approx360°$；若在直径位置上开设两个供油孔/槽（如剖分式轴瓦在剖分面上开设两供油槽），则 $\Omega\approx180°$。

对径向圆柱轴承来说，如果轴承宽度无限大（无限宽），则可以忽略流体在 z 向（轴线方向）的流动，雷诺方程简化为如下一维方程，在轴瓦静止（$\omega_2=0$）、轴颈转动（$\omega_1=\omega$）时，该方程为

$$\frac{dp}{d\theta}=6\eta\omega R^2\frac{h-h_0}{h^3} \tag{22-3}$$

从该式可以看出，只要润滑剂黏度 η 和轴颈角速度 ω 不为零，油膜厚度不是常量（$h\neq h_0$），油膜中就会形成压力。当 $h>h_0$ 时，$\frac{dp}{d\theta}$ 为正，油膜压力随 θ 角不断增大；当 $h<h_0$ 时，$\frac{dp}{d\theta}$ 为负，油膜压力随 θ 角逐渐减小；当 $h=h_0$ 时，$\frac{dp}{d\theta}$ 为零，油膜压力达到最大值。

图 22-15 是轴瓦包角 Ω 为 360 时油膜压力在圆周方向（θ）的分布示意图。

图 22-16 是油膜压力在轴线方向（z）的分布示意图。

因此，动压轴承润滑膜的厚度 h 是变量，最大油膜厚度记作 h_1，最小油膜厚度记作 h_2（图 22-15）。油膜压力的合力即为轴承的承载能力。

因此，在供给充足润滑剂的条件下，流体动力润滑轴承形成承载油膜的条件是：

1）润滑剂要有黏度（油膜承载能力随黏度提高而增大）。

2）轴颈或/和轴瓦要有速度（油膜承载能力随速度提高而增大）。

3）油膜厚度须是变量，且沿速度方向逐渐减小方能形成正油膜压力，即需要轴颈和轴瓦表面形成收敛形间隙，称其为油楔。

这样产生流体动压力的作用称为油楔效应。

（二）油楔加工——油楔形成方法

应该指出，形成油楔是动压轴承的必备条件之一，但并不是油楔的楔角越大承载能力越高。一般来说，最大油膜厚度 h_1 与最小油膜厚度 h_2（图 22-15）之比为 2.2 左右，即 $h_1/h_2\approx2.2$ 承载能力最高。通常油膜厚度呈这一比例时楔角是很小的（如平均直径 100mm 的 6

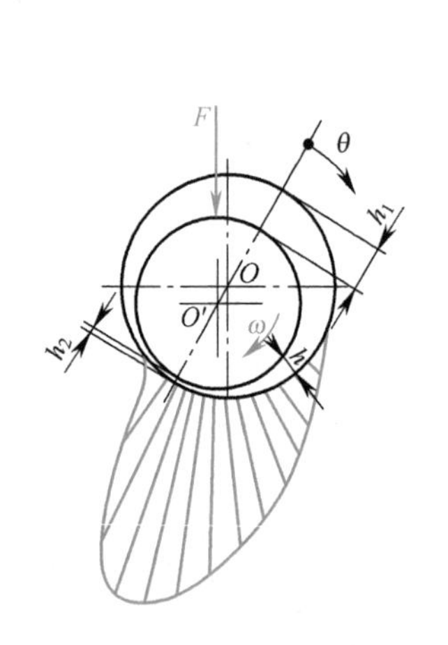

图 22-15 油膜压力在圆周方向的分布示意图

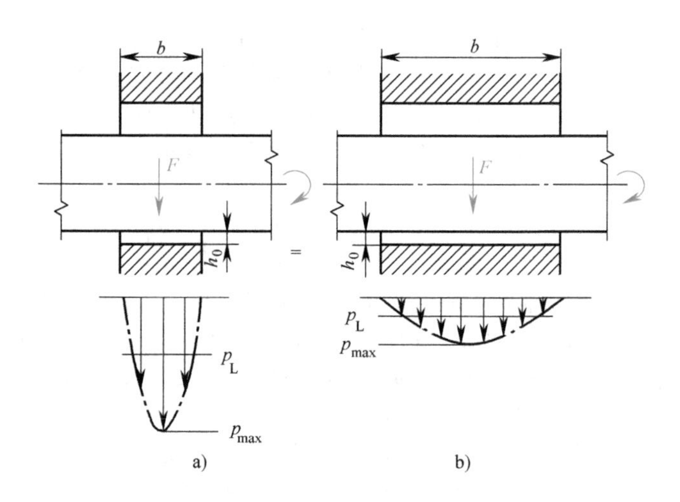

图 22-16 油膜压力在轴线方向的分布示意图
a）窄轴承 b）宽轴承

块瓦推力轴承，瓦的最佳斜角仅约为 5′）。这一要求给动压轴承的加工带来极大困难。

形成油楔（润滑油膜厚度不为常量）是流体动压轴承的最基本条件之一，合理的油楔参数是保证轴承性能的基础，有效形成油楔的方法是低廉的加工成本的保证。不同的油楔形成方法造就成各种各具特色的动压轴承。已有油楔形成方法及其特点见表 22-7。

表 22-7 油楔形成方法及其特点

形成方法		轴颈与轴瓦偏心	加工出成形表面	弹性变形	轴瓦绕支点摆动
轴承名称		整圆轴承、部分瓦轴承	固定瓦轴承、椭圆轴承、多油楔轴承、多油叶轴承		可倾瓦轴承
典型图例	径向轴承				
	推力轴承	—			
特点		只需要加工出尺寸略有差异的两圆柱面，工艺简单。稳定性较差，间隙一般不能调整。常用于重载轴承	轴瓦刚度大。油楔参数稳定，经多次装拆也不会改变。只要加工精度足够，则轴承旋转精度有保证，性能可靠。加工困难，很难加工出合理的油楔参数。常用成形面有：阿基米德螺旋面、偏心圆弧面、阶梯面、斜面等	加工较成形面容易。调整灵敏，安装调整技术要求高，可以获得合理的油楔参数。多用于轻载、高速轴承	加工简单，维护、调整方便。轴瓦能自动调整倾斜角度，使油楔参数适应工况的改变。但支点刚度较低

（三）轴承的运行

建立起完整油膜需要一定的速度，在机器起动和制动时，动压轴承的摩擦状态在混合摩擦与流体摩擦间转换。可以通过滑动轴承摩擦因数反映其摩擦状态，以摩擦因数 μ 为纵坐标，以转速 n 为横坐标，机器起动与自由停车时的 μ-n 曲线如图 22-17 所示。

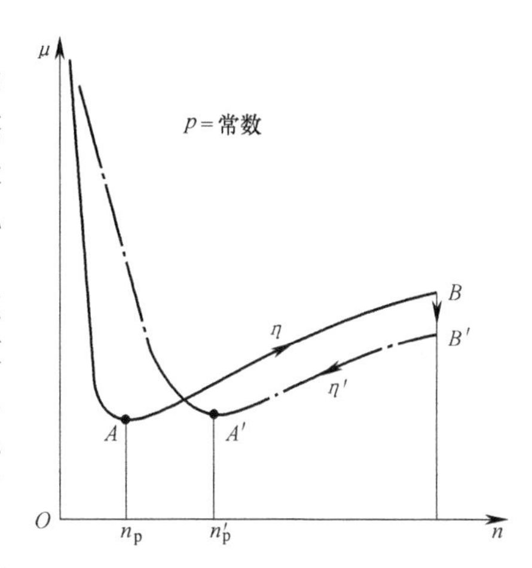

图 22-17 动压轴承稳定工作状态下起动与自由停车过程的 μ-n 曲线（示意图）

机器起动时，随转速增加由混合摩擦状态转为流体摩擦状态，转折点 A 的转速为 n_p；自由停车时，随转速下降由流体摩擦状态转为混合摩擦状态，转折点 A' 的转速为 n_p'。起动时润滑油温度低，黏度较高，混合摩擦区域的过程短。反之，自由停车过程因润滑油经过长时间的重载作用后温度变得较高，黏度变低，提前进入混合摩擦区域，即 $n_p'>n_p$。所以自由停车时的 μ-n 曲线与起动时的 μ-n 曲线不重合。

由图 22-17 可以看出，滑动轴承在起动和制动时避免不了混合摩擦状态，即避免不了摩擦损伤，且停车过程轴承磨损的危险性大于起动过程。故最好通过“制动”缩短轴承停止的时间。

若需要保证轴承在流体摩擦阶段可靠地运行，则其工作转速 n 必须绝对大于转折点转速 n_p。且若将轴承设定在临界点工作也是不可靠的，即使转速有很小的变化都可以使轴承进入混合摩擦区域运行。为保证能在流体摩擦区域运行，必须使轴承工作点在临界点的右侧并有足够的距离，即不但要 $n>n_p$，且要足够大。

（四）流体动力润滑径向轴承的计算

流体润滑轴承计算的基本内容就是对雷诺方程的应用和求解。雷诺方程是一个二维二阶非线性偏微分方程，用解析法求解十分困难，通常都采用数值法求解。

流体动力润滑轴承性能计算的方法有：数值积分计算法、表格曲线法和拟合公式法。数值计算法根据已知的和选定的必要参数，用计算机数值求解润滑方程，计算出轴承的主要运行参数。它适用于大型、重要的轴承。表格曲线法和拟合公式法将轴承主要运行参数构成一些特性数，用数值法计算出这些特性数与偏心率和宽径比的对应关系。表格曲线法将其画成曲线或列为表格，设计时依据这些曲线或表格计算轴承参数。

1. 稳态计算特性数

流体动力润滑轴承的运行参数有偏心距、承载能力、摩擦功耗、润滑油流量与温度、油膜的刚度和阻尼等。运行参数组成的使其量纲化为 1 的数群，称为滑动轴承的特性数。

（1）相对间隙 ψ　径向轴承的半径间隙 C_R 与半径 r 之比，称为相对间隙，记作 ψ（$\psi=C_R/r$）。

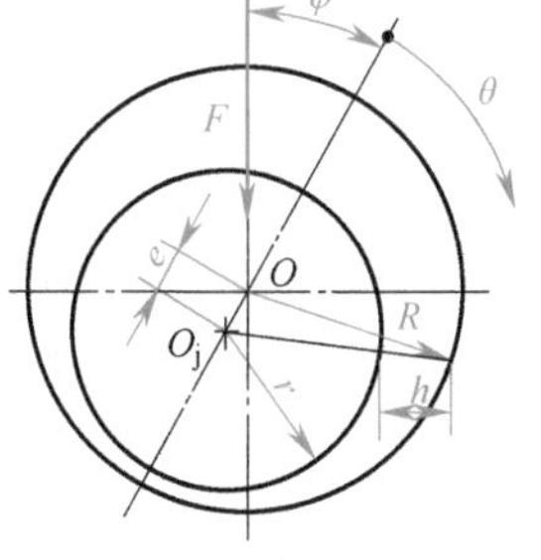

图 22-18 径向动压轴承几何参数

（2）宽径比 B^* 和内外径比 D_o^*　径向轴承的轴瓦宽度 B 与轴瓦孔径 D 之比，称为宽径比，记作 B^*（$B^*=B/D$）；推力瓦外径 D_o 与内直径 D_i 之比称为内外径比，记作 D_o^*（$D_o^*=D_o/D_i$）。

（3）偏心率 ε　流体动力润滑轴承在载荷作用下运转，其轴瓦中心与轴颈中心间必定不重合，其距离为偏心距，记作 e。偏心距与半径间隙之比为偏心率 ε，即 $\varepsilon=e/C_R$。

最小油膜厚度与偏心率的关系为（图 22-18）

$$h_2=\frac{d}{2}\psi(1-\varepsilon) \tag{22-4}$$

（4）承载能力特性数 F^*　将轴承单位投影面积载荷 p^*、相对间隙 ψ、润滑油有效黏度 η_e、轴颈转速 n 组合成量纲为1的表征承载能力的轴承特性数，用 F^* 表示，其表述式为

$$F^*=\frac{p^*\psi^2}{\eta_e n} \tag{22-5}$$

（5）流量特性数 q^*　将轴承润滑剂体积流量 q_V 与相对间隙 ψ、轴颈转速 n、轴瓦孔径 D 和宽度 B，组合成量纲为1的表征流量的轴承特性数，用 q^* 表示，其表述式为

$$q^*=\frac{q_V}{\psi D^2 Bn} \tag{22-6}$$

（6）摩擦特性数 μ^*　将轴承摩擦因数 μ 与相对间隙 ψ 组合成量纲为1的表征摩擦因数的轴承特性数，用 μ^* 表示，其表述式为

$$\mu^*=\frac{\mu}{\psi} \tag{22-7}$$

轴承的摩擦功耗为

$$P_\mu=\pi\mu^* F\psi Dn \tag{22-8}$$

将 P_μ 与相对间隙、轴颈转速、轴瓦孔径和宽度、润滑油有效黏度，组合成量纲为1的表征轴承摩擦功耗的特性数，即

$$P_\mu^*=\frac{P_\mu\psi}{\eta_e BD^2n^2}$$

2. 稳态性能计算

用数值法求解雷诺方程和膜厚方程，可以获得 F^* 与偏心率 ε 和宽径比 B^* 的函数关系；通过求解流速方程可以求得流量特性数与偏心率 ε 和宽径比 B^* 的关系曲线；通过求解流速方程和牛顿内摩擦公式可以求得摩擦功耗特性数 P_μ^* 与偏心率 ε 和宽径比 B^* 的关系曲线。

一般轴承载荷 F、轴颈直径 d 和转速 n 已知，选定宽径比 B^*、相对间隙 ψ 和润滑油有效黏度 η_e 后，可用式（22-5）计算出承载能力特性数 F^*，然后根据设计曲线（图22-19）查出偏心率 ε。若查出的偏心率满足 $\varepsilon_{min}<\varepsilon<\varepsilon_{max}$，则表明所选 B^*、ψ 和 η_e 是合适的。

对压力供油轴承，当查出偏心率 ε 后可以根据设计曲线（参见设计手册或GB/T 21466—2008）查出流量特性数 q^*，然后用式（22-6）计算出轴承所需润滑油体积流量 q_V。再根据设计曲线（参见设计手册或GB/T 21466.2—2008）查出摩擦特性数 μ^*，然后用式（22-8）计算出轴承的摩擦功耗 P_μ。

3. 热平衡计算

轴承的摩擦功耗 P_μ 全部转变成热。压力供油轴承摩擦热大部分由润滑油带走，润滑油温升为

$$\Delta t=t_o-t_i=\frac{KP_\mu}{c_p\rho q_V} \tag{22-9}$$

式中，Δt 为润滑油温升；t_o 为出油温度；t_i 为进油温度；K 为功耗比，表示传给润滑油的摩擦热比例，一般 $K=0.8\sim1.0$；c_p 为润滑油的比定压热容；ρ 为润滑油密度，对矿物油一般可取为 900kg/m^3；q_V 为润滑油体积流量。

可以认为计算轴承有效油温 $t_e\approx t_o$，希望 $t_o\leqslant75℃$。

非压力供油轴承通过对流散热，其热平衡计算公式为

$$\Delta t=t_B-t_a=\frac{P_\mu}{kA} \tag{22-10}$$

式中，Δt 为轴承温升；t_B 为轴承温度；t_a 为环境温度；k 为散热系数，一般 $k=15\sim20\text{W/(m}\cdot℃)$；

A 为轴承散热面积，一般根据结构估算。

轴承温度 $t_B=\Delta t+t_a$，其极限值应依轴瓦材料而定，一般不宜超过 90 ℃（参见 GB/T 21466.3—2008，许用的运行参数）。

润滑油黏度随温度而变，选定润滑油后，需要知道润滑油有效工作温度方能知道其黏度。因此，需要预设润滑油工作温度，然后通过热平衡计算检查预设温度是否正确。若不符合应重新设定温度再计算，一般经过几次迭代就可收敛。

轴承所需流量和摩擦功耗的计算曲线本章不做介绍，需要时可查阅有关手册和书籍。

轴承性能参数的曲线和表格可查阅有关滑动轴承的设计手册或 GB/T 21466—2008。

4. 圆柱径向轴承的承载能力

若视润滑油黏度 η 为已知常量，式（22-2）有两个未知量 h 和 p，还需要补充油膜厚度方程方能求解。

对普通圆柱轴承，令轴瓦几何中心 O 与轴颈中心 O_j 的距离为偏心距 e，它与轴承半径间隙 C_R（$C_R=R-r$）之比，称为偏心率 ε（$\varepsilon=e/C_R$），中心连线 OO_j 与载荷作用线所夹锐角为偏位角 φ。

从 OO_j 量起，任意 θ 角处的油膜厚度 h 为

$$h\approx R-r+e\cos\theta\approx C_R+e\cos\theta\approx C_R(1+\varepsilon\cos\theta) \tag{22-11}$$

当 $\theta=0°$ 时，油膜最厚，$h=h_1$；当 $\theta=180°$ 时，油膜最薄，$h=h_2$。

给定轴承几何尺寸（D、d、B）后，联立数值法求解式（22-2）和式（22-11），对应一个偏心率 ε 可以求出一个承载能力特性数 F^*，将其连成曲线，如图 22-19 所示。

图 22-19 是圆柱轴承，其轴颈和轴瓦为刚性的、在稳态条件下，不同宽径比时，轴承特性数 F^* 与偏心率 ε 的关系曲线，载荷越大，其偏心率就越大。

5. 油膜最小许用厚度 $h_{2\lim}$

使用流体润滑剂时，形成隔离滑动面的润滑膜是实现流体摩擦的保证，油膜最小许用厚度以 $h_{2\lim}$ 表示，它是保证流体动力润滑的最重要的参数。它与滑动面的表面粗糙度和波纹度有关，应满足 $h_{2\lim}>\sum(Ra+W)$，其中 Ra 为轴和轴瓦表面轮廓的算术平均偏差，W 为轴与轴瓦表面轮廓的波纹度。实际上波纹度参数很难取得，一般取允许的最小值为

$$h_{2\lim}=S(Ra_1+Ra_2) \tag{22-12}$$

式中，Ra_1、Ra_2 分别为轴颈和轴瓦的表面粗糙度参数（轮廓算术平均偏差）；S 为考虑波纹度、形状误差和受力变形等因素的安全性因子。

由式（22-11）可知，根据计算所得油膜最小许用厚度 $h_{2\lim}$，允许的最大偏心率为

$$\varepsilon_{\max}=1-\frac{2h_{2\lim}}{d\psi} \tag{22-13}$$

在图 22-19 上大致是 A—A 线。

偏心率 ε 太小，即最小油膜厚度很大，

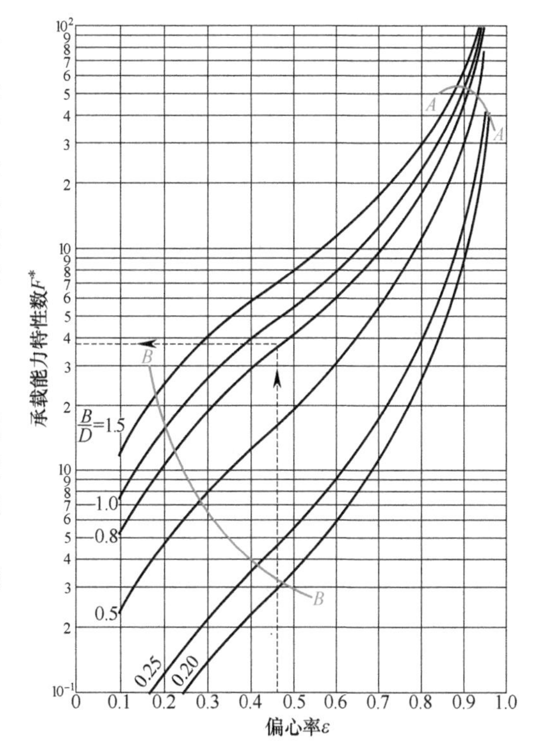

图 22-19　$\Omega\approx360°$ 径向圆柱轴承的承载能力

轴承运转稳定性不好。稳定运转限定的最小偏心率大致为图22-19上 *B*—*B* 线。

这样，在图22-19上给出了由宽径比和偏心率限定的动压轴承的工作区域。

6. 径向轴承参数选取

（1）宽径比 B^*　轴承油膜压力在轴向的分布是不均匀的（图22-17），其最大值 p_{max} 与轴承的结构有关。为保证滑动面在承受 p_{max} 时不会产生有损伤的变形，应使轴承的宽度 *B* 足够大，但宽度 *B* 不能过大，因为轴承越宽，产生边缘压力的危险性越大，即宽径比大，承载能力高，但边缘接触严重。反之，宽径比小，承载能力小，但产生边缘压力的危险性小，同时润滑油端泄流量大，轴承温升低。

在实际生产中，一般情况建议宽径比在0.2~1.5范围内选取，轴颈的转速 *n* 较大和轴承载荷 *F* 较小时取较大值，对于正常结构推荐使用 $B^*=0.5\sim1.0$；当转速 *n* 较小和轴承载荷 *F* 较大时，使用较小值，取 $B^*<0.5$；当轴承的 $B^*>1.5$ 时，润滑油的侧流较困难。由于润滑油长时间滞留在轴承间隙内，导致发热量上升，黏度 η 下降，从而使得承载能力也相应减小，此外增大了产生边缘压力的危险性。

（2）相对间隙 ψ　轴瓦孔的实际半径减去轴颈的实际半径为轴承的安装半径间隙（加工间隙）C_R，由于加工误差，轴承的安装半径间隙在最大值和最小值间变化。如果预期轴承安装半径间隙的平均值为 $C_{Rm}=0.5(C_{Rmax}+C_{Rmin})$，则相对间隙 ψ 同样也有平均值 $\psi_m=C_{Rm}/r_m$。

对计算起决定作用的并不是20℃时的轴承安装间隙（加工间隙、冷间隙），而是在有效工作温度下的轴承工作间隙（热间隙），它与轴承类型和材料有关（大部分情况下小于安装间隙、加工间隙、冷间隙）。

相对间隙 ψ 值主要应根据载荷和转速选取：转速高，ψ 值应取大一些，可以避免温度过高；载荷大，ψ 值应取小一些，以保证其承载能力。一般情况下，在轴承直径误差未知的情况下，认为轴承平均相对工作间隙 ψ 等于平均相对安装间隙 ψ_m。可根据轴的转速 *n* 来预选 ψ 值，按下式计算

$$\psi=1.67\times10^{-2}(dn)^{1/4} \tag{22-14}$$

式中，*d* 为轴颈直径（mm）；*n* 为轴颈转速（r/min）。

（3）润滑油黏度 η　润滑油黏度是流体动力润滑轴承最重要的参数之一，其承载能力与黏度成正比。但是，轴承的摩擦功耗与润滑油温升也与黏度成正比，而且润滑油温度升高黏度将下降。因而靠提高润滑油黏度以增大承载能力有一定限度。

（4）表面粗糙度　由式（22-12）可知，表面粗糙度参数 *Ra* 越小（表面光洁），油膜最小许用厚度就越小，轴承的承载能力就越高。因此，对流体动压轴承，轴瓦和轴颈的表面粗糙度要求是较高的，特别是气体轴承。*Ra* 值一般在0.2~0.8μm范围内，因此 h_{2min} 大致在几微米到十几微米。

7. 改变参数对轴承性能的影响

加大某个主要参数对轴承性能的影响见表22-8。

表22-8　加大某个主要参数对轴承性能的影响

性能参数	加大的参数						
	轴承直径 *D*	轴承宽度 *B*	半径间隙 C_R	载荷 p^*	旋转速度 *n*	润滑油黏度 η	进油温度 t_i
最小油膜厚度 h_2	↑	↑	↑↓	↓	↑	↑	↓
轴承有效温度 t_e	↑	↑	↓	↑	↑	↑	↑
摩擦功耗 P_μ	↑	↑	—	↑	↑	↑	↓
润滑油流量 *q*	↑	↓	↑	↑	↑	↓	↑

注：“↑”表示数值增大，“↓”表示数值减小，“↑↓”表示数值可能增大，也可能减小，“—”表示无影响。

若最小油膜厚度 h_2 小于最小值，或偏心率 ε 超过了 $A—A$ 线，超出了适宜工作区，由式（22-5）和表 22-8 可知，增加润滑油黏度 η、增大轴承直径 D 或宽度 B（即减小轴承单位面积载荷 p^*）、降低进油温度 t_i，均能增大油膜厚度，减小偏心率 ε，使轴承回到适宜工作区域。但要注意，它们的改变还将导致有效温度 t_e、摩擦功耗 P_μ 和润滑油流量 q 的变化。

例题 22-1　计算一非压力供油动力润滑的径向滑动轴承，轴的转速 $n=500\text{r/min}$，所承受的轴承载荷 $F=30\text{kN}$。多层轴瓦，衬层材料为锡基轴承合金 ZSnSb11Cu6，选用润滑油 L-FC46。已知轴承的尺寸是①

$$D=125^{+0.040}_{0}\text{mm}\quad B=120\text{mm}\quad d=124.84^{0}_{-0.040}\text{mm}$$

解：

计算与说明	主要结果
1. 润滑油黏度	
查相关资料，矿物油 $\rho\approx900\text{kg/m}^3$；初步假设轴承温度 $t'_B=40℃$，则润滑油有效黏度	
$\eta_e=\upsilon\rho=46\times10^{-6}\text{m}^2/\text{s}\times900\text{kg/m}^3=41.4\times10^{-3}\text{Pa}\cdot\text{s}$	$\eta_e=41.4\times10^{-3}\text{Pa}\cdot\text{s}$
2. 直径间隙	
最大和最小轴承直径间隙为	
$2C_{R\max}=125.040\text{mm}-124.800\text{mm}=0.240\text{mm}$	$2C_{R\max}=0.240\text{mm}$
$2C_{R\min}=125.000\text{mm}-124.840\text{mm}=0.160\text{mm}$	$2C_{R\min}=0.160\text{mm}$
3. 平均相对安装间隙	
$\psi_m=\dfrac{2C_{R\max}+2C_{R\min}}{2d}=\dfrac{0.24\text{mm}+0.16\text{mm}}{2\times125\text{mm}}=1.6\times10^{-3}$	$\psi_m=1.6\times10^{-3}$
4. 轴承单位面积载荷	
$p^*=\dfrac{F}{BD}=\dfrac{30000\text{N}}{120\text{mm}\times125\text{mm}}=2\times10^6\text{Pa}$	$p^*=2\times10^6\text{Pa}$
5. 承载能力特性数	
根据式(22-5)得到承载能力特性数为	
$F^*=\dfrac{p^*\psi^2}{\eta_e n}=\dfrac{2\times10^6\text{Pa}\times(1.6\times10^{-3})^2\times60}{41.4\times10^{-3}\text{Pa}\cdot\text{s}\times500\text{r/min}}=14.84$	$F^*=14.84$
6. 偏心率	
对于 $B/D=120\text{mm}/125\text{mm}=0.96$，$F^*=14.84$，由图 22-19 得到偏心率 $\varepsilon=0.73$，在 $A—A$ 和 $B—B$ 区间	$\varepsilon\approx0.73$
7. 摩擦功耗	
根据 GB/T 21466—2008 中的图表（或参见附图）可以得出摩擦特性数 $\mu^*\approx2.3$，由此可计算轴承的摩擦功耗为	
$P_\mu=\pi\mu^*F\psi_m Dn=\pi\times2.3\times30000\text{N}\times1.6\times10^{-3}\times125\times10^{-3}\text{m}\times500\text{r/min}/60\approx360\text{W}$	$P_\mu\approx360\text{W}$
8. 散热面积	
由轴承座结构估计散热面积为 $A=0.4\text{m}^2$	$A=0.4\text{m}^2$
9. 轴承温升	
取纯对流的有效传热系数为 $k=20\text{W}/(\text{m}^2\cdot℃)$，根据式(22-10)，算得轴承温升为	
$\Delta t=t_B-t_a=\dfrac{P_\mu}{kA}=\dfrac{360\text{W}}{20\text{W}/(\text{m}^2\cdot℃)\times0.4\text{m}^2}=45℃$	$\Delta t=45℃$
10. 轴承温度	
取环境温度 $t_a=20℃$，自然冷却下的轴承温度	
$t_B=t_a+\Delta t=20℃+45℃=65℃$	$t_B=65℃$

① 因为标准圆柱轴孔配合公差达不到滑动轴承间隙的精度要求，所以滑动轴承轴颈或轴瓦孔常采用非标准公称尺寸。

（续）

计 算 与 说 明	主 要 结 果
11. 重新假设轴承温度 因为$\lvert t_B-t'_B \rvert$=65℃-40℃=25℃>2℃，所以必须重新假设轴承温度，进行迭代 $$t''_B=\frac{t_B+t'_B}{2}=\frac{65℃+40℃}{2}=52.5℃$$	t''_B=52.5℃
12. 润滑油有效黏度 查设计手册，在52.5℃时黏度等级46的润滑油，其运动黏度ν=27.5mm²/s，黏度为 $$\eta_e=\nu\rho=27.5\times10^{-6}m^2/s\times900kg/m^3=24.75\times10^{-3}Pa\cdot s$$	$\eta_e=24.75\times10^{-3}Pa\cdot s$
13. 承载能力特性数为 $$F^*=\frac{14.84\times41.4\times10^{-3}Pa\cdot s}{24.75\times10^{-3}Pa\cdot s}=24.82$$	F^*=24.82
14. 偏心率 对于F^*=24.82，得到新偏心率$\varepsilon\approx0.82$，仍在A—A和B—B区间	$\varepsilon\approx0.82$
15. 摩擦特性数 根据GB/T 21466—2008中的图表可以得出新摩擦特性数为$\mu^*\approx1.6$	$\mu^*\approx1.6$
16. 摩擦功耗 $$P_\mu=360W\times1.6/2.3\approx250W$$	$P_\mu\approx250W$
17. 轴承温升 $$\Delta t=45℃\times250W/360W=31.3℃$$	Δt=31.3℃
18. 轴承温度 $$t_B=t_a+\Delta t=20℃+31.3℃=51.3℃$$ 因为$\lvert t_B-t''_B \rvert$=|51.3℃-52.5℃|=1.2℃<2℃，因此迭代中止 因为轴承温度t_B=51.3℃<90℃，自然冷却可以满足要求：偏心率ε=0.82处于可用的稳定状态。计算结束	t_B=51.3℃

三、无润滑轴承的设计计算

（一）轴承尺寸的确定

正常运转下无润滑轴承的主要失效形式是黏着磨损，所以轴承的使用寿命取决于轴瓦的磨损率。影响黏着磨损的主要因素除材质外，还有轴瓦单位面积上的载荷p^*和表面温度，而影响温度的主要因素是载荷p^*和滑动速度v。

可以通过实验求得在稳定磨损条件下磨损率不超过给定值的极限p^*-v曲线。图22-20为各种聚四氟乙烯在对数坐标上的极限p^*-v曲线（其他有自润滑特性的轴瓦材料的极限p^*-v曲线可查阅相关设计手册）。

使无润滑滑动轴承的p^*、v值不超过此曲线限定的范围就能保证轴承有合适的工作寿命，故它是无润滑轴承的设计准则。

对于径向轴承，根据轴的设计初定轴颈直径d，可以计算出滑动线速度

$$v=\pi dn \tag{22-15}$$

式中，n为轴颈转速。选定轴承合适的宽径比B^*，可以计算出轴承宽度$B=B^*D(D\approx d)$，然后计算出轴承单位面积载荷

$$p^*=\frac{F}{BD} \tag{22-16}$$

对于推力轴承，根据轴的设计初定轴颈直径，选定轴承合适的内外径比D_o/D_i，可以计

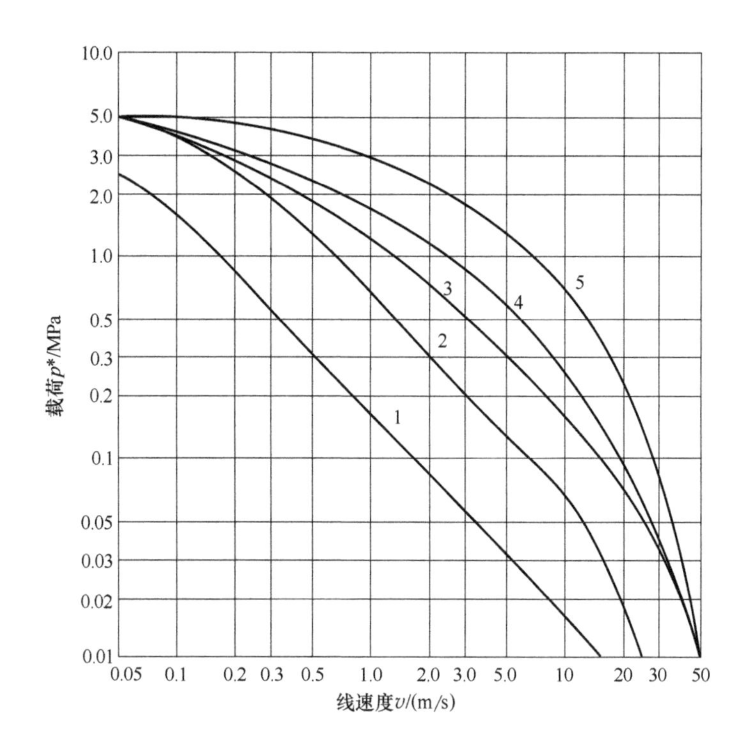

图 22-20　聚四氟乙烯的极限 p^*-v 曲线

1—聚四氟乙烯　2—填充云母的聚四氟乙烯　3—填充石墨的聚四氟乙烯　4—填充玻璃纤维或青铜和石墨或陶瓷的聚四氟乙烯　5—填充青铜和铅的聚四氟乙烯

算出轴承止推环外径 d_o 和内径 d_i。以平均线速度作为计算速度，即

$$v=\pi n\frac{d_o+d_i}{2} \tag{22-17}$$

单位面积载荷为

$$p^*=\frac{4F}{\pi z(D_o^2-D_i^2)} \tag{22-18}$$

式中，z 为止推环数。

根据计算出的 v 和 p^*，可按材料的极限 p^*-v 曲线图选用合适的材料。曲线左下方为适用区，右上方为非适用区。若计算出的 v 和 p^* 的交点落于曲线 2、3 之间，表明曲线 3、4 和 5 的材料可以选用，而曲线 1 和 2 的材料不适用。若没有能满足要求的材料，则必须修改轴承尺寸。

（二）参数选取

1. 轴承间隙

（1）工程塑料轴承间隙　热塑性工程塑料的尺寸稳定性较差，它们会吸收水分而膨胀。同时它们的线胀系数比金属大，故尺寸受温度的影响也大。为了使这种轴承能正常运转与排出磨屑，其间隙值应比金属轴承的略大。建议对单层轴瓦，取相对间隙 $\psi=0.005\sim0.014$，对金属衬背的双层轴瓦，取 $\psi=0.005\sim0.010$。而且，直径间隙 $C_d(2C_R)$ 不得小于 0.1mm。

热固性工程塑料的尺寸稳定性比热塑性工程塑料好，最佳相对间隙 $\psi=0.002\sim0.003$。

（2）炭石墨轴承间隙　炭石墨材料的线胀系数较工程塑料小，浸渍金属后十分接近金属的线胀系数，故轴承间隙可取得比塑料轴承的略小，可以按下式计算

$$\psi=0.0012+K_C \tag{22-19}$$

式中，K_C值见表22-9。

表22-9 计算炭石墨轴承间隙的K_C值

直径 d/mm	10~18	18~30	30~50	50~80	80~120	120~180
K_C	0.00044~0.00100	0.00033~0.00040	0.00024~0.00047	0.00018~0.00030	0.00013~0.00023	0.00010~0.00017

2. 轴瓦壁厚

工程塑料的热导率比金属低得多，而且尺寸变化对运转性能的影响随轴瓦体积增加更加明显，故壁厚应尽可能薄。采用金属瓦背、塑料衬层的双层轴瓦可以减薄塑料层厚度，加强散热、提高强度。

炭石墨轴瓦由于强度原因壁厚应大一些。它们的推荐值见表22-10。

表22-10 工程塑料与炭石墨轴瓦壁厚 S （单位：mm）

<table>
<tr><th colspan="2">轴瓦孔径</th><th>10~18</th><th>18~30</th><th>30~40</th><th>40~50</th><th>50~65</th><th>65~80</th><th>80~100</th><th>100~150</th><th>150~200</th></tr>
<tr><td rowspan="2">轴瓦壁厚</td><td>工程塑料</td><td>0.8~1.0</td><td>1.0~1.5</td><td>1.5~2.0</td><td>2.0~3.0</td><td>3.0~3.5</td><td>3.5~4.0</td><td>—</td><td>—</td><td>—</td></tr>
<tr><td>炭石墨</td><td>3~4</td><td>4~5</td><td colspan="3">6~8</td><td colspan="2">10~12</td><td>12~18</td><td>18~25</td></tr>
</table>

例题22-2 设计一径向载荷680N，直径为40mm，转速为500r/min的无润滑滑动轴承。

解：

计 算 与 说 明	主要结果
1. 轴瓦宽度	
取轴承宽径比 $B^*=1.0$，则轴瓦宽度为	
$B=B^*\times D=1\times40\text{mm}=40\text{mm}$	$B=40\text{mm}$
2. 轴瓦上的单位面积载荷	
$p^*=\dfrac{F}{BD}=\dfrac{680\text{N}}{40\text{mm}\times40\text{mm}}=0.425\text{MPa}$	$p^*=0.425\text{MPa}$
3. 轴颈圆周速度	
$v=\pi dn=\pi\times40\times10^{-3}\text{m}\times(500/60)\text{r/s}=1.047\text{m/s}$	$v=1.047\text{m/s}$
4. 轴瓦材料	
按图22-20，选取填充石墨的聚四氟乙烯	填充石墨的聚四氟乙烯
5. 轴瓦壁厚	
由 $D=40\text{mm}$，按表22-10，取 $S=2.0\text{mm}$	$S=2.0\text{mm}$
6. 轴瓦外径	
$d=D+2S=40\text{mm}+2\times2.0\text{mm}=44\text{mm}$	$d=44\text{mm}$
7. 相对间隙	
采用单层轴瓦，取 $\psi=0.005\sim0.014$	$\psi=0.005\sim0.014$
8. 轴承半径间隙	
$C_R=\psi r=(0.005\sim0.014)d/2=(0.005\sim0.014)\times44\text{mm}/2=0.110\sim0.308\text{mm}$	取 $C_R=0.20\text{mm}$
轴瓦孔径尺寸为 $D(\text{H7})\ \phi40^{+0.025}_{0}\text{mm}$，轴颈直径尺寸为 $\phi40^{-0.200}_{-0.575}\text{mm}$（$C_{R\max}=0.30\text{mm}$，$C_{R\min}=0.10\text{mm}$）	

四、混合润滑和固体润滑轴承的设计计算

一般所谓混合润滑滑动轴承是指处于混合摩擦状态下的，包括滴油、油绳、油垫、油环（盘）润滑轴承和含油轴承等滑动轴承。混合润滑滑动轴承避免不了摩擦面的磨损，所以原

则上也应以控制磨损率为计算准则，但不同混合摩擦状态下差异太大，建立相应的准则太困难。

固体润滑轴承和混合润滑滑动轴承目前尚无公认的准确计算方法，在设计手册上有滴油、油绳、油垫、油环（盘）润滑轴承和含油轴承的设计曲线、图表和参数。对这类轴承，通常可以采用较简单的分别限制轴承单位面积上的载荷 p^*、轴颈线速度 v 和 p^*v 乘积的方法进行计算，称为条件性计算。

1. 限制轴承的单位面积载荷 p^*

为了不产生过度塑性变形和磨损，限制轴瓦上单位面积载荷，即

径向轴承
$$p^*=\frac{F}{BD}\leqslant[p^*] \tag{22-20a}$$

推力轴承
$$p^*=\frac{4F}{\pi z(D_o^2-D_i^2)}\leqslant[p^*] \tag{22-20b}$$

式中，F 为轴承载荷；B 为径向轴承轴瓦有效宽度；D 为径向轴承轴瓦孔径；D_o为推力轴承止推瓦外径；D_i为推力轴承止推瓦内径；z 为止推环数；$[p^*]$ 为轴瓦许用单位面积载荷。

2. 限制轴承的滑动速度 v

为了不致过快磨损，限制轴颈的圆周速度 v，即

径向轴承
$$v=\pi dn\leqslant[v] \tag{22-21a}$$

推力轴承
$$v=\frac{\pi}{2}(d_o+d_i)n\leqslant[v] \tag{22-21b}$$

式中，d 为径向轴承轴颈直径；n 为轴颈（止推环）转速；d_o为推力轴承止推环外径；d_i为推力轴承止推环内径；$[v]$ 为许用滑动速度。

3. 限制轴承的 p^*v 值

为了保证有预期的工作寿命，限制轴承的 p^*v 乘积值，该值代表了轴承单位面积上的摩擦功，故这也是对轴承发热量的限制，即

径向轴承（$D\approx d$）
$$p^*v=\frac{\pi nF}{B}\leqslant[p^*v] \tag{22-22a}$$

推力轴承（$D_o\approx d_o$，$D_i\approx d_i$）
$$p^*v=\frac{2Fn}{z(D_o-D_i)}\leqslant[p^*v] \tag{22-22b}$$

由于增大轴颈直径 d，滑动速度 v 也成比例增大，故仅增大轴颈直径 d 不会使 p^*v 值减小，参见式（22-22a）。所以，当轴承 p^*v 值超过许用值时：径向轴承最好增加轴承宽度 B，但是，轴承宽度 B 应控制在合适的宽径比 B/D 范围内；推力轴承可以增大止推环外径和止推环数，这两个参数也有一定约束。

将对 p^*、p^*v、v 的限制画在对数坐标图上，构成一条折线（图 22-21），这条折线与坐标轴包围的区域就是这类滑动轴承的安全工作区。可以认为用图 22-21 的 3 段直线构成的折线是图 22-20 所示磨损率曲线的近似值。

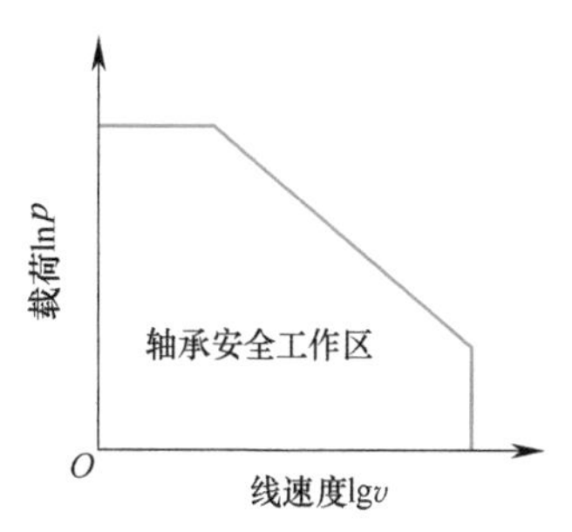

图 22-21　滑动轴承条件计算曲线

这种计算方法需要有足够的$[p^*]$、$[v]$和$[p^*v]$数据，而这些数据主要与轴承材料和工况有关。各种轴瓦材料的$[p^*]$、$[v]$和$[p^*v]$需要根据实验或运转经验确定，有关设计手册通常

按轴瓦材料、运转条件或机器类型分别给出，设计计算时可查阅参考。

按轴瓦材料给出的部分$[p^*]$、$[v]$和$[p^*v]$数据见表22-11。不同圆周速度下粉末冶金含油轴承的许用载荷$[p^*]$见表22-12。

表22-11 常用轴瓦材料$[p^*]$、$[v]$和$[p^*v]$

轴瓦材料	ZSnSb11Cu6	ZPbSb15Sn10	ZCuPb30	ZCuPb5Sn5Zn5	ZCuAl10Fe3	CuZn37Mn2Al2Si
$[p^*]$/MPa	25	20	25	8	20	10
$[v]$/(m/s)	80	15	12	3	5	1
$[p^*v]$/(MPa·m/s)	20	15	30	15	15	10

表22-12 粉末冶金含油轴承的许用载荷$[p^*]$

圆周速度 v/(m/s)		慢而间断	~0.125	>0.25~0.50	>0.50~0.67	>0.67~1.00	>1.00
许用载荷 $[p^*]$/MPa	铁基	23.0	13.0	3.2	2.1	1.6	1050/v
	铜基	22.5	14.0	3.9	2.6	2.0	

通常也用这样的数据对流体润滑滑动轴承进行轴瓦材料选择，初步估算，初选轴承直径和宽度，以便进行润滑计算。

4. 参数选取

混合润滑轴承的宽径比一般在0.5~2.0范围内选取（0.7~1.3最好）；相对间隙ψ通常取为0.002~0.006。

5. 制造公差

根据所涉及机械对轴承旋转精度的要求和相对间隙值选定轴颈直径和轴瓦孔径的尺寸公差和表面粗糙度。

例题22-3 设计一滴油润滑滑动轴承。轴承承受的径向载荷$F=25$kN；轴的转速$n=1150$r/min；轴颈直径$d=65$mm。滴油润滑滑动轴承一般处于混合摩擦状态，故按混合润滑轴承计算。

解：

计算与说明	主要结果
1. 初定轴瓦孔径 $D=65$mm	$D=65$mm
2. 轴瓦宽度 取轴承宽径比$B^*=1.0$，则轴瓦宽度为 $B=B^*\times D=1\times65\text{mm}=65\text{mm}$	按GB/T 18324—2001，取轴瓦宽度$B=60$mm
3. 轴承宽径比 $B^*=B/D=65\text{mm}/65\text{mm}=1$	$B^*=1$
4. 轴承上的单位面积载荷 $p^*=\dfrac{F}{BD}=\dfrac{25000\text{N}}{65\text{mm}\times60\text{mm}}=6.41\text{MPa}$	$p^*=6.41$MPa
5. 轴颈圆周速度 $v=\pi dn=\pi\times65\times10^{-3}\text{m}\times(1150/60)\text{r/s}=3.914\text{m/s}$	$v=3.914$m/s
6. p^*v乘积值 $p^*v=6.41\text{MPa}\times3.914\text{m/s}\approx25.10\text{MPa}\cdot\text{m/s}$	$p^*v=25.10$MPa·m/s
7. 轴瓦材料 按表22-11综合考虑p^*、v、p^*v，选轴瓦材料为铜铅合金ZCuPb30	铜铅合金ZCuPb30

（续）

计算与说明	主要结果
8. 轴承半径间隙 取轴承相对间隙 $\psi=0.004$，则 $C_R=\psi r=0.004\times32.5\text{mm}=0.13\text{mm}$	取 $C_R=0.15\text{mm}$
9. 轴承相对间隙 $\psi=C_R/r=0.15\text{mm}/32.5\text{mm}=0.0046$	$\psi=0.0046$
取轴瓦孔径尺寸为 $D(\text{H7})\ \phi65^{+0.030}_{0}$ mm，轴颈直径尺寸为 $\phi65^{-0.200}_{-0.370}$ mm（$C_{R\max}=0.20\text{mm}$，$C_{R\min}=0.10\text{mm}$） 选定 $D=65\text{mm}$、$d_1=75\text{mm}$、$B=60\text{mm}$ 的 C 型铜合金整体轴套	GB/T 18324—C65 × 75 × 60ZCuPb30

第六节 流体静压轴承

依靠泵入润滑表面压力流体以形成承载油膜的润滑方式称为流体静力润滑，采用该润滑方法的轴承称为静压轴承。这种润滑方法的突出特点是摩擦副表面可以构成等厚间隙、无相对运动也能实现良好的流体润滑。此外，静力润滑还有如下一些优点：承载能力与滑动速度无关；采用特殊的补偿元件可使油膜刚度无限大，获得极高的支承精度；极低的摩擦因数，特别是静摩擦因数，用于导轨可彻底消除爬行等。

一、静压轴承的组成

静压轴承由轴颈、轴瓦、补偿元件和供油装置组成，一般在轴瓦（静止件）上开有若干油腔，如图 22-22 所示。

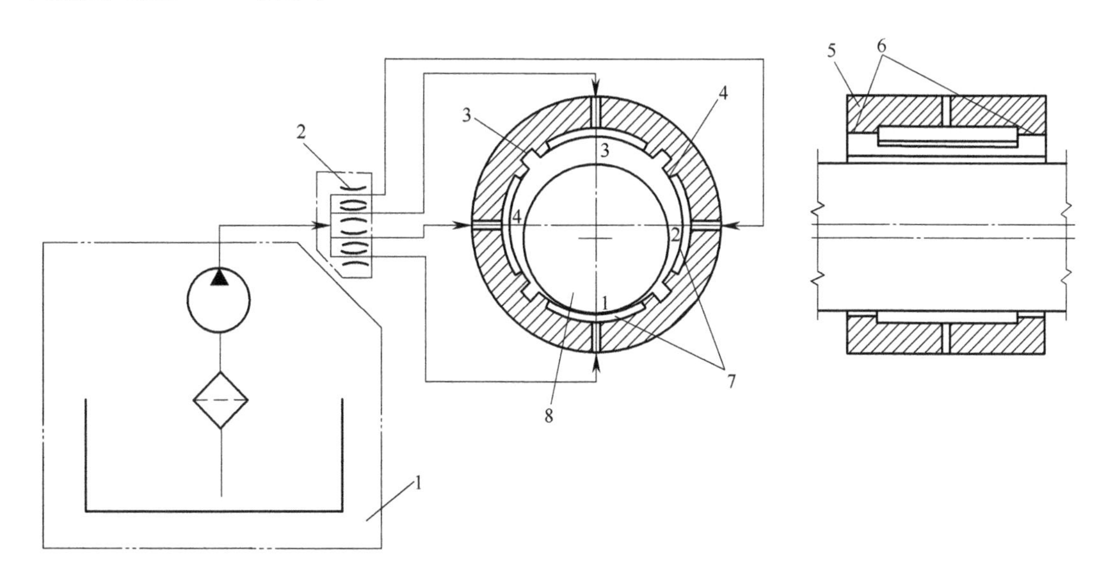

图 22-22 静压轴承的组成

1—供油装置 2—补偿元件 3—回油槽 4、6—封油面 5—轴瓦 7—油腔 8—轴颈

润滑泵泵出的油分为若干通路，通过补偿元件流入油腔，再经过轴瓦表面（在静压轴承称为封油面）与轴颈构成的间隙，流出轴承，返回供油装置的油箱。

补偿元件有定量泵和节流器两种形式，而节流器又有固定节流器和可调节流器，固定节流器有孔式、管式、缝式等，可调节流器有膜式、阀式、弹性板式等。静力润滑的性能在极大程度上取决于补偿元件的性能。

二、静压轴承的工作原理

以单向静压推力轴承（图22-23）为例说明静压轴承的工作原理。液压油以压力p_s流过节流器，节流器对压力流产生流阻出现压力降，压力降到p，然后进入轴承油腔，封油面与轴颈间的间隙形成第2次流阻，压力流通过该间隙压力降至环境压力p_a。在油腔中和封油面上油的压力的合力构成轴承单向承载能力。若外载荷增大，则间隙将减小，这时第2次流阻增大，流量下降，因而节流器的流阻减小，油腔中油的压力上升，直至与外载荷平衡为止。对于径向轴承，轴承的承载能力是各个油腔承载能力的矢量和。

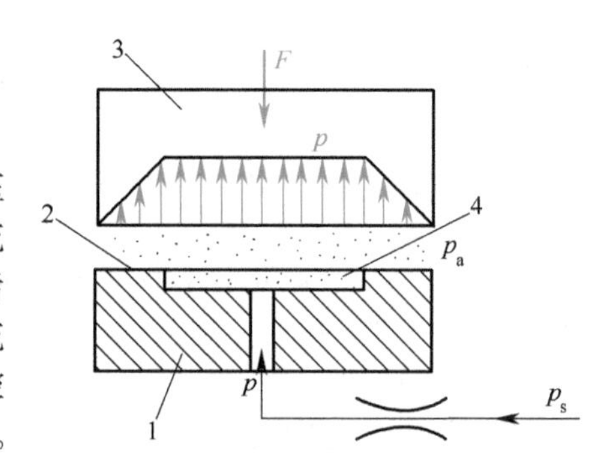

图22-23 单向静压推力轴承

1—推力轴瓦 2—封油面

3—止推盘 4—油腔

三、静压轴承的计算原理

如前所述，静压轴承计算的基本方程仍是雷诺方程，在轴颈不转动时，雷诺方程右边项中的速度为零，方程可以写为

$$\frac{\partial}{\partial x}\left(\frac{h^3}{\eta}\frac{\partial p}{\partial x}\right)+\frac{\partial}{\partial z}\left(\frac{h^3}{\eta}\frac{\partial p}{\partial z}\right)=0$$

雷诺方程转变为拉普拉斯方程。

若进一步简化为一维流，则可根据连续性原理，通过流量平衡方程计算出静压轴承的承载能力。

计算结果表明，静压轴承的承载能力与间隙的3次方成反比，而动压轴承是与间隙的平方成反比，故静压油膜的刚度比动压油膜高。

对于轴转动的静压轴承，理论上仍应按雷诺方程求解，即在其承载能力中包含动压承载能力部分。若动压承载能力部分小到可以忽略不计，这样的轴承可按纯静压轴承计算。充分利用其动压承载能力且该部分占相当大比例的静压轴承，称为动静压混合轴承。

文献阅读指南

由于滑动轴承有多种摩擦状态，且随工况转换，所以其计算方法也应有多种。目前主要有3种类型的计算方法。第1种，对于属于固体摩擦的无润滑轴承，如塑料轴承、炭石墨轴承等，用p^*-v曲线计算，可以在尼尔主编、王自新等译的《摩擦学手册》（摩擦磨损润滑）（北京：机械工业出版社，1984）上查看多种材料的p^*-v曲线和更详细的计算资料。在该书中还有油环润滑、滴油润滑、脂润滑滑动轴承更详细的计算方法与曲线。第2种是流体润滑计算，以雷诺方程为基础。对于属于流体摩擦的流体动力润滑轴承，结构形式很多，有椭圆轴承、多油楔轴承、可倾瓦轴承和阶梯面轴承等，它们的稳态和动态性能可以查阅平克斯等著的《流体动力润滑理论》（北京：机械工业出版社，1980）。国家标准已经制定了稳态条件下径向圆轴承和部分瓦轴承的计算标准（标准号GB/T 21466—2008），读者可以查阅该标准；流体静力润滑轴承有一些特有的优点，在高精度机床主轴上应用较多。有关这种轴承设计的详细介绍读者可以查阅机械工程手册电机工程手册编辑委员会编著的《机械工程手册》（2版，北京：机械工业出版社，1997）第5卷（机械零部件设计）；以气体做润滑剂的气体轴承摩阻极小，又无污染，极高速轴承往往采用。由于气体是可压缩的，在雷诺方程中必须考虑密度的变化，所以它的计算方法与流体润滑轴承是不一样的，需要时可阅读王云飞编著的《气体润滑理论与气体轴承设计》(北京：机械工业出版社，1999)。第 3 种是条件性计算，它是以经验为基础的近似计算，各种材料滑动轴承的$[p^*]$、$[v]$和$[p^*v]$的数据可查卜炎主编的《实用轴承技术手册》(北京：机械工业出版社，2004)。

思考题

22-1　滑动轴承由哪些零件组成？轴瓦为什么有单层和多层之分？

22-2　滑动轴承的润滑（摩擦）状态有几种？各有什么特点？它们之间能转换吗？用什么参数判断滑动轴承的润滑（摩擦）状态？

22-3　无润滑轴承的计算准则是根据哪种失效形式制订的？

22-4　作为滑动轴承轴瓦衬层的材料有什么特性？衬层为什么较薄？

22-5　在滑动轴承的条件性计算中，$[p^*]$、$[v]$和$[p^*v]$各代表什么意义？为什么$[p^*]\times[v]\neq[p^*v]$？

22-6　什么是实现流体动力润滑的基本条件？

习题

22-1　按下列几种径向轴承参数，试分别为它们选取润滑剂和润滑方法。

机器类型	轴颈直径 d/mm	轴瓦宽度 B/mm	径向载荷 F/N	轴颈转速 n/(r/min)
起重机轴承	70	70	30000	20
离心泵轴承	50	50	2000	1500
轧钢机轴承	800	600	12000000	100

22-2　一压力供油的整圆滑动轴承，其轴瓦孔径 $D=100$mm，宽度 $B=125$mm，轴瓦材料为锡基轴承合金 ZSnSb12Pb10Cu4，自然冷却，运转稳定，轴承载荷 $F=5.5$kN，转速 $n=5500$r/min。轴承的平均工作直径间隙 $C_d=0.2$mm，用润滑油 L-FC46，轴承有效工作温度 $t_e\approx70$℃。试根据油膜承载能力特性数 F^* 与相对应的偏心率 ε 进行校核并判断该轴承是否能实现稳定的完全流体动力润滑。若不能应如何调整参数？

22-3　有一径向滑动轴承，轴瓦材料为 ZCuPn5Sn5Zn5，轴颈直径 $d=100$mm，轴瓦宽度 $B=100$mm，轴的转速 $n=1200$r/min，试问：按条件性计算法它能承受的最大载荷是多少？

22-4　起重机车轮轮毂内装有两个轴套，尺寸与载荷如图 22-24 所示，小车最大移动速度为 40m/min。试选择轴套材料和润滑方法。

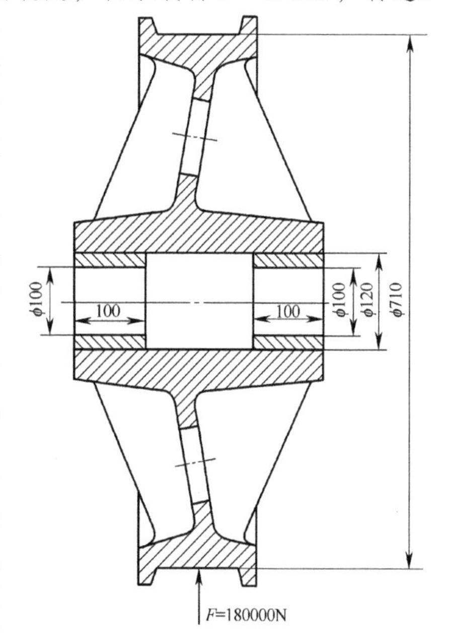

图 22-24　习题 22-4 图

22-5　一起重机卷筒，结构与尺寸如图 22-25 所示。已知钢丝绳上的拉力 $F=100$kN，轴颈直径 $d=90$mm，卷筒转速 $n=9$r/min，采用注油杯手工润滑。试为该轴承选择轴瓦材料。(提示：轴承上的载荷随钢丝绳的移动而改变，需求出最大载荷，按其选择材料；轴承宽度需合理选取。)

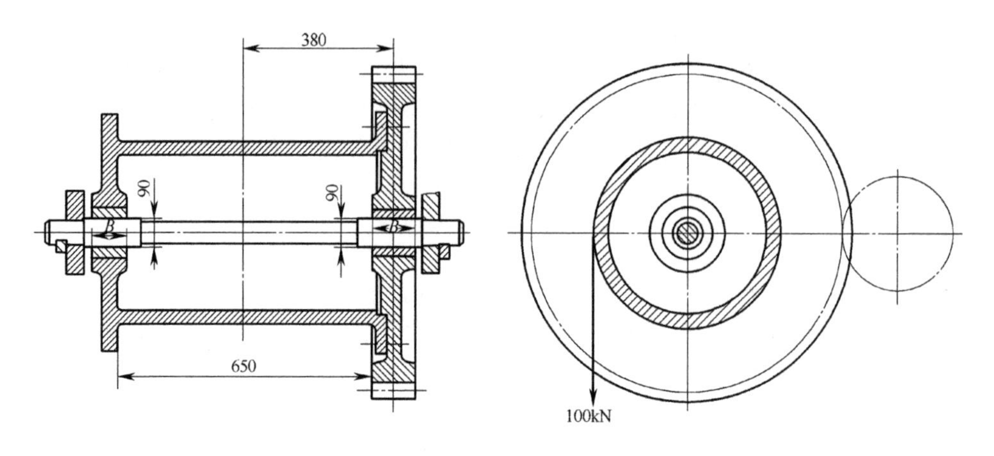

图 22-25 习题 22-5 图

22-6 判断图 22-26 所示几种情况哪几个能建立起流体动力润滑。

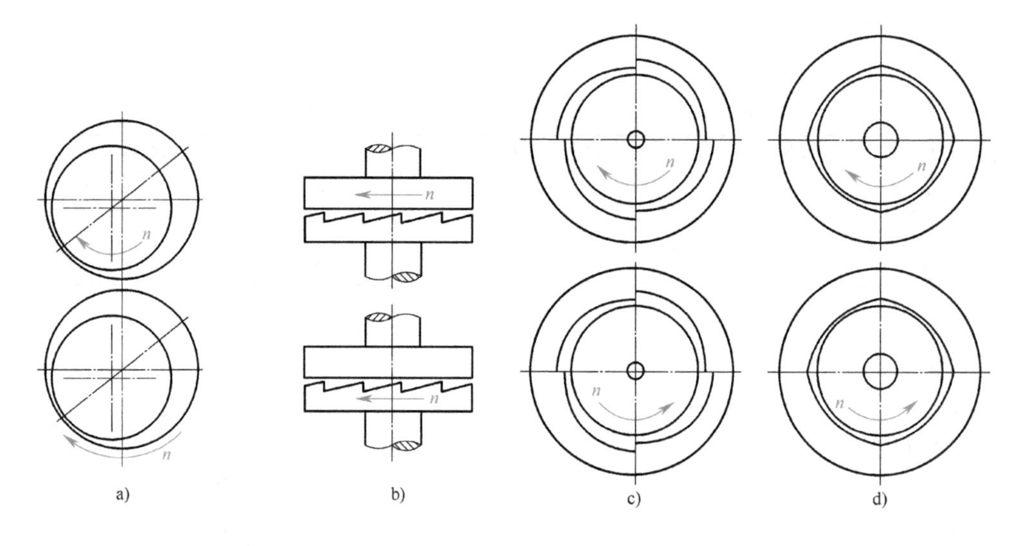

图 22-26 习题 22-6 图

22-7 工业汽轮机主轴转速 $n=1000\text{r/min}$，径向轴承是压力供油整圆滑动轴承，一个轴承的载荷 $F=18000\text{N}$，轴颈直径 $d=180\text{mm}$，轴承宽径比 $B/D=0.6$，相对间隙 $\psi=0.0015$，轴承平均工作温度为50℃，采用68号汽轮机油。求运转时轴颈的偏心率和最小油膜厚度。（提示：68号汽轮机油在50℃时的运动黏度为 $42\text{mm}^2/\text{s}$，矿物油的密度 $\rho=880\text{kg/m}^3$。）

22-8 如图 22-27 所示，1为活塞环，2为活塞，3为气缸。为了使活塞环做往复运动时都能形成流体动力润滑，活塞环外表面做成图示形状。试列出膜厚方程。（提示：将坐标 x 的原点设在圆弧的中心。）

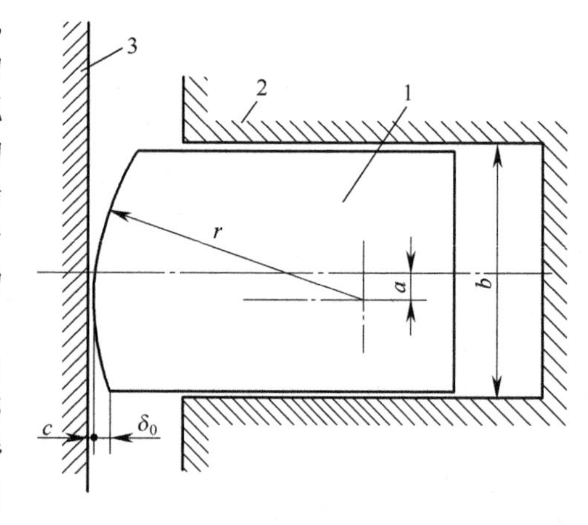

图 22-27 习题 22-8 图

第二十三章 联轴器、离合器和制动器

内容提要

本章分联轴器、离合器和制动器三节内容。第一节介绍联轴器的分类及性能特点。重点讲述九种常用联轴器的结构、性能、选用和简单计算。第二节讲述离合器的基本要求及计算转矩的算法。对常用的三种离合器讲述其结构、特点、使用和简单的计算。第三节介绍制动器的作用、分类、应用及制动力矩的计算。对常用的三种制动器讲述其结构、特点和简单的计算，以作为选用依据。

联轴器和离合器是连接两轴、使之一同回转并传递运动和转矩的常用部件。有时也用作安全装置。

机器只有在停车后通过拆卸才能使两轴分离的装置称为联轴器。

机器运转时可使两轴随时接合或分离的装置称为离合器。离合器可控制机器的起动、停车、变速及传动轴间的同步、超越及安全保护等。

制动器是使机械降速或停车的重要部件。

第一节 联轴器

一、联轴器的分类及性能特点

联轴器连接的两轴由于制造、安装的误差及载荷、温度变化等因素，往往会产生相对偏移，不能严格对中。对相对偏移无补偿能力的联轴器称为刚性联轴器，适用于无冲击、被连接的两轴中心线严格对中，而且机器运转过程中两轴不发生相对偏移的场合。对相对偏移有补偿能力的联轴器称为挠性联轴器，适用于允许两轴中心线有一定偏移的场合。

对联轴器的一般要求是：工作可靠、装拆方便、尺寸小、质量小、维护简单。联轴器的安装位置要尽量靠近轴承。

刚性联轴器和无弹性元件挠性联轴器均无缓冲作用，有弹性元件挠性联轴器具有缓冲和减振作用。

联轴器的分类及适用条件见表 23-1。

二、联轴器的选择

联轴器大部分已经标准化、系列化，并由专业化生产企业批量生产，故学习本节的主要任务是，熟悉联轴器的类型、性能和特点，会正确选择联轴器的类型和规格。

1. 联轴器类型的选择

选择联轴器类型时，通常应考虑以下因素：

表 23-1 联轴器的分类及适用条件

刚性联轴器			挠性联轴器										
			无弹性元件挠性联轴器				有弹性元件挠性联轴器						
							金属弹性元件挠性联轴器		非金属弹性元件挠性联轴器				
凸缘联轴器	套筒联轴器	夹壳联轴器	齿式联轴器	滚子链联轴器	滑块联轴器	十字轴式万向联轴器	蛇形弹簧联轴器	弹性阻尼簧片联轴器	弹性套柱销联轴器	弹性柱销联轴器	弹性柱销齿式联轴器	梅花形弹性联轴器	轮胎式联轴器
适用于两轴有较高对中精度并在工作中不发生相对偏移、载荷平稳、转速稳定的场合			适用于两轴有较大偏斜或工作中有相对偏移、载荷速度有变化的场合 轴向偏移 径向偏移 角偏移 综合偏移										

（1）传递载荷的大小和性质 联轴器类型不同，其承载能力有时差异很大，如齿式联轴器、十字轴万向联轴器等类型的许用转矩较大。当有严重冲击载荷或长期波动载荷时，应选择具有缓冲减振性能的弹性联轴器。

（2）轴的相对偏移 刚性联轴器只能用于被连接轴及其支承刚度较大、且能保证严格对中的场合；挠性联轴器宜用于两轴相对位移不可避免的场合，且应满足许用补偿量的要求。

（3）工作转速 工作转速直接影响联轴器各零件的受力和变形，因此平衡精度是联轴器高速运转性能的重要指标。各类联轴器适用的转速和功率范围如图 23-1 所示。

（4）工作环境 高温，酸、碱等腐蚀介质环境中，不宜选用有橡胶弹性元件的联轴器；对污染有严格要求时，不宜选择用油作为润滑剂的联轴器。

（5）装拆维护、寿命及可靠性 不易调整对中的大型设备，宜选用寿命长、更换易损件方便的联轴器；长期连续运转的重要设备，宜选用可靠性高、维护简便的联轴器。

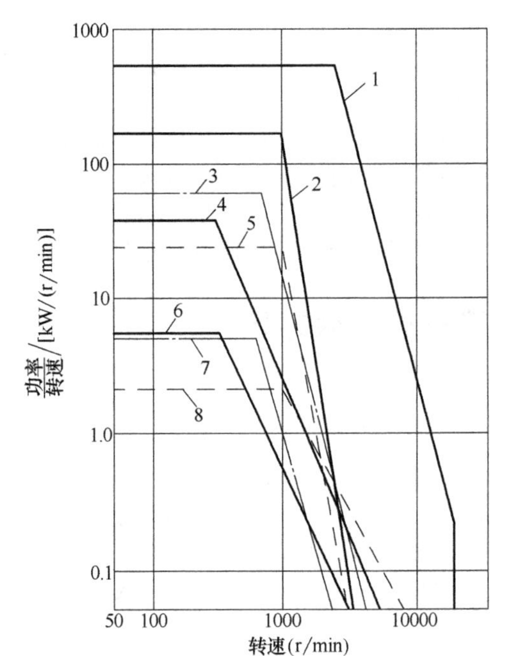

图 23-1 联轴器适用的转速和功率范围

1—齿式联轴器 2—弹性阻尼簧片联轴器
3—弹性柱销联轴器 4—蛇形弹簧联轴器
5—橡胶金属环联轴器 6—滚子链联轴器
7—轮胎式联轴器 8—弹性套柱销联轴器

2. 联轴器规格（型号）的选择

选择联轴器规格时应满足下列条件：

1）校核转矩：

$$T_c = KT \leqslant [T_n] \tag{23-1}$$

式中，T_c为计算转矩；T 为传递的标称转矩；K 为工作情况因子，其值见表 23-2；$[T_n]$ 为所选联轴器的许用转矩。

2）校核转速：

$$n \leqslant [n] \tag{23-2}$$

式中，n 为被连接轴的工作转速；$[n]$ 为所选联轴器的许用转速。

表 23-2　工作情况因子 K

动力机	工作机		
	转矩变化、冲击载荷		
	小	中等	大
电动机、汽轮机	1.3~1.5	1.7~1.9	2.3~3.1
多缸内燃机	1.5~1.7	1.9~2.1	2.5~3.3
单、双缸内燃机	1.8~2.4	2.2~2.8	2.8~4.0

注：刚性联轴器取大值，挠性联轴器取小值。

3）半联轴器的轴孔直径和形状应与被连接轴的直径和形状相匹配。

4）其他必要的校核计算。通常应进行联轴器与轴键连接的强度计算，必要时还应根据所选联轴器的使用要求对其他主要零件进行校核计算。

三、几种常用联轴器

联轴器的种类很多，本章只介绍有代表性的几种类型，其他类型可参阅有关手册。

1. 凸缘联轴器

凸缘联轴器是一种应用最广的刚性联轴器（图 23-2），由两个半联轴器及连接螺栓组成。凸缘联轴器有两种对中方法：一种是用半联轴器上的凸榫头与另一半联轴器上的凹榫槽相配合对中（图 23-2a），此种连接对中精度高；另一种是用铰制孔螺栓对中（图 23-2b）。

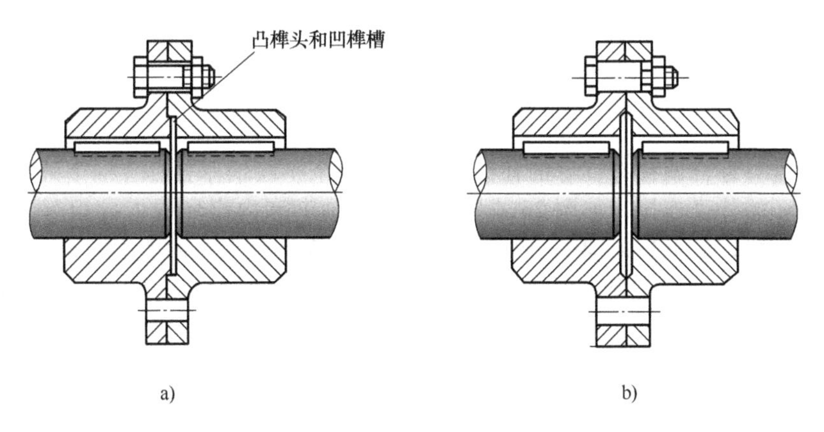

图 23-2　凸缘联轴器
a）用凸榫头和凹榫槽对中　b）用铰制孔螺栓对中

这种联轴器结构简单、成本低、可传递较大的转矩、工作可靠、容易维护。

当采用普通螺栓连接两半联轴器时，它是靠预紧普通螺栓后在接合面间产生的摩擦力传递转矩的。当采用铰制孔螺栓连接时，靠螺栓杆的抗剪切能力和螺栓杆及孔壁的抗挤压能力传递转矩。凸缘联轴器按标准选定，必要时应对螺栓连接进行强度校核。

2. 滑块联轴器

滑块联轴器是无弹性元件挠性联轴器的一种（图 23-3），主要用于允许两轴线有径向偏移的轴间连接。它由两端面有凹榫槽的半联轴器和一个两面都有凸榫的圆盘（滑块）组成。两凸榫的中心线互相垂直，并嵌在两半联轴器的凹榫槽中。当被连接的两轴有径向偏移时，凸榫将在联轴器的凹榫槽中滑动，滑块在以偏距 e 为直径的圆上做圆周运动。由被连接两轴的径向偏移引起的惯性离心力将使工作表面压力增大而加快磨损。为此，限制径向偏移量在轴径的 1/25 以内，轴的转速不超过300r/min。当主动轴等速回转时，从动轴也等速回转。

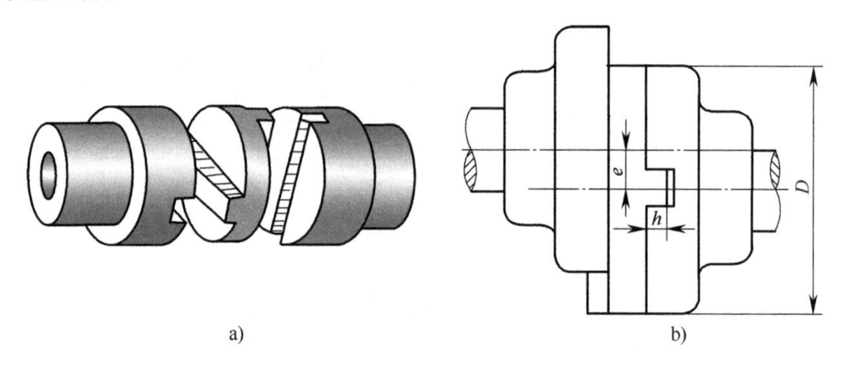

图 23-3 滑块联轴器

这种联轴器根据转矩平衡求得工作面间的最大压力及其强度条件为

$$p_0 \approx \frac{6KTD}{h\ (D^3-d_1^3)} \leqslant [p] \tag{23-3}$$

式中，p_0为工作面间的最大压力；d_1为滑块内径（图中 $d_1=0$）；D 为滑块外径；h 为凸榫的工作高度；$[p]$ 为许用压力。

工作条件良好时，使用淬火钢制造的联轴器，取 $[p] \leqslant 25\text{MPa}$；工作条件较差、润滑不良、硬度较低、加工精度低的联轴器，取 $[p]=3\sim10\text{MPa}$；圆盘用酚醛层压布板制造的联轴器，取 $[p] \leqslant 10\text{MPa}$。

3. 齿式联轴器

齿式联轴器对综合偏移有良好的补偿性。它的两个半联轴器各具有一个外齿轴套，通过具有一个内齿环的外壳连接，如图 23-4 所示。外齿轴套和内齿环的齿数相等，一般为 30~80。齿廓为渐开线，压力角为 20°。材料一般为 45 钢或合金钢。齿的形状有直齿和鼓形齿，前者称为直齿联轴器，后者称为鼓形齿联轴器。直齿联轴器许用角偏移为 0.5°，鼓形齿联轴器许用角偏移可达 3°。

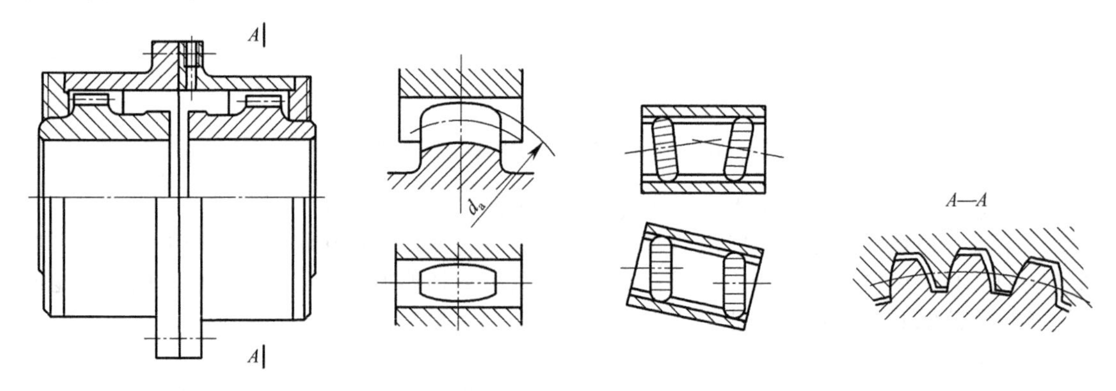

图 23-4 齿式联轴器

为补偿偏移，将外齿轴套的外圆制成球面，球面中心在齿轮轴线上，并使齿侧留有较大的侧隙或做成鼓形齿。两轴有偏移时，内外齿间因相对滑动而磨损。

因为很多齿同时工作，故齿式联轴器工作可靠、外廓紧凑、传递转矩较大，但成本高。

它适用于起动频繁、经常正反转的重型机械。

4. 十字轴式万向联轴器

图 23-5 所示是万向联轴器的一种，称为十字轴式万向联轴器。它由两个叉形接头与中间体连接而成。这种联轴器允许两轴间有较大的角偏移，两轴夹角 α 最大可达 35°~45°。机器运转时 α 角改变仍可正常工作，但 α 角过大效率会显著降低。这种联轴器的主要缺点是：当两轴不在同一轴线时，即使主动轴转速 ω_1 恒定，从动轴转速 ω_2 也做周期性变化，变化范围为 $\omega_1\cos\alpha \sim \dfrac{\omega_1}{\cos\alpha}$，由此将引起传动的附加动载荷。

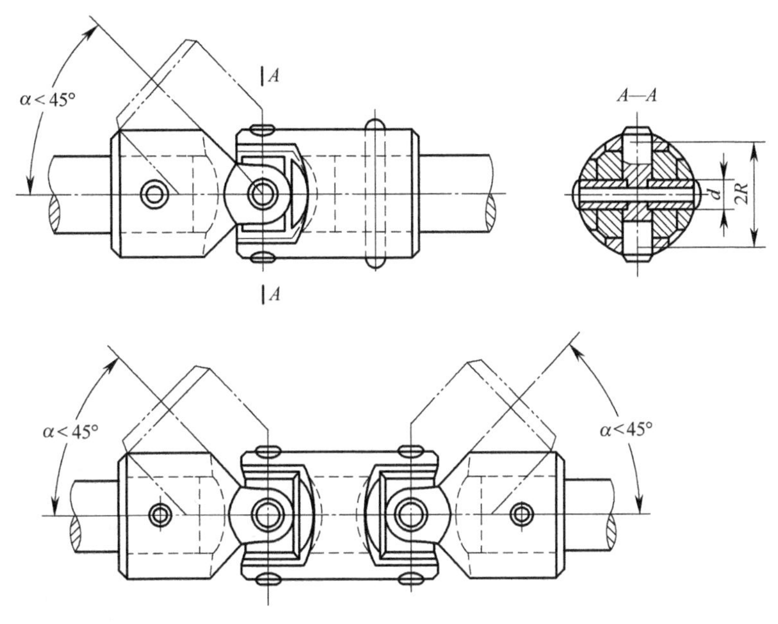

图 23-5　十字轴式万向联轴器

为了消除上述缺点，常将万向联轴器成对使用，称其为双万向联轴器。使用双万向联轴器时，应使两个叉形接头位于同一平面内，而且应使主、从动轴与连接轴所成夹角 α 相等，这样才能使主、从动轴同步转动，从而避免附加动载荷。

万向联轴器结构紧凑、维护方便，广泛应用于汽车、拖拉机、组合机床等机械的传动系统中。

5. 蛇形弹簧联轴器

图 23-6 所示为变刚度形式的蛇形弹簧联轴器，它由两半联轴器和蛇形片弹簧组成，为金属弹性元件挠性联轴器的一种。在两半联轴器上制有 50~100 个齿，在齿间嵌装蛇形片弹簧，该弹簧可分为 6~8 段。弹簧被外壳罩住，防止其脱出，并能贮存润滑油。两半联轴器通过蛇形片弹簧传递转矩。这种联轴器多用于有严重冲击载荷的重型机械。

该联轴器连接两轴的许用径向偏移为0.31~1.02mm，轴向偏移为±(0.3~1.3)mm，角偏移为 1°15′。两轴间允许最大扭角为1°~1.2°。

6. 弹性阻尼簧片联轴器

如图 23-7 所示，弹性阻尼簧片联轴器主要由花键轴 5、外套圈 2 和若干组径向呈辐射状布置的金属簧片 7 等零件组成。簧片组由不同长度的簧片叠合而成。簧片内端的最长簧片插在花键轴 5 的齿槽内，组成可动连接。通过连接盘 1、簧片 7 和花键轴 5 就可传递转矩。

为了增强联轴器的缓冲减振效果，在密封的簧片组之间的空腔内，充满一定压力的润滑油，簧片弯曲时产生阻尼作用。当联轴器承受的转矩过大时，簧片组的弯曲变形就受到支承块6的限制，避免损坏。此时的联轴器变成刚性联轴器。

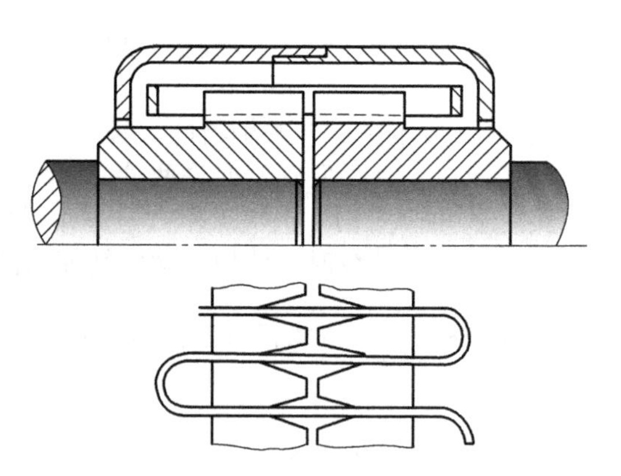

图 23-6 蛇形弹簧联轴器

这种联轴器的特点是具有很好的扭转弹性和阻尼吸振作用，安全、可靠、寿命长，不受温度、灰尘和有害介质的影响。主要用于载荷变化大，需要调节系统扭振的自振频率、降低振幅的场合，如内燃机、柴油发电机组等。

该种联轴器最大扭转角可达6°~9°，对所连接两轴的径向和轴向偏移都有一定的补偿作用。但角向偏移补偿量较小，一般不大于0.2°。

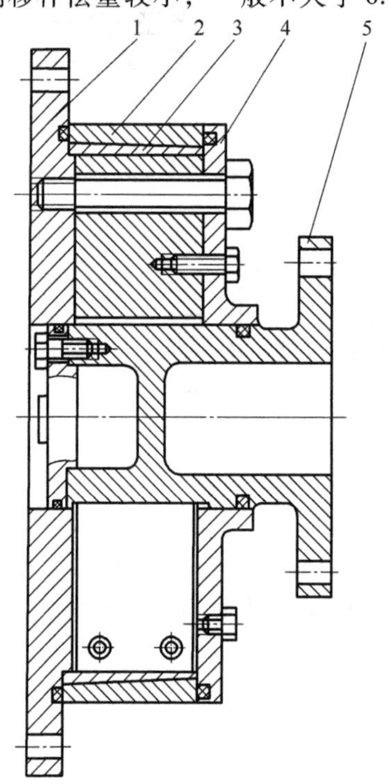

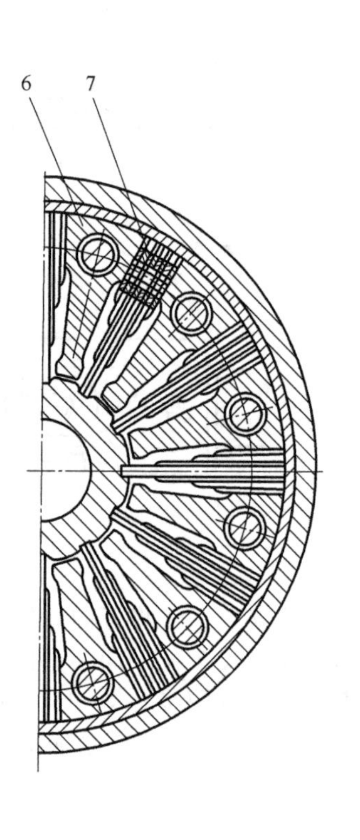

图 23-7 弹性阻尼簧片联轴器

1—连接盘 2—外套圈 3—弹性锥环 4—盖板 5—花键轴 6—支承块 7—簧片

7. 弹性套柱销联轴器

弹性套柱销联轴器（图23-8）属于非金属弹性元件挠性联轴器，其构造与凸缘联轴器相似。当连接轴的相对角位移大时弹性套易磨损。

在选用弹性套柱销联轴器时，应验算弹性套上的挤压应力 σ_p 和柱销的弯曲应力 σ_b，验算公式为

$$\sigma_p = \frac{2.5KT}{zdsD_0} \leqslant [\sigma_p] \tag{23-4}$$

$$\sigma_b = \frac{12.5KTL}{zd^3 D_0} \leqslant [\sigma_b] \tag{23-5}$$

式中，z 为柱销数；D_0 为柱销中心所在圆的直径；d 为柱销直径；L、s 为结构尺寸（图23-8）；$[\sigma_p]$ 为许用挤压应力，对橡胶弹性套，$[\sigma_p]=2\text{MPa}$；$[\sigma_b]$ 为柱销的许用弯曲压力，$[\sigma_b]=0.4R_{eL}$，R_{eL}为柱销材料的下屈服强度。

弹性套柱销联轴器允许的偏移量为：轴向 2~7.5mm，径向 0.1~0.3mm，角度 15′~45′。该联轴器装拆方便，成本较低，适宜用于连接载荷较平稳，需正、反转或起动频繁的，传递中、小转矩的轴，多用于电动机轴与工作机轴之间的连接。

8. 轮胎式联轴器

轮胎式联轴器（图23-9）属于非金属弹性元件挠性联轴器，由主动半联轴器 1、从动半联轴器 5、轮胎环 3、内压板 4（或外压板）及紧固螺栓 2 组成。通过紧固螺栓和内压板（或外压板）把轮胎环与两半联轴器连接在一起，其中，轮胎环是由橡胶及帘线制成轮胎形的弹性元件。

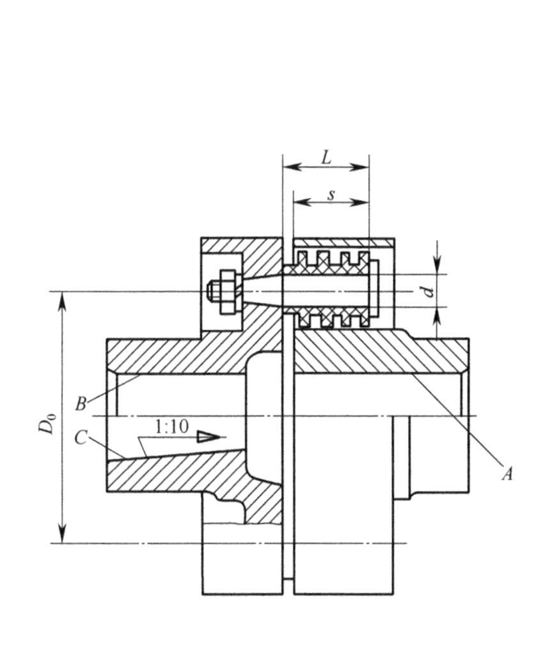

图 23-8　弹性套柱销联轴器

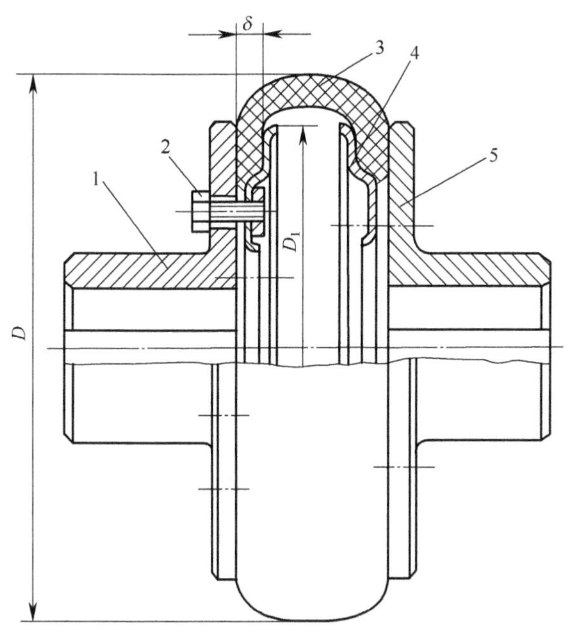

图 23-9　轮胎式联轴器

1—主动半联轴器　2—紧固螺栓　3—轮胎环　4—内压板　5—从动半联轴器

轮胎式联轴器通过弹性元件——轮胎环传递工作转矩。因此，该联轴器具有良好的消振、缓冲和补偿两轴线偏移的能力，且有结构简单，不需要润滑，使用、安装、拆卸和维修都比较方便及运转无噪声等优点。缺点是径向尺寸较大。这种联轴器一般适用于潮湿、多尘、起动频繁、正反转多变、冲击载荷大及两轴线偏移较大的场合，广泛用于起重机械。

轮胎式联轴器承受转矩时，半联轴器和内压板夹持轮胎环处是整个轮胎环的薄弱环节。因此，选用时要验算轮胎环靠近压板连接处的扭应力

$$\tau_t = \frac{2KT}{\pi D_1^2 \delta} \leqslant [\tau_t] \tag{23-6}$$

式中，D_1为压板外径；δ为轮胎环厚度；$[\tau_t]$为许用扭应力，取0.45MPa。

轮胎式联轴器允许两轴角偏移和径向、轴向偏移的补偿量大：轴向为0.2D，径向为0.01D，角度为1°30′，D为轮胎环外径。外缘速度应小于30m/s。

9. 芯形弹性联轴器

芯形弹性联轴器由半联轴器1、2（主动、从动）和弹性环3组成（图23-10）。其中，弹性环由聚氨酯橡胶件或尼龙件和装配固定在其孔中的薄壁铁管组成。

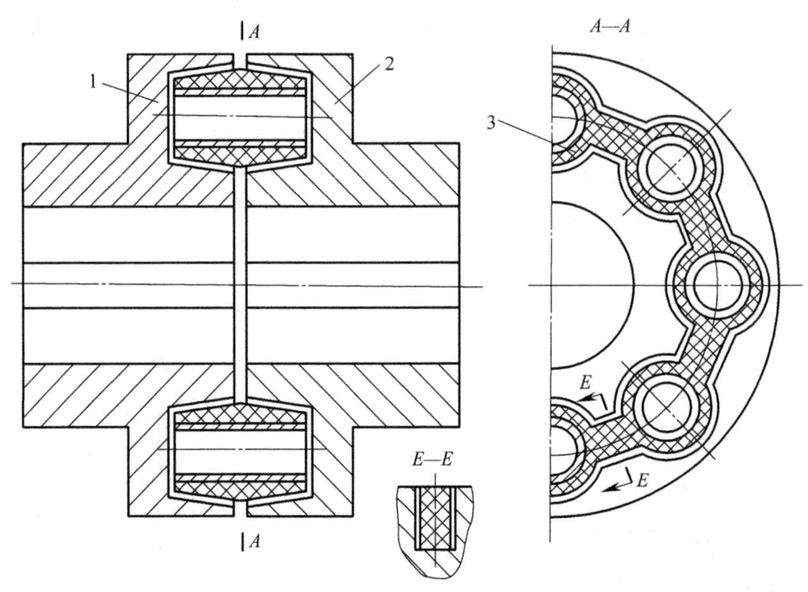

图23-10 芯形弹性联轴器

1、2—半联轴器 3—弹性环

工作时，两半联轴器通过与弹性环形成连接传递转矩，易损件是弹性环。芯形弹性联轴器具有很高的补偿两轴偏移的能力，而且其结构简单、成本低、缓冲减振性能好，因而适用于各类泵、空气压缩机、鼓风机等中、小型机械。

第二节 离合器

一、概述

离合器用于各种机械，把原动机的运动和动力传给工作机，并可在运转时与工作机随时分离或接合。离合器除了用于机械的起动、停止、换向和变速之外，还可用于对机械零件的过载保护。

对离合器的基本要求为：①接合平稳，分离彻底，动作准确可靠；②结构简单，质量小，外形尺寸小，从动部分转动惯量小；③操纵省力，对接合元件的压紧力能达到内力平衡；④散热好，接合元件耐磨损，使用寿命长。

为保证离合器工作可靠，选择离合器时的计算转矩取为

$$T_c=\beta T \tag{23-7}$$

式中，T_c为计算转矩；T为实际需要传递的转矩，按工作机的载荷，也可按原动机的额定或最大转矩确定；β为储备因子，其值大于1，按表23-3确定。

表 23-3　离合器储备因子 β 值

机械类别	β	机械类别	β
金属切削机床	1.3~1.5	轻纺机械	1.2~2
曲柄式压力机械	1.1~1.3	农业机械	2~3.5
汽车、车辆	1.2~3	挖掘机械	1.2~2.5
拖拉机	1.5~3.5	钻探机械	2~4
船舶	1.3~2.5	活塞泵、通风机	1.3~1.7
起重运输机械	1.2~1.5	冶金矿山机械	1.8~3.2

注：对冲击载荷小、载荷要求平稳的离合器，宜取表中较小值；对冲击载荷大，或者要求迅速接合的离合器，宜取表中较大值。

二、离合器的分类

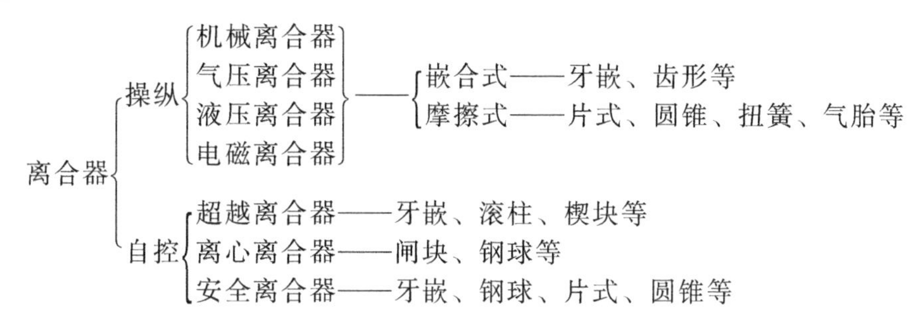

三、常用离合器

1. 牙嵌离合器

牙嵌离合器属于嵌合式，由两个端面带牙的半离合器组成，如图 23-11 所示。一个半离合器通过平键与主动轴连接，另一个半离合器用导键或花键与从动轴连接，并借助操纵机构使其做轴向移动，以实现离合器的分离与接合。为使两半离合器能够对中，在主动轴端的半离合器上固定一个对中环，从动轴可在对中环内自由转动。牙嵌离合器的接合动作应在两轴不回转时或两轴的转速差很小时进行，以免齿因受冲击载荷而断裂。这种离合器接合可靠，传递转矩大。

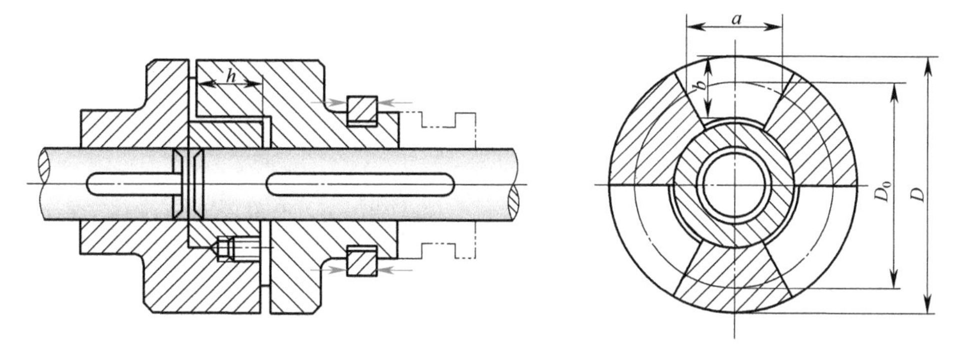

图 23-11　牙嵌离合器

牙嵌离合器常用的齿形有矩形、梯形、锯齿形和三角形等，如图 23-12 所示。三角形齿用于小转矩的低速离合器（图23-12a）。梯形齿强度高，可以传递较大的转矩，能自动补偿齿的磨损与间隙（图23-12b）。锯齿形齿的强度最高，但只能传递单向转矩（图

23-12c)。矩形齿不便于离合，磨损后无法补偿（图 23-12d)。图23-12e 所示齿形主要用于安全离合器。牙嵌离合器的齿数 z 一般取 3～60（矩形齿、梯形齿：3～15，三角形齿：15～60)。

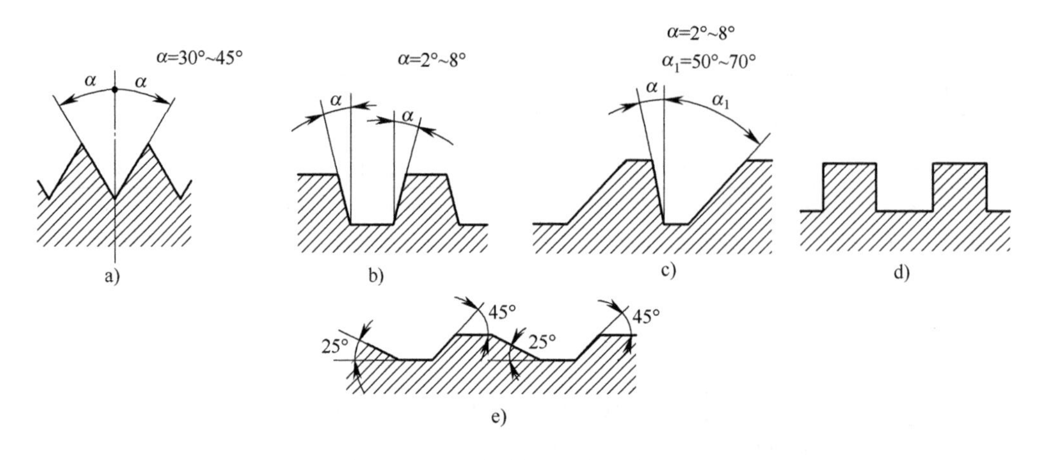

图 23-12 牙嵌离合器的常用齿形

离合器齿的齿面应具有较高的硬度。制造牙嵌离合器的材料常用低碳钢渗碳淬火或中碳钢表面淬火处理，硬度分别达到 52～62HRC 和 48～52HRC。不重要的和在静止时接合的离合器可用铸铁。

牙嵌离合器的主要尺寸可以从设计手册中选取，必要时应进行验算。

齿面压力验算

$$p=\frac{2T_c}{D_0 z_c A}\leqslant[p] \tag{23-8}$$

式中，A 为每个齿的有效挤压面积，对梯形齿和矩形齿，$A=bh$，b 为齿宽，h 为牙的工作高度；D_0为离合器的平均直径；z_c为计算齿数，一般取 $z_c=(1/3\sim1/2)z$；$[p]$ 为许用压强，静止状态下接合，$[p]\leqslant 90\sim120\text{MPa}$；低速状态下接合，$[p]\leqslant 50\sim70\text{MPa}$；较高速状态下接合，$[p]\leqslant 35\sim45\text{MPa}$。

齿的抗弯强度验算：假定圆周力作用在齿高的中部，则牙根抗弯强度验算式为

$$\sigma_b=\frac{hT_c}{D_0 z_c W}\leqslant[\sigma_b] \tag{23-9}$$

式中，W 为齿根抗弯截面系数，$W=\frac{1}{6}a^2b$（a、b 如图 23-11 所示）；$[\sigma_b]$ 为许用弯曲应力，静止接合时，$[\sigma_b]=\frac{R_{eL}}{1.5}$；运转接合时，$[\sigma_b]=\frac{R_{eL}}{3\sim4}$，$R_{eL}$为离合器材料的下屈服强度。

啮合式离合器还有转键式、滑销式、齿式和拉键式。

2. 片（盘）式摩擦离合器

片（盘）式摩擦离合器有单盘式（图23-13）和多片式（图 23-14）两种。按摩擦面的润滑状态又有干式和湿式之分。

（1）单盘式摩擦离合器　摩擦盘 3 安装在主动轴 1 上，摩擦盘 4 安装在从动轴 2 上，并可轴向移动。当操纵环 5 向左移动时，摩擦盘 4 在从动轴 2 上轴向滑移，并在轴向压力作用下与摩擦盘 3 压紧，从而靠接触面间的摩擦力矩来传递转矩（图 23-13)。

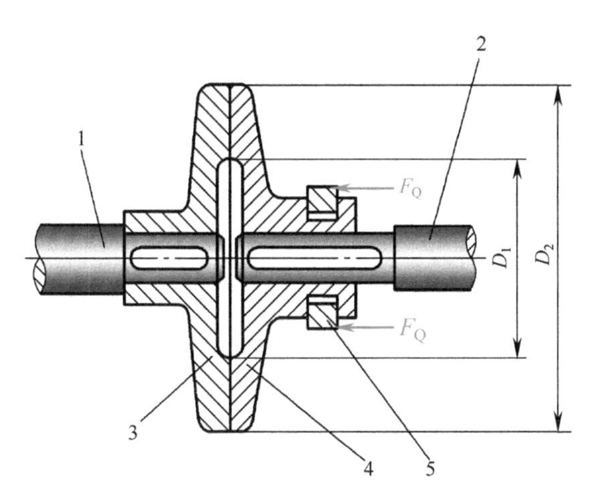

图 23-13　单盘式摩擦离合器
1—主动轴　2—从动轴　3、4—摩擦盘
5—操纵环

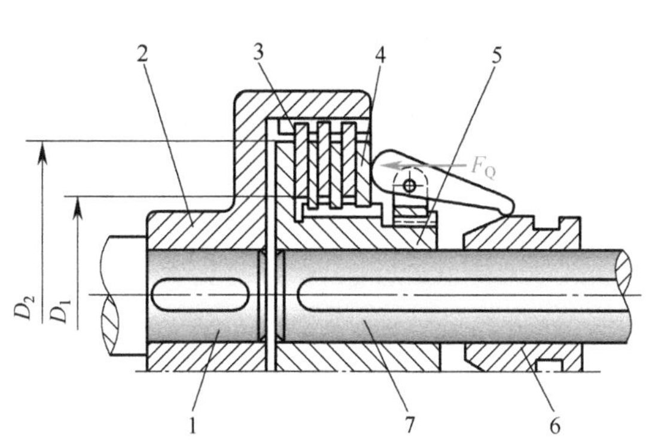

图 23-14　多片式摩擦离合器
1—主动轴　2—外传动件　3—外摩擦盘
4—内摩擦盘　5—内传动件
6—滑环套　7—从动轴

单盘式摩擦离合器所能传递的最大转矩 T_{max} 由下式求得

$$T_{max} = F_Q \mu r_f \tag{23-10}$$

式中，μ 为摩擦因数；F_Q 为压紧力；r_f 为摩擦半径，$r_f = \dfrac{D_1 + D_2}{4}$，$D_1$、$D_2$ 分别为摩擦盘内径、外径。

摩擦离合器正常工作时，其转矩必须满足 $T_c \leqslant T_{max}$。

（2）多盘式摩擦离合器　多盘式摩擦离合器有内、外两组摩擦片（图 23-14）：外片上带有外齿（图 23-15a），利用外齿和主动轴上外传动件 2 内缘上的纵向槽的配合，将该组外片周向固定，由于外片的内孔不与其他零件接触，故可随主动轴 1 一起转动；内片孔壁上带有凹槽（图 23-15b），并与从动轴内传动件 5 上的凸齿相配合实现周向固定，由于内片的外缘不与其他零件接触，故当其转动时可带动从动轴 7 一起转动。内、外两组摩擦片均可做轴向移动。滑环套 6 由操纵机构控制，当其向左移动时，各组摩擦片在压杆的轴向推力 F_Q 作用下相互压紧，使离合器处于接合状态；相反，当滑环套 6 向右移动时，离合器实现分离。多片式摩擦离合器比单盘式摩擦离合器径向尺寸小，传递的转矩大，应用更广泛。

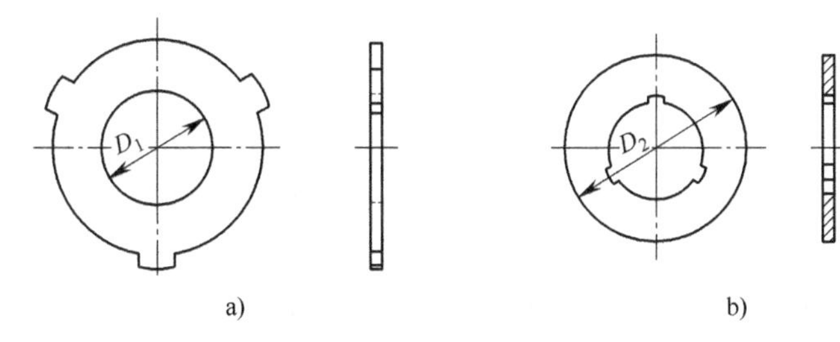

图 23-15　摩擦片结构
a）外摩擦片　b）内摩擦片

与牙嵌离合器相比，摩擦离合器的优点是：接合过程平稳，冲击、振动小；可在各种转速下接合或分离；过载时摩擦片打滑，对其他零件可起到保护作用。其缺点是：接合或分离过程中，摩擦片之间有滑动，故产生较大的磨损和发热。将摩擦片浸入油中（即湿式离合器）可减轻磨损、增强散热性。片（盘）式摩擦离合器广泛用于机床、汽车、摩托车等机械。

摩擦离合器还有圆锥式、闸带式、闸块式等形式。

3. 超越离合器

常用的超越离合器有棘轮超越离合器和滚柱超越离合器，如图23-16和图23-17所示。棘轮超越离合器构造简单，对制造精度要求低，在低速传动中应用广泛。

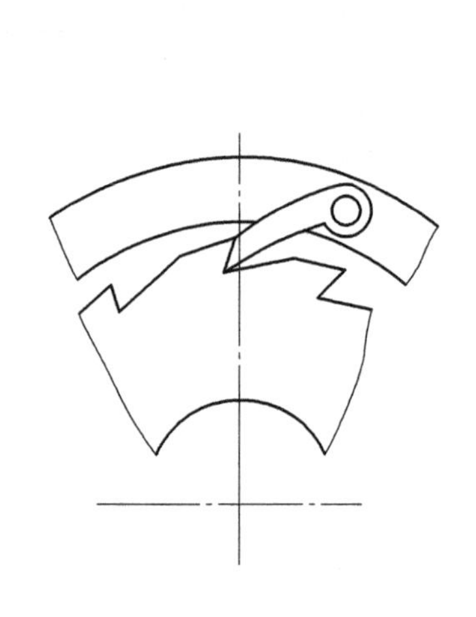

图23-16 棘轮超越离合器

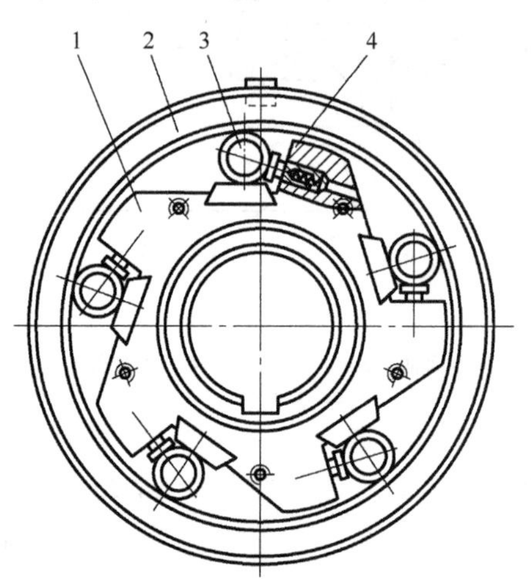

图23-17 滚柱超越离合器

1—星轮 2—外圈 3—滚柱 4—弹簧柱

滚柱超越离合器的星轮1顺时针方向转动时，滚柱3受摩擦力作用被楔紧在槽内，带动外圈2一起转动，此时为接合状态；当星轮1逆时针方向转动时，滚柱3处在槽中较宽的部分，离合器为分离状态。因而它只能传递单向转矩。

如果外圈2在随星轮1旋转的同时，又从另一运动系统获得旋向相同但转速较大的运动时，离合器也将处于分离状态，即从动件的角速度超过主动件时，不能带动主动件回转。

这种离合器工作时没有噪声，宜用于高速传动，但制造精度要求较高。

第三节 制动器

一、概述

制动器是用来制动、减速及限速的装置。制动可靠是对制动器的基本要求，同时也应该具备操纵灵活、散热良好、体积小、质量小、调整和维修方便的特点。

制动器主要由制动架、摩擦元件和驱动装置三部分组成。许多制动器还装有摩擦元件间隙的自动调整装置。随着技术的发展，出现了许多新结构制动器，其中盘式制动器发展较快，在摩托车、汽车等机械中的应用得到了较快的发展。

制动器通常应装在设备的高速轴上，这样所需要的制动力矩小，制动器尺寸也小。大型设备的安全制动器则应装在靠近设备工作部分的低速轴上。

有些制动器已标准化或系列化，并由专业工厂生产。如果选用标准制动器，则应以计算制动力矩为依据，选出标准型号后做必要的发热验算。

二、制动器的分类、特点及应用（表 23-4）

表 23-4　制动器的分类、特点及应用

分类		特点及应用
按制动装置形式分	块式	简单可靠，散热好，瓦块有充分的退距，制动力矩大小与转向无关，制造较复杂，尺寸较大，包角小，适用于制动频繁的场合
	带式	结构简单紧凑，包角大，制动力矩大，制动带的压力与磨损不均匀。散热性差，适用于要求结构紧凑的场合，如移动式起重机
	盘式	利用轴向压力使圆盘或圆锥形摩擦面压紧实现制动
按驱动类型分	电动式	结构简单，工作可靠。但工作时噪声大，冲击大，磨损严重，用于操作频繁、快速起动的场合
	液压式	结构稍复杂，但工作平稳，使用寿命长，无噪声，动作稍缓慢，用于操作不太频繁，不需快速起动、制动的场合，如起重机的回转、运行机构
	液压-电动式	具有液压、电动两者的优点，能自动补偿制动瓦的磨损，制动器动作时可调整，适用于多种场合，特别适用于高温环境及工作频繁的场合（可达 600 次/h 以上）。但构造稍复杂

三、制动力矩的计算

制动力矩是选择制动器的原始参数，其计算方法如下：

1）垂直制动的制动力矩 T_b 通常是根据重物可靠地悬吊在空中这一条件来确定。

$$T_b=\frac{mgD_0\eta s}{2i} \tag{23-11}$$

式中，T_b 为制动力矩；m 为重物与吊具质量之和；g 为重力加速度；D_0 为卷筒直径；i 为制动轴到卷筒轴间的传动比；η 为制动轴到卷筒轴的传动效率；s 为制动安全因数，通常取 $s=1.75\sim2.5$。

2）水平制动，如行走起重机和车辆等的制动，不计机构移动时的其他阻力（摩擦阻力、风荷阻力等），所需制动力矩为

$$T_b=\frac{mv}{t}\frac{D_w}{2i}\eta+\frac{J\omega}{t} \tag{23-12}$$

式中，m 为各直线运动零件的质量；v 为移动速度；t 为制动时间；D_w 为行走轮直径；J 为各回转零件质量换算到制动轴上的转动惯量；ω 为制动轴在制动前的角速度。

四、常用制动器

1. 块式制动器

制动瓦、制动轮和使制动瓦贴向制动轮的杠杆构成块式制动器。块式制动器有外抱块式和内涨蹄式两种。图 23-18 为典型的常闭式长行程外抱块式制动器。主弹簧 2 已拉紧制动臂 3，使制动瓦 1 压住制动轮，制动器紧闸。通电起动驱动装置 5，电磁铁推动推杆 4，推开制动臂 3，制动器松闸。

2. 带式制动器

用挠性钢带包围制动轮，带的一端或两端固接在杠杆上，构成带式制动器。图 23-19 是靠弹簧力制动的带式制动器，为常闭式，弹簧力推压杠杆，拉紧钢带紧闸。通过起动驱动装置，电磁铁拉起杠杆松闸。

3. 盘式制动器

盘式制动器有点盘式、全盘式及锥盘式三种。图 23-20 所示为常开固定卡钳式点盘制动

器。弹簧8推平行杠杆组5，使摩擦块4离开制动盘3松闸。给液压缸7送入液压油起动活塞，拉紧平行杠杆组5紧闸。

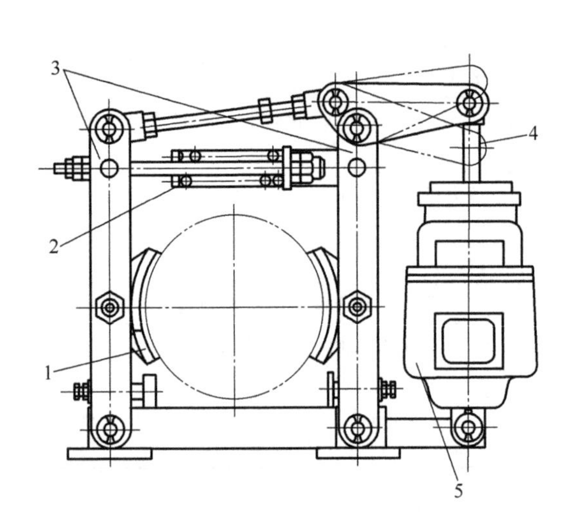

图23-18 常闭式长行程外抱块式制动器
1—制动瓦 2—主弹簧 3—制动臂
4—推杆 5—驱动装置

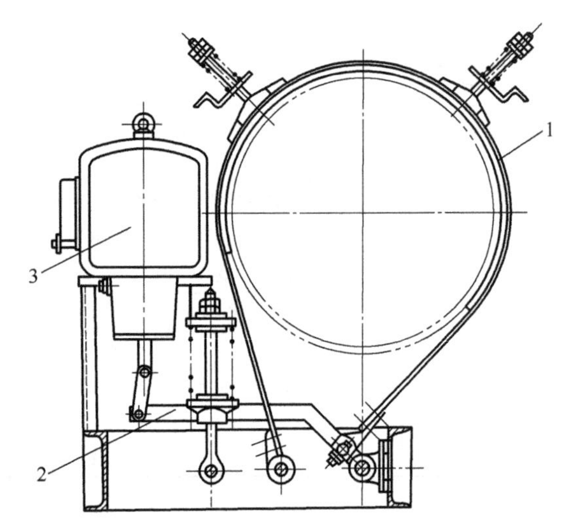

图23-19 带式制动器
1—钢带 2—杠杆系 3—驱动装置

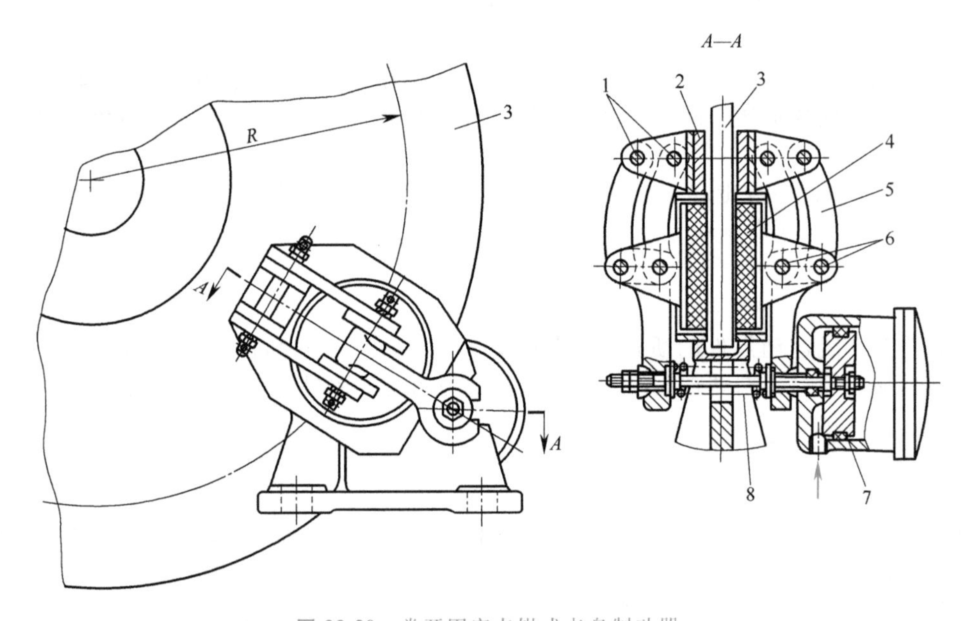

图23-20 常开固定卡钳式点盘制动器
1、6—销轴 2—基架 3—制动盘 4—摩擦块 5—平行杠杆组 7—液压缸 8—弹簧

文献阅读指南

1）联轴器、离合器和制动器俗称三器，受篇幅的限制，本章仅介绍了它们最常用的品种，在结构形式与规格的选择上仅介绍了根据计算转矩的最基本方法。实际上三器的品种很

多，选择三器时还要考虑动力机的机械特性、工作机的机械特性和载荷情况、三器与它们的匹配性能等诸多因素。

2）联轴器的品种很多，其特点是两半联轴器没有大的相对运动，而关键是能补偿两轴偏移的能力。设计者的任务是根据机械传动系统的工作性能、可靠度要求、使用寿命、传动效率、传动精度、稳定性要求和成本等，正确选择出符合需要的最佳联轴器。更多的类型结构和更详细的选择计算可参阅周明衡编著的《联轴器设计选用手册》（北京：机械工业出版社，2010）。

3）制动器和离合器的元件间有相对运动和摩擦，摩擦因数和耐磨性是其关键，而且其性能与安全相关，选择更需仔细。制动器和离合器的选择计算需要考虑温度问题，因此往往需要依据工况做发热与散热的计算，以判断所设计的制动器和离合器的适用性、安全可靠性和工作寿命。制动器更详细的选择计算可参阅：Orthwein W. C.《Clutches and Brakes: Design and Selection》（CRC Press，2004）。

思考题

23-1　常用联轴器有哪些品种？各有什么优缺点？在品种选择时应考虑哪些因素？

23-2　单万向联轴器的主要缺点是什么？双万向联轴器的正确安装条件（保证主、从动轴的角速度随时相等）是什么？

23-3　试说明齿式联轴器为什么是一种典型的允许综合偏移的联轴器。

23-4　离合器应满足哪些基本要求？常用离合器有哪些类型？主要特点是什么？用在哪些场合？

23-5　制动器由哪几部分组成？对制动器的基本要求是什么？制动装置如何分类？各类制动器的应用场合是什么？

习　题

23-1　电动机经减速器驱动水泥搅拌机工作。已知电动机的功率 $P=11\text{kW}$，转速 $n=970\text{r/min}$，电动机轴的直径和减速器输入轴的直径均为 42mm，试选择电动机与减速器之间的联轴器。

23-2　一带式输送机的传动装置，如图 23-21 所示，已知输送带的速度 $v=0.9\text{m/s}$，输送带的曳引力 $F=3000\text{N}$，滚筒直径 $D=320\text{mm}$，试选择联轴器 2（滚筒轴直径为 50mm，减速器输出轴直径为 50mm）。

23-3　已知一单盘式摩擦离合器，圆盘外径 $D_2=90\text{mm}$，内径 $D_1=50\text{mm}$，摩擦面间的摩擦因数 $\mu=0.06$，许用压力 $[p]=0.6\text{MPa}$，求离合器的允许最大压紧力 F_Q 和它所能传递的最大转矩 T。

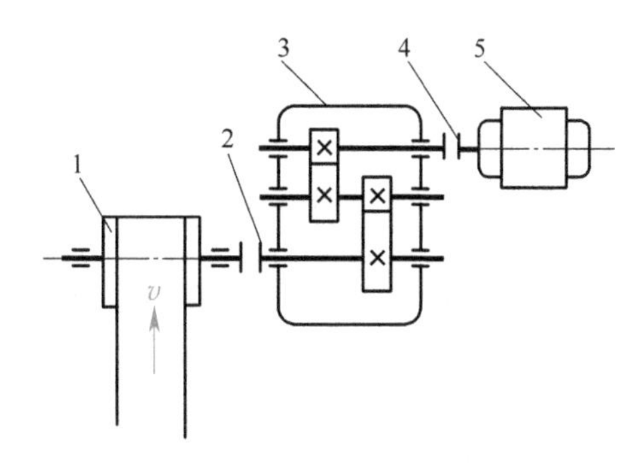

图 23-21　习题 23-2 图

1—滚筒　2、4—联轴器　3—减速器　5—电动机

第二十四章　弹簧

内容提要

本章的主要内容是以圆柱螺旋压缩弹簧为例，讨论圆柱螺旋弹簧的设计计算。其中，重点介绍弹簧的承载及特性线、弹簧的受力分析、弹簧的强度和刚度计算。

第一节　概述

在古代，人类很早就注意到杆受力后会变形回弹的现象，我国古代战国时期出现的弓弩，可以认为是弹簧的最早应用。大约在15世纪人们进一步认识到：如果压缩一根螺旋形杆件比弯曲一根直杆储存的能量更大。1500—1510年，德国的亨莱恩发明了发条（平面涡卷弹簧），1660年英国的Robert Hooke（胡克）发明了游丝，产生了小型的座钟和袋表（怀表）。1676年Hooke公布了著名的弹性定律——胡克定律，为弹簧设计奠定了理论基础。在1776年弹簧秤问世，主要是利用螺旋拉压弹簧制作而成的。在这基础上弹簧的形态和功能也越来越多，如法国人贝勒维尔发明了碟形弹簧。随着工业时代的到来，陆续出现了空气弹簧、橡胶弹簧、记忆合金弹簧等十多种类型，应用领域也更加广泛，成为机械中应用广泛的基础零件。

一、弹簧的功用

弹簧是一种用途很广的弹性元件，它在机械设备、仪器仪表、交通运输工具及日常生活用品中得到广泛应用。利用弹簧本身的弹性，在产生变形和复原的过程中，可把机械功或动能转变为变形能，或把变形能转变成机械功或动能。弹簧的主要功用是：

1）控制机构运动。如内燃机中的气门、制动器、离合器上的弹簧。

2）减振和缓冲。如各种车辆的悬挂弹簧、缓冲器中的弹簧。

3）存储和释放能量。如钟表中的弹簧、自动控制机构上的弹簧。

4）测力。如弹簧秤、测力器中的弹簧。

二、弹簧的类型和特点

按承受载荷的不同，弹簧分为拉伸弹簧、压缩弹簧、扭转弹簧和弯曲弹簧；按弹簧外形的不同又可以分为螺旋弹簧、碟形弹簧、环形弹簧、板弹簧等；按弹簧材料的不同弹簧分为金属弹簧和非金属弹簧。表24-1是常用弹簧的主要类型和特点。

三、弹簧的刚度和特性线

使弹簧产生单位变形所需的载荷称为弹簧刚度，用k表示。

表 24-1　常用弹簧的主要类型和特点

名　称	简　图	特 性 线	特　点
圆柱螺旋压缩弹簧	F	F O λ	特性线为直线，刚度为常量。结构简单，制造方便。应用较广
圆柱螺旋拉伸弹簧	F F		
圆柱螺旋扭转弹簧	T	T O φ	主要作为压紧和储能装置，特性线为直线
截锥螺旋弹簧	F	F O λ	特性线为非线性，刚度为变量。防振能力强，结构紧凑
平面涡卷弹簧	T	T O φ	存储能量大，特性线为直线，多用于仪表和钟表中的储能弹簧
碟形弹簧	F	F O λ	缓冲吸振能力强，采用不同组合可以得到不同的特性线，多用于重型机械的缓冲吸振

（续）

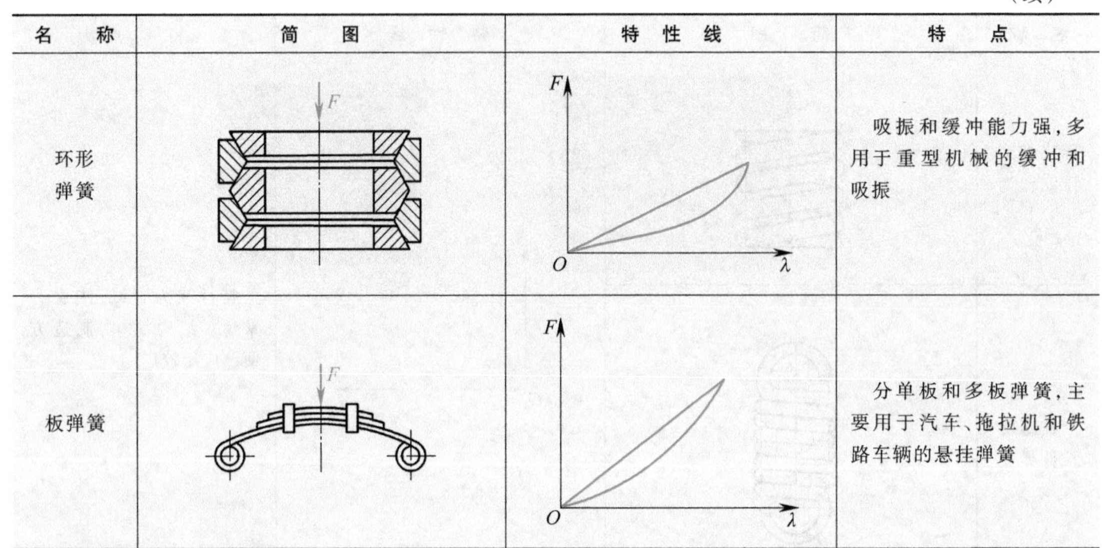

名　称	简　图	特 性 线	特　点
环形弹簧			吸振和缓冲能力强，多用于重型机械的缓冲和吸振
板弹簧			分单板和多板弹簧，主要用于汽车、拖拉机和铁路车辆的悬挂弹簧

拉、压弹簧的刚度

$$k=\frac{\mathrm{d}F}{\mathrm{d}\lambda}$$

扭转弹簧的刚度

$$k=\frac{\mathrm{d}T}{\mathrm{d}\varphi} \tag{24-1}$$

式中，F 为弹簧的工作载荷（拉力或压力）；T 为弹簧的工作扭矩；λ 为弹簧的伸长或压缩量；φ 为弹簧的扭转角。

弹簧的刚度越大，弹簧越硬；反之，弹簧越软。

弹簧所受的工作载荷和弹簧受载后的变形量之间的关系曲线称为弹簧的特性线，它分为直线型、刚度渐增型、刚度渐减型和混合型（图 24-1）。

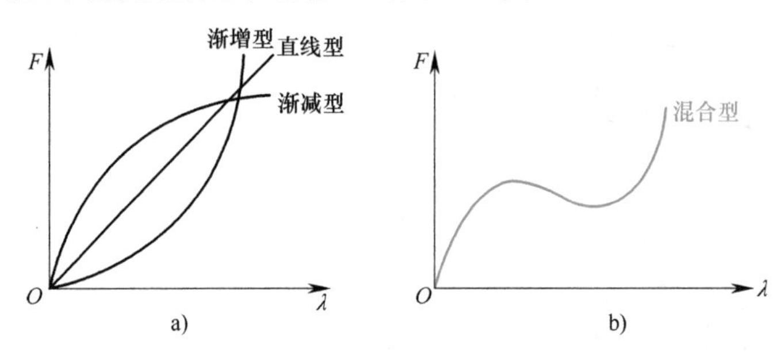

图 24-1　弹簧特性线

直线型特性线的弹簧刚度 k 为常量，该类弹簧称为定刚度弹簧。刚度渐增型特性线，弹簧受载越大，弹簧刚度越大；刚度渐减型特性线，弹簧受载越大，弹簧刚度越小。弹簧刚度为变量的弹簧，称为变刚度弹簧。弹簧特性线和弹簧刚度是设计、选择、制造和检验弹簧的重要依据。

四、弹簧的变形能

弹簧承受工作载荷后产生变形，此时所储存的能量称为变形能，其符号为 E。弹簧卸载复原时，将其能量以弹簧功的形式放出。若加载曲线与卸载曲线重合（图 24-2a），表示弹簧变形能全部以做功的形式放出；若加载曲线与卸载曲线不重合（图 24-2b），表示只有部分能量以做功形式放出，而另一部分能量因内阻尼等原因而消耗，所消耗的能量为 E_0，E_0 值越大，说明弹簧的吸振能力越强。若只需弹簧做功，应选择两曲线尽可能重合的弹簧；若仅用弹簧吸振，应选择两曲线不重合的弹簧。

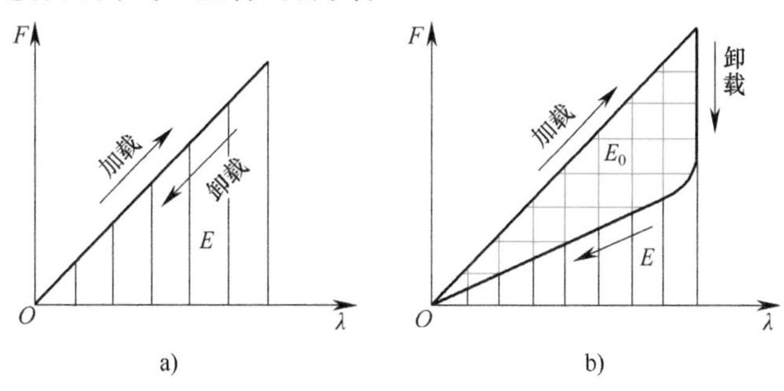

图 24-2　弹簧的变形能

第二节　弹簧的材料和制造

一、弹簧材料和许用应力

1. 弹簧材料

弹簧的性能和寿命主要取决于弹簧的材料，因此要求弹簧材料有较高的抗拉强度、屈服强度和疲劳强度，同时要有足够的冲击韧度和良好的热处理性能。常用的弹簧材料有下列几种：

（1）碳素弹簧钢　这种弹簧钢价格便宜，用于尺寸较小和一般用途的螺旋弹簧及板弹簧。包括：普通碳素弹簧钢丝，按强度从低到高分为 B、C、D 三组；重要用途碳素弹簧钢丝，按强度从低到高分为 E、F、G 三组；油淬火-回火碳素弹簧钢丝；按疲劳性能从低到高分为 FD、TD 和 VD 三组。

（2）合金弹簧钢　这类钢中含有锰、硅、铬、钒、硼等合金元素，大大提高了钢的淬透性和力学性能，适用于在循环载荷和冲击载荷工况下的弹簧。常用的合金弹簧钢有硅锰弹簧钢（60Si2Mn）、铬钒弹簧钢（50CrVA）等。

（3）不锈钢和铜合金　对于有耐蚀、防磁和导电等性能要求的弹簧，可以选用不锈钢和铜合金材料制造弹簧。不锈钢按强度分为 A、B 两组；铜合金中以锡青铜、硅青铜和铍青铜应用较多。

非弹簧钢和非金属材料也可以用于制造弹簧，常用的非金属材料有橡胶和纤维增强塑料。用于制造弹簧的还有弹性合金等材料。

2. 许用应力

弹簧材料的许用应力与弹簧的类型、材料的力学性能、簧丝直径和载荷性质有关，具体数值查表 24-2。常用弹簧钢丝的抗拉强度 R_m 值见表 24-3（表中 R_m 值均为下限值）。

二、弹簧制造

螺旋弹簧的制造工艺过程为：卷制、端部制作与加工、热处理、工艺试验等，对重要的弹簧要进行强压处理。

表 24-2 常用弹簧材料的力学性能和许用应力（摘自 GB/T 23935—2009）

类别	牌号	压缩弹簧许用扭应力[τ]/MPa			许用弯曲应力[σ]/MPa			切变模量 G/MPa	弹性模量 E/MPa	推荐硬度范围(HRC)	推荐使用温度/℃	特性及应用
		Ⅰ类	Ⅱ类	Ⅲ类	Ⅰ类	Ⅱ类	Ⅲ类					
钢丝	碳素弹簧钢丝、重要用途碳素弹簧钢丝	(0.33~0.38) R_m	(0.38~0.45) R_m	0.45R_m	(0.49~0.58) R_m	(0.58~0.66) R_m	0.70R_m	78.5×10³	206×10³	—	-40~150	适用于小弹簧（如安全阀弹簧）或要求不高的大弹簧
	油淬火-回火碳素弹簧钢丝	(0.35~0.40) R_m	(0.40~0.50) R_m	0.50R_m	(0.50~0.60) R_m	(0.60~0.68) R_m	0.72R_m					
	60Si2Mn 60Si2MnA 60Si2CrA	拉伸 357~447 压缩 426~534	拉伸 405~507 压缩 568~712	拉伸 475~598 压缩 710~890	636~788	795~986	994~1232			42~52	-40~250	回火稳定性好，易脱碳，用于受力大的弹簧
	50CrVA										-40~210	疲劳性能高、耐高温，用于高温下的较大弹簧
	60CrMnA 60CrMnBA 55CrSiA										-40~250	耐高温，用于重载的较大弹簧
	60Si2MnVA											耐高温、耐冲击、弹性好

注：1. 按受力循环次数 N 的不同，弹簧分为三类：Ⅰ类，动载荷，无限寿命设计（$N>10^6$）；Ⅱ类，动载荷，有限寿命设计（$N>10^4\sim10^6$）；Ⅲ类，静载荷，$N<10^4$。

2. 碳素弹簧钢丝、重要用途碳素弹簧钢丝和油淬火-回火碳素弹簧钢丝，拉伸弹簧的许用扭应力为压缩弹簧的 80%。

3. 碳素弹簧钢丝、重要用途碳素弹簧钢丝和油淬火-回火碳素弹簧钢丝用冷卷法制作；合金弹簧钢丝用热卷法制作。

4. 抗拉强度 R_m 取材料的下限值。

5. 若合金弹簧钢弹簧硬度接近下限，许用应力则取下限；若硬度接近上限，许用应力则取上限。

6. 用作油淬火-回火碳素弹簧钢丝的材料有：弹簧钢（60、70、65Mn）；硅锰弹簧钢（60Si2Mn、60Si2MnA）；铬硅弹簧钢（55CrSi）；铬钒弹簧钢（50CrVA、67CrV）。

表 24-3　常用弹簧钢丝的抗拉强度 R_m 值　（单位：MPa）

碳素弹簧钢丝（GB/T 23935—2009）				油淬火-回火碳素弹簧钢丝（GB/T 23935—2009）		重要用途碳素弹簧钢丝			
簧丝直径 d/mm	B 组低应力弹簧	C 组中应力弹簧	D 组高应力弹簧	簧丝直径 d/mm	FD、TD、VD 三组强度范围①	簧丝直径 d/mm	E 组	F 组	G 组
1.0	1660	1960	2300	>1.6~2.0	1640~2000	1.0	2020	2350	1850
1.6	1570	1810	2110	>2.0~2.5	1620~1970	1.6	1830	2160	1750
2.0	1470	1710	1910	>2.5~3.0	1590~1950	2.0	1760	1970	1670
2.5	1420	1660	1760	>3.0~3.5	1550~1910	2.5	1680	1770	1620
3.0	1370	1570	1710	>3.5~4.0	1530~1870	3.0	1610	1690	1570
3.2~3.5	1320	1570	1660	>4.0~4.5	1510~1860	3.2	1560	1670	1570
4~4.5	1320	1520	1620	>4.5~5.0	1490~1840	3.5	1520	1620	1470
5	1320	1470	1570	>5.5~6.5	1420~1780	4.0	1480	1570	1470
6	1220	1420	1520	>7.0~9.0	1350~1710	4.5	1410	1500	1470
7~8	1170	1370		>10.0	1250~1660	5.0	1380	1480	1420

① 油淬火-回火碳素弹簧钢丝中，FD 组用于静载荷，TD 组用于中等疲劳级，VD 组用于高疲劳级，其不同组别和材料的抗拉强度 R_m 请查阅 GB/T 23935—2009。

弹簧的卷制分为冷卷和热卷两种。簧丝直径 d<6~8mm 的弹簧用冷卷，冷卷后的弹簧需经低温回火以消除内应力；对簧丝直径较大的弹簧采用热卷，热卷的温度在 800~950℃ 范围内，弹簧卷成后必须进行淬火、中温回火等处理。

对于重要的弹簧常要进行性能试验和冲击疲劳试验。有时为了提高弹簧的承载能力还要进行强压处理和喷丸处理，经过强压处理和喷丸处理的弹簧不得再进行热处理。

圆截面弹簧丝的直径系列及弹簧圈的中径系列见表 24-4。

表 24-4　圆截面弹簧丝的直径系列及弹簧圈的中径系列（摘自 GB/T 1358—2009）

弹簧丝直径 d/mm（第一系列）					弹簧圈中径 D/mm							
1	1.2	1.6	2	2.5	10	12	14	16	18	20	22	25
3	3.5	4	4.5	5	28	30	32	38	42	45	48	50
6	8	10	12	16	52	55	58	60	65	70	75	80
20	25	30	35	40	85	90	95	100	105	110	115	120

第三节　圆柱螺旋压缩、拉伸弹簧的设计计算

一、圆柱螺旋弹簧的结构和几何参数

1. 弹簧的结构

圆柱螺旋压缩弹簧各圈之间留有间距 δ，以便满足受载变形的需要，为使弹簧的轴线在受载后垂直于支承面，在弹簧的两端各留有 0.75~1.25 圈的支承圈，它不参与变形。在 GB/T 23935—2009 中规定了冷卷压缩弹簧的端部结构形式，如图 24-3 所示。它分为每端支承圈数大于或等于 1 的 Y 型和每端支承圈数小于 1 的 RY 型，Y 型又有 YⅠ型（两端并紧磨平）、YⅡ型（两端并紧不磨平）、YⅢ型（两端不并紧）。重要场合应采用工作稳定性较好的 YⅠ型。

拉伸弹簧的端部做有钩环以便安装和加载。在 GB/T 23935—2009 中对冷卷弹簧规定了十种结构形式，现仅介绍几种常用的端部结构（图 24-4）。其中，LⅠ和 LⅢ型制造方便、

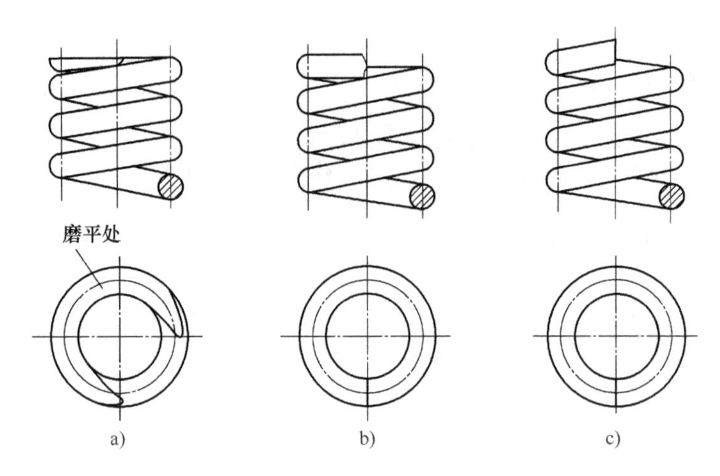

图 24-3 冷卷压缩弹簧的端部结构

a）YⅠ型 b）YⅡ型 c）YⅢ型

应用广泛，但因其在受载后钩环根部将产生很大的弯曲应力，故宜用于簧丝直径 $d \leqslant 10\mathrm{mm}$ 的弹簧。LⅦ、LⅧ型两种结构的钩环不与弹簧丝连为一体，它克服了钩环根部弯曲应力过大的缺点，适用于循环载荷和受力较大的场合，但制造成本较高。

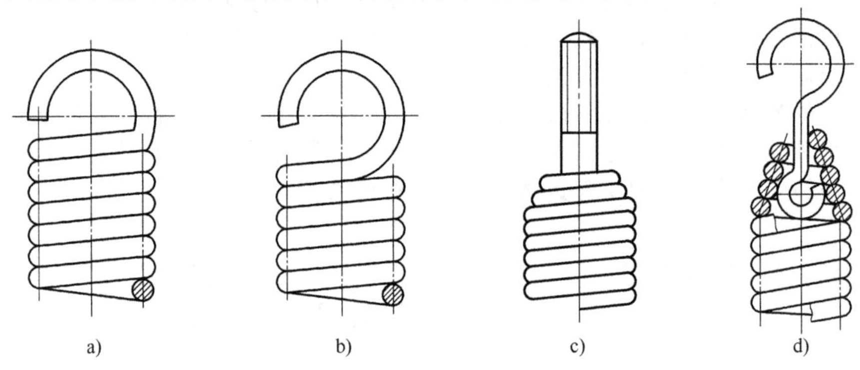

图 24-4 拉伸弹簧的端部结构

a）LⅠ型 b）LⅢ型 c）LⅦ型 d）LⅧ型

2. 弹簧的几何参数

圆柱螺旋弹簧的主要几何参数有：外径 D_2、中径 D、内径 D_1、节距 t、螺旋角 α 及弹簧丝直径 d（图 24-5）。弹簧的旋向可以是右旋或左旋，一般用右旋。

圆柱螺旋（拉、压）弹簧基本几何参数计算式见表 24-5。

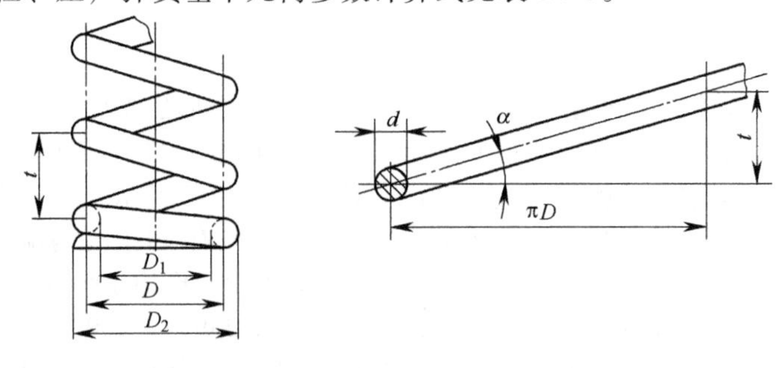

图 24-5 圆柱螺旋弹簧的基本几何参数

表 24-5　圆柱螺旋（拉、压）弹簧基本几何参数计算式

几何参数	压缩弹簧	拉伸弹簧
簧丝直径 d	由强度计算确定	
旋绕比 C	$C=D/d$	
弹簧中径 D	$D=Cd$	
弹簧外径 D_2	$D_2=D+d$	
弹簧内径 D_1	$D_1=D-d$	
弹簧间距 δ	$\delta=t-d$	$\delta=0$
压缩弹簧余隙 δ_1	$\delta_1 \geqslant 0.1d$	
弹簧节距 t	$t=d+\dfrac{\lambda_{max}}{n}+\delta_1 \approx (0.28\sim0.5)D$，$\lambda_{max}$为最大变形量	$t=d$
弹簧有效圈数 n	由刚度计算确定	
弹簧总圈数 n_1	$n_1=n+(1.5\sim2.5)$	$n_1=n$
弹簧自由高度 H_0	两端并紧磨平 $H_0=nt+(1.5\sim2)d$ 两端并紧不磨平 $H_0=nt+(3\sim3.5)d$	$H_0=nd+$钩环轴向长度
弹簧的展开长度 L	$L=\dfrac{\pi Dn_1}{\cos\alpha}$	$L=\pi Dn+$钩环展开长度
螺旋角 α	$\alpha=\arctan\dfrac{t}{\pi D}$（对压缩弹簧推荐 $\alpha=5°\sim9°$）	

二、圆柱螺旋弹簧的承载及特性线

圆柱螺旋压缩弹簧承受工作载荷时，弹簧的工作应力应在弹性范围之内。在此范围内工作的压缩弹簧，在工作载荷作用下将产生相应的弹性变形，如图 24-6a 所示。其中，H_0是弹簧不受载荷时的自由高度。为工作可靠，安装时应施加一个预压力 F_{min}，称为最小载荷。在它作用下，弹簧由自由高度 H_0被压缩到 H_1，相应弹簧产生的最小变形量为 λ_{min}。当弹簧承受最大工作载荷 F_{max}时，弹簧的高度由 H_1被压缩到 H_2，相应弹簧所产生的最大变形量为 λ_{max}。显然，$H_1-H_2=\lambda_{max}-\lambda_{min}=h$，$h$ 为弹簧的工作行程。弹簧在极限载荷 F_{lim}作用下，弹簧内的应力达到材料的弹性极限，此时弹簧被压缩到 H_3，相应弹簧的变形量为 λ_{lim}。弹簧的特性线如图 24-6b 所示。

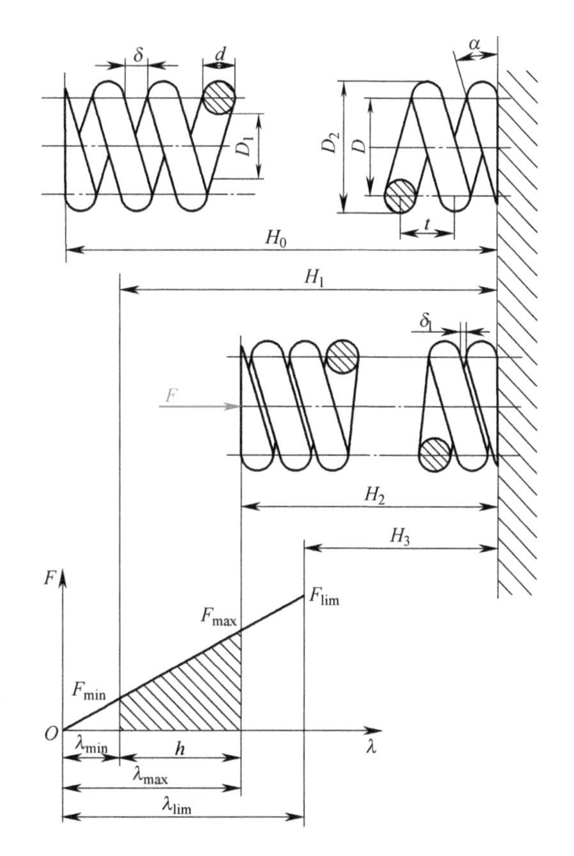

图 24-6　圆柱螺旋压缩弹簧的载荷及变形

如图 24-7a 所示，圆柱螺旋拉伸弹簧分为无初拉力和有初拉力两种。无初拉力的拉伸弹簧，其特性线和压缩弹簧完全相同（图 24-7b）。有初拉力

的拉伸弹簧的特性线如图24-7c所示，它在自由状态下就受初拉力F_0的作用，初拉力F_0是由于卷制弹簧时使各弹簧圈并紧和回弹而产生的。因此，图中增加了一段假想的变形量x，相应的初拉力F_0是弹簧开始变形时所需要的初拉力，当工作载荷大于F_0时，拉伸弹簧才开始伸长。

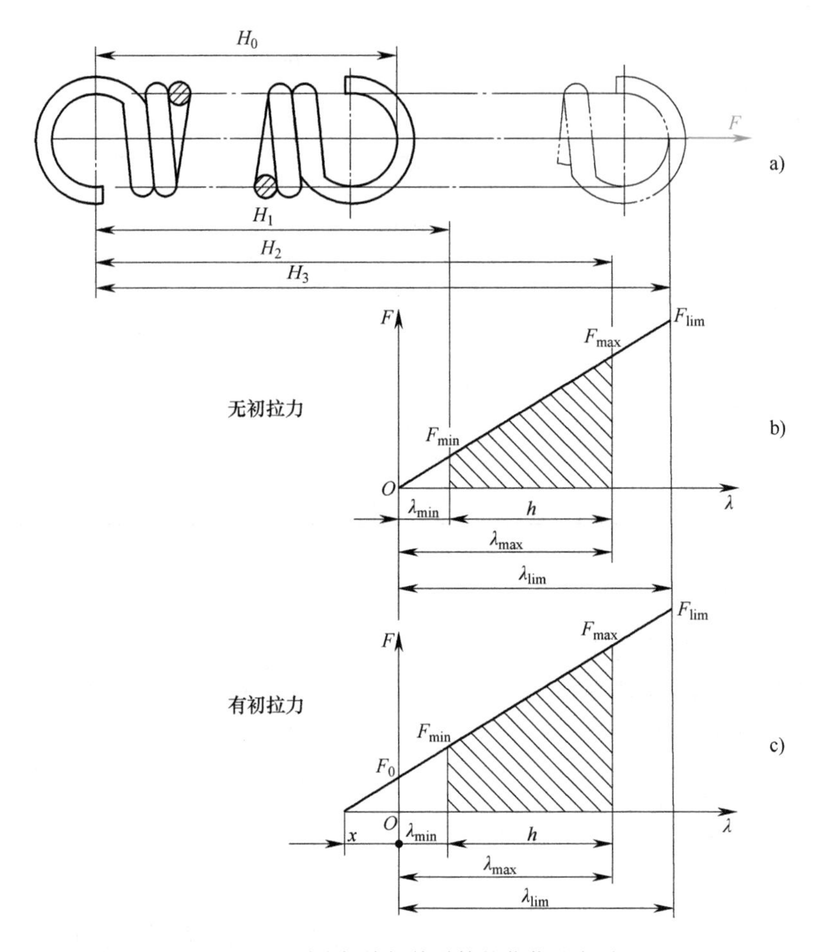

图 24-7 圆柱螺旋拉伸弹簧的载荷及变形

等节距的圆柱螺旋压缩、拉伸弹簧的特性线为一直线。压缩弹簧和无初拉力的拉伸弹簧，其载荷与变形的关系为

$$\frac{F_{\min}}{\lambda_{\min}}=\frac{F_{\max}}{\lambda_{\max}}=\frac{F_{\lim}}{\lambda_{\lim}}=\text{常量} \tag{24-2}$$

有初拉力的拉伸弹簧，其载荷与变形关系为

$$\frac{F_0}{x}=\frac{F_{\min}}{x+\lambda_{\min}}=\frac{F_{\max}}{x+\lambda_{\max}}=\frac{F_{\lim}}{x+\lambda_{\lim}}=\text{常量} \tag{24-3}$$

圆柱螺旋弹簧的最小工作载荷常取$F_{\min}\geqslant 0.2F_{\lim}$，对有初拉力的拉伸弹簧取$F_{\min}>F_0$，弹簧最大工作载荷$F_{\max}$由工况条件决定，为使弹簧保持直线的特性线，通常取$F_{\max}\leqslant 0.8F_{\lim}$。

三、弹簧的强度计算

设计圆柱螺旋弹簧时进行强度计算的目的在于确定弹簧中径D和弹簧丝直径d。

1. 应力分析

圆柱螺旋压缩弹簧和拉伸弹簧承受载荷时，弹簧丝受力情况完全相同。现以压缩弹簧为例进行受力分析。

如图 24-8a 所示，由于一般螺旋弹簧的螺旋角 α 都不大（$\alpha=5°\sim9°$），为简化计算，可设$\alpha\approx0°$，这种简化对于计算的准确性影响不大。此时垂直于弹簧丝轴线的剖面可近似地看成通过弹簧轴线。由力的平衡条件知，压缩弹簧在轴向载荷 F 作用下，弹簧丝剖面上作用着扭矩$T=F\dfrac{D}{2}$和切向力 F。

在扭矩 T 作用下，弹簧丝剖面上将产生扭应力。在弹簧中取出一段弹簧丝（图 24-8b），由于弹簧丝是曲杆，其外侧纤维比内侧长（$ab>a'b'$），在扭矩 T 作用下，内侧纤维的单位扭转形变将比外侧大，故弹簧丝内侧扭应力将大于外侧扭应力，其最大值 $\tau_{1\max}$发生在 A 点（图 24-8c）。经理论推导，$\tau_{1\max}$可按下式计算

$$\tau_{1\max}=\left(\frac{4C-1}{4C-4}\right)\frac{\dfrac{FD}{2}}{\dfrac{\pi d^3}{16}}=\left(\frac{4C-1}{4C-4}\right)\frac{8FD}{\pi d^3} \tag{24-4}$$

式中，$\dfrac{8FD}{\pi d^3}$为直杆受纯扭矩 T 时的扭应力（图 24-8c 中虚线所示）；$C=\dfrac{D}{d}$，称为旋绕比，当其他条件相同时，C 值越小，弹簧丝的曲率越大，弹簧内外侧的应力差越悬殊，材料利用率也越低。因此，在设计弹簧时，一般规定 $C\geqslant4$，常用值为 5~8。不同弹簧丝直径荐用的旋绕比见表 24-6。

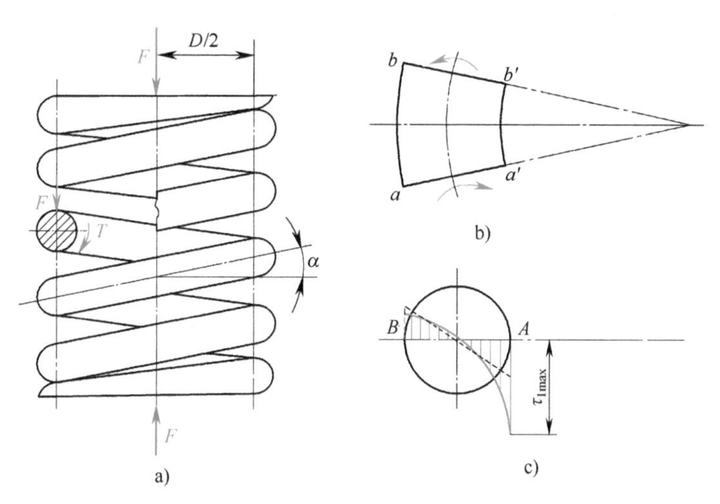

图 24-8　圆柱螺旋压缩弹簧的受力与应力分析

表 24-6　弹簧旋绕比 C

d/mm	0.2~0.5	0.5~1.1	1.1~2.5	2.5~7.0	7~16	>16
C	7~14	5~12	5~10	4~9	4~8	4~16

在切向力 F 作用下，弹簧丝剖面上将产生切应力。精确地分析表明，其最大值 $\tau_{2\max}$位于剖面的 A 点上，约为平均切应力 τ_2的 1.23 倍，即

$$\tau_{2\max}=1.23\tau_2=1.23\frac{F}{\frac{\pi d^2}{4}} \tag{24-5}$$

综合考虑扭矩 T 和切向力 F 的作用可知，弹簧丝剖面上的最大扭应力位于弹簧丝内侧 A 点处，其值为

$$\tau_{\max}=\tau_{1\max}+\tau_{2\max}=K\frac{8FD}{\pi d^3} \tag{24-6}$$

$$K=\frac{4C-1}{4C-4}+\frac{0.615}{C} \tag{24-7}$$

式中，K 称为曲度系数，因式中的$\frac{8FD}{\pi d^3}$是直杆受纯扭矩时的扭应力，故 K 可理解为弹簧丝的曲率和切向力对扭应力的修正系数。

2. 强度计算

由式（24-6）可建立弹簧的强度条件，即

$$\tau_{\max}=K\frac{8FD}{\pi d^3}=K\frac{8FC}{\pi d^2}\leqslant[\tau] \tag{24-8}$$

从而可得弹簧丝直径 d 的设计计算式为

$$d\geqslant1.6\sqrt{\frac{KFC}{[\tau]}} \tag{24-9}$$

式中，F 为弹簧的工作载荷，以 $F_{\max}$代入设计式；$[\tau]$ 为许用扭应力，由表 24-2 选取。

用式（24-9）计算时，因弹簧旋绕比 C 和弹簧钢丝许用扭应力 $[\tau]$ 的取值均与弹簧丝直径 d 有关，所以应进行试算才能求得弹簧丝直径 d（试算过程见本章例题）。

四、弹簧的刚度计算

设计圆柱螺旋弹簧时进行刚度计算的目的在于确定弹簧的圈数。

1. 弹簧的变形量

圆柱螺旋拉、压弹簧承受工作载荷后所产生的轴向变形量 λ，可由材料力学的公式计算。即

$$\lambda=\frac{8FC^3n}{Gd} \tag{24-10}$$

式中，n 为弹簧的有效圈数；G 为弹簧材料的切变模量，见表 24-2。

弹簧在最大载荷 $F_{\max}$ 作用下，将产生最大的轴向变形量 $\lambda_{\max}$。

对于压缩弹簧和无初拉力的拉伸弹簧

$$\lambda_{\max}=\frac{8F_{\max}C^3n}{Gd} \tag{24-11}$$

对于有初拉力的拉伸弹簧

$$\lambda_{\max}=\frac{8(F_{\max}-F_0)C^3n}{Gd} \tag{24-12}$$

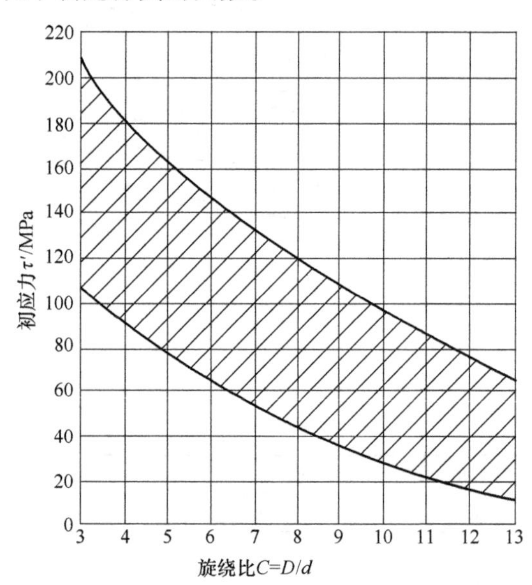

图 24-9 拉伸弹簧初应力的选择图

$$F_0=\frac{\pi d^3\tau'}{8KD} \tag{24-13}$$

式中，τ'为初应力，由图 24-9 的阴影区选取。

2. 弹簧的刚度

弹簧刚度是弹簧产生单位变形时所需的载荷，它是表征弹簧性能的主要参数之一。弹簧刚度计算式为

$$k=\frac{F}{\lambda}=\frac{Gd}{8C^3n} \tag{24-14}$$

由式（24-14）可知，影响弹簧刚度的因素很多，其中旋绕比 C 对刚度的影响最大，其他条件相同时，C 值越小，弹簧刚度越大，弹簧越硬，C 值过小时，还会使卷绕困难；C 值越大，弹簧刚度越小，弹簧越软。故 C 值的应用范围为 4~16。

3. 弹簧的圈数

由式（24-11）、式（24-12）可求得圆柱螺旋拉、压弹簧的有效圈数。

压缩弹簧和无初拉力的拉伸弹簧 $$n=\frac{Gd\lambda}{8FC^3} \tag{24-15}$$

有初拉力的拉伸弹簧 $$n=\frac{Gd\lambda}{8(F-F_0)C^3} \tag{24-16}$$

如果 $n\leqslant 15$ 圈，取 n 为 0.5 的倍数；如果 $n>15$ 圈，取 n 为整数。为保证弹簧具有稳定的性能，应要求弹簧的有效圈数 $n\geqslant 2$。

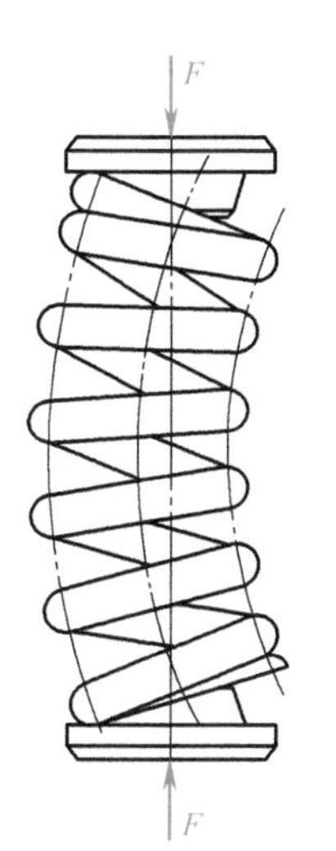

图 24-10　压缩弹簧的失稳

五、弹簧的稳定性计算

当压缩弹簧的高度较大时，受载后容易产生较大的侧向弯曲（图24-10）而失去稳定性。影响弹簧稳定性的主要因素是高径比 b（$b=H_0/D$），为保持弹簧的稳定性，高径比 b 按表 24-7 取值。

表 24-7　压缩弹簧的高径比 b

弹簧固定方式	两端固定	一端固定，一端回转	两端回转
高径比 b	≤5.3	≤3.7	≤2.6

当高径比的数值大于表中数值时，要进行稳定性验算。即

$$F_c=C_bkH_0>F_{max} \tag{24-17}$$

式中，F_c为稳定时的临界载荷；C_b为不稳定因子，由图 24-11 查取；H_0为弹簧的自由高度；F_{max}为弹簧的最大工作载荷。

如 $F_c<F_{max}$，应改变高径比 b 值或重选其他参数来提高 F_c值，以保证弹簧的稳定。若受结构限制不能重选参数时，可在弹簧外加导向套或在弹簧内加导向杆（图 24-12），也可采用组合弹簧。

六、承受循环载荷时螺旋弹簧的强度计算

承受循环载荷的螺旋弹簧，首先应该按弹簧的最大工作载荷 F_{max}和最大变形量 λ_{max}计算弹簧丝直径 d 和弹簧的有效圈数 n，然后，再进行弹簧的疲劳强度验算。

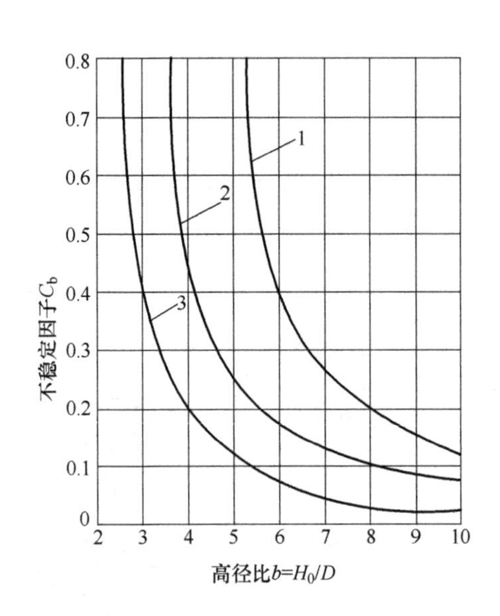

图 24-11 不稳定因子 C_b

1—两端固定 2——端固定一端回转 3—两端回转

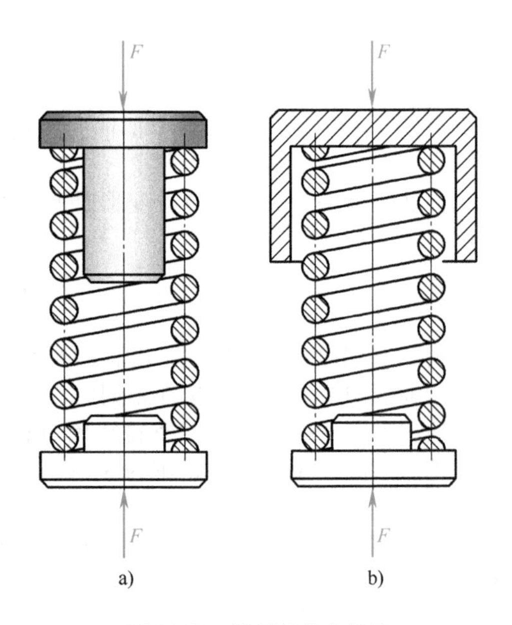

图 24-12 弹簧的导向装置

a）导向杆 b）导向套

当弹簧所受载荷在 F_{min}和 F_{max}之间循环变化时，弹簧的材料内部产生的最大和最小扭应力为

$$\tau_{max}=\frac{8KCF_{max}}{\pi d^2} \quad \tau_{min}=\frac{8KCF_{min}}{\pi d^2}$$

对应于上述循环应力作用下的螺旋弹簧，其疲劳强度安全因数验算式为

$$S=\frac{\tau_0+0.75\tau_{min}}{\tau_{max}}\geqslant[S] \tag{24-18}$$

式中，τ_0为弹簧材料的脉动循环扭剪疲劳极限，按载荷作用次数 N 由表 24-8 选取；$[S]$ 为许用安全因数，当弹簧设计数据精确度较高时，取 $[S]=1.3\sim1.7$，精确度较低时，取 $[S]=1.8\sim2.2$。

表 24-8 弹簧材料脉动循环扭剪疲劳极限 τ_0

变载荷作用次数 N	10^4	10^5	10^6	10^7
τ_0	$0.45R_m$	$0.35R_m$	$0.32R_m$	$0.30R_m$

注：表中 R_m为弹簧材料的抗拉强度。

七、组合弹簧的设计计算

将两个或几个外径和簧丝直径不同的弹簧同心套在一起，构成组合压缩弹簧（图 24-13）。为防止工作时支承面产生歪斜或弹簧之间相互嵌入，相邻的弹簧应采用不同的旋向：一个为右旋、另一个为左旋。组合弹簧的基本参数与普通螺旋压缩弹簧一样，以两个弹簧的组合弹簧为例，只是分别以 D_i表示内圈弹簧的中径，D_e表示外圈弹簧的中径。其他参数表示方法类同。

为保证组合压缩弹簧正常工作，设计组合弹簧时应满足以下条件：

1）轴向变形量相等。

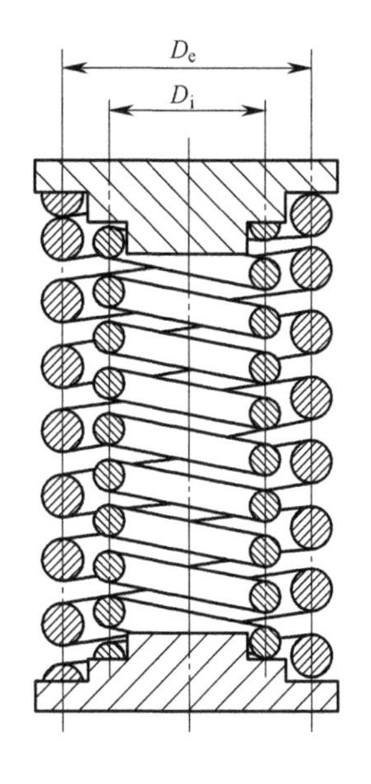

图 24-13　组合压缩弹簧

2）强度相等。

3）压并高度相等。

可以证明，满足上面三个条件时，各个弹簧的旋绕比必须相等。于是，内外弹簧的几何参数必须满足关系式

$$d_e/d_i = D_e/D_i \tag{24-19}$$

内外弹簧的载荷比为

$$F_e/F_i = d_e^2/d_i^2 \tag{24-20}$$

推荐取内外弹簧的径向间隙 $\delta_r=(d_e-d_i)/2$。这时，外弹簧的载荷由下式计算

$$F_e = F_{max}\frac{C^2}{C^2+(C-2)^2} \tag{24-21}$$

内弹簧的载荷为

$$F_i = F_{max}\frac{(C-2)^2}{C^2+(C-2)^2} \tag{24-22}$$

式中，F_{max}为组合弹簧承受的最大工作载荷；C 为弹簧的旋绕比（表 24-6），常用值为 5~8。

由式（24-21）、式（24-22）求得 F_e、F_i 后，可由式（24-9）计算内、外弹簧的簧丝直径 d_e、d_i，其他几何参数的计算，与压缩弹簧的计算方法一样。

第四节　圆柱螺旋扭转弹簧

圆柱螺旋扭转弹簧常用于压紧、储能或传递扭矩，如汽车起动装置的弹簧，电动机电刷上的弹簧，门窗的铰链弹簧和测力弹簧等。在自由状态下，弹簧圈之间不并紧，一般留有少量间隙（约 0.5mm），防止弹簧受载后各圈相互接触。

一、螺旋扭转弹簧的结构类型

螺旋扭转弹簧的结构类型如图 24-14 所示，图 24-14a 为常用的普通扭转弹簧；图 24-14b为并列双扭转弹簧；图 24-14c 为直列双扭转弹簧。

二、扭转弹簧的承载及特性线

扭转弹簧承受扭矩 T 时，在垂直簧丝轴线的截面 $B—B$ 内作用有弯矩 $M=T\cos\alpha$、扭矩 $T'=T\sin\alpha$（图 24-15）。因弹簧的螺旋角 α 很小，故扭矩 T'可忽略不计，且 $M\approx T$。由分析可知，在扭转弹簧的簧丝上主要受弯矩作用，可近似按承受弯矩的曲梁来计算，其最大弯曲应力及强度条件为

$$\sigma_{bmax}=\frac{K_1M}{W}\approx\frac{K_1T}{0.1d^3}\leqslant[\sigma_b] \tag{24-23}$$

由式（24-23）可导出扭转弹簧簧丝直径 d 的设计计算式为

$$d\geqslant\sqrt[3]{\frac{K_1T}{0.1[\sigma_b]}} \tag{24-24}$$

式中，W 为圆形截面弹簧丝的抗弯截面系数，$W=0.1d^3$；T 为扭转弹簧承受的工作扭矩；K_1 为扭转弹簧的曲度因子，$K_1=\frac{4C-1}{4C-4}$，常取 $C=4\sim8$；$[\sigma_b]$ 为许用弯曲应力，由表 24-2 选取。

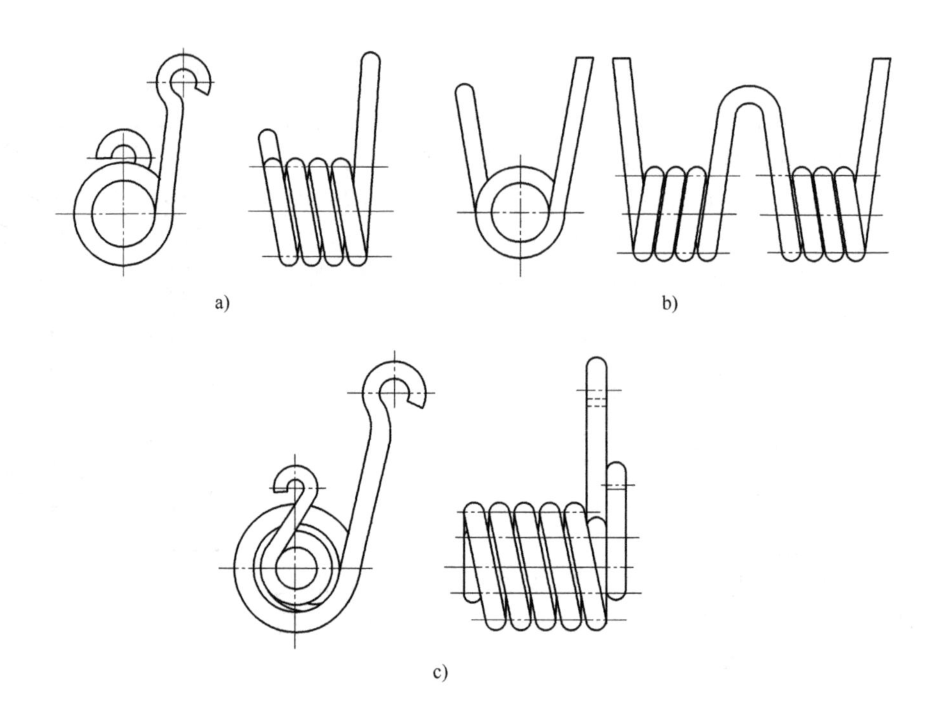

图 24-14 螺旋扭转弹簧的结构类型

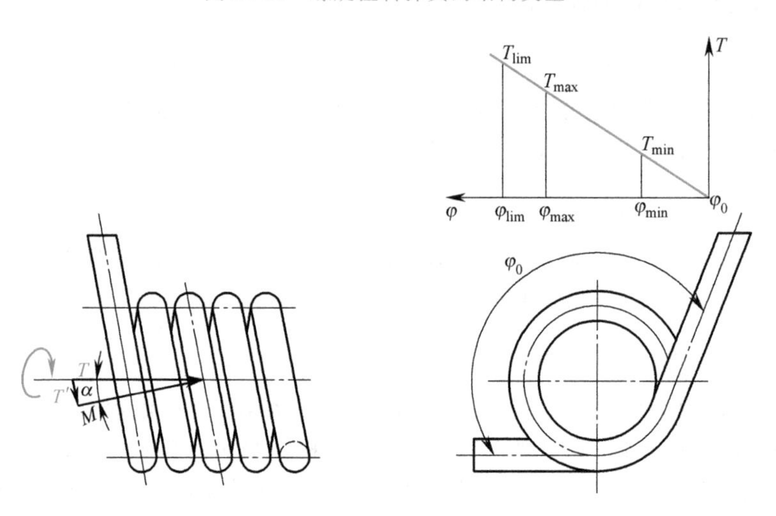

图 24-15 扭转弹簧的受力分析

使用式（24-24）时，应将最大扭矩 T_{max} 代入计算式。采用碳素弹簧钢丝时，因许用弯曲应力［σ_b］与 d 值有关，故应按试算法进行计算。

扭转弹簧在扭矩 T 作用下产生的扭转变形为

$$\varphi=\frac{\pi TDn}{EI} \tag{24-25}$$

由该式可求得扭转弹簧的有效圈数 n

$$n=\frac{EI\varphi}{\pi TD} \tag{24-26}$$

式中，φ 为扭转弹簧的最大变形角；I 为弹簧丝截面二次轴矩，对于圆形截面 $I=\pi d^4/64$；E 为弹簧材料的弹性模量，见表 24-2。

扭转弹簧的刚度 k 为

$$k=\frac{EI}{\pi Dn} \tag{24-27}$$

扭转弹簧的节距 $t=d+\delta$，δ 为弹簧自由状态下簧圈间的间隙，一般取 $\delta=0.5$mm。扭转弹簧丝的长度 $L=\frac{\pi Dn}{\cos\alpha}+l$，$l$ 为支承臂的长度，其值可依结构确定。其他几何参数计算与压缩弹簧相同。

在生产实践中，还有其他类型的弹簧：如平面涡卷弹簧，主要用于仪器仪表中的发条和武器的发射；碟形弹簧，通常将若干碟形弹簧组合应用，主要用在空间尺寸小，外载荷很大的缓冲、减振装置中，如飞机、火炮中的强力缓冲装置；环形弹簧，由若干个内外截锥圆环组成，具有很大的吸振和缓冲能力，常用在重型车辆、飞机起落架等缓冲装置中；板弹簧，由长度不等的弹性钢板重叠而成，主要用于各种车辆的悬挂装置和某些锻压设备中；近年来橡胶弹簧在许多机械设备中有所应用，同一橡胶弹簧能同时承受多向载荷，单位体积储能较大，能产生较高的内阻，适用于突然冲击和高频振动的场合；空气弹簧，是在一密闭容器中贮存压力空气，利用空气不可压缩性实现弹簧作用，空气弹簧可同时承受轴向和径向载荷，使用时无振动噪声，广泛用于航空、船舶、交通运输等机械，特别适用于车辆悬挂装置。上述各种弹簧，可参阅弹簧设计手册。

例题　设计一阀用圆柱螺旋压缩弹簧。已知装配弹簧时的预加载荷 $F_1=70$N，最大工作载荷 $F_2=235$N，弹簧的工作行程 $h=10$mm，要求弹簧外径不大于 18mm，载荷作用次数 $N=10^3$。

解：

计 算 与 说 明	计算结果
1. 选择弹簧材料确定许用应力	
根据工作条件选择碳素弹簧钢丝 C 级，因 $N=10^3$，属于Ⅲ类载荷，初设簧丝直径 $d_0=2.0$mm，由表 24-3 查得 $R_m=1710$MPa，根据表 24-2 可知，$[\tau]=0.45R_m$，故 $[\tau]=0.45R_m=0.45\times1710\text{MPa}=770$MPa	碳素弹簧钢丝 C 组 $[\tau]=770$MPa
2. 计算簧丝直径	
依题意由表 24-4 查取 $D=14$mm，则外径 $D_2=D+d_0=(14+2)\text{mm}=16\text{mm}<18$mm，满足题意要求	
旋绕比　$C=D/d_0=14/2=7$	$C=7$
确定曲度系数 K，由式(24-7)得 $K=\frac{4C-1}{4C-4}+\frac{0.615}{C}=\frac{4\times7-1}{4\times7-4}+\frac{0.615}{7}=1.2$	$K=1.2$
由式(24-9)计算簧丝直径 d $d\geqslant1.6\sqrt{\frac{KFC}{[\tau]}}=1.6\sqrt{\frac{1.2\times235\times7}{770}}\text{mm}=2.56\text{mm}$	
$d>d_0$，并相差较多，故重设 $d_0=2.5$mm，由表 24-3 查得 $R_m=1660$MPa，故取 $[\tau]=0.45R_m=0.45\times1660\text{MPa}=747$MPa	$[\tau]=747$MPa
仍取 $D=14$mm，则外径 $D_2=D+d_0=(14+2.5)\text{mm}=16.5\text{mm}<18$mm，满足题意要求	
旋绕比　$C=D/d_0=14/2.5=5.6$	$C=5.6$
$K=\frac{4C-1}{4C-4}+\frac{0.615}{C}=\frac{4\times5.6-1}{4\times5.6-4}+\frac{0.615}{5.6}=1.27$	$K=1.27$
再由式(24-9)得 $d\geqslant1.6\sqrt{\frac{KFC}{[\tau]}}=1.6\sqrt{\frac{1.27\times235\times5.6}{747}}\text{mm}=2.39\text{mm}$	$d=2.5$mm
d 与 d_0 相差很少，故取 $d=2.5$mm，$D=Cd=5.6\times2.5\text{mm}=14$mm，符合标准系列	$D=14$mm

（续）

计 算 与 说 明	计算结果
3. 求所需弹簧圈数 n	
由式(24-2)可知	
$\dfrac{F_2}{\lambda_2}=\dfrac{F_2-F_1}{h}$ $\lambda_2=\dfrac{hF_2}{F_2-F_1}=\dfrac{10\times235}{235-70}\text{mm}=14.24\text{mm}$	$\lambda_2=14.24\text{mm}$
由表 24-2 查得 $G=78.5\times10^3\text{MPa}$，由式(24-15)得	
$n=\dfrac{Gd\lambda}{8F_2C^3}=\dfrac{78.5\times10^3\times2.5\times14.24}{8\times235\times5.6^3}=8.47$ 圈	$n=9$
取有效圈数 $n=9$	
两端各取 1 圈支承圈，总圈数为：$n_1=n+2=9+2=11$	$n_1=11$
4. 主要几何尺寸	
弹簧外径 $D_2=D+d=(14+2.5)\text{mm}=16.5\text{mm}$	$D_2=16.5\text{mm}$
弹簧内径 $D_1=D-d=(14-2.5)\text{mm}=11.5\text{mm}$	$D_1=11.5\text{mm}$
弹簧节距 $t=(0.28\sim0.5)D=(0.28\sim0.5)\times14\text{mm}=(3.92\sim7)\text{mm}$	$t=5\text{mm}$
取 $t=5\text{mm}$	
确定弹簧的自由高度 H_0。采用两端并紧磨平结构，则	
$H_0=nt+(1.5\sim2)d=9\times5\text{mm}+(1.5\sim2)\times5\text{mm}=52.5\sim55\text{mm}$	
取 $H_0=54\text{mm}$	$H_0=54\text{mm}$
螺旋角 α $\alpha=\arctan\dfrac{t}{\pi D}=\arctan\dfrac{5}{\pi\times14}=6.49°$	$\alpha=6.49°$
弹簧的展开长度 L $L=\dfrac{\pi Dn_1}{\cos\alpha}=\dfrac{\pi\times14\times11}{\cos6.49°}\text{mm}=486.92\text{mm}$	
$L\approx487\text{mm}$	$L\approx487\text{mm}$
5. 稳定性验算	
高径比 $b=\dfrac{H_0}{D}=\dfrac{54}{14}=3.85$	
按两端固定结构考虑，由表 24-7，稳定性的条件为 $b\leqslant5.3$，故该弹簧已满足稳定性要求	稳定
其他验算从略	

文献阅读指南

本章介绍的螺旋弹簧应力和变形的计算公式是根据材料力学推导出来的，对弯曲和螺旋角的影响做了一些简化，因此有一定的误差。材料性能改进以后，设计应力提高，螺旋角加大，甚至会使弹簧的疲劳源由簧圈的内侧转移到外侧。对于重要的弹簧，为了能更精确地计算弹簧的应力和变形，可以采用有限元法。

1）本章介绍的螺旋弹簧设计计算方法的依据是 GB/T 23935—2009，它的理论基础源自材料力学。关于机械弹簧计算的经典著作是美国人 A. M. Wahl（沃尔）编著、谭惠民译的《机械弹簧》（北京：国防工业出版社，1981）。这方面比较新的书是殷仁龙编著的《机械弹簧设计理论及其应用》（北京：兵器工业出版社，1993）。

2）螺旋角比较大时，本章介绍的计算方法因误差过大而不适用，大螺旋角圆柱螺旋压缩弹簧的设计计算，可参阅张英会等主编的《弹簧手册》（2版，北京：机械工业出版社，2008）。

3）优化设计也已引入弹簧的设计计算。弹簧的旋绕比可以按最小质量、最小体积、最小高度等不同要求选取，可参阅张英会等主编的《弹簧手册》（2版，北京：机械工业出版社，2008）。

思考题

24-1　在圆柱螺旋弹簧的设计式中为什么要引入曲度系数 K？

24-2　在其他条件一定时，旋绕比 C 的取值对弹簧刚度有何影响？

24-3　为什么计算弹簧丝直径时要进行试算？

24-4　圆柱螺旋弹簧的强度计算和刚度计算分别解决什么问题？

24-5　组合弹簧设计应满足哪些条件？

习题

24-1　一圆柱螺旋压缩弹簧，弹簧外径 $D_2=33\text{mm}$，弹簧丝直径 $d=3\text{mm}$，有效圈数 $n=5$，最大工作载荷 $F_{max}=100\text{N}$，弹簧材料为B级碳素弹簧钢丝，载荷性质为Ⅲ类。试校核该弹簧的强度，并计算最大变形量 λ_{max}。

24-2　一承受静载荷的压缩弹簧，弹簧中径 $D=45\text{mm}$，弹簧丝直径 $d=6\text{mm}$，弹簧有效圈数 $n=10$，两端磨平并紧，弹簧材料为65Mn，试确定弹簧允许的最大工作载荷和主要几何尺寸（t、H_0、n_1、L），计算弹簧刚度并验算弹簧的稳定性（弹簧一端固定一端回转）。

24-3　设计一个普通溢流阀中的圆柱螺旋压缩弹簧。已知弹簧的预调压力 $F_1=300\text{N}$，变形量 $\lambda_1=10\text{mm}$，溢流阀的工作行程 $h=2\text{mm}$，弹簧中径 $D=15\text{mm}$，弹簧两端固定，载荷性质为Ⅲ类。

24-4　设计一圆柱螺旋拉伸弹簧。已知弹簧的工作行程 $h=10\text{mm}$，弹簧的最大工作载荷 $F_{max}=340\text{N}$，最大变形量 $\lambda_{max}=17\text{mm}$，要求弹簧外径 $D_2<24\text{mm}$，载荷性质为Ⅲ类。

24-5　设计一普通型圆柱螺旋扭转弹簧。已知弹簧的最大工作扭矩 $T_{max}=6\text{N}\cdot\text{m}$，最小工作扭矩 $T_{min}=1.8\text{N}\cdot\text{m}$，弹簧的工作转角为45°，载荷平稳。

第六篇

机械零部件的结构设计

结构设计是机械设计的基本内容之一。在产品形成过程中，结构设计起着十分重要的作用，它是完成从“原理解”转化为“实体解”（或称为“技术解”）的一个重要设计阶段，往往是整个设计过程中花费时间和精力最多的一个工作环节。

第二十五章讲述机械结构设计的一般方法和准则。它是对机械结构设计内容的一个综合和提炼。许多“方法”和“准则”，实际上只不过是一些“经验之谈”，并无高深的理论，读者完全可以通过自学掌握。然而，这些经验却是人们在长期的生产实践中积累起来的，有些甚至是从失败的教训中汲取的，因此是十分宝贵的。掌握这些内容，有利于树立正确的设计思想，加深对机械结构设计本质的认识和理解。

第二十六章介绍轴系和轮类零件的结构设计。轮类零件结构设计的主要内容包括结构形式、各部分的尺寸等，要求会选、会用。轴的结构设计和滚动轴承的组合结构设计统称为轴系的结构设计，主要内容包括轴上零件的固定方法、轴的结构设计、轴系的常见支承方式以及结构工艺性等。轴系的结构设计内容丰富，是本篇的重点。

第二十七章介绍机架、箱体和导轨的结构设计。内容包括机架和箱体的类型、截面形状的选择、壁厚、加强肋的布置原则和连接结构设计等；同时，也介绍了导轨的类型，重点是普通滑动导轨和滚动导轨。并从结构设计的准则出发，阐述这些零件在结构设计中需要特别注意的事项，如刚度、强度、振动稳定性以及热变形等。

此外，螺纹连接、轴毂连接也有一些结构设计问题，未纳入本篇，可参看第五篇的有关章节。

第二十五章 机械结构设计的方法和准则

内容提要

本章讲述机械结构设计的一般方法和准则。主要内容有：结构设计的特点、结构设计的一般步骤、结构方案的扩展方法、结构类型、结构设计的基本要求和结构设计应遵循的原则等。

第一节 概述

结构设计是机械设计的基本内容之一，也是设计过程中花费时间最多的一个工作环节，在产品形成过程中，起着十分重要的作用。

如果把设计过程视为一个数据处理过程，那么，以一个零件为例，工作能力设计只为人们提供了极为有限的数据，尽管这些数据对于设计很重要，而零件的最终几何形状，包括每一个结构的细节和所有尺寸的确定等大量的工作，均需在结构设计阶段完成。其次，因为零件的构形与其用途以及其他“相邻”零件有关，为了能使各零件之间彼此“适应”，一般一个零件不能抛开其余相关零件而孤立地进行构形。因此，设计者总是需要同时构形较多的相关零件。此外，在结构设计中，人们还需更多地考虑如何使产品尽可能做到外形美观、使用性能优良、成本低、容易加工制造、维修简单、方便运输、报废后便于回收材料以及对环境无不良影响等。因此可以说，结构设计具有“全方位”和“多目标”的工作特点。

一个零件、部件或产品，要实现某种技术功能，往往可以采用不同的构形方案，而目前这项工作又大都是凭着设计者的“直觉”进行的，所以结构设计具有灵活多变和工作结果多样性的特点。

对于一个产品来说，往往从不同的角度提出许多要求或限制条件，而这些要求或限制条件常常是彼此对立的。例如，高性能与低成本的要求，结构紧凑与避免干涉或具有足够调整空间的要求，零件既要加工简单又要装配方便的要求等。设计者必须面对这些要求与限制条件，并根据其重要程度来寻求某种“折中”，求得对立中的统一。

第二节 结构设计的一般步骤和方案扩展

结构设计中的两个基本问题是：按照什么样的规律设计出一个零件、部件或一个复杂系统；如何获取更多的结构方案供人们选择。

一、结构设计的一般步骤

一般来说，结构设计应当从分析零件的“功能表面”开始，然后通过功能表面的“连接”构思具有一定形体的零件，再由零件组合成部件、机器。当然，最终功能表面还是通过物体的形体（零件）实现的。现通过一个简单的例子说明这个过程。如图25-1a所示，要求设计某一“支承结构”，使系统1支承在系统2上，即令系统1的力F有效地传给系统2。

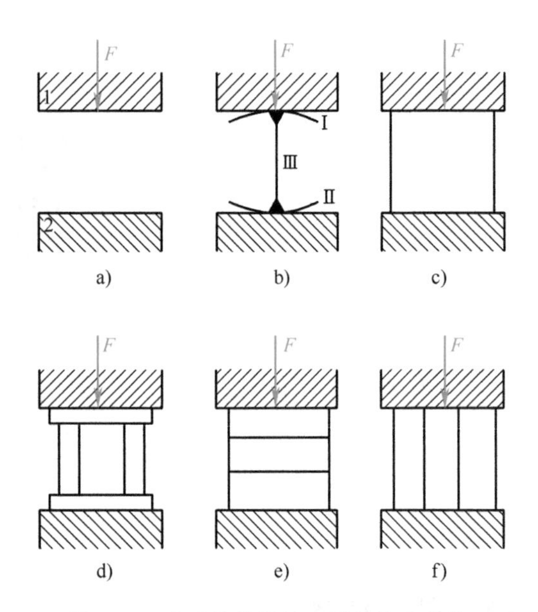

图25-1 支承结构设计过程与构形变化

按照前面所说从分析功能表面求索零件的顺序，首先想到的是必须有两个功能表面Ⅰ和Ⅱ，通过与系统1、2分别接触而起作用，并且需要一个“连接部分”Ⅲ将功能表面Ⅰ、Ⅱ连接起来，如图25-1b所示。由此构思物体（“支承件”）的形状，于是人们自然地想到了如图25-1c所示的矩形结构。它由一个零件构成，是这个问题的“整体结构”解。当然，人们也可能想到其他的结构形式，如图25-1d、e、f等。它们不是由一个而是由多个零件组成的“分体结构”解。

现在，由于人们掌握了许多常用零、部件的功能和作用，因此结构设计往往并不总是按照上面所说的工作顺序（即从功能表面到零件，再由零件到部件或机器）进行，而是从常用零、部件开始，直接进行机器或更复杂系统的设计。但是，为要研究结构设计中一般课题（包括那些非常规的、人们并不熟知的课题）的求解，为寻求获得更多构形方案的方法，从而在更大范围内寻求最佳解，我们有必要从寻求构形的功能表面解入手，探讨结构设计的一般规律。

二、构形变化——结构方案的扩展方法

一般来说，一个零件（物体）是由多个表面组成的，它们通过棱边邻接，也通过棱边隔开。因此，形成物体边界的表面可以成为物体或零件的“构形元素”。零件的构形可以通过其“构形元素”的参数确定或变化来实现。构形元素的参数变化分为：

（1）尺寸变换　图25-2所示为一简单形体，人们可以通过改变表面尺寸（长、宽）或棱边长度来改变其构形。

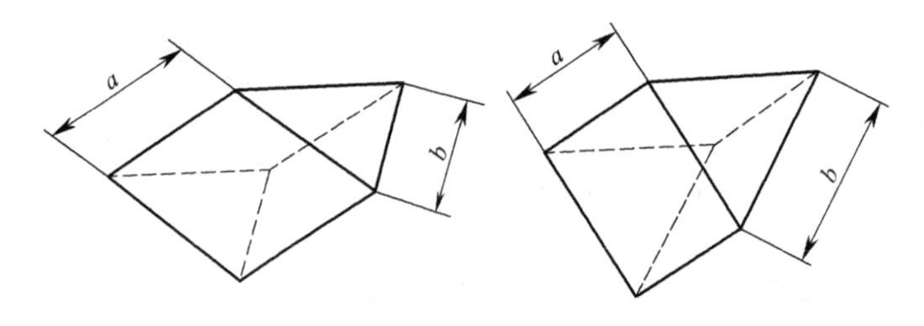

图25-2 用尺寸变换方法改变零件的构形

在尺寸变换中，有一种特殊情况是经常采用的，即通过使角度或者距离相等的处理方法得到对称的构形方案。

（2）形状变换　如图25-3所示，零件的构形也可以通过改变其表面形状来变换。原则上零件表面可以是平面、圆柱面、球面或任何一种曲面，但是除非功能有特殊要求，一般不

应采用制造费用昂贵的表面形状。因此，对于零件的形体来说，形状变换的限制条件应当是：采用尽可能简单和可用某种经济制造手段实现的表面。

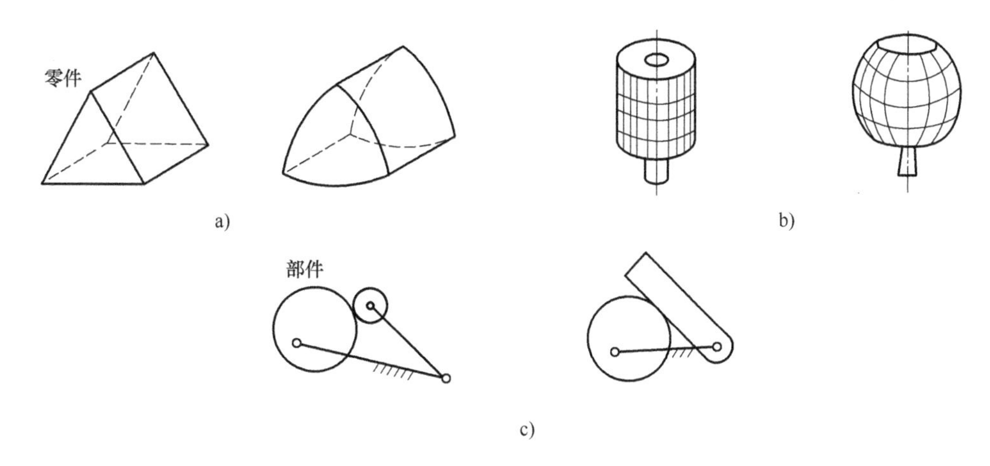

图 25-3　用形状变换方法改变零件的构形

（3）数量变换　通过改变“构形元素”的数量改变零件的构形，如图 25-4 所示。类似地也可以用改变零件数量的方法来改变部件或机器的构形，如图 25-5 所示。

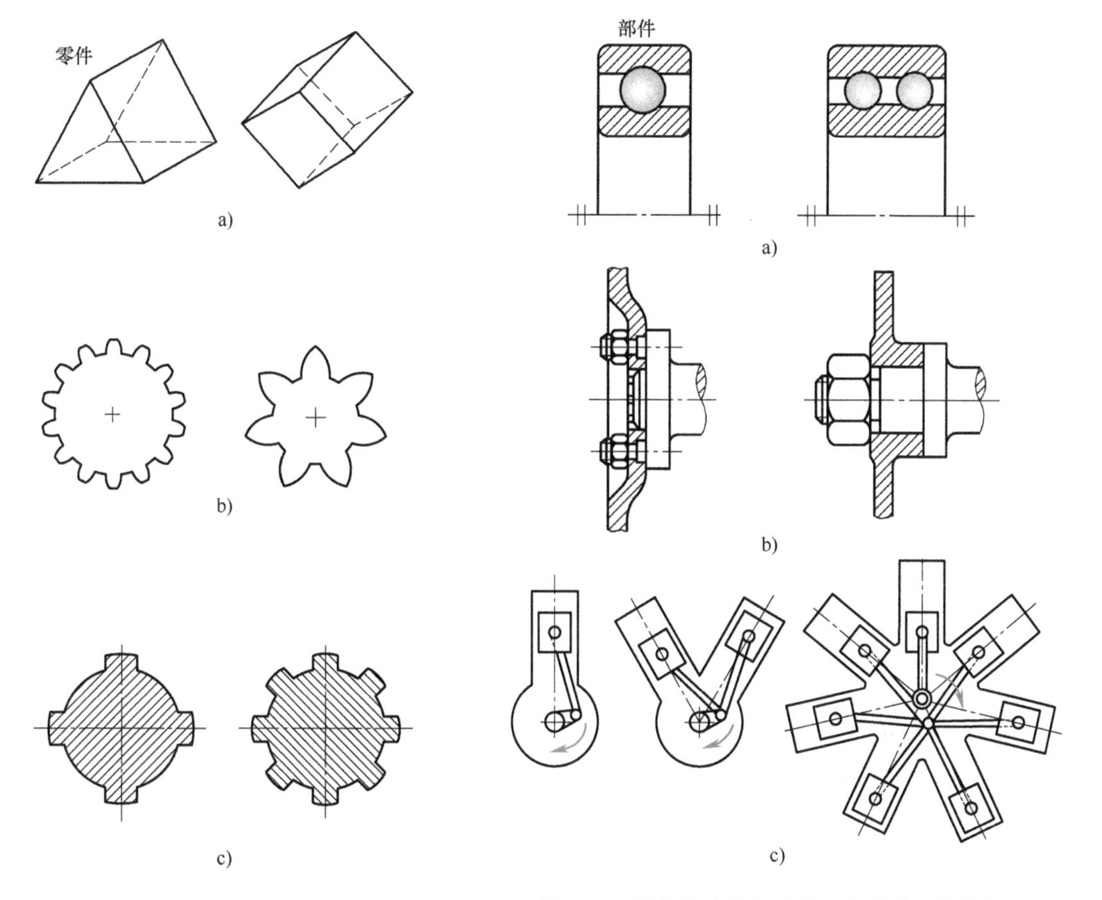

图 25-4　用数量变换方法改变零件的构形

图 25-5　用数量变换方法改变部件或机器的构形

（4）位置变换　对于零件来说，要理解位置变换的含义，最好把功能表面想象成一个正面和一个背面。然后通过变换功能面的位置，即可改变零件的构形，如图 25-6a、b、c 所示。位置变换的方式也可用于部件或机器的构形，如图 25-6d 所示。

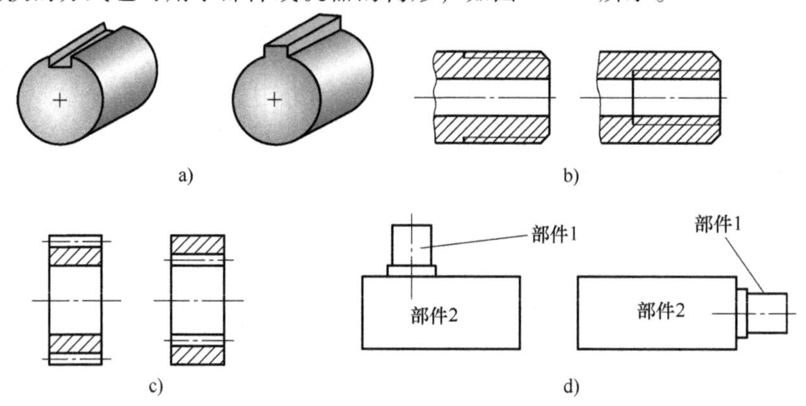

图 25-6　用位置变换方法改变零、部件或机器的构形

（5）顺序变换或排列变换　例如，某连杆具有 3 个功能表面（3 个圆柱孔），如图 25-7 所示。通过变换各功能表面的连接顺序或排列的方法，在不改变连杆功能的前提下，可获得连杆的多种构形方案。类似的变换，在结构设计中经常会用到，它可比较各种结构的优劣，从中选择满意的方案。

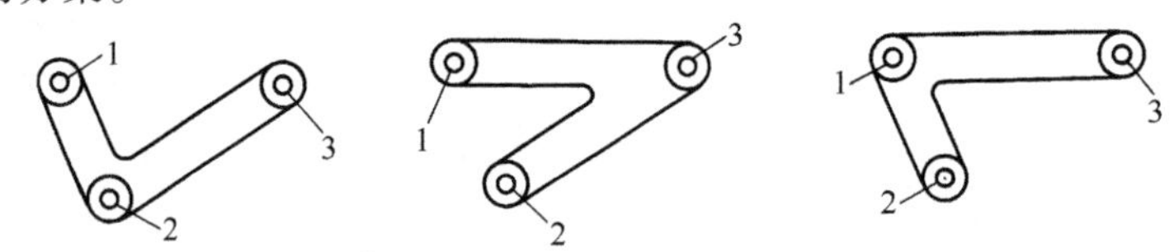

图 25-7　连接顺序或排列的变换

第三节　结构类型

出于强度、加工、安装、用料、维修等方面的考虑，往往可以对结构采取不同的处置方法，从而形成结构方式的多样化。

一、整体结构与分体结构

图 25-8 表示某凸轮轴的两种不同结构方式：图 25-8a 为凸轮与轴的整体结构，图 25-8b 为分体结构。通常整体结构多用于轴上零件与轴的直径尺寸相差很小时，由于受轴毂连接强度的限制，在不能采用分体结构时，而被迫采用的一种形式。类似的情形还有齿轮与轴的整体结构和蜗杆与轴的整体结构等。整体结构的优点是省去了轴毂连接的加工和装配工序；缺点是轴上零件，如凸轮、齿轮、蜗杆等，必须与轴共用同一材料，且一旦轴上局部功能（凸轮、齿轮、蜗杆）失效，将会导致其零件整体报废。

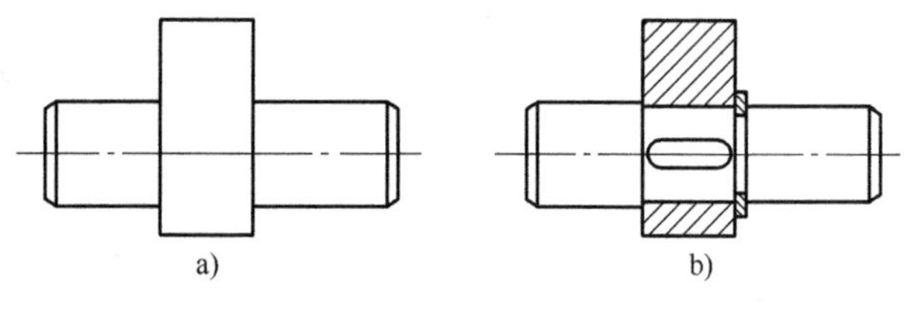

图 25-8　整体结构与分体结构比较
a）整体结构　b）分体结构

二、分立结构与集成结构

图 25-9 所示为分立结构与集成结构比较。图 25-9a 表示三套独立的凸轮机构，通过齿轮连动达到动作协调，每个凸轮都有自己的支承轴系。图 25-9b 则表示将三个同样的凸轮，按照一定相位关系集中安装在同一轴上，两者具有相同的使用效果。前者为分立结构，后者则为集成结构。

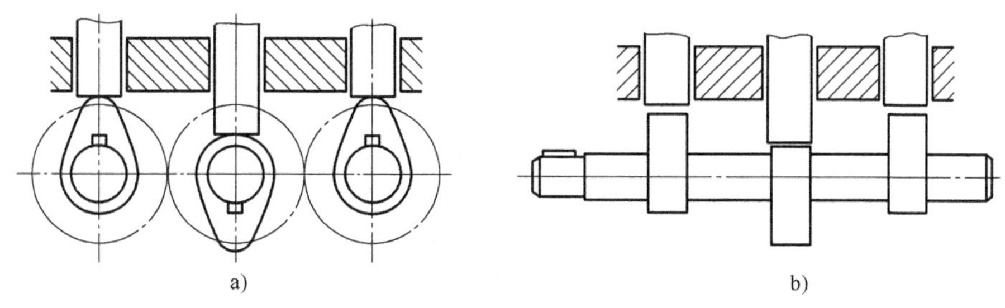

图 25-9　分立结构与集成结构比较
a）分立结构　b）集成结构

三、单功能结构与多功能结构

自然界的材料往往具有多种物理性质，因此结构在实现某一功能的同时，也还具有其他潜在的功能。开发这些功能往往无须付出更多的费用就能收到满意的效果。例如：铁路的铁轨，既可作为火车的轨道，也可作为一种导电体；某些汽车的底盘管（车架纵梁），既可以承载，也可作为暖风从发动机送往车厢的传输管道。所谓多功能结构，是指利用同一结构上的不同特点实现多种功能的结构。在结构设计中，多功能的结构设计很多，但其大体分为两种情况：其一为同一功能被多次利用，如图 25-10 中的凸轮，可同时或先后推动多个从动件；其次，如图 25-5c 多组结构中的同一曲轴带动多个连杆和活塞等均属于这种情况。

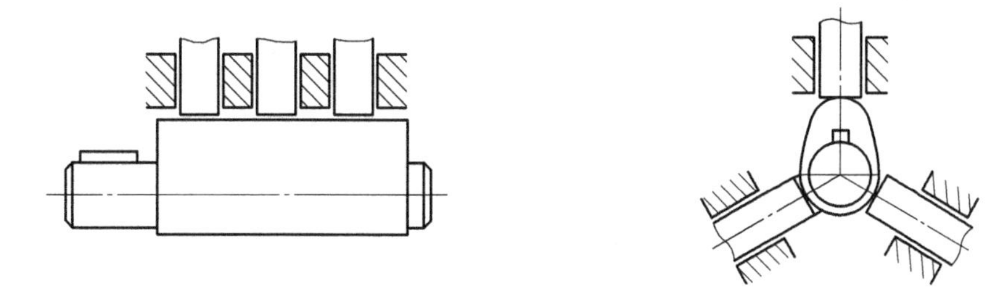

图 25-10　多次利用同一功能的多功能结构

另一情况，则是在同一结构件上开发性质迥异的不同功能。例如，在凸轮轴或曲轴上设置导油油路以润滑摩擦副，在机器壳体上设置起重吊耳或散热片等都属于这一类。如图 25-11a中的凸轮轴为单功能结构，图 25-11b 中的凸轮轴为多功能结构。

四、不同受力性质的结构

有些零、部件，在结构和受力性质上存在很大差异，却能实现相同的功能要求。在这种情况下，应对其优、缺点进行分析比较，并根据具体情况决定取舍。以车轮为例，图 25-12 所示的两种结构形式在实际中均有应用。其中，图 25-12a 所示车轮的轮辐属于受压性质，而图 25-12b 所示车轮的轮辐则属于受拉性质。设计中，前者轮辐的结构尺寸通常需按受压

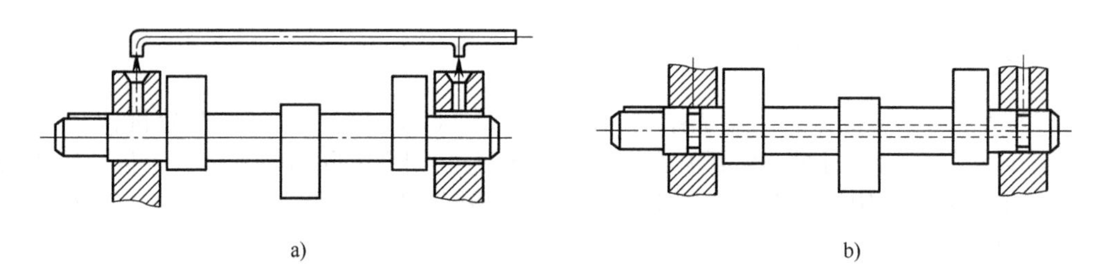

图 25-11 单功能结构与多功能结构比较
a）单功能结构凸轮轴 b）多功能结构凸轮轴

条件确定，其轮辐横截面尺寸不宜过小；后者由于将受压轮辐改为受拉辐条，而使轮辐的结构尺寸大大缩小。目前人们广泛使用的自行车车轮，正是从这种结构及受力性质的变换过程中，切实得到了结构"轻巧"的好处。

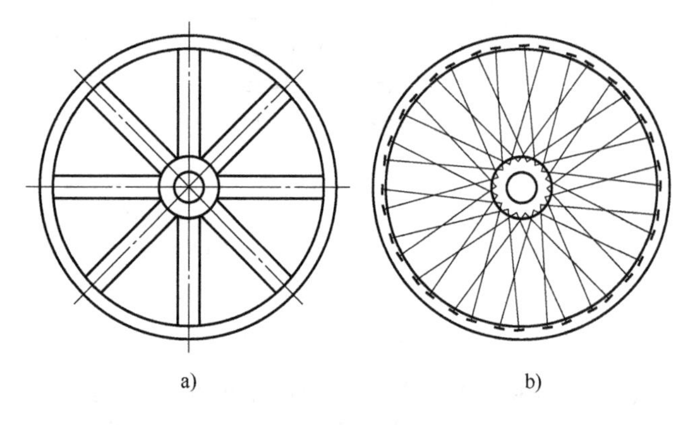

图 25-12 结构差异导致应力性质改变
a）轮辐式车轮 b）辐条组装车轮

五、不同加工方法的结构

零件的结构形式随加工方法的不同而改变，可分为铸造结构、焊接结构等。图 25-13 表示功能相同的连杆在采用不同加工方法时的结构形式。

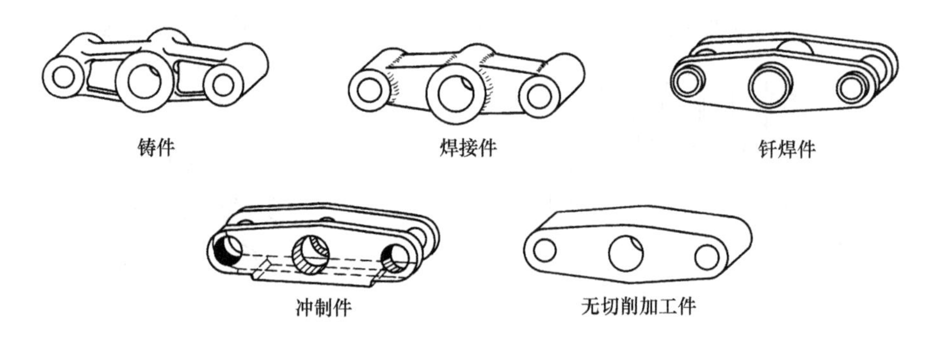

图 25-13 采用不同加工方法的结构形式

第四节 结构设计的基本要求

结构设计的基本要求可以归结为三个方面，即明确、简单和安全可靠。

一、明确

所谓明确，是指结构应能清晰地表达设计者的意图，不应是模棱两可的。实现后的结构，其作用效果必须确切肯定，并与设计者的预期效果一致。关于结构设计"明确""不明确”，以及“不明确”设计可能产生不希望的效果举例见表25-1。

表25-1　体现明确要求的结构设计（举例）

明　确　的	不 明 确 的	不希望的效果
V带侧面工作 使传动的承载能力得到提高	V带的工作面不明确	V带处于非正常工作状态 其优点不能得到发挥
零件1的功能明确 零件2在轴3上的位置得到确定	零件1的作用不明确	零件1不能紧靠零件2 致使其在轴上的位置不能被确定

二、简单

简单有两重含义：其一是指构形简单，即采用尽可能少的几何量和简单的要素，不应毫无理由地使结构复杂化；其二是指实现结构简单，“使事情做起来容易、快捷”，即力求使产品的生产过程省力、省时。

在结构设计中，往往需要采用分析、辩证的方法理解简单的要求。因为构形简单与实现结构简单的要求，有时一致，有时会有冲突。譬如为了保证轴上零件与轴有较高的同轴度，轴-毂之间往往选择较紧的过渡配合或过盈配合。在这种前提下，虽然图25-14a在轴的形体上更为简单，但是从轴-毂装拆方便（即“装拆简单”）的角度考虑，则图25-14b更符合“简单”要求，是好的设计，图25-14a则是不好的设计。所以说，关于结构设计中的简单要求，不能单纯理解为零件的形体简单，更应当理解为“使做事简单”。

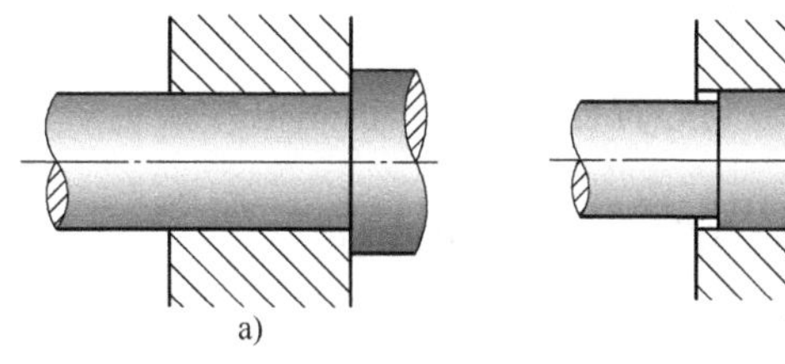

图25-14　考虑装拆简单原则的构形比较

图25-15为某包装机中光轴的结构设计。乍看起来，它与前面所说的装拆简单要求不符，不是好的设计。但是由于实际上该轴的转速不高且传力甚小，轴上零件如齿轮、离合器固定圆盘等对中要求不高，故与轴的配合均可采用间隙配合。这样一来，由于零件的装拆不再存在困难，而采用光轴结构却使轴的形体简单，加工制造也大为简化。对于单件生产方式，它的好处或许并不明显，但对于大规模生产方式，其优点则非常突出，由此带来的经济效益也相当可观。

三、安全可靠

安全可靠要求一方面是针对机器（或零件）的，另一方面则是针对人和环境的。对于机器来说，首先是指在正常使用条件下，机器应当具有稳定的性能和足够的耐用性；其次是指机器对于环境应具有较强的适应能力。例如，在气候变化和受振动冲击时，机器应能保持

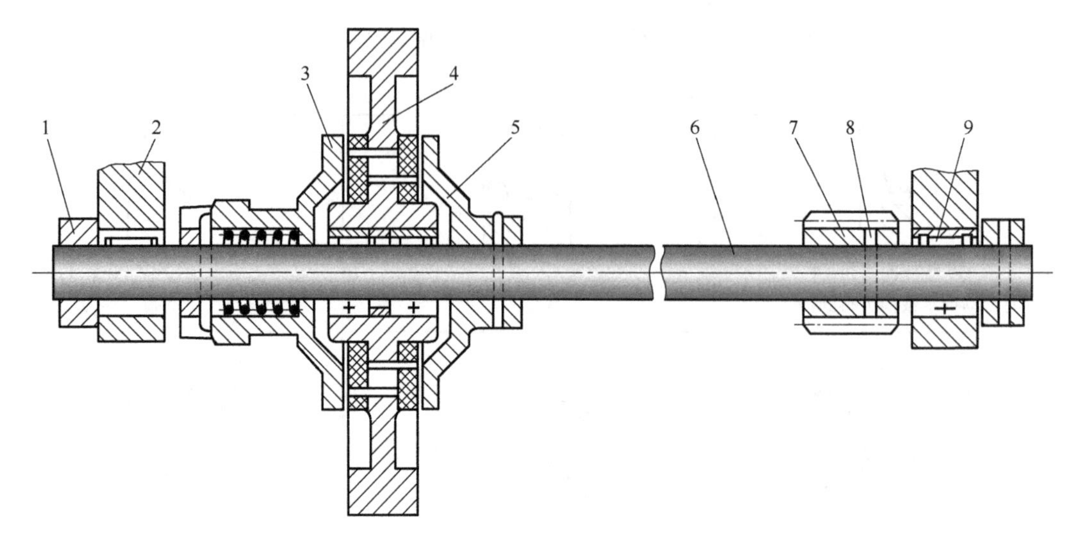

图 25-15 符合简单原则的设计实例

1—挡圈 2—机架 3—摩擦离合器压盘 4—带轮 5—摩擦离合器承受盘
6—光轴 7—齿轮 8—销 9—滚针轴承

性能稳定和不损坏。此外，有时还要求当发生非正常使用（如过载或误操作等）时，机器应具有自身安全保护功能等。在任何情况下，人的安全必须给予足够重视，尤其在机器的生产和使用过程中，应力求避免机器或零件对人造成伤害。例如，在结构设计中，对零件的某些边、角进行倒角或倒圆，以及在带传动、链传动和齿轮传动装置中设置防护罩等都是基于安全要求的考虑。广义的对人安全还应当包括环境的安全。结构设计必须保证机器的噪声、辐射以及排放物等符合环境保护的规范要求。

第五节 结构设计的原则

结构设计的原则不应也不可能时时处处被全部搬用，但却可提示人们在结构设计中应注意些什么以及如何使设计更趋于合理。

一、任务分配原则

任务分配原则强调将一个总功能分解为若干基本功能，为每个基本功能配置一个相应的功能载体，用多个分功能来实现总功能，以满足产品多方面的要求。这样，不仅可以充分利用每种材料或结构元素在某一方面突出的优点来达到提高产品性能的目的，也可以改善制作和安装的工艺性，从而使生产变得简单并可实现并行操作。成功运用该原则的设计实例很多。以V带为例，人们用柔软而抗拉强度较高的线绳等材料制作受拉的承载层，用弹性较好的橡胶制作易变形的伸长或压缩层，用耐磨性较好的挂胶帆布制作包布层，从而较好地满足了对V带强度、变形和耐磨性等多方面的要求。自行车车轮的设计也是运用该原则的一个极好的范例。车轮的功能是“支承（负重）”并通过与车轴“接合”实现“行进”。然而，对于自行车这种产品来说，车轮还有许多附加要求，如运转灵活、质量小、造价低、美观、能缓和行进中的冲击振动、耐用、失效后可修复等。众所周知，目前车轮的做法是：通过轴承与轴相连达到运转灵活，用轴皮、辐条和车圈组成一体实现支承功能，用内、外车胎实现缓冲、吸振和耐磨功能，并且总体实现了减重、美观、可修复等要求，价格也广为人们所接受。试想若采用同一材料和整体式结构则很难同时满足这许多方面的要求。

二、自助原则

系统元件通过本身结构或相互关系，在工作过程中产生增强功能或避免功能减弱，以及有利于系统安全的措施称为自助。设计中应充分利用自助原则，努力使结构趋于合理。自助原则通常又可分为自加强、自补偿和自保护三种。

（1）自加强原则　若工作状态下产生的辅助效应与初始效应一致，使结构系统的总效应得到加强，就称为自加强。图 25-16a 中压力容器的检查孔盖的结构设计，就是自加强原则的应用。当容器工作时，其内部压力 p 使孔盖与容器主体间密封效果得到增强。显然，图 25-16b则是自削弱的结构。

（2）自补偿原则　若工作状态下产生的辅助效应与初始效应合成为有利的工作状态或可有效地避免不利工作状态的发生则称为自补偿。在图 25-17a 中，由于相对于工作载荷蒸汽推力 F 的方向，汽轮机叶片做向后倾斜配置，使工作载荷 F 与惯性离心力 F_c 在叶片上产生相反的弯曲效果，于是叶片根部弯曲应力被部分抵消，从而获得总工作应力减小的补偿效果。反之，图 25-17b 中的汽轮机叶片做向前倾斜配置，则两种作用效果会使叶片根部的受力趋于恶化。

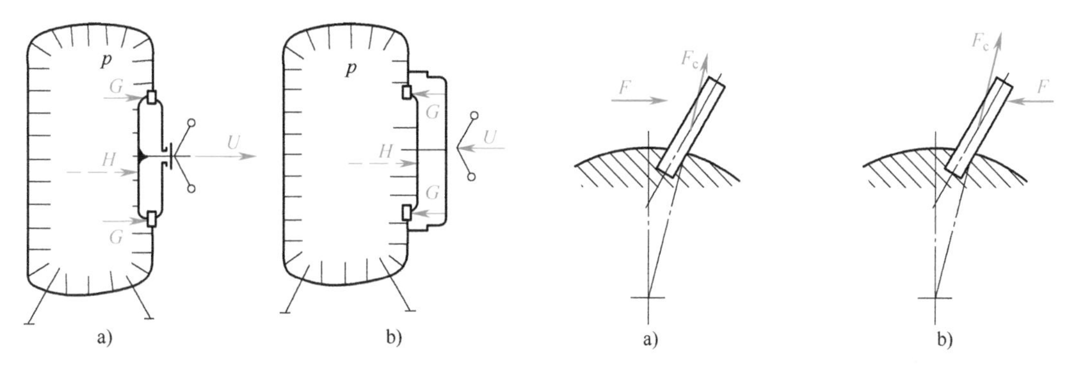

图 25-16　检查孔盖的自助和自损配置
a）自加强构形　b）自削弱构形
U—初始效应　H—辅助效应　G—总效应　p—内压力

图 25-17　汽轮机叶片的自助和自损配置
a）自加强构形　b）自削弱构形
F—驱动力　F_c—惯性离心力

（3）自保护原则　当工作状态对于系统或其重要功能元件产生不利影响时，能够有效地保护系统或其重要功能元件不受损害的措施就称为自保护。如图 25-18 所示梯形齿牙嵌离合器，具有安全销的安全联轴器以及摩擦传动中过载时的打滑、流体压力系统中溢流阀的运用等都是自保护原则的应用。

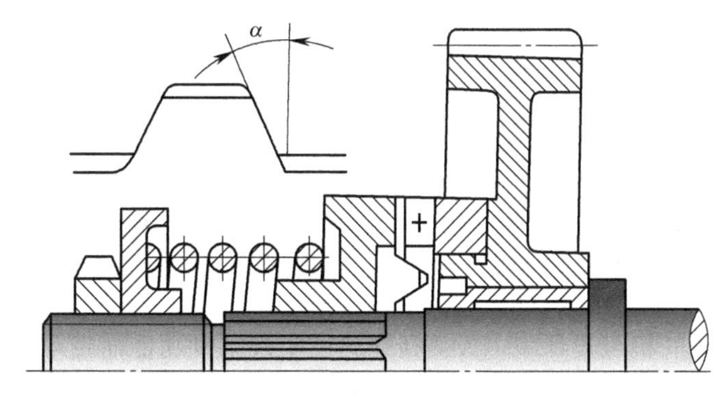

图 25-18　梯形齿牙嵌离合器

三、力与变形原则

通常人们总是希望用较少的材料来满足零件必要的强度、刚度等方面的要求。因此，零件的受力是否合理，材料是否得到了充分利用，就成为结构设计需要关注的一个问题。

（1）传力简捷原则　图 25-19 表示相同材料、相同厚度、不同结构形式零件，在传递相同力 F 时，其尺寸的对比情况。图 25-19a 传力最直接，力流路径最短，所用材料最少；图 25-19b、c 的力流路径较长，所用材料较多。因此，要想零件使用较少材料和具有较小的工作变形，则：

1）最好使零件处于单纯受拉或受压工作状态，尽量不使其受弯曲或扭转。

2）应使零件处于简单应力状态，避免复合应力状态。

反之，如果希望零件在工作中能够产生较大的弹性变形，则应加长力的传递路径，并应使其受弯曲或扭转。实际上，像螺旋弹簧和 U 形管道的应用就是如此。

（2）力流平缓原则　为了减缓应力集中影响，可在零件适当的地方设置卸载结构。譬如在图 25-20 中，图 25-20a 表示在截面变化处应力发生急剧变化，图 25-20b 则表示利用切环槽方法，改变主要应力集中源处的力流变化，使力流趋于平缓，应力集中减小。

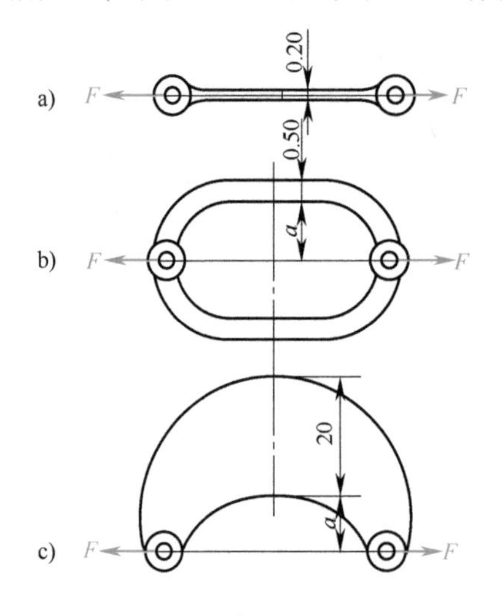

图 25-19　力流对零件强度的影响

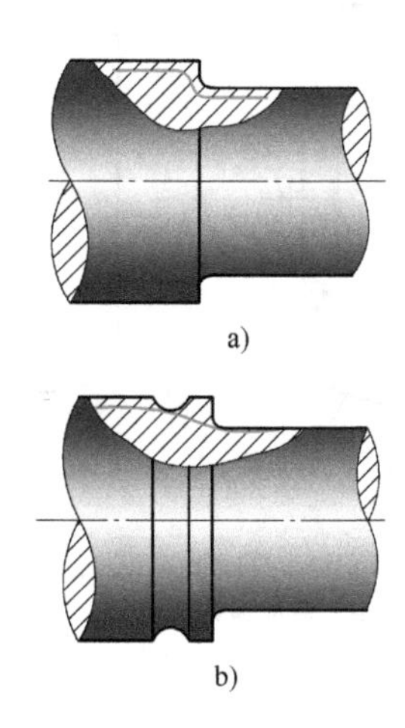

图 25-20　用切环槽方法使力流变化趋缓

（3）变形协调原则　在结构设计中，应尽可能使相互作用的两相关零件变形方向或变形性质一致，以避免或减少应力（或载荷）集中。如图 25-21a 所示，当轴、毂以过盈配合连接方式传递转矩时，因轴、毂工作变形的方向相反，力流变化急剧，A 处应力集中严重；而图 25-21b 由于结构上的改进，使轴、毂工作变形方向协调一致，力流变化趋缓，应力集中减轻。类似的应用还有悬置螺母，它是通过使螺母与螺杆旋合部分取相同的拉伸变形性质，从而改善旋合螺纹牙间的载荷分布不均现象的。

（4）等强度原则　这是通过适当选择材料或零件结构（形状、尺寸）的方法，尽可能做到均衡地利用材料的一种设计原则。例如，标准螺栓连接，其螺母高度、螺栓头高度等与螺栓直径的关系就是按等强度原则设计的。图 25-22 所示是将一个悬臂结构按近似等强度原则进行构形的。

（5）力补偿原则　机械设计中，人们往往为了实现某种功能而带来一些附加的力效应，如斜齿轮的轴向推力、惯性力等。按照传力简捷的原则，为使附加力限制在较少零件范围或零件的局部区域内，在结构设计中可采用力补偿原则进行处理，如图 25-23 所示。

（6）材料物性原则　材料物性原则是指设计中在处理结构的受力、变形问题时，应当考虑材料的受力、变形特点。譬如铸铁等脆性材料，其抗压强度较高，而抗拉及抗弯能力较差。所以，在图 25-24 中，当支架材料选择铸铁时，图 25-24a 比图 25-24b 受力合理。相反，当选择钢或塑料材料时，考虑到纵向弯曲因素，则图 25-24b 比图 25-24a 受力合理。其次，由于铸铁在受力时（直至破坏前）其变形很小，因此试图利用铸铁零件的变形达到“锁紧”的构形是不合理的，如图 25-25b 所示。

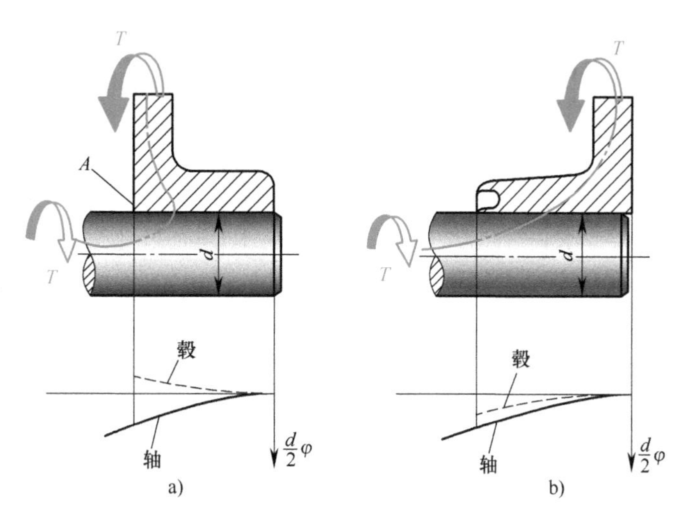

图 25-21　变形协调可减轻应力集中

a）轴、毂工作变形方向不一致　b）轴、毂工作变形方向一致

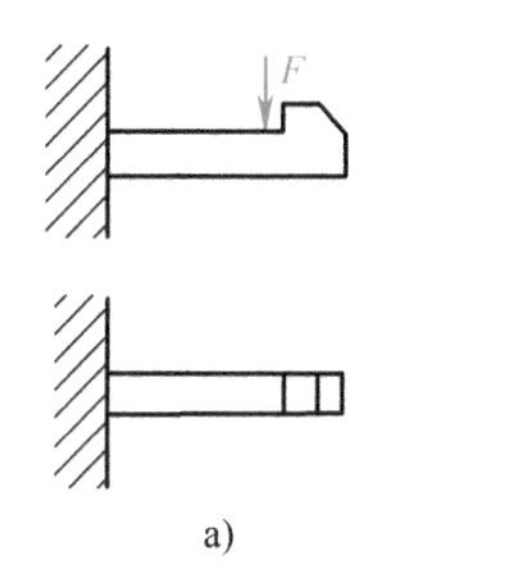

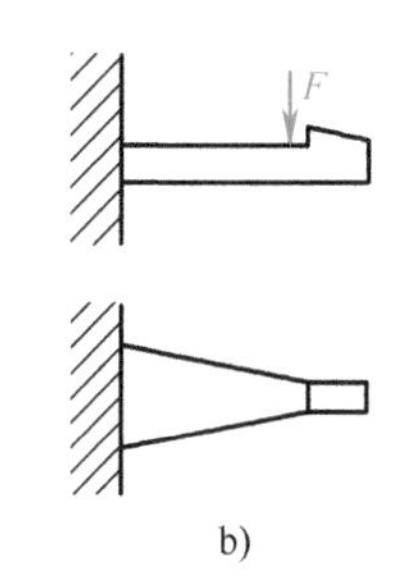

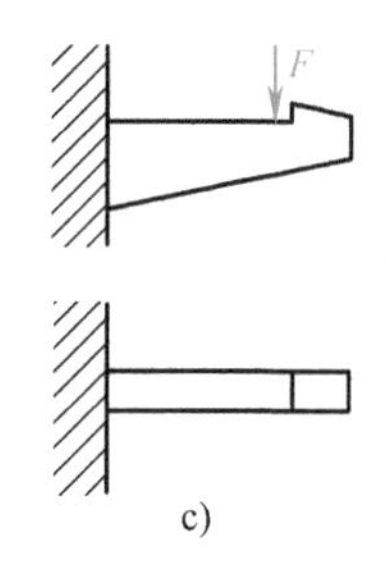

a)　b)　c)

图 25-22　近似等强度悬臂结构设计

a）等截面不等强度结构　b）等高截面近似等强度结构　c）等宽截面近似等强度结构

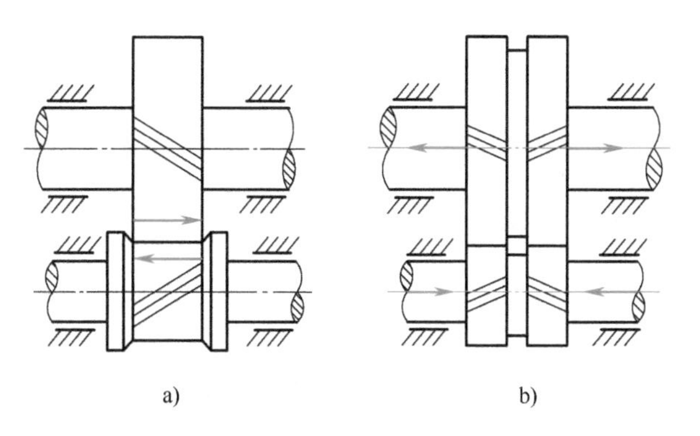

a)　b)

图 25-23　力补偿原则的应用

四、可制造原则

可制造原则是从产品的生产角度对结构设计提出的要求或限制条件。其核心内容是讨论结构的制造可行性和方便性，即结构应当有利于保证产品的质量，有利于提高劳动生产率，有利于降低产品的生产成本。相反，设计中应尽量避免那些不可制造或虽可制造，但废品率高，生产费用高，而生产率较低的结构。

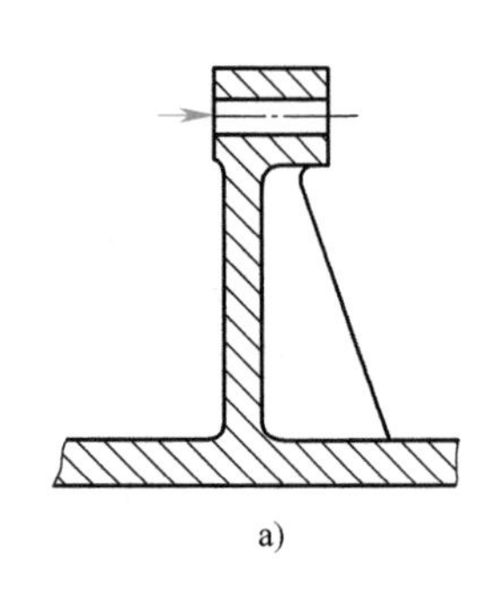

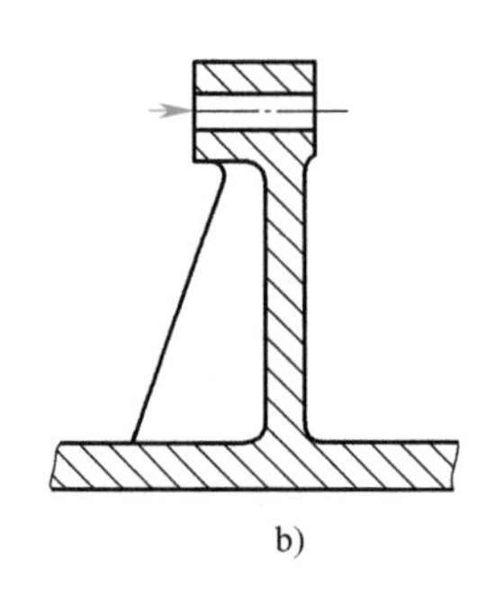

图 25-24 受力与材料的关系

a）适于铸铁 b）适于钢或塑料

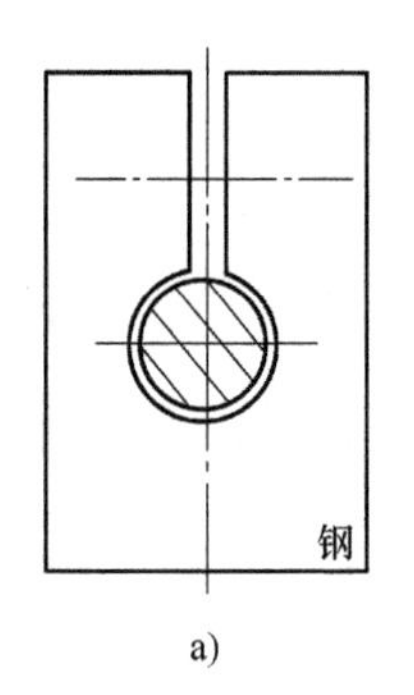

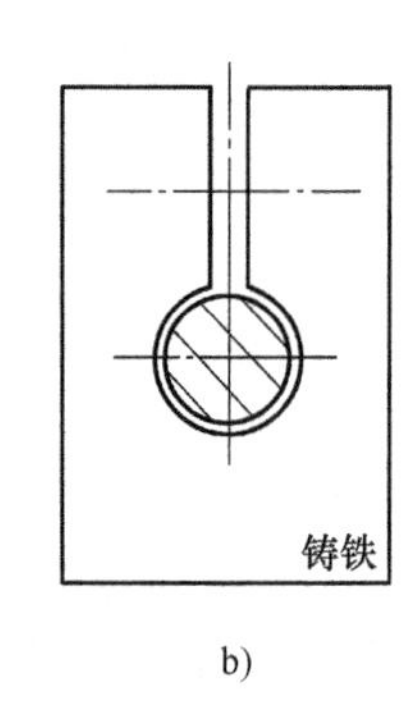

图 25-25 变形与材料的关系

a）合理 b）不合理

产品的生产过程大体上可分为以下几个主要阶段：毛坯制造、切削加工、测量、热处理和装配等。按照生产方式，机械制造工艺可分为铸造、焊接、压力加工、车、铣、刨、磨、钻、镗等。每个生产阶段和每种生产方式都具有其自身特点。现就零件的毛坯选择、铸造、切削加工和装配等几个主要方面讨论如下：

（1）零件毛坯的选择 零件的毛坯可由铸造、锻造、冲压、焊接或直接选用型材等方式获得。毛坯选择主要可从零件的功能要求、材料价格、制造费用以及加工性能等方面考虑。毛坯的制造费用主要与生产方式和生产规模有关。单件、小批量生产时，由于考虑模样、模具的费用相对较高，一般不宜采用铸造、模锻或冲压等成形方式制作毛坯，而应采用焊接、自由锻造或直接选用型材等方式获得毛坯。相反，对于大规模生产方式，则往往采用铸造、模锻或冲压方式等制作毛坯。这不仅可以大大提高劳动生产率，而且其模样、模具所占费用却可能相对很低。

一般认为，铸造成形方式适宜制作形状较复杂的毛坯，但铸件组织比较疏松，其品质远不如锻件好。通常零件的截面尺寸是由承载能力要求决定的。并且，在满足承载能力的前提下，为了节省材料和获取轻巧的零件，总是尽可能选择较小的截面尺寸。但是，对于铸造毛坯来说，在确定其最小壁厚时，还必须考虑到材料的铸造性能。譬如铸钢，由于其流动性较差，铸件的壁厚就不宜过小。

（2）符合铸造要求的构形 符合铸造要求的构形主要基于以下两个方面的考虑：

1）如何保障铸件的质量，即成品率。

2）如何使铸造生产简单化，即提高其劳动生产率。

符合铸造要求的构形准则见表 25-2。

表 25-2 符合铸造要求的构形准则

准 则	不 好 的	好 的
1. 避免较大水平面 相对于浇注位置，避免较大水平面，防止形成铸件气孔		
2. 避免尖棱、尖角 避免尖棱、尖角，防止铸件粘砂、开裂或形成较大铸造应力		

（续）

准　则	不 好 的	好　的
3. 壁厚应均匀 尽可能使壁厚均匀，避免材料积聚，防止收缩过程中铸件开裂	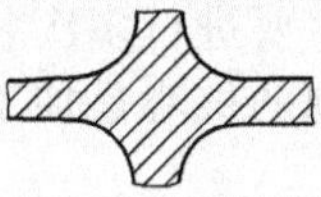	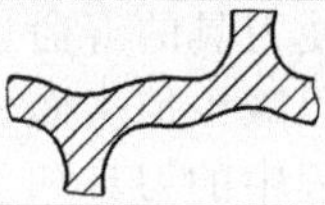
4. 采用过渡壁厚 当壁厚不等时，应采用壁厚逐渐过渡结构	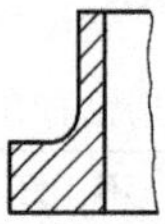	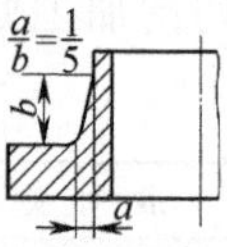 $\frac{a}{b}=\frac{1}{5}$ b a
5. 避免冷却收缩开裂 加强铸件妨碍收缩的部位，避免冷却收缩开裂	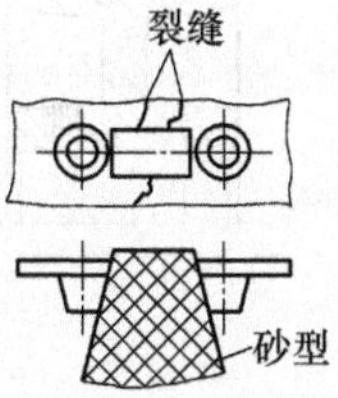 裂缝 砂型	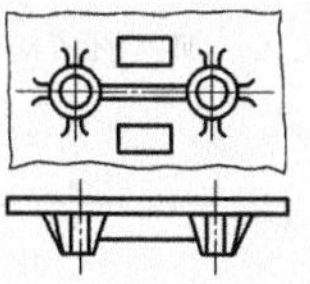
6. 采用柔性结构 采用柔性结构可减轻铸件收缩应力	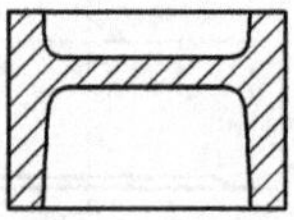	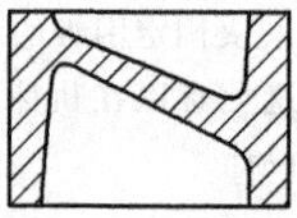
7. 增加边厚 对于薄壁铸件，用增加边厚的方法，来避免铸件的边缘冷却过快	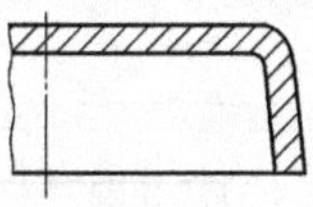	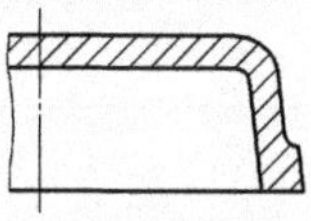
8. 设计结构斜度 设计结构斜度，以便于砂型起模和从金属型中取出铸件	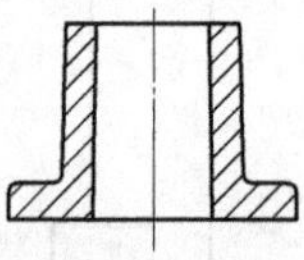	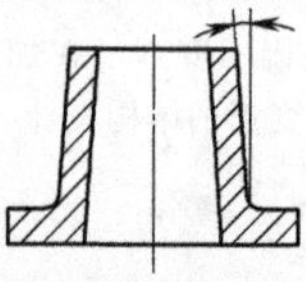
9. 避免侧向起模	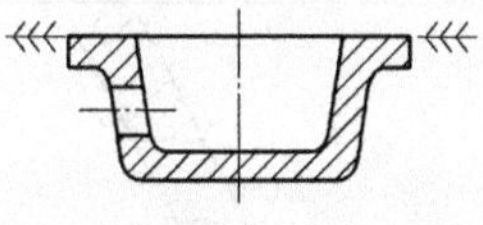	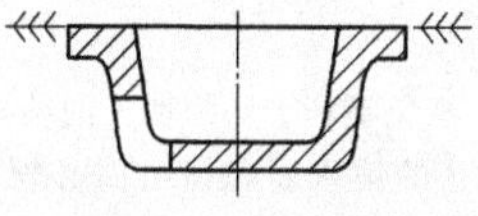
10. 避免或减少型芯使用	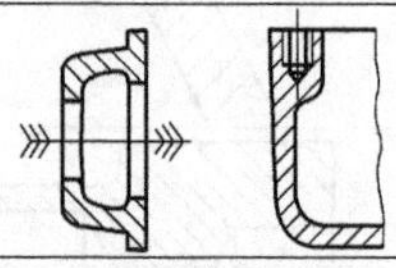	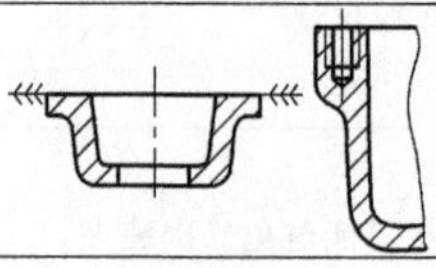
11. 有利于型芯支承	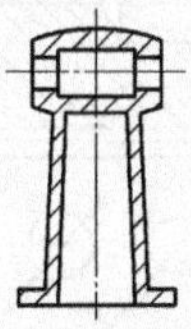	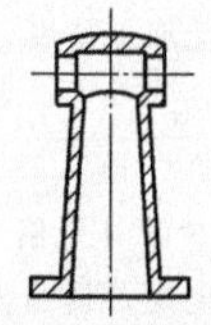
12. 尽量减少分型面	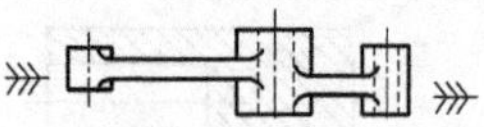	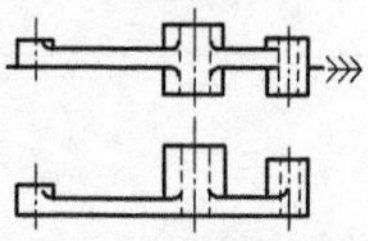
13. 便于铸件清砂	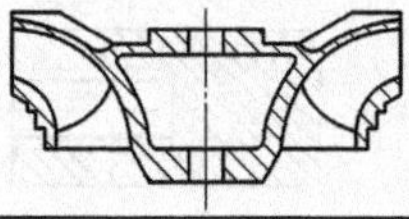	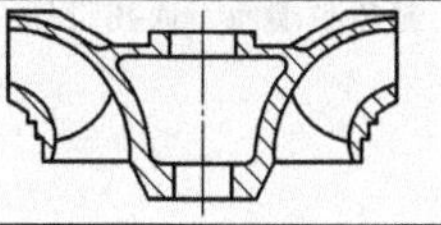

（3）符合切削加工要求的构形　从切削加工方面考虑，可制造的要求有：有无可供加工的必要空间？能否在机床上装夹固定？能否比较容易地保证零件的加工精度？这种加工方式是否使刀具的寿命过短？工件是否需要进行多次装夹？是否需要多次调整加工位置？以及是否可以减少加工面积等。其考虑问题的核心是加工的可能性、方便性以及尽可能做到减少加工过程中的刀具和工时消耗。

符合切削加工要求的构形准则见表25-3。

表25-3　符合切削加工要求的构形准则

准　则	不好的	好的
1. 避免无法加工的结构	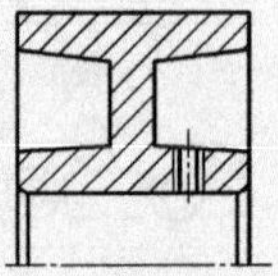	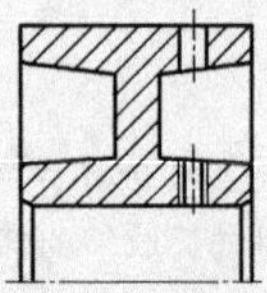
2. 避免装夹固定困难的结构 应力图避免难以在机床上装夹和固定的结构设计	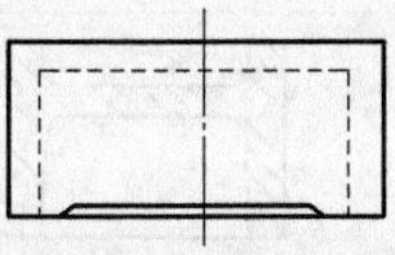	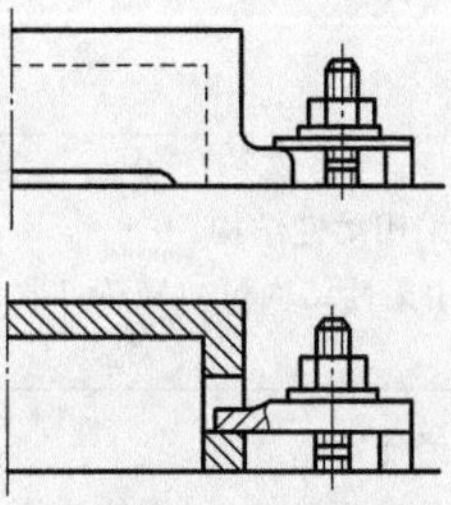
3. 避免因刚度不足在加工过程中会产生明显变形的结构设计	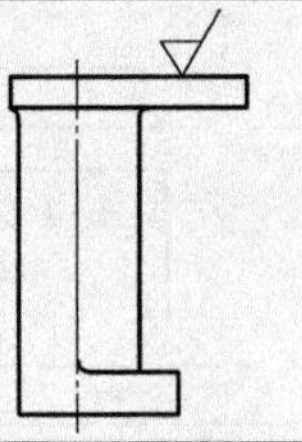	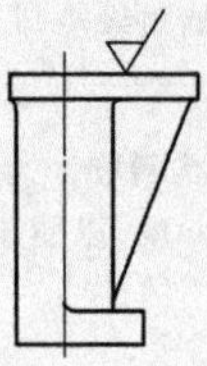
4. 避免不利于钻削加工的结构 钻头的钻入面和钻出面必须垂直于钻头的轴线	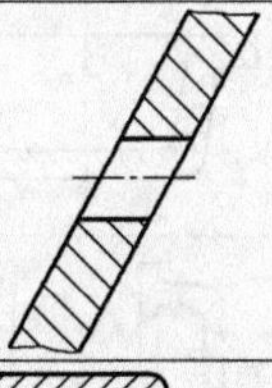	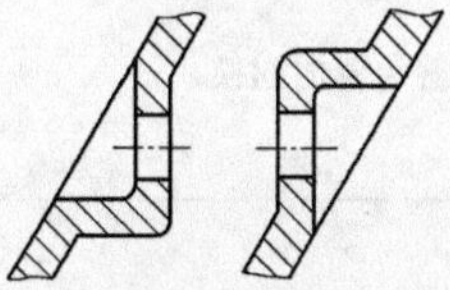
5. 尽可能避免二次装夹 有利于保证加工精度，减少辅助工时	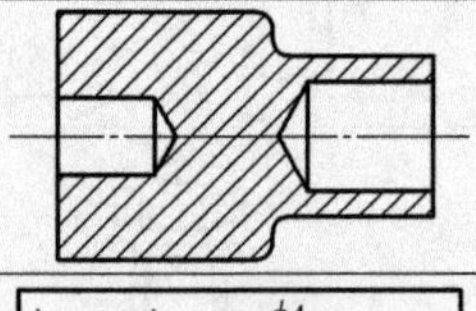	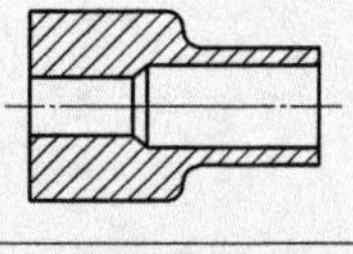
6. 尽量减少刀具规格 可以减少更换刀具的辅助加工时间	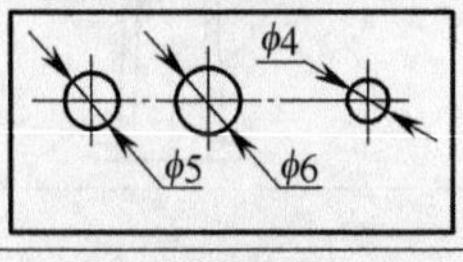 φ4　φ5　φ6	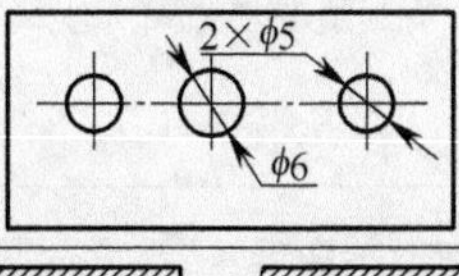 2×φ5　φ6
7. 避免平端面不通孔设计	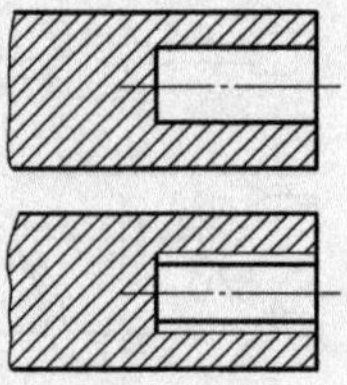	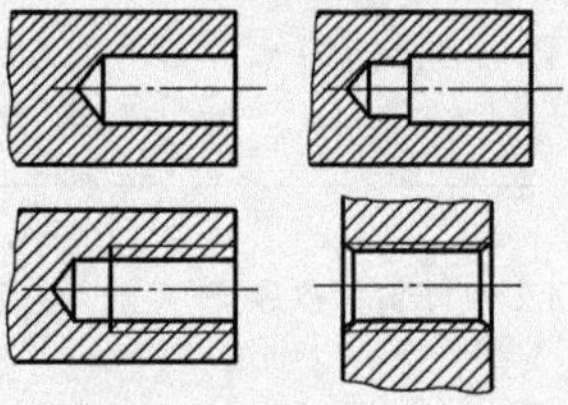

（续）

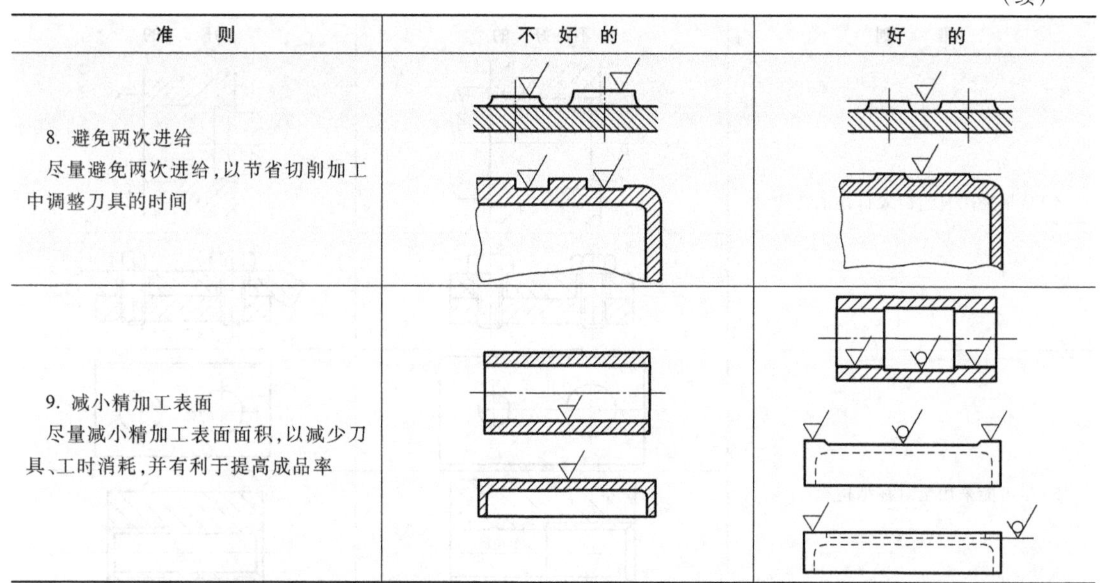

准　　则	不 好 的	好　　的
8. 避免两次进给 尽量避免两次进给，以节省切削加工中调整刀具的时间		
9. 减小精加工表面 尽量减小精加工表面面积，以减少刀具、工时消耗，并有利于提高成品率		

（4）符合装配要求的构形　从装配方面考虑，可制造的要求有：有无装配空间？装拆是否可能？是否方便？是否做到了省时、省力？是否容易达到理想效果等。

符合装配要求的构形准则见表 25-4。

表 25-4　符合装配要求的构形准则

准　　则	不 好 的	好　　的
1. 要预留装配空间		
2. 避免无法拆卸或得不到合理拆卸的结构		
3. 避免装配过程中的无次序结构		
4. 尽量采用自定位或自找正结构		

（续）

准　　则	不　好　的	好　　的
4. 尽量采用自定位或自找正结构	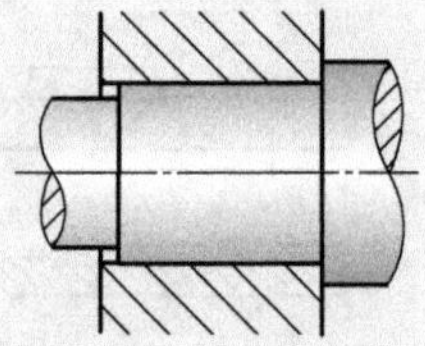	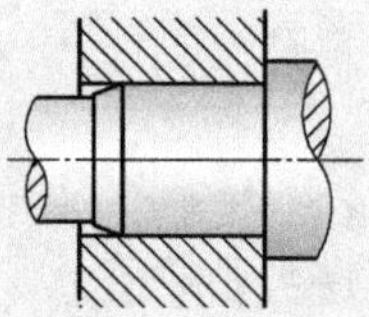
	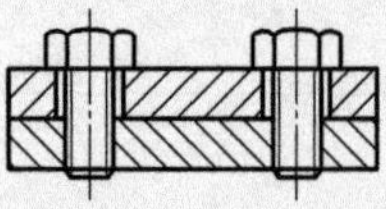	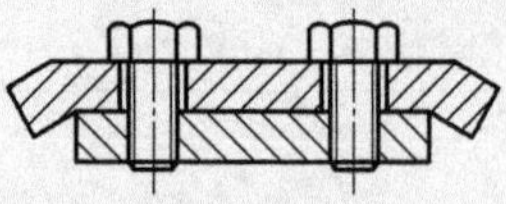
5. 尽可能采用全对称结构	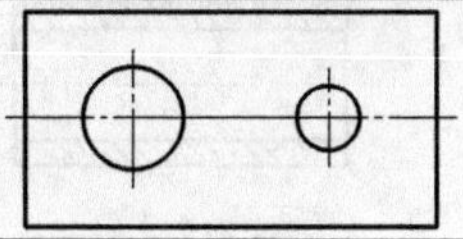	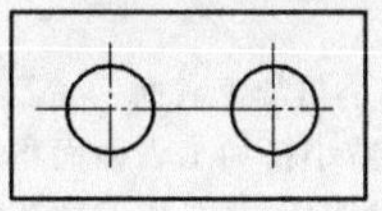
	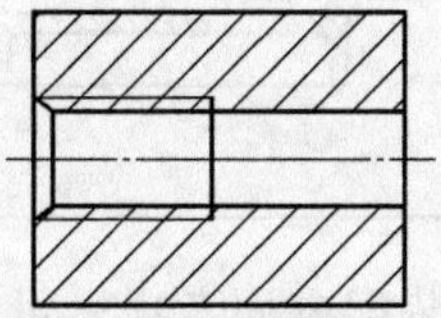	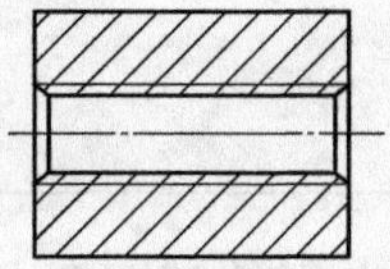
6. 尽可能采用有识别特征的结构	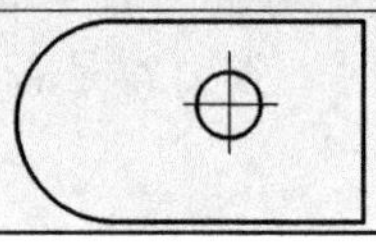	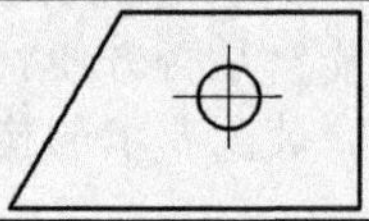

文献阅读指南

有关机械结构设计方面更详细的内容，可以阅读以下书籍：R. 柯勒著、党志梁等译的《机械设计方法学》（北京：科学出版社，1990）；成大先主编的《机械设计图册》第1~6卷（北京：化学工业出版社，2003）；杨文彬编的《机械结构设计准则及实例》（北京：机械工业出版社，1997）；方键编著的《机械结构设计》（北京：化学工业出版社，2006）；吴宗泽主编的《机械结构设计准则与实例》（北京：机械工业出版社，2006）和《机械结构设计》（北京：机械工业出版社，1998）；吴宗泽等主编的《机械设计禁忌800例》（2版，北京：机械工业出版社，2006）；黄纯颖著的《工程设计方法》（北京：中国科学技术出版社，1989）；小栗富士雄、小栗达男合著，陈祝同、刘惠臣译的《机械设计禁忌手册》（北京：机械工业出版社，2003）等。

思　考　题

25-1　结构设计的基本要求是什么？

25-2　试说明J形密封的设计思想符合哪种设计原则。

25-3　试说明螺纹标准件是如何运用等强度设计原则的。

25-4　设计铸件时，通常在安装轴承端盖处及在螺栓头和螺母的支承表面处局部设计有凸台，试说明这是一种怎样的设计思想。

25-5　试说明由青铜齿圈和铸铁轮心组合而成的组装蜗轮是运用了怎样的设计思想。

第二十六章 轴系及轮类零件的结构设计

内容提要

本章共分三节。第一节主要介绍轮类零件结构设计中的注意事项及常用轮类零件的通用尺寸；第二节为轴的结构设计，包括轴上零件的布置方案、轴结构设计的基本原则和方法以及提高轴的强度和刚度的措施；第三节为滚动轴承的组合结构设计，包括轴系支点轴向固定的结构形式、组合结构的调整、滚动轴承与相关零件的配合以及提高轴系刚度的措施。

第一节 轮类零件的结构设计

在传动的设计计算中，对传动的重要零件，如齿轮、带轮、蜗轮、链轮等，仅介绍了它们的主要参数，如齿轮、链轮的分度圆直径和齿宽；V带轮的基准直径及轮槽尺寸等。本节将主要介绍齿轮、蜗轮、带轮、链轮等传动常用轮类零件的完整结构设计。

轮类零件的结构设计是在其主要参数（如齿轮的分度圆直径和模数、带轮的基准直径和轮槽尺寸等）已经确定的基础上进行的构形设计，具有很强的设计灵活性。轮类零件的结构设计是传动设计全部内容中不可缺少的组成部分。合理的结构设计是轮类零件正常工作的重要条件。

一、轮类零件的结构

轮类零件大多为盘状结构，一般由轮缘（轮辋）、轮辐（腹板）和轮毂三部分构成。如图26-1所示。通常，轮缘在轮子的最外部，是实现特定传动功能的元素；轮毂是轮子与轴实现定位和连接的元素；轮辐或腹板介于轮缘与轮毂之间，起连接轮缘与轮毂的作用。

轮类零件通常是整体结构，有时为了节省轮缘必须采用的昂贵的材料费用（如蜗轮为了节省铜合金），可以采用拼装轮缘的组合式结构。

轮类零件结构设计的主要任务是完成轮缘、轮辐和轮毂的结构形式和尺寸的确定。这部分结构设计通常是根据各种零件通用尺寸规范中推荐的经验公式计算。

二、轮类零件结构设计的基本要求

（一）轮缘的设计

轮缘（轮辋）是与其他传动零件接触传递动力和运动的工作部分。轮缘的特征参数是轮子的特征直径（齿轮、链轮的分度圆直径，带轮的基准直径等）和宽度，一般在传动计算中确定。轮缘结构设计的主要任务是确定轮缘的径向尺寸——厚度，即轮缘外径与内径之差。为保证轮缘具有良好的工作性能，轮缘要有一定的强度和刚度，即要有适当的厚度，并有相应的表面质量和尺寸精度。

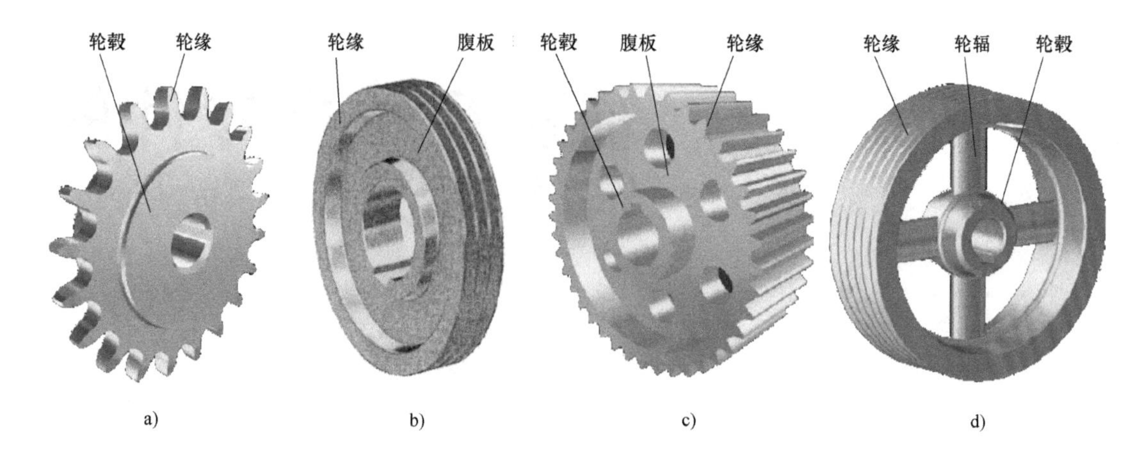

图 26-1 轮类零件的结构

a）实心式 b）腹板式 c）带孔腹板式 d）轮辐式

因为外径在传动计算中确定，所以轮缘的结构设计主要是确定轮缘内径。轮缘内径为

$$d_r = d_a - 2\delta$$

式中，δ 为轮缘实体厚度。对齿轮，它与模数相关；对链轮，它与链节距相关；对V带轮，它与带的型号相关。

1. 齿轮轮缘

如图 26-2 所示，轮缘宽度 b 由齿轮传动计算确定。从齿根圆到轮缘内径为轮缘实体厚度 δ，它与齿轮模数相关，对圆柱齿轮，一般取 $\delta=(3\sim5)m_n$；对锥齿轮，取大端轮缘厚度 $\delta=\max[(3\sim4)m, 10\text{mm}]$。

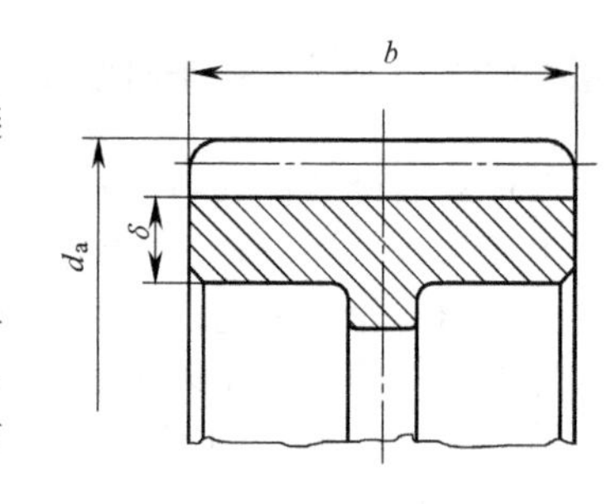

图 26-2 齿轮轮缘

2. V带轮轮缘

V带轮轮缘宽度 B 与带的型号和根数相关，从槽底部到轮缘内径为轮缘实体厚度 δ，其尺寸与带的型号相关，具体尺寸见表 26-1。

表 26-1 V带轮（基准宽度制）轮缘尺寸

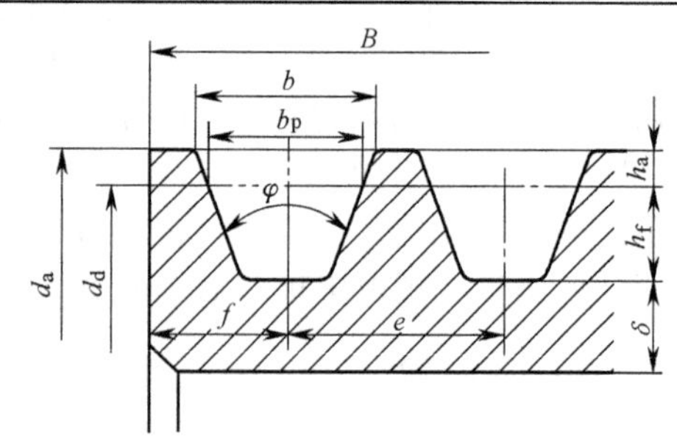

参数	V带型号						
	Y	Z	A	B	C	D	E
最小轮缘厚 δ/mm	5	5.5	6	7.5	10	12	15
带轮宽度 B	$B=(z-1)e+2f$（z 为轮槽数）						

注：e 和 f 值参见表 17-2。

3. 链轮轮缘

链轮轮齿宽度应小于内链节内宽，其尺寸与链节距大小相关，所以单排链链轮轮缘宽度较窄，通常它与腹板式轮辐等宽，如图 26-3a 所示。

多排链链轮轮缘实体厚度通常取 $\delta=c_2-c_1=0.4p$，p 为节距，如图 26-3b 所示。

（二）轮毂的设计

轮类零件的轮毂与轴结合，以传递动力和运动。轮毂的形状和尺寸将直接影响传动能力和定位精度。设计参数包括轮毂的孔径（含配合公差）、宽度、厚度以及轮毂相对轮缘和辐板的位置。

1. 轮毂在轴向应有适当的尺寸——宽度

轮毂的毂孔与轴配合实现轮类零件的径向定位，通常，轮毂的宽度根据轴的直径 d，即轮毂孔径确定，不宜太小，一般取

$$l_h=(1\sim2)d$$

以便能约束其 4 个自由度（图 26-4）。

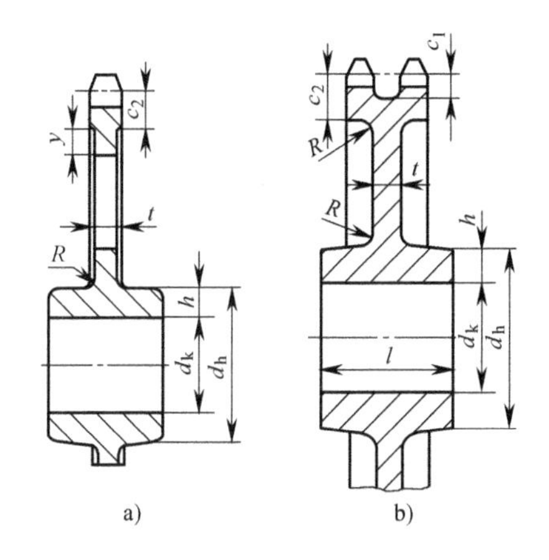

图 26-3　链轮轮缘

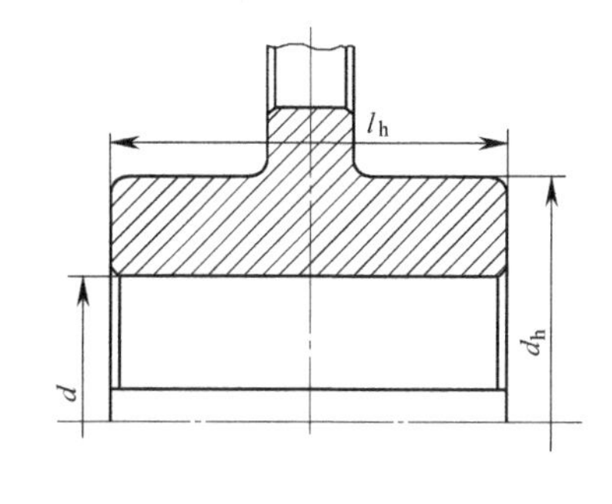

图 26-4　轮毂尺寸

2. 轮毂在径向应有适当的尺寸——轮毂直径

轮毂半径与毂孔半径（轴的半径）之差是轮毂的厚度，其尺寸应能保证轮毂有足够的强度与刚度承受规定的载荷。通常，轮毂直径也根据轴的直径确定，一般取

$$d_h=(1.6\sim2.0)d$$

钢轮毂取小值，铸铁轮毂取大值。

（三）轮辐的设计

轮辐的作用是连接轮缘与轮毂。根据轮子的尺寸，轮辐可以采用轮辐式、带孔腹板式、腹板式，还有没有轮辐的实心式。

1. 轮辐式

直径较大的轮类零件主要选用铸造毛坯，轮辐通常采用轮辐式（辐条式）结构（图 26-1d）。

设计的参数包括轮辐（辐条）的根数、截面形状和尺寸等。轮辐的截面形状有：椭圆形、十字形、工字形和 T 字形等，截面尺寸的计算可参见设计手册。

2. 腹板式

中等直径的轮类零件通常采用锻造毛坯，因而多采用腹板式结构（图 26-1b、c）。辐板的形式可根据零件的类型、尺寸和毛坯的制造工艺确定，应考虑节省材料、减小质量、简化制造工艺。

要确定的设计参数主要是腹板的厚度，它与轮缘宽度相关。对于圆柱齿轮，通常取腹板厚度 $c=(0.2\sim0.3)b$；对于锥齿轮，取 $c=\max[(0.10\sim0.17)R, 10\text{mm}]$，式中 R 为锥距；对于V带轮，取 $c=(0.15\sim0.25)B$。

3. 实心式

小直径轮类零件，若轮缘内径接近甚至小于轮毂直径，这时采用没有轮辐，将轮缘与轮毂连成一体的实心式结构（图 26-1a）。当轮类零件直径更小，轮与轴不满足分体条件时，采用轮轴一体结构，如齿轮轴（图 26-5）、蜗杆轴等。

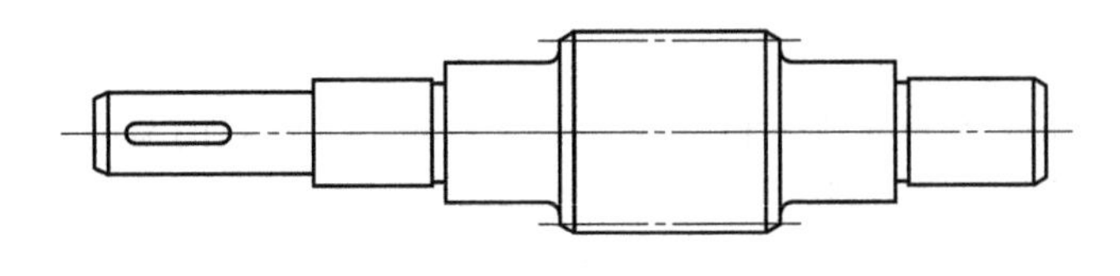

图 26-5 齿轮轴

4. 轮缘、轮辐和轮毂的相对位置

一般轮缘、轮辐和轮毂对称布置，但有时为了改善受力情况、减轻应力集中、减小轴的长度、便于轮毂的安装固定等，轮辐相对轮缘、轮毂采用偏置或斜置（图 26-6）。

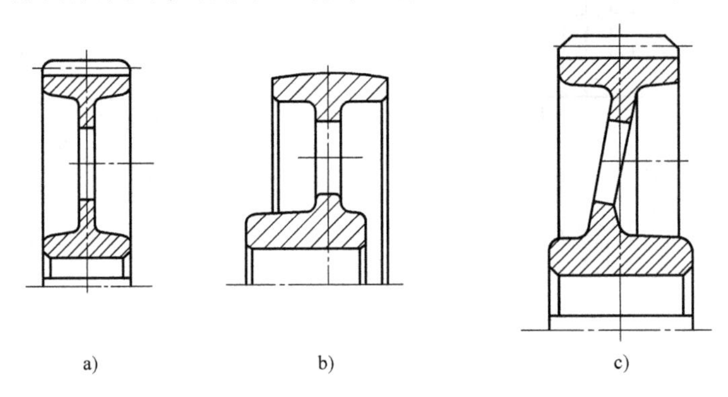

图 26-6 轮缘、轮辐和轮毂的布置
a）对称布置 b）偏置 c）斜置

三、常用轮类零件的结构尺寸

（一）齿轮的结构尺寸设计

1. 齿轮轴

对于直径小的齿轮，如果齿根圆到键槽底部的径向距离 x（图 26-7a）小于2倍端面模数 m_t，即 $x<2m_t$，或锥齿轮按小端尺寸计算 x（图 26-7b）小于1.6倍模数 m，即 $x<1.6m$ 时，应将齿轮和轴做成一体，称为齿轮轴，如图 27-5 所示。这时，轴和齿轮必须采用同一种材料。

不过，无论是从制造还是从节省贵重金属材料考虑，条件允许都应将齿轮和轴分开制作。

2. 实心式齿轮

对于直径较小的齿轮（一般齿顶圆直径 $d_a\leqslant200\text{mm}$），若轮缘内径接近甚至小于轮毂直径，这时采用没有轮辐的实心结构（图 26-7）。

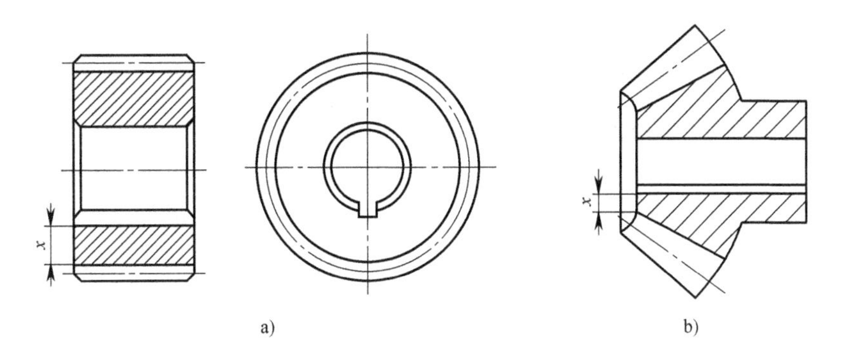

图 26-7　实心齿轮及结构尺寸 x

3. 腹板式齿轮

当齿顶圆直径 $d_a \leqslant 500$mm 时，齿轮通常采用锻造毛坯，齿轮结构一般用腹板式，为方便搬运和减小质量，可在腹板上加工出孔（图 26-8 和图 26-9）。

圆柱齿轮的结构尺寸：$d_h=1.6d$，$l_h=\max[(1.2\sim1.5)d,b]$，$c=0.3b$，$\delta=\max[(2.5\sim4)m_n,8\ \text{mm}]$。$d_0$和 d_s按结构选取，当 d_s较小时可不开孔。

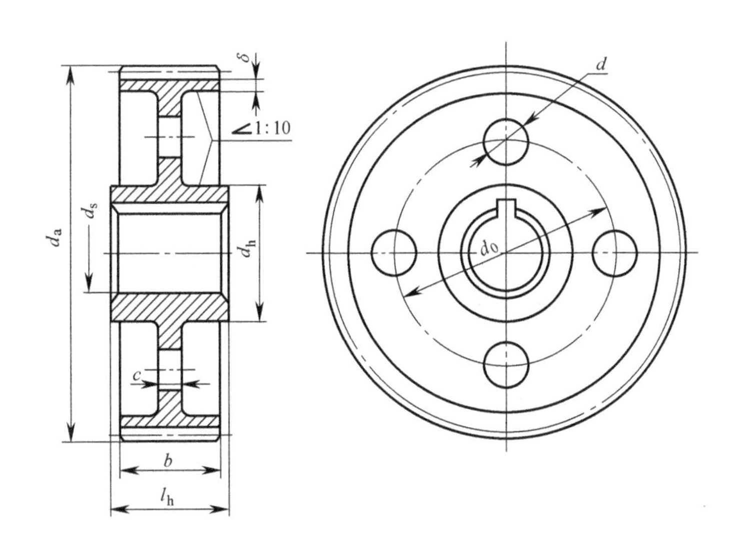

图 26-8　腹板式圆柱齿轮

锥齿轮的结构尺寸：$d_h=1.6d$，$l_h=(1.2\sim1.5)d$，$c=(0.2\sim0.3)b$，$\delta=\max[(2.5\sim4)m,10\text{mm}]$，$d_0$和 d_s按结构取定。

4. 轮辐式齿轮

当齿顶圆直径 $d_a>500$mm 时，齿轮通常采用铸造毛坯。铸造齿轮常做成轮辐式结构（图 26-10）。

结构尺寸的经验公式：$d_h=1.6d$（铸钢），$d_h=1.8d$（铸铁），$l_h=\max[(1.2\sim1.5)d,b]$，$c=\max[0.2b,10\text{mm}]$，$\delta=\max[(2.5\sim4)m_n,8\text{mm}]$，$h_1=0.8d$，$h_2=0.8h_1$，$s=\max[1.5h_1,10\text{mm}]$，$e=0.5\delta$。

（二）V 带轮的结构尺寸设计

V 带轮的结构设计主要是根据带轮的基准直径选择结构形式，根据带的型号确定轮槽

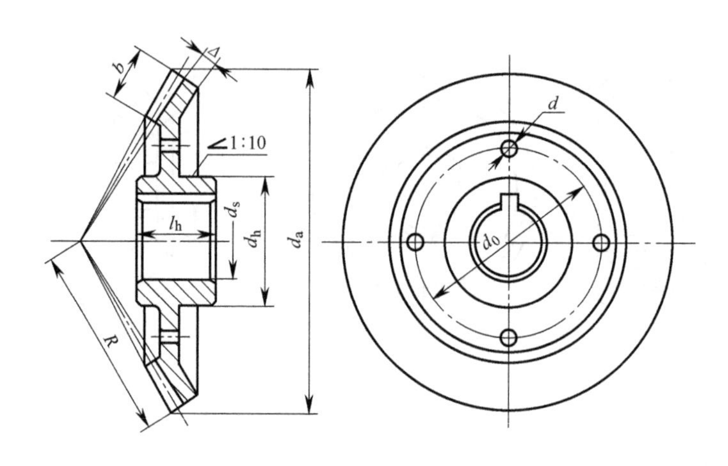

图 26-9 腹板式锥齿轮

尺寸。

1. 实心式V带轮

当带轮直径较小（$d_d \leqslant 3d$，d 为轴的直径）时，采用实心式（图 26-11）。结构尺寸的经验公式：$d_h=(1.8\sim2.0)d$；$l_h=(1.5\sim2.0)d$，当 $b>1.5d$ 时，$l_h=b$。

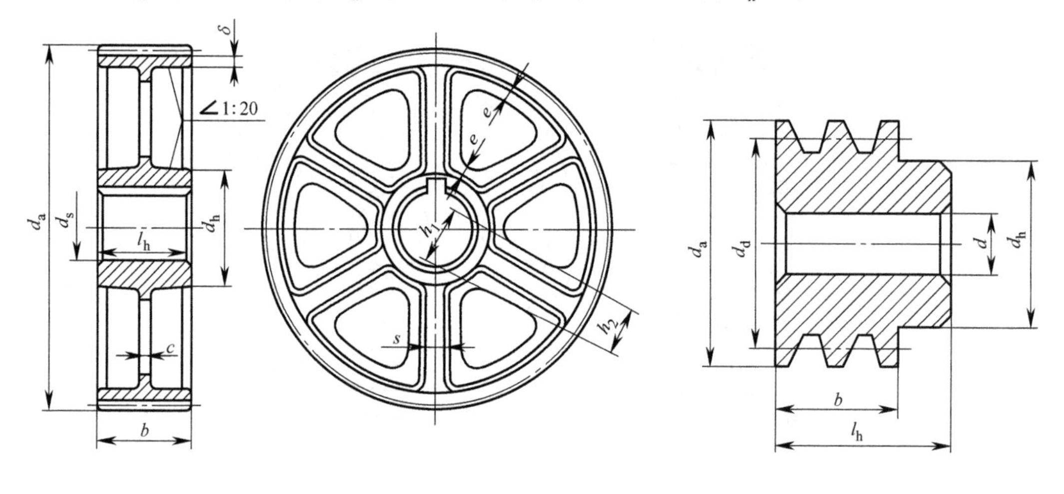

图 26-10 轮辐式圆柱齿轮　　图 26-11 实心式V带轮

2. 腹板式V带轮

当带轮直径 $3d<d_d \leqslant 300\text{mm}$ 时，通常采用腹板式结构（图 26-12）。结构尺寸的经验公式：$d_h=(1.8\sim2)d$，$d_0=(d_h+d_r)/2$，$c=(0.2\sim0.3)b$，$s_1 \geqslant 1.5c$，$s_2 \geqslant 0.5c$。

3. 轮辐式V带轮

当带轮直径 $d_d>300\text{mm}$ 时，通常采用轮辐式结构（图 26-13）。结构尺寸的经验公式：$d_h=(1.8\sim2)d$，椭圆形轮辐的长径 $h_1=290\sqrt[3]{\dfrac{P}{nz_a}}$，式中，$P$ 为传递的功率；n 为带轮转速；z_a 为轮辐数。$h_2=0.8h_1$，$b_1=0.4h_1$，$b_2=0.8b_1$，$f_1 \geqslant 0.2h_1$，$f \geqslant 0.2h_2$。

（三）蜗杆与蜗轮的结构尺寸设计

1. 蜗杆

蜗杆的直径一般比较小，所以常和轴做成一体（图26-14）。图 26-14a 为无退刀槽的结

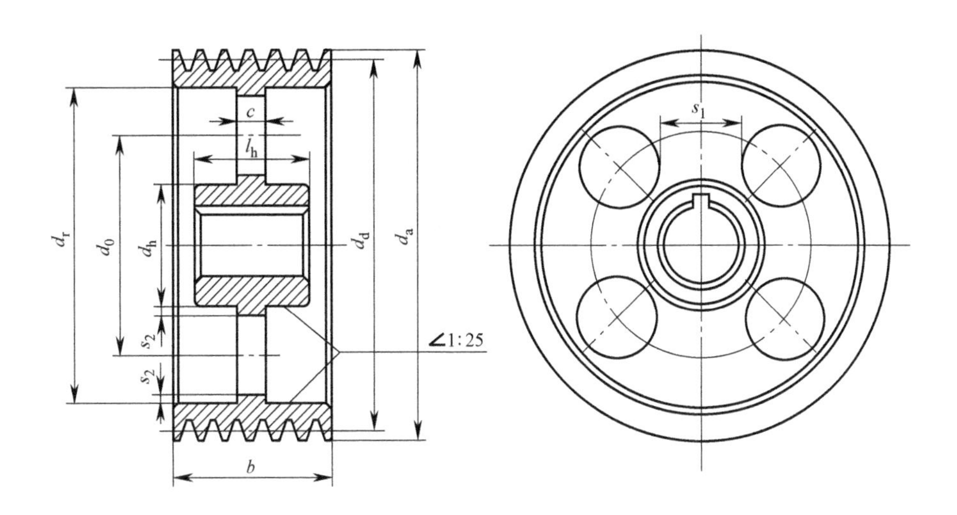

图 26-12　腹板式 V 带轮

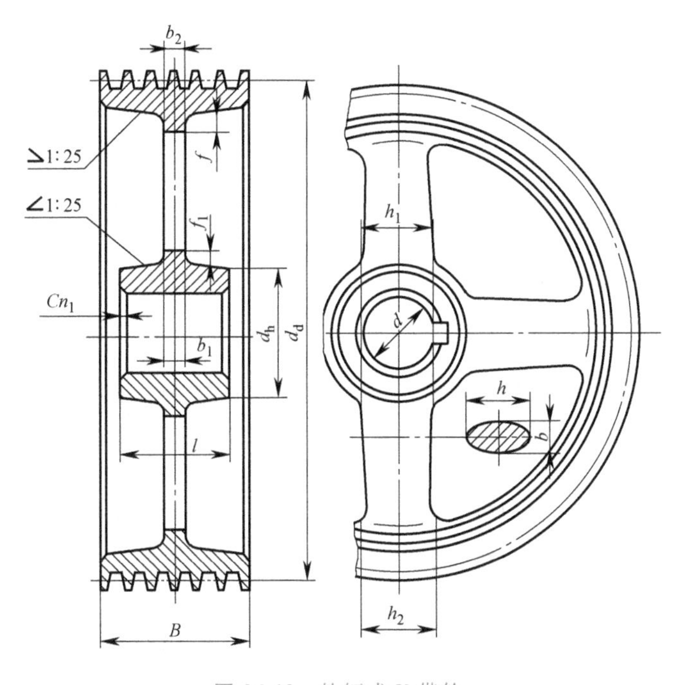

图 26-13　轮辐式 V 带轮

构，这种结构刚度较好，但是螺旋部分只能用铣削加工；图 26-14b 为有退刀槽的结构，螺旋部分既可以铣削也可以车削加工。

结构尺寸的经验公式：$z_1=1$、2 时，$b_1 \geqslant (12+0.1z_2)m$；$z_1=3$、4 时，$b_1 \geqslant (13+0.1z_2)m$。

2. 蜗轮

蜗轮的结构形式与齿轮和带轮基本类似，只是轮缘部分有其特点。由于蜗轮轮缘常用价格较贵的铸铜合金，故较多采用齿圈与轮心组合式结构，常用的有过盈配合式、铰制孔螺栓连接式和镶铸式。

（1）整体式　一般用于铸铁、铝合金蜗轮或尺寸较小（直径小于 100mm）的青铜蜗轮（图 26-15a）。

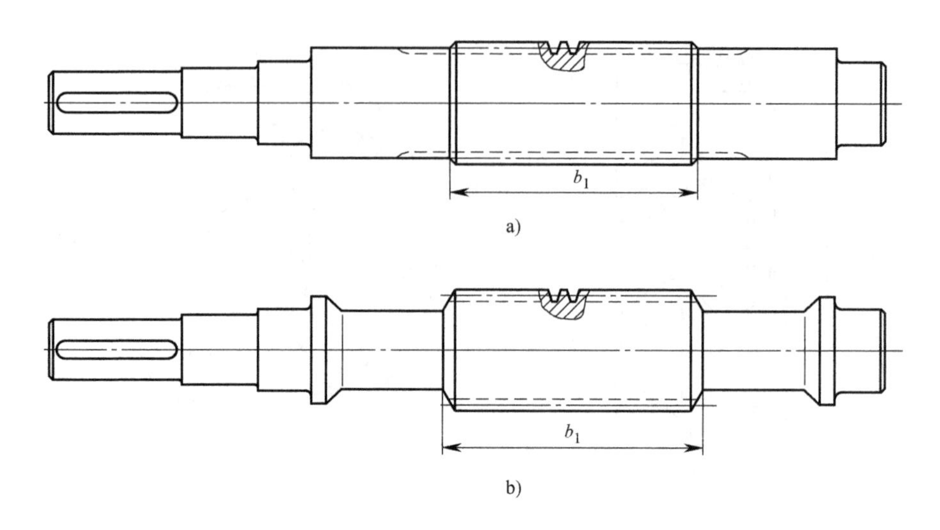

图 26-14 蜗杆的结构

a）无退刀槽 b）有退刀槽

（2）过盈配合式 齿圈和轮心采用$\frac{H7}{r6}$或$\frac{H7}{s6}$配合并加紧定螺钉构成。这种结构要求工作环境温度变化不大且尺寸较小的场合，以免因热胀冷缩影响青铜齿圈与铸铁轮心的配合（图 26-15b）。

（3）铰制孔螺栓连接式 齿圈和轮心用铰制孔螺栓连接，主要用于装拆方便、尺寸较大且易于磨损的蜗轮（图 26-15c）。

（4）镶铸式 将青铜齿圈毛坯浇注在铸铁轮心上构成，然后切齿，主要用于批量制造的蜗轮（图 26-15d）。

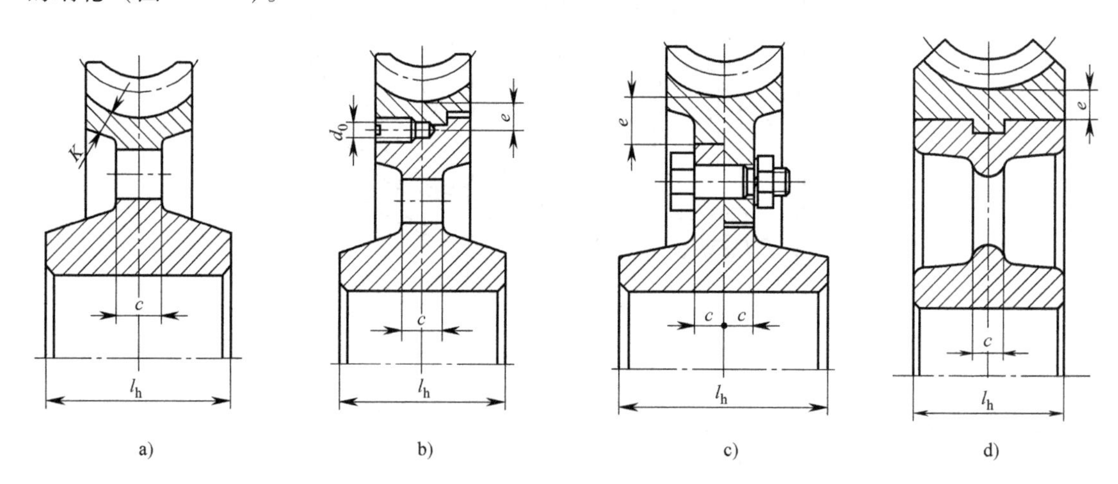

图 26-15 蜗轮的结构

a）整体式 b）过盈配合式 c）铰制孔螺栓连接式 d）镶铸式

结构尺寸的经验公式：$l_h=(1.2\sim1.8)d$；轮毂、轮辐部分其余尺寸参照齿轮、带轮确定；$e=2m$，$c\geqslant1.7m$。其中：m 为蜗轮模数；d 为蜗轮轴孔直径。

（四）链轮的结构尺寸设计

链轮的特点是轮缘部分较薄，且有一定的齿廓形状，以便可以插入两内链板之间实现啮合。链轮有实心式、腹板式和组合式（图 26-16），轮缘部分的尺寸按第十七章图 17-25 确定，轮毂与轮辐部分参照齿轮、带轮确定。

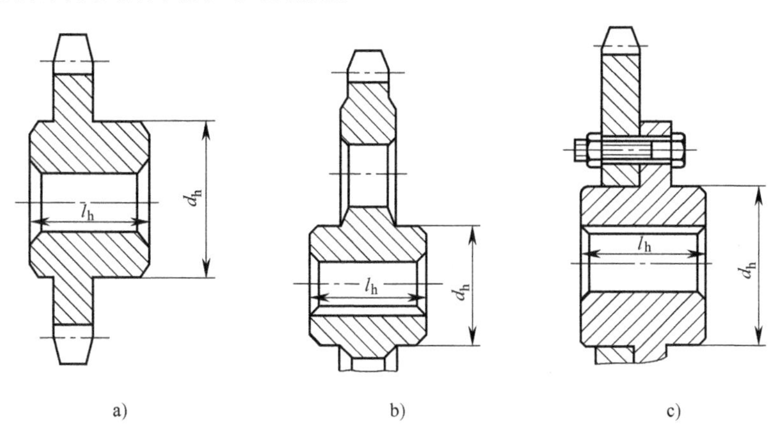

图 26-16　链轮结构尺寸
a）实心式　b）腹板式　c）组合式

第二节　轴的结构设计

轴的结构设计的具体任务是，根据工作条件和要求确定轴的合理外形和各部分具体尺寸。影响轴的结构的因素很多，且其结构形式也是灵活多变的，设计时应视工作要求做具体分析。轴的结构设计的基本要求是：轴上的零件应有确定的工作位置，并且固定可靠；零件应便于安装、拆卸和调整；轴应具有良好的制造工艺性等。

轴的结构设计应着重解决以下几个主要问题：

一、轴上零件的布置方案

轴上零件的布置方案不仅是进行轴的结构设计的前提，而且决定了轴的基本结构形式和各零件的装拆方向和顺序。图 26-17 所示为单级齿轮减速器输入轴轴上零件的两种布置方案。在阶梯轴中，直径最大的轴段称为轴环。在图 26-17a 所示的方案中，轴段⑤为轴环。显然，轴环左侧各零件应从左向右安装，顺序依次为轴承、端盖、带轮和轴端挡圈；而轴环右侧各零件需从右向左安装，顺序依次为齿轮、套筒、轴承和端盖。而在图 26-17b 所示的方案中，轴环位于轴的右侧。因此不仅轴的基本形状发生了变化，而且轴上各零件的装配方向和装配顺序也不同于图 26-17a 所示的方案。

考虑轴上零件的布置方案时，应尽可能减少零件数，缩短零件装配路线的长度，改善轴的受力情况。通常应做多方案对比分析，选择最佳方案。图 26-17 所示的两个方案中，图 26-17b 所示方案中齿轮的装配路线较长，拆卸齿轮时，需预先拆卸的零件也较多，故图 26-17a 所示的方案较为合理。

二、轴上零件的固定和轴的外形设计

1. 轴上零件的定位和固定

为使轴上零件正常工作，必须同时满足两个基本要求：一是定位要求，即保证零件在轴上有确定的轴向位置；二是固定要求，即零件受力时不与轴发生相对运动。轴上零件的固定可分为周向固定和轴向固定。前者是为防止零件与轴发生相对转动，常用的方法有键、花

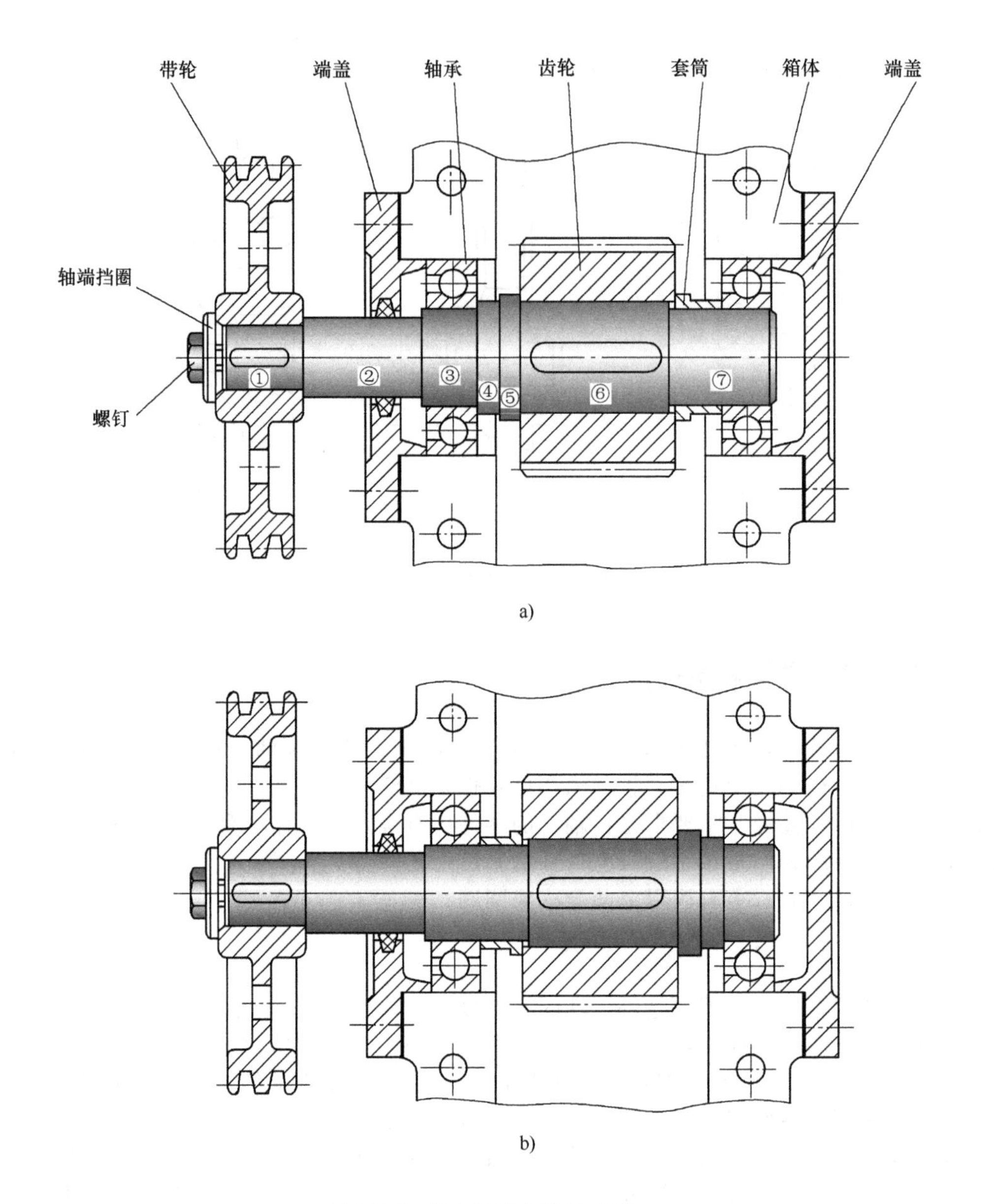

图 26-17 轴上零件的布置方案

键、销以及过盈连接等；后者是为防止零件与轴发生相对移动，常用的方法见表 26-2，其中一些方法兼有定位的功能。

2. 轴的外形设计

轴的外形设计，就是根据轴上零件的布置方案和零件装拆的要求合理地确定轴的结构形状，即轴的阶梯位置和数量。

在图 26-17a 中，轴段①、②间的轴肩为定位轴肩，用于限定带轮装配时的轴向位置，同时对带轮进行轴向固定；轴段②、③间的轴肩是为便于轴承的装拆而设置的非定位轴肩；轴段③、④间的轴肩为轴承的定位轴肩，兼起固定轴承的作用；轴环⑤为齿轮左侧的定位轴肩；轴段⑥和⑦形成的轴肩可满足齿轮装拆的要求。

表 26-2　轴上零件常用的轴向固定方法

轴向固定方法		应用特点
轴肩与轴环	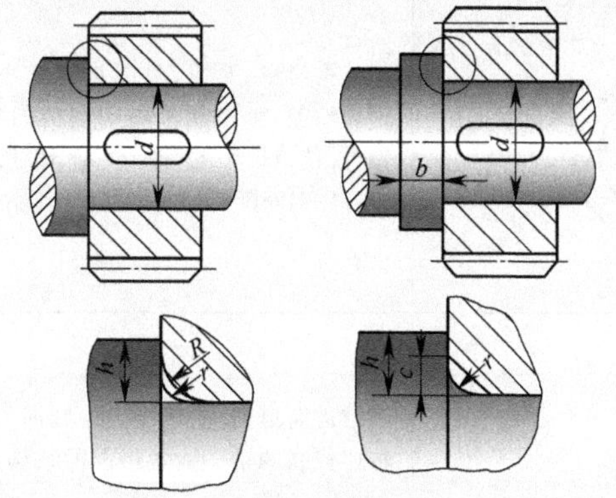	由定位面和过渡圆角组成，结构简单可靠，能承受较大的轴向力，应用广泛。为使零件端面与轴肩贴合，轴的圆角半径 r、毂孔圆角半径 R（或倒角高度 c）和定位轴肩高度 h 应满足如下关系 $r<R<h$ 或　$r<c<h$ 一般取轴肩高度 $h=0.07d+(1\sim2)$ mm，与滚动轴承配合处的 h 值见轴承标准；轴环宽度 $b\geqslant1.4h$
套筒	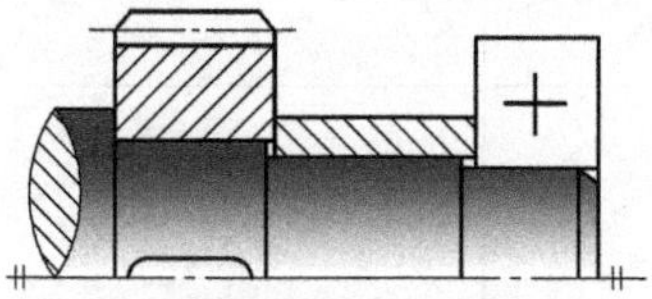	工作可靠，可承受较大的轴向力；适用于轴上两零件之间的相对固定和定位；套筒不宜过长。套筒与轴常采用间隙配合
轴端挡圈	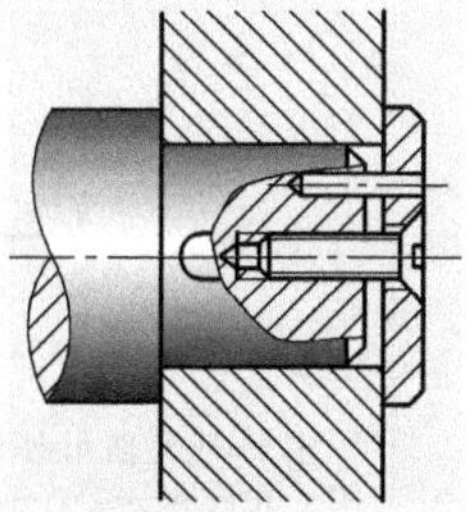	用于轴端零件的固定，可承受较大的轴向力。必要时需配合采用止动垫圈等防松措施，其结构尺寸见 GB 891—1986
圆锥面	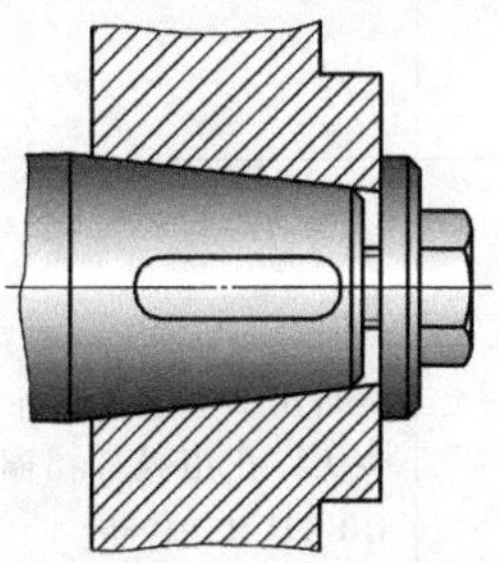	多用于轴端零件固定，能承受冲击载荷，装拆方便，对中精度高；锥面加工困难，轴向定位准确性较差；常与轴端挡圈联合使用。圆锥形轴伸尺寸已标准化，见 GB/T 1570—2005
圆螺母	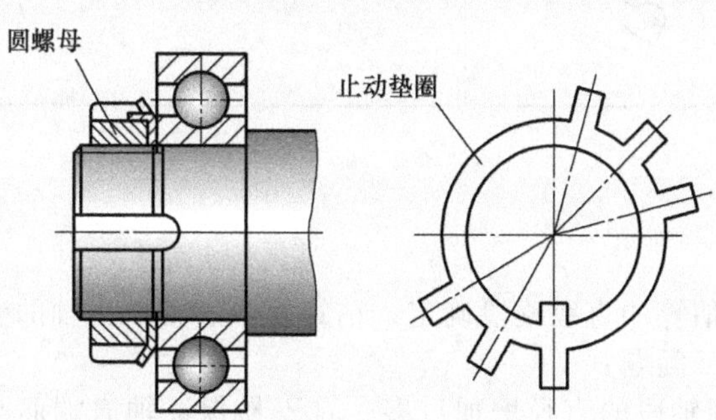 圆螺母　止动垫圈	固定可靠，能承受较大的轴向力；螺纹会削弱轴的疲劳强度，常用细牙；为防松，需加止动垫圈或双螺母。圆螺母和止动垫圈的规格及结构尺寸见 GB/T 812—1988 和 GB/T 858—1988

（续）

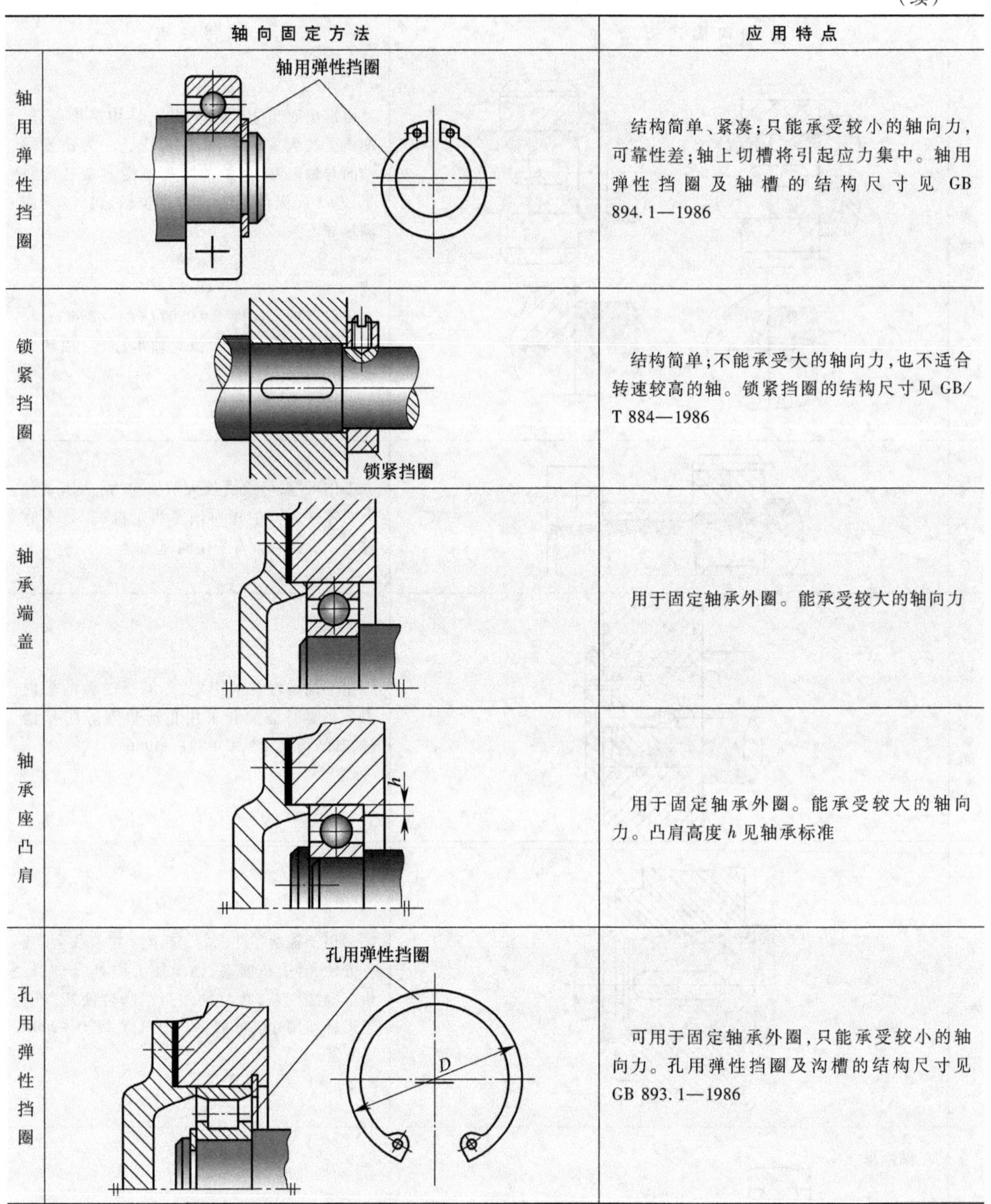

	轴向固定方法	应用特点
轴用弹性挡圈		结构简单、紧凑；只能承受较小的轴向力，可靠性差；轴上切槽将引起应力集中。轴用弹性挡圈及轴槽的结构尺寸见GB 894.1—1986
锁紧挡圈		结构简单；不能承受大的轴向力，也不适合转速较高的轴。锁紧挡圈的结构尺寸见GB/T 884—1986
轴承端盖		用于固定轴承外圈。能承受较大的轴向力
轴承座凸肩		用于固定轴承外圈。能承受较大的轴向力。凸肩高度h见轴承标准
孔用弹性挡圈		可用于固定轴承外圈，只能承受较小的轴向力。孔用弹性挡圈及沟槽的结构尺寸见GB 893.1—1986

三、各轴段直径和长度的确定

1. 各轴段的直径

阶梯轴各轴段的直径，可根据初步估算的直径逐段确定。估算直径通常取为轴的受扭段最小直径。确定各轴段直径时应注意以下问题：

1）定位轴肩的高度要合理，过高则轴段的直径增加过多，且不易保证轴肩端面与轴中心线的垂直度，导致定位零件的偏斜；过低则固定不可靠。

在确定滚动轴承的定位轴肩及座孔凸肩高度时，必须满足轴承拆卸的要求。拆卸中、小型轴承时，普遍使用图 26-18 所示的拆卸工具。为使工具的钩头钩住与轴颈配合较紧的内圈，应限制轴肩高度 h_1；需施力拆卸轴承外圈时，也应对凸肩高度 h_2 加以限制（h_1、h_2 可由轴承标准中的安装尺寸确定）。当结构要求 h_1、h_2 较大时，可在轴肩或凸肩处预先加工出拆卸槽（图 26-19a、b）或拆卸孔（图 26-19c）。

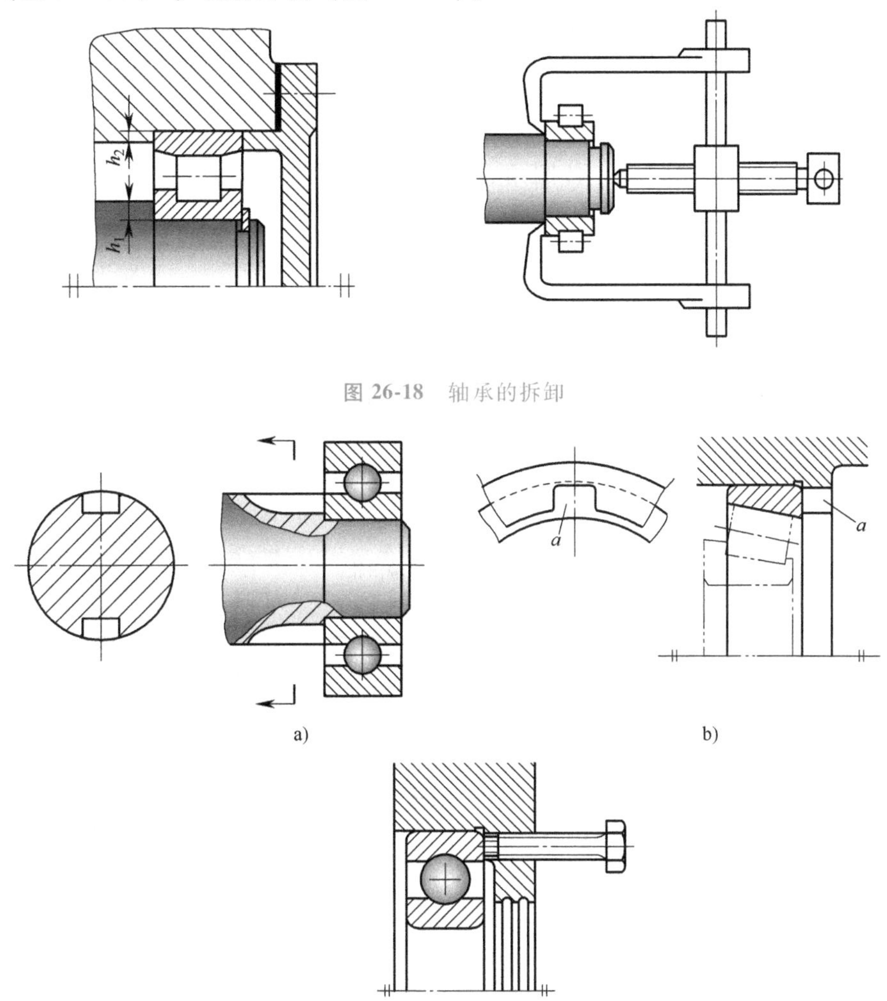

图 26-18　轴承的拆卸

图 26-19　便于轴承拆卸的结构

2）仅为零件装拆方便设置的轴肩高度不宜过大。

3）与零件有配合关系的轴段直径，应尽可能采用推荐的标准直径。

2. 各轴段的长度

阶梯轴各轴段的长度，应根据轴上各零件的轴向尺寸和有关零件间的相互位置要求确定。例如，在图 26-17a 中，轴段①、③、⑥的长度分别取决于带轮、轴承的宽度和齿轮轮毂的宽度，同时，为使带轮和齿轮轴向固定可靠，与之配合的轴段长度应比轮毂短 2~3mm；确定轴段②的长度时，应注意带轮与端盖保持足够的距离，以免发生碰撞。

四、轴的结构工艺性

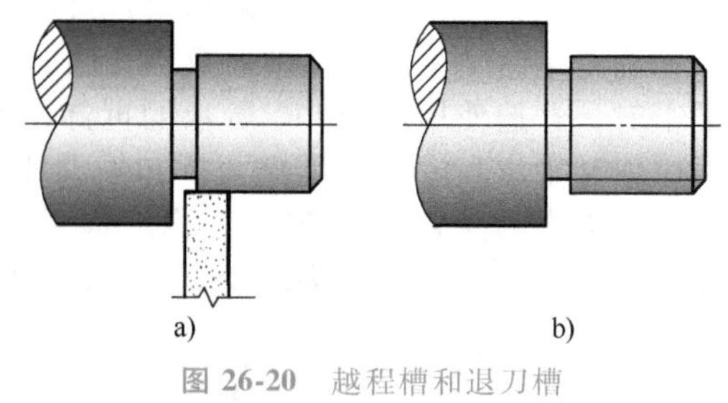

图 26-20 越程槽和退刀槽
a）砂轮越程槽 b）螺纹退刀槽

轴的结构应便于加工和装配。例如：为了能选用合适的毛坯圆钢并减少切削加工量，阶梯轴各段直径不宜相差太大；为便于装配，轴端应加工出 45°（或 30°、60°）倒角；过盈配合零件装入端常加工出导向锥面；需要磨削的轴段应留有砂轮越程槽（图 26-20a），需切制螺纹的轴段应留出退刀槽（图 26-20b），它们的结构尺寸参见标准或设计手册；轴上所用标准件应尽量选用相同的规格尺寸，各圆角、倒角、砂轮越程槽及退刀槽等尺寸应尽可能一致；此外，同一轴上的各个键槽应开在同一母线位置上。

五、提高轴的强度和刚度的措施

轴和轴上零件的结构、工艺及零件的布置方案对轴的强度有很大影响。采用合理的措施，可提高轴的承载能力，减小轴的尺寸和减小机器的质量，降低制造成本。

1）改进轴上零件的布置方案，减小轴的载荷。如图 26-21 所示，轴上装有三个传动轮，如将输入轮布置在轴的一端（图 26-21a），当单纯考虑轴所受转矩时，输入转矩为 T_1+T_2，此时轴所受最大转矩为 T_1+T_2。若将输入轮布置在两输出轮之间（图 26-21b），则轴上的最大转矩变为 T_1。

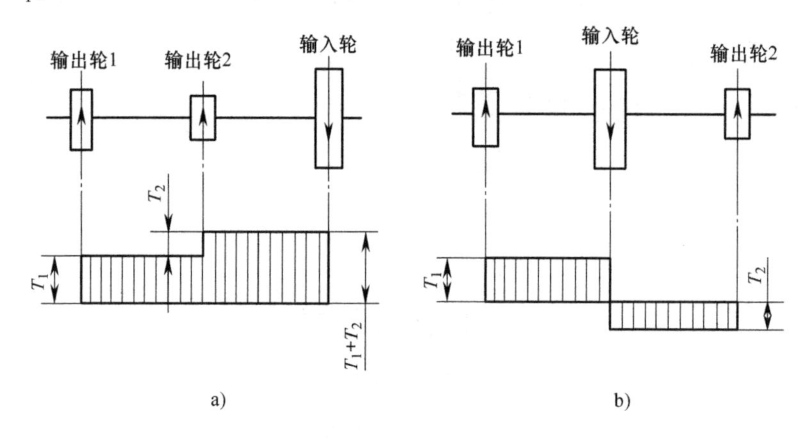

图 26-21 轴上零件布置方案的改进

2）改进轴上零件的结构，减小轴的载荷。如图 26-22 所示起重机卷筒的两种方案中，图 26-22a 所示的方案是大齿轮将转矩通过轴传给卷筒，卷筒轴既受弯矩又受转矩；图 26-22b

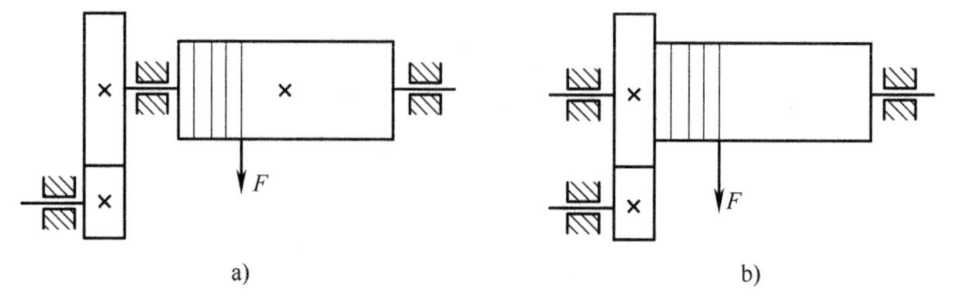

图 26-22 轴上零件结构的改进

所示的方案是将大齿轮与卷筒连成一体，转矩由大齿轮直接传给卷筒，故卷筒轴只受弯矩而不受转矩。显然，起重载荷 F 相同时，图 26-22b 所示方案中轴的直径可以较小。

3）减小应力集中，提高轴的疲劳强度。对工作时承受循环应力的轴，为提高疲劳强度，应尽量避免和减小应力集中。对于合金钢轴应特别注意，因合金钢对应力集中较为敏感。

为减小应力集中，应避免轴剖面尺寸的剧烈变化，尽量加大轴肩圆角半径。对于定位轴肩，其侧面要与零件接触，加大圆角半径常受限制，此时可采取凹切圆角、肩环或卸载槽等结构（图 26-23）。此外，应尽可能避免在轴上（特别是应力大的部位）开横孔、切槽或切制螺纹。

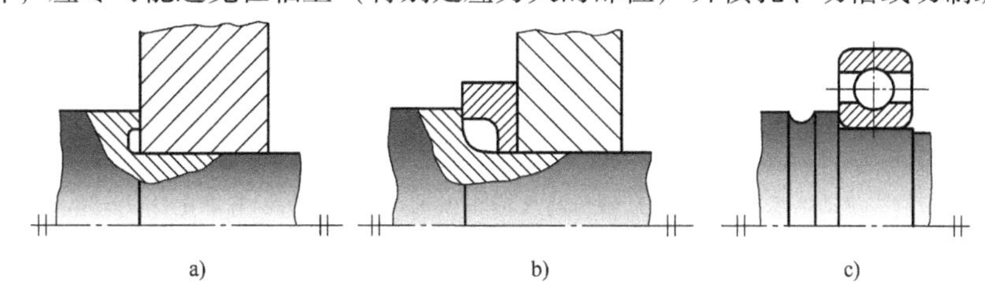

图 26-23　减小应力集中的措施
a）凹切圆角　b）肩环　c）卸载槽

4）改善轴的表面质量，提高轴的疲劳强度。表面越粗糙，轴的疲劳强度越低，因此轴应有适当的表面粗糙度。采用辗压、喷丸、渗碳淬火、渗氮、高频感应淬火等表面强化处理，对提高轴的疲劳强度有显著作用。

六、轴的结构设计注意事项

1）轴的结构设计并没有详细而严格的步骤，它是根据轴的载荷情况、轴上零件的类型、布置、固定方法和装配工艺以及轴的加工等因素灵活决定的。但通常可大致划分为以下几个阶段：①估算轴的最小直径；②确定零件在轴上的布置方案；③完成轴的外形设计；④确定各轴段的直径和长度；⑤细化轴的结构，即完成轴肩圆角半径、倒角、退刀槽、越程槽、与零件的配合性质和公差带、表面热处理及强化措施等设计。

2）轴的结构设计是与轴的强度（刚度）校核及轴承寿命计算交替进行、逐步完善的过程。按当量弯矩法校核轴的强度时，应在各轴段直径和长度确定后进行，并同时计算轴承寿命，在此基础上决定是否需对轴的结构进行修改；当需按安全因数法校核轴的强度时，应在细化轴的结构完成之后进行。

例题 26-1　在图 26-17a 中，已知轴的估算直径（即带轮处轴径）为 23mm，轴承类型为 6300 型，齿轮宽度和各零件的位置尺寸如图 26-24 所示。试确定各段轴的直径和长度，根据结构要求，确定轴承代号，并对轴上零件的周向固定进行设计。

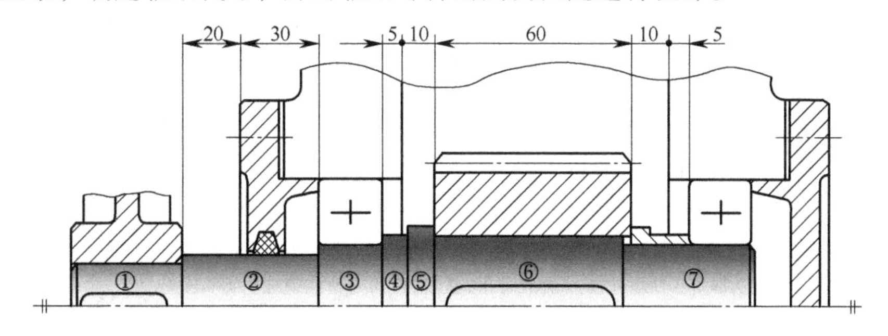

图 26-24　轴上零件位置尺寸

解：

计算与说明	主要结果
1. 各段轴的直径	
轴段①估算直径为23mm，因其与带轮有配合关系，故按标准尺寸系列选取轴段①的直径 $d_1=25\mathrm{mm}$	$d_1=25\mathrm{mm}$
轴段①、②间为定位轴肩，故轴肩高度 $h=0.07d_1+(1\sim2)\mathrm{mm}=0.07\times25\mathrm{mm}+(1\sim2)\mathrm{mm}=2.75\sim3.75\mathrm{mm}$ 取 $h=3.5\mathrm{mm}$，则 $d_2=d_1+2h=(25+7)\mathrm{mm}=32\mathrm{mm}$	$d_2=32\mathrm{mm}$
轴段③为轴颈，其直径应符合轴承内径标准，且因轴段②、③间的轴肩是为便于轴承装拆而设置的非定位轴肩，故不宜比 d_2 大太多。由此可选定 $d_3=35\mathrm{mm}$。因此，轴承代号应为6307	$d_3=35\mathrm{mm}$ 轴承6307
轴段③、④形成的轴肩为滚动轴承的定位轴肩，轴肩高度应根据轴承型号按轴承标准中规定的安装尺寸确定 轴段⑦为轴颈，直径应与 d_3 相同	$d_4=44\mathrm{mm}$ $d_7=35\mathrm{mm}$
轴段⑥、⑦间为非定位轴肩，是为齿轮装拆方便而设，故 d_6 不宜过大，同时考虑其与齿轮有配合关系，也应取标准系列值	$d_6=38\mathrm{mm}$
轴段⑤为轴环，其右侧是齿轮的定位面，故应按定位轴肩考虑轴肩高度 h $h=0.07d_6+(1\sim2)\mathrm{mm}=0.07\times38\mathrm{mm}+(1\sim2)\mathrm{mm}=3.7\sim4.7\mathrm{mm}$ 取 $h=4\mathrm{mm}$，则 $d_5=d_6+2h=(38+2\times4)\mathrm{mm}=46\mathrm{mm}$	$d_5=46\mathrm{mm}$
2. 各段轴的长度	
轴段①的长度取决于带轮轮毂的宽度。由前述带轮轮毂通用尺寸可知，轮毂宽度 $l_h=(1.5\sim2)d_1=(1.5\sim2)\times25\mathrm{mm}=37.5\sim50\mathrm{mm}$ 取 $l_h=50\mathrm{mm}$。为使轴端挡圈工作可靠，轴段①的长度 l_{h1} 应略小于轮毂宽度 l_h	$l_{h1}=48\mathrm{mm}$ $l_{h2}=50\mathrm{mm}$
轴段②的长度由给定的位置尺寸确定 轴段③的长度 l_{h3} 应与轴承宽度基本相等。由标准知6307轴承的宽度 $B=21\mathrm{mm}$，故取 $l_{h3}=21\mathrm{mm}$ 轴段⑤的长度 l_{h5} 可按轴环的经验尺寸确定，即 $l_{h5}\geqslant1.4h=1.4\times4\mathrm{mm}=5.6\mathrm{mm}$ 由已知的位置尺寸知 $l_{h4}=(15-7)\mathrm{mm}=8\mathrm{mm}$ 轴段⑥的长度取决于齿轮宽度，且应比齿轮轮毂宽度略小些	$l_{h3}=21\mathrm{mm}$ $l_{h5}=7\mathrm{mm}$ $l_{h4}=8\mathrm{mm}$ $l_{h6}=58\mathrm{mm}$
轴段⑦的长度可由位置尺寸及轴承宽度确定，即 $l_{h7}=(2+15+21)\mathrm{mm}=38\mathrm{mm}$ 轴的总长度 $L=(48+50+21+7+8+58+38)\mathrm{mm}=230\mathrm{mm}$	$l_{h7}=38\mathrm{mm}$ $L=230\mathrm{mm}$
3. 相关零件的结构设计 （1）套筒的结构尺寸　套筒左端固定齿轮，故直径可按轴环直径确定。套筒右端固定轴承内圈，应按轴承6307的安装尺寸确定。套筒长度可由题目的条件确定为15mm。套筒内孔直径按较大配合间隙考虑取为 $\phi35.5\mathrm{mm}$ （2）轴端挡圈尺寸　按轴径 d_1 由标准查取结构尺寸。挡圈最大直径为32mm （3）端盖处轴承密封　采用毛毡圈密封，毡圈及槽的尺寸可参考有关设计资料确定	套筒： 左端 $\phi46\mathrm{mm}$，右端 $\phi44\mathrm{mm}$，长度15mm，孔径 $\phi35.5\mathrm{mm}$ 挡圈 GB 891—1986 32 毛毡圈密封
4. 轴上零件的周向固定 （1）键连接　根据带轮处轴径 d_1，由键的标准选取键的横截面尺寸为 $b\times h=(8\times7)\mathrm{mm}$，根据轴段长度 l_{h1}，选取键长 $L=40\mathrm{mm}$；齿轮处，根据轴径 d_6，由键的标准选取键的横截面尺寸为 $b\times h=(10\times8)\mathrm{mm}$，根据 l_{h6} 选取键长 $L=50\mathrm{mm}$	带轮处：键8×40 GB/T 1096—2003 齿轮处：键10×50 GB/T 1096—2003
（2）零件的配合　带轮与轴：基孔制，选取H7/r6；齿轮与轴：基孔制，选取H7/m6；轴承内圈与轴：基孔制，轴的公差带选取k6；轴承外圈与轴承座孔：基轴制，孔的公差带选取H7；端盖与轴承座孔：基孔制，选取H7/h6 各轴段直径、长度及有关零件的配合如图26-25所示	带轮处：H7/r6 齿轮处：H7/m6 轴颈：k6，座孔：H7，端盖：h6

（续）

计 算 与 说 明	主 要 结 果

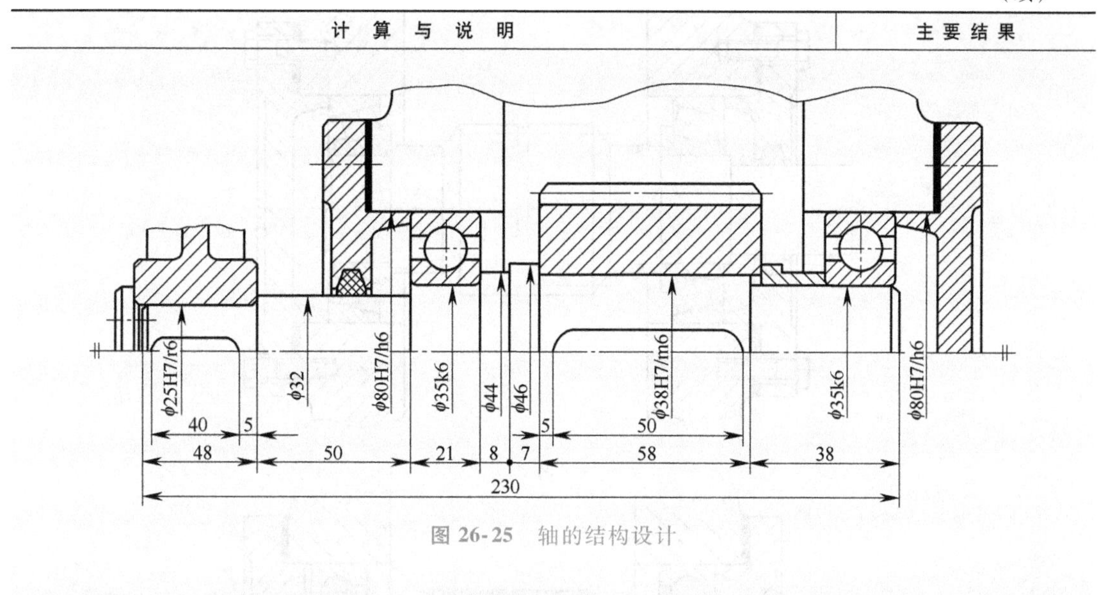

图 26-25　轴的结构设计

第三节　滚动轴承的组合结构设计

为保证滚动轴承正常工作，除正确选择轴承类型和尺寸外，还必须合理地进行轴承组合的结构设计。主要解决的问题是：①轴系支点的轴向固定；②滚动轴承组合结构的调整；③轴承与相关零件的配合；④提高轴系的支承刚度。

一、轴系支点轴向固定的结构形式

轴与轴上零件组成的系统称为轴系。轴系在支点处应配置若干轴承。轴系在工作中应始终保持正确的工作位置。受轴向力时，能将轴向力传到机座上，而不致使轴发生轴向窜动；由于工作温度变化，轴产生热变形时，应保证轴能自由伸缩，而避免轴承中摩擦力矩过大或将轴承卡死。这些要求必须通过轴系支点的轴承及相关零件组成合理的轴向固定结构来实现。轴系的支承方式绝大多数为双支点支承，双支点轴系典型的轴向固定结构形式有以下三种：

1. 两支点单向固定结构

如图 26-26a 所示，轴系采用一对圆锥滚子轴承正装法（面对面安装），两个支点处轴承的位置都是固定的。左支点轴承承担向左的轴向力，并将轴向力传到机座上，从而限制了轴向左的移动；同理，右支点轴承承担向右的轴向力，并将轴向力传到机座上，从而限制了轴向右的移动。因此，每个支点只能限制轴的单方向移动，两个支点合在一起，才能限制轴的双向移动。轴向力传递的路线为：轴肩→轴承内圈→滚动体→轴承外圈→端盖→螺钉→机座。图 26-26b 为两支点单向固定结构采用深沟球轴承的情况，轴向力传递路线与图 26-26a 完全相同。

两支点单向固定结构采用两个角接触轴承正装法（面对面安装）时，为允许轴有少量的伸长，应在装配时通过调整端盖与机座间垫片组的厚度，使轴承内部保留适当的轴向游隙，以补偿轴的热伸长。而对于图 26-26b 采用两个深沟球轴承的结构，由于该类轴承轴向游隙很小，而且是按标准预留在轴承内部的，因此装配时应在一支点轴承的外圈和端盖间留

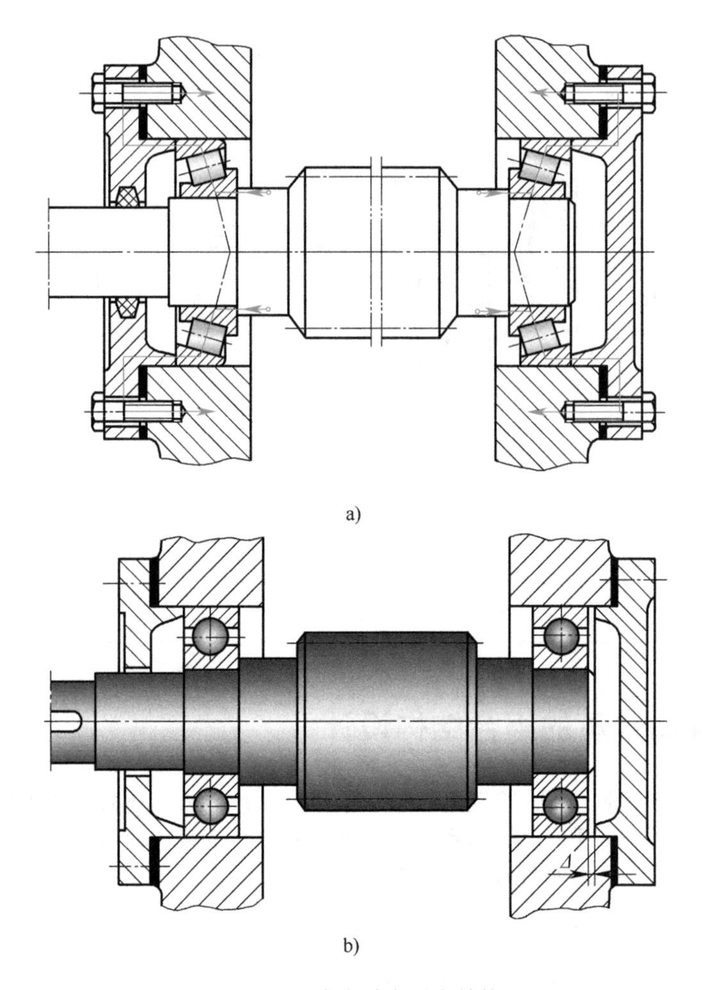

图 26-26 两支点单向固定结构

出热补偿间隙 Δ（Δ≈0.25～0.4mm，因其很小，结构图中不需画出，但应在装配技术要求中给予规定）。Δ 可由调整垫片组的厚度予以保证。

两支点单向固定结构对轴热伸长的补偿作用有限且不准确，因此仅适用于工作温度变化不大的短轴（通常支点跨距≤400mm）。两支点固定结构采用角接触轴承正装形式或深沟球轴承时，结构简单，安装调整方便，应用比较广泛。

2. 一支点固定、一支点游动结构

在图 26-27a 的轴承组合结构中，左支点轴承的内、外圈两侧均做轴向固定，因此两个方向的轴向力均可由该轴承承担并传到机座上（轴向力传递路线如图所示），从而限制了轴的双向窜动，故该支点称为固定支点。右支点轴承不限制轴的轴向移动，故不承担轴向力，称为游动支点。游动支点轴承内圈两侧均应做轴向固定，以防止其从轴上脱落；而其外圈是否需要固定应视轴承类型而定，该方案为深沟球轴承，属于不可分离型，故外圈两侧均不应固定。当轴受温度变化影响而伸缩时，外圈可随内圈做轴向游动。

图 26-27b 也属于一支点固定、一支点游动的结构形式。固定支点采用一对角接触球轴承；而游动支点为圆柱滚子轴承，由于该轴承属于可分离型，当轴受温度变化影响伸缩时，游动发生在滚子与外圈滚道间，故外圈两侧应做轴向固定，以防止外圈产生移动与滚动体和内圈脱落分离。

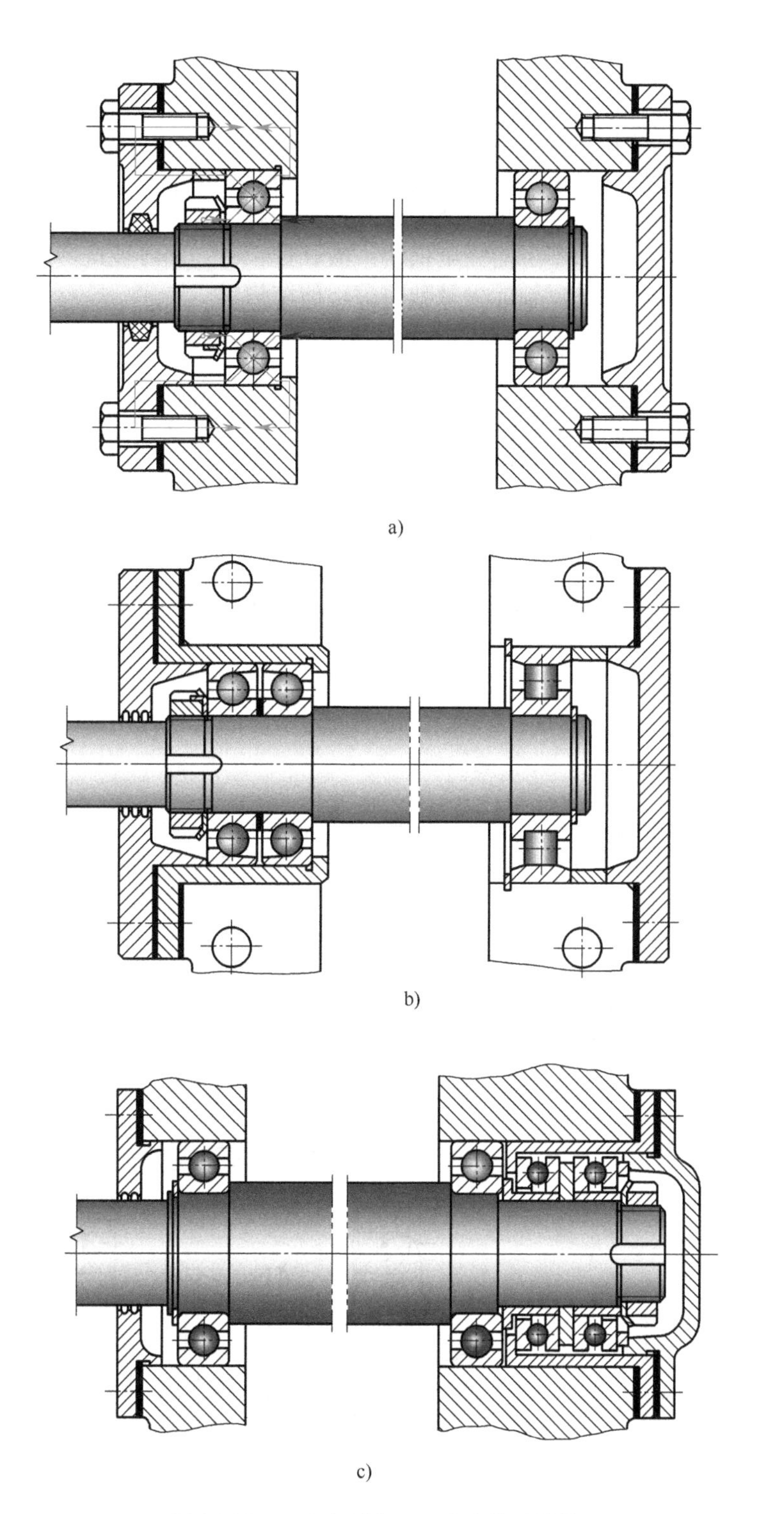

图 26-27　一支点固定、一支点游动结构

轴向载荷很大时，也可采用图 26-27c 的形式。其固定支点由一个深沟球轴承和两个推力球轴承组合而成，分别承担径向载荷和两个方向的轴向载荷。

一支点固定、一支点游动的形式，结构上比较复杂，但工作稳定性好，适用于轴较长或工作温度较高的场合。

3. 两支点游动结构

轴系的两个支点均不限制轴的移动。图26-28为人字齿圆柱齿轮传动的轴承组合结构，其中大齿轮轴的轴向位置已经由一对圆锥滚子轴承采用两支点单向固定的形式加以限制，由于人字形齿轮传动的啮合作用，小齿轮轴的轴向位置也就限定了。但考虑齿轮左右两侧螺旋角的误差，两个方向的轴向力不可能完全抵消，啮合过程中，轴将被迫产生左右移动，因此必须将小齿轮轴系的支承设计成轴能少量轴向游动的结构。

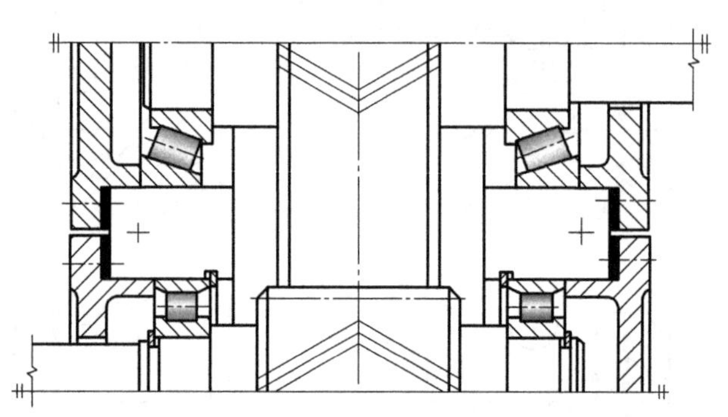

图26-28 两支点游动结构

二、滚动轴承组合结构的调整

滚动轴承组合结构的调整包括轴系轴向位置的调整和轴承游隙的调整。前者用以保证轴系在机器中具有正确的轴向位置，后者用以保证轴承内部具有合理的游隙。

1. 轴系轴向位置的调整

由于加工等因素的影响，轴上的传动件往往不能处于正确的工作位置，因此装配时应对轴的轴向位置加以调整。带轮、圆柱齿轮等传动件对轴向位置要求不高，故轴一般不需做严格调整；而蜗杆传动则要求蜗轮的中间平面通过蜗杆轴线，因此蜗轮轴沿轴线方向的位置必须能够进行调整（图26-29a）。在图26-29b所示的结构中，两个大端盖（轴承座）和箱体之间各有一组调整垫片，通过增加与减少垫片的厚度，即可对蜗轮轴的轴向位置进行调整。

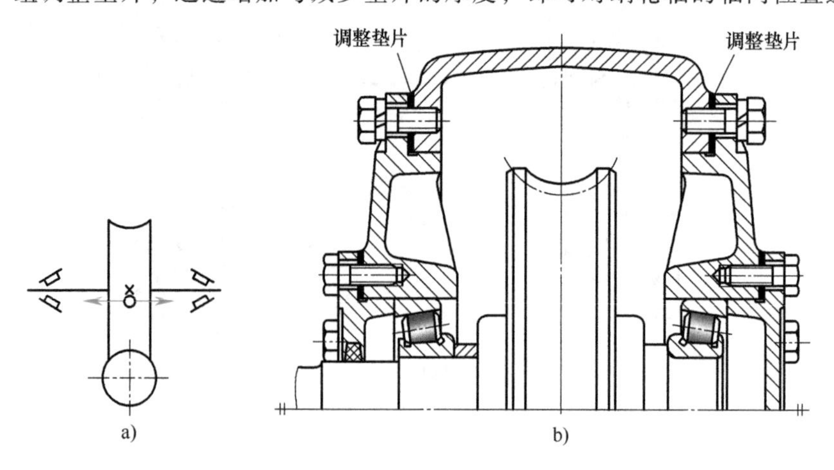

图26-29 蜗轮轴系轴向位置的调整

如图26-30a所示，为保证锥齿轮的正确啮合，要求两轮节锥的顶点必须重合，因此装配时轴的轴向位置需进行调整，通常以调整小齿轮轴为主。图 26-30b、c 为小锥齿轮轴系两种结构方案。图 26-30b 所示方案采用一对角接触球轴承正装结构，图 26-30c 所示为一对圆锥滚子轴承反装（背对背）结构，两个方案的轴承都装在套杯内。通过改变套杯与箱体间调整垫片的厚度即可实现轴系位置的调整。

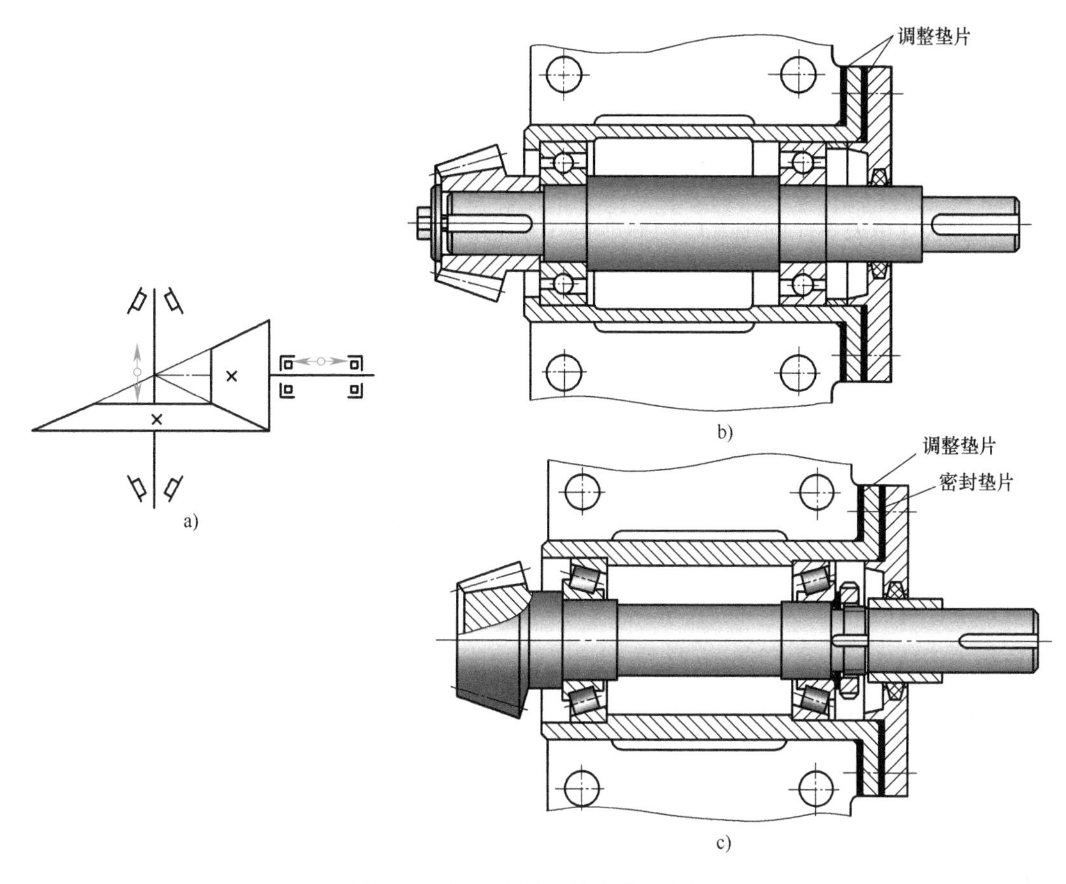

图 26-30　锥齿轮轴系轴向位置的调整

2. 轴承游隙的调整

为保证轴承正常运转，轴承内部都有适当的间隙，称其为轴承的游隙。游隙对轴承寿命、旋转精度、温升和噪声都有很大影响。有些类型的轴承在制造装配时，其游隙就已经按标准规定值预留在轴承内部，如深沟球轴承、调心球轴承等；有些类型轴承的游隙则需在安装时进行调整，如角接触球轴承、圆锥滚子轴承等。

调整轴承游隙的方法很多。在图 26-26a、图 26-27b、图 26-30b 等结构中，轴承游隙是通过改变轴承端盖处垫片组的厚度来调整的；图 26-30c 的结构则是利用圆螺母调整轴承游隙，但操作需在套杯内进行，因此不如前者方便。图 26-31 为采用嵌入式端盖时，通过螺栓和压板调整轴承游隙的方法。

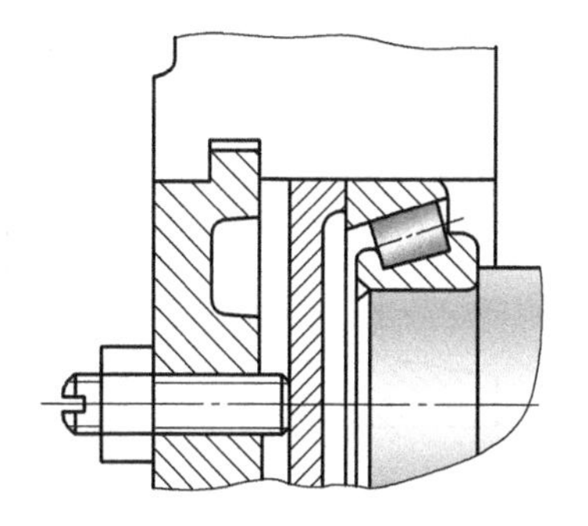

图 26-31　通过螺栓和压板调整轴承游隙

三、滚动轴承与相关零件的配合

滚动轴承是标准件，与相关零件配合时应注意以下几点：

1）轴承内孔与轴颈配合应采用基孔制，轴承外圈与座孔配合应采用基轴制。

2）轴承内径具有公差带较小的负偏差，因此与轴颈配合时，比一般圆柱面的基孔制同类配合要紧。

3）在装配图中，只标注轴颈与座孔直径的公差带，轴承内径与外径则不必标注公差带。

选择配合时，应考虑载荷大小和性质、工作温度及对轴承旋转精度的要求等因素。通常，转速越高、载荷越大或工作温度越高的场合应选用较紧的配合；游动座圈应取较松的配合；载荷方向不变时，静止座圈应比转动座圈的配合松一些。

滚动轴承与相关零件的配合已经标准化（见 GB/T 275—2015），具体配合可参考标准或机械设计手册。

四、提高轴系刚度的措施

增加轴系的刚度对提高轴的旋转精度、减少振动和噪声、改善传动件的工作性能和保证轴承寿命都是十分有利的。以下几项措施可供设计时参考。

1. 提高轴承座的刚度和精度

提高轴系的刚度应首先提高轴承座的刚度，以保证轴承座孔受力时能保持正确的形状、位置和方向。图 26-32a 中，轴承的位置距机座壁较远，轴承座宽度大、壁厚小，因此该轴承座的支承刚度较差；图 26-32b 的结构方案中，以上两问题得到改进，而且在轴承座下侧增加了肋板，支承刚度较好。

2. 合理安排轴承的组合方式

在同一支点上采用成对角接触轴承时，轴承的组合方式不同，轴系的刚度也不同。如图 26-33 所示，图 26-33a 所示为正装法，图 26-33b 所示为反装法，显然两轴承载荷作用中心距 $B_2>B_1$，即反装法支承有较高的刚度。

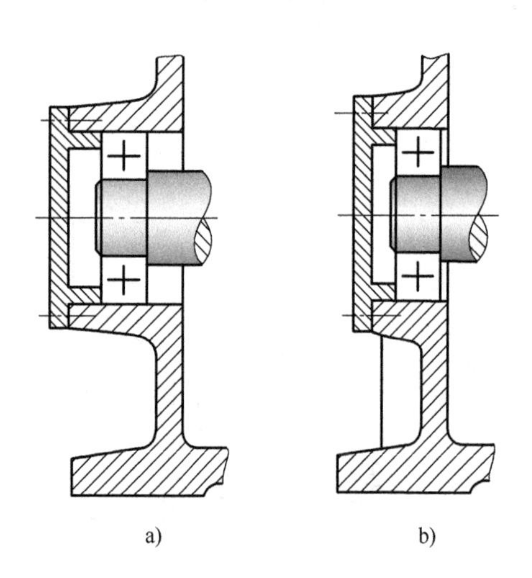

图 26-32 轴承座刚度提高的措施

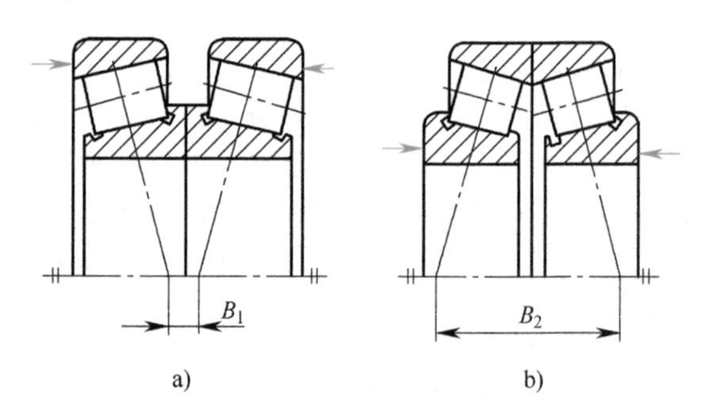

图 26-33 同支点上成对角接触轴承的组合方式
a）正装法（面对面） b）反装法（背对背）

对于在两个支点各使用一个相同的角接触轴承，其安装方式对轴系的支承刚度也有较大影响，具体情况可见表 26-3 分析。

表 26-3　角接触轴承不同安装方式对轴系刚度的影响

安装方式	工作零件作用力位置	
	两轴承间	悬臂端
正装法（面对面）	B　l_1	A　l_1　l_{01}
反装法（背对背）	B　l_2	A　l_2　l_{02}
轴系刚度	$l_1<l_2$，反装法零件处轴的弯矩大，正装法刚性好	$l_2>l_1$，$l_{02}<l_{01}$，正装法零件处轴的挠度大，反装法刚性好

3. 轴承的预紧

对于回转精度和刚度要求较高的轴系（如精密机床的主轴等），常采用预紧的方法增加轴承的刚度，提高旋转精度，延长轴承寿命。所谓预紧，就是在安装轴承时，用一定的方法产生并保持一定的预紧力，从而消除轴承游隙甚至产生负游隙，使滚动体和内、外套圈之间产生一定的弹性预变形。以下以角接触球轴承为例说明预紧的原理和方法。

如图 26-34a 所示，球轴承受载时，滚动体的弹性变形 δ 与外载荷 F 的关系呈非线性关系。当轴承未预紧时，在工作载荷 F_A 作用下变形量为 δ；若先施一预紧力 F_0，则在同样工作载荷 F_A 作用下，轴承的变形量为 δ'。显然 $\delta'<\delta$，轴承刚度有所增加。

一般角接触球轴承都是成对预紧。如图 26-34b 所示，经过预紧的轴承加上工作载荷 F_A 后，由于两轴承的变形协调关系，轴承Ⅰ变形的增加量与轴承Ⅱ变形的减少量相等，同为 δ''。此时轴承Ⅰ的载荷在 F_0 的基础上只增加了 F_A 的一部分即 F_{A1}。与单个轴承预紧的效果相比，变形增加量进一步降低，即 $\delta''<\delta'$，可见成对轴承预紧的效果更加显著。

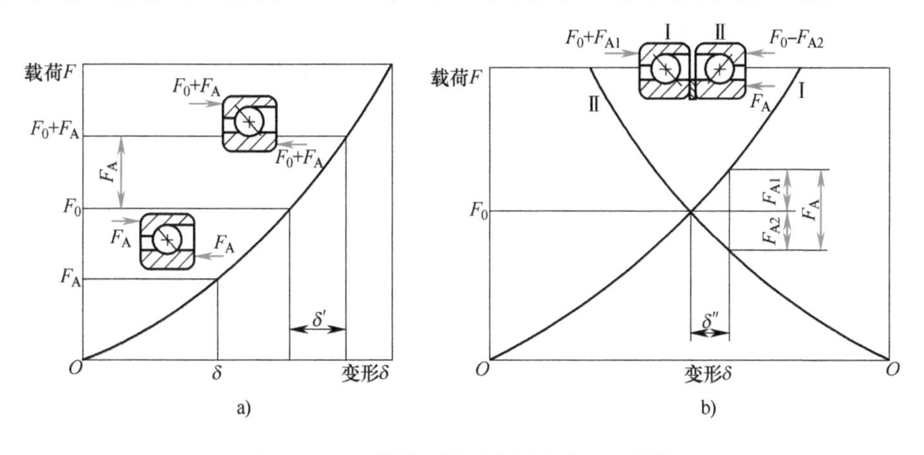

图 26-34　角接触球轴承的刚度曲线与预紧
a）单个轴承　b）轴承组

由于圆锥滚子轴承的载荷-变形关系近似为一直线，因此单个轴承预紧不能提高刚度。

角接触球轴承常用的预紧方法如图 26-35 所示。预紧虽能提高轴系的回转精度和刚度，但对预紧力必须加以控制，应避免预紧力过大导致摩擦力矩增加过多降低轴承寿命。合理的预紧力计算方法可查阅有关手册。

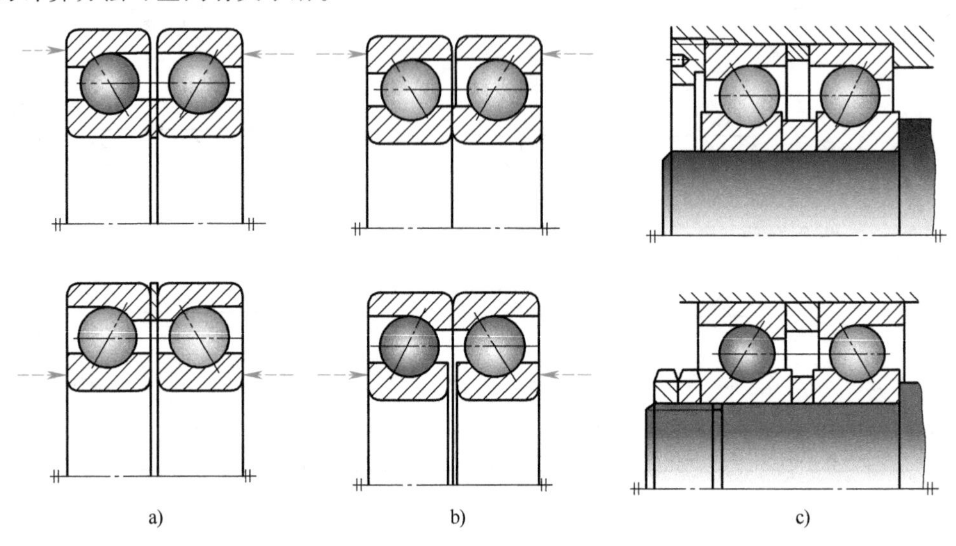

图 26-35 角接触球轴承的预紧方法
a）加金属垫片 b）磨窄套圈 c）内、外套筒

例题 26-2 一锥齿轮减速器输入轴的轴系结构如图 26-36 所示。轴系由两个角接触球轴承支承，正安装形式，支点的轴向固定采用两支点单向固定结构。轴承用脂润滑，齿轮用油润滑。试分析轴承组合结构的错误，画出正确的结构图，并表示出轴向力的传递路线。

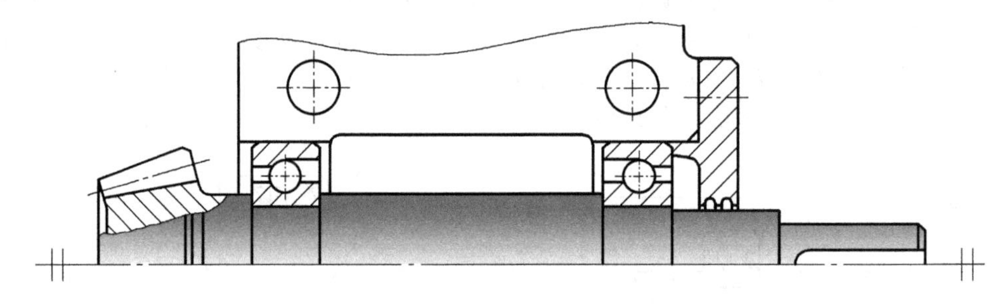

图 26-36 轴承组合结构错误图

解：

存在问题	改正措施
1)左侧轴承无法装入	1)改变轴的结构,使轴承从轴的右端装入
2)轴受向左的轴向力时,力无法传到机座上,轴连同轴承会向左侧从轴承座中滑出	2)在两轴承内圈间加套筒;因向左的轴向力不大,右轴承内圈可用弹性挡圈固定;套杯左端设内凸肩固定轴承外圈
3)轴系的轴向位置无法调整,不能保证两锥齿轮锥顶重合	3)增设套杯,并在套杯与机座间加调整垫片组
4)轴承游隙无法调整	4)在端盖与套杯间加一组调整垫片
5)座孔左侧无密封,润滑脂会流失	5)左轴承处加一挡油环

（续）

改正后的结构图（图 26-37）及轴向力传递路线如下：

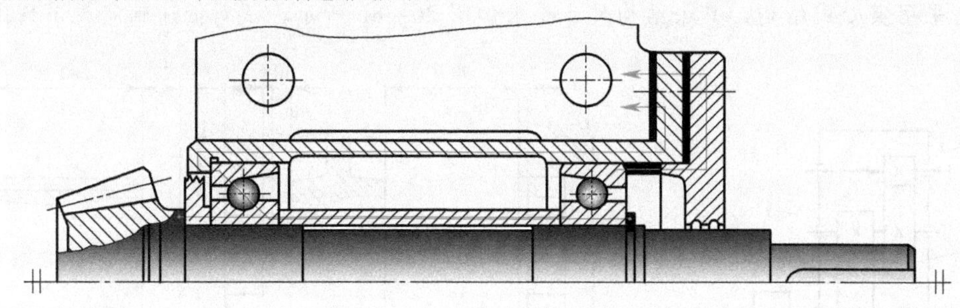

图 26-37　改正后的轴承组合结构图

轴向力传递路线分析

向右的轴向力：齿轮处轴肩→挡油环→左轴承内圈→套筒→右轴承（被压紧）→端盖→连接螺钉→机座

向左的轴向力：弹性挡圈→右轴承内圈→套筒→左轴承（被压紧）→套杯（内凸肩）→机座

文献阅读指南

1）“轮类零件的结构设计”一节中，有关轮毂、腹板设计要求方面的内容可参考吴宗泽主编的《机械设计》（2 版，北京：高等教育出版社，2009）第 13 章的有关论述。对于常用传动零件的通用结构尺寸，可参考闻邦椿主编的《机械设计手册》（6 版，北京：机械工业出版社，2018）第 2 卷第 8 篇（齿轮传动）和第 2 卷第 6 篇（带传动和链传动）中的相关内容，也可参考其他设计手册。

2）关于轴的结构设计可参考闻邦椿主编的《机械设计手册》（6 版，北京：机械工业出版社，2018）第 3 卷第 12 篇（轴）的有关内容；万长森编著的《滚动轴承的分析方法》（北京：机械工业出版社，1987）中对轴承组合结构设计有一定的分析和论述。此外，闻邦椿主编的《机械设计手册》（6 版，北京：机械工业出版社，2018）第 3 卷第 14 篇滚动轴承第 4 章给出了轴承组合设计的原则和要求。

思　考　题

26-1　在设计轮类零件的结构时，对轮毂、腹板应注意什么问题？

26-2　为什么小齿轮与轴有时采用一体的结构，有时采用分体的结构？这两种结构各有何特点？

26-3　什么是组合式蜗轮？与整体式蜗轮相比有何优点？组合式蜗轮常用哪些连接方式？

26-4　表 26-2 轴上零件常用的轴向固定方法中，试比较各方法的：①轴向承载能力；②适用轴上部位；③对轴径大小的影响；④对轴的强度削弱的程度；⑤制造难易的程度。

习　　题

26-1　图 26-38a 为二级圆柱齿轮减速器简图，其运动和转矩由低速轴（Ⅲ轴）外伸端上的齿轮5输出。已知低速轴的估算直径为38mm，拟采用一对圆锥滚子轴承（302××型）支承，齿轮4的模数为2.5mm，齿数为60，齿宽为60mm，采用腹板式结构，齿轮5齿宽为80mm，采用实心式结构，其余结构尺寸要求如图26-38b所示。试对低速轴完成下列工作：

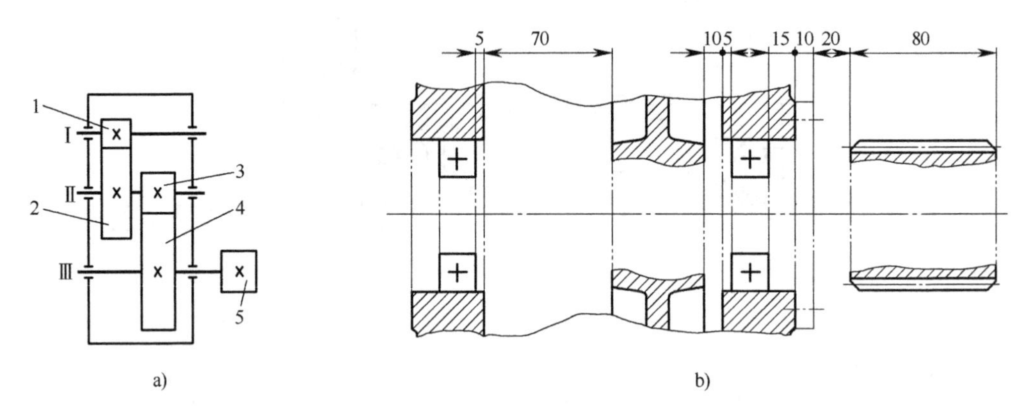

图 26-38 习题 26-1 图

1）确定低速轴各轴段的直径和长度，初定轴承代号。

2）完成轴上有关零件的周向固定设计。

3）按比例画出该轴系各零件布置方案的结构图。

4）选定轴承、齿轮与相关零件的配合关系。

5）完成齿轮4的结构设计。

26-2 指出图26-39所示的二级圆柱齿轮减速器中间轴轴系结构的错误，说明错误原因，并画出正确结构图。

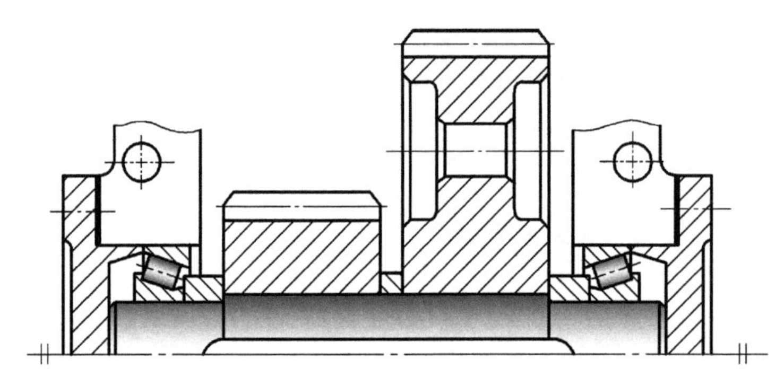

图 26-39 习题 26-2 图

26-3 指出图26-40所示的单级圆柱齿轮减速器输入轴轴系结构的错误，并加以改正。齿轮用油润滑，轴承用脂润滑。

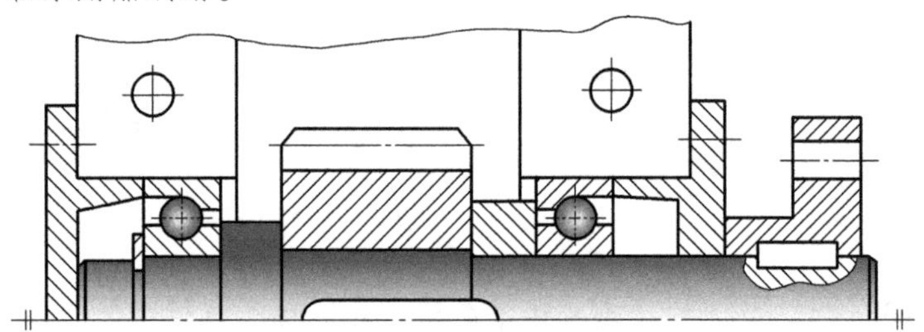

图 26-40 习题 26-3 图

26-4　图 26-41 所示的蜗杆减速器输入轴轴系结构中，动力由外伸端的联轴器输入，轴系的轴向固定结构采用一支点固定、一支点游动支承，固定支点为一对圆锥滚子轴承背对背安装。试指出轴系结构的错误，并说明原因。

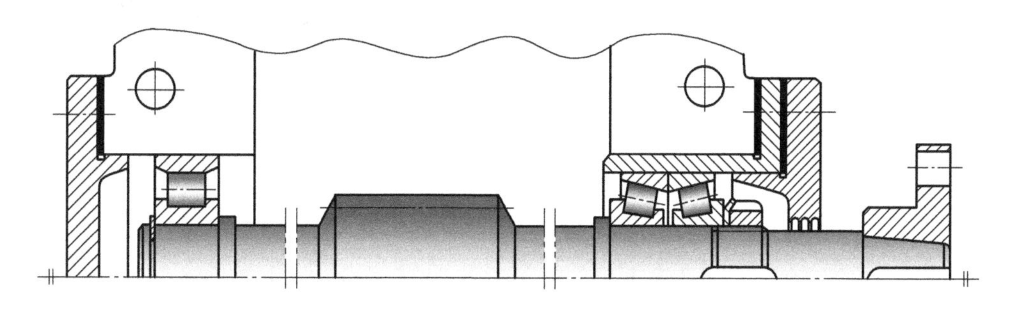

图 26-41　习题 26-4 图

第二十七章 机架、箱体和导轨的结构设计

内容提要

作为机器支承和承导件的机架、箱体和导轨，是机器的重要基础件，它结构复杂，计算繁琐。本章重点介绍机架、箱体和导轨的结构设计。第一节介绍机架和箱体的类型、截面形状的选择，壁厚、加强肋的布置原则和连接结构设计等。第二节介绍导轨，包含滚动导轨和普通滑动导轨、静压导轨、动压导轨，重点是滚动导轨和普通滑动导轨。

第一节 机架、箱体及其结构设计

机架是机器中的支承件，它是底座、机体、床身、壳体及基础平台的统称。

按结构机架可分为梁（柱）式、框架式和平板式。大多数金属切削机床的床身、立柱及横梁都是梁（柱）式机架，如液压机上横梁（图27-1）是典型的梁式机架，压力机立柱（图27-2）为柱式机架；轧钢机机架、汽车底盘架、压力机机身（图27-3）等是框架式机架；水压机基础平台、摇臂钻底座（图27-4）等是平板式机架。

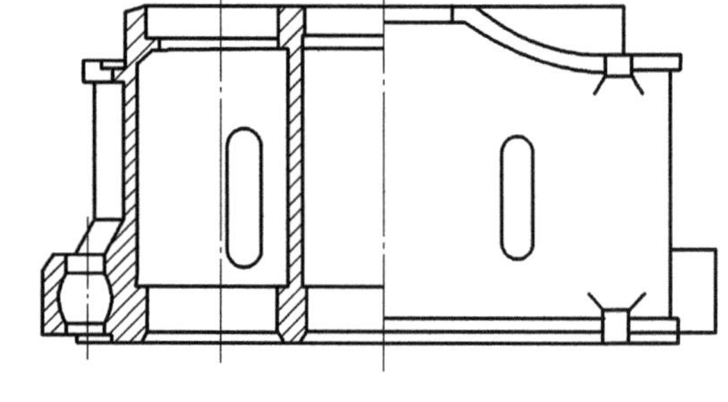

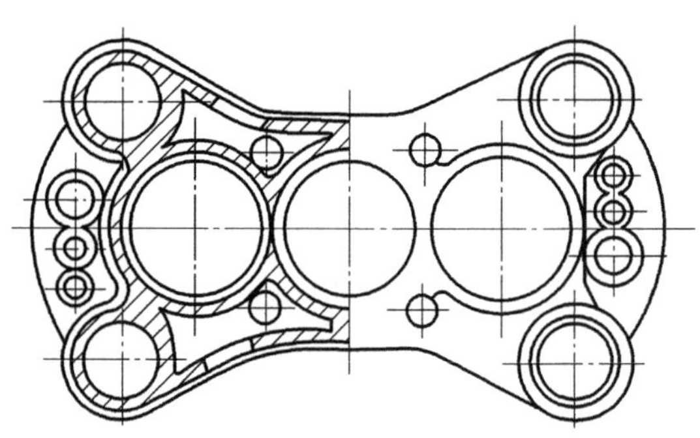

图 27-1 铸造液压机上横梁

按制造方法和材料机架分为铸造机架（图27-1）、焊接机架（图27-2、图27-3）和非金属机架。

箱体是支承和包容机器中一组运动构件的重要零件，也可以算作机架的一种，称为箱壳式机架。它通常为矩形截面的六面体，图27-5是典型的齿轮减速器箱体。箱体的主要功能为：

1）支承传动轴，使轴上的齿轮等传动件能保持给定的位置，实现规定的运动。

2）包容各个传动件与转动件，起安全保护与封闭作用，使它们不受外界环境的影响。同时，也有隔振、隔热和隔声作用，防止污染环境，并且也能保护机器操作者的人身安全。

3）可以作为润滑油池使用，实现各个润滑点的循环润滑。

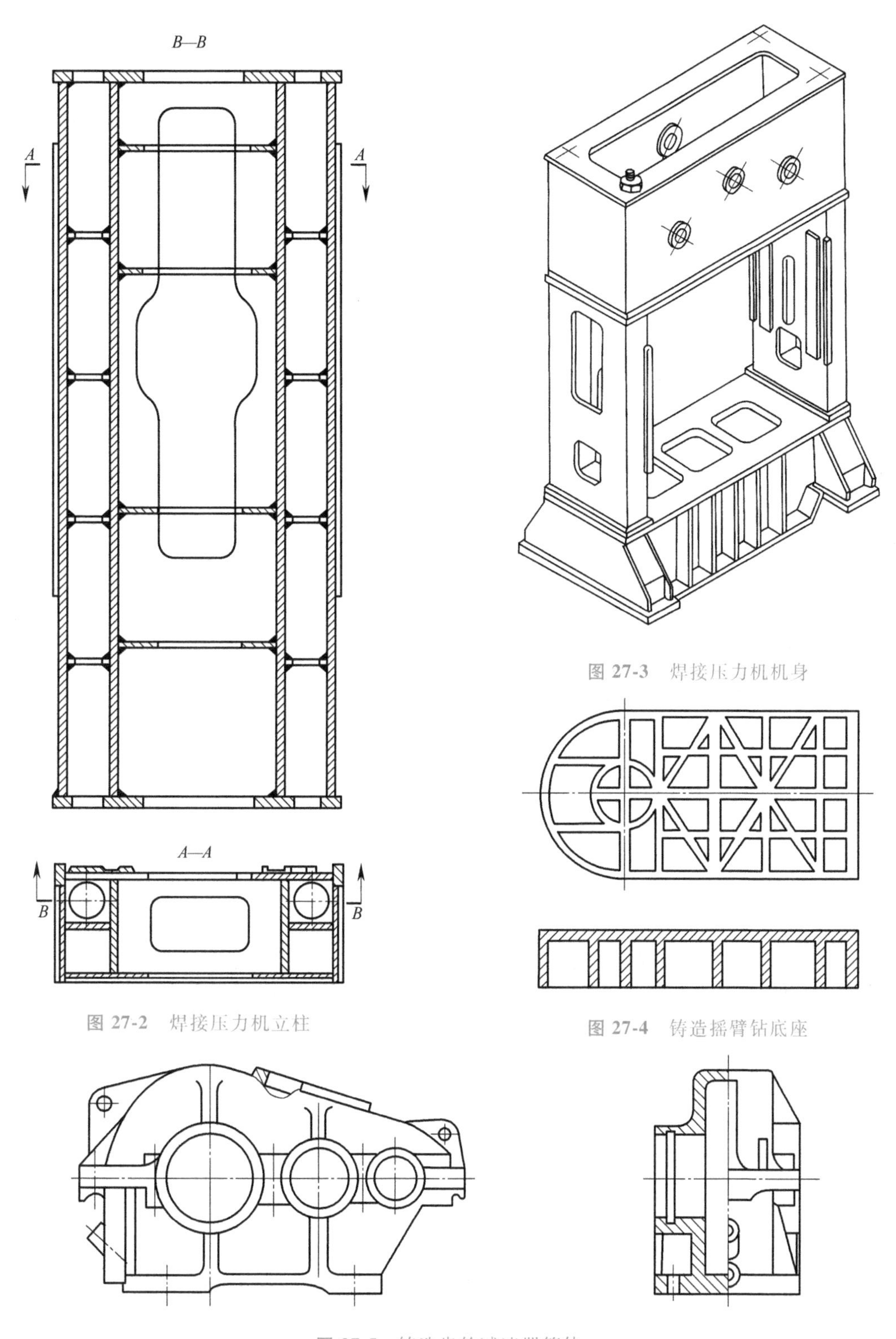

图 27-2　焊接压力机立柱

图 27-3　焊接压力机机身

图 27-4　铸造摇臂钻底座

图 27-5　铸造齿轮减速器箱体

4）使机器各部分分别由独立的箱式部件组成，如主轴箱、溜板箱等，以便改善机器造型，协调各部分的比例。同时各组成单元的箱式部件也便于加工、装配、调整和修理。

一、设计准则

机架、箱体最主要的设计准则是刚度、强度与振动稳定性，对于某些机架和箱体还需进行热变形的校核计算。

大多数的机架和箱体按刚度条件设计，如机床主轴箱、床身、立柱，机械压力机机身等。一般来说，满足刚度条件的机架和箱体，强度也能满足，但也有例外的情况。

在机架和箱体的受压结构和压弯结构中存在失稳问题，薄壁机架和箱体也存在局部失稳问题。

二、结构设计

（一）截面形状的选择

合理选择和设计截面形状是机架和箱体结构设计最重要的一环。所谓合理选择和设计就是在不改变截面面积的情况下，选择和设计一种最适合于受力状态的截面形状，以获得最大的刚度和强度，一般来说，就是应尽量增大截面二次矩 I 和截面系数 W。表27-1列出了面积大致相同的7种典型截面的梁，在相同外力作用下，抗弯和抗扭强度与刚度的比较值。

表27-1 不同截面形状梁的相对刚度和相对强度

截面形状		ϕ113	ϕ113, ϕ160	100, 100	100, 148, 100, 148	200, 50	50, 200, 235, 85	25, 10, 300, 25, 150
相对刚度	弯曲	1	3.03	1.04	3.96	4.17	7.32	19.4
	扭转	1	3.02	0.88	2.86	0.44	1.65	0.09
相对强度	抗弯	1	2.13	1.17	3.01	2.34	3.51	7.92
	抗扭	1	2.14	0.735	2.63	0.199	1.77	0.756

1. 抗弯截面的选择

由表27-1可知，工字梁和空心矩形梁适合于承受弯矩；方形截面比圆形截面更适合于承受弯矩；同类型截面比较，在垂直载荷作用下，截面高度尺寸越大，其抗弯强度与刚度越大。由于工字形截面是一种开式截面，一般适用于结构简单的机器，如轴承座支架、烧结机机架、加热炉框架等。

2. 抗扭截面的选择

空心圆形截面梁适合于承受扭矩；封闭截面比开式截面的抗扭强度和扭转刚度要高得多；工字形截面的扭转刚度低，但抗扭强度却高于方形和矩形；空心矩形截面和空心方形截面的抗弯、抗扭性能都比较好。

3. 同时抗弯、扭、拉、压作用截面的选择

以空心矩形截面或与其类似的截面形状为佳，其外部和内部便于安装和固定其他零件，外部为垂直相交的平面，使人视觉感良好。此外，空心矩形截面便于焊接。

4. 截面高宽比

截面的高宽比 h/b 直接影响结构的刚度和强度。从表27-1可以看出，空心方形，即 $h/b=1$ 的截面形状综合性能最好。因此，若无其他条件制约，同时承受弯曲和扭转载荷的

机架，应优先考虑采用接近方形的截面形状。

（二）壁厚

强度条件决定截面面积，在面积不变的条件下，材料分布得离中性轴越远，刚度越大，这时壁厚也越小。

1. 铸造机架与箱体的壁厚

（1）最小壁厚　通常根据熔融材料在浇注时的流动性确定铸造零件的最小壁厚。铸铁件的最小允许壁厚见表27-2，铸钢件的最小壁厚如图27-6所示。

表27-2　铸铁件的最小允许壁厚　（单位：mm）

铸造方法	铸铁品种	铸件平均轮廓尺寸					
		<200	200~400	400~800	800~1250	1250~2000	>2000
砂型铸造	灰铸铁	4~6	5~8	6~10	7~12	8~16	10~20
	球墨铸铁	5~7	6~10	8~12	10~14	—	—
	可锻铸铁	3~5	4~6	5~8	—	—	—

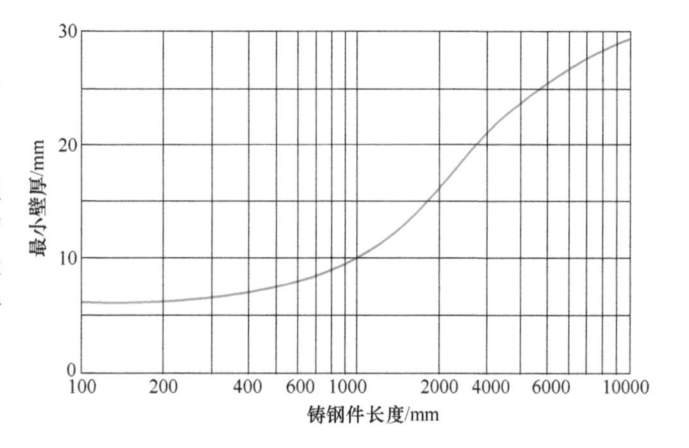

图27-6　铸钢件的最小壁厚

确定壁厚时还需考虑铸件能否承受在清砂和机械加工中的冲击载荷。考虑铸造误差，铸件的实际壁厚都要大于最小壁厚。

（2）临界壁厚　当铸件壁厚超过该临界值后，容易产生缩孔、缩松、晶粒粗大等铸造缺陷，力学性能下降。一些资料推荐，砂型铸造铸件的临界壁厚可取为3倍最小壁厚。

（3）内壁壁厚　若铸件结构比较复杂，内壁散热条件较差，冷却速度慢，易产生内应力和变形。为保持内、外壁的冷却速度基本一致，内壁应比外壁薄一些。铸铁件取内壁厚度为外壁的80%~90%，铸钢件取为70%~80%。

（4）铸件壁厚的过渡　为了避免铸造缺陷，铸件的壁厚应尽可能均匀，相连接的两壁厚度比一般不应超过1∶3。两壁厚度比在超过1∶1.5后，必须设计壁厚过渡区，若两壁呈V形或Y形连接，在夹角小于75°的两壁交接处也应设计过渡区。

2. 焊接机架与箱体的壁厚

焊接结构最小壁厚应大于3mm，箱形截面的宽厚比一般应小于80~100，以避免局部屈曲和颤振；封闭截面的外壁厚度应尽量相等；重型机床的焊接床身、立柱、横梁等的壁厚，一般不应超过30mm。

（三）加强肋

为了更有效地提高机架和箱体的刚度，减小质量，提高抗振性，一般都设置加强肋。

1. 肋的作用

肋的主要作用是提高机架与箱体的整体刚度和强度，把壁板的弯曲变形转化为肋的压缩、拉伸或弯曲变形。通过加强肋把机架与箱体的各部分连接成整体，降低壁板的振幅，提高机架与箱体的抗振性。在铸造机架与箱体中，用肋替代铸件的厚大部分，可使壁厚均匀，减少铸造缺陷。此外，肋还可起散热作用。

2. 肋的分类

肋分为肋板和肋条。肋板是指机架或箱体两壁之间起连接作用的内壁，有纵向、横向和斜向肋板，如图 27-7 所示。纵向肋板（图 27-7a）设置于弯曲平面内，主要用于提高抗弯强度和刚度；横向肋板（图 27-7b）在垂直于扭矩的矢量方向上设置，主要用于提高抗扭强度和刚度。在薄壁空心构件的端部设置横向肋板后，变形将减少 75%；斜向肋板（图 27-7c）具有提高抗弯、抗扭强度和刚度的综合性能。

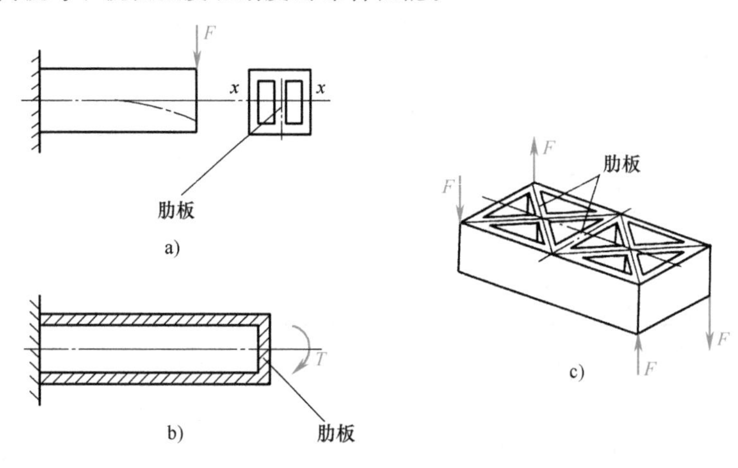

图 27-7 加强肋

a）纵向肋板 b）横向肋板 c）斜向肋板

肋条设置在机架或箱体的壁板上，不连接整个截面。肋条的作用主要是提高机架或箱体的局部刚度，避免薄壁颤振。

3. 肋的尺寸

肋的厚度一般为机架或箱体壁厚的 60%~80%，肋板取大值，肋条取小值。肋条的高度为机架或箱体壁厚的 5 倍。

4. 肋的布置

加强肋的效果主要取决于肋设置得是否合理，而不是肋的数量。布置肋的一般原则是：增强弯曲刚度的肋应布置在弯曲平面内，肋应能将局部载荷传递给其他壁板。

对矩形箱形结构来说，纵向肋板提高刚度的作用大于横向肋板，与侧壁成 45°时对提高扭转刚度影响较大，肋板对开式结构的影响比对闭式结构的大。

（四）连接结构设计

机架、箱体与零件之间或者与地基之间的连接刚度是机器总体刚度的重要组成部分，直接影响机器的使用性能。结构中连接环节越多（如组合机架），静刚度越低，但阻尼增大，结构的动态稳定性提高，即动刚度高。在进行机架、箱体的连接设计时，应使静刚度与阻尼匹配得当。图 27-8所示为 ϕ1600mm 单柱立式车床简图，其立柱与底座之间采用拉杆的螺栓连接，通过调整

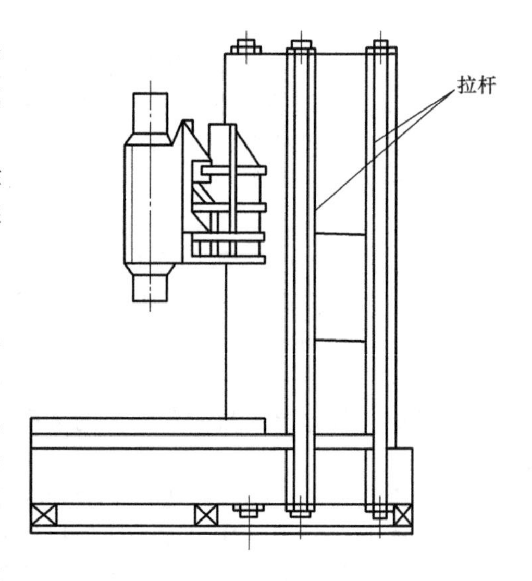

图 27-8 ϕ1600mm 单柱立式车床简图

预紧力可以在不同加工状态下，获得连接刚度与阻尼的良好匹配。

1. 连接部位的结构设计

机架、箱体与零件之间或者与地基之间的连接大都采用螺栓连接，提高连接部位结构刚度的措施有：适当增加连接法兰、底板、地脚板、凸缘的厚度；在螺栓孔周围局部加厚；增设肋板；采用壁龛式结构；在连接螺栓总截面面积不变的条件下，采用数量较多、直径较小的螺栓等。图 27-9 介绍了一些连接部位的结构形式。

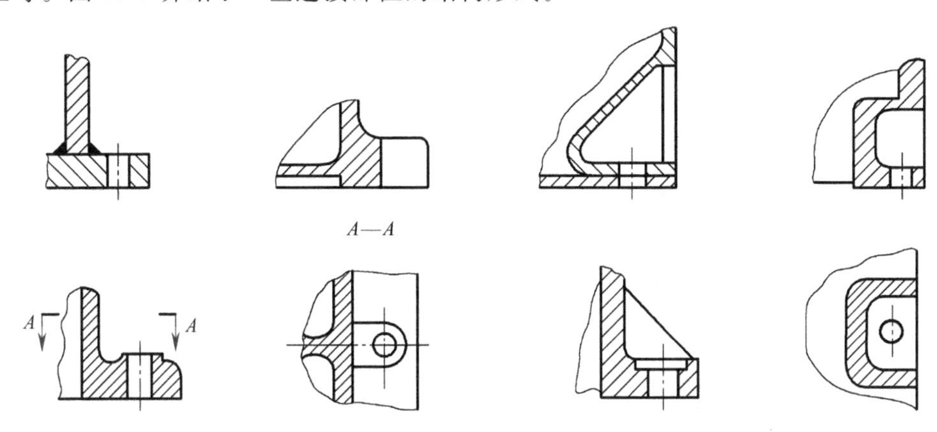

图 27-9　机架、箱体连接部位的结构形式

2. 连接部位的尺寸

决定接合部位的宽度时要考虑螺母或螺栓头的尺寸，以及扳手空间。

适当增加连接法兰、底板、地脚板、凸缘的厚度尺寸可以增大连接的刚度，但其厚度的增大是有限度的，超过限度，由于螺栓加长，连接刚度反而下降。从凸缘刚度和螺栓刚度合理匹配的角度，当螺栓孔直径与凸缘厚度之比为 1.0~1.2 时，连接结构的刚度较好。

第二节　导轨及其结构设计

利用两个表面的“接触”，支承和引导运动构件沿着直线、圆或曲线轨迹运动的零件或结构称为导轨副，也常简称为导轨。按运动学原理，所谓导轨就是将运动构件约束到只有一个自由度的装置。曲线导轨在机械中极少应用，大多数为直线和圆导轨，本章只讨论直线导轨。

接触表面称为导轨面。导轨副中设在支承构件上的为静导轨，其导轨面为承导面，它比较长；另一个设在运动构件上的为动导轨，导轨面一般比较短。具有动导轨的运动构件常称为工作台、滑台、滑板、导靴、头架等。

导轨在机器中十分重要，在机床中尤为重要。机床的加工精度是导轨精度的直接反映。小批量生产的精密机床，导轨的加工工作量占整个机床加工工作量的 40%左右。而且，导轨一旦损坏，维修十分困难。

导轨面间的摩擦为滑动摩擦者为滑动导轨，在导轨面间置入滚动元件，使摩擦转变为滚动摩擦者为滚动导轨。

导轨有闭式和开式之分，闭式导轨可以承受倾覆力矩，而开式导轨则不能。

一、导轨设计的基本要求、内容与原则

1. 导轨设计的基本要求

（1）导向准确　运动构件沿导轨承导面运动时其运动轨迹的准确程度称为导向精度。

影响它的主要因素有导轨承导面的几何精度、导轨的结构类型、导轨副的接触精度、导轨面的表面粗糙度、导轨和支承件的刚度、导轨副的油膜厚度及油膜刚度，以及导轨和支承件的热变形等。

直线运动导轨的几何精度一般包括：垂直平面和水平平面内的直线度，两条导轨面间的平行度。导轨几何精度可以用导轨全长上的误差或单位长度上的误差表示。

（2）保持精度　导轨工作过程中保持原有几何精度的能力称为精度保持性。它主要取决于导轨的耐磨性及其尺寸稳定性。耐磨性与导轨副的材料匹配、载荷、加工精度、润滑方式和防护装置的性能等因素有关。另外，导轨及其支承件内的剩余应力将会导致其变形，影响导轨的精度保持性。

（3）运动灵敏和定位准确　运动构件能实现的最小行程称为运动灵敏度；运动构件能按要求停止在指定位置的能力称为定位精度。它们与导轨类型、摩擦特性、运动速度、传动刚度、运动构件质量等因素有关。

（4）运动平稳　导轨在低速运动或微量移动时不出现爬行的性能称为运动平稳性。它与导轨的结构、导轨副材料的匹配、润滑状况、润滑剂性质及运动构件传动系统的刚度等因素有关。

（5）抗振与稳定　导轨副承受受迫振动和冲击的能力称为抗振性；在给定的运转条件下不出现自激振动的性能称为稳定性。

（6）刚度　导轨抵抗受力变形的能力称为刚度。受力变形将影响构件之间的相对位置和导向精度，这对于精密机械与仪器尤为重要。导轨受力变形包括导轨本体变形和导轨副接触变形，两者均应考虑。

（7）便于制造　导轨副（包括导轨副所在构件）加工的难易程度称为结构工艺性。在满足设计要求的前提下，应尽量做到制造和维修方便，成本低廉。

2. 导轨设计的主要内容

1）根据导轨工作条件、承载特性，选择导轨的结构类型、导轨面形状及其组合形式。

2）进行导轨的力学计算，确定结构尺寸。

3）确定导轨副的间隙、公差和加工精度。

4）选择导轨材料、摩擦面硬度匹配、表面精加工和热处理方法。

5）选择导轨的预紧载荷，设计预紧载荷的加载方式与装置。

6）选择导轨面磨损后的补偿方式和调整装置。

7）选择导轨的润滑方式，设计润滑系统和防护装置。

对几何精度、运动精度和定位精度要求都较高的精密导轨（如数控机床和测量机的导轨），在设计时应有误差、力变形和热变形补偿措施，使导轨副能自动贴合、各项精度互不影响，动、静摩擦因数尽量接近。

二、常用导轨的类型、特点及应用

常用导轨的类型、特点及应用见表27-3。

三、滚动导轨

在两个导轨面间设置滚动元件构成滚动摩擦的，统称为滚动导轨。滚动导轨的形式很多，按滚动元件的形状，有球导轨、滚子导轨和滚针导轨；按滚动元件是否循环，有循环式滚动导轨和非循环式滚动导轨。通常，滚动导轨仅指非循环式滚动导轨，而把循环式滚动导轨称为直线运动滚动支承。

表 27-3 常用导轨的类型、特点及应用

导轨类型		主要特点	应用
普通滑动导轨	整体式	结构简单，使用维修方便；低速易爬行；磨损大，寿命低，运动精度不稳定	普通机床、冶金设备
	贴塑式	动导轨面贴塑料软带与铸铁或钢质静导轨面配副，贴塑工艺简单，摩擦因数小，且不易爬行；抗磨性好；刚度较低，耐热性差，容易蠕变	大、中型机床受力不大的导轨
	镶装式	静导轨上镶钢带，耐磨性比铸铁高 5~10 倍；动导轨上镶青铜等减摩材料，平稳性好，精度高；镶金属工艺复杂，成本高	重型机床如立车、龙门铣的导轨
动压导轨		适于高速(90~600m/min)；阻尼大，抗振性好；结构简单，不需复杂供油系统。使用维护方便；油膜厚度随载荷和速度变化，影响加工精度	速度高、精度一般的机床主运动导轨
静压导轨		摩擦因数很小；低速平稳性好；承载能力大，刚性、抗振性好；需要较复杂的供油系统，调整困难	大型、重型、精密机床，数控机床工作台
滚动导轨		运动灵敏度高，低速平稳性好，定位精度高；精度保持性好，磨损小，寿命长；刚性、抗振性差；结构复杂，要求良好的防护，成本高	精密机床、数控机床、纺织机械等

（一）（非循环式）滚动导轨

由于受运动关系约束，滚动导轨只能应用于行程较短的导轨，由于工作台速度等于 2 倍的钢球速度，故其最大行程应满足（图 27-10）

$$s_{max} \leqslant 2(L_d - l - 2l_0) \quad (27\text{-}1)$$

式中，L_d为动导轨长度；l 为滚动元件间的最大距离；l_0为边缘余量。

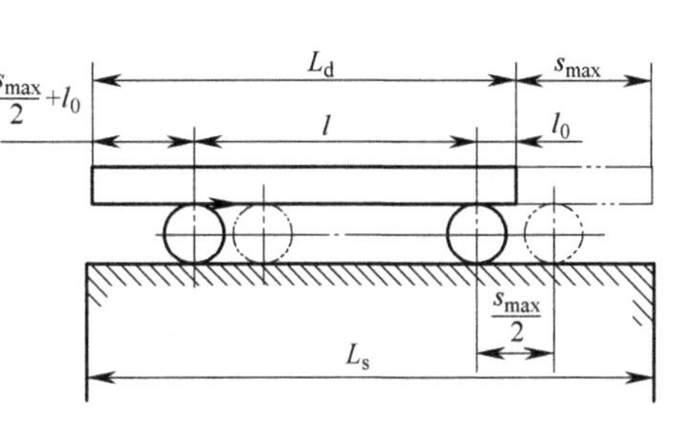

图 27-10 滚动导轨最大行程

常用滚动导轨的结构形式与特点见表 27-4。

滚动体和滚动轴承一样，一般采用轴承钢制造；导轨采用钢或铸铁制造，最好经表面淬硬处理。

表 27-4 常用滚动导轨的结构形式与特点

形式	开式导轨			
	球	球和滚子	滚子或滚针	交叉滚子与滚子
简图	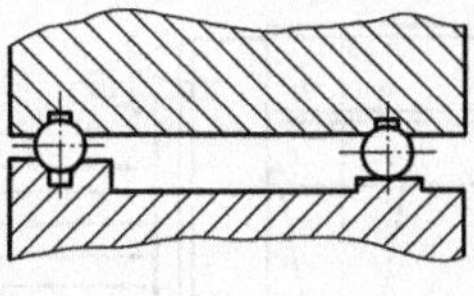	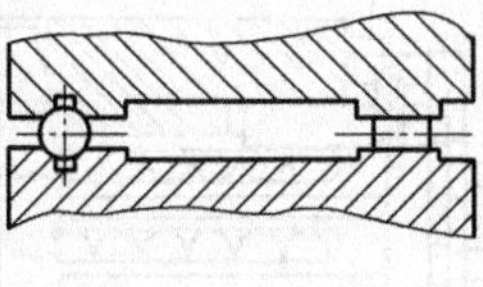	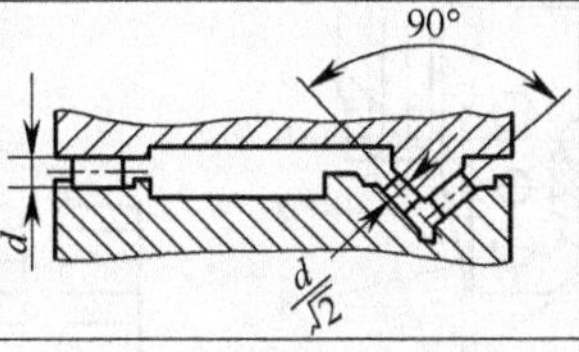	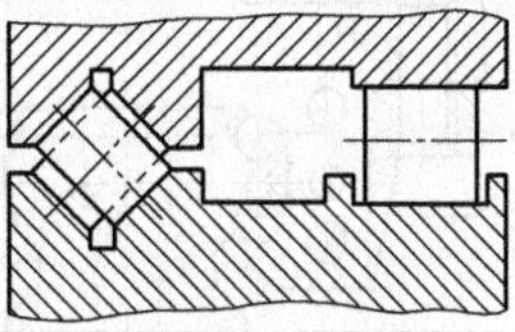
结构特点	结构简单，对温度变化不敏感，但承载能力小，刚度低；摩擦阻力小；常用于轻型机械和仪器		承载能力和刚度比球导轨大，但比相同尺寸的滑动导轨低	V 形导轨面上相邻滚子的轴线相互成 90°交叉排列(滚子长度稍小于其直径)

形式	闭式导轨		
	双 V 形	双圆弧	交叉滚子
简图	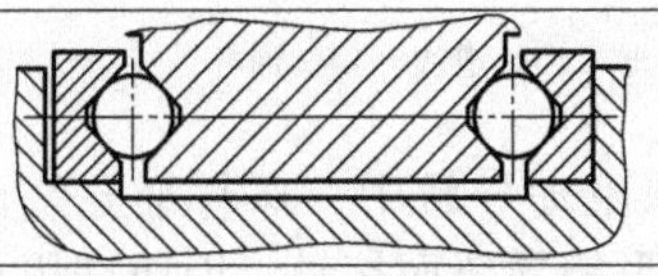	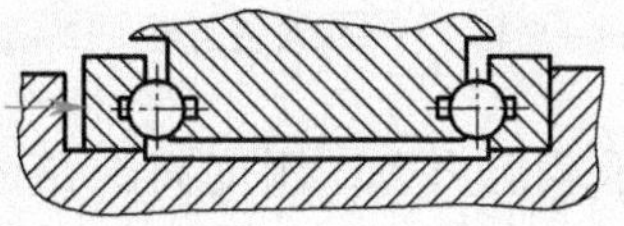	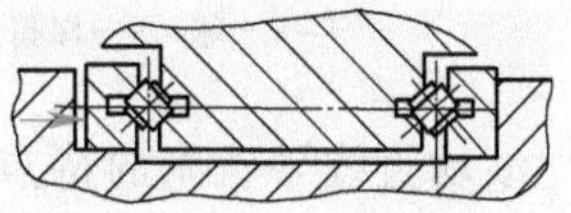
结构特点	用镶条调整间隙或预紧，刚度比开式高	将 V 形槽改为圆弧，接触面积增加，接触应力减小	V 形导轨面上相邻滚子的轴线相互成 90°交叉排列(滚子长度稍小于其直径)

（二）直线运动滚动支承

直线运动滚动支承包括滚动直线导轨副、循环式滚针（子）导轨支承和直线运动球轴承。直线运动球轴承更适宜归入滚动轴承。直线运动滚动支承行程长度不受限制，已标准化，一般采用滚动轴承钢制造，并按滚动轴承技术条件热处理，由专业化厂家生产，采用这类导轨支承，可以直接选用，能缩短导轨设计制造周期，提高质量。

1. 滚动直线导轨副

由一根长导轨和若干滑块组成（图27-11），滑块数根据需要而定。滑块体内有4组球：1与2、3与4、5与6、7与8各为一组，其中2、3、6和7为承载球，其余为回程球。随着滑块的移动，每组球就周而复始地循环滚动。

导轨副中钢球承载的形式与角接触球轴承相似，1个滑块就像是4个直线运动的角接触球轴承。滑块的两端装有防尘密封垫。导轨可以水平、垂直或倾斜安装，可以两根或多根导轨平行安装，也可以把两根或多根导轨接成长导轨，以适应各种行程和用途的需要。

我国生产有轻载荷型、径向载荷型（图27-11a）和四方向等载荷型（图27-11b）三种类型的滚动直线导轨副。轻载荷型只有两组钢球。径向载荷型承受垂直向下载荷的能力强，稳定性好，运行噪声小。四方向等载荷型上下左右承载能力相同，刚度高。

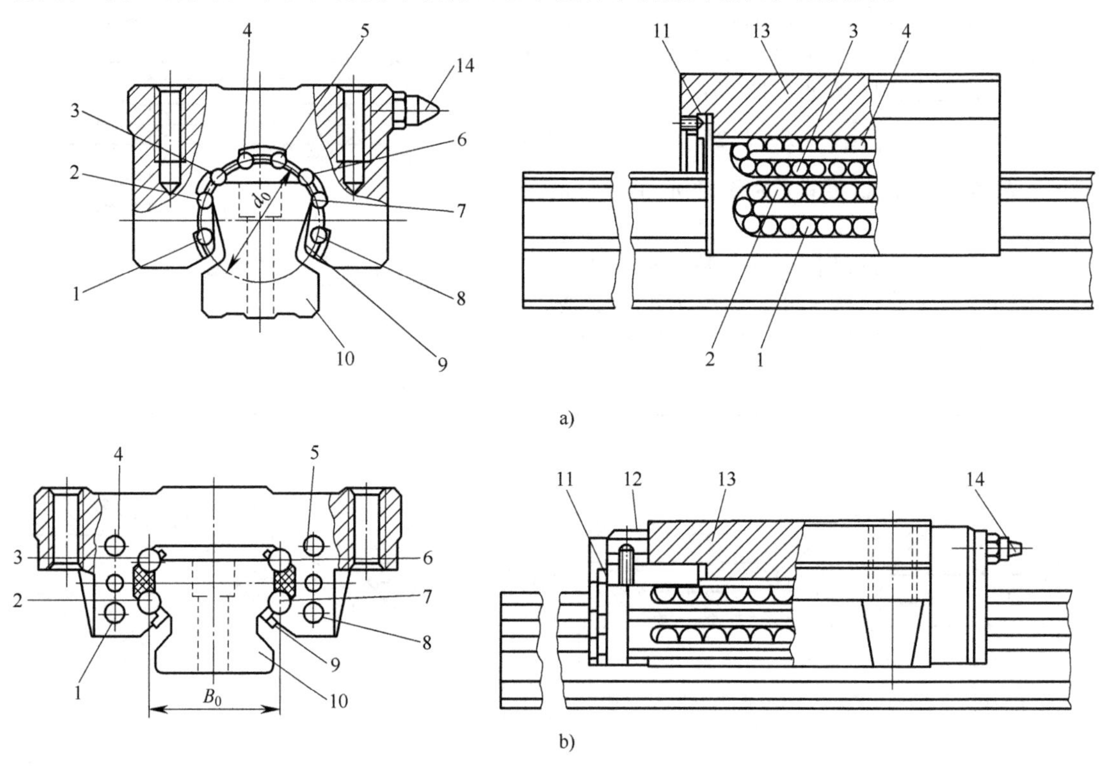

图27-11 滚动直线导轨副

a）径向载荷型 b）四方向等载荷型

1~8—球 9—保持架 10—导轨 11—橡胶密封垫 12—返向器 13—滑块 14—油杯

滚动直线导轨副的特点是承载能力大，刚度高。在钢球滚动导轨中，球与平导轨面接触，承载能力和刚度都不高。在滚动直线导轨副中球与圆弧形槽导轨面接触，因而许用载荷和刚度增大。例如，球的直径 $d=6.35\text{mm}$ 时，与平面接触的最大许用载荷 $[F]=0.21\text{kN}$，与圆弧半径 $R=0.52d$ 的弧面接触时，许用载荷 $[F]=2.8\text{kN}$，约为与平面接触时的13倍。

JB/T 7175.2—2006《滚动直线导轨副　第2部分》中对机床用滚动直线导轨副的参数和尺寸做了规定。滚动直线导轨副根据使用性能及要求分为1~6共6个精度等级，1级精度最高，依次逐级降低。

2. 循环式滚针（子）导轨支承

根据所用滚动元件不同，有滚针导轨支承和滚子导轨支承两种，其特点是承载能力大，刚度高，寿命长。但滚针（子）容易侧向偏移，装配比较费事。如果施加过大的预加载荷，则容易使滚针（子）不转而在导轨面上滑动。不过，只要滚针（子）的长度与直径的比例适当，滚针（子）的数量合适，并有中间导向，就能保证在载荷作用下移动灵活。

滚针（子）导轨支承应用面较广，小规格的可用在模具、仪器等的直线运动部件上，大规格的可用于重型机床。它已经系列化、标准化，实现了专业生产。

它的结构形式如图27-12所示，滚动元件在导轨支承体内做周而复始的循环滚动。为了防止滚动元件脱落，图27-12a由设置的弹簧钢带将滚动元件限制住；图27-12b的滚动元件两端直径缩小，形成阶梯，用带有凹槽的侧盖将滚动元件限制住。运动时，低于安装平面A区的为回路滚针（子），高于平面B区的为承载滚针（子），它们与机床导轨面做滚动接触。

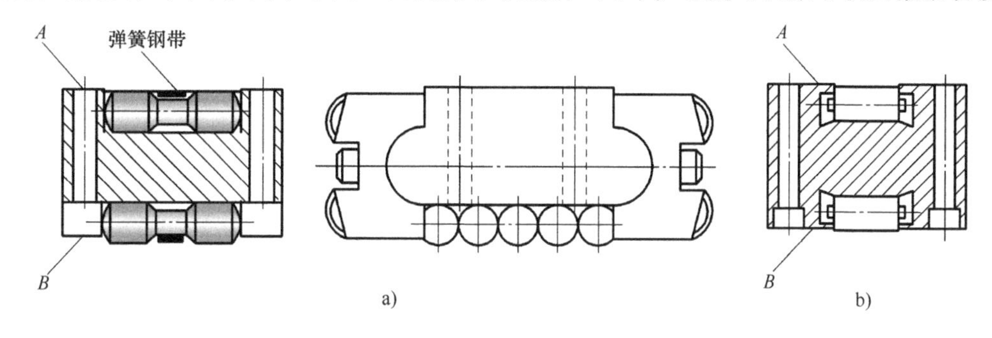

图27-12　滚针（子）导轨支承

导轨支承的安装形式有开式和闭式两种。图27-13为开式装法，两组导轨支承3和4承受向下的载荷，导轨支承5用于侧面导向，导轨支承1用于侧面压紧，因为没有压板，故为开式。它适用于卧式导轨副，且运动构件上只能有向下的载荷，不能有倾覆力矩。

图27-14为带有压板的闭式装法，运动构件与支承件之间，上、下和左、右都装有导轨支承，适合于有倾覆力矩的卧式导轨副和立式导轨副。

直线运动滚动支承的选用计算与滚动轴承类似。

四、滑动导轨

滑动导轨按润滑状态分为普通滑动导轨、静压导轨和动压导轨。润滑状态为固体润滑或以边界润滑为主者是普通滑动导轨，为靠流体静压力形成的流体润滑者是静压导轨，为靠流体动压力形成的流体润滑者是动压导轨。直线运动的工作台、滑台等，往往做往复运动，故滑动导轨较难实现完全的流体动力润滑。

滑动导轨也有开式和闭式两种，开式导轨只能承受单向压力，而闭式导轨则可承受双向载荷和（或）倾覆力矩。

按导轨材料，滑动导轨分为不淬硬铸铁导轨、淬硬铸铁和钢导轨、塑料导轨和非铁金属导轨。淬硬铸铁和钢导轨中包括镶钢、镀铬和喷涂钼或铬的导轨。塑料导轨是指塑料与金属配对的导轨。

常用滑动导轨的类型及其技术特性见表27-5。

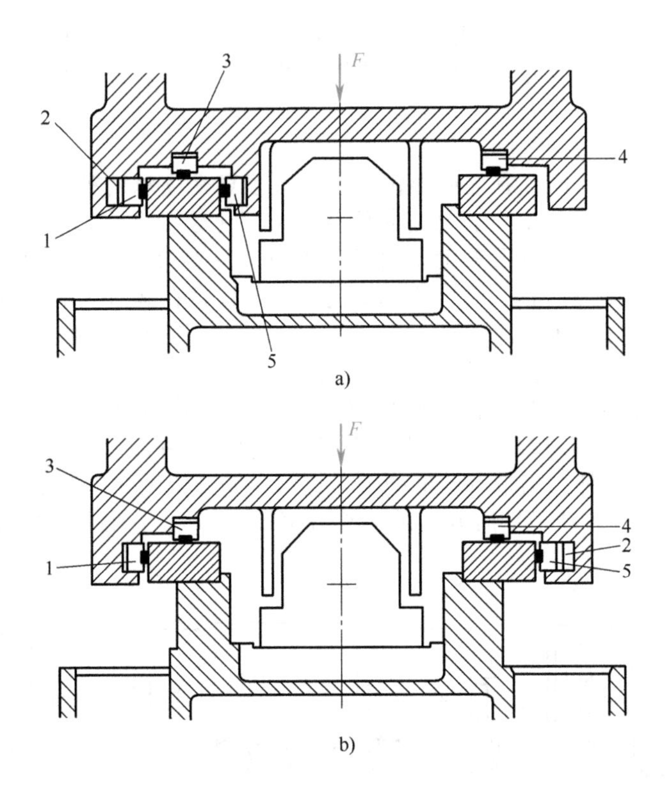

图 27-13 滚针（子）导轨支承的开式安装

a）窄式导向 b）宽式导向

1、5—侧向导轨支承 2—弹簧垫或调整垫 3、4—竖向导轨支承

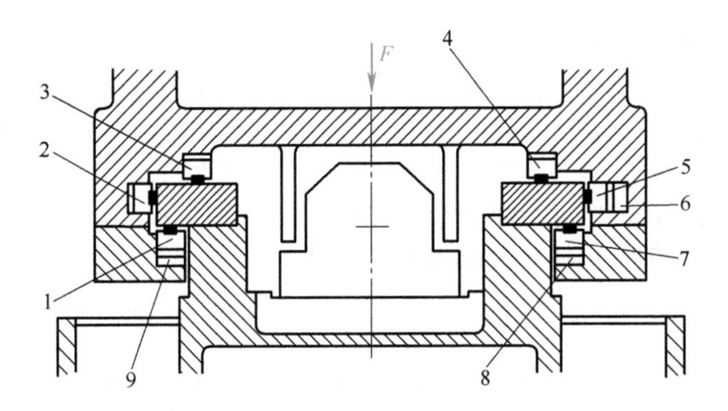

图 27-14 滚针（子）导轨支承的闭式安装

1、3、4、7—竖向导轨支承 2、5—侧向导轨支承 6、8、9—弹簧垫或调整垫

表 27-5 常用滑动导轨的类型及其技术特性

类　型	普通滑动导轨		动压导轨	静压导轨
	金属对金属	金属对塑料		
承载能力	机床一般为 0.05 ~ 0.50MPa	中等，低速时较大	较大	(0.25 ~ 0.50)×供油压力×导轨面积
速　度	中、高速	中速	高速	各种速度

（续）

类 型	普通滑动导轨		动压导轨	静压导轨
	金属对金属	金属对塑料		
运动平稳性	速度小于 60mm/min 时易出现爬行	无爬行	不能用于低速	无爬行，移动极平稳
典 型 摩擦曲线				
导向精度	经过磨削或刮削的导轨良好	良好，需注意胶黏剂的厚度变化	有“浮升”现象，直线运动精度一般	油膜能均化误差，直线运动精度可达 0.001~0.006mm/m
定位精度	0.01~0.02mm	用聚四氟乙烯时为 0.002mm	一般	0.002mm
精度保持性（磨损率）	低或中等。导轨面经表面淬火耐磨性可提高 1~2 倍	低或中等，较金属对金属好	起动、停车时有磨损	导轨面无磨损，精度保持性极好
抗振性	中等	中等	油膜有吸振能力	油膜有吸振能力
制造、装配与维护	制造容易，维护方便	制造稍复杂，维护方便	较复杂	制造复杂，调试技术要求高。润滑装置复杂
防护装置	擦油垫和防护罩	擦油垫和防护罩	防护罩	防护罩
初始成本	低	低或中等	中等或高	中等或高
应 用	广泛用于普通精度的机械	广泛用于精密和重型机械。也常用于机器导轨大修	只适用于高速、主运动导轨	用于大型、重型和高精度机械

（一）滑动导轨的结构形式

1. 导轨截面形式

常用滑动导轨的截面形式有平面形、矩形、V 形、燕尾形和圆柱形等。除平面形外，有凸形和凹形两种形式，并相互配成导轨副（表 27-6 附图）。下导轨为凸形导轨时，容易排出污物，但润滑条件差。下导轨为凹形时，润滑条件好，但导轨面上易存留污垢。

在动导轨和静导轨之间一般只允许有 1 个自由度，而平面形导轨只约束了 3 个自由度，圆柱形导轨只约束了 4 个自由度，故它们不能单独使用，只能与其他截面形式导轨组合使用，称为组合导轨。除此之外的其他各种形式的导轨给动导轨只保留了 1 个自由度。

V 形和矩形导轨属于开式导轨，全封闭式导轨的截面形式有圆柱形、三角形和菱形，如图 27-15 所示。

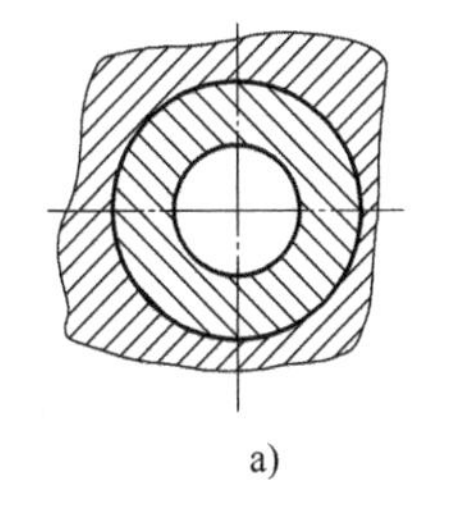
a)

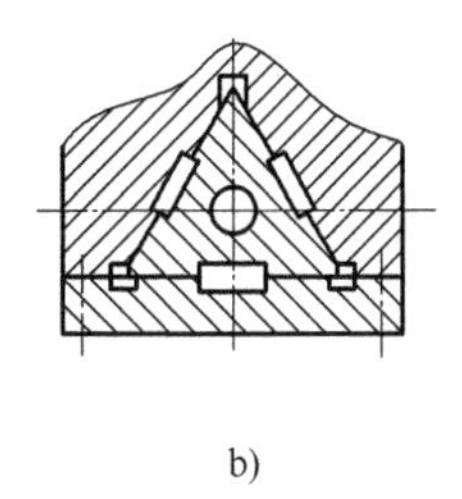
b)

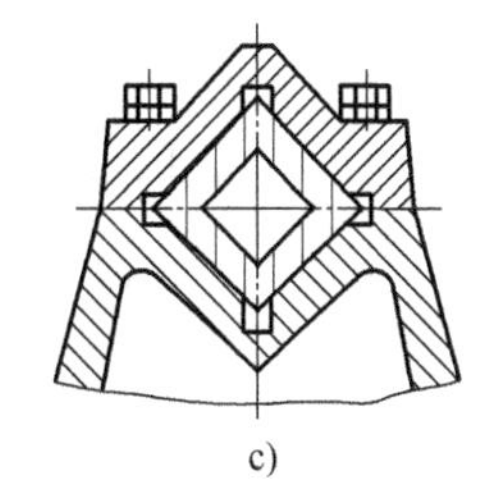
c)

图 27-15 全封闭式导轨的截面形式

a）圆柱形 b）三角形 c）菱形

平面形导轨是形状最简单、加工最方便的导轨形式，它可做直线导轨，也可做圆导轨。除它以外，各种截面形式导轨的特点见表27-6。

表27-6 滑动导轨的截面形式及其特点

截面形式	对称V形导轨	不对称V形导轨	矩形导轨	燕尾形导轨	圆柱形导轨
凸形	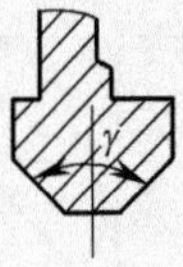 γ	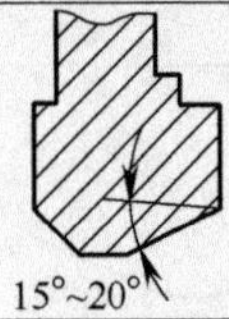 15°~20°			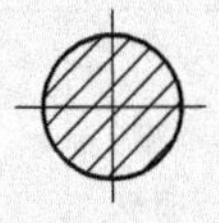
凹形	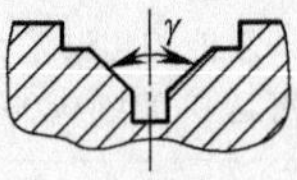 γ	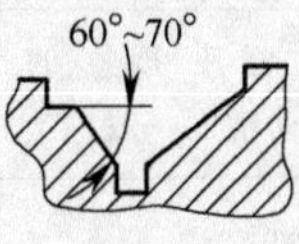 60°~70°	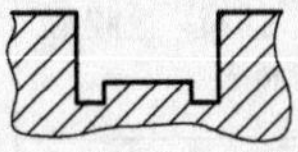	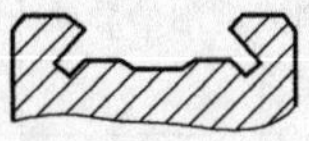	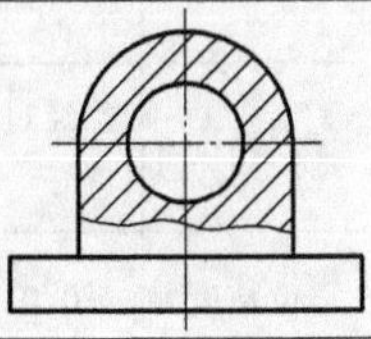
结构特点	导向精度高，不会出现间隙，能自动补偿磨损。一般选取三角形顶角γ=90°，重型机械采用大顶角γ=110°~120°。当水平力大于垂直力，V形导轨两侧受力不均匀时，采用不对称V形导轨。直线导轨和圆导轨均可采用		承载能力大，制造方便，必须留有侧向间隙，不能补偿磨损。用镶条调整时，会降低导向精度。需注意导轨的保护。直线导轨和圆导轨均可采用	尺寸紧凑，适用于要求高度小、导轨层数多的场合。可构成闭式导轨。用一根镶条可以调整各面的间隙。刚度比平面导轨小	制造简单，弯曲刚度小，主要用于受轴向载荷的导轨。适用于同时做直线和旋转运动的场合

2. 导轨的组合

一条导轨往往不能承受力矩载荷，故通常都采用两条导轨来承受载荷和进行导向，在重型机械上，还可采用3~4条导轨。常用滑动导轨的组合形式见表27-7。

表27-7 常用滑动导轨的组合形式

组合形式	简图	结构特点
双V形组合	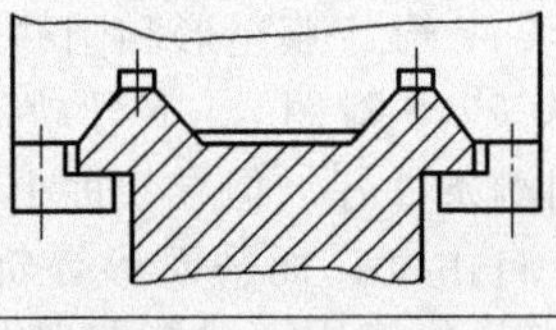	两个V形导轨同时起导向和支承作用，对两导轨平行度要求高，导向精度高。能自动补偿磨损，对温度变化敏感。为保证4个工作面接触良好，一条导轨可采用浮动结构。直线导轨和圆导轨均可采用
矩形和平面形组合	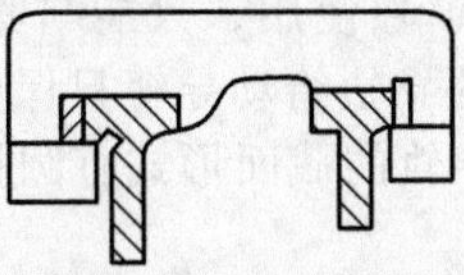	承载能力高，制造简单。间隙受温度影响小，导向精度高。容易获得较高的平行度。侧导向面间隙用镶条调整，侧向接触刚度较低。又称为窄式双矩形组合
双矩形组合	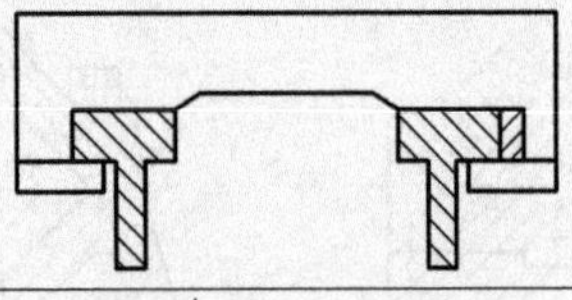	特点与矩形和平面形组合相同，但导向面之间的距离较大，侧向间隙受温度影响大，导向精度较矩形和平面形组合差。直线导轨和圆导轨均可采用
V形和平面形组合	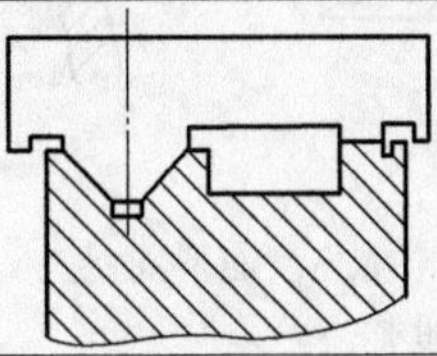	导向精度高，不需镶条。加工和装配都比较简便。V形导轨摩擦力较大，磨损较快。有倾覆力矩时不易保证水平面内导向精度

（续）

组合形式	简　图	结构特点
双V形对顶组合		能承受各方向的作用力，两导轨有一定间距时扭转刚度较大。采用装配式结构，用移动一个导轨来调整间隙。运动构件的重量作用在两个接触面上，承重不宜过大
燕尾形和矩形组合		能承受倾覆力矩，用矩形导轨承受大部分压力，用燕尾形导轨做侧导向面，可减少压板的接触面。调整间隙简便
V形和燕尾形组合		组合成闭式导轨的接触面较少，便于调整间隙。V形导轨起导向作用，导向精度高。加工和测量都比较复杂
双圆柱形组合		结构简单，圆柱形导轨既是导向面又是支承面。对两导轨的平行度要求较严。导轨刚度较差，磨损后不易补偿
圆柱形和矩形组合		矩形导轨可用镶条调整，对圆柱形导轨的位置精度要求较双圆柱形组合低

各种组合导轨的接触刚度由大到小的排列顺序为：矩形和平面形组合、双矩形组合、双V形组合、对称V形和平面形组合、不对称V形和平面形组合、燕尾形与矩形或三角形组合。但是，矩形导轨磨损后不能自动补偿，故其刚度保持性较差。

（二）普通滑动导轨

1. 普通滑动导轨的结构形式

普通滑动导轨有整体式（图27-16）、镶装式（图27-17）、贴塑式（图27-18）和卸荷式等结构形式。

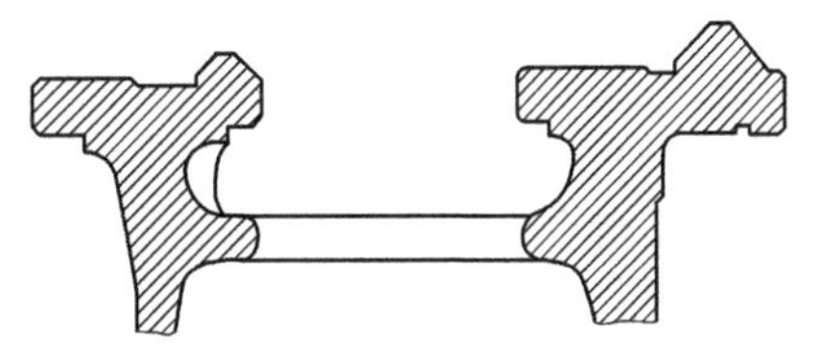

图27-16　整体式普通滑动导轨

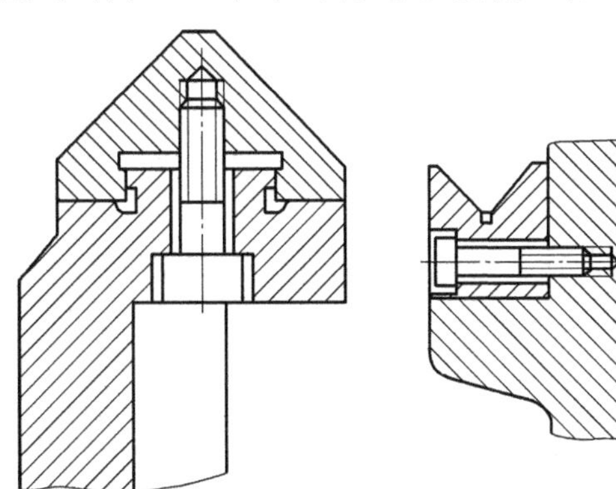

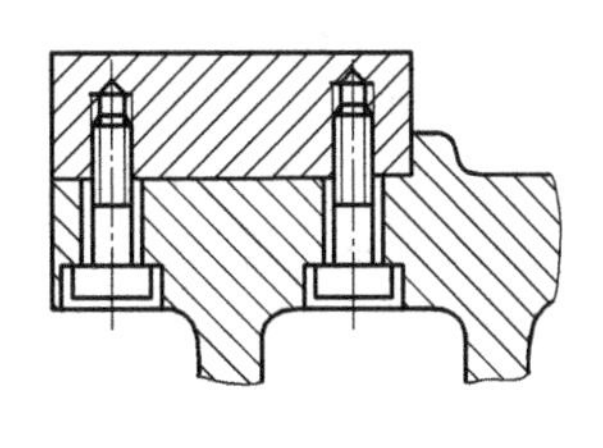

图27-17　镶装式普通滑动导轨

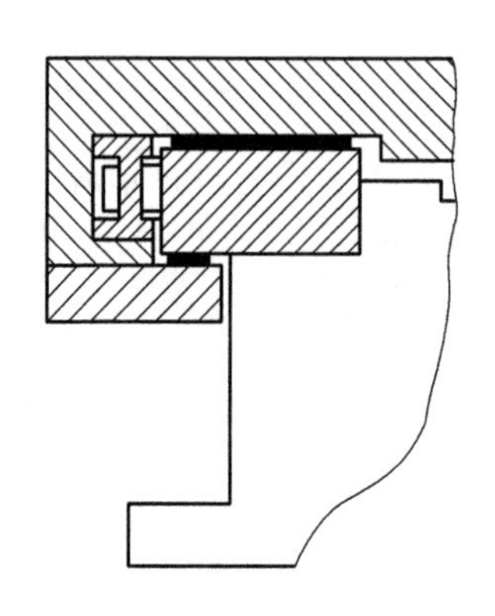
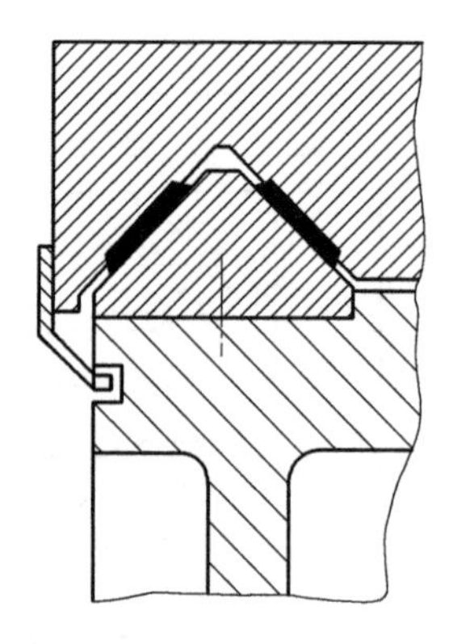

图 27-18 贴塑式普通滑动导轨

2. 滑动导轨材料

用作滑动导轨的材料有铸铁、钢、工程塑料和非铁金属等。

（1）对滑动导轨材料的要求

1）耐磨性。导轨的移动需要频繁起停和换向，润滑条件不良，通常又不封闭，在这样的工作条件下，导轨面的磨损较为严重且不均匀。为保证导轨有足够的使用寿命，需要导轨材料具有相当高的耐磨性。

2）减摩性。导轨的摩擦是有害摩擦，故希望摩擦因数越小越好。为避免爬行现象，还希望动、静摩擦因数尽量接近。

导轨副的材料匹配得好就能获得满意的防爬效果，铸铁对淬火钢、铸铁对塑料、钢对青铜是较好的导轨配副材料。特别是钢或铸铁对聚四氟乙烯、渗入氟塑料的烧结青铜具有极好的防爬效果，摩擦因数极低。

3）尺寸稳定性。导轨在加工与使用过程中，零件由于剩余应力、温度和湿度变化会产生变形而影响尺寸的稳定性。特别是塑料导轨，除了材料线胀系数大、导热性差、易吸湿外，还存在冷流性和常温蠕变性大的问题。

4）良好的工艺性。设置有导轨的零件大多数形状复杂，工艺性好可以显著降低制造成本。

（2）滑动导轨常用材料

1）铸铁。铸铁是应用最广的滑动导轨材料之一，它具有良好的耐磨性和抗振性。铸铁导轨常与滑台、支承零件或支座制成一体，常用作导轨的铸铁有灰铸铁和耐磨铸铁。

采用灰铸铁时，通常以 HT200 或 HT300 为静导轨，以 HT150 或 HT200 为配副的动导轨，建议配副导轨表面硬度差为 25~35HBW。对于高精度的机械或仪器，铸件在半精加工后还需进行第二次时效处理。

采用耐磨铸铁可以提高导轨的磨损寿命。为增强导轨的耐磨性可对铸铁导轨表面进行表面淬火、镀铬或涂钼等处理。

2）工程塑料。导轨常用的工程塑料有酚醛树脂层压布材、聚酰胺、聚四氟乙烯等。以涂层、软带或复合导轨板的形式做在导轨面上。

（3）镶条材料　镶条常用材料有钢、非铁金属、合金铸铁和工程塑料等。常用钢材有冷轧弹簧钢带、经高频感应淬火的中碳结构钢、渗碳钢、渗氮钢、轴承钢或特殊的工具钢等。

3. 普通滑动导轨的润滑

导轨润滑的作用是降低摩擦、减少磨损、避免爬行和防止污染导轨表面。导轨的润滑系统应工作可靠，最好在导轨副起动前使润滑剂进入润滑面，当润滑中断时能发出警告信号。

普通滑动导轨有油润滑和脂润滑两种方式。速度很低或垂直布置、不宜用油润滑的导轨，可以用脂润滑，采用润滑脂润滑的优点是不会泄漏，不需要经常补充润滑脂，其缺点是防污染能力差。润滑油的供油量和供油压力最好各导轨能够独立调节。

（1）供油方式　用脂润滑时，通常用脂枪或脂杯将润滑脂供到动导轨摩擦表面上。用油润滑时，可采用人工加油、浸油、油绳、间歇或连续压力供油方式。

（2）润滑油的选择　为润滑导轨，我国已经制定了 SH/T 0361—1998（2007）《导轨油》，设 32、68、100、150 和 220 五个黏度等级，适用于横向、立式，运动速度较慢而不允许出现“爬行”的精密导轨的润滑。

在使用液压传动的设备中，导轨常用液压系统中的液压油润滑。

一般的导轨可以采用全损耗系统用油，特别是采用不能回收润滑油的供油方式的导轨。在全损耗系统用油能满足导轨润滑要求的地方，不宜采用相对价格较贵的导轨油。

载荷重、速度低、尺寸大的导轨，宜选用黏度较高的润滑油；运动速度较高的导轨，宜选用黏度较低的润滑油。

常用的润滑脂有钙基、锂基和二硫化钼润滑脂。

（3）润滑油槽形式　需要润滑的普通滑动导轨应在导轨工作面上开出润滑油槽，以便润滑油能均匀地分布到导轨的整个工作面上。普通滑动导轨常用润滑油槽的形式如图 27-19所示。E 字形油槽最好，导轨工作面为垂直或倾斜时，纵向油槽应安排在上方。垂直布置的导轨，为避免润滑油很快流失，可采用曲回形油槽。

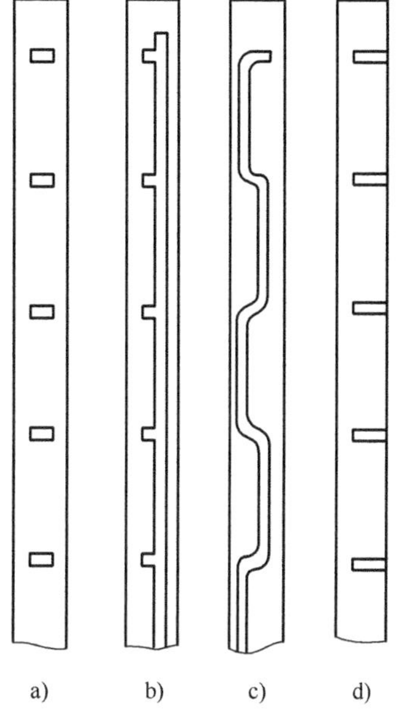

图 27-19　润滑油槽形式
a）短一字形　b）E 字形
c）曲回形　d）长一字形

油槽边缘要圆滑，离导轨工作面边缘至少需 10mm。

（三）流体静压导轨

流体静压导轨的工作原理与流体静压轴承完全相同，是依靠流体静压力将导轨副的两个接触表面隔开，使摩擦成为流体摩擦。和静压轴承一样，静压导轨采用的供油方式有定压供油式和定量供油式，定量供油采用的节流器有孔式、管式、缝式、薄膜和滑阀反馈式等，在一个导轨面上要有油腔和封油面，构成油垫。

和普通滑动导轨一样，静压导轨有开式和闭式两种。

1. 开式导轨的基本结构形式

图 27-20 是典型的开式静压导轨形式，它类似于单向推力轴承，只在单向设置油垫。和普通滑动导轨一样，开式导轨只能用于动导轨上最小压力大于零的场合，而且，开式静压导轨油膜刚度较低，当载荷变化时工作台的浮起量变化较大。故开式静压导轨仅适用于倾覆力矩很小、载荷变化不大或对导轨导向精度要求不高的设备上。

2. 闭式导轨的基本结构形式

图 27-21 是典型的闭式静压导轨形式，这种导轨类似于双向推力轴承，设置对向油垫。因此，它能承受倾覆力矩，因油膜刚度较高而有高的导向精度，稳定性较好。

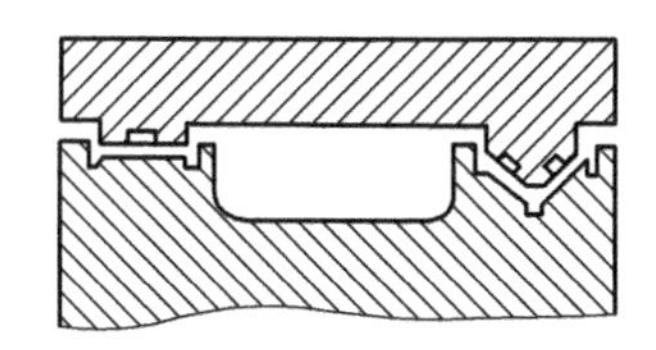
图 27-20　开式静压导轨的基本结构形式

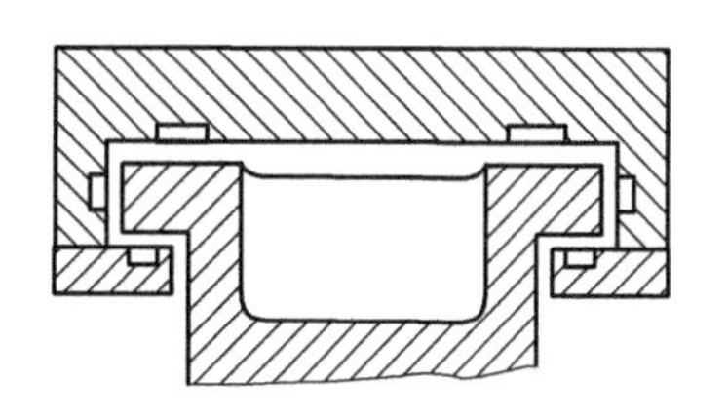
图 27-21　闭式静压导轨的基本结构形式

3. 油腔（垫）数

每条动导轨不得少于两个油腔。油腔数取决于导轨的长度、支承件的刚度和载荷分布情况。载荷分布均匀时，若动导轨长度小于 2m，可设 2~4 个油腔；若动导轨长度超过 2m，可按油腔间距为 0.5~2.0m 设置油腔。

当载荷分布不均匀或支承件刚度较差时，应适当增加油腔数。

4. 流体静压导轨的间隙和加工精度

流体静压导轨的间隙越小，则其刚度越高，承载能力越大，但要求的加工精度也越高，同时，它还受节流器最小节流尺寸的限制。对加工精度较高的导轨，最小间隙可在 15~20μm 范围内选取。

导轨几何精度的总误差（包括平面度、平行度等）应不超过最小间隙的 1/3~1/2。

（四）流体动压导轨

流体动压导轨依靠动压油膜将滑台浮起，形成动压油膜必须具备三个条件，即沿运动方向截面逐渐缩小的间隙、导轨面间有相对运动和有黏性润滑剂。

因此，当导轨副两个导轨平面之间形成动压油膜后，该两导轨是相互倾斜的。为了避免倾斜而又能形成沿运动方向截面逐渐缩小的间隙，必须在动导轨或静导轨上制出浅浅的斜油腔，如图 27-22 所示。导轨通常做往复运动，故油腔必然为双向的。油腔在横向不开通，以增加润滑油横向流动的阻力，提高承载能力。

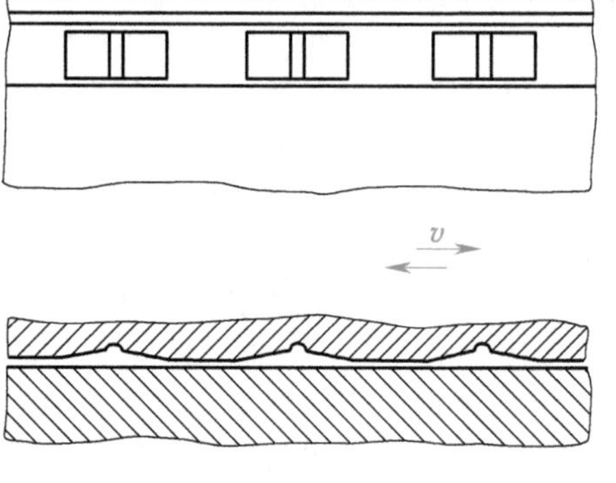

图 27-22 液体动压导轨的油腔

文献阅读指南

1）机架与箱体是机器的基础件，一般结构比较复杂，第一次设计时会觉得无从下手。机架与箱体受力与变形的计算比较繁琐，而且它们的刚度和强度计算都是验算性质的，只有在给出机架与箱体的具体结构尺寸后，方能计算其强度和刚度。通常只有十分重要的机架与箱体需要进行计算。因此，首先应掌握机架与箱体的结构设计，这方面的资料大多散布在各行业机械的机械设计书籍中。本书未介绍机架与箱体的计算，一般可以采用材料力学的公式进行强度和刚度的计算，精确计算可以采用有限元法，要想学习这方面的知识，可以阅读有限元计算方面的书，再参考闻邦椿主编的《机械设计手册》（6版，北京：机械工业出版社，2018）第3卷第18篇机架、箱体与导轨。

2）由于课时与篇幅的限制，本书未介绍导轨的作用力计算。因为导轨在金属切削机床上用得最多，所以，导轨作用力的计算方法请阅读现代实用机床设计手册编委会编的《现代实用机床设计手册》（北京：机械工业出版社，2006）。

思 考 题

27-1 导轨的主要功能是什么？影响导向精度、精度保持性、定位精度和运动精度（运动平稳性）的主要因素是什么？

27-2 滚动导轨中滚动元件的数量受哪些因素的制约？

27-3 滑动导轨为什么要组合使用？

27-4 机架零件的截面形状如何确定？加强肋的作用是什么？肋板与肋条有什么区别？

第七篇

机械的方案设计

本篇总揽机械产品设计的全局。机械系统的方案设计是机械产品设计的第一步，也是最具创造性的一环。它直接决定着产品的性能、质量及其在市场上的竞争力。

第二十八章“机械执行系统的方案设计”中，在简单介绍了现代机械系统的概念和功能，机械总体方案设计的内容、类型和特点，机械总体方案设计的基本原则和基本法规以及机械的总体参数的基础上，主要介绍了基于功能原理的机械执行系统的方案设计，包括执行系统的功能原理设计、运动规律设计、形式设计和协调设计。最后，简要介绍了基于功能分析的设计方法和方案的评价与决策。

第二十九章“机械传动系统的方案设计”中，首先，简单介绍了机械传动系统的功能、分类、组成和常用部件；其次，重点阐明了传动类型的选择、传动顺序的安排及传动比分配的一般原则，并对传动系统的特性参数和计算进行了说明；最后，介绍了原动机的机械特性和工作机的负载特性，分析了机械系统稳定运行的条件，在此基础上阐述了原动机的选择原则和步骤。

第二十八章 机械执行系统的方案设计

内容提要

本章在简单介绍现代机械系统的概念和功能、机械总体方案设计的内容、类型和特点、基本原则和基本法规的基础上，主要介绍基于功能原理的机械执行系统的方案设计，包括执行系统的功能原理设计、运动规律设计、形式设计和协调设计。最后，简单介绍基于功能分析的设计方法和方案的评价与决策。

第一节 机械系统的总体方案设计

近二十多年来，机械系统设计的研究取得了丰硕的成果。主要包括：机械系统设计的框架和过程；机械产品工作机理的行为表达；机械产品功能求解模型；机械产品工艺动作过程的构思和分解；执行机构的创新和机构知识库的建立；机构系统的组成原理以及评价和决策。

一、概述

（一）机械系统的概念和功能

1. 机械系统的概念

所谓系统是指具有特定功能、相互间具有一定联系的许多要素构成的一个整体。任何机械产品都是由若干个零、部件及装置组成、彼此间有机联系并能完成特定功能的系统，故称之为机械系统。机械零件是组成机械系统的基本要素，部件是机械系统的子系统。

一方面，系统本身可分成若干个子系统，子系统里有时还可以分出更小的子系统；另一方面，系统本身还可以作为更大系统的一个子系统。例如，机械的动力传动系统由两个子系统组成，即动力源系统和传动系统；而动力传动系统本身又是所在机器的一个子系统。它所在的机器又是由多部机器组成的一个更大系统（生产线）的子系统。

2. 机械系统的功能

功能是机械系统必须实现的任务。每个系统都有自己的功能，如运输机械的功能是运货或运客，发电机的功能是能量转换。现代机械的总功能是对输入的物质、能量和信息进行预定的变换（加工、处理）、传递（移动、输送）和保存（保存、存储、记录）。要实现这个总功能，现代机械系统就必须具备四种分功能，即主功能、动力功能、控制功能和结构功能。其中主功能是实现系统的总功能所必需的，它表现了系统的主要特征和功能，直接服务于总功能；动力功能为系统的运行提供必要的能量；控制功能包括信息检测、处理和控制，是使系统正常运行、达到精度、可靠、节能、协调所必需的；而系统的各要素组合起来，进行空间装配，形成一个统一的整体，并保证系统工作中的强度和刚度，则应由结构功能来实现。按照功能的重要程度，可分为必要功能和非必要功能，必要功能又分为基本功能和附加功能。

基本功能必须保证，且在设计中不能改变。附加功能可随技术条件或结构方式的改变而改变。而非必要功能，是设计者主观加上去的，因此可有可无。由于系统的功能是以成本为代价的，所以，设计时应对系统需要具有哪些必要功能、哪些非必要功能，做出明确的决定。

（二）机械系统总体方案设计的重要性

机械的总体方案设计是设计过程的第二阶段，也是产品设计的关键阶段。它直接决定着产品的性能、质量及其在市场上的竞争力和企业的效益。一个总体方案设计差的产品，加工得再好也没有用，它决定机械产品的全局。

（三）机械系统总体方案设计的任务和内容

1. 任务

机械系统总体方案设计需要完成整体方案示意图、机械系统运动简图、运动循环图和方案设计计算说明书。其中，包括了总体布局、主要技术参数的确定和方案评价与决策。总体布局是确定各子系统如动力系统、传动系统、执行系统、操纵系统和控制系统之间的相互位置关系；主要技术参数如尺寸参数、运动参数和动力参数等；方案评价与决策是对各种可行方案进行功能、性能评价和技术、经济评价，寻求一种既能实现预期功能要求，又性能优良、价格尽量低的设计方案。由于最终确定的总体设计方案是技术设计阶段的指导性文件，即各个子系统的设计都以总体方案设计为依据，所以，设计者进行此阶段工作时必须查阅大量国内外有关该类产品设计的资料，通过分析、判断、评价和创新，在获取大量信息的基础上，充分发挥创造性，以便设计出理想的方案。

2. 内容

因机械系统是由原动机、传动系统、执行系统、控制系统和其他辅助系统组成的，所以，总体方案设计的内容应是这几部分的方案设计及其各部分间的协调设计，即执行系统的方案设计、原动机类型的选择、传动系统的方案设计、控制系统的方案设计和其他辅助系统的方案设计。其他辅助系统主要包括润滑系统、冷却系统、故障检测系统、安全保护系统和照明系统等。

（四）机械系统总体方案设计的类型

根据机械系统总体方案设计的内容和特点，一般可将总体方案设计分为三类：

1. 开发性设计

在工作原理、结构等完全未知的情况下，应用已成熟的科学技术或已证明是可行的新技术，针对新任务提出新方案，开发设计出已往没有过的新产品。

2. 变型设计

在工作原理和功能结构都不改变的情况下，对已有产品的结构、参数和尺寸等方面进行变异，设计出适应范围更广的系列化产品。如改变减速器的传动系统和尺寸以满足不同速比和转矩的要求等。

3. 适应性设计

在原理基本不变的情况下，对产品仅做局部的变更或增设一个新部件以提高产品的技术、经济效益，使产品能更好地满足使用要求。如在内燃机上加上增压器以增大输出功率，加上节油器以节省燃料等。

开发性设计应用开创和探索创新，变型设计采用变异创新，适应性设计则在吸取中创新。总之，创新是各种类型设计的共同点。

（五）机械系统总体方案设计的特点

1. 协调性和相关性

整体系统由各个子系统组成，虽然各子系统的功能不同、性能各异，但它们在组合时必须满足整体功能的需要。因各个子系统都是为了共同实现整体系统的整体目标，所以，各个子系统应该有机地联系在一起。一个系统的好坏，最终要由其整体功能来体现。若各个子系统设计合理、能协调工作，系统运行后的整体功能会大于各子系统功能的简单代数和，即符合系统的增益规律。若各个子系统设计不合理，导致各部分间存在矛盾，组成的系统运行后会出现内耗，从而造成整体功能小于各部分的功能之和。因此，性能不匹配或达不到整体目标的设计，无论其局部的功能和性能设计得多么好，都是失败的设计。

构成系统的各要素之间也是互相关联的，它们之间有着相互作用、相互制约的特定关系。某个要素性能的变化将影响其对相关要素的作用，从而对整个系统产生影响。

2. 内外结合性

任何系统必定存在于一定的社会和物质环境中，机械系统也不例外。环境的变化必将引起系统输入的变化，从而也将导致其输出的变化。应在调查研究的基础上，搞清外部环境对该机械系统的作用和影响。如市场对该机械的要求（功能、价格、数量、尺寸、重量、工期和外观等）和约束条件（基金、材料、设备、技术、使用环境、基础和地基以及法律与政策等），这些都对内部设计有直接的影响，影响其可行性、经济性、可靠性和使用寿命等指标，在进行总体方案设计时，必须考虑这些影响。有的系统还应具有良好的抗干扰能力以适应环境的变化。否则，可能导致设计失败。

同时，也不能忽略内部系统对外部环境的作用和影响，如系统运行后或产品投产后对周围环境的影响，对操作人员的影响等。

内部系统与外部环境相一致是系统设计的特点，它可以使设计尽量做到周密、合理，少走弯路，避免不必要的返工和浪费。从而，以尽可能少的投资获取尽可能大的效益。

二、机械系统总体方案设计的基本原则和基本法规

在机械系统总体方案的设计过程中，应遵循一些基本的原则和法规，以保证设计的质量，杜绝不应有的浪费。

（一）基本原则

1. 需求原则

产品的功能来源于需求，产品要满足市场需求是一切设计最基本的出发点。不考虑客观需要会造成产品的积压和浪费。需求有三个特征，即时尚性、差异性和动态性。时尚性是指需求是随时间而变化的，任何产品都有一定的市场寿命；差异性是指人的需求是有层次性的，不同的人有不同的需求，不同地区、不同民族的人，有不同的爱好、不同的传统；动态性是指需求是随着社会的发展、经济水平的提高、生活和消费观念的更新而发展变化的。需求的发展可导致产品的不断改进、升级和更新换代。

2. 信息原则

设计过程中的信息主要有市场需求信息、科学技术信息、技术测量信息、加工工艺信息和同行信息等。设计人员应全面、充分、正确和可靠地掌握与设计有关的各种信息。利用这些信息来正确引导机械系统总体方案的设计。

人类社会已进入信息化时代。先进的信息处理技术使设计的产品在正式加工制造前即可采用虚拟现实技术在虚拟工厂中显示出加工制造、安装调试直到运行的全过程，从中发现问题，以便在正式加工前就可以进一步改进设计，以改善性能和提高质量。

3. 创新和继承原则

创新是人类文明的源泉。“创新是民族进步的灵魂，是国家兴旺发达的不竭动力”。“一个没有创新能力的民族，难以屹立于世界民族之林。”创新与发现不同，不是对自然现象单纯的发现和认识，而是有目的的创造行为。

设计人员的大胆创新，有利于冲破各种传统观念和惯例的束缚，创造发明出各种各样原理独特、结构新颖的机械产品。在产品设计中，没有新颖的构思，设计出的产品一般就不具有市场竞争力。机械系统的总体方案设计是最便于充分发挥创造能力的设计阶段。

继承是将前人的成果有批判地吸收、推陈出新、加以发扬、为我所用。设计人员正确地掌握继承原则，可以事半功倍地进行创新设计，可以集中主要精力解决设计中的主要问题。

4. 优化和简化原则

由于机构的类型多，传动系统和原动机的类型也多，组合的方式更多，因此能满足设计基本要求的可行性设计方案有许多，应从中择优。即用科学的标准和方法评价各种方案，评价值最高者为优选方案。

在确保产品功能的前提下，应力求设计出的方案简单化，以便在确保质量的同时降低成本。在方案设计阶段和改进设计阶段，尤其要突出应用这个基本原则。

5. 广义原则

机械设计是工程设计，既包括技术成分，又包括非技术成分。在总体方案的设计中，既要应用自然科学中的科学原理、科学技术，也要注意人文、社会科学、艺术和经济等学科中的有关因数，考虑当时当地的自然环境、社会环境、经济环境和技术环境。如治理污染、绿色设计、清洁生产和合理开发资源、节约使用能源、充分利用原料以及注重民族风格、符合用户心理等。

现代的机械系统已经成为由计算机控制的机、电、甚至包括光、液、气一体化的综合系统。因此，机械系统的设计不仅要应用机械专业的知识，而且必须向其他学科扩展。应从其他学科甚至包括生物工程、人文科学和社会科学中寻找增加产品功能、提高产品性能的思路和方法；寻找评价设计方案优劣的标准。

6. 快速原则

为了抢先占领市场，就必须加快设计研制的时间。在设计时，要预测在产品研制阶段内同类产品可能发生的变化，以保证设计的产品投入市场后不至于沦为过时货。

（二）基本法规

设计中还会涉及一些基本法规，如各种标准、政策和法律。设计人员应对此熟悉，并在设计中贯彻执行。

1. 标准化

标准化对工作环境的人性化、提高产品质量、降低成本有重要的作用。标准化的水平，是衡量一个国家的生产技术水平、设计现代化程度和管理水平的尺度之一。与设计有关的标准如下：

1）各种名词术语、符号内容、计量单位等的标准化。

2）产品及其零部件的标准化，如各种标准零件、通用部件，在设计时应参照有关手册，尽量按标准来设计或选用。

2. 政策与法令

设计人员还要熟悉国家有关的政策法令，并在设计中认真贯彻执行，做到决策符合政策，经营遵守法规。而且必须熟悉与设计有关的政策法令，如：专利法，技术协议和合同法；环境保护法；材料与能源方面的政策；对某些企业和产品的优惠政策；企业的技术改造政策；技术和设备的引进政策等。对于出口产品，还要了解和遵守国际标准和有关国家的法规。

三、总体参数

总体参数是设计的依据，是表明机械系统技术性能的主要指标。它包括性能参数和主要结构参数两方面。性能参数如生产率、速度、精度和效率等，主要结构参数如整体外形尺寸、主要部件的外形尺寸和工作机构作业位置尺寸等。

机械类型不同，其总体参数的内容也不同。对于以能量转换为主的动力机械，其主要性能参数是效率；对于以物料转换为主的机械，如轻工机械，其主要性能参数是生产率；对于以信号转换为主的各种仪器，其主要性能参数是精度、灵敏度和稳定性；而金属切削机床的主要性能参数是加工精度、加工范围和生产率。

在总体方案设计中，必须首先初步确定总体参数，据此进行各部分的方案设计，最后准确地确定总体参数。总体参数的确定和结构方案设计需交叉反复进行。

1. 生产率

在单位时间内生产的产品数量称为生产率，可由下式表示

$$Q=\frac{1}{t_C} \tag{28-1}$$

式中，Q 为生产率；t_C为生产一件产品所用的全部时间。生产率的单位取决于产品的计量单位和所用时间的计时单位，如件/min、m/min、kg/min、t/h 等。

2. 精度

系统的精度直接影响产品的质量和造价。精度太低不能保证产品质量，精度过高则会增加造价。精度的高低应根据工作对象的要求和其他条件来确定。精度可分为几何精度、运动精度、工作精度和定位精度等。几何精度是指系统在静止状态下，系统内有关零部件的尺寸、形状、相互位置的正确性；运动精度是指系统在空载运行时各执行系统运动的均匀性、协调性和精确性；工作精度是指系统在工作状态下所具有的精度；定位精度是指执行构件到达终点位置和返回初始位置的正确性，或间歇运动机构的从动件每次运动和停歇的开始位置的正确性。

3. 速度参数

速度参数是指系统的原动件或执行构件的转速、移动速度、调速范围等。例如，机床的转速、工作台和刀架的移动速度、运输机械的行驶速度和连续作业机械的生产节拍及它们的调速范围等。一般由机械系统的具体工作过程和生产率等因素决定。

4. 动力参数

动力参数包括系统的承载能力和动力源的参数及表明传力性能的传动角等。承载能力如拖车的牵引力、起重机的提升力、夹具的夹紧力、水压机的压力等，动力源的参数如电动机、液压马达和内燃机等的功率及其机械特性。对于高速机械，动力参数还应包括最大惯性力、最大加速度等。动力参数由机械特性和使用要求等确定。

5. 尺寸和质量参数

这里主要指总体尺寸参数，一般包括工作尺寸（如车床的中心高度、运动部件的行程长度等）、外形轮廓尺寸（如车床的长度、高度和宽度等）和工艺装配尺寸（如主要部件间的位置尺寸、安装和连接尺寸等）等。质量主要指产品的总质量。

外形轮廓尺寸受车间安装空间、包装和运输（集装箱、车辆、桥梁和隧道）等的限制。产品的总质量与运输直接相关。

尺寸参数一般根据设计任务书中的原始数据、工艺系统的总体布置等来确定。产品的总质量由设计要求确定。

6. 效率和寿命

效率是指系统的有效功率与其输入功率的比值，两者之差是系统的损耗功率。寿命是指系统能正常运行的工作年限或时间。效率和寿命由机械类型和设计要求确定。

第二节 机械执行系统的功能原理和运动规律设计

执行系统是机械系统中的一个子系统，它的一端与被执行件（如加工对象）接触，另

一端与传动系统连接。在进行执行系统的方案设计时，不仅要明确该系统的功能要求，而且要了解与其他系统的联系、协调与分工，以便使总系统达到最佳。

机械执行系统方案设计的方法主要有两种：一种是基于功能原理的设计方法，其过程和内容如图 28-1 所示；另一种是基于功能分析的设计方法，其过程和内容如图 28-2 所示。本章主要介绍前者，对后者只做简单介绍。

如图 28-1 所示，用基于功能原理的设计方法设计执行系统的方案时，当确定了机械预期实现的功能要求后，接着就进行功能原理方案设计。紧接着功能原理方案设计的便是运动规律设计。

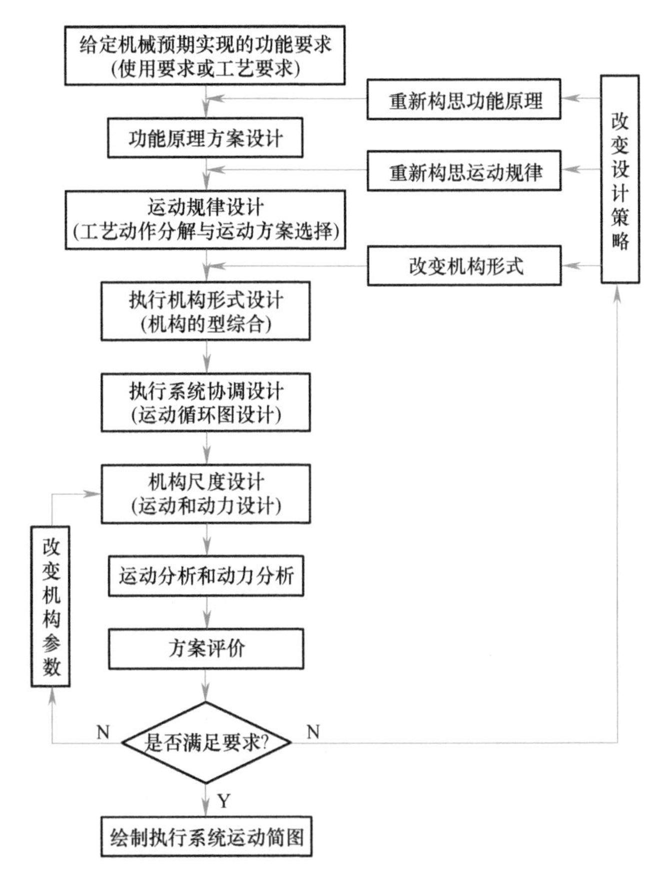

图 28-1 基于功能原理的机械执行系统的方案设计

一、执行系统的功能原理方案设计

（一）功能原理方案设计的任务

功能原理方案设计的任务是：针对某一确定的功能要求，去寻求某些物理效应并借助一些作用原理来求得实现该功能目标的解法原理。常用的功能原理如摩擦传动原理、机械推拉原理、材料变形原理、电磁传动原理、流体传动原理、光电原理等。对于同一种功能要求，应尽可能地把能实现该功能要求的各种功能原理都考虑到，当几种功能原理方案设计出来后，有时还需通过模型试验进行技术分析，以验证其原理上的可行性。对不完善的构思，还应按试验结果做进一步的修改、完善和提高。最后再对几个方案进行技术经济评价，选择其中的最佳方案。

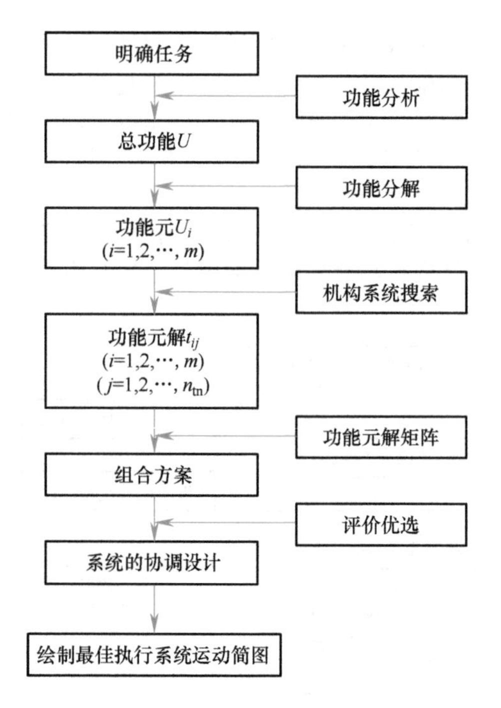

图 28-2 基于功能分析的机械执行系统的方案设计

（二）功能原理方案设计的特点

功能原理方案设计具有以下特点：

1）在功能原理方案设计中常常会引入某种新技术、新工艺、新材料，它首先要求设计者要有新想法、新构思。功能原理方案构思阶段是机械设计中最能充分发挥创造性的阶段。进行功能原理方案设计时，应使思维尽量“发散”，充分发挥创造性思维，应用各种科学原理，其中包括物理学的、化学的、生物学的最新成就，提出尽可能多的原理方案供比较和优选。例如：要实现“洁衣”这个总功能，不一定采用水洗原理，也可以采用溶剂吸收污物的“干洗”办法；即使是用水洗衣，除了机械搅拌外，还可采用超声波振荡原理。一个崭新的原理方案即可创造出一个新颖的产品。又如，要加工一个齿轮，在成形原理上，不一定采用切削加工，还可以采用无屑加工，即可通过精密铸造、粉末冶金成形等方法加工而成。即使采用切削加工，既可以选择仿形原理，也可以选择展成原理。若选择仿形原理，则运动规律除了有切削运动和进给运动外，还需要准确的分度运动；若采用展成原理，则运动规律除了有切削运动和进给运动外，还需要有展成运动。

2）功能原理方案设计是否合理将对产品的成败起决定性的作用，它从质的方面决定了机械的设计水平和综合性能状况。设计人员应给予高度重视。

二、执行系统的运动规律设计

（一）运动规律设计的任务及重要性

工作原理确定以后，接下来的工作就是进行运动规律的设计。运动规律设计的任务是：根据工作原理所提出的工艺要求构思出能够实现该工艺要求的多种运动规律，并经过比较后，选取简单适用的运动规律，作为机械的运动方案。

运动方案确定得是否合理，直接关系到机械运动实现的可能性、整机的复杂程度和机械的工作性能，对机械的设计质量具有非常重要的影响。因此，运动规律设计是机械执行系统方案设计中非常重要的一步。

（二）运动规律设计的方法和注意事项

运动规律设计也是对工作原理所提出的工艺过程进行分解。实现一个复杂的工艺过程，常常需要多种动作。任何复杂的动作总是由一些最基本的运动合成的。运动规律设计的方法就是对工艺方法和工艺动作进行分析，将其分解成由不同构件（运动的载体）或不同机构完成的若干个基本动作，并给定不同动作的先后顺序。工艺动作分解的方法不同，所形成的运动规律也不同。最后，从不同的运动方案中选择出最佳方案。

在设计运动规律时，应同时考虑到机械的工作特性、适应性、可靠性、经济性和先进性等多方面的要求。不但要注意工艺动作的形式，还要注意其变化规律，如对速度和加速度的变化要求。例如，机床的进给要近似匀速以保证加工工件的表面质量；又如为了减小机械运转过程中的动载荷，加速度应小于某一许用值等。除此以外，在运动规律的设计中，还应考虑到便于控制和协调配合。如确定一个轴为分配轴，向各个动作载体输入运动。这样，只要控制分配轴的运动和向各个载体输入运动的起始、终止时间，就可以实现各个分解运动的协调配合。

如前所述，同一种功能要求可以采用不同的工作原理来实现，而同一种工作原理，又可以采用不同的运动规律得到不同的运动方案。例如，为了实现从地下抽取液体（如水或石油）的功能要求，可以采用离心力扬液体的工作原理把其从地下扬到地面上来，也可以采用真空吸入和压出的工作原理把液体抽到地面上来。若采用后一种工作原理，就需要周期性地改变容体的容积，利用大气的压力使液体周期性地吸入和压出。改变容积的工艺动作（即运动规律的设计）可以有以下三种：

1）通过往复移动来改变容积，如图 28-3a 所示的往复泵。

2）通过往复摆动来改变容积，如图 28-3b 所示的偏心泵。偏心轮（主动件 2）转动时改变着做往复摆动的构件（件 4）左右两边的容积，当左边容积最大时，流体的输入口被遮住，随着偏心轮 2 的转动，此容积逐渐缩小而把流体从输出口压出；同时另一边容积逐渐增大，而流体从输入口中吸入。

3）通过旋转运动来改变容积，如图 28-3c 所示的齿轮泵。当一对齿轮转动时，两边的齿间中所储存的液体向出口 6 处输出，而啮合处的一对轮齿将两侧的液体封住，使液体不能通过啮合点。脱离啮合后，齿间容积逐渐增大而从入口 5 处将液体吸入。

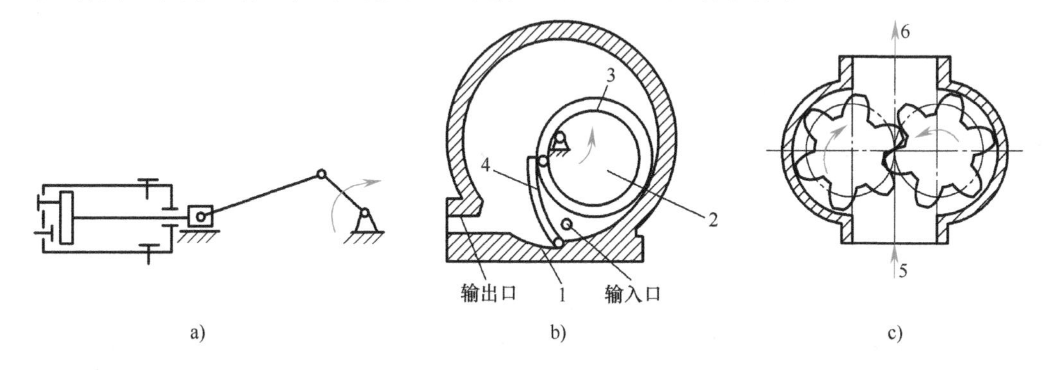

图 28-3　三种不同的从地下抽取液体的运动规律方案

a）往复移动改变容积　b）往复摆动改变容积　c）旋转运动改变容积

又如，为了加工出内孔，可以采用刀具切削材料的工作原理来实现，也可以采用化学作用原理（如化学试剂腐蚀）和热熔工作原理（如电火花加工）来实现。

如果选择刀具切削材料的工作原理作为加工内孔的功能原理。根据刀具与工件间相对运动的不同，加工内孔的工艺动作可以有不同的分解法，如图 28-4 所示。

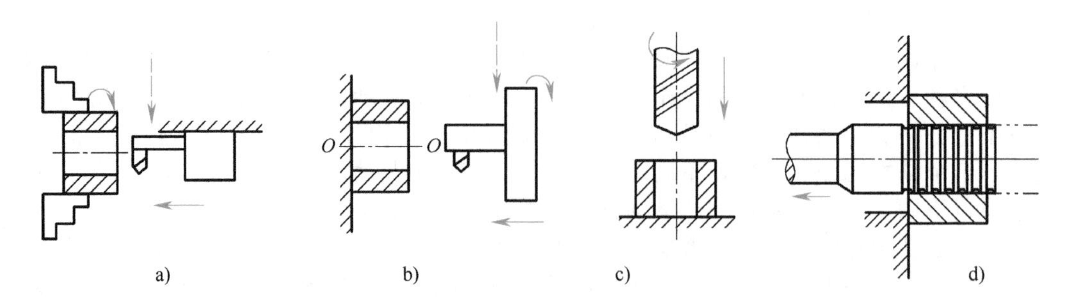

图 28-4 四种不同的加工内孔的运动规律方案
a）车床方案 b）镗床方案 c）钻床方案 d）拉床方案

1）让工件做连续等速转动，刀具做轴向等速移动。同时，为了加工到所需的内孔尺寸，刀具还需要做径向进给运动。这就得到如图 28-4a 所示的通过车床加工内孔的方案。

2）让工件固定不动，刀具既绕被加工孔的中心线转动，又沿轴向移动。同样，为了加工到所需的内孔尺寸，刀具还需做径向进给运动。这种分解方法就得到如图 28-4b 所示的镗内孔的镗床的方案。

3）让工件固定不动，而采用不同尺寸的专用刀具（钻头、铰刀等），让刀具做等速转动的同时还做轴向移动。这种分解方法就得到如图 28-4c 所示的加工内孔的钻床的方案。

4）让工件固定不动，只让专用刀具做直线运动。这种分解方法就得到如图 28-4d 所示的拉床的方案。

在上面加工内孔的例子中，车、镗、钻和拉四种方案各有不同的优缺点和不同的用途。当加工尺寸不太大的圆柱形工件的内孔时，选用车床加工内孔的方案比较简单。当加工尺寸很大且外形复杂的工件（如箱体上的主轴孔）时，由于将工件装在车床主轴上转动很不方便，因此适宜于采用镗床的方案。钻床的方案取消了刀具的径向进给运动，工艺动作虽然简化了，但带来了刀具的复杂化，且加工大的内孔有困难。拉床的方案不但动作最简单，而且生产率也高，适合大批量生产；但除了所需的拉力大以外，刀具价格昂贵且不易制造。另外，不但拉削大零件和长孔时有困难，而且在拉孔前还需要在工件上预先制出拉孔所用的基孔和工作端面。因此，在进行运动规律设计和运动方案选择时，要综合考虑各方面的因素（如机械的所需特性、使用场合、生产量的大小和经济性等），根据实际情况对各种方案加以认真分析和比较，从中选择出最佳方案。

第三节 执行机构的形式设计和执行系统的协调设计

一、执行机构的形式设计

由图 28-1 可知，当完成了功能原理设计和运动规律设计并确定了执行构件（执行机构的输出构件）的数目和各执行构件的运动规律后，就可以进行执行机构的形式设计了。执行机构的形式设计就是根据各执行构件所要完成的运动（包括运动形式和运动规律），通过从现有的机构中选择、比较、组合或创造新机构来确定执行机构的形式。该设计过程又称为机构的型综合。

执行机构形式设计的好坏将直接影响到机械的使用效果、使用寿命、结构的繁简程度和经济效益等。

为了得到工作质量高、结构简单、制造容易、动作灵巧的执行机构，在进行执行机构的形式设计时，应遵循一些原则。

（一）执行机构形式设计的基本原则

1. 满足执行机构运动规律的要求

这是进行执行机构的形式设计时首先要考虑的要求。包括运动形式（转动、移动还是摆动等）的要求和运动规律的要求（执行构件的位移、速度、加速度和运动轨迹等）。

2. 结构简单，运动链短

所用的执行机构，从主动件到执行构件的运动链要尽可能短；实现同样的运动要求，应尽量采用构件数和运动副数较少的机构。这样做的优点是：

1）降低成本，减小质量。

2）减少运动链的积累误差，提高工作质量。

3）减少运动副摩擦带来的功率损耗，提高机械的效率。

4）构件数目的减少有利于提高机械系统的刚性。

图 28-5 所示的例子充分说明了机构简单的优点。其中图 28-5a 所示为近似实现直线运动的较简单的机构，利用铰链四杆机构 $ABCD$ 连杆上 E 点一段近似直线轨迹（有理论误差）来满足工艺动作要求。图 28-5b 是一种理论上能精确实现直线轨迹的较复杂的八杆机构。实践表明，在同一制造精度的条件下，后者实际的运动误差比前者大。这是因为后者的积累误差超过了前者的理论误差与积累误差之和。因为各构件的尺寸在加工中不可避免地会产生误差，且构件的数目越多，积累误差越大；各运动副中不可避免地有间隙存在，运动副的数目越多，积累误差越大。

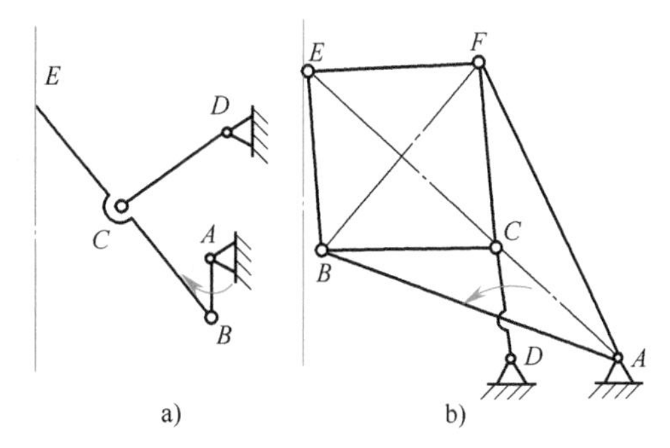

图 28-5　可生成直线轨迹的两种机构

a）产生近似直线轨迹的简单机构

b）产生精确直线轨迹的复杂机构

3. 使执行系统有尽可能好的动力性能

动力性能包括两个方面：一方面是要尽量增大机构的传动角，以增大机械的传力效益，减小功率损耗。这对于重载机械尤为重要。另一方面是要尽量减小机械运转中的动载荷。这对于高速、构件质量较大的机械尤为重要。

4. 充分考虑动力源的形式

当有气动、液力源时，由于液压、液力和气动机构可以省去许多电动机、传动机构或转换运动的机构而使运动链缩短，而且具有减振、易于调速和操作方便等优点，所以，采用液压和气动机构更好，尤其是对于具有多执行构件的工程机械、自动机等，其优越性更为突出。当然，任何事情都是一分为二的，气动机构有传动效率低、不能传递大功率、载荷变化时传递运动不够平稳和排气噪声大等缺点。液压、液力传动有效率低、制造安装精度要求高、对油液质量和密封性要求高等缺点。

5. 使机械操作方便，调整容易，安全可靠

为了使机械操作方便，可适当地加入一些开、停、离合、正反转和手动等装置；为了使机械调整容易，应注意适当设置调整环节，或选用能调节、补偿误差的机构；为了使机械安全可靠，防止机械因过载而损坏，应在其中加入过载保护装置或摩擦传动机构，对于反行程会出现危险的机械，如起重机械，应在运动链中设置自锁机构。

（二）执行机构形式设计的方法

执行机构形式设计的方法有两种，一种是选型，另一种是构型。也可以将两者结合在一起使用，即先用选型的方法满足大多数要求，再通过构型满足选型无法满足的少部分

要求。

1. 机构的选型

机构的选型是将前人创造发明出的各种机构按照运动特性或实现的功能进行分类，然后根据执行构件所需要的运动特性或实现的功能进行搜索、选择和比较，选出合适的机构形式的过程。

在执行机构的形式设计中，能完成某一运动形式转换或能实现某一子功能的机构，常常不只有一种。例如，能将转动变为移动的机构，不但有曲柄滑块机构和移动从动件凸轮机构，还有齿轮齿条机构和螺旋机构等。这就需要根据上述基本原则对机构进行比较、选择。

为了采用专家系统利用计算机搜索和选择，一些研究者通过对机构的运动、特点和应用等进行表达，用某种软件构建了机构数据库。通过软件可以方便地实现对数据库中机构的浏览、查询和修改等工作。在查询中，已知条件越少，查询到的机构越多。一般情况下，经查询均能得到若干个机构解。从这若干个机构解中选择最佳者，一般可通过细化已知条件缩小选择范围。但最后的决定是由设计者根据库中对机构的描述、执行机构形式设计的基本原则以及设计者自身的经验来做出的。通过计算机建立机构库只是为了更好地服务于设计者的设计工作。

为了便于选型，现将执行机构常用的运动形式及其对应的机构列于表28-1。常用机构的性能和特点列于表28-2。

表28-1 执行机构常用运动形式及其对应机构

运动形式		机构示例	
连续转动	定传动比匀速	平行轴	圆柱齿轮机构，平行四杆机构，同步带机构，周转轮系，双万向联轴器，摩擦传动机构，摆线针轮机构，挠性传动机构，谐波传动机构
		相交轴	双万向联轴器，锥齿轮机构
		交错轴	交错轴斜齿轮机构，准双曲面齿轮机构，蜗轮蜗杆机构
	变传动比匀速	轴向滑移圆柱齿轮机构，混合轮系变速机构，摩擦传动机构，行星无级变速机构，挠性无级变速机构	
	非匀速	非圆齿轮机构，双曲柄机构，转动导杆机构，单万向联轴器，齿轮连杆组合机构	
往复运动	往复移动	曲柄滑块机构，移动从动杆凸轮机构，齿轮齿条机构，移动导杆机构，正弦机构，楔块机构，螺旋机构，气动、液压机构，挠性机构等	
	往复摆动	曲柄摇杆机构，曲柄摇块机构，摆动从动杆凸轮机构，双摇杆机构，摆动导杆机构，空间连杆机构，某些组合机构，摇杆滑块机构等	
间歇运动	间歇转动	棘轮机构，槽轮机构，不完全齿轮机构，凸轮式间歇运动机构，某些组合机构，摩擦传动机构等	
	间歇移动	棘齿条机构，从动件做间歇往复移动的凸轮机构，反凸轮机构，气动、液压机构，移动杆有停歇的斜面机构等	
	间歇摆动	特殊形式的连杆机构，摆动从动杆凸轮机构，齿轮—连杆组合机构，利用连杆曲线上的圆弧段或直线段组成的多杆机构等	
预定轨迹	直线轨迹	连杆机构，某些组合机构等	
	曲线轨迹	利用连杆曲线实现预定轨迹的连杆机构，凸轮连杆组合机构，齿轮连杆组合机构，齿轮凸轮组合机构，含有挠性件的组合机构等	
特殊运动要求	换向	双向式棘轮机构，三星轮换向机构，离合器，滑移齿轮换向机构等	
	超越	齿式棘轮机构，摩擦式棘轮机构等	
	过载保护	带传动机构，摩擦传动机构，安全离合器等	
	微动、补偿	螺旋差动机构，谐波传动机构，差动轮系，杠杆式差动机构等	
	反转	电动机反转，加入中间齿轮等	
	…	…	

表 28-2　常用机构的性能和特点

评价指标	具体项目	评价			
		连杆机构	凸轮机构	齿轮机构	组合机构
运动性能	1. 运动规律和轨迹	任意性差,只能实现有限个精确位置	任意性好	一般为定传动比转动或移动	基本上任意
	2. 运动精度	较低	较高	高	较高
	3. 运动速度	一般	较高	很高	较高
工作性能	1. 效率	一般	一般	高	一般
	2. 使用范围	较广	较广	广	一般
动力性能	1. 承载能力	较高	较低	高	较高
	2. 传力特性	一般	一般	较好	一般
	3. 振动、噪声	较大	较小	小	较小
	4. 耐磨性	好	差	好	较好
经济性	1. 加工难易	易	较难	较易	较难
	2. 维护方便	方便	较麻烦	较方便	一般
	3. 能耗	一般	一般	较小	一般
结构紧凑性	1. 尺寸	较大	较小	小	一般
	2. 质量	较小	较大	较大	较大
	3. 结构复杂性	较复杂	一般	简单	复杂

2. 机构的构型

用选型的方法选出的机构形式有时不能完全实现预期的要求，或虽能实现功能要求但结构复杂、运动精度较差或动力性能欠佳，在这种情况下，就需要通过机构构型进行新机构的设计。这一环节的创新性远大于机构选型阶段的工作。机构构型的常用方法如下：

(1) 变换机架法　取不同的构件为机架，可以得到不同的机构。由第六章可知，铰链四杆机构在满足格拉霍夫条件的情况下，取不同的构件为机架，就可以分别得到曲柄摇杆机构、双曲柄机构和双摇杆机构三种不同的机构。图 28-6 是另一个例子，图 28-6a、b 中左边分别为平行轴的外啮合、内啮合定轴齿轮机构。其中与两轮中心线相重合的构件 3 为机架。若把机架由构件 3 改为大齿轮，则对应得到右边所示的行星轮系。

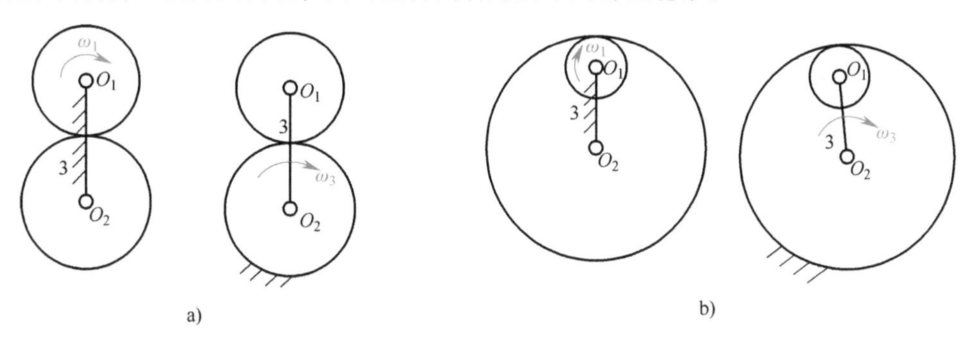

图 28-6　通过机架变换由齿轮机构得到行星轮系

a）外啮合齿轮机构转化为行星轮系　b）内啮合齿轮机构转化为行星轮系

(2) 变换运动副法　通过改变机构中的某个或几个运动副的形式，也可以创新出不同运动特性的机构。如第六章中的图 6-12～图 6-14 将转动副转化为移动副后由曲柄摇杆机构得到曲柄滑块机构、再由曲柄滑块机构得到正弦机构。又如第三章中的图 3-23 和表 3-11所示是将高副变换为低副后由一种机构得到另一种机构。由于低副是面接触，易于加工，耐磨性能好，因而提高了使用性能。又如图 28-7 所示，其中图 28-7a 所示的球面副 S 可由汇交于球心的三个转动副 R-R-R 代换，如图 28-7b 所示。图 28-7c 所示的单万向联轴器就是一个例子。该机构减少了一个球面副，而代之以十字形杆连接，提高了联轴器的强度和刚度。

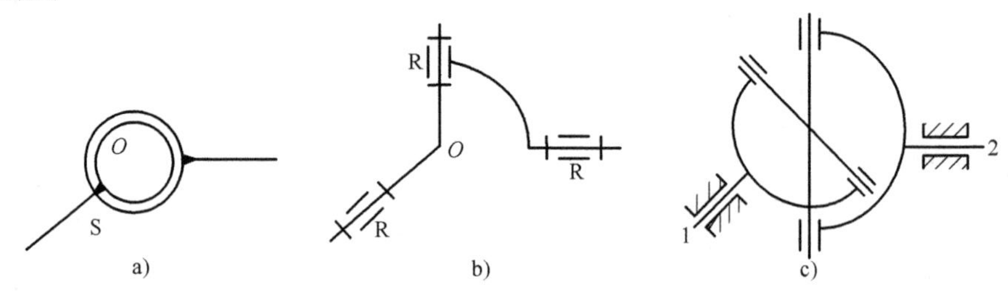

图 28-7 变换运动副

a）球面副 S b）用三个转动副代替一个球面副 c）代替后的实例——单万向联轴器

（3）局部变异法 改变机构的局部组成，可以得到有特殊运动特性的机构。如将摆动导杆机构改成图 28-8 所示的状况后，导杆 2 在左极限位置附近有停歇。这是因为将导杆槽中线的一部分做成了半径等于曲柄 1 的长度、圆心在曲柄转动中心的圆弧形，当曲柄销在该圆弧内运动时，导杆 2 停止不动。

（4）机构扩展法 机构扩展法是根据机构的组成原理，在选择的基本机构上连接若干基本杆组构造出新机构的方法。该方法的优点是在不改变机构自由度的情况下，能增加或改善机构的功能。例如，要求设计一个急回特性显著、运动行程大的急回机构，而常用的具有急回特性的机构不能达到要求。为此，选择曲柄摇杆机构 *OABC* 为基本机构（图 28-9），在其连杆 *AB* 延长线上的 *D* 点增加一个由构件 *DE* 和滑块组成的 RRP Ⅱ级杆组，形成一个六杆机构。它的急回特性显著增加，执行构件滑块的行程也得以扩大。

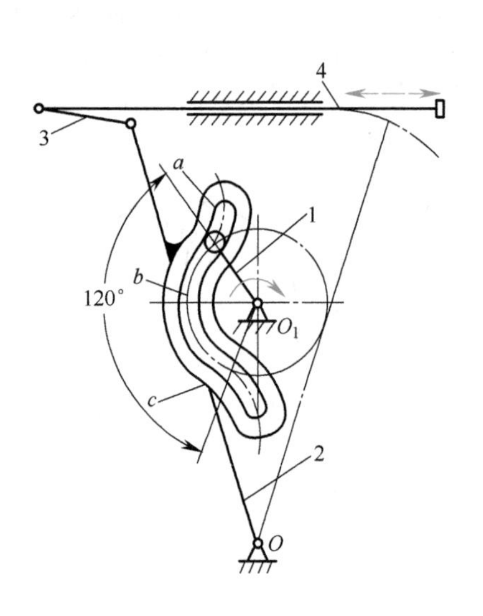

图 28-8 有停歇的摆动导杆机构

1—曲柄 2—导杆 3—连杆 4—滑块

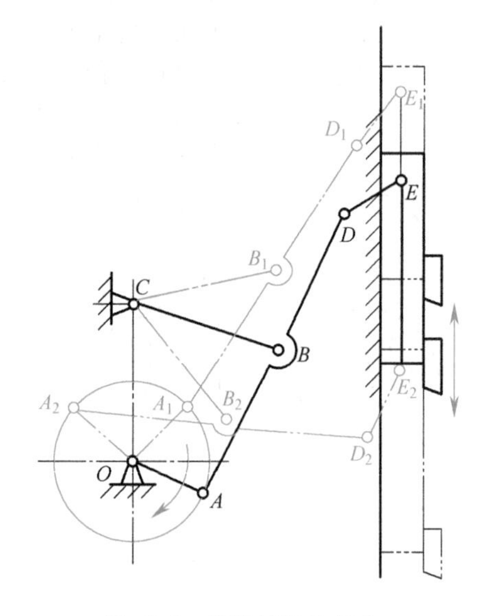

图 28-9 应用扩展法增大急回特性和运动行程

（5）组合法 单一的基本机构由于其固有的局限性而无法满足多方面的要求，解决此问题的一个重要方法是将几种基本机构用适当的方式组合起来，构成一个较复杂的机构，称为组合机构，来实现基本机构很难实现的运动或动力特性。机构的组合是发展新机构的重要途径之一。常用的组合方式有串联、并联、复合、反馈和装载等。各种组合方式的特点及各种组合机构的应用在第十章第二节已做过介绍。

二、执行系统的协调设计

一个执行系统有时包含几个执行机构，各个执行机构应是有机地联系在一起、相互间既有依赖又有制约的。只有各执行机构能协调工作，系统才能达到预期的目的。若各机构间存在矛盾，组成的系统就不能正确运行，甚至会损坏机件和产品，造成生产事故。此时，无论其局部的功能和性能指标设计得多么完善，从整个系统来看仍然是失败的设计。因此，执行系统的协调设计也是机械系统方案设计中的重要一环。

根据生产工艺的不同，机械执行系统的运动循环情况可分为两类：一类是各执行机构的运动规律是非周期性的，它随工作条件的不同而改变，具有较大的随机性，如起重机、某些建筑机械和某些工程机械；另一类是机械中各执行机构的运动是周期性的，即经过一定的时间间隔后，各执行构件的位移、速度和加速度等运动参数就周期性地重复。这里只介绍运动具有周期性的这一类系统协调设计的方法。

（一）执行系统协调设计的要求

1. 满足工艺过程动作先后顺序的要求

各执行机构的动作过程和先后顺序应符合工艺过程所提出的要求，以确保整体系统最终能满足功能要求和技术要求。

2. 满足执行系统循环工作的要求

为了使执行系统能够周而复始地循环协调工作，就必须使各执行机构运动循环的时间同步化，即应保证各执行机构的运动循环时间间隔相同或按生产工艺过程要求成一定的倍数。

3. 满足各执行机构操作上的协调性要求

当两个或两个以上的执行机构同时作用于同一操作对象时，各执行机构之间的运动必须协调好。

4. 满足各执行机构位置上的协调性要求

各执行机构在空间布置上应保证在运动过程中，不但各执行机构之间不发生干涉，而且各执行机构与周围环境之间也不发生干涉。

5. 满足提高生产率的要求

各执行机构的动作安排要有利于提高劳动生产率。为此，应尽量缩短执行系统的工作循环周期。一方面，应尽量缩短各执行机构工作行程的时间和空回行程的时间，尤其是空回行程的时间，因此尽量选用具有急回运动的机构作为执行机构。另一方面是在不产生相互干涉的前提下，充分利用两个执行机构间的时间裕量，即在前一个执行机构回程结束以前，后一个执行机构即开始工作。

6. 满足能量协调和提高效率的要求

为了保证能量协调，应考虑系统的功率流向，使能量分配合理，由串联机构总效率的计算公式和并联机构总效率的计算公式可知，为了提高机械的总效率，当系统中包含有多个低速大功率执行机构时，系统间宜采用并联连接方式；当系统中具有几个功率不大、效率均很高的执行机构时，可采用串联连接方式。

（二）执行系统协调设计的方法和步骤

执行系统协调设计的方法与机械的控制方式密切相关。当采用机械式集中控制时，通常用两种方法。一种是分配轴控制方式，即将各执行机构的主动件与分配轴连接在一起，或者用分配轴上的凸轮控制各执行机构的主动件。该方法一般分配轴转一周所需要的时间就是产品加工的工作循环所需要的时间。因此，分配轴转一周，就完成一个运动循环。各执行机构的主动件在分配轴上的安装方位，或者控制各执行机构主动件的凸轮在分配轴上的安装方位，都要根据执行系统协调设计的结果来确定。另一种方法是曲柄错位控制方式，即利用曲柄的错位来使各执行机构按一定的顺序动作。对于不能将曲柄布置在一根轴上的执行系统，可采用机械传动方式，将各曲柄的转动予以同步。

执行系统协调设计的步骤一般如下：

1. 确定机械工作循环的周期

机械工作循环的周期是指一个产品生产的整个过程所需要的总时间，一般用 T 来表示。它根据设计任务书中给定的机械的理论生产率来确定，$T=1/Q$，Q 为理论生产率。

2. 确定各执行构件在一个运动循环中的各个行程段及其所需的时间

根据机械生产的工艺过程，分别确定各个执行构件的工作行程段、空回行程段以及可能具有的若干个停歇段。确定各个执行构件在每个行程段和每个停歇段所花费的时间以及对应于分配轴的转角。

3. 确定各个执行构件动作间的协调配合关系

根据机械生产过程对工艺动作先后顺序和配合关系的要求，协调各执行构件各行程段的配合关系是执行系统协调设计的关键。此时，应充分考虑执行系统协调设计的原则，如不仅要保证各个执行机构在时间上按一定的顺序协调配合，而且要保证在运动过程中不会产生空间位置上的相互干涉等。

（三）运动循环图

1. 运动循环图的概念

用来描述各执行构件运动间相互协调配合的图称为机械的运动循环图。它是机械协调设计的重要技术文件。若有分配轴，运动循环图常以分配轴的转角为坐标来编制；若没有分配轴，常选取执行系统中某一主要的执行构件为参考件。取有代表性的特征位置作为起始位置，如以生产工艺的起始点作为运动循环的起点，由此来确定其他执行构件的运动相对于该主要执行构件的先后次序和配合关系。

2. 运动循环图的形式

常用的运动循环图有三种，即直线式、圆周式和直角坐标式。为了更好地说明运动循环图的形式，举一个例子。用于小型印刷厂的简易平板印刷机可以印刷各种表格、联单、账单、商标和名片等8开以下的印刷品。如图28-10所示，该印刷机需要完成给油辊上添加油墨、往铜锌板上刷油墨、白纸与刷墨后的铜锌板贴合印刷和取出印刷品四个分功能。

（1）给油辊上墨　用槽轮机构使油盘1（图28-10a）间歇转动来实现。油盘有两个行程，即转动（工作行程）和停歇，一般采用在一个运动循环内做定向间歇转过60°。

（2）往铜锌板上均匀刷油墨　采用连杆机构带动油辊3（图28-10b）上下往复摆动来完成。也有两个行程，即油辊的工作行程（给铜锌板刷油墨）和空回行程。为了使油辊均匀地把油墨刷在铜锌板4上，要求油辊在工作行程中尽可能等速运动。

（3）白纸与铜锌板的贴合印刷　用凸轮连杆机构带动印头（上面装有纸）5往复摆动完成与固定不动的铜锌板的贴合。其两个行程分别是印头的工作行程（印刷）和空回行程。

（4）取出印刷品　取印刷品如图28-10b中的箭头所示，和装白纸一样，均由手工完成。

油盘、油辊和印头三个执行构件中，印头是印刷的主要执行构件，故取印头为参考构件。带动印头往复摆动的执行机构的主动件每转一周完成一个运动循环，以该主动件转角作为直线式和直角坐标式运动循环图的横坐标。

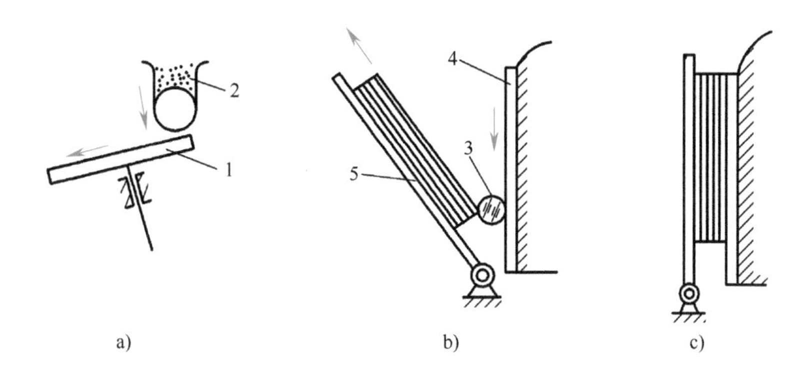

图 28-10　平板印刷机的三个分功能

a）给油辊上墨　b）往铜锌板上滚刷油墨　c）白纸与铜锌板的贴合印刷

1—油盘　2—供墨器　3—油辊　4—铜锌板　5—印头

简易平板印刷机的直线式、圆周式和直角坐标式的运动循环图如图 28-11a、b、c 所示。三种运动循环图的特点分别如下：

（1）直线式运动循环图　如图 28-11a 所示，直线式运动循环图是将机械在一个运动循环中各执行构件的各行程区段的起止时间和先后顺序，按比例绘制在直角坐标轴上得到的。它的优点是：绘制方法简单，能比较清楚地表示出一个循环内各执行构件行程之间的相互顺序和时间关系。缺点是无法显示出各执行构件的运动规律，因而直观性较差。

（2）圆周式运动循环图　如图 28-11b 所示，圆周式运动循环图的绘制方法是确定一个圆心，画一个圆。再以该圆心为中心，作若干同心圆环，每个圆环代表一个执行构件。各执行构件不同行程的起始和终止位置由各相应圆环的径向线表示。其优点是直观性强。因为一般机械的一个运动循环对应分配轴转一周，所以通过这种循环图能直接看出各执行机构的主动件在分配轴上所处的位置，便于各执行机构的设计、安装和调试。这种运动循环图的缺点是当执行构件的数目较多时，由于同心圆环太多而不一目了然，也不能显示各执行构件的运动规律。

（3）直角坐标式运动循环图　如图 28-11c 所示，直角坐标式运动循环图不但将各执行构件的各运动区段的时间和顺序按比例绘制在直角坐标系里，而且绘出了各执行构件的位移线图。用横坐标表示分配轴或主要执行机构主动件的转角，用纵坐标表示各执行构件的角位移或线位移。为了简单起见，各区段之间均用直线连接。这种运动循环图的特点是不仅能清楚地表示出各执行构件动作的先后顺序，而且能表示出各执行机构在各区段的运动规律，便于指导各执行机构的设计。

（四）举例

下面以自动电阻压帽机为例说明机械运动循环图的设计过程。

自动电阻压帽机的总功能是将电阻坯料的两端压上电阻帽。它的工艺动作可分解为送电阻坯料、坯料夹紧定位和送帽压帽三个动作。自动电阻压帽机的机械运动示意图如图 28-12 所示。电动机通过带传动、蜗杆蜗轮带动分配轴转动。

1. 各执行机构的形式和行程

（1）送电阻坯料机构　其功能是将电阻坯料从储料箱中取出并送到压帽工位，用凸轮连杆机构来完成。其行程为：工作行程—停歇—回程—停歇。

（2）夹紧机构　其功能是将电阻坯料夹紧定位，用对心滚子移动从动件盘形凸轮机构来实现。其行程为：工作行程—停歇—回程—停歇。

（3）送帽压帽机构　其功能是将电阻帽快速送到加工位置，再慢速将它压牢在电阻坯

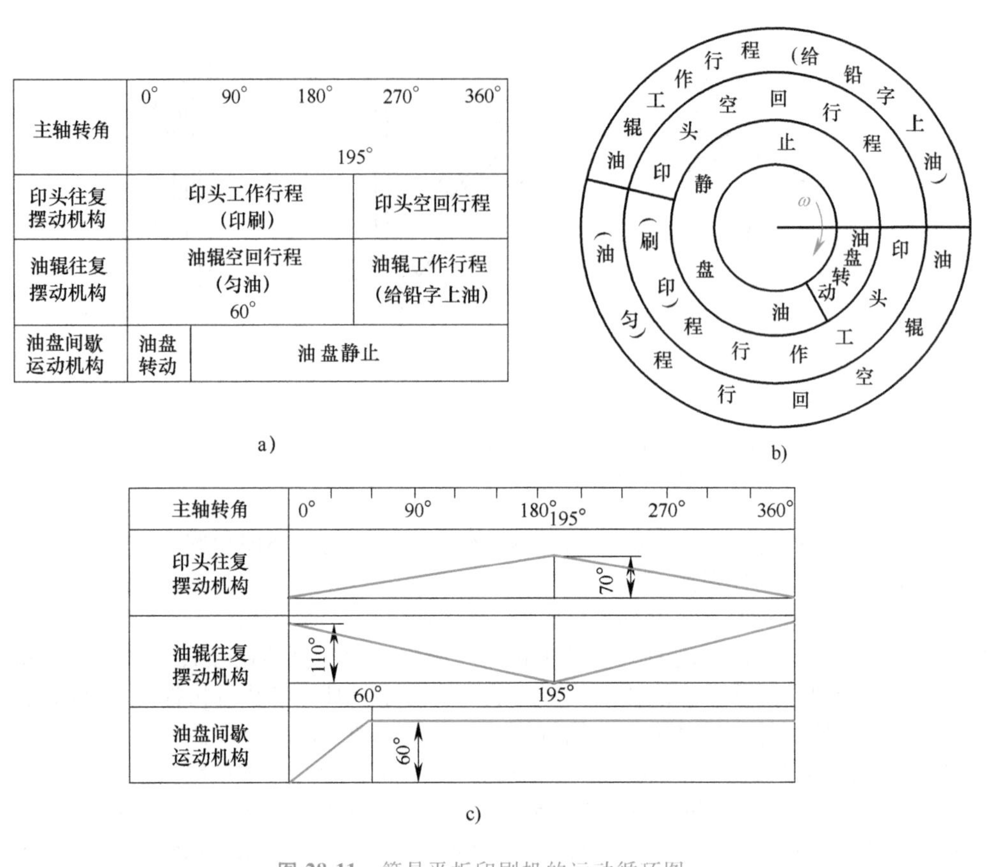

图 28-11 简易平板印刷机的运动循环图

a）直线式运动循环图 b）圆周式运动循环图 c）直角坐标式运动循环图

料的两端使之成为一个整体，用两个具有相同运动规律的摆动从动件圆柱凸轮机构同时从两边工作来实现。其行程为：快速前进—慢速压紧—回程—停歇。在停歇阶段，加工好的产品自由落入成品箱中。

2. 运动循环图的设计

（1）确定机械工作循环的周期 设计任务书给定的理论生产率为每分钟 30 个，则生产该产品的机械工作循环的周期 $T=60\mathrm{s}/30=2\mathrm{s}$。

（2）初步确定各执行构件在一个运动循环中各个行程段所需的时间和分配轴的转角 根据调查研究、试验和类比等方法确定各个执行机构各个行程段的时间和对应的分配轴的转角，见表 28-3。

由初步确定的各个执行机构各个行程段的时间和对应的分配轴的转角绘出的该机构的初步运动循环图如图 28-13 所示。因没有考虑各个执行构件间的协调配合关系，所以，此初步运动循环图需要修改。

（3）确定各个执行构件间的协调配合关系 为了使工艺动作能够连续进行，不会中断，要求送料机构开始返回时，夹紧机构必须已经将电阻坯料夹紧；同样，当夹紧机构开始返回时，压帽机构必须已经将电阻帽压牢在电阻坯料的两端上。按此要求，自动电阻压帽机第一次修改后的运动循环图如图 28-14 所示。此时，由于夹紧机构和压帽机构的右移，加长了工作循环的周期和对应的分配轴的转角。设此时的工作循环的周期和对应的分配轴的转角分别为 T_1 和 ϕ_1，则

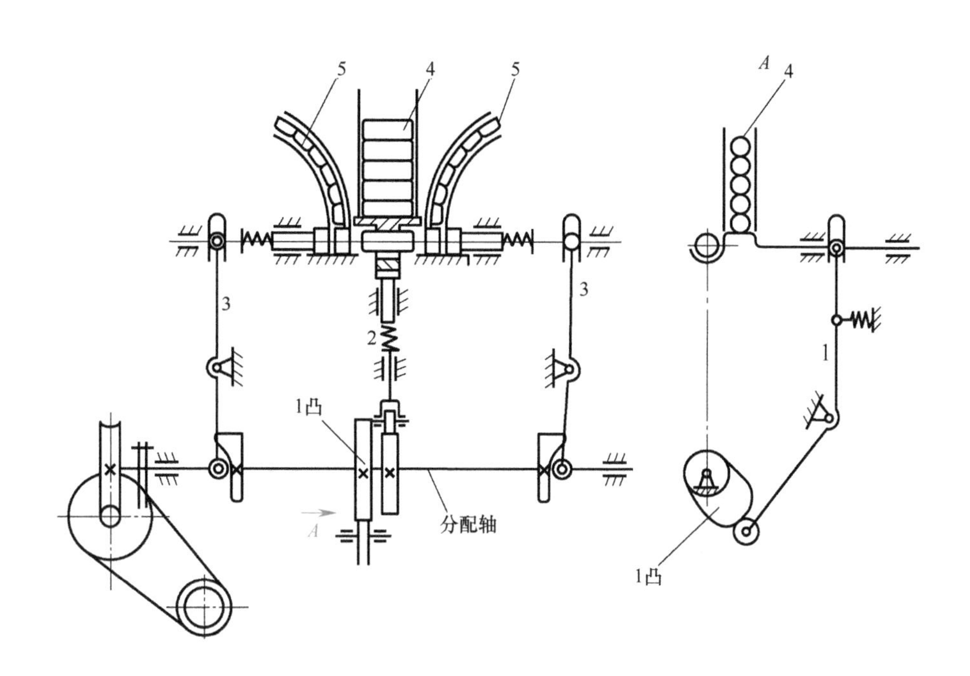

图 28-12　自动电阻压帽机的机械运动示意图

1—送电阻坯料机构　2—夹紧机构　3—送帽压帽机构

4—电阻坯料储料箱　5—电阻帽储料箱

表 28-3　各个执行机构各个行程段的时间和对应的分配轴的转角

机　　构	动 作 区 间	时　间/s	分配轴转角/(°)
送料机构 1	送料行程	$t_{k1}=1/2$	$\varphi_{k1}=90$
	工作位置停留	$t_{0k1}=1/3$	$v\varphi_{0k1}=60$
	空回行程	$t_{d1}=1/2$	$\varphi_{d1}=90$
	初始位置停留	$t_{01}=2/3$	$\varphi_{01}=120$
夹紧机构 2	夹紧行程	$t_{k2}=5/12$	$\varphi_{k2}=75$
	工作位置停留	$t_{0k2}=11/12$	$\varphi_{0k2}=165$
	空回行程	$t_{d2}=5/12$	$\varphi_{d2}=75$
	初始位置停留	$t_{02}=1/4$	$\varphi_{02}=45$
压帽机构 3	快速送帽行程	$t_{k3}=5/12$	$\varphi_{k3}=75$
	慢速压帽行程	$t'_{k3}=23/36$	$\varphi'_{k3}=115$
	空回行程	$t_{d3}=1/2$	$\varphi_{d3}=90$
	初始位置停留	$t_{03}=4/9$	$\varphi_{03}=80$

$$
\begin{aligned}
T_1 &= t_{k1}+t_{0k1}+t_{0k2}+t_{d3} \\
&= \left(\frac{1}{2}+\frac{1}{3}+\frac{11}{12}+\frac{1}{2}\right)\text{s}=2\ \frac{1}{4}\text{s}>2\text{s}
\end{aligned}
$$

$$\phi_1=\varphi_{k1}+\varphi_{0k1}+\varphi_{0k2}+\varphi_{d3}=90°+60°+165°+90°=405°>360°$$

由此可知，图 28-14 所示的运动循环图不能满足机器每 2s 生产一个成品的生产率要求，需要进一步修改。

（4）满足要求的运动循环图　为了减小图 28-14 所示运动循环图的运动周期，使之符

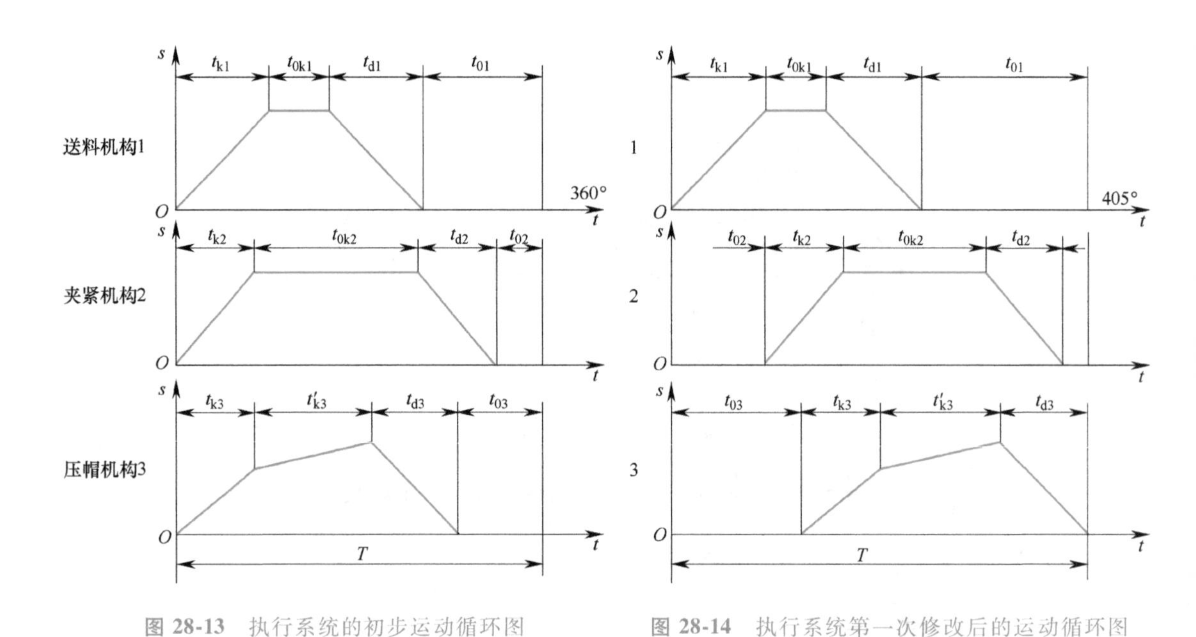

图 28-13 执行系统的初步运动循环图

图 28-14 执行系统第一次修改后的运动循环图

合生产率的要求，可缩短三个执行机构的初始位置停歇时间。即将机构 2 和 3 的运动循环图适当左移，设左移完后，夹紧机构 2 工作位置停歇的开始点与送料机构 1 工作位置停歇的开始点间的时间间隔为 $\Delta t=1/6\mathrm{s}$，与之对应的分配轴的转角为 $\Delta\varphi=30°$，工作循环的周期和对应的分配轴的转角分别为 T_2 和 ϕ_2，则

$$T_2=t_{k1}+\Delta t+t_{0k2}+t_{d2}=\left(\frac{1}{2}+\frac{1}{6}+\frac{11}{12}+\frac{5}{12}\right)\mathrm{s}=2\mathrm{s}$$

$$\phi_2=\varphi_{k1}+\Delta\varphi+\varphi_{0k2}+\varphi_{d2}$$

$$=90°+30°+165°+75°=360°$$

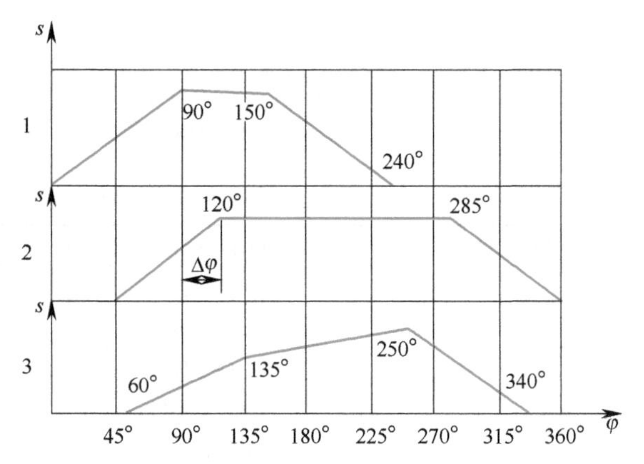

图 28-15 满足要求的执行系统的运动循环图

第二次修改后，满足要求的执行系统的运动循环图如图 28-15 所示。

第四节 基于功能分析的机械执行系统的方案设计

用基于功能分析的方法设计机械的执行系统时，应首先研究它需要完成的总功能，然后将机械产品的总功能进行逐级分解，直至最简单的不能再分解的功能元。通过对功能元的求解与组合常常可以获得执行系统方案设计的多种解。最后进行方案评价，从中选出最优者。另外，一般还应进行各个分功能解（即执行机构）之间的协调设计。

一、功能分析

（一）总功能

总功能是机械执行系统要完成的总任务。对总功能的描述要语言简洁、合理抽象、抓住本质。功能不同于用途，如钢笔的用途是写字，而其功能是储存和输出墨水；电动机的用途是做原动机，而其功能是实现能量的转换——将电能转换为机械能。

（二）功能分解与功能结构

为了便于实现总任务，一个系统的总功能常常需要分解成若干个分功能，并相应找出实现各分功能的原理方案。如果有些分功能还太复杂，则可进一步分解为更低层次的分功能，直到不能再分解的基本功能单元为止，这样的基本功能单元称为功能元。功能元是直接能求解的功能单元。反之，将同一层次的功能组合起来，应能满足上一层次的功能要求，最后组合成的整体应能满足总功能的要求。这种功能的分解和组合关系称为功能结构。

因功能结构为树形结构，所以又称为功能树，如图 28-16 所示。树中前级功能是后级功能的目的功能，而后级功能是前级功能的手段功能。

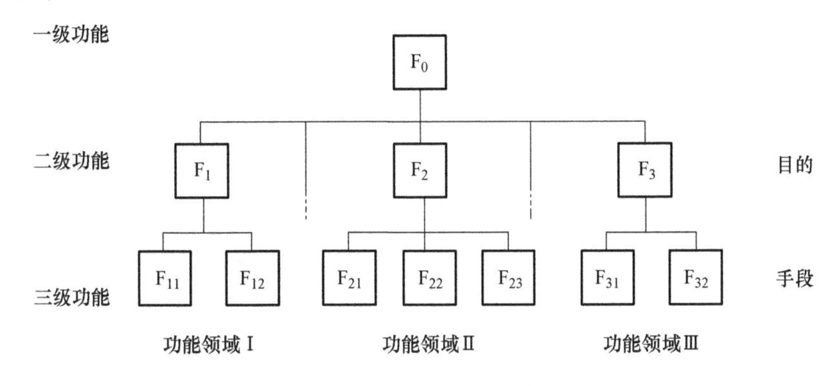

图 28-16　树形功能结构

（三）功能元

功能元可分为三类，即物理功能元、逻辑功能元和数学功能元。物理功能元能对能量、物料、信号进行变换，如放大缩小、合并分离、传导阻隔和储存等。逻辑功能元主要有“与”“或”“非”，主要用于信号和操纵控制系统。数学功能元进行某些数字量、模拟量的加、减、乘、除、乘方、开方、积分和微分等运算。

机械执行机构的主要功能是进行运动和力的变换，与之相关的功能元的表示法见表 28-4。

表 28-4　与运动变换和力变换相关的功能元的表示法

基本功能	表示符号	基本功能	表示符号
运动形式变换		运动合成	
运动方向交替变换		运动分解	
运动轴线变换		运动脱离	
运动(位移或速度)放大		运动连接	
运动(位移或速度)缩小			

（四）功能元求解

同一种功能元，可以采用不同的作用原理或不同的运动规律来实现，从而得到不同的功能解，即得到不同的机构。尽量把能实现同一功能元的功能解都找出来（这里可以充分发挥创造性），以便选择一个适合的优良解。例如，要实现的功能元是将一定长度的直钢丝模压成图 28-17 所示的形状。若采用运动变异的方法就可得到更多的功能元解，见表 28-5。第 1 和第 2 种是通过凹模固定、凸模移动来实现。其中，第 1 种沿 y 轴移动，第 2 种沿 z 轴移动。第 3、第 4 和第 5 种是通过凹模固定、凸模分别绕 x 轴、y 轴和 z 轴转动来实现。第 6、第 7 和第 8 种是通过凸模和凹模同时运动来实现。其中，第 6 和第 7 种是凸模和凹模同时沿 y 方向和 z 方向往复移动来实现。第 8 种是凸模和凹模分别绕 y 轴和 z 轴转动来实现。

图 28-17　直钢丝模压后的形状

表 28-5　通过运动变异，用不同方法实现钢丝的变形

序号	运动变异	运动的坐标表示	序号	运动变异	运动的坐标表示
1	固定	x y z	5	固定	x y z
2	固定	x y z	6		x y z
3	固定	x y z	7		x y z
4	固定	x y z	8		x y z

为了便于应用，常将某些功能元的解用“解法目录”的形式列出来，它是功能元的已知解或经过考验的解的汇编。解法目录中的解称为解谱。对解法目录有下列要求：

1）可快速地根据设计任务的要求来检索目录中汇编的解。

2）汇编入的解谱要尽量充分、完备，至少是可以补全的。

3）尽可能完全独立于部门或工厂，以使其广泛可用。

4）既可用于传统的设计过程，也可用于采用计算机的设计。

用机构来实现增力功能元的解法目录见表 28-6。

表 28-6　用机构来实现增力功能元的解法目录

序号	功能元解	功能元解的简图	说明和计算公式
1	杠杆机构	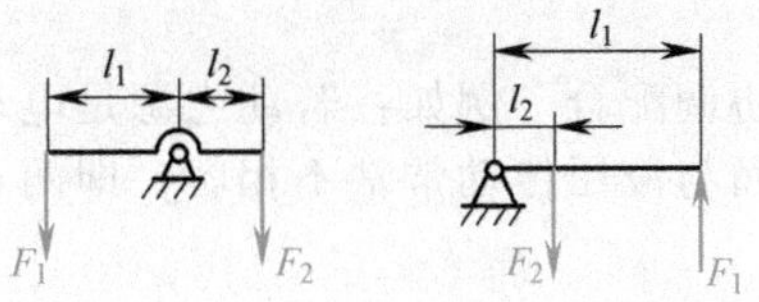	计算公式为 $F_2=F_1l_1/l_2$，当 $l_1>l_2$ 时，用较小的力 F_1 可得到较大的力 F_2
2	肘杆机构	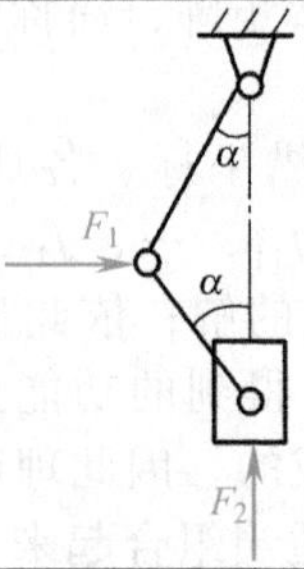	当两杆长相等时，F_1 与 F_2 的关系为 $F_2=F_1/(2\tan\alpha)$，力 F_1 一定时，α 越小，力 F_2 越大
3	楔块机构	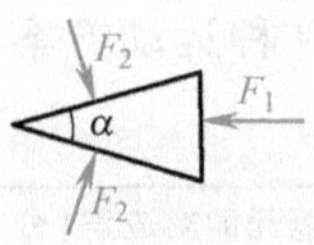	F_1 与 F_2 的关系为 $F_2=F_1/[(2\sin(\alpha/2)]$，当 α 较小时，可以用较小的力 F_1 得到较大的力 F_2
4	斜面机构	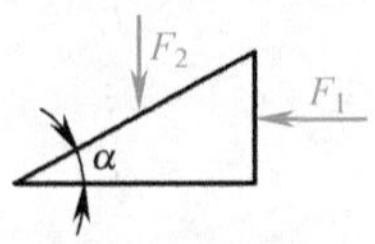	F_1 与 F_2 的关系为 $F_2=F_1/\tan\alpha$
5	螺旋机构		设 d_2，α，φ_v 分别为螺杆的中径、螺旋线的升角、当量摩擦角，则力 F 与力矩 M 的关系为 $F=2M/[d_2\tan(\alpha+\varphi_v)]$
6	滑轮机构	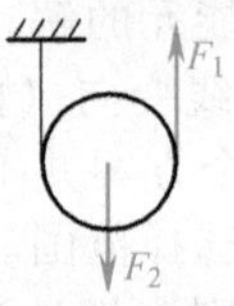	F_1 与 F_2 的关系为 $F_2=2F_1$
7	液压增力机构	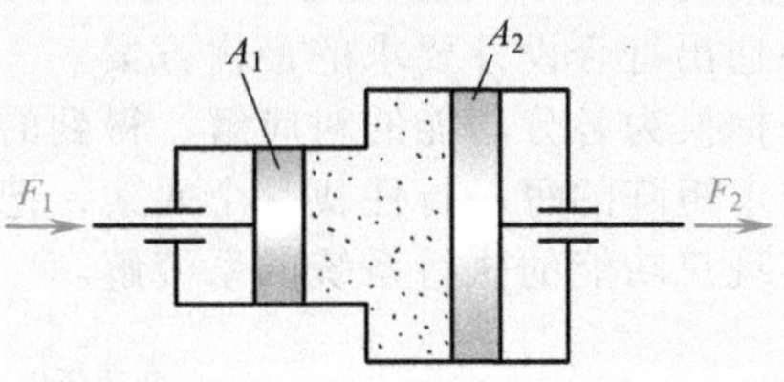	设 A_1 和 A_2 分别为两活塞的面积，则力 F_1 与 F_2 的关系为 $F_2=F_1A_1/A_2$

二、基于功能分析的执行系统运动方案的系统解

合理组合由执行系统的总功能分解后所得功能元解，可以得到多个执行系统的运动方案，称为执行系统运动方案的系统解。将各功能元解组合成系统解时，应注意一些事项。

（一）功能元解组合成系统解的注意事项

1. 要兼顾设计的全局要求

将功能元解组合成系统解时，不仅要考虑功能元本身的要求，而且要考虑它在总功能中的作用，使之与总功能相协调。例如：对于食品机械，其总功能要求产品清洁，某一功能元

的解既有液压传动，也有机械传动，虽然液压传动比机械传动操作控制简单，但因液压传动易漏油会污染产品，而不宜采用。

2. 要考虑功能元解的相容性

所谓相容性就是各功能元的解能协调配合。例如：若动力源是电动机，传动机构为齿轮机构、带传动和链传动时是相容的；而与液压传动常常不相容，即两者不能共同组成可实现的原理方案。

为了便于原理方案的组合，常利用功能元解矩阵，简称解矩阵。

（二）功能元解矩阵（功能—技术矩阵）

功能元解矩阵的构成是系统的各功能元为纵坐标、各功能元的对应解为横坐标，见表28-7。表中，G_1，…，G_i，…，G_m为功能元；J_{11}，…，J_{1j}，…，J_{1n}为第一个功能元G_1的解；J_{m1}，…，J_{mj}，…，J_{mn}为第m个功能元G_m的解；依此类推。能够实现各功能元的解的数目并不相等，设由G_1，G_2，…，G_i，…，G_m得到的功能元解的个数分别为n_1，n_2，…，n_i，…，n_m。由于总功能是由若干个功能元组成的，因此理论上只要在功能元解矩阵的每一行任找一个元素，把各行中找出的功能元的解适当组合起来，就组成一个能实现总功能的执行系统的系统解。由此可知，最多可以组合出N种运动方案。

表 28-7 执行系统方案组合的功能元解矩阵（功能—技术矩阵）

功能元(分功能)	功能元的对应解(分功能的对应解)				
G_1	J_{11}	…	J_{1j}	…	J_{1n1}
⋮	⋮		⋮		⋮
G_i	J_{i1}	…	J_{ij}	…	$J_{in\,i}$
⋮	⋮		⋮		⋮
G_m	J_{m1}	…	J_{mj}	…	$J_{mn\,m}$

$$N=n_1n_2\cdots n_i\cdots n_m \tag{28-2}$$

另外，由于某些功能元的解同时也是其他功能元的解，如曲柄滑块机构既是运动形式变换（将转动变为移动）功能元的解，也是运动轴线变向（曲柄与滑块的轴线相差90°）功能元的解，所以，可能会出现重复方案。因此，N个方案并不是都能成立。即使这样，此方法还是可提供数目众多的方案使设计人员有广阔的选择范围。一般可先从中剔除一些明显不符合要求的方案；然后根据执行系统方案设计的原则定性地选取几个比较满意的方案；最后，采用科学的评价方法进行评价，从中选出符合设计要求的最优方案。

若将纵坐标换为分功能，将横坐标换为各分功能的对应解，得到的矩阵称为功能—技术矩阵。同样，理论上只要在功能—技术矩阵的每一行任找一个元素，把各行中找出的分功能的解适当组合起来，就组成一个能实现总功能的执行系统的系统解。

三、举例

以本章第三节提到的自动电阻压帽机为例，其方案求解步骤如下：

1. 总功能

自动电阻压帽机的总功能是将电阻坯料压上端帽。

2. 分功能

由总功能分解得到的与执行系统有关的分功能如图28-18所示。

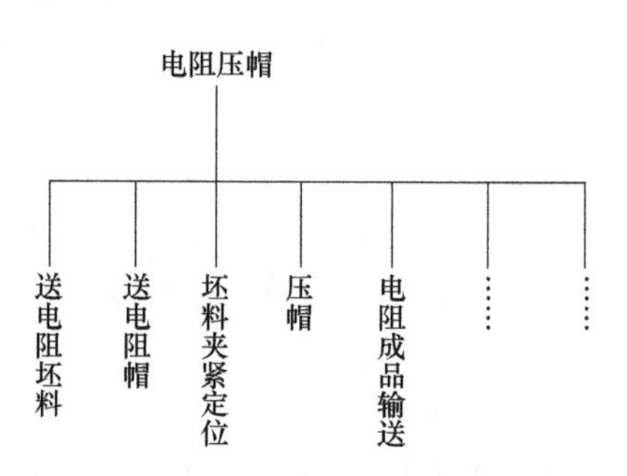

图 28-18 自动电阻压帽机的功能分解

3. 执行系统的分功能求解

除动力源和传动系统以外，由执行系统的分功能所构成的功能—技术矩阵见表28-8。

表28-8 自动电阻压帽机执行系统的功能—技术矩阵

分功能		分功能的对应解					
		1	2	3	4	5	6
A	送电阻坯料	凸轮连杆机构	连杆机构	凸轮机构	齿轮齿条传动	气压机构	
B	送电阻帽	连杆机构	重力	凸轮机构	电磁铁	气压机构	
C	坯料夹紧定位	凸轮机构	连杆机构	液力压紧	气力压紧	弹力压紧	
D	压帽	连杆机构	凸轮机构	液力压紧	凸轮连杆机构	斜面机构	气力压紧

4. 求运动方案的系统解的数目

由表28-8所列的功能—技术矩阵可知，若没有重复，可能组成的系统方案的最大数目为

$$N=n_1n_2n_3n_4=5\times5\times5\times6=750$$

但常有重复，实际能组成的系统方案的数目要少许多。最后确定的系统解为

$$A(1)+B(3)+C(1)+D(2)$$

且将分功能B和D由一个机构来实现。

第五节 方案评价与决策

一、方案评价的必要性

一方面，机械系统方案设计的最终目标，是寻求既能实现预期功能要求，又性能优良、价格低廉的最佳方案；另一方面，如前所述，进行执行系统的运动方案设计时，无论是用基于功能原理的方法，还是用基于功能分析的方法，都可以得到许多种设计方案，即机械系统的运动方案设计是个多解问题。这就需要设计者对各种方案进行分析、比较，经过科学的评价和决策，才能获得最满意的方案。

机械系统方案设计的过程，就是一个先通过分析、综合，使待选方案的数目由少变多，再经过评价、决策，使待选方案的数目由多变少，最后获得最佳方案的过程。因此，科学的评价与决策既是机械系统运动方案设计的必要环节，又是处理多方案设计问题的关键技术之一。

二、机械系统运动方案设计的评价指标

评价指标包括两个方面。其一是定性的评价指标，常指设计的目标。例如，尺寸越小越好、结构越简单越好、效率越高越好、造价越低越好等。其二是定量的评价指标，常常指设计的机构参数，如机构的运动学和动力学参数等。评价指标应包括技术、经济、安全和可靠性等方面的内容。但是，由于这一阶段的设计工作只是解决运动方案和机构系统的设计问题，不可能深入、具体地涉及机械结构设计的细节，因此对产品的评价，在功能和工作性能方面的指标占有较大的比例。表28-9列出了机械系统的性能评价指标及其具体内容。

表 28-9 机械系统的性能评价指标及其具体内容

序号	评价指标	具体内容
1	系统功能	实现运动规律和运动轨迹的精确性，实现工艺动作的准确性，特定功能等
2	灵活性	运转速度和行程等的可调性
3	动力性能	承载能力、增力特性、传力特性、振动噪声等
4	工作性能	效率的高低、可操作性、调整方便性、安全性、可靠性、适用范围等
5	经济性	加工难易程度、制造误差敏感性、寿命的长短、能耗等
6	结构紧凑性	尺寸、质量、结构复杂程度等

三、机械系统运动方案设计的评价体系

为了使机械系统运动方案评价结果准确、有效，必须建立一个评价体系。评价体系是根据评价指标所列项目，通过一定范围内的专家咨询，逐项分配评定的分数值，形成评价体系。这一工作是十分细致、复杂的。对于不同的设计任务，应拟定不同的评价体系。例如：对于重载的机械，应对其承载能力一项给予较大的重视；对于高速机械，应对其振动、噪声和可靠性给予较大的重视。评价指标虽然包括定性和定量两个方面，但在建立评价体系时，所有评价指标都应进行量化。对于难以定量的评价指标可以通过分级量化。如可以分为五级，其评价值分别是："好"为5、"较好"为4、"一般"为3、"不太好"为2、"不好"为1。也可以依次用相对值1、0.75、0.5、0.25和0来表示。表28-10所示为初步拟定的一个评价体系，仅供参考。它既有评价指标，又有各项分配的分数值，满分为100。

表 28-10 某机械系统运动方案的评价体系

性能指标及代号	具体内容及代号	分数	备注
机构的功能 U_1	u_1运动规律的实现	5	以实现运动为主时，可乘加权系数2
	u_2传动精度的高低	5	
机构工作性能 U_2	u_3应用范围	5	受力较大时，u_5和u_6可分别乘加权系数1.5
	u_4可调性	5	
	u_5运转速度	5	
	u_6承载能力	5	
机构动力性能 U_3	u_7加速度的峰值	5	加速度较大时，u_7可乘加权系数1.5
	u_8噪声	5	
	u_9耐磨性	5	
	u_{10}最小传动角的大小	5	
经济性 U_4	u_{11}制造难易	5	
	u_{12}材料的价格与消耗	5	
	u_{13}调整方便性	5	
	u_{14}能耗的大小	5	
结构的紧凑性 U_5	u_{15}尺寸大小	5	
	u_{16}质量大小	5	
	u_{17}结构复杂性	5	
系统协调性 U_6	u_{18}空间同步性	5	
	u_{19}时间同步性	5	
	u_{20}操作协同性和可靠性	5	

四、机械系统运动方案评价方法简介

常用的机械系统运动方案的评价方法有两种，分别为计算性的数学分析评价法和实际性的试验评价法。

（一）计算性的数学分析评价法

常用的计算性的数学分析评价法有四种，分别为价值工程法、系统工程评价法、模糊综合评价法和评分法。

1. 价值工程法

价值工程法是以提高产品的实用价值为目标，要以最低的成本去实现机械产品的必要功能。其评价指标是价值，定义为

$$V=F/C \tag{28-3}$$

式中，V 为价值；F 为功能的评价值；C 为寿命周期成本，它等于生产成本 C_v 与使用成本 C_u 之和，即

$$C=C_v+C_u \tag{28-4}$$

可以按机械系统的各项功能求出综合功能的评价值，然后代入式（28-3）求出 V 值，以便从多种方案中选取最佳方案。

2. 系统工程评价法

系统工程评价法是将机械运动方案作为一个系统，从整体上评价各方案实现总功能的情况，以便选出整体最优的方案。系统工程评价法的评价步骤如图 28-19 所示。

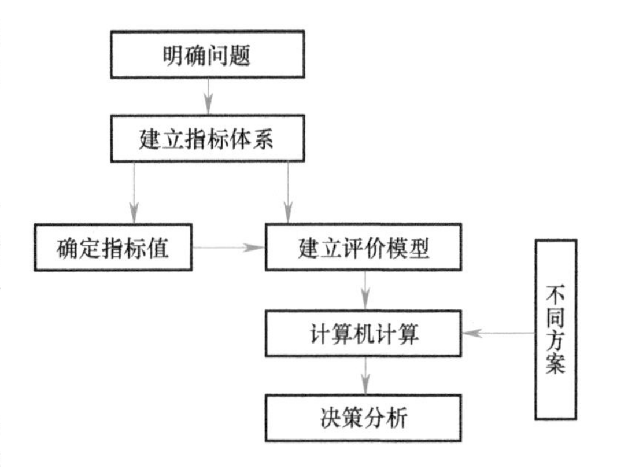

图 28-19　系统工程评价法的评价步骤

3. 模糊综合评价法

机械系统运动方案的许多评价指标，都是用“好”“较好”“较差”等模糊概念来评价。模糊综合评价法就是采用模糊数学的方法，将这些模糊概念数值化，用［0,1］区间内的数值来表达评价值，以便进行定量评价的方法。该方法的理论日趋成熟，使用日渐普遍。

4. 评分法

该方法分为直接评分法和加权系数法两种。前者是根据评分标准直接打分，各评价项目分配的分值均等；后者是按各评价项目的重要程度确定其权重，各项打分应乘以加权系数后计入总分。加权系数法又称为有效值法。方案的优劣由总分的高低来体现，获得高分的方案为优选方案。表 28-11 给出了评分法中总分的计分法。

在表 28-11 中，H_j 是 m 个方案中第 j 个方案的总分值；H_0 是理想方案的总分值；n 是评价体系中的评价项目数；u_i 是 n 个评价项目中第 i 个项目的评分值；q_i 是 n 个评价项目中第 i 个项目的加权系数，且应满足 $q_i \leqslant 1$，$\sum_{i=1}^{n} q_i=1$；N_j 是 m 个方案中第 j 个方案的有效值。

（二）实际性的试验评价法

对于一些重要的方案设计问题，当用上述评价法仍无把握时，通过模型试验或计算机模拟试验对方案进行评价。因为这种方法是依据试验结果，所以，可以得到更准确的评价结果，但其花费也更高。

表 28-11 评分法中总分的计分法

方法	公式	说明
相加法	$H_j = \sum_{i=1}^{n} u_i$	将 n 个评价项目的评分值简单相加，此方法计算简单
连乘法	$H_j = \prod_{i=1}^{n} u_i$	将 n 个评价项目的评分值相乘，使各方案总分差拉开，便于比较
均值法	$H_j = \frac{1}{n}\sum_{i=1}^{n} u_i$	将相加法所得结果除以项目数，结果直观
相对值法	$H_j = \frac{\sum_{i=1}^{n} u_i}{nH_0}$	将均值法所得结果除以理想值 H_0，使 $H_j \leqslant 1$，可看出与理想值的差距
加权法	$N_j = \sum_{i=1}^{n} q_i u_i$	将各项评分值乘以加权系数后相加，考虑了各评价项目的重要程度

以上几种评价方法各有特点，可以根据具体的设计对象、设计目标和设计阶段的任务分别选用。

五、评价结果的处理

评价的结果为设计的决策者提供了依据。但最后选择哪种方案，还取决于决策思想。在通常情况下，评价值最高的方案为整体最优方案。但在实践中，为了满足某些特殊的要求，有时不选择总评价值最高的方案，而是选择总评价值较高、其中某些评价指标的评价值最高的方案。

对于质量不高的方案的处理是再设计。一般在每个阶段都将得到一组方案，经过评价后，淘汰不符合设计准则的方案，若有入选方案，则可转入下一设计阶段；否则，回到上一设计阶段，甚至更前面的设计阶段进行再设计，这就形成了设计过程的动态循环链。设计的过程是一个设计—评价—再设计—再评价—……直至找到最佳方案的过程。

每次评价的结果，得到的入选方案的数目不仅与待评方案本身的质量和评价的阶段有关，也与评价准则是否适当有关。所以，对于入选方案应做出的处理见表 28-12。

表 28-12 评价结果的处理

入选方案数	设计阶段	评价准则	结果的处理
1	最后阶段	合理	已得到最佳方案，设计结束
		可改进	重新决定评价准则，再做评价
	中间阶段	合理	评价结束，转入下一设计阶段
		可改进	重新决定评价准则，再做评价
多于 1	最后阶段	合理	增加评价项目或提高评价要求，再做评价
	中间阶段	需改进	若入选数目太多，按上述方法改进评价准则，再做评价
		合理	将入选方案排序，转入下一设计阶段
0	任何阶段	合理	待评的设计方案质量不高，需重新再设计
		可改进	放宽评价要求，再做评价

文献阅读指南

机械总体方案的设计最利于发挥人的创造性。有关这方面的内容可参阅本书的第三十章和第三十一章。机构构型（也称为机构变换）是机构创新设计的重要方法。本章只介绍了其中的常用方法，更多的变换方法请参阅曲继方、安子军和曲志刚著的《机构创新原理》（北京：科学出版社，2001）。

机械系统自动化、智能化是机械系统方案设计中非常重要的一方面，因篇幅的关系这里没有介绍，这方面的内容可参阅邹慧君编著的《机构系统设计与应用创新》（北京：机械工业出版社，2008）和《机械系统概念设计》（北京：机械工业出版社，2002）。

机构形式设计的第一步是机构的选型，只有掌握大量的机构形式才能从中选出好的形式。孟宪源和姜琪编著的《机构构型与应用》（北京：机械工业出版社，2004）汇集了大量的现代机械中应用的机构实例，并按照功能用途和运动特性进行了分类。黄越平和徐进进编的《自动化机构设计构思实用图例》（北京：中国铁道出版社，1993）介绍了国外自动化生产设备中各种实用机构497例。

有的文献将机械执行系统按功能分成夹持系统、搬运系统、输送系统、分度与转位系统和检测系统。有关各分系统的常用结构、特点等请参阅朱龙根主编的《机械系统设计》（2版，北京：机械工业出版社，2006）。

另外，如何拟定一个产品的总体方案，有许多成功的经验可以吸取，懂日文者可参阅日本机械协会编著的《新制品開发の成功要因》（日本：三田出版会，1991）。

关于机械系统方案评价体系中的“系统工程评价法”和“模糊综合评价法”更详细的内容请参阅邹慧君编著的《机构系统设计与应用创新》（北京：机械工业出版社，2008）。

思考题

28-1　简述机械系统总体方案设计的内容和类型。

28-2　机械系统总体方案设计的原则是什么？

28-3　机械的总体参数有哪些？

28-4　简述机械执行系统方案设计的两种方法中每一种的设计过程。

28-5　功能原理方案设计有哪些特点？

28-6　请举例说明同一种功能要求可以采用不同的工作原理来实现，而同一种工作原理，又可以采用不同的运动规律得到不同的运动方案。

28-7　执行机构形式设计的基本原则是什么？

28-8　执行机构形式设计中机构的构型设计方法有哪些？请举例说明如何用局部变异法增加机构的停歇功能。

28-9　运动循环图的功能是什么？共有几种类型？如何画出？

28-10　什么是功能元？请举例说明运动形式变换中由转动变为移动的功能元的机构解。

28-11　什么是功能元解矩阵？如何用该矩阵求系统解？

28-12　什么是功能—技术矩阵？与功能元解矩阵有何相同与不同？

28-13　机械系统运动方案评价的方法有哪些？评分法中的直接评分法和加权系数法有何区别？

28-14　什么情况下采用实际性的试验评价法？

28-15 评价结果应如何处理？

习 题

28-1 已知主动件等速转动，其角速度 $\omega=5\text{rad/s}$；从动件做往复移动，行程长度为100mm，要求有急回运动，其行程速度变化系数 $K=1.5$。试列出能实现该运动要求的至少两个可能的方案。

28-2 牛头刨床的方案设计。主要要求如下：

1）要有急回作用，行程速度变化系数要求在1.4左右。

2）为了提高刨刀的使用寿命和工件的表面加工质量，在工作行程刨刀应做近似匀速运动。

请构思出能满足上述要求的三种以上的方案，并比较各种方案的优缺点。

28-3 请绘制图28-20所示四工位专用机床的直角坐标式运动循环图。已知刀具顶端离开工作表面60mm，快速移动送进60mm接近工件后，匀速送进55mm（前5mm为刀具接近工件时的切入量，工件孔深40mm，后10mm为刀具切出量），然后快速返回。行程速度变化系数 $K=1.8$。刀具匀速进给速度为2mm/s，工件装卸时间不超过10s，生产率为72件/h。

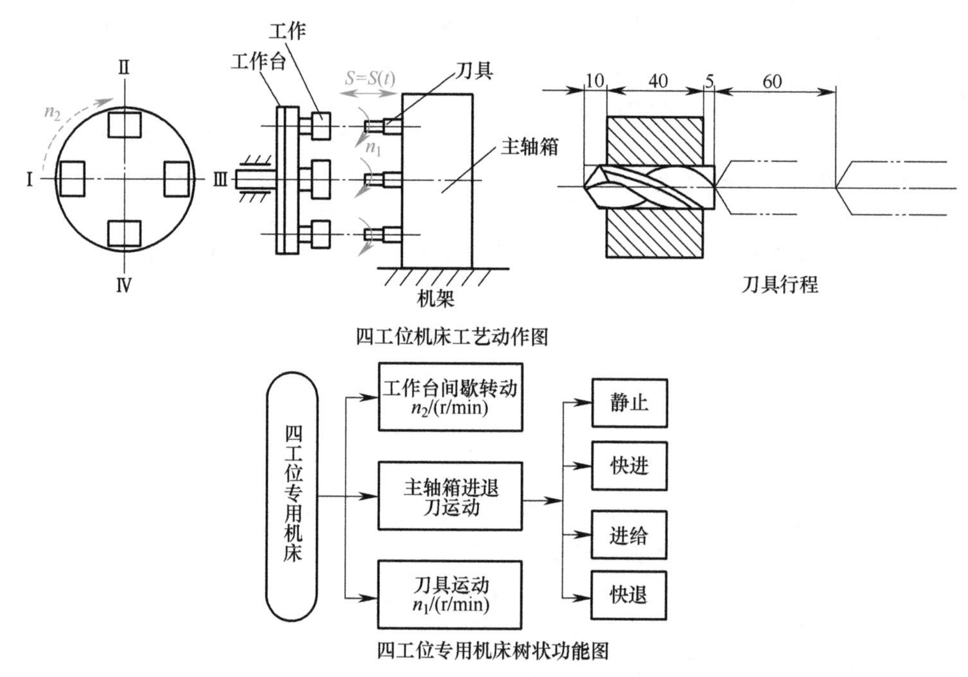

图28-20 习题28-3图

28-4 普通玻璃窗户的开闭如图28-21所示，试设计普通玻璃窗开闭机构的方案。

1. 设计要求

1）窗框开、闭的相对转角为90°。

2）操作构件必须是单一构件，要求操作省力。

3）在开启位置机构应稳定，不会轻易改变位置。

4）在关闭位置时，窗户启闭机构的所有构件应收缩到窗户框之内，且不应与纱窗干涉。

5）机构应能支承起整个窗户的重量。

6）窗户在开启和关闭过程中不应与窗框及防风雨的止口发生干涉，如图28-21所示。

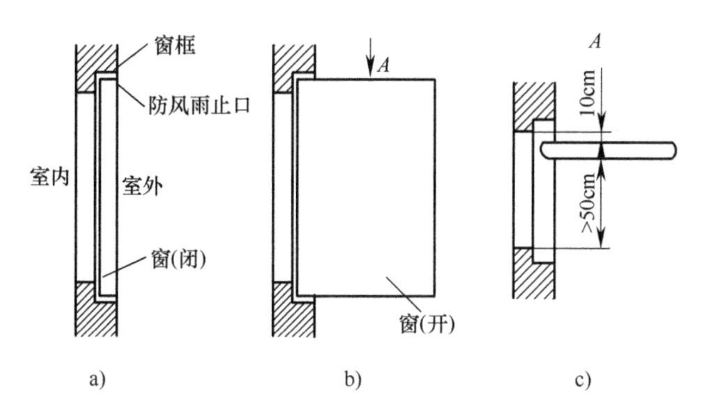

图 28-21　习题 28-4 图

2. 设计任务

拟定出机构的运动方案，画出机构运动简图及其打开和关闭的两个位置。

28-5　糕点切片机的方案设计。

1. 工作原理及工艺过程

糕点先成型（如圆柱体、长方体等），经切片后再烘干。要求糕点切片机实现两个动作，即糕点的直线间歇移动和刀片的往复上、下运动。要求能改变间歇移动的速度或每次间隔的输送距离以及刀片的行程，以满足不同糕点的要求。

2. 原始数据及设计要求

1）糕点的厚度为 10~30mm。

2）糕点切片宽度（切刀作用的范围）最大为 200mm。

3）糕点切片高度（切刀抬刀的最低量）范围为 5~80mm，最好能调整。

4）切刀的工作节拍为 30 次/min。

5）糕点的长度范围为 20~50mm。

6）生产阻力小。

3. 设计任务

1）进行间歇送进机构和切片机构的方案拟定，要求有三个以上的方案。

2）进行方案的评价和决策。

3）绘制机械执行系统的方案示意图。

4）根据工艺动作顺序和协调要求，拟定运动循环图。

28-6　自动打印机的方案设计。

1. 工作原理及工艺过程

在包装好的商品纸盒上打印记号。工艺过程为将包装好的商品送至打印位置，夹紧定位后打印记号（每个产品打印一次），将产品输出。

2. 原始数据及设计要求

1）纸盒的尺寸为：长 80~140mm，宽 50~80mm，高 20~40mm。

2）产品重量为 4~10N。

3）打印频率为 60 次/min。

4）要求结构简单紧凑，运动灵活可靠，便于制造。

3. 设计任务

1）进行送料夹紧机构、打印机构和输出机构的方案拟定，要求各有三个或三个以上的预选方案。

2）进行方案的评价和决策。

3）绘制机械执行系统的方案示意图。

4）拟定机械运动循环图。

28-7 低速送料机构的方案设计。低速送料机构的运动轨迹如图28-22所示。

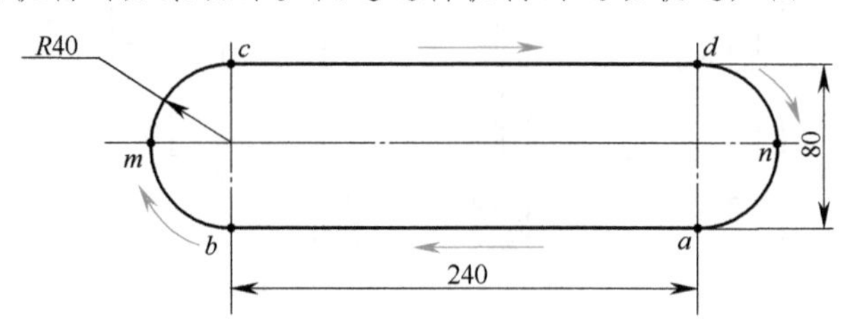

图 28-22 习题 28-7 图

1. 工作原理及工艺过程

在自动生产线及自动化机械中，常常需将产品或毛坯从一个工位转移到另一工位。有较严格的节拍要求（输送速度和停位时间的要求）和位置要求，有时还有较严格的轨迹要求。本题的推料臂要求沿图28-22所示的 ab 水平线及 bc 圆弧线推送工件到位，再沿 cd 水平线和 da 圆弧线返回原位。设 a、b、c、d 在同一水平面内。

2. 数据及设计要求

1）推料工作节拍为15次/min。

2）行程速度变化系数 $K>1.5$。

3）推料轨迹的四段要求为：水平推料段（$a \to b$），要求以近似等速推进240mm；圆弧过渡段（$b \to c$），要求经过圆弧顶端点 m 到达 c 点，圆弧半径如图28-24所示；水平返回段（$c \to d$），要求快速返回至 d 点；圆弧过渡段（$d \to a$），要求经过圆弧顶端点 n 到达起始点 a。

4）工件移动平面距安装平面800mm。

3. 设计任务

1）设计低速送料机构的预选方案，至少提出三个方案。

2）进行预选方案的评价与决策，求出系统的最佳运动方案。

首先，把与设计要求不符的和各功能元解不相容的方案去掉；再尽可能地把那些有明显不合理的、难以实现的方案去掉；然后，定性地选取比较满意的几个方案进行科学的评价，选出最佳的运动方案。

第二十九章 机械传动系统的方案设计

内容提要

本章在简单介绍机械传动系统的功能、分类、组成及常用部件的基础上，重点阐述传动系统方案设计过程中传动类型的选择、传动顺序的安排、传动比分配的一般原则以及机械传动系统的特性参数及计算，并给出几个设计实例的分析。最后讨论原动机和工作机的工作点，分析机械系统稳定运行条件，介绍原动机的选择原则和步骤。

机械传动系统不仅是机器的基本组成部分，而且对于多数机器往往是主要组成部分。如在汽车行业，制造传动部件的劳动量约占总劳动量的50%，而在金属切削机床制造业则占60%以上。机器的功能、工作可靠性、使用寿命、外廓尺寸、造型及制造成本等无不与机械传动系统密切相关。因此，机械传动系统的方案设计是机器总体方案设计至关重要的环节。

拓展视频

"东方红"拖拉机

第一节 传动系统的功能和分类

一、传动系统的功能

传动系统是连接原动机和执行系统的中间装置，其根本任务是将原动机的运动和动力按执行系统的需要进行转换并传递给执行系统。传动系统的具体功能通常包括以下几个方面：

（1）减速或增速 原动机的速度往往与执行系统的要求不一致，通过传动系统的减速和增速作用可达到满足工作要求的目的。

（2）变速 许多执行系统需要多种工作转速，当不宜对原动机进行调速时，用传动系统能方便地实现变速和输出多种转速。

（3）增大转矩 原动机输出的转矩较小而不能满足执行系统的工作要求时，通过传动系统可实现增大转矩的作用。

（4）改变运动形式 原动机的输出运动多为回转运动，传动系统可将回转运动改变为执行系统要求的移动、摆动或间歇运动等形式。

（5）分配运动和动力 传动系统可将一台原动机的运动和动力分配给执行系统的不同部分，驱动几个工作机构工作。

（6）实现某些操纵和控制功能 如接合、分离、制动和换向等。

二、机械传动的分类和特点

机器中应用的传动有多种类型，通常按工作原理可分为机械传动、流体传动、电力传动和磁力传动四大类。本章主要论述机械传动。

机械传动种类很多，可按不同的原则进行分类。掌握各类传动的基本特点是合理设计机械传动系统的前提条件。

1. 按传动的工作原理分类

机械传动按工作原理可分为啮合传动和摩擦传动两大类。相对后者，啮合传动的优点是工作可靠、寿命长，传动比准确、传递功率大，效率高（蜗杆传动除外），速度范围广；缺点是对加工制造安装的精度要求较高。摩擦传动工作平稳、噪声小、结构简单、造价低，具有过载保护能力；缺点是外廓尺寸较大、传动比不准确、传动效率较低、元件寿命较短。具体分类如图29-1所示。

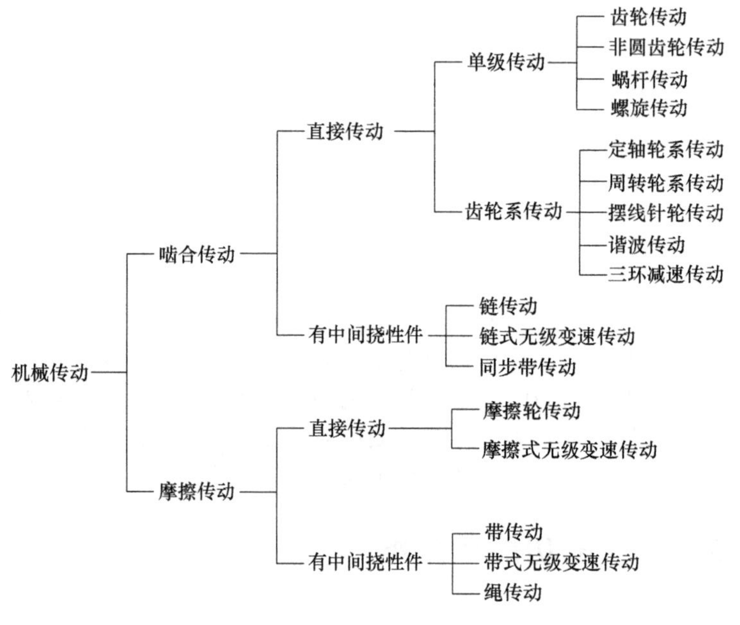

图29-1 机械传动的分类

2. 按传动比的可变性分类

（1）定传动比传动　输入与输出转速相对应，适用于工作机工况固定，或其工况与动力机工况对应的场合。如齿轮、蜗杆、带、链等传动。

（2）变传动比传动　按传动比变化的规律又可分为以下三种：

1）有级变速。传动比的变化不连续，即一个输入转速对应若干输出转速，且按某种数列排列，适用于动力机工况固定而工作机有若干种工况的场合，或用来扩大动力机的调速范围。如汽车齿轮变速器、钻床上的塔轮传动等。

2）无级变速。传动比可连续变化，即一个输入转速对应于某一范围内的无限多个输出转速，适用于工作机工况极多或最佳工况不明确的场合。如各种机械无级变速传动。

3）传动比按周期性规律变化。输出角速度是输入角速度的周期性函数，用来实现函数传动及改善某些机构的动力特性。如非圆齿轮传动等。

第二节　机械传动系统的组成及常用部件

一、机械传动系统的组成

机械传动系统通常包括减速或变速装置、起停换向装置、制动装置和安全保护装置等几部分。设计机器时，应根据实际的工作要求选择必要的部分来确定系统的组成。

1. 减速或变速装置

减速或变速装置的作用是改变原动机的转速和转矩，以满足工作机的需要。

2. 起停换向装置

起停换向装置的作用是控制工作机的起动、停车和改变运动方向。起停多采用离合器实现，换向常用惰轮机构完成。当以电动机为原动机时，也可用电动机直接起停和换向，但仅适用于功率不大或换向不频繁的场合。

3. 制动装置

当原动机停止工作后，由于摩擦阻力作用，机器将会自动停止运转，一般不需制动装置。但运动构件具有惯性，工作转速越高，惯性越大，停车时间就越长。在需要缩短停车辅助时间、要求工作机准确地停止在某个位置上（如电梯）以及发生事故时需立即停车等情况时，传动系统中应配置制动装置。机器中常采用机械制动器。

4. 安全保护装置

当机器可能过载而本身又无起保护作用的传动件（如带传动、摩擦离合器等）时，为避免损坏传动系统，应设置安全保护装置。常用的安全保护装置是各类具有过载保护功能的安全联轴器和安全离合器。为减小安全保护装置的尺寸，一般应将其安装在传动系统的高速轴上。

二、常用机械传动部件

在机械传动系统中，很多常用传动部件已经标准化、系列化、通用化，优先选用这些“三化”的传动部件，有利于减轻设计工作量、保证机器质量、降低制造成本、便于互换和维修。以下介绍一些常用的减速器和变速器部件。

1. 减速器

减速器是用于减速传动的独立部件，它由刚性箱体、齿轮和蜗杆等传动副及若干附件组成。减速器具有结构紧凑、运动准确、工作可靠、效率较高、维护方便的优点，因此也是工业上用量最大的传动装置。对于通用标准系列减速器，可按机器的功率、转速、传动比等工作要求参照产品样本或手册选用订购即可。设计中应优先采用标准减速器，只有在选不到合适的标准减速器时，才自行设计。几种常用减速器的类型、传动简图和特点见表 29-1。

2. 有级变速装置

通过改变传动比，使工作机获得若干种固定转速的传动装置称为有级变速器。有级变速器应用十分广泛，如汽车、机床等机器的变速装置。有级变速传动的主要参数有变速范围、公比及变速级数。

以下介绍几种常用的有级变速装置的工作原理及特点。

（1）滑移齿轮变速　如图 29-2 所示，轴Ⅲ上的三联滑移齿轮和双联滑移齿轮通过导向键在轴上移动时，分别与轴Ⅱ和轴Ⅳ上的不同齿轮啮合，使轴Ⅳ得到 6 种不同的输出转速，从而达到变速的目的。滑移齿轮变速可获得较大变速范围，缺点是不能在运动中变速。为使滑移齿轮容易进入啮合，多用直齿圆柱齿轮。这种变速方式适用于需要经常变速的场合。

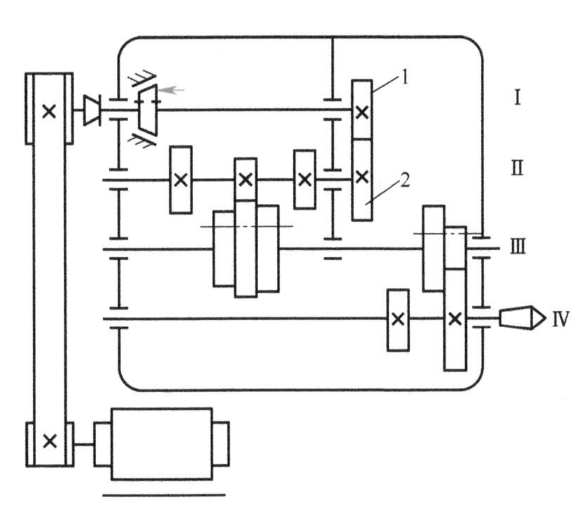

图 29-2　C336 回转式转塔车床传动系统

表 29-1 常用减速器的类型、传动简图和特点

类型		传动简图	传动比	特点及应用
圆柱齿轮减速器	单级	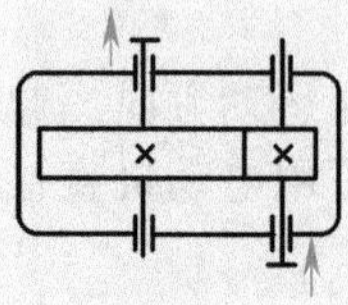	软齿面齿轮：$i\leqslant7.1$ 硬齿面齿轮：$i\leqslant6.3$ （较佳：$i\leqslant5.6$）	应用广泛、结构简单。齿轮可用直齿、斜齿或人字齿。可用于低速轻载，也可用于高速重载
	两级展开式	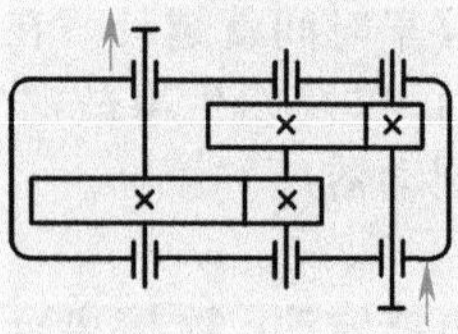	软齿面齿轮：$i=7.1\sim50$ 硬齿面齿轮：$i=7.1\sim31.5$ （较佳：$i=7.1\sim20$）	应用广泛、结构简单，高速级常用斜齿，低速级可用斜齿或直齿。齿轮相对轴承不对称，齿向载荷分布不均，故要求高速级小齿轮远离输入端，轴应有较大刚度
	两级同轴式	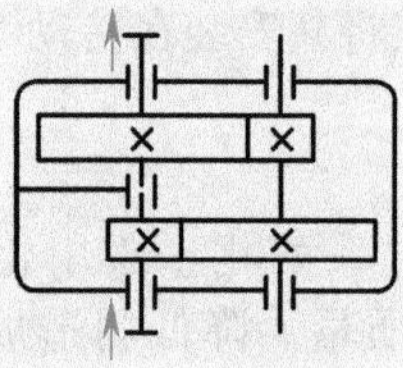	软齿面齿轮：$i=7.1\sim50$ 硬齿面齿轮：$i=7.1\sim31.5$ （较佳：$i=7.1\sim20$）	箱体长度较小，但轴向尺寸较大。输入、输出轴同轴线，适用于总体布置有同轴性要求的场合。中间轴较长，刚性差，齿向载荷分布不均，且高速级齿轮承载能力难以充分利用
	两级分流式	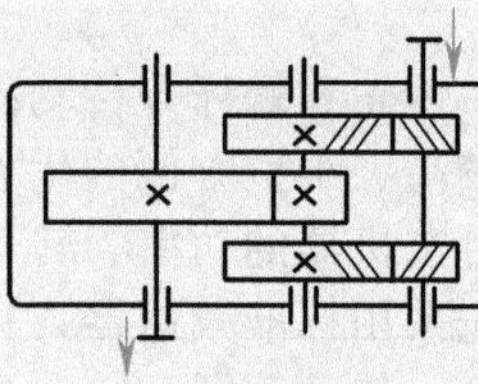	软齿面齿轮：$i=7.1\sim50$ 硬齿面齿轮：$i=7.1\sim31.5$ （较佳：$i=7.1\sim20$）	高速级常用斜齿，两个小齿轮一个左旋，一个右旋。齿轮对称布置，齿向载荷分布均匀，两轴承受载均匀。结构复杂，常用于大功率变载荷场合
锥齿轮减速器		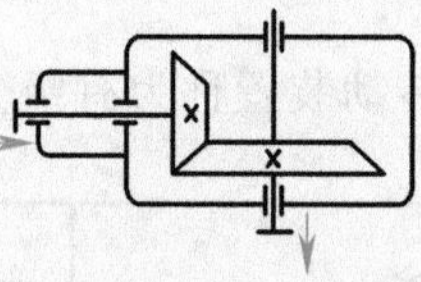	直齿：$i\leqslant5$ 斜齿、曲线齿：$i\leqslant8$	用于输出轴和输入轴两轴线垂直相交的场合。为保证两齿轮有准确的相对位置，应有进行调整的结构。齿轮难于精加工，仅在传动布置需要时采用
圆锥圆柱齿轮减速器		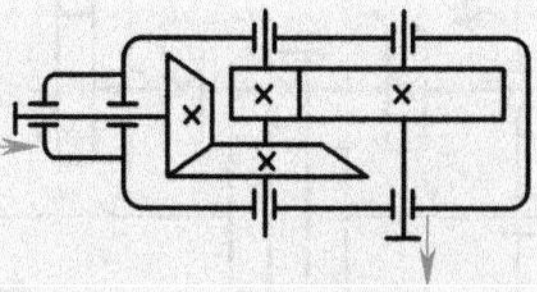	直齿：$i=6.3\sim31.5$ 斜齿、曲线齿：$i=8\sim40$	应用场合与单级锥齿轮减速器相同。锥齿轮在高速级，可减小锥齿轮尺寸，避免加工困难；小锥齿轮轴常悬臂布置，在高速级可减小其受力
蜗杆减速器		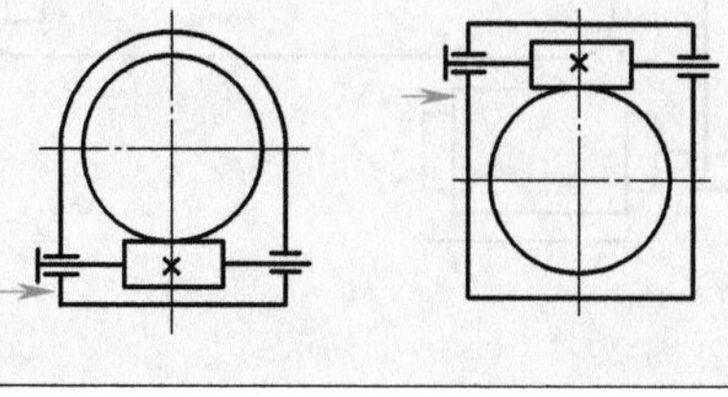	$i=8\sim80$	大传动比时结构紧凑，外廓尺寸小，效率较低。下置蜗杆式润滑条件好，应优先采用，但当蜗杆速度太高时（$v\geqslant5\mathrm{m/s}$），搅油损失大。上置蜗杆式轴承润滑不便

（续）

类型	传动简图	传动比	特点及应用
蜗杆-齿轮减速器		$i=15\sim480$	有蜗杆传动在高速级和齿轮传动在高速级两种形式。前者效率较高，后者应用较少
行星齿轮减速器		$i=2.8\sim12.5$	传动形式有多种，NGW 型体积小，质量小，承载能力大，效率高（单级可达 0.97～0.99），工作平稳。与普通圆柱齿轮减速器相比，体积和质量减少 50%，效率提高 30%。但制造精度要求高，结构复杂
摆线针轮行星减速器		单级：$i=11\sim87$	传动比大，效率较高（0.9～0.95），运转平稳，噪声小，体积小，质量小。过载和抗冲击能力强，寿命长。加工难度大，工艺复杂
谐波齿轮减速器		单级：$i=50\sim500$	传动比大，同时参与啮合齿数多，承载能力高。体积小，质量小，效率为 0.65～0.9，传动平稳，噪声小，制造工艺复杂

（2）交换齿轮变速　图 29-2 中齿轮 1 和 2 是两个交换齿轮，若将它们换用其他齿数的齿轮或彼此对换位置，即可实现变速。与滑移齿轮变速相比，这种变速方式结构简单，轴向尺寸小；变速级数相同时，所需齿轮数量少。缺点是更换齿轮不便，齿轮悬臂安装，受力条件差。这种变速方式用于不需经常变速的场合。

（3）离合器变速　离合器变速装置分为摩擦式和啮合式两类。图 29-3 为摩擦离合器变速装置的工作原理图，两个离合器 M_1、M_2 分别与空套在轴上的齿轮相连，当 M_1 接合而 M_2 断开时，运动由轴Ⅰ通过齿轮 1、2 传至轴Ⅱ；当 M_2 接合而 M_1 断开时，运动由轴Ⅰ通过齿轮 3、4 传至轴Ⅱ，从而达到变速的目的。这种变速方式可在运转中变速，有过载保护作用，但传动不够准确。啮合式离合器传递的载荷较大，传动比准确，但不能在运转中变速。离合器变速装置中，因非工作齿轮处于常啮合状态，故与滑移齿轮变速相比，轮齿磨损较快。

（4）塔形带轮变速　如图 29-4 所示，两个塔形带轮分别固定在轴Ⅰ、Ⅱ上，通过变换传动带在塔轮上的位置，可使Ⅱ轴获得不同转速。传动带多用平带，也可用 V 带。缺点是传动带换位操作不便，变速级数也不宜太多。

3. 无级变速器

无级变速传动能根据工作需要连续平稳地改变传动速度。图 29-5 为双变径轮带式无级变速传动的工作原理图，主、从动带轮均由一对可开合的锥盘组成，V 带为中间传动件。变速时，可通过变速操纵机构使锥盘沿轴向做开合移动，从而使两个带轮的槽宽一个变宽另一个变窄。由于两轮的工作半径同时改变，故从动轮转速可在一定范围内实现连续变化。

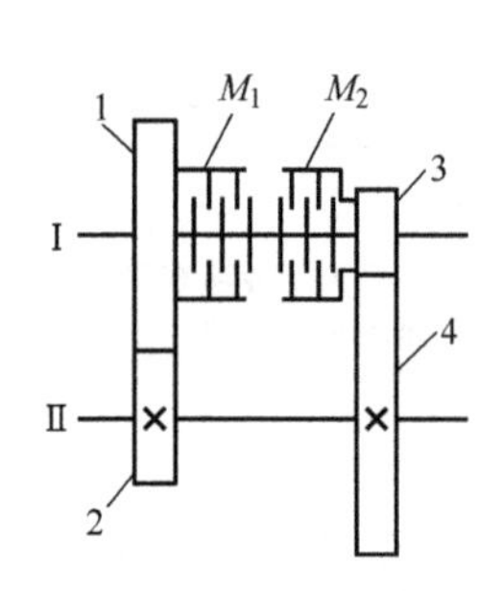

图 29-3 摩擦离合器变速装置

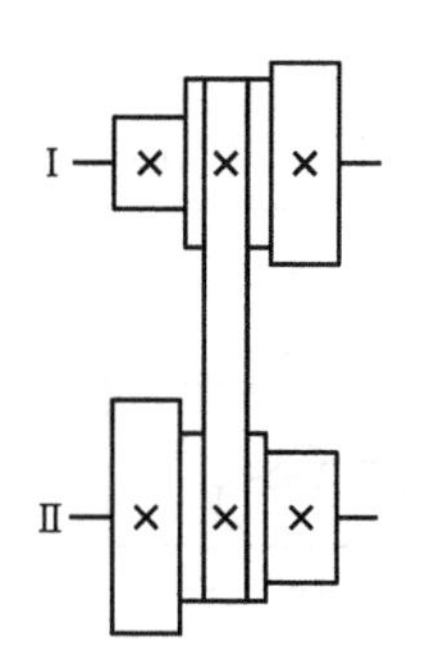

图 29-4 塔形带轮变速装置

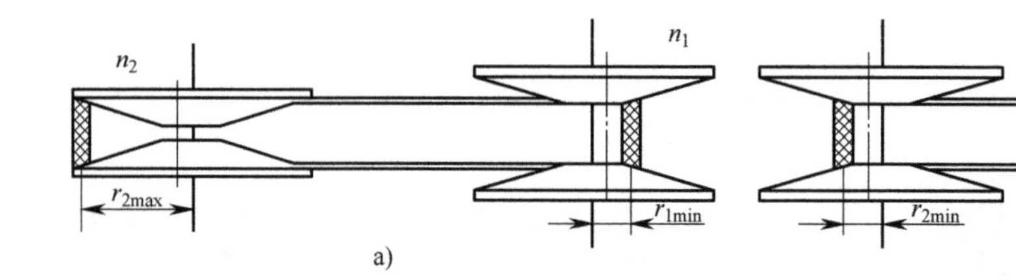

图 29-5 双变径轮带式无级变速传动

a）减速状态 b）增速状态

机械无级变速器有多种形式，许多形式已有标准产品，可参考产品样本或有关设计手册选用。

第三节 机械传动系统方案设计

一、机械传动系统方案设计的过程和基本要求

1. 方案设计的一般过程

机器的执行系统方案设计和原动机的预选型完成后，即可进行传动系统的方案设计。设计的一般过程如下：

1）确定传动系统的总传动比。

2）选择传动的类型、拟定总体布置方案并绘制传动系统的机构运动简图。

3）分配传动比。即根据传动布置方案，将总传动比向各级传动进行合理分配。

4）计算传动系统的性能参数，如各级传动的功率、转速、效率、转矩等参数。

5）通过强度设计和几何计算，确定各级传动的基本参数和主要几何尺寸，如齿轮传动的中心距、齿数、模数、齿宽等。

2. 方案设计的基本要求

传动方案的设计是一项复杂的工作，需要综合运用多种知识和实践经验，进行多方案分析比较，才能设计出较为合理的方案。通常设计方案应满足以下基本要求：

1）传动系统应满足机器的功能要求，传动效率高。

2）结构简单紧凑、占用空间小。

3）便于操作、安全可靠，维修性好。

4）可制造性好、加工成本低。

5）不污染环境。

需要指出的是，在现代机械设计中，随着各种新技术的应用，机械传动系统不断简化已经成为一种趋势。例如，利用伺服电动机、步进电动机、微型低速电动机以及电动机调频技术等，在一定条件下可简化或完全替代机械传动系统，从而使复杂传动系统的效率低、可靠性差、外廓尺寸大等矛盾得到缓解或避免。此外，随着微电子技术和信息处理技术的不断发展，对机械自动化和智能化的要求越来越高，单纯的机械传动有时已不能满足要求，因此应注意机、电、液、气传动的结合，充分发挥各种技术的优势，使设计方案更加合理和完善。

二、机械传动类型的选择

选择机械传动类型时，可参考以下原则：

1. 传动类型与原动机和工作机相互匹配

三者应在机械传动特性上相互协调，使机器在最佳状态下运转。

机械传动和原动机应符合工作机在变速、起动、制动、反向和空载方面的要求。当工作机要求调速，而又选不到调速范围合适的原动机时，应选择能满足要求的变速传动；当传动系统起动时的负载转矩超过原动机的起动转矩时，应在原动机和传动系统之间增加离合器或液力耦合器，以实现原动机空载起动；当工作机要求正反向工作时，若原动机不具备反向功能，则传动系统应有换向装置；当工作机需频繁起动、停车或频繁变速，而原动机不适应此工况时，传动系统应设置空档，使原动机能脱开传动链空转，从而避免原动机频繁起停和变速。

2. 考虑传动比的准确性，满足功率、速度和传动比的范围要求

常用机械传动功率、速度和传动比的合理应用范围见表 29-2。

表 29-2　常用机械传动功率、速度和传动比的合理应用范围

传动类型		单级传动比 i		功率 P/kW		效　率 η	速　度 v(m/s)	寿　　命
		常用值	最大值	常用值	最大值			
摩擦轮传动		≤7	15	≤20	200	0.85~0.92	一般≤25	取决于接触强度和耐磨性
带传动	平带	≤3	5	≤20	3500	0.94~0.98	一般≤30 最大 120	
	V 带	≤8	15	≤40	4000	0.90~0.94	一般≤25~30 最大 40	一般 V 带 3000~5000h 优质 V 带 20000h
	同步带	≤10	20	≤10	400	0.96~0.98	一般≤50 最大 100	
链传动		≤8	15 （齿形链）	≤100	4000	闭式 0.95~0.98 开式 0.90~0.93	一般≤20 最大 40	链条寿命 5000~15000h
齿轮传动	圆柱齿轮	≤5	10		50000	闭式 0.96~0.99 开式 0.94~0.96	与精度等级有关 7 级精度 直齿≤20 斜齿≤25	润滑良好时，寿命可达数十年，经常换档的变速齿轮平均寿命 10000~20000h
	锥齿轮	≤3	8		1000	闭式 0.94~0.98 开式 0.92~0.95	与精度等级有关 7 级精度 直齿≤8	
蜗杆传动		≤40	80	≤50	800	闭式 0.70~0.92 开式 0.50~0.70 自锁式 0.30~0.45	一般 v_s≤15 最大 35	精度较高、润滑条件好时寿命较长
螺旋传动				小功率传动		滑动 0.3~0.6 滚动≥0.9	低速	滑动螺旋磨损较快，滚动螺旋寿命较长

3. 结构布置和外廓尺寸的要求

两轴的相对位置（如平行、垂直或交错等）、间距以及外廓尺寸大小是选择传动类型时必须考虑的因素。

4. 机器的质量

很多机器对自重都有较为严格的限制，如航空机械、机动车辆、海上钻井平台机械等。

5. 经济性因素

传动装置的费用包括初始费用（即制造和安装费用）、运行费用和维修费用。初始费用主要取决于价格。例如：通常齿轮传动和蜗杆传动的价格要高于带传动；即使同是齿轮传动，高精度齿轮或硬齿面齿轮较一般齿轮价格要高许多；不同精度的滚动轴承，其价格会相差几倍甚至几十倍。因此，应避免盲目采用高精度高质量零部件。运行费用则与传动效率密切相关，特别是大功率以及需要长期连续运转的传动，能源消耗产生的运行费用较大，应优先选用效率较高的传动；而对于一般小功率传动，可选用结构简单、初始费用低的传动。

在选择传动类型时，同时满足以上各原则往往比较困难，有时甚至相互矛盾和制约。例如：要求传动效率高时，传动件的制造精度往往也高，其价格也必然会高；要求外廓尺寸小时，零件材料相对较好，其价格也相应较高。因此，在选择传动类型时，应对机器的各项要求综合考虑，以选择较合理的传动形式。

三、传动系统的总体布置

进行机械传动系统方案设计时，首先要完成系统的总体布置，其具体任务是：在确定传动系统在机器中的位置的基础上，拟定传动路线、合理安排各传动的顺序。

1. 传动路线的确定

传动路线就是机器中的能量从原动机向执行机构流动的路线，也即功率传递的路线。

拟定合理的传动路线是系统方案设计的基础。在实际应用中，往往随执行系统中执行机构的个数、动作复杂程度以及输出功率的大小等多种条件的不同，传动路线的形式也不同。但大体上可归纳为表29-3所示的四种基本形式。

表 29-3 传动路线的形式

串联单流传动	并联分流传动	并联汇流传动	混合传动
□→○→…→○→▷	□┬→○→…→○→▷ ├→○→…→○→▷ └→○→…→○→▷	□→○→…→○→┐ □→○→…→○→┼→▷ □→○→…→○→┘	□→○┬→○⇉…⇉▷ ⁝ └→○⇉…⇉▷

注：□—原动机；○—传动；▷—执行机构。

串联单流传动比较简单，应用也最广泛。系统中只有一个原动机和一个执行机构，传动级数可根据传动比大小确定。由于全部能量流经每一级传动，故传动件尺寸较大。为保证系统有较高的效率，其每级传动均应有较高的传动效率。

当系统中有多个执行机构，但所需总功率不大、由一台原动机可完成驱动时，可采用并联分流传动。如卧式车床上工件的旋转和大刀架的横向进给运动都是由一台电动机驱动的。这种传动路线中，各分路传递的功率可能相差较大，如许多机床进给传动链传递的功率不足主传动链的1/10，此时，若采用小型电动机单独驱动小功率分路，则既可简化传动系统，又提高了传动效率。因此，对并联分流传动，应做多方案比较，合理确定分路的个数。

并联汇流传动中，采用两个或多个原动机共同驱动一个执行机构，某些低速大功率机器常采用这种传动路线，这样有利于减小机器的体积、质量和转动惯量。如轧钢机、大型转炉的倾动装置、内燃机驱动的远洋船舶等。

混合传动是分流传动和汇流传动的混合，以双流居多，如齿轮加工机床工件与刀具的传动系统。

2. 传动顺序的安排

各种传动的性能和特点随传动类型的不同而不同，因此在多级传动组成的传动链中，各传动先后顺序的变化将对整机的性能和结构尺寸产生重要影响，必须合理安排。通常按以下原则考虑。

1）在圆柱齿轮传动中，斜齿轮传动允许的圆周速度较直齿轮高，平稳性也好，因此在同时采用斜齿轮传动和直齿轮传动的传动链中，斜齿轮传动应放在高速级；大直径锥齿轮加工困难，应将锥齿轮传动放在传动链的高速级，因高速级轴的转速高，转矩小，齿轮的尺寸小；对闭式和开式齿轮传动，为防止前者尺寸过大，应放在高速级，而后者虽在外廓尺寸上通常没有严格限制，但因其润滑条件较差，适宜在低速级工作。

2）带传动靠摩擦工作，承载能力一般较小，载荷相同时，结构尺寸较其他传动（如齿轮传动、链传动等）大，为减小传动尺寸和缓冲减振，一般放在传动系统的高速级。

3）滚子链传动由于多边形效应，链速不均匀，冲击振动较大，而且速度越高越严重，通常将其置于传动链的低速级。

4）对改变运动形式的传动或机构，如齿轮齿条传动、螺旋传动、连杆机构及凸轮机构等一般布置在传动链的末端，使其与执行机构靠近。这样布置不仅传动链简单，而且可以减小传动系统的惯性冲击。

5）有级变速传动与定传动比传动串联布置时，前者放在高速级换档较方便；而摩擦无级变速器，由于结构复杂、制造困难，为缩小尺寸，应安排在高速级。

6）当蜗杆传动和齿轮传动串联使用时，应根据使用要求和蜗轮材料等具体情况采用不同布置方案。传动链以传递动力为主时，应尽可能提高传动效率，这时若蜗轮材料为锡青铜，则允许齿面有较高的相对滑动速度，而且，滑动速度越高，越有利于形成润滑油膜、降低摩擦因数，因此将蜗杆传动置于高速级，传动效率较高；当蜗轮材料为无锡青铜或其他材料时，因其允许的齿面滑动速度较低，为防止齿面胶合或严重磨损，蜗杆传动应置于低速级。

四、传动比的分配

将总传动比合理分配给每级传动，不仅对传动系统的结构布局和外廓尺寸有影响，而且对传动的性能、传动件的质量和寿命以及润滑等都有着重要的影响。分配传动比时应注意以下几点：

1）分配传动比时，应注意使各传动件尺寸协调、结构匀称，避免发生相互干涉。如设计两级齿轮减速传动时，若传动比分配不当，可能会导致中间轴大齿轮与低速轴发生干涉，如图 29-6 所示。

在图 29-7 中，图 29-7a 为 $i=10$ 的一级齿轮减速器，由于传动比较大，两轮尺寸不协调，外廓尺寸也较大。若改为两级传动，如图 29-7b 所示，尺寸和质量都较小。因此，当一级传动的传动比过大时，宜采用两级或多级传动。

2）对于多级减速传动，可按照“前小后大”（即由高速级向低速级逐渐增大）的原则分配传动比，且相邻两级差值不要过大。这种分配方法可使各级中间轴获得较高转速和较小的转矩，减小轴及轴上零件的尺寸，结构较为紧凑。增速传动也可按这一原则分配。

3）在多级齿轮减速传动中，传动比的分配将直接影响传动的多项技术经济指标。例如：传动的外廓尺寸和质量很大程度上取决于低速级大齿轮的尺寸，低速级传动比小些，有利于减小外廓尺寸和质量；闭式传动中，齿轮多采用溅油润滑，为避免各级大齿轮直径相差悬殊时，因大直径齿轮浸油深度过大导致搅油损失增加过多，常希望各级大齿轮直径相近，

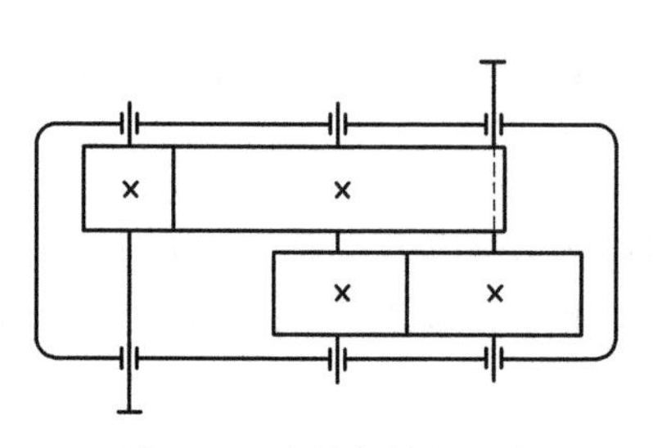

图 29-6 齿轮与轴的干涉

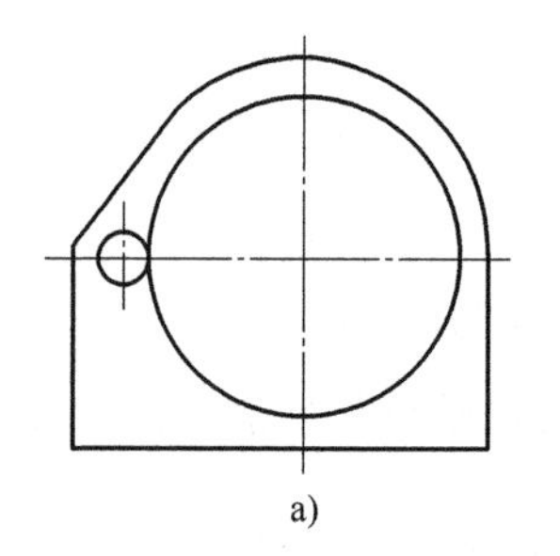

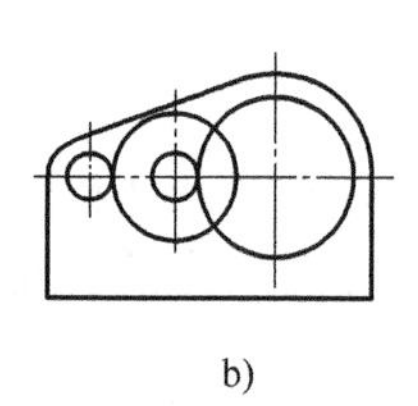

图 29-7 传动比分配对外廓尺寸的影响

故适当加大高速级传动比，有利于减小各级大齿轮的直径差；此外，为使各级传动寿命接近，应按等强度的原则进行设计，通常高速级传动比略大于低速级时，容易接近等强度。由以上分析可知，高速级采用较大的传动比，对减小传动的外廓尺寸、减小质量、改善润滑条件、实现等强度设计等方面都是有利的。

展开式或分流式两级圆柱齿轮减速器，其高速级传动比 i_1 和低速级传动比 i_2 的关系通常取

$$i_1=(1.2\sim1.3)\ i_2 \tag{29-1}$$

分配圆锥圆柱齿轮减速器的传动比时，通常取锥齿轮传动比 $i_1\approx0.25i$（i 为总传动比），一般 $i_1\leqslant3.55$。

4）某些传动系统常要求有较高的传动精度，故分配传动比时应尽可能减小系统的传动比误差。以齿轮传动和蜗杆传动串联使用为例，设齿轮传动比为 i_g，传动比误差为 $\Delta\theta_g$，蜗杆传动比为 i_ω，其误差为 $\Delta\theta_\omega$，两种方案如表 29-1 中蜗杆—齿轮减速器的传动简图所示。当蜗杆传动在高速级时，两级传动的总传动比误差 θ_ω 为

$$\theta_\omega=\frac{\Delta\theta_\omega}{i_g}+\Delta\theta_g$$

当齿轮传动在高速级时，总传动比误差 θ_a 为

$$\theta_a=\frac{\Delta\theta_g}{i_\omega}+\Delta\theta_\omega$$

若取 $\Delta\theta_g\approx\Delta\theta_\omega$，而通常 $i_\omega\gg i_g$，故 $\theta_a<\theta_\omega$，由此可见，齿轮传动在高速级时，总传动比误差较小。

由以上分析可知，在多级减速传动中，前面任何一级传动的传动比误差都将依次向后传递，直至最后一级。因此，最后一级传动比越大，系统的总传动比误差越小，传动精度也越高。

5）对于要求传动平稳、频繁起停和动态性能较好的多级齿轮传动，可按照转动惯量最小的原则设计。

以上几点仅是分配传动比的基本原则，而且这些原则往往不会同时满足，着眼点不同，分配方案也会不同。因此，具体设计时，应根据传动系统的不同要求进行具体分析，并尽可能做多方案比较，以获得较为合理的分配方案。当需要对某项指标严格控制时，应将传动比作为变量，选择适当的约束条件进行优化设计，才能得到最佳的传动比分配方案。

第四节 机械传动系统的特性及其参数计算

机械传动系统的特性包括运动特性和动力特性，运动特性通常用转速、传动比和变速范围等参数表示，动力特性用功率、转矩、效率及变矩系数等参数表示。这些参数是传动系统

的重要性能数据，也是对各级传动进行设计计算的原始数据。在传动系统的总体布置方案和总传动比的分配完成后，这些特性参数可由原动机的性能参数或执行系统的工作参数计算得到。

1. 传动比

对于串联式单流传动系统，当传递回转运动时，其总传动比 i 为

$$i=\frac{n_r}{n_c}=i_1 i_2 \cdots i_k \tag{29-2}$$

式中，n_r为原动机的转速或传动系统的输入转速（r/min）；n_c为传动系统的输出转速（r/min）；i_1，i_2，…，i_k为系统中各级传动的传动比。

$i>1$ 时为减速传动，$i<1$ 时为增速传动。

在各级传动的设计计算完成后，由于多种因素的影响，系统的实际总传动比 i 常与预定值 i'不完全相符，其相对误差 Δi 可表示为

$$\Delta i=\frac{i'-i}{i'}\times 100\% \tag{29-3}$$

Δi 称为系统的传动比误差。各种机器都规定了传动比误差的许用值，为满足机器的转速要求，Δi 不应超过许用值。

2. 转速和变速范围

传动系统中，任一传动轴的转速 n_i可由下式计算

$$n_i=\frac{n_r}{i_1 i_2 \cdots i_i} \tag{29-4}$$

式中，分母 $i_1 i_2 \cdots$表示从系统的输入轴到该轴之间各级传动比的连乘积。

有级变速传动装置中，当输入轴的转速 n_r一定时，经变速传动后，若输出轴可得到 z 种转速，并由小到大依次为 n_1、n_2、…、n_z，则 z 称为变速级数，最高转速与最低转速之比称为变速范围，用 R_n表示，即

$$R_n=\frac{n_z}{n_1}=\frac{i_{max}}{i_{min}} \tag{29-5}$$

式中，$i_{max}=\frac{n_r}{n_1}$；$i_{min}=\frac{n_r}{n_z}$。

输出转速常采用等比数列分布，且任意两相邻转速之比为一常数，称为转速公比，用符号 $\boldsymbol{\Phi}$ 表示，即

$$\boldsymbol{\Phi}=\frac{n_2}{n_1}=\frac{n_3}{n_2}=\cdots=\frac{n_z}{n_{z-1}}$$

公比 $\boldsymbol{\Phi}$ 一般按标准值选取，常用值为 1.06、1.12、1.36、1.41、1.58、1.78、2.00。

变速范围 R_n、变速级数 z 和公比 $\boldsymbol{\Phi}$ 之间的关系为

$$R_n=\frac{n_z}{n_1}=\frac{n_2\ n_3 \cdots n_z}{n_1 n_2 \cdots n_{z-1}}=\boldsymbol{\Phi}^{z-1} \tag{29-6}$$

变速级数越多，变速装置的功能越强，但结构也越复杂。在齿轮变速器中，常用的滑移齿轮是双联或三联，所以通常变速级数取为 2 或 3 的倍数，如 $z=3$、4、6、8、9、12 等。

3. 机械效率

各种机械传动及传动部件的效率值可在设计手册中查到。在一个传动系统中，设各传动及传动部件的效率分别为 η_1、η_2、…、η_n，串联式单流传动系统的总效率 η 为

$$\eta=\eta_1\eta_2\cdots\eta_n \tag{29-7}$$

并联及混合传动系统的总效率计算可参考有关资料。

4. 功率

机器执行机构的输出功率 P_ω 可由负载参数（力或力矩）及运动参数（线速度或转速）求出，设执行机构的效率为 η_ω，则传动系统的输入功率或原动机的所需功率为

$$P_r=\frac{P_\omega}{\eta\eta_\omega} \tag{29-8}$$

原动机的额定功率 P_e 应满足 $P_e\geqslant P_r$，由此可确定 P_e 值。

设计各级传动时，常以传动件所在轴的输入功率 P_i 为计算依据，若从原动机至该轴之前各传动及传动部件的效率分别为 η_1、η_2、…、η_i，则有

$$P_i=P'\eta_1\eta_2\cdots\eta_i \tag{29-9}$$

式中，P' 为设计功率。对于批量生产的通用产品，为充分发挥原动机的工作能力，应以原动机的额定功率为设计功率，即取 $P'=P_e$；对于专用的单台产品，为减小传动件的尺寸，降低成本，常以原动机的所需功率为计算功率，即取 $P'=P_r$。

5. 转矩和变矩系数

传动系统中任一传动轴的输入转矩 T_i(N·mm) 可由下式求出

$$T_i=9.55\times10^6\frac{P_i}{n_i} \tag{29-10}$$

式中，P_i 为该轴的输入功率（kW）；n_i 为该轴的转速（r/min）。

传动系统的输出转矩 T_c 与输入转矩 T_r 之比称为变矩系数，用 K 表示，由上式可得

$$K=\frac{T_c}{T_r}=\frac{P_cn_r}{P_rn_c}=\eta i \tag{29-11}$$

式中，P_c 为传动系统的输出功率。

第五节 机械传动系统方案设计实例分析

一、水泥管磨机传动形式及总体布置方案的选择

水泥管磨机是把水泥原料磨成细粉的关键设备，它主要由筒体、传动系统和电动机组成。筒体是倾斜卧置的长形圆筒，由轴承或托轮支承，水泥原料从筒体一端进入，另一端排出。筒内散置钢球和钢棒，筒体旋转时，它们附着筒壁上升到一定高度，自由落下时，将原料击磨成细粉。磨机的工作特点是：①筒体转速低，一般为10~40r/min；②功率视产量而定，小型磨机为数十千瓦，大型磨机达数千千瓦，可占水泥厂总用电量的2/3左右；③起动力矩大，连续运转，载荷平稳，露天工作。

由以上特点可知，管磨机属于连续运转的低速大功率设备，其主传动系统应尽量减少传动级数、提高传动效率、降低运行费用。因此，方案选择的基本原则是：①总传动比不宜过大，可选用同步转速为750r/min的电动机，这样，系统的总传动比为75~18，故安排2~3级传动较为合理。②选用机械效率较高的传动类型，如齿轮传动等。蜗杆传动虽可实现大传动比，但效率较低，不适合于连续运转的大功率机械；由于露天工作，环境多尘，采用链传动必须很好地密封与润滑，否则会加速磨损、降低传动效率；摆线针轮传动、谐波传动的效率较齿轮低，不应优先考虑。③对于小型磨机，耗电量不是很大，应主要考虑降低初始费用，中型磨机应兼顾初始费用和运行费用。以下具体分析几种水泥管磨机主要传动系统方案

的特点。

1. 带传动—齿轮传动串联式单流传动系统方案（图 29-8a）

该方案适用于小型磨机。高速级采用 V 带传动，低速级采用开式（或半开式）齿轮传动，大齿轮以齿圈形式固定在筒体上。方案的优点是能利用带传动打滑的特点，在较低的起动转矩下实现缓慢起动，而且由于磨机功率不大，因而可选用起动转矩较小但价格较低的笼型异步电动机，这样可省去离合器等起动装置。总体方案结构简单、初始费用低。虽然外廓

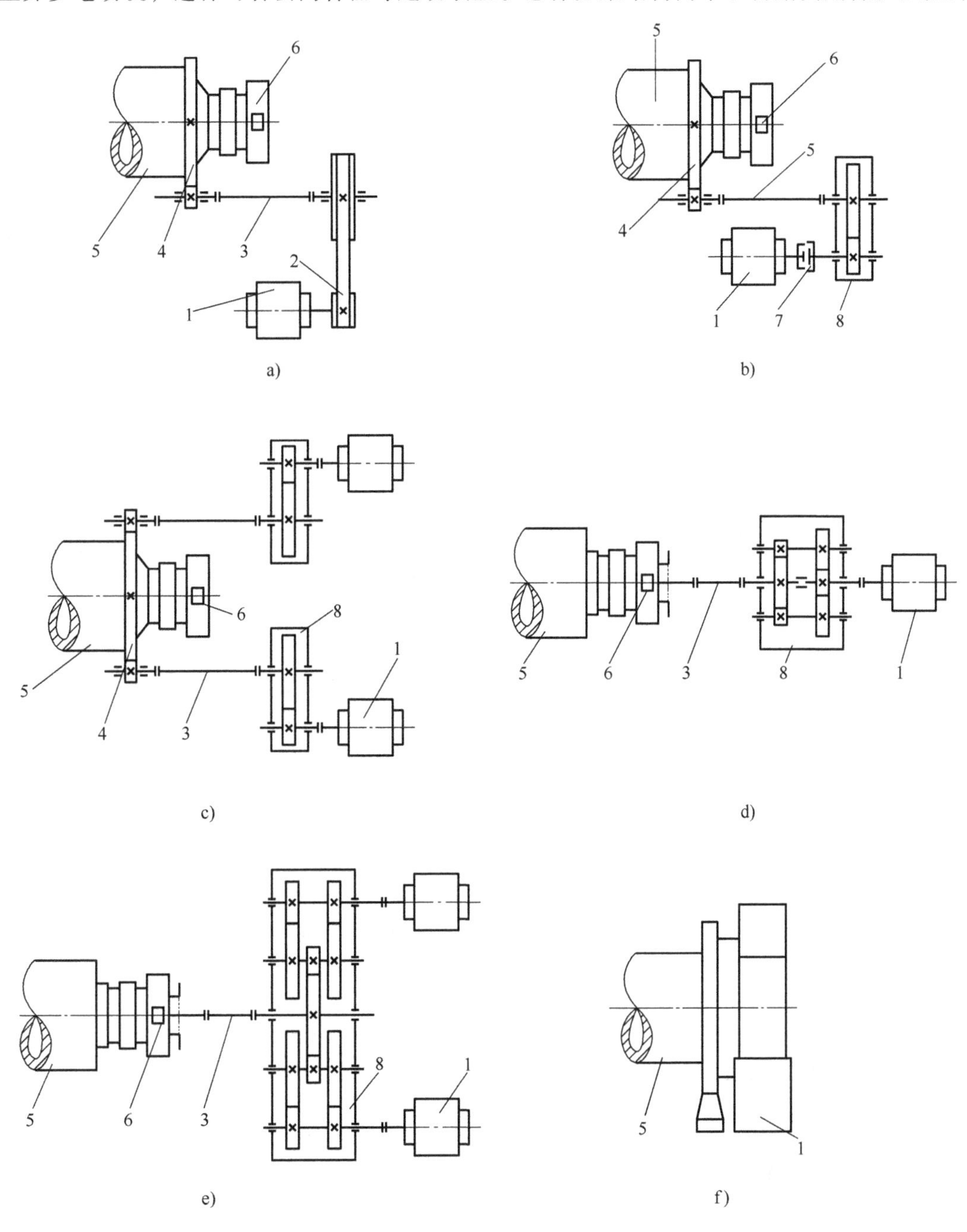

图 29-8　水泥管磨机传动方案

1—电动机　2—带传动　3—联轴器　4—大齿圈　5—筒体　6—出料口　7—离合器　8—减速器

尺寸较大，但由于是露天工作环境，工作场地通常不会有严格要求。缺点是带传动和开式齿轮传动效率不高，而且带传动的承载能力也受带型和根数的限制。因此，该方案对于功率小、要求初始费用低的磨机比较合适。

2. 齿轮传动—齿轮传动串联式单流传动系统方案（图29-8b）

该方案可用于中型水泥管磨机。传动系统中，低速级与前一方案相同，而高速级采用一级圆柱齿轮减速器。若选用一级锥齿轮减速器，不仅效率较低、价格较高，也没有必要使输入和输出轴相互垂直、改变传动方向。由于中型水泥管磨机功率较大，原动机选用价格较贵但起动转矩较大的绕线型异步电动机，若考虑直接起动时会造成齿轮传动的冲击，可在电动机和减速器之间安装离合器等起动装置，使之缓慢平稳起动。笼型异步电动机由于起动转矩小，易导致起动时间过长而使电动机发热严重，不宜用于中型水泥管磨机。该方案较前一方案效率高、寿命长、外廓尺寸小，但初始费用也较高，因此用于中型水泥管磨机较为合理。

3. 并联式汇流传动系统方案（图29-8c）

该方案由两个电动机分别带动一个单级齿轮减速器，通过输出轴上的小齿轮共同驱动筒体上的大齿圈。这种传动系统适合于功率较大的中型水泥管磨机。在第2方案中，若增加磨机功率，除选用更大功率的电动机外，减速器和开式齿轮的尺寸也相应加大。而该方案虽采用两套电动机和减速器，但每条传动路线上传递的功率和传动件尺寸都较小，同时大齿圈每侧只传递一半载荷，受力小，而且由于啮合时产生的切向力和径向力分别平衡，也降低了筒体轴承的载荷。因此，在磨机功率较大时，该方案比第2方案在初始费用和运行费用上更具优越性。

4. 中心驱动式单流传动系统方案（图29-8d）

该方案可用于大型水泥管磨机。大型水泥管磨机主要考虑降低运行费用，提高传动系统的效率。开式齿轮传动效率比闭式齿轮传动低2%左右，若以单台磨机功率为1000kW，每年运转8000h计算，开式齿轮每年多耗电能至少为1.6×10^5kW·h。此外，大型水泥管磨机的筒体直径很大，有的可达3m以上，如用开式齿轮传动，大齿圈直径约需4m或更大，其制造、运输、安装和维修困难较多。该方案减速器输出轴与筒体主轴同在一条中心线上，故称为中心驱动式。因单级齿轮减速器不能满足传动比要求，必须选用多级齿轮减速器，图中所示为中心驱动式两级齿轮减速器，其特点是输入和输出轴上的齿轮两侧同时分担载荷，与第3方案中开式齿轮情况相似，齿轮和轴承受力状态较好，适合传递大功率，但齿轮加工精度要求高，结构也较复杂。大型水泥管磨机的运行费用已超过了设备的初始费用，因此电动机主要选用能提高功率因数的同步电动机。

5. 中心驱动式并联汇流传动系统方案（图29-8e）

该方案由两台电动机和一台双驱动式两级齿轮减速器组成，减速器的高速级每侧均由两对齿轮传递载荷，采用斜齿轮时，合理配置齿形螺旋线方向可使轴向力相互抵消；低速级大齿轮两侧同时工作，轴和轴承承受力较小，故减速器能传递很大的功率。整个传动系统为闭式传动、双路驱动，因而同时具备了第3和第4方案传动功率大、传动件尺寸小、质量小以及效率高的优点。目前有些大型或超大型水泥管磨机采用的中心驱动式汇流传动系统，并联路线的数目多达8个，为保证各传动路线的同步和均载，齿轮减速装置也更为复杂。

6. 低速电动机直接驱动方案（图29-8f）

该方案不需要齿轮等减速装置，传动路线大大缩短，效率更高，比机械传动方案传递的功率更大。而且可通过变频装置进行调速，以适应不同的水泥原料和装载量，便于调整生产工艺。该方案中电动机等电器装置的初始费用很高，同等功率时，单位产量所需总费用比机械传动方案高29%~50%。

二、压花机的传动路线及传动比的分配

压花机是在工件上利用模具压制花纹和字样的自动机，其机械传动系统的机构简图如图 29-9 所示。一定尺寸的工件 12 由曲柄滑块机构 11 送至压模工位，下模具 7 上移，将工件推至固定的上模具 8 下方，靠压力在工件上、下两面同时压制出图案，下模具返回时，凸轮机构 13 的顶杆将工件推出，完成一个运动循环。

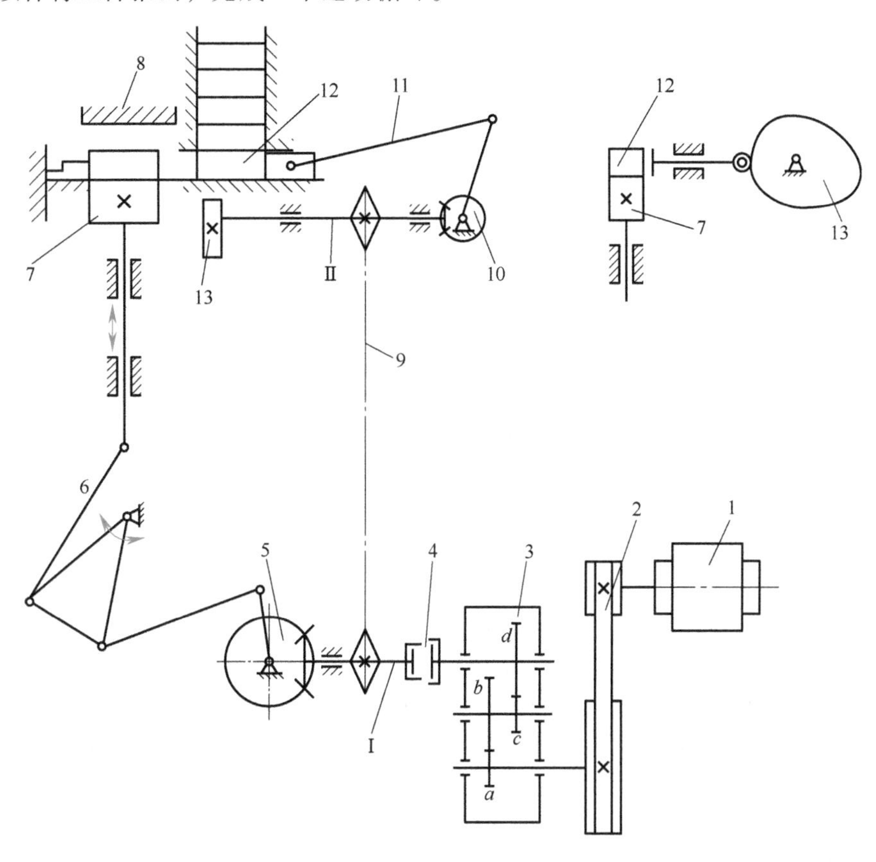

图 29-9　压花机传动简图

1—电动机　2—V 带传动　3—齿轮减速器　4—离合器　5、10—锥齿轮传动　6—六杆机构　7—下模具　8—上模具　9—链传动　11—曲柄滑块机构　12—工件　13—凸轮机构

（一）传动路线分析

该机的工作部分包括三套执行机构，分别完成规定的动作。曲柄滑块机构 11 完成工件送进运动，六杆机构 6 完成模具的往复运动，凸轮机构 13 完成成品移位运动。三个运动相互协调，连续工作。因整机功率不大，故共用一个电动机。考虑执行机构工作频率较低，故需采用减速传动装置。减速装置由一级 V 带传动和两级齿轮传动组成。带传动兼有安全保护功能，适宜在高速级工作，故安排在第一级，当机器要求具有调速功能时，可将带传动改为带式无级变速传动。传动系统中，链传动 9 是为实现较大距离的传动而设置的，锥齿轮传动 5 和 10 用于改变传动方向。

该机的传动系统为三路并联分流传动，其中模具的往复运动路线为主传动链，工件送进运动和成品移位运动路线为辅助传动链。具体传动路线如图 29-10 所示。

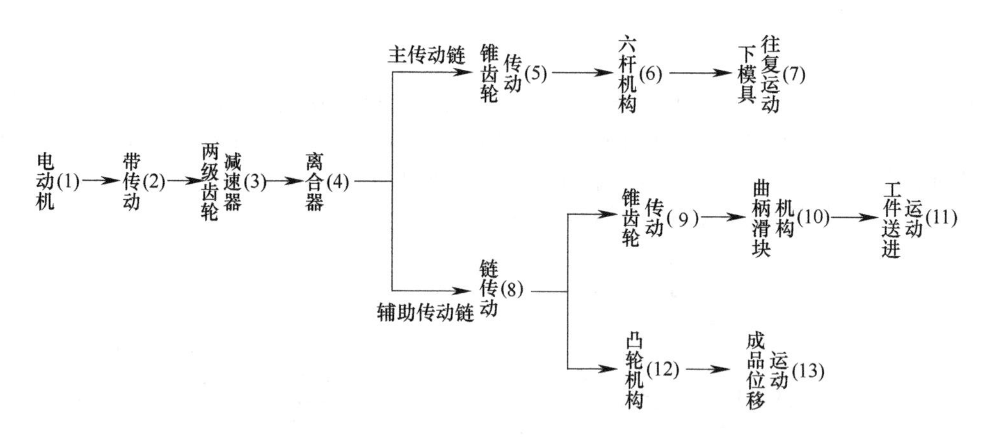

图 29-10 压花机传动路线

（二）传动比分配

若该机的工作条件为：电动机转速 1450r/min，每分钟压制 50 个工件，要求传动比误差为±2%。以下对上述方案进行传动比分配并确定相关参数。

1. 主传动链（电动机→模具往复运动）

锥齿轮传动 5 的作用主要是改变传动方向，可暂定其传动比为 1。这时，每压制 1 个工件，六杆机构带动下模具完成 1 个运动循环，相应分配轴 Ⅰ 应转动 1 周，故轴 Ⅰ 的转速为 $n_{\mathrm{I}}=50\mathrm{r/min}$。因已知电动机转速 $n_{\mathrm{d}}=1450\mathrm{r/min}$，由此可知，该传动链总传动比的预定值为

$$i'_{总}=\frac{n_{\mathrm{d}}}{n_{\mathrm{I}}}=\frac{1450}{50}=29$$

设带传动及两级齿轮减速器中高速级和低速级齿轮传动的传动比分别为 i_1、i_2、i_3，根据多级传动传动比分配时“前小后大”及相邻两级之差不宜过大的原则，取 $i_1=2.5$，则减速器的总传动比为 29/2.5=11.6，两级齿轮传动平均传动比为 3.4。从有利于实现两级传动等强度及保证较好的润滑条件出发，按两级展开式圆柱齿轮减速器传动比分配公式(29-1)，取 $i'_2=1.2i'_3$，则由 $i'_2i'_3=11.6$ 可求得 $i'_2=3.73$，$i'_3=3.11$。

选取各轮齿数为 $z_{\mathrm{a}}=23$，$z_{\mathrm{b}}=86$，$z_{\mathrm{c}}=21$，$z_{\mathrm{d}}=65$。

实际传动比为

$$i_2=\frac{z_{\mathrm{b}}}{z_{\mathrm{a}}}=\frac{86}{23}=3.739 \qquad i_3=\frac{z_{\mathrm{d}}}{z_{\mathrm{c}}}=\frac{65}{21}=3.095$$

主传动链的实际总传动比为 $i_{总}=i_1i_2i_3=2.5\times3.739\times3.095=28.93$

由式（29-3），传动比误差为 $\Delta i=\frac{i'_{总}-i_{总}}{i'_{总}}\times100\%=\frac{29-28.93}{29}\times100\%=0.24\%$

传动比误差小于 2%的要求，且各传动比均在常用范围之内，故该传动链传动比分配方案可用。

2. 辅助传动链

工件送进和成品移位运动的工作频率应与模具往复运动频率相同，即在 1 个运动周期内，三套执行机构各完成 1 次运动循环，即送进→压花→移位。因此，分配轴 Ⅱ 必须与分配轴 Ⅰ 同步，即 $n_{\mathrm{II}}=n_{\mathrm{I}}$，故链传动 9 和锥齿轮传动 10 的传动比均应为 1。

三、运输机传动系统特性参数计算

某装配车间生产线的板式运输机传动系统如图 29-11 所示。运输机负载的总阻力 $F=$

6.2kN，曳引链速度 $v=0.3\text{m/s}$，节距 $p=160\text{mm}$，驱动链轮齿数 $z=12$。在传动方案设计中已预分配各级传动比为：锥齿轮传动 $i_1=3$，圆柱齿轮传动 $i_2=4.5$，链传动 $i_3=6$。采用同步转速 750r/min 的电动机。要求曳引链速度误差不超过±5%。以下为该传动系统选择电动机型号，并计算各轴的运动和动力特性参数。

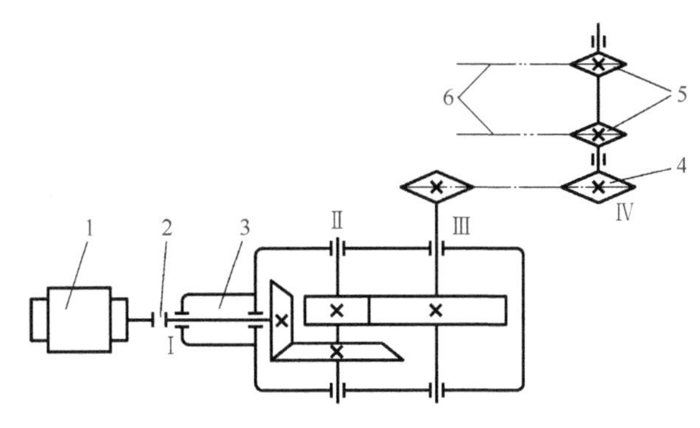

图 29-11　板式运输机传动系统

1—电动机　2—联轴器　3—减速器

4—链传动　5—驱动链轮　6—曳引链

1. 计算执行机构主轴（Ⅳ轴）转速和功率

执行机构主轴转速为

$$n_4=\frac{v}{zp}=\frac{0.3\times60\times10^3}{12\times160}\text{r/min}=9.4\text{r/min}$$

执行机构主轴的输出功率 P_ω 为　　$P_\omega=Fv=6.2\times0.3\text{kW}=1.86\text{kW}$

2. 求传动系统总效率和电动机功率

由手册查得，传动系统中各传动及传动件的效率为：联轴器 $\eta_1=0.99$，锥齿轮传动 $\eta_2=0.96$，圆柱齿轮传动 $\eta_3=0.97$，链传动 $\eta_4=0.96$，减速器滚动轴承每对 $\eta_5=0.98$，Ⅳ轴为滑动轴承 $\eta_6=0.97$，故由式（29-7），传动系统的总效率为

$$\eta=\eta_1\eta_2\eta_3\eta_4\eta_5^3\eta_6=0.99\times0.96\times0.97\times0.96\times0.98^3\times0.97=0.808$$

由式（29-8），需要电动机输出的功率为

$$P_r=\frac{P_\omega}{\eta}=\frac{1.86}{0.808}\text{kW}=2.3\text{kW}$$

3. 选择电动机

根据运输机设计要求，电动机功率应有 20%左右的裕度，可选用 YEJ 系列电磁制动三相异步电动机，机座号 132M—8，由手册查得其额定功率 $P_e=3\text{kW}$，满载转速 $n=710\text{r/min}$。

4. 计算总传动比及各级传动比

传动系统的输入转速 $n_r=n=710\text{r/min}$，输出转速 $n_c=n_4=9.4\text{r/min}$，故由式（29-2），系统的总传动比

$$i'=\frac{n_r}{n_c}=\frac{n}{n_4}=\frac{710}{9.4}=75.53$$

由齿数选取条件，确定各轮齿数分别为：锥齿轮 $z_1=23$，$z_2=72$；圆柱齿轮 $z_3=24$，$z_4=109$；滚子链 $z_5=19$，$z_6=105$。

则各传动实际传动比为

$$i_1=\frac{z_2}{z_1}=\frac{72}{23}=3.13\qquad i_2=\frac{z_4}{z_3}=\frac{109}{24}=4.54\qquad i_3=\frac{z_6}{z_5}=\frac{105}{19}=5.53$$

实际总传动比为　　$i=i_1i_2i_3=3.13\times4.54\times5.53=78.58$

由式（29-3），传动比误差为　　$\Delta i=\dfrac{i'-i}{i'}\times100\%=\dfrac{75.53-78.58}{75.53}\times100\%=-4.0\%$

未超过传动比误差要求，所选参数可用。

5. 计算各轴转速

由式（29-4）得 $n_1=n_r=710\text{r/min}$ $n_2=\dfrac{n_1}{i_1}=\dfrac{710}{3.13}\text{r/min}=226.8\text{r/min}$

$n_3=\dfrac{n_2}{i_2}=\dfrac{226.8}{4.54}\text{r/min}=50.0\text{r/min}$ $n_4=\dfrac{n_3}{i_3}=\dfrac{50.0}{5.53}\text{r/min}=9.0\text{r/min}$

6. 计算各轴功率

取电动机的额定功率 P_e 为设计功率，则由式（29-9）可求得各轴输入功率为

$$P_1=P_e\eta_1=3\times0.99\text{kW}=2.97\text{kW}$$
$$P_2=P_1\eta_2\eta_5=2.97\times0.96\times0.98\text{kW}=2.79\text{kW}$$
$$P_3=P_2\eta_3\eta_5=2.79\times0.97\times0.98\text{kW}=2.65\text{kW}$$
$$P_4=P_3\eta_4\eta_5=2.65\times0.96\times0.98\text{kW}=2.49\text{kW}$$

7. 各轴转矩

由式（29-10）得

$$T_1=9.55\times10^6\times\frac{P_1}{n_1}=9.55\times10^6\times\frac{2.97}{710}\text{N}\cdot\text{mm}=3.99\times10^4\text{N}\cdot\text{mm}$$
$$T_2=9.55\times10^6\times\frac{P_2}{n_2}=9.55\times10^6\times\frac{2.79}{226.8}\text{N}\cdot\text{mm}=11.7\times10^4\text{N}\cdot\text{mm}$$
$$T_3=9.55\times10^6\times\frac{P_3}{n_3}=9.55\times10^6\times\frac{2.65}{50.0}\text{N}\cdot\text{mm}=50.6\times10^4\text{N}\cdot\text{mm}$$
$$T_4=9.55\times10^6\times\frac{P_4}{n_4}=9.55\times10^6\times\frac{2.49}{9.0}\text{N}\cdot\text{mm}=264\times10^4\text{N}\cdot\text{mm}$$

第六节 原动机的选择

在设计机械系统时，选择何种类型的原动机，在很大程度上决定着机械系统的工作性能和结构特征。由于许多原动机已经标准化、系列化，除特殊工况要求对原动机进行重新设计外，大多数设计问题，则是根据机械系统的功能和动力要求来选择标准的原动机，因此合理地选择原动机的类型便成为设计机械系统的重要环节。

原动机的种类很多，按其使用能源的形式，可分为两大类：一次原动机和二次原动机。一次原动机使用自然界能源，直接将自然界能源转变为机械能，如内燃机、风力机、水轮机等；二次原动机将电能、介质动力、压力能转变为机械能，如电动机、液压马达等。如再细分，内燃机可分为汽油机、柴油机等；电动机可分为交流电动机和直流电动机等。

一、原动机的机械特性和工作机的负载特性

选用原动机时，考虑的因素很多，但最基本的要求是原动机输出的力（或力矩）及运动规律（线速度、转速）满足（或通过机械传动系统来满足）机械系统负载和运动的要求，原动机的输出功率与工作机对功率的要求相适应，即原动机的机械特性和工作机的负载特性匹配。所谓匹配是指原动机、传动装置和工作机在机械特性上的协调，使工作机处于最佳的工作状态。

（一）原动机的机械特性

原动机的机械特性一般用输出转矩 T（或功率 P）与转速 n 的关系曲线，即 $T=f(n)$ 或 $P=f(n)$ 曲线表示。表 29-4 为各类电动机主要性能的比较。

表 29-4　各类电动机主要性能的比较

电动机类别	交流电动机			直流电动机	
	异　步		同　步	并　励	串　励
机械特性					
功率范围/kW	0.3~5000		200~10000	0.3~5500	1.37~650
转速范围/$r \cdot min^{-1}$	500~3000		150~3000	250~3000	370~2400
	笼型	绕线型			
特　点	结构简单，工作可靠，维护容易，价格低廉；满载时效率和功率因数高；但起动和调速性能差，轻载时，功率因数低 改变级数可以有级变速；用变频电源可以无级变速	起动转矩大，起动时功率因数高；在转子回路中增减外电阻可改变其滑差率，可在最大转矩时调速；但调节范围小，维护较麻烦，价格稍贵	恒转速，功率因数可调节；需供励磁的直流电动机，价格贵 可采用变频电源进行无级调速	调速性能好，能适应各种载荷特性；价格较贵，维护复杂，并需要直流电源	起动转矩大，自适应性好，过载能力强；价格贵，维护复杂，需有直流电源
应　用	通常用于载荷平稳、不调速、长期工作的机器，如水泵、金属切削机床、起重运输机械、矿山机械	载荷周期变化、起制动次数较多、小范围调速的机器，如轧钢机主传动、提升机	通常用于不调速的低速、重载和大功率机器，特别是需要功率因数补偿的场合，如水泥管磨机、鼓风机	用于要求调速范围大、交流电动机调速不能满足要求时，如重型机床	需要起动转矩大、恒功率调速的机器，如电力机车、电车、起重机

需要指出的是，近 20 年来，利用变频器对交流电动机进行调速的交流拖动系统有了很大的发展。变频器可以看作是一个频率可调的交流电源，因此对于现有的做恒转速运转的异步电动机，只需要在电源和电动机之间接入变频器和相应设备，就可以实现调速控制，而无须对电动机和系统本身进行大的改造。一般通用型变频器的调速范围可以达到 1∶10 以上；高性能的矢量控制变频器的调速范围可达 1∶1000。

（二）工作机的负载特性

工作机种类繁多，其工况差别很大。代表工作机工况最重要的特性是载荷（包括功率 P、转矩 T 和力 F）与速度（包括转速 n 和线速度 v）之间的关系（n-T 特性），这也是讨论原动机、传动装置与工作机匹配的基本依据。

工作机的转速-转矩（转速-功率）特性，对于不同的工作机差别很大，归纳主要有四种，即恒转矩载荷、恒功率载荷、平方降转矩载荷和恒转速载荷。

（1）恒转矩载荷　即工作机的速度无论如何变化，其稳定状态下的载荷转矩大体上是一个定值，其机械特性如图 29-12 所示。由于电动机的功率 $P \propto Tn$，因此恒转矩特性的载荷消耗的能量与转速 n 成正比。属于该种载荷特性的工作机有传送带、搅拌机、挤压成形机和起重机等。

（2）恒功率载荷　某些机械，其工作功率为定值而与转速无关，其机械特性如图

29-13所示。如机床的端面切削，纺织机械和轧钢设备中的卷取机构，都是典型的恒功率载荷。

（3）平方降转矩载荷　风扇、通风机、离心式水泵和船舶螺旋桨等流体机械，在低速时由于流体的流速低，所以载荷（阻力矩）较小。当转速增高时，载荷迅速增大，其载荷（转矩）与转速的平方成正比，其机械特性如图29-14所示。具有这种机械特性的机器，其消耗的功率正比于转速的3次方。

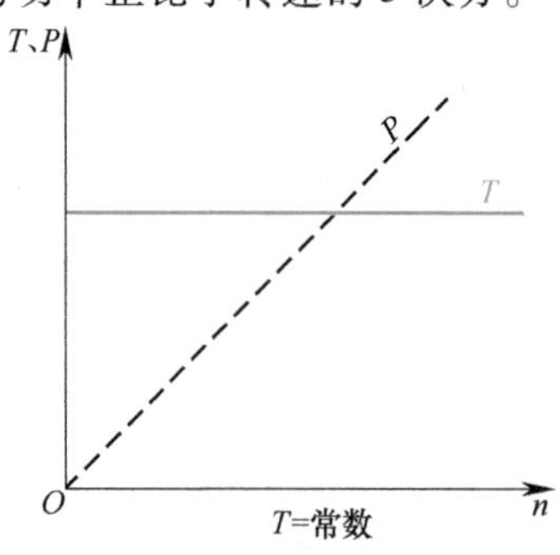

图29-12　恒转矩载荷的 n-T 特性

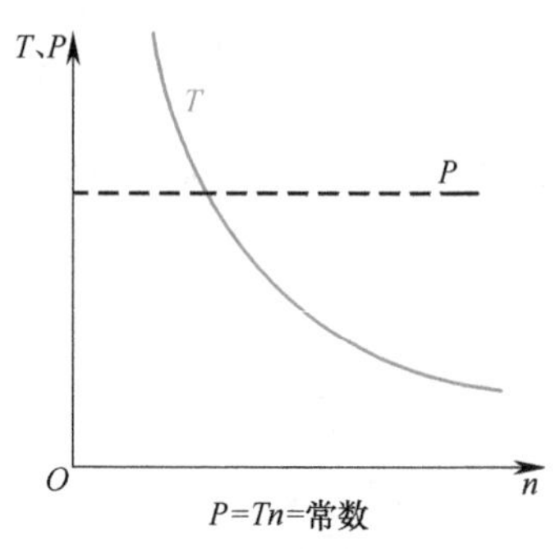

图29-13　恒功率载荷的 n-T 特性

（4）恒转速载荷　对于交流发电机一类的机器，尽管载荷发生变化，但其转速基本保持不变，这就是恒转速载荷特性，如图29-15所示。

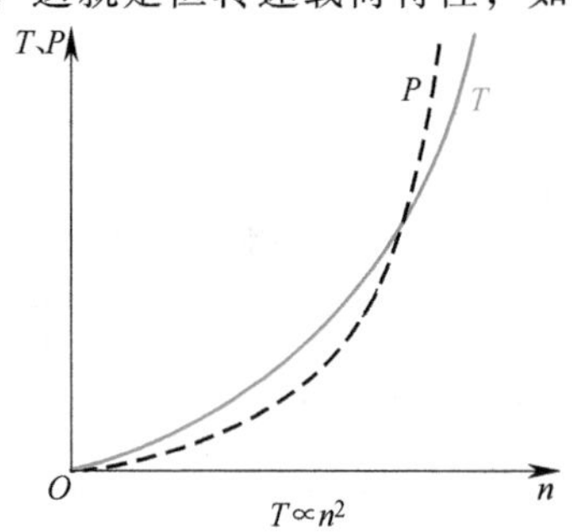

图29-14　平方降转矩载荷 n-T 特性

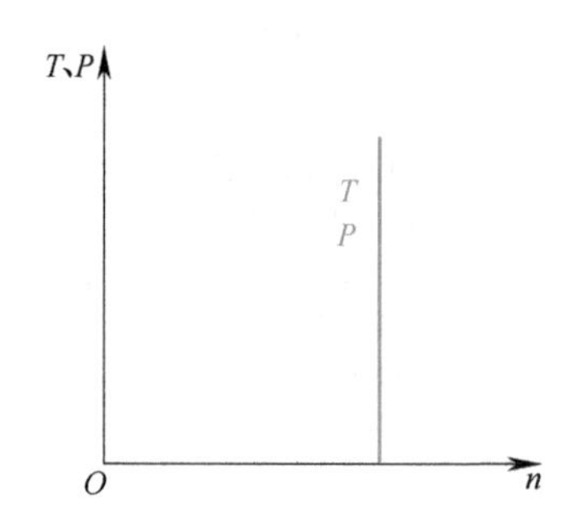

图29-15　恒转速载荷 n-T 特性

需要指出的是，不少工作机的载荷（阻力矩）是几种载荷的复合，其机械特性很复杂，要进行具体分析。

（三）机械系统稳定运行的条件

工作机运行时，原动机的机械特性和工作机的负载转矩特性是同时存在的，为了分析机械系统的运行情况，可把原动机的机械特性与工作机的负载转矩特性画在同一坐标图上，进行分析。

1. 原动机和工作机的工作点

在设计传动系统时，为求出原动机和工作机的工作点，需知原动机的机械特性和工作机的负载特性。如图29-16所示，直线2是工作机的负载特性曲线（设为恒转矩型，如起重机），曲线1为原动机（如柴油机）

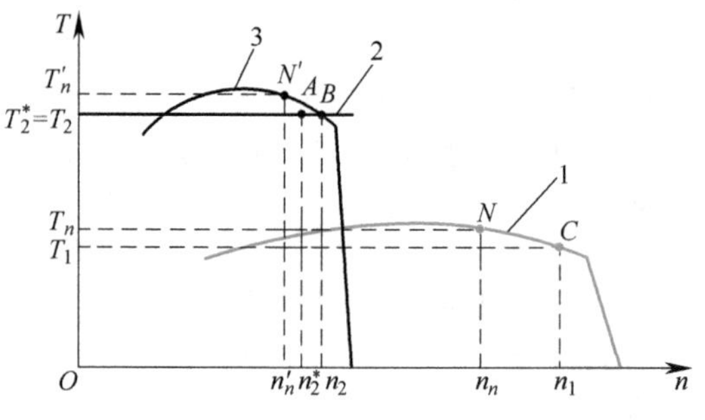

图29-16　原动机和工作机的工作点

的机械特性曲线，曲线 3 是根据原动机的机械特性曲线和传动装置的参数绘制的原动机与传动装置共同的工作特性曲线。图中点 A（n_2^*，T_2^*）是工作机的最佳工作点，点 N（n_n，T_n）是原动机的额定工作点，曲线 3 上的点 N'（$n'_n=n_n/i$，$T'_n=i\eta T_n$；i 为传动装置的传动比，η 为传动装置的效率）相当于原动机额定工作点 N。曲线 3 与直线 2 交点 B 是在这种匹配条件下工作机的实际工作点，其实际转速将为 n_2，转矩为 T_2。将 B 点换算到曲线 1 上的点 C，便是原动机实际工作点（$n_1=in_2$，$T_1=T_2/i\eta$）。

如果点 B 和点 A，点 C 和点 N 都相距不远，则传动系统的匹配是良好的，否则需要修改传动参数，或调节原动机的机械特性，甚至另选原动机，以求实际工作点处于较佳工作状态。

2. 工作点的稳定性

原动机和工作机工作点的稳定性，是指原动机或工作机受到微小干扰时，能在原工作点的邻近建立新的工作点而不产生过大的偏移。

工作点的稳定性与工作点附近的共同工作特征曲线 $T_3=f_3(n)$ 和载荷特征曲线 $T_2=f_2(n)$ 的形状有关。稳定条件为$\frac{dT_3}{dn}<\frac{dT_2}{dn}$，其中，$\frac{dT_3}{dn}$和$\frac{dT_2}{dn}$是两条特征曲线在工作点处的斜率。

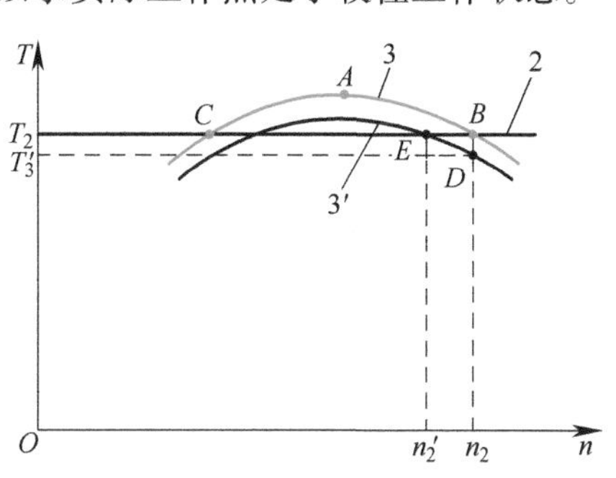

图 29-17　工作点的稳定性

如图 29-17 所示，曲线 3 是柴油机和传动装置的共同工作特征曲线，直线 2 是起重机（恒转矩）的载荷特征曲线，$\frac{dT_2}{dn}=0$。在这种情况下，只有共同特征曲线的斜率$\frac{dT_3}{dn}<0$，工作点才是稳定的。即在最大转矩点 A 右侧的工作点（如点 B）是稳定的，而左侧的（如点 C）是不稳定的。

该问题可进一步具体说明如下，设在图 29-17 中，原来的工作点为 B（位于最大转矩点 A 右侧），如果原动机受到某些干扰，使共同工作特性曲线 3 降低成为曲线 3′；转速 n_2不变时，其输出转矩下降（$T_3'<T_2$），将带不动工作机，于是转速降低。而随着转速的降低，输出转矩将增大，直至重新平衡在新的工作点 E（与点 B 相距不远）为止。如原来的工作点为 C（位于点 A 左侧），同样共同工作特性曲线由 3 变为 3′时，由于输出转矩下降而带不动工作机，使转速下降而引起输出转矩进一步降低，直至停止运转。故工作点 B 是稳定的，点 C 是不稳定的。

二、选择原动机的原则与步骤

1. 选择原则

在进行机械系统方案设计时，主要根据以下原则选择原动机。

1）应满足工作环境对原动机的要求。如能源供应，降低噪声和环境保护等要求。

2）原动机的机械特性和工作制度应与机械系统的负载特性（包括功率、转矩、转速等）相匹配，以保证机械系统有稳定的运行状态。

3）原动机应满足工作机的起动、制动、过载能力和发热的要求。

4）应满足机械系统整体布置的需要。

5）在满足工作机要求的前提下，原动机应具有较高的性价比，运行可靠、经济性指标（原始购置费用、运行费用和维修费用）合理。

2. 选择步骤

（1）确定机械系统的负载特性　机械系统的负载由工作负载和非工作负载组成。工作负载可根据机械系统的功能由执行机构或构件的运动和受力求得。非工作负载指机械系统所有额外消耗，如机械内部的摩擦消耗，可用效率加以考虑；辅助装置的消耗，如润滑系统、冷却系统的消耗等。

（2）确定工作机的工作制度　工作机的工作制度是指工作负载随执行系统的工艺要求而变化的规律，包括长期工作制、短期工作制和断续工作制三大类，常用载荷-时间曲线表示。有恒载和变载、断续和连续运行、长期和短期运行等形式。由此来选择相应工作制度的原动机。

（3）选择原动机的类型　影响原动机类型选择的因素较多，首先应考虑能源供应及环境要求，选择原动机的种类，再根据驱动效率、运动精度、负载大小、过载能力、调速要求、外形尺寸等因素，综合考虑工作机的工况和原动机的特点，具体分析，以确定合适的类型。

需要指出的是，电动机有较高的驱动效率和运动精度，其类型和型号繁多，能满足不同类型工作机的要求，而且具有良好的调速、起动和反向功能，因此可作为首选类型，当然对于野外作业和移动作业时，宜选用内燃机。

（4）选择原动机的转速　可根据工作机的调速范围和传动系统的结构及性能要求来选择。转速选择过高，导致传动系统传动比增大，结构复杂、效率降低；转速选择过低，则原动机本身结构增大、价格较高。

一般原动机的转速范围可由工作机的转速乘以传动系统的常见总传动比得出。

（5）确定原动机的容量　原动机的容量通常用功率表示。在确定了原动机的转速后，可由工作机的负载功率（或转矩）和工作制来确定原动机的额定功率。机械系统所需原动机功率 P_r 可表示为

$$P_r = k\left(\sum \frac{P_\omega}{\eta_i} + \sum \frac{P_f}{\eta_j}\right)$$

式中，P_ω 为工作机所需的功率；P_f 为各辅助系统所需的功率；η_i 为从工作机经传动系统到原动机的效率；η_j 为从各辅助装置经传动系统到原动机的效率；k 为考虑过载或功耗波动的余量因数，一般取 1.1~1.3。

需要强调指出的是，所确定的功率 P_r 是工作机的工作制度与原动机的工作制度相同前提下所需的原动机的额定功率。

文献阅读指南

1）围绕本章机械传动系统的功能、分类和特点，可参考机械工程手册电机工程手册编辑委员会编著的《机械工程手册》（2版，北京：机械工业出版社，1997）第6卷（传动设计卷）及闻邦椿主编的《机械设计手册》（6版，北京：机械工业出版社，2018）第6卷第33篇，中国机械工程学会和中国机械设计大典编委会编著的《中国机械设计大典》（南昌：江西科学技术出版社，2002）第6卷第47篇第3章传动系统方案设计中对传动系统的组成、传动系统设计过程和原则、传动类型的选择、传动链的布置及传动比分配的原则做了论述。此外在《机械工程手册》第6卷（传动设计卷）中给出了机械传动类型选择方面的几个实例。

对上述内容有较为系统介绍的参考书还有胡建钢主编的《机械系统设计》（北京：水利电力出版社，1991），朱龙根主编的《机械系统设计》（2版，北京：机械工业出版社，2006）以及李纪仁主编的《机械设计：下册》（武汉：武汉水利电力大学出版社，1999）。

2）有关原动机的选择，可参阅《中国机械设计大典》第 6 卷第 47 篇第 4 章及第 48 篇有关内容，本章所论述的机械系统稳定运转条件，是在原动机、工作机速度可调的定传动比前提下讨论的。至于变速传动等匹配问题，可参看《中国机械设计大典》第 4 卷第 31 篇第 2 章有关内容。

思考题

29-1 机械传动系统的任务是什么？简述机械传动系统的具体功能。

29-2 简述机械传动系统方案设计的一般过程和基本要求。

29-3 设计多级传动链安排各传动顺序时，对齿轮传动、蜗杆传动、带传动、链传动应注意哪些问题？

29-4 分配机械传动系统的传动比时有哪些基本原则？

29-5 机械传动系统的运动特性和动力特性通常用哪些参数表示？如何计算这些参数？

29-6 选择原动机时应考虑哪些原则？交流电动机有哪些类型和特点？

习题

29-1 在图 29-18 中，已知卷扬机最大起重量 $G=15\text{kN}$，重物提升速度 $v=0.5\text{m/s}$，卷筒直径 $D=300\text{mm}$，各轴的支承均为滚动轴承，采用电磁制动三相异步电动机（YEJ 系列），卷筒效率为 0.96。

1）初步分配传动比，确定电动机功率及转速（假设起动负载与额定负载之比不大于 1.3）。

2）确定各轮齿数，计算各轴的运动参数和动力参数。要求速度误差不超过±5%。

29-2 切纸机主传动系统如图 29-19 所示，已知电动机转速 $n=1440\text{r/min}$，切纸刀做往复直线运动，裁切次数为 33 次/min，带轮直径分别为 $d_1=160\text{mm}$，$d_2=400\text{mm}$，各齿轮模数相同，要求传动比误差不超过±5%。试确定各轮齿数。

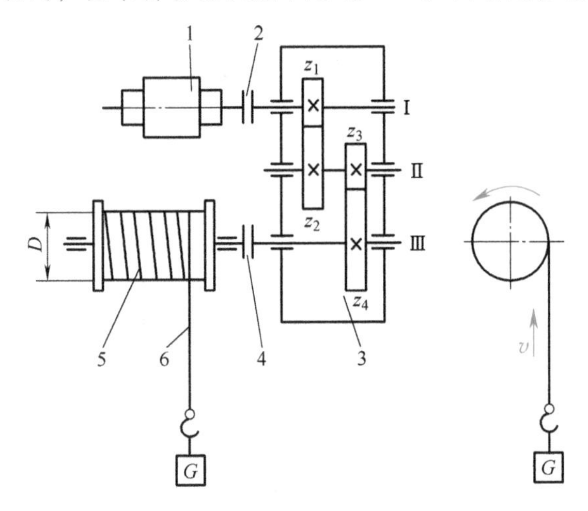

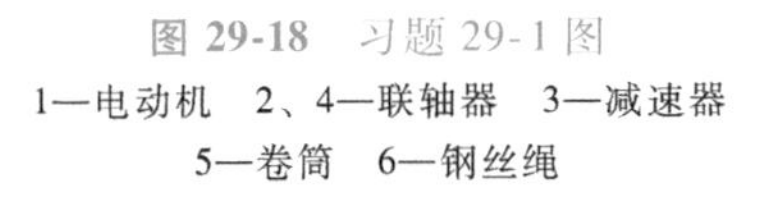
图 29-18 习题 29-1 图

1—电动机 2、4—联轴器 3—减速器 5—卷筒 6—钢丝绳

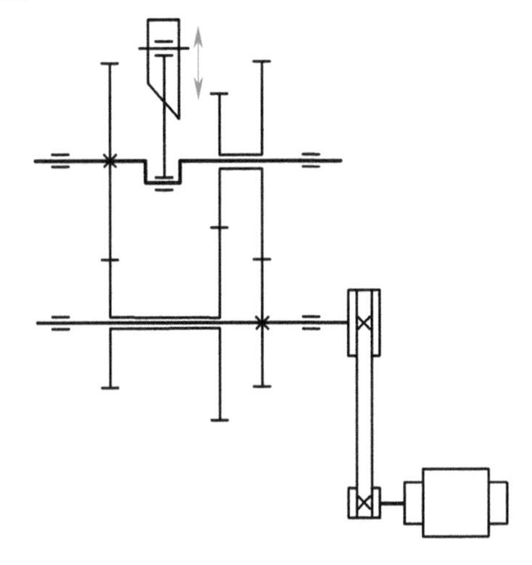

图 29-19 习题 29-2 图

29-3　某真空式饮料灌装机的传动系统如图29-20所示。储液箱5、托瓶台3和灌装阀2均由蜗轮轴6带动旋转。空瓶被输送至由滑道4支承的托瓶台上，并随滑道高度变化而上升、下降，当瓶口顶住阀头时完成灌装，瓶子下降时阀头关闭。气阀7用于控制供料装置（图中未画出）阀门的开启。假设该机生产能力为5000瓶/h，储液箱每转一周可灌装32瓶，气阀阀芯转速为80~85r/min，电动机转速为1450r/min。试分析传动线路、分配各级传动比并确定各轮齿数。

29-4　为保护书心不变形并便于翻阅，硬皮精装书需在前后封皮与书脊连接部位压出一道沟槽。压槽工艺过程包括9个工序，全部在压槽机的转盘上进行，每完成一个工序，转盘旋转40°。驱动转盘的传动系统如图29-21所示。

1）若电动机转速为750r/min，生产率为45本/min，试确定各级传动比。

2）若传动比不变，希望通过改变电动机转速实现生产率能在29~50本/min范围内变化，试确定电动机的最高转速和最低转速。

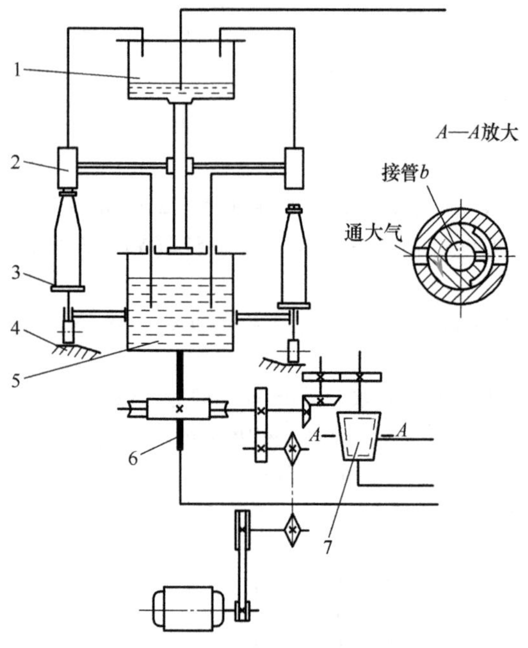

图29-20　习题29-3图

1—上储液箱　2—灌装阀　3—托瓶台
4—滑道　5—储液箱　6—蜗轮轴　7—气阀

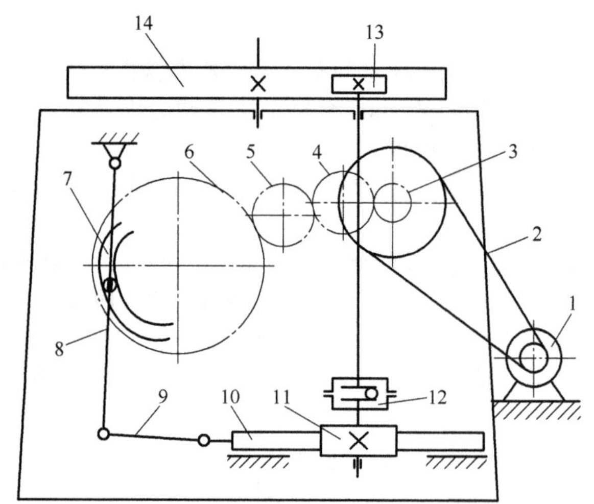

图29-21　习题29-4图

1—电动机　2—带传动　3、4、5、6、11、13—齿轮
7—槽凸轮　8—摆杆　9—连杆　10—齿条
12—超越离合器　14—齿轮转盘

29-5　某带式运输机载荷平稳，单向运转，间歇工作，运输带速度$v=0.3$m/s，电动机转速$n=1450$r/min，鼓轮直径$D=300$mm。传动系统有五种方案，如图29-22所示，设各方案中开式传动的传动比相同，蜗轮材料为铸锡青铜，各蜗杆减速器的设计寿命相同。试从以下几个方面进行比较并说明原因。

1）传动顺序安排的合理性。

2）传动系统的总效率。

3）传动系统的外廓尺寸。

4）传动系统的使用寿命。

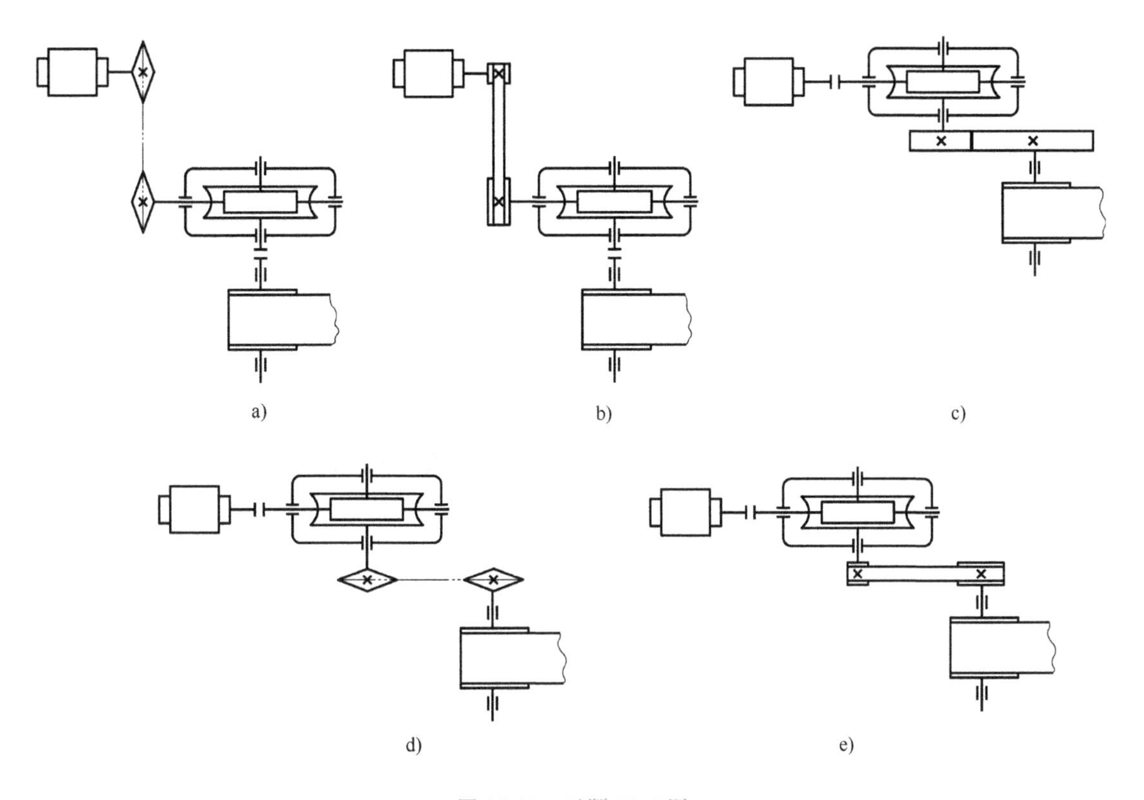

图 29-22　习题 29-5 图

第八篇

机械创新设计

本篇以创造学和设计方法学理论为基础，分两章介绍了机械创新设计的基本原理和基本方法，旨在培养创新意识，启发创新思维，培养创新设计的能力。

第三十章阐述了创新设计的基本概念、创造力的开发和创造性思维方法等内容，重点介绍了创新原理和机械设计中常用的创新技法，包括设问创新法、列举创新法、形态分析创新法、仿生创新法和智力激励创新法。

第三十一章围绕机械设计过程的主要环节，通过应用创新原理和创新技法，重点介绍了机构创新和结构创新的方法与规律，如机构的变异创新设计、结构的组合创新设计等。同时本章还密切结合工程实际，引入了大量的实用图例，可引导读者分析与思考从而诱发创新思路。

第三十章 创新设计的基本原理与常用技法

内容提要

本章介绍创新设计的基本概念及特点，简要介绍创造力的构成，重点介绍创造性思维方法、创新原理和常用创新技法。

拓展视频

中国创造：笔头创新之路

第一节 概述

当前，创业创新已成为我国经济发展的新引擎，把我国从制造大国建成制造强国，必须提高全民族的科技创新能力。只有通过科技创新，才能增强竞争优势、提高国际竞争力。

创新设计的出发点是解决工程实际问题，目的是设计出新颖、合理、价格性能比优越且具有先进性的产品。随着现代工业的高速发展，创新设计的重要性已日益明显。创新设计作为企业维持其生存及其成长的重要机能，可助推产品快速地更新换代，并保持不断地推出适销对路的新产品。创新设计是企业能够在市场竞争中取胜的关键所在。

一、创新设计产生的历史背景及其含义

“设计”的历史源远流长，设计的理论与方法是随着社会的发展而逐步完善与提高的，一般情况下，依“设计”的不同发展进程，可将其划分为以下几个阶段：

（1）直觉设计阶段　最初，人们无经验可以借鉴和参考，根据直觉需要因时制宜地进行设计。采用直觉设计的设计质量不易把握，它取决于设计者的智力、灵感与不断试验和摸索，通常设计周期漫长。这是一种具有很大随意性的自发性设计。

（2）经验设计阶段　自从数学与力学在 17 世纪中期建立起密切联系，且当人们进行了丰富的设计实践以后，把设计经验加以总结，作为设计计算和模拟的主要依据，于是利用经验设计公式进行设计就成为可能。这是一种具有经验性的设计方法。

（3）辅助设计阶段　在 20 世纪中期科学技术高速发展的强劲推动下，工程测试技术有了长足的进步，人们有可能动态和适时地获取能反映系统或机器工作过程内在规律的资料和信息，于是开始采用局部试验和模拟试验，作为设计过程的辅助手段。在辅助设计的阶段，产品试制周期缩短，设计质量获得提高。

（4）创新设计阶段　20 世纪 60 年代后期，设计工作开始采用计算机。表征零部件、子系统、工作过程及其他机理的数学模型不断涌现，计算机辅助设计使设计质量大幅度提高，设计周期大幅度缩短，使设计的理论分析、物理模拟和数值解析等工作大大推向前进。同时也推动了一系列横向学科、交叉学科、边缘学科的发展。20 世纪 70 年代末，设计工程吸收了当代科学的最新成果，逐渐形成了自身的学科体系——创新设计。

所谓创新设计，就是以创新的观点和创新的方法来研究现代设计的规律和模式，并充分发挥设计者的创造力，揭示新理论，创立新技术，设计出更具有竞争力的新颖产品。创新设

计融合了多种设计方法的精髓，是多元性的新兴科学；它囊括了当代各种创造技法，并灵活准确地运用于设计之中。

二、创新设计的特点

1. 独特性

创新设计的独特性体现在设计者追求与众人、前人不同的见解和方法，突破一般思维的常规惯例，提出新原理，创造新模式，采用新方法，达到标新立异的效果。

不断提出新原理是创新设计的重要途径。如机械钟表，不仅结构复杂，而且计时精确度也较差。以后开发的石英表，结构简单，成本低，计时较准。而电波表，计时精度可达百万分之一秒。从机械表到电波表是钟表原理上的突破。

不断采用新方法也是创新设计独创性的重要体现。如材料成形是机械制造的主要内容，过去一直采用铸造、锻压等强制成形和车、铣、刨、磨等切削成形两种基本方法。而近年推出的堆积成形方法，利用单元体的有序堆积构成复杂的三维体，采用分层实体制造等工艺，利用黏结、激光烧结等手段制造复杂形状的三维零件，称为快速成形技术，形成了制造业中突破性的新方法。

2. 多向性

创新设计主张求新求异，强调从多方面、多角度、多层次寻求多种解决问题的途径。主要依赖于下列三种机制：

（1）发散机制　以某一事物或原理为起点，尽量提出多种用途、多种功能、多种设想和多种方案。

（2）换元机制　通过变换影响事物质和量的某些原理、元素或参数，从而产生新的思路、新的方式和方法。

（3）创优机制　在多种方案中比较选优，以求得到符合某种要求的最佳方案。

3. 联动性

创新设计的联动性是通过由此及彼的联动思维，引导人们由已知探索未知，使思路更加开阔，有纵向联动、横向联动和逆向联动三种形式。

纵向联动针对现象或问题进行纵深思考，探索其原因和本质而得到新的启示。横向联动是根据某一现象，联想到特点与其相似或相关的事物而进入新领域。逆向联动是分析问题的相反方面，从“顺推”到“逆推”，从另一个角度打开新局面。

4. 综合性

综合不是将设计对象简单叠加，而是对设计对象进行深入分析，概括其规律、特点，根据需要将已有信息、现象、概念等组合起来，形成新的技术思想或新产品。

如用于人体检查的层析X射线摄像法（CT），可得到清晰的三维图像。这种技术是X光、微光测控器、计算机和电视技术的有机组合。组合后的整体应在结构上满足“1+1<2”，而性能上达到“1+1>2”的要求。

5. 实用性

创新设计必须与社会发展水平相适应。创新设计离不开知识、技术、经验、教训等社会提供的精神条件，也离不开材料、工具、设备等社会提供的物质条件。创新设计是社会当时的生产、科技和文化水平的综合体现，任何超越社会发展水平的设计，都是纸上谈兵。此外，创新设计的实用性还表现在所设计产品的市场适应性，即必须满足社会的需要和用户的需求，产品要便于制造、有市场可接受的价格、有足够高的可靠性和环保性等。

三、创新设计的分类

1）根据创新设计的内容与特点分类，可分为三种类型：

① 开发创新设计。针对新任务，进行从原理方案到结构方案的新设计，完成从产品规划到施工设计的全过程。

② 变异创新设计。在已有产品的基础上，进行原理方案、机构、结构、参数、尺寸、材料、工艺等的变异或组合，以实现提高产品性能、增加产品功能或降低成本的目的。

③ 反求创新设计。针对已有产品或设计，进行分析、消化、吸收，掌握其关键技术，在吸取中创新，进而开发出同类的先进产品。

2）按创新设计的对象进行分类，可分为：功能与原理创新设计，机构与结构创新设计，外观创新设计，工艺与管理创新设计。

3）按创新设计程度进行分类，可分为：发明型创新设计，实用型创新设计，技术革新型创新设计。

第二节　创造力与创造性思维

一、创造力与创造性思维的含义

创造力是设计人员应该具备的基本素质，也是提高设计水平和质量的基础。一般认为，创造力是人在认识与实践过程中表现出来的、产生新的精神成果或物质成果的思维与行为能力的总和。它是保证创造活动得以实现的诸种能力的综合以及各种积极个性心理特征的有机结合，而不是一种单一能力。一般情况下，创造力的发挥依赖于创造性思维。

创造性思维是人类大脑所特有的属性。可以说，人类所创造的一切成果都是创造性思维的外现或物化。

创造性思维是指思维的内容和结果或超越人类在该领域的最高认识水平，或超越思维者本人（或部分人）原有的认识水平，最终得到新颖成果的思维。创造性思维是多种思维类型巧妙的辩证综合，它不仅要提供多样化的新奇想法，而且要对各种新奇想法进行筛选和优化，以便满足解决复杂问题的实际需要。

二、创造性思维方法

1. 形象思维与抽象思维相结合

形象思维是指借助具体的“形象”来思考问题的一种思维方式。例如，在设计一个零件或一台机器时，设计者在头脑中浮现出该零件或机器的形状、颜色等外部特征，以及在头脑中将想象中的零件或机器进行分解、组装等的思维活动，都属于形象思维。

抽象思维是以概念、判断和推理为形式的思维方式。抽象思维是理解和把握科学理论的主要思维形式。只有运用抽象思维深刻地理解了科学理论的实质，才能把它转化为技术原理，进而发明创造出新的技术系统和工艺方法。例如，在机械制造领域具有广泛影响的激光加工技术，就是在光的受激发射理论方面有了重大突破之后，经过工程技术人员的进一步开发，才得到普遍应用的。因此，加强抽象思维能力的训练是非常必要的。但抽象思维在灵活性和新奇性方面则相对较差。

因此，创新设计者不仅要善于运用形象思维构思新产品、新结构的空间图像，而且要具有较强的抽象思维能力，在实际创新过程中，把两者很好地结合起来，以发挥各自的优势，互相补充，相辅相成。

2. 发散思维与集中思维相结合

发散思维是指思维者不依常规，而是沿着不同的方向和角度，从多方面寻求问题的各种可能答案的思维方式。发散思维在创新设计中具有特别重要的意义。

1）在技术原理的开发方面，运用发散思维可以多侧面、多角度、多领域、多场合地对同一技术原理的应用途径进行设想。例如，超声波技术，运用发散思维方法就可以使其应用途径大为扩展，它可以用于切削、溶解、烧结、研磨、探伤、焊接、锅炉除垢、雷达定向、医学上的体内碎石、制造盲人探路手杖、盲人眼镜等，这样就可以促使多种新产品问世。

2）对于产品的功能设计、结构设计等，运用发散思维，也可以大大扩展人们的思路，增加花色品种，促进产品的系列化。

3）发散思维可以有效地开拓市场，广开产品销售渠道，增加销售手段，有利于新技术、新产品的推广和扩散。

总之，发散思维是使人摆脱习惯性思维的束缚，独辟蹊径、推陈出新、出奇制胜的一种非常重要的思维方式。

集中思维是一种在大量设想或方案的基础上，做出最佳选择的思维方式。集中思维的操作更多地依赖于逻辑方法，也更多地渗透着理性因素，因而其结论一般较为严谨。集中思维的意义在于，它可以从纷繁复杂的信息中理出一条满足目标要求的线索来，如同在一个四通八达的交叉路口，设法找到一条通向目的地的最佳路线一样。它是对多种方案进行评价、筛选和抉择的主要思维形式。

集中思维和发散思维作为两种不同的思维方式，在一个完整的创新活动中是相互补充、互为前提、相辅相成的。发散思维能力越强，提出的可能方案越多样化，才能为集中思维在进行判断时提供较为广阔的回旋余地，也才能真正体现集中思维的意义。否则，如果自始至终只有一种方案，那就失去了选择的价值，更谈不上优选了。但反过来，如果只是毫无限制地发散，而无集中思维，发散也就失去了意义。因为在严格的科学实验和工程技术设计等活动中，实验结果或设计方案最终要表现为唯一性，否则是难以实施的。因此，一个创新成果的出现，既需要以一定的信息为基础，进行充分的想象、演绎，设想多种方案，又需要对各种信息进行综合、归纳，从多种方案中找出较好方案，即通过多次的发散、集中、再发散、再集中的循环，才能真正完成一项创新设计。

3. 逻辑思维与非逻辑思维相结合

逻辑思维是一种严格遵循规则，按部就班、有条不紊地进行的一种思维方式。它的特点是规则较为程序化，条件确定，推理严密，结论精确。

非逻辑思维是同逻辑思维相对而言的另一类思维方式，其基本特征是：

1）往往并不严格遵循逻辑格式，而是表现为更具灵活性的自由思维。

2）所使用的“材料”或思维“细胞”通常不是抽象的概念，而是形象化的“意象”。意象是对同类事物形象的一般特征的反映。

3）其成果或结论往往能突破常规，具有鲜明的新奇性，但一般偶然性很大。

正因为如此，非逻辑思维的基本功能在于启迪心智，扩展思路。非逻辑思维的基本形式有联想思维、想象思维、直观思维和灵感思维。

逻辑思维以其严谨性、精密性在科学研究领域被广泛应用着，但是对于那些复杂的创新性问题，有时单靠逻辑思维并不能足以将它们解决，而必须辅之以一些非逻辑思维。但是非逻辑思维结果的偶然性，又给逻辑思维提供了“用武之地”。科学上的重大发现，技术上的新发明、新突破，很多都得益于逻辑思维与非逻辑思维的相互补充和相互支持。例如，人们早已知道，为了保证内燃机有效工作，必须使油与空气均匀混合然后再进行燃烧。但是如何才能均匀混合呢？美国工程师杜里埃偶然从向头上喷洒香水联想到油的汽化而突发灵感，终于试制成功了内燃机的化油器。这正是非逻辑思维（从喷香水想到燃油汽化）和逻辑思维（理论与实验研究）相结合的结果。

三、创造性思维的激发

1. 质疑激发法

学起于思，思源于疑。心理学认为，“疑”是最容易引起人的定向探究反射的。对于一些“司空见惯”“理所当然”的事情要敢于怀疑、敢于提出问题。爱因斯坦曾说：“提出一个问题往往比解决一个问题更重要，因为解决一个问题也许仅是一个科学上的试验技能而已，而提出新问题、新的可能性，以及从新的角度看旧的问题，却需要有创造性的想象力，而且标志着科学的真正进步。”因此，质疑是创造性思维的开端，是激发出创造性思维的有效方法，它会使思索者找到新的解决问题的方向和突破口。

质疑的内容主要有：

（1）质疑原因　每看到一种现象或一种事物，均可以质疑产生这些现象或事物的原因。

（2）质疑结果　在思考问题时，要多设想一些可能导致的后果，当某一情况发生后，要多设想一些其发展的前景或趋势。

（3）质疑规律　对事物的因果关系、事物之间的联系要勇于提出疑问。

2. 求变激发法

人们头脑中已有的知识、经验和观念，既有促进创造性思维的一面，也有束缚人们的头脑使之思想僵化、形成思维定势、难得产生新颖独特的见解的一面。因此，要激发创造性思维必须做到：

1）辩证地对待已知的知识和经验。知识和经验都是过去成功的创造性思维的结晶，它们都是说明已知的某一事物或某一领域的。而创造性思维所要说明的则是未知的新事物、新领域，这些新事物和新领域是已有知识所不能完全说明的。只有树立“求新求变”的观念，才能摆脱已有的固定观念。

2）变换角度去观察、研究事物。事物的本质、事物之间的关系以及事物发展变化的规律往往隐含在事物的内部，或被表面现象所掩盖。因此，必须时时保持清醒的头脑，善于从多角度、多侧面、灵活变通地去观察事物。同时，还要使自己的思维路径或侧向、或逆向、或发散、或聚合、或嵌入、或置换，来寻求解决问题的最佳方案。

3. 兴趣激发法

强烈的兴趣与爱好能促使人对事物仔细观察和深入思考，从而产生广泛的联想。兴趣是开展创造性思维的驱动力和催化剂。

人的兴趣在大脑中分为两个区域，一个是广泛兴趣区，另一个是中心兴趣区（图 30-1）。广泛兴趣只在活动中产生，活动一结束就消失了；而中心兴趣则是稳定、长期存在的。当人的广泛兴趣发展到中心兴趣的时候，大脑皮层便建立了固定的条件反射。这时只要一接触到与中心兴趣有关的事情，神经细胞就会处于兴奋的激发状态，产生强烈的求知欲望和探索毅力，从而使某个方面的才能得到充分发挥。

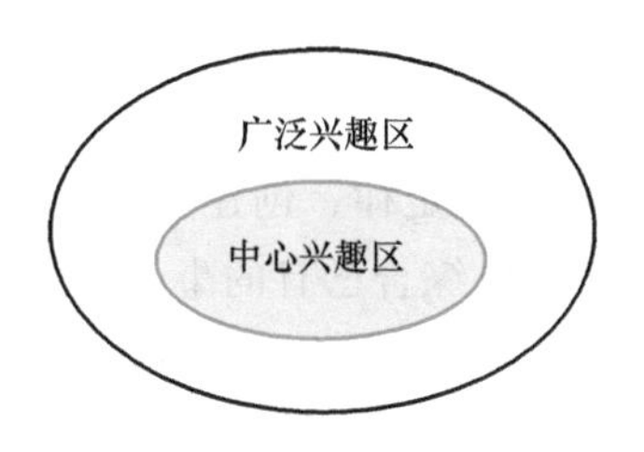

图 30-1　大脑兴趣分区

广泛兴趣是可以培养或受外界影响形成的，而中心兴趣则是需要基于理性、认真选择发展而形成的。一些大科学家、大发明家都有自己专一的兴趣（即中心兴趣）。

每一个有志于创新的人，首先应该培养自己广泛的兴趣和爱好，自觉地投身到社会活动中去，在此基础上要及时确定某一中心兴趣，使其成为个人的稳定心理特征，这样才会对创造性思维产生积极的促进作用。

4. 信息碰撞激发法

知识和信息在人脑中快速地传递和处理，能激发人的创造意识和创造思维能力。一般而言，知识愈丰富，思维便愈敏捷、愈深刻，正所谓“学愈博则思愈远”。

多看、多听、多学是获取知识的重要渠道。与别人谈话、研讨、切磋乃至争论，会使思想上互相感应、知识上互为补充，从而启迪智慧、激发灵感、活跃思维。例如，爱因斯坦曾经常同贝索等年轻朋友在瑞士伯尔尼的一家咖啡馆聚会并研讨学术问题。他的关于狭义相对论的第一篇论文就是在这种讨论中孕育的。他在论文中没有引用任何文献，但却提到了与贝索等人争论对他的启发。

第三节 创新原理

一、综合创新原理

综合是将研究对象的各个部分、各个方面和各种因素联系起来加以考虑，从整体上把握事物的本质和规律的一种方法。综合创新就是运用综合的方法，寻求新思路与新方案来生成一个新事物。其基本模式如图30-2所示。

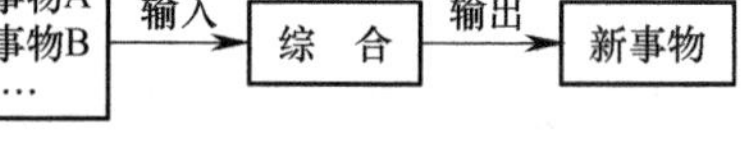

图30-2 综合创新模式

需要指出，综合不是将对象的各个构成要素进行简单的相加，而是按其内在联系合理地组合起来，使综合后的整体能导致创造性的新发现。在机械创新设计实践中，有许多综合创新的实例。

将摩擦带传动技术与链条啮合传动技术综合，产生了同步带传动。这种新型带传动具有传动功率较大、传动比准确等优点，已得到广泛应用。

将两个或两个以上的单一机构进行综合，形成了组合机构。组合机构可以实现更复杂的运动规律或具有更好的动力特性。

“机电一体化技术”是机械技术与电子技术、液压、气压、光、声、热以及计算机与控制等技术的综合。这种综合创造的机电一体化新产品（如机器人、数控机床、自动取款机等）比起单纯的机械产品性能更优越，使传统的机械产品发生了质的飞跃。

综合创新的基本方法如下：

1）综合不同的学科可以创造出新学科。如材料科学、能源科学、空间科学等都属于综合性新学科。

2）综合不同的科学原理可以创造出新的原理。如牛顿综合开普勒的天体运行定理和伽利略运动定律，创建了经典力学体系。

3）综合已有的事实材料可以发现新规律。如门捷列夫综合已知元素的原子属性与原子量、原子价的关系的事实和特点，终于发现了元素周期律。

4）综合不同的技术、方法，可以创造出新技术、新方法。如20世纪60年代，日本从奥地利引进氧气顶吹炼钢技术，从法国引进高炉吹重油技术，从美国引进高温高压技术，从德国引进炼钢脱氧技术，然后他们对引进的技术进行综合利用（优化组合），创造了世界上第一流的炼钢技术。

二、分离创新原理

分离创新是把复杂的整体离散为简单的局部，把大问题分解为小问题，或将优点与缺点分离开进行思考的一种思维方法。通过分离可使主要矛盾暴露出来，以便寻求新的解决方案。分离创新模式如图 30-3 所示。

分离创新的基本方法如下：

1）将已知事物的相关部分分解，然后择优综合，以实现功能互补或功能放大。在设计过程中，功能模块化设计、结构模块化设计、参数模块化设计等都是分离创新的有效途径。

2）将已知事物的某些次要部分、劣势部分从整体中分离出去，以实现系统完善或优势加强。例如，机械系统中去掉某些不必要的冗余部分，金属冶炼中去除杂质的过程等，都是分离创新的应用。

三、移植创新原理

吸取、借用某一领域的概念、原理和方法，应用或渗透到另一领域，从而取得新成果的方法就是移植创新。移植创新模式如图 30-4 所示。

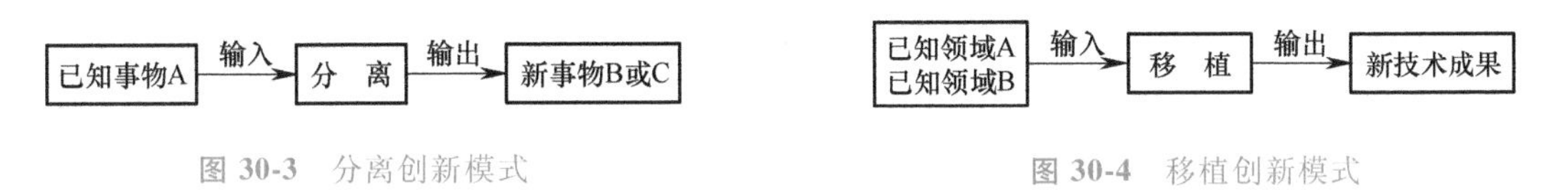

图 30-3　分离创新模式　　图 30-4　移植创新模式

移植创新是一种应用广泛的创新思路，其基本方法如下：

1. 原理移植

把某一学科领域的原理移植到另一学科领域之中，从而使这一学科领域的研究工作产生新的突破。

常规轴承是通过固体膜、气体膜、液体膜或滚动体支承载荷，将两摩擦表面分开，以期实现减摩、耐磨、提高旋转精度和机械效率的目的。人们按正常思路对轴承的组件形状、结构参数及材料等不断地进行研究，但都没有产生重大突破。近年来有人将电磁学原理移植到轴承设计中，利用磁的同性斥力支承载荷，开发出了两摩擦表面（轴颈与轴瓦）不接触的磁悬浮轴承。这种磁力轴承在旋转过程中的摩擦阻力极小且旋转精度很高，现已在计量、仪表等行业推广使用。如美国西屋公司将磁力轴承用在电能表上，电能计量误差接近于零，获得了较高的商品附加价值。

2. 结构移植

把某一领域之事物的结构形式或结构特征移植到另一领域之事物上，从而产生新的事物。

如将滚动轴承的结构形式移植到滑动导轨上，就设计出了广泛使用的滚动导轨。

3. 材料移植

将某一领域使用的材料移植到另一领域之产品（或零部件）上，从而使产品（或零部件）的使用功能和实用价值大大提高。

例如，以高温陶瓷制成燃气涡轮的叶片、燃烧室等部件，或以陶瓷部件取代传统发动机中的气缸套、活塞顶、预燃室、增压器等制成陶瓷发动机，它具有耐蚀、耐高温性能，可以采用廉价燃料，省去传统的水冷系统，减轻发动机的自重，因而大幅度地节省能耗、降低成本，增大了功效，是动力机械的重大突破。

4. 技术移植

把某一学科领域的新技术移植到另一学科领域之中，为另一学科的研究提供有力的技术手段，推动其发展。

例如，将激光技术移植到机械加工领域，使原来用切削方法很难进行的小孔、深孔及复杂形状表面的加工都能容易地实现。电子技术与计算机技术移植到机械领域，使机械控制及自动化技术产生了前所未有的突破。

5. 综合移植

将一门或几门学科的理论和研究方法综合、系统地移植到其他学科，导致新的边缘学科的创立。

19世纪末，人们把物理的理论和研究方法系统地移植到化学领域中，即用物理的理论与方法研究化学现象和化学过程，从而创立了物理化学学科。

四、逆向创新原理

逆向创新原理是从反面、从构成要素中对立的另一面思考，将通常思考问题的思路反转过来，寻找解决问题的新途径、新方法，也称反向探求法。

18世纪初，人们发现了通电导体可以使磁针转动的磁效应，法拉第运用逆向思维反向探求：既然电可以使磁针转动，那么磁针转动是否可以产生电呢？终于在经过9年的探索之后于1831年发现了电磁感应现象，制造出了世界上第一台发电机，为人类进入电气化时代开辟了道路。

五、还原创新原理

所谓还原创新，是将所研究的问题（或对象），退回（即还原）到其本质的“原点”，然后从该“原点”出发另辟蹊径，来寻求解决问题的新思路、新方案的一种思维方法。还原创新模式如图30-5所示。

已知事物 —输入→ 还原创新 —输出→ 新技术成果

图 30-5 还原创新模式

还原思考时，不沿着现成技术思想的指向继续同向延伸，也不以现有事物的改进作为创造的起点，而是首先抛弃思维定势的影响，分析问题（或对象）的本质，追本溯源，找到其根本的出发点（即原点）。

还原创新的基本途径是“还原换元法”。即找到“原点”后，可通过置换有关技术元素进行创新。

无扇叶电风扇的设计就是还原创新的实例。无论是台扇、壁扇、吊扇，其本质都是使周围空气急速流动。从“使空气流动”这个“原点”出发，经过换元思考，有人想到了薄板振动的方案。该方案用压电陶瓷夹持一金属板，通电后金属薄板振荡，导致空气加速流动。按此思路设计的电风扇，没有扇叶，与传统电风扇相比，具有体积小、质量小、耗电少和噪声低等优点。

六、价值优化原理

设 F 为产品具有的功能，C 为取得该功能所耗费的成本，则产品的价值 V 为

$$V=\frac{F}{C}$$

即产品的价值与其功能成正比，而与其成本成反比。

所谓价值优化，是指在创新设计过程中运用价值工程的理念，探索、研究产品功能与其成本之间的内在联系，设计出具有高价值的产品，以提高其技术经济效果。价值优化的基本途径有：

1）在保持产品功能不变的前提下，着眼于降低成本，从而达到提高价值的目的。即

$$\frac{F}{C\downarrow}=V\uparrow$$

2）在成本不增加的前提下，采取措施提高产品的功能质量，从而实现提高价值的目的。即

$$\frac{F\uparrow}{C}=V\uparrow$$

3）去掉某些功能，或虽然使某些功能稍有降低但能满足需要，从而使成本大幅度下降，结果使价值提高。即

$$\frac{F\downarrow}{C\downarrow\downarrow}=V\uparrow$$

4）虽然使成本略有增加，但却使功能大幅度提高，从而使价值提高。即

$$\frac{F\uparrow\uparrow}{C\uparrow}=V\uparrow$$

5）不但使功能增加，同时也使成本下降，从而使价值大幅度提高。即

$$\frac{F\uparrow}{C\downarrow}=V\uparrow\uparrow$$

第四节　常用创新技法

创新技法是设计者应用创新原理、开展创造性思维、进行创新活动的具体化的技巧与方法，它能启迪设计者的思路，诱发创造性设想。从形成机制来看，创新技法是人类创造经验的总结，反映了创造发明活动的客观规律；从使用价值来看，创新技法具有很强的实用性，它能指引设计者达到创新的目的。

一、设问创新法

设问法是针对已知事物系统地罗列问题，然后逐一加以研究、讨论，多方面扩展思路，从单一物品中萌生出许多新的设想的创新方法。设问法可从以下几方面提问：

1）能否转移。现有事物的原理、方法、功能能否转移或移植到别的事物（或领域）中去应用？

“拉链”最初只用在鞋上，后来人们将它用在提包、服装上，扩展了应用范围。农村水井打水用的手动唧筒（图 30-6a）就是四杆机构中的定块机构（图 30-6b）在生活领域的应用实例。

2）能否引申。现有事物能否引申设想出其他新的东西？可否模仿他物？

这一思路有助于形成系列成果。对普通的椅子通过引申设想制成了躺椅、摇椅、转椅等。对自行车通过引申设想出现了许多创新的结构形式，如折叠自行车、变速自行车、多功能自行车、无链传动自行车（图 30-7）等。

3）能否改变。改变现有事物的结构、形状、顺序、颜色、气味、式样等，会产生什么结果？

改变普通桌椅的结构，设计出可折叠桌椅，不用时可以收拢起来，少占空间。

4）能否放大或缩小。将现有事物按比例放大或缩小会产生什么结果？

将普通台灯的灯头与底座之间的距离放大，就成了落地台灯。将热水瓶缩小就成了方便携带的保温杯。

5）能否增加或减少。在现有事物上可否加上别的东西或增加新的功能？从现有事物上

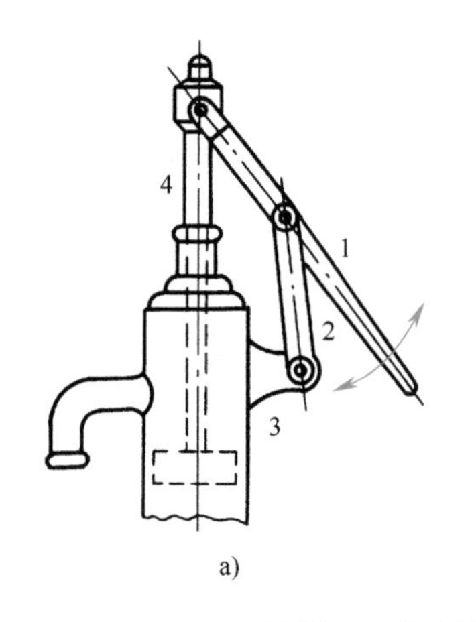

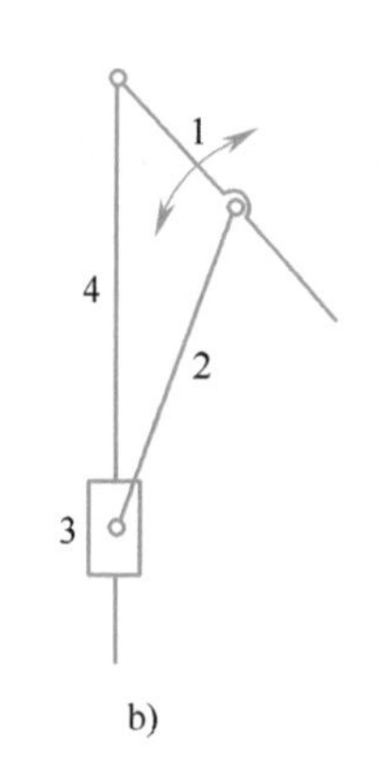

图 30-6 手动唧筒

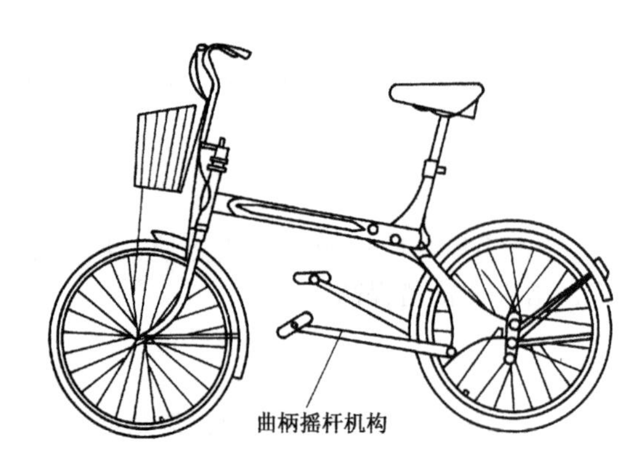

图 30-7 无链传动自行车

抽掉一些东西（或不必要的功能）是否可构思出新的方案？

凸轮机构中，尖顶从动件与凸轮之间为滑动摩擦，阻力大、效率低，有人想到了用滚子从动件来降低摩擦，提高效率；另外，用平底从动件在平底与凸轮接触处易形成油膜，也能减轻磨损，提高效率。

6）能否替代。现有事物是否能用其他原理、方法、结构、材料、元件等代替？

瑞士人德梅斯特拉尔，从一种植物的果实粘在身上的现象受到启示，发明了能代替纽扣且非常方便使用的尼龙搭扣。尼龙搭扣后来应用到了载人航天器上，搭扣的一部分固连在载人舱的“地面”上，其对偶部分固连在航天员的鞋底面，这样就解决了在太空失重状态下的行走问题。

7）能否重组。调整现有事物各部分的位置或顺序会怎样？改换因果关系、改变条件将产生何种结果？

凸透镜能将物体放大，而凹透镜将物体缩小，出于好奇，荷兰人利珀希把两个镜片一前一后组合起来，惊讶地发现眼前景物变得又大又近，世界上第一个望远镜就这样诞生了。

8）能否颠倒。现有事物能否从相反方面考虑？能否因果颠倒、作用颠倒、位置颠倒、工艺方法颠倒等？

早期的除尘器是利用吹尘的方法，飞扬的尘土令人窒息。英国人赫伯布斯运用逆向思维，将吹尘颠倒为吸尘，发明出带有灰尘过滤装置的负压吸尘器。

9）能否组合。现有的若干种事物或事物的若干部分能否组合起来，产生新事物或是使功能增加或加强？组合创新是一种非常有效的创新方法。它可以通过功能组合、结构组合、材料组合、技术组合、信息组合以及同类组合、异类组合等多种形式来实现。

将椅子和一对自行车轮组合到一起，制成了残疾人使用的轮椅。可当座椅用的两用拐杖（图 30-8）也是功能组合的实例。多功能螺钉旋具、旅行用多功能小刀等都是利用组合方法创新的例子。

图 30-8 两用拐杖

二、列举创新法

（一）缺点列举法

缺点列举法是通过寻找事物存在的缺点并设法消除它，来实现创新。该法的理论基础是：世界上任何事物都不可能尽善尽美，总是存在缺点和不足，克服了缺点，就意味进步，意味着更新与提高。

缺点列举法的实施步骤为：

1）首先对事物的缺点进行罗列。寻找事物的缺点有以下三种途径：①市场调研，倾听用户意见；②与现存的同类事物对比、分析，与国内外先进技术标准对比、分析，找差距列缺点；③召开缺点列举会，以专挑毛病为宗旨来充分揭露事物的缺点。

2）对缺点进行分析，确定创新目标，开发创新设想。针对已罗列出的各种缺点，要逐一进行分析，提出弥补和改进的设想。针对一个缺点应多提出几种改进的想法，以便在设想处理阶段供选择的范围更大些。

3）设想处理。根据价值优化原理和技术经济指标，对全部设想进行对比评价，选择出一种或几种优秀的方案予以实施。

需要指出：①寻找缺点不是对原事物的全盘否定，而是设法把缺点消除并创造出优点，使事物渐臻完善、提高。②不同的缺点对事物特性或功能的影响程度不同，如电动工具的绝缘性能差，较之其质量偏大、外观欠佳的影响要大得多，因为前者涉及人身安全问题。因此，要从产品功能、性能、质量等影响较大的方面出发分析鉴别缺点，抓住主要矛盾。

例题 30-1 试列举电冰箱的缺点并提出若干创新设想。

解：根据缺点列举法的实施步骤：

1. 列举缺点

1）使用氟利昂，产生环境污染。

2）使冷冻方便食品带有李斯德氏菌，可引起人体血液中毒、孕妇流产等疾病。

3）患有高血压的人不能给电冰箱除霜，因为冰水易使人手毛细管及小动脉迅速收缩，使血压骤升，造成“寒冷加压”现象，危及人身安全。

2. 提出改进缺点的新设想

1）针对上述第一个缺点，进行新的制冷原理研究，开发不使用氟利昂的新型冰箱。如国外正研制一种“磁冰箱”，这种电冰箱没有压缩机，采用磁热效应制冷，不使用有污染的氟利昂介质。另外，还可以采用无氟制冷剂制冷。

2）针对冷冻食品带菌问题，除从食品加工本身采取措施外，还可研制一种能消灭李斯德氏菌及其他细菌的“冰箱灭菌器”，作为冰箱附件使用。

3）对于“寒冷加压”问题，一方面是告诫血压高的人不要轻率地用手去除霜，另一方面改进冰箱的性能，从自动定时除霜、无霜和方便除霜等角度去思考。

（二）希望点列举法

希望点列举法是设计者根据社会需求或个人（或用户）意愿，通过列举希望来形成创造目标、开发出新设想的创新方法。希望点列举法所依据的原理是：人们的愿望永远不可能完全得到满足，一种需要满足之后，还会提出更高的需求，不断的需求驱使人们不断地进行创造。

希望点列举法应用的步骤如下：

1. 列举希望点

列举希望点的前提是要进行社会需求分析。社会需求来源于四个方面：科学发展的需要，精神文明的需要，物质文明的需要，生活需要。寻找希望点的途径为：①充分发挥设计者对美好事物的想象、憧憬和期望，分析、列举希望点；②通过市场调研、用户调查获取希望点；③召开希望点列举会，发动群众多方面捕捉希望点。

2. 希望点的鉴别

作为创新目标的希望点要符合以下四项基本原则：

（1）科学性原则　符合客观规律，不搞迷信活动。

（2）先进性原则　立足高起点、高知识含量。

（3）可能性原则　综合考虑物质基础和自身条件，抛弃幻想，量力而行。

（4）市场性原则　要分析是大多数人的希望还是少数人的希望，应着重考虑大多数人的希望，因为由此形成的创新成果更容易得到社会的认可和接受，更能打开市场。

3. 设想开发与评价

以希望点作为目标，运用各种创新思维方法，构思创新方案，根据价值优化原理进行方案评价。

（三）特性列举法

特性列举法是由美国创造学家克劳福德研究总结而成的，他认为：任何事物都有其属性或特性，将复杂问题化整为零，然后逐一分析其特性，有利于打开思路，产生创造性设想。

特性列举法的运用程序如下：

（1）对象剖析　首先进行系统分析，在熟悉系统的基本结构、工作原理及使用条件的前提下，将其逐步分解为若干个子系统，直至成为基本结构单元为止。

（2）特性列举　逐项罗列出各子系统（或单元）的各种特性。可从以下三方面入手：①名词特性，即可用“名词”加以表达的特征，如事物的整体、部件、材料、制造方法等；②形容词特性，即可用“形容词”加以表达的特征，如事物的性质、形状、结构、状态、颜色、体积、质量等；③ 动词特性，即可用“动词”加以表达的特征，如事物的原理、功能、用途、作用等。

（3）设想开发　针对罗列出的各种特性逐一进行推敲，或加以改变、改进，或加以延拓，进而提出各种创新设想。

例题 30-2　试运用特性列举法提出电风扇创新设计新设想。

解：根据特性列举法的运用程序：

（1）对象剖析　观察分析现有的电风扇，搞清其基本组成、工作原理、性能及外观特点等。将电风扇分解为 6 个子系统（单元），如图 30-9 所示。

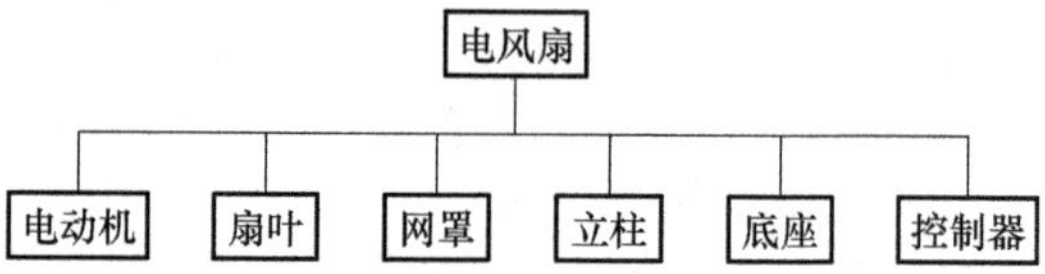

图 30-9　电风扇分解图

（2）特性列举

1）名词特性。

整体：落地式电风扇；部件：电动机、扇叶、网罩、立柱、底座、控制器；材料：钢、铝合金、铸铁、塑料；制造方法：铸造、注塑、机加工、手工装配。

2）形容词特性。

性能：风量、转速、转角范围；外观：圆形网罩、圆截面立柱、圆形底座、圆形按钮；颜色：浅蓝、米黄、象牙白。

3）动词特性。

功能：扇风、调速、摇头、升降。

（3）设想开发

1）针对名词特性思考。

设想 A：扇叶能否再增加一个？即换用两头有轴的电动机，前后轴上装相同的两个扇叶，组成“双叶电风扇”，再使电动机座能旋转 180°，从而使送风面达 360°。

设想 B：扇叶的材料是否改变？如用檀香木制成扇叶，再在特配的中药浸剂中加压浸泡，制成含保健元素的“保健风扇”。

设想 C：控制器按钮能否改进？能不能加上微型计算机，使电风扇智能化？若能这样，“遥控风扇”“智能风扇”便脱颖而出。

2）针对形容词特性思考。

设想 A：能否将有级调速改为无级调速？

设想 B：网罩的外形是否多样化？椭圆形、方形、菱形、动物造型、“大厦式电风扇”的结构是不是挺有时代特征？

设想 C：电风扇的外表涂色能否多样化？将单色变彩色，让其有个性化特点，可能更吸引消费者。如果能采用变色材料，开发一种“迷幻式电风扇”，也给人以新的感受。

3）针对动词特性思考。

设想 A：使电风扇具有驱赶蚊子的功能。

设想 B：冷热两用扇，夏扇凉风，冬出热风。

设想 C：消毒电风扇，能定时喷洒空气净化剂。

三、形态分析创新法

运用系统工程和形态学理论来探寻新思路、构思新方案的方法，即为形态分析创新法。

因素和形态是形态分析中两个基本概念。按系统工程方法将复杂研究对象逐级分解，可形成若干个特性因子或功能单元，这些因子或单元，称为因素。实现因素所要求的功能的技术手段，即称为形态，或称为功能元解。例如，洗衣机可分解为盛装衣物、分离脏物、控制洗涤三个功能单元（即因素），那么“手动控制”“机械定时器控制”和“计算机控制”等即是实现“控制洗涤”功能的技术手段，“控制洗涤”功能的表现形态，称为形态。

形态分析通过对系统进行因素分析和形态综合，为创新提供尽可能多的备选方案。在这一过程中，发散思维和收敛思维均起着重要的作用。形态分析创新法的运用程序如下：

1. 因素分析

首先要熟悉系统的结构组成和功能原理，然后利用系统的可分解特性将系统功能分解为若干较简单的功能单元，即因素。功能系统的分解起于总功能，按分功能、二级分功能、……因素逐级分解。分解时，要使确定的因素满足三个基本要求：①各因素在逻辑上彼此独立；②对因素的描述要准确、简洁、合理，要抓住其本质特征；③在数量上是全面的。

2. 形态分析

按照对因素所要求的功能属性，分析并探求各因素可能的全部形态（技术手段）。这一步需要发散思维，要尽可能列出满足功能要求的多种技术手段，其途径有：①参考有关产品的技术资料和专利；②借鉴本领域和其他领域的知识和技术。

3. 构造形态学矩阵

将第一个因素及其形态作为第一行，将第二个因素及其形态作为第二行，……以此类推。各因素、形态上下对齐形成列，这样就组成了形态学矩阵，见表 30-1。表中：Z_1、Z_2、…、Z_m为系统的 m 个因素；L_{11}、L_{12}、…、L_{1n_1}为第 1 个因素的第 1、第 2、…、第 n_1 种表现形态，以此类推。

表 30-1　形态学矩阵

因　素	形		态	
Z_1	L_{11}	L_{12}	…	L_{1n_1}
Z_2	L_{21}	L_{22}	…	L_{2n_2}
⋮			⋮	
Z_m	L_{m1}	L_{m2}	…	L_{mn_m}

4. 方案的综合与评价

从每个因素中取出一种形态进行有机组合，可形成系统的一个状态，即得到一个系统方案解。从理论计算，最多可组合出 N 种系统方案解

$$N=n_1n_2\cdots n_i\cdots n_m$$

式中，n_i为第 i 个因素的形态数；m 为因素个数。

必须指出，在 N 种系统方案解中，既包含有意义的方案，也包含无意义的虚假方案，必须经过方案评价进行选择。根据不相容性和设计的约束条件删去不可行方案和明显的不理想方案，得到多种可行解；再根据新颖性、先进性、实用性和技术经济指标进行综合评价，筛选出最佳方案。

例题 30-3 运用形态分析法探索新型单缸洗衣机的创意。

解：根据形态分析创新法的运用程序：

（1）因素分析 洗衣机的总功能是“洗涤衣物”。分析实现“洗涤衣物”功能的手段，可得到“盛装衣物”“分离脏物”和“控制洗涤”等基本分功能，以分功能作为形态分析的三个因素。

（2）形态分析 针对上述的三个因素，要分别进行信息检索，密切注意各种有效的技术手段与方法。在考虑利用新的方法时，可能还要进行必要的试验，以验证方法的可利用性和可靠性。然后逐一列出三个因素的形态。如“分离脏物”是最关键的功能因素，列举其形态时，要针对“分离”二字广思、深思和精思，从多个技术领域（机、电、热、声等）去发散思维，尽可能多地列出“分离”的形态。

（3）构造形态学矩阵 经过一系列分析和思考，即可建立起表 30-2 所示的洗衣机形态学矩阵。

表 30-2 洗衣机形态学矩阵

因素（分功能）		形态（功能解）			
		1	2	3	4
A	盛装衣物	铝桶	塑料桶	玻璃钢桶	陶瓷桶
B	分离脏物	机械摩擦	电磁振荡	热胀	超声波
C	控制洗涤	人工手控	机械定时	计算机自控	

（4）方案的综合与评价 利用表 30-2，理论上可组合出 4×4×3=48 种方案。

方案 1：A1—B1—C1 是一种最原始的洗衣机。

方案 2：A1—B1—C2 是最简单的普及型单缸洗衣机。这种洗衣机通过电动机和 V 带传动使洗衣桶底部的波轮旋转，产生涡流并与衣物相互摩擦，再借助洗衣粉的化学作用达到洗净衣物的目的。

方案 3：A2—B3—C1 是一种结构简单的热胀增压式洗衣机。在桶中装热水并加进洗衣粉，用手摇动使桶旋转增压，可实现洗净衣物的目的。

方案 4：A1—B2—C2 是一种利用电磁振荡原理进行分离脏物的洗衣机。这种洗衣机不用洗涤波轮，把水排干后还可利用电磁振荡使衣物脱水。

方案 5：A1—B4—C2 是超声波洗衣机的设想，即考虑利用超声波产生很强的水压使衣物纤维振动，同时借助气泡上升的力使衣物运动而产生摩擦，达到洗涤去脏的目的。

其他方案的分析不再一一列举。

经过分析，便可挑选出少数方案做进一步研究。对选中的方案应设计出基本原理图，以便于进行技术经济分析，做到综合评价、好中选优。

四、仿生创新法

生物器官的功能和结构是长期自然选择的结果，具有天然的科学性。通过对生物特性、功能、结构的分析和类比模拟，得出创造性方案的方法称为仿生创新法，是发明的重要方法之一。

1. 原理仿生法

原理仿生法是按照生物某些器官工作原理的本质来创造新事物。敏锐的观察能力和严谨的理论分析能力是进行原理仿生创新的基本前提。例如：模仿鸟类飞翔原理的各式飞行器；按蜘蛛爬行原理设计的军用越野车等。

2. 结构仿生法

结构仿生法是依靠模仿生物或其行为成果的结构来创造新事物。海豚在水中能轻而易举地超过开足马力的船只，经分析发现，除了它具有流线型的体形外，其特殊的皮肤结构还具有优良的减小水的阻力的作用。根据海豚皮肤结构的特点，人们制造出了一种叫“人造海豚皮”的材料，覆盖在鱼雷或船体上，可减少50%的阻力，能使速度显著提高。

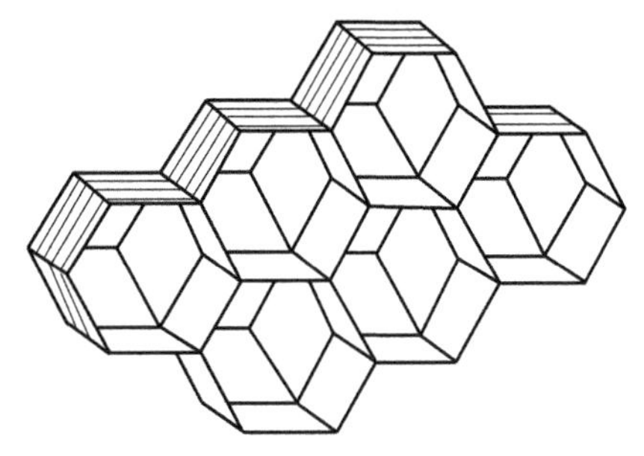

图 30-10　蜂房结构

18世纪初，蜂房独特、精确的结构形状引起人们的注意。每间巢房的体积几乎都是0.25cm^3，壁厚都精确保持在（0.073 ± 0.002）mm 范围内，如图30-10所示，巢房正面均为正六边形。经数学计算证明，蜂房的这一特殊结构具有同样容积下最省料的特点，且看上去单薄的结构还具有很高的强度。据此，人们发明了各种质量小、强度高、隔声和隔热性能良好的蜂窝结构材料，广泛用于飞机、火箭及建筑上。

3. 功能仿生法

功能仿生法是依靠模仿生物的功能和对外界的反映方式来创造新事物。例如，要爬越45°以上的陡坡，坦克也无能为力。美国科学家仿蝗虫的行走方式，研制出六腿行走式机械，它以六条腿代替传统的履带，可以轻松地行进在崎岖的山路中。

随着科学技术的不断进步，具有各种功能的机器人逐渐走进我们的生活。机器人的机体、信息处理系统、执行系统、传感系统、动力系统就分别相当于人的骨骼、头脑、手足、五官、心脏。智能机器人有进行记忆、计算、推理、思维、决策的微型计算机，有感觉识别外界环境的视觉、听觉、触觉等系统，有能进行灵活操作的手以及完成运动的脚，就是模仿人的各器官功能而设计的。

例题 30-4　用仿生法设计机械手。

解：在仿生机械手的设计中，为模仿人的握拳运动，保证握物的可靠性，要求各指节的运动姿态满足仿生要求。通过对人手动作的实地测量，或利用高速摄影仔细观察其动作过程，得到某一个手指在握拳动作中的不同位置，如图30-11a所示。从图中可以看出：①在握拳过程中各指节间的角度按某种规律变化；②指端 S 点呈现一定的运动轨迹，如图30-11b所示。

经分析可得出，要再现人的握拳动作，应采用关节式的手指机构，一般可选用六杆机构。图30-11c是具有双交叉环的六杆机构的手指机构，第一交叉环 $OACB$ 用以模拟手指的近节指骨，第二交叉环 $CDFE$ 用以模拟中节指骨，连杆的延长端 FS 用以模拟远节指骨。根据对手指运动规律的设计要求，可按机构综合的方法进行机构的尺度设计，并可通过优化设计获得最佳的指端轨迹和指节的姿态。

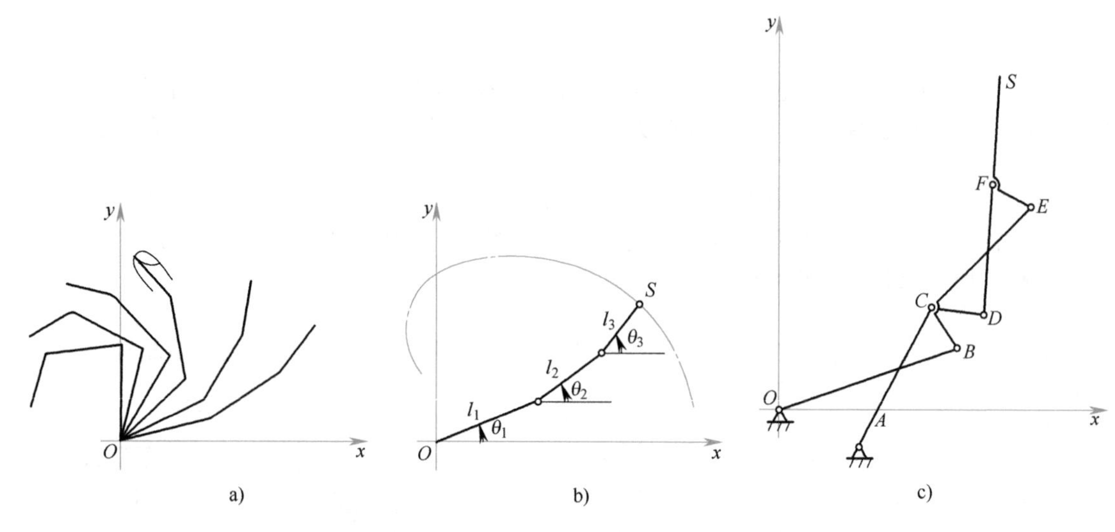

图 30-11 仿生手指机构

五、智力激励创新法

智力激励法也称为头脑风暴法，是美国创造学家奥斯本提出的一种典型的群体集智创新方法。该方法是通过召开智力激励会来实施的，其核心是“激智”和“集智”，其中“激智”是基础和前提，“集智”是目的和结果。

（一）智力激励法要遵循的原则

1. 自由畅想原则

要求与会者尽可能地解放思想、大胆想象、畅所欲言，不要受任何熟悉的常识、已知的规律、名望的权威所束缚。

2. 延迟评判原则

当场不对任何设想进行评判，既不肯定某个设想也不否定某个设想。

3. 以量求质原则

奥斯本认为，设想的质量和数量密切相关，越是增加设想的数量，就越有可能获得有价值的创意。因此，智力激励法强调与会者要在规定的时间内，尽可能多而广地提出新设想，追求数量，多多益善。

4. 综合改善原则

会议上鼓励与会者通过知识互补、智力互激和信息增值提出新设想，即允许对别人的设想补充、借用、完善和综合来提出或改善自己的方案。

（二）智力激励法运用程序

1）确定会议主题。确定会议讨论的中心问题，明确目的。问题宜单一，以避免设想过于分散。

2）确定会议人选，选择合适的会议主持人。参加会议的人员一般以5~15人为宜。人太多，思维目标易分散；人太少则达不到知识互补、激励联想的目的。会议主持人应熟悉智力激励法的程序与方法。

3）明确问题，进入角色。首先由主持人介绍问题，遵循以下两条原则：①简明扼要原则，即主持人只向与会者提供有关问题的最低数量信息，切忌将背景材料介绍得过多，尤其不要将自己的初步设想也和盘托出。②启发性原则，即介绍问题时要选择有利于开拓大家思路的方式，避免使思路局限在某一单一的技术领域内。随后，与会者要对待解决的问题有明确的、全面的了解，并有的放矢地去创造性思考。

4）自由畅谈。这是最重要的环节，是决定成功与否的关键阶段。与会者要充分运用自己的想象力和创造性思维能力，畅谈自己各种新颖奇特的想法。

5）整理和评价。畅谈结束后，会议主持者应组织专人对设想记录进行整理，进行去粗取精的提炼工作。必要时，要组织专家评审，筛选出有价值的创造性设想来加以开发实施。

文献阅读指南

创新设计的核心和源泉是创造性思维，设计者掌握创造性思维方法、有效地运用创新原理和创新技法来构思新方案是至关重要的。限于篇幅，本章对创新技法仅给出了几种常用的方法，对如何提高设计者的创造力也没有深入展开讨论。需要指出的是，创新构思的方法很多，因此希望在这些方面做深入学习和研究的读者，可参阅黄华梁等编著的《创新思维与创造性技法》（北京：高等教育出版社，2007）。该书较全面地介绍了大量实用的创新技法，深入浅出、具有很强的操作性，能够启迪创新设计者的思路。罗玲玲主编的《大学生创造力开发》（北京：科学出版社，2007），介绍了创造、创新、创造性思维与创造力的基本理论，阐述了创造性思维技巧、创新技法和创造性解决问题的训练方法。通过分析一些创造发明的实例，剖析了创造性思维的方法和创新构思的过程，可供设计者借鉴与参考。刘道玉主编的《创造思维方法训练》（2版，武汉：武汉大学出版社，2009），把最新科学技术、文学知识和历史故事融为一体，深入浅出地阐述了多种创造性思维的方法和应用案例，具有趣味性和可读性，并且每一章后边附有训练思考题，便于学习者进行自我训练。

思考题

30-1 列出三种你熟悉的产品，如自行车、书桌、学生用床等，就使用问题试分别讨论其在设计上或在功能上所存在的缺点，并提出改进方案。

30-2 用发散思维方法，分别寻求下列问题的多种解决方案：

1）清除街上积雪。

2）清洗高层建筑外墙表面。

3）协助残疾人（如腿残疾者）跨越障碍（如沟壕或台阶等）。

4）既节水又卫生的抽水马桶。

30-3 机械技术与计算机技术、控制技术等相互综合，产生了机电一体化新产品。试设想机械技术与当代最新技术（如基因技术、信息技术）相综合，将使机电产品产生哪些质的飞跃。

30-4 试分析我国电动自行车的发展。

30-5 试分析汽车立体车库的发展前景与有希望的结构形式。

第三十一章　机械创新设计方法

内容提要

本章结合实例介绍机构创新设计和机械结构创新设计的方法。

拓展视频

中国创造：鲲龙AG600

第一节　机构创新设计方法

机构设计是关系到一个好的机械原理方案能否实现的关键。机械系统中，执行机构要完成的功能和运动形式是各种各样的，而能实现同一功能或运动特性要求的机构又可以有多种类型。因此，设计者必须运用创造性思维方法，根据原理方案确定构件所需要的运动特性或功能，进行机构创新设计——搜索或构思各种能满足要求的机构，然后按照运动性能、动力性能、工作性能以及经济性等多方面的指标进行评价、比较和选择，最终创造出最优方案。

一、机构的变异创新设计

所谓机构变异设计，是指为了实现一定的工艺动作要求，或为了使机构具有某些特殊的性能，通过倒置、扩展、变换等方法改变现有机构的结构，演变和发展出新机构的设计。从创新技法的角度看，它大多属于第三十章第四节介绍的“设问创新法”。下面介绍几种常用的机构变异设计方法。

（一）机构的倒置

机构的运动构件与机架的转换，称为机构的倒置。按照运动相对性原理，机构倒置后各构件间的相对运动关系不变，但可以得到不同特性的机构。

图 31-1a 为卡当机构。若令杆 OO_1 为机架（图 31-1b），则原机构的机架成为转子 6，曲柄 5 每转一周，转子 6 也同步转动一周，同时两滑块 2 及 4 在转子 6 的十字槽 7 内往复运动，将流体从入口 A 附近的一个区域内吸入，在出口 B 附近的一个区域排出，从而得到一种泵机构。

（二）机构的扩展

在原有机构的基础上增加新的构件，从而构成一个新机构，称为机构的扩展。机构扩展后，所构成的新机构的某些性能与原机构有很大差别。

图 31-2 所示的机构也是由图 31-1a 所示的卡当机构扩展得到的。因为两导轨呈直角，O_1点为线段 PS 的中点，所以 O_1点至回转中心 O 的距离恒为 $r=\overline{PS}/2$。由于这一特殊的几何关系，曲柄 OO_1与构件 PS 所构成的转动副 O_1的约束为虚约束，于是曲柄 OO_1可以省略。若改变图 31-1a 所示机构的机架，令十字槽为主动件，并使它绕固定铰链中心 O 转动，连杆 4 延伸到点 W，驱动滑块 5 往复运动，就得到如图 31-2 所示的机构。它是在卡当机构的基础上增加了一个杆组（包括滑块 5）扩展得到的。此机构的主要特点是，当机构的十字槽每转 1/4 周，点 O_1在半径为 r 的圆周上绕过 1/2 周（图 31-2a、b）；十字槽每转动一周，点 O_1绕

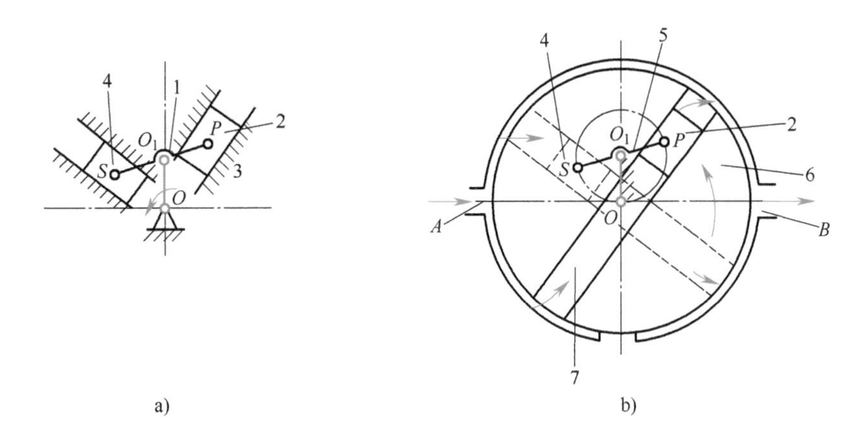

图 31-1　卡当机构倒置而成的泵机构

a）卡当机构　b）泵机构

1—连杆　2、4—滑块　3—机架　5—曲柄　6—转子　7—十字槽

过两周，滑块输出两次往复行程。

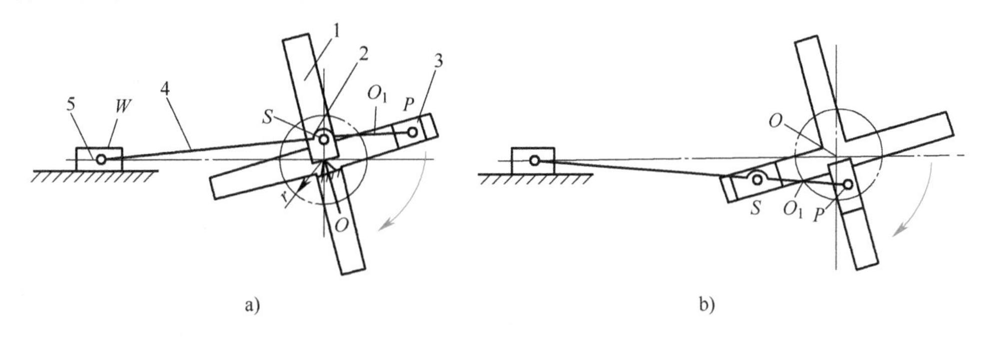

图 31-2　主动件每转一周滑块做两次往复运动的机构

1—十字槽　2—曲柄　3、5—滑块　4—连杆

图 31-3 所示为插秧机的手动分秧、插秧机构。其工作原理是：当用手来回摆动摇杆 1 时，连杆 5 上的滚子 B 将沿着机架上凹槽 2 的轮廓线（它相当于一个固定凸轮）运动，迫使连杆 5 上 M 点沿着图示双点画线轨迹运动。装于 M 点处的插秧爪，先在秧箱 4 中取出一小撮秧苗，并带着秧苗沿着垂直路线向下运动，将秧苗插于泥土中，然后沿另一条路线返回。

为保证实现插秧爪不同的正反运行路线，在凹槽 2 内增加一个辅助构件——活动舌 3。当滚子 B 沿左侧轮廓线向下运动时，滚子压开活动舌左端而向下运动，当滚子离开活动舌后，活动舌在弹簧 6 的作用下恢复原位，使滚子向上运动时只能沿右侧面轮廓线返回。在通过活动舌的右端时，又将其压开而向上运动，待其通过以后，活动舌在弹簧 6 的作用下又恢复原位，使滚子只能继续向前（即向左下方）运动，这样就保证了插秧爪正确的运行轨迹。可见增加辅助构件，能使插秧机顺利地实现目标功能。当然，还有其他许多可实现该功能的方案，读者可结合设问创新法构思新方案。

图 31-4 所示为两种抓斗机构。图31-4a是由轮系 1-2-3 和两边对称布置的杆 4、5 组成的。1、2 为齿轮，3 为系杆。系杆 3 和齿轮 2 分别扩展为抓斗的左、右侧爪。对称的两个杆 4、5 可使左右两侧爪对称动作。绳索 6 可控制两侧爪的开启或闭合。抓斗机构的这一创新构型，是应用了简单的周转轮系，将齿轮和系杆 3 的形状和功能加以扩展、利用两构件的运

动关系而形成。抓斗机构还可以由其他机构的某些构件组成，如图 31-4b 所示是将两摇杆滑块机构组成完全对称的形式，将左、右系杆 3 扩展成两个抓斗，当拉动滑块 10 上下运动时，使左右抓斗 9 闭合和开启，以装卸散状物料。

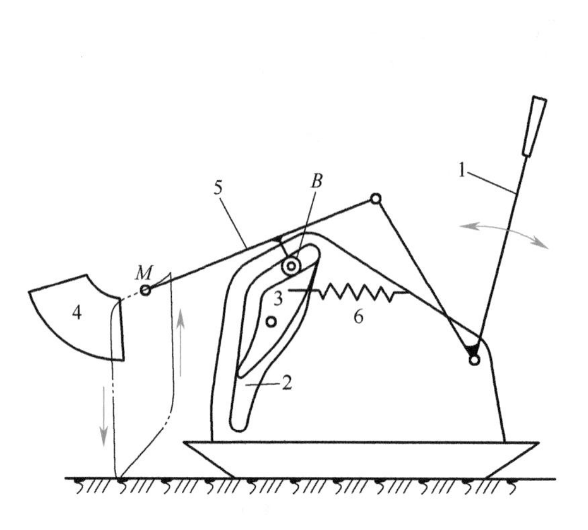

图 31-3 插秧机的手动分秧、插秧机构

1—摇杆 2—凹槽 3—活动舌 4—秧箱 5—连杆 6—弹簧

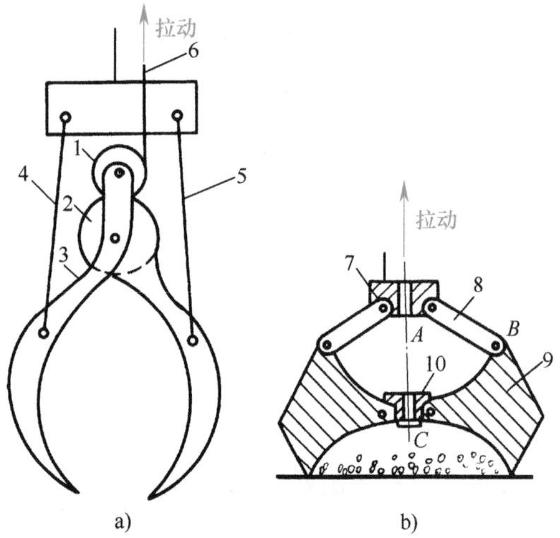

图 31-4 抓斗机构

1、2—齿轮 3—系杆 4、5—杆 6—绳索 7—机架 8—连杆 9—抓斗 10—滑块

（三）机构的演变

在保持机构的本质特点不变的基础上，通过改变某些结构参数来设计新机构，称为机构的演变。

要有效地利用机构的演变设计出新的机构，必须注意了解、掌握一些机构之间实质上的共同点，以便在不同条件下灵活运用。例如，圆柱齿轮的半径无限增大时，齿轮演变为齿条，运动形式由转动演变为直线移动。运动形式虽然改变了，但齿廓啮合的工作原理没有改变。

图 31-5 所示机构中的从动件 2 可视为槽轮展直而成，即由槽轮演变而成。此机构的主动件 1 连续转动，从动件 2 间歇直移，锁止方式也与槽轮机构相同。

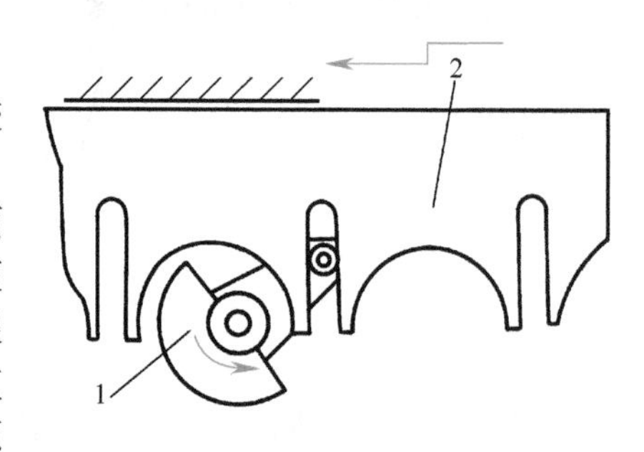

图 31-5 槽轮展直得到的机构

1—主动件 2—从动件

（四）机构运动副的变换

改变机构中运动副形式，可设计出具有不同运动性能的机构。运动副的变换方式有：高副与低副之间的变换、运动副尺寸的变化和运动副类型的变换等。

高副与低副之间的变换方法已在第三章详细地介绍过。图 31-6 所示为运动副尺寸变化和类型变换的例子。铰链四杆机构（图 31-6a）通过运动副 D 尺寸的变化（图 31-6b）并截割成图 31-6c 所示的滑块形状，然后再使构件 3 的尺寸变长，即 DC 变长，则圆弧槽的半径也随之增大，到 DC 趋近于无穷大时，圆弧槽演变为直槽（图31-6d）。若图 31-6c 的构件 3 改成滚子，它与圆弧槽形成滚动副（图 31-6e），则构件 2 的运动仍与图 31-6a、c 中构件 2 的运动相同。若将圆弧槽变为曲线槽（图 31-6f），则形成了具有固定凸轮的凸轮连杆机构，构件 2 可得到更为复杂的运动。

图 31-6 所示的变换关系也可反过来进行，即含有滚动副的机构可以变换成相当的连杆

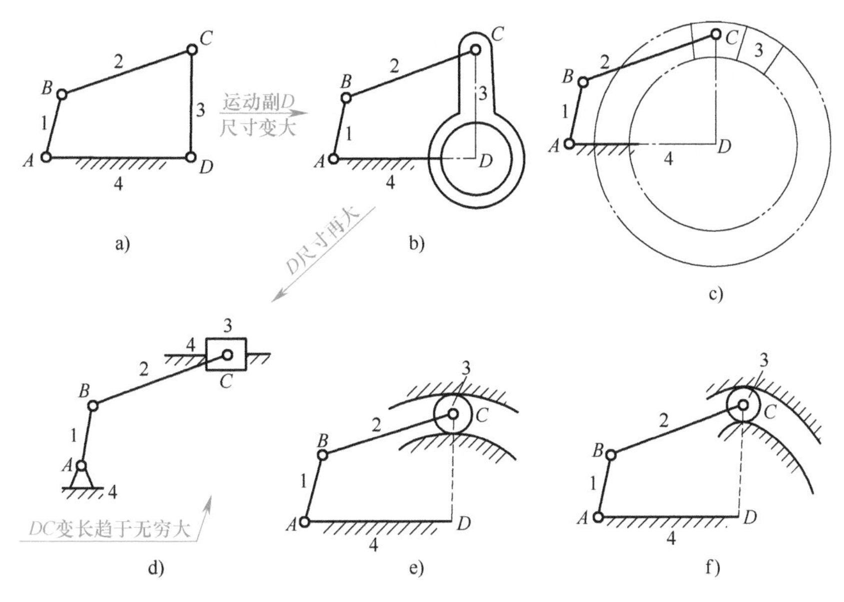

图 31-6 运动副尺寸变化和类型变换

1~3—构件 4—机架

机构。图 31-7a 所示为细纱机摇架加压机构，摇架 3 分别与机架 6 上的固定销 O、E 组成平面滚动副，前者系由圆和圆弧组成，圆弧槽的圆心在 D 点，后者为圆和直线组成；主动构件 1 和机架 6 在 O 点组成转动副，和摇架 3 组成滚动副，滚动副的圆销 A 在主动构件 1 上，圆弧槽在摇架 3 上，其圆心为 B。可按图 31-6 的方法进行反变换，如以 3 和 6 在 O 处组成的滚动副为例（图 31-7b），先加一个圆弧滑块 4，它和机架 6 组成转动副 O_{64}，4 和 3 也组成运动副，其实质为扩大尺寸的转动副，转动副中心在 D_{43}，即构件 3 的运动是绕 D_{43}的相对转动。需要指出，原机构摇架 3 相对于机架 6 的运动关系实质上也是绕 D_{43}的对应点 D 相对转动。同理，可得另两个滚动副的变换关系（图 31-7b）。最后得到如图 31-7c 所示机构，它与图 31-7a 机构具有完全相同的运动特性，但构件数目和运动副类型已不相同了。

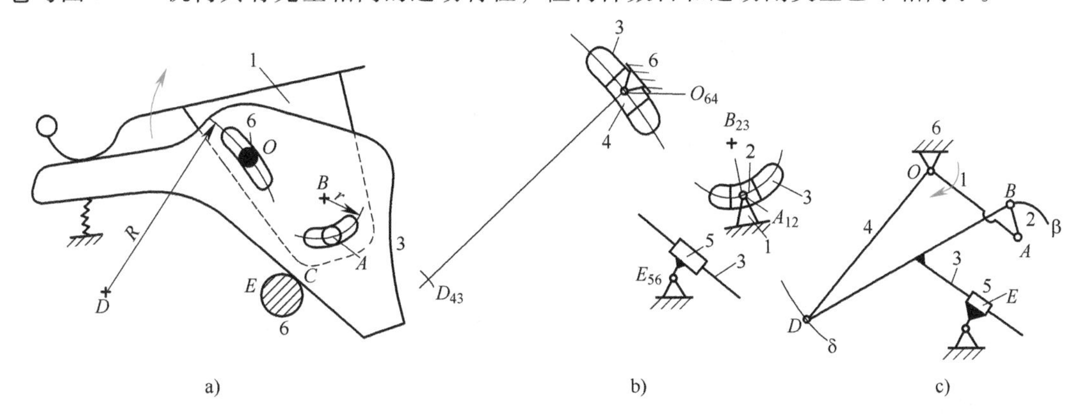

图 31-7 含有滚动副的机构变换为连杆机构

1—主动构件 2、4—圆弧滑块 3—摇架 5—滑块 6—机架

二、机构的组合创新设计

随着技术的发展，对机构运动规律和动力特性都提出了更高的要求。简单的齿轮、连杆

和凸轮等基本机构往往不能满足要求。如连杆机构难以实现一些特殊的运动规律；凸轮机构虽然可以实现任意运动规律，但行程不可调；齿轮机构虽然具有良好的运动和动力特性，但运动形式简单；棘轮机构、槽轮机构等间歇运动机构的动力特性不好，具有不可避免的冲击和振动。为了解决这些问题，将两种以上的基本机构用串接、并接等方法进行组合，充分利用各机构的良好性能，改善其不良特性，创造出能够满足要求的、具有良好运动和动力特性的新型机构，这就是机构的组合创新设计。它属于第三十章第三节介绍过的“综合创新原理”在机构设计中的应用。

（一）机构组合创新设计的方法

1. 将要实现的功能分解为若干较容易实现的单一功能，然后将相应机构组合

例如，某设备的加压机构应同时完成以下分功能：①运动减速；②单向转动变为往复摆动；③把旋转运动转变为直线运动。显然，任何单一机构都不能同时满足这三个功能，必须进行机构的组合创新设计。表31-1列出了以上各分功能以及实现该功能的机构的形态学矩阵（作为例子，各分功能只列出与三种机构对应的解法）。

表31-1 实现给定功能的形态学矩阵

机构功能	齿轮机构	连杆机构	凸轮机构
运动减速	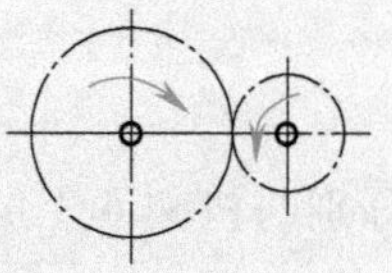	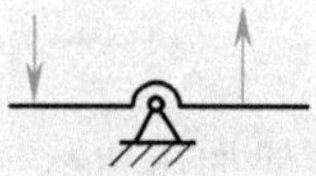	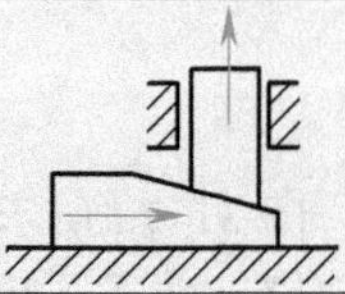
单向转动变往复摆动	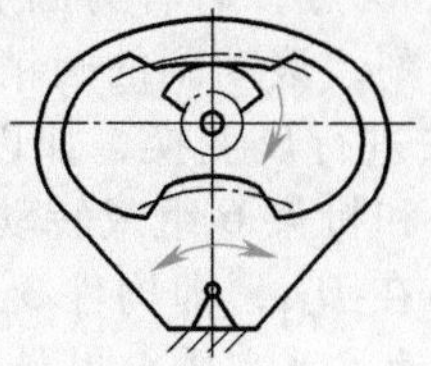	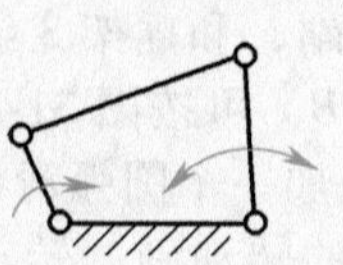	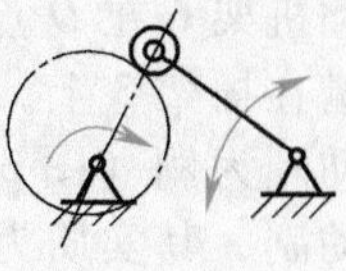
旋转运动变直线运动	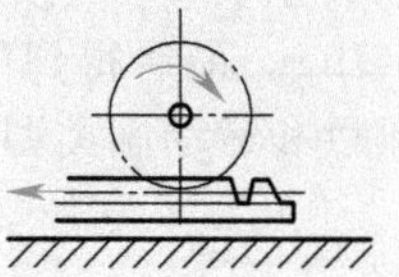	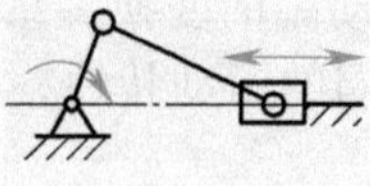	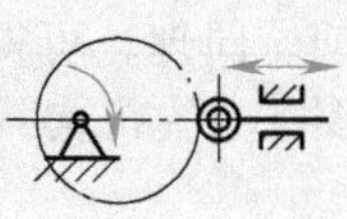

由各分功能解法可组成3×3×3=27个方案，剔除不合理和较差方案并将复杂方案进行适当简化，得到5个备选方案，如图31-8所示。根据具体工况条件和性能要求，可从中选出最佳机构组合方案。

2. 将要实现的运动分解为若干较容易实现的运动，然后将相应机构组合

图31-9是一个薯类产品传送机构，在输送过程中，需抖落产品表面黏附的泥土，传送带8在前进运动中应有附加往复运动。主动链轮1经链条3、6、7驱动传送带8。同时带动与主动链轮1固连一体的杆2，由曲柄摇杆机构（杆2、4及5）使链条7产生附加往复运动。

3. 串接或（和）并接若干基本机构

在原有主动件或从动件运动状态不变的基础上，串接或（和）并接一个或多个机构，组成新的机构以实现新的传动要求（见第十章第二节相关内容）。

以金属板材拉深专用压力机为例，其主动件输入为匀速转动，执行从动件的运动规律应依金属板材拉深工艺的要求而定，即滑块（执行件）快速下降接近工件（约占行程的2/3），然后缓慢下降拉深工件；返回行程应快速向上以提高工效，但在上止点附近应缓慢运动，以方便取出成形工件。

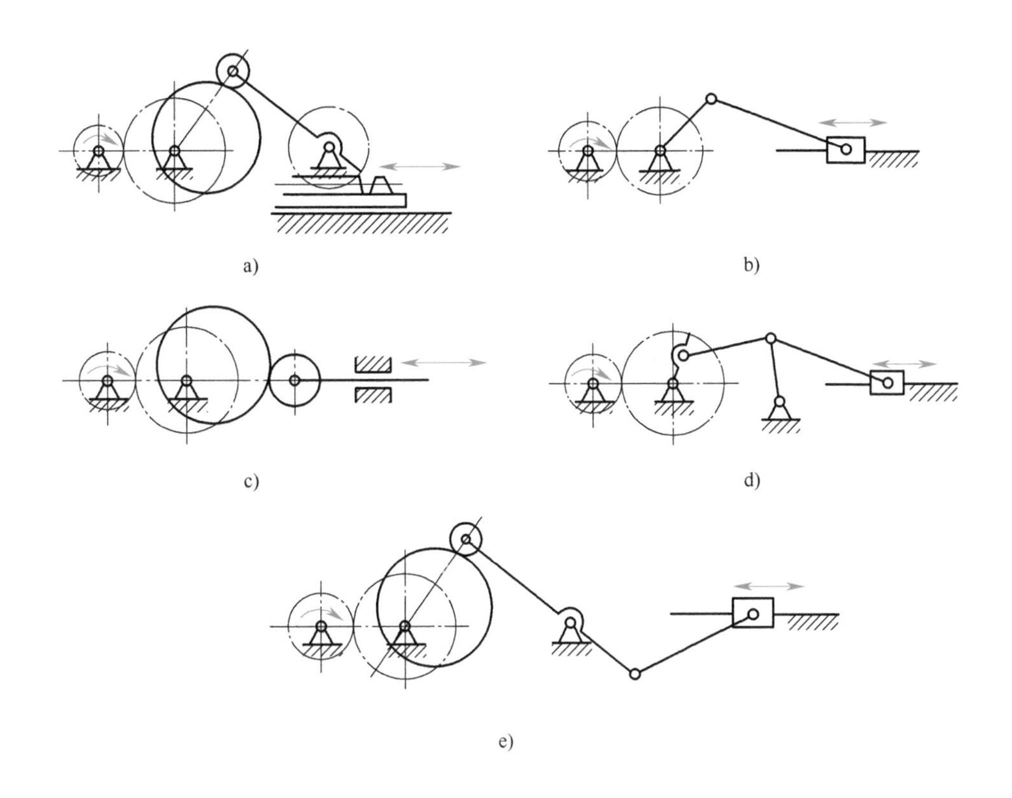

图 31-8　加压机构的备选方案

普通对心式曲柄滑块机构（图 31-10a）正反行程对应点速率相同（图 31-10d 中曲线 1），显然滑块的运动特性不能满足拉深工艺要求。在匀速转动的曲柄后串接一个杆组（图 31-10b），但其位移曲线（图 31-10d 中曲线 2）变化不大，仍不能满足运动规律的要求。再串接一双曲柄机构（图 31-10c），使从动曲柄呈非匀速转动，从而使对应工作行程的曲柄转角大大增加，使滑块速度特性能较好地满足设计要求（图 31-10d 中曲线 3）。

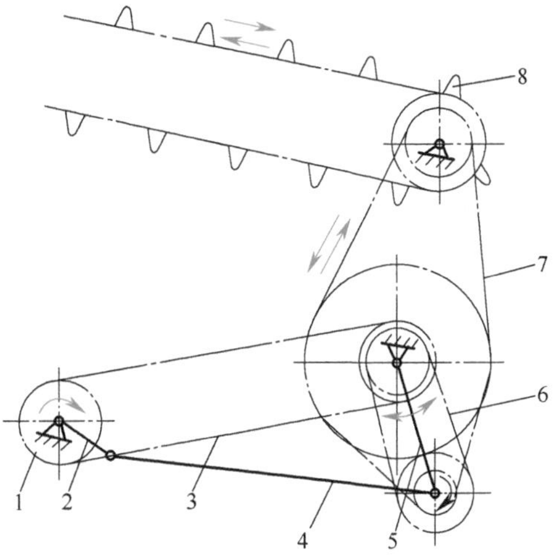

（二）机构组合应用实例

用机构组合创新方法构造的机构在各种自动机和自动生产线上都得到了广泛应用。下面介绍几种可实现特定功能的常用机构组合实例。在这些例子中可看到，同一功能可以通过不同的机构组合来实现，读者可从中悟出机构组合创新的应用方法。

图 31-9　薯类产品传送机构
1—主动链轮　2—曲柄　3、6、7—链条　4—连杆　5—摇杆　8—传送带

1. 实现大行程往复运动

图 31-11a 是一典型的实现大行程的组合机构，由齿轮机构和连杆机构组合而成。小齿轮 3 的节圆与活动齿条 5 的节线在 E 点相切，而与固定齿条 4 的节线在绝对瞬心 D 点相切。

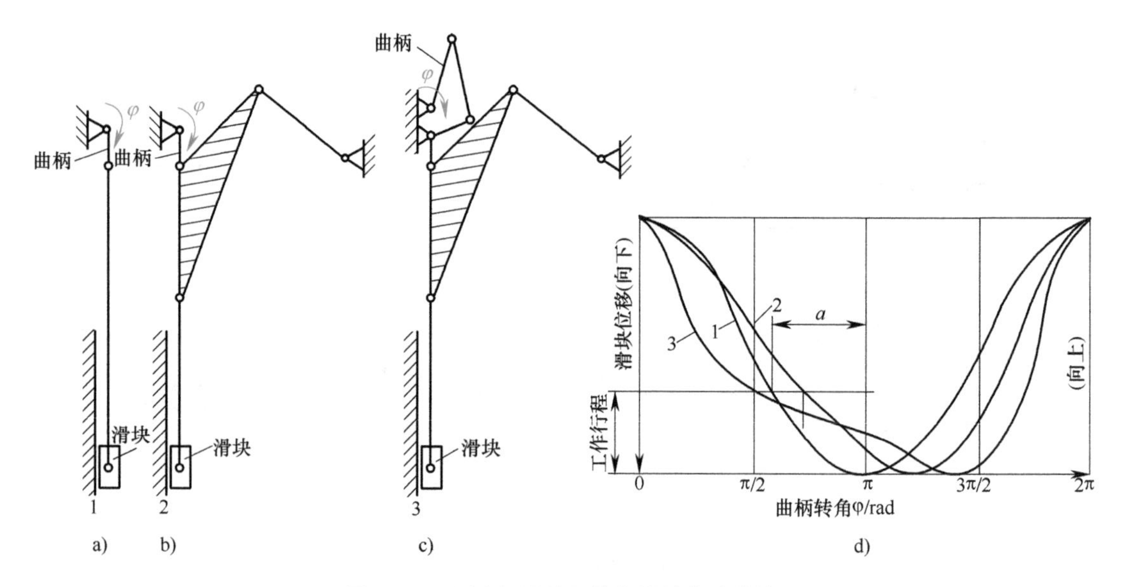

图 31-10 压力机滑块机构与滑块位移曲线

因此，活动齿条上 E 点的位移是 C 点位移的2倍，是曲柄长 R 的4倍。这种机构常用于印刷机械、轧钢辅助机械等。图 31-11b 所示为一种用于线材连续轧制生产线上的飞剪机剪切机构运动示意图，该机构利用了图 31-11a 的工作原理。它由电动机驱动，通过减速器的输出轴（未画出）带动曲柄1做连续回转运动，再通过连杆2带动齿轮齿条机构，使活动齿条（即下刀台）的速度比 C 点的速度提高一倍。该机构适用于轧制速度较高的在线剪切。

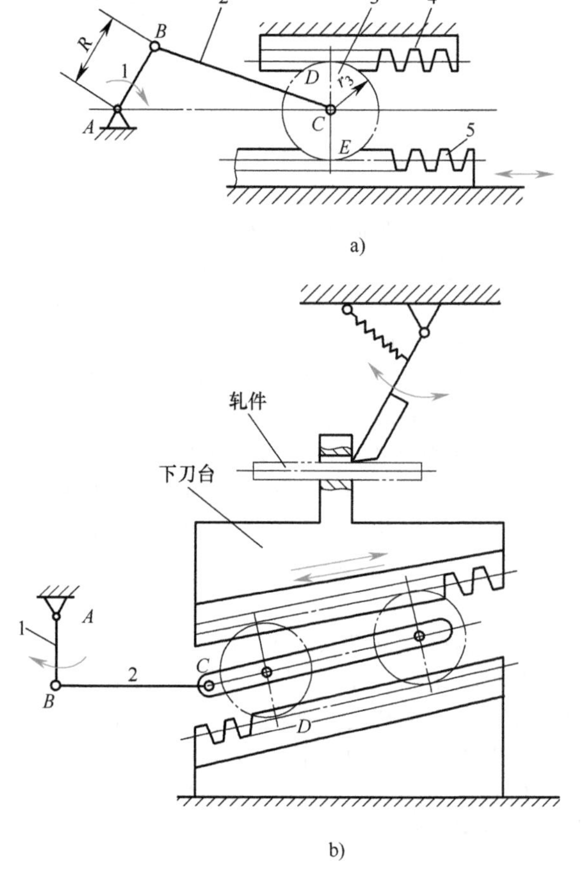

图 31-11 倍速机构

1—曲柄 2—连杆 3—齿轮 4、5—齿条

2. 实现大摆角

设计曲柄摇杆机构时，因许用传动角的关系，摇杆的摆角常受到限制。如果采用图31-12a所示的曲柄摇杆机构和齿轮机构的组合机构，则可增大从动件的输出摆角。该机构常用于仪表中将敏感元件的微小位移放大后送到指示机构（指针、刻度盘）或输出装置（电位计）等场合。图 31-12b 所示为飞机上使用的高度表机构原理图。飞机因飞行高度不同，大气压力发生变化，使膜盒5与连杆2的铰链点 C 右移至 C_1 位置（见图中双点画线），通过连杆2使摇杆6绕轴心 A 摆动，与摇杆6相固连的扇形齿轮3带动齿轮放大装置7，使指针8在刻度

盘 9 上指示出相应的飞机高度。

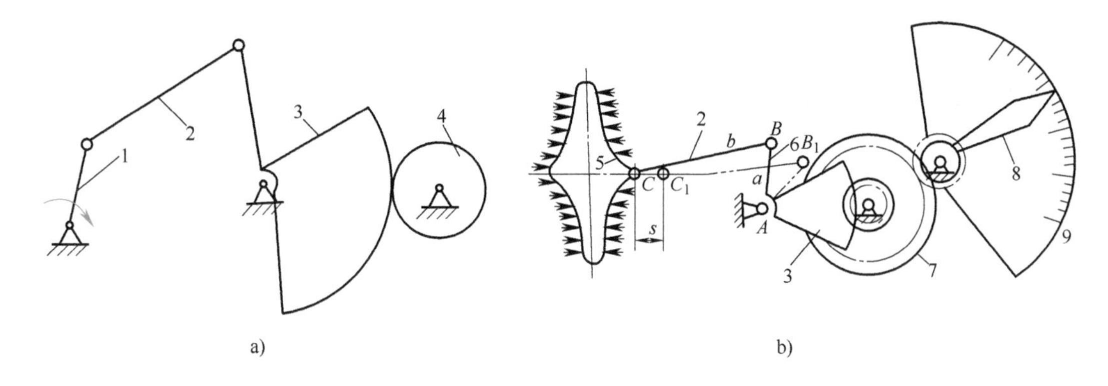

图 31-12 连杆齿轮机构实现大摆角

1—曲柄 2—连杆 3—扇形齿轮 4—齿轮 5—膜盒 6—摇杆

7—齿轮放大装置 8—指针 9—刻度盘

3. 实现特定功能

图 31-13 是由齿轮机构和曲柄连杆机构组合而成的能实现间歇传送的组合机构。齿轮 1 经两个齿轮 2 与 2′推动一对曲柄 3 与 3′同步回转，曲柄使连杆 4（送料动梁）平动，5 为工作滑轨，6 为被推进的工件。由于动梁上任一点的运动轨迹如图中双点画线所示，故可间歇地推送工件。该机构常用于自动机的物料间歇送进，如压力机的间歇送料机构、轧钢厂成品冷却车间的钢材送进机构、糖果包装机的送纸和送糖块机构等。

4. 实现给定运动规律的变速回转运动

齿轮、双曲柄和转动导杆机构虽能传递匀速和变速回转运动，但输出件无法实现任意给定运动规律的回转运动，而图31-14所示由蜗轮蜗杆和凸轮组合而成的组合机构，则能实现这一要求。固结在原动轴 O_1 上的齿轮 1 和 1′，分别带动活套在轴 O_2 上的齿轮 2 和 3。齿轮 2 上的凸销 A 嵌于圆柱凸轮 4 的纵向直槽中，带动圆柱凸轮 4 一起回转并允许其沿轴向有相对位移；齿轮 3 上的滚子 B 装在圆柱凸轮 4 的曲线槽 C 中。由于齿轮 2 和齿轮 3 的转速有差异，所以滚子 B 在槽 C 内将发生相对运动，使圆柱凸轮 4 沿轴 O_2 移动。当原动轴 O_1 连续回转时，圆柱凸轮 4 及与其固结的蜗杆 4′将做回转运动兼移动的复合运动，从而带动蜗轮 5。蜗杆 4′的等角速回转运动使蜗轮 5 以 ω_5' 等角速回转，蜗杆 4′的变速移动使蜗轮 5 以 ω_5'' 变角速回转。因此，该蜗轮的运动为两者的合成而做时快时慢的变角速回转运动。这种机构常用于纺丝机的卷绕机械中，以满足纺丝卷绕工艺的要求。

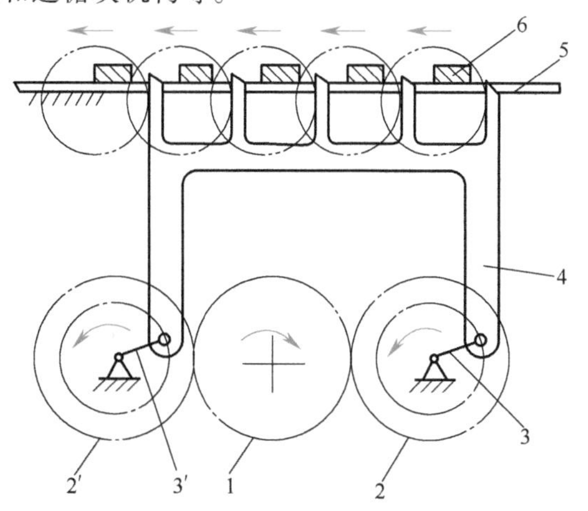

图 31-13 齿轮连杆间歇传送机构

1、2、2′—齿轮 3、3′—曲柄 4—连杆

5—工作滑轨 6—工件

5. 实现给定运动轨迹

电影放映机抓片机构的抓片执行构件必须沿一条特定的曲线轨迹运行，其动作包括“嵌入片孔—移片—退出片孔—返回”四部分。在移片过程中，执行构件必须走直线轨迹，

且要求匀速；在退出、返回和嵌入过程中，执行构件应走尽量短的路线，且要求速度快、运行平稳。由此可见，执行构件的运动轨迹是一复杂曲线，单一机构很难实现。

图31-15为齿轮与连杆机构组合而成的抓片机构。绕定轴 F 转动的齿轮1和绕定轴 B、E 转动的齿轮2、3相啮合。杆4、5分别和齿轮2、3组成转动副 C 和 D。杆4和杆5组成转动副 K。当齿轮1转动时，带动齿轮2和3转动，杆4上的齿 A（执行构件）可绘出复杂的连杆曲线（见图中双点画线），该曲线满足了电影放映机抓片机构轨迹的要求。

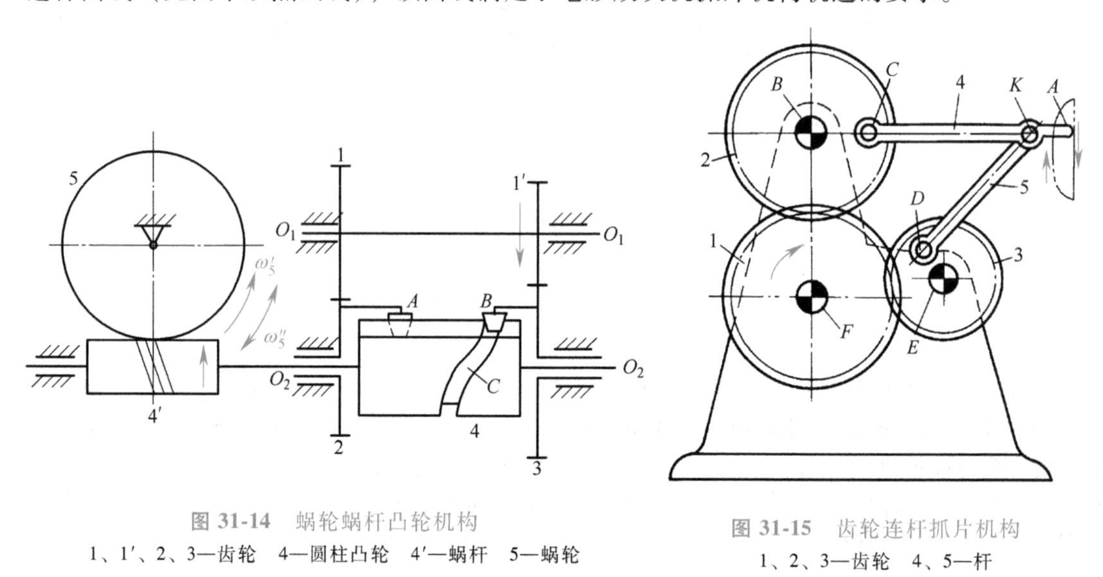

图31-14 蜗轮蜗杆凸轮机构
1、1′、2、3—齿轮 4—圆柱凸轮 4′—蜗杆 5—蜗轮

图31-15 齿轮连杆抓片机构
1、2、3—齿轮 4、5—杆

读者可运用综合创新技法和形态分析创新技法，结合机构组合创新方法进行创造性思维，构思出新的抓片机构。

三、机构的原理移植创新设计

将液、气、声、光、电、磁等领域的原理、性能与特点应用到机构设计中而形成新机构的方法，即为机构的原理移植创新设计。在这类机构中，由于移植并利用了一些新的工作原理，较传统机构能更方便地实现运动和动力的转换，并能实现某些传统机构难以完成的复杂运动，拓展了机构创新设计的途径和视野。它属于第三十章第三节介绍过的“移植创新原理”在机构设计中的应用。

（一）利用液压、气动原理的机构

利用液体、气体作为工作介质，实现能量传递和运动转换的机构，分别称为液动机构和气动机构，广泛应用于矿山、冶金、建筑、交通运输和轻工业等行业。

1. 液动机构

液动机构与机械传动的机构比较，具有如下优点：①容易无级调速，调速范围大；②体积小、质量小、输出功率大；③工作平稳，易于实现快速起动、制动、换向等动作；④控制方便，易于实现过载保护；⑤由于液压元件具有自润滑特性，机构磨损小、寿命长；⑥液压元件易于标准化、系列化等。

图31-16所示为铸锭供料机构，它由液压缸5通过连杆4驱动双摇杆机构1-2-3-6，将加热炉中出来的铸锭8送到升降台7上，完成送料动作。

2. 气动机构

气动机构与液动机构相比，由于工作介质为空气，故易于获取和排放，不污染环境。气

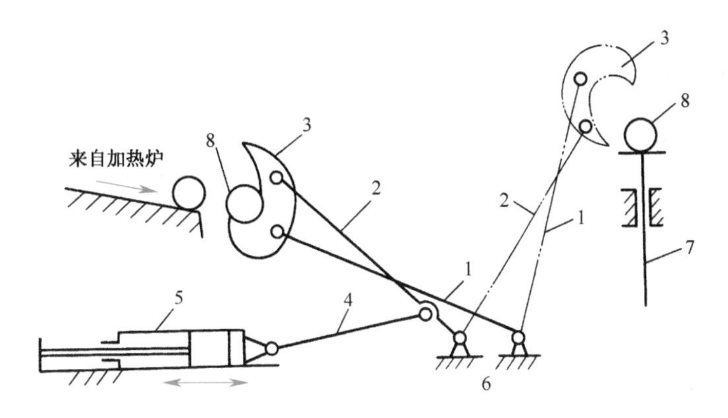

图 31-16 铸锭供料机构

1、2—摇杆 3、4—连杆 5—液压缸 6—机架 7—升降台 8—铸锭

动机构还具有易于实现过载保护，易于标准化、系列化等优点。

图 31-17 所示为商标自动粘贴机。该机构使用了一种吹吸气泵，它集吹气和吸气功能于一体。吸气头朝向堆叠着的商标纸下方，吹气头朝着商标纸压向方形产品盒的上方。当转动鼓在吸气端吸取一张商标纸后，顺时针转动至粘胶滚子，随即滚上胶水（依靠右边粘胶滚子上胶）。当转动鼓带着已上胶的商标纸，转到由传送带送过来的产品盒之上时，商标纸被吹气头吹离转动鼓，压向产品盒上表面。当传送带带动该产品盒至最左端时，商标纸被压刷压贴于产品盒上。由此例可以看出，如果限于刚体机构的范围，不加入气动机构，则很难实现这样复杂的工艺动作。

（二）利用光电、电磁原理的机构

1. 光电动机

图 31-18 为能将光能转变为机械能的光电动机的原理图。呈三角形布置的 3 个太阳能电池组与电动机的转子为一体。太阳能电池提供电动机转动能量，当电动机转动时，太阳能电池也跟着旋转。由于受光面连成一个三角形，即使光的入射方向改变，也不影响电动机正常起动。

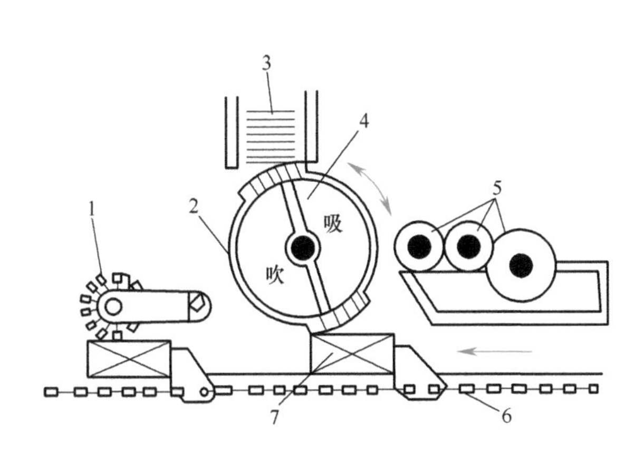

图 31-17 商标自动粘贴机

1—压刷 2—转动鼓 3—商标纸 4—吹吸气泵 5—粘胶滚子 6—传送带 7—产品盒

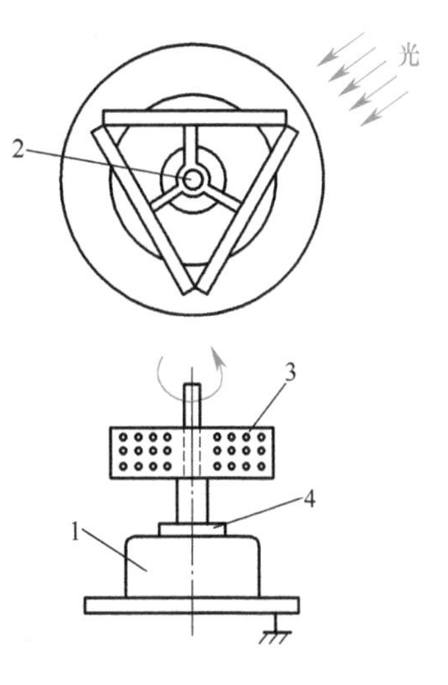

图 31-18 光电动机

1—定子 2—转子轴 3—太阳能电池 4—滑环

2. 电磁机构

利用电与磁相互作用的物理效应来完成所需动作的机构，称为电磁机构。电磁机构可用于开关、电磁振动等电动机械中，如电动按摩器、电动理发器、电动剃须刀等。

图31-19所示的电话机利用了磁开关，当受话器（装有永久磁铁）提起时，机座上的弹性叶片开关（板簧构成）复位而与固定触点接触形成通路可进行通话。当受话器放在机座上后，弹性叶片开关被受话器上永久磁铁吸引，与固定触点脱离接触而断路。这种离合机构十分方便、可靠。

3. 继电器机构

继电器的作用是实现电路的闭合和断开，相当于一种可控开关。继电器可以是电磁式的，也可以是气、液式的或温控式的。

图31-20所示为杠杆式温控继电器机构，双金属片2的一端固定在刀口3所支持的杠杆1上。当周围的温度较低时，杠杆1位于图示位置，与触点f接触。如果温度升高，双金属片2的变形将驱动杠杆1沿顺时针方向回转，与触点a接触，从而开关被切换。刀口3保证开关切换准确。

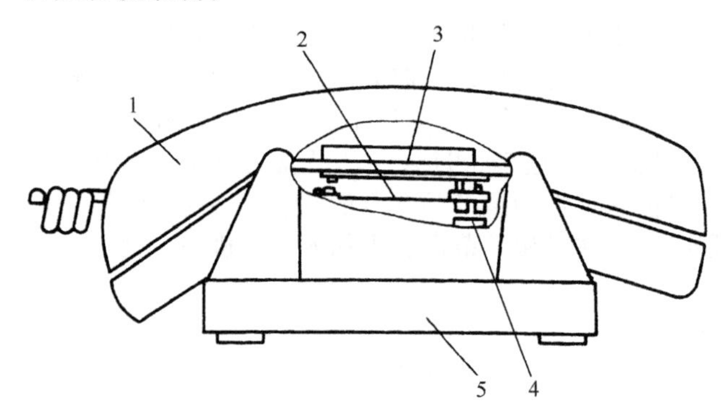

图31-19 电话机磁开关

1—受话器 2—弹性叶片开关 3—永久磁铁 4—固定触点 5—机座

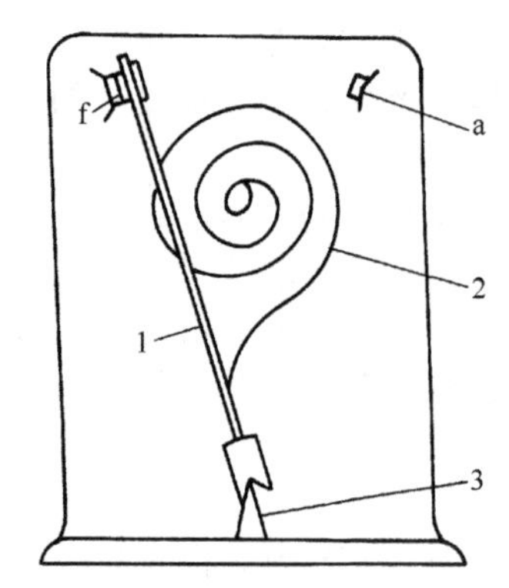

图31-20 杠杆式温控继电器机构

1—杠杆 2—双金属片 3—刀口

（三）利用力学原理的机构

在生产实践中有许多利用力学原理创新出的简便而实用的机构。

1. 利用重力作用的机构

图31-21所示的螺钉（半成品）自动上料整列机构广泛应用于标准件生产中。运料槽和固定嵌入槽有相同的截面，待加工的螺钉是无规则地盛放在料盘中的（图中未画出料盘），当左边的运料槽上下运动时，螺钉通过物料的自重进行整列（未进入运料槽的螺钉仍掉入料盘中）。在左侧运料槽中的螺钉上升至与右侧盛料槽齐平时，因槽身具有斜度使被整列了的螺钉自动移向右侧盛料槽以备加工。这套动作的完成没有涉及强制运动链，仅仅利用了物料自重原理达到所需运动。

2. 利用振动及惯性作用的机构

（1）振动机构 利用振动产生运动和动力的机构称为振动机构。它广泛用于散状物料的捣实、装卸、输送、筛选、研磨、粉碎、混合等工艺中。

图31-22所示为电磁振动供料机构，它由槽体1、板簧2、底座3、橡胶减振弹簧4以及电磁激振装置（由衔铁5和铁心线圈6构成）等组成。当电流输入铁心线圈6时，产生磁力，吸引固定在槽体上的衔铁5，使槽体向左下方运动；当电磁力迅速减小并趋近零时，槽体在板簧2的作用下，向右上方做复位运动，如此周而复始便使槽体产生微小的振动。

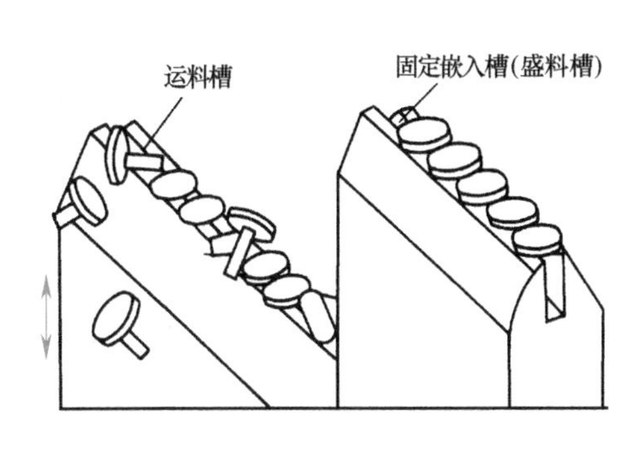

图 31-21　螺钉（半成品）自动上料整列机构

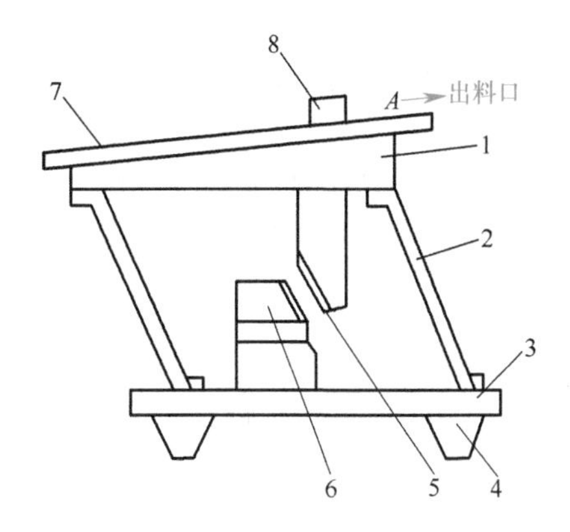

图 31-22　电磁振动供料机构
1—槽体　2—板簧　3—底座　4—橡胶减振弹簧
5—衔铁　6—铁心线圈　7—料道　8—工件

料道 7 固定在槽体 1 上，当槽体在板簧的作用下向右上方运动时，由于工件 8 与料道 7 之间存在摩擦力，工件被料道带动，并逐渐被加速；当槽体在电磁铁作用下向左下方运动时，由于惯性力的作用，工件将按原来运动方向向前抛射（或称为跳跃），工件在空中微量跳跃后，又落到料道上。这样，槽体经过一次振动后，在料道上的工件就向 A 向移动一小段距离，直至出料口，从而达到供料的目的。显然，槽体的质量、工件和料道的摩擦因数等一定时，工件的运动状态与槽体的加速度有关。

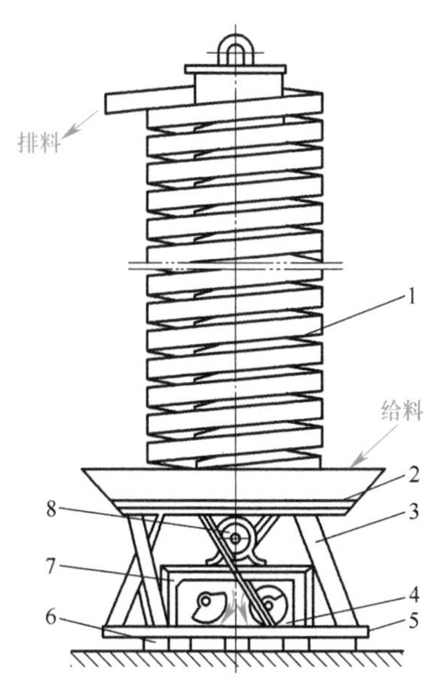

图 31-23　惯性垂直振动提升机
1—螺旋槽体　2—上圆盘　3—板簧
4—惯性激振器　5—底盘　6—隔振垫
7—电动机架　8—电动机

（2）惯性机构　利用物体的惯性来进行工作的机构称为惯性机构，如建筑机械中的夯土机、打桩机等。许多情况下，惯性和振动在这类机构中同时被利用。图 31-23所示为惯性垂直振动提升机。惯性激振器 4 的两根主轴做等速反向旋转，轴的两端装有偏心块，用以产生激振力。电动机 8 装在电动机架 7 上。而电动机架 7 则安装在底盘 5 上，螺旋槽体 1 与上圆盘 2 用螺栓紧固在一起，上圆盘 2 与底盘 5 是用一组板簧 3 连接的，它们是提升机的主振弹簧（也称为共振弹簧），整个机器支承在隔振垫 6 上。当电动机经带传动带动惯性激振器的两根主轴做等速反向旋转时，便可产生垂直方向的激振力和绕垂直轴的激振力矩，使该提升机的槽体产生垂直振动和绕垂直轴的扭转振动，而使物料沿螺旋槽体被提升至排料口。通常采用的激振频率为 12~17Hz，振幅为 3~8mm，个别情况下可达 10mm。当对基础的隔振要求十分严格时，可将底盘的振幅设计得很小，在这种情况下传给基础的动载荷可以明显减少。

四、机构的仿生创新设计

（一）机构仿生创新设计的含义

仿生是一种常用的创新技法（见第三十章第四节）。通过模拟生物或人体器官的原理、结构、功能等展开对应联想，从而构思、设计新机构的方法称为机构的仿生创新设计。仿生创新设计的历史悠久，三国时期，诸葛亮创造的“木牛流马”堪称古代在崎岖山路上实现机械化运输的奇迹。这种“木牛流马”即是模仿四足动物的“运动”“施力”原理设计制造而成的四足运载机械。据分析，木牛流马可能采用的是多杆机构。图 31-24 是一种重载低压强步行机，是适用于沼泽、海滩等松软地面的运载工具。该步行机采用液压驱动，在载荷较大的情况下，能实现模仿人的左、右足交替运动的步行动作，可在较高步行速度下使重心平稳，不发生颠簸。

在现代工业生产过程中，机械手的应用越来越广泛，它能按给定的轨迹和要求，实现抓取、搬运及操纵等功能。图 31-25 即是模仿人手的原理、功能、结构进行设计的仿生机械手，它能完成灵敏抓取、精确抓拿、施力操作等多项工作。

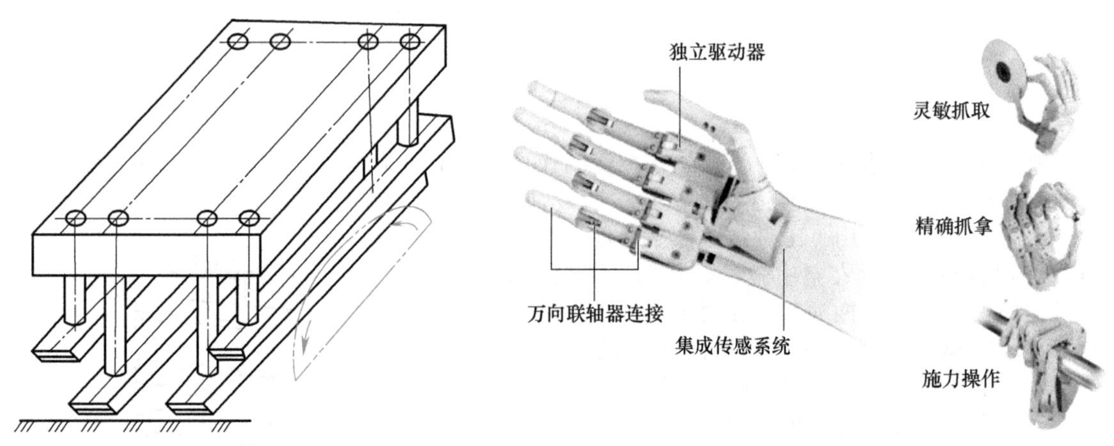

图 31-24 重载低压强步行机　　图 31-25 仿生机械手

仿生创新设计是模仿与当代科学技术手段相结合的产物，它不是自然现象的简单再现，而是充满创造性思维的复杂过程，是对自然的一种超越。通过仿生创新设计，设计者可以创造出比自然界生物功能更强、性能更高的新型机构。

（二）典型工业机械手机构

下面列举几种典型的工业机械手机构，以期诱发读者进行机构仿生创新设计的思路，从而发明出更多满足现代工业需求的仿生机构。

1. 手指回转型机械手机构

手指回转型机械手的执行构件（即手指）围绕某一定点回转来实现夹持动作（图 31-26)。

图 31-26a 为杠杆式手指回转型机械手机构。气缸（或电磁铁）1 固定在支承板 2 上，手指 4 与支承板通过铰链连接，当气缸 1 的活塞杆处于缩回位置时，手指 4 依靠拉簧 3 处于常闭状态并与活塞杆保持接触，当气缸 1 的活塞杆伸出时，推动手指 4 使其张开。更换拉簧 3 可改变夹紧力的大小。

图 31-26b 为齿轮齿条式手指回转型机械手机构，9 为支承板，双面齿条 7 与气缸活塞杆 5 相连，齿轮 8 与手指 6 制成一体。当气缸活塞杆 5 伸出或缩回时，手指 6 便张开或闭合。夹紧力由气体压力控制。更换不同的手指，可夹持不同形状的工件。

2. 手指移动型机械手机构

手指移动型机械手的执行构件（即手指）做平行移动以实现夹持动作。

图 31-27 所示为连杆—杠杆式手指移动型机械手机构。气缸 1 的活塞杆伸出时，连杆 2 将推动摆杆 3 绕构件 4 上的支点转动，与之平行设置的摆杆 5 也做同步转动，从而使两手指

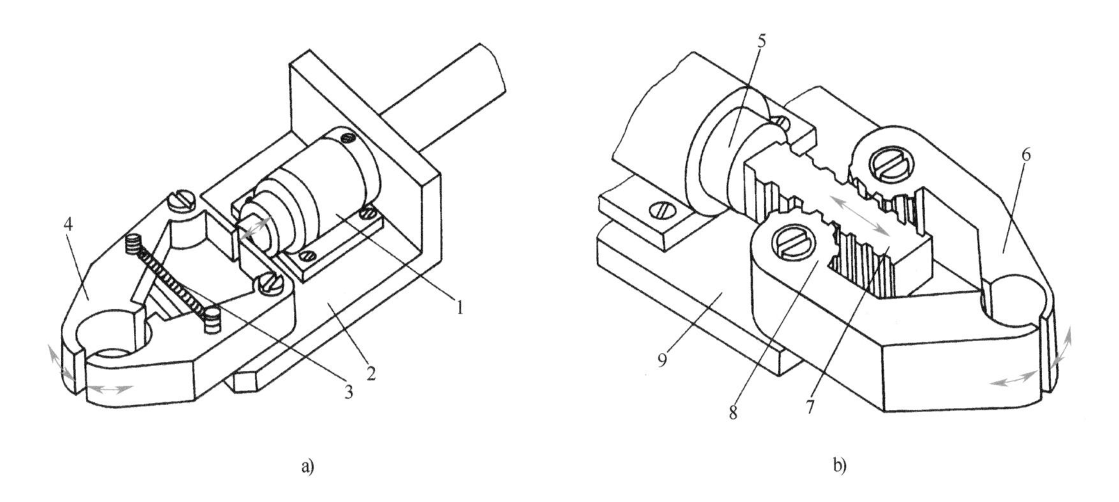

图 31-26 手指同转型机械手机构

a）杠杆式 b）齿轮齿条式

1—气缸 2、9—支承板 3—拉簧 4、6—手指 5—活塞杆 7—双面齿条 8—齿轮

6 相对移动将工件夹紧。反之（可依靠压缩弹簧 7 使活塞杆缩回），手指 6 张开。

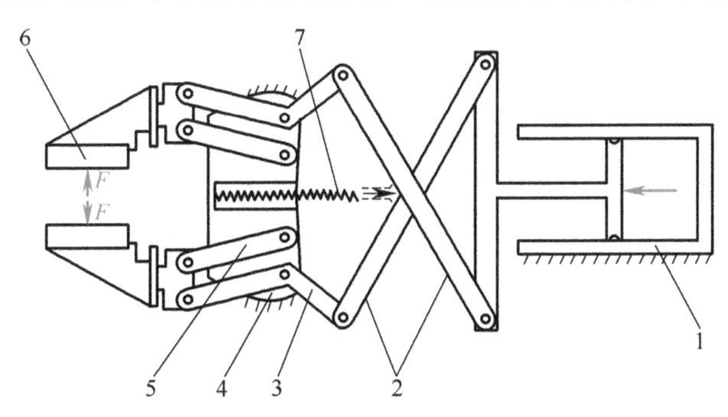

图 31-27 连杆—杠杆式手指移动型机械手机构

1—气缸 2—连杆 3、5—摆杆 4—构件 6—手指 7—弹簧

3. 多指式机械手机构

具有多于两个执行构件（即手指）的机械手称为多指式机械手。

图 31-28a 是由气缸驱动的三指式机械手机构。当气缸 5 的活塞杆伸出时，手指 9 直接移向工件，而手指 1、2 则在楔杆 7 的斜面推动下绕支轴 3 向内摆动，三个手指将工件定心并夹紧。松开工件时，手指 9 随气缸 5 的活塞杆右移，手指 1、2 在弹簧 4 的作用下向外摆动复位。手指 1、2 通过滚子 8 减小与楔杆 7 斜面之间的摩擦。

图 31-28b 是另一种形式的三指式机械手机构，由电动机驱动。固定在支承板 6 上的电动机 14 通过链条（或传动带）13、蜗杆 17 及蜗轮 12 驱动螺杆 16 转动，螺杆 16 又通过两齿轮 19 把运动传递给螺杆 20；安装在螺杆 16 左右螺旋上的两螺母 15 分别带动杠杆 10 以及各自的卡爪 11 绕支点摆动，与此同时，螺杆 20 上的螺母带动 L 形摆杆 22 摆动，L 形摆杆 22 又拨动中间卡爪 11，使之沿导轨 18 左右移动，与上下两卡爪一起闭合或分开，将工件夹紧或松开。若去掉摇杆 21，上下两卡爪 11 将由平行移动变为回转运动。三指式机械手具有自动定心作用，适用于夹持圆柱形工件。

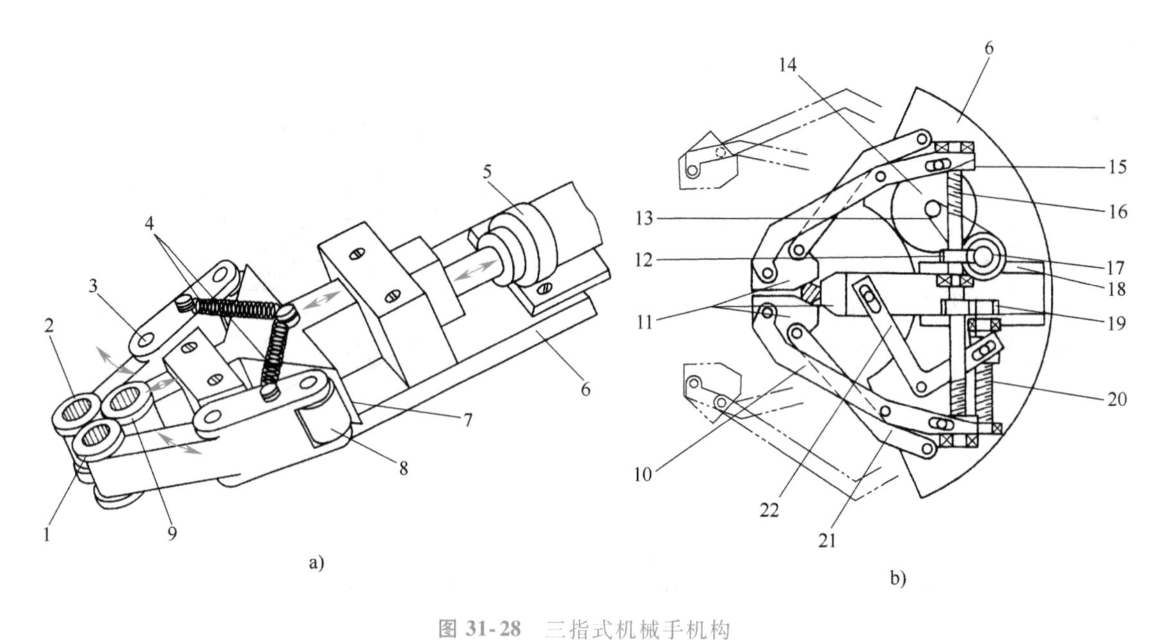

图 31-28 三指式机械手机构

1、2、9—手指 3—支轴 4—弹簧 5—气缸 6—支承板 7—楔杆 8—滚子 10—杠杆 11—卡爪 12—蜗轮 13—链条 14—电动机 15—螺母 16、20—螺杆 17—蜗杆 18—导轨 19—齿轮 21—摇杆 22—摆杆

图 31-29 为利用传动带与滑轮传递运动及夹紧力的四指机械手机构。驱动轮 14 直接带动视图下侧的滑轮机构，同时又通过齿轮传动 12（齿数比 1∶1）将运动传递给视图上侧的滑轮机构，使手指 1、2、5、6 从上下左右四个方向移向或离开工件 4。该机械手既可从外侧夹持圆柱形工件，又可利用手指上的柱销 3 从内侧夹持环、套类工件，还可夹持非圆表面的工件，如带有凸台结构的工件。

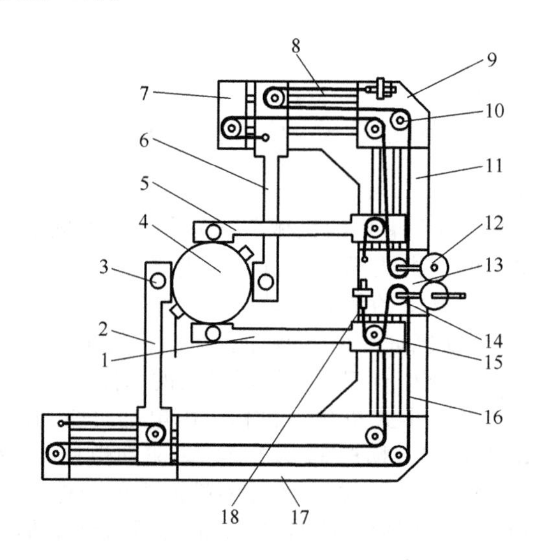

图 31-29 传动带驱动多指机械手机构

1、2、5、6—手指 3—柱销 4—工件 7、9、13、17—支座 8—导杆 10—定滑轮 11—框架 12—齿轮传动 14—驱动轮 15—动滑轮 16—传动带 18—调整螺栓

第二节　机械结构创新设计方法

机械结构设计具有多解性，即满足同一设计要求的机械结构并不唯一。因此，寻求最佳结构方案就成为机械结构设计的关键环节，这就需要设计者发挥创造性思维方法的作用，进行结构的创新设计。

一、结构变异创新设计方法

根据设问创新技法，在机械工作原理或功能指标的指导下，针对一个已知结构进行深入分析，通过调整其结构参数或变换其功能面形状等得到多个结构方案的方法，称为结构的变异创新设计。

（一）结构参数调整变异法

描述零件结构特征的指标称为结构参数。在调整结构参数之前，要明确其变化对系统技术性能的影响，应调整那些对进一步提高系统性能影响较大的结构参数。结构参数调整可通过计算、模型分析或试验确定。用两个实例来说明结构参数调整变异法。

1. 波轮式洗衣机

波轮式洗衣机以水流的机械力使衣物与洗涤液、衣物相互之间、衣物与波轮及筒壁之间产生搓揉、摩擦等作用，与此同时织物纤维不断弯曲、拉伸、扭转变形，并进一步发挥洗涤液中活性物质的作用，使污垢从衣物上剥落下来。波轮式洗衣机的洗净度、洗净均匀度与磨损率、缠绕率构成洗衣机的主要矛盾。提高洗衣机性能措施包括使衣物变形充分、增加衣物变形频率、加大衣物与水的相对运动速度等，另外水流还应不断改变运动方向以防衣物缠绕。

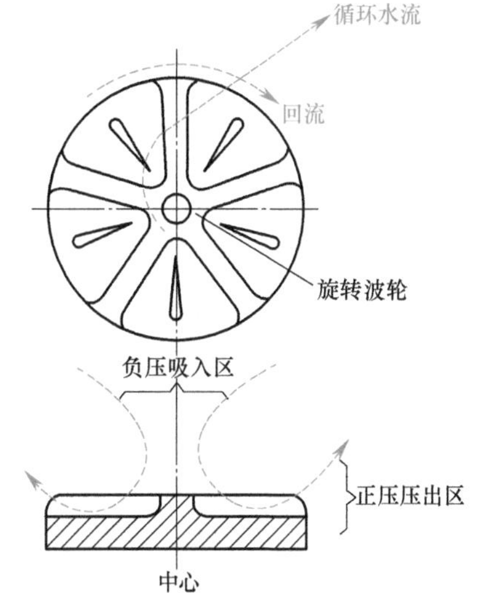

图 31-30　波轮作用

实现以上措施的可调整结构参数有：波轮的直径和高度，突肋的形状、数量与尺寸。调整这些参数可改变水流的方向、路径、力度（图 31-30）。波轮外圆为水流出口，加大外圆直径可提高流速，提供较高的压头；中心处为低压区，会产生衣物与水流死角，调整中心处的结构参数可缓解这一现象。通过调整波轮参数试验所得的新水流见表 31-2。

表 31-2　洗衣机的波轮形状与水流形状

波轮名称	波轮形状	洗涤水流形状
凸形波轮		摆动水流
高波轮		摆动水流

（续）

波轮名称	波轮形状	洗涤水流形状
凹形波轮		心形水流
棒式波轮		摆动水流
桶式波轮		向心形水流

2. 联轴器

联轴器主要用来连接两轴或轴与其他回转零件使其一起旋转，并传递转矩，有的还起减振与缓冲作用。

以图 31-31a 所示凸爪式弹性块联轴器为例。在两半联轴器 1 和 2 的中间，装有用酚醛层压布材或尼龙制的方形滑块 3，它可在半联轴器的凹槽中滑动，补偿两轴偏移量。图中涂黑的滑动面传递作用力，为主要工作面。

运用发散思维方法进行该联轴器结构参数的调整，可获得多种结构方案。

对图 31-31a 中主要作用面的面积和数量进行调整，得到如图 31-31b 所示的变形结构，工作面的尺寸虽然小了，压力分布却更为均匀。将滑动摩擦变为滚动摩擦，可得到如图 31-31c的结构。将刚性支架 5 上的内装滚子 4 调整为外装滚子，可得如图 31-31d 的结构。

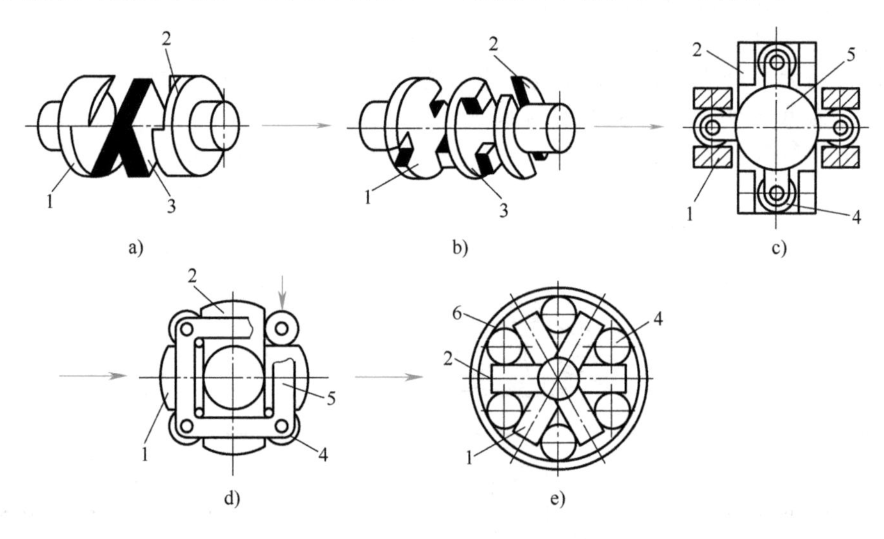

图 31-31 弹性块联轴器结构的变异

1、2—半联轴器 3—滑块 4—滚子 5—刚性支架 6—柔性环将图 31-31d 中支承滚子的刚性支架 5 变换为柔性环 6，则得到如图 31-31e 所示的结构。

（二）功能面形状变换变异法

机械结构的功能主要是靠机械零部件的几何形状及各个零部件之间的相对位置关系实现的。零件的几何形状由它的表面所构成。一个零件通常有多个表面。在这些表面中，与其他零部件相接触，或与工作介质、被加工物体相接触的表面称为功能表面。

零件的功能表面是决定其功能的重要因素。通过对功能表面的变换设计，可以得到为实现同一技术功能的多种结构方案。

螺钉用于连接时需要利用螺钉头部进行拧紧。而变换旋拧功能面的形状和位置（内、外），可以得到螺钉头的多种设计方案。图 31-32 所示有 12 种方案。不同的头部形状所需的工作空间（扳手空间）不同，拧紧力矩也不同。图 31-32a 为六角头、图 31-32b 为方头、图 31-32c为 T 形头，三种头部结构使用一般扳手拧紧，可获得较大的预紧力，但所需扳手空间较大，其中图 31-32c 所需扳手空间最大，图 31-32a 最小。图 31-32d 为滚花形头、图31-32e 为翼形头，这两种钉头用于徒手拧紧，不需专门工具，使用方便；图 31-32f、g、h 为圆柱头，用不同形状的扳手作用在螺钉头的内表面拧紧，可使螺纹连接件表面整齐美观，所需工作空间较小；图 31-32i、k 为半沉头，图 31-32j、l 为沉头，分别是用十字槽螺钉旋具和一字槽螺钉旋具拧紧的螺钉头部形状，所需的扳手空间小，但拧紧力矩也小。可以想象，还有许多可以作为螺钉头部形状的设计方案。实际上，所有的可加工表面都是可选方案，只是不同的头部形状需要不同的专用工具拧紧，在设计新的螺钉头部形状方案时要同时考虑拧紧工具的形状和操作方法。

机器上的按键外形通常为方形或圆形，这种形状的按键在控制面板上占用较大的面积。若变换为三角形或椭圆形按键并适当排列，可使控制面板的尺寸明显减小。

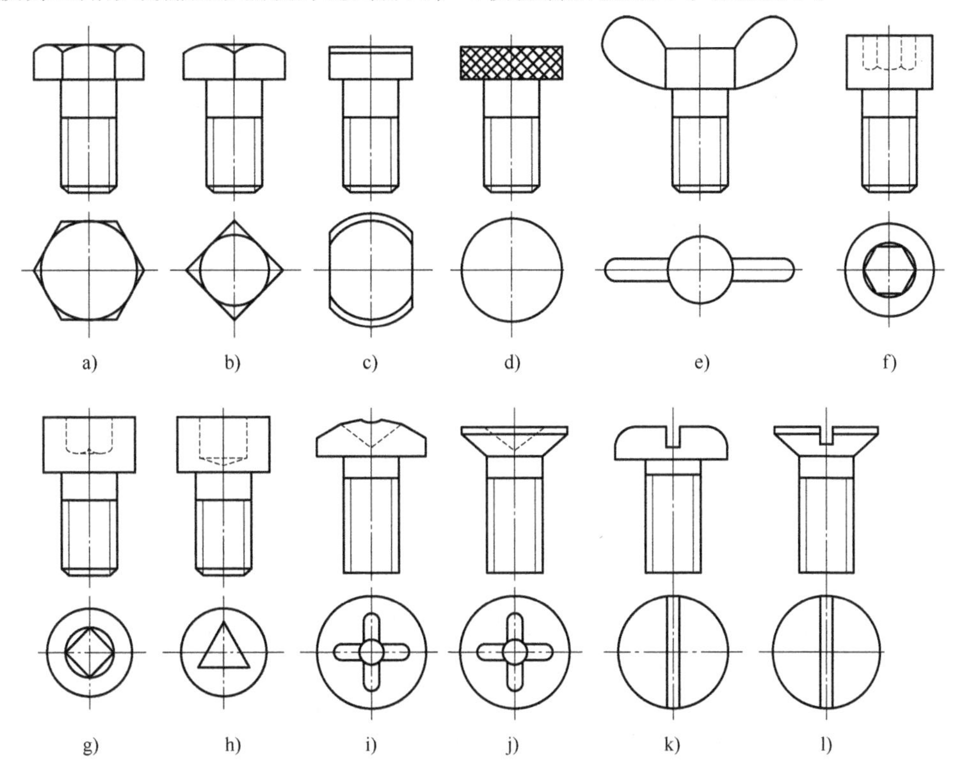

图 31-32　螺钉头功能面的变换

在图 31-33a 所示的结构中，挺杆 2 与摇杆 1 通过一球面相接触，球面在挺杆上。由于作用力方向与挺杆的轴线方向不平行，挺杆会产生横向推力，这种横向推力需要挺杆与导轨之间的反力与之平衡。当挺杆的垂直位置较高时，这种反力产生的摩擦力的数值会超过球面接触点的有效轴向推力，因而造成挺杆运动卡死。如果将球面改在摇杆上，如图 31-33b 所示，则接触面上的法线方向始终平行于挺杆轴线方向，不会产生横向推力。

二、结构组合创新设计方法

根据综合创新原理，将不同功能或特点的结构组合起来，实现功能集成、增强或互补的设计方法称为结构的组合创新设计。组合创新设计特别适合下列情况：

1）分功能结构相对独立，易于叠加组合为整体，使多个零件的功能综合到一个零件上，起到减少零件数量、便于装配、降低成本的作用。

2）分功能结构已积累大量成熟结构，有的已规范化、标准化，组合时需进行的接口处理不太复杂，使组合结构的功能得到增加或增强。

图 31-34 所示为三种自攻螺钉结构，它们或将螺纹与丝锥的结构集成在一起，或将螺纹与钻头的结构集成在一起，使得拧螺钉与攻螺纹能同时进行，甚至拧螺钉、攻螺纹与钻孔能同时进行，因而螺钉连接结构的加工和安装更方便。

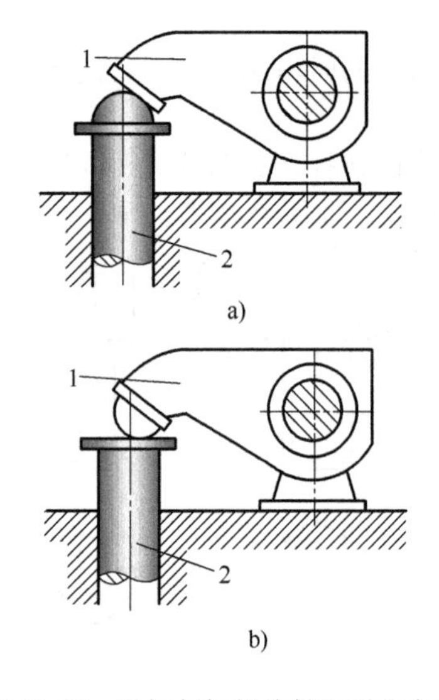

图 31-33 摇杆与挺杆接触面形状变换
1—摇杆 2—挺杆

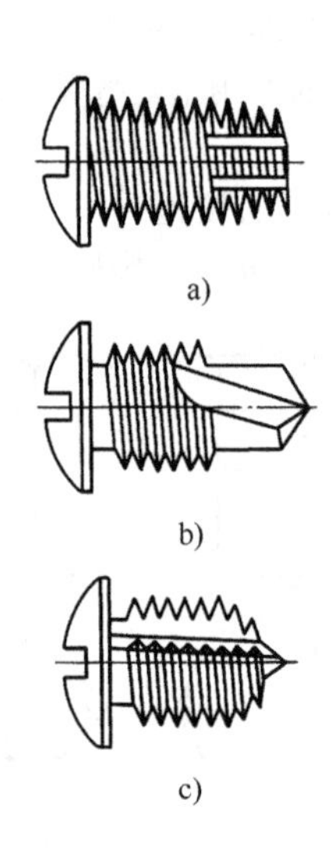

图 31-34 自攻螺钉结构
a）丝锥尾 b）钻头尾 c）锥尖尾

三、结构简化创新设计方法

一般情况下，需要完成的功能越复杂、越多，则零部件的结构也越复杂。但在某些场合，可将复杂的结构巧妙地进行简化设计，使其不仅能保持原功能不变，而且结构简单、新颖，便于制造、安装、调整和维护，这种设计方法即为结构的简化创新设计。

在计算机中使用的软盘驱动器上有多处铰链，原设计中普遍采用传统的铰链设计方法（图 31-35a），即用销轴构造铰链，其结构复杂，占用空间大。新的设计中将铰链改为弹性铰链结构，即一片弹性金属片焊接在两个部件之间，靠金属片的弹性变形实现两个部件之间的相对转动（图 31-35b），使结构简化但功能不变。

某机器人研究所在设计用于生物工程技术的显微镜调整机构时，需要机构能够精确实现接近生物细胞尺寸的调整量，如果使用常规的设计方法，只有采用流体静压导轨结构才能实现，这将需要配置一套包括泵、阀、管路及其他附件的复杂系统。他们在设计中采用了弹性进给机构，通过一个梁在载荷作用下的变形实现精确进给，不但结构非常简单，而且工作性能非常稳定。

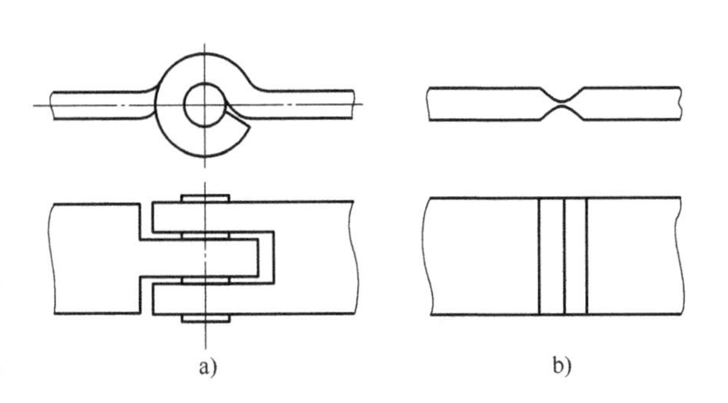

图 31-35 铰链结构的简化设计

图 31-36a 为仪器仪表常采用的常规螺钉连接结构，图 31-36b 是相同功能、经结构简化创新设计而改进的快动连接结构。可见，图 31-36b 省去了螺钉和螺纹孔结构，通过零件的弹性变形而达到连接的目的，结构简单，便于操作。需要指出，这种快动连接结构只适用于承受载荷较小或不承受载荷的场合。

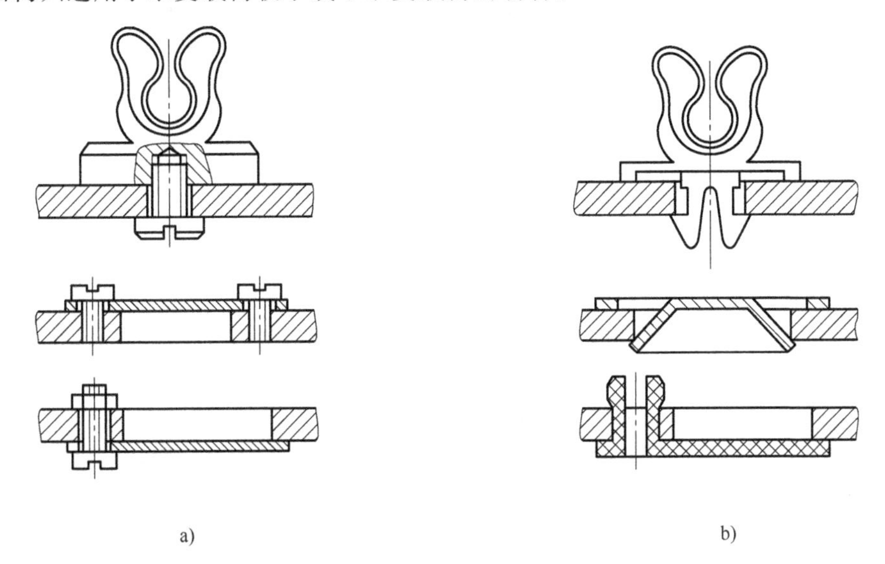

图 31-36 连接结构及其简化

这种快动连接结构有多种形式，图 31-37 介绍了三种。如图 31-37a 所示，图 1 为连接预备状态，推入中心杆将空心套端部撑开完成连接（图 2），以其弹性变形提供一定锁合力，单侧操作，推入动作比旋转更快，成本低廉，但不能重复使用。图 31-37b 为左右两元件组合，依靠连接件的弹性变形使被连接件锁紧，安装操作简单。图 31-37c 所示左右两侧的被连接件厚度不同，其中图 1 为连接预备状态，推入中心杆，空心套底部被挤压变形，当中心杆的定位槽与空心套底部凸边相嵌时（图 2 所示位置），即实现了连接。这种连接具有较高的锁合力和抗振能力，其中图 3 为待拆卸状态，连接件组件一起从上方取出，可重复使用。

四、材料变异创新设计方法

（一）替换材料构思新结构

设计中可供选择的材料种类繁多，不同的材料具有不同的性能，需要相应采用不同的加工工艺。结构设计中既要根据功能的要求合理地选择材料，又要根据材料的种类确定适当的机械结构及其加工工艺。按照移植、替换创新的方法，打破传统的思维习惯，借用其他材料

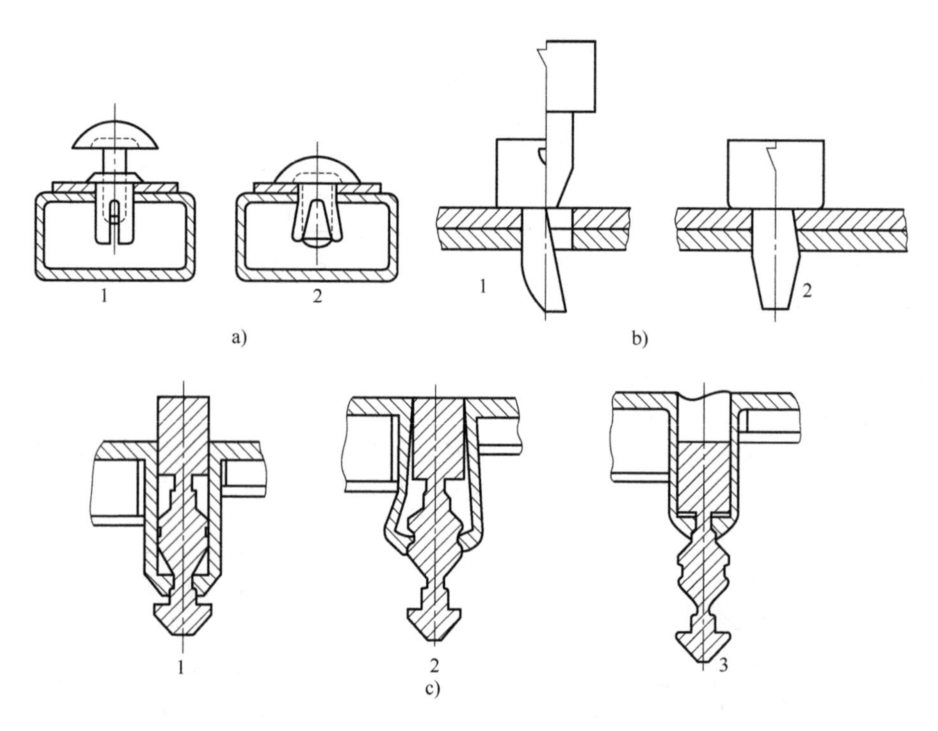

图 31-37 快动连接结构

来替换原零部件所用材料，不仅为优化结构提供更多的备选方案，设计出多种满足设计要求的新颖的机械结构，而且能最大限度地发挥材料的优势，提高其工作性能。

例如，在弹性联轴器的设计中，替换联轴器弹性元件的材料，可得到联轴器的许多结构形式，同时使联轴器的工作性能发生很大变化。可选作弹性元件的材料有金属、橡胶、塑料等。金属材料具有较高的强度和寿命，所以常用在要求承载能力大的场合；橡胶材料的弹性变形范围大，变形曲线呈非线性，可实现大变形量、综合可移性要求，但是橡胶材料的强度差，寿命短，常用在承载较小的场合。由于弹性元件的寿命短，使用中需多次更换，在结构设计中应为更换弹性元件提供可能和方便，并留有必要的操作空间，使更换弹性元件所必须拆卸、移动的零件尽量少。

图 31-38 所示为一种铰链结构。进行材料的替换，铰链节叉的结构可设计出多种形式。图31-39a 是采用铸铁时的结构方案。图 31-39b 是使用钢板代替铸铁的结构方案，它具有质量小、节省材料和大批量生产成本低的优点，适于生产批量较大的场合。

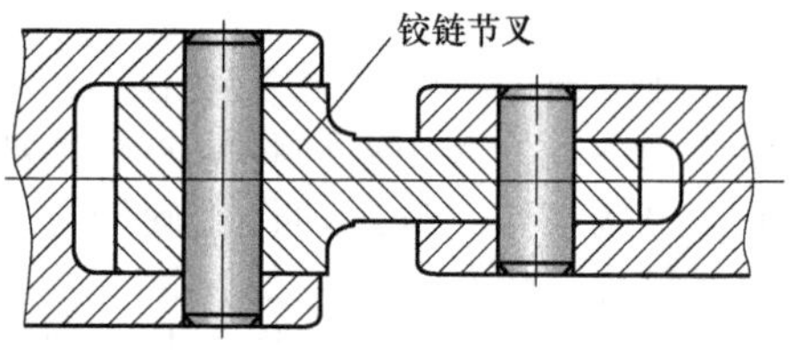

铰链节叉

图 31-38 铰链结构

（二）采用新材料设计新结构

随着材料科学的发展，新材料不断出现。新材料一般具有先进性、环保性等特点。选用新材料，或能提高产品性能，或能实现新的工作原理，也能使结构简单、成本降低，这正是结构创新设计所要实现的主要目标。

例如，形状记忆合金是常用的功能合金。这种合金在高温下制成所要求的形状，在低温时改变其形状，当重新升到高温时将恢复原高温时的形状。冷却后不能恢复原低温时形状的为单程记忆合金，冷却后能恢复原低温时形状的为双程记忆合金。图 31-40 所示为单程记忆合金铆钉连接结构。图 31-40a 为高温下所制成的铆钉形状，在低温环境下施力将其扳直并插入被连接件（图 31-40b、c），然后加热至高温，则铆钉自动恢复到原高温时的形状将被连接件铆接，如图 31-40d 所示。形状记忆合金还可用于制造各种管件外接头，常温时，管接头内径比管外径小 4%，锁紧力极大，无泄漏危险。形状记忆合金用于螺栓连接，可提高连接的可靠性，且连接结构简单，适用于某些特殊场合。

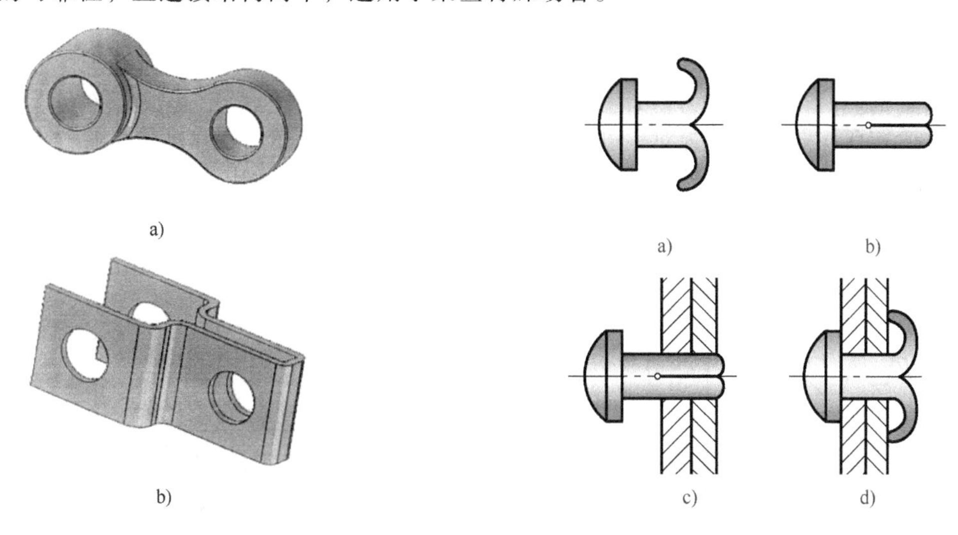

图 31-39　铰链节叉结构
a）铸铁材料　b）钢板材料

图 31-40　单程记忆合金铆钉连接结构

机敏材料（Smart Materials）、智能材料（Intelligent Materials）的使用为机械结构创新设计提供了广阔的天地。这些材料具备感知、驱动等功能，具有广阔的发展前景。例如，电控流变流体（Electro-rheological Fluid，ER）是一种机敏材料，呈胶体悬浮状，其流动阻力可由加到流体系统的外部电场控制，随着所加电场场强的增加，流动阻力增大。ER 主要应用于受切向载荷的工作状态，如离合器。电控流变流体离合器仅用一个电压信号就可实现离合并无级地调整其输出转速。

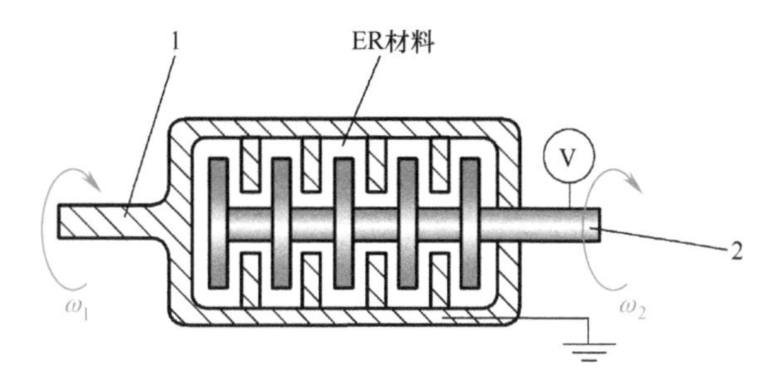

图 31-41　平行盘式电控流变流体可控离合器
1—主动半轴　2—从动半轴

图 31-41 所示为平行盘式电控流变流体可控离合器，ER 材料充满于主从板之间，由电场场强控制 ER 所能传递的切向力大小，其结构简单，可控性好。

五、提高性能的结构创新设计

机械产品的性能不但与原理设计有关，结构设计的优劣也直接影响产品的性能，甚至影响产品功能的实现。设计者必须运用发散思维与集中思维相结合的方法，多侧面、多角度、跨学科地提出新构想、新思路，并从中选择最佳结构方案，以提高机械产品的性能。下面的分析为结构创新设计提供了可供借鉴的思路。

（一）提高强度和刚度的结构设计

强度和刚度都与结构受力有关。提高强度和刚度可从以下两方面着手：第一，选择合适的结构形式（或功能面形状），以减小单位载荷所引起的材料应力和变形量，提高结构的承载能力；第二，在外载荷不变的情况下，设计分散载荷的结构，以降低结构受力，提高强度和刚度。

如果多种载荷作用在同一结构上就可能引起局部应力过大。结构设计中应将载荷由多个部分分别承担，这样有利于降低危险结构处的应力，从而提高结构的承载能力，这种方法称为载荷分担。

图 31-42 为一位于轴外伸端的带轮与轴的连接结构。图 31-42a 所示结构在将带轮的转矩传递给轴的同时也将压轴力（即径向力）传给轴，它将在支点处引起很大的弯矩和支反力，并且弯矩所引起的应力为对称循环应力，弯矩和转矩同时作用会在轴上引起较大合成应力。图 31-42b 所示的结构中增加了一个支承套，带轮通过端盖（用花键与轴连接）将转矩传给轴，而通过轴承将压轴力传给支承套，支承套的直径较大，而且所承受的弯曲应力是静应力，通过这种结构使弯矩和转矩分别由不同零件承担，提高了结构整体的承载能力。

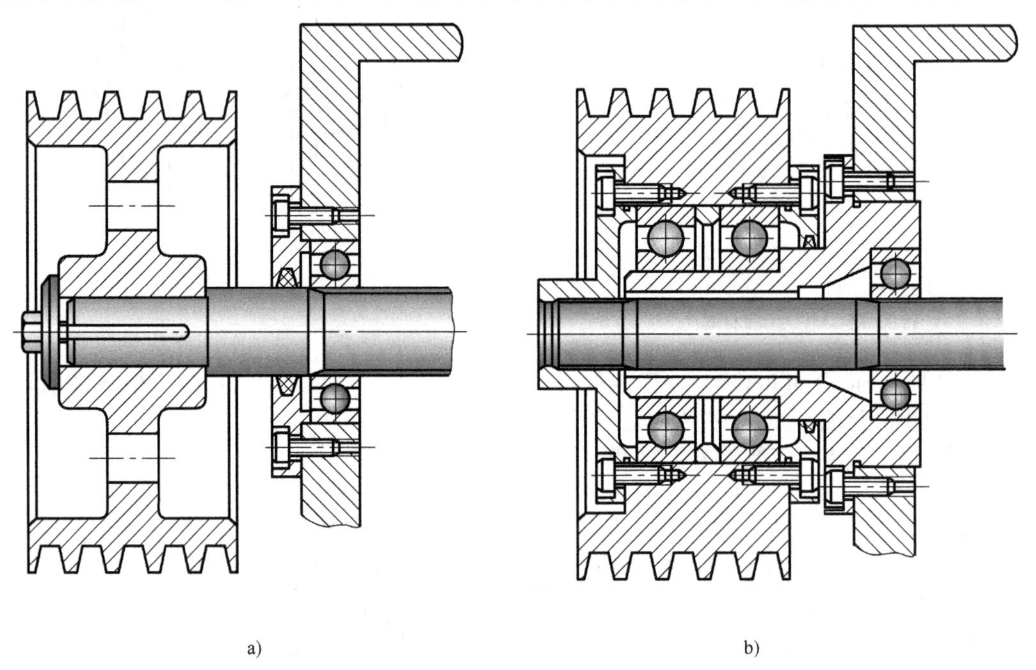

图 31-42 带轮与轴的连接结构

（二）提高精度的结构设计

现代设备对精度提出越来越高的要求，通过结构设计可以减小由于制造、安装等原因产生的原始误差，减小由于温度、磨损、构件变形等原因产生的工作误差，减小执行机构对各项误差的敏感程度，从而提高产品的精度。

1. 误差合理配置

在机床主轴结构设计中，提高主轴前端（工作端）的旋转精度是很重要的设计目标，主轴前支点和主轴后支点轴承的精度都会影响主轴前端的旋转精度，但是影响的程度不相同。通过图 31-43 可知前支点 A 的误差 δ_A 所引起的主轴前端误差为（图 31-43b）

$$\delta=\delta_A(L+a)/L$$

后支点 B 的误差 δ_B 所引起的主轴前端误差为（图 31-43c）

$$\delta'=\delta_B a/L$$

显然前支点 A 的误差对主轴前端的精度影响较大，所以结构设计中通常将前支点的轴承精度选择得比后支点要高一个等级。

2. 误差补偿

在工作过程中，由于温度变化、载荷、磨损等因素会使零部件的形状及相对位置关系发生变化，这些变化也常常是影响机械结构工作精度的原因。温度变化、受力后的变形和磨损等都是不可避免的，但是好的结构设计可以减少由于这些因素对工作精度造成的影响。在图 31-44 所示的两种凸轮机构设计中，凸轮和移动从动件与摇杆的接触处都会不可避免地发生磨损，图 31-44a 所示结构使得这两处磨损对从动件的运动误差影响互相叠加，而图 31-44b 则使得这两处磨损对从动件的运动误差影响互相抵消，显然图 31-44b 所示机构优于图 31-44a。

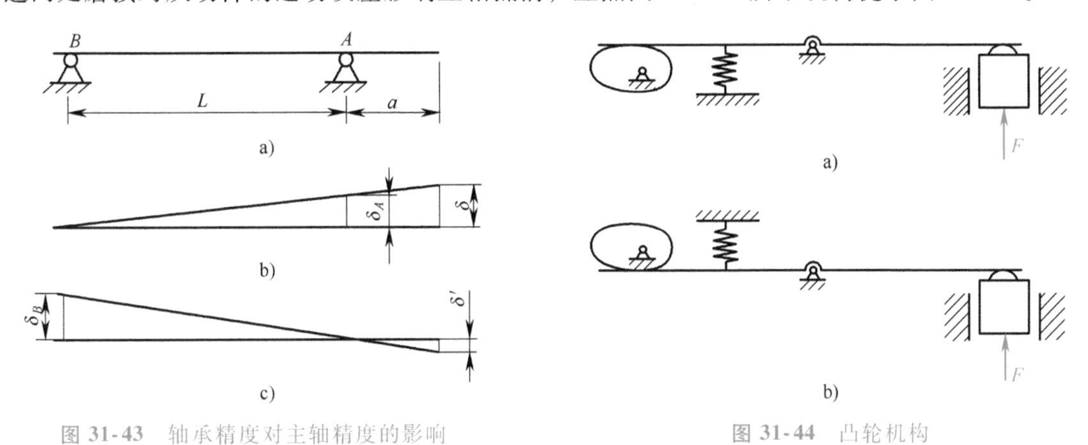

图 31-43　轴承精度对主轴精度的影响

图 31-44　凸轮机构

3. 采用误差较小的近似机构

在实际应用中，有时为简化机构而采用某些近似机构，这会引入原理误差，在条件允许时优先采用近似性较好的近似机构可以减小原理误差。图 31-45 所示的两种近似机构都可以得到手轮的旋转运动与摆杆摆动角之间的近似线性关系。图 31-45a 为正切机构，滚子装在螺杆上，与摆杆接触。图 31-45b 为正弦机构，滚子装在摆杆上，与螺杆顶部接触。两种机构中手轮的旋转角 φ 与摆杆摆动角 θ 之间的关系为

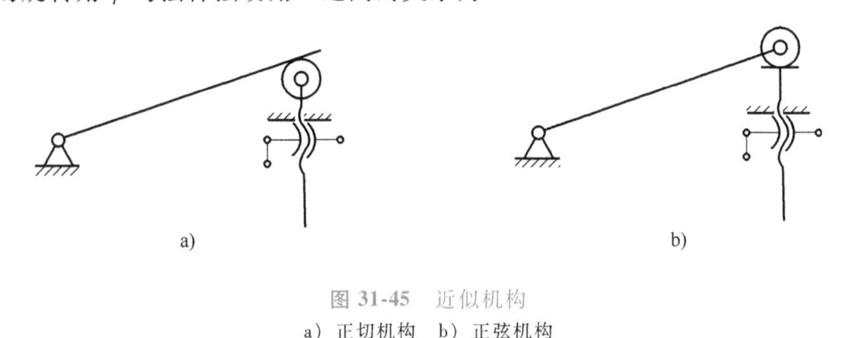

图 31-45　近似机构
a）正切机构　b）正弦机构

$$\varphi \propto \tan\theta \approx \theta + \frac{\theta^3}{3} \quad (\text{正切}) \qquad \varphi \propto \sin\theta \approx \theta - \frac{\theta^3}{6} \quad (\text{正弦})$$

从公式中可以明显看到，正弦机构的原理误差比正切机构的原理误差小一半，而且螺纹间隙引起的螺杆摆动基本不影响摆杆的运动，说明采用正弦机构比采用正切机构可获得更高的传动精度。

文献阅读指南

1）张春林主编的《机械创新设计》（2版，北京：机械工业出版社，2007）系统地介绍了机械创新设计的基础知识、机械创新设计的理论和方法，并列举了机械创新设计的实例。黄纯颖主编的《机械创新设计》（北京：高等教育出版社，2000）紧密结合机械设计实践，分析创新思维和方法在机械原理方案设计、机构设计、结构设计等各阶段的应用，分析了开发设计、变型设计和反求设计等各类创新设计的特点。曲继方等编著的《机构创新原理》（北京：科学出版社，2001）详细阐述了机构运动变换原理、机构运动副变换原理、机构型变换原理、机构形态变换原理以及机构自适应变换原理等，理论与实例相结合。

2）吴宗泽等主编的《机械设计禁忌800例》（2版，北京：机械工业出版社，2006）和成大先主编的《机械设计图册》（北京：化学工业出版社，2000），给出了大量典型的机械结构图例。前者用正误对比的方法，分析机械结构设计的多样性和复杂性，给出正确设计例子；后者运用了多种巧妙的方法来构思新颖的结构，并通过产品结构发展演变的对比阐明了产品结构创新设计的思路。

3）孟宪源主编的《现代机构手册》（北京：机械工业出版社，2007）和黄越平等编著的《自动化机构设计构思实用图例》（北京：中国铁道出版社，1993），汇集了各工业部门现代机器、设备和仪器中应用的大量的机构图例，并按照功能用途和运动特性进行了分类。此外，有关机械系统创新设计的原理与方法，可参考杨家军主编的《机械系统创新设计》（武汉：华中科技大学出版社，2000）和邹慧君主编的《机械系统设计原理》（北京：科学出版社，2003）。

思考题

31-1 试设计五种增力组合机构。

31-2 试设计一种多功能可折叠的家用梯子，要求梯子高度不低于2.5m，折叠后可放入一般旅行包中。

31-3 一手动剃须刀具，通过手动往复机构提供动力，经变速系统使刀片高速旋转完成剃须动作。试构思设计该传动（包括往复机构和变速系统）的多个可能方案，并予以评价、选择。

参考文献

[1] 申永胜. 机械原理教程［M］. 2版. 北京：清华大学出版社，2005.
[2] 申永胜. 机械原理辅导与习题［M］. 2版. 北京：清华大学出版社，2006.
[3] 孙桓，陈作模，葛文杰. 机械原理［M］. 7版. 北京：高等教育出版社，2006.
[4] 孙桓. 机械原理教学指南［M］. 北京：高等教育出版社，1998.
[5] 王知行，邓宗全. 机械原理［M］. 2版. 北京：高等教育出版社，2006.
[6] 黄茂林，秦伟. 机械原理［M］. 北京：机械工业出版社，2002.
[7] 祝毓琥. 机械原理［M］. 2版. 北京：高等教育出版社，1986.
[8] 郑文纬，吴克坚. 机械原理［M］. 7版. 北京：高等教育出版社，1997.
[9] 邹慧君，等. 机械原理［M］. 北京：高等教育出版社，1999.
[10] 楼鸿棣，邹慧君. 高等机械原理［M］. 北京：高等教育出版社，1990.
[11] 杨元山，郭文平. 机械原理［M］. 武汉：华中理工大学出版社，1989.
[12] 华大年. 机械原理［M］. 2版. 北京：高等教育出版社，1984.
[13] 李德锡. 机械原理［M］. 沈阳：东北大学出版社，1993.
[14] 傅祥志. 机械原理［M］. 2版. 武汉：华中科技大学出版社，2000.
[15] 王三民，诸文俊. 机械原理与设计［M］. 北京：机械工业出版社，2004.
[16] 黄锡恺，郑文纬. 机械原理［M］. 6版. 北京：高等教育出版社，1993.
[17] 孟彩芳. 机械原理电算分析与设计［M］. 天津：天津大学出版社，2000.
[18] 黄纯颖，高志，于晓红，等. 机械创新设计［M］. 北京：高等教育出版社，2000.
[19] 李立斌. 机械创新设计基础［M］. 长沙：国防科技大学出版社，2002.
[20] 侯珍秀. 机械系统设计［M］. 哈尔滨：哈尔滨工业大学出版社，2003.
[21] 黄天铭，邓先礼，梁锡昌. 机械系统学［M］. 重庆：重庆出版社，1997.
[22] 洪允楣. 机构设计的组合与变异方法［M］. 北京：机械工业出版社，1982.
[23] 邱宣怀，郭可谦，吴宗泽，等. 机械设计［M］. 4版. 北京：高等教育出版社，1997.
[24] 高泽远，等. 机械设计［M］. 沈阳：东北工学院出版社，1991.
[25] 黄祖德. 机械设计［M］. 北京：北京理工大学出版社，1992.
[26] 沈继飞. 机械设计［M］. 2版. 上海：上海交通大学出版社，1994.
[27] 天津大学机械零件教研室. 机械零件［M］. 天津：天津科学技术出版社，1983.
[28] 吴宗泽，高志. 机械设计［M］. 2版. 北京：高等教育出版社，2009.
[29] 董刚，李建功，潘凤章. 机械设计［M］. 3版. 北京：机械工业出版社，1999.
[30] 彭文生，李志明，黄华梁. 机械设计［M］. 2版. 北京：高等教育出版社，2008.
[31] 濮良贵，纪名刚，等. 机械设计［M］. 8版. 北京：高等教育出版社，2006.
[32] 邱宣怀. 机械设计学习指导书［M］. 2版. 北京：高等教育出版社，1992.
[33] 濮良贵，纪名刚. 机械设计学习指南［M］. 4版. 北京：高等教育出版社，2006.
[34] 彭文生，黄华梁. 机械设计教学指南［M］. 北京：高等教育出版社，2003.
[35] 朱龙根. 机械系统设计［M］. 2版. 北京：机械工业出版社，2006.
[36] 孔祥东，王益群. 控制工程基础［M］. 3版. 北京：机械工业出版社，2011.
[37] 张桂芳. 滑动轴承［M］. 北京：高等教育出版社，1985.
[38] 徐溥滋，陈铁鸣，韩永春. 带传动［M］. 北京：高等教育出版社，1988.
[39] 齐毓霖. 摩擦与磨损［M］. 北京：高等教育出版社，1986.
[40] 许尚贤. 机械零部件的现代设计方法［M］. 北京：高等教育出版社，1994.
[41] 弗尔梅. 机构学教程［M］. 孙可宗，周有强，译. 北京：高等教育出版社，1990.
[42] 扎布隆斯基. 机械零件［M］. 余梦生，等译. 北京：高等教育出版社，1992.
[43] 库德里亚夫采夫. 机械零件［M］. 汪一麟，等译. 北京：高等教育出版社，1985.
[44] R柯勒. 机械设计方法学［M］. 党志梁，等译. 北京：科学出版社，1990.
[45] M J尼尔. 摩擦学手册［M］. 王自新，等译. 北京：机械工业出版社，1984.

[46] J霍林. 摩擦学原理［M］. 上海交通大学摩擦学研究室，译. 北京：机械工业出版社，1981.
[47] G尼曼. 机械零件：第1卷［M］. 余梦生，倪文磬，译. 北京：机械工业出版社，1985.
[48] J E希格利，L D米切尔. 机械工程设计［M］. 4版. 全永昕，等译. 北京：高等教育出版社，1985.
[49] S铁摩辛柯，J盖尔. 材料力学［M］. 胡人礼，译. 北京：科学出版社，1978.
[50] 孟宪源. 现代机构手册［M］. 北京：机械工业出版社，2007.
[51] 周开勤. 机械零件手册［M］. 5版. 北京：高等教育出版社，2006.
[52] 闻邦椿. 机械设计手册［M］. 2版. 北京：机械工业出版社，2018.
[53] 机械工程手册、电机工程手册编辑委员会. 机械工程手册［M］. 2版. 北京：机械工业出版社，1997.
[54] 机械工程手册、电机工程手册编辑委员会. 电机工程手册［M］. 2版. 北京：机械工业出版社，1997.
[55] 中国机械工程学会，中国机械设计大典编委会. 中国机械设计大典：第1~5卷［M］. 南昌：江西科学技术出版社，2002.
[56]《常见机构的原理及应用》编写组. 常见机构的原理及应用［M］. 北京：机械工业出版社，1978.
[57] 黄越平，徐进进. 自动化机构设计构思实用图例［M］. 北京：中国铁道出版社，1993.
[58] 杨廷力. 机械系统基本理论——结构学、运动学、动力学［M］. 北京：机械工业出版社，1996.
[59] 张策. 机械动力学［M］. 2版. 北京：高等教育出版社，2008.
[60] 唐锡宽，金德闻. 机械动力学［M］. 北京：高等教育出版社，1983.
[61] 余跃庆，李哲. 现代机械动力学［M］. 北京：北京工业大学出版社，1998.
[62] 彭国勋，肖正扬. 自动机械凸轮机构设计［M］. 北京：机械工业出版社，1990.
[63] 管荣法，汤从心. 凸轮与凸轮机构基础［M］. 北京：国防工业出版社，1985.
[64] 曹惟庆，等. 连杆机构的分析与综合［M］. 2版. 北京：科学出版社，2002.
[65] 刘葆旗，黄荣. 多杆直线导向机构的设计方法与轨迹图谱［M］. 北京：机械工业出版社，1994.
[66] 李学荣. 新机器机构的创造发明——机构综合［M］. 重庆：重庆出版社，1988.
[67] 黄纯颖. 工程设计方法［M］. 北京：中国科学技术出版社，1989.
[68] 王树人. 圆弧圆柱蜗杆传动［M］. 天津：天津大学出版社，1991.
[69] Engineering Sciences Data：Mechanical Engineering Series，Machine Design：Vol 1［M］. London：ESDU，1972.
[70] J伏尔默，等. 连杆机构［M］. 石则昌，等译. 北京：机械工业出版社，1989.
[71] G帕尔，W拜茨. 工程设计学［M］. 张直明，毛谦德，等译. 北京：机械工业出版社，1992.
[72] 牧野洋. 自动机械机构学［M］. 胡茂松，译. 北京：科学出版社，1980.
[73] Fan Y Chen. Mechanical and Design of Cam Mechanisms［M］. New York：Pergamon Press Inc，1982.
[74] 黄华梁，鼓文生. 创新思维与创造性技法［M］. 北京：高等教育出版社，2007.
[75] 罗玲玲. 大学生创造力开发［M］. 北京：科学出版社，2007.
[76] 刘道玉. 创造思维方法训练［M］. 2版. 武汉：武汉大学出版社，2009.
[77] 吴宗泽，王忠祥，卢颂峰. 机械设计禁忌800例［M］. 2版. 北京：机械工业出版社，2006.
[78] 成大先. 机械设计图册［M］. 北京：化学工业出版社，2003.
[79] 张春林. 机械创新设计［M］. 2版. 北京：机械工业出版社，2007.
[80] 杨家军. 机械系统创新设计［M］. 武汉：华中科技大学出版社，2000.
[81] 邹慧君. 机械系统设计原理［M］. 北京：科学出版社，2003.
[82] 张策. 机械动力学史［M］. 北京：高等教育出版社，2009.